# 第六届"五省(市、区)提高采收率技术研讨会"论文集

毕义泉　主编

中国海洋大学出版社

·青岛·

**图书在版编目(CIP)数据**

第六届"五省(市、区)提高采收率技术研讨会"论
文集 / 毕义泉主编. — 青岛：中国海洋大学出版社，
2021.9
　　ISBN 978-7-5670-2902-6

　　Ⅰ. ①第… Ⅱ. ①毕… Ⅲ. ①石油开采-提高
采收率-学术会议-文集 Ⅳ. ①TE357－53

　　中国版本图书馆 CIP 数据核字(2021)第 159256 号

| | |
|---|---|
| **出版发行** | 中国海洋大学出版社 |

| | | | |
|---|---|---|---|
| **社　　址** | 青岛市香港东路 23 号 | **邮政编码** | 266071 |
| **网　　址** | http://pub.ouc.edu.cn | | |
| **出 版 人** | 杨立敏 | | |
| **责任编辑** | 孙宇菲 | **电　　话** | 0532－85902349 |
| **电子信箱** | 1193406329@qq.com | | |
| **印　　制** | 日照报业印刷有限公司 | | |
| **版　　次** | 2021 年 9 月第 1 版 | | |
| **印　　次** | 2021 年 9 月第 1 次印刷 | | |
| **成品尺寸** | 210 mm×297 mm | | |
| **印　　张** | 41.25 | | |
| **字　　数** | 1300 千 | | |
| **印　　数** | 1－1000 | | |
| **定　　价** | 198.00 元 | | |
| **订购电话** | 0532－82032573(传真) | | |

发现印装质量问题,请致电 0633－8221365,由印刷厂负责调换。

# 《第六届"五省(市、区)提高采收率技术研讨会"论文集》编委会

# 前　　言

提高老油田采收率和新区有效动用是增加经济可采储量和原油产量的主要途径，近年来，国内油田围绕应对低油价、提高开发效益，结合各自油藏特点，组织开展了不同层次不同专业的技术攻关，特别是在有效挖掘老油田潜力、延长老油田开发寿命、提升非常规油藏开发效果等方面，相继开展了水驱、化学驱、稠油、气驱等提高采收率技术的推广应用，攻关配套了致密油、页岩油、潜山等非常规油藏有效开发动用技术，实行油藏、工艺、地面工程一体化开发，为实现油田持续高质量发展做出了较大贡献。

为进一步推动提高油气藏采收率技术的创新与发展，同时为给该领域的领导、专家提供一个相互交流、相互借鉴和共同提高的沟通渠道，山东石油学会、天津石油学会、新疆石油学会、黑龙江石油学会、河南石油学会等学会组织联合举办第六届"五省（市、区）提高采收率技术研讨会"。本次会议以"凝聚创新力量，共谋油田发展"为主题，从开发地质、油藏工程、石油工程三个专业领域，就不同地质条件、不同油藏类型、不同开发阶段的油藏实现效益开发的新理念、新技术、新材料以及应用效果等方面进行了广泛深入的交流。

该书分开发地质、油藏工程、石油工程三部分，基本代表了我国目前在提高采收率应用方面的最高水平和发展方向。该书的出版对石油行业的科技工作者具有较好的参考和借鉴价值，同时对进一步推动我国油气田提高采收率将发挥积极作用。

该书得到了文章作者、相关单位和编审专家的大力支持，在此一并表示衷心感谢！

编者
2021 年 5 月

# 目　录

## 开 发 地 质

# 油 藏 工 程

# 石 油 工 程

# 开发地质

# 整装油田井震联合油藏精细描述技术研究及应用

夏 建[1] 束青林[2] 杨宏伟[1] 魏国华[1] 卢 宁[1] 张玉晓[1]

(1. 中国石化胜利油田分公司物探研究院;2. 中国石化胜利油田分公司)

**基金项目** 中国石化股份公司科研攻关课题"人工智能油藏地球物理技术研究"(P20052－4)

**摘 要** 整装油藏进入特高含水开发后期,开展精细油藏描述和剩余油描述提高采收率是实现整装油藏稳产增产的关键。针对仅依靠井点插值井间不确定性强的问题,本文研究了基于井震联合的储层精细描述技术,以地震资料优化处理为基础,利用地震资料提频、断层强化及断层加强相干切片等处理手段,通过多体联合解释,提高构造描述精度;以地震约束地质、动态约束静态的双约束模式建立三维精细地质模型,进一步通过建模数模一体化技术精细落实剩余油。应用该技术建立的三维地质模型储量吻合率98%以上,历史拟合率达92%,根据油田精细描述成果,共实施扶长停、改层工作量15井次,措施后日增油54t/d,为区块精细开发奠定了基础,对于同类型油藏具有重要借鉴意义。

**关键词** 整装油藏;井震联合;油藏描述;建模数模一体化;孤岛油田

## 1 区块概况

孤岛油田 S 区块位于孤岛披复背斜构造顶部,水体广阔,边底水能量充足,油藏埋深 1315～1500m 之间,平均有效厚度 23.3m,单元划分为 4 套砂层组,17 个小层,纵向上,砂体由上到下逐渐加厚(砂体总厚度达 200m 左右),泥岩隔层逐渐变薄。单元 1977 年试采,1980 年投入正式开发,一直采用边底水能量开发,采用 130～250m 不规则井网开采,单元整体开发特点:高含水、低采收率、低采油速度。

目前开发单元存在以下几个问题:①受地震资料品质限制,微构造落实难度较大;②小层间动用状况差异大,剩余油分布有待进一步认识;③目前报废多,高含水井逐级上返,套变上返井 35 口,目前停产井 10 口,导致井网不完善,储量失控严重,油层平面及纵向控制状况较差。有必要开展油藏精细描述,落实研究区微幅构造和低序级断层,融合多尺度资料开展区块地质建模,建模数模一体化落实剩余油,为剩余油精细挖潜找准方向。

## 2 井震联合构造精细解释

研究区目的层段整体分辨率低,难以满足构造储层精细解释需要,针对研究区低序级断层发育、微幅构造精细落实难度大等难点,为提高解释精度,在常规叠后地震资料基础上,通过问题导向开展了地震资料优化处理技术研究[1-3],以优化处理后的地震资料为基础,通过断层强化处理提高了断裂体系和微幅构造描述精度。

### 2.1 系统辨识拓频处理

基于系统辨识理论,利用测井资料的高频信息,对三维地震资料进行补偿性高频恢复,提高三维地震资料分辨率。原始地震主频 35Hz,提频处理资料主频 53Hz,提高 18Hz,分辨率有着明显的提高,复波得到一定的分离,地震资料反映地质体能力有效加强,有利于层位追踪解释,提频处理后的地震资料有效提高了对微幅构造的落实精度(图 1)。

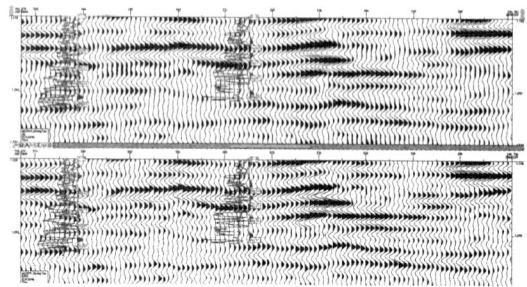

图 1 系统辨识拓频处理前后地震剖面对比

### 2.2 断层强化处理技术

基于地震资料相似性分析,利用构造导向体中值滤波技术,设定断层门槛值,大于该门槛值时利用构造导向体中值滤波技术进行去噪处理,提高其连续性;小于该门槛值时采用异常赋值处理,强调断层不连续性,达到断层边缘强化处理目的。断层强化处理后,断层两侧同相轴扭曲特征更明显,错断位置更准确,增强了断面的识别能力,断点更清晰,有利于低序级断层的识别及组合。在此基础上,结合断层加强相干技术,明确平面断裂体系展布及组合特征,区内主要发育两组断裂体系,以北东向断裂为主。以断裂平面展布特征为指导,确定主断层解释。区内主断层以三级断层为主,呈断阶状组合特征,进一步在主断裂基础上,解释主断裂控制下的低级别断层(图2)。

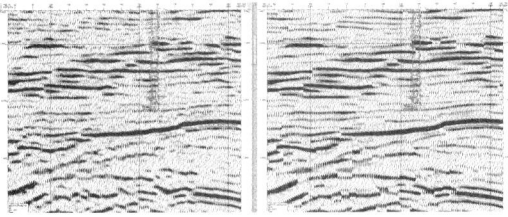

图2 断层强化处理前后地震剖面对比

# 3 三维精细地质建模

多资料融合三维地质建模技术是综合利用在油气勘探和开发过程中所取得的地震、测井、钻井等方面的资料,在三维空间中对储层的各方面特性进行综合描述,达到更精确的表征油藏构造形态、定量表征储层非均质性、为数值模拟提供可靠模型体的目的[4-6]。

## 3.1 多尺度资料匹配构造建模技术

### 3.1.1 断层精细建模技术

该技术首先基于地质研究修正后的地震解释断层,结合钻井的断点,逐条准确描述断层的倾角、方位角、长度和形状等空间几何形态,精确描述断面特征、空间特征及断层间的切截关系,形成断层面,建立三维断层模型的框架。进一步通过地质对比断点对初始断层模型进行落实和修正,绑定了研究区的12个断点(图3)。通过断层精细建模技术,最大限度保证在目的层内断层模型与地质对比的断点的吻合,在无井钻遇处,断层的走向和倾角则与地震解释成果一致,建立了断面光滑、井震统一、关系合理的断层模型。

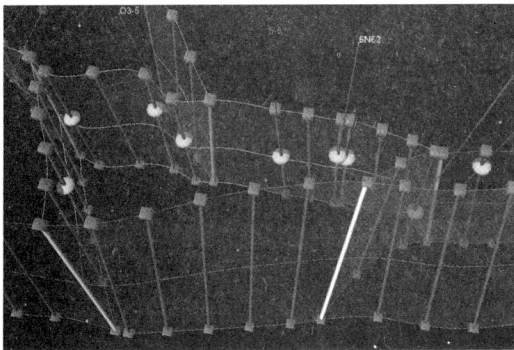

图3 研究区断层模型

### 3.1.2 井震匹配层面建模技术

为充分利用地震地质研究成果,采用以井点地质分层数据作为基准数据,以地震解释构造面作为趋势约束的方法,建立研究区层面模型,确保建立的各砂组构造形态相近,与对地震、地质的认识一致,井点处与地质分层数据完全吻合,层面模型之间无交叉,厚度变化均匀合理。

## 3.2 确定性储层精确建模技术

储层建模是油藏地质建模的重点和难点,目前储层建模主要包括两大类方法:地震属性约束的随机储层建模技术和地质解释成果约束的确定性储层建模技术,其中,随机储层建模主要针对隐蔽油气藏等复杂储层,应用井震结合技术提高储层预测精度(图4)。针对储层认识较为明确,应用地质解释成果约束的确定性储层建模技术建立砂体模型,应用该技术能够实现砂体展布形态的精确刻画,同时提高数模模型的收敛性[7-9]。

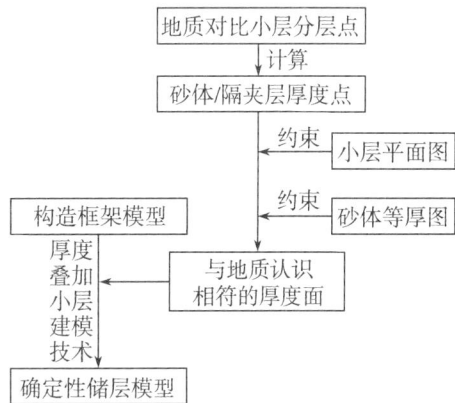

图4 确定性储层建模技术路线

该技术以小层砂体厚度点为基准,结合地质研究确定的砂体尖灭线为约束,生成小层砂体厚度面,精确刻画砂体形态。同时为避免尖灭线权重过大,添加不同间距的0.5m砂厚控制线,以此来绘制合理的砂厚分布图,实现砂体形态的精确刻画。在地层格架模型控制下,利用小层厚度叠加法,应用砂厚控制面和单井砂体解释数据建立确定性储层模型(图5)。

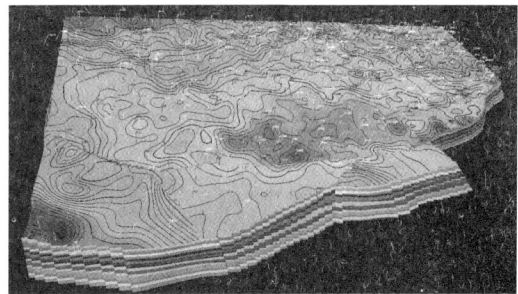

图5 研究区储层模型

## 3.3 相控物性建模技术

由于地下储层物性分布的非均质性与各向异性,用常规的由少数观测点进行插值的确定性建模,不能够反映物性的空间变化。一方面,储层物性参数空间分布具有随机性;另一方面,储层物性参数的分布又受到储层砂体成因单元的控制,表现为具有区域化变量的特征。因此,研究了相控储层物性模型构建技术,在数据分析基础上,根据物源方向拟合区域变差函数,应用地质统计学相控随机模拟方法,建立储层物性模型[10-12]。

孔隙度、渗透率测井资料方面,研究区具有两套资料,分别为小层数据表提供的段数据和测井曲线数据。其中段数据资料较全,几乎所有具有分层数据的井都有孔渗数据,然而其在小层内部纵向无变化,不利于研究储层纵向非均质性;曲线数据纵向有变化,能够体现储层韵律性,然而有曲线数据的测井资料较少,不利于研究储层平面非均质性。

为确保储量的准确性,体现储层纵横向非均质性,充分利用两套数据的优势,在砂泥岩相模型控制下,首先在数据分析基础上,拟合区域变差函数,应用地质统计学和随机模拟方法,应用段数据建立一套渗透率模型,表征区块平面非均质性,然后以该模型作为平面趋势约束,以曲线数据为条件建立能够充分体现油藏纵横向非均质性的渗透率模型(图6)。

图6 研究区孔隙度模型

### 3.4 地质模型质量控制与评价技术

基于静态资料建立油藏三维地质模型的质量评价标准,即由可视化评价、规律一致性评价到油藏模型数据精确评价,这是一个由直接观察、数据匹配到实际验证的过程,体现了模型质量由粗到细的质量评价标准。

(1)网格骨架质量检验。3D网格体积质量控制可以通过负体积的分布来寻找模型不合理的地方,有针对性地调整模型。网格产生负体积说明网格有扭曲,不正交,网格质量差。从柱状统计图可看出,模型网格体积均大于零,无负体积网格,说明网格质量优,无扭曲。

(2)构造模型质量检验。利用过井剖面来检查构造模型是否与井断点、井分层一致。从过井剖面看,剖面井分层数据点匹配率100%,断层与断点匹配率100%,断层掉向正确、层面合理、断距与地震地质吻合(图7)。说明构造模型准确体现了地震和地质研究成果。

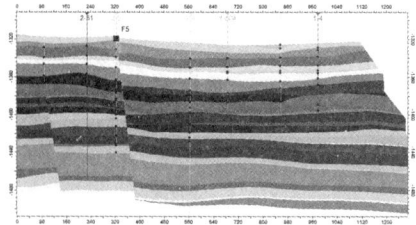

图7 三维构造模型过井剖面图

(3)属性模型质量检验。从孔、渗模型数据分布与测井数据对比直方图可以看出,岩心数据、测井解释数据、井点粗化值储层参数模拟值的频率分布特征基本一致,证明所建立的储层参数模型具有较高的可信度,忠实地体现了孔渗的分布规律。

## 4 建模数模一体化匹配优化技术

在初始油藏模型矛盾典型响应参数分析基础上,根据响应参数的唯一性和普遍性对其进行研究,并根据建模数模流程,制定了先优化构造,再优化流体,最后优化储层模型的技术路线,形成建模数模一体化匹配优化技术(图8)。该技术是在井震结合三维静态模型基础上,增加开发动态维度信息,通过数值模拟与动态数据的匹配,迭代修正,达到构造、储层、流体模型动静统一[13,14]。

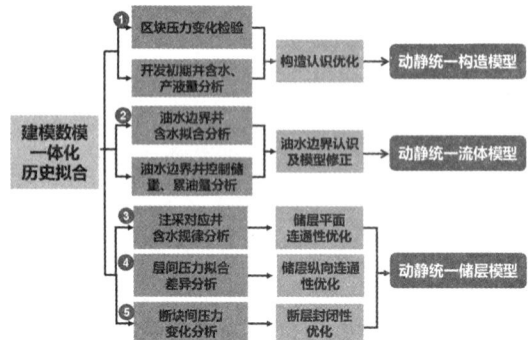

图8 建模数模一体化匹配优化技术路线图

### 4.1 模型优化

以9-31井拟合过程为例,拟合该井过程中发现初始拟合含水率高于实测值,分析其原因是10-1小层射孔井段低于油水界面,通过周围井水层钻遇情况及其生产动态响应,认为油水界面设定符合油藏实际,进一步在地质对比剖面与地震剖面间开展井震结合微构造精细落实,发现可能是井斜造成的构造低假象,调整构造后,拟合结果明显变好(图9)。

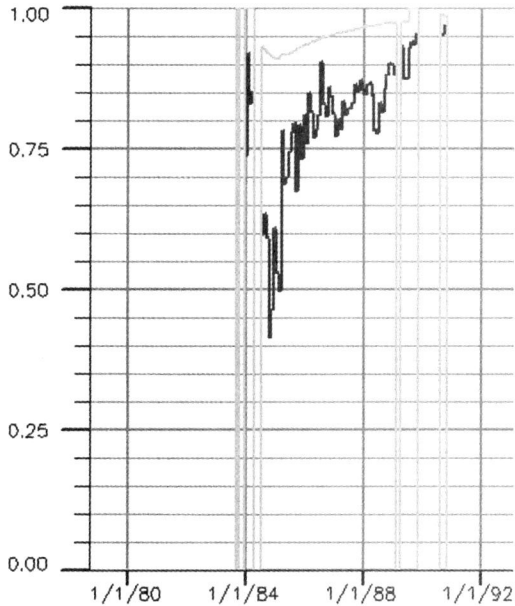

a.9－31井含水率拟合图(调整前)

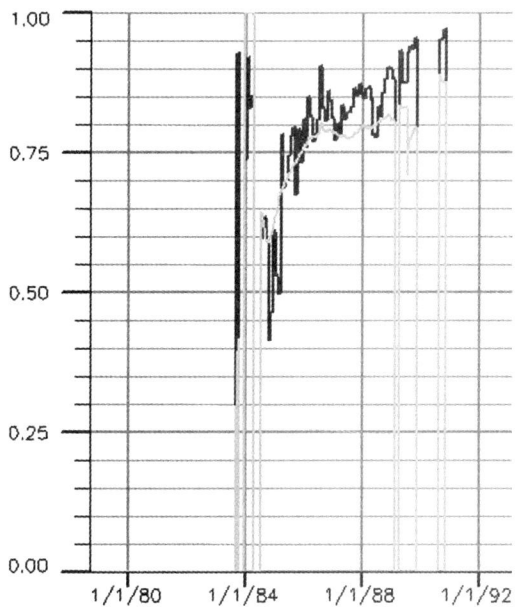

b.9－31井含水率拟合图(调整后)

图 9　构造模型优化前后单井含水率对比图

#### 4.2　剩余油分布规律研究

在建模数模一体化模型匹配优化技术的支撑下,精细地落实剩余油分布规律,从纵向各小层采出程度与剩余储量对比上可知主力小层的采出程度相对较高,但依然是主要剩余油潜力层。层间剩余油主要分布在构造高部分和无井控制区域,平面剩余油主要分布在断层附近构造高处、井网不完善及无井控制区(图 10)。

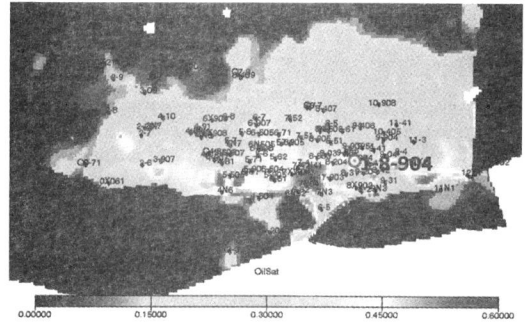

图 10　研究区 73 小层剩余油饱和度分布图

#### 4.3　区块应用

进一步应用数值模拟手段对比了不同注采井网水驱开发效果,受断层遮挡边水断块油藏,边内注水形成舌进,剩余油在腰部分散、断层高部位富集;边外注水(仿边水驱),可使流线分布均匀,实现含油条带内的均匀推进。在剩余油分布研究基础上,针对剩余油富集区部署新井、提出老井侧钻、补孔改层等措施。

以 8－904 井调整过程为例,该井 2018 年 8 月油管漏长停,分析发现 73 小层该井区无井控制,8－904 井位于微幅构造高点,剩余油饱和度较高(图 10),对该井实施 PNN 饱和度测井,其中在 73 小层饱和度较高,2020 年 5 月大修堵漏后丢封补孔改层生产 Ng73 层,日增油 2.1t/d。

应用井震联合储层精细描述技术,定量找准剩余油,共实施扶长停、改层工作量 15 井次,措施后日增油 54t/d,措施实施后单元日增油 26t/d,含水下降 1.5%,自然递减从 8% 下降为 2%。

### 5　结论与认识

(1)应用井震联合构造精细解释技术,提高了小断层、微构造解释精度,为三维地质建模提供了基础和保障。

(2)实现了全过程井震匹配统一的地质建模以及建模数模一体化的历史拟合,落实了剩余油富集区,井资料与地质模型 100% 吻合,历史拟合精度达 92%。

(3)基于项目研究成果,提出方案调整建议,目前已实施措施 15 井次,单元日增油 26t/d,自然递减降为 2%,井震动联合为区块高效开发提供技术支撑。

## 参 考 文 献

[1] 易维启,宋吉杰.声波测井资料与地震资料之间的匹配:波速频散校正[J].石油地球物理勘探,1994,29:72—75.

[2] 杨斌,鲁洪江,梁珀,等.地震标定中的测井资料精细处理方法及应用[J].物探化探计算技术,2009,31(4):349—353.

[3] Bath M. Spectral Analysis in Geophysics[J]. Elsevier Scientific Publishing Company,1974.

[4] 曹丹平.基于Backus等效平均的测井资料尺度粗化方法研究[J].石油物探,2015,54(1):105—111.

[5] 印兴耀,刘永社.储层建模中地质统计学整合地震数据的方法及研究进展[J].石油地球物理勘探,2002,37(4):423—430.

[6] 周连敏,王晶晶,林火养,等.复杂断块不整合地层地质建模方法[J].断块油气田,2018,25(2):181—184.

[7] 谭学群,刘云燕,周晓舟,等.复杂断块油藏三维地质模型多参数定量评价[J].石油勘探与开发,2019,46(1):1—11.

[8] 于兴河,陈建阳,张志杰,等.油气储层相控随机建模技术的约束方法[J].地学前缘,2005,12(3):237—244.

[9] 裴云龙,王立歆,邬达理,等.井控各向异性速度建模技术在YKL地区的应用[J].石油物探,2017,56(3):390—399.

[10] 韩令贺,胡自多,冯会元,等.井震联合网格层析各向异性速度建模研究及应用[J].岩性油气藏,2018,30(4):91—97.

[11] 刘文岭,夏海英.同位协同克里金方法在储层横向预测中的应用[J].勘探地球物理进展,2004,27(5):367—370.

[12] 陈梦思,张浩.透镜体砂岩油藏相控建模研究[J].能源与环保,2018,40(11):119—129.

[13] 贺维胜,夏吉庄,杨宏伟,等.三维高分辨率模型的建立及应用[J].石油学报,2007,28(1):28—66.

[14] 印兴耀,贺维胜,黄旭日.贝叶斯—序贯高斯模拟方法[J].石油大学学报(自然科学版),2005,29(5):28—32.

# 春风油田整体水平井地质建模研究

赵衍彬[1] 杨元亮[2] 韩文杰[1] 路言秋[1] 张卫平[2]

(1.中国石化胜利油田分公司勘探开发研究院;2.中国石化新疆新春石油开发有限责任公司)

**摘 要** 春风油田是胜利油田西部建产主要阵地,随着新区的陆续投产,针对已开发区块需要更精细的地质研究和三维地质建模研究。目前春风油田已开发区块以水平井开发为主,且水平井只有随钻曲线资料,存在直井井距大、井控程度低等问题,给三维地质建模带来了许多困难。为此,本文从水平井随钻资料回归出与孔隙度有关的孔隙度模型和渗透率属性模型,从构造顶面以及属性等方面对模型进行约束,进一步提高三维地质模型的精确程度。

**关键词** 春风油田;水平井;随钻资料;三维地质建模

## 1 前言

春风油田位于新疆维吾尔自治区克拉玛依市境内,构造位置位于准噶尔盆地西部隆起车排子凸起的东部(图1),区域上属于准噶尔盆地西部隆起的次一级构造单元。春风油田是胜利油田西部产能建设的主要阵地,截至目前已动用18个区块,动用石油地质储量5874万吨,新建产能147.5万吨。

图1 春风油田地理位置图

春风油田油藏类型属于浅薄层特、超稠油,由于油藏埋藏浅,地层能量不足,吞吐采收率较低。随着已开发区块吞吐轮次不断增加,为提高采收率,蒸汽吞吐转蒸汽驱非常必要,而三维精细地质建模是蒸汽驱开发方案编制的必要基础之一。

就更为精细的地质研究工作来讲,春风油田各区块目前主要存在直井较少、井距大、井控程度低等问题,仅靠直井资料难以对全区形成有效控制。以排601块北区为例,该块含油面积7.1km[2],截至目前共完钻直井14口,井距大于500m;完钻水平井159口,水平井距100~120m,但水平井均没有测井,只有随钻GR和RT曲线资料。

为此,要对该区块展开进一步地质研究工作,建立三维精细地质模型,探索如何利用好水平井的随钻资料,充分挖掘其中所包含的信息,无论是对于本块的开发工作还是对整个春风油田水平井所有未测井区块地质研究工作,都有着十分重要的借鉴意义。

本次研究以排601北区蒸汽驱试验区为目标工区,在钻井、录井、测井、三维地震解释和取心等资料的基础上,探索如何将水平井随钻资料中的GR和RT信息更为充分地应用到地质建模过程当中,降低直井井距过大带来的不确定性,提高目标工区建模的精度,形成了一套适应于春风油田的合理有效的水平井随钻资料建模流程。

## 2 建立直井构造格架模型

进行三维地质建模,首先要建立目标工区的构造格架,直井资料丰富详尽,可以进行详细的研究与运用,对目标工区形成整体上的控制。因而,首先在充分利用直井地质、钻井、录井、测井及岩心试验分析资料,进行油藏精细地质研究基础上,建立工区有效厚度电性标准,对所有直井进行了单井相岩相划分(图2)。

在此基础上,对储层进行对比与划分,建立目标工区初步的构造格架,本次研究以排601北区为例,将目的层在纵向上分为三个小层(图3)。其中上部以灰质砂岩为主,中部为砂岩,物性较好,底部以含砾砂岩或砂泥质充填砾岩为主。

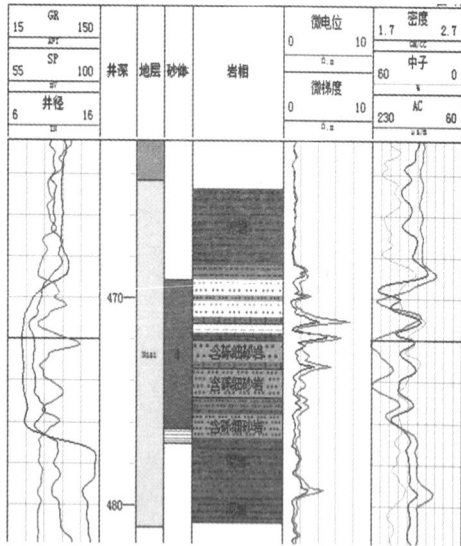

图2 春风油田排601块排601-1直井单井岩相

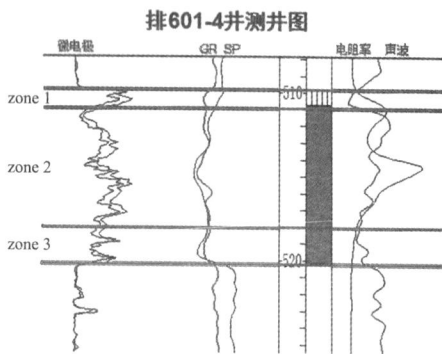

图3 春风油田排601块 $N_1s$ 储层分层示意图

## 3 建立水平井构造格架模型

本区块直井井距较大,缺乏对局部构造的有效控制。而水平井密度大,井距小,可以对构造格架进行约束来提高局部构造的准确性。对于水平井而言,单井相的划分一方面要考虑到井轨迹在空间上的变化;另一方面还要考虑随钻资料的局限性。所以要结合直井单井相的研究成果,利用水平井随钻曲线资料中GR和RT来判识储层岩性和含油性,对水平井进行单井相划分(图4)。

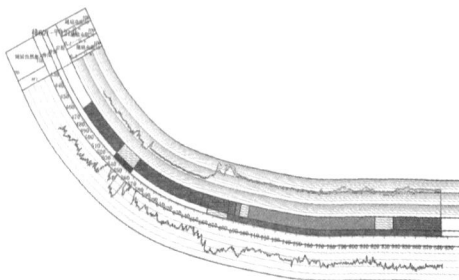

图4 春风油田排601块水平井单井岩相

由于水平井并非直接钻穿储层,所以利用水平井对储层进行认识,就需要结合井轨迹考虑空间上的变化,在以上地质认识成果的基础上,利用随钻GR和随钻电阻对储层进行判识。进而确定水平

钻遇各小层的顶底深度,得到水平井分层数据。

最终在地震解释层位的约束下,利用直井和水平井的分层数据进行插值得到各小层的分界面。再结合断层等数据,就可建立起直井整体控制,水平井局部约束的目标工区构造格架(图5)。

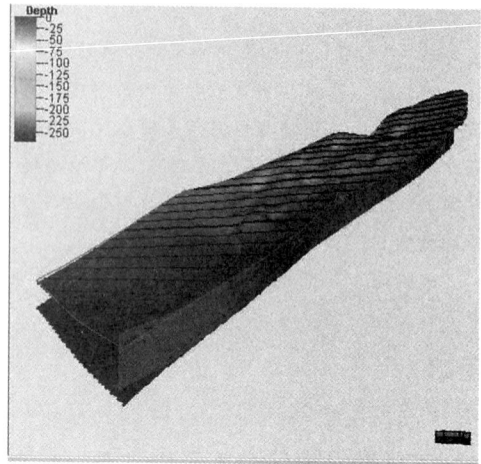

图5 春风油田排601块构造格架

## 4 建立直井属性模型

在构造格架建立之后,则需要建立储层物性解释模板,为属性模型的建立打下基础。结合取心井岩心分析化验资料,建立了本区块的孔、渗参数解释模型(图6、图7):

孔隙度解释模型: $\Phi = 0.2417\triangle t - 1.9478$ (R=0.9393)

渗透率解释模型: $K = 0.3051\exp(0.268\Phi)$ (R=0.9469)

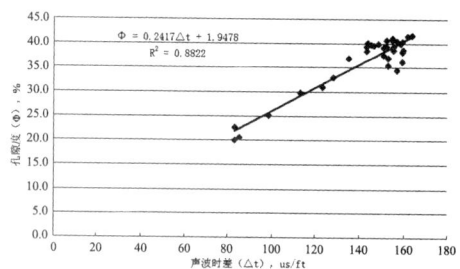

图6 排601块北区 $N_1s$ 储层孔隙度解释模板

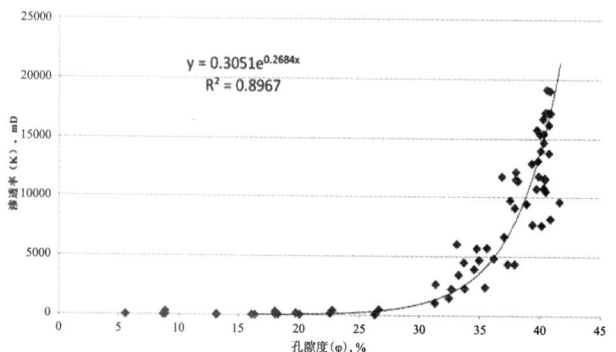

图7 排601块北区 $N_1s$ 储层渗透率解释模板

如果仅仅采用直井进行建模,那么在做好以上工作之后,就可以进入常规的建模流程进行建模,但为了充分利用水平井的相关资料来弥补直井井距的不足,提高模型精度,接下来还要对水平井数据进行处理。

## 5 建立水平井属性模型

在建模过程中要充分利用水平井随钻资料,除了从构造上进行约束之外,还可以考虑和尝试建立随钻资料与储层物性的关系。为此,我们在取心井样品室内分析化验以及测井资料进行了分析,研究认为该块储层泥质含量与孔隙度之间存在较好的相关性。根据室内分析结果,拟合得到了孔隙度与泥质含量的关系曲线(图8)。

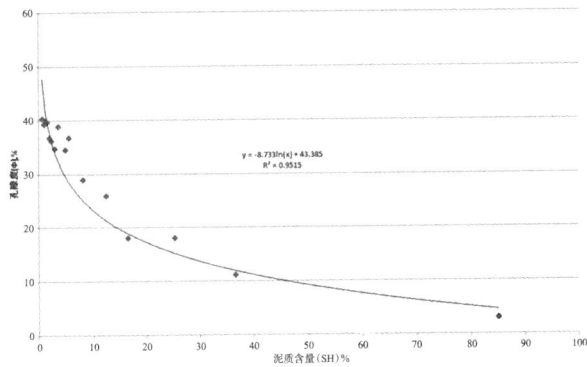

图 8 排 601 块 $N_1s$ 储层孔隙度—泥质含量解释模板

而泥质含量与 GR 值又存在较好的相关性(图9)。由此,就建立起了 GR—泥质含量—孔隙度的关系:

泥质含量解释模型:$SH=0.5974\exp(4.7219GR)$ (R=0.8373)

水平井孔隙度解释模型:$\Phi=-8.733\ln(SH)+43.385$(R=0.9755)

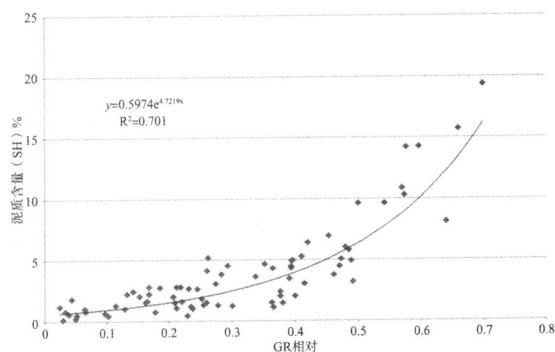

图 9 排 601 块 $N_1s$ 储层泥质含量 -GR 解释模板

根据以上公式,我们可以从随钻 GR 计算得到水平井的孔隙度和渗透率数据。这样就使得水平井随钻资料参与建模成了可能。但是在实际研究过程中发现,从单一的随钻 GR 出发,最终拟合得到的孔隙度值在局部可能会产生与地质认识不

相符的奇异值。

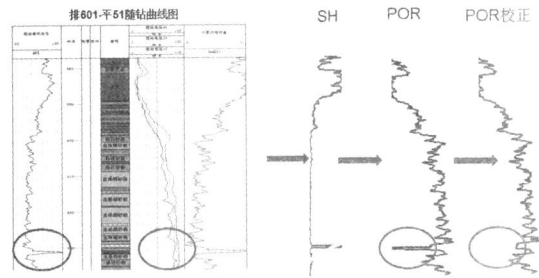

图 10 拟合孔隙度受辐射异常影响及校正示意图

经分析认为,出现的奇异值大致可分为两类。一类是 GR 值偏高,计算得到的孔隙度值偏低,但电阻无明显变化(图10)。结合该块岩心观察结果及自然伽马能谱曲线等资料研究认为这是由于受异常辐射的影响。另一类是 GR 值较低,计算得到的孔隙度值较高,电阻相比一般储层更高,尤其以储层顶部灰质砂岩更为典型(图11)。分析认为,这是由于受储层含灰质较重影响所致。

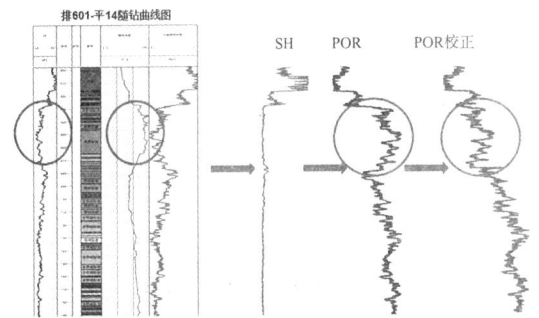

图 11 拟合孔隙度受灰质影响及校正示意图

为了对这两类偏差进行调整,就要结合随钻 GR 和随钻电阻对异常数据进行识别和校正。根据对该区域相应层位的地质认识给出一个合适的平均值或者乘以合适的系数,进行半定量控制。考虑到出现此类情况的孔隙度多出现在储层顶部或者夹层部分,同时后续建模过程中也要进行粗化处理,这一处理方式并不会对建模结果引入太大不利影响,经过处理,最终我们得到水平井粗化后的孔隙度渗透率值(图12、图13)。

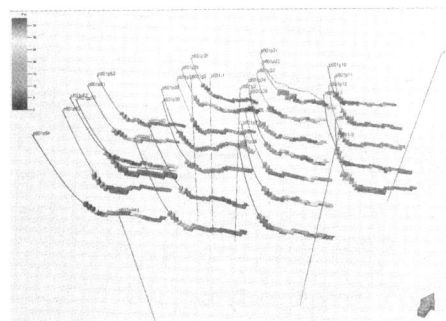

图 12 排 601 北区水平井拟合孔隙度粗化结果

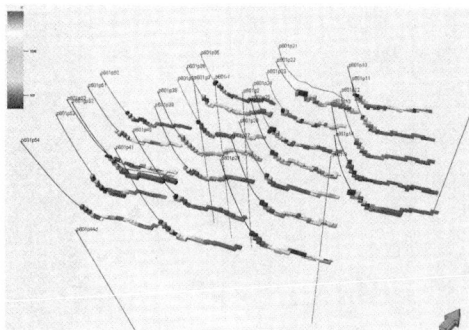

图13  排601北区水平井拟合渗透率粗化结果

## 6  建立直井控制,水平井约束的三维精细地质模型

在做好以上基础工作之后,即可按照常规建模流程正式进行地质建模。为提高模型精度,在平面上设定网格步长为10m×10m,纵向上将模型剖分为三个区域。建立起地震解释结果和直井数据控制整体构造形态,水平井分层数据进行局部约束的构造模型(图14)。

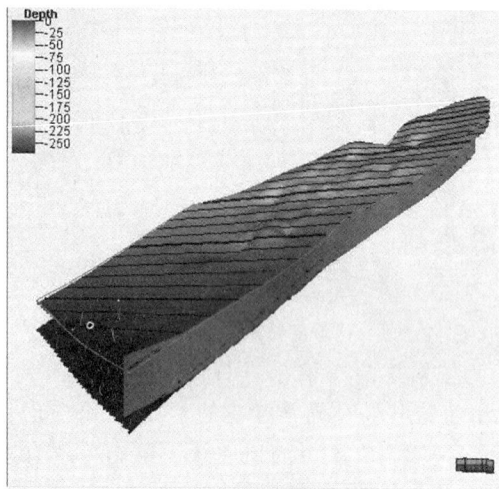

图14  排601北区构造模型

建立起构造模型之后,则可进一步建立该区块的相模型以及属性模型。通过以上拟合得到的水平井孔渗数据则弥补了直井井距过大的不足,提高了属性模型的精确性,最终建立起更为精确的属性模型(图15)。

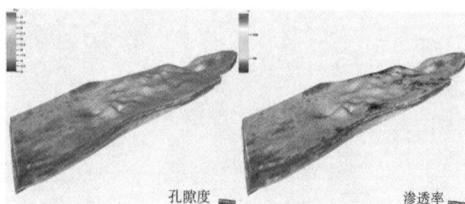

图15  排601北区属性模型

## 7  建模结果评价与应用

模型建立之后,与研究初期仅用直井的建模结果进行对比(图16)。可以看出只用直井建立的模型当中,排601—平35井水平段穿出储层,而通

过随钻以及生产资料分析认为,该井实际是在储层内部。说明仅仅用直井进行建模缺乏对局部的有效控制,而水平井参与建模之后,建模结果得到了有效的约束和校正。同时水平井随钻资料建模结果更为明显地体现了储层的非均质性,与地质认识更为符合。

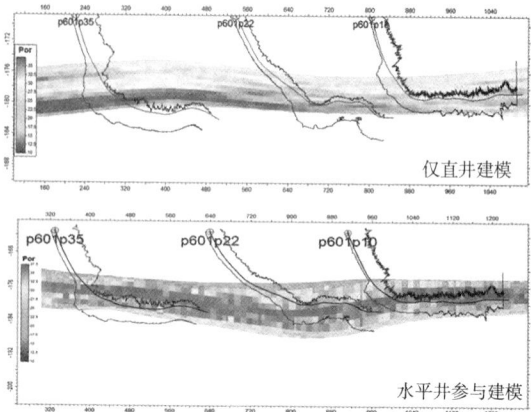

图16  建模结果对比

目前采用该建模方法建立的排601块北区三维地质模型已经应用到该区块转驱调整方案当中,试验区的数模模拟效果较好,拟合程度较好,累液平均误差3%,累水平均误差4.4%,证明了该方法在实际生产过程当中的实用性。

## 结  论

(1)春风油田直井井距大,井控程度低,而水平井未钻穿油层,在一定程度上制约了地质建模的准确性。

(2)经过对取心井资料分析,目标工区的孔隙度与泥质含量有较好的相关性,可以建立起GR—泥质含量—孔隙度属性模型。

(3)水平井分层数据可以在局部对构造模型进行约束,而拟合得到的水平井属性数据则弥补了直井井距过大的不足,提高了属性模型的精确性。

(4)经过实际验证,新模型与原先仅靠直井建立的地质模型相比有更高的准确性和可靠性。该方法的应用对于春风油田今后的开发调整工作以及建设西部百万吨产能增长点,实现油田稳产都有着十分重要的意义。

## 参 考 文 献

[1] 孙焕泉.水平井开发技术[M].北京:石油工业出版社,2012.

[2] 白军辉.水平井精细地质建模及数值模拟技术研究[J].断块油气田,2010,17(5):563—565.

[3] 袁友为.水平井地质建模与数模一体化技术研究[J].大庆石油学报,2010.

# OVT 域地震资料叠前储层预测技术研究

## ——以胜利 SK 地区沙三段泥页岩储层为例

张明秀　高秋菊　巴素玉　刘升余　朱定蓉

（中国石化胜利油田分公司物探研究院）

**摘　要**　SK 洼陷泥页岩勘探潜力大，其商业产能与泥页岩地应力及裂缝发育程度息息相关，地应力预测和裂缝检测的可靠性很大程度上依赖于地震数据。OVT 域地震资料偏移后保留了丰富的方位角和偏移距信息，为裂缝预测及叠前弹性参数反演提供了更为理想的基础资料。以胜利油田 SK 地区 OVT 域宽方位地震资料为基础，利用叠前弹性参数反演技术和叠前 AVAZ 反演裂缝预测技术，实现了该区沙三下泥页岩储层地应力和裂缝的叠前预测。地应力及裂缝预测结果与实钻井吻合程度较高，能够为该区泥页岩井位部署、水平井轨迹设计及储层压裂改造提供重要依据。

**关键词**　OVT 域地震资料；叠前弹性参数反演；AVAZ 反演；地应力；裂缝

## 1　引言

开展泥页岩油气富集区储层预测研究是油气勘探开发形势的需要。目前，随着勘探程度的不断提高，东部老油区常规油气田勘探难度逐渐加大，需要不断扩大勘探领域，加大非常规油气的研究力度，打开非常规油气勘探局面。济阳坳陷泥页岩油气藏分布广泛，具有较大勘探潜力，是老区、老油田继续发展的重要勘探目标和重要后备储量阵地，也是下步勘探的重要方向。

近年来，随着"两宽一高"采集技术的发展，宽方位地震勘探成为提高地震勘探效果、增储上产的基础。宽方位地震资料是指野外采集横向接收单元与纵向接收单元之比大于 0.5 的三维地震资料。宽方位地震资料经过炮检距向量片（OVT）技术处理后，获得 OVT 域五维叠前地震道集数据[1]，OVT 域道集包含空间三维坐标以及丰富的方位角和炮检距信息，可以更好地分析地震波在各向异性介质中传播的旅行时、速度、振幅、频率和相位差异性等属性随方位角的变化信息。OVT 域道集中的炮检信息与目标地质体的尺度、岩性和流体成分具有相关性，方位角信息与裂缝和断裂的发育特征相关。利用 OVT 域道集，能够显著提高地震资料构造解释、地层解释、岩性解释、流体识别、裂缝预测和地应力预测的精度[1]。

SK 地区沙三下页岩油含油层系集中在沙三下 12-13 层组，目前有 42 口井见到良好的油气显示，L42、XYS9、Y182、Y187 等 8 口探井获得高产工业油气流，勘探潜力大，但油气分布复杂，不同区带和类型的探井平面上产能差异变化快，有

必要更深入研究泥页岩地应力平面大小和方向。同时，页岩油产能与裂缝发育程度息息相关，而页岩油裂缝定量描述一直是地震预测的难点，如何提高裂缝预测可靠性，进而提高勘探开发成功率，成为该地区亟待解决的问题。SK2017 三维地震资料具有宽方位的特点，具备进行 OVT 域地震资料叠前储层预测的基础。

根据 OVT 域宽方位地震资料叠前储层预测思路，在 SK 地区开展地应力和裂缝的叠前预测研究。本文首先介绍 SK 地区 OVT 域宽方位地震资料的特点，在此基础上，一方面利用叠前弹性参数反演技术进行地应力预测，为水平井轨迹设计、后期压裂提供基础数据；另一方面进行裂缝检测，较为准确地描述 SK 地区的裂缝密度和走向，为该地区储层非均质性预测和页岩油裂缝定量描述提供可靠依据。

## 2　OVT 域数据处理

炮检距向量片（Offset Vector Tile, OVT）是一种十字排列子集细分和重新整合的形式，最早由 Vermeer[2]（1998 年）提出，是一种不改变原始数据，以"片"为单位重新分选同时具有炮检距和方位角信息的共反射点道集的处理技术（OVT 域数据处理步骤如图 1 所示）。OVT 域处理主要优势在于 OVT 域偏移成像道集道数大幅度增加，叠前道集信息更加丰富，有利于开展叠前弹性参数反演、AVAZ 方位各向异性裂缝检测等分析工作，可以减少反演的多解性。

OVT 域处理主要对数据进行划分，将一个十字排列的地下覆盖面分解成一定规格的数据片[3]，数据片纵向长度为炮线间隔，横向长度为检

波线间隔,这个小数据片称为偏移距向量片(OVT)。在每个OVT片中炮检点的位置是相对固定的,因此在划分过程中,OVT片内部均保留了偏移距及方位角信息。

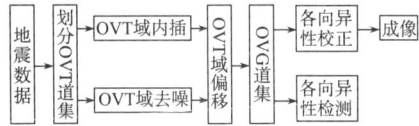
图1 OVT域数据处理步骤图

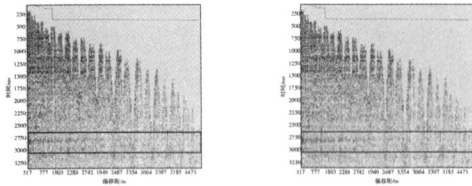
a.各向异性校正前OVG道集 b.各向异性校正后OVG道集
图2 SK地区各向异性校正前、后OVG道集对比图

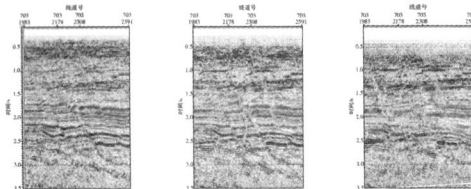
a.小角度叠加剖面 b.中角度叠加剖面 c.大角度叠加剖面
图3 OVG道集分角度叠加剖面

OVT域偏移将全工区十字排列分解为OVT片后,提取相同坐标的OVT片按照相应线道号排列,合并组成OVT道集,即组成一个覆盖整个工区的具有大致相同炮检距和方位角的单次覆盖数据体(OVG道集)。该数据体是同时含有炮检距和方位角信息的共反射点地震道集,即五维叠前地震道集。

从SK地区各向异性校正前OVG道集(图2a)中可以看出,OVG道集目的层段体现出速度随方位角变化的同相轴抖动特征,抖动最高点代表裂缝发育方向,抖动幅度代表裂缝发育密度,如果利用方位走时、方位衰减、方位速度等信息进行裂缝检测,则无须做校正处理。从各向异性校正后OVG道集图2b中可以看出,每个OVG道集的炮检距和方位角大致相同,近、中、远不同偏移距道集目的层段能量一致性强,解决了常规CMP道集近、远炮检距少,中炮检距分布密,CRP道集振幅分布不均匀,AVO不能真实反映目的储层真实变化等问题。从各向异性校正后OVG道集分角度叠加剖面图3中可以看出,小角度叠加剖面信噪比高,中角度和大角度叠加剖面信噪比逐渐下降,3个角度叠加剖面信噪比整体相差不大,能量依次逐渐减弱,但三者能量相对较均衡,一致性较强,有利于开展叠前弹性参数反演方法研究。

## 3 基于叠前弹性参数反演的泥页岩地应力预测

地应力是指存在于地壳中的内应力,是由于地壳内部的垂直运动和水平运动及其他因素而引起的介质内部单位面积上的作用力[4],是油气富集成藏、油藏优势产能的重要评价参数之一,其相关理论现被运用于油气勘探开发的各个环节。

通常,用三向地应力模型来描述地应力,即垂直方向主应力和两个水平方向主应力(最大水平主应力与最小水平主应力),地层中每一个质点的地应力数值由垂直应力、最大水平主应力以及最小水平主应力的大小和方向来表征。由于一定范围工区内,垂直方向主应力变化相对稳定,而水平方向主应力变化复杂,且与泥页岩油气勘探开发关系密切。因此,通过对水平最大主应力、最小主应力进行表征,从而实现地应力的三维定量评价,提高地应力预测精度。

本文采用基于三模量的泥页岩地应力三维地震表征方法,即以岩石物理的弹性参数为基础,通过多元线性拟合,回归分析三弹性参数对于应力的计算公式。首先利用叠前弹性参数反演技术可以获取工区的杨氏模量、体积模量和剪切模量3个弹性参数体,然后利用拟合的公式进行计算,最终得到最大主应力体和最小主应力体。该方法充分发挥了OVT域地震资料的优势,利用OVG道集分角度叠加剖面能量均衡、AVO特征真实可靠等优势进行叠前弹性参数反演,避免了采用单井信息对地应力数学计算的局限性、减少了叠前弹性参数反演的多解性、提高了地应力预测的精度。其技术流程如图4所示。

首先,统计工区内的地震资料、地质资料、测井资料。利用OVT域叠前道集数据进行分角度叠加,得到近、中、远3个分角度道集数据(图3),OVT域叠前道集克服了常规叠前道集存在远近炮检距能量弱、中间炮检距能量强、保幅性差等问题,能更真实地反映振幅变化,有利于开展叠前反演储层预测,使结果更真实、更准确。

其次,进行叠前弹性参数反演,得到基础数据纵波阻抗、横波阻抗、密度数据体,从而得到泊松比、杨氏模量、体积模量等参数。

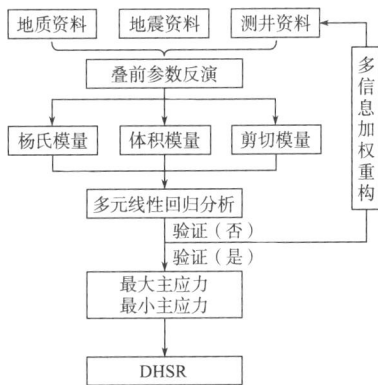

图 4 叠前弹性参数反演泥页岩地应力预测流程

再次，采用多元线性回归方法拟合应力计算公式。通过前期的研究与计算，本地区的最大水平主应力和最小水平主应力的计算公式分别为

$$\sigma_{max}=0.674E+0.69K|0.475G+35.21 \quad (1)$$

$$\sigma_{max}=0.619E+0.662K|0.767G+34.81 \quad (2)$$

式中，E为杨氏模量；K为体积模量；G为剪切模量。

通过叠前弹性参数反演得到杨氏模量、体积模量、剪切模量体，利用应力表征公式对三维地震体进行计算，转换得到最大主应力体和最小主应力体，开展平面预测。最终，利用水平最大主应力、最小主应力得到水平应力差异比 DHSR 数据体（储层水平方向上的最大主应力和最小主应力的相对差异[5]），即为储层地应力的重要指示因子，可用来评价地层是否有利于压裂。研究认为，DHSR 越小越有利于压裂裂缝形成网状结构，提高采收率。Gray 等[6]推导出了 DHSR 的表达式，即

$$R_{DHSR}=\frac{\sigma_y-\sigma_x}{\sigma_y}=\frac{EK_N}{1+EK_{N+\upsilon}} \quad (3)$$

式中，$K_N$ 为法向柔度；E为杨氏模量；$\upsilon$ 为泊松比；$\sigma_y$ 为最大水平主应力；$\sigma_x$ 为最小水平主应力。

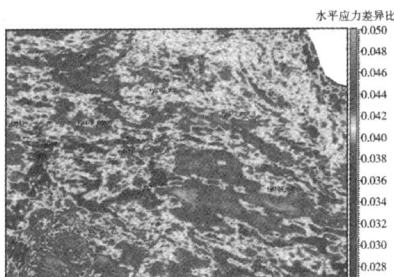

图 5 SK 地区沙三下 13x 砂组水平应力差异比平面预测

通过上述方法对 SK 地区沙三下地层的地应力开展地球物理预测，以多口井的纵波时差、横波时差、密度数据为基础，利用 OVT 域叠前道集分角度叠加震数据体进行叠前弹性参数反演，得到三维弹性参数反演数据体。结合应力与弹性参数

之间的关系，将反演体转化为最大水平主应力和最小水平主应力数据体，最终得到水平应力差异比 DHSR 数据体，并提取了该地区的 13x 砂组应力的平面预测图（图 5）。

分析预测结果，SK 地区应力值 13x 砂组整体最大水平主应力较高，Y182、Y186、Y187 等多口井在该区沙三段下亚段获得高产油流，这些高产油流井的水平应力差异比 DHSR 相对较低，相对容易压裂成网。预测结果与实际情况较为吻合，验证了该预测方法的准确性。

## 4 叠前 AVAZ 反演裂缝预测

SK 地区泥页岩储层，具有低孔、低渗、油水关系复杂、各向异性发育等特征。裂缝的发育程度直接控制着油气的运聚及产能的高低，因此，裂缝的定量识别与评价对该地区油气勘探开发至关重要[7]。

地震波在裂缝介质中传播时，走时、速度、振幅、频率和相位属性会随传播方向的不同而发生变化（各向异性）。理论上，裂缝对地震速度的影响在垂直裂缝走向方向表现为最强，速度变化最快；在平行裂缝走向方向表现为最弱，速度变化不明显[8]。对于窄方位地震资料，常规裂缝预测方法采用分方位预测，即将数据按不同方位分为多个方位数据，再对其进行属性变化分析并通过椭圆拟合确定裂缝走向。但由于该方法样点数据有限，并且容易受采集脚印影响，因此预测精度不高。而 OVT 域叠前道集包含了真实的振幅异常特征，能反映地下速度和岩性的变化信息，克服了复杂构造产生的共偏移距道集不保幅等问题，更有利于地震振幅属性分析及断裂系统研究。

振幅随方位角变化（AVAZ）反演方法利用地震反射波振幅强弱的不同求取 HTI 介质的属性，纵波在各向异性介质中传播时具有不同的速度，导致纵波振幅响应随着方位发生变化[9]。测线与裂缝平行时振幅变化最强，随着测线夹角与裂缝夹角增大，振幅逐渐减弱；测线与裂缝方向垂直时振幅最弱，并且纵波通过垂直裂缝体后表现为振幅减弱的响应特征。因此，可以利用振幅随入射角和方位角的变化预测裂缝的密度和走向[10,11]。

基于 OVT 域叠前道集利用 AVAZ 反演方法，可以对裂缝的密度和方向进行预测，为裂缝特征描述提供可靠依据[12]。Ruger A 和 Chen W 给出了 HTI 介质纵波振幅随入射角和方位角变化的公式，可以近似表达为

$$R(\theta,\Phi)=I+[G+G_{aniso}\cos^2(\Phi-\beta)]\sin^2\theta \quad (4)$$

式中,$\Phi$ 为方位角;$\theta$ 为反射角;$\beta$ 为裂缝走向;$I$ 为截距;$G$ 为各向同性 AVO 梯度;$G_{aniso}$ 为各向异性 AVO 梯度。

利用式(4)对每个样点进行 AVAZ 反演,得到每一道的 $IIG_{anisoI}\beta$,$\beta$ 为裂缝走向,$G_{aniso}$ 为裂缝发育密度。$G_{aniso}$ 值越大,裂缝越发育。

本文采用 AVAZ 反演技术对 SK 地区沙三下泥页岩发育层段进行了叠前裂缝检测,并提取了目的层段13x砂组的裂缝密度方向矢量图(图6)。结果显示,南部的 L11 井区构造活动弱,裂缝相对不发育,而 Y179－Y176 井区裂缝发育密集,目前已有多口井获得高产工业油气流;裂缝方向基本以近东西方向为主,局部地区发育北西向。

图6　SK地区沙三下13x砂组裂缝密度方向矢量图

## 5　结论与认识

叠前弹性参数反演的泥页岩地应力预测技术和叠前 AVAZ 反演裂缝预测技术在 SK 地区泥页岩地应力预测和裂缝检测中取得了较好应用效果,具有广阔的推广应用价值,为济阳坳陷泥页岩油气富集区储层非均质性预测和裂缝定量描述提供了较好的借鉴意义。通过基于 OVT 域地震资料的叠前储层预测研究得到如下认识。

(1)OVT 域叠前地震道集数据包含丰富的方位角和炮检距信息,可以更好地分析地震波在各向异性介质中传播的旅行时、速度、振幅、频率和相位差异性等属性随方位角的变化信息。

(2)利用 OVT 域叠前道集数据进行分角度叠加,得到的叠加数据能更真实地反映振幅变化,有利于开展叠前储层预测研究。

(3)基于三模量的泥页岩地应力三维地震表征方法能够实现三维水平最大主应力、最小主应力的预测,避免单井地应力计算的局限性,提高了地应力预测精度。

(4)利用 AVAZ 反演技术,在各向异性校正后 OVG 道集进行裂缝检测,能够较为准确地预测裂缝的发育程度及走向。

## 参 考 文 献

[1] 印兴耀,张洪学,宗兆云. OVT 数据域五维地震资料解释技术研究现状与进展[J].石油物探,2018,57(2):155－178.

[2] Vermeer G J O. Creating image gathers in the absence of proper common offset gathers[J]. Exploration Geophyscs,1998,29(4):636－642.

[3] 詹仕凡,陈茂山,李磊,等. OVT 域宽方位叠前地震属性分析方法[J].石油地球物理勘探,2015,50(5):956－966.

[4] 马雪团.利用测井资料确定地应力的方法及其在油田上的应用[D].硕士研究生论文,2001:3－5.

[5] 印兴耀,马妮,马正乾,等.地应力预测技术的研究现状与进展[J].石油物探,2018,57(4):488－504.

[6] Gray F D C. Methods and systems for estimating stress using seismic data:US 20110182144A1[P].

[7] 刘百红,杨强,石展,等. HTI 介质的方位 AVO 正演研究[J].石油物探,2010,49(3):350－357.

[8] 刘依谋,印兴耀,张三元,等.宽方位地震勘探技术新进展[J].石油地球物理勘探,2014,49(3):596－610.

[9] 裴家学.宽方位地震资料在陆西凹陷勘探中的应用[J].大庆石油地质与开发,2015,34(5):146－150.

[10] 王洪求,杨午阳,谢春辉,等.不同地震属性的方位各向异性分析及裂缝预测[J].石油地球物理勘探,2014,49(5):925－931.

[11] 杨柳,沈亚,管俊亚,等.多维数据裂缝检测技术探索及应用[J].石油地球物理勘探,2016,51(增刊):58－63.

[12] Ruger A. Variation of P－wave reflectivity with offset and azimuth in anisotropic media[J]. Geophysics,1998,63(2):692－706.

# 基于多点地质统计学的密井网储层建模方法研究

韩智颖[1]　束青林[2]　杨宏伟[1]　魏国华[1]　张玉晓[1]　夏　建[1]

(1. 中国石化胜利油田分公司物探研究院;2. 中国石化胜利油田分公司)

**摘　要**　系统介绍了多点地质统计学的基本原理以及与传统建模方法的区别,以胜利油田 A 区为例,在利用训练图像指导模拟的基础上,深入分析了砂泥岩比例、参考比例、垂向比例函数、概率趋势体等各项敏感参数对模拟结果的不同影响,提出了通过调整敏感参数来提高预测结果准确性的新方法;并从训练图像选取、提高模型确定性、无井控制区随机模拟等方面开展研究,确定了适合研究区的最优参数。同时,利用平面展布特征分析、不同模拟方法结果对比、抽稀井验证等方法,对研究区沉积相模型的预测精度进行了验证。实践结果表明,利用该方法得到的沉积相模型,能够实现砂体平面展布特征和纵向叠置关系的准确预测,预测结果与实钻井及实际地质认识基本吻合,同时对于河流相砂体"顶平底凸"的地质特征也具有较好表征,对于密井网区河流相砂体研究具有较大的指导意义,可为其他同类型油藏的储层预测研究工作提供方法指导。

**关键词**　多点地质统计学;训练图像;敏感参数;随机模拟;储层建模

## 1　引　言

地质统计学是 20 世纪 60 年代发展起来的应用数学学科中的一门分支,它利用变差函数来描述地质变量的相关性和变异性,被广泛应用于空间建模领域。但基于变异函数的传统两点统计学方法仅能表达空间中两点之间的相关性,不能充分描述具有复杂几何形状的砂体,储层非均质性描述效果差。为了弥补传统地质统计学的不足,相关学者引入了多点地质统计学方法。该方法应用"训练图像"建立多点之间的相关性,能够准确表达实际储层结构、几何形态及其分布模式,建立的沉积微相模型更具地质意义[1]。

本文以胜利油田 A 区 Ngs3－4 小层为例,运用多点地质统计学方法,开展密井网条件下的储层建模技术研究,在以训练图像为指导的原有研究模式上,提出了通过调整各项敏感参数来修正模拟结果的新方法,进一步提高了预测结果的准确性,得到符合沉积规律且忠于井信息的高精度油藏模型,为后续油藏精细描述奠定坚实的基础。

## 2　多点地质统计学的基本原理

多点地质统计学的关键是增加了训练图像作为约束。训练图像是地质概念模型的数值表示,是多种数据体的综合表达,能够描述空间属性变化的基本规律,其作用相当于两点统计学中的变差函数。多点地质统计学通过扫描训练图像寻找与未知数据事件完全相同的事件个数,从而确定未知点的概率分布,它能够反映空间中多点之间的相关性,实现复杂空间结构和几何形态的准确表达[2－5]。其基本原理如下。

已知一个以 $u$ 为中心,大小为 $n$ 的数据事件 $d_n$ 和一个反映储层和非储层分布的训练图像,数据事件可表达为 $d_n = \{S(u_\alpha) = s_{k\alpha}, \alpha = 1, \cdots, n\}$,对该数据事件进行预处理,对训练图像进行扫描,当训练图像中的一个扫描结果与数据事件 $d_n$ 相同时即为一个重复,统计训练图像中的总重复数 $c(d_n)$ 和在 $S_k$ 状态下的重复数 $c_k(d_n)$,此时 $c_k(d_n)$ 与 $c(d_n)$ 的比值就是该数据事件 $d_n$ 的概率,由此可得到未知点 $u$ 的预测结果,其条件概率分布函数可表达为

$$\text{Prob}\{S(u) = S_k \mid S(u_\alpha) = S_{k\alpha}; \alpha = 1, \cdots n\} \approx \frac{c_k(d_n)}{c(d_n)} \tag{1}$$

例如图 1a 中的数据事件由一个未知中心点 $u$ 和 4 个已知向量点 $u_1 \sim u_4$ 组成,其中 $u_1$ 和 $u_3$ 为非储层,$u_2$ 和 $u_4$ 为储层,应用该数据对训练图像进行扫描,得到图 1b 中的 3 个重复,即 $c(d_n) = 3$;通过统计,得到未知点为储层的重复为 2,未知点为非储层的重复为 1。因此,该未知点为储层的概率为 2/3,为非储层的概率为 1/3。

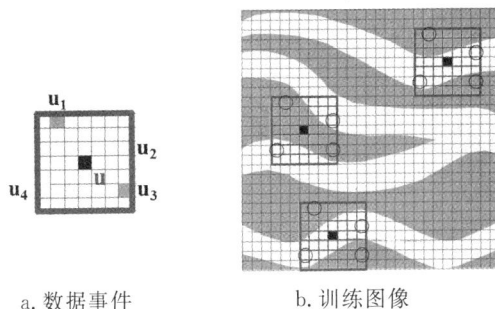

a. 数据事件　　　　b. 训练图像

图 1　利用训练图像估算数据事件未知点的条件概率示意图

## 3 基于多点地质统计学的密井网储层建模研究

### 3.1 区块概况

A区构造整体是一个中间高、边部低的牵引背斜构造,主力含油层系是上第三系馆陶4-6砂组,平均孔隙度为33.2%,平均渗透率为1491×$10^{-3}\mu m^2$,属于高孔-高渗储层。A区自投产以来,先后经历了天然能量开采、注水开发、井网调整、综合调整、注聚开发和产量递减6个阶段,目前处于特高含水、低采出程度开发阶段。A区东部井网密度较高,最小井间距仅为27m,但由于A区储层非均质性强,预测难度大,即便在高井网密度下依然存在注采矛盾突出、油水关系混乱等问题,难以满足精细开发需求。为了确保研究的准确性,在A区选取了井网密度较高的一块区域进行研究,研究区面积2.1km²,总井数163口,平均井网密度78口/平方千米,平均井间距113m,目的层为Ngs3-Ngs4,共10个小层。

### 3.2 训练图像选取

训练图像是用来储存研究区地质模式的数据库,能够反映沉积相空间几何形态、结构及其分布特征,可以通过地质露头、手绘图、地质认识、相似的成熟油藏模型、基于目标的模拟、物理模拟实验等形式获得。利用训练图像进行预测,就要具有足够多相同局部训练模式的复制品,即训练图像是平稳的;为了能够全面反映沉积的横向迁移作用和垂向加积作用,训练图像应该是三维的;另外,训练图像应该相对简单,沉积相类型不能过于复杂[5]。根据上述原则,在A区精细地层对比和沉积相研究的基础上,绘制各个小层的沉积微相图,同时利用密井区各类沉积微相在不同层位上的定量统计数据,采用确定性建模的方法建立了沉积相模型,在此基础上结合垂向砂泥岩比例曲线,建立了研究区的三维训练图像。

### 3.3 敏感参数分析

在训练图像的指导下,利用多点地质统计算法进行随机模拟,此时得到的预测模型基本能够反映研究区砂体的几何形态,但对砂泥岩含量进行统计对比后发现:模拟得到的砂岩含量为37.3%,泥岩含量为62.7%,原始测井数据的砂岩含量为27.2%,泥岩含量为72.8%,误差为10.1%。由此可见,仅仅利用训练图像进行控制,其模拟结果的准确性较低,对于A区这样的开发老区来说,预测精度还需要进一步提高。经研究发现,在模拟过程中存在对预测结果相对敏感的一系列参数,包括砂泥岩比例、参考比例、垂向比例函数、概率体,通过对这些敏感参数的调整优选,能够有效提高模拟结果的准确性。

(1)砂泥岩比例。利用多点地质统计算法进行模拟时,在给定的训练图像下,系统会根据已知数据自动默认某个砂泥岩比例值。以A区Ngs3-2小层为例,该小层原始测井砂泥岩含量为0.162/0.838,系统默认的砂泥岩比例为0.3816/0.6187,由于之前模拟结果的砂岩含量比原始测井数据的砂岩含量高,因此分别研究了砂泥岩比例为0.35/0.65、0.3/0.7、0.25/0.75、0.15/0.85时的模拟结果。结果显示,设定的砂泥岩比例与原始测井数据越接近,模拟得到数据误差越小,但由于多点地质统计算法的随机性,模拟结果的砂体形态预测精度也越低,砂体变得零散破碎,与实际地质认识不符。因此,综合考虑上述因素,当砂泥岩比例为0.3/0.7时,模拟结果最准确,如图2c所示[7]。

利用该方法,对研究区各小层砂泥岩比例均进行了调整,调整后模型误差从10.1%降为9.2%,如图3a所示[8]。

(2)参考比例。参考比例表示所给砂泥岩比例的参考权重,如果参考比例为1,则会根据所给砂泥岩比例进行模拟;如果参考比例为0,模拟时会优先考虑模拟砂体的几何形态,所设定的砂泥岩比例的影响较小。通常默认的参考比例为0.5,为了明确该参数的影响,以Ngs3-2小层为例,比较了砂泥岩比例为0.3/0.7的前提下,参考比例分别为0.3、0.5、0.7、1.0时的模拟误差,其结果如表1所示。从表中可以看出,当参考比例为0.7时,预测结果最准确。

利用该方法,对研究区各小层的参考比例均进行了调整,如图2d所示,调整后模型精度明显提高,模型误差从9.2%降为6.5%,如图3b所示。

表1 不同参考比例下的模拟误差统计表

| 参考比例 | 0.3 | 0.5 | 0.7 | 0.9 |
|---|---|---|---|---|
| 砂泥岩含量 | 25.9%/74.1% | 22.5%/77.5% | 22.0%/78.0% | 28.4%/71.6% |
| 实际砂泥岩含量 | | | 16.2% / 83.8% | |
| 误差 | 9.7% | 6.3% | 5.8% | 12.2% |

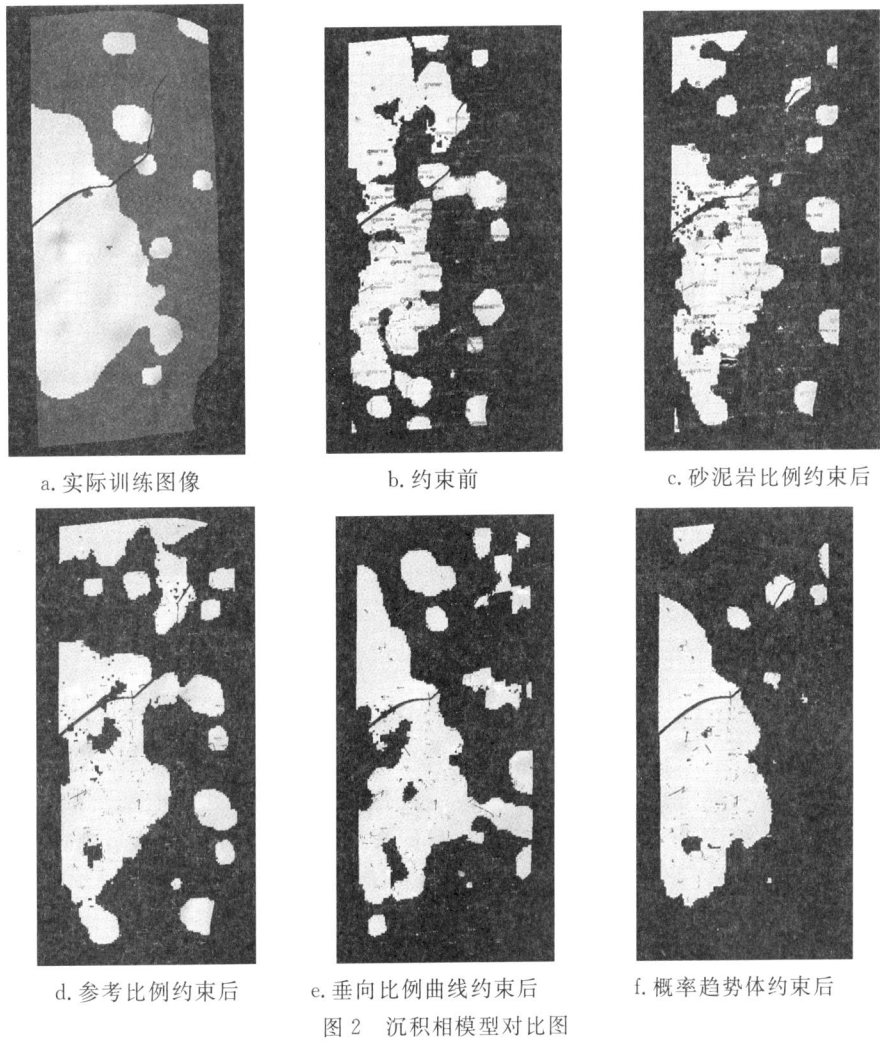

a.实际训练图像　　　　b.约束前　　　　c.砂泥岩比例约束后

d.参考比例约束后　　e.垂向比例曲线约束后　　f.概率趋势体约束后

图 2　沉积相模型对比图

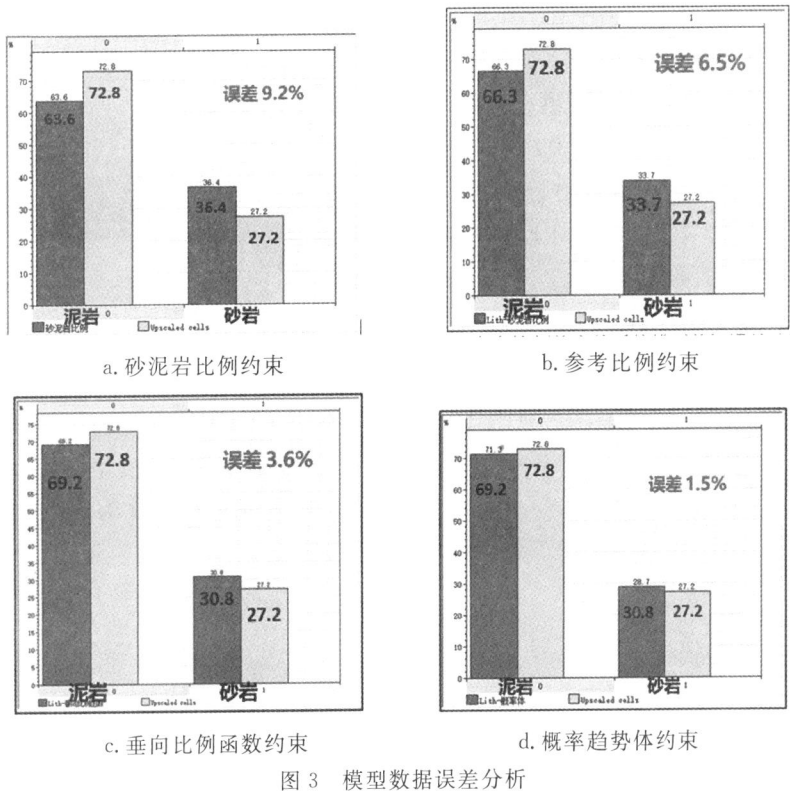

a.砂泥岩比例约束

b.参考比例约束

c.垂向比例函数约束

d.概率趋势体约束

图 3　模型数据误差分析

（3）垂向比例曲线。垂向比例曲线是通过统计各小层内部不同沉积相类型在垂向各网格体中的分布比例变化，来约束模拟结果，利用垂向比例曲线进行约束能够使模拟结果保持统一的概率分布，提高模型的纵向预测精度。在上述研究的基础上，对各个小层增加了垂向比例曲线作为约束，模拟结果如图 2e 所示，约束后的砂体预测更加精准，模型误差从 6.5% 降为 3.6%，如图 3c 所示。

（4）概率趋势体。概率趋势体反映了不同沉积相在各个位置的概率大小，是垂向比例曲线的标准化，它通过对井点处的沉积相数据进行粗化，利用克里金算法来估算出每种相的平均概率，对于无井控制区的沉积微相也具有较好的预测作用。该方法运用变差函数，对不同方向的影响范围进行调整，在模拟基础上增加了地质概念，能够提高模型预测的准确性。模拟结果如图 2f 所示，利用概率趋势体进行约束后，模型预测误差从 3.6% 降为 1.5%，如图 3d 所示。

### 3.4 模型预测精度分析

在训练图像约束下，通过对上述敏感参数进行调整，得到了数据误差仅为 1.5% 的预测模型，但仅仅利用数据误差作为评价指标还不够全面，需要对预测结果进行多角度分析。因此，通过对平面展布特征、模拟方法对比、抽稀井匹配情况等因素进行分析，对该预测模型的准确性进行进一步验证。

（1）平面展布特征分析。将模型所预测的砂体厚度图与井震结合精细地质研究后得到的砂体厚度图进行对比，对其平面展布特征及砂体发育特征进行分析（图 4）。从图中可以看出，预测的砂体分布趋势与地质认识基本一致，砂体厚度中心吻合，平面展布特征预测准确。

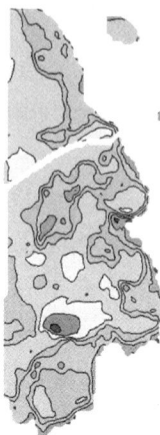
b.井震结合砂体厚度图
图 4 预测结果对比

（2）模拟方法对比。将多点地质统计法得到的模拟结果与传统序贯指示模拟法得到的模型进行对比（图 5），从图中可以看出，多点地质统计法模拟的结果能够更好地反映砂体几何形态，砂体的连续性更好，而且能够清晰地表征出河流相砂体 "顶平底凸" 的特征。

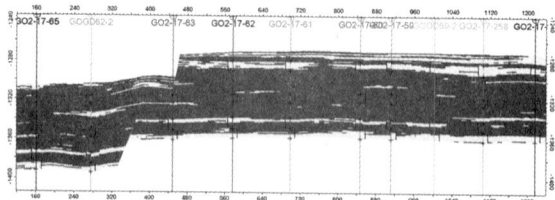
a.序贯指示模拟法

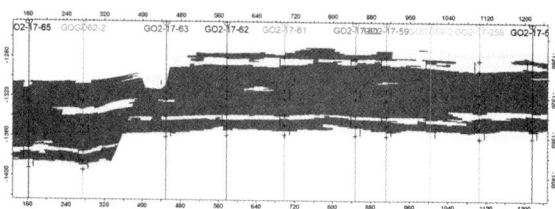
b.多点地质统计法
图 5 模型剖面图对比

（3）抽稀井验证。为了对模型的预测精度进行准确验证，在建立模型时对研究区的个别井进行抽稀，剔除了这些井的井点数据，建立模型后再将这些抽稀井的岩相数据投影到预测模型剖面图上（图 6），从而对预测砂体位置和形态的准确性进行验证。从图中可以看出，预测结果与抽稀井的砂体位置完全吻合，且砂体厚度基本一致，预测结果准确度较高[9]。

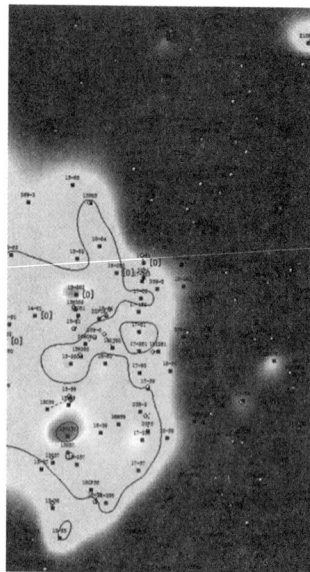
a.模型预测砂体厚度图

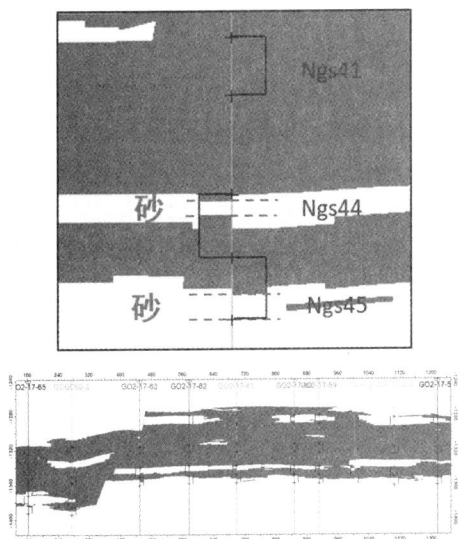

图6 井点数据与模型数据匹配情况示意图

## 3.5 应用效果分析

在上述研究的基础上,通过精细地质研究,利用砂厚控制面、单井数据及地质成果约束建立高精度油藏地质模型;并在上述沉积相模型的控制下,结合研究区单井孔渗数据,应用随机模拟方法建立了孔渗物性模型[10]。

(1)模型数据统计分析。分别统计了研究区各个小层岩心测试的平均孔隙度和平均渗透率,将模型预测结果与统计数据进行比较。对比结果如图7所示,可以看出,各小层孔渗模型分布特征与岩心测试数据较为吻合,整体规律基本一致。

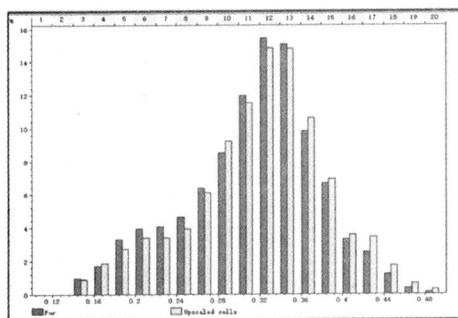

a.孔隙度模型

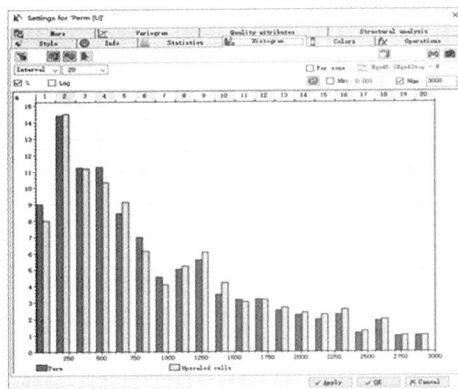

b.渗透率模型

图7 物性模型数据分布图

(2)孔隙度模型分析。从图8可以看出,利用该沉积相模型控制下得到的孔隙度模型,在井点处与井资料100%吻合,完全忠实于实际数据;且该模型对于砂体形态的预测十分精细,实现了砂体横向展布和纵向叠置关系的精细刻画。

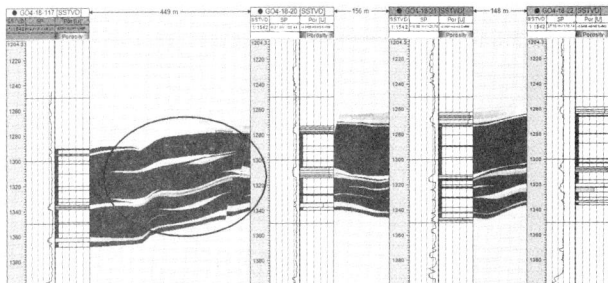

图8 孔隙度模型剖面图

(3)储层展布分析。如图9a所示,基于多点地质统计学的密井网储层建模技术建立的砂体模型能够清晰地刻画河道形态,点沙坝、河漫滩等河流相砂体沉积模式也能得到清晰体现,与实际地质规律相一致。

另外,砂体模型不仅实现了河流相砂体横向展布、下切河道及纵向叠置关系的精细刻画,同时进一步提高了储层识别能力,薄砂体最大识别精度小于2m,隔夹层识别精度小于0.5m(图9b)。

a.镂空显示图

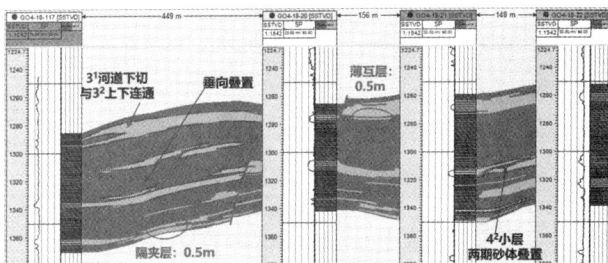

b.连井剖面图

图9 砂体模型示意图

## 4 结论与认识

(1)多点地质统计学应用训练图像建立多点之间的相关性,能够准确表达实际储层结构、几何形态及其分布模式,与传统建模方法相比,该方法在储层预测方面具有明显优势。

(2)在油藏建模过程中,砂泥岩比例、参考比例、垂向比例函数、概率趋势体等敏感参数对于提高模型确定性具有较大作用,可以通过反复尝试和参数优选,有效提高模型预测精度。

(3)应用概率趋势体约束得到的模型预测效果较好,且对于无井区也能控制数据随机产生的概率,预测精度较高。

(4)基于多点地质统计学的密井网储层建模技术在胜利油田多个区块取得了良好的应用效果,实现了砂体展布规律的有效预测,对于密井网区河流相砂体研究具有较大的指导意义,可为其他同类型油藏的储层预测研究工作提供方法指导。

## 参 考 文 献

[1] 吴胜和,李文克. 多点地质统计学——理论、应用与展望[J]. 古地理学报,2005,7(1):137—144.

[2] 赵学思. 多点地质统计学反演方法研究[D].长江大学,2018.

[3] 陈欢庆,李文青,洪垚. 多点地质统计学建模研究进展[J]. 高校地质学报,2018,24(4):593—603.

[4] Tuanfeng Zhang. Incorporating geological conceptual models and interpretations into reservoir modeling using multiple — point geostatistics[J]. 地学前缘,2008,1:28—37.

[5] 潘少伟,王家华,杨少春,等. 基于多点地质统计方法的岩相建模研究[J]. 科学技术与工程,2012(12):2805—2809.

[6] 王家华,马晓鸽. 多点地质统计学在储层建模中的应用[J]. 石油工业计算机应用,2012,2:15—16.

[7] 熊哲,严锡,金杨波. 油藏地质建模中多点训练图像应用研究[J]. 江汉石油职工大学学报,2012,25(4):1—2.

[8] 李涛涛,魏波. 应用petrel进行多点统计地质建模的实践[J]. 石化技术,2015,22(11):105.

[9] 尹艳树,吴胜和,秦志勇. 目标层次建模预测水下扇储层微相分布[J]. 成都理工大学学报(自然科学版),2006,33(1):53—57.

[10] 孙玉波. 河流相砂体地质建模方法[D]. 燕山大学,2014.

# 地质模型平滑后处理方法的改进

史敬华

（中国石化胜利油田分公司）

**摘 要** 基于像元的建模方法建立的地质模型通常会含有少量不符合地质认识的噪点，这些噪点对后续的物性参数建模和油藏数值模拟都有影响。Clayton 提出的后处理平滑方法 MAPS 在多数情况下能够取得较好的去噪效果。当模型中存在薄的地质体时，如薄的泥岩夹层，MAPS 方法处理时会将单层网格泥岩夹层完全平滑掉，没有考虑夹层的延伸长度。针对这个问题，对 MAPS 方法平滑窗口的搜索范围和权值进行改进。改进后的方法能够处理掉含泥岩夹层模型中的噪点，并能够保留具有一定延伸长度的薄夹层。对比改进前后模型与原始模拟模型中泥岩夹层的长度分布，结果表明改进后的方法得到的泥岩延伸长度更接近于先验的泥岩长度，更加符合实际认识。

**关键词** 地质模型；平滑；夹层；随机模拟；权值

## 1 引 言

储层随机建模技术在现代油藏描述中得到越来越广泛的应用[1,2]，该项技术能够更好地刻画储层的非均质性和定量描述储层中的不确定性[3-5]。储层随机建模方法按照模拟对象的不同，可以分为基于像元（pixel）、目标（object）和样式（pattern）三类[6-8]。基于像元的建模方法在模拟的过程中是一个网格一个网格逐个的模拟，模拟的顺序是随机的，因此建立的模型通常会含有一部分"噪点"，也就是分布很离散，缺乏地质意义的一些相对孤立的网格点或少量网格点组合。针对这一问题，加拿大学者 Clayton 提出了 MAPS 平滑方法[9]，该方法通过一个加权平均窗口对初始模拟结果进行平滑，能够过滤掉认为不符合地质认识的孤立的网格点。国内学者尹艳树在此基础上提出了一种基于信息度的平滑方法[10]，在权值确定中考虑了条件数据的影响，进一步完善了该平滑方法。在商业化软件中也增加了平滑处理的模块。在多数情况下，平滑方法能够取得不错的效果。当模型中含有薄的呈线性（二维）或片状（三维）分布的地质体时，例如薄的泥岩夹层，这些地质体对渗流又有重要的影响[11-14]，需要在模型中进行表征。MAPS 方法会把这种地质体完全平滑掉，而不仅仅是把噪点去掉。针对这一问题，对平滑方法 MAPS 进行了改进，在存在薄的地质体时，针对性地设计平滑的窗口和权值，取得了较好的效果。同时对于边界上的噪点也进行了处理，原始的 MAPS 方法没有考虑这一问题。

## 2 问题的提出

序贯指示模拟（SISIM）、多点地质统计学 SNESIM 等基于像元的建模算法，在模拟离散变量（如岩性、岩相等）过程中，采用的是根据随机路径确定的网格点逐点进行模拟。因为是单个网格单元的模拟，容易导致模拟结果出现相对离散的点，这些离散的点不符合地质认识，是所谓的"噪点"。Clayton 教授提出了一种模型平滑方法 MAPS 可以在一定程度上解决该问题。在 MAPS 方法中，主要采用了一种平滑窗口，如二维情况可以采用 3×3、5×5 窗口对模型进行平滑处理。图 1 为平滑前后的对比，一般情况下 MAPS 可以取得较好的效果。但是在某些特殊情况下，现有的平滑方法不适用。如图 2 所示，该图为阿尔伯塔大学地质统计学授课中的平滑原理示意图，采用 3×3 的模板，权值分布采用的是各向同性的方法，即中心点权值最大，距离中心点距离相同的网格的权值一样。当平滑窗口处于如图中红色虚线框所示位置时，中心点所属相类型的概率采用加权平均的方法。例如平滑窗口共有 9 个网格，权值之和为 15，而属于代码 1 的有两个网格，其权值分别为 1 和 3，因此中心点属于代码 1 的概率为 4/15＝0.27。同理，属于代码 2 的概率为（2+1+＋2）/15＝0.47，属于代码 3 的概率为（1+2+1）/15＝0.27。因此，平滑后红色虚线框内的中心网格的属性将用概率最大的代码 2 所替代，这样就去除了离散的点。在研究中发现，当平滑窗口位于左下角时，如图中蓝色虚线框所示，则中心点属于代码 2 的概率为 8/15＝0.53，而属于代码 3 的概率为 7/15＝0.47,因此中心点会被代码 3 所替代。继续平移平滑窗口(向右平移一个网格),下一个平滑窗口中心点的绿色(代码 3)也将被白色(代码 2)所替代。如此重复下去,整个绿色条带都将被白色所替代。通过图 2 可以直观地看出,绿色条带并不是孤立的,连续性很好,只是因为呈线性分布,所以这种平滑方法针对线性分布的地质体是不适用的。

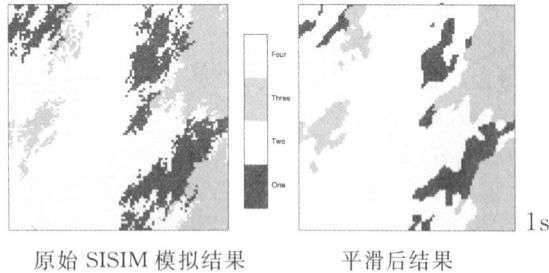

图 1　平滑前后对比

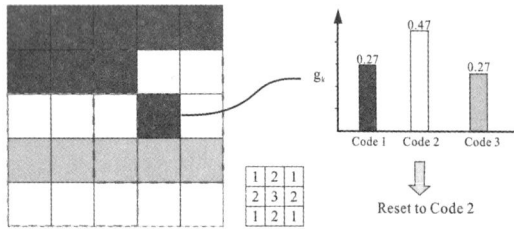

图 2　平滑处理的原理示意图

## 3　方法的改进

改进处理方法主要针对 MAPS 方法中平滑窗口进行重新设计,针对特殊的地质情况设计合理的平滑窗口和权值。原始 MAPS 算法中平滑窗口为各向同性,而泥岩夹层的分布主要呈线性分布(二维)或薄片状分布(三维),不同方向的连续性差别较大。采用各向同性的平滑窗口不仅把孤立的点平滑掉,而且也会把线性分布的泥岩平滑掉。以薄层泥岩的平滑处理为例说明,将各向同性平滑窗口改进为长方形的各向异性平滑窗口,如图 3 所示,窗口不再是规则的正方形网格,而是根据地质体的空间分布特征来设置,如本例中水平方向设置为 5 个网格,而在垂直方向上设置为 3 个网格,并且权值不再是各向同性分布,例如本例中中间网格的权值明显高于上下层网格的权值,这种窗口适合于图 2 中呈线性分布地质体的平滑。在实际应用中需要根据地质体的特点来设计合理的平滑窗口。

| 1 | 1 | 1 | 1 | 1 |
|---|---|---|---|---|
| 9 | 10 | 11 | 10 | 9 |
| 1 | 1 | 1 | 1 | 1 |

图 3　5×3 平滑窗口

使用改进后的平滑窗口对图 2 进行平滑,当平滑窗口位于图中黄色虚线时,平滑窗口共有 15 个网格,权值之和为 59。属于代码 1 的概率为 1/59＝0.0169,属于代码 2 的概率为 9/59＝0.1525,属于代码 3 的概率为 49/59＝0.8305。平滑后图中绿色相带就保留下来了,而图中红色虚线内的离散点按照此平滑窗口也会正确地被白色所替代。提高平滑窗口中心点及其左右两边网格的权重可以满足了线性分布岩相类型的平滑处理。

下面采用通用模板进一步说明改进平滑窗口的工作原理以及需要注意的问题。假设岩相模型中单层泥岩分布代码如下:0 代表背景或者其他岩相类型,1 代表泥岩夹层,红色表示泥岩分布的两端,1 的数量为 L,表示泥岩长度。

| 0 | 0 | 0 | 0 | 0 | ... | 0 | 0 | 0 | 0 | 0 |
|---|---|---|---|---|---|---|---|---|---|---|
| 0 | 0 | 0 | 1 | 1 | ... | 1 | 1 | 0 | 0 | 0 |
| 0 | 0 | 0 | 0 | 0 | ... | 0 | 0 | 0 | 0 | 0 |

图 4　单层泥岩分布

| 1 | ... | 1 | 1 | 1 | ... | 1 |
|---|---|---|---|---|---|---|
| Kn | ... | K1 | K | K1 | | Kn |
| 1 | ... | 1 | 1 | 1 | ... | 1 |

图 5　通用 3×m 平滑窗口

使用图 5 所示 3×m 的平滑窗口去平滑图 4 所示泥岩夹层。当窗口中心点 K 移动到图 4 中左边红色 1 处时,属于泥岩的权值为 $K+K1+\cdots+Kn$,属于其他相的权值为 $K1+\cdots+Kn+sum('1')$,sum('1')表示平滑窗口中所有权值为 1 的和。为保证泥岩夹层两端(图 4 中红色 1)不会被其他相类型(图 4 代码 0)替代,属于其他相的权值应该小于属于泥岩的权值,所以平滑窗口应该满足 $K>sum('1')$,这样平滑过程中泥岩夹层两端不会被平滑掉,泥岩夹层中间也不会被平滑掉,这样整个泥岩夹层就完整保留下来。图 5 所示平滑窗口长度为 m,图 4 所示泥岩夹层长度为 L,为保证窗口中心点 K 移动到图 4 中左边红色 1 处时,窗口边缘点 Kn 在图 4 右边红色 1 的左边,需要满足 $n≥L$,其中 $m=2×n+1$,这样上述权值才能正确计算,泥岩夹层才能保留下来。所以若想在平滑过程中不保留长度为 L 以下的泥岩夹层,则让 $n<L$,并且 $Kn>K-sum('1')$,这样在移动窗口的过程中所有泥岩夹层的权值都小于背景相权值而被平滑掉。

原始 MAPS 方法在平滑过程中当模板中心点

K 位于模型的左上角时,平滑窗口的左上部分在泥岩夹层模型外部,只有中心点 K 右面及下面平滑窗口权值参与计算。这样平滑窗口中的权值没有被完全使用,会损失部分信息。在改进方法中对原始泥岩夹层模型进行向外扩充,比如使用 3×5 平滑窗口对网格数量为 200×200 的泥岩夹层模型进行平滑,事先在模型上面和下面各增加一层背景相,在模型左面及右面各增加两层背景相,整个模型的网格数量为 202×204。这样平滑窗口在 202×204 模型网格内部平滑就不会出现平滑窗口溢出到模型外部的情况,使得平滑窗口中每个权值都得到计算,避免了模型边界处的平滑误差。

## 4  改进前后的对比

在老油田 SISIM 方法经常被用于泥岩夹层模型的建立,一般来说由于网格大小的限制以及泥岩夹层厚度分布的特点,泥岩夹层一般呈条带状分布。如图 6 所示,网格大小为 10m×1m,泥岩夹层的厚度为 1～2m,平均长度为 200m,泥岩比例为 10%。采用 SISIM 模拟,变差函数设置为水平方向变程为 200m,垂直方向 2m,理论模型为球状模型。图 6 左边为模拟的结果,可以看出夹层呈水平条带分布,局部存在一些离散的点或是横向延伸很短的线。图 6 右边为泥岩夹层的长度分布直方图。在统计泥岩延伸长度的过程中,由于相邻单层网格的泥岩会出现在垂向上叠加而形成较长的泥岩夹层的情况,单独统计某一层网格上的泥岩长度与实际泥岩长度不符,所以本文设置统计泥岩长度规则如下:所有能够与某一泥岩网格在上下左右或对角上相邻的泥岩网格都属于同一个泥岩夹层,网格在统计过程中不会被重复计算。统计夹层长度算法先遍历整个模型,提取出所有独立的相互不连通的泥岩夹层,再计算每个泥岩夹层的最大长度。计算的原始模型中泥岩长度平均值为 140.4m,比输入的期望值 200m(水平方向变程)小了近 1/3,主要原因是因为存在一些离散的噪点。采用 MAPS 方法平滑,平滑样板 3×3,平滑结果如图 7 所示,泥岩长度平均值为 92.6m,小于平滑前的泥岩长度平均值。对比图 6 和图 7 可以看出,采用 MAPS 平滑泥岩夹层模型有如下特点:对于单层的泥岩夹层,MAPS 方法会将其完全平滑为背景相,对于离散噪点 MAPS 方法去除不完全,处理后不仅仅导致泥岩长度变短,而且很多泥岩夹层都被平滑掉了,也大大改变了原始的泥岩百分比。

针对 MAPS 方法平滑存在的不足,采用上节提出的改进方法,按照改进平滑窗口设置规则,如

果需要平滑掉长度为 30m 及 30m 以下的泥岩夹层,设置 3×9 大小的模板[1 1 1 1 1 1 1 1 1;4 5 6 7 2 0 7 6 5 4;1 1 1 1 1 1 1 1 1]对泥岩夹层模型(图 6)进行平滑,迭代两次。平滑后的结果如图 8 所示,可以看出平滑后泥岩夹层最短长度为 30m,所有 30m 及以下的泥岩夹层噪点都被平滑掉了。新平滑方法保留了原始泥岩夹层的分布特点,针对噪点及认为不合理的泥岩短线进行了剔除。统计直方图显示平均泥岩长度为 164m,相对于 MAPS 处理后模型的 140m,更接近期望值 200m。

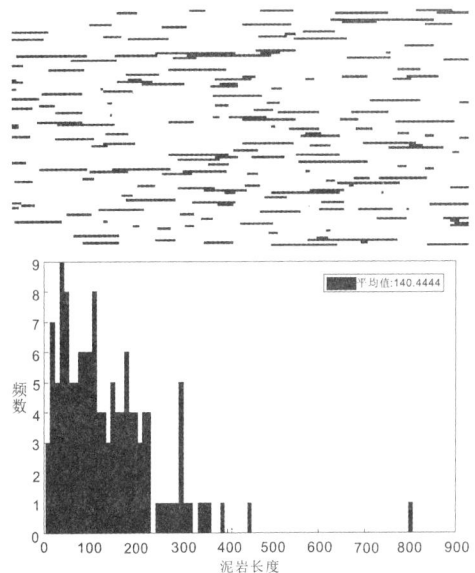

图 6  SISIM 模拟夹层分布模型

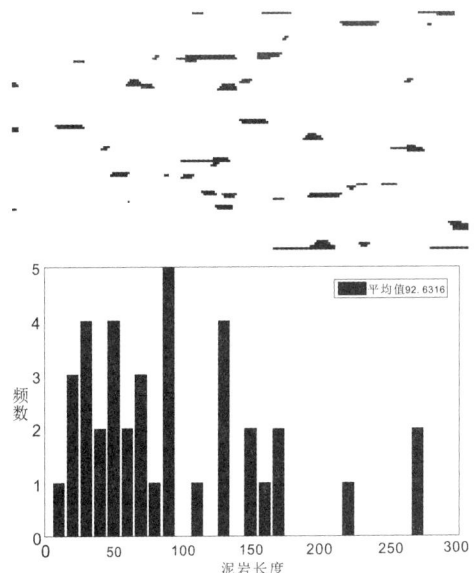

图 7  MAPS 方法平滑效果

该算法设计灵活,可以根据实际资料的情况设置不同的下限值,例如设置 3×11 大小的模板[1 1 1 1 1 1 1 1 1 1 1;4 5 6 7 8 2 4 8 7 6 5 4;1 1 1 1 1 1 1 1 1 1 1]对泥岩夹层模型(图 6)进行平滑,可以平滑掉长度 40m 及 40m 以下的泥岩夹层,平滑结果如图 9 所示。对比图 8、图 9 和图 6

可以看出,新的平滑方法可以消除给定长度的噪点,平滑处理后的泥岩夹层的平均长度更接近模拟前预设的期望值,也就是说新的平滑方法效果明显。通过改变平滑窗口的长度能够保留长度在指定值以上的泥岩夹层,改进算法更具有针对性。

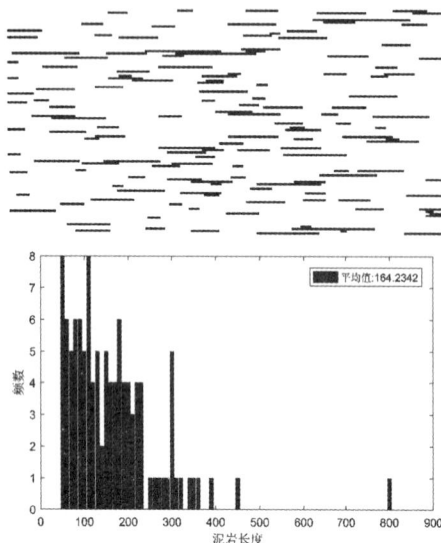

图8 泥岩长度大于30m的平滑结果

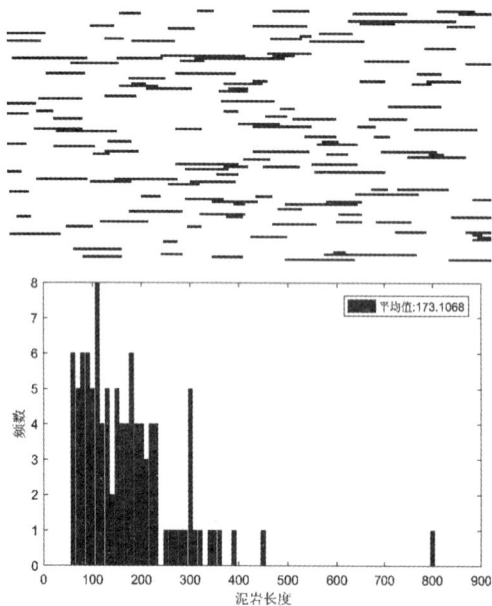

图9 泥岩长度大于40m的平滑结果

## 5 结论

基于像元的建模方法如 SISIM、SNESIM 等经常被用于建立离散变量的模型,如微相、岩相、岩性模型等。由于算法本身的特点,会导致模拟结果中会出现一些不符合地质认识的离散的"噪点",为了使模型更合理,通常需要做平滑后处理。Clayton 教授提出的 MAPS 平滑方法在多数情况下均能取得较好的效果,但是当存在薄的地质体时,例如薄的泥岩夹层,该平滑方法会把线性或片状分布的夹层完全平滑掉。针对这种情况,本文提出了改进方法,根据地质体的特点设计平滑窗口,并根据需要平滑掉的最短泥岩长度设计相应的权值,改进后的平滑方法不仅能够去除"噪点",而且能够克服原始 MAPS 方法把薄的地质体平滑掉的不足。通过对比分析发现,改进后方法得到的地质模型更接近地质真实情况。本文给出的算例是二维模型,提出的算法可以很容易扩展到三维空间。

## 致谢

本文是国家科技重大专项任务(辫状河储层构型建模算法模块编写及知识库应用系统研制,编号 2016ZX05011—001—004)的部分研究成果。

### 参 考 文 献

[1] 吴胜和,金振奎,黄沧钿,等.储层建模[M].北京:石油工业出版社,1999.

[2] 贾爱林.中国储层地质模型 20 年[J].石油学报,2011,32(1):181—188.

[3] 李少华,张昌民,彭裕林,张尚锋,陈新民,姚凤英.储层不确定性评价[J].西安石油大学学报(自然科学版),2004(5):16—19+24—2.

[4] 霍春亮,刘松,古莉,郭太现,杨庆红.一种定量评价储集层地质模型不确定性的方法[J].石油勘探与开发,2007(5):574—579.

[5] 吴胜和,杨延强.地下储层表征的不确定性及科学思维方法[J].地球科学与环境学报,2012,34(2):72—80.

[6] 李少华,张昌民,汤军,等.顺序指示模拟方法及其在濮城油田储层非均质性研究中的应用[J].江汉石油学院学报,1999,21(1):13—17.

[7] Deutsch C V.,Wang Libing. Hierarchical object—based stochastic modeling of fluvial reservoirs[J]. Mathematical Geology,1996,28(7):857—880.

[8] 吴胜和,李文克.多点地质统计学——理论、应用与展望[J].古地理学报,2005,7(1):137—144.

[9] Deutsch C V. Cleaning categorical variable(lithofacies)realizations with maximum a—posteriori select ion[J]. Computer & Geosciences,1998,24(6):551—562.

[10] 尹艳树,张昌民,李少华,等.基于信息度的储层建模后处理方法[J].石油学报,2008,29(6):889—893.

[11] 何文祥,吴胜和,唐义疆,等.河口坝砂体构型精细解剖[J].石油勘探与开发,2005,32(5):42—46.

[12] 牛博,高兴军,赵应成,宋保全,张丹锋,邓晓娟.古辫状河心滩坝内部构型表征与建模——以大庆油田萨中密井网区为例[J].石油学报,2015,36(1):89—100.

[13] 徐丽强,李胜利,于兴河,等.辫状河三角洲前缘储层隔夹层表征及剩余油预测——以彩南油田彩 9 井区三工河组为例[J].东北石油大学学报,2016,40(4):9—18.

[14] 白振强.辫状河砂体三维构型地质建模研究[J].西南石油大学学报(自然科学版),2010,32(6):21—24.

# 特高含水期复杂断块油藏低序级断层精细描述技术

武 刚

（中国石化胜利油田分公司勘探开发研究院）

**基金项目** 国家科技重大专项"复杂断块油田提高采收率技术"（2016ZX05011-002）

**摘 要** 胜利油区复杂断块油藏是东部老油田重要的油藏类型,已进入特高含水开发阶段,剩余油分布状况复杂,低序级断层是主要控制因素,也是本文的研究目的。通过攻关建立了特高含水期复杂断块油藏低序级断层描述技术体系,包括基于构造应力场模拟的低序级断层分布预测方法、叠后地震资料强化断层解释性处理方法、井—震—动交融式精细对比与解释技术以及基于地质模型的控油断层断棱精细刻画方法。技术应用于矿场后取得明显效果,科学预测了低序级断层分布特点,有效提高叠后地震资料的低序级断层成像效果与解释的精准度,在此基础上合理解释低序级断层并组合复杂断裂系统,最大限度地准确刻画断棱形态与位置,搞清了剩余油分布,在含水高达 90% 以上的老油田打出了高产的纯油井。研究成果在解释性处理技术、低序级断层交互解释方面取得创新,促进了东部陆相老油田精细油藏描述技术的发展。技术推广应用后,在胜利油区复杂断块油藏中新增经济可采储量 1500 万吨,相当于发现了一个新的中等油田。

**关键词** 特高含水期;复杂断块油藏;低序级断层;解释性处理技术;断棱精细刻画

## 1 引言

胜利油田是我国东部重要的油气生产基地,随着油田开发进入特高含水阶段,针对不同类型油藏的剩余油分布、提高采收率关键问题开展了精细油藏描述专题性的攻关研究。而复杂断块油藏是胜利油区重要的油藏类型,分布于东辛、临盘、现河庄等66个油田,动用储量、产量均占胜利油区 30% 左右,具有断层多、断块小,断裂系统复杂的典型特征[1]。进入特高含水开发阶段(胜利复杂断块油藏综合含水 92.3%)后,低序级断层分布、复杂断裂系统组合形式是控制剩余油的主要地质因素,也是精细油藏描述重点与难点[2-4]。近年来,针对低序级断层精细描述这一复杂断块油藏精细油藏描述研究难点开展了持续性攻关研究,不断取得技术进展,建立了具有"胜利特色"的低序级断层精细描述技术体系(图1),达到了较高的描述精度:埋深 2000～2500m、断层密度≥5 条/平方千米条件下,准确描述落差 5～7m(有井钻遇)、7～10m(无井钻遇)的小断层,也取得较好的矿场应用效果。

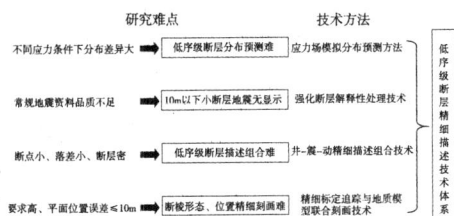

图 1 胜利油田复杂断块油藏特高含水期低序级断层精细描述技术体系示意图

## 2 低序级断层应力场模拟预测方法

以往研究中,一般采用"相似构造样式类比法"来指导断层解释,该方法是相似区、相邻区之间的对比,其主观性较强,不同的研究者会选择不同的相似区来类比。由于不同的构造应力场条件形成了不同的低序级断层分布形式,基于断层力学成因的构造应力场的模拟,建立地质综合预测模型,对小断层的分布可以进行半定量的预测,其指导作用更具针对性,当然该方法必须依托实际区块构造应力场的分析。研究中,在地质力学模型建立的基础上,施加合适的边界、约束条件,开展构造应力场模拟研究,明晰控制断层密度的差应力场、控制断层走向的剪应力场的分布规律。由模拟结果可以看出,影响该区断层发育的最主要控制因素是最小主应力与最大主应力的差应力和剪应力。EW 向正断层是由张应力产生的,所以认为是差应力的分布控制了这些断层的发育位置;而 NWW 向正断层则是由左行剪应力控制产生的,NE 向断层主要是由右行剪应力作用产生的,这些断层都具有明显的走滑性质,在平面上呈雁列状分布,所以剪应力的旋向决定了断层的走向。模拟结果显示(图2),永3地区该期最小主应力与最大主应力的差应力在中部附近出现高值,并呈现出以高值区为中心,向周围区域依次减小的分布格局。根据构造应力场对断裂作用的控制准则,该时期断层发育的密集区应对应着最小主应力与最大主应力应力差的高值区。

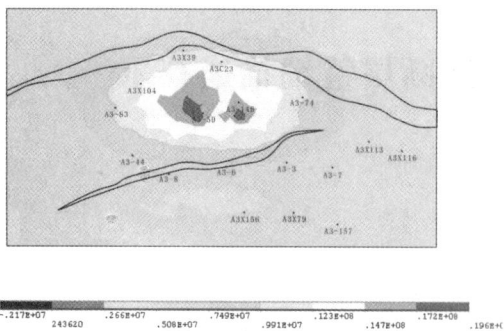

图 2 永 3 断块沙河街晚期最小主应力与
最大主应力的应力差分布图

同时,模拟结果显示,永 3 地区该期平面剪应力的分布基本上呈区域性展布,其中右旋剪应力(负值)的数值主要在 1~6MPa 之间,主要分布在西部,在此剪应力作用下易产生 NE 向断层。平面左旋剪应力的数值在 1~5MPa 之间,主要分布在东部,此方向展布的剪应力是 NWW 向断层产生的主要因素。两组剪应力共同作用产生了该区的主要断裂体系,按照库仑-莫尔破裂准则,可以确定断层优势走向。

在平面构造应力场、剖面构造应力场研究的基础上,按照应力场对断裂作用的控制准则,建立"实际构造型式"(图 3),包括断层密度(图中数字)、断层优势走向(图中虚线)、断层发育模式(左侧圆形区域内为树枝状断层发育区、右侧方框区域内为南北向断层桥发育区)等内容,与传统的"相似地区构造样式"相比,内容丰富、针对性强,并且可以指导低序级断层的地震解释与平面组合。

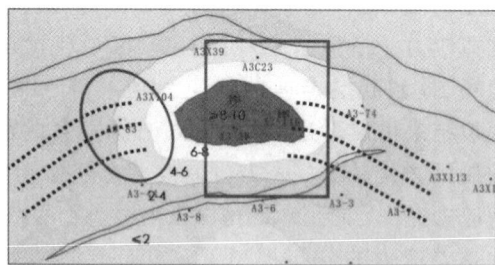

图 3 永 3 断块沙二段油藏实际构造型式

## 3 强化断层解释性处理技术

通过地震正演研究发现,胜利断块矿场一般情况下,识别落差 7m 小断层,地震主频应至少到 35Hz,当地震主频达到 40Hz 时,可以识别落差 5~6m 的小断层。胜利断块常规三维地震主频一般 25Hz 左右,不能识别 10m 以下的小断层。需

研发既能提高主频突出小断层,又不产生"断层假象"的、有针对性的解释性处理技术,处理后再应用建立的地震识别标志解释小断层。

野外露头与取心资料表明,断层带内部有微细裂缝、两侧易发育诱导裂缝,因此,会对地震波的高频成分吸收较多。地震正演证实:断层带附近,高频成分被吸收多、衰减大。断层不同部位结构有差异时,对地震波高频成分的吸收特点也明显不同。因此,常用的以突出薄层信息为目的的拓频提频方法适合于储层预测,但不适合于小断层解释。正确的思路是,考虑破碎带的因素、人工突出被吸收的高频成分,并且逐步提频、避免假象。

基于以上思路,创新地提出了针对小断层识别的拓频提频处理方法:基于分频与能量再分配的突出低序级断层的解释性处理技术(图 4)。该方法是在分频的基础上,利用井资料约束下的高精度匹配追踪算法计算能量分配函数,通过调节能量分配函数,突出高频成分,达到拓频提频的效果。该技术具有两个优势:一是针对性强,适用于小断层识别;二是便于实现分步拓频,可以有效地避免出现断层假象。

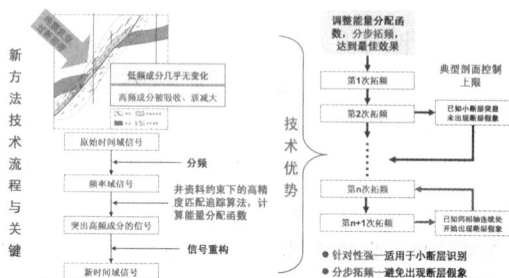

图 4 针对小断层识别的拓频处理方法技术原理示意图

编制"常规三维地震下小断层识别拓频软件",应用于临 58 块,采用典型剖面控制提频上限,实现了技术目标。处理后主频提高、频宽增加(图 5),地震剖面与合成地震记录吻合性明显提高。地震剖面同相轴的横向变化特征被突出出来,频率增大了,能量增强了,噪音减少了,波组关系和特征更明显,各种干扰波明显减少,整个地震剖面品质得到明显改善,原来的复波得到进一步分频变成两个波,原来未能分辨的波组更加清晰,弱相位得到加强,反映薄层及隐蔽型小断裂信息的细微特征得到进一步凸显,为下步的小断层精细反演奠定了良好的资料基础。通过结合分频前后的地震数据进行断层解释效果分析,可更加直观地刻画出隐蔽性小断层,能更加精细地识别出工区小断层的发育分布。地震数据体时间切片的

细节上的变化特征被突出出来,并且频率增大了,能量也增强了,噪音减少了,切片的分辨率得到很好的提高,整个地震时间切片的品质也因此得到明显改善。由于原来的复波得到进一步分频变成两个波,原来未能分辨的波组更加清晰,弱相位得到加强,反映时间切面上的细微特征得到进一步凸显,所以为下步的小断层识别奠定了良好的资料基础。

在拓频处理的基础上,创新应用基于断层门槛值的"差异滤波",去噪同时加强断层边界。依托已落实小断层的原型研究,分析同相轴连续性因断层而发生的改变,设定合理的断层门槛值($0 \leq a \leq 1$)。在大于该门槛值(连续性较好)时利用倾角导向体中值滤波对地震资料进行去噪处理,进一步提高其连续性;在小于该门槛值(连续性较差、小断层位置)时采用各向异性扩散滤波进行异常赋值处理,进一步突出其不连续性,从而实现在去噪的同时断层边界得到加强。

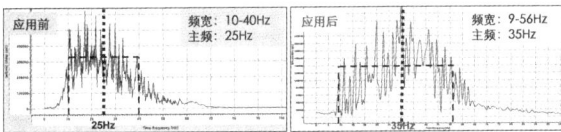
图5 临58块地震资料处理前后频宽及主频对比图

通过以上处理后的地震剖面,能够追更好地踪砂体顶面,并且使得建立的"识别标志"能够应用于解释落差10m以下的小断层(图6),与井断点吻合较好(临58井2159.6m处断点在处理后的剖面上可解释小断层,表现为同相轴的微扭动,但在未处理的剖面上无法解释)。应用新技术,实现了10m以下小断层地震解释由高精度三维到常规三维地震的突破,应用于研究区新发现小断层、重新解释构造,为小断块有效注水开发奠定地质基础。

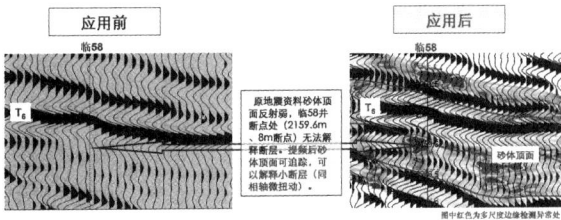
图6 临58块地震资料处理前后地震剖面及沿层切片对比图

## 4 井—震—动精细描述组合技术

复杂断块油藏"井"与"震"的研究是"同步"进行的,其特点是,井、震每前进一步都要及时从对方寻找依据,并且要随时进行动态验证确保不出现动静矛盾。

### 4.1 紧密结合沉积规律,建立小断点判识准则

3~5m的小断点测井对比识别比较困难,主要是由于小断点与沉积变化不易区分,由此建立了利用测井资料判识井钻遇小断层的准则:

(1)沉积解释优先:优先应用沉积规律解释"地层变化";

(2)不符再开断点:不符合沉积规律的变化再开小断点。

因此,除通用沉积规律外,还要总结形成"本土化"的沉积规律,才能提高对比识别精度。通过宜川延安组三角洲前缘野外露头观测描述发现,顺物源方向(图中由远及近)三角洲前缘"等时体"岩性变化规律表现为砂岩(a)-灰质砂岩(b)-泥岩(c)的特点。通过东营三角洲矿场实际资料分析,同样发现三角洲前缘"等时体"顺物源方向有相似的岩性变化规律[5],二者结合,从而建立了描述三角洲前缘"等时体"岩性演化的"三元模式"。该模式以三角洲水下沉积演变为基础,针对储层、隔夹层平面及空间的变化规律,提出顺物源方向,三角洲等时储层沉积、隔夹层沉积具有以下两项规律(图7、图8)。

规律一:作为储层沉积,沉积微相由单一三角洲河口坝沉积向前缘席状砂及前三角洲泥沉积演变过程中,岩性变化具有砂岩-灰岩-泥岩的沉积变化规律,处于砂岩-灰岩之间的岩性成分主要为灰质砂岩,顺物源方向,灰质成分含量逐渐增加;处于灰岩-泥岩演变区,泥质含量逐渐增加。

规律二:作为隔夹层沉积,其岩性变化与储层类似,具有由物性夹层(砂)向灰质夹层(灰)再向泥质夹层(泥)演变的规律。

对此规律进行了机械、化学沉积分异原理的综合分析[6],符合沉积分异原理表述的顺物源方向粒度变小、溶解度增大(硅酸盐-碳酸盐-硫酸盐)的分异规律,从而使得地层精细对比中除了标志层、旋回等规律控制之外,增加了等时追踪对比的"岩性"线索及"沉积"依据,提高了等时对比的精度、准确度。

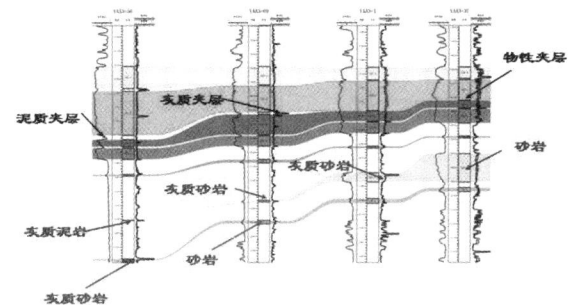
图7 "砂—灰—泥"(三元模式)沉积规律矿场资料剖面图

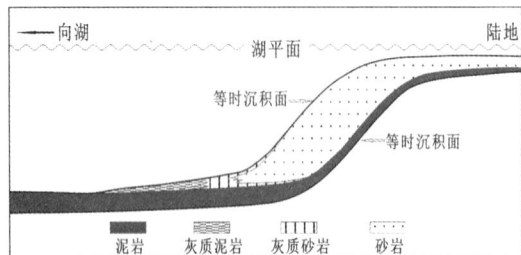

图 8 "砂—灰—泥"(三元模式)沉积规律理论模式图

三元模式应用于地层对比中,使得除了沉积旋回、标志层等控制因素外,增加了对比中"岩性变化线索"这一约束条件,实现了单砂体精细、准确、等时对比,并在此基础上明确断点识别准则—同元突变开断点、异元变化先沉积,做到准确识别5m小断点。以永 3－53 井为例,在单砂体等时对比的基础上,利用"同元突变开断点"这一准则,准确识别仅 5m 左右的小断点。后经地震资料分析,找到了该断层的"根",根部实际落差 5～8m。距离两口注水井 130、170m 处部署完钻的新井显示:厚度大于 2m 的储层,测井解释水淹,小于 2m 的储层为纯油层,射开薄油层,新井投产初期日产油11t/d、不含水,说明这条小断层的确存在并起到了封堵作用。

### 4.2 分析小断层波场特征,建立地震识别标志

较大落差的断层在地震剖面上表现出"反射波组变化"的常规标志,易于识别描述。而五级及以下级别的低序级断层,落差一般 10m 左右,甚至小于 10m,延伸长度只有 100～300m,在地震剖面上无明显的标志,难以识别解释。地震正演表明,受地震资料分辨率的限制,一些小断距断层在地震记录上不能准确识别,有必要对不同品质的地震资料在不同深度、不同速度结构条件下能分辨的断层规模(序级)进行研究和分析。地震正演是地震技术应用的基础,通过地震正演,可以认识地震波在地下岩层中的传播规律,判别地震响应与岩石结构、地质构造的关系。在地震解释阶段,应用地震正演技术能为解释人员提供地质解释的依据。对于断裂构造研究,地震正演有助于确定不同级次、不同组合形式的断层的地震反射特征,建立低序级断层地震识别标志,以指导五级以下低序级断层精细解释。

充分考虑胜利油区断块油田断块油藏的地质构造特点:沙河街组地层、中深层(1800～2400m)、砂泥岩互层、厚层及薄互层砂岩间互、地层倾角15°左右等以及中深层不同品质的地震资料(主频为 20～40Hz),以实际完钻井资料为依据,建立地质模型。为了分析不同规模低序级断层的地震响

应特征,设计了 4 条断层(落差分别为 4m、6m、8m、12m)的组合模型。应用上述地质模型,在背景噪音为 1 %,地震主频分别为 20Hz、30Hz、40Hz 条件下,采用自激自收射线追踪方法正演模拟地震响应特征。分析不同频率条件下不同断层落差的地震正演响应特征,不难看出,断距为 5～15m 的低序级断层在地震正演剖面上有明显的反应,主要表现为同相轴能量突变、合并分叉、微扭动、微错断等微小变化。随着频率的增大,能分辨的断距越小;同一频率下,随着断距的增大,断层的特征越明显。以高精度三维地震为资料基础,以落实的低序级断层(经过动、静态综合分析确定的断层)为原型,逐一分析其实际地震反射特征,结合地震正演成果,建立了 4 种低序级断层地震识别标志:同相轴微扭动、同相轴微错位、同相轴能量突变及同相轴合并(分叉)(图 9 中 a、b、c、d),对落差 10m 以下的小断层较适用。从应用效果来看,实现五级以下低序级断层的准确识别,研究精度提高,为断裂系统重组奠定了基础。

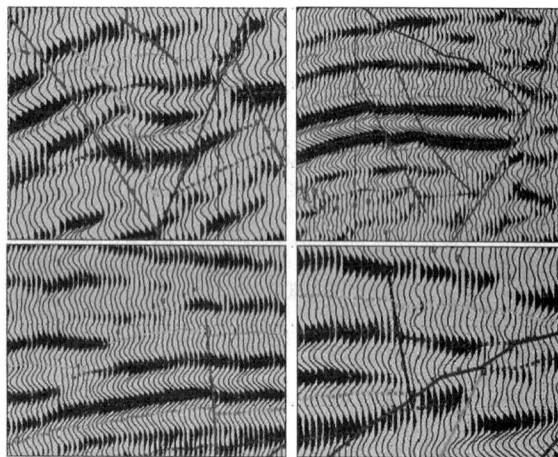

图 9 10m 以下低序级断层地震识别标志

### 4.3 多种方式优化组合,形成属性切片解释技术

地震正演研究表明,通过地震剖面与属性切片的"交互"解释,可以有效地降低低序级断层解释的多解性,提高解释准确度。属性切片平面解释技术关键包括两点:并列式属性优化融合、递进式属性算法组合。

并列式属性优化融合包括相干体与倾角导向体融合:其优点是宏观特征与细节特征相结合,适用条件为断层两侧地层倾角变化较明显;相干体与相对振幅融合:定义 T3 波的相对振幅为 A3－Aa,波的波峰振幅与其之前第一个波谷振幅之差,此参数对于判断波形相似、同相轴微扭动("层断波不断")效果较好。优点是大断层与小断层相兼顾,适用条件为小断层在剖面上表现为"层断波不

断"的微扭动时效果较明显。

递进式属性组合包括相干体与蚂蚁体组合：先计算得到相干体，再在相干体上利用蚂蚁追踪算法计算得到蚂蚁体，优点是常规地震下可识别落差7m左右小断层，适用条件为储层沉积较稳定；蚂蚁体与滤波算法组合：优点是在储层稳定性较差时也可应用，适用条件为对断层某1～2项要素参数值的地质认识准确，且范围较窄。如江家店地区夏507复杂断块区沙三段顶面沿层蚂蚁体切片，该区块基本发育高角度断层（倾角＞65°），据此设计滤波器，过滤掉倾角＜60°的断层。

以上攻关形成的多种方式优化组合属性切片解释技术，与断层强化处理后的剖面解释联合，进行"交互"解释，实现了常规地震资料条件下、复杂断块油藏、无井钻遇5～7m（埋深1500～2000m）、7～8m（埋深2000～2500m）低序级断层的地震解释。

### 4.4 动静结合由面到体，建立断裂系统组合方法

复杂断块断层多、断裂系统空间组合多解性强，通过攻关形成了地质、地震、动态相结合的"四步"组合法。

首先通过构造样式分析，明晰断裂系统宏观特征。其次就是不同属性沿层切片相结合，明晰断裂系统组合规律。通过沿层曲率切片、沿层相干切片等多种地震沿层切片技术相结合，优势互补、明晰断层组合规律指出平面组合特点。断裂发育区，落差较大的断层剖面特征较为清晰；但因为本区构造应力较为复杂，一些落差较小的断层其剖面特征较为模糊，在实际解释过程中常遇见较模棱两可的不确定情况，而相干数据体则从另一侧面为断点位置的准确界定提供便利，可避免解释的随意性，提高小断层解释的精度和准确性（图10）。

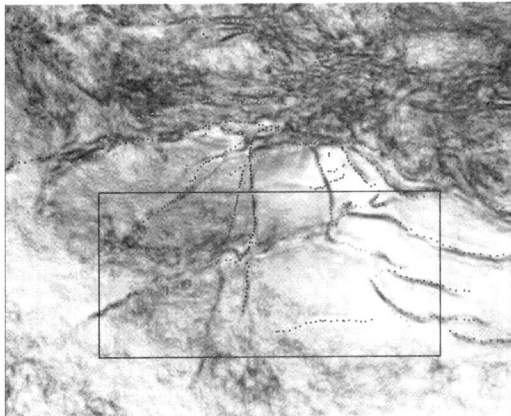

图10 永3断块区Es23沿层相干切片

再次是相邻相似加密解释—分层系组合，通过加密纵/横测线解释，在剖面准确描述每条断层的断面位置的基础上，根据相邻剖面的相似性分层系进行断层平面组合，再结合水平切片、相干切片进行校验，对不同断层的断层位置和延伸长度、组合连接方式进行仔细推敲，分层系实现断层的平面合理组合。叠合验证继承规律—全层系组合，对不同砂层组断层平面组合进行叠合（图11），进一步验证断层组合及空间展布的正确性和合理性。通过对多个反射层的断裂系统进行迭合，可验证断层平面组合和断面空间展布的合理性和准确性。最后就是充分利用动态资料进行验证分析，确保不出现动静矛盾。

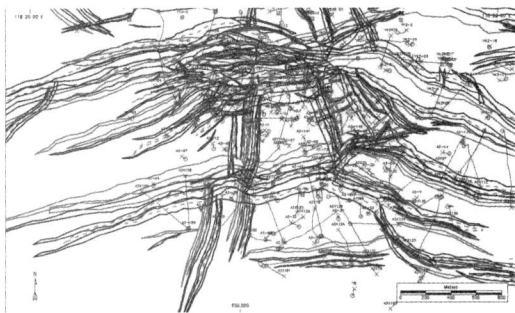

图11 不同砂层组断层平面组合叠合图

以上技术主要针对低序级断层的精细识别、描述与组合，此外，考虑到目前部分老油田的主力断块普遍进入特高含水后期，控油断层附近剩余油富集区条带宽度与设计水平井距断层的常规距离接近。必须打破常规，最大限度地贴近断层布井，才能实现"技术废弃层"效益开发。因此需要精细刻画断棱形态与位置，平面误差＜10m。为此，创新地提出了精细层位标定追踪＋井震模联合刻画的断棱精细刻画技术方法，通过"多"层位全面标定、"近"层位控制追踪，充分利用地质模型对"井—震微小差异"有"显微镜"的功能，在模型中进一步精雕细刻，使井数据点完全"镶嵌"在解释断面、层面上，二者相交、最大限度地精细刻画断棱形态与位置。

## 5 应用效果与技术展望

低序级断层的精细描述与复杂断裂系统的准确组合，为胜利复杂断块油藏"十二五"实施立体开发奠定了坚实的地质基础。目前，立体开发已成为断块油藏主要的特高含水期提高采收率技术，已推广应用单元19个，覆盖地质储量9449万吨，提高采收率5.1个百分点。"十三五"以来，在技术不断取得进展的基础上，进一步加大矿场应用力度，覆盖地质储量1.2亿吨，在胜利油区复杂断块油藏中新增经济可采储量1500万吨，相当于发现了一个新的中等油田。在平均断层密度＞5

条/平方千米的 44 个复杂断块区内,又发现低序级断层 383 条。重组复杂断裂系统后,在特高含水老区发现未动用层块、高部位储量 227 万吨,完钻新井 39 口,平均钻遇纯油层 48m,平均日油6.2 t/d,含水 27.7%,老区外围滚动新增商业储量 870 万吨。

特高含水期精细油藏描述在向着地质规律自身的精细化、精准化方向发展的同时,要更加注重与开发阶段的结合、开发方式的结合,要突出特色、突出问题导向。对于复杂断块油藏,主要有三个方面。一是要不断加强基础研究,通过地震正演、构造物模在已有构造几何学成果基础上,建立不同应力条件下复杂断层切割组合模式,并进一步通过正演明晰不同组合模式下小断层的识别条件。二是要持续攻关描述技术,深化解释性处理技术、地震多属性分析技术的研究,开展追踪双极子反演技术的研究,主要针对落差更小的微断层准确解释、低序级断层与岩性变化如何区分等难点问题进行攻关。三是要突出矿场应用实践,除典型复杂断块油田外,胜利整装油田外围也有大量的断块油藏,通过技术应用在老区挖潜、滚动扩边上有很大潜力,也是矿场实践应用的重要阵地。

## 参 考 文 献

[1] 金强,王端平,何瑞武,等. 小型断块油藏识别和描述[J]. 石油学报,2009,30(3):367-371.
[2] 刘显太,李军,王军,等.低序级断层识别与精细描述技术研究[J].特种油气藏,2013,20(1):44-46
[3] 孙波,陶文芳,张善文,等.济阳坳陷断层活动差异性与油气富集关系[J].特种油气藏,2015,22(3):18-21.
[4] 钱志.永安镇油田永3断块油气成藏条件及主控因素[J].断块油气田,2011,18(1):59-61
[5] 陈清华,王绍兰.永安镇油田构造沉积特征与油气关系[J].石油大学学报(自然科学版),1998,18(3):15-16.
[6] 杨勇.东营凹陷永安镇油田永3断块沙二段进积三角洲沉积体系[J].油气地质与采收率,2009,16(2):27-29.

# 胜坨油田三角洲分流河道砂体形态特征定量评价

严　科　崔文富

(中国石化胜利油田分公司胜利采油厂)

**摘　要**　胜坨油田三角洲平原分流河道砂体规模小,且砂体在垂直方向和水平方向上具有叠加性,常规钻井、测井、地震资料难以有效描述分流河道砂体的规模、形态和连通性特征,制约了该类油藏水驱开发质量的提升。本文以胜坨油田二区沙二 5—6 砂组为例,利用密井网资料和分频地震资料,对分流河道的叠置结构进行了定量研究,描述了分流河道带纵向和横向的边界,表征了河道带内河道砂体的规模和形态特征。研究表明,目标层纵向可分为六个河道带,自而上河道带的宽度和分布范围整体减小,河道带厚度与宽度呈线性正相关。在河道带剖面上,根据分流河道的剖面几何特征,确定了井距与河道厚度变化的相关性,所取得的河道形态参数对该类油藏下步的开发调整具有指导意义。

**关键词**　分流河道;构型;定量模型;砂岩储层;胜坨油田

## 1　引言

胜坨油田普遍发育河流相沉积地层,近 60 年的开发实践表明,河道的叠置结构是控制河道砂体非均质性的主要因素。开展分流河道形态研究对于解释分流河道分布规律,特别是从叠置分流河道带中分离单一河道具有重要意义。

目前国内外对于分流河道的研究主要集中在对现代沉积物及野外露头的描述分析,对地下分流河道的结构仍然缺乏认识,这对剩余油分布研究产生很大的影响。同时,由于缺乏地下三维结构信息,当单一河道厚度较小,相互叠加时,分层难度较大。东营凹陷三角洲平原分流河道的形态和规模尚未得到系统研究,严重制约了该类油藏开发后期的调整。本文以东营凹陷胜坨油田沙二段分流河道储层为例,在钻井资料的基础上,利用地震属性和地层切片来描述分流河道砂体的平面形态和分布,利用垂直于物源方向的密井网剖面,研究了分流河道横截面几何参数和叠置结构。

## 2　地质概况

胜坨油田位于东营凹陷北部陡坡带,胜二区位于胜利村构造的主体部位,东、北分别以 9 号、7 号断层为界,西、西南与胜 1 区块以油水边界相邻,为具有一定边水能量的单斜构造油藏,含油面积约 23km²。胜二区沙二段地层为河流—三角洲沉积体系,其中沙二段 8—9 砂组为典型的三角洲前缘沉积,沙二段 7 砂组以水下分流河道沉积为主,沙二段 5—6 砂组以三角洲平原相水上分流河道沉积为主,砂体厚度较薄,主要发育分流河道主体、河道侧缘、河道间湾三种沉积微相(图1)。

图 1　胜坨油田二区沙二段 5—6 砂组沉积微相图

## 3　研究数据和方法

胜二区沙二段 5—6 砂组钻遇井共 1256 口井,平均井距约 102m,储层埋藏深度为 1830～2500m,孔隙度为 26%～35%,渗透率为 $2500×10^{-3}～10000×10^{-3}\ \mu m^2$。本次研究划定的密井网解剖区钻遇 178 口井,井密度高达 140 口/平方千米,局部井距为 20～60m。三维地震数据的 bin 大小为 25m×25m,采样间隔为 1ms,目标层有效带宽为 10～80Hz,主频为 30 Hz。

胜二区沙二段 5—6 砂组岩性主要为砂岩和泥岩交互沉积,为了将地震反射波谷或波峰与砂岩相匹配,本次研究将地震数据进行了 -90°相位调整,转换后,河道带内砂体大致对应正相或负相事件,从而可利用波形的变化来研究河道带的结构。在此基础上,利用分频地震资料描述了分流河道带的边界和结构。

本次研究从沙二段 6 砂组底部到 5 砂组顶部,

开展了一系列间隔为 1ms 的地层切片,沿层切片振幅的最大值或最小值与砂体厚度呈正相关,同相轴的极性变化代表了切片沿层的岩性变化。同时,利用密井网测井剖面,估算了河道带和单一河道层的几何参数。通过对不同河道带几何参数变化的分析,确定了研究区分流河道的几何形状和规模。

## 4 分流河道带定量评价

利用研究区密井网测井资料,根据砂体叠置和旋回特征,从下向上将沙二段 5—6 砂组划分为 6 条分流河道带(图 2)。其中,①号和③号分流河道带的连续性最好,这两个河道带厚度大,延伸范围宽,河道带内砂体连通性好。其他分流河道带②、④、⑤、⑥的泥岩和粉砂质泥岩更为发育,砂体横向相变速度快,延伸范围小。

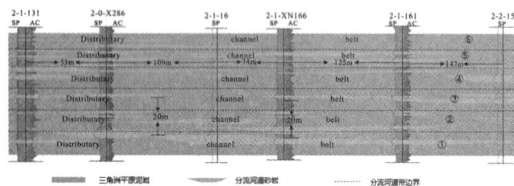

a. 近似平行于河道方向的砂体对比及河道带划分

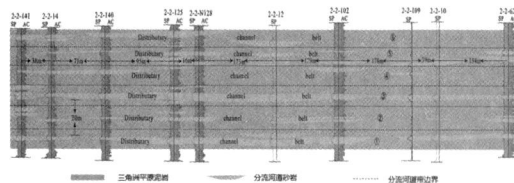

b. 近似垂直于河道方向的砂体对比及河道带划分

图 2 胜坨油田二区沙二段 5—6 砂组密井网测井对比分流河道带划分方案

受地震资料主频的限制,原始地震资料难以反映分流河道带的垂向特征和水平变化。而适当的中频地震信息能更好地反映河道带的剖面特征。如图 3b 所示,在近似垂直河道地震剖面中,2—2—141 井至 2—2—12 井所处的分流河道带⑥,在 60Hz 和 75Hz 地震剖面上经 -90° 相位调整后对应负相轴,地震反射轴极性在 2—2—102 井处发生反转,反映分流河道带在 2—2—102 井处尖灭,该结果与测井对比的砂体分布认识是一致的。

河道带⑤有左右两个分支,左支叠加在分流河道带④上,叠加位置的同相轴明显交错。河道带④的两个分支厚度较薄,规模较小,在 75Hz 地震剖面中,位于 2—2—10 井的右支在 2—2—12 井处发生了尖灭。河道带③的水平延伸距离长,连通性好,在 -90° 相位转换地震剖面上,河道带③对应负相轴。在大于 60Hz 的地震资料中,2—2—12 井和 2—2—10 井之间的同相轴极性变化,说明两井之间的河道带厚度变小,两井之间的河道带

连通性变差。河道带②的规模较小,存在有两个明显的支路,2—2—10 井所在的右支路在两侧有明显的尖灭。河道带①的规模大,分支多,不同时期沉积的单一河道层横向叠加,使河道带在地震资料中表现出广泛伸展的特征。

总体上看,由于沙二段 5—6 砂组为窄薄砂体互层沉积,部分河道带在常规地震剖面上难以区分,但在 75Hz 分频地震资料中,能较好地分辨出河道带的延伸边界。

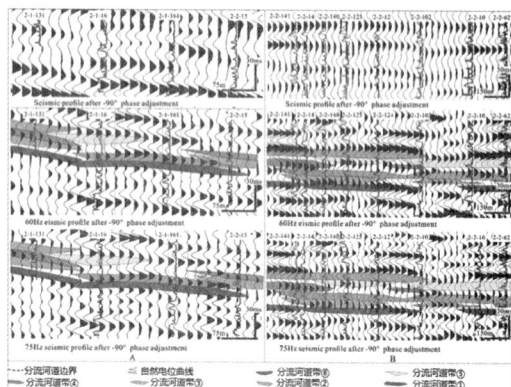

a. 近似平行于河道的地震剖面　b. 近似垂直于河道的地震剖面。

图 3 胜坨油田二区沙二段 5—6 砂组河道带在原始地震资料和分频地震资料中的分布特征

不同河道带最小振幅属性切片表明,研究区域河道带的扩展方向为从东北到西南。其中,河道带①的规模最大,占总面积的 64%,河道带⑥的分布范围最小,占总面积的 45%。整体上看,河道带的宽度、厚度以及平面分布范围自下而上呈逐步减小趋势。河道带的最小宽度基本相同,说明河道带是由单一河道叠置形成的(图 4、表 1)。

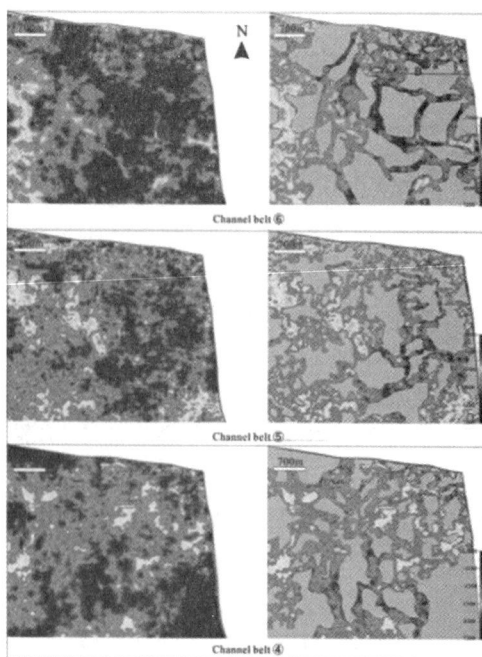

a. 沙二段 5 砂组振幅切片及河道带分布

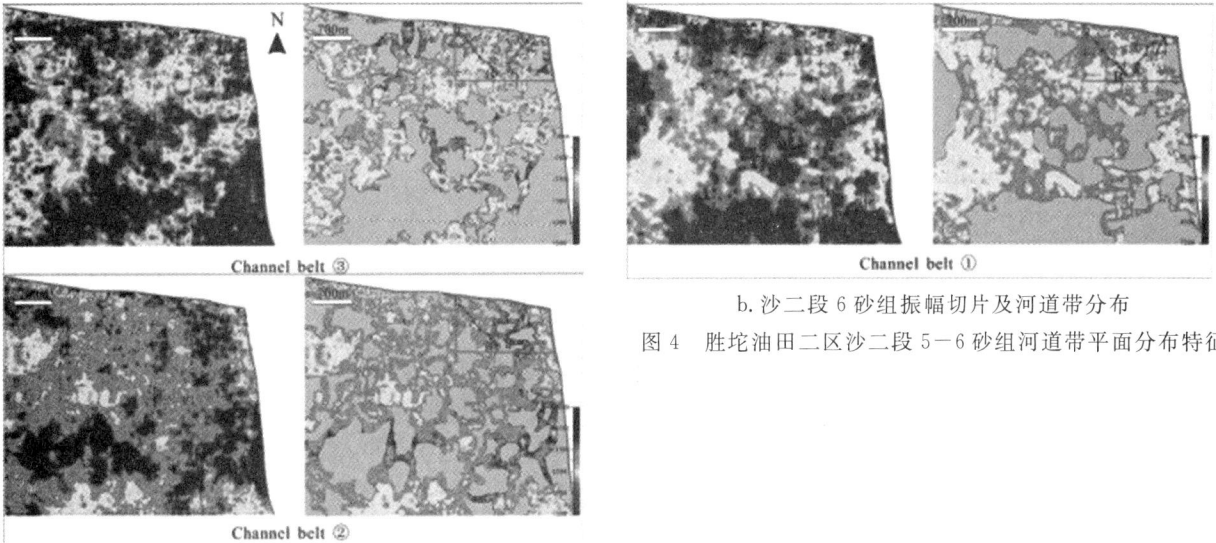

b.沙二段6砂组振幅切片及河道带分布

图4　胜坨油田二区沙二段5－6砂组河道带平面分布特征

表1　胜坨油田二区沙二段5－6砂组不
同河道带宽度、厚度统计表

| 河道带编号 | | ⑥ | ⑤ | ④ | ③ | ② | ① |
|---|---|---|---|---|---|---|---|
| 河道带面积占比(％) | | 45 | 56 | 54 | 54 | 61 | 64 |
| 厚度(m) | 最大 | 6.3 | 8.2 | 8.2 | 10 | 8.6 | 10 |
| | 最小 | 1.4 | 0.8 | 0.8 | 1.2 | 1 | 1.6 |
| | 平均 | 3.32 | 4.2 | 3.5 | 4.7 | 3.4 | 4.7 |
| 宽度(m) | 最大 | 268 | 624 | 478 | 721 | 478 | 1077 |
| | 最小 | 145 | 88 | 120 | 126 | 119 | 232 |
| | 平均 | 218.9 | 278 | 246.9 | 422.7 | 294.4 | 803 |

## 5　单一分流河道定量评价

　　研究区分流河道砂岩较薄，单一分流河道大多呈互层或叠合状态。地震资料和分频地震资料均不能解释单一河道层的形态和分布特征。本文利用高分辨率的密井网测井资料研究了单一河道层的几何形态(图5)。

　　在三角洲平原地区，由于坡度较小，单一河道砂岩厚度较薄，形状以"平顶凸底"为特征。在垂直于河道带延伸方向的剖面上，根据单一分流河道的剖面几何特征，确定了密井网测井剖面上的单一河道层位。如图5所示，河道带③上部单一河道的厚度从2－2－N128井向2－2－122井变薄，2－2－14井的单一河道层在2－2－140井处变厚，然后变薄。可以预测2－2－14井和2－2－122井位于同一沉积的两个不同的河道层中，这种单一河道层厚在井间的变化规律具有普遍性。

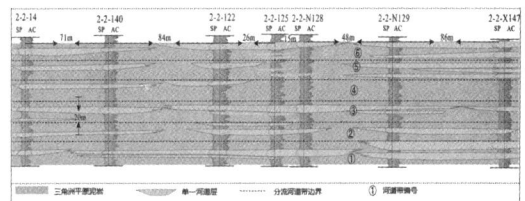

图5　胜坨油田二区沙二段5－6砂组垂直于河
道带延伸方向的密井网砂体对比剖面

　　通过对多个剖面上单一河道层的形态描述，计算了单一河道层形态数据(表2)。剖面中相邻两井在河道断面上的投影距离在16～75m之间，每个河道带至少有4个河道层参数组。沟道带①和沟道带③数据较多，其他沟道带至少有4组河道层参数。

　　通过计算井对间同一河道层的厚度差($\triangle h$)和垂直于古河流向的井对投影距离($\triangle L$)，研究了单一河道层的定量特征。研究表明，井对间厚度差($\triangle h$)与投影距离($\triangle L$)呈正线性相关(图6)。

河道带①数据点回归曲线斜率最大,其次是河道带③,河道带⑥数据点回归曲线斜率最小。从河道带①到河道带⑥,回归曲线斜率整体下降。

表2　胜坨油田二区沙二段5－6砂组单一河道层形态数据表

| 河道带编号 | 井对 | 厚度(h:m) | 厚度变化(△h:m) | 井距(△L:m) | △L/△h | 河道带编号 | 井对 | 厚度(h:m) | 厚度变化(△h:m) | 井距(△L:m) | △L/△h |
|---|---|---|---|---|---|---|---|---|---|---|---|
| ⑥ | 2-1-180 | 0.2 | 1.3 | 25 | 19.2 | ③ | 2-1-180 | 1.62 | 0.56 | 25 | 44.6 |
| | 2-1-J1803 | 1.5 | | | | | 2-1-J1803 | 1.06 | | | |
| | 2-2-122 | 2.56 | 1.44 | 28 | 19.4 | | 2-1-161 | 1.46 | 0.76 | 20 | 26.1 |
| | 2-2-125 | 4 | | | | | 1-J1662 | 0.7 | | | |
| | 2-2-125 | 4 | 1.3 | 16 | 12.3 | | 2-14 | 2.2 | 1.18 | 50 | 42.4 |
| | 2-2-N128 | 2.7 | | | | | 2-2-140 | 3.38 | | | |
| | 2-2-145 | 0 | 3 | 55 | 18.3 | | 2-2-122 | 3.04 | 0.96 | 28 | 29.2 |
| | 2-2-128 | 3 | | | | | 2-2-125 | 4 | | | |
| ⑤ | T765 | 2.37 | 1.13 | 32 | 28.3 | | 2-2-125 | 4 | 0.51 | 16 | 31.4 |
| | 2-3-14 | 1.24 | | | | | 2-2-N128 | 4.51 | | | |
| | 2-2-124 | 0.40 | 2.1 | 40 | 19.1 | | 2-3-152 | 2.9 | 0.38 | 18 | 47.4 |
| | 2-2-N122 | 2.50 | | | | | 2-3-J1502 | 3.28 | | | |
| | 2-2-122 | 1.50 | 0.75 | 21 | 28 | | 2-1-142 | 1.5 | 0.36 | 21 | 57.7 |
| | 2-2-129 | 0.75 | | | | | 2-1-160 | 1.86 | | | |
| | 2-2-125 | 0.85 | 0.85 | 16 | 18.8 | | 2-2-145 | 1.5 | 1.02 | 55 | 53.9 |
| | 2-2-N128 | 1.7 | | | | | 2-2-128 | 2.52 | | | |
| | 2-2-145 | 0.65 | 2.25 | 55 | 24.4 | | N2-141 | 2.78 | 0.66 | 41 | 61.8 |
| | 2-2-128 | 3.9 | | | | | 2-13 | 2.12 | | | |
| | 2-3-152 | 1.6 | 0.7 | 18 | 25.7 | | 2-13 | 2.12 | 1.48 | 60 | 40.5 |
| | 2-3-J1502 | 0.9 | | | | | 2-1-143 | 0.64 | | | |
| | N2-141 | 2.3 | 1.6 | 41 | 25.6 | | 2-1-141 | 1.86 | 0.24 | 10 | 41.7 |
| | 2-2-13 | 0.7 | | | | | 2-2-83 | 2.1 | | | |
| ④ | T765 | 3.00 | 1.84 | 32 | 17.4 | | 2-2-N128 | 4.38 | 2.34 | 60 | 25.6 |
| | 2-3-14 | 1.16 | | | | | 2-2-N129 | 2.04 | | | |
| | 2-2-122 | 2.37 | 1.67 | 21 | 18 | | 2-3-152 | 3.00 | 0.36 | 18 | 50 |
| | 2-2-129 | 0.7 | | | | | 2-3-J1502 | 2.64 | | | |
| | 2-2-141 | 0.40 | 1.50 | 32 | 21.3 | | 2-2-140 | 1.30 | 0.90 | 60 | 66.7 |
| | 2-2-14 | 1.80 | | | | | 2-2-122 | 2.20 | | | |
| | 2-1-142 | 1.40 | 1.00 | 21 | 21 | | 2-2-J1502 | 2.92 | 1.62 | 75 | 46.3 |
| | 2-1-160 | 0.40 | | | | | 2-2-C143 | 1.30 | | | |
| ② | 2-1-161 | 1.64 | 1.06 | 20 | 18.9 | ① | 2-2-120 | 2.10 | 0.48 | 22 | 45.8 |
| | 1-J1662 | 2.7 | | | | | 2-2-126 | 2.58 | | | |
| | 2-3-152 | 2.1 | 1.27 | 18 | 14.2 | | 2-1-141 | 3.04 | 0.96 | 34 | 35.4 |
| | 2-3-J1502 | 3.37 | | | | | 2-2-83 | 4.00 | | | |
| | 2-1-142 | 2 | 1.3 | 21 | 16.2 | | 2-0-173 | 1.40 | 0.30 | 20 | 66.7 |
| | 2-1-160 | 3.3 | | | | | 2-1-136 | 1.70 | | | |
| | 2-2-13 | 0 | 2.3 | 55 | 23.9 | | 2-2-125 | 3.22 | 0.30 | 16 | 52.9 |
| | 2-1-143 | 2.3 | | | | | 2-2-N128 | 3.42 | | | |
| | | | | | | | 2-2-122 | 2.35 | 0.67 | 28 | 42 |
| | | | | | | | 2-2-125 | 3.02 | | | |

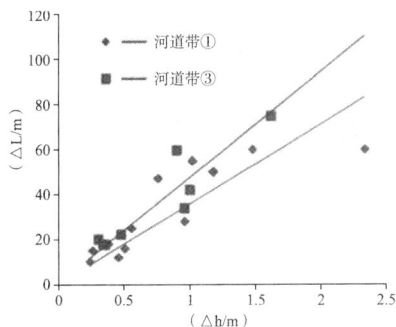

a.宽河道带双参数相关性特征

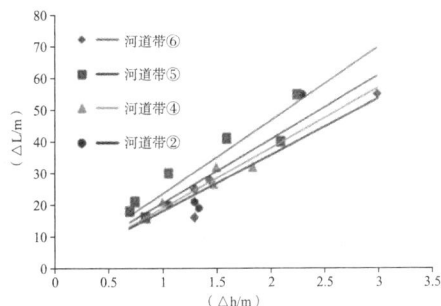

b.窄河道带双参数相关性特征

图6 不同河道带中单一河道层厚度差与
河道剖面上投影井距的关系

利用上述模型,当已知单一河道层任意位置的厚度时,可以估计该位置到河道层边界的垂直距离。当得到河道层的最大厚度时,可以推测其宽度。例如,单一河道层的沉积中心最大厚度为3m时,可计算出与河道边界的距离约为141.5m,整个层的宽度约为283m。河道带①的实际资料显示,单一河道层的最大宽度为400m,最小宽度为212m,平均宽度为304m。

## 6 分流河道沉积模式

研究区目标层位于三角洲平原,分流河道不断迁移、交织、叠加。在三角洲平原系主沉积区形成河道带时,河道带宽度及单一河道层数较多,在垂向剖面上,主要沉积区单一河道横向拼接、垂向叠加较为常见。在分流河道次要沉积区,河道带较窄,单一河道层数较少,宽度较窄,纵向和横向上多被泥岩分隔(图7)。

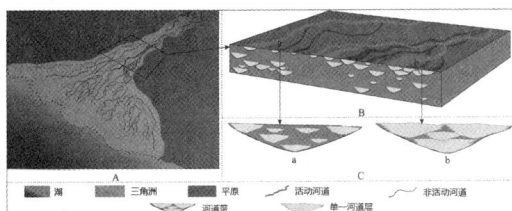

图7 三角洲平原分流河道沉积模式

## 7 结论及认识

(1)胜坨油田二区沙二段5—6砂组纵向可划

分为6个河道带。在原始地震资料中,河道带的划分难度大,而在60～75Hz分频地震资料中,同相轴对应的各河道带横向极性变化明显,边界特征明显,利用分频地震资料可以解释各河道带的横向叠加关系。

(2)研究区分流河道带①、③的厚度和宽度较大,且具有明显的连续性。其他河道带宽度较窄,河道带的交叉和再分支特征明显。从底部到顶部,河道带的宽度和厚度显著降低。

(3)在垂直于河道带延伸方向的剖面上,根据分流河道的剖面几何特征,确定了密井网测井剖面上的单一河道层位。井间单一河道层厚的变化与井间投影距离能够拟合成良好的线性函数,可用于河道砂体边界预测和井间砂体连通性预测,对油藏开发调整具有指导意义。

### 参 考 文 献

[1] Miall A D. Architectural element analysis：A new method of facies analysis applied to fluvial deposits [J]. Earth Science Reviews,1985,22：261－308.

[2] Miall A D. Architectural elements and bounding surfaces in fluvial deposits：anatomy of the Kayenta Formation (lower Jurassic),Southwest Colorado[J]. Sedimentary Geology,1988,155：233－262.

[3] Miall A D. The geology of fluvial deposits：sedimentary facies，basin analysis and petroleum geology[M]. New York：Springer－Verlag,1996：74－98.

[4] 岳大力,吴胜和,刘建民.曲流河点坝地下储层构型精细解剖方法[J].石油学报,2007,28(4)：99－103.

[5] 陈雨茂,邓文秀,滕彬彬.曲流河点坝内部构型精细解剖——以垦西油田垦71断块馆陶组为例[J].油气地质与采收率,2011,18(4)：25－27.

[6] 李林祥.孤东油田七区西Ng5$_2^{5+3}$储层内部构型[J].油气地质与采收率,2008,15(4)：20－23.

[7] 李阳,李双应,岳书仓,等.胜利油田孤岛油区馆陶组上段沉积结构单元[J].地质科学,2002,37(2)：219－230.

[8] 何文祥,吴胜和,唐义疆,等.地下点坝砂体内部构型分析——以孤岛油田为例[J].矿物岩石,2005,25(2)：81－86.

[9] 何宇航,于春.分流平原相复合砂体单一河道识别及效果分析[J].大庆石油地质与开发,2005,24(2)：17－19.

[10] 马世忠,王一博,崔义,等.油气区水下分流河道内部建筑结构模式的建立[J].大庆石油学院学报,2006,30(5)：1－3.

# 胜利油田低序级断层定量识别描述技术及应用

苏朝光[1]　束青林[2]　马玉歌[1]　陈先红[1]　宋　亮[1]　程远峰[1]

(1.中国石化胜利油田分公司物探研究院;2.中国石化胜利油田分公司)

**摘　要**　低序级断层的正确识别与描述,对胜利油田复杂断块油藏滚动勘探和开发后期剩余油分布的预测和解决注采矛盾具有重要意义。针对影响低序级断层识别精度的主要因素,首先利用波动方程正演模拟了低序级断层的地震响应特征,总结出四个低序级断层定量识别模板,实现了低序级断层识别影响因素的定量研究。在此基础上,形成了低序级断层地震资料"三化"处理技术,有效提高了低序级断层识别能力。此外,建立了低序级断层的五种典型地震识别标志,研发了四种低序级断层地震精细描述技术。该系列技术在胜利油田滚动勘探开发应用中取得了明显的地质效果。

**关键词**　胜利油田;低序级断层;正演模拟定量识别;地震资料"三化"处理技术;地震识别标志及描述技术

## 1 引言

低序级断层是复杂断块油藏近年来研究的重点,但低序级断层识别描述难度大。低序级断层控块、控圈、控藏,研究意义重大。国内外研究者针对低序级断层识别技术与方法进行了大量研究工作,主要涉及开发地震资料应用、模型正演、地震相干分析、沿层相干属性分析、沿层倾角方位角属性分析、沿层剩余振幅属性分析、时频属性提取分析、小波多尺度边缘检测、蚂蚁体、谱分解等技术[1-6]。目前,尚没有文献对影响低序级断层识别精度因素开展系统定量研究;均未对低序级断层的典型地震响应特征进行总结;在结合低序级断层典型地震识别标志的适用性描述方法的研究尚为空白。因此本文着手解决了低序级断层的定量识别、地震资料优化处理、典型地震识别标志及相适应的精细地震描述技术。

## 2 低序级断层正演模拟定量识别

本文针对影响低序级断层识别精度的六种因素,如埋藏深度、地震主频、信噪比、断面倾角、地层倾角、地层和断面的夹角,分别研究设计了不同类型的低序级断层地质模型,利用波动方程正演技术,实现对低序级断层的地震波场模拟,在波场偏移后的剖面上对不同因素下低序级断层的地震响应特征进行分析,归纳总结了四个低序级断层定量识别模板,分别是:两种资料条件下断层分辨力与深度的定量识别模板(图 1a),相同深度下,高精度资料比常规资料低序级断层分辨能力更强,在 1000m、2000m、3000m、4000m,高精度(常规)资料低序级断层识别能力分别是 7 m(8.7m)、9.9 m(12.6m)、13.9 m(18.2m)、19.5 m(26.4m);不

同断面倾角的断层识别定量模板(图 1b),断面倾角越大,低序级断层越容易识别,小于 40°识别能力变差;不同地层倾角的断层识别定量模板(图 1c),当断面倾角不变时,对于顺向正断层,随着地层倾角变大断层越易识别,然而对于反向正断层,随着地层倾角变大断层识别难度加大;地层与断面夹角的断层定量识别模板(图 1d),在地层与断层倾角的特定耦合区(粉色与黄色),低序级断层识别能力最强。最终形成了一套完整的影响低序级断层识别精度的定量分析方法,实现了低序级断层的定量识别,为低序级断层精细描述打下了坚实基础。

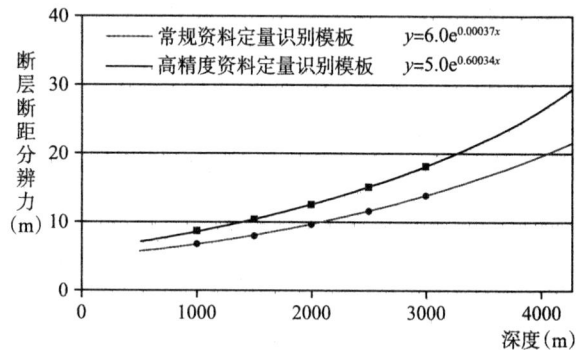

a. 两种资料条件下断层分辨力与深度的定量识别模板

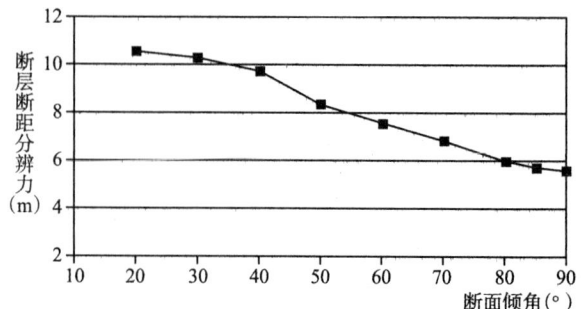

b. 不同断面倾角的断层定量识别模板

c.不同地层倾角的断层定量识别模板

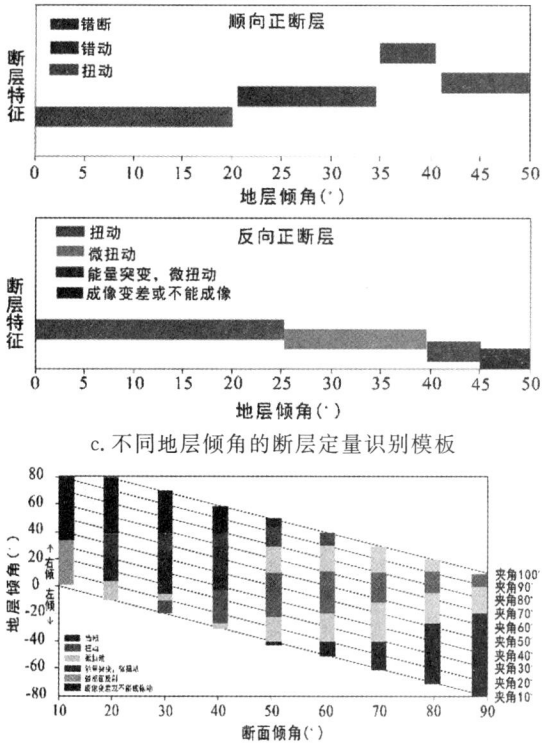

d.地层与断面夹角的断层定量识别模板

图1　低序级断层四个定量识别模板

## 3　地震资料"三化"处理技术

通过上述对影响低序级断层识别精度的因素分析,发现地震主频和信噪比是影响低序级断层识别的两个重要因素,因此需要对地震资料进行针对性处理,在提高地震信噪比的同时,适当提高地震资料的分辨率,目的是提高低序级断层识别能力[7,8]。本文总结了一种提高低序级断层识别能力的"三化"处理新方法,组合应用了叠前道集优化、叠后断层强化、谱兰化提高分辨率处理为核心的地震资料优化处理技术。其流程主要包括三部分:一是叠前CRP道集优化;二是对叠后地震资料断层强化;三是对断层强化后的资料做谱兰化提高分辨率处理,通过地震资料"三化"处理技术,大大提高了低序级断层的识别能力(图2)。从图2可以看出,经过"三化处"理后,F1－F3号断层同相轴由扭动变为错动,低序级断层更加清楚,容易识别。

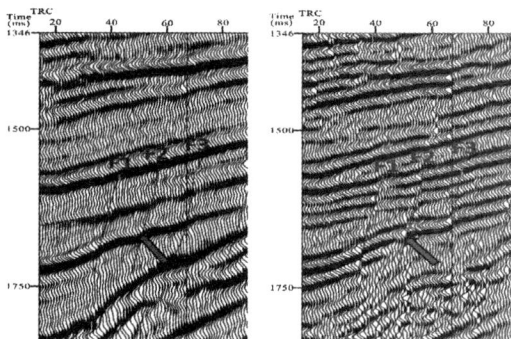

图2　地震资料"三化"处理前(左)后(右)低序级断层对比图

## 4　地震识别标志及地震描述技术

### 4.1　低序级断层的五种地震识别标志

以大量地震正演成果为基础,以胜利油田复杂断块众多低序级断层为原型,根据断距大小及断层两侧同相轴变化,建立了胜利油田低序级断层五种典型地震识别标志(图3绿箭头所指):同相轴错断(图3a)、同相轴错动(图3b)、同相轴扭动(图3c)、同相轴能量突变(图3d)、同向轴合并分叉(图3e)。

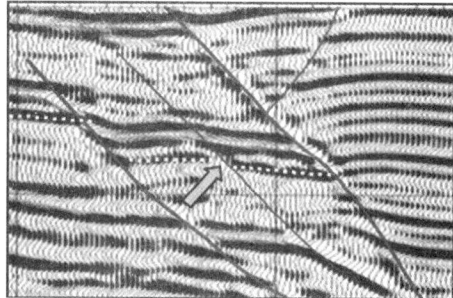

a.同相轴错断

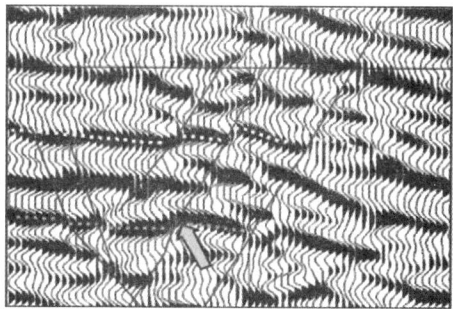

b.同相轴错动

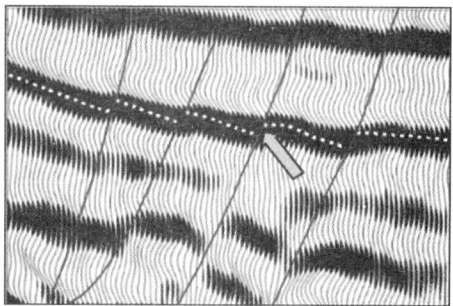

c.同相轴扭动

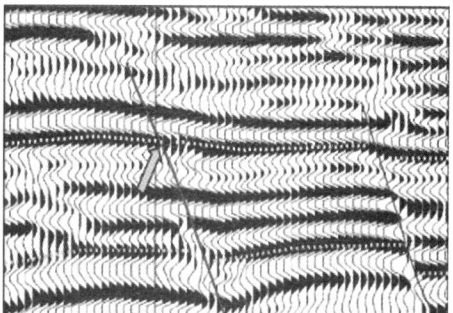

d.同相轴能量突变

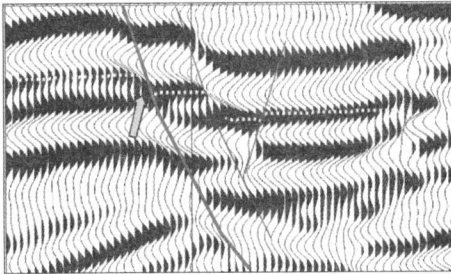

e.同相轴合并分叉

图3 胜利油田低序级断层五种典型地震识别标志图

**4.2 低序级断层精细地震描述技术**

描述低序级断层的物探方法和手段比较多，每一种属性都有它的优点和缺点[9-12]，在不同地震同向轴反射特征情况下，选择一种合适的属性来分辨不同地震反射特征的低序级断层是必要的[13]。本文在对断层识别描述技术适应性分析的基础上，根据低序级断层的五种典型地震识别标志研究形成了四项适用的地震描述技术：针对低序级断层在同向轴上表现为错断和错动特征，采用相干＋倾角融合技术；针对同向轴上表现为相位扭动特征，采用多层蚂蚁体追踪技术；针对同向轴表现为能量突变和合并分叉特征，分别采用基于结构导向的梯度属性边缘检测技术和横向相对振幅变化率技术。如在P地区沙三下低序级断层发育，通过低序级断层描述技术应用（图4a、4b），在p1断块东部新发现了4条5～10m的低序级断层（图4d），认为低序级断层具有控藏作用，不但解决了原断块低部位p1累油多、无水，高部位p2累油少、含水的油水矛盾（图4c），而且在东部新发现的有利断块又部署了p3井钻探成功，证实了低序级断层描述技术的适用性。

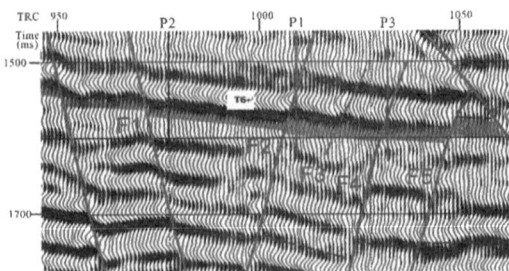

a.低序级断层地震解释剖面图

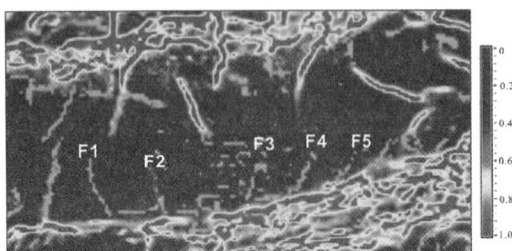

b.基于结构导向的梯度属性边缘检测属性图

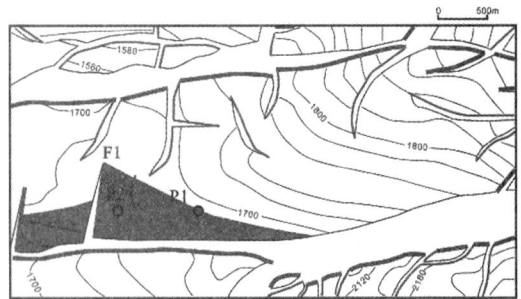

c.新技术应用前构造图

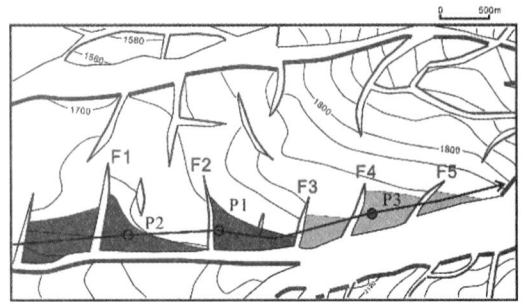

d.新技术应用后构造图

图4 P地区沙三下低序级断层精细描述前后构造对比图

**5 应用效果**

2016—2019年，应用低序级断层定量识别描述技术，在胜利油田的多个复杂断块部署各类井位120口，完钻井98口，成功率92%，上报地质储量1589.51×10⁴t，取得了良好的地质效果。主要表现在以下三个方面：①低序级断层识别精度大大提高，如在A地区中浅层，新发现20m以下低序级断层19条，断距识别精度由7m提高到4m。②断棱位置识别更加准确：如在B井区奥陶系潜山油藏研究中，开发井由于在目的层地震剖面低序级断层断棱位置落实不准，导致该井钻探失利，通过开发地震三维和新技术应用，发现该井在潜山目的层钻遇的断层与新三维吻合较好，又在高部位发现有利断块，部署实施了新的开发井钻探成功，试油日产油29t。③断块识别更加清楚。在C断块群，原认为沙四段为一个地垒断块，腰部开发井试采初期日产21t，末期日产10.2t，分析认为边底水锥进导致含水上升，低部位无滚动勘探潜力。通过低序级断层精细刻画，发现该井西部低部位一条低序级断层，断距6～10m，从而发现了隐蔽小断块，部署实施了新的开发井，试采获得日产油21t。

**6 结论**

通过对低序级断层地震定量识别、地震资料优化处理、建立地震识别标志及精细地震描述技术研究主要取得以下三点结论。

（1）通过正演模拟建立了低序级断层不同影

响因素的四个定量识别模板,为低序级断层定量识别打下了坚实基础,为低序级断层描述技术研究提供了有力指导。

(2)本文形成了基于叠前道集优化、叠后断层强化、谱兰化提高分辨率处理为核心的低序级断层"三化"处理新方法,提高了低序级断层的识别能力。

(3)通过地震正演模拟与实际地震资料结合,建立了低序级断层五种典型地震识别标志,研究了适用于不同低序级断层地震识别标志的四项地震精细描述技术,在胜利油田复杂断块应用中取得了良好地质效果。

## 参 考 文 献

[1] 苏朝光宋亮,孟阳,等.胜利油田三维开发地震的实践及效果[J].石油地球物理勘探,2019,54(3):565—574.

[2] Bahorich, M., Farmer, S. 3—D seismic discontinuity for faults and stratigraphic features[J]. The Leading Edge, 1995, 14, 1053—1058.

[3] Chopra, S. Coherence cube and beyond[J]. First Break, 2002, 20, 27—33.

[4] 刘彦,孟小红,胡金民,等.断层识别技术及其在 MB 油气田的应用[J].地球物理学进展,2008,23(2):515—521.

[5] 刘峰,牟中海,蒋裕强,等.小断层的地震识别[J].地球物理学进展,2011,26(6):2210—2215.

[6] 张欣.蚂蚁追踪在断层自动解释中的应用——以平湖油田放鹤亭构造为例[J].石油地球物理勘探,2010,45(2):278—281.

[7] 牛拴文.东辛油田营1断块多体联合精细构造解释方法研究[J].石油天然气学报,2011,33(6),209—213.

[8] 刘本晶,梁兴,侯艳,等.叠前道集优化技术在页岩储层预测中的应用[J].石油地球物理勘探,2018,53(增刊2):189—196.

[9] Bahorich, M. S. 3—D seismic attributes using a semblance—based coherency algorithm[J]. Geophysics, 1998, 63, 1150—1165.

[10] YU Tian—Yu, CHEN Kai—Yuan, WANG Chun. Low—level faults identification and effect on complicated reservoirs[J]. SPG/SEG Beijing International Geophysical Conference, 2016, 150—153.

[11] 边树涛,董艳蕾,苏晓军,等.地震相干体技术识别低序级断层方法研究[J].世界地质,2007,26(3):368—373.

[12] 杨瑞召,李洋,庞海玲,等.产状控制蚂蚁体预测微裂缝技术及其应用[J].煤田地质与勘探,2013,41(2):72—75.

[13] Chopra, S., Marfurt, K. Gleaning meaningful information from seismic attributes[J]. First Break, 2008, 26, 43—53.

# INPEFA 技术在层序地层划分中的应用

## ——以太平油田沾 29 块馆下段为例

孙　钰　刘西雷　刘振阳

(中国石化胜利油田分公司勘探开发研究院)

**摘　要**　利用测井频谱属性趋势分析技术(INPEFA),对太平油田沾 29 块馆下段进行了层序地层研究。首先运用整体 INPEFA 分析技术识别并划分三级层序界面;其次通过分段 INPEFA 分析技术进行旋回分析,完成 4～5 级层序对比;最后通过局部 INPEFA 分析技术,实现 5 级层序内的砂体连通性对比。研究成果与利用传统地质方法得到的结果进行相互验证比较,表明 INPEFA 技术可以有效识别不同级别层序地层界面,特别是在高频层序(4～6 级)划分与对比方面有明显趋势。

**关键词**　INPEFA 技术;层序划分;沾 29 块

层序地层学以其理论上的系统性、综合性,尤其是应用上的可预测性,为油气田的勘探开发做出了重要贡献[1,2]。2005 年国外出现一种用于研究井中地层分析的技术——INPEFA(Integrated Prediction Error Filter Analysis),即测井曲线频谱属性趋势分析技术,来快速识别不同级别层序界面或体系域界面。在划分层序界面时,测井曲线是一项重要的识别依据,但由于常规测井资料的局限性,因此可借助 INPEFA 技术对常规测井曲线进行特殊的计算处理,将原始测井曲线中隐藏的地层发育趋势以及沉积旋回信息提取出来[3]。沾 29 块馆下段储层为多期河道叠置沉积,砂体厚度大,划分小层时容易出现穿时现象,层序划分工作难度大。为提高太平油田沾 29 块馆下段地层划分的精确度,达到定量划分的效果,本文运用 Direct 软件的 INPEFA 处理功能,建立以短期旋回为等时地层对比单位的层序地层格架,可进一步进行单砂体的刻画。

## 1　研究区概况

太平油田位于渤海湾盆地济阳坳陷义和庄凸起主体的东部,南为邵家洼陷,西为义和庄凸起主体部位,北为大王庄鼻状构造,东为四扣洼陷。太平油田沾 29 块位于义和庄凸起太平油田东部,东邻沾 14 块西区,西为沾 5 块,南以新户南三维地震 511 测线为界,与河口采油厂所属沾 18 块相邻(图 1)。沾 29 块主要含油层系为馆下段,经钻探,沾 29 块馆下段共钻遇 NgX1、NgX2、NgX3 三套油层。NgX1、NgX2 砂层组为主力含油层;NgX3 砂层组钻遇油层井较少,仅沾 10－2 井和沾 184 井 2 口井钻遇油层,为本块非主力油层;NgX4 砂层组不含油。

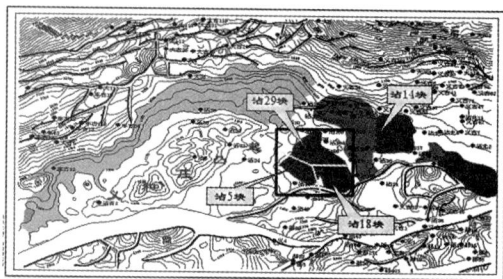

图 1　太平油田沾 29 块区域位置图

## 2　运用 INPEFA 技术进行层序划分与对比

### 2.1　原理与方法

INPEFA 技术的第一步是进行频谱分析,首先利用最大熵谱分析对测井曲线进行处理,来推算出最大熵频谱分析估计值(MESA),再由对应的测井曲线真实值(RV)减去最大熵频谱分析估值得到数据差值(PEFA＝RV－MESA),这个过程就是预测误差滤波分析,对 PEFA 曲线进行积分处理,得到了合成预测误差滤波分析曲线(INPEFA)[4]。INPEFA 曲线的正负拐点代表了可能的洪泛面和层序界面。

INPEFA 曲线可以反映水进水退的旋回性变化,而常规测井曲线旋回性变化不明显。INPEFA 曲线的不同趋势代表了不同的地质意义[5],从右到左的负向趋势反映基准面下降、水体变浅、砂质含量增加的反韵律变化,正向拐点(曲线由负趋势变为正趋势的转折点)代表可能的层序界面;从左到右的正向趋势反映基准面上升、水体变深、泥质含量增加的正韵律变化,表示水进或洪积阶段,负向拐点(曲线由正趋势变为负趋势的转折点)代表可能的洪泛面。故 INPEFA 曲线的趋势特征可以近似反映沉积过程中湖(海)平面升降的变化趋势。

本区馆下段地层为碎屑岩沉积,沉积物主要有砾、砂、粉砂、黏土组成。砂岩比较发育,砂泥比较高,沙包泥为主要岩性组合特征,在反映泥质含量变化方面,GR曲线时测曲线中效果最显著的,所以本次研究对GR曲线进行INPEFA处理来进行层序划分。

### 2.2 运用INPEFA技术对馆下段进行层序划分

运用INPEFA技术进行单井层序地层的识别与划分,采用整体、分段和局部的INPEFA分析,就是首先确定大级别的层序界面,然后在界定的层序内依次确定级别较小的层序界面。

#### 2.2.1 整体INPEFA分析识别馆上段和馆下段界面

INPEFA曲线的幅度往往反映不同级次的旋回,曲线的负向拐点处一般代表不同级别的层序界面,而且曲线的拐点越大,代表的层序界面的级别也越高。从图2可以看出,馆上段底部砂岩发育,厚层块状,4m梯度电阻率曲线显示含油层段为高值,不含油层段则为锯齿状,底部显示一灰质高尖峰,自然电位曲线显示砂岩多为箱形。其下泥岩相对发育,最厚可达20m。馆上厚层块状砂岩底及其之下稳定泥岩层可作为标志层,可将Ng组地层划分为上、下两段。

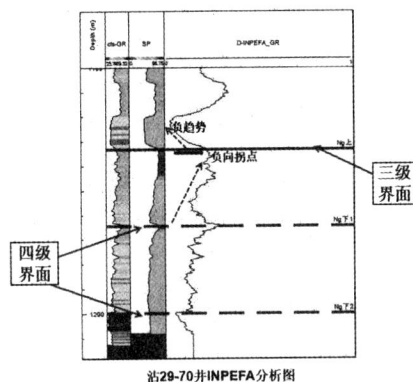

图2 沾29－70井INPEFA分析图

该标志层在INPEFA－GR曲线上的界面对应负向拐点处,在此界面为中期基准面上升半旋回到下降半旋回的转换点,即最大可容纳空间的位置,底界面为中期基准面上升、水体加深的界面,如图2所示。界面在INPEFA趋势线上非常明显,相较于传统地层对比方式体现了精度高的特点。

#### 2.2.2 分段INPEFA分析进行沉积旋回的识别

INPEFA曲线的拐点预示着沉积环境的变化,由图2可知,馆上段和馆下段的划分界线都是在曲线较大方向上的改变之处。所以运用同样的划分原理,采用分段INPEFA分析技术,根据馆下段NgX1砂组和NgX2砂组的岩心、测井、录井资料,在确定的馆下段层序界限内,结合INPEFA曲线上的特征:INPEFA曲线上较大的拐点,NgX2砂组顶部稳定发育的低阻泥岩层,工区内大部分井可追踪,特征较为明显,指示4级旋回(砂层组)界面,为NgX1砂组与NgX2砂层组的分层标志。NgX3顶部发育2～3m低电阻泥岩,且相对稳定,指示4级旋回(砂层组)界面,为与NgX2砂层组的分层标志。较小的拐点指示5级旋回(小层层序)界面,分别将馆下段的一砂组和二砂组划分成3个小层和6个小层。

选取沾29块3口距离相近的井进行精细地层划分与连井对比,从图3测井旋回曲线的特征可以看出,相邻的3口井虽然所处的构造部位不同、沉积环境有差异、砂体的发育程度也存在明显的变化,但3口井的趋势线和拐点都较为一致,在INPEFA曲线上4、5级层序界线都具有良好的可对比性,表现出的旋回特征都明显相似,旋回界线容易识别并具有良好的邻井对比性。

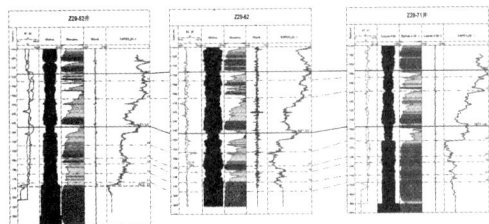

图3 沾29块应用INPEFA曲线进行4～5级层序对比
(红色线为4级层序,蓝色虚线为5级层序)

#### 2.2.3 局部INPEFA分析进行砂体连通性对比

对于井距较小的井,在5级层序范围内,可以运用局部INPEFA分析技术,进行砂体连通性研究。INPEFA曲线能表现出砂泥岩的变化,且具有受区域气候影响的等时性特征。油层的划分是按照砂岩含油对比来进行的,但是在实际的油气田开发中,在同一个沉积环境形成的地层中进行砂泥岩互层对比的时候,只利用测井曲线的形态进行砂对砂、泥对泥的对比,容易造成邻井之间的油层出现穿时现象。因此,利用INPEFA测井旋回曲线进行邻井之间曲线形态的特征对比,能在小层等时的框架内划分砂、油层,进而精确地完成砂体连通性的识别[6,7]。沾29块馆下段沙包泥为主要岩性组合特征,在通过INPEFA处理后的趋势线建立的等时框架下进行砂体连通性的分析,是按照INPEFA曲线相似性来分析的,得到了开发资料的印证(图4)。

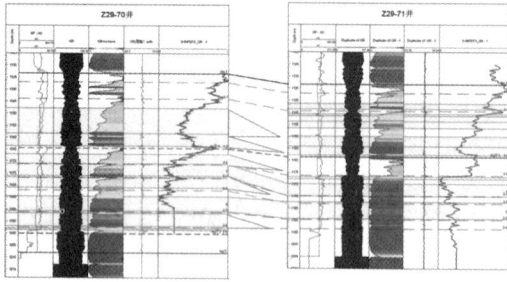

图 4 沾 29 块应用 INPEFA 曲线进砂体
连通性对比(黄色区域为砂体)

## 3 结论

INPEFA 技术对于沾 29 块层序划分有很好
的适应性,通过对 INPEFA－GR 曲线进行整体、
分段和局部分析,精确地识别了沾 29 块馆上段和
馆下段的各级层序界面,实现了小层精细划分与
对比,建立了沾 29 块馆下段的高精度层序地层格
架,为下一步分析储层分布规律奠定了基础。

### 参 考 文 献

[1] 操应长,姜在兴,夏斌,等.利用测井资料识别层序地层
界面的几种方法[J].石油大学学报(自然科学版),
2003,27(2):23－26.

[2] 孙志华,吴奇之,郑浚茂,甘嫣华.层序地层学技术方法
应用初探[J].石油地球物理勘探,2003,38(3):303－
307.

[3] 王梦琪,谢俊,王金凯,等.基于 INPEFA 技术的高分
辨率层序地层研究:以埕北油田东营组二段为例[J].
中国科技论文,2016,11(9):982－987.

[4] 薛欢欢,李景哲,李恕军,等.INPEFA 在高分辨率层序
地层研究中的应用:以鄂尔多斯盆地油房庄地区长 4
＋5 油组为例[J].中国海洋大学学报,2015,45(7):
101－106.

[5] 朱红涛,黄众,刘浩冉,等.利用测井资料识别层序地层
单元技术与方法进展及趋势[J].地质科技情报,2011,
30(4):29－36.

[6] 路顺行,张红贞,孟恩,等.运用.INPEFA 技术开展层
序地层研究[J].石油地球物理勘探,2007,42(6):703
－708.

[7] 杜学斌,陆永潮,刘惠民,等.细粒沉积物中不同级次高
频层序划分及其地质意义:以东营凹陷沙三下—沙四
上亚段泥页岩为例[J].石油实验地质,2018,40(2):
244－252.

# 基于大数据改进的页岩油岩相测井识别方法与研究

管倩倩　蒋　龙　杜玉山

（中国石化胜利油田分公司勘探开发研究院）

**摘　要**　页岩油已成为国内寻找非常规油气的重要领域。页岩油储层岩性复杂、非均质性强、低孔低渗、赋存方式多样等特征，导致利用测井信息评价与研究页岩油岩相特征较为困难。本文针对东营凹陷页岩油岩相特征，从岩心刻度测井出发，结合薄片、全岩衍射、有机碳、热解烃等实验分析化验资料，以"四组分三端元"分类为原则，明确东营凹陷不同页岩油岩相种类。在此基础上，建立2种适用于东营凹陷的页岩油测井岩性划分方法，包括聚类算法识别单井岩相＋分层岩相测井建模与Fisher判别法＋BP神经网络法，并提出了2种识别页岩油不同层理构造的方法，包括声波与电阻率重叠法与测井曲线的锯齿频次变化法，形成了东营凹陷页岩油岩相测井识别方法。用此方法对东营凹陷的页岩油井的岩相进行解释与研究，并划分有利岩相集中段，取得了较好的应用效果。

**关键词**　页岩油；岩性划分；识别层理构造；岩相识别方法；有利岩相集中段

## 1　引言

近年来，中国经济快速发展，对油气的需求量逐年大量攀升，在保障常规油气量的同时，寻找非常规油气资源成为必然。页岩油作为重要的资源接替阵地，已经成为勘探开发的新重点。其中，济阳坳陷烃源岩厚度大、分布广、生烃母质好、埋深适中、生烃效率高，奠定了济阳坳陷页岩油大规模勘探的资源基础[1]。

页岩油储层具有岩性复杂、非均质性强、特低孔渗、赋存方式多样等特征，导致利用测井信息评价与研究页岩油岩相特征较为困难[2]。但是不同岩相的开发潜力不同，因此寻找有利的页岩油岩相段是页岩系统寻找主要勘探开发目的层的关键所在，对其开展分析研究具有重要意义。

本文针对东营凹陷页岩油岩相的特点，从岩心刻度测井出发，结合薄片、全岩衍射、有机碳、热解烃等实验分析化验资料，以"四组分三端元"分类为原则，明确东营凹陷不同页岩油岩相种类。在此基础上，建立适用于研究区的测井页岩油岩性划分方法，识别页岩油不同层理构造，综合给出东营凹陷页岩油岩相测井识别方法，最终划分页岩油储层的有利岩相集中段，为页岩油大规模的勘探开发提供了重要的地质基础。

## 2　东营凹陷页岩油岩相研究现状

东营凹陷属于渤海湾中、新生代裂谷盆地的三级构造单元，位于济阳坳陷东部，受一系列北西向或近南北向的断裂控制，在凹陷内部形成多个次级洼陷和突起，东营凹陷内以民丰洼陷、博兴洼陷、牛庄洼陷、利津洼陷为主，其中沙三下亚段、沙四上段烃源岩生烃指标好，厚度及分布范围大，油气生成量大，是研究区油气生成的主力层系，具有良好的页岩油气资源潜力。与北美海相页岩油不同，济阳坳陷沙三下亚段、沙四上纯上层段页岩油为陆相断陷湖盆半深湖—深湖沉积，烃源岩较为发育[3]。

根据前人关于济阳坳陷油页岩的岩相划分以及东营凹陷页岩油岩心资料分析，基于"四组分三端元"划分方法[4-5]，将主力岩相纹层状岩相以纹层为单元划分为13类，层状岩相以韵律层理为单元划分为6类，块状岩相以均质层理为单元划分为4类，如图1和图2所示。

其中，东营凹陷常见的且能利用测井技术识别的页岩油岩相共有7种：富有机质纹层状泥岩灰岩互层、含有机质纹层状泥质灰岩、含有机质纹层状灰质泥岩、含有机质层状泥质灰岩、含有机质层状灰质泥岩、含有机质块状灰岩、含有机质块状砂岩。

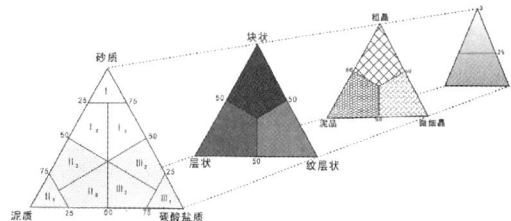

图1　"四组分三端元"岩相划分方案

图2　东营凹陷页岩油岩相划分结果

## 3 页岩油岩性测井判别方法

陆相页岩岩相细,不同岩石组分、沉积构造差异大,不同页岩油岩相的孔隙结构、生油能力、储集性能、脆性矿物含量等均不同,其测井响应特征也不同,利用单一测井曲线或方法很难将页岩油岩相识别清楚,因此,本文提出了2种综合识别岩相的测井方法。

### 3.1 聚类算法识别单井岩相＋分层岩相测井建模法

#### 3.1.1 优选的敏感曲线

基于岩心、薄片观察,明确东营凹陷主要页岩油岩相宏观、微观特征,依据测井响应特征,优选出5条敏感曲线(GR、AC、RT、CNL、DEN),如图3所示。

富有机质纹层状泥岩灰岩互层:明暗相间的纹层状构造,灰质纹层为主,亮晶灰质条带发育,整段岩心颜色较深,富含有机质,测井响应特征为,GR 中等、RT 中等、AC 高、DEN 低、中子高[6]。

含有机质纹层状/层状泥质灰岩:泥质与灰质纹层互层,方解石隐晶结构,测井响应特征为,GR 中等、RT 中等、三孔隙度右偏[6]。

含有机质层状灰质泥岩:岩心颜色较深,成分以泥质与碳酸盐矿物为主,总体呈层状,基本不显纹层,测井响应特征为,GR 低、RT 中等、三孔隙度右偏[6]。

含有机质层状/块状泥岩:层状/块状构造,纹层不发育;颜色浅,含油性极差,测井响应特征为,GR 高、RT 低、三孔隙度左偏[6]。

图 3 不同类型岩相测井曲线响应特征

#### 3.1.2 聚类快速识别单井岩相

在优选出5条页岩油岩相敏感曲线的基础上,对曲线进行环境校正和标准化,提高测井资料使用的准确性。利用聚类分析法,对5条测井曲线样本进行分析和归类,如图4所示。

聚类分析法利用数学方法,按照测井曲线样本相似性或差异性指标,定量地确定样本之间的亲疏关系,并按这种亲疏关系程度对样本进行聚类。通过逐个扫描样本,每个样本依据其与已扫描过的样本的距离,被归为以前的类,或生成一个新类第二步,对第一步中各类依据类间距离进行合并,按一定的标准,停止合并[7]。

通过研究发现,采用聚类分析法划分岩相类型,根据 GR、AC、RT、DEN、CNL、5 条曲线聚类分析,对比页岩油取心井的富有机质纹层状泥灰岩互层,即富含亮晶层段泥灰岩互层,共聚类筛选出5类具有区别能力,与页岩油取心井的岩心对应关系较好,如图5所示。

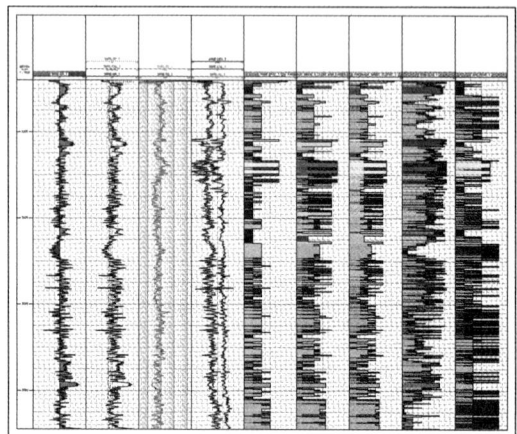

图 4 聚类算法识别单井岩相

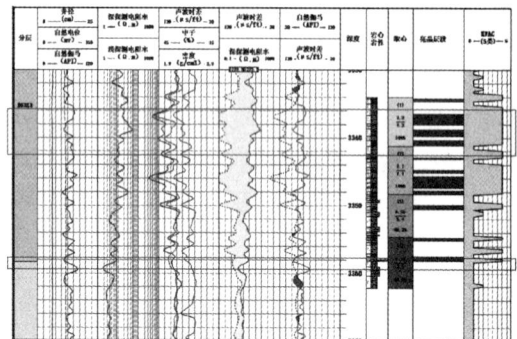

图 5 聚类分析法与富含亮晶层段泥灰岩互层对比

利用聚类算法可以快速地将富有机质纹层状泥灰岩互层判别出来,但是其余岩相匹配的准确性较差,因此需要利用分层岩相建模将所有页岩油岩相区分开来。

#### 3.1.3 分层岩相测井建模

页岩油测井曲线东营凹陷页岩油井的页岩油层段集中沙三下亚段,和沙四上段。基于大量岩心薄片观察,发现沙三下亚段、沙四纯上3的富有机质纹层状泥灰岩互层发育较好,沙四纯上2层状灰质灰岩/灰质泥岩较多,沙四纯上1中部有大块层状/块状泥岩,整个页岩油的储层段岩相变化较大,且因为差异压实,测井曲线会偏移,岩心刻度测井,发现相同测井曲线响应特征代表的岩相不一定相同,因此为了提高解释精度,分层建立岩相模型[8]。

以研究区页岩油取心井为例,在对页岩油测井曲线进行去趋势化的基础上,依据测井曲线响应特征,分层建模,如图5所示。

沙三下亚段、沙四纯上3的岩相测井响应特征:纹层状泥质灰岩(GR<62;RT>5)、纹层状灰质泥岩(GR>62;3<RT<5)、层状泥质灰岩(GR<55;RT>5;三孔隙度一致向右偏)、层状灰质泥(GR>55;3<RT<5;三孔隙度一致向右偏)、块状泥岩(GR>72;RT<3;三孔隙度一致向左偏)。

沙四纯上1的岩相测井响应特征:层状泥质灰岩(GR<55;RT>5;三孔隙度一致向右偏)、层状灰质泥岩(GR>55;3<RT<5;三孔隙度一致向右偏)、块状泥岩(GR>72;RT<3;三孔隙度一致向左偏)、块状灰岩(GR<42;RT>40;三孔隙度一致向右偏)。

沙四纯上2的岩相测井响应特征:层状泥灰-灰质泥互层(42<GR<72;3<RT<40;三孔隙度重合性较好)、层状泥质灰岩(GR<55;RT>5;三孔隙度一致向右偏)、层状灰质泥岩(GR>55;3<RT<5;三孔隙度一致向右偏)、块状灰岩(GR<42;RT>40;三孔隙度一致向右偏)、块状灰岩(GR<42;RT>40;三孔隙度一致向右偏)。

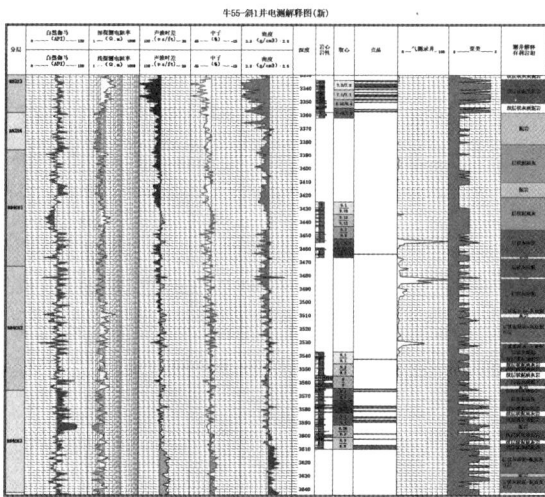

图6 聚类算法识别单井岩相+分层岩相测井建模法

聚类算法识别单井岩相+分层岩相测井建模法,可以通过聚类算法识别快速识别富有机质纹层状泥灰岩互层,在测井数据即5条敏感曲线都齐全的情况下,再利用分层岩相测井建模法细分岩相,如图6所示。

## 3.2 Fisher判别法+BP神经网络法

聚类算法识别单井岩相+分层岩相测井建模法虽然可以精确地将页岩油岩相区分开来,但是目前很多页岩油井是在原先老井的基础上重新开

采,缺乏一定的岩心数据分析资料,存在常规的钻、录、测资料不足的情况,尤其是测井曲线三孔隙度不全。因此,亟须一种在基础资料不全情况下的页岩油岩相识别方法,在此提出Fisher判别法+BP神经网络法这种层层剥离的方法。

### 3.2.1 Fisher判别法

Fisher判别法是一种借助方差分析的思想,依据投影思路,针对P维空间中的某点 $X=(X_1, X_2, X_3, \cdots, X_P)$,寻找一个能使它降为一维数值的线性函数 $y(x)=\sum C_j X_j$。如图7所示,采取了1822个样品点,将页岩油岩性分为白云岩、灰质泥岩、泥质灰岩、粉砂岩、泥岩和页岩6种岩相,应用不同岩性特点的变量值和它们所属的类,分别求出判别函数,根据判别函数对未知岩石进行分类,如表1所示。通常判别分析都要设法建立一个判别函数,利用此函数来进行判别[7],如图7所示。

判别函数的一般形式如下:

$$y(x)=C_0+C_1 x_1+C_2 x_2+C_3 x_3+\cdots+C_x x_j \tag{1}$$

式中,$y(x)$为第 $x$ 类判别函数,$C_0, C_1, C_2, \cdots, C_x$ 为第 $x$ 类判别系数,$x_1, x_2, \cdots, x_j$ 为标准化后的测井曲线值。

将变量(测井曲线值)代人(1)式即可求出各种岩性类别的判别函数值,最大函数值所对应的类别(不同岩性)即为该储层段所属岩性[8]。

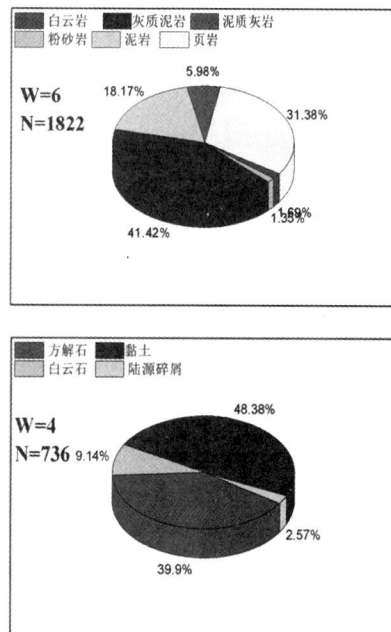

图7 页岩油岩性分类饼状图

依据Fisher判别法,可以将泥岩、灰质泥岩区分开来,但是泥质灰岩无法区分,如图8所示,因此利用单一Fisher法识别岩相不可靠。

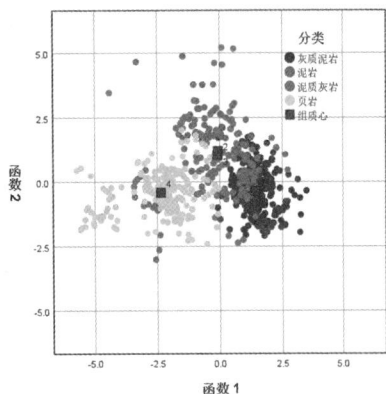

图 8　Fisher 判别岩相法

表 1　Fisher 判别公式

| 类型 | Fisher 判 别 公 式 | 符合率 |
|---|---|---|
| 灰质泥岩 | F＝－5253.894＋14.107×AC＋13.313× CNL＋3537.825×DEN－3.185×GR＋ 27.246×RT | |
| 泥岩 | F＝－5111.657＋13.983×AC＋13.066× CNL＋3488.707×DEN－3.031×GR＋ 27.703×RT | 79% |
| 泥质灰岩 | F＝－5155.445＋14.183×AC＋12.977× CNL＋3500.501×DEN－3.060×GR＋ 28.507×RT | |
| 页岩 | F＝－5088.190＋14.324×AC＋12.436× CNL＋3489.807×DEN－3.201×GR＋ 26.503×RT | |

### 3.2.2　BP 神经网络法

人工神经网络是一种按误差逆传播算法训练的多层前馈网络,是应用最广泛的神经网络模型之一。不同岩性所对应的测井曲线值与测井参数之间存在复杂的相关关系,而人工神经网络能学习和存贮大量的输入－输出模式映射关系,将给定的目标输出直接作为线性方程的代数来建立线性方程组,适合处理解决非线性等复杂问题[8]。

BP 神经网络法用于岩性预测的基本思路是,求取误差函数的最小值,通过多个测井数据(样本)的反复求取,利用最速下降法,反向传播并不断调整网络的权值和阈值,使网络的误差平方和最小[9,10],计算过程如图 9 所示。

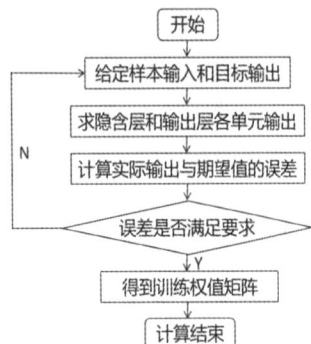

图 9　BP 神经网络计算流程图

BP 神经网络训练样本 140 个,测试样本 25 个,有 88% 的识别率。BP 神经网络法能将 Fisher 法识别不出的泥岩和泥质灰岩区分开来,最终完成页岩油岩相的基本识别。

通过 Fisher 法＋BP 神经网络法—层层剥离法,将灰质泥岩、泥岩、泥质灰岩、页岩区分开来,这种方法没有人为主观因素的影响,通过机器学习,结果较为准确,如图 10 所示。

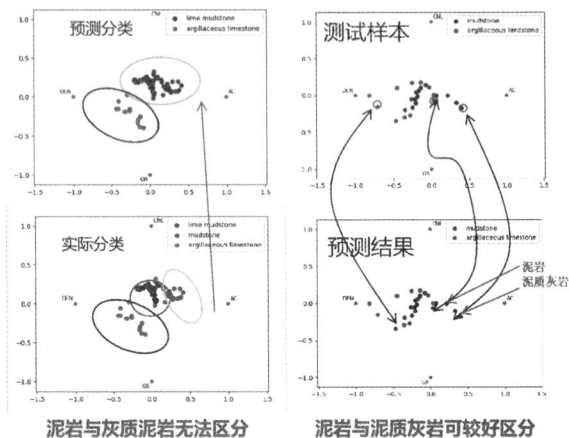

图 10　BP 神经网络分类岩相

## 4　页岩油层理结构测井识别方法

页岩油储层泥质灰－灰质泥互层复杂多样,层理构造不同,储集空间、储集能力不同[10]。富有机质亮晶纹层泥灰互层,页理发育,泥灰质互层分布,纹层状构造,方解石晶间孔发育,荧光显示较好;层状暗色灰质泥岩,泥质层状分布,层状伊蒙混层,荧光显示呈分散状;致密块状泥岩,块状构造,主要成分为泥质,泥质微孔,分布石英及有机质,荧光显示较差[15]。因此不同的页岩油层理结构的识别为寻找有勘探效益的岩相类型提供了技术支持。

### 4.1　声波与电阻率重叠法

页岩最重要的一个特征就是表现为明显的层状结构,即各向异性强。岩心观察、薄片分析和扫描电镜等观测结果表明,页岩各向异性的起因可能包括黏土矿物的定向分布、有机质与其他矿物组分的层状交互结构、层间微裂缝以及地应力等因素[16,17]。本文利用数值模拟,分析了声波时差测井和电阻率与岩石层理结构的关系。

通过图 11 和图 12,发现声波在块状岩石里传播的时间要快于在层状岩石里传播的时间,即 $AC_{砂}＜AC_{层}＜AC_{块}$,并且声波时差在层状岩石里锯齿化强;层状的电阻率要高于块状的电阻率,即 $R_{砂}＞R_{层}＞R_{块}$[18]。

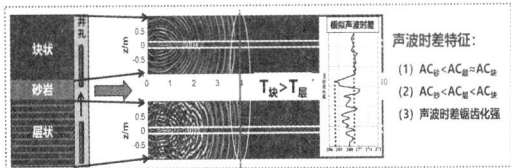

图 11　声波时差与岩石层理结构的关系图

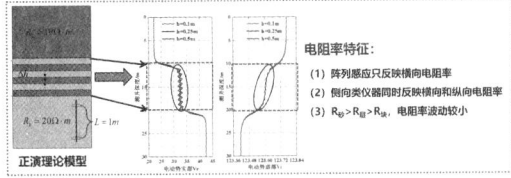

图 12　电阻率与岩石层理结构的关系图

根据上述原理，提出声波与电阻率重叠法，当声波和电阻率不重叠时，为块状结构，当声波和电阻重叠，且具有一定的交汇面积时，为层状结构，如图 13 所示。

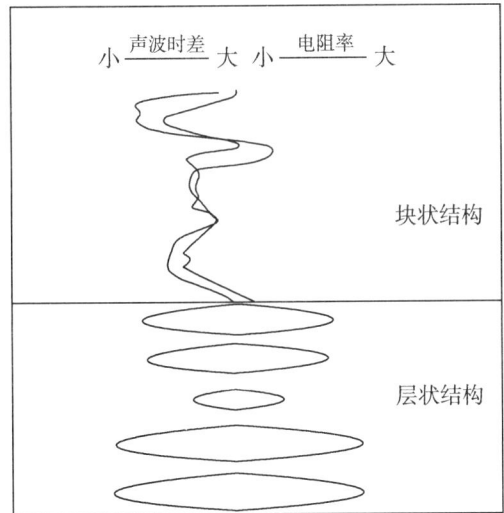

图 13　声波与电阻率重叠法判断岩石结构模式图

声波与电阻率重叠法可以直观、快速、定性地判断岩石结构，但是缺乏定量标准。

### 4.2　测井曲线的锯齿频次变化法

如图 14 所示，为了定量地识别岩石层理结构，优选出与岩石层理结构最为敏感的曲线声波时差，基于声波电阻率重叠原理，提取声波变化频次，放大声波信息，做声波、电阻变化频次包络线，反映不同层理构造[19]。

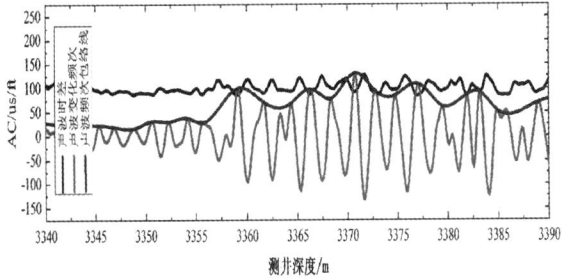

图 14　声波变化频次图

如图 15 所示，应用锯齿频次变化法在东营凹

陷页岩油取心井中，当声波时差和电阻率的曲线提取的频次越大，层理结构就越发育；相反，频次越小，层理结构就趋于层状或块状。

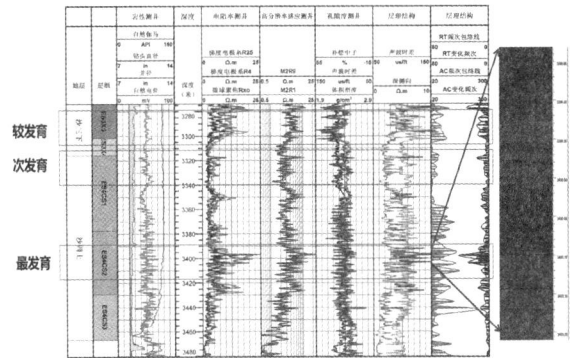

图 15　锯齿频次变化法识别层理构造图

## 5　东营凹陷页岩油岩相测井解释

依据前文所述，当测井、录井、钻井、岩心、薄片、分析化验资料齐全时，可利用聚类快速识别算法＋岩相分层建模机器学习＋人工干预法，划分岩性，通过测井曲线的锯齿频次变化法，通过提频次，分析变化率，区分不同的层理结构，综合划分岩相。但是，针对一些老井或是测井曲线资料不全的页岩油井，可依据 Fisher 算法＋BP 神经网络的机器学习，区分灰质泥岩、泥岩、泥质灰岩，并利用声波与电阻率重叠法，快速区块状和层状，综合得出页岩油岩相类别。通过测井解释有机碳含量（TOC），将 TOC＞4 的称为富有机质，2＜TOC＜4 的称为含有机质，TOC＜2 的称为贫有机质，最终识别岩相种类。

依据上述的岩性和层理构造识别方法，以及测井解释的有机质含量，给出了页岩油岩相的识别与评价方法，回执页岩油岩相解释模板。如图 16 所示，红色的岩相为富有机质纹层状泥岩灰岩互层；粉色的岩相为含有机质层状灰质泥岩；绿色的岩相为含有机质层状灰质泥岩；黄色的岩相为含有机质块状灰岩；灰色的岩相为含有机质块状泥岩。

为了了解和验证页岩油岩相模型（岩性、层理构造、有机质丰度）的实用性，将此模型运用于东营凹陷页岩油取心井 N55－1 井中，通过识别岩相，优选有利岩相集中段，确定页岩油有利储集段为纯上 2 底部和纯上 3 中部。

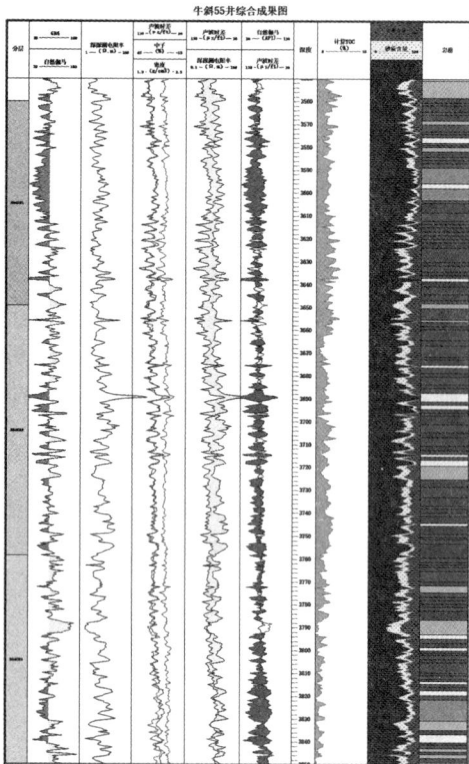

图16 页岩油井 N55-1 测井评价成果图

## 6 结论

(1)在钻井、测井、录井等资料齐全情况下,以5条敏感曲线为基础,提出岩性聚类快速识别算法+岩相分层建模法,通过机器学习和人工干预,划分岩相;针对资料不全老井或页岩油井,提出Fisher算法+BP神经网络一层层剥离的方法,通过机器学习,区分灰质泥岩、泥岩、泥质灰岩。依据2种方法,实现了页岩油岩性的精细划分。

(2)利用数值模拟,明晰声波和电阻率与岩石层理构造的关系,即 $AC_砂<AC_层<AC_块$ 和 $R_砂>R_层>R_块$。因此提出声波与电阻率重叠法,依据重叠的部分定性、快速地区分层状和块状岩相,在此基础上,提出测井曲线的锯齿频次变化法,通过提频次,分析变化率,区分不同的层理结构。

(3)通过测井解释有机碳含量,将岩相细分成富有机质、含有机质和贫有机质,综合岩性和层理结构解释方法,综合给出页岩油岩相识别与评价方法。依据解释岩相结果,优选有利岩相集中段,为页岩油井的优化提供重要的技术支持。

### 参 考 文 献

[1]曹书坡,黄光辉,罗辉,雷磊,等.江苏油田泥页岩测录井评价方法应用研究[J].天然气地球科学,2013,24(2):414—422.

[2]朱德顺.渤海湾盆地东营凹陷和沾化凹陷页岩油富集规律[J].地球科学,2012,37(3):535—544.

[3]李政,朱日房,张林晔,綦艳丽,等.中国东部陆相页岩油赋存特征研究——以东营凹陷沙四段上亚段为例[J].石油学院学报,2004,26(1):17—19.

[4]耿斌.焦石坝海相页岩气测井评价方法研究[J].石油勘探与开发,2003,30(3):53—55.

[5]张温琦.数据挖掘与用户的个性化需求——基于购物网站的分析[J].地球物理学进展,2003,18(4):647—649.

[6]Schmoker J W. Determination of organic content of Appalachian Devonian shales from formation—density logs[J]. AAPG Bulletin,1979,63(9):1504—1537.

[7]Schomker J W. Determination of organic—matter content of Appalachian Devonian shales from gamma—ray logs[J]. AAPG Bulletin,1981,65(7):1285—1298.

[8]张瀛涵,李卓,刘冬冬,高凤琳,姜振学,等.松辽盆地长岭断陷沙河子组页岩岩相特征及其对孔隙结构的控制[J].天然气地球科学,2012,23(3):430—437.

[9]张英,等.区域低碳经济发展模式研究——以山东省为例[J].石油学报,2012.33(4):62—63.

[10]Liu X W, Guo Z Q, et al. Anisotropy rock physics model for the Longmaxi shale gas reservoir, Sichuan Basin,China[J]. Applied Geophysics,2017,14(1):21—30.

[11]张丽艳,乌洪翠,王敏,王伟,张孝珍,等.裂缝性碳酸盐岩油藏裂缝网络的识别方法研究——以胜利油区F潜山油藏应用为例[J].石油学报,2004,25(4):42—45.

[12]王永诗,金强,朱光有,等.济阳坳陷沙河街组有效烃源岩特征与评价[J].石油勘探与开发,2003,30(3):53—55.

[13]朱光有,金强,张林晔.用测井信息获取烃源岩的地球化学参数研究[J].测井技术,2003,27(2):104—109.

[14]李延钧,张烈辉,冯媛媛,等.页岩有机碳含量测井解释方法及其应用[J].天然气地球科学,2013,24(1):169—175.

[15]Passey Q R,Creaney S,Kulla J B,et al. A practical model for organic richness from porosity and resistivity logs[J]. AAPG Bulletin,1990,74(12):1777—1794.

[16]王健,万万忠,舒志国,等.富有机质页岩TOC含量的地球物理定量化预测[J].石油地球物理勘探,2016,51(3):596—604.

[17]王贵文,朱振宇,朱广宇.烃源岩测井识别与评价方法研究[J].石油勘探与开发,2002,29(4):50—52.

[18]严鸿,管燕萍.BP神经网络隐层单元数的确定方法及实例[J].控制工程,2009,16(增刊2):100—102.

[19]张超,张立强,陈家乐,罗红梅,刘书会.渤海湾盆地东营凹陷古近系细粒沉积岩岩相类型及判别[M].北京:科学出版社,2000:207—218.

# 辫状河稠油油藏蒸汽驱后期剩余油分布特征
## ——以克拉玛依油田九6区为例

董　宏　王　倩　刘　刚　朱爱国　刘传义

（中国石油新疆油田公司勘探开发研究院）

**基金项目**　国家重大专项"稠油多介质蒸汽驱技术研究与应用"（2016ZX05012－001）

**摘　要**　新疆油田九6区齐古组油藏经历了蒸汽吞吐、蒸汽驱开发，目前已生产30余年，正处于低油气比、高含水蒸汽驱开发末期阶段。为摸清其剩余油分布规律与构型的关系，利用岩心和井资料，开展了辫状河沉积储层构型特征研究，其四级构型单元主要为河道、心滩，五级构型单元主要为心滩内部增生体、落淤层和沟道，并采用嵌入式层次建模方法，确定了各构型单元的空间展布特征及隔夹层的分布特征。在沉积构型刻画和隔夹层分布研究的基础之上，通过对取芯井解剖，发现蒸汽波及受夹层控制，落淤层影响着蒸汽纵向波及程度，泥质河道影响着蒸汽平面波及程度，整体上油层具有上层动用程度高，下层动用程度低，层顶气窜通道分布，层底剩余油富集的特点。利用三维物理模拟和数值模拟模拟方法，结合实际地质情况，最终建立了蒸汽驱后期剩余油分布模式，对相似油田具有重要的借鉴意义。

**关键词**　蒸汽驱；储层构型；剩余油；克拉玛依油田

在克拉玛依油田准噶尔盆地西北缘的九6区，以侏罗系齐古组二段作为开发目的层，1989年开始采用蒸汽吞吐开发，1996年开始转入蒸汽驱开发，目前蒸汽驱开发区采出程度已经达到46%，单井日产油水平仅有0.2t/d，含水从初期的85%上升到98%，油气比降至0.05，汽驱生产进入蒸汽剥蚀阶段，效果变差，亟须摸清蒸汽驱后期剩余油富集区，为剩余油挖潜提供方向。

九6区齐古组为辫状河沉积储层，其隔夹层成因类型主要有三种：泛滥平原沉积、泥质半充填与泥质充填辫状河道、心滩坝内部落淤层、沟道沉积[1,2]。隔夹层的展布形态影响着蒸汽驱过程中蒸汽波及的程度及剩余油分布。本文以九6区典型9个蒸汽驱井组为例，通过研究辫状河不同构型单元的形态、叠置关系[3]，建立了辫状河储层三维构型模型，刻画了隔夹层空间分布形态。采用典型密闭取芯井分析，明确了控制剩余油分布的主要因素，并通过三维物模模拟实验，建立了经典的剩余油分布模式。在经典剩余油分布模式的指导下，通过数值模拟方法，刻画了不同夹层分布、不同韵律下剩余油分布规律。九6区剩余油分布研究，为蒸汽驱后期剩余油挖潜提供了科学依据，研究成果已应用到现场，取得了较好的效果。

## 1　油藏地质概况

克拉玛依油田九6区齐古组油藏位于准噶尔盆地西北缘九区东部，为九区齐古组油藏的一部分。井区石炭系（C）基底上依次沉积的地层有三叠系克拉玛依组（$T_2k$）、白碱滩组（$T_3b$），侏罗系八道湾组（$J_1b$）、三工河组（$J_1s$）、齐古组（$J_3q$），白垩系吐谷鲁组（$K_1tg$）。齐古组顶部与吐谷鲁组之间呈不整合接触，发育一套典型的辫状河沉积体[5]，自下而上划分为$J_3q_3$层、$J_3q_2$层和$J_3q_1$层三个正韵律砂层组，其中$J_3q_2$层为主要含油层，$J_3q_2$砂层又可细分为$J_3q_2^2$、$J_3q_2^1$，其中$J_3q_2^2$层是工区内的主要油层发育段，自下而上划分为$J_3q_2^{2-3}$、$J_3q_2^{2-2}$、$J_3q_2^{2-1}$共三个砂层，$J_3q_2^{2-1}$、$J_3q_2^{2-2}$、$J_3q_2^{2-3}$分别划分出3、2、2个韵律层（图1）。齐古组储层岩性为沙砾岩、粗砂岩、含砾砂岩、中砂岩、细砂岩和粉砂岩，以中砂岩和细砂岩为主，沙砾岩和含砾砂岩次之。碎屑颗粒粒径主要分布在0.063～0.5mm，颗粒分选中等，磨圆度以次棱角－次圆状为主。储集岩碎屑组分主要为凝灰岩和石英，含量分别为31.9%和27.8%，其次为长石，含量18.6%。胶结物成分主要为黄铁矿、方解石和菱铁矿，含量0%～20%，胶结程度疏松，胶结类型大多属孔隙型，杂基成分主要为泥质（2%）和高岭石（3%）以及微量的水云母化泥质。黏土矿物主要以伊蒙混层矿物（42.3%）为主，其次为高岭石（28.7%）、伊利石（14.5%）和绿泥石（14.5%）。储集空间主要为原生粒间孔（90%），其次为剩余粒间孔（10%）。

油层纵向上主要分布在 $J_3q_2^{2-2}$、$J_3q_2^{2-1}$ 砂层中,$J_3q_2^{2-1}$ 层油层厚度平均 11.2m,$J_3q_2^{2-2}$ 层油层厚度平均 20.6m,平均渗透率为 2015mD,孔隙度 29.8%,含油饱和度 68%,属于高孔、高渗储层,油层系数平均 0.81。20℃ 下地面脱气油黏度平均 17302mPa·s,属于特稠油。

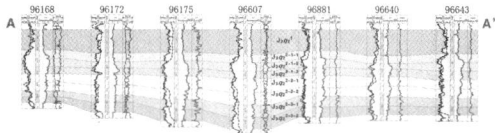

图1 九6区齐古组 $J_3q_2$ 层地层细分典型剖面图

九6区开发经历了3个阶段,从1989年开始采用100m正方形井网吞吐开发,1996年对原井网进行加密,形成 70m×100m 反九点井网,1998年开始转入蒸汽驱开发。目前,蒸汽驱开发区采出程度已经达到 46%,单井日产油水平下降至 0.2t/d,含水从初期的 85% 上升到 98%,油气比降至 0.05,汽驱生产进入蒸汽剥蚀阶段,效果变差。

## 2 构型单元识别及展布特征

构型界面分级是构型分析的关键环节[1-4],基于岩心资料,野外露头描述以及现代沉积的调研,并参考 Miall(1996)关于河流相的构型界面分级体系厘定了辫状河的构型分级系统。结合目前油田开发生产的需要,本次研究重点表征了辫状河储层的四、三级构型单元的分布[1-6],四级构型单元为心滩、辫状河道及单一溢岸砂体,三级构型单元为心滩内部沟道和落淤层(图2)。

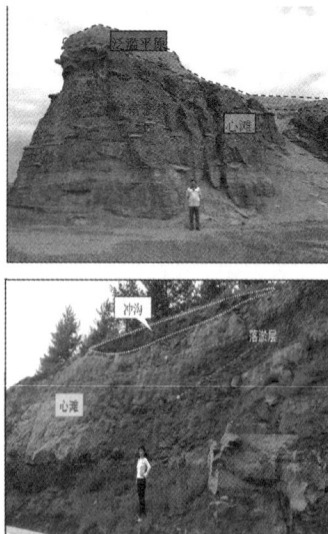

图2 新疆风城油砂山、山西大同辫状河露头

### 2.1 构型单元特征

(1)心滩(四级构型单元)。心滩是九6区齐古组主要的砂体构型单元,岩性主要以中一细砂岩、细砂岩为主,单层砂体厚度较大,底部常见冲刷面、泥砾。沉积构造以块状层理、槽状及板状交错层理、平行层理为主。其含油级别很高,多为饱含油或富含油。心滩坝纵向上碎屑沉积物以粗粒为主,整体以正韵律或均质韵律为主。自然电位、自然伽马、声波时差、电阻曲线形态以箱形、箱形一钟形、微漏斗形为主,具有低伽马、高电阻、低密度的特征(表1)。

(2)辫状充填河道(四级构型单元)。据文献调研和山西大同侏罗系辫状河沉积露头为原型模型所建立的砂质辫状河的分布样式可知,辫状河道呈顶平底凸状[1],剖面上辫状河道内部岩相类型多样,按其充填岩相类型及充填厚度的不同,可分为三种充填样式,即砂质充填、半泥质充填和泥质充填。

a.砂质充填河道沉积特征。砂质充填河道剖面上呈现顶平底凸的透镜状,是指河道内充填沉积物以砂质岩相为主体的辫状河道,其砂岩厚度与同期心滩坝砂岩厚度相当或略小。向上粒度变细,代表了河道发育的一个完整周期。其形态为典型的槽状形态,与心滩坝侧向拼接,"向心"充填特征明显,侧向界面易识别,岩相类型变化快,由规模较小、纹层组不规则的斜层理迅速变化为规模较大的板状交错层理。河道内局部可见细粒含泥充填物质,规模较小,反映了河道多次废弃一下切冲刷一充填的特征。

b.泥质半充填河道沉积特征。泥质半充填河道是指河道下部充填砂质岩相,上部充填泥质岩相的辫状河道,砂岩厚度与同期沉积的心滩坝厚度存在明显差异,泥质充填部分表现为典型的槽状形态。上部细粒物质的发育,反映了在河道废弃后,仍存在相对静水环境,沉积了大量的细粒悬浮物。

c.泥质充填河道沉积特征。泥质充填河道形态为顶平底凸的透镜状,是指河道内充填沉积物以泥质细粒岩相为主体的辫状河道。泥质充填河道表现出"向心"式的充填特点,反映了河道废弃后,在相对静水的环境下,沉积物机械分异作用的结果。

九6区辫状河道砂体岩性多为中一细砂岩为主,夹杂粗砂岩、细砂岩等,沉积构造主要以板状交错层理、平行层理、波状层理为主,底部常见冲刷面、泥砾,砂体厚度较大,具有典型的河流相正粒序特征。岩心含油级别较高,多为饱含油或富含油。自然电位、自然伽马、电阻曲线形态以钟形为主,具有自然伽马中高值、自然电位负异常、高电阻、中低密度的特点(表1)。

表1 不同构造单元典型相应特征表

| 构型单元 | 特征描述 | | | | | |
|---|---|---|---|---|---|---|
| | 测井响应 | 岩性 | 韵律 | 沉积构造 | 厚度（m） | 几何形态 |
| 心滩坝 |  | 中—细砂岩，内夹粉砂质泥、钙泥质胶结细砂 | 均质韵律或不明显的正韵律 | 交错层理、平行层理 | 2～14 | 平面呈菱形或椭圆状，剖面呈顶突底平状 |
| 辫状河道 |  | 中—细砂岩 | 正韵律 | 交错层理 | 1～12 | 平面呈舌状，剖面呈顶平底突状 |
| 落淤层沟道 |  | 粉砂质泥岩、泥岩 | 无明显韵律 | | 0.2～1 | 土豆状、窄条状 |
| 泛滥平原 |  | 泥岩、粉砂质泥岩泥质粉砂岩 | 无明显韵律 | 水平或块状层理 | 0.5～9 | 无明显特征 |

## 2.2 隔夹层成因类型

研究区辫状河隔夹层成因类型主要有三种：泛滥平原沉积；泥质半充填与泥质充填辫状河道；心滩坝内部落淤层、沟道沉积。

（1）泛滥平原沉积（五级构型单元）。泛滥平原为一种相对细粒沉积，岩性以灰色泥质粉砂岩、粉砂质泥岩、泥岩为主，沉积构造以块状层理为主，可见水平层理。在电测曲线上，自然伽马呈高值，密度呈高值、电阻曲线幅度低，基本无幅度差（表1）。泛滥平原沉积为辫状河中沉积物粒度最细的沉积单元，是研究区重要的隔层。

（2）泥质半充填与泥质充填辫状河道（四级构型单元）。泥质半充填河道下部发育中砂岩、细砂岩，上部发育泥质粉砂岩、粉砂质泥岩和泥岩，自然伽马、密度、电阻曲线表现为钟形或箱—钟形泥质河道岩性为泥质粉砂岩、粉砂质泥岩和泥岩，其在电性测井上，仍有响应。自然伽马、密度、电阻曲线一般存在多个和一个尖峰，幅度差较小（表1）。这两种辫状河道均为研究区重要的侧向隔挡体。

（3）落淤层或沟道沉积（三级构型单元）。落淤层或沟道沉积为心滩坝内的细粒质物性夹层，纯泥质夹层较少。岩性多以灰色、灰白色泥质粉砂岩、粉砂质泥岩为主，沉积构造以块状层理为主，可见波纹层理，厚度一般为0.2～1m。一般是在短暂的洪水间歇期或者水动力减弱时落淤或在小的串沟中落淤而形成的，自然伽马、密度、电阻曲线回返且幅度差变小。落淤层或沟道沉积为研究区储层重要的夹层类型，落淤层一般发育于心滩内部，沟道发育于心滩顶部。

## 2.3 构型及隔夹层展布特征

根据构型识别标准，对全区井进行了构型刻画，从心滩坝级次构型单元剖面分布图中可知（图3），主要发育辫状河道砂体和心滩坝砂体，砂体厚度较大，分布很连续。剖面上，同一韵律层内，辫状河道呈顶平底凸状，下切到河道底部，心滩坝呈底平顶凸状，两者侧向拼接，厚度也基本相近。

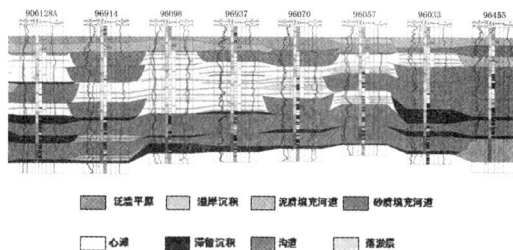

图3 九6区齐古组典型构型剖面图

利用构型解剖方法对研究区辫状河进行了心滩坝级次构型单元的平面展布研究，发现心滩坝顺物源方向呈菱形分布，辫状河道呈交叉合并的条带状分布，普遍发育砂质充填、泥质充填、泥质半充填三种充填样式，心滩坝与辫状河道呈"宽坝窄河道"的分布样式。

统计了九6区齐古组共计7个韵律层的心滩坝与辫状河道规模，结果表明研究区心滩坝宽度在120～400m，长度在300～800m，河道宽度50～180m，总体呈"宽坝窄河道"的特征。其中$J_3q_2^{2-1-1}$层的辫状河道相对发育，辫状河道宽度在80～250m，其他各韵律层主要发育心滩坝（图4）。

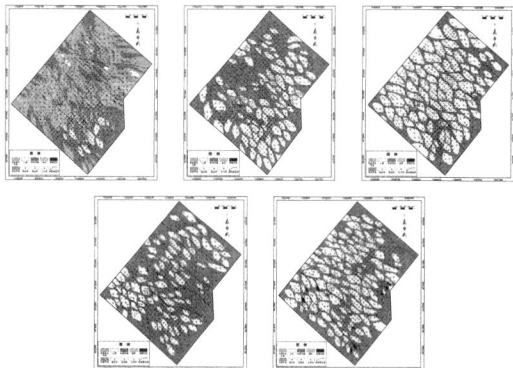

图4 $J_3q_2^2$层单层四级构型平面图

## 3 三维构型建模

储层三维建模即在三维空间上表征储层的各项地质特征,包括储层结构、储层岩石物理特征等,是进行油田开发分析及剩余油分布预测的重要基础。本次研究工作运用 Direct－Mod V2015软件的平面相约束三维相以及独有的嵌入式单砂体建模技术[3]开展三维地质建模工作。

第一个层次:心滩坝、辫状河河道模型的构建。

利用基于界面的多维约束储层构型建模方法,即根据多维信息(单井、剖面和平面构型),通过界面建模构建各级目标体的外部几何形态,最终采用嵌入式方法建立储层构型单元的三维分布,主要包括如下几个步骤。

(1)井间及平面构型模型建立。以优化的三角剖分法创建包含所有井点的连井剖面,并通过井间剖面对比,分析井间心滩坝与辫状河道的接触关系及尖灭形态等,从而建立各心滩坝与辫状河道的构型剖面;将构型剖面进行平面投影,结合构型模式,并以剖面几何形态为约束自动生成心滩、辫状河道级次构型单元平面分布模型。

(2)辫状河道模型建立。综合井点、剖面及平面模型信息,建立研究区辫状河道厚度分布图,结合辫状河道构型单元分布图生成辫状河道构型模型,图5为 $J_3q_2^{2-1-3}$ 韵律层辫状河道模型。

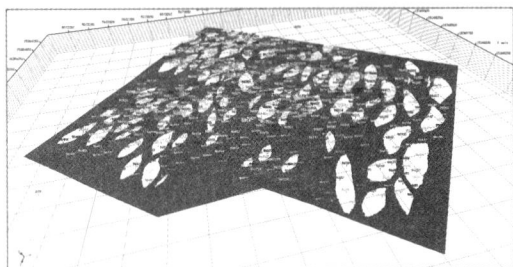

图5 九6区齐古组 $J_3q_2^{2-1-3}$ 层辫状河道模型

(3)心滩模型建立。根据单井心滩构型单元解释成果,Direct 软件应用平面相约束建模的方法,根据心滩构型单元平面分布图,以构型单元单井解释厚度为约束,自动生成心滩坝模型,图6为九6区齐古组 $J_3q_2^{2-1-3}$ 韵律层心滩模型。

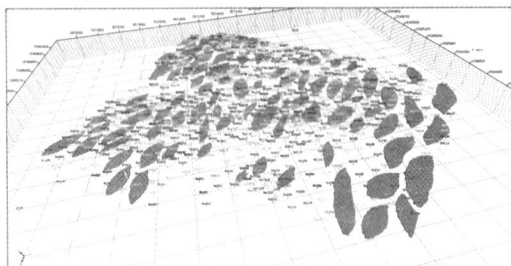

图6 九6区齐古组 $J_3q_2^{2-1-3}$ 层心滩模型

第二个层次:心滩坝内部落淤层、沟道以及泥质填充河道的构建。

对于心滩坝内部落淤层、泥质充填河道采用基于面的嵌入式建模方法。下面以落淤层为例,具体步骤如下。

首先,在心滩坝范围内,用单井上识别出的落淤层的中间位置作为空间控制点,使用基于面的方法生成落淤层面。然后,用井点上落淤层的厚度作为条件点,在每个单一的心滩坝内部使用克立金插值得到落淤层的厚度分布,将此厚度值赋于面之上,即可以得到心滩坝内部落淤层的一个确定性分布的模型,图7为九6区齐古组 $J_3q_2^{2-1-3}$ 韵律层隔夹层模型。

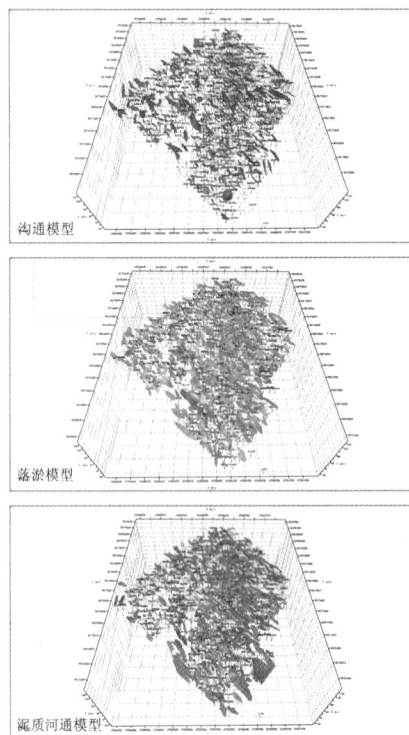

图7 九6区齐古组隔夹层模型

最后,在落淤层等各级次隔夹层模型建立的基础上,分别将落淤层、沟道嵌入到心滩模型中,将泥质充填河道模型嵌入到辫状河道模型中,最终建立研究区储层构型模型。

研究区微相砂体间的接触关系为河道与心滩拼接连通,多井对比中表现为同一心滩、同一河道、心滩－河道、心滩－河道－心滩、河道－心滩－河道。韵律层之间局部发育的泛滥平原沉积及心滩内部发育小规模落淤层、沟道等沉积只对上下砂体的局部连通性有一定影响,为目的层内部的夹层,齐古组整体上为一个泛连通体,内部隔夹层发育及展布在对蒸汽热采的开发产生影响。

## 4 蒸汽驱后剩余油分布

### 4.1 取芯井气窜通道解剖

根据蒸汽驱开发区内的密闭取芯井饱和度分析结果来看,蒸汽驱具有注入介质(蒸汽、热水)和夹层双重控制的特点,受蒸汽超覆和心滩落淤层遮挡影响,具有多个气窜通道,分布在储层顶部及隔夹层下部,上部气窜通道厚度 2.0m 左右,下部气窜通道仅有 0.5m,气窜通道含油饱和度 20%~30%,其他区域为热水驱,饱和度仍较高,在45%~55%左右(图8)。

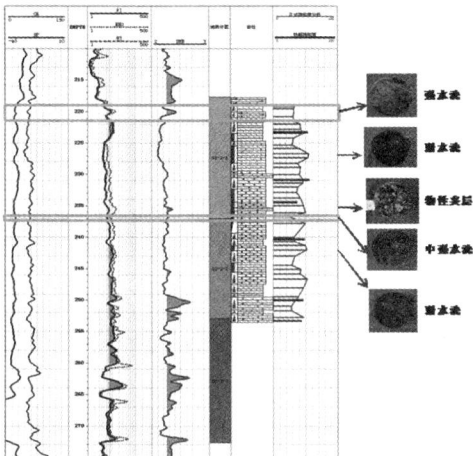

图 8 取芯井饱和度分析值与岩心照片对比图

### 4.2 蒸汽驱三维物理模拟实验

根据构型研究结果,储层以心滩和河道砂为主,根据其内部夹层少、分布不连续的特点,开展了三维物模蒸汽替模拟实验,模型分为上下两部分,厚度相当,中间存在发育规模较小,且不连续的心滩落淤层作为夹层。驱油实验分为 2 个阶段:模拟蒸汽吞吐、模拟蒸汽驱。实验观察分析,吞吐过程中,在注入井近井地带形成了两个明显的蒸汽腔。随着蒸汽驱的进行,蒸汽腔有了明显扩大,且蒸汽沿着上部高渗层波及较快,已经初步发生了明显的蒸汽超覆。实验开展到 930 分钟,此时开展的是第二阶段蒸汽驱,上下两个蒸汽腔已经完全沟通,模型上层顶端温度达到 200℃ 以上,而下部油藏温度无明显变化,说明蒸汽从下层注入后迅速向上运移,并沿着高渗透层顶部窜通,蒸汽超覆严重(图9)。

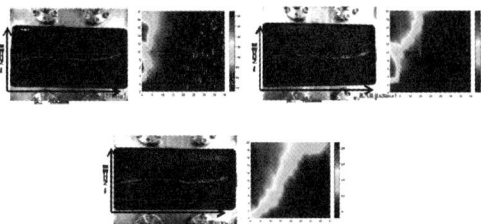

图 9 蒸汽驱三维物理模拟过程图

矿场取芯井化验分析,结合三维物理模拟实验,可以看出,蒸汽驱总体具有:夹层控制小层间蒸汽波及程度;上层动用程度高、下层动用程度低[7,8];层内顶部动用程度高、底部动用程度低;近注汽井地带蒸汽波及范围大,远端气窜通道厚度小。平面上剩余油主要分布在采出井井点附近及生产井井间区域,纵向上,剩余油分布在油层段中下部。

### 4.3 蒸汽驱数值模拟

数值模拟研究区选择典型的九井组作为研究区,模型由三维构型建模结果直接导入,目的层储层渗透率 200~4000mD,渗透率级差大,横向变化快;纵向分层较明显,局部低渗层(渗透率小于100mD)较发育(图10)。

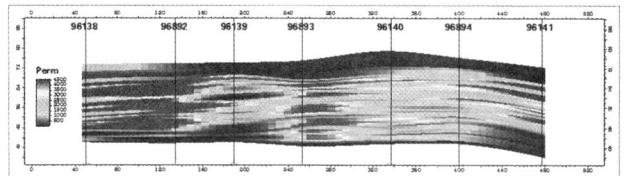

图 10 研究区 96138 井－96141 井渗透率模型剖面图

历史拟合主要包括井组累积产油量、累积产液量指标以及地层压力,先对全区压力、含水率等指标进行趋势拟合,再对单井生产动态指标进行拟合,最终通过对取芯井饱和度与拟合后饱和度对比进行拟合验证。

从拟合后结果图中可以看出,目前中心注汽井附近温度较高,生产井附近温度较低,注汽井与边井之间热连通较好(图11);剩余油主要集中在生产井与注汽井的斜对角一线上,以及未生产井附近(图12)。

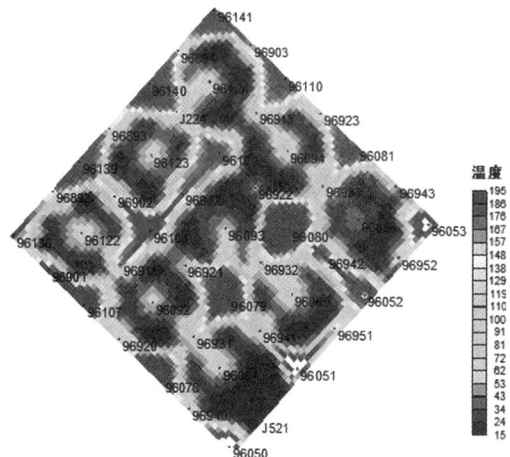

图 11 试验区平面温度分布图

图12 试验区平面含油饱和度分布图

沿图13所示的剖面看,部分中心注汽井在油层中上部,高温带逐渐连通,形成一个整体,蒸汽超覆现象明显;油藏顶部区域重复加热,热量向外散失,中下部油层动用较差,剩余油较高(图14)。

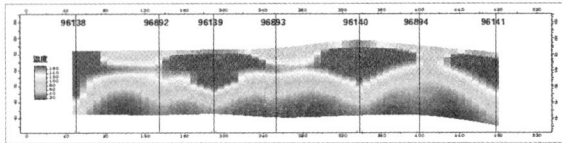

图13 96138—96141连井剖面温度分布图

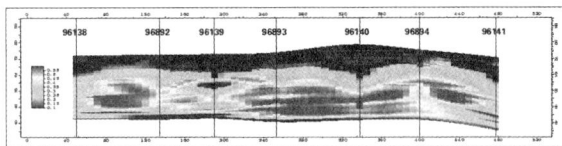

图14 96138—9689连井剖面含油饱和度分布图

同时,夹层的分布位置对剩余油影响也较大,从96940井数值模拟结果能够看出隔夹层在储层中部发育程度较高的情况下,油井隔夹层间剩余油较为富集;隔夹层在储层高部发育程度较高的情况下,油井垂相剩余油较为均匀(图15)。

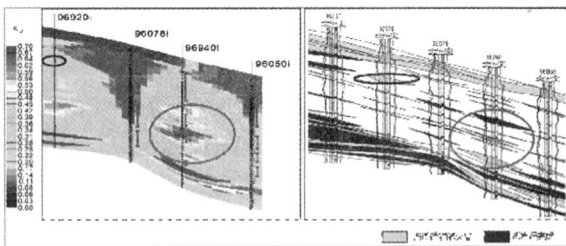

图15 96920井—96050井汽驱后饱和度剖面与构型剖面图

### 4.4 剩余油分布模式

综合地质研究成果、数值模拟、物理模拟,总结出9种剩余油模式,归为两大类型:"构造型""非均质型"(表2、表3)。"构造型"剩余油模式,主要是在沉积构造有一定角度,受蒸汽超覆影响,蒸汽更多波及构造高部位区域[9]。

表2 "构造型"剩余油分布模式

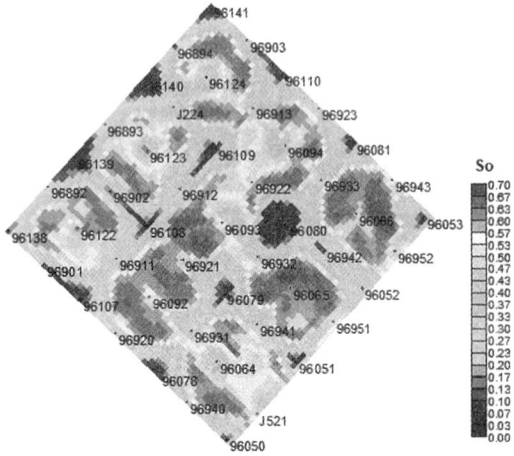

"非均质型"剩余油模式,主要从物性的韵律和隔夹层分布位置考虑,当油层呈现反韵律时,会加剧蒸汽超覆现象[10-12],导致中下部油层动用程度低;当呈现为正韵律时,虽然蒸汽超覆现象也存在,但下部物性较高储层易吸入更多蒸汽,整体动用程度较高。夹层对剩余油的影响,主要考虑了其分布位置,夹层的存在,易导致出现多个气窜通道,气窜通道下部为剩余油富集区。侧向遮挡体的影响,当驱替一侧存在泥质河道或多期叠加的落淤层的影响,蒸汽受到遮挡,导致砂体平面驱替存在盲区,平面上,遮挡区为原油富集区。

表3 "非均质型"剩余油分布模式

| 序号 | 模式 | 井剖面 | 数模成果 | 剩余油分布模式图 |
|---|---|---|---|---|
| 1 | 蒸汽驱反韵律 | | | |
| 2 | 蒸汽驱正韵律 | | | |
| 3 | 蒸汽驱上部隔夹层 | | | |
| 4 | 蒸汽驱中部隔夹层 | | | |
| 5 | 蒸汽驱下部隔夹层 | | | |
| 6 | 蒸汽驱生产井附近隔夹层 | | | |
| 7 | 侧向遮挡 | | | |

## 5 剩余油成果矿场应用情况

根据剩余油研究成果,在九6区开展了9井组剩余油挖潜方案,对射孔井段重新进行了优化,原则为封堵射孔段上部1/2,措施前产油水平仅有12t/d,措施后产油水平升至25t/d(图16),累积增油9490t。

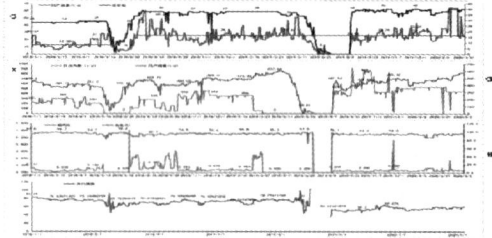

图16 九6区剩余油挖潜试验区运行曲线图

# 6 结论

(1)研究区为辫状河沉积,其4级构型单元为心滩、辫状河道及单一溢岸砂体,3级构型单元为心滩内部沟道和落淤层,隔夹层成因类型主要有3种,泛滥平原沉积、泥质半充填与泥质充填辫状河道、心滩坝内部落淤层、沟道沉积。

(2)辫状河道呈顶平底凸状,下切到河道底部,心滩坝呈底平顶凸状,两者侧向拼接;心滩坝顺物源方向呈菱形分布,辫状河道呈交叉合并的条带状分布,普遍发育砂质充填、泥质充填、泥质半充填三种充填样式,心滩坝与辫状河道呈"宽坝窄河道"的分布样式。

(3)蒸汽驱过程中,受蒸汽超覆和隔夹层遮挡,存在多个气窜通道,夹层控制着蒸汽波及程度,油层具有上层动用程度高,下层动用程度低,层顶气窜通道分布,层底剩余油富集的特点;同时受沉积韵律的影响,当储层为反韵律沉积时,进一步加大上部油层动用,加剧上下油层波及程度;平面上波及程度的差异,主要受侧向遮挡体的影响。

## 参 考 文 献

[1] 廖保方,张为民,李列,等. 辫状河现代沉积研究与相模式:中国永定河剖析[J].沉积学报,1998,16(1):34—39,50.

[2] 岳大力,吴胜和,刘建民.曲流河点坝地下储层构型精细解剖方法[J].石油学报,2007,28(4):99—103.

[3] 吴胜和,岳大力,刘建民,等.地下古河道储层构型的层次建模研究[J].中国科学(D辑):地球科学,2008,38(增刊):111—121.

[4] 何宇航,宋宝全,张春生.大庆长垣辫状河砂体物理模拟实验研究与认识[J].地学前缘,2012,19(2):41—48.

[5] 刘志伟,向才富,丁振华,等.准噶尔盆地西北缘九6区齐古组沉积特征分析[J].新疆石油天然气,2019,15(3):11—17.

[6] 冯文杰,吴胜和,张可,等.曲流河浅水三角洲沉积过程与沉积模式探讨:沉积过程数值模拟与现代沉积分析的启示[J].地质学报,2017,91(9):2047—2064.

[7] 廖广志,罗梅鲜,刘颖,等.浅层稠油油藏热采菜合理井网密度及加密可行性研究[J].石油勘探与开发,1995,22(6):57—63.

[8] 费永涛,刘宁,丁勇,等.一种叠加气窜影响的稠油剩余油潜力评价方法—以井楼油田中区为例[J].石油地质与工程,2020,34(1):79—83.

[9] 王莉利,刘涛,蔡玉川,等.倾斜油藏蒸汽驱后期接替开发方式优化[J].新疆石油地质,2017,38(3)319—324.

[10] 席长丰,齐宗耀,张运军,等.稠油油藏蒸汽驱后期CO2辅助蒸汽驱技术[J].石油勘探与开发,2019,46(6):1169—1177.

[11] 周鹰.稠油重力泄水辅助蒸汽驱蒸汽超覆研究[J].特种油气藏,2018,25(4):99—102.

[12] 李岩.稠油油藏选择性射孔抑制蒸汽超覆三维物理模拟与优化[J].油气地质与采收率,2018,25(3):117—121.

# 中高渗砾岩油藏聚合物驱的动态含油饱和度计算方法

胡晓云 萨如力草克提 韩磊 刘小龙 潘 鹏

(中国石油新疆油田公司采油二厂)

**摘 要** 动态含油饱和度的准确计算是所有老油田有效开发的基础和前提,也是一个技术难点,对于非均质性强的中高渗砾岩油藏,其准确计算的难度更大。七东1区北部为砾岩油藏聚合物驱的重要开发单元,从2014年开始进行聚合物驱,经过4年的注聚驱替,目前面临的主要问题是聚窜严重,单井动态含油饱和度计算精度不高,剩余油富集规律和分布特征不明确,因此,建立动态含油饱和度的计算模型,准确评价单砂体的剩余油分布规律,是指导聚驱调整的重点。本次研究以克下组为剖析对象,动静结合建立动态含油饱和度计算的理论模型,利用岩心驱替实验所确定折算系数,准确地把累计产油量折算到不同渗透率级别的储层厚度上,确定单井储层的动态剩余油饱和度;在此基础上,确定剩余油纵向富集层段判断的原则和标准,对克下组油藏剩余油的富集特征和挖潜方向进行分析,从而提高油藏采收率。

**关键词** 砾岩中高渗储层;聚合物驱;动态含油饱和度;储层分级;剩余油潜力

油气藏的开发是一个动态变化的过程,随着注入介质对孔隙原油的持续驱替,含油饱和度呈现动态减小的趋势,当油藏驱替一段时间后,含油饱和度会发生变化,此时要确定储层的动态剩余油饱和度,就需要利用一些特殊的测井或测试方法。过套管电阻率测井、油藏生产动态监测测井、地震油藏动态监测均可以有效地确定油藏的动态剩余油饱和度,但也存在一定的问题,最主要的就是测量成本高,不可能每口生产井都持续测量,因而不能有效地分析全油藏的动态剩余油分布规律。因此,需要建立一种低成本、高精度、可操作性强的动态含油饱和度计算方法。

生产动态数据是每口采油井都会持续测量的,包括日产液、日产油和综合含水率,在井网确定的前提下,每口采油井对应的含油面积、油层厚度和有效孔隙度是一定的,依据地质模型和体积系数把累计产油量折算成含油饱和度的变化量,再结合裸眼井测井曲线最终确定目前油藏的动态剩余油饱和度。由于在外部注入条件相同的前提下,不同渗透率的储层其驱油效率不同,含油饱和度的变化量也不一样,因此确定不同储层类型的折算系数,是准确计算动态剩余油饱和度的关键。七东1区克下组油藏属于中高渗砾岩油藏,2014年9月进入聚合物驱阶段,2017年2月日产油大幅度下降,含水率持续上升,因此,基于裸眼井测井曲线和5年的生产动态资料,明确目前单井剩余油饱和度的分布特征,确定剩余油平面富集规律是油藏下步聚合物驱调整开发的基础。

## 1 计算模型建立

对于一个油气藏,在井网条件确定的前提下,单口采油井所控制的含油面积和有效厚度是一定的,因此,可以利用单井累积产油量、储层参数和原油性质参数计算井网区域内有效厚度中的含油饱和度变化量,进而结合开发生产初期的含油饱和度,最终确定储层目前的动态剩余油饱和度。以反五点井网为例,其注采对应关系可以简化为一个立方体模型(图1),即四个角为注水井、中间为采油井的驱油模式,注水井到采油井的距离为井网井距,因此采油井所控制的含油面积就可以得到,而储层的有效厚度和孔隙度可以通过测井曲线计算确定;另外,原油密度、体积系数和单井累积产油量可以通过室内实验和生产动态数据获取。当确定以上所有参数后,就可以把累积产油量折算成含油饱和度的变化量。计算公式如式(1):

$$W_o = \frac{2r^2 \times h \times \varphi \times \Delta S_o}{B_o} \times \rho_o \qquad (1)$$

式中,$W_o$——单井累积产油量,kg;

$R$——井网井距,m;

$H$——有效厚度,m;

$\varphi$——有效孔隙度,%;

$\Delta S_o$——含油饱和度变化量,%;

$\rho_o$——地面原油密度,$kg/m^3$;

$B_o$——体积系数,无量纲。

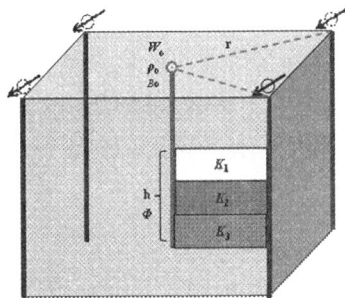

图1 动态含油饱和度计算地质模型

通过式(1)可以计算采油井有效厚度范围内的含油饱和度变化量,进而确定储层的动态剩余油饱和度。但是,复模态的砾岩油藏储层非均质性特别强,驱替规律呈现"非网状"的渗流特征[3,4],当外部驱替条件相同时,不同类型的储层其驱油效率存在较大差异,一般表现为渗透率高的储层驱油效率高,饱和度变化量大,动态剩余油饱和度低;而渗透率低的储层则相反。因此,对于不同渗透率级别的储层,含油饱和度的变化量是不相同的,需要确定不同储层类型的饱和度折算系数,把总的含油饱和度变化量换算成与各自储层物性相对应的变化量,最终确定不同储层类型的动态剩余油饱和度。计算公式如式(2):

$$\Delta S_o = \sum_{i=1}^{n} \alpha_1 \times \Delta S_{o1} + \alpha_2 \times \Delta S_{o2} + \ldots + \alpha_n \times \Delta S_{on} \quad \alpha_1 + \alpha_2 + \alpha_3 + \ldots + \alpha_n = 1 \quad (2)$$

式中,$\Delta S_o$——含油饱和度变化量,%;

$\alpha_n$——第 $n$ 类储层饱和度折算系数,%;

$\Delta S_{on}$——第 $n$ 类储层饱和度变化量,%;

$N$——储层被划分的类型数。

## 2 含油饱和度折算系数确定

### 2.1 储层类型划分

动态含油饱和度计算方法最关键的就是要确定不同储层类型的折算系数,因而依据油藏地质特征以及剩余油评价需要解决的技术难题,准确划分储层类型是基础。七东1区克下组沉积是在古生界变质岩—火成岩风化壳上,快速沉积的一套较厚的山麓洪积相沙砾岩体,储层非均质性比较强。首先,依据微观孔隙结构等地质静态参数可以把克下组储层分为 4 个级别。其次,基于目前的生产动态资料,克下组油藏注聚初期主力产液层段主要集中在高渗层段。虽然现阶段动用程度逐步变均匀,但目前主力产液层仍集中在高渗层段,即渗透率大于 1000mD 以上的储层段,说明优势渗流通道仍然是目前聚窜的主要原因。综上分析,结合孔隙结构静态资料和产液剖面动态资料,将七东1区克下组储层划分为 6 个渗透率级别(图2),其中超高渗和特高渗储层被定义为优势渗流通道,优势渗流通道的发育说明该层段是聚合物溶液的主要水窜通道,储层原油受到强水洗作用,剩余油非常少,挖掘潜力有限。

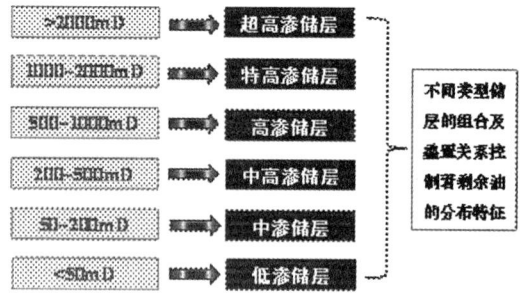

图2 克下组储层类型划分结果

### 2.2 不同储层类型饱和度折算系数

为了确定不同渗透率级别储层的饱和度折算系数,优选七东1区克下组油藏7块全直径砾岩岩心样品,并切割成立方体形状(图3),通过室内实验分别确定其物性和含油性参数。然后对每个样品进行聚合物驱实验,确定最终的聚驱采收率,具体实验步骤如下:①用原始地层水溶液饱和7块砾岩岩心样品;②采用梯度加压法,用原油驱替样品中的水至束缚水状态,确定岩心样品的束缚水分布特征和平均束缚水饱和度;③以 0.05mL/min 的流速用注入水进行水驱油实验,在一定的时间间隔内以注入的孔隙体积倍数(PV)为标准确定含油饱和度的变化量,驱替至出口端含水率达 98% 停止;④在水驱的基础上,以相同的流速注入聚合物溶液,同样以孔隙体积倍数为标准确定含油饱和度的变化量,驱替至不出油时停止实验。通过综合分析不同PV下岩心的采收率值(表1),进而确定不同渗透率岩心最终采收率的差异,为饱和度折算系数的确定提供依据。

图3 饱和度折算系数确定的岩心样品

表1 七东1区克下组聚合物驱油实验样品参数统计表

| 岩心编号 | 驱油体系 | 聚合物体系参数 | 渗透率(mD) | 孔隙度(%) | 原始含油饱和度(%) | 采收率(%) |
|---|---|---|---|---|---|---|
| PA-1 | 聚合物 | 1000万 1000ppm | 795 | 23.4 | 65.5 | 78.34 |
| PA-2 | 聚合物 | 1000万 1000ppm | 20 | 16.3 | 60.3 | 42.34 |
| PA-3 | 聚合物 | 1000万 1000ppm | 327 | 22 | 61.3 | 70.74 |
| PA-4 | 聚合物 | 1000万 1000ppm | 128 | 18.4 | 64.3 | 62.68 |
| PA-5 | 聚合物 | 1000万 1000ppm | 1539 | 24.9 | 66.5 | 84.6 |
| PA-6 | 聚合物 | 1000万 1000ppm | 37.1 | 15.4 | 60.3 | 46.6 |
| PA-7 | 聚合物 | 1000万 1000ppm | 149 | 21.9 | 64.4 | 64.01 |

基于聚合物驱油实验的结果,不同渗透率储层含油饱和度分配系数的计算步骤如下:

(1)利用样品的原始含油饱和度和最终采收率确定饱和度的减少量:

$$S_{\alpha} = S_{or} \times E_{or} \quad (3)$$

(2)结合岩心有效孔隙度确定含油体积的变

化：

$$V_{oc} = S_{oc} \times \varphi \qquad (4)$$

（3）用每个样品含油体积的变化量除以 7 块样品含油体积总的变化量，确定不同渗透率级别储层饱和度减少量的折算系数：

$$I_{oc} = V_{oc}^{PAi} / V_{oct} \qquad (5)$$

式中，$S_{or}$——原始含油饱和度，%；

$E_{or}$——最终采收率，%；

$S_{oc}$——含油饱和度减少量，%；

$\varphi$——有效孔隙度，%；

$V_{oc}$——含油体积减少量，%；

$V_{oct}$——7 块样品含油体积总的减少量，%；

$V_{oct}^{PAi}$——每个样品含油体积的减少量，%；

$I_{oc}$——饱和度折算系数，无量纲。

式（5）中 $I_{oc}$ 是不同渗透率级别储层含油饱和度的折算系数，由表 2 可以看出，特高渗样品 PA－5 含油体积变化量为 14.01%，饱和度折算系数为 0.233，含油体积变化最大，折算系数也最大，说明注入聚合物溶液对孔隙原油的驱替效果明显，采收率高；而低渗样品 PA－2 含油体积变化量为 4.16%，饱和度折算系数为 0.069，含油体积变化最小，折算系数也最小，说明注入聚合物溶液对孔隙原油的驱替效果不明显，采收率比较低。由于本次实验没有超高渗砾岩样品，而超高渗样品对采收率的影响更大，因此需要根据产液剖面和动态资料对折算系数进行调整；另外，每个样品单独驱替和所有样品纵向叠置一起驱替，其采收率受渗透率的影响差异更大。因此，对理论计算的折算系数进行调整，调整后超/特高渗、高渗、中高渗、中渗和低渗储层的折算系数分别为 40%、30%、15%、10% 和 5%，依据不同储层类型的折算系数就可以确定不同渗透率储层含油饱和度的减少情况，进而定量评价储层的动态剩余油饱和度。

**表 2 不同渗透率级别砾岩岩心饱和度折算系数统计表**

| 岩心编号 | 渗透率（mD） | 孔隙度（%） | 原始含油饱和度（%） | 采收率（%） | 饱和度变化（%） | 含油体积变化（%） | 饱和度变化折算系数 | 最终折算系数（%） | 储层级别 |
|---|---|---|---|---|---|---|---|---|---|
| PA－1 | 795 | 23.4 | 65.5 | 78.34 | 51.3 | 12.01 | 0.200 | 30 | 高渗 |
| PA－2 | 20 | 16.3 | 60.3 | 42.34 | 25.5 | 4.16 | 0.069 | 5 | 低渗 |
| PA－3 | 327 | 22 | 61.3 | 70.74 | 43.4 | 9.54 | 0.159 | 15 | 中高渗 |
| PA－4 | 128 | 18.4 | 64.3 | 62.68 | 40.3 | 7.42 | 0.123 | 10 | 中渗 |
| PA－5 | 1539 | 24.9 | 66.5 | 84.6 | 56.3 | 14.01 | 0.233 | 40 | 特高渗 |
| PA－6 | 37.1 | 15.4 | 60.3 | 46.6 | 28.1 | 4.33 | 0.072 | 5 | 低渗 |
| PA－7 | 149 | 21.9 | 64.4 | 64.01 | 41.2 | 9.03 | 0.150 | 10 | 中渗 |

## 3 方法应用与结果分析

### 3.1 单井动态含油饱和度计算

利用建立的动态含油饱和度计算模型和不同储层类型的饱和度折算系数，确定 T71749 井克下组储层目前的含油饱和度，明确剩余油的纵向分布特征。2013 年 T71749 井单井控制面积内的原油量为 35687.5t，经过 5 年的聚合物驱替，累计减少油量为 8708t；依据 2013 年的测井曲线，确定当时克下组储层的含油饱和度为 51.2%，因此饱和度减少量为 13.7%，目前克下组储层的动态含油饱和度为 37.5%。

图 4 是 T71749 井动态含油饱和度解释成果图，饱和度道中蓝色为 2013 年储层的含油饱和度，红色为目前的动态剩余油饱和度，首先利用生产动态资料确定克下组储层饱和度的整体减少量；然后利用饱和度折算系数确定不同渗透率级别储层的饱和度减少量。从剩余油饱和度的纵向分布特征可以看出，超高渗和特高渗储层段含油饱和度的减少量最大，基本接近残余油饱和度，剩余油比较少；而与之纵向叠置的中低渗储层，由于储层物性的差异，饱和度减少量比较少，剩余油比较多，是下步聚驱调整的重要层位。

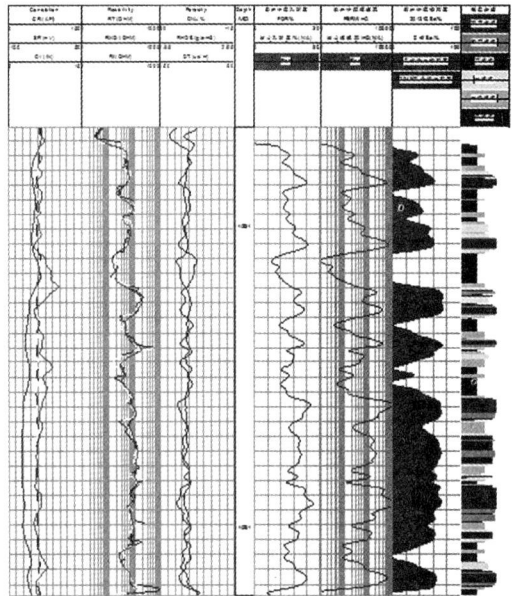

图 4 T71749 井动态剩余油饱和度解释成果图

### 3.2 平面剩余油分布规律

在单井动态剩余油饱和度计算结果的基础上，分析平面剩余油的分布规律，明确剩余油的富集特征。为了准确评价七东 1 区克下组油藏不同单砂体的剩余油分布情况，明确剩余油的开发潜力。首先，建立剩余油纵向富集层段判断的原则和标准：

（1）储层的动态剩余油饱和度大于 30%，即必须大于残余油饱和度，因为聚驱后克下组砾岩储层的残余油饱和度在 30% 左右，以确保储层内有可动用的原油；

（2）基于驱油实验和开发动态的结果，单砂体内的超高渗和特高渗通道内无剩余油，由于聚合物溶液长期的突进冲刷，该类储层段的剩余油基本接近残余油饱和度，开发潜力有限。

### 3.2.1 平面物性渗流屏障形成的剩余油

在单砂体连通的前提下，平面上的物性差异带或者过渡带会形成剩余油富集区域。如图5所示，从连井剖面可以看出，T71721井克下组储层平均渗透率为1790.35mD，优势渗流通道的存在导致不同单砂体的剩余油比较少，与其相邻的两口井TD71417和TD71421，克下组储层的平均渗透率只有37.08mD和119.53mD，渗透率差异比较大，级差达到15以上。因此，在单砂体的平面渗流过程中，由高渗储层过渡到低渗储层，就会形成物性渗流屏障，最终导致低渗储层的驱油效率降低，进而形成剩余油富集。从图中可以清楚地看出，TD71417、TD71421两口井的剩余油明显高于T71721井，该区域是下步聚合物驱调整挖潜的主要方向。该类剩余油的挖潜对策为：平面物性差异形成的剩余油可以通过压裂低渗储层提高剖面剩余油的动用程度。

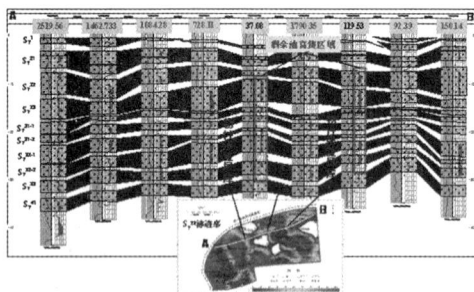

图5 平面物性渗流屏障形成的剩余油分布规律图

### 3.2.2 非均质性渗流屏障形成的剩余油

单砂体内部强的非均质性以及高渗通道的发育，会导致纵向剩余油的分布受非均质渗流屏障的控制，剩余油主要分布在与高渗通道纵向相邻叠置的中低渗储层段，高渗段剩余油潜力比较小。如图6所示，单砂体$S_7^{22}$、$S_7^{23}$、$S_7^{31-2}$、$S_7^{32-2}$剩余油富集，是下步主力挖潜层位；$S_7^{41}$剩余油少，$S_7^{33}$水淹严重，含水率高，剩余油潜力小。该类剩余油的挖潜对策为：封堵高渗层段，扩大中低渗储层段注入聚合物溶液的波及体积，提高油藏采收率。

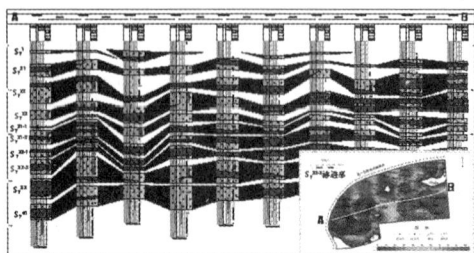

图6 非均质性渗流屏障形成的剩余油分布规律图

### 3.2.3 平面剩余油分布规律

七东1区北克下组储层可以分为9个单砂体，目前整体上动态剩余油饱和度平均为40.6%，2013年饱和度平均为52.4%。克下组9个单砂体中目前动态含油饱和度最大的是$S_7^{22}$、$S_7^{23}$、$S_7^{31-2}$、$S_7^{32-2}$，含油饱和度分别为40.5%、43.6%、40.9%和41.5%，$S_7^{21}$、$S_7^{31-1}$、$S_7^{32-1}$含油饱和度次之，分别为33.8%、34.4%和37.3%，而$S_7^{33}$由于水淹严重，含水率普遍较高，剩余含油饱和度比较低，平均为30.5%，$S_7^{41}$剩余含油饱和度也比较低，为32.3%，开发潜力比较小（图7）。整体上单砂体内高渗优势渗流通道的剩余油潜力比较小，剩余油在纵向上主要分布在与高渗通道相邻叠置的中低渗储层中，其中，$S_7^{23}$、$S_7^{31-2}$、$S_7^{32-2}$单砂体剩余油潜力最大，$S_7^{22}$和$S_7^{32-1}$单砂体开发潜力中等，$S_7^{21}$和$S_7^{31-1}$单砂体开发潜力较小，$S_7^{33}$和$S_7^{41}$单砂体由于水淹严重以及物性相对较差，基本上无开发潜力。平面上，剩余油受储层平面非均质性、平面物性差异以及不同类型储层纵向叠置关系的影响，主要发育在区域的西部和中北部，是下步聚驱调整的重点区域。

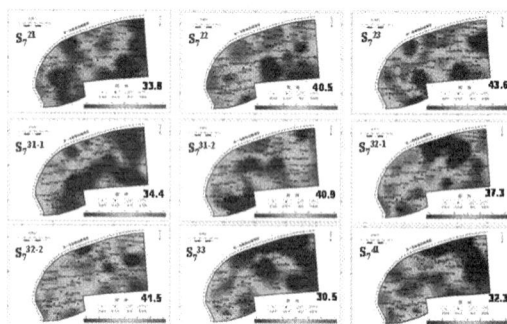

图7 克下组单砂体动态剩余油饱和度平面分布特征图

综上分析，七东1区北克下组中高渗砾岩油藏剩余油的主要形成机制有两种，即平面物性渗流屏障形成的剩余油和层内非均质渗流屏障形成剩余油，前者在单砂体连通的前提下，主要分布在平面渗流差异突变或过渡区域，可以通过压裂渗流屏障区的低渗储层段，提高剖面剩余油的动用程度；后者主要在$S_7^{22}$、$S_7^{23}$、$S_7^{31-1}$、$S_7^{32-2}$等4个单砂体内富集，可以通过封堵单砂体内部的高渗层段，扩大与之纵向叠置相邻的中低渗储层段的波及体积，提高油藏采收率。

## 4 结 论

（1）动态含油饱和度的计算模型基于井网静态参数和开发动态数据，利用驱替实验确定的饱和度折算系数，可以准确地评价中高渗砾岩油藏不同储层类型的动态含油饱和度，方法具有理论性强、操作方便的特点,对于老油田动态含油性的评价具有很好的应用前景。

(2)结合地质静态和生产动态资料,将克下组中高渗砾岩油藏储层划分为 6 级,其中超高渗和特高渗储层被确定为优势渗流通道,不同储层类型由于渗流性的差异,饱和度的折算系数差别也比较大,高渗储层折算系数高,而中低渗储层折算系数低。

(3)单井动态含油饱和度的准确计算为剩余油分布规律的研究提供了地质依据,进而明确了中高渗砾岩油藏剩余油的形成机制,其中,平面物性渗流屏障形成的剩余油主要发育在渗流差异突变或过渡区域,可以通过压裂低渗储层段,提高剖面剩余油的动用程度;层内非均质渗流屏障形成

的剩余油主要分布在 $S_7^{22}$、$S_7^{23}$、$S_7^{31-2}$、$S_7^{32-2}$ 4 个单砂体,可以通过封堵高渗层段,扩大中低渗层段的波及体积,提高油藏采收率。

## 参 考 文 献

[1] 赵宇芳,刘继霞,张国杰,等. 剩余油监测技术及适用性评价[J]. 油气井测试,2013,22(3):25-30.

[2] 朱水桥,钱根葆,刘顺生,等. 克拉玛依砾岩油藏二次开发[M]. 北京:石油工业出版社,2015.

[3] 罗明高,张庭辉. 克拉玛依砾岩油藏微观孔隙结构及分类[J]. 石油与天然气地质,1992,13(2):201-209.

[4] 李庆昌,吴虹,赵立春,等. 砾岩油田开发[M]. 北京:石油工业出版社,1997.

# 克拉玛依油田七区八道湾组沙砾岩油藏三维地应力场分布特征研究

陈禹欣　于会永　田　刚　陈　昂

(中国石油新疆油田公司工程技术研究院)

**摘　要**　克拉玛依油田七区八道湾组油藏储集层以中一粗沙岩和砾岩为主,油藏开发时间长,剩余油分布广,为实现小层挖潜,弱化储集层非均质性,实施了精细分层压裂。在储集层改造过程中,出现了裂缝穿过隔夹层沟通水层的情况,挖潜效果较差。为了明确储集层的岩石力学特性和区域地应力分布状态,采用室内岩心实验和现场资料分析相结合的方式,建立油藏三维应力场模型。研究发现,油藏西南部和中部应力差异不大,油藏东南部应力受断层影响较大,西南部应力受断层影响较小;研究区内发育 5 条逆断层且地层倾角变化较大,并在断层的交会处产生应力突变,对后期的压裂施工有较大影响,因此需要调整施工参数;在油藏西南部和中部裂缝向上向下延伸均匀,在油藏东南部深部地区,若隔夹层较厚,裂缝则向较为容易延伸的方向大幅延伸,易沟通水层,隔夹层较薄时,裂缝易穿透上下夹层。对 $2m^3/min$ 和 $3m^3/min$ 排量下的裂缝高度进行了模拟,发现在 $3m^3/min$ 排量下裂缝的高度控制困难,裂缝纵向延伸较大,沟通下部底水;在 $2m^3/min$ 排量下,裂缝延伸控制容易,纵向延伸合理。

**关键词**　克拉玛依油田;八道湾组;油藏;沙砾岩储集层;隔夹层;岩石力学;地应力场;逆断层

克拉玛依油田七区八道湾组沙砾岩油藏储集层非均质性较强,储集层内部普遍发育隔夹层,经过 50 余年的开发,剩余油分布较广,产油层水窜较为严重,进入开发后期,要想使剩余油得到有效的动用,精细分层压裂是主要的技术手段。如何做到精细分层、如何选择合理的压裂施工参数是指导精细分层压裂的核心。明确剩余油分布、精细刻画储集层隔夹层分布范围及充分认识隔夹层厚度是精细分层的关键,明确地应力分布状态,特别是受断层控制区域地应力变化和分布,对压裂施工参数优选具有重要的意义。

在前期的压裂施工中发现了以下问题:从区域上来看,克拉玛依油田七区八道湾组沙砾岩油藏东北部浅层边缘隔夹层薄、应力差小,分层压裂较为容易实施;东南部深部地区压裂施工较为困难,易发生窜流,压裂后油藏含水率较高。分析认为,导致上述状况的主要原因是对存在断层的油藏地应力分布状况不清,沙砾岩储集层与隔夹层之间物性差异较大所致。文献[1]采用有限元的方式建立了断层控制下的应力分析方式。同时,由于砂体内隔夹层发育,岩石断裂韧性的差异以及弹性模量的差异会对裂缝的扩展和延伸产生一定的影响[2]。文献[3]在莫尔一库伦准则和断裂力学的基础上,建立了地应力和裂缝之间的定量关系,通过测井资料分析和室内岩心实验等方法计算地应力已经较为成熟,且普遍使用[4-8],但该方法受到取心成本、测井测试费用等客观因素的限制,不能大量使用。目前,构建应力场主要基于井点约束的有限元模拟,虽然可以从一定程度上反映区

域应力特点和基本的地质形态,但是精度仍然较低,特别是在断层发育及倾角变化的地层[9,10]。文献[11]通过对玛湖地区沙砾岩的岩石力学分析为缝网在玛湖地区的展布做出了研究。介于不同的方法各有其特点,本文基于室内实验、测井资料和 Petrel 可视化建模的方法,进一步结合现场微地震监测,对压裂效果和裂缝延伸进行评价,通过 Meyer 软件模拟不同排量条件下的裂缝形态,从而达到优化施工参数、指导压裂设计的目的。

## 1　油藏概况

克拉玛依油田七区八道湾组油藏位于准噶尔盆地西北缘,油藏埋深较浅,厚度较大,隔夹层较发育。主力油藏主要发育在河道沉积以及泛滥平原沉积区域,自上而下发育 5 个油层($J_1b_5$,$J_1b_4$,$J_1b_3$,$J_1b_2$ 和 $J_1b_1$),其中主力油层为 $J_1b_5$ 和 $J_1b_4$,$J_1b_5$ 细分为 $J_1b_1^{5-1}$,$J_1b_1^{5-2}$ 和 $J_1b_1^{5-3}$ 共 3 个小层;$J_1b_4$ 细分为 $J_1b_4^1$ 和 $J_1b_4^5$ 共 2 个小层。八道湾组油藏平均埋深为 $640\sim1500m$,储集层以中一粗砂岩和砾岩为主,中一粗砂岩含油性最好,砾岩次之。总体上来看,油藏砂体固结较差,泥质胶结以及钙质胶结较少。受克乌断裂和白碱滩南断裂控制,油藏内部发育 3 条断裂,分别是 5054 井断裂、5137 井断裂和 5075 井断裂(图 1、表 1)。

克拉玛依油田七区八道湾组油藏北侧发育克乌断裂,南侧发育白碱滩南断裂,5075 井断裂、5137 井断裂和 5054 井断裂为派生断裂,均为逆掩断裂,构造形态为由北西向南东倾的单斜。油藏中部地层倾角较缓,为 $6°\sim15°$;油藏东南部下陷带地层倾角逐渐增

大,平均为 30°。断裂对剩余油的控制作用也十分明显,逆掩断裂对油藏起到了良好的遮蔽作用,断裂下盘往往是油气的富集区域,特别是 5054 井断裂和 5137 井断裂的压力保持程度较低,生产井的驱油效果较差,形成了剩余油的富集区。

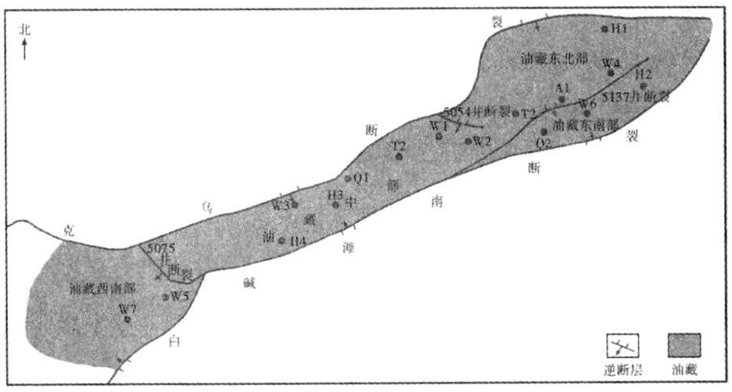

图 1 克拉玛依油田七区八道湾组油藏断裂分布

表 1 克拉玛依油田七区八道湾组油藏断裂要素

| 断裂名称 | 断层性质 | 断距(m) | 走向 | 倾向 | 倾角(°) | 长度(km) |
|---|---|---|---|---|---|---|
| 克一乌断裂 | 逆断层 | 140～180 | NE—EW | NW | 30～70 | 贯穿全区 |
| 南白碱滩断裂 | 逆断层 | 100～120 | NE | NW | 20～45 | 贯穿全区 |
| 5075 井 | 逆断层 | 40～50 | NW—EW | NE—SN | 20～45 | 2.0 |
| 5137 井 | 逆断层 | 50～65 | NE | NW | 15～50 | 3.4 |
| 5054 井 | 逆断层 | 8 | EW | NE | 15～35 | 0.7 |

克拉玛依油田七区八道湾组油藏沙砾岩储集层非均质性较强,渗透率较高,渗透率级差较大,突进系数也存在较大的差异(表 2)。在压裂施工过程中,非均质性会直接影响压裂液与地层的相互作用,影响储集层的压裂效果。

表 2 克拉玛依油田七区八道湾组油藏非均质性参数

| 层位 | 渗透率(mD) | | | 非均质参数 | | |
|---|---|---|---|---|---|---|
| | 最大 | 最小 | 平均 | 渗透率级差 | 突进系数 | 变异系数 |
| $J_1b_{1-3}$ | 656.3 | 16.6 | 268.1 | 39.5 | 2.4 | 0.74 |
| $J_1b_4$ | 518.1 | 11.1 | 138.8 | 46.7 | 3.7 | 0.87 |
| $J_1b_5^{1-1}$ | 541.1 | 16.7 | 199.7 | 32.4 | 2.7 | 0.79 |
| $J_1b_5^{1-2}$ | 442.5 | 4.1 | 126.3 | 107.9 | 3.5 | 0.82 |
| $J_1b_5^{1-3}$ | 265.5 | 3.9 | 71.6 | 68.1 | 3.7 | 0.84 |
| $J_1b_5^2$ | 174.2 | 3.7 | 68.5 | 47.1 | 2.5 | 0.76 |

## 2 储集层地应力分析

地应力分析建立在储集层划分基础之上,主要考虑 5137 井断裂与白碱滩南断裂交会、5054 井断裂与克乌断裂交会,这 2 个断裂交会处附近也是剩余油分布的主要区域。利用测井资料和岩心三轴实验获得相应的岩石力学参数,如弹性模量、断裂韧性、Biot 系数、泊松比等。通过凯塞尔声发射实验和地漏实验获得三向应力,完成对区域构造应力系数的求解和对该区域的应力修正。

### 2.1 测井资料分析

测井资料分析地应力的方法具有连续性强、成本较低的优点。测井资料分析地应力主要利用声波时差、泥质含量、岩石密度等,动态杨氏模量和动态泊松比的计算公式如下:

$$E_d = \frac{\rho v_s^2 \left[ 3 \left( v_p/v_s \right)^2 - 4 \right]}{\left( v_p/v_s \right)^2 - 1} \tag{1}$$

$$\mu_d = \frac{\left( v_p/v_s \right)^2 - 2}{2\left[ \left( v_p/v_s \right)^2 - 1 \right]} \tag{2}$$

通过测井资料可以获取相应的声波时差,5137 井断裂与白碱滩南断裂所划定油藏的东南部平均纵波声波时差为 302μs/m,平均横波声波时差为 529μs/m;5054 井断裂与 5137 井断裂所划定油藏的东北部平均纵波声波时差为 98μs/m,平均横波声波时差为 172 μs/m;油藏中部平均纵波声波时差为 350μs/m,平均横波声波时差为 614 μs/m。将油藏上述参数代入(1)式和(2)式,可计算得到动态杨氏模量 $E_d$ 和动态泊松比 $\mu_d$。

水平应力采用弹簧模型进行计算,地应力计算公式如下:

$$\sigma_h = \frac{\mu}{1-\mu}(\sigma_v - \alpha p_p) + \alpha p_p + \frac{E\mu}{1-\mu^2}\xi_H + \frac{E}{1-\mu^2}\xi_h \tag{3}$$

$$\sigma_H = \frac{\mu}{1-\mu}(\sigma_v - \alpha p_p) + \alpha p_p + \frac{E}{1-\mu^2}\xi_H + \frac{E\mu}{1-\mu^2}\xi_h \tag{4}$$

### 2.2 岩石力学实验分析

通过室内岩心三轴剪切实验获得相关岩石力学参数,实验结果如表 3 所示。

表 3 克拉玛依油田七区八道湾组油藏岩石三轴剪切实验参数

| 井号 | 岩性 | 深度(m) | 围压(MPa) | 抗压强度(MPa) | 弹性模量(GPa) | 泊松比 |
|---|---|---|---|---|---|---|
| T1 | 砂岩 | 930～933 | 18 | 49.1 | 13.1 | 0.21 |
| T1 | 砂质泥岩 | 930～933 | 18 | 58.1 | 15.0 | 0.20 |
| T1 | 砂质泥岩 | 930～933 | 11 | 61.7 | 17.3 | 0.23 |
| T2 | 钙质隔层 | 1207～1211 | 22 | 162.1 | 32.4 | 0.19 |
| T2 | 钙质隔层 | 1207～1211 | 24 | 184.4 | 35.1 | 0.21 |
| T2 | 砂岩 | 1241～1244 | 24 | 64.4 | 14.6 | 0.21 |
| T2 | 砂岩 | 1169～1173 | 22 | 50.6 | 14.6 | 0.19 |
| T2 | 砂质泥岩 | 1237～1241 | 11 | 65.8 | 18.5 | 0.25 |
| T2 | 泥质砂岩 | 1166～1169 | 11 | 67.3 | 14.7 | 0.21 |
| T3 | 砂岩 | 799～801 | 18 | 43.2 | 12.3 | 0.20 |

将 2 种方式得到的岩石力学参数进行拟合校正,可以获得不同区域的弹性模量和泊松比,由于所计算的结果均为动态参数,需要动静态转换获

得静态岩石力学参数。

### 2.3 构造应力系数求解

地漏实验可以较为准确地获取地应力的大小,但是由于成本较高,不利于大规模开展现场试验,因此,通过开展室内岩心凯塞尔声发射实验(表4),可以计算地应力。由于受到取心条件限制,并没有获得油藏全区域的岩心,因此相邻区域只能通过地层倾角和地漏实验进行修正。

**表4 T4井和T5井岩心凯塞尔声发射实验参数**

| 井号 | 岩性 | 深度(m) | 地应力(MPa) | | |
|---|---|---|---|---|---|
| | | | 最大水平 | 最小水平 | 上覆 |
| T4 | 泥岩 | 1161~1169 | 30.1 | 28.9 | 26.8 |
| T5 | 泥岩 | 793~795 | 20.8 | 19 | 18 |
| T5 | 砂岩 | 799~801 | 21 | 20 | 18.3 |
| T5 | 砂岩 | 801~805 | 21.3 | 19.3 | 18.6 |

由凯塞尔声发射实验计算地应力时,参照(3)式和(4)式的弹簧模型,原因是油藏中部区域地层倾角较小,通过实验测得最大水平地应力和最小水平地应力的前提下,可以反求构造应力系数A和B。

## 3 区域地应力场

### 3.1 地应力方位

井壁崩落是岩石应力集中导致井径扩大现象,井壁崩落圆图中的椭圆长轴和短轴方位分别代表最小水平地应力和最大水平地应力方位,二者相互垂直。井壁崩落一旦发生,井壁围岩的应力集中,使崩落不断加深(直到达到稳定形状),但不会变宽。多数情况都是坍塌以后井眼呈现椭圆形状,可以借助该椭圆长轴和短轴方位来确定地应力的方位。

对克拉玛依油田七区八道湾组油藏地应力方位进行分析,发现地应力方位变化较小,最大水平地应力方位在88°左右(表5),虽然研究区断裂发育,断裂交会区域应力发生突变,但最大水平地应力方位并未发生显著变化,因此考虑地应力方位对压裂施工参数的选择影响较小。

**表5 克拉玛依油田七区八道湾组油藏地应力方位统计表**

| 井号 | 最大水平地应力方位(°) | 平均方位(°) |
|---|---|---|
| T4 | 89 | |
| T6 | 87 | 88 |
| T7 | 81 | |
| T7 | 97 | |

### 3.2 建立地应力场模型

区域应力场可以直观反映区域内的应力分布状态,特别是在地层倾角变化较大的区域,是否会发生应力的突变;断裂交会处是否会产生应力突

变。只有将应力的分布和变化直观地展现出来,才能为压裂施工提供合理的指导[17,18],为压裂后裂缝的总体走向,特别是裂缝的高度进行预测。

模型的建立首先是依据现场的测井数据,在克拉玛依油田七区八道湾组油藏施工过程中积累了大量测井数据,这些数据能够较为准确地反映各个生产井的上覆岩层压力、孔隙压力等参数的变化。其次结合克拉玛依油田七区八道湾组油藏断层要素,可以建立速度场,刻画油藏边界和断层边界。基于测井资料岩性划分的结果,通过构造模型和岩性的约束建立岩相模型,最后经三维可视化建模软件 Petrel 建立了八道湾组油藏的应力分布模型(图2)。克拉玛依油田七区八道湾组$J_1b_5$油层剩余油丰度可以明确剩余油的分布范围(图3),结合应力分布模型可以深化对地质甜点和工程甜点的认识。

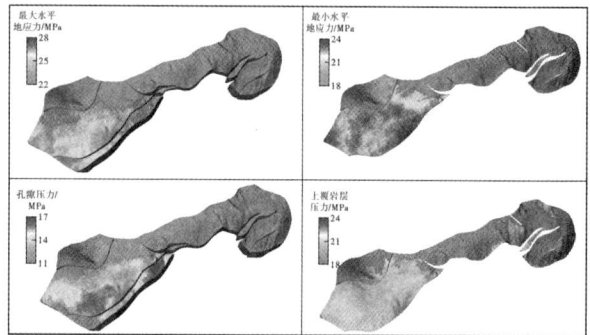

图2 克拉玛依油田七区八道湾组油藏应力场云图

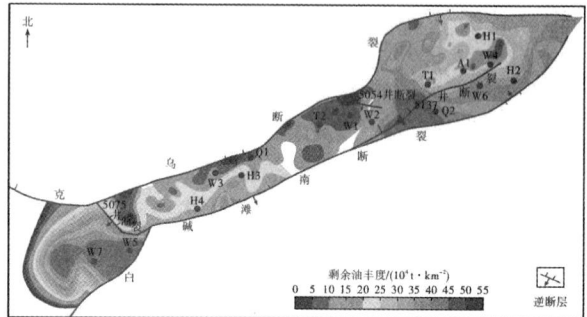

图3 克拉玛依油田七区八道湾组油藏$J_1b_5$油层剩余油丰度

研究的主要目的在于将地质甜点同工程甜点结合起来,加大对剩余油的挖潜。由于油藏埋深较浅,上覆岩层压力变化不大,顺构造倾斜方向,自东向西逐渐变大,这也同克拉玛依油田七区八道湾组油藏砂体的自然分布以及物源走向一致,符合油藏东北部浅于西南部的特点,在断层边缘略微分布不均匀。

## 4 实例应用

前期在现场施工的过程中表现出在应力差较大、隔夹层厚度较薄的情况下容易产生裂缝纵向穿层的情况,储集层改造效果差,剩余油动用程度低。结合现场施工方案可以看出,前期的设计未能考虑地层倾角、主断裂、派生断裂等因素对应力

和压裂效果的影响。为了验证地层倾角和断层对裂缝纵向延伸的影响,选择了克拉玛依油田七区八道湾组油藏中部和东部进行了对比试验。

位于克拉玛依油田七区八道湾组油藏中部的Q1井地层倾角为 15°～20°,属于低角度构造区域,应力差为4～6MPa;位于油藏东部的Q2井地层倾角为 30°～50°,且受断层控制较为明显,应力差为8～10MPa,应力差较大。Q1井和Q2井压裂施工效果对比如表6所示。

通过表6可以看出,对于地层倾角较缓,受断层控制较小的地层,裂缝能够较好地延伸,压裂施工应选择小排量,适当降低前置液量的方式进行压裂施工。

克拉玛依油田七区八道湾组油藏东部由于受断裂控制,应力差较大,在压裂施工液量低于设计参数的情况下,裂缝出现向上穿透隔夹层的趋势。因此,在压裂施工过程中应该将排量控制在 $2m^3/min$,降低前置液量,适当增加液砂比,从而达到精确压裂、控制裂缝纵向延伸的目的。

选取克拉玛依油田七区八道湾组油藏东部A1井进行不同排量条件下的裂缝模拟,对比设计排量,进行排量优化。本研究设置了 $2m^3/min$ 和 $3m^3/min$ 排量的裂缝模拟(图4)。

表6 Q1井和Q2井压裂施工参数和效果对比表

| 井号 | 总液量(m³) | 总砂量(m³) | 排量(m³) | 实际裂缝半长(m) | 预期裂缝半长(m) | 裂缝高度(m) | 是否穿透隔夹层 |
|---|---|---|---|---|---|---|---|
| Q1 | 30.5 | 5 | 2.4 | 18 | 21 | 18 | 否 |
| Q2 | 55.5 | 8 | 2.5 | 28 | 31 | 35 | 是 |

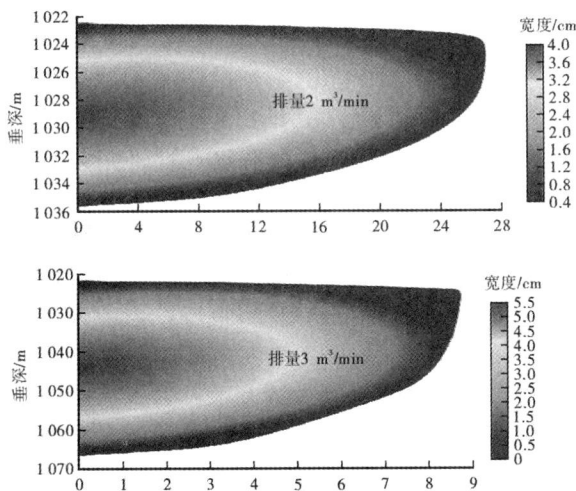

图4 A1井不同排量条件下裂缝模拟图

在 $3m^3$ 的排量下,裂缝高度为50m左右,由于上部受隔夹层的约束,裂缝只能向下部延伸,因此在前期的压裂施工中出现了沟通下部水层的情况;当降低前置液量采用 $2m^3/min$ 的排量进行裂缝模拟,裂缝向下延伸现象得到了较好控制,裂缝高度为32m,缝高控制效果较为明显。

# 5 结论

(1)克拉玛依油田七区八道湾组油藏埋深为640～1500m,受逆断层控制,油藏内应力差变化较大,油藏东南部深部地区应力差为 8～10MPa,油藏中部应力差为 4～6MPa。

(2)根据地应力的分布状态和剩余油分布,八道湾组油藏东南部地层剩余压力较小、剩余油富集,但由于地层倾角变化较大、多条断层交会,使得应力差较大,增加形成复杂缝网的难度,合理利用厚度较大的隔夹层,能够控制裂缝的高度,使裂缝穿透较小的夹层有利于沟通上下储集层,合理选择射孔段有利于油藏的开发。

(3)由于克拉玛依油田八道湾组油藏为小型直井压裂,排量的选择对压裂效果起到了较大的影响。对于七区八道湾组油藏东南部深部地区应严格控制排量在 $2m^3/min$,降低前置液量,增加液砂比,从而控制裂缝高度,防止沟通水层;在八道湾组油藏中部由于应力差较小,裂缝纵向延伸的趋势较小,相比东南部深部地区,可以将排量控制在 $3m^3/min$。

**参 考 文 献**

[1] LIN Botao,JIN Yan,CHEN Yun. Prediction of in-situ stresses and pore pressure in a shale gas reservoir subject to finite fault slip[R]. Brisbane,Australia:SPE Asia Pacific Oil & Gas Conference and Exhibition,2018.

[2] 金衍,陈勉,周健,等. 岩性突变体对水力裂缝延伸影响的实验研究[J]. 石油学报,2008,29(2):300－303.

[3] 季宗镇,戴俊生,汪必峰. 地应力与构造裂缝参数间的定量关系[J]. 石油学报,2010,31(1):68－72.

[4] 刘厚彬,孟英峰,王先起,等. 利用测井资料预测地层孔隙压力方法研究综述[J]. 西部探矿工程,2006,18(6):91－93.

[5] 陈勉,金衍,张广清. 石油工程岩石力学[M]. 北京:科学出版社,2008.

[6] 马建海,孙建孟. 用测井资料计算地层应力[J]. 测井技术,2002,26(4):347－351.

[7] 黄琼冰,鹿天柱,寇永强,等. 小型压裂技术的应用[J]. 油气井测试,1998,7(2):59－63.

[8] 容娇君,李彦鹏,徐刚,等. 微地震裂缝检测技术应用实例[J]. 石油地球物理勘探,2015,50(5):919－924.

[9] 徐珂,戴俊生,商琳,等. 高尚堡油田深层油藏南区现今地应力场预测及应用[J]. 中国石油大学学报(自然科学版),2018,42(6):19－29

[10] 杨虎,周鹏高,孙维国,等. 利用地震资料预测准噶尔盆地南缘山前构造地层压力[J]. 新疆石油地质,2017,38(3):347－351.

[11] 何小东,马俊修,刘刚,等. 玛湖油田砾岩储集层岩石力学分析及缝网评价[J]. 新疆石油地质,2019,40(6):701－707.

# 风城油田重32井区辫状河储层构型表征及其对SAGD开发效果的影响

罗池辉　孟祥兵　刘　佳　高　亮　许海鹏

(中国石油新疆油田分公司)

**摘　要**　基于露头观察、取心资料及测井数据综合分析,建立了风城油田重32井区陆相辫状河储层辫状河水道、心滩坝及其内部构型单元的识别标准,通过模式拟合、嵌入式建模方式,表征了不同构型单元的分布规模及三维展布;根据沉积特征及分析化验结果,确定泛滥平原沉积,泥质充填辫状河道及心滩坝内部落淤层、沟道沉积为夹层的主要成因;归纳出四种典型夹层的发育模式,并给出不同类型夹层对SAGD开发的影响。结果显示,研究区夹层多以土豆状展布,呈"散、薄、多"发育特点,主要以泛滥平原沉积、落淤层、沟道沉积的岩性夹层为主,井间及注汽井上方大范围发育的夹层是制约SAGD开发的主要因素。

**关键词**　辫状河储层;构型表征;夹层;SAGD开发

新疆风城油田于2008年开展双水平SAGD现场试验,经多年研究与攻关,目前已实现工业化应用。与应用最广泛的加拿大商业化SAGD项目不同,新疆油田为陆相辫状河沉积,储层具有"泛连通体"的特点,油藏中的夹层是制约SAGD高效开发的主要影响因素。因此开展储层构型结构精细解剖,研究夹层成因及空间展布,对改善SAGD开发效果尤为重要。

国内外学者对辫状河储集层构型进行了大量研究,包括辫状河储层构型单元及构型要素分析[1,2],构型的形态及组合模式刻画[3],辫状河储集层内部夹层识别及预测,夹层控制的剩余油分布规律研究等[4-7]。本文在前人研究的基础上,利用研究区的露头、岩心及密井网数据,对储层构型结构进行了识别与精细解剖,研究了辫状河储层夹层的成因及展布规律,夹层刻画精度达0.25m。在此基础上通过井组生产动态监测及蒸汽腔发育情况验证夹层刻画结果,最终纳出四种典型的夹层发育模式及其影响下的SAGD蒸汽腔发育形态,为提出SAGD改善措施挖潜剩余油提供理论依据。

## 1　研究区概况

风城油田重32井区位于准噶尔盆地西北缘,是一个被断裂切割的单斜断块油藏,地层倾角为3°～8°(图1)。重32井区自下而上发育的地层有二叠系、侏罗系齐古组、白垩系吐谷鲁群。齐古组发育$J_3q_2^1$、$J_3q_3$两个砂层组;$J_3q_2$砂层组又可细分为$J_3q_2^1$、$J_3q_2^2$两个小层;$J_3q_2^2$小层划分为$J_3q_2^{2-1}$、$J_3q_2^{2-2}$、$J_3q_2^{2-3}$三个单层,$J_3q_2^{2-1}$、$J_3q_2^{2-2}$单层之间泥岩隔层分布不稳定。重32井区SAGD开发区目的层为$J_3q_2^{2-1}$+$J_3q_2^{2-2}$,整体属于辫状河沉积,发育辫状河道、心滩和河漫滩微相沉积。研究区油藏平均埋深190m,储层岩性以中砂岩和细砂岩为主,沙砾岩和含砾砂岩次之。储层孔隙度22.1%～

35.0%,平均31.2%;储层渗透率$161.7\times10^{-3}$～$3610\times10^{-3}\mu m^2$,平均$1780\times10^{-3}\mu m^2$,含油饱和度平均73.5%,有效厚度20.0～33.2m,油层内部发育不连续夹层,由中部向南部逐渐变薄,南部局部存在边水,50℃下脱气原油黏度14450 mPa·s～28500 mPa·s,平均18913mPa·s。重32井区动用含油面积$1.23Km^2$,共有开发井860口,其中SAGD水平井62口,SAGD部署区为本文的主要研究区。

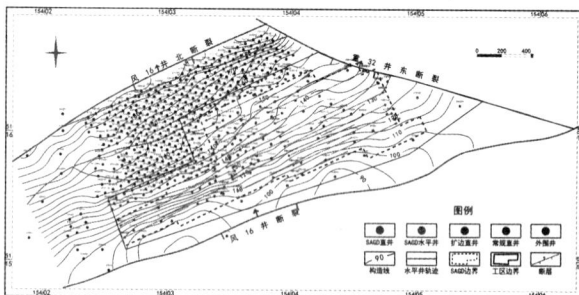

图1　研究区构造井位图

## 2　构型单元识别及表征

参考Miall(1985)构型分级[1,2],研究区辫状河储层层次结构主要划分为三个,第一个层次是亚相规模,即5级界面限定的复合河道及河漫滩;第二个层次是微相规模,即4级界面限定的辫状河道、心滩坝、泛滥平原规模;最后一个层次是心滩坝内部结构规模,即心滩坝内部3级界面限定的落淤层、沟道,本次研究重点表征辫状河储层的4、3级构型单元的分布。

### 2.1　构型单元识别

1)四级构型单元

(1)辫状河(水)道。辫状河道是沙砾质辫状河中的主要微相单元之一,岩性主要以中-细砂岩为主,夹不等粒粗砂岩、细砂岩,泥质粉砂岩等,以板状交错层理、平行层理和波状层理等沉积构造为主,底部常见冲刷面、含泥砾,砂体厚度整体较大,具有典型的河流相自下而上变细的正韵律特征根据河道中充填的沉积物粒度差异特征,其测井曲线特征具有多样性,既具有 GR 中高值、SP 负异常、高 RT、中低 DEN,曲线形态以钟形为主的特点(表 1)。

(2)心滩坝。心滩坝是研究区主要的砂体构型单元,砂体厚度较大。岩性主要以中—细砂岩、细砂岩为主,单层砂体厚较大,底部常见冲刷面、泥砾。沉积构造以块状层理、槽状及板状交错层理、平行层理为主。其含油级别很高,多为饱含油或富含油级别。垂向上沉积物以粗粒碎屑为主,呈

正韵律或均质韵律的特征。具有低 GR、高 RT、低 DEN 的特征,曲线形态以箱形、箱形—钟形、微漏斗形为主。

(3)泛滥平原。泛滥平原为相对细粒沉积。研究区内工区泛滥平原主要以泥质沉积物。主要岩性为灰白色、灰色泥岩、泥质粉砂岩,厚度 0.5～3 m。层理以水平层理为主,局部可见波状层理,同时。整体上泛滥平原泥质隔夹层 GR 曲线回返明显,RT 曲线呈低幅,且幅度差一般较小(表 1)。

表 1　研究区构型单元测井响应与沉积特征

| 构型单元 | 测井响应 | 岩心照片 | 岩性 | 韵律 | 沉积构造 | 厚度(m) | 几何形态 |
|---|---|---|---|---|---|---|---|
| 心滩坝 | | | 中—细砂岩为主,局部泥质、钙质粉砂岩 | 均质韵律或不明显的正韵律 | 交错层理、平行层理 | 1～15 | 平面呈椭圆状,顶突底平状 |
| 辫状河道 | | | 中—细砂岩为主,局部沙砾岩 | 正韵律 | 交错层理 | 2～10 | 呈舌状,剖面呈顶平底突状 |
| 落淤层/沟道 | | | 泥岩、粉砂质泥岩 | 无明显韵律 | 平行层理 | 0.25～2 | 平面上呈土豆状、带状 |
| 泛滥平原 | | | 泥岩、粉砂质泥岩 | 无明显韵律 | 水平或块状层理 | 0.5～13 | 连片分布 |

2)三级构型单元

(1)沟道特征。沟道多以灰色、灰白色粉砂质泥岩和泥质粉砂岩为主,为研究区储层内重要的夹层类型之一。沉积构造以块状层理为主,可见水平层理,一般是在短暂的洪水间歇期或者水动力减弱时小的串沟中落淤而形成的,常常呈窄条

带状零散断续的分布在心滩坝内。平面上沟道与古水流方向多呈斜交样式,为小规模窄条带状断续分布特征,剖面上与水道的形态顶平底凸一致,为渗流中的物性较差部位。沟道 GR、DEN 和 RT 曲线有回返,但幅度相对较小(表 1、图 2)。

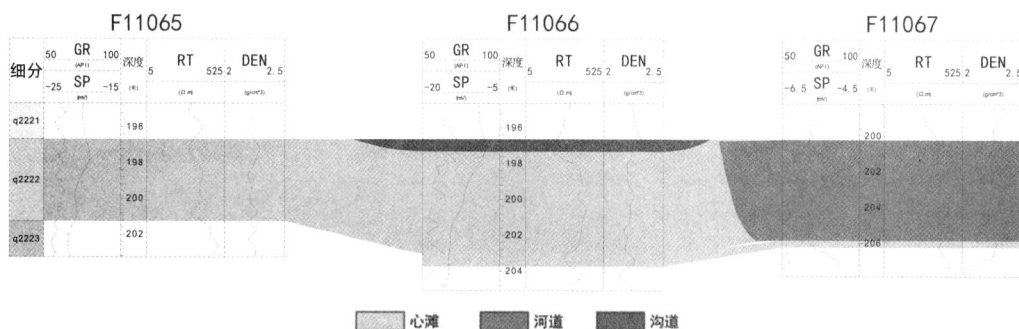

图 2　研究区沟道剖面样式

(2)落淤层特征。落淤层为心滩坝内部的细粒泥质类物性夹层,纯泥岩较少,多以灰色泥岩、灰白色泥质粉砂岩为主,沉积构造以块状层理为主,可见波纹层理,在洪泛事件间歇期,受洪水能量减弱的影响,心滩坝上细粒悬浮沉积物质垂积形成了落淤层(泥质披覆层),平面上,按组合样式

落淤层分为广泛连片落淤层、局部连片落淤层,剖面上沟道和落淤层呈互相交切或者平行分布,单期落淤层呈近水平状分布,两翼略微显倾斜状,多期落淤层之间近平行分布,多呈土豆状或带状向周围扩展 GR、DEN 和 RT 曲线有较明显回返(表1、图3)。

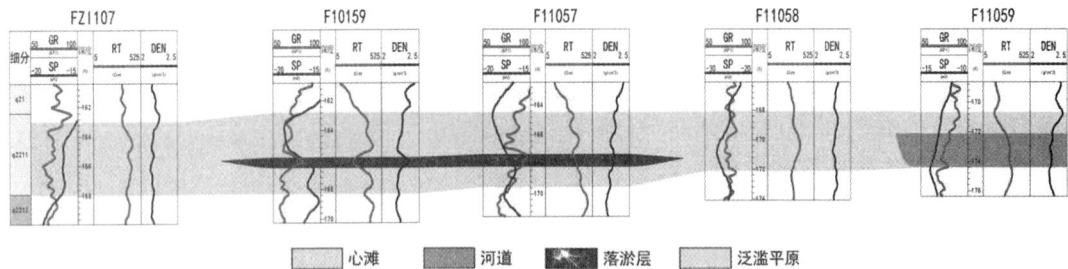

图 3　研究区落淤层剖面样式

## 2.2　构型单元表征

根据研究区油砂山露头和密井网资料，运用经验公式、关系拟合方式[3]，确定不同构型单元展布范围。采用"模式指导、层次分析、嵌入式建模"的方法，建立储层构型模型[8-10]。首先，构建心滩坝、辫状河河道模型，参考李海燕等[7]前期对本区构型的研究认识，结合新井测井数据，综合预测研究区心滩坝宽度在 120～400m，河道宽度 50～180m，总体呈"宽坝窄河道"的特征，心滩坝宽度约为水道宽度的 3 倍。其次，采用基于面的嵌入式建模方法构建心滩坝内部落淤层、沟道以及泥质充填河道，以落淤层为例，先在心滩坝范围内，用

单井上识别出的落淤层中间位置作为空间控制点，生成落淤层面；再用井点上落淤层的厚度作为条件点，在每个单一的心滩坝内部使用克里金插值得到落淤层的厚度分布，将此厚度值赋于面之上，即可得到心滩坝内部落淤层的一个确定性分布模型。研究区单井构型解释落淤层厚度 0.2～2m，宽度在 20～200m。剖面上心滩坝内部落淤层近水平状分布，平面上落淤层范围受心滩坝约束，呈土豆状分布。在各级次模型建立基础上，将落淤层、沟道嵌入到心滩模型中，将泥质充填河道嵌入到辫状河道模型中，最终建立研究区储层构型模型。表征各构型单元(图 4、图 5)。

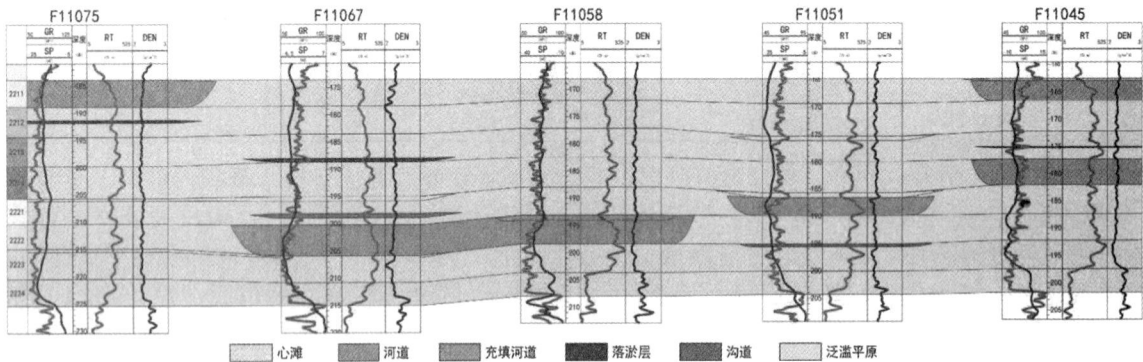

图 4　研究区构型剖面展示图

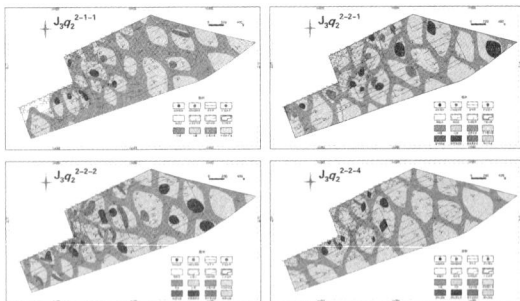

图 5　研究区不同层位构型平面展布图

## 3　隔夹层展布及刻画

研究区主要以双水平井 SAGD 方式开发，因其重力泄油机理的特点，隔夹层成为影响蒸汽腔扩展和阻碍原油流动的主要地质因素[11-15]。在研究区构型识别与表征的基础上，确定隔夹层主要由三种构型单元组成：泛滥平原沉积、泥质半充填与泥质充填辫状河道及心滩坝内部落淤层、沟

道沉积。从研究区三维展布模型可以看出，隔夹层主要类型为落淤层(占比 42%)，数量多但展布范围有限；其次为泛滥平原(占比 24%)，全区均有分布且具有一定连片性；沟道、填充河道相对较少(分别占比 17%)且局部发育(图 6)。

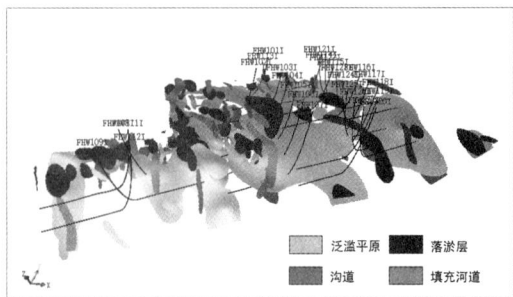

图 6　研究区隔夹层展布刻画及其与 SAGD 关系

从分析化验及测井解释数据来看，泛滥平原及心滩坝内部落淤层沉积形成的隔夹层多为岩性夹层，岩性以泥岩、粉砂质泥岩及钙质砂为主，此

类夹层渗透性差,含油级别低,一般为不含油或油斑,厚度主要在 1.0～3.0 m 之间,是影响 SAGD 开发的主要屏障。由泥质充填辫状河道沉积形成的隔夹层多为物性夹层,岩性主要以粉砂岩、泥质粉砂岩及少量沙砾岩为主,具有一定的渗透性,含油级别主要为油迹或油斑,厚度主要在 1.0～2.5 m 之间。整体来看,研究区隔夹层类型主要以岩性,多以土豆状展布,呈"散、薄、多"发育特点(表 2)。

表 2  研究区隔夹层特性

| 分类 | 沉积特征 | 电性特征 | 物性特征 | | | 岩性 | 厚度范围 |
| --- | --- | --- | --- | --- | --- | --- | --- |
| | | | 孔隙度/% | 渗透率/mD | 含油饱和度/% | | |
| 岩性 | 主要由泛滥平原、心滩坝内部落淤层、沟道构成 | GR:43.5～99.7API (平均为79API) DEN:2.2～2.6g/cm³ (平均为2.4g/cm³) RT:5.4～37.8Ω·m (平均为22.6Ω·m) | 1.8～20.6 | 0～50 | 1.0～40.0 | 主要为粉砂质泥岩、泥岩、钙质砂岩 | 厚度为0.75～6.8m,主要为1.0～3.0m |
| 物性 | 主要由泥质半充填与泥质充填辫状河道构成 | GR:64.4～91.0API (平均为80.6API) DEN:2.0～2.4g/cm³ (平均为2.3g/cm³) RT:15.8～36.0Ω·m (平均为22.3Ω·m) | 21.8～29.2 | 70～300 | 30.0～55.0 | 主要为泥质粉砂岩、沙砾岩 | 厚度为0.5～6.0m,主要为1.0～2.5m |

## 4  夹层对 SAGD 开发的影响

考虑夹层展布范围及其与 SAGD 井组间的关系,可将夹层分为井间大范围发育、井间局部发育,注汽井上方大范围发育、注汽井上方局部发育四类模式。四种夹层对蒸汽腔发育有不同程度的影响[16-18]。

### 4.1  典型井组蒸汽腔发育形态分析

以研究区典型井组 FHW001 为列,对井组影响的主要有 6 条夹层,其中 2、5、6 号夹层在井间发育,1、3、4 发育在注汽井上方;1、2、3 号夹层发育范围较大(宽度大于一个井距),4、5、6 号夹层局部发育(图 7)。

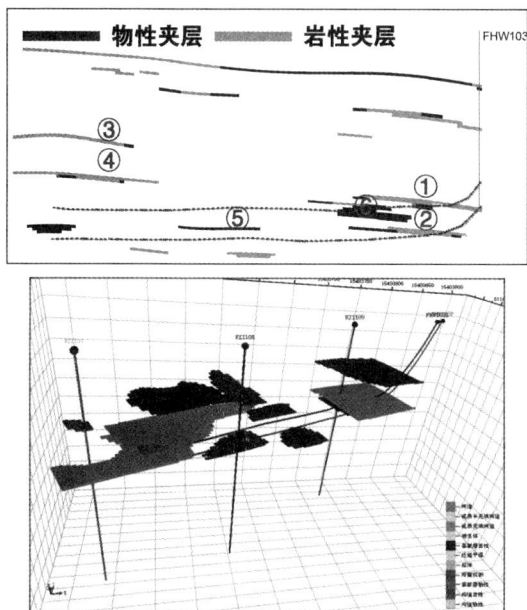

图 7  FHW001 井组注采井间夹层分布剖面图

模拟 FHW001 井组不同生产阶段的蒸汽腔发育情况。a. 循环预热阶段(第 1 年),蒸汽腔优先在无井间夹层分布的位置发育,夹层 2、5、6 处注采井间不发育蒸汽腔。b. 转 SAGD 生产初期(第 2 年),未发育夹层井段蒸汽腔持续向上发育,受 2、4、5 号夹层的影响,蒸汽腔在脚跟、脚尖及中部位置局部不发育或发育较差。c. 蒸汽腔发育至油层顶部(第 4 年),随着生产进行,蒸汽穿过局部发育的小范围夹层,但受大范围发育的 1、3 号夹层对应水平段蒸汽腔仍受影响。d. 蒸汽腔扩展阶段(第 6 年),此阶段发育到油层顶部的蒸汽腔开始横向扩展,脚跟、脚尖处蒸汽腔仍受 1、3 夹层影响发育缓慢。

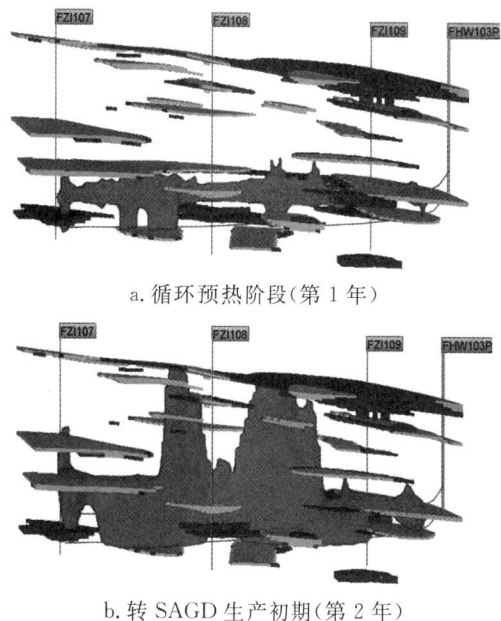

a.循环预热阶段(第 1 年)

b.转 SAGD 生产初期(第 2 年)

c.蒸汽腔发育至油层顶部(第4年)

d.蒸汽腔扩展阶段(第6年)

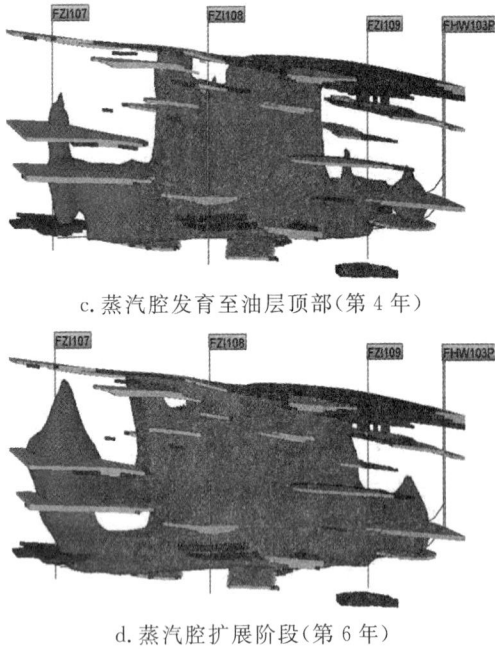

图8 FHW001井组不同生产阶段蒸汽腔发育形态

**4.2 不同夹层发育模式对SAGD开发效果的影响**

夹层发育位置、规模及大小均会影响SAGD开发效果。在典型井组的夹层刻画与蒸汽腔模拟的基础上,统计分析研究井区26对SAGD井组的夹层发育及蒸汽腔扩展情况,结果显示,夹层沿水平段不同位置均有发育(图9)。单水平井组夹层数0~6个,根据夹层分布特征归结为三类:①夹层发育相对较少,覆盖水平井范围较小,一般小于30%;②夹层发育中等,覆盖水平井范围相对较大,部分在50%左右;③夹层广泛发育,覆盖水平井范围较大,部分覆盖范围超过60%。

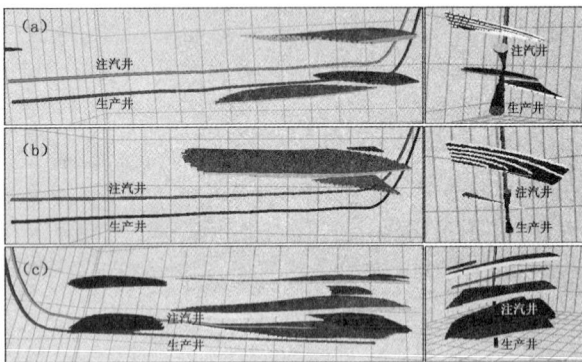

图9 研究区典型井夹层分布与水平井位置关系示意图

重点考虑夹层位置、大小和相互关系,从垂直水平井方向井间有无夹层出发,总结出4种典型夹层分布模式及其对蒸汽腔发育的影响。

(1)注汽井与采油井之间发育小范围、不连续夹层(I类)。该类夹层长度一般小于20.0~150.0m,宽度一般小于40.0m;该类夹层主要影响预热阶段井间热连通的建立,阻碍生产期间泄油通道,导致生产初期蒸汽腔发育缓慢,原油产量低,但随着蒸汽腔

扩展,夹层影响减弱,产量逐渐上升。

(2)注汽井与采油井之间发育大范围夹层(II类)。该类夹层宽度一般大于70.0m,长度一般为50.0~350.0m;该类夹层导致井间无法建立热连通,只能在注汽井上方形成小范围蒸汽腔,如不采取措施,该井段产量一直处于较低水平,无法有效生产。

(3)注汽井上方发育小范围、不连续夹层(III类)。该类夹层长度一般为100.0~400.0m,宽度多小于50.0m,呈多期叠置发育,研究区多数井组受该类夹层影响;该类夹层可减缓蒸汽腔扩展速度,当蒸汽遇到注汽井上方夹层后开始横向扩展,绕过夹层后继续向上发育,随着蒸汽腔扩展,夹层影响逐渐减弱,整体产量呈阶梯状上升。

(4)注汽井上方发育大范围夹层(IV类)。该类夹层宽度一般大于70.0m,长度多为150.0~500.0m;该夹层对初期产量基本无影响,生产一段时间后蒸汽腔发育遇阻,蒸汽腔无法继续向上发育,导致夹层上方原油无法动用,产量基本稳定,无法上升。

表3 夹层分布模式及其影响下的蒸汽腔发育形态

通过对不同类型夹层对蒸汽腔发育的影响研究,指导改善SAGD开发效果技术对策的提出。有效动用夹层影响的剩余油,实现SAGD高效开发。

**5 结论**

(1)研究区心滩坝厚度与辫状河辫状水道厚度相当,表现为宽坝窄河道的特征;心滩坝长度在300~800m,宽度为河道宽度的3倍左右。

（2）研究区夹层多以土豆状展布，呈"散、薄、多"发育特点，泛滥平原沉积，泥质半充填与泥质充填辫状河道及心滩坝内部落淤层、沟道沉积为夹层的主要成因。

（3）夹层分为井间大范围发育、井间局部发育、注汽井上方大范围发育、注汽井上方局部发育四类模式，其中井间及注汽井上方大范围发育的夹层是制约 SAGD 开发的主要因素。

（4）通过对不同类型夹层对蒸汽腔发育的影响研究，制定不同的 SAGD 高效开发政策。注汽井上方不连续夹层，可以采用直井辅助 SAGD、多分支 SAGD 技术，井间或者注汽井上方大范围夹层可以采用储层扩容改造技术。

## 参 考 文 献

[1] Miall A D. A review of the braided－river depositional environment[J]. Earth Science Reviews, 1977, 13(1): 1－62.

[2] Miall A D. Architectural elements and bounding surfaces in fluvial deposits: Anatomy of the Kayenta Formation(Lower Jurassic), southwest Colorado[J]. Sedimentary Geology, 1988, 55(3/4): 233－262.

[3] Bridge J S. The interaction between channel geometry, water flow, sediment transport and deposition in braided rivers[M] Best J L, Bristow C S. Braided rivers: Geological Society of London special publication 75. London: The Geological Society of London, 1993: 13－72.

[4] 李顺明, 宋新民, 蒋有伟, 等. 高尚堡油田砂质辫状河储集层构型与剩余油分布[J]. 石油勘探与开发, 2011, 38(4): 474－482.

[5] 印森林, 吴胜和, 等. 沙砾质辫状河沉积露头渗流地质差异分析——以准噶尔盆地西北缘三叠系克上组露头为例[J]. 中国矿业大学学报, 2014, 43(2): 286－293.

[6] 岳大力, 赵俊威, 温立峰. 辫状河心滩内部夹层控制的剩余油分布物理模拟实验[J]. 地学前缘, 2012, 19(2): 157－161.

[7] 李海燕, 高阳, 王延杰, 等. 辫状河储集层夹层发育模式及其对开发的影响——以准噶尔盆地风城油田为例[J]. 石油勘探与开发, 2015, 42(3): 364－373.

[8] 吴胜和, 岳大力, 刘建民, 等. 地下古河道储层构型的层次建模研究[J]. 中国科学(D辑): 地球科学, 2008, 38(增刊): 111－121.

[9] 龙明, 许亚南, 刘彦成, 等. 砂质辫状河储层构型对流体运动的控制作用[J]. 特种油气藏, 2019, 26(1): 116－121.

[10] 谢寅符, 李洪奇. 准噶尔盆地钙质夹层成因及层序地层学意义[J]. 石油学报, 2005, 21(5): 28－31.

[11] 刘钰铭, 侯加根, 宋保全, 等. 辫状河厚砂层内部夹层表征——以大庆喇嘛甸油田为例[J]. 石油学报, 2011, 32(5): 836－841.

[12] 范坤, 朱文卿, 周代余, 等. 隔夹层对巨厚砂岩油藏注气开发的影响——以塔里木盆地东河1油田石炭系油藏为例[J]. 石油学报, 2015, 36(4): 475－481.

[13] 姜建伟. 利用层内夹层提高厚油层开发效果[J]. 石油天然气学报, 2008, 30(3): 334－336.

[14] 岳大力, 吴胜和, 刘建民. 曲流河点坝地下储层构型精细解剖方法[J]. 石油学报, 2007, 28(4): 99－103.

[15] 秦国省, 胡文瑞, 宋新民, 等. 砾质辫状河构型及隔夹层分布特征——以准噶尔盆地西北缘八道湾组露头为例[J]. 中国矿业大学学报, 2018, 47(5): 1008－1020.

[16] 杨志成, 朱志强, 刘子威, 等. 隔夹层精细表征新方法研究——以 LD 油田为例[J]. 新疆石油天然气, 2019, 15(2): 54－58.

[17] 张洪源, 李婷, 解阳波, 等. 夹层对蒸汽辅助重力泄油的影响[J]. 特种油气藏, 2017, 24(5): 120－125.

[18] 石兰香, 李秀峦, 马德胜, 等. SAGD 开发中突破夹层技术对策研究[J]. 现代地质, 2017, 31(5): 1079－1087.

# 变质岩潜山裂缝型储层精细预测技术研究
## ——以渤海海域 A 油田为例

田　涛　王建立　龚　敏　蔡纪琰

(中海石油(中国)有限公司天津分公司渤海石油研究院)

**摘　要**　A油田位于渤中凹陷的西南部,主要目的层为太古界变质岩潜山。经钻井揭示该区太古界潜山储层为裂缝型储层,储层纵、横向变化较快,优质储层的精准预测直接关系到该区的勘探和开发效果。本文针对A油田裂缝型储层预测难度大的问题,在充分挖掘地震资料信息的基础上,形成了一套针对性的叠后多属性裂缝检测技术。首先通过区域地质认识和井上钻遇情况,将该区裂缝储层段在垂向上分为风化裂缝带和内幕裂缝带;其次针对不同类型的储层建立地质模型并对模型进行正演模拟从而明确风化裂缝带和内幕裂缝带的地震响应特征及识别规律;最后在正演模拟结果的指导下开展叠后地震属性研究并创新提出利用绕射波技术对储层进行进一步精细描述。研究成果与已钻井的吻合度较高,为下一步井位的部署和开发方案的制定提供了有力支撑。

**关键词**　变质岩潜山;裂缝型储层;正演模拟;地震属性;绕射波

随着渤海油田勘探开发的不断深入,变质岩潜山油气藏在渤海油田的增储上产中发挥着越来越重要的作用[1],特别是近年来一系列潜山油气田的发现一举改变了渤海潜山油气田的开发现状。在渤海已发现的变质岩潜山油气田中,裂缝型储层是油气的主要储集空间。由于该区变质岩潜山储层受风化、多期次构造运动的共同控制,储层的非均质性极强。同时,由于该区潜山埋藏深,地震资料具有分辨率低、品质较差的特点,从而进一步约束了变质岩潜山裂缝型储层的精细刻画。

目前,国内外学者在裂缝检测中主要使用以下几类方法:基于野外露头较为直观地观测裂缝的发育情况;从井筒取芯资料进行裂缝储层的描述;从成像测井资料上开展裂缝解释;基于HTI介质的P波方位各向异性的裂缝预测方法[2,3];基于叠后属性裂缝检测技术等方法[4-6]。本文综合应用了地质、钻井、地震资料,首先在垂向上对储层进行分类,结合其地震响应特征优选出针对性的技术对储层进行精细预测,研究结果与工区内钻井资料吻合较好,为研究区潜山下一步的高效开发提供了强有力的技术保障。

## 1　区域概况

A油田位于渤中凹陷西南部,西部与埕北低凸起相邻,南部与黄河口凹陷相接,东南部与渤南低凸起相邻,整体上具有凹中隆的构造背景,具有多凹供烃的特点。另外,该区断裂系统较为复杂,受南北向走滑断层及近东西向张性断层的共同控制,为圈闭的形成和油气运移提供了良好的条件,成藏条件优越[7]。已钻井表明研究区自下而上分别发育太古界、中生界和新生界东营组、馆陶组和明化镇组地层,太古界潜山地层是该地区主要含油气层系。该区太古界花岗岩潜山由于长期遭受风化、淋滤、剥蚀,发育大量的构造缝、分化缝等,储集物性较好。但储层非均质性强,如何优选研发针对性的储层预测技术方案,完成基岩潜山储层精细预测是该区油藏勘探,储量评价和开发方案的编制的重要研究内容。

## 2　储层表征技术流程

与碎屑岩储层相比,变质岩储层更为复杂,纵向上不具有成层性且储层界面不明确,平面上储层的发育情况也具有较强的非均质性,距离很近的两口井储层发育情况可能完全不同。变质岩储层的品质受母岩的矿物成分、埋深、风化时间、古地貌位置和构造运动等多种因素的共同影响,因此也进一步加大了预测的精度和难度。综合岩心、铸体薄片、成像测井和测井资料,将研究区变质岩潜山裂缝型储层自上而下分为风化裂缝带和内幕裂缝带(图1)。

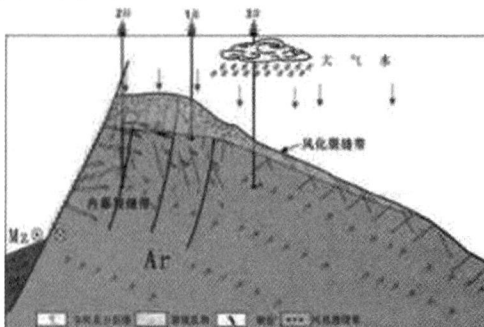

图1　变质岩潜山储层发育模式

风化裂缝带受风化作用较强,储层中发育大量的溶蚀孔缝。构造抬升导致潜山暴露地表,在长期的风化作用下潜山顶部形成大量风化淋滤孔以及沿裂缝的溶蚀孔扩大孔,储集空间类型为孔隙型和裂缝—孔隙型。这类储集层物性较好,主要位于潜山面以下200m以内,在地震剖面上表现为较连续的强轴(图2);内幕裂缝带主要受构造应力作用发育构造裂缝,地震资料上主要表现为杂乱反射的地震相特征,局部地区还会出现高角度强反射。本文充分挖掘目的层段叠后地震资料信息,总结出一套针对该区垂向裂缝发育特征的技术流程(图3)。

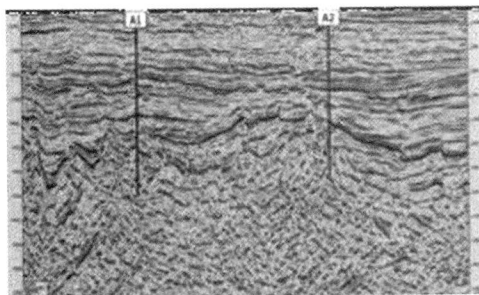

图 2   连井地震剖面

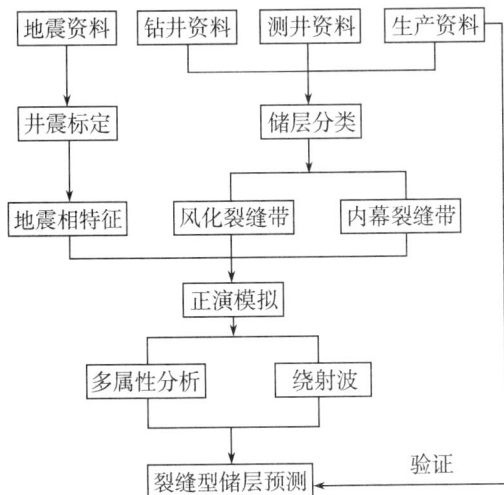

图 3   变质岩裂缝型储层表征技术流程

## 3   裂缝型储层地震响应机理分析

地震反射波在地表受到激发后向下传播过程中受到震源、接受条件、地层结构、波阻抗差异等多种因素的影响。通过弹性波的传播理论可知,地震波在地下介质传播时遇到波阻抗界面就会产生反射波,反射波的振幅与反射界面的反射系数大小成正比,因此可以通过振幅值的大小定性甚至半定量地判断地下的储层发育情况。岩石物理分析表明,太古界变质岩潜山具有高速、高密、高波阻抗的特征,太古界上覆地层相对于太古界具有低速、低密、低阻抗特征,因此在地震剖面上变质岩潜山顶面往往表现为"两谷夹一峰"的地震响应特征(正极性地震资料)。由于波阻抗差异较大,波峰的能量往往较强,易于全区追踪解释。

针对潜山储层的特点构建了风化裂缝带和内幕裂缝带的地质模型(图4a):A区为风化裂缝带发育区,B区为内幕裂缝带发育区,其余区域为未风化且无裂缝存在的变质岩地层,另外模型中假定上覆围岩的速度和密度在横向上不发生变化。对模型进行正演模拟后可以看到,由于潜山地层与上覆地层具有较大的波阻抗差异,潜山顶面的地震反射能量较强,较为容易识别。在风化裂缝带和内幕裂缝带地震反射同相轴的强度和波形特征都发生了一定的变化:在风化裂缝带由于波阻抗差异变小子波主瓣和下旁瓣能量都变弱(图4b),说明可以通过潜山面能量的变化来识别储层是否发育;内幕裂缝带由于内幕裂缝的存在,在潜山顶部地震同相轴的反射强度也发生了一定的减弱,潜山内部产生很多高陡反射和杂乱反射,因此潜山内幕的地震反射特征可以有效判断内幕储层的发育情况。

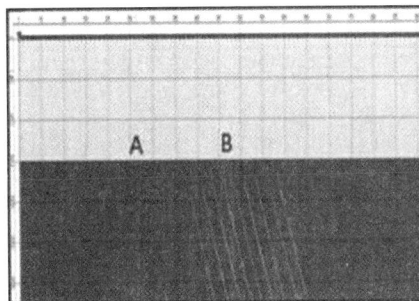

a. 正演模型

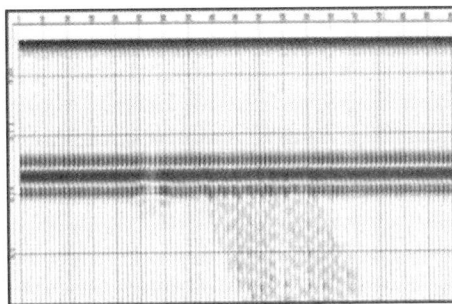

b. 正演模拟结果

图 4   裂缝正演模拟

## 4   基于地震属性的裂缝型储层预测

地震属性是指从地震数据中变换得出的与地震波几何学、运动学、动力学及统计特征有关的具体参数值,包含地震数据的所有信息。这些信息既可直接度量,又可通过基于逻辑或实践的推理而得到。随着地震勘探技术的进步,地震属性在石油勘探与开发各个环节中发挥的作用逐渐彰显,其与地球物理和地质特征之间的关系越来越为人们所重视。地震属性分析技术已广泛应用于构造解释、地层岩性解释、储层评价、油藏特征描述以及油藏流体动态检测等各个领域[8-10]。地震属性技术不仅在油气勘探阶段得到重视,而且在后期油气田的开发中起到越来越重要的作用。从运动学与动力学的角度,将地震属性分为振幅、频率、相位、能量、波形、相关和衰减等多个类别。一般来说,这些属性均具有明确的物理意义和地质意义,也在实际生产中得到了广泛的应用。

由于地震属性与所预测对象之间的关系复杂,不同工区和不同储层对所预测对象敏感的地震属性不完全相同,即使在同一工区、同一储层,预测对象不同,对应的敏感地震属性也可能有所差异,因此有必要对所解决问题敏感的地震属性进行优选。基于本区地质条件和地震资料的特点提取了多种地震属性(图5),常规属性上对储层刻画也不尽相同,根据与已钻井的吻合关系来看本区弧长属性具有较好的效果。弧长属性显示(图5c)靠近南部边界断层高部位为储层发育区,向低部位储层变差,这与本区裂缝发育规律也是一致的。从相干切片上来看在本区高部位的裂缝较为发育,裂缝的走向为NEE向与断层的方向也基本一致,这也验证弧长属性对储层刻画的有效性。

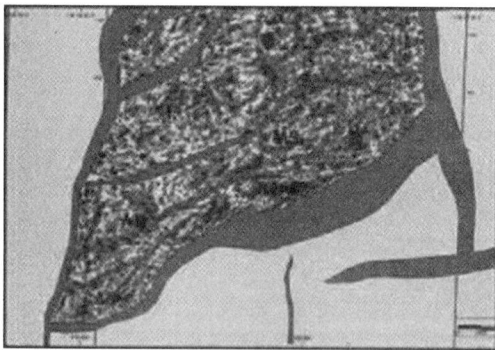

a.最大振幅属性

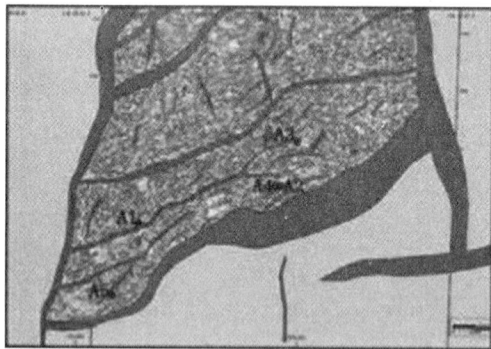

b.能量半衰时属性

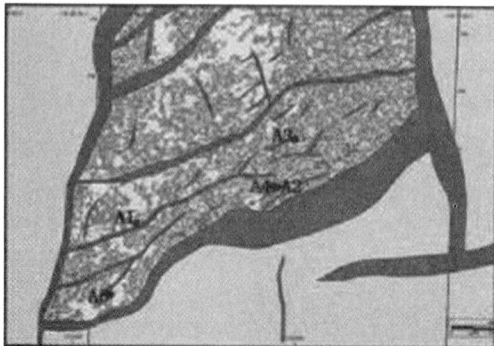

c.弧长属性

d.相干属性

图5 地震属性图

## 5 基于绕射波的裂缝精细识别

地震记录中最明显最有研究价值的地震响应波形主要包括反射波和绕射波两类。狭义地讲,反射波和绕射波的形成条件主要取决于地质体尺度与地震波波长之间的关系:当地质体的尺度远大于地震波波长时产生反射波;当地质体尺度与地震波波长相当或小于地震波波长时,产生绕射波(陆基孟等)。由此可见,当地震波传播过程中遇到介质突变或横向非连续性构造等非均质地层时将产生绕射波。由于本区潜山裂缝型储层埋藏深度较大(>4500m)地震资料的分辨率较低,而裂缝型储层或微小断裂的规模较小,即地质体的尺度要小于地震波的波长,因此运用绕射波开展储层的研究是非常有利的[11]。

叠后绕射波提取思路主要通过识别绕射波与反射波的差异性,进行绕射信息分离。本文依据叠后地震资料中绕射波运动学及动力学特征,采用主成分分析技术进行绕射波信息的提取。通常,主成分分析技术(Principal Component Analysis,PCA)应用在多尺度分析、数据降维等方面,本文将其引入到反射波与绕射波波场分离中,通过两种波场振幅幅值差别和空间分布差异的特点进行波场分离。

PCA算法可以将目标数据分选成相互正交的数据体,分选依据为这些数据体对总方差的贡献多少。三维自相关函数的计算实际上是不同数据体之间相关因子的计算,这些数据体大小相同,只是沿着不同方向存在一定的位移。PCA算法的计算公式为$\Lambda = \Phi TC\Phi$,式中,$C$为多维向量$X$的协方差矩阵。在本文中$C$为计算数据体的三维自相关函数,$\Phi$为$C$的特征向量,向量之间相互垂直,$\Lambda$是特征值矩阵。

根据上面的方法对该油田地震数据进行绕射波提取,在绕射波剖面中(图6b)可以看到,进行绕射信息分离后,目标区会保留裂缝系统所产生的绕射波。常规地震资料中构造高部位潜山内幕带高角度反射特征并不明显(图6a),但是存在明显的绕射或散射现象,这也说明了构造高部位潜山内幕储层是较为发育的。从绕射波平面属性（图7）上可以看到，属性值在古地貌高的地方较强即储层较为发育，古地貌低的地方较弱即储层较差，因此得到的裂缝型储层的平面展布范围与该区整体的地质认识高度一致，可靠性较强。

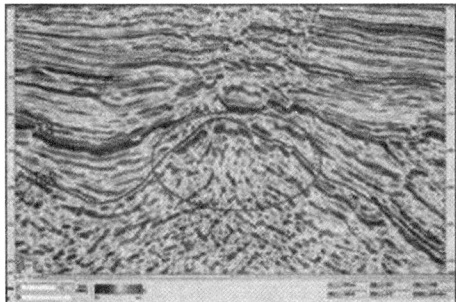
a.常规地震剖面

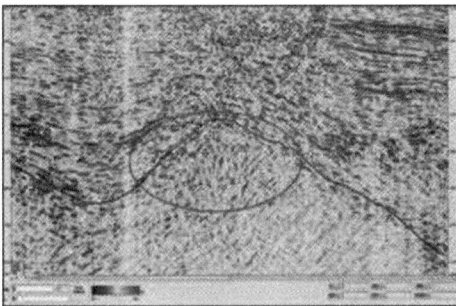
b.绕射波地震剖面

图 6 常规地震剖面与绕射波剖面对比图

图 7 绕射波平面属性图

## 6 结论

本文综合区域地质条件和井上钻遇裂缝型储层情况，提出了一套基于地震响应特征的多属性裂缝储层平面预测技术流程。并应用于渤海 A 潜山油田实际生产工作。通过生产实际证明：该方法准确表征出了该区各个裂缝储层段的平面展布情况，并且指导了该区井位部署和开发方案的制定。具体认识包括以下几方面。

（1）将钻井揭示的储层在垂向上划分为风化裂缝带和内幕裂缝带，根据划分结果建立相应的地质模型并对其进行正演模拟，根据正演模拟明确不同类型储层的地震相应特征及识别标志。

（2）风化裂缝带的储层较为发育时，潜山面波峰和下波谷的能量会发生减弱，因此可以通过潜山表面的能量变化定性的判断风化裂缝带储层的发育情况。

（3）内幕裂缝带发育时由于高角度的裂缝地震资料上会出现高角度或杂乱反射，因此通过内幕带的反射特征也可以较好的对内幕带储层进行定性的分析。

（4）基于正演模拟结果，本文从裂缝地震响应机理出发，创新提出应用主成分分析进行绕射信息提取的计算方法，并形成了一套基于绕射波数据的裂缝属性预测方法。

## 参 考 文 献

[1] 薛永安,柴永波,周园园.近期渤海海域油气勘探的新突破[J].中国海上油气,2015,27(1):2−9.

[2] 曲寿利,季玉新,王鑫,等.全方位 P 波属性裂缝检测方法[J].石油地球物理勘探,2001,36(4):390−397.

[3] 杨勤勇,赵群,王世星,等.纵波方位各向异性及其在裂缝检测中的应用[J].石油物探,2006,45(2):177−188.

[4] 高云峰,李绪宣,陈桂华,等.裂缝储层地震预测技术在锦州 25−1 南潜山的应用研究[J].中国海上油气,2008,20(1):22−27.

[5] 印兴耀,周静毅.地震属性优化方法综述[J].石油地球物理勘探,2005,40(4):428−489.

[6] 刘振峰,曲寿利,孙建国,等.地震裂缝预测技术研究进展[J].石油物探,2012,51(2):191−198.

[7] 薛永安,李慧勇.渤海海域大型太古界变质岩凝析气田发现与勘探启示[J].中国海上油气,2018,30(3):1−9.

[8] 张军华,王月英,赵勇,等.小波多分辨率相干数据体的提取及用[J].石油地球物理勘探,2004,39(1):33−36.

[9] 郭刚明,时立彩,高生军,等.小波变换在地震资料处理中的应用效果分析[J].石油物探,2003,42(2):237−270.

[10] 范留明,黄润秋.地震动信号的小波分析[J].物探化探计算技术,2000,22(1):1−4.

[11] Landa E, Keydar S. Seismic monitoring of diffraction images for detection of local heterogeneities[J]. Geophysics,1998,63(3):1093−1100.

# 特高含水期渗流机理实验研究

## ——以辽东矿区锦州 X 油田为例

李金宜　闫建丽　刘博伟　缪飞飞　张　博　陈　科

(中海石油(中国)有限公司天津分公司渤海石油研究院)

**摘　要**　基于储层在水驱开发过程中的岩石润湿性处于动态变化的认识上,通过锦州 X 油田密闭取心井不同水淹层段岩心样品开展水驱油效率实验和油水相对渗透率实验,分析不同水淹层段样品实验结果的差异性。研究结果表明,相似物性下,中水淹、强水淹岩心样品水驱油效率要远高于未水淹、弱水淹岩心样品结果,前者油水相对渗透率曲线也发生整体右移,束缚水饱和度增大,残余油饱和度减小,等渗点右移。结合各个水淹阶段的相渗特征参数,重构油水相对渗透率曲线。重构曲线可以更好预测高含水/特高含水期开发指标。

**关键词**　特高含水;渗流;水驱油效率;相对渗透率

## 1　引言

锦州 X 油田位于渤海油田辽东矿区,属于半背斜构造,以边水层状构造油藏为主。储层平均孔隙度25.8%,渗透率747.0mD,总体上具有中高孔渗的特征。地层原油黏度范围为 5.5～26.0mPa·s。目前矿场含水已达90.5%,进入特高含水期开发阶段。特高含水期,储层剩余油高度分散,渗流机理复杂[1],国内学者利用多种实验技术手段[2-7]已开展较多水驱前后储层在物性、电性、岩性和渗流方面的研究。其中基于油藏在开发过程中渗流特征的变化,特别是进入到特高含水阶段的渗流特征的分析和研究是当前国内学术研究的热点[8-11]。本文以进入特高含水期开发的锦州 X 油田密闭取心井岩心样品为例,分析取心井不同水淹程度的岩心样品在水驱油效率实验和油水相对渗透率实验方面的差异性,总结水淹对储层流体渗流特征的影响。

## 2　实验设备及流程

以渤海典型高孔高渗疏松砂岩稀油油藏锦州 X 油田某密闭取心井为例,在该井各个水淹级别的层段钻取直径 2.5cm 的新鲜含油岩心样品,按照实验方案设计,开展新鲜岩心样品油水相对渗透率实验和新鲜样品水驱油效率实验,实验驱替结束后,样品洗油洗盐测孔隙度和渗透率。新鲜样品最大程度保留了储层真实的润湿性特征,利用新鲜样品可以较为真实地反映出不同水淹程度下的储层流体渗流特征的差异,为精细化刻画特高含水期流体渗流特征奠定基础。

### 2.1　实验设备

实验设备如图 1 所示。

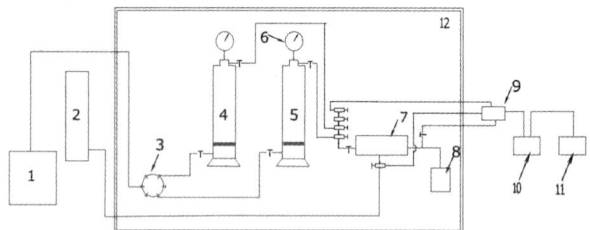

1:高压平流泵;2:手动计量泵;3:六通阀;4,5:中间容器;6:压力表;7:岩心夹持器;8:油水分离器;9:压力传感器;10:压力显示仪;11:压力记录仪;12:恒温箱

图 1　恒速法实验流程示意图

### 2.2　实验条件及参数

实验采用 10 块天然岩心,样品参数如表 1 所示。

表 1　岩心样品信息

| 方案号 | 水淹级别 | 样品号 | 井深/m | 岩心长度/cm | 氦孔隙度/% | 空气渗透率/$\times 10^{-3}\mu m^2$ | 实验类型 |
|---|---|---|---|---|---|---|---|
| 1 | | 6-006C | 2280.51 | 5.295 | 36.9 | 258.0 | 新鲜样相渗实验 |
| 2 | 未水淹 | 6-013C | 2282.52 | 5.295 | 34.4 | 858.9 | 新鲜样水驱油效率实验 |
| 3 | | 6-007C | 2280.72 | 5.304 | 34.4 | 1474.2 | 新鲜样水驱油效率实验 |
| 4 | | 4-002C | 2225.88 | 5.283 | 32.8 | 374.0 | 新鲜样相渗实验 |
| 5 | 中水淹 | 5-002C | 2233.68 | 4.706 | 33.4 | 1590.0 | 新鲜样相渗实验 |
| 6 | | 5-007C | 2234.68 | 4.662 | 33.6 | 756.0 | 新鲜样水驱油效率实验 |
| 7 | | 4-029C | 2231.87 | 4.885 | 31.5 | 1450.0 | 新鲜样相渗实验 |
| 8 | 强水淹 | 5-022C | 2237.67 | 5.512 | 32.9 | 1660.0 | 新鲜样相渗实验 |
| 9 | | 2-002C | 2181.62 | 5.263 | 34.1 | 869.2 | 新鲜样水驱油效率实验 |
| 10 | | 2-009C | 2183.53 | 5.266 | 34.8 | 1276.6 | 新鲜样水驱油效率实验 |

## 2.3 实验流程

参照文献[12,13]，对每一块样品均采取下列步骤进行实验：

（1）对样品完成端面加持双层不同目数滤网、柱体锡套包封等前处理；

（2）采用白油驱替新鲜样品，直至出口端不再出水；

（3）采用注入水驱替样品，出口端计量采出液，直至出口端不再出油；

（4）样品浸泡在甲苯及甲醇混合溶液中洗油洗盐，蒸馏法测量含水量，烘干后测量氦孔隙度和空气渗透率，整理新鲜样品曲线数据。

# 3 特高含水期对稀油油藏水驱油效率影响分析

国内学者已指出，与注水倍数相比，采用"面通量"指标衡量矿场储层实际水驱冲刷强度更加准确[14,15]。渤海各主力油田在特高含水期，小层面通量大概在 $20\sim60m^3/m^2$ 之间，局部优势渗流通道发育层位可达 $100\ m^3/m^2$ 以上。结合锦州 X 油田矿场特高含水期生产实际情况，完成室内水驱油效率实验，结果见表 2、表 3。

表 2　水驱油效率实验结果

| 方案号 | 样品号 | 水淹级别 | 井深(m) | 孔隙度(%) | 空气渗透率($\times10^{-3}\mu m^2$) | 驱油效率(%) | | | | |
|---|---|---|---|---|---|---|---|---|---|---|
| | | | | | | 100PV | 300PV | 500PV | 1000PV | 2000PV |
| 2 | 6-013C | 未水淹 | 2282.52 | 34.4 | 858.9 | 51.0 | 56.0 | 57.8 | 59.7 | 60.9 |
| 3 | 6-007C | 未水淹 | 2280.72 | 34.4 | 1474.2 | 57.7 | 62.6 | 64.8 | 66.3 | 66.9 |
| 6 | 5-007C | 中水淹 | 2234.68 | 33.6 | 756.0 | 54.3 | 59.8 | 62.2 | 65.1 | 66.7 |
| 9 | 2-002C | 强水淹 | 2181.62 | 34.1 | 869.2 | 63.3 | 66.1 | 67.5 | 69.4 | 69.4 |
| 10 | 2-009C | 强水淹 | 2183.53 | 34.8 | 1276.6 | 67.6 | 71.1 | 71.7 | 71.8 | 72.5 |

表 3　面通量结果

| 方案号 | 样品号 | 水淹级别 | 井深(m) | 孔隙度(%) | 空气渗透率($\times10^{-3}$ m²) | 面通量(m) | | | | |
|---|---|---|---|---|---|---|---|---|---|---|
| | | | | | | 100PV | 300PV | 500PV | 1000PV | 2000PV |
| 2 | 6-013C | 未水淹 | 2282.52 | 34.4 | 858.9 | 1.8 | 5.3 | 8.9 | 17.8 | 35.6 |
| 3 | 6-007C | 未水淹 | 2280.72 | 34.4 | 1474.2 | 1.8 | 5.3 | 8.8 | 17.6 | 35.2 |
| 6 | 5-007C | 中水淹 | 2234.68 | 33.6 | 756.0 | 1.5 | 4.6 | 7.7 | 15.5 | 31.0 |
| 9 | 2-002C | 强水淹 | 2181.62 | 34.1 | 869.2 | 1.7 | 5.2 | 8.6 | 17.3 | 34.5 |
| 10 | 2-009C | 强水淹 | 2183.53 | 34.8 | 1276.6 | 1.8 | 5.5 | 9.1 | 18.2 | 36.4 |

表 2 与文献[16]稀油结果规律一致，在特高含水阶段，稀油水驱油效率增幅远远低于普Ⅰ-2 类稠油油藏。相对于稠油油藏而言，稀油油藏在特高含水期，波及区内主力层位的剩余油更加分散，单纯依靠水驱冲刷强度的提高已很难经济有效的挖潜主力层剩余油。因此，稀油油藏在特高含水期挖潜的主要方向在于降低合采层间干扰、强化产液结构调整，提高非主力层位的水驱波及程度，增强面通量较低层位的水驱冲刷强度。

同时，油藏储层在水驱冲刷过程中，随着水淹程度的加剧，岩石润湿性由中性、弱亲水向强亲水方向变化，对特高含水期的储层流体渗流将产生较大影响。图2、图3反映了锦州 X 油田密闭取心井不同水淹程度的岩心样品水驱油效率具有较大的差异性。

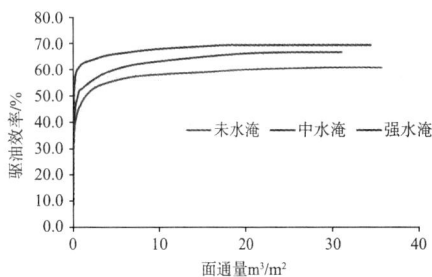

图 2　水驱油效率曲线（方案 2、6、9）

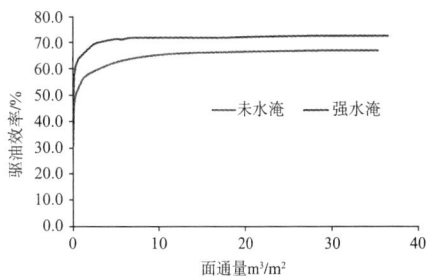

图 3　水驱油效率曲线（方案 3、10）

在储层物性接近情况下，中水淹、强水淹储层岩心样品的驱油效率要远高于未水淹储层岩心样品,水驱油效率增加值在5.6%~8.5%。这个实验现象表明,实际油藏水驱开发过程中,水驱油效率是一个动态变化且不断增大的过程。随着矿场上储层水驱面通量的增加,储层喉道中通常被认为不可能动用的部分残余油将可能因为岩石润湿性向强亲水方向的变化而被采出,水驱可采储量将会动态的增加。因此,如果仍然以ODP阶段或开发初期所取的油层岩心完成的水驱油效率实验中的特高含水阶段数据去评估油藏实际生产到特高含水阶段时的水驱油效率,将产生较大的偏差。

如何准确刻画实际储层在特高含水期的渗流特征并对特高含水阶段的水淹影响进行定量化表征,是当前油藏开发人员研究的热点。

## 4 特高含水期对稀油油藏相渗曲线影响分析

基于不同水淹储层水驱油效率实验结果具有较大差异性,在油藏特高含水阶段,用于评价储层渗流特征的重要实验之一的相对渗透率实验也应当综合考虑水淹强度的影响。相对渗透率实验执行国家标准GB-T 28912-2012《岩石中两相流体相对渗透率测定方法》,实验结果见表4。

表4 新鲜样品油水相对渗透率实验结果

| 水淹级别 | 样品号 | 井深 m | φ % | $K_a$ ×10⁻³μm² | $S_{wi}$ % | $S_{or}$ % | $S_{w(Krw=Kro)}$ % | $(S_{wmax}-S_w)$ % | $K_{oc}$ ×10⁻³μm² | $K_{wc}$ ×10⁻³μm² | $K_{rwc}$ | $\eta$ % | 样品状态 |
|---|---|---|---|---|---|---|---|---|---|---|---|---|---|
| 未水淹 | 6-006C | 2280.51 | 36.9 | 258 | 21.3 | 35.6 | 42.5 | 43.1 | 143.0 | 60.9 | 0.426 | 54.8 | 新鲜 |
| 中水淹 | 4-002C | 2225.88 | 32.8 | 374 | 26.9 | 29.5 | 50.0 | 43.6 | 152.0 | 66.3 | 0.436 | 59.6 | 新鲜 |
| 中水淹 | 5-002C | 2233.68 | 33.4 | 1590 | 21.9 | 31.4 | 50.1 | 46.7 | 795.0 | 167.0 | 0.210 | 59.8 | 新鲜 |
| 强水淹 | 4-029C | 2231.87 | 31.5 | 1450 | 26.3 | 28.4 | 52.0 | 45.3 | 810.0 | 229.0 | 0.283 | 61.5 | 新鲜 |
| 强水淹 | 5-022C | 2237.67 | 32.9 | 1660 | 24.6 | 31.0 | 48.0 | 44.4 | 777.0 | 200.0 | 0.257 | 58.9 | 新鲜 |

注:表中各字符物理意义分别为 φ——氦孔隙度;$K_a$——空气渗透率;$S_{wi}$——束缚水饱和度;$S_{or}$——残余油饱和度;$S_{w(Krw=Kro)}$——等渗点含水饱和度;$S_{wmax}$——最大含水饱和度;$S_w$——含水饱和度;$(S_{wmax}-S_w)$——两相区间;$K_{oc}$——束缚水下油相渗透率;$K_{wc}$——残余油下水相渗透率;$K_{rwc}$——残余油下水相相对渗透率;η——驱油效率

实验结果和文献[12,13]结论具有一致性,以相似物性的样品实验结果对比,中水淹、强水淹相对渗透率实验曲线形态差异不大,但是未水淹、弱水淹与中水淹、强水淹的相对渗透率曲线形态有显著差异,后者曲线形态整体右移,表现出更强的亲水性,其中,束缚水饱和度增大,残余油饱和度减小,等渗点右移,如图4、图5所示。

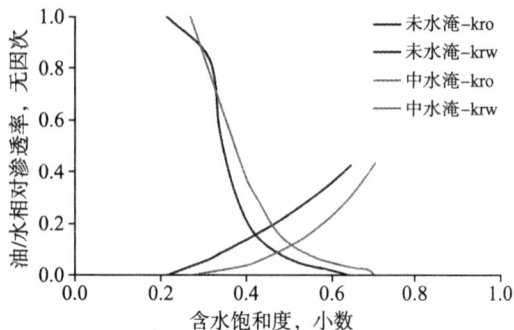

图4 油水相对渗透率曲线(方案1、4)

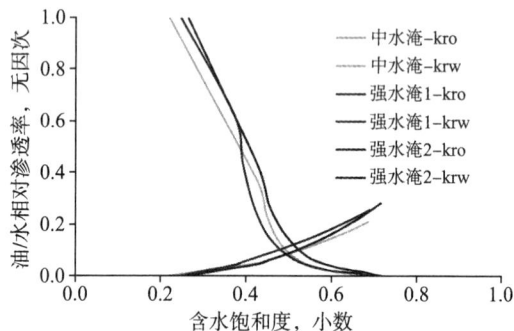

图5 油水相对渗透率曲线(方案5、7、8)

## 5 特高含水期渗流曲线修正

在特高含水期,主力层位基本处于中、强水淹阶段。结合锦州X油田测井水淹级别划分原则,开展基于水淹影响的相对渗透率曲线重构,以此更精确反映特高含水期的渗流特征,如表5所示。

表 5　考虑水淹影响的相渗重构原则

| 水淹级别 | 含水率(%) | 选用相渗 | 不同水淹级别相渗参数 | | | | |
|---|---|---|---|---|---|---|---|
| | | | Si(%) | Sor(%) | $K_{r(Sor)}$ | a | b |
| 未水淹 | <10 | 未水淹样品相渗 | 0.213 | 0.356 | 0.426 | 1.3358 | 2.2599 |
| 弱水淹 | 10~40 | | | | | | |
| 中水淹 | 40~80 | 中水淹样品相渗 | 0.269 | 0.295 | 0.436 | 2.0726 | 1.7651 |
| 强水淹 | >80 | | | | | | |

相对渗透率重构方法见文献[12,13]所示。以实验方案 1、4 为例,对该渗透率级别下的新鲜样品开展"全寿命"相对渗透率曲线重构,结果见表 6 及图 6。

表 6　重构相对渗透率曲线

| 未水淹相对渗透率曲线 | | | 中水淹相对渗透率曲线 | | | 重构曲线 | | |
|---|---|---|---|---|---|---|---|---|
| Sw | Kro | Krw | Sw | Kro | Krw | Sw | Kro | Krw |
| 0.213 | 1.000 | 0.000 | 0.269 | 1.000 | 0.000 | 0.213 | 1.000 | 0 |
| 0.313 | 0.838 | 0.062 | 0.398 | 0.382 | 0.038 | 0.228 | 0.933 | 0.004 |
| 0.336 | 0.572 | 0.083 | 0.429 | 0.288 | 0.057 | 0.238 | 0.891 | 0.008 |
| 0.359 | 0.399 | 0.102 | 0.444 | 0.241 | 0.067 | 0.247 | 0.849 | 0.012 |
| 0.382 | 0.280 | 0.123 | 0.462 | 0.190 | 0.081 | 0.252 | 0.828 | 0.015 |
| 0.410 | 0.182 | 0.148 | 0.487 | 0.142 | 0.101 | 0.262 | 0.792 | 0.017 |
| 0.442 | 0.123 | 0.178 | 0.516 | 0.105 | 0.128 | 0.272 | 0.759 | 0.019 |
| 0.465 | 0.095 | 0.200 | 0.542 | 0.083 | 0.155 | 0.282 | 0.727 | 0.020 |
| 0.484 | 0.076 | 0.220 | 0.560 | 0.069 | 0.178 | 0.292 | 0.698 | 0.022 |
| 0.502 | 0.062 | 0.240 | 0.577 | 0.059 | 0.200 | 0.302 | 0.671 | 0.023 |
| 0.516 | 0.053 | 0.256 | 0.596 | 0.050 | 0.227 | 0.306 | 0.654 | 0.026 |
| 0.539 | 0.040 | 0.283 | 0.614 | 0.043 | 0.256 | 0.316 | 0.630 | 0.027 |
| 0.586 | 0.024 | 0.342 | 0.626 | 0.039 | 0.275 | 0.326 | 0.606 | 0.029 |
| 0.644 | 0.000 | 0.426 | 0.634 | 0.036 | 0.289 | 0.336 | 0.585 | 0.030 |
| | | | 0.654 | 0.029 | 0.326 | 0.346 | 0.565 | 0.032 |
| | | | 0.687 | 0.023 | 0.395 | 0.356 | 0.546 | 0.034 |
| | | | 0.705 | 0.000 | 0.436 | 0.361 | 0.533 | 0.036 |
| | | | | | | 0.385 | 0.467 | 0.049 |
| | | | | | | 0.410 | 0.406 | 0.065 |
| | | | | | | 0.434 | 0.348 | 0.083 |
| | | | | | | 0.459 | 0.294 | 0.104 |
| | | | | | | 0.508 | 0.198 | 0.151 |
| | | | | | | 0.557 | 0.119 | 0.208 |
| | | | | | | 0.607 | 0.058 | 0.275 |
| | | | | | | 0.656 | 0.017 | 0.350 |
| | | | | | | 0.705 | 0.000 | 0.436 |

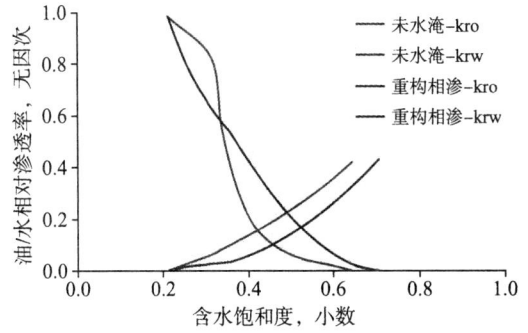

图 6　重构油水相对渗透率曲线

重构曲线充分结合了未水淹、中水淹等不同水淹阶段的相对渗透率特征参数,体现出了储层渗流特征是动态变化的思想,重构曲线在高含水阶段的数据更能准确刻画实际储层高含水、特高含水阶段的渗流机理和渗流特征。

将重构相对渗透率曲线与未水淹相对渗透率曲线分别作含水上升规律理论曲线,如图 7 所示。

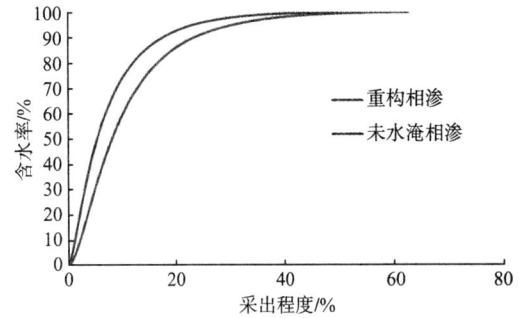

a. 采出程度与含水率关系曲线

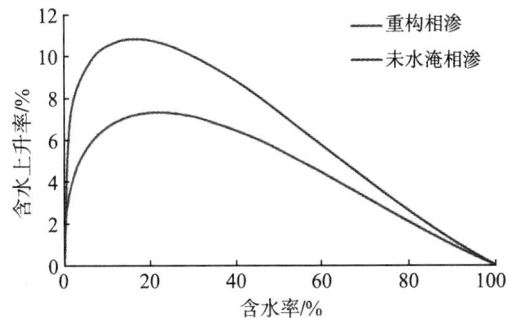

b. 含水率与含水上升率关系曲线

图 7　重构相渗曲线含水上升理论规律

从图 7 可以看出,反映储层渗流动态变化的重构曲线的含水上升率要低于未水淹样品曲线,在相同含水率下,重构相对渗透率曲线预测的采出程度要高于未水淹样品曲线。在储层水驱全部波及的假设下,油藏生产至含水98%时,储层实际采出程度将高于未水淹样品曲线预测值近8.6%,如表7所示。

表7 高含水/特高含水阶段含水指标修正

| 开发阶段 | 含水率(%) | 含水上升率(%) | | 采出程度(%) | |
|---|---|---|---|---|---|
| | | 未水淹相渗 | 重构相渗 | 未水淹相渗 | 重构相渗 |
| 高含水 | 60~90 | 5.8~1.2 | 4.5~1.0 | 7.0~17.4 | 10.1~23.2 |
| 特高含水 | 90~98 | 1.2~0.3 | 1.0~0.2 | 17.4~30.3 | 23.2~38.9 |

## 6 结论

(1)特高含水期渗流机理和特征的研究应结合储层在开发过程中润湿性动态变化的影响。随着水淹程度加剧,中、强水淹储层样品的水驱油效率要高于未水淹、弱水淹储层样品。采用未水淹、弱水淹储层样品的高含水阶段实验数据去预测储层实际高含水、特高含水期渗流机理和特征将会产生偏差。

(2)基于储层渗流特征动态变化的认识,结合各个水淹阶段相对渗透率特征参数,建立体现油田开发"全寿命"周期的相对渗透率重构曲线。相对渗透率重构曲线在刻画高含水、特高含水阶段的储层渗流特征时更加准确。

(3)含水率90%~98%时,锦州X油田以重构曲线预测储层特高含水阶段采出程度将比未水淹样品高5.8~8.6%,含水上升率低0.2~0.1。

**参 考 文 献**

[1] 李滢,杨胜来,雷浩.反五点井网水驱剩余油分布定量研究[J].非常规油气,2016,3(4):85—89.

[2] 吴锦伟,王国壮,梁承春.红河油田长8裂缝性致密储层微观水驱油特征[J].非常规油气,2018,5(6):50—54,75.

[3] 郝振宪,付晓燕,肖曾利.深层砂岩油藏注水开发储层孔隙结构变化规律[J].地球物理学进展,2013,28(5):

2597—2604.

[4] 黄艳梅,唐韵,李莉,等.中低渗油藏水驱后储层变化及影响因素分析[J].石油天然气学报,2013,35(8):143—147.

[5] 王联国,高星星,兰圣武,等.镇28区长3油藏微观水驱油及影响因素研究[J].非常规油气,2017,4(4):71—75.

[6] 林玉保,张江,刘先贵,等.喇嘛甸油田高含水后期储集层孔隙结构特征[J].石油勘探与开发,2008,35(2):215—219.

[7] 陈丹磬,李金宜,朱文森,等.海上疏松砂岩稠油油藏水驱后储层参数变化规律实验研究[J].中国海上油气,2016,28(5):54—60.

[8] 马明学,鞠斌山,王书峰,等.注水开发油藏润湿性变化及其对渗流的影响[J].石油钻探技术,2013,41(2):82—86.

[9] 刘中云,曾庆辉,唐周怀,等.润湿性对采收率及相对渗透率的影响[J].石油与天然气地质,2000,21(2):148—150.

[10] 纪淑红,田昌炳,石成方,等.高含水阶段重新认识水驱油效率[J].石油勘探与开发,2012,39(3):338—345.

[11] 张东,侯亚伟,张墨,等.底水油藏特高含水期剩余潜力认识[J].断块油气田,2018,25(2):196—199.

[12] 李金宜,陈丹磬,周凤军,等.疏松砂岩密闭取芯井新鲜样品和洗油样品相对渗透率曲线差异性研究[J].西安石油大学学报(自然科学版),2018,33(1):39—46.

[13] 李金宜,段宇,周凤军,等.一种基于水淹影响的相渗曲线重构方法[J].西南石油大学学报(自然科学版),2019,41(3):151—159.

[14] 姜瑞忠,乔欣,滕文超,等.储层物性时变对油藏水驱开发的影响[J].断块油气田,2016,23(6):768—771.

[15] 姜瑞忠,乔欣,滕文超,等.基于面通量的储层时变数值模拟研究[J].特种油气藏,2016,23(2):69—72.

[16] 罗宪波,李金宜,何逸凡,等.海上疏松砂岩油藏水驱油效率影响因素研究及应用——以NNX油田为例[J].石油地质与工程,2021,35(1):61—65.

# 中深层薄互层弱反射区地震预测技术探讨

## ——以渤海 A 油田为例

李福强　王建立　于　茜　周建科

(中海石油(中国)有限公司天津分公司渤海石油研究院)

**摘　要**　渤海油田新近系储层预测获得突破性进展,其勘探开发成果显著,但是中深层储层预测尤其是3000m以下的弱反射薄互层预测一直是一个难题。其主要原因是:深层地震资料品质较差,砂泥岩波阻抗差异较小、相带变化快,薄互层的"定性""定量"预测难度大。为此,针对该难题总结了中深层弱反射薄互层预测的技术思路:首先,利用模糊聚类算法结合地质、测井认识,从宏观上预测沉积相带的分布范围,寻找优势靶区的分布范围。对比K均值这种硬划分算法,模糊聚类算法通过求取样本点的隶属度对样本点的不确定性有很好的描述。其次,针对局部目标层段砂泥岩波阻抗差异较小的问题,通过岩石物理分析,建立储层敏感参数,对目标薄互层的展布特征进行精细刻画,进而使储层的研究由"定量"到"半定量化"。

**关键词**　中深层;薄互层;弱反射;模糊聚类;储层敏感参数

## 1　前言

渤海油田新近系储层预测获得突破性进展,其勘探开发成果显著,但是中深层储层预测尤其是3000m以下的薄互层储层预测一直是一个难题。其主要原因是:深层地震资料品质较差,砂泥岩波阻抗差异较小、相带变化快,储层的"定性""定量"预测难度增大。

很多学者与专家从地质认识与地球物理方面对中深层薄互层预测的技术方法进行了探讨。地质方面主要从地震、地质一体化方面开展研究:徐长贵等用钻井资料和沉积体系约束的地震、地质一体化解释方法对渤海古近系储层进行预测,并取得了较好成效[1];杨志成等通过Wheeler域变换,确立深层层系划分方案,对优质薄互层展布范围进行预测[2];黄凯等通过井震结合,在旋回分析基础上实现了小层精细对比[3]。地球物理方面主要从多属性分析以及叠前叠后联合反演方面开展薄互层展布特征研究:潘光超等通过分频技术对深层低孔、低渗薄互层进行定性预测,同时利用测井曲线重构技术对储层进行定量预测,实现了薄互层从"定性"向"定量"的过渡[4];刘建辉等利用叠前联合反演技术构建储层识别因子,对深层薄互层厚度与空间展布特征进行了预测[5];王海等利用波形指示反演技术对深层湖低扇展布特征进行了预测,有效刻画了扇体的形态与规模[6];贾开富等针对砂体薄、横向变化快、侧向叠置的问题,采用模型正演与迭代反演的方法刻画薄互层的边界展布特征[7]。

本文在前人研究的基础上,深入总结了中深层薄互层预测的技术思路:利用模糊C均值聚类算法开展地震相研究,从宏观上预测沉积相带的展布特征,划分出目标层段优势储层的分布范围;并在此基础上,针对局部目标层段砂泥岩波阻抗差异较小的问题,寻找储层敏感参数,利用叠前同步反演对薄互层的展布特征进行精细刻画,进而使储层的研究由"定量"到"半定量化"。

## 2　地震相分析

模糊集理论首次由Zadeh(1965年)提出[8],随后扩展的模糊集理论相继被提出(类型2模糊集[9]、直觉模糊集[10])。模糊集理论能够对数据的不确定性进行较好判别,因此该类算法得到了广泛应用。Dunn(1973年)提出了模糊C均值算法[11],并由Bezdek进行了发展推广[12]。该方法通过迭代更新隶属度与聚类中心对数据进行划分,从而达到对数据进行归类的目的。FCM目标函数为

$$\min J_m(U,Z)=\sum_{j=1}^{N}\sum_{i=1}^{C}(u_{ij})^m d^2(x_j,z_i) \qquad (1)$$

式中,$x_j$为数据样本中第$j$个数据点;$z_i$为第$i$类聚类原型;$N$为样本个数;$u_{ij}$为数据体隶属度,其数值介于[0,1]之间;$m$为权重因子;$d^2(x_j,z_i)$为距离测度,其表达式为

$$d^2(x_j,z_i)=\parallel x_j-z_i\parallel^2 \qquad (2)$$

由于FCM算法能够对数据进行较好的归类,因此可以把该方法用于图像分割以及地震相带的识别[13-15]。

### 2.1　模型测试

为了说明方法的有效性,随机生成了模型数据进行测试(图1)。图1显示,样本数据分类边界较难从原始数据上进行识别,通过"相面法"对数据进行划分存在较大不确定性。总体上,K均值聚类算法较好识别了聚类中心,区分了样本的类别归属;但

是在样本类别边界处是一种硬划分(图2虚线处);而FCM算法则通过求取样本类别隶属度对样本点的不确定性进行了较好描述,诠释了样本类别不确定区域的归属(图3),更接近真实情况。

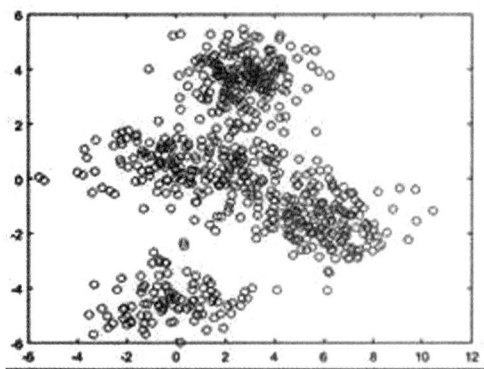

图1 随机模型数据

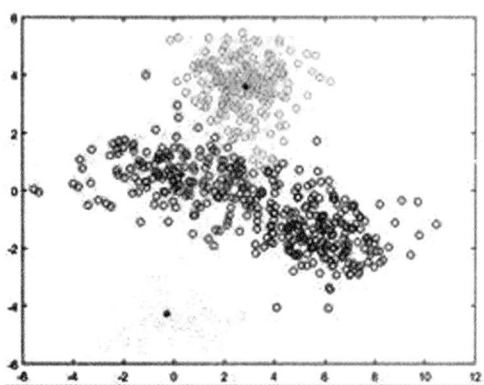

图2 K均值聚类结果

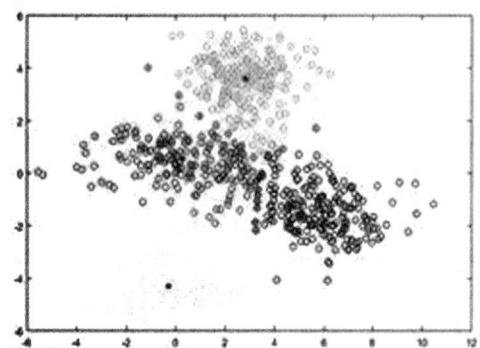

图3 FCM算法分类结果

## 2.2 实际数据计算

渤海A油田位于黄河口凹陷中洼南斜坡带,以层状构造油藏为主。其古近系东一、二段沉积期为火山大规模活动的时期,发育了大套火成岩,多数较为致密,难以作为有效储层,以溢流相和爆发相为主;主要目标层段东三段物源来自垦东凸起,为辫状河三角洲沉积,内部发育部分火山通道相,占据有效储层空间,对储层有破坏作用。

油田范围内储层井间对比关系良好,砂层叠置连片发育(图4)。纵向上东三段Ⅱ油组砂岩含量是在50%～60%,以水下分流河道沉积微相为主;东三段Ⅰ油组砂岩含量为30%～40%,以河口坝微相为主(图5)。综合以上地质认识,东三段薄

互层储层较发育,且Ⅱ油组砂层发育明显好于Ⅰ油组。但是目标层段砂泥岩波阻抗差异小,导致地震振幅能量很弱;同时,由于目标层段地震资料信噪比较低,储层横向连续性差;因此,储层空间展布预测存在困难(图6)。

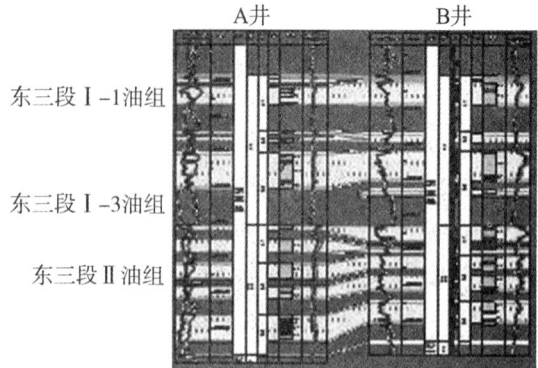

图4 探井连井图

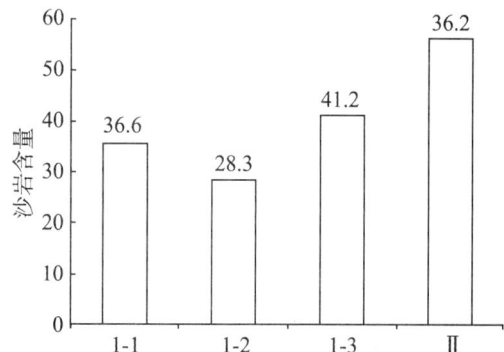

图5 东三段纵向平均砂岩含量直方图

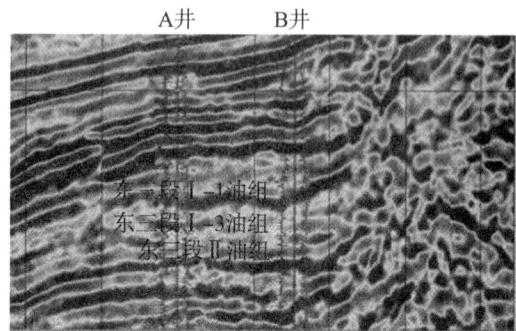

图6 连井地震剖面

为此,利用FCM算法开展地震相研究,从宏观上预测沉积相带的展布特征。沿目的层段提取了对比度、纹理熵、频率衰减梯度以及均方根振幅、主频率、瞬时相位、弧长等属性,并对属性进行FCM聚类分析,其结果如图7所示。

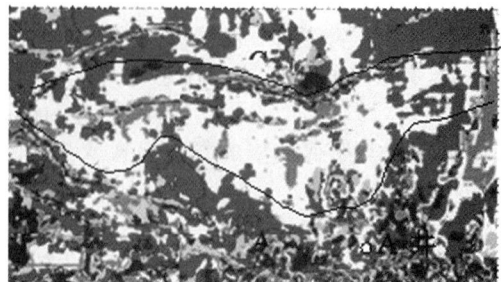

图7 FCM聚类结果

A 井

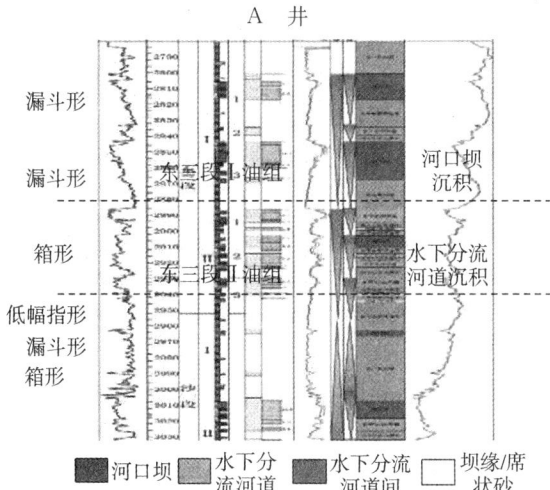

漏斗形

漏斗形

东三段 I 油组

箱形

东三段 II 油组

低幅指形
漏斗形
箱形

河口坝
沉积

水下分流
河道沉积

■ 河口坝　　■ 水下分
流河道　　■ 水下分流
河道间　　□ 坝缘/席
状砂

图 8　综合柱状图

为了给 FCM 聚类结果(图 7)赋予地质意义,首先从探井 A 井的综合柱状图上分析获得井点处的沉积微相,然后与 FCM 聚类结果进行标定,进而得到全区沉积相分布范围。首先,结合 A 井综合柱状图(图 8),可以看到东三段 I 油组曲线形态是漏斗形,为河口坝沉积,东三段 II 油组曲线形态是箱形,为水下分流河道沉积;该井东三段为水下分流河道与河口坝混合发育区,处于辫状河三角洲前缘的位置。其次,沿东三段顶部对该井顺物源方向的地震数据进行层拉平,进而对每个沉积相带对应的地震反射特征进行精细分析。图 9 显示,整个区域相带划分比较清晰,顺物源方向地震反射能量逐渐增强,同相轴由弱连续、杂乱反射逐渐变为横向连续性较好、较强能量反射。最后,结合上述地震反射特征与 FCM 聚类结果进行分析,从而划分出东三段沉积微相的平面展布特征,其中 A 区域为河口坝(黑色虚线框)与水下分流河道(红色虚线框)混合发育区,呈中频、低连续、弱振幅响应特征;B 区域为远砂坝、席状砂发育区,地震反射特征为低频、连续、弱振幅响应特征;C 区域为前三角洲泥岩较发育,为低频、连续、较强振幅响应(图 9)。

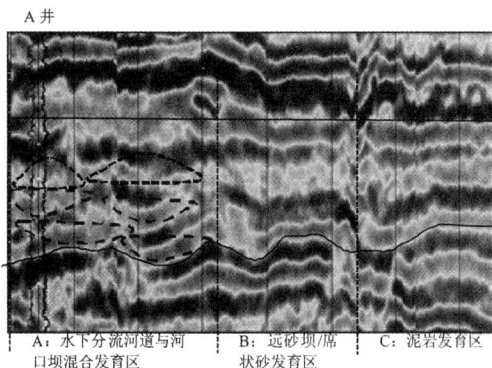

A:水下分流河道与河
口坝混合发育区　B:远砂坝/席
状砂发育区　C:泥岩发育区

图 9　顺物源方向地震剖面

# 3　储层反演技术

为了对储层进行精细研究,开展储层敏感参

数分析。图 10 显示目标层段纵波阻抗差异较小,对砂泥岩区分度低,不利于储层的识别,而纵横波速度比则对目标层段岩性有很好的识别作用。同时,利用多井双参数交汇技术对目标层段纵波阻抗以及纵横波速度比进行交汇,可以清晰地看到泥岩、砂岩的纵波阻抗圈定范围重叠,仅利用纵波阻抗无法区分砂泥岩。纵横波速度比则对岩性敏感,能较好区分砂泥岩(图 11)。因此应用叠前同步反演技术可以有效预测该区储层平面展布特征。

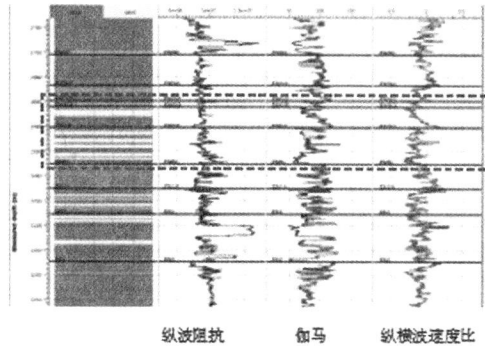

纵波阻抗　伽马　纵横波速度比

图 10　弹性参数曲线

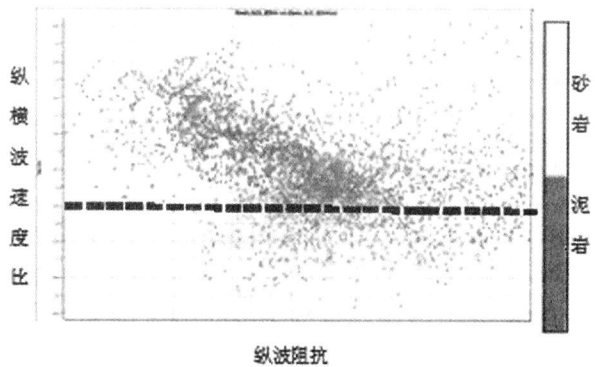

图 11　纵波阻抗与纵横波速度比交汇

## 3.1　叠前同步反演基本原理

叠前同步反演利用共反射点地震道集和测井数据,借助 Zoeppritz 方程近似公式(如 Aki-Richard 方程)表征反射系数。通过对近似公式整理获得纵、横波阻抗以及密度的弹性参数,从而预测储层的岩性以及含油气性。

满足 Aki-Richard 公式的前提是纵波入射角与转换横波反射角在临界角范围以内,其表达式为

$$R_{pp}(\theta)=(1+\tan^2\theta)\frac{\Delta I_p}{2I_p}+(-8K\sin^2\theta)\frac{\Delta I_s}{2I_s}$$

（3）

$$(4K\sin^2\theta-\tan^2\theta)\frac{\Delta\rho}{2\rho}$$

式中,$K=v_s^2/v_p^2$、$\frac{\Delta I_p}{2I_p}$、$\frac{\Delta I_s}{2I_s}$,分别为垂直入射时纵波阻抗反射系数与横波阻抗反射系数。叠前同步反演涉及的关键技术环节,如图 12 所示,该套流程中道集的预处理直接影响着后续反演结果的质量,为此针对该流程,重点介绍一下地震数据的预

处理。

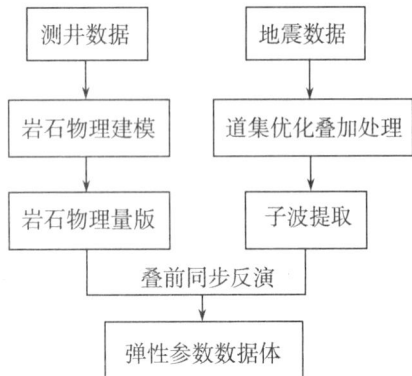

图 12 叠前同步反演关键技术流程图

### 3.2 地震数据预处理

渤海油田 A 区目标层段处共反射点道集存在一些多次波以及随机噪声,道集也存在未拉平的现象(图 13);而道集数据的预处理非常重要,对后续反演结果的质量起决定作用。为此利用 Paradigm 处理模块对地震资料进行预处理,预处理以后的资料较好进行了层拉平,且信噪比较高,有效消除了多次波以及随机噪声,为后续反演效果打下了坚实基础(图 14)。

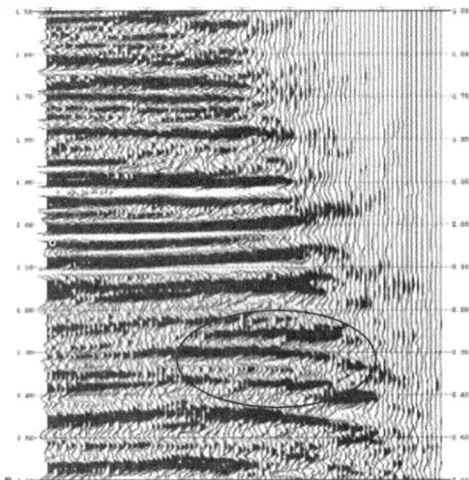

图 13 原始道集资料

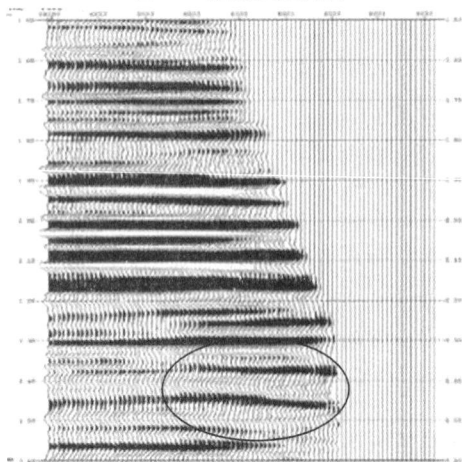

图 14 原始道集资料

### 3.3 应用效果分析

通过岩石物理分析认为,利用纵横波速度比可以较好识别研究区目标层段储层展布特征。为此利用叠前同步反演求取了纵横波速度比数据体。图 15 为过探井的反演剖面,通过分析可知,目标区域储层纵横波速度比的值较低,非储层区域对应较高纵横波速度比。对比原始叠加地震剖面(图 16)可以看到,该方法清晰刻画了东三段I-1、东三段I-3 以及东三段Ⅱ油组储层的纵、横向分布范围,有利于互层展布特征的精细识别(图 17)。

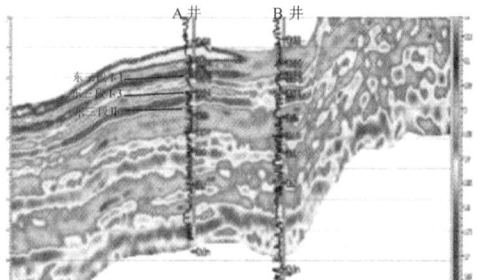

图 15 纵横波速度比反演剖面

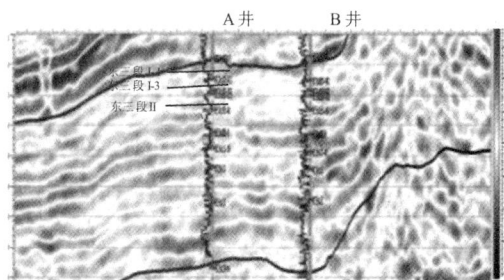

图 16 原始叠加地震剖面

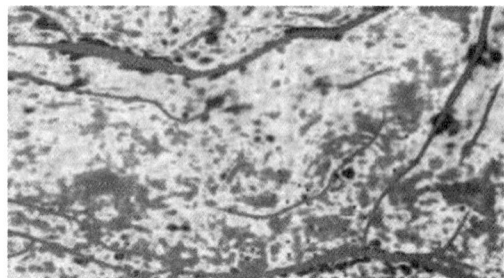

图 17 东三段I-3平面属性

在实际应用中利用平面计算结果与反演剖面相结合设计开发井位,该反演结果成功预测了储层的空间展布特征,指导多口开发井位的顺利实施,单井油层厚度均在 45m 以上,其中开发井 C 井钻遇油层厚度近百米(图 18),实现了较高的经济效益。

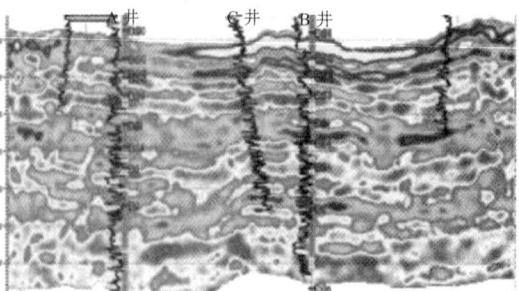

图 18 纵横波速度比实际效果

## 4 结论

(1)基于模糊 C 均值聚类的地震相分析技术

通过求取样本点属于每一类的隶属度对样本点的归属有较好的判别作用,该方法可以有效识别渤海 A 油田目标层段储层相带的分布范围;结合地质测井资料,从宏观上优选出薄互层发育的有利区域。

(2)纵横波速度比对岩性敏感,能够有效区分目标层段砂泥岩,利用叠前同步反演获得的纵横波速度比准确刻画了互层的空间分布范围,并成功指导了开发井位的顺利实施。

(3)综合应用多种地球物理技术,充分与地质认识和测井资料相结合,形成了一套中深层薄互层弱反射区的研究思路。该套技术为中深层储层展布特征的研究提供了参考依据,在渤海油田具有一定的推广和借鉴意义。

## 参 考 文 献

[1] 徐长贵,赖维成.渤海古近系中深层储层预测技术及其应用[J].中国海上油气,2005,17(4):231—236.

[2] 杨志成,朱志强,等.基于 wheeler 域层序研究的中深层储层预测技术研究——以渤海 Q 油田东块沙河街为例[J].新疆石油天然气,2018,14(1):32—37.

[3] 黄凯,金宝强,等.海上中深层富砂三角洲储层精细预测新方法——以 J 油田 W 区块为例[J].重庆科技学院学报(自然科学版),2014,16(5):44—48.

[4] 潘光超,周家雄,等.中深层"甜点"储层地震预测方法探讨——以珠江口盆地西部文昌 A 凹陷为例[J].岩性油气藏,2016,28(1):94—100.

[5] 刘建辉,明君,等.叠前联合反演技术在渤海中深层储层预测中的应用[J].海洋地质前沿,2017,33(1):62—69.

[6] 王海.地震波形指示反演在深层储层预测中的应用——以 L64 井去湖底 3 预测为例[J].复杂油气藏,2020,13(2):33—37.

[7] 贾开富,王峰,等.准噶尔盆地中深层薄层叠置砂体储层预测[J].特种油气藏,2018,25(4):33—38.

[8] ZADEH L A. Fuzzy sets[J]. Information and Control, 1965, 8(3):338—353.

[9] MENDEL J M. Uncertain rule—based fuzzy logic systems: introduction and new directions [M]. New Jersey: Prentice Hall, 2001.

[10] ATANASSOV K T. Intuitionistic fuzzy sets[J]. Fuzzy Sets and Systems, 1986, 20(1): 87—96.

[11] DUNN J C. A fuzzy relative of the ISODATA process and its use in detecting compact well—separated clusters[J]. Journal of Cybernetics, 1973, 3(3): 32—57.

[12] BEZDEK J C. Fuzzy mathematics in pattern classification[D]. Ithaca: Cornell University, 1973: 142—147.

[13] 王晓飞,胡凡奎,等.基于分布信息直觉模糊 C 均值聚类的红外图像分割算法[J].通信学报,2020,41(5):120—129.

[14] 徐晓东,吕干云,等.基于智能电表数据与模糊 C 均值算法的台区识别[J].南京工程学院学报(自然科学版),2020,18(4):1—7.

[15] 胡英,陈辉,等.基于地震纹理属性和模糊聚类划分地震相[J].石油地球物理勘探,2013,48(1):114—120.

# 海上复杂多层油藏中高含水期剩余油定量描述方法

## ——以渤海特大型油田L为例

李 珍　徐中波　姜立富　王永慧　冉兆航

(中海石油(中国)有限公司天津分公司渤海石油研究院)

**基金项目**　国家重大科技专项 渤海油田加密调整及提高采收率油藏工程技术示范(2016ZX05058001)

**摘　要**　渤海海域L油田为河流相沉积,属于多层砂岩油藏,纵向层多(47个小层)、薄、非均质性强,开发初期一套层系定向井大段合采,目前已进入中高含水开发阶段,受地质特征、井网及井况综合影响,储层水淹状况及剩余油分布定量预测存在较大难度。

水驱油物理实验结果表明,含水率与水驱倍数存在较好的拟合关系,水驱倍数越大,出口端含水率越高。利用这一原理,将L油田23个注水井组进行平面网格块划分,求取网格块体积;结合储层展布及动用状况,确定各类储层积波及系数,从而求取网格块内水驱体积。综合考虑注水井吸水剖面测试资料、储层发育、井组注采关系、井网变化、平面产液差异进行注水量纵向劈分。注水量纵向劈分时,引入井组注水阶段内油井生产时间T作为校正因子校正井网变化对注水分布的影响。注水量平面劈分时,考虑井况导致的平面产液差异,以油井产液量劈分结果作为劈分系数对注水里进行平面劈分,其中考虑到井网变化,引入油井产液阶段内注水井注水时间T作为井网变化校正因子。基于以上研究结果,求取网格块内水驱倍数,从布求取各井点含水率,进行小层平面含水等值线图绘制。

以渗流力学理论为基础,综合运用动、静态资料,建立了井网多变及复杂井况条件下小层含水预测方法;利用分流量方程及相渗曲线计算储层采出程度,从而定量分析剩余油分布规律。研究结果指导了L油田43口低效井原井眼附近侧钻井位部署,矿场应用结果表明,该方法剩余油研究结果精度较高,43口侧钻井初期产量平均93方/天,较侧钻前平均单井日增油63方/天,含水率下降30%;累计提高油田采收率3.6%。

本文在传统油藏工程法剩余油研究基础上,针对L油田井网多变,引入注水/产液时间T作为校正因子量化井网变化对剩余油分布的影响;针对L油田井况复杂导致平面产液差异大特点,利用油井产液劈分结果作为劈分系数进行注水平面劈分。该方法实现了井网多变及平面产液差异大条件下油田剩余油定量描述,对油田中高含水期调整井井位部署有较大的指导作用。

**关键词**　剩余油分布;含水等值线;水淹状况;井网多变;平面产液差异。

## 1　前言

L油田为渤海海域岩性构造油藏,埋深浅(1500m)、胶结弱、储层疏松,具有含油井段长(大于500m)、纵向层多(47个小层)、平面及纵向非均质性强的特点。投产19年来,以定向井多层大段合注合采开发为主,由于储层非均质性强和粗放式注水管理,导致纵向层间及层内储层动用差异大[1-3];初期油井采用裸眼完井,见水后由于水敏作用导致产液大幅下降,油井低产后进行多轮次侧钻,侧钻后逐步改进为压裂砾石充填完井,该完井方式油井产液量相对稳定液量较高,导致井网不断变化且平面产液结构差异较大。目前油田综合含水85.2%,处于中高含水期,储层水淹状况及剩余油分布复杂,定量描述难度大。受地质特征、井网及井况综合影响油田地质建模与数值模拟工作量大、难度高。通过对油田地质、测井、动态资料

的综合应用[4,5],进行油藏工程法剩余油定量描述,有助于精准预测剩余油分布,为下一步调整挖潜提供依据,有效指导调整井部署,提高油田采收率。

## 2　油藏工程法剩余油定量描述

剩余油研究的目的是明确具体油田的挖潜方向和挖潜措施,目前常用的剩余油分布规律研究方法主要有油藏工程法、油藏数值模拟法、沉积相法、检查井/观察井研究法等,油藏工程法可综合油田地质油藏特征、开发管理因素、单井动态等信息综合研究剩余油分布,是有效的剩余油研究方法之一。

### 2.1　油藏工程法剩余油研究常规做法

常规油藏工程法剩余油研究主要通过研究不同小层平面含水率分布,通过绘制含水等值线图来进行剩余油描述。该方法利用的主要原理为不同注入倍数与含水率有一定相关性(图1),通过计

算井区注入水、孔隙体积、波及体积来计算井区注入倍数,从而获得该区含水率。计算过程中注入水的纵向和平面劈分是关键,注入水纵向劈分常规做法为利用注水井吸水剖面、平面劈分常规做法为利用储层物性KH作为劈分系数。该做法主要流程为注入水立体劈分、划分注采井组并计算网格块孔隙体积、计算注入倍数、计算网格块含水率、绘制含水等值线图、计算网格块剩余油(图2)。

图1 L油田水驱油实验PV-fw关系曲线

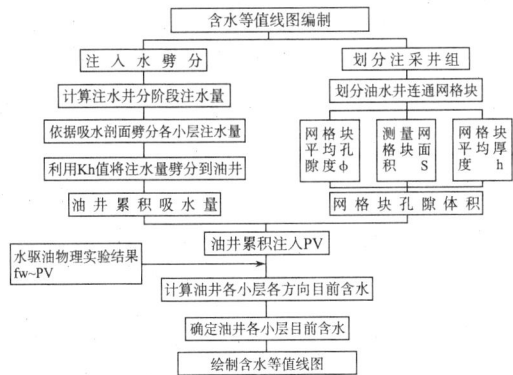

图2 常规油藏工程法含水等值线图绘制流程

## 2.2 改进的油藏工程法剩余油研究

由于L油田油井多轮次侧钻,井网随时间变化不断变化,注采井组不易划分,注入水纵向劈分难度大;井况复杂及储层平面非均质性导致平面产液结构不均衡,按常规KH值进行平面劈分注水量误差较大,注入水劈分难度大。针对L油田储层特征及开发历史,对常规油藏工程方法含水等值线图绘制进行改进,合期更合理、更准确的预测剩余油。

### 2.2.1 关于井网不断变化

针对L油田废弃井多、井网不断变化、网格块难以划分问题,以现有生产井为中心划分网格块、将网格块内废弃井打包处理;针对同一井组同一注水阶段不同油井注水生产时间不同问题,引入时间校正因子T;针对部分油井处于网格块分界线上问题,引入劈分因子λ,λ为1或0.5。

以L油田A16井组为例,该井组2003年8月

投注,目前在线油井9口,历史投产油井37口,第一口油井投产时间2003年1月,最后一口油井投产时间2011年6月。用以上原则对该井组划分10个网格块,每个网格块内油井数1～5口,落在网格线上两口油井 A06ST02 在 A06ST03、A18ST03 网格块的劈分因子λ为0.5(图3)。

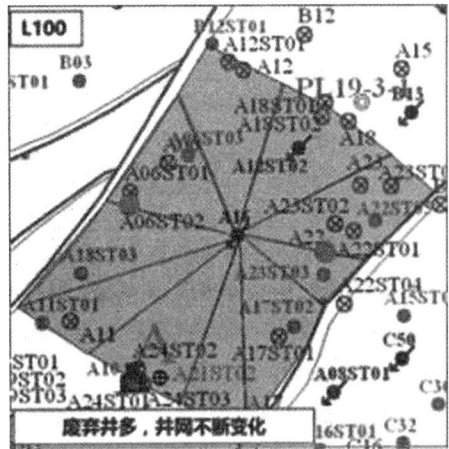

图3 L油田A16井组网格块划分

注入水纵向劈分时首先按水井吸水剖面测试时间进行阶段划分;其次利用该阶段吸水剖面进行纵向注水段吸水量劈分;然后综合同一注水段内不同小层与周边油井连通生产渗透率K、射孔厚度H、油井生产时间校正因子T三个参数作为段内小层注入水劈分。考虑油井时间校正因子T后令井组注入水纵向劈分更加精细化(图4)。

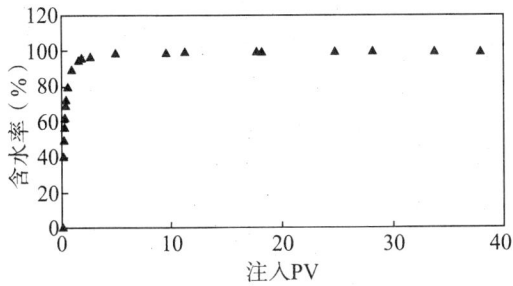

图4 引入时间校正因子的注入水纵向劈分流程图

### 2.2.2 关于平面产液结构不均衡

由于储层平面非均质性强、不同完井方式产液差异大等影响,L油田平面产液结构差异大(图5),利用油井KH进行注入水平面劈分误差较大。针对L油田平面产液结构差异大特点,采用不同方向产液量作为劈分因子代替KH进行注入水平面劈分(图6、图7),令注入水平面劈分更加准确。

图 5　L 油田平面产液结构差异大(以 C12 井组为例)

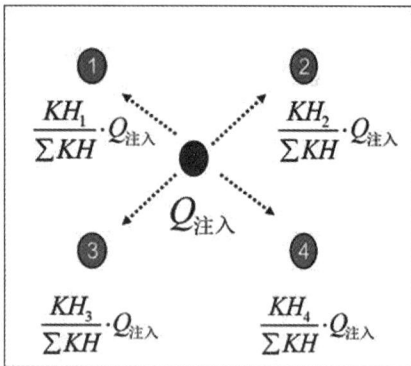

图 6　常规注入水平面劈分方法

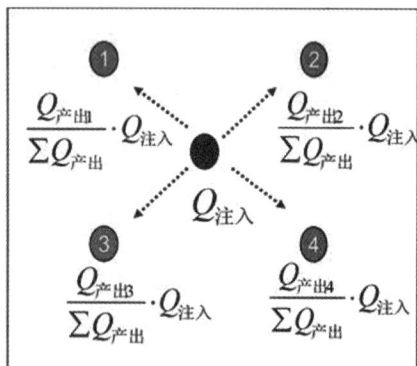

图 7　产液比例进行注入水平面劈分

注入水平面劈分分为两步:首先劈分油井产液量作为注入水平面劈分系数,油井产液劈分过程中首先按照油井产液剖面进行段间产液劈分;其次综合考虑不同小层渗透率 K、与注水井射孔连通厚度 H、注水井注水时间校正因子 T 三个参数作为段内小层产液量劈分(图8);然后根据小层不同方向产液量进行注入水平面劈分(图9)。

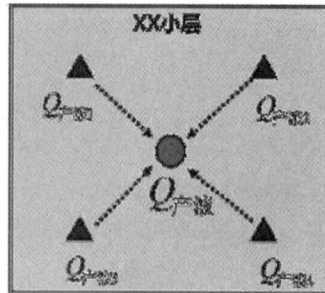

图 8　引入水井注水时间校正因子 T 的油井产液量劈分

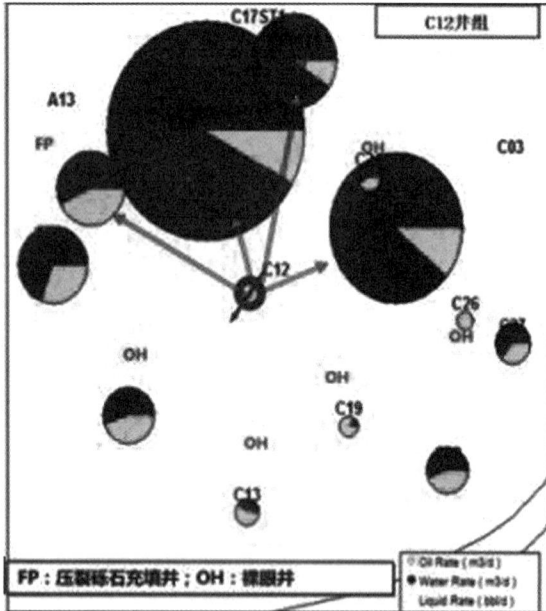

图 9　利用产液比例进行注入水平面劈分流程

### 2.2.3　改进的油藏工程法剩余油定量描述

考虑时间校正因子 T、利用油井产液量对注入进行纵向和平面劈分后,进行网格块吸水量、孔隙体积、波及体积、注水倍数计算,计算出网格块注水倍数后与油田岩心实验水驱油"含水率－注入倍数"关系曲线进行拟合,从而得出每个采油井点含水率,以渗流理论和计算结果为基础绘制小层含水等值线图(图10、图11)。

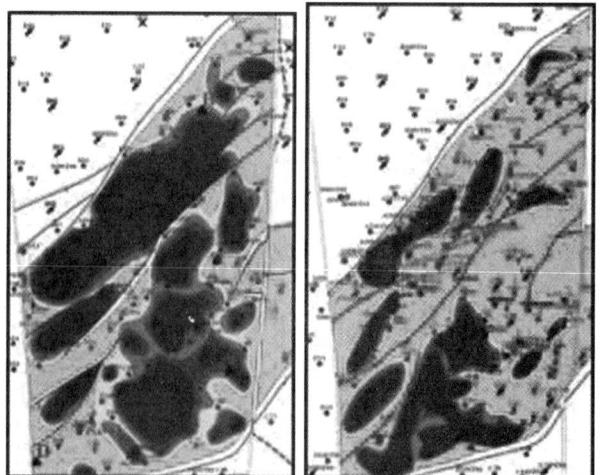

图 10　L 油田Ⅰ类储层 L09　　图 11　L 油田Ⅱ类储层 L15
　　　小层含水等值线　　　　　　　小层含水等值线

利用相渗曲线计算各小层采出程度,从而将剩余油纵向、平面定量化。将相渗曲线标准化为

$$Swn=\frac{Sw-Swc}{1-Sor-Swc} \quad K_{ron}=K_{ro} \quad K_{rwn}=\frac{K_{rw}}{k_{rwmax}} \quad (1)$$

式中,Sw 为含水饱和度,小数;Swc 为束缚水饱和度,小数;Sor 为残余油饱和度,小数;$K_{ro}$ 为油相相对渗透率,小数;$K_{rw}$ 为水相相对渗透率,小数;Krwmax 为水相最大相对渗透率,小数。

由式(1)和相渗曲线绘制 log(Kron/Krwn)—Swn 曲线(图12),并拟合曲线关系式为

$$\log \frac{K_{ron}}{K_{rwn}}=aS_{wn}+b \quad (2)$$

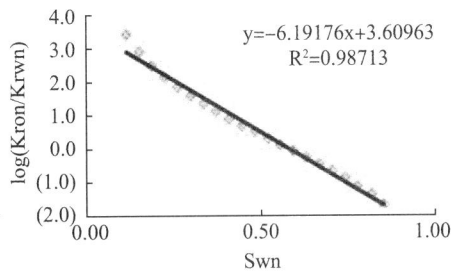

图12　log(Kron/Krwn)—Swn 关系曲线

通过网格块储量加权平均,计算小层平均含水率,结合含水率公式计算目前小层含水饱和度,从而计算小层含油饱和度、采出程度和剩余储量分布(图13、图14)。

$$fw=\frac{1}{1+\dfrac{\mu wBwkro}{\mu oBoKrw}} \quad (3)$$

$$Sw=\frac{\lg\left[\dfrac{\left(\dfrac{1}{fw}-1\right)}{\dfrac{\mu w}{\mu o} \cdot \dfrac{Bw}{Bo}} \times K_{rwmax}\right]-b}{a} \cdot (1-S_{or}-S_{wc})+S_{wc} \quad (4)$$

$$R=\frac{So-Soi}{Soi}\times100 \quad (5)$$

$$So=1-Sw \quad (6)$$

式中,So 为目前含油饱和度,小数;Soi 为原始含油饱和度,小数;R 为采出程度,%。

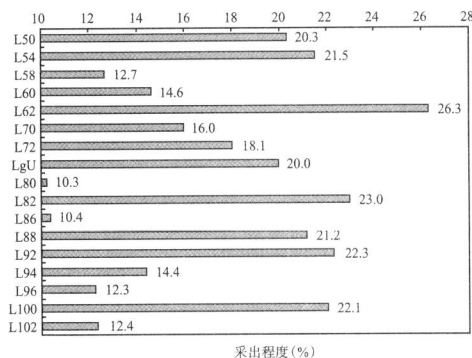

图13　L 油田纵向各小层采出程度

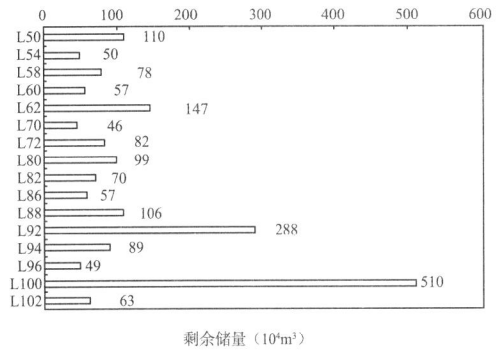

图14　L 油田纵向各小层剩余储量

## 3　矿场应用

改进的油藏工程法小层含水等值线图指导 L 油田调整井井位部署,矿场应用结果表明,该方法剩余油研究结果精度较高,如 A13ST01 井,部署井位时在强水淹层位 L54/L82 往边部甩靶点(图15),油井初期含水率低 56%,初期产油量高 95 方/天(图16)。

该方法 2018—2019 年指导 L 油田调整井井位部署 43 口,43 口侧钻井初期产量平均 93 方/天,较侧钻前平均单井日增油 63 方/天,含水率下降 30%;累计提高油田采收率 3.6%(表1)。

图15　L 油田 A13ST1 井位部署

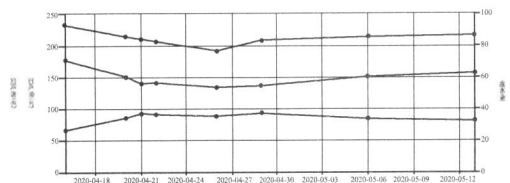

图16　L 油田 A13ST1 井生产动态曲线

表1　L 油田 2018—2019 年调整井产量对比表

| 区块 | 调整井数(口) | 侧钻前 | | | 侧钻后 | | |
|---|---|---|---|---|---|---|---|
| | | 日产油($m^3/d$) | 日产液($m^3/d$) | 含水率(%) | 日产油($m^3/d$) | 日产液($m^3/d$) | 含水率(%) |
| 1 区 | 13 | 351 | 3000 | 88.3 | 1170 | 2806 | 58.3 |
| 2 区 | 19 | 627 | 5915 | 89.4 | 1862 | 4371 | 57.4 |
| 3 区 | 11 | 330 | 2391 | 86.2 | 1012 | 2421 | 58.2 |
| 合计 | 43 | 1419 | 10064 | 85.9 | 3999 | 9109 | 56.1 |

## 4　结论

(1)以渗流力学理论为基础,综合运用动、静

态资料,建立了井网多变及复杂井况条件下小层含水预测方法;利用分流量方程及相渗曲线计算储层采出程度,从而定量描述剩余油分布规律。

(2)针对不断变化井网、注采井组不易划分、注入水纵向劈分难度大问题,以现有生产井为中心划分网格块,将网格块内废弃井打包;引入油/水井时间校正因子 T 使问题简单化,注入水纵向劈分精细化。

(3)针对地质油藏及井况复杂影响导致的平面产液结构不均衡、注入水平面劈分难度大问题,采用油井产液比例进行劈分,引入注水井注水时间校正因子 T,使注入水平面劈分合理化。

(4)研究结果指导了 L 油田 43 口低效井侧钻井位部署,矿场应用结果表明,该方法剩余油研究结果精度较高,43 口侧钻井较侧钻前平均单井日增油 63 方/天,含水率下降 30%;累计提高油田采收率 3.6%。

## 参 考 文 献

[1] 李杰,涂彬,陈付真. 细分开发层系量化优化技术[J]. 大庆石油地质与开发,2010,29(6):87-91.

[2] 罗水亮,曾流芳,李林祥,等. 多油层复杂断块油藏开发层系细分研究[J]. 西南石油大学学报(自然科学版),2010,32(6):98-102.

[3] 李廷礼,刘彦成,于登飞,等. 海上大型河流相稠油油田高含水期开发模式研究与实践[J]. 地质科技情报,2019,38(3):141-146.

[4] 孙彦彬,石磊. 卫星油田储层评价及油层水洗动用状况综合研究[J]. 新疆石油天然气,2018,4(1):1-6,15.

[5] 莫建武,孙卫,杨希濮,等. 严重层间非均质油藏水驱效果及影响因素研究[J]. 西北大学学报(自然科学版),2011,41(1):113-118.

# 海上高沥青质特稠油乳化降粘实验研究

廖　辉　刘小鸿　高振南　吴婷婷　王大为

（中海石油(中国)有限公司天津分公司渤海石油研究院）

**基金项目**　中海石油(中国)有限公司科技项目"渤海油田 3000 万吨持续稳产关键技术研究"——课题四"稠油规模化热采有效开发技术"(CNOOC－KJ 135 ZDXM36 TJ04TJ)。

　　**摘　要**　海上稠油的高效开发具有重要意义。针对海上 B 油田特稠油油田沥青质胶质含量高,地面脱气黏度大于 30000mPa·s,地层水钙镁离子含量大于 1000mg/L 的特征,研制了一种抗盐、具有高界面活性,且与沥青质亲和力强的高沥青质特稠油乳化降粘剂 SP。以该磺酸盐表面活性剂为目标产物,针对海上 B 油田高沥青特稠油进行了乳化降粘性能研究。实验结果表明,研制的磺酸盐表面活性剂 SP 在高钙镁离子地层水中仍能发挥较好的乳化降粘效果,50℃ 时,0.5% 加量的 SP 对特稠油降粘幅度能达到 99% 以上,黏度为 35.88mPa·s,达到稀油水平;乳化降粘过程需要水的参与,油水混合体系中,含水率大于 25% 才能形成水包油乳状液,降低原油黏度;乳化降粘剂 SP 具有较好的耐温性能,经过 350℃ 高温老化后仍能发挥较好的乳化降粘性能;微观驱油结果表明降粘剂能将特稠油乳化分散形成尺寸小于 $10\mu m$ 的水包油乳状小液滴,提高了注入介质的波及面积和洗油效率,能够满足高沥青质特稠油的开发要求,对高沥青质特稠油的开发具有重要的指导意义。

　　**关键词**　高沥青质;特稠油;乳化降粘;磺酸盐;表面活性剂;钙镁离子。

　　中国海上具有丰富的稠油资源,其中渤海一半以上的地质储量是稠油,对于普通稠油,目前主要是常规注水开发。对于黏度较大的稠油主要采用注蒸汽吞吐开发,对于特稠油油藏,其在地层温度下脱气黏度在 1 万以上,胶质、沥青质含量高,黏度高,密度大[1],在地层条件下流动能力较差,蒸汽注入压力高,常规蒸汽开发效果欠佳(常采用热与化学结合的方法)常需配合化学辅助降粘改善开发效果,如掺稀降粘和乳化降粘[2-5]。而掺稀降粘则要求稀油资源充足,也会造成稀油资源的浪费,同时成本也较高[6,7];降凝降粘则需要与掺稀降粘结合才能发挥有效作用,所以,乳化降粘技术目前是应用最多、效果最好的一种技术[8]。由于注蒸汽开发过程中环境温度较高,同时地层流体还具有高沥青质胶质、高矿化度(＞10000mg/L)及高钙镁离子的特点,因此对药剂的性能提出了更高要求。为此,通过室内研究,合成了一种抗盐、具有高界面活性,且与沥青质亲和力强的高沥青质特稠油乳化降粘粘剂 SP。本文以该磺酸盐表面活性剂为目标产物,对我国海上 B 油田高沥青质特稠油进行了乳化降粘性能实验研究,为应用降粘剂辅助开发海上特稠油具有一定的理论指导意义。

# 1　实验

## 1.1　实验试剂与仪器

　　实验试剂:氯化钠、氯化钾、氯化钙、氯化镁、碳酸氢钠、硫酸钠、碳酸钠,均为分析纯;磺酸盐表

面活性剂 SP(自制),表面活性剂 1♯、表面活性剂 2♯,B 油田高沥青质胶质特稠油。

　　实验仪器:HAAKE RS6000 型流变仪、HN－8 数显恒温水浴锅、JA2003 电子天平、荧光显微镜、高温高压微观驱替物理模拟实验装置。

## 1.2　实验流体

　　实验流体为 B 油田高沥青质胶质特稠油及模拟 B 油田地层水,见表 1、表 2。

**表 1　模拟地层水各离子含量**

| 离子组成 | $K^+ + Na^+$ (mg·$L^{-1}$) | $Ca^{2+} + Mg^{2+}$ (mg·$L^{-1}$) | $HCO_3^-$ (mg·$L^{-1}$) | $Cl^-$ (mg·$L^{-1}$) | $SO_4^{2-}$ (mg·$L^{-1}$) | $CO_3^{2-}$ (mg·$L^{-1}$) |
|---|---|---|---|---|---|---|
| 浓度 (g·$L^{-1}$) | 2953 | 1018.8 | 434.7 | 5753 | 91.3 | 0 |

**表 2　渤海 B 油田特稠油组成**

| 油藏温度(℃) | 密度(20℃) (g·$cm^{-3}$) | 黏度(50℃) (mPa·s) | 沥青质 (%) | 饱和烃 (%) | 芳香烃 (%) | 胶质 (%) |
|---|---|---|---|---|---|---|
| 47 | 1.0066 | 39610 | 11.54 | 33.31 | 18.90 | 36.25 |

## 1.3　实验方法

　　参考 QSH－0055－2007《稠油降粘剂技术要求》之 5.2 溶解性、5.6 降粘率的评价方法,对表面活性剂溶解性能、稠油乳化性能及降粘率进行了评价。

### 1.3.1　表面活性剂溶解性能

　　于 20℃ 的恒温水浴锅中,将 2g 表面活性剂样品溶于 100mL 模拟地层水中(矿化度为 10g·$L^{-1}$,

钙镁离子含量约为 1g·L$^{-1}$),离子含量组成见表1。

### 1.3.2 降粘率

稠油与表面活性剂形成的 O/W 型乳液,以水为外相,这时,其黏度主要取决于水的黏度,由于水的黏度很低,所以由 W/O 型转变为 O/W 型时,黏度能够降低,这一效果既可以用黏度直接表达,还能够用降粘率[9]来表示为

$$p=(\mu_0-\mu_1)/\mu$$

式中,$p$ 为降粘率,%;$\mu_0$ 为未加剂稠油黏度,mPa·s;$\mu_1$ 为加剂后稠油黏度,mPa·s。

特稠油的黏度测试用 HAAKE RS6000 型流变仪测试,降粘率越大,说明降粘效果越好。

### 1.3.3 微观驱油实验

采用稠油高温高压微观驱替物理模拟实验装置进行高沥青质特稠油降粘剂的微观驱油实验。步骤如下:①制作微观模型;②微观模型饱和模拟地层水;③微观模型油驱水造束缚水;④实验温度下进行驱油;⑤驱油微观图像分析。

## 2 结果与讨论

### 2.1 表面活性剂溶解性能

由于地层条件复杂,地层水中含有大量钙镁离子和无机盐,研究表面活性剂对其适应性也是很有必要的。于20℃的恒温水浴锅中,将2g表面活性剂样品

溶于100mL矿化水中(矿化度为10g·L$^{-1}$,钙镁离子含量约为1g·L$^{-1}$),实验结果见表3。

表3 不同类型表面活性剂在模拟地层水中的溶解性能

| 表面活性剂类型 | 溶解性能 | 300℃高温老化后溶解性能 |
|---|---|---|
| 1# | 不溶 | |
| SP | 溶 | 溶 |
| 2# | 溶 | 出现絮状物 |

由表3可以看出,未经老化处理,SP、2#均能溶于模拟地层水中,但经过300℃高温老化后2#出现絮状物,可能是因为高温引起了其内部结构变化,导致其分解,因此选择 SP 作为本次研究的目标产物。

### 2.2 浓度对其降粘性能的影响

将 SP 试样配制成 0.1%、0.25%、0.35%、0.5%、0.75%、1%、1.25%、1.5%不同浓度的溶液,取50g B 油田稠油于烧杯中,加入不同浓度的 SP 试样溶液,放入50℃的恒温水浴锅中,恒温0.5h,取出充分搅拌使之成为均匀分散体,用 HAAKE RS6000 旋转流变仪测50℃~90℃黏度,有关实验结果见表4。

表4 不同浓度乳化降粘剂对B油田原油降粘性能影响

| 温度(℃) | 原油黏度(mPa·s) | +0.1%驱油剂(mPa·s) | +0.25%驱油剂(mPa·s) | +0.35%驱油剂(mPa·s) | +0.5%驱油剂(mPa·s) | +0.75%驱油剂(mPa·s) | +1%驱油剂(mPa·s) | +1.25%驱油剂(mPa·s) | +1.5%驱油剂(mPa·s) |
|---|---|---|---|---|---|---|---|---|---|
| 50 | 39610 | 无法乳化 | 1610 | 100.9 | 35.88 | 56.41 | 23.73 | 18.22 | 29.02 |
| 60 | 16030 | 无法乳化 | 1050 | 95.8 | 38.23 | 35.3 | 26.62 | 23.12 | 18.17 |
| 70 | 6178 | 无法乳化 | 613.5 | 83.73 | 45.67 | 25.09 | 29.46 | 25.64 | 17.25 |
| 80 | 2594 | 无法乳化 | 366.9 | 71.4 | 55.48 | 21.74 | 25.66 | 24.61 | 20.64 |
| 90 | 1205 | 无法乳化 | 334.34 | 68.45 | 66.14 | 19.91 | 26.41 | 19.58 | 14.53 |

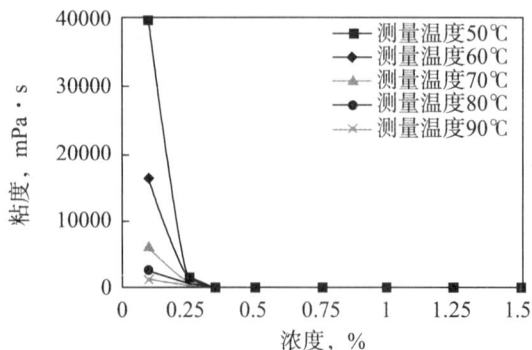

图1 不同浓度乳化降粘剂对B油田原油降粘性能影响

由表4可以看出,SP 浓度增大对其降粘效果有很明显的改变,50℃时,SP 加量从 0.1%到

1.5%变化,其黏度由 39610mPa·s 降至 29.02 mPa·s,降粘幅度达到99.93%,加量达到0.35%后,降粘幅度趋于平缓,此时已基本形成均匀的水包油乳状液,从而黏度大幅度降低,当加量达到0.5%时,50℃即能将原油黏度降到50mPa·s以下,能够满足该稠油开发需求。此外,分析图1可知,随着温度升高,B油田稠油黏度均呈现下降趋势,加入0.5%的SP,50℃时,降粘幅度达到99%以上,黏度为35.88mPa·s,温度达到90℃时,原油黏度已整体处于较低水平,说明SP具有一定的抗温性能,同时B油田原油也具有较强的温度敏感性,加降粘剂后降粘效果更好。

## 2.3 油水比对其降粘性能的影响

在油田实际开发过程中常常会出现油井黏度突然增大的现象，主要是因为形成了油包水型乳状液，而乳化降粘剂形成的则是水包油型乳状液，此时黏度大大降低。对比分析了不同水油比条件下，0.5%加量条件下，SP对B油田特稠油的乳化降粘特性（表5）。

表5 不同油水比下乳化降粘剂对B油田原油降粘性能影响

| 温度(℃) | 原油黏度 (mPa·s) | 油水比 19:1 含水 5% | 油水比 9:1 含水 10% | 油水比 6:2 含水 25% | 油水比 7:3 含水 10% | 油水比 6:4 含水 40% | 油水比 5:5 含水 50% | 油水比 4:6 含水 60% | 油水比 3:7 含水 70% |
|---|---|---|---|---|---|---|---|---|---|
| 50 | 39610 | 40045 | 43304 | 31.03 | 23.73 | 19.07 | 18.26 | 30.38 | 20.45 |
| 60 | 16030 | 17143 | 19343 | 39.23 | 26.62 | 19.02 | 23.93 | 17.73 | 18.67 |
| 70 | 6178 | 6812 | 7623 | 44.16 | 29.46 | 23.09 | 26.08 | 12.21 | 12.02 |
| 80 | 2594 | 2823 | 3034 | 49.33 | 25.66 | 22.62 | 27.82 | 10.77 | 9.648 |

实验表明，形成水包油型乳状液需要一定比例的水参与，随着水油比由5%增大到70%，其黏度呈现先小幅增加后急剧下降的趋势，主要是因为含水较低时，生成了油包水型乳状液，此时黏度出现一定程度的增加，当含水超过25%时，黏度出现大幅度下降，降粘率达99%以上，此时形成的主要是水包油型乳状液，即说明要形成水包油乳状液，含水率需要大于25%（图2）。

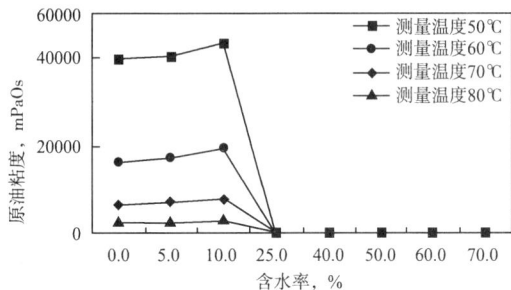

图2 不同含水率对SP乳化降粘性能影响

## 2.4 温度对其降粘性能的影响

耐温性能是乳化降粘剂的一项重要性能，将SP分别经过100℃、200℃、250℃、300℃、350℃老化处理后，用模拟地层水配制成浓度为0.5%的溶液，测量其对B油田特稠油的降粘性能。

分析表6可知，高温乳化降粘剂在不同温度老化处理后，仍然能发挥较好的降粘效果，随着温度由100℃到350℃变化，50℃时，原油黏度整体低于100mPa·s，仍具有较好的降粘性能，说明该药剂具有较强的耐温性能，能满足特稠油开发辅助降粘需要。

## 2.5 高沥青质乳化降粘剂微观驱油实验

表6 不同高温处理后的乳化降粘剂对B油田原油降粘性能影响

| 温度(℃) | 原油黏度 (mPa·s) | 未老化 (mPa·s) | 100℃老化 (mPa·s) | 200℃老化 (mPa·s) | 250℃老化 (mPa·s) | 300℃老化 (mPa·s) | 350℃老化 (mPa·s) |
|---|---|---|---|---|---|---|---|
| 50 | 39610 | 22.80 | 18.08 | 30.47 | 28.94 | 59.37 | 94.29 |
| 60 | 16030 | 23.71 | 19.37 | 37.17 | 20.51 | 42.43 | 66.41 |
| 70 | 6178 | 23.36 | 22.58 | 37.31 | 25.54 | 32.61 | 30.94 |
| 80 | 2594 | 23.95 | 25.67 | 38.14 | 30.31 | 28.41 | 19.88 |

80℃条件下，采用浓度为0.5%的乳化降粘剂溶液进行微观驱油实验，微观实验局部现象图像，微观驱替效果见表7。

表7 高沥青质乳化降粘剂微观驱油效果

| 注入介质 | 波及系数(%) | 驱油效率(%) | 驱油效率提升幅度(%) | 波及系数提高幅度(%) |
|---|---|---|---|---|
| 地层水 | 24 | 43.6 | | |
| 地层水 +0.5%SP | 37 | 50.36 | 6.76 | 13 |

实验发现，乳化降粘剂在驱替稠油过程中，能明显提高洗油效率和波及系数，主要是因为乳化降粘剂在驱替过程中能够降低油水界面张力，同时将稠油分散形成均匀的水包油乳状小液滴（图3、图4），液滴平均尺寸小于10μm，降低稠油黏度，提高渗流能力，提高驱油效率，从而提高特稠油最终采收率。

a.模拟地层水驱

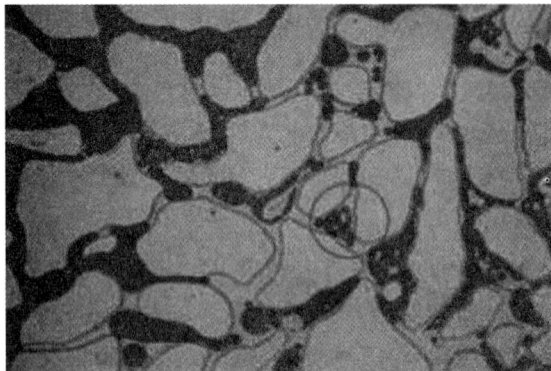

b.乳化降粘剂微观驱替局部现象

图 3  乳化降粘剂 SP 微观驱油效果图

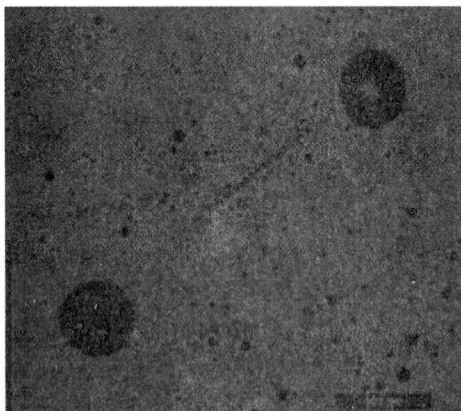

a.乳化液显微镜效果图

b.乳化液滴荧光显微效果图

图 4  特稠油乳化液滴显微效果图

## 3  结论

(1)研制的磺酸盐表面活性剂 SP 在高钙镁离

子地层水中仍能发挥较好的乳化降粘效果,50℃时,0.5%加量的 SP 对特稠油降粘幅度能达到99%以上,黏度为 35.88mPa·s,达到稀油水平。

(2)浓度增大对 SP 降粘效果有很明显的改变,随着浓度增大,降粘幅度增大,当浓度达到 0.5%后,黏度已整体处于较低水平,降粘率达到 99.9%。

(3)乳化降粘过程需要水的参与,油水混合体系中,含水率大于 25%才能形成稳定水包油乳状液,降低原油黏度,乳化降粘剂 SP 具有较好的耐温性能,经过 350℃高温老化后仍能发挥较好的乳化降粘性能。

(4)微观驱油结果表明降粘剂能将特稠油乳化分散形成尺寸小于 $10\mu m$ 的水包油乳状小液滴,提高了注入介质的波及面积和洗油效率,能够满足高沥青质特稠油的开发要求,对高沥青质特稠油的开发具有重要的指导意义。

### 参 考 文 献

[1] 廖辉,唐善法.高沥青质深层超稠油乳化降粘实验研究[J].天然气与石油,2018,36(2):64—67.

[2] 侯君.超临界注汽锅炉的研究[D].东北石油大学,2012.

[3] 徐长贵,王冰洁,王飞龙,等.辽东湾坳陷新近系特稠油成藏模式与成藏过程——以旅大 5—2 北油田为例[J].石油学报,2016,37(5):599—609.

[4] 张风义,廖辉,杨东东,等.海上深层块状特稠油 SAGD 开发三维物理模拟实验研究[J].石油与天然气化工,2019,48(2):90—94.

[5] 张紫军,姜泽菊,陈玉丽,等.深层稠油油藏超临界压力注气开发技术研究[J].石油钻探技术,2004,32(6):44—46

[6] 张风义,许万坤,吴婷婷,等.海上多元热流体吞吐提高采收率机理及油藏适应性研究[J].油气地质与采收率,2014,21(4):75—78.

[7] 钟立国,姜瑜,林辉,等.海上深层特稠油多元热流体辅助重力泄油可行性室内研究[J].油气地质与采收率,2015,22(5):79—83.

[8] 王树涛,张风义,刘东,等.海上特稠油超临界蒸汽驱物模数模一体化研究[J].特种油气藏,2020,27(4):138—143.

[9] 崔桂胜.稠油乳化降粘方法与机理研究[D].中国石油大学(华东),2009:13—14.

# 应用井震结合构造解释成果挖潜剩余油技术方法研究

黄延忠[1] 国长春[2] 杨 柏[3]

(1. 中国石油大庆油田有限责任公司第一采油厂;2. 中国石油大庆油田钻探工程公司钻井二公司项目一部;3. 中国石油大庆油田有限责任公司勘探开发研究院)

**摘 要** 大庆油田进入特高含水期后,为精细刻画储层、认识剩余油分布,长垣主体全面开展了三维开发地震,进一步深化了井间储层认识,提高了现井网密度条件下储层预测精度,尤其以小断层、褶曲等微幅度构造识别表征突出,有效克服了单凭井资料难于辨认小尺度构造局限性,而如何高效应用井震联合构造解释成果,重新认识地下剩余油的分布,寻找注入井有效调整方向及采油井高效挖潜方向成为当前核心问题。本文以萨中开发区某典型示范区块为研究对象,通过探索性研究实践,总结形成一套应用井震结合精细地质构造解释成果进行挖潜剩余油技术方法,实施应用后进一步提高研究区油层动用程度,统计显示措施调整井区吸水及产出砂岩厚度动用比例分别提高11.6%、7.8%,效果显著,鉴于大庆油田为国内陆上大型河流—三角洲非均质多油层砂岩储层,由此形成应用井震结合构造解释成果挖潜剩余油技术方法在其他类似油田有进一步推广价值和借鉴意义。

**关键词** 井震结合;剩余油;挖潜技术

## 1 前言

非均质砂岩油田进入特高含水期后,剩余油分布高度分散复杂,如何准确定位剩余油存在,成为下步挖潜技术关键,而对剩余油认识又主要依赖于储层精细描述结果,以往单凭井资料建立储层模型,对微构造描述精度不够,而随着老区三维精细勘探工作开展,得以对小断距断层、微幅度褶曲有了清晰认识,从而对微构造区注采关系有了重新认识,同时对剩余油富集及滞留部位有了相对准确判断,进而明确挖潜方向,我们通过在萨中开发区某典型区块应用井震结合构造解释成果,对不同几何构型微构造区剩余油潜力开展研究,确定研究区不同类型微构造剩余油识别方法及存在部位,经现场油水井综合调整挖潜实践检验,初期累积增油9.56×10⁴t,创经济效益3.82×10⁸元,措施增油效果显著。

## 2 研究区概况及开发地震新认识

### 2.1 研究区概况

研究区为大庆油田萨中开发区水驱典型区块,属非均质多油层砂岩沉积储层,从20世纪20年代投入开发以来,历经井网多次加密、综合治理及控水挖潜试验等重大开发调整,同时高含水后期又实施配合一、二类油层三次采油封堵开采调整,2010年后在该区域首次进行开发地震,精细勘探寻找剩余油,目前共有油水井836口,综合含水96.44%,采出程度51.35%,现今突出开发问题是进入到特高含水、高采出程度"双高"开采阶段,剩余油分布极其复杂,难于追踪辨别,急需成熟实用

剩余油识别挖潜技术进一步改善开发效果。

### 2.2 开发地震对储层构造新认识

依据原钻遇油层地质静态资料(图1),研究区测井解释出断层19条,其中17条集中分布在98♯到100♯断层区,仅2条断层位于纯油区,而应用三维精细开发地震解释成果,对储层构造再认识,以研究相对完善SⅡ油层组顶面构造为例,新发现认识断层20条,主要集中分布在区块西部,98♯到100♯断层区4条,纯油区16条,其中平面上延伸长、纵向上贯穿深形成规模较大断层有8条,除此之外,我们对研究区内微幅度构造有一定程度深化认识,区块整体上呈现出由西向东地层界面逐步加深、厚度逐渐减薄阶地构造变化趋势,但其内部仍发育较多局部正、负向微幅构造,其中正向微幅构造12个,负向微幅构造10个。通过对研究区井震结合构造解释,为今后开发井网部署及油水井综合调整挖潜方案设计提供可靠依据。

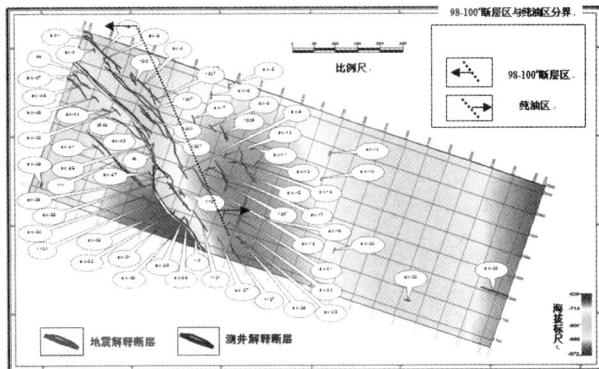

图1 研究区SⅡ油层组顶面井震叠合构造图

## 3 井震联合构造解释挖潜剩余油技术方法

### 3.1 断层遮挡剩余油挖潜技术

#### 3.1.1 新发现断层附近剩余油挖潜技术

对于受断层遮挡而无法正常注水受效采油井,停止异侧无效调整,加强同侧注水井调整,特别是沿断层走向,分列采油井两侧注水井调整,以此挖潜由注采不完善造成滞留剩余油。而对于新认识断层附近由于油层物性差,渗流能力差,对油井采取有针对性压裂改造油层措施挖潜提高产能。

例如,采油井 B1－60－540 位于开发地震解释新认识小断层 SⅡ19 与 SⅡ17 夹角附近(图2),受断层影响与周围水井连通状况差,仅单向连通,可能存在滞留剩余油。再从细分沉积相成果看(图3),由中心注入井 B1－61－541 向采出井 B1－60－540 过渡方向也体现出靠近断层油层物性逐渐变差特点,进一步说明油井 B1－60－540 附近存在由于断层遮挡注采效果不好滞留剩余油,可以作为下步挖潜方向。

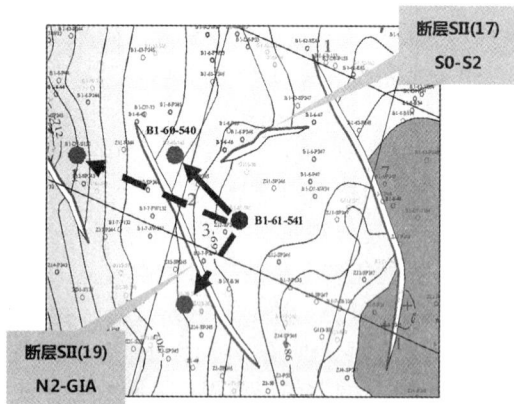

图2 B1－61－541井区井震叠合构造

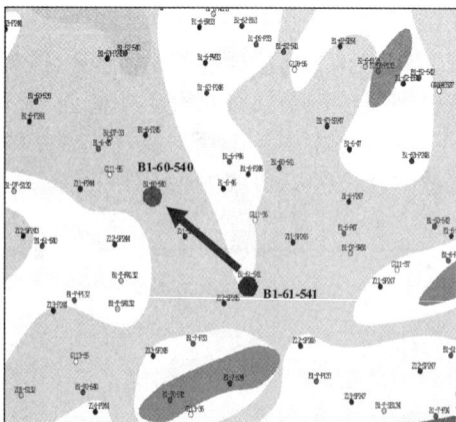

图3 B1－61－541井区SI3a单元沉积微相

从 B1－60－540 井不稳定试井压力解释成果看(图4),双对数曲线压力导数曲线出现较大驼峰,说明井筒储集效应强,近井油层低渗透,存在污染堵塞,同时压力恢复曲线上升至8MPa以上,反映地层能量比较充足,具备压裂基本条件。该井于2011年6月实施压裂,压开4段(SI1－SI

2/1、SⅡ2－Ⅱ5＋6、PⅡ4－Ⅱ5三段普通压裂,SⅠ2/2－SⅠ4＋5选择性多裂缝压裂),合计砂岩厚度12.7m,有效厚度3.7m,初期日增油5t,目前仍然措施有效,保持日增油3.5t良好效果,已累积增油1976t,充分挖掘断层附近剩余油。

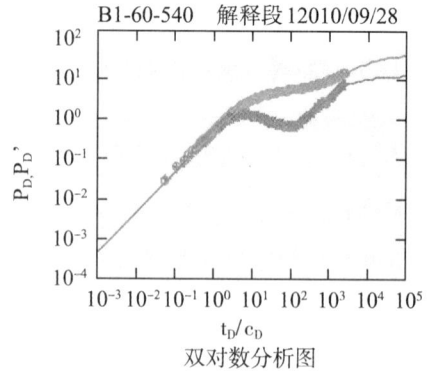

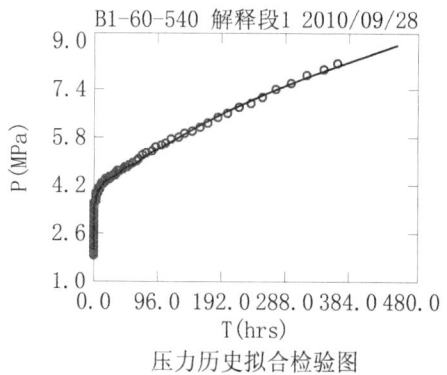

图4 B1－60－540井不稳定试井压力解释成果图

#### 3.1.2 新老认识断层位移区剩余油挖潜技术

对于处在新老认识断层位移区内采油井,重新认识注采关系后,若与周边邻近注水井不受断层遮挡,注采连通,可考虑压裂油井提高单井产能,若与周边邻近注水井受断层遮挡,注采不连通,则相应停止注水井无效调整。

例如,按原测井解释老断层 100N 认识(图5),采油井 B1－D6－31 井受断层遮挡,不与注水井 B1－5－W031 连通,而结合地震解释成果,井震联合新认识后,100N 断层在平面上延伸有一定程度偏移,造成 B1－D6－31 井与断层相对位置有所改变,与水井 B1－5－W031 井存在注采连通关系,B1－D6－31 井为低液面低效生产井,为改善其生产状况,我们尝试对其连通注水井进行措施调整。在其连通3口注水井中,B1－D7－W32 井为二线注水受效井,B1－D6－W32 井距较远,并且注采对应关系较差(图6),因此优选调整 B1－5－W031 井提高井区供液能力,2010年12月实施酸化,配注220m³,实注由163m³上升至235m³,日增注72m³,连通油井累计增油163t。

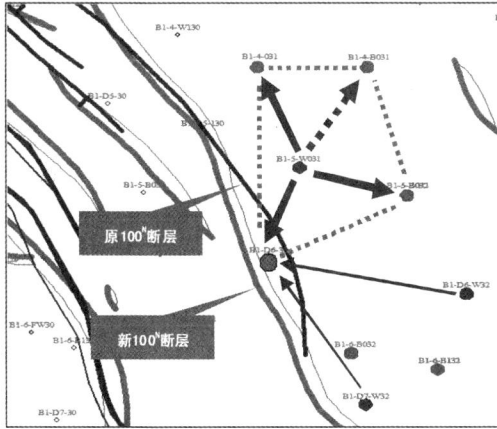

图5　B1－D6－31井区井震叠合构造

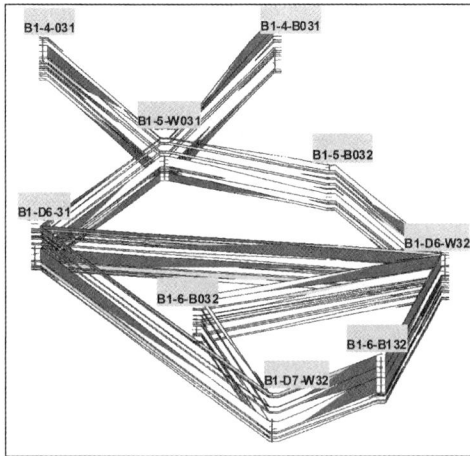

图6　B1－D6－31井区油层剖面

## 3.2　微幅度褶曲构造区剩余油挖潜技术

### 3.2.1　正向微幅构造区剩余油挖潜技术

对于正向微幅构造发育区，并且顶部水井注水强度一直偏低，底部存在较多剩余油可能性比较大，遵循概率统计原则，可以采取顶注底挖措施优化水井调整方向挖潜剩余油。

但是随开发时间延长，必须辩证看待这一观点，如果顶部注水强度长期比较大，那么底部采油井存在剩余油相对较少，此时应该考虑挖潜相对注水井位置较高采油井存在剩余油。

例如，从SⅡ油层组顶面井震叠合构造图分析（图7、图8），地震解释新增的SⅡ－10、SⅡ－11、SⅡ－13断层与100³断层组成一个相对封闭的遮挡区，其间形成一个正向构造。并且在此区域内采油井受断层影响，来水方向少，典型"注少采多"，注水强度较低，造成采油井生产能力偏低。同时研究发现井区注水井主要分布在正向构造顶部，采油井多数处于位置相对较低正向构造边缘区，因此我们上调该区域顶部B1－52－544、B1－61－543、B1－7－水035三口注水井SⅠ、SⅡ、SⅢ油层组的注水量，合计日配注上调110m³，以提高采油井的生产能力，充分挖掘断层区剩余油。对比注采连通收效的8口采油井，合计日增油3t，含

水基本稳定，已累计增油586t，达到预期效果。

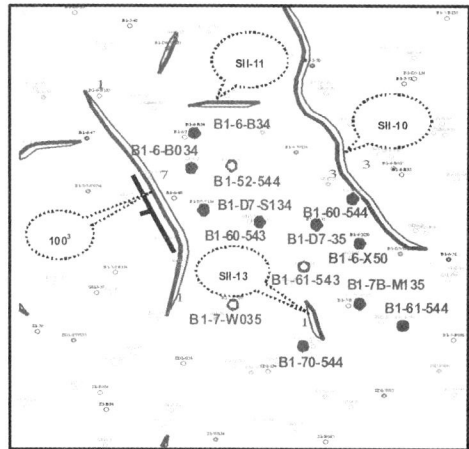

图7　52－544、61－543、7－水035井区示意图

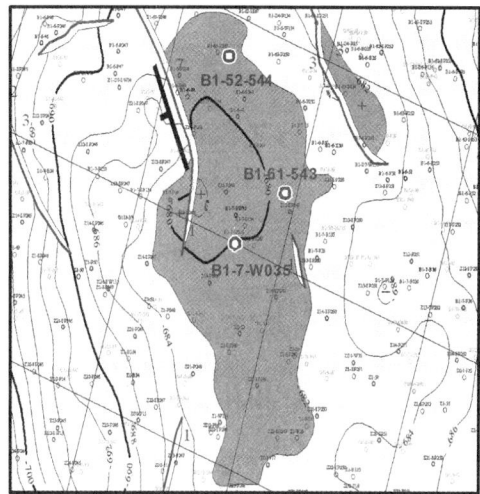

图8　局部正向构造区井震叠合图

### 3.2.2　负向微幅构造区剩余油挖潜技术

对于负向微构造发育区，并且边部水井注水强度一直偏低，底部存在剩余油可能性比较大，可以采取边注底挖措施优化水井调整方向挖潜剩余油。

同样随开发时间延长，也必须辩证看待这一观点，如果边部注水强度长期比较大，那么底部采油井存在剩余油相对较少，此时也应该考虑挖潜相对注水井位置较高采油井存在剩余油。

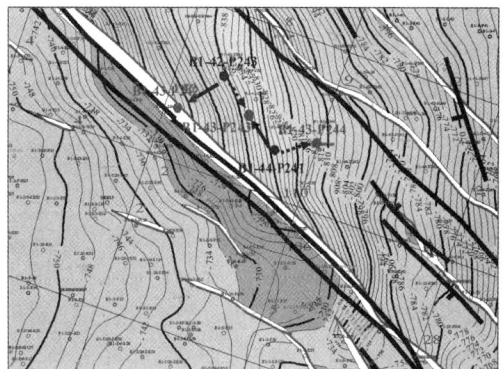

图9　局部负向构造区井震叠合图

例如，从SⅡ油层组顶面井震叠合构造图分析

(图9),井震结合验证断层98#与100N断层所夹区域形成一个负向构造,由 EN→WS 海拔逐渐加深单斜向斜。并且我们通过在此区域内二类油层注聚井注采调整研究发现,调整井区海拔位置较高的边部注入井,处于海拔位置相对较低采出井见效快,这一方向为有利注入调整方向,而反向调整则见效缓慢,如注聚井 B1-44-P241 调整,连通油井开采层位海拔较低 B1-43-P243 井首先见效,而海拔较高的 B1-43-P244 井见效慢,前者无论从见效时间、含水下降幅度、最大增油幅度、累积增油量都要明显好于后者(图10)。同样 B1-42-P243 注聚井调整,连通油井开采层位海拔较低,B1-43-P242 井首先见效,而海拔较高的 B1-43-P243 井见效缓慢,由此分析,在 B1-42-P243→B1-43-P243 注采连线方向及 B1-44-P241→B1-43-P244 注采连线方向受反向不利调整方向因素影响,存在着方向性注采不均衡,注采强度低,随开采时间延长,可能成为剩余油滞留主要分布区域,即挖潜主要方向。因此,我们采取 2007 年 12 月先压裂采出井 B1-43-P243,2008 年 4 月再后压裂 B1-43-P242 井的方式,2 口井措施后分别日增油 22t、5t,以此平衡井区方向性注采强度,充分挖掘井区剩余油,取得非常好开采效果。

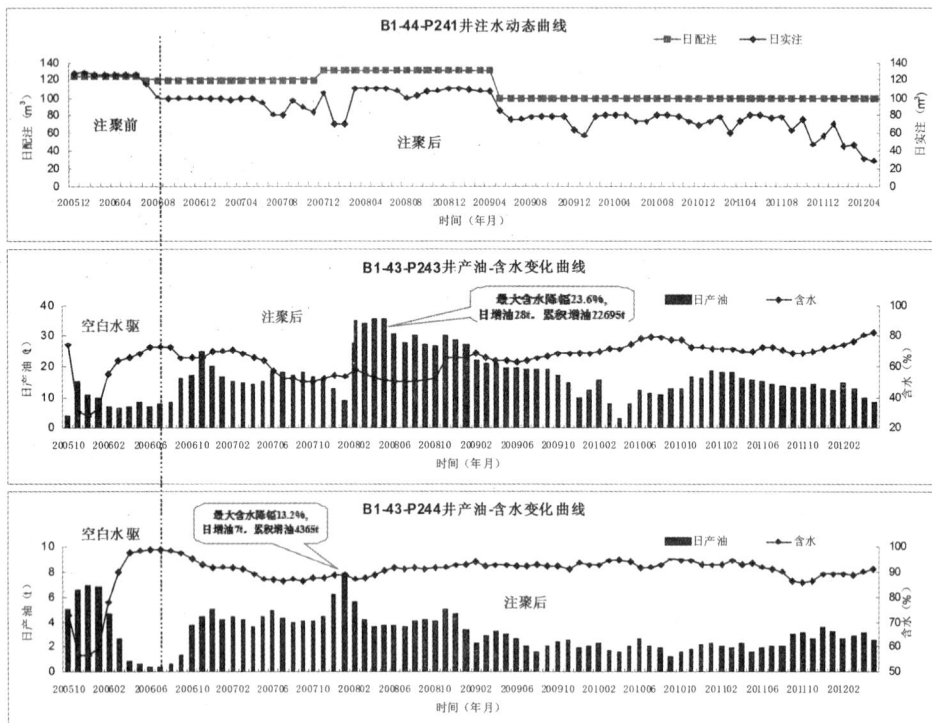

图 10　负向构造区聚驱井生产曲线

### 3.3　科学调整设计部署井位,提高储量动用

在 2013—2018 年产能区钻井过程中,参照三维开发地震解释成果,移动了 132 口井位,累计增加动用油层厚度 1087m,提高控制储量 239.6×10⁴t。例如,中 7-SE41 井设计钻遇目的层段萨Ⅱ1-葡Ⅱ10,按照原测井解释断层,目的层段不会断失,而三维地震(井震结合)解释断层预测将断失萨Ⅱ1-6油层(图11),在保证井网井距相对规则的前提下,将该井位向东北移动 15m 实施钻井(图12),可以确保钻遇全部目的层,增加油层动用厚度,提高储量动用程度。该井投产初期即收到日产液 81.6t,日产油 10.1t,综合含水 87.59% 理想效果,投产之后我们又根据油井生产动态,结合断层实际分布,对周围连通水井进行有效调整,目前该井仍保持日产液 80.5t,日产油 7.3t,综合含水 90.96% 良好生产状况。

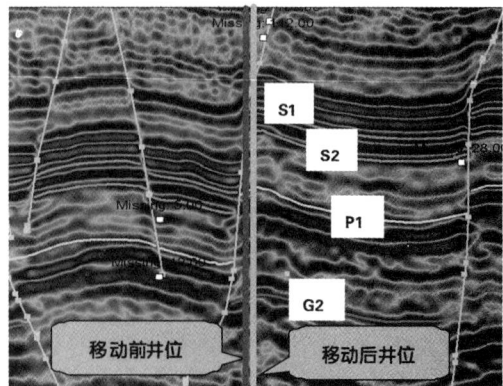

图 11　地震解释构造剖面图

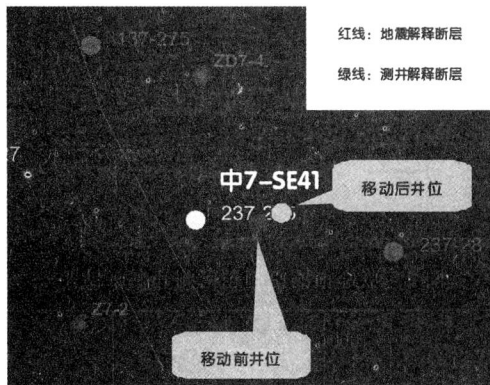

图 12　地震与测井解释断层平面位置图

### 3.4　应用效果

我们通过在研究区从 2011 年以来借助井震联合构造解释成果,边探索、边实践,综合应用上述挖潜剩余油技术方法,截至 2019 年已实施油水井措施调整挖潜 216 井次,累积增油由初期 $9.56 \times 10^4$ t 增加到 $138.56 \times 10^4$ t,总创经济效益 $39.62 \times 10^8$ 元,证明此系列方法切实可行,应用效果显著。

## 4　结论

(1)应用井震联合构造解释成果结合精细地质细分沉积微相研究成果,能够使我们更加准确描述储层,定位剩余油富集区,采取有针对性综合调整措施,有效挖潜剩余油。

(2)随开采时间延长,不同开发阶段决定剩余油分布特征不同,并且决定了动态挖潜方法改变,

只有打破传统思维方式,才能找到有效的水井调整方向和高效油井挖潜方向。

(3)应用三维精细地震成果,静态开发井网部署与动态综合调整挖潜相结合,是进一步挖潜老区剩余油,提高采收率的有效途径。

## 参 考 文 献

[1] Mamdouh R. Gadallah. 储层地震学[M]. 刘怀山,译. 北京:石油工业出版社,2013:4－97.

[2] Economides M J. 油气增产措施[M]. 张保平,译. 北京:石油工业出版社,2016:4－97.

[3] 李小冯,骆铭,路宗满,等.油井压裂潜力预测方法研究[J]. 大庆石油地质及开发,2008,27(4):64－66.

[4] 黄延忠.萨中开发区断层区套损特点新认识与开发应用[J]. 大庆石油地质与开发,2005,24(3):P56－59.

[5] 齐春燕,王贺军. 喇萨杏油田层系井网现状及调整对策[J]. 大庆石油地质及开发,2010,29(1):38－42.

[6] 金辉.不同注入方式对复合驱油效率影响[J]. 内蒙古石油化工,2007,22(3):233－234.

[7] 王莉娟.井网加密后三角洲相储层砂体变化特征分析[J]. 一线技术,2008:96.

[8] 黄延忠.水驱注聚封堵全过程开发调整挖潜方法研究[J].大庆石油地质与开发,2010,29(4):69－72.

[9] 郭松梅,王庆杰.油水同层解释标准及储层参数研究[J].中国海上油气,2006,25(增):27－28.

# 储层精细预测技术在港北地区薄油层的应用

王 臣 张 春 王 强 程 琦 魏玉红 梁 斌

(中国石油大港油田分公司第五采油厂)

**摘 要** 港北地区明化镇组砂体存在厚度较薄、地震反射弱、横向变化快等特点,造成精细预测储层难度大,为了解决这一难题,开展了一种基于多元线性回归属性预测技术在港北地区较薄油层应用研究。以该地区邻井钻遇高产含油砂体为依托,结合地震合成记录标定、地层对比、地震多属性叠合、人机联作超精细刻画等技术对港北地区 NmⅡ-8 砂体展布进行精准刻画,并总结出适合该类油藏的砂体预测方法,为该区滚动勘探提供地质依据。

**关键词** 薄油层;地震合成记录;地震属性;弱反射;储层预测;

## 1 引言

港北地区是受潜山基底控制的披覆背斜构造,面积较大,圈闭类型优越,是上第三系重要的储油空间。下第三系港西断层下降盘根部发育的裙边式断鼻构造,成为油气聚集的有利场所。X34-13-10 区块位于港北地区的西北部,研究区域主力层系为明化镇组的特高孔高渗储层,油藏埋深 1030~1080m,构造幅度较大;储层沉积类型为曲流河沉积,其机制复杂,进而地层对比难度大,砂体空间展布很难预测;该区储层有效厚度为 1.5~5m,其地震波长 30~35m,油层较薄造成波阻抗反射界面系数较小,地震响应特征表现为弱反射结构,常用的地震振幅属性预测砂体精度降低。针对以上情况,开展了储层精细预测技术在港北地区较薄油层中的研究,在分析该井区油藏地质特征过程中,利用地震合成记录精准标定油层在地震轴中的位置,利用弧长属性技术预测弱反射砂体展布范围,同时,通过井震结合技术、地层对比技术、人机联作刻画与解释技术对砂体分布进行超精细刻画,最终,邻井钻遇的 NmⅡ-8 储层证实了综合储层预测技术预测砂体展布效果良好,为该井区进一步滚动扩边提供依据。

## 2 区域概况

工区构造位置位于北大港构造带中西段,下第三系为受北大港潜山构造带控制形成的大型断鼻构造,上第三系组地层直接覆盖在前第三系基岩隆起上,为基岩持续拱升形成的披覆背斜构造,好的构造为油气聚集提供了有利场所。构造位置优越,油气资源丰富,发育有港西一个二级油源断层,长期活动的港西断层及与之相交的次级断层组成油气运聚的通道,为油气成藏提供了条件,主要含油层为明化镇组、馆陶组。1975 年探井 G147 井在明化镇组获得工业油流,NmⅡ-7、8、9 试油 4mm 油嘴自喷日产油 4.24 方,日产气 12179 方,

累产油 12.19 方,累产气 35057 方,而该井周边邻井均未钻遇该储层,验证了该区沉积特征受曲流河沉积影响,砂体横向变化快。1979 年至今,邻井相继对该区块储层进行评价与开发。

### 2.1 地层特征

上第三系为河流相沉积,岩性是砂岩与泥岩的互层组合,储集层发育,分布广,厚度大,其中馆陶组属辫状河沉积,纵向上形成"沙包泥"沉积剖面,碎屑层尤为发育,一般大于剖面厚度的 40%,砂岩单层厚度平均大于 20m 以上;明下段属曲流河沉积,纵向上形成"泥包砂"沉积剖面,碎屑层一般占剖面厚度的 30% 左右,单砂层厚度平均 10m 左右,河道砂体发育为油气富集提供了良好的储集空间。

### 2.2 构造特征

X34-13-10 区块明化镇组受控于 X1-13 西断层和西 G196 东断层,构造幅度 50m,埋深 1030~1080m。圈闭含油面积 0.46km²。X34-13-10 区块南部靠近港西断层,北部为港西北坡的一部分,构造整体上为南高北低。区块内部被南北向断层所切割,分为 X34-13-10 井区和 X36-12-1 井区。其中,X34-13-10 井区 NmⅡ-8 顶界高点埋深 1040m、闭合幅度 20m,北部受控于岩性下倾尖灭,圈闭面积 0.15km²,圈闭落实可靠。X36-12-1 井区 NmⅡ-8 顶界高点埋深 1030m,闭合幅度 50m、圈闭面积 0.31 km²,圈闭落实可靠。

### 2.3 砂体预测存在的问题

#### 2.3.1 地层对比难

X34-13-10 区块油藏类型为岩性-构造油藏,曲流河是河流成熟期发育的地貌特征,以侧向侵蚀和加积作用为主,成因类型多、砂体横向变化快及空间展布复杂[1];该区块构造幅度为 50m,产状较陡,邻井之间的高低关系变化大,造成地层对比难。

#### 2.3.2 地震振幅属性预测砂体难

该区块储层 NmⅡ-8 有效厚度为 1.5~5m,

其地震波长为 30～35m,油层薄造成波阻抗反射界面系数较小,地震响应特征表现为弱反射结构,常用的地震振幅属性依据地震波振幅强弱的原理预测岩性的变化已然不适用这个区块,因为该区块的储层在地震波振幅上响应特征较弱。

## 3 储层精细预测技术

储层精细预测技术基本思路是以高产井钻遇的高产储层为依托,结合地震合成记录标定、地层对比、地震多属性叠合、人机联作刻画等技术对港北地区 NmⅡ－8 砂体展布进行精准刻画,最终,找出该区块的高产潜力。

### 3.1 精细层位标定

精细层位标定是把地震波同相轴赋予具体地质意义的关键方法,是油气藏综合解释过程中的关键步骤,也是确定各目的层及出油点地震反射特征,进行储集层沿层属性提取和横向预测的基础[2-4]。例如,以 X34－13－10 井 NmⅡ－8 目前日产油 7.8t 的含油砂体为依据,在合成地震记录上进行标定。在明化镇组中,地震波在泥岩中的波阻抗大于砂岩中的波阻抗,造成反射系数小于0,进而储层的地震波波形响应为波谷形态,同时,通过卡住地震解释与该井钻遇层位 NmⅠ底,最终确定了 NmⅡ－8 储层在地震剖面中的位置且表现为弱反射结构(图1)。

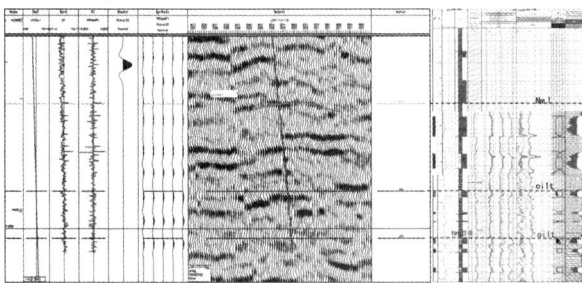
图 1 地震合成记录标定

### 3.2 井震结合地层精细对比

基于该区构造特征在港北地区完钻层位较浅,浅层各层段保留地层较全,开展井震结合确定各地震层位反射特征及构造格架,由单井标定到多井联合标定进行地层精细划分和对比,统一地质地震层位,即建立井之间的横向特征对比桥梁模型,能够解决较小幅度构造、砂泥岩薄互层等复杂的地质问题[5-8]。例如,如图 2 所示,橙色区域为目的层 NmⅡ－8,通过井震结合精细地层对比,精准地完成了 X36－11－4 井－X34－13－10 井的对比,解决了由于构造幅度较大造成地层对比难的问题。

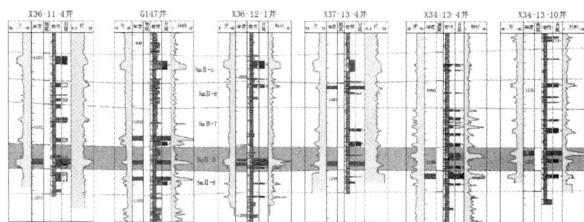
图 2 X36－11－4 井－X34－13－10 井地层对比

### 3.3 弧长属性

弧长是作为地震道的波形长度来定义的,是在时窗内对所有地震道变化范围的比例测量,是区分弱振幅高频和低频反射的一种方法,一般用于砂泥岩和砂岩地层的含砂岩量分析以及层序地层分析[9-12]。例如,以 X34－13－10 钻遇的弱反射高产储层为依托,利用弧长属性预测砂体展布情况,该属性预测到 X34－13－10 井钻遇的储层岩性为砂岩,响应为亮点特征,达到了精细预测储层的效果;相反,均方根振幅属性预测 X34－13－10 井的储层岩性为泥岩,响应为暗点特征,预测效果差(图3)。

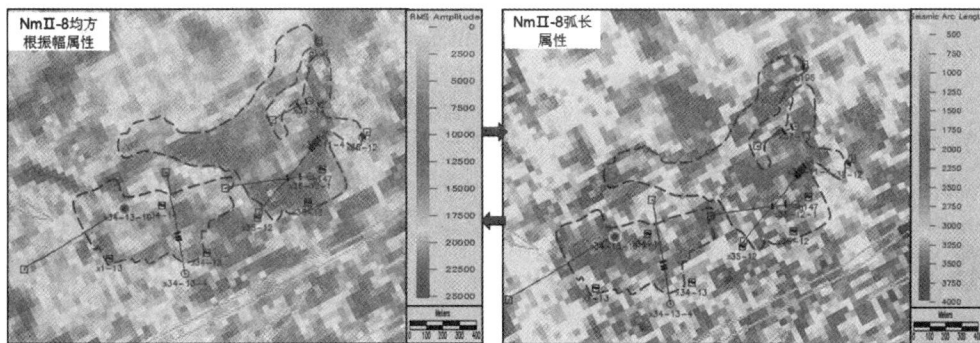
图 3 NmⅡ－8 均方根振幅属性与弧长属性对比

### 3.4 人机联作刻画与解释

在地震资料的解释中,充分发挥人机联作解释系统的各种功能,进行三维立体的解释。利用人机联作解释系统的各种显示功能,如任意线、平行线、闭合线、纵横垂直剖面精雕细刻砂体展布与构造情况,最终形成构造图,找出该区块的高产潜力[13-16]。例如,以弧长属性预测砂体分布为依据,利用人机联作技术对该砂体与构造进行超精细刻画与解释,并构造成图,提出了该区块的9口潜力井位,优先实施3口。其中建议1水井目前已经实施完毕,建议2、3待实施(图4)。

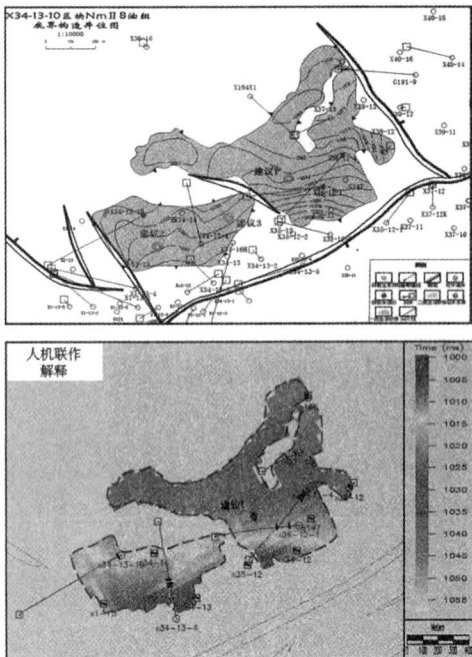

图4 人机联作解释成果图

## 4 实施效果分析

利用储层精细预测技术,滚动扩边出了X34－13－10区块,预计增加可采储量XX万吨,并且针对明化镇砂体在港北地区部署9口井,其中1口注水井X37－13－4井已经实施完毕,目的层钻遇为含油砂体,油层5.4米/层,与预测结果符合程度高,该井注水开发后,两口邻井X36－11－4与X36－12－1日增油10t,取得了良好效果(图5、图6)。

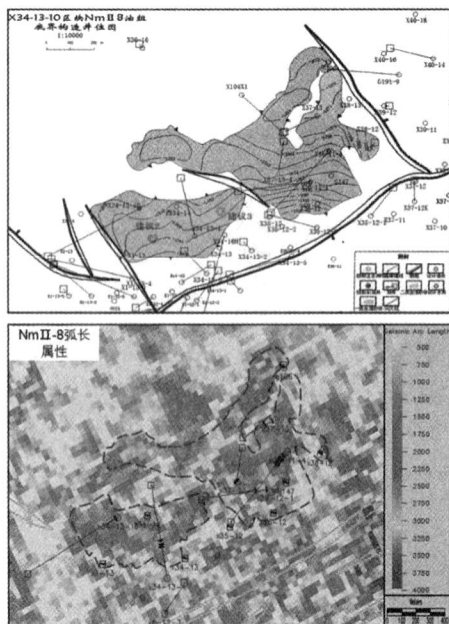

图5 NmⅡ－8成果图与属性图对比

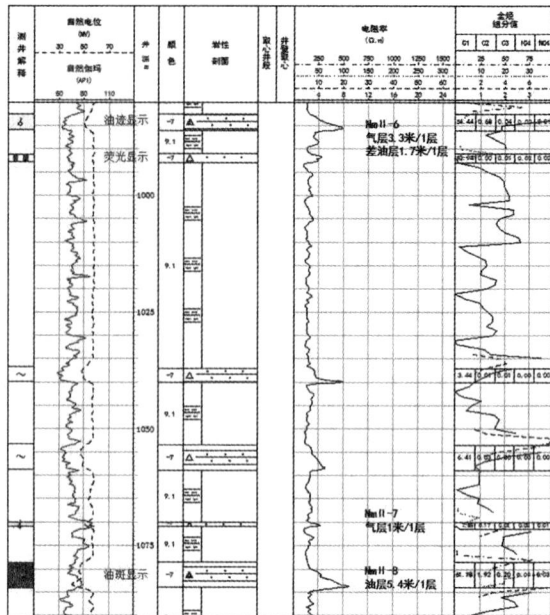

图6 X37－13－4井综合录井图

## 5 结论

本次研究工作利用储层精细预测技术对地震上呈弱反射响应特征的砂体分布进行预测,并在砂体较低部位成功部署了一口水井,取得了一定的效果。

(1)通过储层精细预测技术预测砂体展布成果图来看,有以下特点:砂体定性描述效果明显、砂体分布与邻井钻遇储层情况匹配程度高、砂体形态符合地质规律。

(2)以高产油井钻遇储层为出发点,超精细与精准地刻画砂体,能够达到快速与高效建产的目的。

(3)常规研究方法与新技术相结合,是取得突破的关键。

### 参 考 文 献

[1] 张秀敏,申保华,陶庆学,等.河道砂体预测方法[J].录井工程,2013,24(增刊):66－70.

[2] 张春,陈玉林,白武厚,等.精细油藏评价技术在周清庄油田的应用[J].录井工程,2013,24(增刊):52－55.

[3] 乔东升,陈玉林,吴朝玲,等.远景地区河道砂体刻画及含油气性预测[M].北京:石油工业出版社,2011:322－327.

[4] 陆基孟,王永刚.地震勘探原理[M].东营:石油大学出版社,2004.

[5] 陈恭洋,陈玲,朱洁琼,等.地震属性分析技术在储层预测中的应用[J].西南石油大学学报(自然科学版),2012,34(3):1－8.

[6] 陶庆学,赵郁文.最佳时窗法河道砂体评价技术在油藏评价中的应用[M].北京:石油工业出版社,2011:20－25.

[7] 邓洪文,王洪亮,李熙喆.层序地层基准面的识别、对比

技术及应用[J].石油与天然气地质,1996,17(3):177—184.

[8] 高磊,明君,闫涛,等.地震属性综合分析技术在泥岩隔夹层识别中的应用[J].岩性油气藏,2010,22(增刊):74—79.

[9] 宋传春.地震—地质综合研究方法述评[J].岩性油气藏,2010,22(2):133—138.

[10] 曾忠,阎世信,魏修成,等.地震属性解释技术的研究及确定性分析[J].天然气工业,2006,26(3):41—43.

[11] 王西文,周嘉玺.滚动勘探开发阶段精细储层预测技术及应用[J].中国海上油气.地质,2002,32(4):205—207.

[12] 李明富,任春丽,蔡正旗.全三维解释方法在地震解释和油藏描述中的综合应用[J].西部探矿工程,2006,38(10):321—322.

[13] 王西文.精细地震解释技术在油田开发中后期的应用[J].石油勘探开发,2004,19(6):100—101.

[14] 迟红霞.三维地震解释技术在油田开发中的应用[J].地球物理学进展,2010,41(1):199—201.

[15] 欧亚平,郑小玲,李天明,等.全三维地震解释技术应用的新进展[J].天然气工业,2007,41(S1):192—193.

[16] 李正文.地球物理勘探方法技术主要发展和新进展[J].成都理工大学,2009,20(2):19—24.

# 港西北坡断块储层构型及建模研究

## 马晓楠

(中国石油大港油田公司第五采油厂)

**摘　要**　本文充分应用地震、测井、钻井、岩心等资料,在沉积及储层特征分析的基础上,对港西北坡西41－22断块,进行了曲流河复合河道内单河道的分析,同时重点对单河道内点砂坝进行了识别,充分利用研究成果协同建立高精度储层结构模型。在建模过程中采用确定和随机相结合的方法,准确描述储层内部非均质性,达到相控、物性参数最优的目标,减少储层描述不确定性,能合理地反映油藏的实际情况,为油田开发部署提供了客观、可靠的高精度地质模型。

**关键词**　港西油田;断块油藏;曲流河相;储层构型;地质建模。

港西41－22断块位于港西油田北侧,北大港构造带西部,属港西北坡。南北分别发育北东走向的港西断层和大张坨断层,断块内部发育多条小断层,为一被断层复杂化的短轴背斜,地层北倾,闭合高度为40m。本次研究目的层明下段二油组五为该区主要含油层位,油藏埋藏浅(960～1020m),储层物性与原油物性适中,利于开发。

## 1　沉积储层特征分析

### 1.1　储层特征

储层特征受当时沉积环境、岩性组合、水动力条件和后期埋藏深度、成岩作用等因素综合影响。通过储层的沉积特征、岩石组构和岩性特征分析,结合地震相、砂体发育程度等地球物理、地质信息,能够有效分析储层的储集性能。

明化镇组下段岩性主要由灰绿色粗－中粒砂岩、细砂岩、粉砂岩和棕红色泥岩、粉砂质泥岩组成。砂岩含量小于50%,在剖面上形成"泥包砂"的宏观特征。该段整体具有明显的下粗上细的正旋回特征,单旋回厚一般为8～20m。

明下段砂岩矿物成分以长石、石英为主,长石含量在40%～50%,石英含量一般在33～45%,岩石碎屑含量一般在10%～20%。颗粒圆度次尖－次圆,分选中－好,风化程度浅－中。泥、钙质胶结,以泥质胶结为主,胶结物含量一般在15%～35%,高的可达40%～50%,胶结一般为较疏松－疏松,以接触－孔隙式为主。另外,砂岩中可见钙质团块、铁锰结核及黄铁矿。

根据区域取芯井港101井岩石物性资料分析,明化镇组下段储层孔隙度在25%～35%之间,平均孔隙度为30%,渗透率在$0.6 \times 10^{-3}$～$16423 \times 10^{-3} \mu m^2$之间,平均渗透率为$674.47 \times 10^{-3} \mu m^2$,总体表现为高孔高渗储层。

### 1.2　沉积特征

沉积相控制着储层分布、岩性及物性特征,与油水分布、油井产能大小密切相关。研究区物源以北东方向为主,古近系馆陶组沉积时期,地形高差大,物源丰富,发育厚度较大的辫状河沉积;到了明化镇组沉积时期,地形高差变小,过渡为曲流河沉积环境。

本次研究以测井曲线、岩屑录井和井壁取芯资料为基础,准确地识别出河道砂岩、点坝、决口扇、天然堤及泛滥平原等沉积相组合。根据合成记录标定、去砂试验以及正演的结果,进一步利用地震资料识别河道沉积,主要有以下三种类型:丘状透镜体反射、平直透镜体反射、下切透镜体反射。河道反射形态和河道砂岩厚度与河道宽度的比值有关,当河道较宽,砂岩相对较薄时,容易形成丘状透镜体反射;当多条薄层河道砂紧邻叠置,容易形成平直透镜体反射;当河道较窄,相当于河道平直段砂岩沉积时,容易形成下切透镜体反射(图1)。

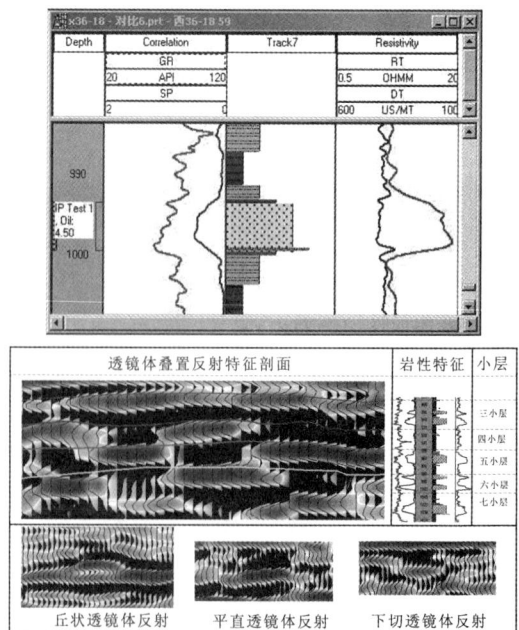

透镜体叠置反射特征剖面　岩性特征　小层

丘状透镜体反射　平直透镜体反射　下切透镜体反射

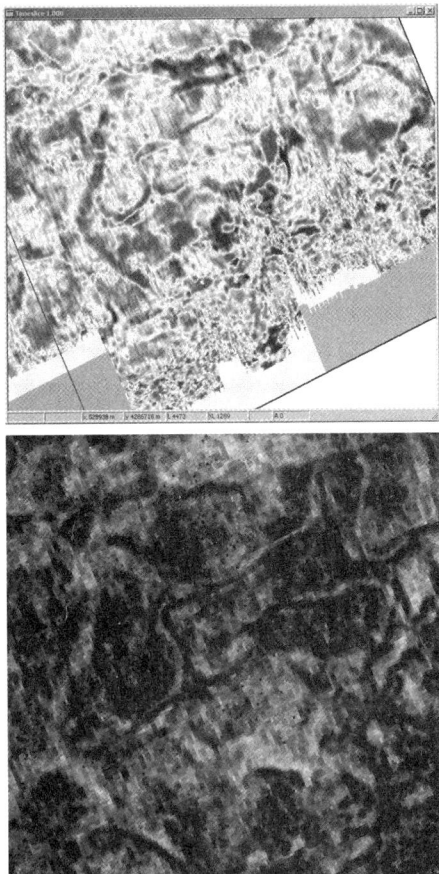

图 1 河道测井、地震响应及振幅时间、相干切片特征

　　由于研究区明下段地层沉积平稳，地层倾角小于 5°，并且河道反射特征明显，不但在时间切片上可以清楚地看出曲流河反射展布形态，在相干体上更能显示出河道反射的空间展布特征（图 1）。

　　本次沉积相划分结合地震及钻井等资料，以单井相为基础，充分参照三维河道解释、振幅时间切片和相干体时间切片解释的结果，在平面上五小层 1、2、3 三个沉积单元曲流河河道摆动造成多次叠加，曲流河特征明显，河道总体呈北东向延伸，与研究区物源方向一致，单井具有突出的泥包砂特征（图 2）。

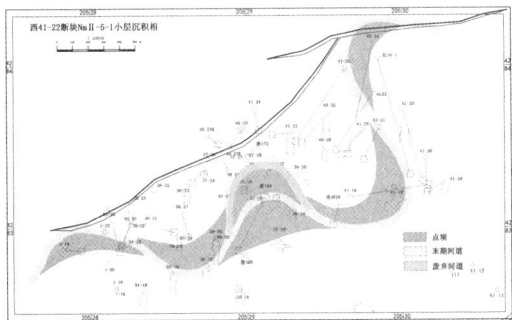

图 2 NmⅡ-5-1 沉积单元沉积相图

## 2 储层构型分析

　　目前，国内外储层构型分析研究最多的当属河流相沉积体系中的曲流河沉积，而曲流河中研究最多的为点砂坝沉积。近年来，应用层次分析的思想先在复合河道内部识别单一河道，再在单一河道内部识别点砂坝，并取得一定进展[1]。依据该研究思路，对研究区明二油组五小层曲流河相沉积进行了储层层次构型分析研究。

　　曲流河河道的频繁迁移、改道及废弃，使得曲流河砂体时空分布极为复杂，要在复合河道内识别出单河道具有一定难度。大面积分布的河道砂往往是由众多单一河道砂体镶嵌拼合而成，因此，在河流相储层中识别出单河道对于进行曲流河储层构型分析尤为关键，而河道边界的准确识别是识别单河道的关键[2]。

　　根据废弃河道的成因，在曲流带内部，废弃河道代表一个点坝的结束，而最后一期废弃河道则代表一次性河流沉积作用的改道，因此废弃河道沉积物是单一河道砂体边界的重要标志。废弃河道分为突弃型和渐弃型两种[3]。单井上表现为钻遇废弃河道的井底部层位应与河道砂底部层位相当，而砂体顶部层位应低于邻井河道砂层位顶部。突弃型废弃河道测井曲线表现为底部自然电位和自然伽马曲线呈箱形或钟形，上部接近基线；渐弃型废弃河道底部测井曲线和突弃型基本相同，上部废弃河道充填部位则表现为齿状，反映砂泥交互充填。

　　河道砂体顶面层位差异：不同河道砂体由于受其沉积古地形、沉积能量差别、河道改道或废弃时间差异的影响，在顶底层位上会有差异（图 3）。如果这种差异出现在河道分界附近，就可以将其作为两个河道砂体的边界的标志。

　　河道砂体厚度差异：河道的分流能力导致不同河道砂体沉积厚度上出现差异。如果这种差异性的边界可以在较大范围内追溯很可能就是不同河道单元的指示。

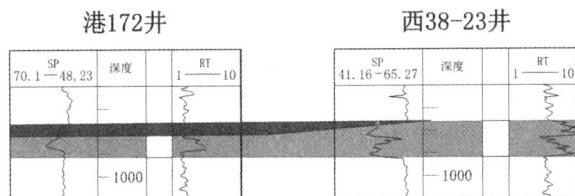

图 3 港 172-西 38-32 渐弃型废弃河道剖面图

### 2.1 利用生产动态分析资料及地震资料识别砂体

　　利用注水井和采油井的生产动态曲线特征分析，可以判断井间砂体是否连通，进而识别出单河道的边界。注水井开始注水或注水量突然增加后，若采油井产量也随之增加，两口井的单井生产动态变化特征具有相似的变化趋势，则表示注水受效，砂体相连通；若采油井产量无明显增加，两口井的单井生产动态特征变化趋势不一致，则表示注水不受效，砂体不连通，据此可以确定单河道

的边界。

以研究区西41－18井组为例,西41－18为注水井,西41－19为采油井(层位同为NmⅡ52小层)。通过西41－18井的日注能力生产动态曲线和西41－19井的日液、日油能力生产动态曲线,可以看西41－18历次调水,西41－19均没有

动态反应。通过对比分析发现,两口井的单井生产动态变化特征不相似,产量不随注水量的变化而变化,由此可见,西41－18井和西41－19井的NmⅡ52小层是不连通的,从地震特征上也可以反映出这两口井NmⅡ52小层属于不同期次的单河道上(图4)。

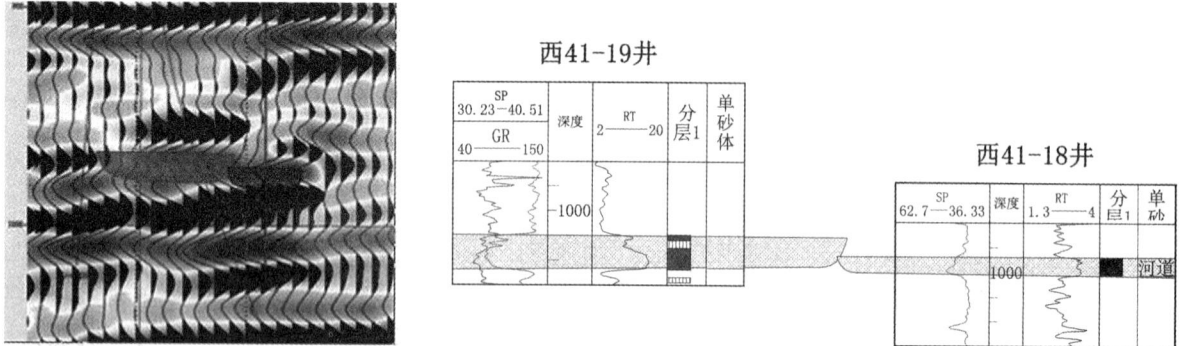

图4 西41－19与西41－18井地震剖面及井组剖面划分图

## 2.2 单河道内点砂坝的识别

点砂坝是曲流河"二元结构"的主体,是河床侧向迁移和沉积物侧向加积的结果,对应于四级沉积界面所限定的构型单元。在曲流河所有成因砂体中,点砂坝内部结构最为复杂[4]。在对岩心、测井、录井、地震、沉积规律等多尺度资料进行分析的基础上,归纳总结出研究区单河道内点砂坝的垂向识别特征和平面识别特征。

从岩心上看,垂向上点砂坝自下而上常出现由粗至细的粒度或岩性正韵律。受河床侧向迁移和沉积物侧向加积的影响,在点砂坝内部会出现多个泥质侧积体,侧积体之间发育斜交层面的泥质侧积层点砂坝内部的层理类型主要为水流波痕成因的大、中型槽状或板状交错层理,间或出现平行层理。

点砂坝沉积在自然电位、自然伽马测井曲线整体上以钟形为主,微电极曲线幅度差大。点砂坝内部泥质侧积层发育的部位微电极曲线明显回返,幅度差减小,自然伽马与自然电位曲线也见轻微回返(图5),可以利用测井曲线上识别出泥质侧积层进而识别出点砂坝。

研究区河道砂体内部夹层主要分为3种类型,即泥质夹层、钙质夹层及物性夹层,其中以泥质侧积层分布最为广泛,分布形式及产状最为复杂。泥质侧积层的岩性主要包括泥岩、页岩及粉砂质泥岩。岩电标定结果显示研究区内泥质侧积层较薄,一般为0.2～0.8m,测井曲线表现出微电极曲线明显回返,幅度差减小,自然伽马曲线见回

返,自然电位曲线轻微回返,有的夹层自然电位曲线回返不明显。

地震反演是储层预测中的一项核心技术,其利用地震资料反推地下的波阻抗或速度分布,进而得到砂泥分布等储层参数,从反演结果可以清晰反映出研究区砂泥分布情况,如图6所示,相对低阻抗基本代表了砂岩,阻抗值在4500～5200,泥岩阻抗在5200～5700。

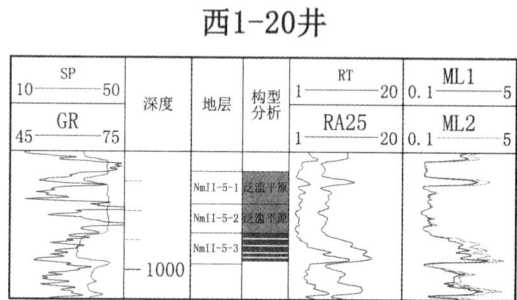

图5 点砂坝泥质侧积层测井响应特征

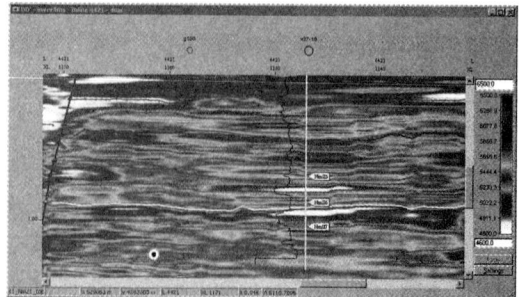

图6 西37－18井主测线反演剖面(蓝:泥岩,红:砂岩)

从砂体厚度来看,点砂坝砂体内部厚度均较大,一般呈透镜状且向河道边部(点坝两侧)厚度逐渐变薄。从沉积相平面组合上看,平面上废弃

河道分布是识别点砂坝的重要标志。在平面沉积相图上,点砂坝总是紧邻废弃河道分布。

## 3 储层地质模型研究

三维地质建模是以数据库为基础的,数据的丰富程度及其准确性在很大程度上决定了所建模型的精度。在建模过程中采用以下基本工作思路[5,6]。

建立高精度的三维构造模型。由于该区井网密度较大,以地层分层数据为条件数据,建模时将地质分层进行重新劈分,将厚油层内的沉积结构面即夹层加入分层中进一步提高精度,建立更为精准的地层格架,同时再以地震解释层位数据生成的层面作为约束,准确建立小层层面模型。依据地震解释的 Fault sticks 和 polygons,建立断层模型,进而建立精确的三维构造模型。

以沉积微相作为约束,利用确定性建模方法建立该区的三维沉积相模型,在此基础上充分利用测井解释及岩心分析得到的储层物性参数,通过序贯高斯模拟方法建立孔隙度及渗透率模型。

### 3.1 构造模型

构造模型由层面模型和断层模型组成,它反映了储层的三维空间格架,是三维地质建模的重要基础,它的准确与否直接影响到后续储层参数模型的精度。在对研究区内所有大小断层精细描述基础上做出断层模型,然后通过层面模型在纵向上准确叠置建立构造模型[7]。

#### 3.1.1 断层模型

断层建模的最终目的是建立一组反映断层面属性(倾角、方位角、空间延伸长度和曲率等)的 Key Pillars。本次断层建模所用到的数据是地震解释的 Fault sticks 和断层 Fault polygons:首先根据 Fault sticks 生成层面,在层面上拾取所有 Fault polygons,然后利用断层生成工具获得断层模型,最后通过井上断点数据进行验证和调节,对其层位属性进行分类,最终获得了西 41-22 断块的断层框架模型。

#### 3.1.2 层面模型

依据沉积单元的划分对比数据,通过插值算法生成了各沉积单元的层面构造模型;为研究厚油层内储层构型,同时利用地层劈分的层位建立更为精细的地质构造模型。

小层构造面的建立主要根据钻井分层数据,通过内插方式得到小层界面。由于地层厚度的变化相对稳定和平滑,小层构造界面可以在完全忠实于钻井分层数据的同时,能够较好地保持基本构造界面反映出的整体构造形态和构造趋势。

采用上述方法以地震解释层位数据生成的面为约束,以地质分层为条件数据,建立了研究区 NmⅡ5 小层 3 个沉积单元层面模型,准确地反映了地层的构造变化。

#### 3.1.3 网格划分

模型网格形态、大小及网格方向等均会影响到砂体骨架模型(或沉积相模型)及属性模型的生成,因此网格的设计质量将会对后续沉积相建模及属性建模有重要的影响。

网格设计原则:沉积物源的主要方向,沿物源的主要方向设计网格,有利于数据分析及变差函数的估计;沿开发井网及生产过程中流体供给方向,油藏数值模拟渗流模型要求网格方向尽量与流动方向平行,网格方向与生产井网的统一还可以减少油藏数值模拟中的死结点个数。网格类型选取,角点网格最明显的优点就是可以模拟复杂的构造形态,断层发育的油藏储层地质建模常选用此类型网格。网格大小的选取,既能充分反映资料(构造层位及测井)的精度,又能满足规模小的砂体随机模拟的需要[8]。

此次网格设计以物源方向正北方作为网格的方向,平面网格数确定为 186×127,平均网格步长 20m×20m;垂向网格数为 34,平均网格步长为 0.93m;总网格数为 186×127×34＝803148。网格划分细分后,建立西 41-22 断块的构造模型。

### 3.2 沉积相确定性建模

沉积相模型为不同相类型的三维空间分布。为了更精确地表征储层的非均质性,本次研究采用沉积相确定性建模方法,通过将平面沉积相带图数字化成果,应用确定性算法建立了目的层段各个沉积单元的沉积相模型[9,10]。由数字化各微相做出的确定性沉积相模型,与根据砂泥数据按序贯高斯指示方法建立的岩相模型进行比较验证,可以看出两者砂体形态展布具有一致性,表明确立的岩相模型是准确的,为后续建立由沉积相和岩相模式为软约束的属性模型提供了可靠的数据基础(图 7)。

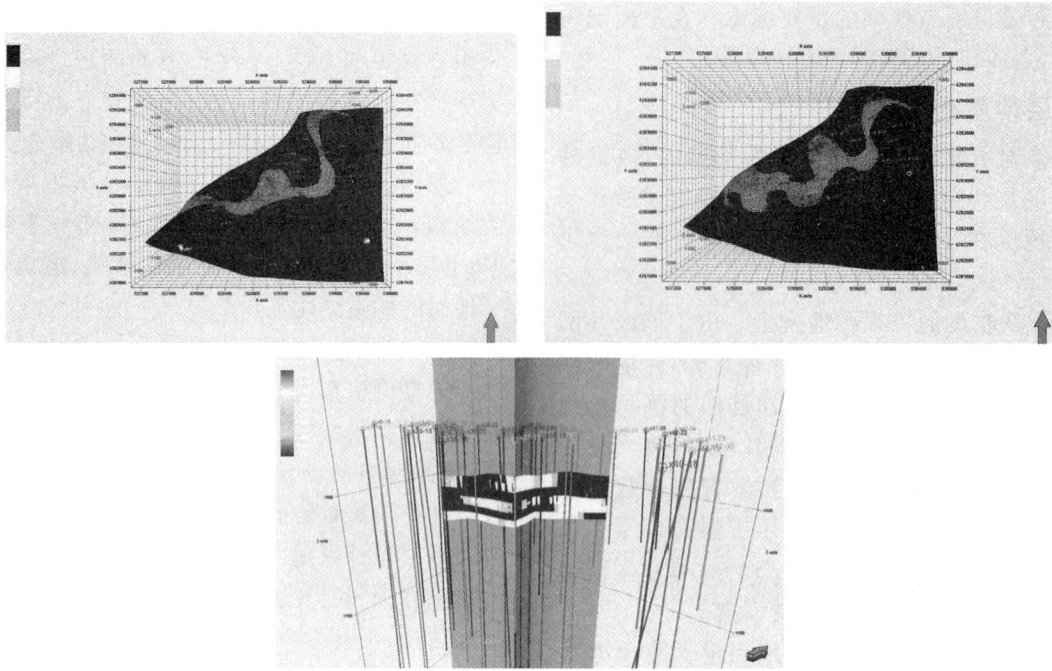

图7　NmⅡ－5－1、NmⅡ－5－3沉积单元沉积相模型及连井沉积相模型

### 3.3　储层物性随机建模

常用储层参数模拟方法包括序贯高斯模拟法、序贯指示模拟法和序贯高斯协同模拟法。研究区为开发中后期的油田,储层非均质性强,因此采用序贯高斯模拟方法[11]。该方法模拟快速简单,比较适合模拟一些中间值很连续而极端值很分散的岩石物性(如孔隙度),该算法要求变量服从正态分布(高斯分布),所以在模拟之前需要对变量进行正态变换,主要输入参数包括变量的统计参数、变差函数和条件数据,其中变差函数的确定是随机模拟的关键。最终得到了研究区的孔隙度、渗透率模型(图8)

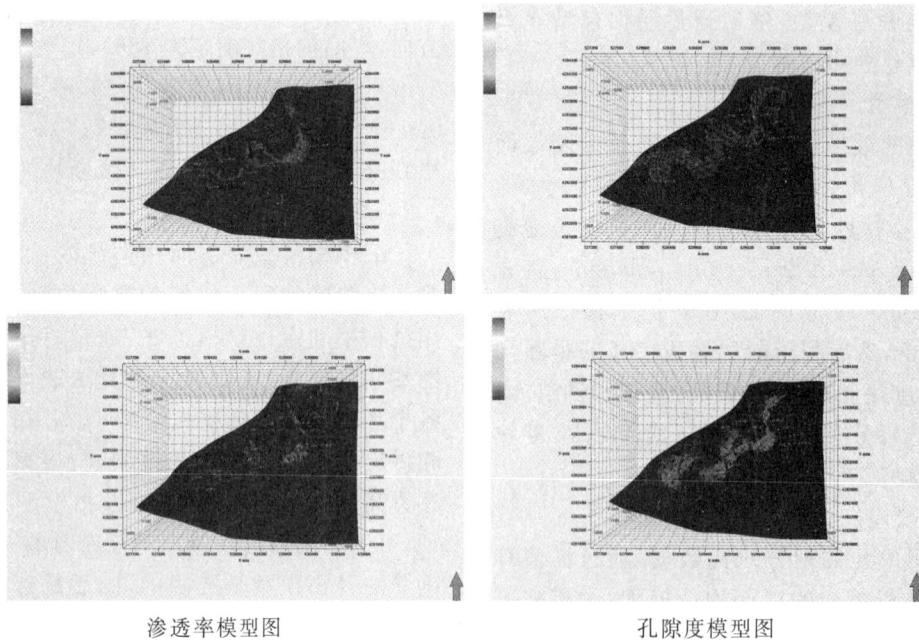

渗透率模型图　　　　　　　　　　孔隙度模型图

图8　渗透率及孔隙度模型图(左为NmⅡ－5－1沉积单元,右为NmⅡ－5－3沉积单元)

## 4　结论与认识

研究区主要含油层位明下段为曲流河沉积,储层总体表现为高孔高渗特征。

利用测井、地震及生产动态等资料,结合沉积模式,可有效识别出复合河道内单河道,针对曲流河沉积内部点砂坝进行重点解剖,建立内部构型

模型,实现相—构匹配,为构型研究提供良好的途径。

在沉积储层特征识别清楚前提下,采用沉积相确定性建模及储层物性随机建模,结合井点数据分析建立构型约束下的储层参数模型,实现了多因素协同及相带约束储层模型的建立,形成了快捷准确化建模思路并建立了准确的地质模型,最大化降低储层参数预测的不确定性,准确表征有利储层内部非均质性,准确刻画了地质特征。

## 参 考 文 献

[1] 吴胜和,岳大力,刘建民,等.地下古河道储层构型的层次建模研究[J].中国科学:D辑,2008,38(增刊Ⅰ):111—121.

[2] 吴胜和.储层表征与建模[M].北京:石油工业出版社,2010.

[3] 马世忠,杨清彦.曲流点坝沉积模式、三维构形及其非均质模型[J].沉积学报,2000,18(2):241—247.

[4] 岳大力,吴胜和,刘建民.曲流点坝地下储层精细解剖方法[J].石油学报,2007,28(4):99—103.

[5] 吴胜和,李宇鹏.储层地质建模的现状与展望[J].海相油气地质,2007,12(3):53—60.

[6] 崔廷主,马学萍.三维构造建模在复杂断块油藏中的应用——以东濮凹陷马寨油田卫95断块油藏为例[J].石油与天然气地质,2010,31(2):198—205.

[7] 曲良超,卞昌蓉.井震结合断层建模技术在复杂断块中的应用[J].断块油气田,2012,19(4):426—429.

[8] 张淑娟,邵龙义,宋杰,等.相控建模技术在阿南油田阿11断块中的应用[J].石油勘探与开发,2008,35(3):355—361.

[9] 于兴河,陈建阳,张志杰,等.油气储层相控随机建模技术的约束方法[J].地学前缘,2005,12(3):237—244.

[10] 崇仁杰,于兴河.储层三维地质建模质量控制的关键点[J].海洋地质前沿,2011,27(7):64—69.

[11] 吴胜和,张一伟,李恕军,等.提高储层随机建模精度的地质约束原则[J].石油大学学报(自然科学版),2001,25(1):55—58.

# 水平井地质导向关键技术研究与实践

梁　斌　程　琦　王喜梅　陈　智　李玮龙　贾国龙

(中国石油大港油田分公司第五采油厂)

**摘　要**　地质导向技术决定着水平井的实施效果,通过对轨迹的控制与优化,达到水平井设计目的,实现更好的效益开发,本文以高精度地质三维模型为基础开展水平井适用性论证,应用井震结合的技术手段,落实构造、储层、隔夹层及剩余油分布,以储层优质甜点区作为水平井段优选目标,以模型为依据开展地质导向工作。针对地质导向技术,分别从着陆和水平段导向两个阶段进行分析、论证,基于模型建立地层倾角、储层厚度及最佳着陆井斜角等求取算法,与传统地质导向方法相比,融入了更多定量计算方法,较大程度提高了导向精度,并依据随钻、录井及地震资料等特征归纳出轨迹出入层判别标准,在应对复杂情况时能够更准确分析问题,及时作出轨迹调整决策,保障水平井轨迹顺畅,最大限度钻遇优质油气层。

**关键词**　水平井;地质导向;地质模型;数值模拟;随钻测井;地层倾角。

## 1　引言

水平井通过提高油层的钻遇厚度的方式提高单井控制储量,并较大程度增加了生产层的泄油面积,从而提高单井产量和采收率,尤其针对薄层、稠油、底水油藏及页岩油气藏具有显著的应用效果[1-4]。在水平井钻井过程中,应用地质导向技术可以及时对水平井轨迹进行校正、优化,提高油层钻遇率,因此,开展水平井地质导向关键技术研究对水平井的成功实施具有重要意义。

地质导向技术是指在水平井钻进过程中,综合各种地质、地震、油藏及钻测井资料,建立地下地质模型,并结合随钻测井、录井等数据,实时对钻井过程中钻头所在储层的真实位置进行预测,调控钻具能够在储层设计的位置穿行,实现井眼轨迹穿过储层最佳位置的控制技术[5,6]。地质导向技术是在随钻地质评价仪器和地质导向工具基础上发展起来的,Anadrill公司于1993年首次研制出第一套地质导向工具,而后Halliburton,Baker Hughes INTEQ等公司相继推出各自的导向工具,其原理主要是应用定向测量和地层评价测井传感器通过泥浆将所测数据输送到地面,利用计算机系统对相关数据进行处理,这样就能够获得实时的地质情况和井轨迹参数[7-10]。随着技术的发展,目前多是旋转导向钻井技术和地质评价仪器配合使用,获得轨迹参数和测井数据,当前多家钻井一起开发公司正致力于带地质导向功能的旋转导向工具研究,并取得一定的成果。本文以地质、地震、油藏等资料为基础,应用井震结合解释、对比技术,结合随钻测井、录井等数据建立地质导向算法,对轨迹与储层的关系进行分析、预测,及时作出轨迹调整方案,提高构造复杂、储层变化较快油藏的地质导向精度,在周清庄油田的实践应用中取得了良好效果。

## 2　水平井位适用性分析

### 2.1　基于三维模型的油藏地质研究

精细油藏地质模型研究对于水平井的部署及钻井地质导向至关重要,需建立

构造、岩相、物性、油藏压力及剩余油分布模型,落实优质储层及剩余油富集的甜点区,据此合理优化水平段的方位、长度及深度,对水平井实施过程中会遇到的复杂情况进行预测并制定好调整方案。

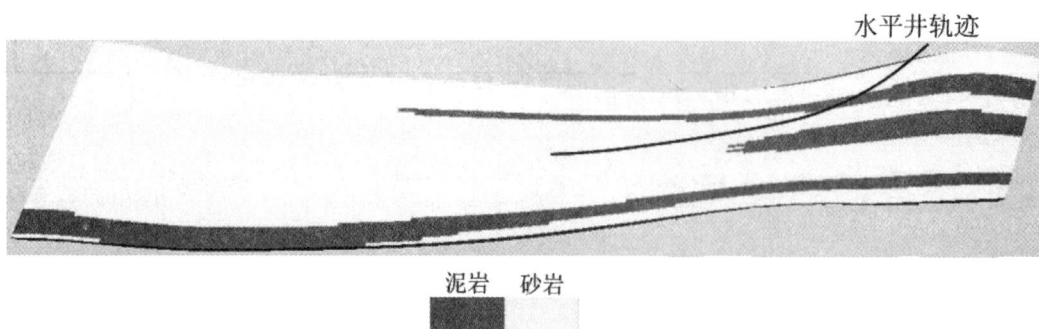

图1　沿水平井轨迹的地质模型剖面图

应用井震结合标定、对比及砂体刻画技术,精细描述井区微构造及含油面积分布特征,落实目的储层顶底构造及厚度分布特征,建立纵向精度小于1m,可识别出隔夹层,平面精度小于5m×5m的高精度地质模型。如图1所示,砂岩储层内部发育有三个泥质夹层,在模型中做出了精确预测,当水平段钻进过程中录井显示由砂岩变为泥岩时,能够据模型判断钻头钻遇到了泥岩夹层,以免作出出层的误判。对于水平井油气潜力的研究,应用油藏剖面对比和油藏数值模拟技术,分析目前剩余油分布规律及油水界面的深度,指导设计水平井段位于油水界面以上剩余油富集区。如图2所示,××油藏经过多年注采开发,同时受边底水上侵作用,剩余油分布较零散,主要分布在断层边部和井控程度低的井区,是水平井部署的有利位置。

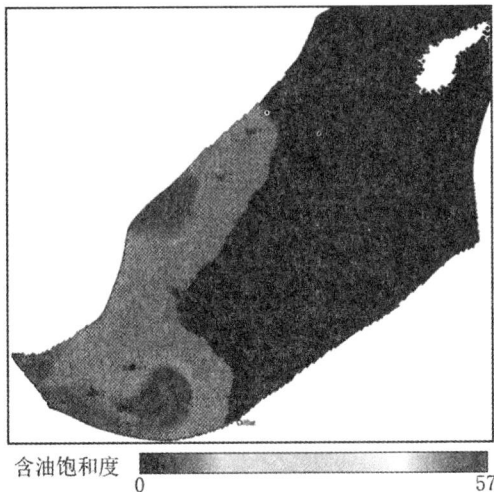

含油饱和度
0                    57

图2  ××断块油藏数值模拟剩余油分布图

## 2.2  水平段轨迹的优选

在地质模型、油藏数值模拟成果基础上,设计水井段的走向、长度、入窗点、末端点等参数应遵循以下原则:①根据邻井对比及地震资料,尽可能精确落实储层入窗点深度及砂体厚度;②结合剩余油分布规律研究,水平段轨迹应根据储层平剖面剩余油分布形态设计;③避免水平段穿过断层;④水平段井斜角要求通常不大于90°;⑤入窗点为水平段生产压差最大的点,尽可能远离注水井或边底水,防止入窗点过早水淹;⑥底水活跃油藏,水平段应控制在油层顶部1/3范围内;⑦裂缝型油藏,水平段应与主应力方向保持45°以下的夹角。

# 3  随钻地质导向

在水平井钻井过程中,实时更新地质模型中的井轨迹数据,及时将随钻测井、录井信息与地质模型进行对比,与设计一致,保持设计轨迹实施,二者出现偏差时,根据邻井对比、地震轴标定重新

认识构造及储层变化情况,及时调整钻井参数优化井轨迹,确保在储层的最佳位置。

## 3.1  水平井着陆控制

着陆点是钻头钻至目的层顶界面的位置,钻头由上覆地层进入目的储层。由于上下地层岩性、物性及含油性等属性的变化,此时钻时最先有响应,钻时明显缩短。随着着陆深度的岩屑返出,气测往往会显著增大,岩屑含砂量增多,含油气的情况下,岩屑滴照会有油气显示。随钻测井仪器距离钻头一般有12m左右距离,随着继续钻进,着陆点的电测特征由泥岩转向含油砂岩,GR值减小,电阻值显著增大。这一系列先后而至的资料综合表明钻头已进入目的油气层,进而及时调整轨迹控制参数,保证按设计完成水平段的钻遇。

水平井着陆的成功与否,主要取决于钻井轨迹在着陆点井斜角与目的储层地层倾角的关系,即着陆后,在不超过最大狗腿度情况下,可通过井斜角调整实现水平段实钻轨迹与设计吻合。水平井地质导向过程中,往往希望能够以最快的垂下深速度下探着陆点,并且还要求在着陆后能够在工程要求的狗腿度范围内调整至设计水平段轨迹,意味着着陆点井斜角越小。下面以周清庄油田为例,对水平井着陆点井斜角进行分析,该油田钻井轨迹狗腿度上限为6°,单根钻杆长度约为10m,着陆点轨迹最小井斜角(图3):$\beta_{min} = 90° - \alpha - h \times 2°/arctan(1°)$,实现着陆前以最快垂下深速度探层,着陆后水平段轨迹在允许狗腿度范围内可调整至与设计吻合。当钻头位置轨迹井斜角满足:当$90° - \alpha - \beta_{min} > 90° - \alpha - \beta > 0$时,着陆前轨迹是持续向目的层靠近,进层后可调整至设计轨迹;当$90° - \alpha - \beta \leq 0$时,着陆前轨迹平行或远离目的层顶界,无法实现着陆。

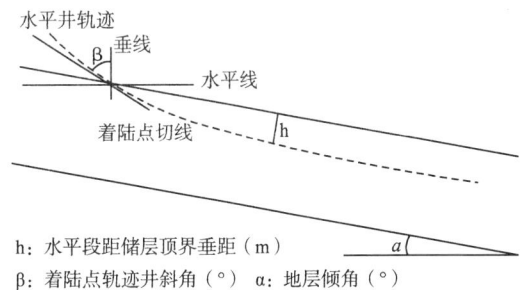

h:水平段距储层顶界垂距(m)
β:着陆点轨迹井斜角(°)  α:地层倾角(°)

图3  着陆点井斜角示意图

在水平井着陆过程中需加密随钻资料的录取,实时做好以下几点分析:①标志层的对比。"标志层"位于目的层上方附近,特征明显,且发布较稳定,可与邻井进行对比,在钻井过程中能够及时发现,通过"标志层"的对比识别,及时判断真实构造特征的变化与钻头距离目的层的距离,进而调整钻头位置井斜角,着陆时能够达到合适的井

斜角;②除"标志层"对比之外,根据随钻提供的实时资料,结合邻井对比、地震轴精细追踪等技术,对着陆点深度、地层井斜角持续分析预测,并对地质模型进行校正。③利用地震属性、反演等资料对储层平面分布特征进行刻画,尽可能避免着陆点位于储层变化点,会严重影响到地质导向技术人员的判断。

### 3.2 水平段地质导向

水平段油层钻遇率直接关系着水平井的产能,在水平井地质导向过程中,应尽最大限度控制轨迹在油层最佳甜点位置穿行。水平段地质导向基本原则有以下几点:①水平段轨迹应保持平滑,保障后期套管、筛管的顺利下入;②根据开发井网需求,水平段长度控制合理,保证井网结构合理;

③纵横向物性变化较大的油藏,尽可能控制轨迹沿物性较好的层段穿行;④边底水油藏,水平段轨迹应避开水线,远离油水边界,尽可能在油层顶部1/3位置。

依据钻井、录井、测井及地震资料综合判别轨迹出层情况,其中钻时是反应最快速,其表示钻头进入另一种岩性引起的钻时变化,提供的是钻头位置的实时数据。岩屑和气测特征是由井底返到地面所分析和监测的数据,受迟到时间的影响,不能代表当前钻头位置的数据。常规随钻测井一般与钻头间有12m左右的盲区,即实时测井数据较钻头位置延迟12m。因此,水平段地质导向应利用多资料协同分析、判断钻头在储层的具体位置(表1)。

**表1 钻头出入层钻、录、测井特征分类统计表**

| 钻进情况 | 钻时 | 岩屑特征 | 气测特征 | 垂深变化 | LWD特征 |
|---|---|---|---|---|---|
| 从上部泥岩进入砂岩油气层 | 降低 | 砂岩比例增加,含油砂岩岩屑增多 | 全烃、组分快速上升 | | 电阻曲线由低值变为高值,自然伽马曲线由高值变为低值 |
| 从砂岩油气层进入下部泥岩 | 增加 | 泥岩比例增加,含油砂岩岩屑减少 | 全烃、组分缓慢下降 | | 电阻曲线由高值变为低值,自然伽马曲线由低值变为高值 |
| 从下部泥岩进入砂岩油气层 | 降低 | 砂岩比例增加,含油砂岩岩屑增多 | 全烃、组分快速上升 | ①钻头位置井斜角<90°,垂深增大;②钻头位置井斜角=90°,垂深不变;③钻头位置井斜角>90°,垂深减小 | 电阻曲线由低值变为高值,自然伽马曲线由高值变为低值 |
| 从砂岩油气层进入上部泥岩 | 增加 | 泥岩比例增加,含油砂岩岩屑减少 | 全烃、组分缓慢下降 | | 电阻曲线由高值变为低值,自然伽马曲线由低值变为高值 |
| 在泥岩中钻进 | 持续高值 | 岩性单一,以泥岩为主 | 气测值位于基值,无明显的波动 | | 电阻曲线持续低值,自然伽马曲线持续高值 |
| 在砂岩油气层中钻进 | 持续低值 | 岩性单一,以砂岩为主,含油砂岩岩屑比例高 | 全烃显著增高,组分达到高值(气测全烃曲线受物性差异、接单根等影响) | | 电阻曲线持续高值,自然伽马曲线持续低值 |

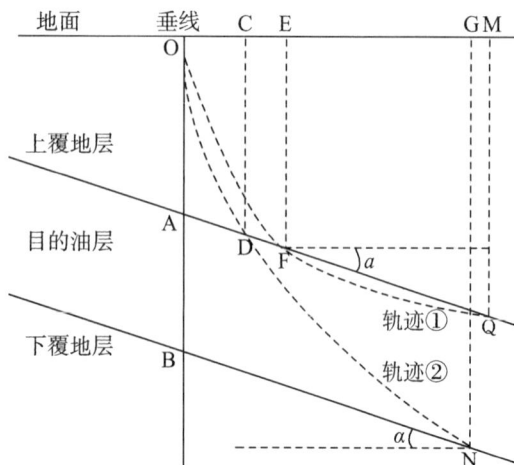

图4 水平段地层求取地层倾角示意图

水平井设计过程中,目的层倾角预测的准确度直接关系着水平井地质导向的难易程度。地下构造及储层时常会因地震资料精度、沉积微相的变化等原因造成与设计预测存在偏差,因此在地质导向过程中,依据现场实时录取的数据,结合井震资料,持续对地层倾角反复论证,并及时对钻井轨迹进行调整、优化。假设沿下倾地层钻进,地层等厚且地层倾角稳定,下面根据水平段钻出层情况分两种情形对地层倾角进行计算分析(图4):①进层后从目的层底出,地层倾角 $\alpha = \arctan[(GN-AB-CD)/(OG-OC)]$,其中 GN 为 N 点的垂深,AB 为地层视垂厚,CD 为 D 点的垂深,OG 为轨迹 N 点的总位移,OC 为轨迹 D 点的井轨迹总位移;

②进层后从目的层顶出，地层倾角 $\alpha = \arctan[(MQ-EF)/(OM-OE)]$，其中 MQ 为 Q 点的垂深，EF 为 F 点的垂深，OM 为轨迹 Q 点的总位移，OE 为轨迹 F 点的井轨迹总位移。

水平段轨迹沿不同产状的储层从底部穿出，所产生的视垂厚不相同，对储层厚度的变化易造成误判，影响地质导向决策。如图5所示，当轨迹①沿从地层下倾方向出层，其视垂厚 $h_1$ 较储层真实垂厚 h 大，当轨迹②沿从地层上倾方向出层，其视垂厚 $h_2$ 较储层真实垂厚 h 小。因此，对于非水平产状地层，应充分考虑到地层倾角对视垂厚的影响，在地质导向过程中，依据地层的真实地层倾角进行校正：①沿下倾方向出层情况，轨迹①的真实垂厚为 $h_2 + BD \times \tan(\alpha)$，其中，BD 为井轨迹总位移；②沿下倾方向出层情况，轨迹②的真实垂厚为：$h_1 - AC \times \tan(\alpha)$，其中，AC 为井轨迹总位移。

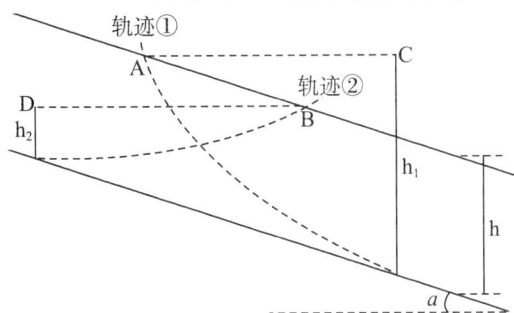

图5 不同产状水平段底部出层视垂厚示意图

## 4 实例

周清庄油田沙三3砂体构造复杂，储层单一，砂体平均厚度在4～6m，通过精细的地质模型及剩余油分布规律论证，确定实施水平井 X1H 井。

该井在模型论证阶段，应用井震结合技术，通过层位标定追踪确定水平段地层倾角为 84.2°（图6）。为能够在地层倾角较大、储层较薄的井区顺利完成水平井的地质导向，在精细构造、储层分析的基础上，在水平段轨迹的着陆点与末点间新增轨迹控制点，确保实钻轨迹的可控性。

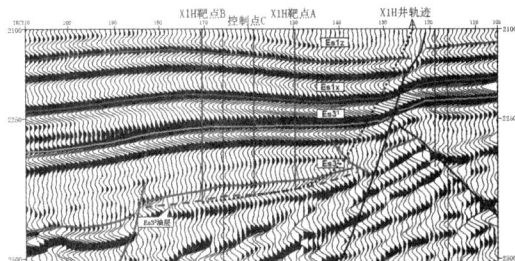

图6 X1H 井井轨迹线地震剖面图

在水平段地质导向过程中，密切关注钻井、录井和测井资料的变化，XH 井在水平段钻进过程中，受沉积微相、储层非均质性等因素影响，电阻率、气层、岩屑等特征会出现异常变化，如在 3170m 和 3290m 附近电阻率曲线显著降低，气测值也有相应降低（图7），但钻井岩屑分析仍为砂岩，结合前述表1对应特征分析，得出未出层，钻遇层内非均质夹层结论，建议按原方案继续钻进，电测特征逐渐变好。在水平井段地质导向控制过程中，追踪标定地震轴，每钻进10m对地层倾角重新核实，形成设计井轨迹系列优化、控制点，在钻遇复杂情况时，有依据性地分析钻头所处层内位置，做出合理的调整对策，保障 XH1 井完成了水平段设计长度，优质储层钻遇率达到91%。

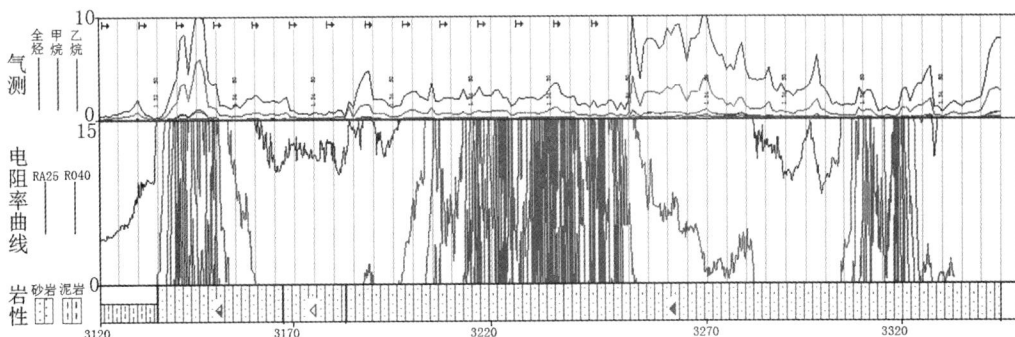

图7 X1H 井随钻测井及综合录井图

## 5 结论

（1）在水平井适用性论证阶段，充分应用井间精细对比、地震同相轴标定追踪等技术，落实构造、储层、隔夹层及剩余油分布，建立高精度地质三维模型，针对储层优质甜点区进行水平段部署，为实施过程的高精度地质导向奠定基础，保障水平井顺利达到设计目标。

（2）针对地质导向技术，分别从着陆和水平段导向两个阶段进行分析、论证，基于模型建立地层倾角、储层厚度及最佳着陆井斜角等求取算法，与传统地质导向方法相比，融入了更多定量计算方法，较大程度提高了地质导向精度。

（3）水平井地质导向技术在周清庄油田高地层倾角、薄油层实施多口水平井，均获得90％以上油层钻遇率，最长水平段达到了500m，取得了较好的经济效益。

## 参 考 文 献

［1］陆黄生.地质导向:预测钻头前的地层[J].世界石油工业,1999,6(2).

［2］刘希东,贺昌华.FEWD在阶梯式水平井钻井中的应用[J].石油钻探技术,2002,30(4):16－18.

［3］王磊.随钻测井技术发展[J].石油仪器,2001,15(2):5－7.

［4］窦松江,赵平起.水平井随钻地质导向方法的研究与应用[J].海洋石油,2009,29(4):77－82.

［5］秦宗超,刘迎贵,邢维奇,等.水平井地质导向技术在复杂河流相油田中的应用[J].石油勘探与开发,2006,23(3):378－381.

［6］杨子超,邵建中,邱永志.TK238H井旋转地质导向钻井技术[J].石油钻探技术,2005,33(2):60－62.

［7］范江,张子香.利用水平井改善薄油层开发效果[J].石油学报,1995,16(2):57－62.

［8］王家宏.中国水平井应用实例分析[M].北京:石油工业出版社,2003.

［9］闫振来,韩来聚,李作会,等.胜利油田水平井地质导向钻井技术[J].石油钻探技术,2008,36(1):4－8.

［10］李一超,王志战,秦黎明,等.水平井地质导向录井关键技术[J].石油勘探开发,2012,39(5):620－625.

［11］范志军,李玉城.水平井随钻地质导向技术应用实践[J].录井工程,2007,18(4):22－25.

# 用CT扫描技术分析致密砂岩储层应力敏感性

## ——以山西临兴区块为例

王巧智[1]　高　波[1]　苏延辉[1]　张铜耀[1]　江　安[1]　齐玉民[1,2]

(1.中海油能源发展股份有限公司工程技术分公司;2.数岩科技股份有限公司)

**基金项目**　中海油能源发展股份有限公司科研项目"基于数字岩心技术的复杂储层表征与渗流机理研究",项目编号 HFKJ－GJ201901

**摘　要**　在致密砂岩气藏的生产过程中,有效应力的增大会引起应力敏感损害,加速孔隙收缩、裂缝闭合,致使气井产能低且递减快。评价致密砂岩气藏的应力敏感性,对于生产开发与储层改造具有重要意义。行业标准法作为表征应力敏感性的常规方法,仅能研究损害引起渗透率降低的宏观结果,对渗流空间变化的细节关注不够。本文以山西临兴致密砂岩为研究对象,开展裂缝岩样的加压—卸压实验,并利用CT扫描仪实时对该岩样进行高分辨率扫描。结果表明,实验岩样的应力敏感损害程度为中等偏弱,加压后渗透率呈指数下降,卸压后渗透率无法恢复至初始状态;CT扫描技术测算到实验岩样总孔隙度的变化趋势与行业标准法气测渗透率结果相似;人工裂缝与基质孔隙都是影响临兴致密砂岩储层应力敏感性的重要因素,人工裂缝对有效应力的敏感程度高于基质孔隙,表现为加压时裂缝孔隙度下降幅度更大;裂缝宽度、裂缝张开面积、裂缝张开体积可实现定量化描述裂缝应力敏感性,基质孔隙应力敏感性与孔喉数量、孔喉半径减少有关。CT扫描技术可以用于分析致密砂岩储层孔隙及裂缝形态受应力敏感性影响是如何变化的,该区块保护孔隙与裂缝同等重要,应制定科学的开发方式与开采速度以控制应力敏感性。

**关键词**　CT扫描;致密砂岩;人工裂缝;孔隙;应力敏感性;渗透率

致密砂岩储层具有低孔、低渗、天然裂缝发育等特征,一般需要实施水力压裂作业产生人工裂缝网络才能获得工业气流,因此它的产出遵循基质孔隙—裂缝—井筒多尺度的传质过程[1,2],基质孔隙与裂缝的渗透率变化直接关系到气藏整体产能。但在生产过程中有效应力逐渐变化,储层产生应力敏感损害,减小了基质孔隙及裂缝等渗流通道的渗流空间。围绕致密砂岩储层应力敏感性工作,国内外学者将研究重点集中在两个方面:康毅力,游利军等侧重于研究影响致密砂岩应力敏感性的内外因,探讨包括岩石组分、孔隙类型、裂缝、含水饱和度、出砂以及工作液侵入等对应力敏感性的影响及其损害机理[3-8];孙贺东,于忠良等,探讨了应力敏感性对于油气藏生产动态的影响,推导了一系列考虑应力敏感性的油气藏产能方程[9,11]。而科学准确的评价方法是研究应力敏感性的前提,一般来说,评价应力敏感性常遵循中华人民共和国石油天然气行业标准《储层敏感性流动实验评价方法》(SY/T 5358－2010),但行业标准法属于宏观尺度研究,关注的是渗透率等宏观物性参数变化,缺乏对微观损害机理的认识,从微观尺度方面分析储层应力敏感性对深入了解渗流通道的开闭与应力之间的耦合关系、合理制定开发方案等方面具有重要意义[15]。近年来,陆续有少数学者探讨了微观尺度分析应力敏感性的新方

法,杨烽,Yang 等利用扫描电镜、压汞、声波、CT、激光扫描等技术表征储层应力敏感性[12-17],揭示应力敏感损害机理,但这部分学者的研究对象较为单一,通常为基质或者人工裂缝的任一种,而事实上从多尺度传质学角度来说,基质与人工裂缝是不可割裂的系统,应作为整体研究。此外,他们对渗流空间变化的细节关注不够,缺乏精细化描述孔隙及裂缝随有效应力的形态变化。

CT技术具有无损、扫描精度高等特征,可以实现对储层多孔介质的真实表征,已有学者应用CT扫描技术描述了致密砂岩储层的孔隙结构、微裂缝等微观特征[18-23]。本文以临兴致密砂岩为研究对象,岩样综合考虑基质与人工裂缝双因素,开展岩样的加压-卸压实验(最大有效应力15MPa),并利用CT扫描仪实时对该岩样进行高分辨率扫描,分析实验样品微观结构随有效应力的变化,多参数多角度分别描述了基质孔隙和人工裂缝的微观变化行为,量化了致密砂岩的应力敏感性。本文成果有助于深化认识此类致密砂岩储层应力敏感性,为防控应力敏感性损害提供理论支撑。

## 1　实验样品与方法

### 1.1　实验样品

岩样选取山西临兴区块致密砂岩气藏岩样,该气藏属于低孔低渗,天然裂缝不发育。为了获

取清晰的孔隙及裂缝图像,以满足高分辨率扫描的要求,需在 25mm 直径岩心柱上钻取微型的岩心柱样品,然后对微型岩心柱进行人工造缝处理,人工裂缝为沿岩样轴线的单条裂缝,以模拟基质与人工裂缝双因素。实验样品物性参数见表1,处理过程见图1。

表1　实验样品物性参数

| 样品编号 | 长度/mm | 直径/mm | 人工造缝前 | | 人工造缝后 | |
|---|---|---|---|---|---|---|
| | | | 孔隙度/% | 渗透率/$10^{-3}\mu m^2$ | 孔隙度/% | 渗透率/$10^{-3}\mu m^2$ |
| LX-1K | 15.28 | 8.00 | 7.7 | 3.85 | 12.8 | 45.86 |

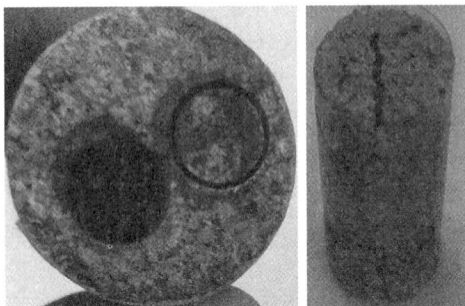

a. 8mm 微型岩心柱钻取　　b. 8mm 岩心柱造缝
图1　实验样品处理方式

## 1.2　原位加压卸压扫描

如图2所示,使用 Xradia MicroXCT-100 型微米 CT 扫描仪作为原位加压卸压扫描设备。将该岩样放入 8mm 定制岩心夹持器,施加 0.1MPa 围压。调整 CT 扫描仪的分辨率至 2.40$\mu m$,以获得适当的图像精度。图 3a 为初始条件下的样品二维灰度图像中,可以清楚地识别到该致密砂岩样品的基质孔隙与裂缝信息。

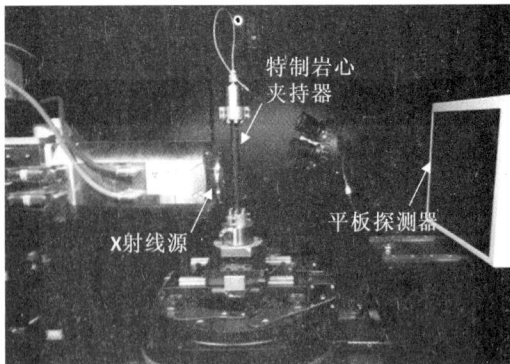

图2　Xradia MicroXCT-100 型微米 CT 扫描仪
与定制岩心夹持器原位扫描

CT 扫描得到的初始图像为灰度图像,对灰度图像进行锐化、降噪及分割处理即可获取二值化数字岩心[24]。处理步骤如图 3 所示,为提高运算效率,需在原始灰度数字岩心中间(图 3a)提取一个子体积,姜黎明[25]研究认为当数字岩心体素达到 200×200×200 体素时,其孔隙度、渗透率、力学性质几乎不受尺寸影响,因此本文提取的子体积大小为 200×200×200 体素(图 3b)。通过非局部均值滤波方式降低原始灰度图像的噪点,使 CT 图像更为清晰(图 3c)。对图像进行分水岭算法分割,使得基质孔隙、人造裂缝都可以清楚识别,并用不同的颜色着色区分,最终获得二值化三维可视化数字岩心(图 3d)。提取数字岩心信息,利用 AVIZO 软件可以计算出岩样孔隙度、裂缝宽度、裂缝长度、裂缝张开面积、裂缝张开体积、基质孔喉数量及基质孔喉半径等参数信息。

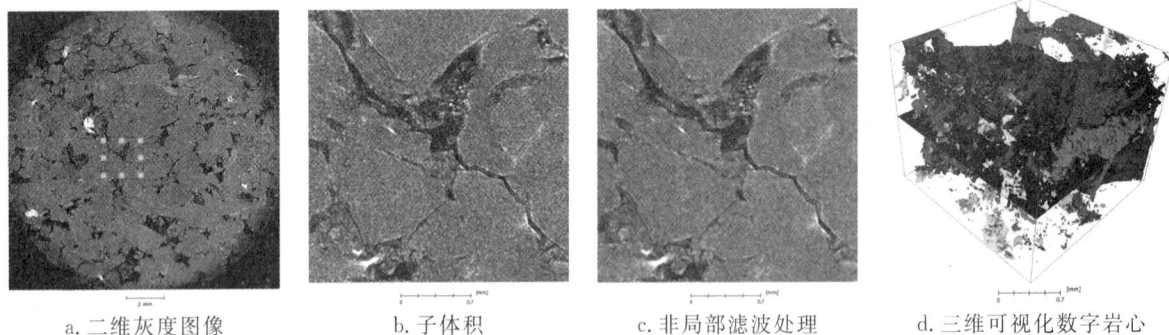

a. 二维灰度图像　　　　b. 子体积　　　　c. 非局部滤波处理　　　　d. 三维可视化数字岩心
图3　图像处理与分割过程

应力敏感性评价以行业标准法为基础,辅助以 CT 扫描技术,具体实验步骤如下:将岩样放入岩心夹持器,模拟加压过程,按顺序依次测量有效应力 2MPa,5MPa,7MPa,9MPa,12,15MPa 条件下的岩样渗透率,并实时 CT 扫描获取不同有效应力环境的岩样形貌;紧接着模拟卸压过程,按顺序依次测量 15MPa,12MPa,9MPa,7MPa,5MPa,2MPa 条件下的岩样渗透率,并实时 CT 扫描获取不同有效应力环境的岩样形貌;应用应力敏感系数法评价岩样的渗透率敏感性,如表2所示;利用气测渗透率与裂缝宽度关系式,计算求得行业标准法气测渗透率值对应的裂缝宽度;应用 CT 扫描技术精细化描述基质孔隙及人工裂缝随有效应力的形态变化。

表2　应力敏感系数与敏感程度的关系

| 应力敏感系数 Ss | ≤0.3 | 0.3~0.5 | 0.5~0.7 | 0.7~1.0 | ≥1.0 |
|---|---|---|---|---|---|
| 敏感程度 | 弱 | 中等偏弱 | 中等偏强 | 强 | 极强 |

应力敏感系数 $Ss$：

$$Ss=\frac{\left[1-(\frac{K}{K_0})1/3\right]}{\lg\frac{\sigma}{\sigma_0}}$$

式中，$Ss$ 为应力敏感系数；$\sigma_0$ 为初始应力值，对应的渗透率为 $K_0$；$\sigma$ 为各测试点的有效应力，对应渗透率为 $K$。

气测渗透率与裂缝宽度关系式：

$$e=\sqrt[3]{3\pi DK_f}$$

式中，$e$ 为裂缝宽度，$\mu m$；$D$ 为标准岩心直径，mm；$K_f$ 为裂缝渗透率，$10^{-3}\mu m^2$。

在本文中，用一定空间的体素数与整个体积的体素总数之比表示孔隙度。用裂缝宽度、裂缝长度、裂缝张开面积（两裂缝面微凸体边界围成的面积）及裂缝张开体积（两裂缝面微凸体边界围成的不规则体体积）反映人工裂缝相对于有效应力的变化，其中裂缝宽度、裂缝长度、裂缝张开面积不是裂缝的机械视值，而是数百张二维切片堆叠计算的平均值。用孔喉数量、孔喉半径反映基质孔隙相对于有效应力的变化。

### 1.3　孔隙网络模型

孔隙网络模型可以将复杂的多孔介质简化为规则的孔隙和喉道结构，从而节省计算资源，减少计算量，实现表征孔隙结构并预测多孔介质的渗透性[26,27]。利用 Dong 和 Blunt 提出的最大球算法[28]，对数字岩心的孔隙网络模型进行精确提取，获取更为直观反映实验样品孔隙空间的拓扑结构（图4），其中球状表征孔隙，束状表征喉道。基于孔隙网络模型，可以计算每个网络单元的特征参数，如孔隙、喉道、形状因子、迂曲度、连通性等，以表征岩心孔隙结构特征[29]。

a.三维数字岩心

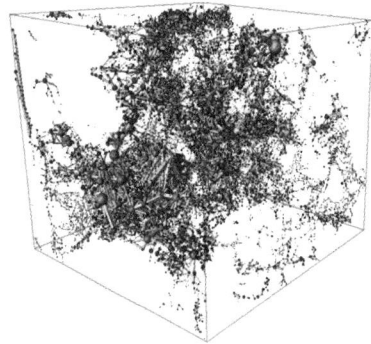

b.孔隙网络模型拓扑结构

图4　0.1MPa 有效应力条件下三维数字岩心及其对应的孔隙网络模型

## 2　实验结果

行业标准法渗透率测试结果显示实验岩样的应力敏感系数为 0.33，应力敏感损害程度为中等偏弱。如图5所示，随着有效应力的增加，岩样渗透率持续下降，无因次渗透率降低均主要发生在 7MPa 之内，卸压后岩样渗透率恢复速度慢，恢复幅度小。在加压、卸压过程中，CT 扫描技术测算到实验岩样总孔隙度的变化趋势与行业标准法实测渗透率结果相似，孔隙结构同样表现出一定的应力敏感性。为此，将岩样的孔隙结构分割为人工裂缝和基质孔隙，利用 CT 扫描技术量化评估这两种空间的具体变化。

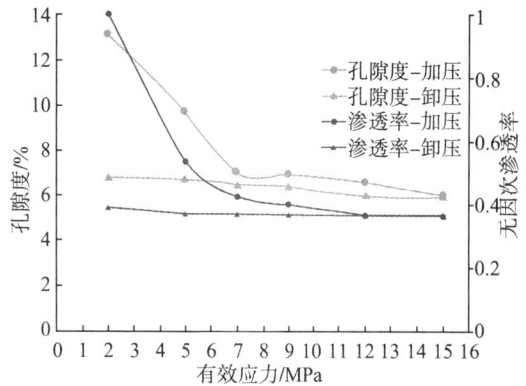

图5　气测渗透率及 CT 测算总孔隙度变化

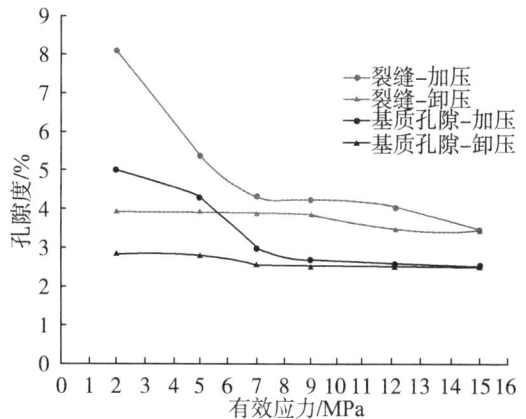

图6　CT 测算人工裂缝及基质孔隙度变化

|  | 二维灰度图像 | 二维2值化图像 | 三维可视化岩心 | 三维可视化裂缝 | 三维可视化基质孔隙 |
| --- | --- | --- | --- | --- | --- |
| 2MPa加压 | | | | | |
| 7MPa加压 | | | | | |
| 15MPa | | | | | |
| 7MPa卸压 | | | | | |
| 2MPa卸压 | | | | | |

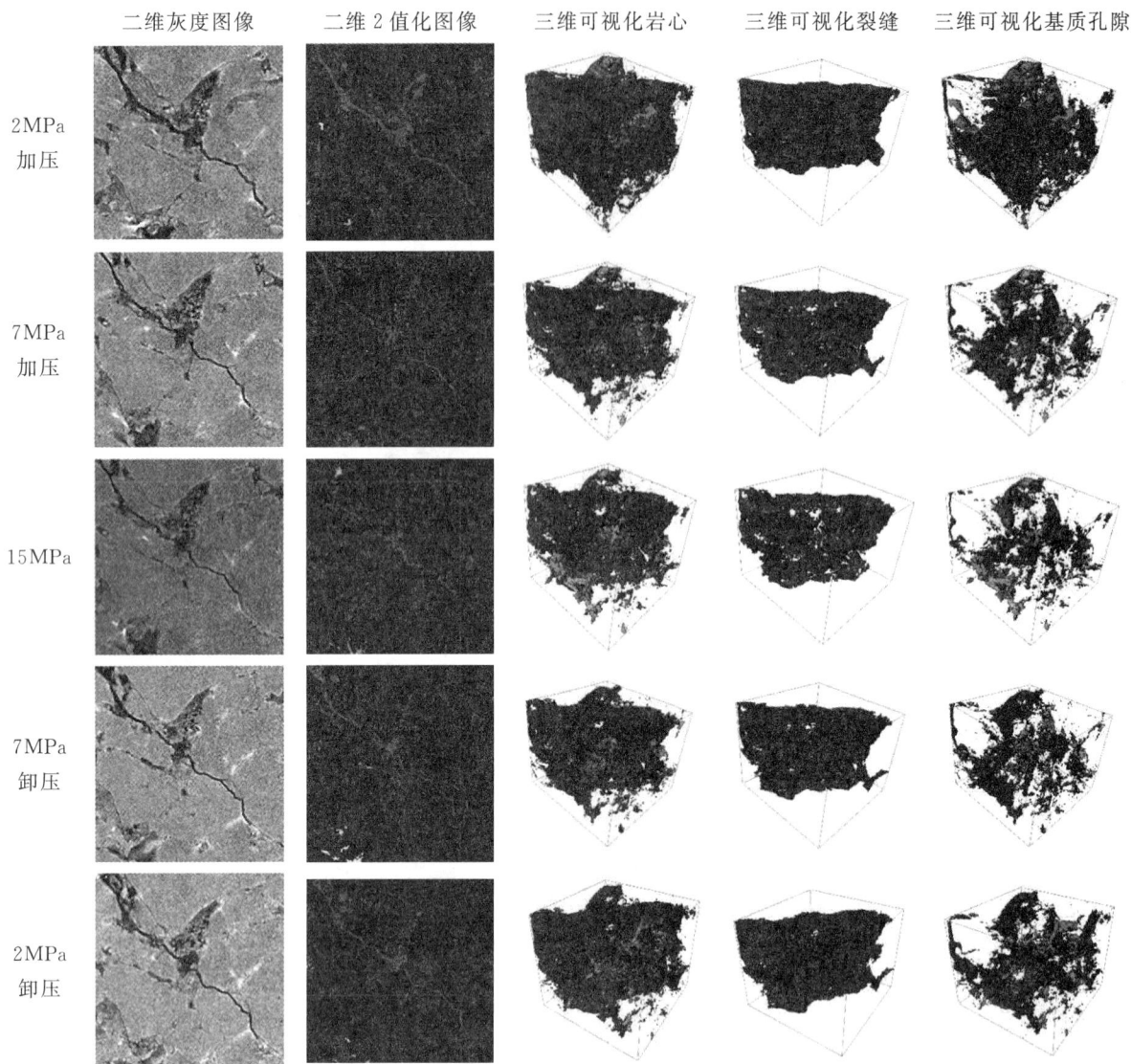

图 7　加—卸压过程中不同处理方式的数字岩心图像

如图 6 所示,在加压过程中,人工裂缝孔隙度与基质孔隙度的降低均主要发生在 7MPa 以内,此区间人工裂缝孔隙度曲线斜率更大,与加压初始值相比,人工裂缝孔隙度与基质孔隙度分别降低了 3.8% 和 2.3%;7～15MPa 为孔隙度变化的平稳期,与加压值 7MPa 相比,人工裂缝孔隙度与基质孔隙度再次分别降低了 0.9% 和 0.2%,最终维持在 3.5% 和 2.5%。在卸压过程中,孔隙度恢复均非常有限,卸压终点值与加压初始值相比,人工裂缝与基质孔隙度分别减小 4.2%、2.1%,人工裂缝孔隙度下降幅度更大。由此可以得出结论,人工裂缝与基质孔隙都是影响临兴致密砂岩储层应力敏感性的重要因素,人工裂缝对有效应力的敏感程度高于基质孔隙。

## 3　分析讨论

低渗砂岩储层的渗透率是由孔隙结构控制的,研究孔隙结构的应力敏感性具有重要意义。上文以孔隙度的方式量化了不同有效应力条件下人工裂缝及基质孔隙两种孔隙结构的具体变化,那么孔隙度从细微观角度是如何变化的? 本文基于 CT 扫描图像(图 7),并利用 AVIZO 软件的统计运算功能,多参数多角度分析人工裂缝和基质孔隙的微观变化行为。

### 3.1　人工裂缝空间

从图 7 的二维图像可以注意到该岩样的孔隙结构形态的明显变化,以人工裂缝为例,加压过程中,与初始有效应力(2MPa)相比,当有效应力增加至 7MPa 时,裂缝趋于闭合,视觉上表现裂缝整体宽度变窄,裂缝长度变短。随着有效应力的继续增加,裂缝宽度已无显著变化,裂缝长度继续缩短。卸压过程中,当有效应力降至初始有效应力时,对比前后两幅图像,裂缝宽度和裂缝长度存在有限的恢复,但远不能达到初始水平。此外,从图 7 的三维可视化裂缝图像观察到,初始状态下,两个裂缝面微凸体边界围成一个三维不规则体空间,将其定义为裂缝张开体积,此空间作为渗流的主要通道。随着有效应力的增加,渗流空间逐渐被压缩,表现为蓝色不规则体体形态减小。卸压后,不规则体体形态小幅度增加,渗流空间恢复有限。结合图 6 中裂缝孔隙度曲线,该岩样加压至 15MPa 时孔隙度下降了约 4.7%(从 8.1% 下降到 3.4%),卸压至 0MPa 时,孔隙度恢复到 3.9%。

为了精细化描述人工裂缝随有效应力的变化细节,应用 AVIZO 软件统计计算了人工裂缝系统的裂缝张开体积、裂缝张开面积、裂缝宽度及裂缝长度(图 8)。实验样品加压至 7MPa 过程中,裂缝张开体积、裂缝张开面积、裂缝宽度、裂缝长度四种参数均发生了急剧下降,其中裂缝张开体积减小约 46.7%,裂缝张开面积减小约 41.0%,裂缝宽度减少约 39.8%,裂缝长度减少约 1.7%。有效应力继续增加至 15MPa 过程中,四种参数下降幅度明显减缓,其中裂缝张开体积继续减少了约 10.6%,裂缝张开面积减小了约 11.5%,裂缝宽度减少约 8.2%,裂缝长度减少了约 7.2%。卸压后,四种参数均恢复不明显,不能恢复至初始状态。在加压和卸压循环后,裂缝张开体积、裂缝张开面积、裂缝宽度、裂缝长度四种参数终点值比初始值分别降低了 51.2%、47.7%、43.9%、6.3%。裂缝张开体积、裂缝张开面积、裂缝宽度随有效应力变化的曲线特征与行业标准法气测渗透率随有效应力变化的曲线特征相仿,三者可以定量化描述裂缝渗流空间的细节变化。结合实验结果,从以下三方面剖析裂缝的微观变化行为。

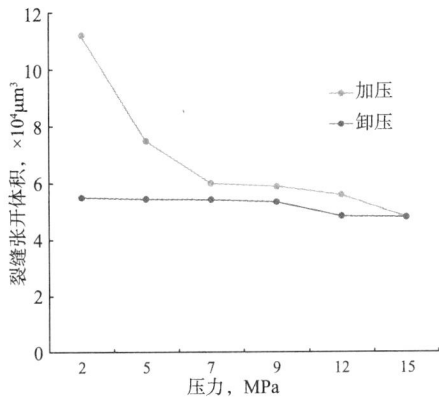

a. 裂缝张开体积

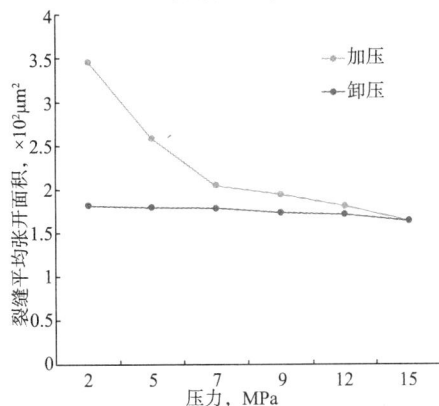

b. 裂缝平均张开面积

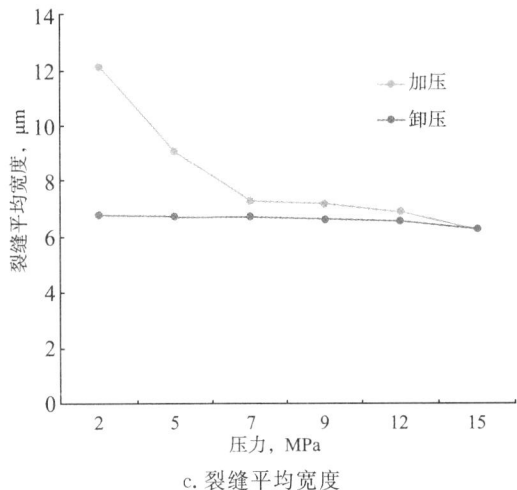

c. 裂缝平均宽度

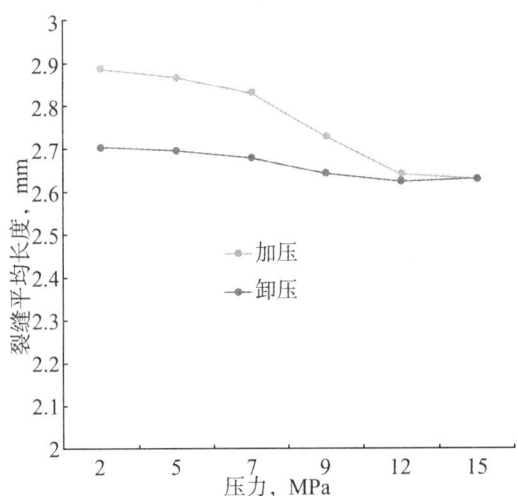

d. 裂缝平均长度

图 8　人工裂缝形态表征参数随有效应力变化

### 3.1.1　裂缝应力敏感性存在拐点压力

本文实验样品的拐点压力为 7MPa,拐点前渗透率及裂缝渗流空间随有效应力增加降幅较大,拐点后随有效应力的继续增加降幅减缓。裂缝表面微凸体形态是裂缝应力敏感性的关键因素[30],初始有效应力条件下,两个裂缝面之间的微凸体接触形式为点接触,裂缝基本不闭合。随着有效应力增加,微凸体啮合数量增多,致使裂缝渗流空间急剧减少。有效应力升至拐点时,微凸体已充分接触,此时的裂缝渗流空间已趋近于稳定。在拐点处继续增压,裂缝继续变形要克服先前已接触的微凸体产生的巨大阻力,致使闭合愈加困难。卸压后渗透率及裂缝渗流空间不能恢复至初始状态,原因在于微凸体发生永久性塑性变形,甚至会完全破碎产生不可逆转的形变,导致岩心内部整体裂缝渗流能力减弱,即是裂缝的应力敏感性损害。

### 3.1.2　裂缝宽度可以反映应力敏感性特征

行业标准法气测渗透率反映的是整个岩心内部流动情况,文献[12]和文献[31]使用可视化缝宽测量系统研究应力敏感性,指出裂缝宽度反映的是岩心端部二维平面的裂缝状态,无法真实反映整个岩心内部流动情况。本文应用的 CT 扫描技术测算到的裂缝宽度不是裂缝的机械视宽度,而是数百张二维切片堆叠计算的平均宽度,图 8c 测算到裂缝平均宽度随有效应力的变化趋势与图 5 行业标准法气测渗透率随有效应力变化趋势基本一致。在相同有效应力下,CT 扫描测算到裂缝平均宽度与行业标准法渗透率测试结果计算求得的裂缝宽度值总体上较为接近(表 3),各有效应力条件下误差值不超过 14.4%。因此说明 CT 扫描技术测算的裂缝平均宽度可以像行业标准法气测渗透率一样真实反映岩心内部整体裂缝的有效渗流能力。

**表 3　CT 扫描技术测算裂缝宽度与行业标准法气测渗透率测算裂缝宽度对比**

| 裂缝宽度测算方式 | 有效应力/渗透率($10^{-3}\mu m^2$)/裂缝宽度($\mu m$) | | | | | |
|---|---|---|---|---|---|---|
| | 2MPa | 5MPa | 7MPa | 9MPa | 12MPa | 15MPa |
| | 28.11 | 15.48 | 7.48 | 6.30 | 5.45 | 4.27 |
| CT 扫描技术测算 | 12.00 | 9.01 | 7.22 | 7.10 | 6.84 | 6.23 |
| 行业标准法气测渗透率测算 | 12.84 | 10.528 | 8.26 | 7.80 | 7.43 | 6.85 |

### 3.1.3　裂缝长度存在应力滞后效应

本文实验样品从初始有效应力升至 7MPa 时,裂缝长度降幅权重占整个加压阶段的 19.2%,裂缝张开体积、裂缝张开面积、裂缝宽度降幅权重分别占整个加压阶段的 80.5%、78.0%、82.8%;有效应力从 7MPa 升至 15MPa 时,裂缝长度降幅权重占整个加压阶段的 80.8%,裂缝张开体积、裂缝张开面积、裂缝宽度降幅权重分别占整个加压阶段的 19.5%、22.0%、17.2%。因此,可以看出在拐点压力前裂缝张开体积、裂缝张开面积、裂缝宽度先于裂缝长度显著变化,在拐点压力后裂缝长度才发生明显下降,说明裂缝长度存在应力滞后效应,且拐点压力是裂缝长度显著变化的关键节点。分析认为从初始有效应力增至拐点压力过程中,两个裂缝面之间的微凸体啮合数量增多,使得裂缝渗流空间减小,但该范围内应力不足以促使裂缝大面积完全闭合,属于裂缝闭合的量变过程,因此裂缝长度降幅不显著。在拐点压力处继续增压,由于微凸体啮合数量已接近饱和,于是裂缝张开体积、裂缝张开面积、裂缝宽度等参数趋于稳定,但有效应力的增加使得微凸体啮合深度增加,裂缝闭合发生质变,导致裂缝长度减小。

### 3.2　基质孔隙空间

裂缝是主要的渗流通道,而孔隙是主要的储集空间,有解吸、扩散和渗流的传质作用,基质孔

隙的渗透率变化同样直接关系到气藏整体产能。从图 7 的二维图像注意到,在加压过程中,当有效应力升至 7MPa 时,代表孔隙的像素点发生显著变化,具体表现为像素面积迅速变小、像素点数量减少。有效应力继续升至 15MPa,孔隙仍存在小幅度变化。卸压过程中,对比相同有效应力的前后两幅图像,像素点仅存在有限的恢复,但远不及加压前水平。此外,从图 7 的三维基质孔隙图像可以观察到,初始状态下呈现了一个孔隙与喉道连通良好的复杂孔隙结构网络,加压后不仅孔隙喉道的数量减少,而且孔隙喉道的连通性变差。结合图 6 中基质孔隙度曲线,该岩样加压至 15MPa 时孔隙度下降了约 2.5%(从 5.0% 下降到 2.5%),卸压至 0MPa 时,孔隙度恢复到 2.9%。

加压过程中,孔隙半径及喉道半径曲线均逐渐向左偏移(图 9),表明受压力作用孔隙半径、喉道半径整体减小,压力增加至 15MPa 时,统计发现孔隙数和喉道数相比初始状态分别减少了 28581 个、35375 个,最大孔隙和最大喉道半径分别减小了 $8.01\mu m$、$8.39\mu m$,孔隙和喉道半径加权平均值分别减小了 $1.91\mu m$、$1.95\mu m$,可以看出孔隙喉道数量及孔隙喉道半径可以反映基质渗流空间的细节变化。喉道的数量、最大半径值、加权平均半径值的减少或减小幅度均大于孔隙(表 4),说明喉道对于有效应力更为敏感。这一结果符合孔隙与喉道变形理论[32],即有效应力增大时,喉道先于孔隙被压缩。究其原因,如图 10 所示,扫描电镜分析认为临兴区块储层以粒间孔为主,孔隙中存在少量填隙物,孔隙呈梯形、多边形等,有一定的抗压能力,受有效应力影响不大。喉道多呈片状、拱状结构,喉道表面局部位置有黏土矿物附着搭桥,结构很容易被压缩,受到有效应力作用极易闭合,导致渗透率大幅度降低。卸压过程中,孔隙半径及喉道半径曲线反向向右偏移,表明孔喉半径有所恢复增加,但压力减小至 2MPa 时,曲线形态及各参数均未能恢复至 2MPa(加压时)孔隙状态。

**表 4　实验岩样基质孔隙参数随有效应力变化**

| 基质孔隙参数 | 有效应力 | | | | |
|---|---|---|---|---|---|
| | 2MPa－加压 | 7MPa－加压 | 15MPa | 7MPa－卸压 | 2MPa－卸压 |
| 孔隙数/个 | 32074 | 6804 | 3493 | 6635 | 11259 |
| 喉道数/个 | 38874 | 7744 | 3499 | 7406 | 13078 |
| 最大孔隙半径/$\mu m$ | 71.26 | 65.13 | 63.25 | 64.88 | 66.38 |
| 最大喉道半径/$\mu m$ | 59.78 | 53.66 | 51.39 | 51.87 | 52.56 |
| 孔隙半径加权平均值/$\mu m$ | 19.47 | 18.07 | 17.56 | 17.72 | 18.25 |
| 喉道半径加权平均值/$\mu m$ | 6.71 | 5.46 | 4.76 | 5.27 | 6.30 |

a. 孔隙半径

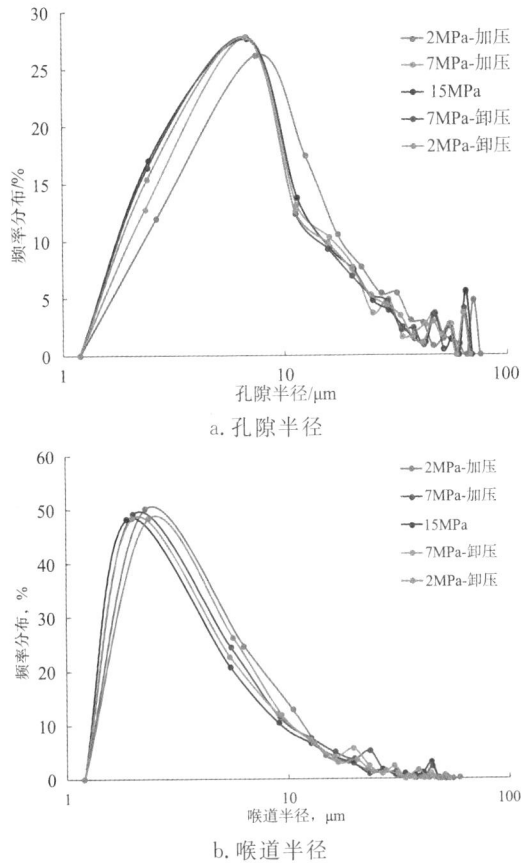

b. 喉道半径

图 9　孔隙与喉道半径频率分布曲线

a. 粒间孔隙

b. 喉道

图 10　临兴区块致密砂岩储层孔隙喉道特征

综上讨论分析，在临兴致密砂岩气藏开发生产过程中，有效应力增加引起基质孔隙及人工裂缝空间减小，导致孔隙度和渗透率降低。人工裂缝对应力敏感性影响的权重大于基质孔隙，但不能忽略基质孔隙变形的影响，在孔隙尺度上研究应力敏感性效应是必要的。认识应力敏感性损害机理，从微观尺度方面分析储层应力敏感性，有助于深入了解渗流通道的开闭与应力之间的耦合关系，有利于在工程作业中有的放矢，抓住主要矛盾，有针对性的采取控制合理生产压差、优化压裂裂缝网络、注气保压等预防解除措施，降低应力敏感损害程度，提高天然气采收率。

## 4　结论

（1）临兴致密砂岩实验岩样的应力敏感损害程度为中等偏弱，加压后渗透率呈指数下降，卸压后渗透率无法恢复至初始状态。利用 CT 扫描实时获取不同有效应力环境的岩样形貌，构建不同有效应力下的数字岩心，对相应的孔隙网络模型进行提取，可实现精细化分析基质孔隙及裂缝随有效应力的形态变化。

（2）CT 扫描技术测算到实验岩样总孔隙度的变化趋势与行业标准法气测渗透率结果相似。人工裂缝与基质孔隙都是影响应力敏感性的重要因素，人工裂缝对有效应力的敏感程度高于基质孔隙，表现为加压时人工裂缝孔隙度下降幅度更大。

（3）裂缝宽度、裂缝张开面积、裂缝张开体积可实现定量化描述裂缝应力敏感性，基质孔隙应力敏感性与孔喉数量、孔喉半径减少有关。

（4）应力敏感影响低渗透致密砂岩储层渗流特征，在微观尺度研究应力敏感性是十分必要的。对于临兴致密砂岩储层来讲，保护基质孔隙与人工裂缝同等重要，应制定科学的开发方式与开采速度以控制应力敏感性。

## 参 考 文 献

[1]　李前贵,康毅力,杨建. 致密砂岩气藏开发传质过程的时间尺度研究[J]. 天然气地球科学,2007,18(1):149－153.

[2]　杨建,康毅力,周长林,等. 储层损害对致密砂岩气体传质效率影响实验研究[J]. 成都理工大学学报(自然科学版),2010,37(5):490－493.

[3]　游利军,康毅力,陈一健,等. 考虑裂缝和含水饱和度的致密砂岩应力敏感性[J]. 中国石油大学学报(自然科学版),2006,30(2):59－63.

[4]　李佳瑞,张炜,沈妍斐,等. 富黏土低渗砂岩应力敏感性实验和微观变形机理[J]. 断块油气田,2011,18(5):645－648.

[5]　曹耐,童平川,雷刚,等. 不同填充模式裂缝型致密储层应力敏感性定量研究[J]. 断块油气田,2018,25(6):747－751.

[6]　刘雪芬,闫玲玲. 压裂液作用下致密砂岩储层应力敏感性研究[J]. 陇东学院学报,2019,30(2):41－45.

［7］张杜杰,康毅力,游利军,等. 超深致密砂岩储层裂缝壁面出砂机理及其对应力敏感性的影响[J]. 油气地质与采收率,2017,24(6):72－78.

［8］杨建,康毅力,刘静,等. 钻井完井液损害对致密砂岩应力敏感性的强化作用[J]. 天然气工业,2006,26(8):60－62.

［9］黄小亮,李继强,雷登生,等. 应力敏感性对低渗透气井产能的影响[J]. 断块油气田,2014,21(6):785－789.

［10］孙贺东,欧阳伟平,张冕,等. 考虑裂缝变导流能力的致密气井现代产量递减分析[J]. 石油勘探与开发,2018,45(3):455－463.

［11］于忠良,熊伟,高树生,等. 致密储层应力敏感性及其对油田开发的影响[J]. 石油学报,2007,28(4):95－98.

［12］李大奇,康毅力,张浩. 基于可视缝宽测量的储层应力敏感性评价新方法[J]. 天然气地球科学,2011,22(3):494－499.

［13］李荣强,高莹,杨永飞,等. 基于CT扫描的岩心压敏效应实验研究[J]. 石油钻探技术,2015,43(5):37－43.

［14］杨烽,王昊,黄波,等. 基于CT扫描的致密砂岩渗流特征及应力敏感性研究[J]. 地质力学学报,2019,25(4):475－482.

［15］尹帅,丁文龙,单钰铭,等. 基于声学数据反演定量评价致密砂岩储层微裂隙应力敏感性新方法[J]. 岩土力学,2017,38(2):409－418.

［16］徐立坤,窦宏恩,宋志同. 低渗透储集层应力敏感性评价方法[J]. 地质科技通报,2015,34(1):107－111.

［17］Yang Y,Li Y,Yao J,et al.. Formation damage evaluation of a sandstone reservoir viapore－scale X－ray computed tomography analysis[J]. Journal of Petroleum Science and Engineering,2019,183:106356.

［18］Miller K,Vanorio T,Keehm Y. Evolution of permeability and microstructure of tight carbonates due to numerical simulationof calcite dissolution[J]. Journal of Geophysical Research:Solid Earth,2017,122:4460－4474.

［19］Iglauer S,Lebedev M. High pressureelevated temperature xray micro－computed tomography for subsurface applications[J]. Advances in Colloid and Interface Science,2017,256:393－410.

［20］韩文学,高长海,韩霞. 核磁共振及微、纳米CT技术在致密储层研究中的应用——以鄂尔多斯盆地长7段为例[J]. 断块油气田,2015,22(1):62－66.

［21］查明,尹向烟,蒋林,等. CT扫描技术在石油勘探开发中的应用[J]. 地质科技通报,2017,36(4):228－235.

［22］刘向君,朱洪林,梁利喜,等. 基于微CT技术的砂岩数字岩石物理实验[J]. 地球物理学报,2014,57(4):1133－1140.

［23］白斌,朱如凯,吴松涛,等. 利用多尺度CT成像表征致密砂岩微观孔喉结构[J]. 石油勘探与开发,2013,40(3):329－333.

［24］Schluter S,Sheppard A,Brown K,et al. Image processing of multiphase images obtained via X－ray microtomo－graphy:A review[J]. Water Resources Research,2014,50(4):3615－3639.

［25］Jiang L M,Sun J M,Liu X F,et al. Numerical Study of the Effect of Natural Gas Saturation on the Reservoir Rocks' Elastic Parameters[J]. Well Logging Technology(in chinese),2012,36(3):239－243.

［26］Blunt M J,Jackson M D,Piri M,et al. Detailed physics,predictive capabilities and macroscopic consequences for porenetwork models of multiphase flow[J]. Advances in Water Resources,2002,25(8):1069－1089.

［27］Song W,Yao J,Ma J,et al. Porescale numerical investigation into the impacts of the spatial andpore－size distributions of organic matter on shale gas flow and their implications on multiscale characterisation[J]. Fuel,2018,216:707－721.

［28］Dong H. Micro－CT imaging and pore network extraction[D]. London:Imperial College,2007.

［29］Yang Y F,Tao L,Yang H Y,et al. Stress Sensitivity of Fractured and Vuggy Carbonate:An X-Ray Computed Tomography Analysis[J]. Journal of Geophysical Research:Solid Earth,2019,125.

［30］李沁,伊向艺,卢渊,等. 酸蚀裂缝表面微凸体变形破碎规律[J]. 成都理工大学学报(自然科学版),2013,40(2):213－216.

［31］张浩,康毅力,陈景山,等. 储层裂缝宽度应力敏感性可视化研究[J]. 钻采工艺,2007,30(1):41－44.

［32］阮敏,王连刚. 低渗透油田开发与压敏效应[J]. 石油学报,2002,23(3):73－76.

# 油藏工程

# 大庆油田一种三类油层驱油用聚表剂的性能、机理及应用效果评价研究

张立东　王　鹤　张月先　常兴伟　黄思婷　陈　雪

(大庆油田有限责任公司第四采油厂)

**摘　要**　大庆油田杏北地区三类油层地质储量占全区地质储量的 64.5%,采用常规化学驱油体系挖潜难度较大。聚表剂是一种功能型聚合物,兼具表剂和聚丙烯酰胺的双重驱油特性,既能够乳化原油,又能够提高水相黏度,驱油过程中驱油剂不会发生色谱分离现象,非常适用于较低渗透率油层提高原油采收率。本文通过研究聚表剂的增粘能力、乳化能力、渗流传导和驱油能力等,优选出一种适用于水测渗透率约为 100mD 油藏提高采收率的低分子型聚表剂,分子量介于 300 万~550 万之间。同 1200 万分子量普通聚合物相比,该低分子聚表剂具有界面张力低、抗盐增粘能力强、乳化能力强、渗流传导能力强、驱油能力强等优势。室内物模驱油实验表明,在水驱基础上,化学段塞为 0.64PV,聚合物浓度为 800mg/L 和 1000mg/L 时,该聚表剂可提高采收率 11.6% 和 14.9%,比相同条件下的 1200 万分子量普通聚合物高 2.5~3.5 个百分点。在大庆油田杏二区 A 块开展的 12 注 20 采五点法面积井网三类油层聚表剂驱现场试验中,该聚表剂使试验区水驱后提高采收率达 12.87 个百分点,为大庆油田开发中、低渗油藏提供了重要的储备技术。

**关键词**　三次采油;聚表剂;驱油性能;乳化性能

## 1　前　言

大庆油田杏北地区三类油层地质储量占全区地质储量的 64.5%,采用常规技术挖潜难度越来越大,水驱后取心井资料表明表内薄差层已基本层层见水,全区含水已达到 90% 以上。因此,有必要开展三类油层三次采油研究,为大庆油田提高三类油层采收率和挖掘三类油层潜力提供技术支持。聚表剂(图 1)作为一种功能型聚合物,兼具表活剂和聚丙烯酰胺的双重驱油特性,既能够乳化原油,又能够提高水相黏度,具有优异的驱油性能,矿场驱油效果较好(图 2),国内外学者进行了较多的研究[1-11]。根据三类油层渗透率较低的特点,本研究通过室内实验将筛选出分子量较低、渗流能力好、提高采收率显著的聚表剂产品,应用于三类油层先导性矿场试验,为大庆油田三类油层工业化开采提供技术储备。

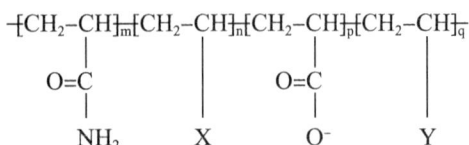

X,Y 为不同官能团

图 1　聚表剂分子结构示意图

| 亲　水　基 | | 亲　油　基 | |
|---|---|---|---|
| 苯磺酸基、磺酸基 | | 聚硅氧烷基 | 烷基苯基 |
| 聚氧乙烯基 | | 氮烷基 | 多胺基 |
| 季铵盐基 | | 长链醇基 | 烷基磺酸基 |

图 2　聚表剂分子结构及官能团

## 2　室内实验部分

### 2.1　主要试剂及仪器

高粘型聚表剂:工业品,分子量 1000 万;低粘型聚表剂:工业品,分子量 300 万~550 万;普通中分聚合物:工业品,分子量 1200 万,大庆炼化公司生产;水:大庆油田杏二区 A 块注入系统深度处理污水,矿化度 6000~7000mg/L;黏度计,RVDV 型－II＋P 型,美国 Brookfield 公司生产。恒温箱,0℃~100℃,BD240 型,美国宾得公司生产;界面张力仪,TX500C 型,美国彪维公司生产。光学倒置显微镜,莱卡/11888238,德国莱卡公司;库尔特粒度仪,MS3,贝克曼库尔特商贸(中国)有限公司;实验室高剪切分散乳化机,艾卡/T25DS25,德国艾卡公司。

## 2.2 实验方法

### 2.2.1 溶液黏度及稳定性评价

将聚合物配制成不同浓度溶液,在45℃条件下,用布氏黏度计检测黏度。测定稳定性时,在45℃恒温箱中,将样品溶液放置不同时间检测黏度变化。

### 2.2.2 乳化能力评价

按照1:1体积比,将聚表剂溶液与脱水原油装入50mL比色管中,在45℃条件下摇匀乳化,观测乳状液析水率随时间的变化。

### 2.2.3 分子量及界面张力评价

用模拟污水(矿化度2410mg/L的NaCl水溶液)将聚表剂配制成1000mg/L溶液,用乌氏黏度计检测分子量。用现场污水将聚合物和聚表剂配制成相同浓度溶液,在同样温度下,用界面张力仪检测其降低油/水界面张力的能力。

### 2.2.4 抗吸附滞留能力评价

用自制玻璃填砂管,装入一定量20目油砂颗粒,将油砂体积20倍的聚合物溶液倒在油砂层上,在重力作用下渗滤通过油砂,对比渗滤前后溶液黏度及黏度保留率的变化。

### 2.2.5 抗剪切能力评价

用高速剪切仪,将一定浓度的聚表剂溶液剪切为黏度不同的一系列溶液,用不同剪切程度的聚表剂溶液与原油配制成乳状液,对比评价乳化能力的变化。

### 2.2.6 室内驱油实验及渗流传导实验

驱油实验:在室温下,岩心模型抽真空,饱和污水,获取模型孔隙体积,计算水测渗透率;在45℃条件下,饱和模拟油,计算含油饱和度;在45℃条件下,用污水水驱至含水率100%;注入不同大小化学驱段塞;后续水驱至含水率100%;计算各个阶段采收率。实验设备流程见图3。

渗流实验:在人造均质物理模型中间部位设置测压孔,从模型一端注入聚合物溶液,测量模型入口压力和中间压力,利用模型前半部分和后半部分流动压差及其变化来评价驱油体系在多孔介质内的传输能力(图4)。

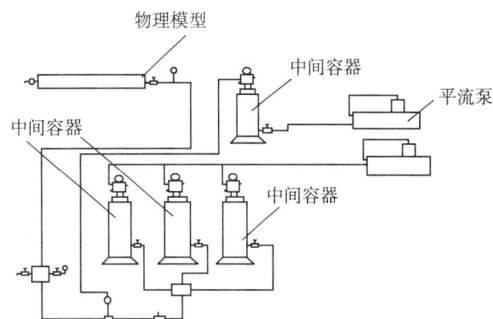

图3 驱油实验流程示意图

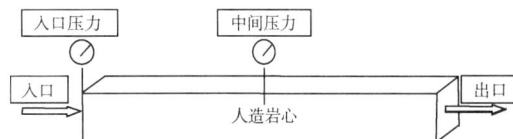

图4 渗流实验岩心模型

### 2.2.7 室内实验评价的路线

结合三类油层对驱油剂性能指标的要求,合理优化室内实验评价的技术路线,优选出最佳聚表剂类型和驱油配方,如图5所示。

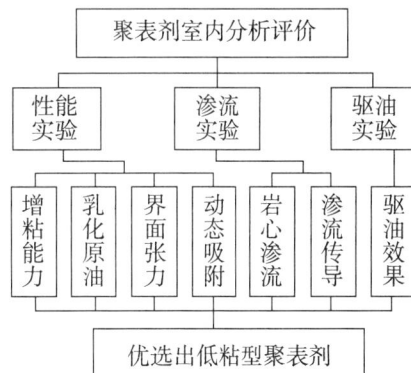

图5 室内实验评价的技术路线

## 2.3 实验结果及分析

### 2.3.1 低粘型聚表剂黏度较低、保留率高

在相同浓度条件下,低粘型聚表剂溶液的黏度介于高粘型聚表剂和普通中分聚合物之间;低粘型聚表剂的粘浓曲线变化较平缓,高粘型聚表剂浓度高于600mg/L时,黏度上升速度较快(表1)。

随放置时间的延长,高粘型聚表剂溶液黏度先升高后降低,放置30天后黏度保留率较高;低粘型聚表剂溶液黏度在前3天降幅较明显,3天后趋于稳定,30天后黏度保留率70%;普通中分聚合物30天后黏度保留率50%(表2)。

表 1 聚表剂黏度随浓度变化

| 药剂名称 | 聚合物溶液黏度(mPa·s) | | | | | | | | |
|---|---|---|---|---|---|---|---|---|---|
| | 400(mg/L) | 600(mg/L) | 800(mg/L) | 1000(mg/L) | 1200(mg/L) | 1400(mg/L) | 1600(mg/L) | 1800(mg/L) | 2000(mg/L) |
| 高粘型聚表剂 | 6 | 11 | 37 | 70 | 147 | / | / | / | / |
| 低粘型聚表剂 | 3 | 5 | 8 | 14 | 22 | 39 | 57 | 82 | 112 |
| 普通中分 | 5 | 9 | 12 | 16 | 21 | 27 | 34 | 44 | 53 |

表 2 聚表剂溶液黏度稳定性

| 聚合物名称 | 浓度(mg/L) | 放置不同时间后黏度(mPa·s) | | | | | 黏度保留率(%) |
|---|---|---|---|---|---|---|---|
| | | 1 天 | 4 天 | 7 天 | 15 天 | 30 天 | |
| 高粘型聚表剂 | 800 | 37 | 45 | 61 | 51 | 21 | 55 |
| 低粘型聚表剂 | | 10.7 | 8.33 | 7.47 | 7.47 | 7.47 | 70 |
| 普通中分 | | 11.6 | 10.5 | 9.5 | 7.2 | 6.1 | 53 |
| 高粘型聚表剂 | 1000 | 70 | 128 | 155 | 133 | 95 | 136 |
| 低粘型聚表剂 | | 16.0 | 10.7 | 10.7 | 10.7 | 10.7 | 67 |
| 普通中分 | | 15.7 | 13.6 | 10.3 | 8.4 | 8.0 | 51 |
| 高粘型聚表剂 | 1200 | 147 | 253 | 292 | 242 | 240 | 163 |
| 低粘型聚表剂 | | 22.4 | 17.1 | 16.0 | 16.0 | 16.0 | 71 |
| 普通中分 | | 20.9 | 16 | 12.1 | 10 | 9.8 | 47 |

### 2.3.2 低粘型聚表剂乳化原油能力强

室内乳化实验(油水体积比 1:1)表明,两种聚表剂均能与原油乳化;低粘型聚表剂与原油形成乳状液 1 小时内破乳速度较快,放置 3 天后,基本上完全破乳(表 3)。

表 3 聚表剂乳状液析水率随时间变化情况

| 聚表剂 类 型 | 浓度 (mg/L) | 放置不同时间后析水率变化(%) | | | | | | |
|---|---|---|---|---|---|---|---|---|
| | | 0 小时 | 1 小时 | 4 小时 | 8 小时 | 1 天 | 3 天 | 7 天 |
| 高粘型 | 200 | 0 | 94 | 96 | 100 | 100 | 100 | 100 |
| | 400 | 0 | 75 | 84 | 88 | 96 | 100 | 100 |
| | 600 | 0 | 9 | 20 | 32 | 60 | 72 | 82 |
| | 800 | 0 | 0 | 0 | 0 | 0 | 8 | 10 |
| | 1000 | 0 | 0 | 0 | 0 | 0 | 0 | 4 |
| | 1200 | 0 | 0 | 0 | 0 | 0 | 0 | 0 |
| 低粘型 | 200 | 0 | 80 | 95 | 100 | 100 | 100 | 100 |
| | 400 | 0 | 72 | 76 | 80 | 84 | 100 | 100 |
| | 600 | 0 | 64 | 72 | 74 | 82 | 100 | 100 |
| | 800 | 0 | 64 | 72 | 72 | 80 | 100 | 100 |
| | 1000 | 0 | 56 | 64 | 72 | 76 | 98 | 100 |
| | 1200 | 0 | 48 | 64 | 70 | 74 | 94 | 100 |

在 45℃ 温度下,按照体积比 1:1,将 800 mg/L 和 1000mg/L 低粘型聚表剂溶液与原油装入锥形瓶中,摇匀乳化,再将摇匀后的乳状液倒入 45℃ 温水中,稀释分散(图 6)。结果表明,乳状液遇水易分散,黏度降低,流动性增强(表 4)。

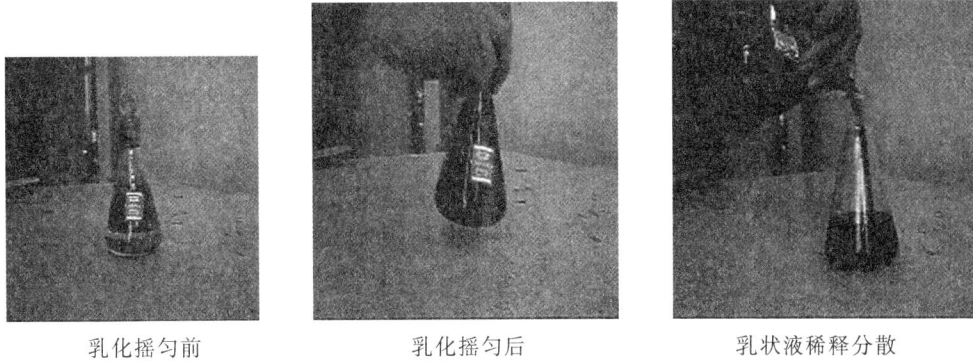

| 乳化摇匀前 | 乳化摇匀后 | 乳状液稀释分散 |

图6　浓度800mg/L聚表剂/原油乳状液稀释分散情况

表4　低粘型聚表剂乳状液黏度变化情况

| 浓度(mg/L) | 不同含水乳状液的黏度(mPa·s) | | | |
|---|---|---|---|---|
| | 含水50% | 含水65% | 含水75% | 含水85% |
| 800 | 37.8 | 13.4 | 3.7 | 1.7 |
| 1000 | 59.7 | 24.9 | 12.9 | 2.4 |

用电子显微镜观察聚表剂溶液与原油形成的乳状液,照片显示,原油增溶乳化到聚表剂分子疏水缔合的空间网状结构中,乳状液滴粒径均匀细小(图7)。

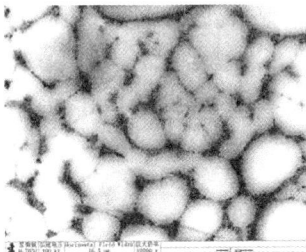

缔合成网

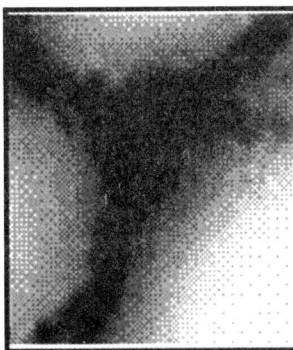

乳滴细小

图7　聚表剂/原油乳状液电镜照片

(水油比1∶1,聚表剂浓度50mg/L,放大5000倍)

### 2.3.3　低粘型聚表剂的分子量和界面张力均较低

低粘型聚表剂的分子量为 $300 \times 10^4 \leqslant M \leqslant$ $550 \times 10^4$,远低于普通中分聚合物的分子量 $1200 \times 10^4 \leqslant M \leqslant 1600 \times 10^4$。

用某注入站污水将低粘型聚表剂和普通中分聚合物配制成浓度800mg/L的溶液,在45℃条件下,检测两种溶液与原油之间的界面张力,如表5所示。结果表明,低粘型聚表剂比普通中分的界面张力低一些,说明低粘型聚表剂具有一些表面活性剂的特性,具有降低原油和水之间界面张力的能力(表5)。

表5　低粘型聚表剂和普通中分的界面张力情况

| 类型 | 分子量(10⁴) | 界面张力(mN/m) |
|---|---|---|
| 低粘型 | 300≤M≤550 | 4.6 |
| 普通中分 | 1200≤M≤1600 | 31.4 |

### 2.3.4　低粘型聚表剂抗剪切能力较强

低粘型聚表剂剪切后,分子碳链变短,形成的增溶原油的活性结构体积变小,乳状液粒径变小,受周围水分子作用力增强影响,油滴上浮速度变慢。因此,注入液黏度下降、与原油形成的乳状液黏度降低,析水速度变慢,乳化能力保持不变,但乳状液稳定性增强(表6～表8)。

表6　不同浓度低粘型聚表剂溶液剪切前后
与原油形成乳状液黏度变化

| 浓度(mg/L) | 黏度(mPa·s) | |
|---|---|---|
| | 剪切前 | 剪切后 |
| 200 | 2.5 | 1.2 |
| 400 | 4.8 | 1.4 |
| 600 | 7.0 | 2.2 |
| 800 | 10.7 | 3.0 |
| 1000 | 16.0 | 4.2 |

表7 不同浓度低粘型聚表剂溶液剪切前后与原油形成乳状液析水率变化

| 放置时间 | 不同浓度聚合物溶液剪切前后乳化原油析水率变化(%) | | | | | |
| | 400mg/L | | 600mg/L | | 800mg/L | |
| | 剪前 | 剪后 | 剪前 | 剪后 | 剪前 | 剪后 |
|---|---|---|---|---|---|---|
| 1 小时 | 68 | 56 | 64 | 40 | 40 | 4 |
| 4 小时 | 88 | 72 | 80 | 48 | 56 | 40 |
| 8 小时 | 96 | 76 | 86 | 52 | 64 | 48 |
| 1 天 | 96 | 80 | 92 | 60 | 80 | 56 |
| 3 天 | 100 | 100 | 100 | 80 | 84 | 72 |
| 7 天 | 100 | 100 | 100 | 100 | 100 | 100 |

表8 低粘型聚表剂溶液剪切前后与原油形成乳状液粒径分布(800mg/L)

| 序号 | 剪切前 | | | 剪切后 | | |
| | 粒径($\mu$m) | 个数 | 比例(%) | 粒径($\mu$m) | 个数 | 比例(%) |
|---|---|---|---|---|---|---|
| 1 | 5 | 24 | 3.54 | 5 | 49 | 7.72 |
| 2 | 6 | 97 | 14.31 | 6 | 160 | 25.20 |
| 3 | 7 | 82 | 12.09 | 7 | 132 | 20.79 |
| 4 | 8 | 82 | 12.09 | 8 | 102 | 16.06 |
| 5 | 9 | 64 | 9.44 | 9 | 73 | 11.50 |
| 6 | 10~19 | 266 | 39.23 | 10 | 61 | 9.61 |
| 7 | 20~29 | 59 | 8.70 | 11~12 | 53 | 8.35 |
| 8 | 30 以上 | 4 | 0.59 | 13 以上 | 5 | 0.79 |
| 平均($\mu$m) | | 11.2 | | | 7.7 | |

### 2.3.5 低粘型聚表剂吸附滞留作用弱

在2MPa的恒定压力下,将不同浓度普通中分或低粘型聚表剂溶液渗流通过装满弱亲油性油砂的填砂管,进行渗流吸附实验,弱亲油性油砂与溶液质量相等,检测溶液吸附前后黏度变化(图8)。结果表明,低粘型聚表剂比普通中分黏度保留率更高,说明低粘型聚表剂在油砂表面上的吸附作用较弱,有更多的聚表剂渗流通过了油砂层(表9)。

图8 渗流吸附所用填砂管照片

表9 普通中分和低粘型聚表剂抗吸附实验结果

| 浓度(mg/L) | 普通中分 | | | 低粘型聚表剂 | | |
| | 吸前(mPa·s) | 吸后(mPa·s) | 保留率(%) | 吸前(mPa·s) | 吸后(mPa·s) | 保留率(%) |
|---|---|---|---|---|---|---|
| 400 | 5 | 3.2 | 64.3 | 3 | 2.2 | 72.2 |
| 600 | 9 | 5.7 | 64.3 | 5 | 3.8 | 75.8 |
| 800 | 12 | 8.9 | 76.9 | 10 | 8.1 | 80.7 |
| 1000 | 16 | 12.0 | 76.2 | 17 | 14.5 | 85.6 |
| 1200 | 21 | 16.4 | 78.3 | 26 | 21.6 | 83.0 |

### 2.3.6 低粘型聚表剂渗流传导能力强

通过聚表剂室内渗流实验,观察注入压力变化及岩心注入端面的聚表剂滞留情况(图9～图11),高粘型聚表剂堵塞岩心注入端面,而低粘型聚表剂无此情况,分析结果表明,低粘型聚表剂能够顺利通过渗透率为 $0.3\mu m^2$(气测)的岩心(表10)。

表10　室内岩心渗流实验结果

| 药剂类型 | 工作黏度<br>(mPa·s) | 空气渗透率<br>($\mu m^2$) | 阻力系数 | 残余阻力系数 |
|---|---|---|---|---|
| 低粘型聚表剂 | 9.6 | 0.335 | 10 | 3 |
| 高粘型聚表剂 | 12.7 | 0.330 | 520 | 308 |

注:深度处理污水配制聚表剂浓度为1000mg/L

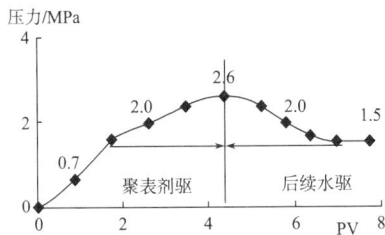

图9　低粘型聚表剂溶液渗流曲线

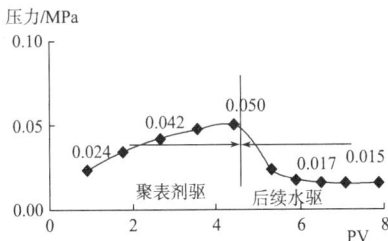

图10　高粘型聚表剂溶液渗曲线

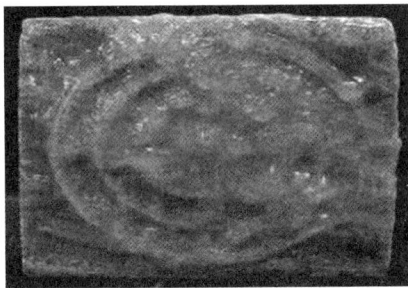

高粘型聚表剂

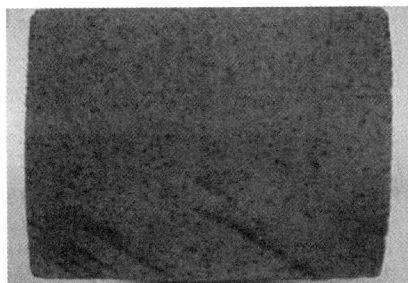

低粘型聚表剂

图11　驱油实验后岩心注入端聚表剂残留情况照片

岩心渗透率为 $0.05\mu m^2$(气测)时,800mg/L的低粘型聚表剂溶液体系没有堵塞岩心的迹象;当岩心渗透率为 $0.03\mu m^2$(气测)时,阻力系数和残余阻力系数较大。说明聚表剂能够正常通过渗透率为 $0.05\mu m^2$(气测)的油层(表11)。

表11　室内渗流实验结果

| 药剂类型 | 工作黏度<br>(mPa·s) | 空气渗透率<br>($\mu m^2$) | 阻力系数 | 残余阻力系数 |
|---|---|---|---|---|
| 低粘型聚表剂 | 6.0 | 0.052 | 22 | 11 |

通过室内渗流传导实验,观察岩心前半段和后半段压力变化,比较低粘型聚表剂和普通中分聚合物渗流传导能力(图12、图13)。岩心渗透率为 $0.35\mu m^2$(水测),注入方案:前期水驱+0.6PV化学段塞+后续水驱。实验结果表明,岩心前半段压力普通中分>低粘型聚表剂,岩心后半段压力普通中分<低粘型聚表剂。说明低粘型聚表剂不但渗流能力较强,而且压力传导能力也较强;不但容易注入,而且可在岩心深部进行调驱。

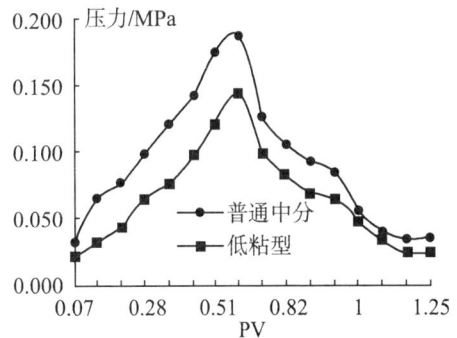

图12　岩心前半段渗流曲线

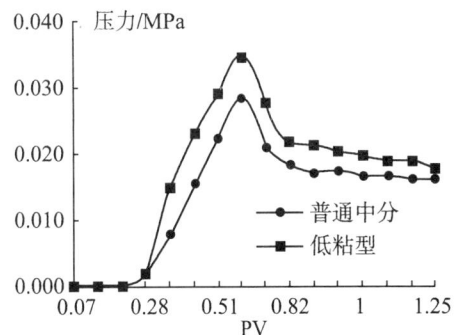

图13　岩心后半段渗流曲线

### 2.3.7 室内岩心驱油实验效果较好

采用深度处理污水依照方案配制驱油体系,45℃条件下,使用人造均质岩心(4.5cm×4.5cm×30cm)开展驱油实验(表12)。

表12 不同驱油剂室内驱油实验结果

| 编号 | 聚表剂样品 | 方案 | 岩心类型 | 岩心渗透率(μm²) | 含油饱和度(%) | 采收率(%) | | | 采收率增幅(%) | 是否堵塞岩心 |
|------|-----------|------|---------|---------------|-------------|-----|-----|-----|-------------|-----------|
| | | | | | | 水驱 | 聚表剂驱 | 后续水驱 | | |
| 1 | 高粘型聚表剂 | 0.64PV×800mg/L | 人造 | 0.104 | 64.0 | 49.7 | 53.6 | 58.7 | 9.0 | 是 |
| 2 | 普通中分 | | | 0.105 | 64.0 | 49.0 | 54.1 | 57.1 | 8.1 | 否 |
| 3 | 低粘型聚表剂 | | | 0.102 | 67.4 | 49.3 | 57.6 | 60.9 | 11.6 | 否 |
| 4 | 高粘型聚表剂 | 0.64PV×1000mg/L | 人造 | 0.105 | 63.1 | 49.7 | / | / | / | 是 |
| 5 | 普通中分 | | | 0.109 | 67.5 | 49.3 | 59.7 | 61.7 | 12.4 | 否 |
| 6 | 低粘型聚表剂 | | | 0.103 | 68.3 | 48.9 | 59.8 | 63.8 | 14.9 | 否 |
| 7 | 低粘型聚表剂 | 1PV×1200mg/L | 人造 | 0.105 | 67.4 | 49.3 | 65.8 | 67.4 | 18.1 | 否 |
| 8 | 普通中分 | | | 0.102 | 68.3 | 49.2 | 62.6 | 64.0 | 14.8 | 否 |
| 9 | 低粘型聚表剂 | 1PV×1200mg/L | 天然 | 0.110 | 65.0 | 50.5 | 63.8 | 67.5 | 17.0 | 否 |
| 10 | | | | 0.106 | 66.0 | 50.1 | 64.3 | 67.9 | 17.8 | 否 |

室内驱油实验结果表明,与其他类型聚表剂相比,低粘型聚表剂体系无堵塞岩心现象;当注入浓度和注入体积相同时,低粘型聚表剂的采收率提高幅度值大于普通中分聚合物。

## 2.4 聚表剂驱油机理分析

结合室内实验及文献调研情况[12-19],对聚表剂的驱油机理进行了初步分析,结果如下。

一是疏水缔合机理。低粘型聚表剂是聚丙烯酰胺接枝共聚了较强亲油性和亲水性官能团的驱油剂。亲油基即具有疏水性作用的烷烃链,烷烃链之间范德华力较强,可在分子内或分子间发生疏水缔合作用形成胶束,使聚表剂分子在溶液中形成空间立体网络结构,既能提高溶液黏度,又能增容乳化原油。

二是抗盐增粘机理。在相同矿化度情况下,低粘型聚表剂黏度高于普通中分聚合物。用环境扫描电镜观察水溶液中聚表剂和普通聚合物微观形态,发现聚表剂比聚丙烯酰胺的网格更粗壮。这是由于疏水缔合作用增强了聚表剂分子间的作用力,增强了网络结构的刚性,从而提高了聚表剂的抗盐性、抗剪切性、黏度稳定性等指标。

三是增溶乳化机理。低粘型聚表剂分子链上具有亲油基(疏水特性的烷烃链),同小分子表面活性剂一样,聚表剂分子内或分子间会形成胶束,胶束镶嵌在空间立体网状结构中,胶束的内部是疏水的,根据相似相溶的原理,胶束对原油有增溶作用,增溶了原油的胶束直径较小,仍然是热力学稳定体系,无论放置时间长短,原油都不会分离出来。另外,聚表剂分子具有表面活性,可以与原油形成乳状液,形成的乳状液滴直径较大,有聚并趋

势,是热力学不稳定体系。因此,低粘型聚表剂可通过网络结构增溶原油,通过单个分子的表面活性乳化原油。

四是调洗驱油机理。低粘型聚表剂具有较强的增溶乳化原油能力,形成水包油型乳状液,易于流动,便于携带采出,提高了驱替液的洗油能力;乳状液在岩层孔道中渗流时,乳状液滴通过狭窄的孔喉处可发生形变,即发生"贾敏效应",在微观上形成调剖堵水的作用,所以增溶乳化作用提高了低粘型聚表剂的调洗驱油能力。另外,由于低粘型聚表剂具有较低分子量($300×10^4≤M≤550×10^4$),较强的渗流能力、传导能力、抗盐能力、抗剪切能力、抗吸附能力,使其不但容易进入渗透率较低的油层驱油,而且在油层深部保留较高的黏度进行调驱作用(图14)。

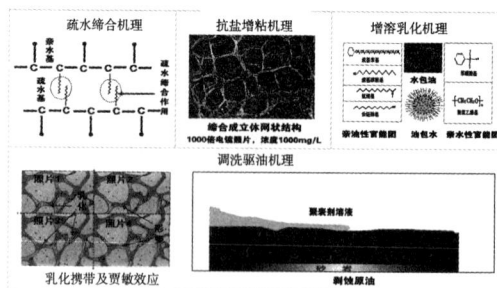

图14 聚表剂驱油机理示意图

## 2.5 先导性矿场实验应用效果较好

在大庆油田杏二区A块划定试验区,面积0.324km²,采用12注20采五点法面积井网(中心采出井6口),注采井距100m。该区块三类油层发育状况较好,平均有效厚度4.7m,平均有效渗透率100μm²。

试验区空白水驱至2011年4月结束,水驱采

出程度为 41.48%，试验区综合含水率达到 98%。2011 年 4 月开始聚表剂驱，2011 年 10 月受效，2016 年 11 月 18 日进入后续水驱阶段，试验区累计注入聚表剂溶液占地下孔隙体积 1.293PV，聚表剂用量 680.03mg/L·PV。截止到 2018 年 12 月底，试验区聚表剂驱阶段采出程度 17.84%，提高采收率 11.58 个百分点；中心井阶段采出程度 18.49%，提高采收率 12.87 个百分点。

## 3　结论

（1）同普通中分聚合物相比，低粘型聚表剂具有较强的增粘能力、乳化能力、抗吸附滞留能力和较低的界面张力。

（2）低粘型聚表剂具有较强的渗流传导能力，化学段塞大小及聚合物用量相同时，能够比普通中分聚合物提高采收率高 2.5～3.5 个百分点。

（3）初步确定疏水缔合、抗盐增粘、增溶乳化、调洗驱油四种驱油机理，使低粘型聚表剂具有较好的驱油能力。

（4）低粘型聚表剂应用于三类油层现场试验，驱油效果显著，使原油采收率提高 12.87 个百分点。

### 参 考 文 献

[1] 张自秋,李锋,段吉国.聚表剂驱模拟采出液油水界面性能研究[J].高分子通报,2018(4).

[2] 李丽娟.聚表剂溶液性能评价及驱油效果研究[J].石油工业技术,2012(8).

[3] 张向峰.聚表剂组分分离方法及驱油性能评价[D].中国石油大学(华东)硕士论文,2016.

[4] 张丽庆,孔燕,吕晓华,李二晓,等.河南油田聚表剂性能评价[J].精细石油化工进展,2014(3).

[5] 黄菲.聚表剂乳化性能评价[J].化学工程与装备,2013(9).

[6] 刘成,刘海燕,赵秀丽.驱油用聚表剂乳化性能评价方法[J].广东化工,2014(12).

[7] 王乾岭,石磊.大庆油田二类油层聚表剂驱阶段认识[J].科学技术与工程,2011(11).

[8] 张启江.聚驱后注入聚表剂提高采收率研究[J].长江大学学报(自然科学版),2011(5).

[9] 龚亚.不同聚表剂驱油机理及渗流规律研究[D].东北石油大学硕士论文,2017.

[10] 高天怡.大庆三类油层驱油用聚表剂室内评价研究[D].吉林大学硕士论文,2016.

[11] 卢娜.炼化聚表剂与海博聚表剂体系特征研究[D].东北石油大学硕士论文,2012.

[12] 冉法江.驱油用聚表剂特征官能团研究[J].化学工程师,2013,27(11):19－22.

[13] 冯玉军,郑焰,罗平亚.疏水缔合聚丙烯酰胺的合成及溶液性能研究[J].化学研究与应用,2000,12(1):70－73.

[14] 王克亮,赵利,等.聚表剂溶液的性能和驱油效果实验研究[J].大庆石油地质与开发,2010,29(2).

[15] 张子刚.聚表剂和聚合物母液胶状杂质组分分析及治理措施研究[D].硕士学位论文,2013.

[16] 卢娜,吴文祥.炼化聚表剂与海博聚表剂体系特征研究[D].硕士学位论文,2012.

[17] Taber, J, J. Dynanmic and Static Forces Required to Remove a Discontinuous Oil Phase from Porous Media Containing both Oil and Water[J]. SPE Reprint Series No. 24, Surfactant/Polymer Flooding － 1, SPE, Richardson, Tx,1988:42－45.

[18] Abram, A. The Influence of Fluid Viscosity, Interfacial Tension and Fluid Viscosity on Residual Oil Saturation Left by Water flood [J]. SFE Reprint Series No. 24, Surfactant/Polymer Flooding － 1, SPE, Richardson, Tx,1988:52－62.

[19] Burk, J, H. Comparison of Sodium Carbonate, Sodium Hydroxide, and Sodium Ortho Silicate for EOR, SPE[J]. Reservoir Engineering, 1978(2):9－16.

# 大庆扶余油层减氧空气驱油技术研究与矿场试验

赵　强

（大庆油田有限公司第七采油厂）

**摘　要**　针对大庆长垣南低孔特低渗致密扶余油层注水难度大、无法建立有效驱替等问题，开展减氧空气驱油机理及可行性研究，通过室内实验明确减氧空气驱比水驱提高 17.98% 采收率，给出最佳含氧量区间；同时，利用数值模拟技术进行注入参数优化，并开展了减氧空气驱油矿场试验。针对油井气窜现象，及时注入参数调整控制气窜程度，提出泡沫辅助及分层注入等建议。试验阶段采收率 1.05%，取得了一定的增油效果，为大庆长垣致密储层减氧空气驱提高采收率技术研究奠定了基础。

**关键词**　扶余油层；减氧空气驱；采收率；室内实验；数值模拟；参数优化

## 1　引　言

大庆长垣扶余致密储层储量占总储量的 40.6%，由于储层物性差、渗透率低、孔吼细小，地层吸水能力较差，常规水驱开发难以动用，地层能量得不到有效补充，产油井整体表现为单井产量低，30% 油井日产油小于 1t，72% 油井日产油小于 2t，采油速度低于 1%。因此，探索减氧空气驱油提高采收率技术。

## 2　减氧空气驱国内外现状

从 1967 年开始，Amoco、Gulf 和 Chevron 公司在美国开展了注空气三次采油现场试验，增产效果令人瞩目。1985 年至今，美国在多个低渗轻质油藏进行注空气二次和三次采油先导性试验，获得了可观的经济技术效果。截至目前，高压注空气驱油已经在包括印度、印度尼西亚、加拿大、美国、挪威等多个国家进行了广泛的应用，其中加拿大的 Buffalo 油田应用得最早，也是最成功的一个。20 世纪末，国内对高压注空气驱的研究侧重点主要集中在注空气驱油的可行性、机理、影响因素、安全控制等方面[1-11]。2004 年，张旭等人模拟了轻质油藏注空气的低温氧化过程[12]，发现热效应并不是研究的油藏提高采收率的主要因素，氧气在油层中被消耗，生成了二氧化碳，二氧化碳和氮气对原油产生了抽提作用，注空气过程间接地实现了烟道气驱；张俊等人在吐哈葡北油田水气交替驱替矿场试验中，通过室内长岩心模拟驱替实验，解决了注入井气水的切换问题；同年 9 月吐哈葡北油田注空气可行性研究成果成功通过验收。2005 年，齐笑生等人针对中原油田实际的油藏条件，系统分析探讨了注空气技术的可行性，最后建议在高含水轻质油藏进行现场试验。近几年，吐哈、辽河、华北、吉林、延长等国内各大油田都进行了部分试验研究。其中，辽河油田共有 15 个区块，50 个井组开展试验，2016 年一季度阶段增油 1 万吨；2017 年底，吐哈油田 12 个井组已注入起泡剂和减氧空气，试验已增油 3.9 万吨。随着配套工艺技术的进步，注减氧空气的成本会很大程度地降低，因此，在提高特低渗透油藏采收率方面空气驱将是一种容易推广应用的有效方法。

## 3　减氧空气驱室内物理模拟研究

### 3.1　原油低温氧化静态实验

取试验区块一定质量的油、岩样（石英砂）、地层水混合均匀，放入容器中。通入空气至设定压力，并将其放入设定温度的烘箱中恒温加热，记录容器中压力的变化。在实验结束后检测残余气体中氧气和二氧化碳及一氧化碳等气体的含量，综合总气量计算耗氧速率。实验结果表明，原油发生低温氧化反应产生了 CO 和 $CO_2$，产生的大部分 $CO_2$ 溶解于原油，单位体积原油在 7 天之内能消耗 77.0 体积空气中的氧气（16.32），并且产生 3.8 体积的 $CO_2$ 和 1.57 体积的 CO（图 1）。

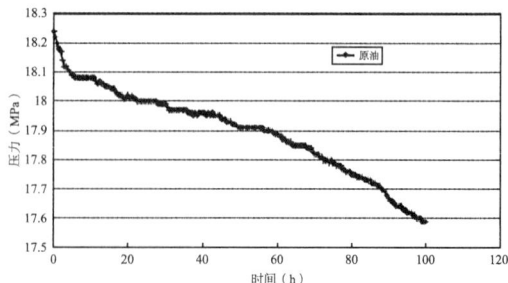

图 1　原油低温氧化体积变化曲线

分别对温度、压力、地层水、地层岩石等影响因素进行研究，实验结果表明，温度、压力越高氧化速率越大，地层水及地层砂的存在也对氧化反应有促进作用。同时，低温氧化后，氧元素含量略有增大，氧以"加氧"形式形成 $-O-H$、$-C=O$、

－C－O－化学键,生成酸、醛、酮、醚和过氧化物等物质;在四组分中,饱和烃、芳香烃和胶质组分随温度变化幅度较小,其中芳香烃和胶质组分先增加后减小,沥青组分随温度升高而明显增多,说明在原油氧化以后重组分含量增加(表1)。

表1 原油氧化前后四组分含量变化

| 样品名称 | 饱和烃组分(%) | 芳香烃组分(%) | 胶质(%) | 沥青质(%) | 采收率(%) |
|---|---|---|---|---|---|
| 原油 | 57.06 | 19.47 | 11.59 | 0.94 | 89.07 |
| 98℃ | 56.73 | 18.51 | 11.49 | 2.33 | 89.07 |
| 105℃ | 54.28 | 18.61 | 11.36 | 4.62 | 88.87 |

### 3.2 原油动态氧化实验

取试验区原油,采用细长管实验装置在不同温度下对不同氧含量的空气进行驱替实验,分析原油与空气的低温氧化特征。结果表明,驱替过程中 $O_2$ 被大量消耗,发生了低温氧化, $N_2/O_2$ 的比值随驱替过程的进行明显地高于注入空气中 $N_2/O_2$ 的比值($10\%O_2$),即驱替过程中发生了氧化反应。同时,空气中 $O_2$ 浓度越低,产出气中检测到的 $O_2$ 含量越少,产出气中 $O_2$ 被充分消耗,对于体系越安全(图2)。

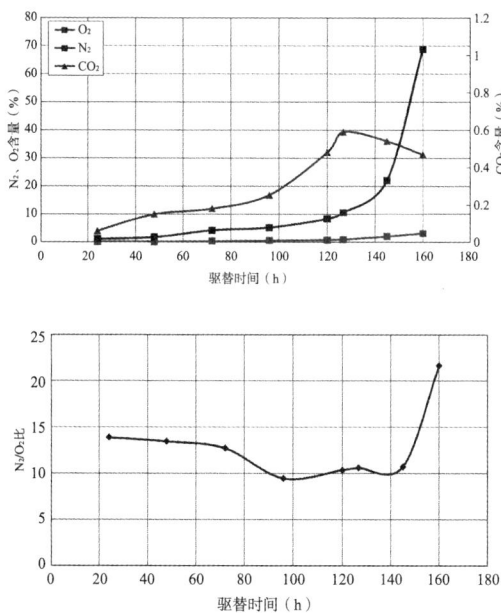

图2 空气驱($10\%O_2$)过程中产出气体含量及 $N_2/O_2$ 变化曲线

### 3.3 原油相态特征模拟研究

原油在80℃条件下随着压力的升高黏度逐渐升高,但是压力越高,气体溶解降粘幅度远远大于低温氧化增粘幅度,减氧空气降粘幅度尤为明显。原油氧化改变油水界面张力作用有限(图3),因此若要大幅降低油水界面张力,还要依靠人为注入

表活剂的方式来实现。

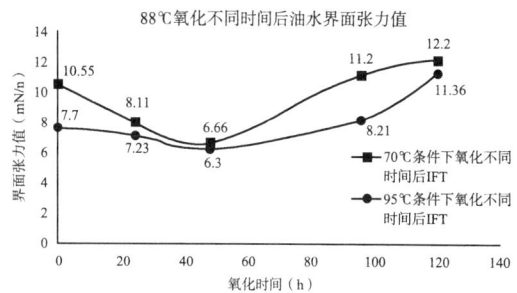

图3 88℃、$10\%O_2$ 减氧空气氧化后油水界面张力变化(20MPa)

### 3.4 驱油效率实验研究

取地层岩心进行驱油效率对比试验,结果表明,空气驱驱油效率(54.13%)比水驱驱油效率(36.15%)提高17.98%,驱替压差空气驱比水驱小0.5MPa(图4、图5)。

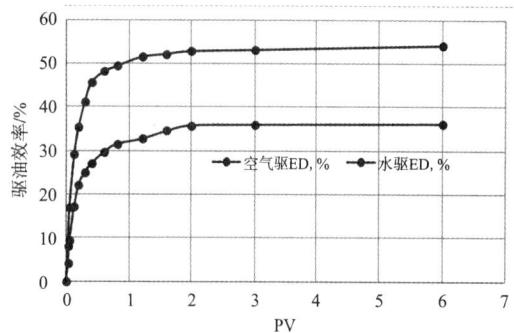

图4 空气驱和水驱驱油效率

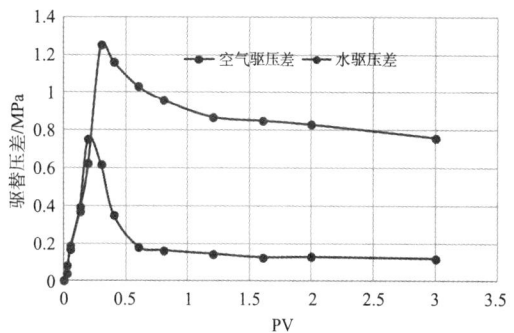

图5 空气驱和水驱驱替压差

用长岩心驱替实验研究不同温度和压力下的驱油效率,结果表明,在低温低压条件下,氮气驱效果好于空气驱;随着温度和压力增大,氮气驱和空气驱效果增加;超过一定温度和压力,由于产生烟道气,空气驱效果好于氮气驱。为了评价不同氧含量减氧空气驱油效果,实验了不同氧含量(0%,5%,10%,15%,21%)的减氧空气驱,利用均质长岩心驱替实验岩心夹持器规格为 $\varphi38mm\times600mm$,实验原油利用试验区的原油和水样,$N_2$ 驱替实验和减氧空气驱替实验采用相同的驱替速度 $3.38cm^3/min$,背压为18MPa,温度为90℃(图6)。

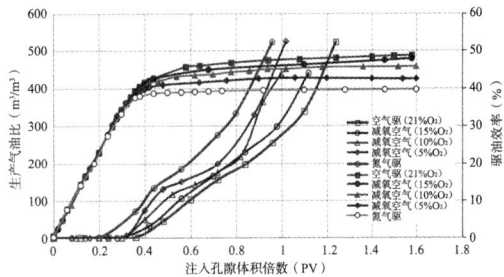

图6 不同氧含量的空气驱驱油效率及生产气油比曲线

从实验结果可以看出，气驱在0.35~0.45PV之间空气突破，产出气体明显增多，0.7PV以后基本无油产出，产出的油最终计量也非常少量，说明无论氮气驱和减氧空气驱条件下油藏原油不能与减氧空气形成混相，是典型的非混相气驱。气体一旦突破，就形成气窜，气体的整体波及体积急剧减少。整体上在油藏条件下空气驱好于氮气驱，高含氧空气驱高于低含氧空气驱油效率，主要原因是空气在驱替过程中发生低温氧化反应，造成原油黏度增加，同时改善了驱替流体的流度比，气体更易发生气窜，采出端见气后氧化容易不充分，造成见氧。因此，减氧空气的含氧量控制在5%~10%，既能保证较好的驱油效果，又具有一定的安全性。

## 4 方案优化设计

建立地质模型，对历史生产数据进行拟合，分析油层厚度、渗透率、地层倾角、原油黏度及井型井网等因素，优选五点法注采井网，井距300m，排距100m，注采井距180m，试验井组"四注九采"。利用数值模拟技术，对注气方式、注气强度、含氧量、转注时机、注气压力上限、采油方式等参数进行了优化设计。方案设计初期笼统连续注气，注气强度2.4m³/d·m，注入压力不超过30MPa，油井连续采油，生产流压3MPa，气窜井组实施阶段泡沫段塞注入，氧含量<5%。预测10年累计产油4.07×10⁴t，可提高采出程度14.53%，投入产

出比为1：1.24(表2)。

表2 减氧空气驱试验方案设计

| 注入方式 | 注气强度（m³/d·m） | 流压（MPa） | 氧含量（%） | 累积注气（10⁸Nm³/d） | 阶段累产油（10⁴t） | 阶段采出程度（%） | 换油率（t/t） |
|---|---|---|---|---|---|---|---|
| 笼统连续注入 | 2.4 | 3 | <5 | 0.85 | 4.07 | 14.54 | 0.38 |

## 5 矿场试验

### 5.1 现场实施

现场试验从2020年1月开始，截至2021年4月，试验区累计注入1102×10⁴Nm³减氧空气，平均注入压力27MPa；9口采出井试验前不产油全部关井，试验后全部恢复正常生产，其中6口井取得增油效果，平均单井日产液2.1t，日增油1.3t，累计增油2947.6t，阶段采出程度1.05%。

### 5.2 阶段认识

#### 5.2.1 减氧空气驱能快速补充地层能量

静压测试资料显示，气驱试验能够快速补充地层能量，中心井在注气2个月后，静压由9MPa逐渐升至16MPa。流压测试资料显示，角井在开井生产3个月后，井底流压稳在0.9MPa，且缓慢增长。

#### 5.2.2 笼统注气薄层突进现象明显

连续注气3个月后，9口油井中有3口油井气窜，较方案设计早6个月，气窜后油井无增油效果。通过产出剖面相关数据分析，气窜层位为连通薄层，砂体发育主要为上部河道及边滩、透镜体，且连通注入井注水期间吸水情况较差；下部主力河道砂体的动用程度较低，分析认为，气体进入薄层是单相介质，启动压力低容易突进，厚层为水气两相介质，启动压力高无法启动(表3)。

表3  气窜井产出剖面测试结果

| 序号 | 层位 | 小层编号 | 射孔资料 | | | | | 注入井连通层位吸水情况(%) | 测试结果 | |
|---|---|---|---|---|---|---|---|---|---|---|
| | | | 射孔顶深(m) | 射孔底深(m) | 射开厚度(m) | 有效厚度(m) | 砂体类型 | | 相对产液量(%) | 相对产气量(%) |
| 1 | 扶一组 | $1^2$ | 1627.8 | 1630.6 | 2.8(压裂) | 2.3 | 主河道 | 0 | 40 | 27.3 |
| 2 | | $2^2$ | 1644.4 | 1646.2 | 1.8(压裂) | 1.7 | 边滩 | 0 | 30 | 48.5 |
| 3 | | $5^{1.2}$ | 1687.6 | 1691 | 3.4 | 0.4  0.8 | 透镜体 | 11.55 | 10 | 9.1 |
| 4 | | $(6^1)$ | 1695.8 | 1698.2 | 2.4 | | 主河道 | 11.35 | 0 | 0 |
| 5 | | $6^2$ | 1699.4 | 1702.6 | 3.2 | 0.2 | 主河道 | 8.17 | 20 | 15.2 |
| 6 | 扶一组 | $1^1$ | 1736.0 | 1738.4 | 2.4(压裂) | 2.3 | 透镜体 | 15.05 | 0 | 0 |
| 7 | | $(1^2)$ | 1748.6 | 1751 | 2.4(压裂) | | 边滩 | | 0 | 0 |
| 8 | | $5^1$ | 1817.9 | 1822.1 | 4.2 | 4.0 | 主河道 | 22.35 | 0 | 0 |
| 合计 | | 8 | / | / | 22.6 | / | / | / | / | / |

### 5.2.3 通过调整注入参数可以减缓气窜程度

采出井按照方案设计注入 3 个月左右开始陆续见气,套压升高,出现气窜现象,通过及时调整注入参数,控制注入量,有效减缓了气窜程度。后期陆续增加注入量至方案设计量,又出现油井气窜现象,说明通过调整注入参数只能减缓气窜程度,但要封堵气窜通道还需要通过泡沫辅助(图7)。

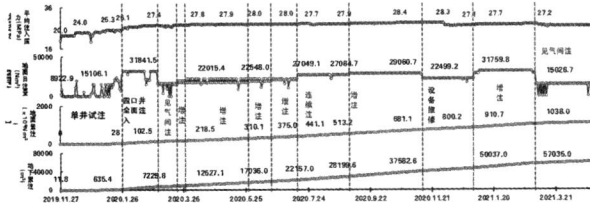

图 7  注入参数调整控制情况

## 6  结论

(1)大庆长垣南扶余油层可以开展减氧空气驱,且空气驱驱油效率比水驱驱油效率提高 17.98%,驱替压差空气驱比水驱小 0.5MPa。

(2)减氧空气驱与常规水驱相比,可快速补充地层能量,保持油藏压力。

(3)通过调整注入参数可以减缓气窜程度,但无法封堵气窜通道,需要进行泡沫辅助封堵。

(4)受储层非均质性影响,笼统注气容易过早气窜,建议进行分层注气。

### 参 考 文 献

[1] 何秋轩,王志伟.低渗透油田注气开发的探讨[J].油气地质与采收率,2002,9(6):38—40.

[2]吕成远,王建,孙志刚.低渗透砂岩油藏渗流启动压力梯度实验研究[J].石油勘探与开发,2002,29(2):86—89.

[3]计秉玉.国内外油田提高采收率技术进展与展望[J].石油与天然气地质,2012,33(1):111—117.

[4]李道品.低渗透油田高效开发决策论[M].北京:石油工业出版社,2003:1—14.

[5]李士伦,郭平,王仲林,等.中低渗透油藏注气提高采收率理论及应用[M].北京:石油工业出版社,2007:1—3.

[6]张方礼,刘其成,刘宝良,等.稠油开发实验技术及应用[M].北京:石油工业出版社,2007:1—3.

[7]李松林,陈亚平,王东辉,等.轻质油油藏注空气实验研究[J].西安石油大学学报(自然科学版),2004,19(2):27—28.

[8]刘泽凯.泡沫驱油在胜利油田的应用[J].油气采收率技术,1996,3(3):23—29.

[9]孟令君.低渗油藏空气/空气泡沫驱提高采收率技术实验研究[D].中国石油大学硕士论文,2011.

[10]吕鑫,岳湘安.空气泡沫驱提高采收率技术的安全性分析[J].油气地质与采收率,2005,12(5):44—46.

[11]徐冰涛,杨占红,刘滨,等.吐哈盆地鄯善油田注空气提高原油采收率实验研究[J].油气地质与采收率,2004,11(6):56—57.

[12]张旭,刘建仪,等.注空气低温氧化提高轻质油气藏采收率研究[J].天然气工业,2004:78—80.

[13]王大钧编译.氮气和烟道气在油气田开发中的应用[M].北京:石油工业出版社,1991:15—63.

[14]翁高富.百色油田灰岩油藏空气泡沫驱油先导试验研究[J].油气采收率技术,1998,5(2):4—10.

[15]罗景琪,陈学周.继注水后向轻质油油藏注空气的探索[J].石油钻采工艺,1996,18(4):68—74.

[16]张旭,刘建仪,孙良田.注空气低温氧化提高轻质油气藏采收率研究[J].天然气工业,2004:96—101.

[17]王杰祥,张琪,张爱山,等.注空气驱室内实验研究[J].石油大学学报,2003,27(4):73—75.

# 平直联合三元复合驱立体化开发模式的构建与实施

## 王 亮 岳 青

(大庆油田有限责任公司第四采油厂)

**摘 要** 从不同井型三元复合驱开发效果看,水平井相比直井,具有波及体积更高、注采能力更强、结垢程度更轻的优势。但在工业化应用过程中,仍面临规模较小,井网设计不规则、驱油机理认识不清、开发调整技术及配套工艺技术尚需深入攻关等一系列难题。为最大限度挖掘厚油层剩余油,深入研究了水平井驱油机理,建立优势井型与优势驱油剂相结合的平直联合三元复合驱立体化开发模式,建立了以水平井为核心,周围直井封边的平直联合立体化井网井型,形成了动静结合、分类调整的一体化开发技术,在B区块现场试验应用效果显著。在提高三元复合驱开发效果、效益方面具有广阔的推广应用前景。

**关键词** 平直联合;驱油机理;三元复合驱;立体化开发

大庆油田强碱三元复合驱技术已实现工业化推广,现场实践表明提高采收率可达 20 个百分点,但在工业化应用过程中仍面临滞留区剩余油难以挖潜、厚油层顶部驱替效果较差、后期注采能力降幅较大、注采两端结垢状况严重等问题。为此在 A 区块开展先导试验,从开发效果看,水平井开发相比直井,具有波及体积较更高、注采能力更强、结垢程度更轻三大优势。但在工业化应用过程中,仍面临规模较小,井网设计不规则、驱油机理认识不清、开发调整技术及配套工艺技术尚需深入攻关等一系列难题。为最大限度挖掘厚油层剩余油,建立优势井型与优势驱油剂相结合的平直联合三元复合驱立体化开发模式,经过现场应用,取得显著成效,开辟了特高含水期老油田提高开发效果及效益的新途径。

## 1 区块基本情况

2017 年底在 B 区块陆续钻打了 16 口水平井,与周围直井形成了 28 注 43 采的平直联合开发试验区。区块分为南北两个水平井组,水平井数分别为 7 口及 9 口,从布井情况看,2 个水平井组控制住了构造平缓且发育相对较好的大面积区域,两套井组彼此相邻且形态规则,有利于后期效果评价(表 1、图 1)。

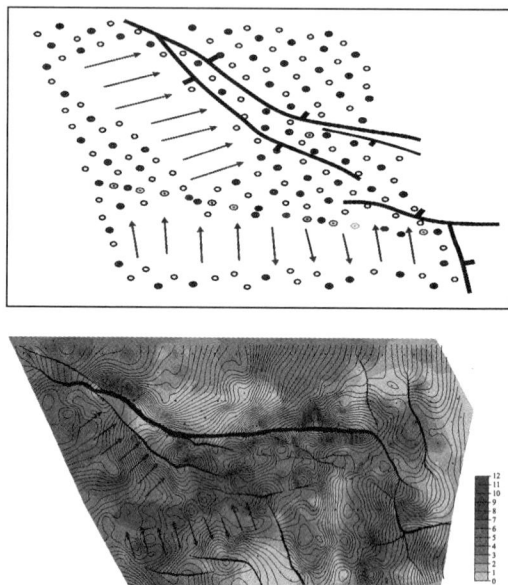

图 1 区块井位图及布井示意图

表 1 B 区块基本情况表

| 区块名称 | 注采井距(m) | 含油面积(km²) | 地质储量(10⁴t) | 总井数(口) | 砂岩厚度(m) | 有效厚度(m) | 平均渗透率(μm²) |
|---|---|---|---|---|---|---|---|
| B区块 | 150~200 | 2.44 | 205.3 | 71 | 10.3 | 7.9 | 0.551 |

## 2 立体化开发模式的构建

### 2.1 深化水平井驱油机理研究,指导立体化开发模式构建

通过设计均质与非均质油层平板岩心模型,利用自主研发的大物模驱替实验装置开展高温高压驱替,同时结合数值模拟结果,研究均质与非均质油层直井注—直井采和水平井注—水平井采三元复合驱渗流特征及提高采收率机理。

室内设计加工了模拟均质与非均质油层直井注—直井采和水平井注—水平井采平板岩心模型。布置了 45 对电极和 9 个测压点,实现了饱和度场和压力场测定。实验结果表明,水平井注—水平井采与直井注—直井采相比提高了采收率(均/非均质模型化学驱阶段采出程度分别提高了 3.1%和 2.1%)、降低了含水率(均/非均质模型化学驱阶段含水低值分别降低了 8.48％和3.28％)、延长了经济开采周期（均/非均质模型分别延长了经济开采周期为 0.14PV 和 0.04PV)、均质模型优于非均质模型开发效果（图2)。

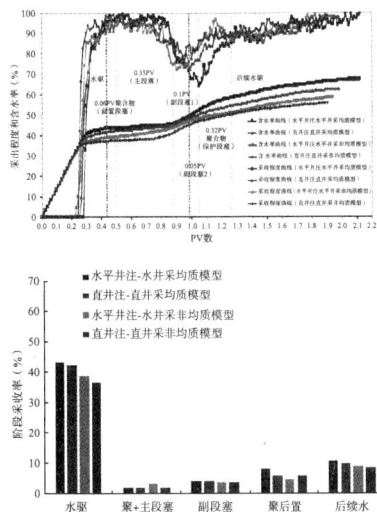

图 2　不同井型开发效果曲线及各阶段采出程度

数值模拟对比了不同开发方式的渗流特征及开发效果。依据岩心参数和实验井距,建立直井注—直井采理论数值模型,按照实验设计井网方式,设计井距为 200m、注采井距为 141m 的直井注—直井采数值模型五点法面积井网(4 注 9 采);依据岩心参数实验井距,建立水平井注—水平井采理论数值模型,按照实验设计井网方式,设计水平井注—水平井采数值模型,设计注采水平段井距 200m,水平段长度 420m(图 3)。

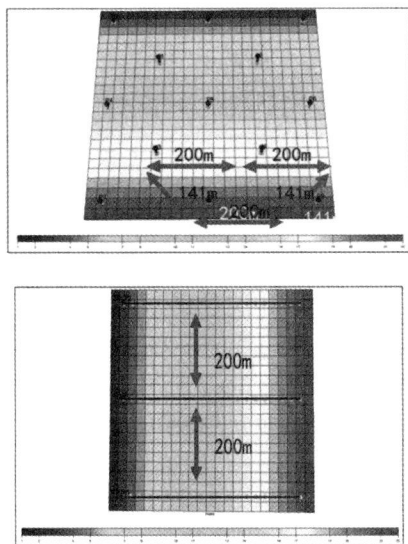

图 3　直注—直采理论数值模型及水平井理论数值模型

依据数值模拟评价了三元驱不同井网组合方式的开发效果,结果表明,应用非均质模型,在三元复合驱条件下,水平井注水平井采较直井注直井采阶段采出程度可提高 1.8 个百分点(在含水 98％

时),含水最低值可降低 3.13 个百分点(图4)。

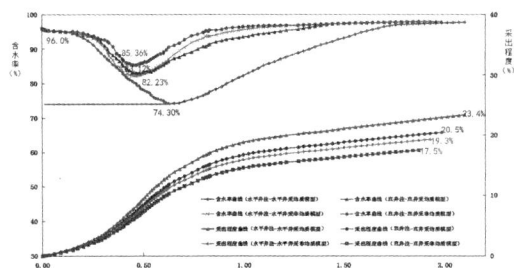

图 4　三元驱不同开发方式阶段采出程度评价

同时,明确了不同开发方式条件下的最终剩余油分布特征,三元复合驱水平井注—水平井采目的层中上部剩余油饱和度高,下部剩余油饱和度低,说明受正韵律影响,中上部驱油效果较差,下部驱油效果好(图 5)。

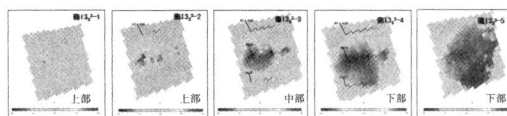

图 5　三元复合驱水平井注—水平井采剩余油饱和度分布图

## 2.2　创新平直联合布井,实现控制程度最高

创新实施平直联合布井模式探索井网优化方式,提高区块控制程度,为三元驱大幅提高采收率奠定基础。水平段长度确定上,基于储层精细地质研究,考虑区块构造,后期井网加密,结合杏六区水平井钻井经验及开发调整效果,水平段长度控制在 300m 左右;水平井入靶方向及入靶点优化上,在地面井场条件允许的情况下,尽可能反向入靶,有利于油层均匀动用。入靶点选择在与上覆单元有隔层的位置,并且尽可能地保证水平井从构造高点向构造低点钻进;层内井轨迹位置优化上,采出井轨迹设计在油层顶部,注入井轨迹设计在油层中部。拟布井目的层砂体分上下两期,下期河道砂体发育规模大,上期河道砂体发育规模小,因此,主要针对下期河道设计轨迹。

一号水平井组控制北部区域,①②号水平井设计在上期河道顶部,其余 5 口井轨迹逐渐过渡至下期河道顶部。二号水平井组控制南部区域,西部 4 口井主要挖掘多期河道顶部剩余油,东部 5 口井主要挖掘多期河道顶部剩余油(图6)。

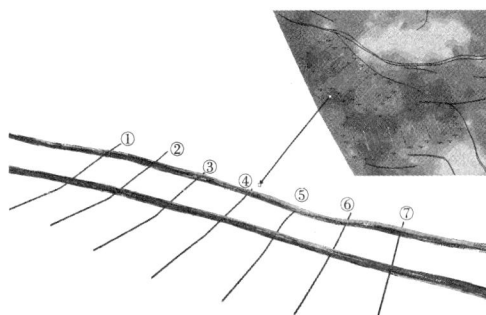

一号水平井组 7 口井

二号水平井组西部 4 口井

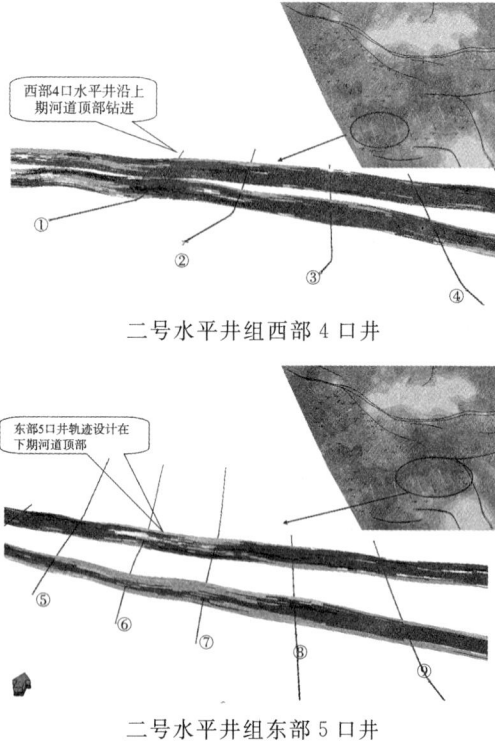

二号水平井组东部 5 口井

图 6　轨迹及相控砂体模型剖面图

建立直井与水平井注采地质模型,分别部署了直井与水平井井距为 100m、150m、200m、250m 四套平直联合布井方案,并对四套方案三元复合驱开展了数值模拟。封边直井与水平井采用 150m 左右的井距,开发效果最好,阶段采出程度最高(表 2)。

表 2　各井网开发效果对比

| 井网 | 含水最低值<br>(%) | 含水下降值<br>(%) | 累积产油量<br>($10^4$t) | 阶段采出程度<br>(%) |
|---|---|---|---|---|
| 100m 井距 | 78.35 | 16.69 | 13.86 | 25.04 |
| 150m 井距 | 79.45 | 15.59 | 14.12 | 26.65 |
| 200m 井距 | 80.07 | 14.97 | 13.56 | 24.78 |
| 250m 井距 | 80.66 | 14.38 | 13.22 | 24.37 |

布井方案设计初期制定 5 项方案,通过综合分析各套方案优缺点,结合经济效益评价最终确定平直联合布井,直井注采井距 141m,署注采井距 200m 的两个水平井组。此套方案税后内部收益率最高,经济效益最好,且该套方案能最大限度缓解层间矛盾,提高最终采收率(表 3)。

表 3　不同注采井距布井方案经济效益指标评价表

| 项　目 | 方案一 | 方案二 | 方案三 | 方案四 | 方案五 |
|---|---|---|---|---|---|
| 布井方式 | 直井 | 直井 | 直井 | 平直联合 | 平直联合 |
| 设计新钻井数(口) | 474 | 583 | 877 | 414 | 407 |
| 基建井数(口) | 478 | 589 | 877 | 417 | 411 |
| 提高采收率(%) | 18 | 18.8 | 19.7 | 18.7 | 18.7 |

续表

| 项　目 | | 方案一 | 方案二 | 方案三 | 方案四 | 方案五 |
|---|---|---|---|---|---|---|
| 总投资(万元) | | 214611.66 | 255143.03 | 341785.72 | 198126.2 | 177985.2 |
| 销售收入(万元) | | 742756 | 783385.06 | 906432.88 | 761646.44 | 746647.5 |
| 销售税金及附加(万元) | | 21391.38 | 22561.49 | 26105.27 | 21935.42 | 21503.45 |
| 净利润(万元) | | 179140.7 | 169253.84 | 125431.39 | 217795.17 | 318857.97 |
| 税息前利润(万元) | | 238854.27 | 226051.59 | 170014.97 | 290393.53 | 425143.94 |
| 所得税前指标 | 财务内部收益率(%) | 21.09 | 15.1 | 11 | 25.75 | 31.29 |
| | 财务净现值(万元) | 66185.2 | 34267.54 | -9784 | 92350.77 | 173365.86 |
| | 投资回收期(年) | 4.6 | 5.57 | 5.23 | 4.54 | 4.28 |
| 所得税后指标 | 财务内部收益率(%) | 15.98 | 11.44 | 8.28 | 20.1 | 24.7 |
| | 财务净现值(万元) | 31948.51 | 3577.73 | -35846.44 | 52517.77 | 115211.27 |
| | 投资回收期(年) | 4.96 | 6.04 | 5.65 | 4.9 | 4.57 |

### 2.3　优化三元体系配方,实现驱油效果最优

应用数值模拟技术评价了不同分子量、注入浓度、段塞大小、注入速度与开发效果的关系,优选出水平井区最优的注入参数,确定了水平井区最优的注入参数组合方式,最终优化设计了三元复合驱驱油段塞,保证了驱油效果最佳(图 7、图 8、表 4)。

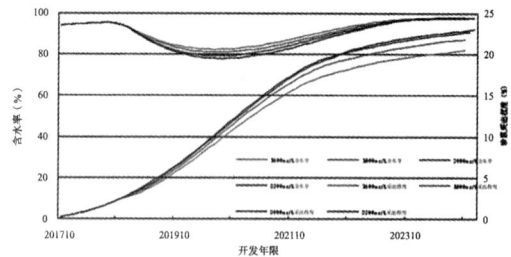

图 7　主段塞聚合物浓度开发效果对比

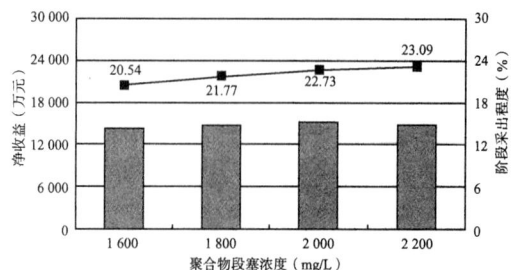

图 8　主段塞聚合物浓度净收益曲线

表4　方案设计情况

| 注入段塞 | 分子量（万） | 聚合物浓度（mg/L） | 碱浓度（%） | 表活剂（%） | PV数 | 注入速度（PV/a） |
|---|---|---|---|---|---|---|
| 前置聚段塞 | 1900 | 2300 | / | / | 0.05 | 0.15 |
| 三元主段塞 | 1900 | 2200 | 1.2 | 0.3 | 0.35 | 0.16 |
| 三元副段塞 | 1900 | 2200 | 1 | 0.2 | 0.2 | 0.16 |
| 后续聚段塞 | 1900 | 1600 | / | / | 0.2 | 0.16 |
| 合　计 | / | / | / | / | 0.8 | / |

## 2.4　完善配套调整技术，实现开发效果最佳

一是建立了井间连通关系精准识别技术。示踪剂监测结果显示，同一沉积砂体中井间连通状况存在很大差异，已有认识解释精度不够。加密后，废弃河道形态更加复杂，井间连通关系变化较大。用厚度差异，识别不同规模单一点坝砂体，不同位置的河流，或者同一河流不同河段点坝的规模变化较大，主要体现在点坝的厚度上，区块共识别出4处单一点坝砂体（图9）。

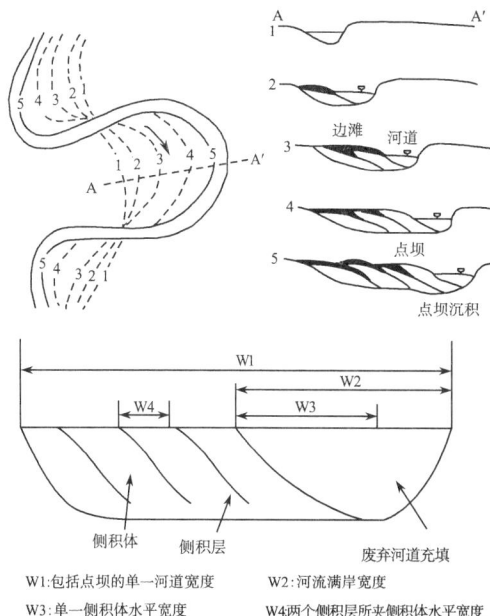

图9　废弃河道重新刻画识别点坝

不同点坝砂体间连通性存在一定差异，点坝与点坝之间也不是完全连通的，根据点坝沉积模式、废弃河道展布形态，确定夹层倾向，影响井间连通，点坝砂体和侧积夹层的识别，合理解释了井间连通差异（图10）。

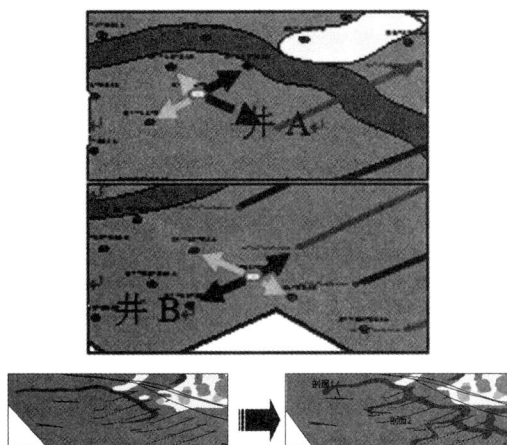

W1：包括点坝的单一河道宽度　　W2：河流满岸宽度
W3：单一侧积体水平宽度　　W4：两个侧积层所夹侧积体水平宽度

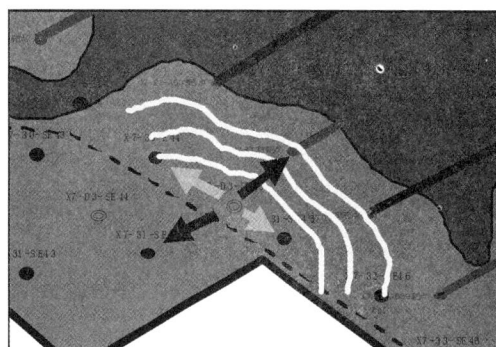

图10　点坝沉积模式图及夹层主要方向

二是确定了平直联合定量配产配注原则，依据跟趾端相对位置匹配注入量，根据储量丰度匹配注入强度，依据理论公式定量设计单井、小层配注，最终确定单井调整方案。

三是优化了平直联合动态分类调整技术，依据砂体连通、对应井型及位置关系，制定了分类调整对策，个性化实施跟踪调整及综合治理，为均衡受效奠定基础（图11）。

| 砂体连通关系 | 调整思路 |
|---|---|
| 发育连通好 | 参数优化调整<br>防止聚合物突破 |
| 发育连通中 | 优化选层压裂<br>促进均衡用 |
| 发育连通差 | 降浓降速调整<br>措施压裂改造 |

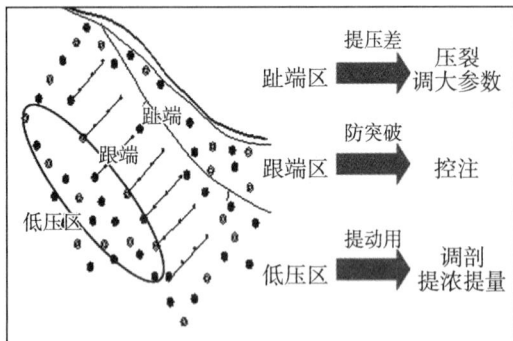

| 对应井型 | 调整原则 | 注入速度(PV/a) | 注入浓度<br>(mg/L) |
|---|---|---|---|
| 水平井间 | 低速高浓<br>控制突破 | 0.16 | 2200 |
| 平直井间 | 高速中浓<br>均匀推进 | 0.22 | 2000 |
| 直井之间 | 中速中浓<br>有效驱替 | 0.20 | 1800 |

图 11 不同砂体连通关系、不同位置关系、
不同井型调整对策及参数设计原则

## 3 立体化开发模式应用效果

平直联合井区稳步受效,开发形势向好,增油贡献显著,水平井平均单井日产液 79t,产液能力达到直井的 2 倍;水平井井数占比 20%,产油贡献近 30%;增油降水效果显著,累计注入 0.434PV,含水下降至 82%,与注剂初期对比含水下降 13.6 个百分点,阶段采出程度 13.87%,阶段提高采收率 10.93 个百分点,预计最终提高采收率 18 个百分点以上。同时少布井 67 口,节省了钻井基建费用 25337.8 万元,取得了显著经济效益(图 12)。

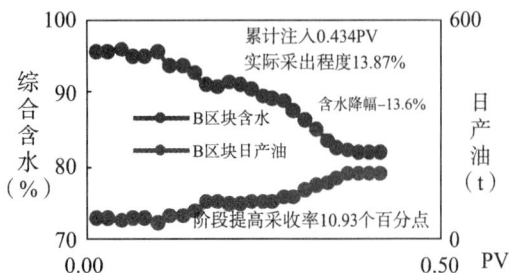

图 12 B 区块平直联合立体化开发效果

## 4 结论

(1)通过研究水平井驱油及渗流机理,明确了剩余油分布状况及渗流特征,评价了不同井网组合方式的开发效果及效益,为平直联合强碱三元复合驱高效开发提供理论基础。

(2)平直联合开发可减少钻井井数,最大限度减缓层间矛盾,最大限度提高控制程度,提高目的层采收率,内部收益率最高,经济效益最好,同时有利于三次采油井的设计及后期效果评价。

(3)通过创新实施平直联合布井、驱油参数精准设计及配套动态分类调整,实现了区块控制程度最高、驱油效果最优、开发效果最佳,为特高含水期老油田提高开发效果及效益开辟了新途径。

### 参 考 文 献

[1] 吴胜和,翟瑞,李宇鹏. 地下储层构型表征:现状与展望[J]. 地学前缘,2012(2):15-23.

[2] 李宇鹏,吴胜和. 储集层构型分级套合模拟方法[J]. 石油勘探与开发,2013(5):630-635.

[3] 付晶,吴胜和,王哲,刘钰铭. 湖盆浅水三角洲分流河道储层构型模式:以鄂尔多斯盆地东缘延长组野外露头为例[J]. 中南大学学报(自然科学版),2015(11):4174-4182.

[4] 徐丽强,李胜利,于兴河,等. 辫状河三角洲前缘储层构型分析——以彩南油田彩 9 井区三工河组为例[J]. 油气地质与采收率,2016(5):50-82.

[5] 马世忠,吕桂友,闫百泉,等. 河道单砂体"建筑结构控三维非均质模式"研究[J]. 地学前缘,2008(1):5764.

[6] 马世忠,杨清彦. 曲流点坝沉积模式、三维构形及其非均质模型[J]. 沉积学报,2000(2):241-247.

[7] 闫百泉,张鑫磊,于利民,等. 基于岩心及密井网的点坝构型与剩余油分析[J]. 石油勘探与开发,2014(5):597-604.

[8] 熊有全. 中原油田水平井技术应用及发展方向[J]. 断块油气田,2002,5:68-71.

[9] 窦宏恩. 国外石油工程技术的最新进展(一)[J]. 石油机械,2003,31(6):65-67.

[10] Allen J R L. Studies in fluviatile sedimentation Bars bar com—plexes and sandstone sheets (lower—sinuosity braided streams) in the Brownstones (L. Devonian),Welsh Borders[J]. Sedimentary Geology ,1983

[11] Andrew D. Miall. Architectural—element analysis: A

new method of facies analysis applied to fluvial deposits[J]. Earth Science Reviews ,1985 .

[12]Miall，Andrew D. Reconstructing the architecture and sequence stratigraphy of the preserved fluvial record as a tool for reservoir development：A reality check[J]. American Association of Petroleum Geologists Bulletin , 2006.

[13]J L Best，P J Ashworth，C S Bristow，J Roden. Three－dimensional sedimentary architecture of a large，mid－channel sand braid bar，Jamuna River，Bangladesh

[J]. Journal of Sedimentary Research，2003.

[14]Matthew J P，Marielis F V，Thomas L D. Characterization and 3D reservoir modelling of fluvial sandstones of the Williams Fork Formation，Rulison Field，Piceance Basin，Colorado，USA ［J］. American Association of Petroleum Geologists Bulletin , 2008.

[15]Rijks E J H，Jauffred J E E M. Attribute extraction：An important application in any 3-D interpretation study[J]. The Leading EDGE ,1991.

# NaOH 对提高盐三元体系黏度稳定性及防腐蚀效果分析

卿 华 常兴伟 于倩雯 曾涵钰 王朝阳

(大庆油田有限责任公司第四采油厂)

**摘 要** 室内研究及现场试验表明,NaCl—表面活性剂—聚合物三元复合体系具备较好的驱油性能,可有效解决常规三元复合驱存在的注采系统结垢的问题,同时降低化学药剂成本。但在前期实验过程中发现该盐三元体系与碳钢金属接触后黏度稳定性差,电化学腐蚀严重,不能满足现场应用需要,而在盐体系中加入少量NaOH 可有效提高黏度稳定性。本文对盐体系黏度稳定性差的原因、加入 NaOH 后的防腐增粘效果以及现场挂片试验结果进行了研究分析。可为盐三元复合驱技术在油田的推广应用提供借鉴。

**关键词** NaCl 三元复合驱;黏度稳定性;电化学腐蚀;挂片试验

三元复合驱作为一项能大幅提高原油采收率的三次采油技术,经过多年发展已取得了显著的进步,目前已在大庆油田等成熟油田规模化推广应用,但常规三元复合驱仍存在两方面不足,一是由于碱的存在导致注采系统结垢严重;二是驱油体系药剂成本较高。因此低碱或无碱化是下步发展的主要方向,使用盐(NaCl)部分或全部替代碱的三元体系是可行方案之一。但室内研究表明,常规的 NaCl—表面活性剂—聚合物三元体系与含碳金属接触后黏度大幅下降,稳定性差,不能直接应用于油田现场,其主要原因为盐体系加剧了含碳金属电化学腐蚀,可通过加入少量 NaOH 达到防腐增粘效果。

## 1 NaCl 体系黏度稳定性测试

### 1.1 不接触含碳金属条件下体系黏度稳定性

使用油田注入污水、石油磺酸盐表面活性剂、聚合物(1900 万分子量聚丙烯酰胺),分别配制盐(NaCl)三元和弱碱($Na_2CO_3$)三元体系,配制浓度为 1800mg/L 聚+0.3%表+1.2%盐或弱碱,45℃条件下恒温放置不同时间检测其黏度。结果表明,常规盐三元体系在不接触含碳金属条件下,黏度稳定性与弱碱三元体系相当,90 天黏度保留率在 70%以上(图 1)。

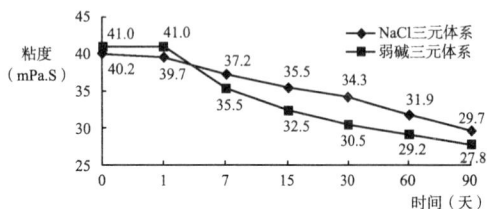

图 1 不接触含碳金属条件下体系黏度稳定性

### 1.2 接触含碳金属后体系黏度稳定性

分别配制盐三元及弱碱三元溶液 250mL,检测黏度后,在溶液内各放 1 块 45# 碳钢试片,45℃条件下静置浸泡 24h,检测浸泡碳钢后溶液黏度,结果表明与碳钢接触 24h 后,盐三元体系黏度下降 23.6%,弱碱三元体系黏度下降仅 10.9%,说明盐三元体系接触含碳金属后体系黏度大幅下降,稳定性差(表 1)。

表 1 浸泡碳钢挂片前后黏度对比

| 三元体系 | 配方 | 初始黏度 (mPa·s) | 浸泡 24h 后黏度 (mPa·s) | 黏度降幅(%) |
|---|---|---|---|---|
| 弱碱三元体系 | 盐/弱碱:1.2% 石油磺酸盐:0.3% | 45.6 | 40.6 | 10.96 |
| NaCl 三元体系 | 1900 万聚合物: 1800mg/L | 39.4 | 30.1 | 23.60 |

## 2 NaCl 体系黏度稳定性差原因分析

盐三元体系黏度稳定性差的主要原因为强电解质 NaCl 加速了金属的原电池反应,含碳金属中的碳和铁在导电溶液中形成无数个原电池,电化学腐蚀严重,原电池反应产生 $Fe^{2+}$ 离子,$Fe^{2+}$ 离子是强还原剂,在溶解氧的作用下,迅速发生氧化反应,生成 $Fe^{3+}$ 和 $O_2^-$ 自由基,$O_2^-$ 自由基的活性很高,攻击聚丙烯酰胺的叔碳,通过抽氢反应侵入聚合物主链,生成过氧化物,促使主链断裂,发生降解。在聚合物链断裂过程中产生的自由基与 $Fe^{3+}$ 反应,又生成 $Fe^{2+}$,如此造成聚合物降解循环,最终导致溶液体系黏度迅速大幅降低,表现为黏度稳定差。

原电池反应化学式如下。

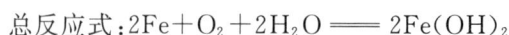

铁为负极:$Fe - 2e \Longrightarrow Fe^{2+}$

碳为正极:$O_2 + 2H_2O + 4e \Longrightarrow 4OH^-$

总反应式:$2Fe + O_2 + 2H_2O \Longrightarrow 2Fe(OH)_2$

$4Fe(OH)_2 + O_2 + 2H_2O \Longrightarrow 4Fe(OH)_3$

$$2Fe(OH)_3 + (x-3)H_2O \longrightarrow Fe_2O_3 \cdot xH_2O$$

Fe 离子对聚合物体系降粘作用如图 2 所示。

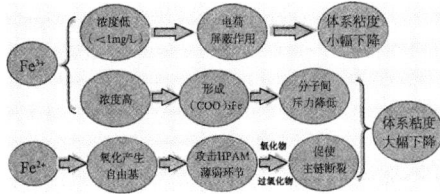

图 2　Fe 离子对聚合物体系降粘作用

## 3　加入 NaOH 防腐增粘效果评价

### 3.1　室内实验评价

考虑到现场污水中含有各种其他杂质和离子,实验采用去离子水配制,同时为了消除石油磺酸盐颜色对铁离子浓度检测的影响,采用盐－聚合物二元体系进行评价,评价体系包括如下三种:

(1)聚合物体系:聚合物浓度 1600mg/L;

(2)盐－聚合物体系:聚合物浓度 1600 mg/L,NaCl 浓度分别为 0％、0.5％、1.0％、1.2％的二元溶液各 2000mL;

(3)含 NaOH 的复配盐－聚合物体系:聚合物浓度 1600mg/L,盐碱复配液(NaCl∶NaOH＝11∶1)浓度分别为 0％、0.5％、1.0％、1.2％的二元溶液各 2000mL。

将上述三种体系溶液各分为两组:第一组加入 20# 碳钢,第二组不与碳钢接触,分别在玻璃烧杯中持续搅拌,在第 2h、4h、6h、8h、24h 的时间取样 50mL,检测体系黏度、总 Fe 浓度、pH,并于 24h 后称量挂片前后质量变化计算腐蚀速率。

实验结果对比表明(表 2、表 3),盐－聚合物体系与碳钢挂片接触后溶液中铁离子浓度大幅上升,24h 总铁浓度 176mg/L,腐蚀速率 1.52mm/a,腐蚀严重,导致体系黏度大幅下降,24h 黏度保留率仅 2.6％;含 NaOH 的复配盐－聚合物体系与碳钢挂片接触后溶液中铁离子浓度基本不升,24h 总铁浓度仅 0.09mg/L,腐蚀速率较低仅 0.065mm/a,腐蚀速率低于单独聚合物体系,24h 黏度保留率提高至 86.5％,说明加入少量 NaOH 提高 pH 后,对腐蚀的抑制作用明显(抑制原电池反应＋生成钝化膜),能显著提高体系黏度稳定(图 3~图 5)。

表 2　不同体系挂片实验黏度及总铁浓度

| 体系 | 盐(碱)浓度(％) | | 不接触挂片 | | | | | | 接触挂片 | | | | | |
|---|---|---|---|---|---|---|---|---|---|---|---|---|---|---|
| | | | 0h | 2h | 4h | 6h | 8h | 24h | 0h | 2h | 4h | 6h | 8h | 24h |
| 聚合物溶液 | 0 | 黏度(mPa·s) | 367 | 347 | 168 | 351 | 361 | 176 | 367 | 219 | 175 | 225 | 230 | 32 |
| | | 总铁浓度(mg/L) | / | / | / | / | / | / | 0 | 0.04 | 0.04 | 0.5 | 15 | |
| 聚合物溶液 | 0.5 | 黏度(mPa·s) | 58.4 | 55.1 | 52.8 | 52.3 | 46.5 | 37 | 58.4 | 44 | 26.7 | 8.5 | 3.8 | 1.1 |
| | | 总铁浓度(mg/L) | / | / | / | / | / | / | 0.24 | 2.2 | 9 | 24 | 180 | |
| | 1.0 | 黏度(mPa·s) | 41.6 | 38.5 | 37.3 | 37.1 | 34.9 | 30.1 | 41.6 | 31.8 | 14 | 5.9 | 3.8 | 1.2 |
| | | 总铁浓度(mg/L) | / | / | / | / | / | / | 0.68 | 4 | 22.2 | 34 | 179 | |
| | 1.2 | 黏度(mPa·s) | 37.3 | 33.9 | 32.8 | 29.2 | 28.4 | 26.7 | 37.3 | 27.7 | 23.2 | 8.1 | 5.6 | 1.2 |
| | | 总铁浓度(mg/L) | / | / | / | / | / | / | 0.2 | 1.8 | 17.8 | 32.5 | 170 | |
| 盐碱复配二元体系 | 0.5 | 黏度(mPa·s) | 61.9 | 60.4 | 57.9 | 57.6 | 55.3 | 53.6 | 61.9 | 59.6 | 55.2 | 53.1 | 52.2 | 51.5 |
| | | 总铁浓度(mg/L) | / | / | / | / | / | / | 0.04 | 0.04 | 0.04 | 0.04 | 0.2 | |
| | 1.0 | 黏度(mPa·s) | 43.1 | 43.1 | 41.3 | 41.1 | 41.1 | 40.2 | 43.1 | 39.5 | 39.5 | 38.7 | 38 | 37 |
| | | 总铁浓度(mg/L) | / | / | / | / | / | / | 0.04 | 0.04 | 0.04 | 0.04 | 0.04 | |
| | 1.2 | 黏度(mPa·s) | 37.6 | 37.6 | 37.4 | 37.2 | 36.9 | 36.5 | 37.6 | 36.9 | 35.8 | 34.7 | 34.1 | 34 |
| | | 总铁浓度(mg/L) | / | / | / | / | / | / | 0.04 | 0.04 | 0.04 | 0.04 | 0.04 | |

表3　不同体系接触碳钢后pH及腐蚀速率

| 体系 | 盐浓度(%) | 接触挂片不同时间体系pH | | | | | | 腐蚀速率(mm/a) |
|---|---|---|---|---|---|---|---|---|
| | | 0h | 2h | 4h | 6h | 8h | 24h | |
| 聚合物溶液 | 0 | / | 7.71 | 7.66 | 7.59 | 7.60 | 7.70 | 0.0931 |
| NaCl二元体系 | 0.5 | / | 7.00 | 6.96 | 7.05 | 7.46 | 7.64 | 1.5069 |
| | 1.0 | / | 6.75 | 6.83 | 6.89 | 6.93 | 7.42 | 1.5411 |
| | 1.2 | / | 7.10 | 7.23 | 7.02 | 7.12 | 7.47 | 1.5079 |
| 盐碱复配二元体系 | 0.5 | | 11.47 | 11.46 | 11.45 | 11.39 | 10.51 | 0.0348 |
| | 1.0 | | 11.86 | 11.85 | 11.79 | 11.73 | 10.85 | 0.0230 |
| | 1.2 | | 11.98 | 11.97 | 11.90 | 11.83 | 10.98 | 0.0079 |

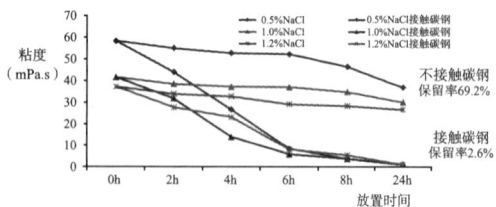

图3　盐-聚合物体系黏度稳定性

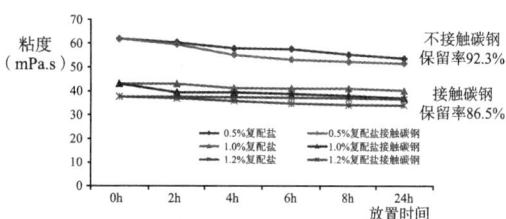

图4　复配盐-聚合物体系黏度稳定性

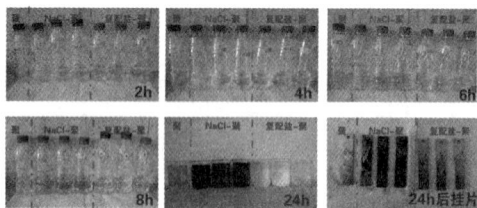

图5　不同体系接触碳钢后不同时间照片

## 3.2　现场配注系统挂片试验

为了检验加入NaOH后的盐三元体系腐蚀情况,在现场配注系统不同部位分别安装了不同材质的金属挂片开展试验,材质包括油田常用2205双相不锈钢、316L不锈钢、304不锈钢、410不锈钢及20#碳钢,试验时间为3个月。从现场不同部位、不同材质挂片试验看,腐蚀速率远低于0.125mm/a,未出现明显腐蚀现象,系统运行稳定,说明NaOH对减轻盐三元体系的腐蚀性效果明显(图6、图7)。

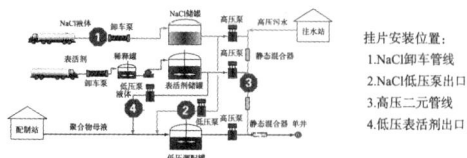

图6　现场地面注入工艺流及挂片位置示意图

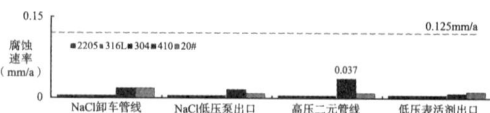

图7　不同材质不同部位腐蚀速率

## 4　结论

(1)NaCl作为强电解质,使含聚三元或二元溶液具备强导电性,与含碳金属接触后,发生电池反应导致电化学腐蚀严重,原产生强还原剂$Fe^{2+}$离子,在溶解氧的作用下迅速发生氧化反应,造成聚合物降解循环,最终导致溶液体系黏度迅速大幅降低,黏度稳定差,24h黏度保留率仅2.6%,在不采取其他措施的条件下无法应用到现场。

(2)在常规盐三元体系中加入少量NaOH提高pH后,能有效抑制原电池反应并在金属表面生成钝化膜,对腐蚀的抑制作用明显,腐蚀速率显著降低,24h黏度保留率提高至86.5%,体系黏度稳定大幅改善,NaOH对减轻盐三元体系的腐蚀性效果明显。

(3)现场盐三元配注系统挂片试验结果表明,不同材质的碳钢和不锈钢金属腐蚀速率均较低,未出现明显腐蚀现象,系统运行稳定,说明加入少量NaOH可以有效解决常规盐三元体系存在的腐蚀问题。

## 参　考　文　献

[1] 刘玉章,等.聚合物驱提高采收率技术[M].北京:石油工业出版社,2006.

[2] 孟新静,金志浩,葛红花.高氯介质中pH对316L不锈钢和Q235碳钢腐蚀行为的影响[J].腐蚀与防护,2014,35(9):866-870.

[3] 张雅妮,罗金恒,冯贝贝.不同pH氯化钠溶液对P110S油套管钢腐蚀磨损交互作用的影响[J].机械工程材料,2016,40(8):81-85.

# A区块三类油层水平井三元复合驱开发效果物模研究

魏文文[1]　周大宇[2]　王亚荣[1]　王恩德[1]

(1.大庆油田有限责任公司第四采油厂；2.大庆油田钻井工程技术研究院)

**摘　要**　三类油层的砂体发育具有"薄、窄、差"的特点，层间差异大，井间连通差。水下分流河道作为三类油层发育最好的储层，发育厚度大、孔渗性能好，且与其他三类油层合层开发时会在油层顶部形成剩余油富集区，有进一步挖潜的潜力。水平井作为厚油层顶部挖潜的有效措施，在三类油层中应用较少，借鉴一类油层水平井强碱三元复合驱比直井采收率多提高10个百分点的成功经验，开展了三类油层水平井强碱三元复合驱现场试验，同时开展不同布井方式下驱油物理模拟实验研究相互验证。现场试验注入化学剂0.243PV时水平井单井累计增油为直井的5.3倍，取得了较好的开发效果。通过物模实验对不同布井方式下水平井开发效果及动态特点进行对比，结果表明相同渗透率条件下，与"高渗透率注、低渗透率采"布井方式相比，"低渗透率注、高渗透率采"岩心水驱采收率较低，但三元复合驱阶段注入压力较高，波及体积较大，化学剂在油层内滞留量较大，采收率增幅较前者高出6.8个百分点，为三类油层水平井挖潜技术现场应用提供了理论和现实依据。

**关键词**　三类油层；水平井；三元复合驱；物理模拟

三类油层储量丰富，但油层发育具有渗透率低、厚度薄、层间差异大、井间连通差的特点，单井产量低，开发难度大。三类油层中水下分流河道砂孔渗性能好，油层厚度较大，水驱后油层顶部依然存在大量剩余油。近年来水平井由于具有单井控制储量多、泄油面积大、产量高、油藏适应性比较高等优点，在一类油层厚油层顶部挖潜中广泛应用，且效果较好，但在三类油层中应用较少。为进一步拓宽三类油层提高采收率技术，借鉴一类油层水平井挖潜的成功经验，针对目前三类油层水平井布井方式尚不明确、三类油层水平井强碱三元复合驱可行性尚不清楚、三类油层水平井三元复合驱动态特征尚不清楚等问题开展了三类油层水平井强碱三元复合驱现场试验，同时开展室内物理模拟研究相互验证。室内物模以现场实际需求为导向，采用1注2采模型，开展不同布井方式下强碱三元复合驱体系驱油物理模拟实验研究，观测压力场、采出液、剩余油及提高采收率变化，通过与现场实际开发情况对比研究，为三类油层水平井挖潜技术现场应用提供理论依据。

## 1　三维模型实验方法

### 1.1　实验条件

实验用水为A区块采出污水，实验用油为A区块脱气原油与轻烃混合物。实验岩心为石英砂环氧树脂胶结人造岩心，渗透率选择与现场相近的$K_w = 300 \times 10^{-3} \mu m^2$，岩心外观尺寸：长×宽×高＝32cm×32cm×6cm，各小层厚度2cm，岩心布井方式见图1，各小层渗透率见表1。

表1　水平井模型各小层渗透率

| 方案编号 | 岩心编号 | 驱替形式 | 布井方式 | 平均渗透率 $K_w (10^{-3} \mu m^2)$ | 小层渗透率 $K_w (10^{-3} \mu m^2)$ |
|---|---|---|---|---|---|
| 2—4 | 岩心Ⅳ | 1口水平井注＋2口水平井采 | "高渗透率注"+"低渗透率采" | 300 | 450、300和150 |
| 2—5 | 岩心Ⅳ | 1口水平井注＋2口水平井采 | "低渗透率注"+"高渗透率采" | 300 | 450、300和150 |

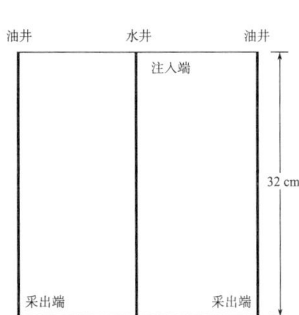

图1　物理模型和井位分布

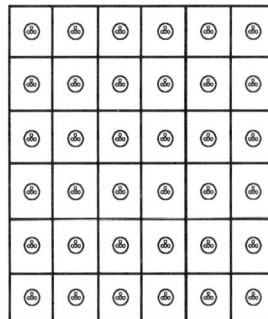

图2　电极及其分布示意图

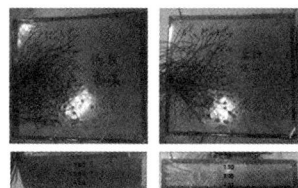

图3　岩心渗透率及电极分布

为了掌握实验过程中剩余油分布状况,在岩心上布置了多组电极,通过测量实验过程中电极间电阻率变化并依据含油饱和度与电阻率的关系,进而确定含油饱和度。每组电极包括3根小层电极和1根公共电极,电极分布示意图见图2。岩心渗透率及电极分布见图3。

### 1.2 实验步骤

(1)在室温下,物理模型抽真空,饱和地层水,测量孔隙体积,计算孔隙度;

(2)在油藏温度 45℃ 条件下,饱和模拟油,计算含油饱和度;

(3)在油藏温度 45℃ 条件下,水驱至含水98%;

(4)按实验方案注入设计段塞尺寸化学驱油剂,后续水至98%。

记录实验过程中电极间电阻率和注入压力,收集采出液,计算含水率和采收率,并检测药剂(聚合物、碱和表面活性剂)浓度,需检测浓度的采出液从化学驱开始收集,每个采出液样品体积100mL 左右(图4)。

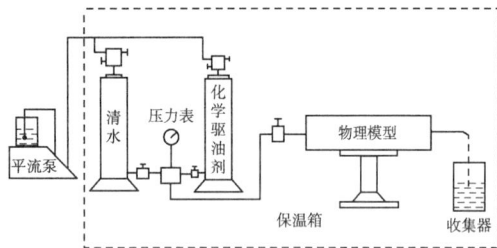

图 4 实验设备及流程示意图

### 1.3 驱油方案设计

A 区块平均渗透率 $K_w = 282 \times 10^{-3} \mu m^2$,实验采用岩心平均渗透率 $K_w = 300 \times 10^{-3} \mu m^2$,开展"方案 2-4"——高注低采,"方案 2-5"——低注高采驱油实验。实验用驱油剂段塞尺寸和组成与现场驱油体系一致,见表2。

表 2 段塞尺寸和药剂组成

| 驱替阶段 | 前置聚驱 | 主段塞驱 | 副段塞驱 | 后续聚驱 |
|---|---|---|---|---|
| 段塞尺寸和药剂组成 | 0.05PV 聚合物溶液($C_p$ = 1350 mg/L,$1200 \times 10^4$)30mPa·s | 0.35PV 三元体系($C_s$ = 0.3% + $C_A$ = 1.2% + $C_p$ = 3000mg/L,$800 \times 10^4$)30mPa·s | 0.15PV 三元体系($C_s$ = 0.2% + $C_A$ = 1.0% + $C_p$ = 2900mg/L,$800 \times 10^4$)30mPa·s | 0.2PV 聚合物溶液($C_p$ = 1900mg/L,$800 \times 10^4$)30mPa·s |

## 2 实验结果及分析

### 2.1 动态特征

在岩心水驱阶段,两种布井方式注入压力都呈"下降-稳定"趋势,含水率和采收率快速升高。在三元复合驱阶段,注入压力呈"上升-下降"趋势,含水率呈现"下降-上升"趋势,采收率呈现升高趋势。在后续水驱阶段,注入压力呈"下降-稳定"趋势,含水率和采收率呈现"升高-稳定"趋势。水驱结束后剩余油注主要在中低渗透层,与"方案 2-4"(高注、低采)相比较,"方案 2-5"(低注、高采)注入压力明显较高,中低渗透层的压差较大,扩大波及体积效果较好,化学驱采收率增幅较大。由此可见,在矿场注入压力升幅容许条件下,采取"低注、高采"布井方式可以取得更好增油降水效果。

与"高注、低采"布井方式相比,"低注、高采"布井方式的水驱和化学驱压力均较高,这主要是因为"低注、高采"布井方式注入井布置在低渗层,根据达西定律,相同条件下,与高渗层相比,低渗层渗流阻力明显较大,因此注入压力明显较高(图5~图7)。

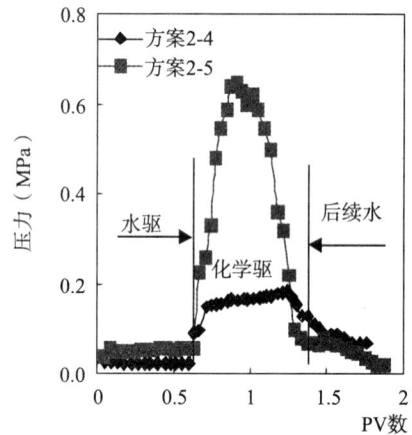

图 5 注入压力与 PV 数关系

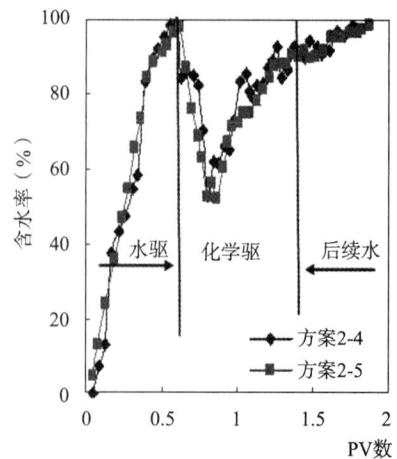

图 6 含水率与 PV 数关系

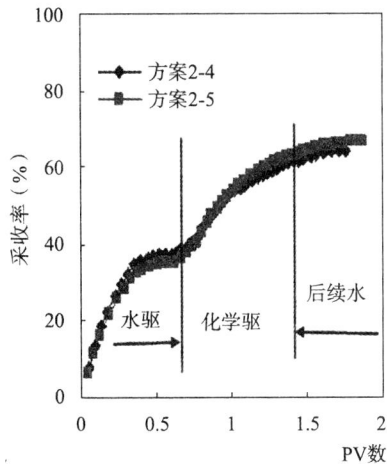

图 7　采收率与 PV 数关系

2.2　采出液性质

（1）布井方式对三元复合体系滞留量存在影响。

与"方案 2－4"（"高注、低采"）相比，"方案 2－5"（"低注、高采"）中聚合物、表面活性剂和碱在岩心中滞留量较大，采出水中聚合物、表面活性剂和碱浓度较低（表 3）。

表 3　采出水药剂浓度实验结果

| 方案编号 ＼ 参数 | PV 数 | 药剂浓度检测结果(mg/L) | | |
|---|---|---|---|---|
| | | 聚合物 | 表面活性剂 | 碱 |
| 方案 2－4 (岩心Ⅳ，"高注、低采") | 0.11 | 226 | 0 | 0 |
| | 0.25 | 746 | 0 | 264 |
| | 0.35 | 984 | 235 | 889 |
| | 0.46 | 1900 | 561 | 2977 |
| | 0.57 | 2125 | 799 | 4852 |
| | 0.67 | 2284 | 1121 | 8846 |
| | 0.78 | 2194 | 1309 | 10037 |
| | 0.94 | 1440 | 1022 | 8537 |
| | 0.98 | 326.3 | 812 | 1604 |
| | 1.13 | 115.2 | 266 | 309 |
| 方案 2－5 (岩心Ⅳ，"低注、高采") | 0.11 | 199 | 0 | 0 |
| | 0.24 | 550 | 0 | 266 |
| | 0.34 | 886 | 174 | 946 |
| | 0.43 | 1461 | 386 | 1345 |
| | 0.61 | 2017 | 756 | 6135 |
| | 0.74 | 2264 | 1128 | 9998 |
| | 0.83 | 1885 | 969 | 7660 |
| | 0.89 | 1371 | 772 | 4684 |
| | 0.94 | 641 | 586 | 505 |
| | 1.02 | 210 | 199 | 335 |

（2）三种化学剂间存在色谱分离现象。

在注入 PV 数相同的条件下，碱、表面活性剂和聚合物无因次浓度存在差异，聚合物无因次浓度最高，表面活性剂最低。聚合物突破时间约为 0.11PV，碱约为 0.25PV，表面活性剂约为 0.35PV。由此可见，三种化学剂间出现了色谱分离现象（图 8、图 9）。

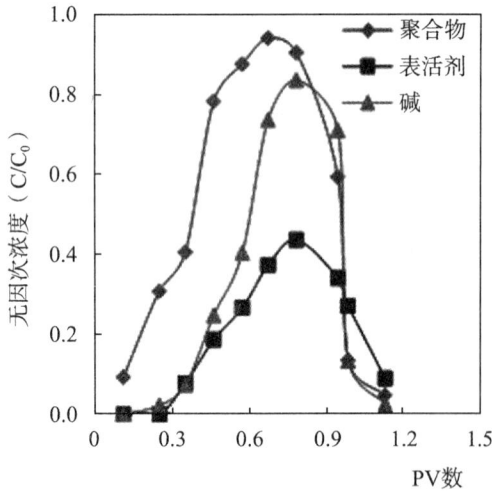

图8 无因次浓度与 PV 数关系
("高注、低采")

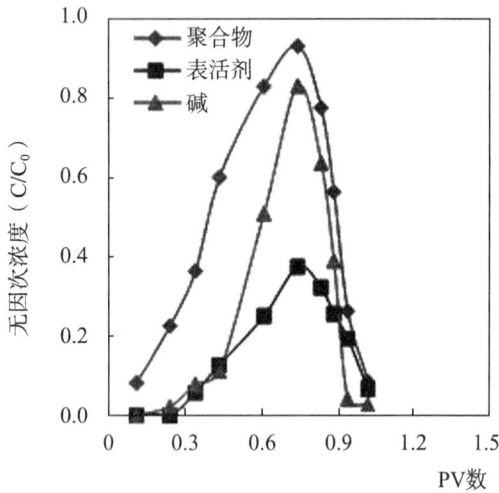

图10 无因次浓度与 PV 数关系图
(聚合物)

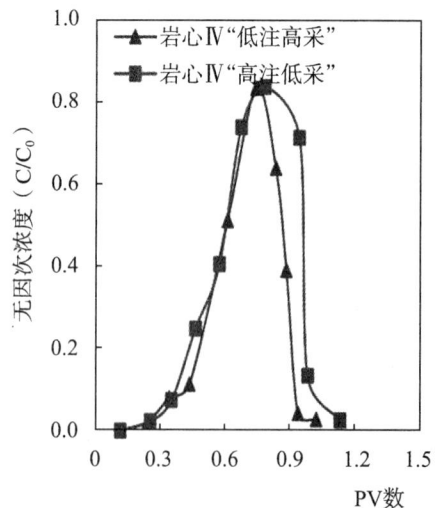

图9 无因次浓度与 PV 数关系
("低注、高采")

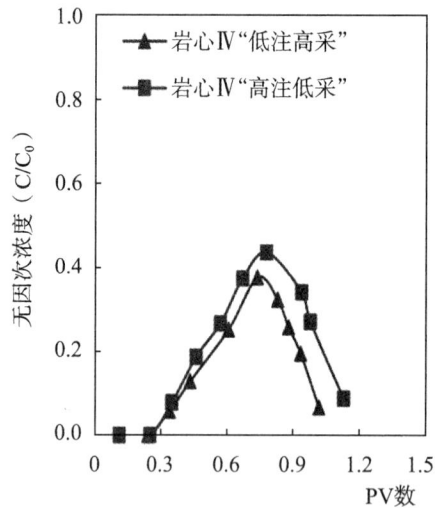

图11 无因次浓度与 PV 数关系
(表面活性剂)

(3)低渗透率注高渗透率采布井方式采剂浓、黏度均低于高渗透率注低渗透率。

采布井方式对采出水中聚合物、表面活性剂和碱无因次浓度存在影响,即对采出水中三种药剂浓度存在影响,当 PV 数一定的条件下,采取"低注、高采"布井方式的采出水中聚合物浓度、表面活性剂浓度和碱浓度均略低于采取"高注、低采"布井方式的三种药剂浓度。随注入 PV 数增加,聚合物、表面活性剂和碱无因次浓度呈现"先增后减"的变化趋势(图10～图12)。

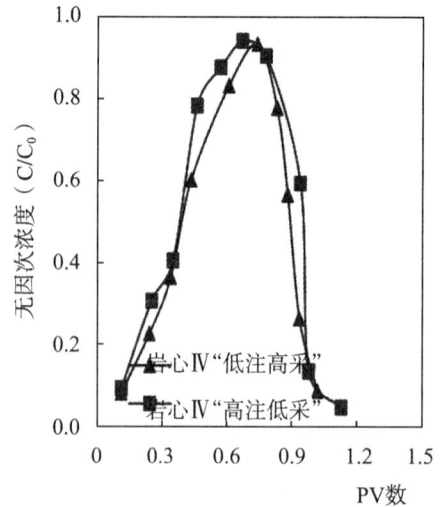

图12 无因次浓度与 PV 数关系
(碱)

随注入 PV 数增加,采出水黏度呈现"先增后减"趋势,采出水与原油间界面张力呈现"先减后增"趋势。与"高注、低采"布井方式相比,"低注、高采"布井方式采出水黏度略低,采出水与原油间界面张力略高(图13、图14)。

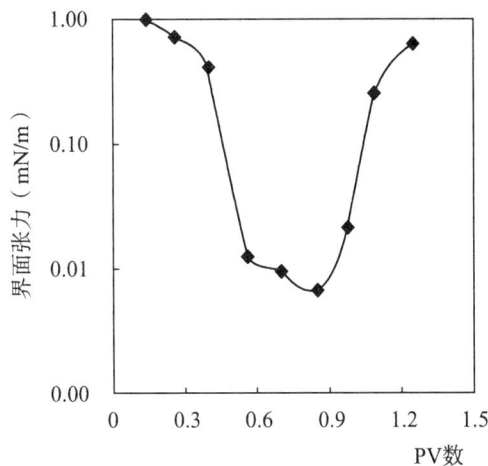

图13 采出液界面张力和PV数关系

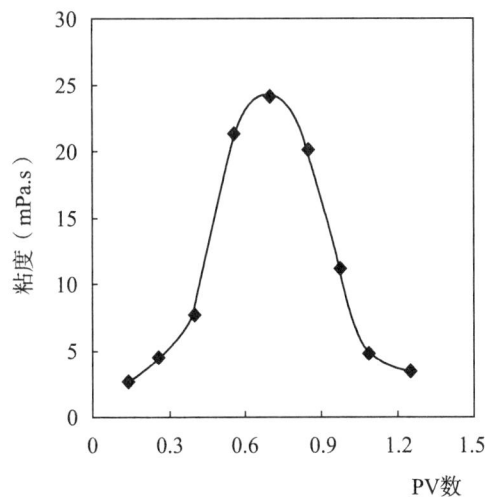

图14 采出液黏度与PV数关系

### 2.3 开发效果

(1)"低注、高采"布井方式提高采收率效果优于"高注、低采"

水平井布井方式对三元复合驱驱油效果影响实验结果见表4。与"高注、低采"布井方式相比较,"低注、高采"布井方式水驱采收率较低,但最终采收率和化学驱采收率增幅却较高。这主要是因为与"高注、低采"相比,"低注、高采"布井方式,注入压力较高,调驱剂在中低渗层的波及范围更大,化学剂在油层滞留量较大,扩大波及体积效果更好,剩余油饱和度更低。

表4 采收率实验数据

| 方案编号 | 布井方式 | 药剂黏度 (mPa·s) | 含油饱和度 (%) | 采收率(%) | | | 压力(MPa) | |
|---|---|---|---|---|---|---|---|---|
| | | | | 水驱 | 最终 | 增幅 | 水驱结束 | 化学驱最高 |
| 方案2-4 | 高注、低采 | 30 | 68.34 | 37.2 | 61.9 | 27.3 | 0.023 | 0.185 |
| 方案2-5 | 低注、高采 | | 68.52 | 35.5 | 67.0 | 31.5 | 0.059 | 0.650 |

对于注水井来说,水平井注水井的单井控制范围较大,单井注入量高,波及范围大,同时可以减少不同砂体因不同注水距离而引起的井间注水阻力差异问题,有助于注入水线的均匀推进,减少层内矛盾,可以大幅提高注入水的利用率。对于油井来说,水平井单井控制储量高,单井产能高,由于供油范围大,生产压差小,提高了油井生产能力。一口水平井在油藏上的单井控制储量相当于多口直井。水平井采油能够有效增大油井与油层

的接触面积,从而提高油层的波及系数及产油量,从而实现以最少的井获得最高的产量。尤其是对于储层为低渗透薄层的油藏,水平井的水平段能够完全地穿入油层之中,从而使得水平井比直井的泄油面积大,有效提高产油量并有效提高采收率。

(2)化学驱后剩余油主要分布在低渗层和采出端附近区域。

高渗透率注低渗透率采布井方式下水驱结

束,剩余油主要分布在中渗层和低渗层,三元复合驱后剩余油主要分布在低渗层中部和采出端。低渗透率注高渗透率采布井方式下水驱结束时,剩余油主要分布在中渗层、低渗层采出端附近,三元复合驱后剩余油主要分布在低渗层采出端附近区域,三元复合驱后低渗层含油饱和度随着距注入井距离增加逐渐升高(图15~图18)。

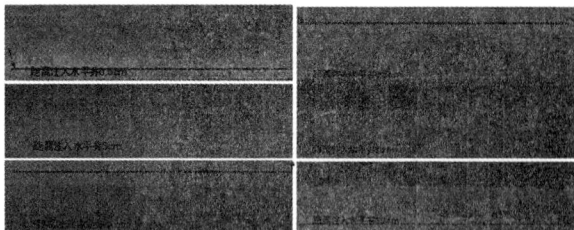

图15 高注低采岩心剖面图 图16 低注高采岩心剖面图

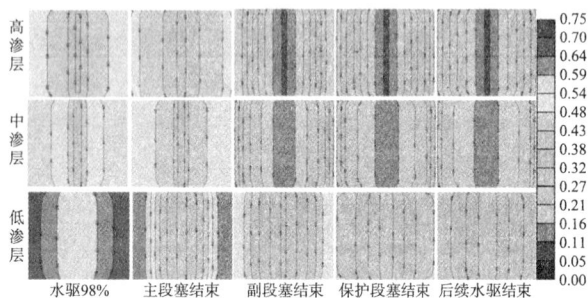

图17 高注低采各驱替阶段各渗透层剩余油分布

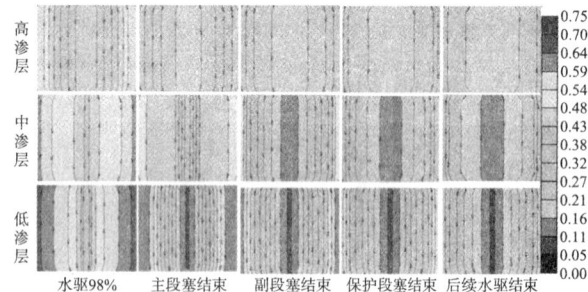

图18 低注高采各驱替阶段结束时各渗透层剩余油分布

## 3 现场应用情况

### 3.1 现场试验提高采收率较低

A区块水平井强碱三元复合驱试验区采用2注3采,高渗透率注低渗透率采布井方式,截至2021年3月累计注入化学剂0.243PV,提高采收率2.0%,单井累计增油为同区块三类油层直井强碱三元试验区的5.3倍,取得了较好的开发效果。与室内实验相比,现场水平井采收率较低,主要原因在于:现场首先在直井井网的基础上开采至含水98%,采出程度达到30%以上,然后才布置水平井进行下一步开采,导致水平井采收率增幅较小。与室内人造岩心相比,现场的地质构造、油藏非均质性、孔隙结构、油水关系等均较为复杂,导致开采程度较低。现场注入体系由于与直井试验区采用同一套配注系统,直井注入能力与水平井

差距较大,进入800万三元主段塞后,为了保证直井区块试验效果,受工艺限制配注浓度无法满足水平井注入需求,导致水平井800万三元阶段开发效果较差,单井累计增油由1200万体系时的12.9倍下降至800万时的5.3倍。同时现场的驱替过程中重力分异作用更加明显,现场实施过程中还受到注入压力的限制,这些因素都会导致现场采收率较低。

### 3.2 现场采出井见剂顺序与室内实验略有不同

现场应用与室内实验中化学剂在地下均存在色谱分离现象,但现场采出井见剂顺序为聚、表、碱,与同区块三类油层和一类油层直井强碱三元复合驱见剂顺序一致,与室内物模实验见剂顺序为聚、碱、表不同,分析原因应为人造岩心与实际油层在地层压力、矿物成分和地层水中离子等的不同有关。

## 4 结 论

(1)与"高渗透率注、低渗透率采"布井方式相比,"低渗透率注、高渗透率采"布井方式岩心水驱采收率较低,但三元复合驱阶段注入压力较高,波及范围较广,药剂在岩心中滞留量较大,采出液中浓度较低,采收率增幅较高。

(2)在三元复合驱过程中,随注入PV数增加,采出液中聚合物、表面活性剂和碱无因次浓度呈现"先增后减"趋势,采出水与原油间界面张力表现为"先降后升"趋势,采出水黏度表现为"先升后降"趋势。聚合物突破时间最早、无因次浓度最高,三种化学剂间发生了色谱分离。

(3)三元复合驱后平面上剩余油主要分布在远离主流线两翼部位,纵向上主要分布在低渗层。

参 考 文 献

[1] 蔡星星,唐海,周科,等.低渗透薄互层油藏压裂水平井开发井网优化方法研究[J].特种油气藏,2010(4):72-75.
[2] 贾忠伟,杨清彦,侯战捷,等.三类油层三元复合驱提高采收率可行性研究[J].大庆石油地质与开发,2013(2):106-109.
[3] 段光猛.ASP三元复合驱中各驱油剂的吸附滞留研究[D].西南石油学院,2002.

# 致密油井缝网压裂后$CO_2$吞吐能量补充研究与现场试验

王德晴　曾志林　蒋成刚　侯　广　殷海波

（大庆油田有限责任公司第七采油厂）

**摘　要**　大庆外围葡萄花油田扶余致密油藏渗透率低、孔隙喉道半径偏小，导压系数低、压力传递慢，无法建立注采井间有效驱动，目前均采用大规模缝网压裂开发。由于水驱效果差，压裂后无后续能量补充，虽然初期产量高，但递减快，为了充分发挥压裂缝网体系增产潜力，延长压裂效果期，开展了$CO_2$吞吐能量补充研究，从$CO_2$增产的主控机理入手，研究了吞吐动用界限和动用规律，优化了选井原则和工艺参数设计标准。已开展矿场试验16井次，阶段累计增油14074.2t，提高阶段采收率2.41%，为提高致密油开发效果提供了技术支持。

**关键词**　致密油藏；缝网压裂；$CO_2$吞吐；工艺参数；开发效果

## 1　引　言

我国陆上石油资源的勘探程度已经很高，新增探明地质储量逐渐下降，且近年来新增探明储量以特低渗油藏为主，储层丰度低，开发难度大[1]。缝网压裂是致密储层增产的主要技术手段之一[2-4]，葡萄花油田现场对致密储层采油井采取了缝网压裂提产措施，初期取得了较好的增油效果。但由于注采井间无法建立有效驱动，随着生产时间延长，储层能量逐渐降低，后期产量递减快，6个月递减幅度达到37%，1年后递减幅度超过50%。为了充分发挥压裂缝网体系增产潜力，开展了$CO_2$吞吐技术研究，已在国内多个低渗透油田开展试验，取得了较好的增产效果[5-11]，本文从$CO_2$增产的机理入手，研究了吞吐动用界限和动用规律，优化了选井原则和工艺参数设计标准。

## 2　致密油井缝网压裂后$CO_2$吞吐能量补充主控机理

研究表明，$CO_2$易溶于原油，溶解度是水中的4.4倍，溶解膨胀增加原油体积10%～30%；当$CO_2$在原油溶解饱和后，可大大降低其黏度；可使油水界面张力下降30%～40%；$CO_2$溶解于地层水，形成饱和碳酸pH为3.3～3.7，可减少黏土矿物膨胀、解除近井地带污染堵塞。

### 2.1　体积膨胀增能降粘作用

在地层压力和温度条件下，$CO_2$能快速混溶于原油中，使原油体积膨胀10%～30%，改变原油物性，大幅度降低原油黏度，原油初始黏度越高，$CO_2$降粘效果越明显（图1、图2）。

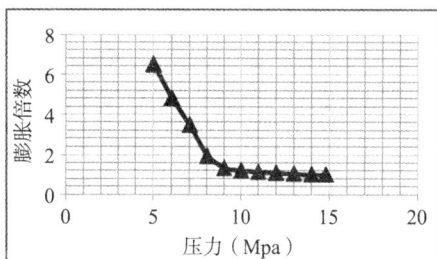

图1　$CO_2$溶解后原油体积膨胀倍数

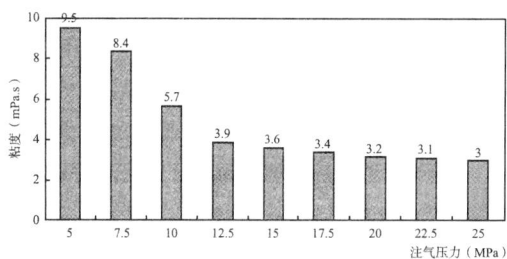

图2　$CO_2$溶解后地层原油黏度变化图

### 2.2　降低界面张力，甚至混相，减小驱替阻力

注入的$CO_2$部分溶于原油，会抽提或汽化原油中的烃类组分，使气驱前缘不断富化，与之接触的原油组分也不断变化，前缘处界面张力不断降低，在一定的压力条件下，可以达到混相。毛细管实验显示，$CO_2$在混相条件下可达到完全驱替，采收率在90%以上。即使是$CO_2$非混相驱，也可大大降低界面张力，减小驱替阻力（图3）。

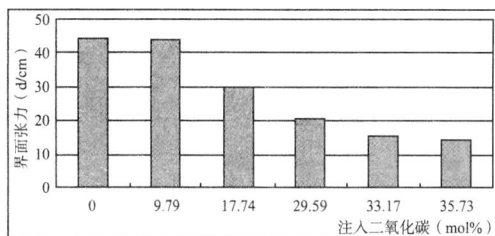

图3　注入$CO_2$后油水界面张力变化图

### 2.3　防膨解堵作用

$CO_2$进入油层与地层水反应生成碳酸，饱和碳

酸水 pH 为 3.3~3.7,可减少黏土矿物膨胀、解除近井地带的堵塞。

### 2.4 使岩石的润湿性向水转化

较高的焖井压力能提高岩石的水湿能力,使岩石向亲水的方向发展,有利于水驱油,提高原油的采收率。

## 3 致密油井缝网压裂后 $CO_2$ 吞吐动用界限和动用规律研究

### 3.1 动用界限研究

选取扶余储层不同渗透率致密岩心,按照核磁共振检测实验标准制作实验岩心。岩心基本参数如表 1 所示。

**表 1 岩样基础参数**

| 岩心编号 | 长度(cm) | 直径(cm) | 渗透率 $(10^{-3}\mu m^2)$ | 孔隙度(%) | 驱油介质 |
|---|---|---|---|---|---|
| 1 | 3.1 | 2.555 | 0.066 | 7.25 | $CO_2$ |
| 2 | 3.366 | 2.528 | 0.023 | 6.14 | $CO_2$ |
| 3 | 3.894 | 2.525 | 0.022 | 9.45 | $CO_2$ |
| 4 | 4.344 | 2.515 | 1.741 | 13.62 | $CO_2$ |

可以从不同孔隙区间的原油动用效果看出,$CO_2$ 驱主要是使半径大于 $0.05\mu m$ 孔隙空间中的原油得到动用。当岩心渗透率较低时,可动油主要来自亚微米级孔隙;当岩心渗透率变大时,可动油主要来自微米级孔隙。驱替压力的升高使得同一渗透率岩心中亚微米级孔隙及微米级孔隙可动油不断增加,而当岩心渗透率变大时,可动油增加的幅度更大。通过驱油核磁检测实验,确定了 $CO_2$ 驱替孔喉动用下限为 $0.05\mu m$(图 4)。

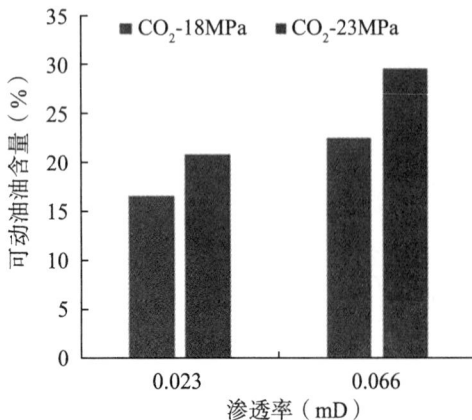

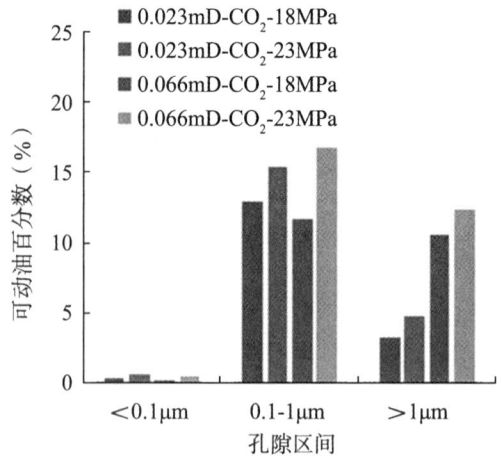

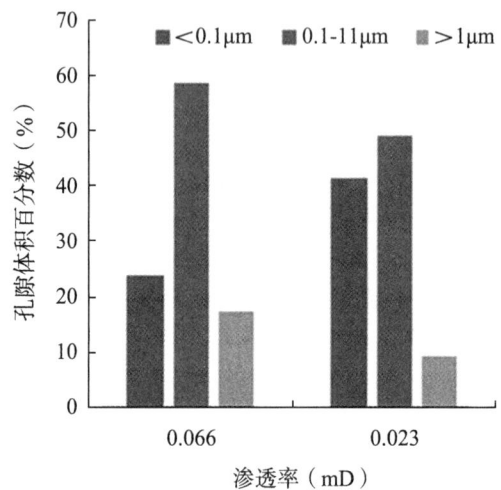

图 4 致密岩心 $CO_2$ 驱可动油及孔隙体积百分数

### 3.2 动用规律研究

通过重复补充能量"吞"、焖井、开发"吐"三个过程模拟 $CO_2$ 吞吐开发,明确致密储层 $CO_2$ 吞吐的开发动用态规律。图 5 展示了缝网在注 $CO_2$ 吞吐实验过程中焖井和吞吐结束的压力场图。可以看出由于微裂缝缝网的存在,使得能量传播范围更广,裂缝的规模越大,流线越简单而且整个地层压力越低,同时可以大幅增加基质裂缝交换渗吸效率。通过对比,可以看出在焖井结束后,压裂形成的缝网为后续的开发提供了有利的条件。注 $CO_2$ 吞吐压力波及范围包括了主裂缝、缝网以及两者之间的基质,可达到全藏"蓄能-驱动"。

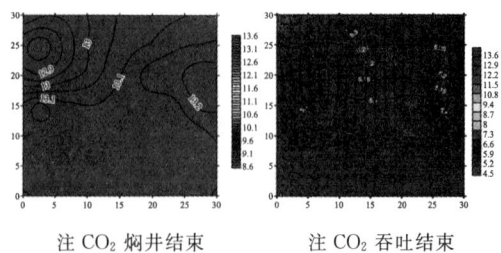

注 $CO_2$ 焖井结束     注 $CO_2$ 吞吐结束

图 5 缝网井注 $CO_2$ 焖井和吞吐结束压力场图

## 4  选井原则和工艺参数设计标准

### 4.1  吞吐注入时机

应力敏感性实验结果表明,随着地层压力的下降,裂缝岩心的渗透率损害率快速增加,当地层压力系数下降至 0.6 以下时损害率超过 50%,需及时补充地层能量提高储层渗流能力。数值模拟计算得出,随着弹性开采,地层压力逐渐下降,$CO_2$ 吞吐换油率逐渐增加,当地层压力系数下降至 0.65 后,换油率增加幅度变缓,综合确定最佳注入时机为地层压力系数 0.6～0.65(图6、图7)。

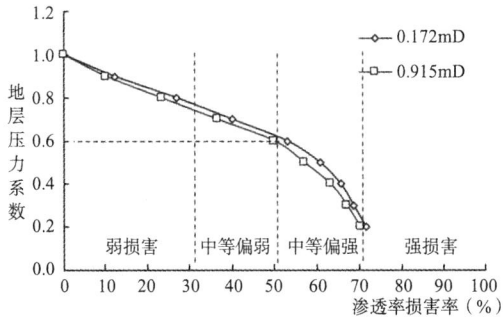

图 6  地层压力下降对裂缝岩心渗透率影响

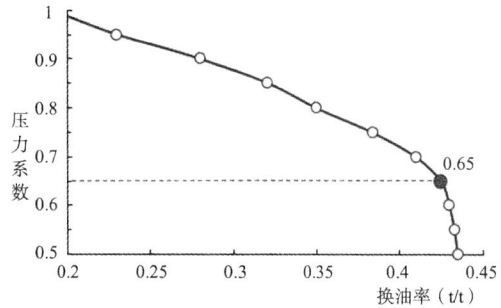

图 7  不同压力条件下能量补充换油率曲线

### 4.2  井层优选原则

依据 $CO_2$ 在储层油、水介质中溶解量及高压超流体等特性,建立数值模型,对采油过程刻画,确定影响增油效果的主要参数及界限,指导优选试验井层。

井层优选条件如下:

井身结构完好,套管无问题;前期压裂改造程度高,后期低产的油井;混相/近混相油藏;油层厚度＞6m;目的层含水＜30%;储层渗透率＜6×$10^{-3}$um²;原油黏度＞5mPa·s(图8)。

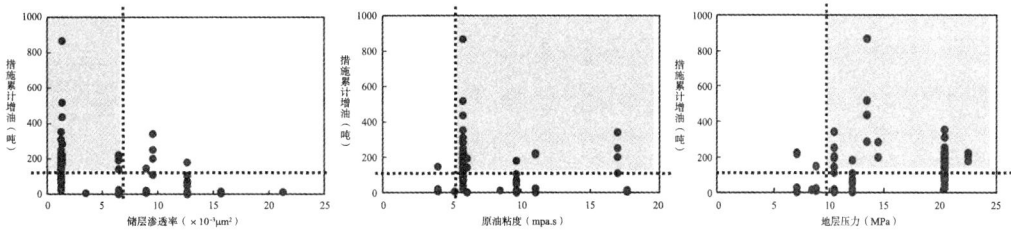

图 8  油藏条件、原油物性等参数与增油关系

### 4.3  注入参数优化研究

#### 4.3.1  注入量优化

$CO_2$ 在地下条件下注入量越多,与孔隙中原油接触得越充分,能更好地与原油产生反应,实验注入量分别为 0.014g、0.166g、0.522g、1.277g。条件和结果如表2所示。图9和图10为采收率随 $CO_2$ 注入地下 PV 数和注入量变化曲线。

表 2  不同注入量条件下 $CO_2$ 吞吐实验结果

| 注入量(g) | 注入 PV 数(地下) | 注入压力(MPa) | 结束压力(MPa) | 采收率(%) |
|---|---|---|---|---|
| 0.014 | 0.014 | 2.5 |  | 2.82 |
| 0.166 | 0.039 | 7.1 |  | 3.73 |
| 0.552 | 0.056 | 10.0 | 0.1 | 4.82 |
| 1.277 | 0.0768 | 13.8 |  | 5.71 |

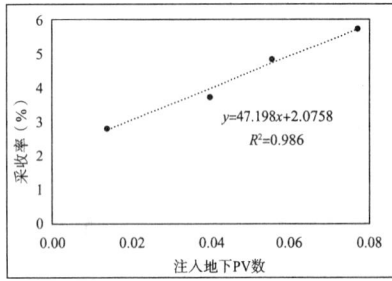

图 9 采收率随注入地下 PV 数变化曲线

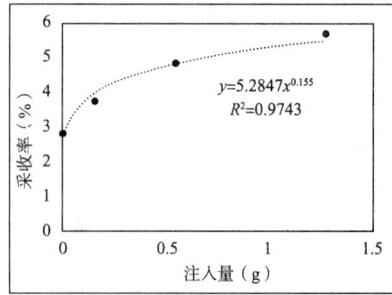

图 10 采收率随注入量变化曲线

由图 9 采收率随注入地下 PV 数变化曲线图可以看出,$CO_2$ 注入的地下 PV 数与采收率呈线性相关,是影响吞吐效果的敏感性因素。将地下 PV 数换算至地面注入量可得出,随着压力逐步增加,气体被压缩,$CO_2$ 密度逐步增加,导致随着注入量的增加整体采收率增加幅度逐步减缓,$CO_2$ 换油率逐步降低。换算至不同注入强度下累增油及换油率,在不超油层破裂压力 47.3MPa 条件下,井口最大注入压力 27.9MPa,单井合理注入量为 15t/m(图 11)。

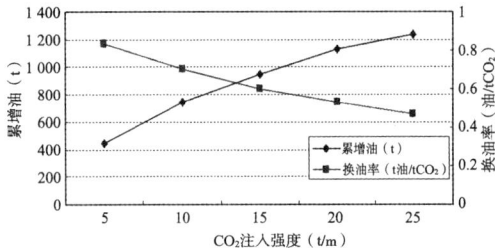

图 11 增油量随注入强度变化曲线

### 4.3.2 注入速度优化

室内岩心实验表明,注 $CO_2$ 吞吐过程中形成指进与注入速度有关。利用指进现象,可以让 $CO_2$ 进入到油藏的更深部位,增大 $CO_2$ 的波及距离,但也会导致 $CO_2$ 返排率的降低。不同注气速度注 $CO_2$ 吞吐效果见表 3。图 12 为采收率随注入速度变化曲线。

表 3 不同注入速度注 $CO_2$ 吞吐实验结果

| 注入速度 (ml/min) | 升压时间 (min) | 注入压力 (MPa) | 焖井时间 (h) | 焖井后压力 (MPa) | 回压 5MPa 吞吐采收率(%) | 回压 0.1MPa 吞吐采收率(%) |
|---|---|---|---|---|---|---|
| 0.02 | 50 | 13.8 | 24 | 10.31 | 2.73 | 4.67 |
| 0.14 | 7 | 13.8 | 24 | 10.5 | 2.53 | 6.00 |
| 4.00 | 0.25 | 13.8 | 24 | 10.73 | 2.47 | 8.00 |

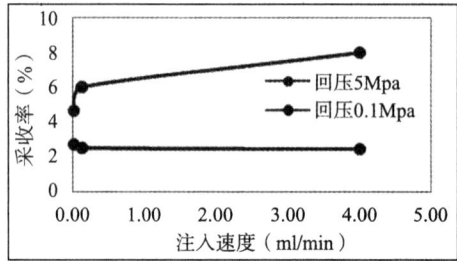

图 12 采收率随注入速度变化曲线

试验动态分析表明,注入速度与吞吐效果反相关,过快注入 $CO_2$ 大量聚集井底,不利用 $CO_2$ 均匀有效扩散。建议慢注短关,确保 $CO_2$ 扩散,充分考虑前期地层亏空严重,压力水平较低,可根据实际注入过程中压力抬升情况,适当提高前期注入速度,后期随着 $CO_2$ 注入地层能量逐渐恢复,压力平稳上升,放缓注入速度(图 13)。

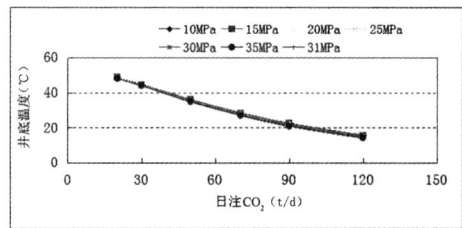

图 13 不同压力下日注量与井底温度模拟曲线

同时优化注入速度需要考虑两个因素:①$CO_2$ 冷伤害,注入速度越快,$CO_2$ 井底温度越低,原油黏度越高,影响 $CO_2$ 向油层远端扩散;②注入速度加快,导致注入压力上升,注入压力须控制在油层破裂压力以下。数值模拟计算结果显示,考虑 $CO_2$ 冷伤害性,最佳注入速度为 60t/d 范围内。

### 4.3.3 焖井时间优化

焖井时间是指注入 $CO_2$ 后到再次开井生产之间的时间,焖井时间的大小影响 $CO_2$ 与原油的反应时间,焖井时间越长,$CO_2$ 的扩散距离和溶解量都会有一定的增加,$CO_2$ 与地层原油反应越充分,吞吐效果越好。

分别模拟焖井时间 15d、20d、25d、30d、40d、50d 时注 $CO_2$ 吞吐开发的效果。从模拟结果来看,随着焖井时间增加,$CO_2$ 逐渐扩散,裂缝附近压力下降,焖井 30d 之后,压力场分布基本不变(图 14)。

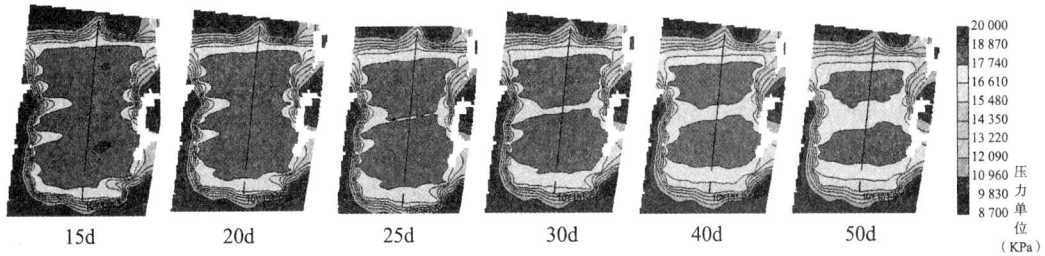

图 14　数值模拟焖井油层压力分布图

　　分析可知,焖井时间越长,压力逐渐下降最终趋于平缓,其中当焖井时间增加到 15d 后,压力趋于稳定,同时对应的采收率增加也逐渐趋于平稳,增加幅度变缓。当焖井时间增加到一定程度后,再延长焖井时间,对采收率的影响很小。通过数值模拟优化,最佳焖井时间范围为 10~20d,焖井过程中每天监测井口压力,随时调整焖井时间,当压力变化稳定时结束焖井,开井生产(图 15)。

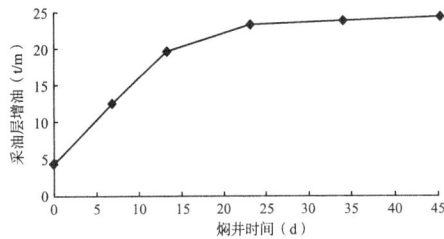

图 15　焖井时间与采收率增幅关系

## 5　现场试验

　　大庆外围葡萄花油田致密油藏已开展矿场试验 16 井次,其中水平井 6 井次,直井 10 井次,初期平均单井日增油分别为 10.7t 和 3.1t,阶段累计增油 14074.2t,提高阶段采收率 2.41%,为提高致密油开发效果提供了技术支持(表 4)。

表 4　致密油井 $CO_2$ 吞吐效果表

| 序号 | 井型 | 试验井号 | 吞吐前日产油(t) | 吞吐后生产情况 | | |
|---|---|---|---|---|---|---|
| | | | | 初期日产油(t) | 计产天数(d) | 累计增油(t) |
| 1 | | 直井 1 | 0.7 | 6.4 | 229 | 865.4 |
| 2 | | 直井 2 | 0.3 | 4.3 | 195 | 515.4 |
| 3 | | 直井 3 | 0.7 | 3.0 | 330 | 185.6 |
| 4 | | 直井 4 | 0.5 | 2.4 | 398 | 195.5 |
| 5 | 直井 | 直井 5 | 0.6 | 4.0 | 268 | 281.5 |
| 6 | | 直井 6 | 0.3 | 2.3 | 351 | 283.7 |
| 7 | | 直井 7 | 1.3 | 6.0 | 395 | 434.2 |
| 8 | | 直井 8 | 0.1 | 2.0 | 105 | 260.0 |
| 9 | | 直井 9 | 0.4 | 2.3 | 123 | 126.0 |
| 10 | | 直井 10 | 1.4 | 3.4 | 129 | 214.9 |
| 平均 | | | 0.6 | 3.7 | 252 | 336.2 |
| 1 | | 水平井 1 | 2.7 | 28 | 945 | 3615 |
| 2 | | 水平井 2 | 1.3 | 2.9 | 178 | 403.7 |
| 3 | 水平井 | 水平井 3 | 1.1 | 24.5 | 510 | 1601 |
| 4 | | 水平井 4 | 0.3 | 6.3 | 636 | 2636.4 |
| 5 | | 水平井 5 | 0.9 | 6.4 | 461 | 1622.6 |
| 6 | | 水平井 6 | 0.8 | 3.4 | 142 | 833.6 |
| 平均 | | | 1.2 | 11.9 | 478.7 | 1785.4 |

## 6 结论

(1)致密油井缝网压裂后 $CO_2$ 吞吐补充能量的主控机理是溶解膨胀、降粘,确定了 $CO_2$ 驱替孔喉动用下限为 $0.05\mu m$。压裂形成的缝网为后续 $CO_2$ 吞吐本位开发提供了有利的条件,$CO_2$ 吞吐压力波及范围包括了主裂缝、缝网以及两者之间的基质,可达到全藏"蓄能-驱动"。

(2)研究了选井原则和工艺参数设计标准,确定了最优注入强度为 $15t/m$,合理注入速度上限 $60t/d$,最佳焖井时间 $10\sim20d$。

(3)通过现场试验效果对比,表明了缝网压裂后在合理时机开展 $CO_2$ 吞吐进行能量补充能够达到较好的复产增产、提高采收率的效果。

### 参 考 文 献

[1] 梁坤,张国生,武娜.中国陆上石油储量变化趋势及其影响[J].国际石油经济,2015,3:52-56.

[2] 雷群,胥云,蒋廷学,等.用于提高低-特低渗透油气藏改造效果的缝网压裂技术[J].石油学报,2009,30(2):237-241.

[3] 吴奇,胥云,王腾飞,等.增产改造理念的重大变革——体积改造技术概论[J].天然气工业,2011,31(4):7-12.

[4] 王文东,赵广渊,苏玉亮,等.致密油藏体积压裂技术应用[J].新疆石油地质,2013,34(3):345-348.

[5] 吴文有,张丽华.$CO_2$ 吞吐改善低渗透油田开发效果可行性研究[J].大庆石油地质与开发,2001,20(6):51-53.

[6] 刘炳官.$CO_2$ 吞吐法在低渗透油藏的试验[J].特种油气藏,1996,3(2):44-50.

[7] 蒲玉娥,刘滨,徐赢,等.三塘湖油田马46井区低渗透油藏 $CO_2$ 吞吐开发研究与应用[J].特种油气藏,2011,18(5):86-88.

[8] 马洪志.葡南油田扶余油层注 $CO_2$ 提高采收率技术研究[D].大庆石油学院,2009.

[9] 赵军胜,钱卫明,郎春艳.苏北低渗透油藏 $CO_2$ 吞吐矿场试验[J].断块油气田,2003,10(1):73-75.

[10] 董福国.二氧化碳单井吞吐增油技术的应用研究[J].中国石油和化工标准与质量,2013(11):109-109.

[11] 马香丽,陈秋华,姚庆君,等.$CO_2$ 单井吞吐技术在濮城油田的先导试验[J].试采技术,2010(1):12-13.

# 基于特高含水期相渗规律的含水率预测新模型

曲 江

(大庆油田有限责任公司第四采油厂)

**摘 要** 目前常用的含水率预测方法主要包括 Gompertz 模型、Logistic 模型和 Usher 模型,这三种方法缺乏理论依据,只反映了含水率与时间的统计规律,而常用的水驱规律曲线虽能反映渗流理论,但进入特高含水期后油水相对渗透率比值与含水饱和度在半对数曲线上偏离直线关系,不能用于特高含水期含水率预测。因此,本文深入研究特高含水期相渗曲线变化规律,建立了反映含水率与采出程度关系的含水率预测新模型,能够真实体现特高含水期油水地下渗流特征,预测更为准确。研究结果表明,与其他三种方法相比,含水率预测新模型预测精度提高至少 3 个百分点,为特高含水期水驱油藏开发规划制定提供了理论依据。

**关键词** 特高含水期;相渗曲线;含水率预测;模型建立;水驱规律曲线

## 1 引 言

对于水驱开发油田,含水率是反映油田含水上升规律的重要指标,是评价水驱油田开发效果、分析油田生产动态的重要指标。历年来国内外学者对含水上升规律进行深入研究,目前常用的含水率预测方法主要包括 Gompertz 模型、Logistic 模型和 Usher 模型,这三种方法通常反映了含水率与时间的统计规律,缺乏理论依据,当产量出现剧烈波动时,该方法适用性差;而常用的水驱规律曲线虽能反映油水渗流理论,但进入特高含水期后油水相对渗透率比值与含水饱和度在半对数曲线上偏离直线关系,不能用于特高含水期含水率预测。因此,本文基于特高含水期相渗规律,建立了一种反映含水率与采出程度关系的含水率预测新方法,既能反映特高含水期油水渗流规律,又能提高特高含水期含水率预测精度,为特高含水期水驱油藏开发规划制定提供了理论依据。

## 2 目前含水率预测模型

目前常用的含水率预测方法主要包括 Gompertz模型、Logistic 模型和 Usher 模型,这三种方法均反映了含水率与时间的统计规律。

### 2.1 Gompertz 模型

英国统计学家和数学家冈珀茨 Gompertz 于 1825 年提出了一种预测动物种群生长的模型,使用该模型能够描述种群的消亡规律和比较植物病害进展曲线。后来将这种广泛用于经济增长和油气资源增长预测的 Gompertz 模型应用于水驱开发含水率预测中,其一般形式为

$$f_w = e^{k \cdot e^{-bt}} \tag{1}$$

式中,$f_w$ 为油田含水率,%;$t$ 为油田开发时间,a;

$k$、$b$ 为拟合系数。

将公式(1)变形,得到 $\ln f_w$ 与 $t$ 之间的关系,见公式(2),通过公式拟合即可得到拟合系数 $k$ 和 $b$ 的数值。

$$\ln f_w = k \cdot e^{-bt} \tag{2}$$

### 2.2 Logistic 模型

Logistic 模型又称 Logistic 回归分析,该模型在流行病学中应用较多,能够根据危险因素预测某疾病发生的概率。美国地质学家哈伯特 King Hubbert 于 1962 年提出将 Logistic 模型应用于油田开发指标预测中,其一般形式为

$$f_w = \frac{1}{1 + k \cdot e^{-bt}} \tag{3}$$

将公式(3)变形,得到 $1/f_w - 1$ 与 $t$ 之间的关系,见公式(4),通过公式拟合即可得到拟合系数 $k$ 和 $b$ 的数值。

$$\frac{1}{f_w} - 1 = k \cdot e^{-bt} \tag{4}$$

### 2.3 Usher 模型

美国学者 Usher 于 1980 年提出了一种增长数据随时间变化数学模型。将该模型应用于水驱开发油田,发现当 $t \to \infty$ 时,$f_w \to 1$,即预测含水率 Usher 模型的一般形式为

$$f_w = \frac{1}{(1 + k \cdot e^{-bt})^{1/c}} \tag{5}$$

式中,$c$ 为拟合系数。

将公式(5)变形,得到 $f_w$ 与 $t$ 之间的关系,见公式(6),应用试凑法,通过改变拟合系数 $c$ 获得最大的相关系数,即可得到拟合系数 $k$ 和 $b$ 的数值。

$$f_w^{-c} - 1 = k \cdot e^{-bt} \tag{6}$$

从以上表达式可以看出,Usher 模型为三参数 ($k$、$b$ 和 $c$) 模型,适用范围较广,与 Gompertz 模型

和 Logistic 模型相比具有同等或更高的预测精度。用于含水率预测的 Gompertz 模型和 Logistic 模型是 Usher 的两种简化形式,当 $c=0$ 时,对公式(5)求导可得到 Gompertz 模型,当 $c=1$ 时,直接得到 Logistic 模型。

这三种模型均反映了含水率与时间的统计规律,用于油田含水率预测时缺乏理论依据、各参数无实际物理意义。当油田进入稳定递减阶段后,含水率变化随开发时间呈稳定变化趋势;当油田进行大规模井网加密或重大措施调整时,产油量曲线剧烈波动,含水率出现明显的降低或太高趋势,上述方法适用性变差。

## 3 特高含水期相渗规律

油水相对渗透率曲线是研究油水两相渗流的基础,是油田开发指标计算、动态分析等方面不可缺少的重要资料,能够反映水驱油藏油水渗流规律。图 1a 为任一复合相渗曲线,当进入油水渗流阶段后,水相相对渗透率与油相相对渗透率比值 $k_{rw}/k_{ro}$ 与含水饱和度之间半对数直线关系;当含水率超过 90% 后,进入特高含水阶段,此时两者偏离直线关系出现明显上翘,如图 1b 所示,因此需要建立新的特高含水阶段油水渗流理论。

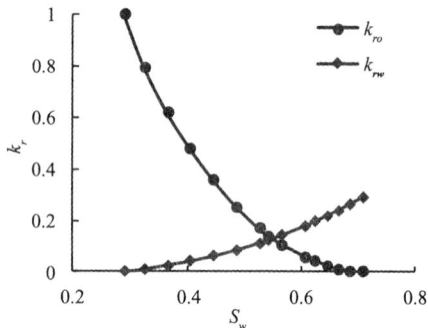

a. 相对渗透率曲线

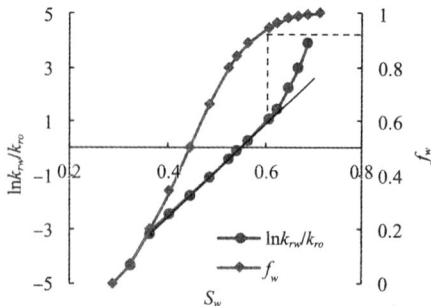

b. 稳定渗流阶段相渗规律

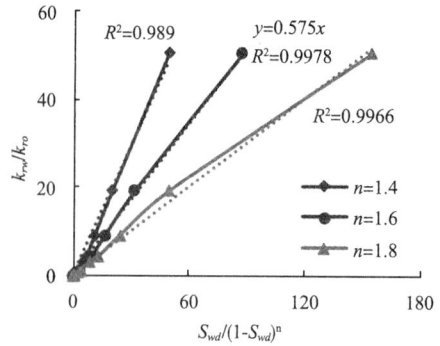

c. 特高含水期相渗规律

图 1 油水相对渗透率曲线规律

通过深入研究特高含水期相渗曲线变化规律,发现油水相对渗透率比值 $k_{rw}/k_{ro}$ 与归一化含水饱和度 $S_{wd}$ 存在以下关系:

$$\frac{k_{rw}}{k_{ro}} = \frac{bS_{wd}}{(1-S_{wd})^n} \tag{7}$$

式中,$S_{wd} = \frac{S_w - S_{wc}}{1 - S_{wc} - S_{or}} \tag{8}$

式中,$k_{rw}$、$K_{ro}$ 为水相相对渗透率、油相相对渗透率;$S_w$、$S_{wd}$ 为含水饱和度、归一化含水饱和度;$S_{wc}$、$S_{or}$ 为束缚水饱和度、残余油饱和度;$b$、$n$ 为拟合系数。

应用试凑法,通过改变系数 $n$ 获得最大的相关系数,即可得到拟合系数 $b$ 的数值。当 $n=2$ 时,油水相对渗透率比值 $k_{rw}/k_{ro}$ 与归一化含水饱和度项 $S_{wd}/(1-S_{wd})^n$ 呈明显的直线关系,相关系数无限趋近于 1,如图 1c 所示。即公式(7)可以描述油田开发各个阶段油水相对渗透率比值与归一化含水饱和度的关系,不用再区分低含水阶段、中含水阶段、高含水阶段和特高含水阶段。当公式中含水饱和度趋近于束缚水饱和度时,即 $S_{wd}=0$ 时,$k_{rw}=0$;当含水饱和度趋近于最大含水饱和度时,即 $S_{wd} \to 1$ 时,$k_{rw}/k_{ro} \to \infty$,这与水驱规律相一致。

## 4 特高含水期含水率预测新模型

根据特高含水期相渗曲线变化规律,建立新的特高含水期含水率预测新模型,直接反映含水率与采出程度之间的关系。

已知采出程度 $R$ 和驱油效率 $E_d$ 计算公式,整理公式(8),当 $R \to 0$ 时,$S_{wd} \to 0$,当 $R \to E_d$ 时,$S_{wd} \to 1$。

$$S_{wd} = \frac{1 - S_{wc}}{1 - S_{wc} - S_{or}} \cdot \frac{S_w - S_{wc}}{1 - S_{wc}} = \frac{R}{E_d} \tag{9}$$

根据油水渗流公式可计算含水率:

$$f_w = \frac{Q_w}{Q_w + Q_o} = \frac{1}{1 + \dfrac{\mu_w}{\mu_o} \cdot \dfrac{k_{ro}}{k_{rw}}} \quad (10)$$

将公式(7)和公式(9)代入公式(10):

$$f_w = \frac{1}{1 + \dfrac{\mu_w}{b\mu_o} \cdot \dfrac{(1-S_{wd})^n}{S_{wd}}}$$

$$= \frac{1}{1 + \dfrac{\mu_w}{b\mu_o} \cdot \dfrac{(1-R/E_d)^n}{R/E_d}}$$

$$= \frac{1}{1 + \dfrac{\mu_w}{b\mu_o E_d^{n-1}} \cdot \dfrac{(E_d-R)^n}{R}} \quad (11)$$

公式(11)整理得:

$$\left(\frac{1}{f_w}-1\right)R = m\,(E_d-R)^n \quad (12)$$

式中,$m = \dfrac{\mu_w}{b\mu_o E_d^{n-1}} \quad (13)$

一般来说,对于某一研究区驱油效率 $E_d$ 可以通过岩心室内驱油实验获得,根据公式(12),已知历年开发数据,绘制 $(1/f_w-1)R$ 与 $E_d-R$ 之间的关系,确定二者幂函数关系的拟合系数 $m$ 和 $n$。整理公式(11),将拟合系数代入公式(12)即可根据采出程度预测未来含水率变化趋势:

$$f_w = \frac{1}{1 + m \cdot (E_d-R)^n/R} \quad (14)$$

## 5 实例应用

以大庆油田某一已进入特高含水期的区块为研究对象,1971—2020 年该区块历年开发数据见表2,应用上述4种方法对 1971—2015 年开发数据进行拟合,并预测 2016—2020 年含水率,拟合和预测结果如图2所示。通过拟合分别获得 Gompertz 模型、Logistic 模型、Usher 模型和含水率预测新模型的拟合系数 $k$、$b$、$c$、$m$ 和 $n$ 的数值,从拟合相关系数来看,拟合精度依次提高,分别为 0.6397、0.863、0.8941 和 0.9416。

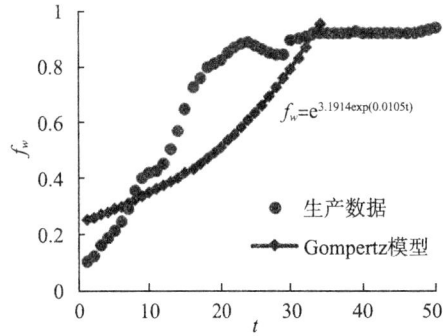

a. Goempertz 模型

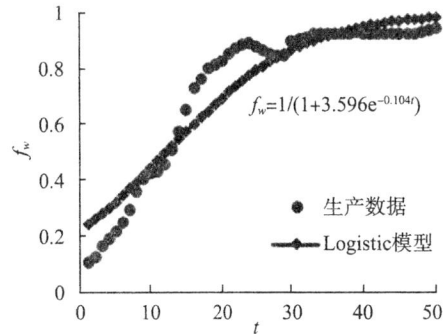

b. Logistic 模型

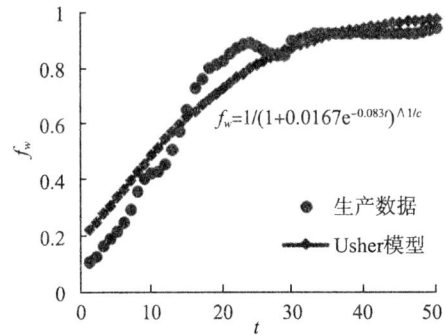

c. Usher 模型

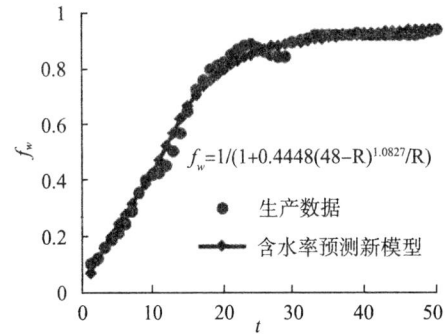

d. 含水率预测新模型

图 2　各方法含水率预测结果

表 1　各方法含水率预测结果

| 年 | 时间 | 采出程度（%） | 含水率 | 含水率预测 | | | |
|---|---|---|---|---|---|---|---|
| | | | | Gompertz 模型 | Logistic 模型 | Usher 模型 | 新模型 |
| 1971 | 1 | 2.10 | 0.1022 | 0.2516 | 0.2358 | 0.2176 | 0.0699 |
| 1972 | 2 | 3.49 | 0.1240 | 0.2603 | 0.2551 | 0.2455 | 0.1141 |
| 1973 | 3 | 4.88 | 0.1604 | 0.2694 | 0.2753 | 0.2743 | 0.1571 |
| 1974 | 4 | 6.37 | 0.1877 | 0.2789 | 0.2965 | 0.3039 | 0.2019 |
| 1975 | 5 | 7.76 | 0.2125 | 0.2889 | 0.3187 | 0.3340 | 0.2421 |
| 1976 | 6 | 9.08 | 0.2418 | 0.2993 | 0.3417 | 0.3643 | 0.2793 |
| 1977 | 7 | 10.39 | 0.2883 | 0.3103 | 0.3654 | 0.3946 | 0.3150 |
| 1978 | 8 | 11.80 | 0.3549 | 0.3217 | 0.3899 | 0.4248 | 0.3526 |
| 1979 | 9 | 13.27 | 0.4003 | 0.3337 | 0.4149 | 0.4547 | 0.3904 |
| 1980 | 10 | 14.77 | 0.4225 | 0.3463 | 0.4403 | 0.4841 | 0.4279 |
| 1981 | 11 | 16.57 | 0.4245 | 0.3595 | 0.4661 | 0.5128 | 0.4713 |
| 1982 | 12 | 18.79 | 0.4548 | 0.3734 | 0.4920 | 0.5407 | 0.5225 |
| 1983 | 13 | 21.09 | 0.5018 | 0.3879 | 0.5180 | 0.5677 | 0.5730 |
| 1984 | 14 | 23.35 | 0.5667 | 0.4032 | 0.5439 | 0.5939 | 0.6203 |
| 1985 | 15 | 25.62 | 0.6501 | 0.4192 | 0.5696 | 0.6190 | 0.6656 |
| 1986 | 16 | 27.67 | 0.7291 | 0.4361 | 0.5949 | 0.6430 | 0.7045 |
| 1987 | 17 | 29.41 | 0.7565 | 0.4538 | 0.6197 | 0.6660 | 0.7363 |
| 1988 | 18 | 30.79 | 0.7994 | 0.4724 | 0.6439 | 0.6879 | 0.7607 |
| 1989 | 19 | 31.98 | 0.8123 | 0.4921 | 0.6673 | 0.7086 | 0.7811 |
| 1990 | 20 | 33.13 | 0.8238 | 0.5127 | 0.6900 | 0.7283 | 0.8003 |
| 1991 | 21 | 34.15 | 0.8469 | 0.5345 | 0.7118 | 0.7469 | 0.8169 |
| 1992 | 22 | 35.03 | 0.8713 | 0.5574 | 0.7327 | 0.7644 | 0.8309 |
| 1993 | 23 | 35.78 | 0.8839 | 0.5816 | 0.7525 | 0.7810 | 0.8425 |
| 1994 | 24 | 36.45 | 0.8873 | 0.6071 | 0.7714 | 0.7965 | 0.8528 |
| 1995 | 25 | 37.10 | 0.8764 | 0.6339 | 0.7892 | 0.8110 | 0.8626 |
| 1996 | 26 | 37.67 | 0.8645 | 0.6623 | 0.8060 | 0.8247 | 0.8711 |
| 1997 | 27 | 38.21 | 0.8514 | 0.6923 | 0.8217 | 0.8374 | 0.8791 |
| 1998 | 28 | 38.60 | 0.8452 | 0.7240 | 0.8365 | 0.8493 | 0.8846 |
| 1999 | 29 | 38.89 | 0.8444 | 0.7574 | 0.8502 | 0.8604 | 0.8888 |
| 2000 | 30 | 39.23 | 0.8959 | 0.7928 | 0.8630 | 0.8708 | 0.8936 |
| 2001 | 31 | 39.55 | 0.9005 | 0.8303 | 0.8748 | 0.8804 | 0.8981 |
| 2002 | 32 | 39.84 | 0.9104 | 0.8699 | 0.8858 | 0.8894 | 0.9022 |
| 2003 | 33 | 40.11 | 0.9191 | 0.9119 | 0.8959 | 0.8977 | 0.9060 |
| 2004 | 34 | 40.38 | 0.9198 | 0.9564 | 0.9052 | 0.9055 | 0.9096 |
| 2005 | 35 | 40.62 | 0.9232 | / | 0.9137 | 0.9127 | 0.9130 |
| 2006 | 36 | 40.83 | 0.9223 | / | 0.9216 | 0.9193 | 0.9158 |
| 2007 | 37 | 41.03 | 0.9214 | / | 0.9288 | 0.9255 | 0.9186 |
| 2008 | 38 | 41.21 | 0.9245 | / | 0.9354 | 0.9312 | 0.9209 |
| 2009 | 39 | 41.39 | 0.9273 | / | 0.9414 | 0.9365 | 0.9233 |
| 2010 | 40 | 41.57 | 0.9217 | / | 0.9469 | 0.9414 | 0.9257 |
| 2011 | 41 | 41.75 | 0.9234 | / | 0.9519 | 0.9460 | 0.9281 |

续表

| 年 | 时间 | 采出程度（%） | 含水率 | 含水率预测 | | | |
|---|---|---|---|---|---|---|---|
| | | | | Gompertz 模型 | Logistic 模型 | Usher 模型 | 新模型 |
| 2012 | 42 | 41.93 | 0.9231 | / | 0.9564 | 0.9502 | 0.9304 |
| 2013 | 43 | 42.09 | 0.9220 | / | 0.9605 | 0.9540 | 0.9325 |
| 2014 | 44 | 42.23 | 0.9201 | / | 0.9643 | 0.9576 | 0.9344 |
| 2015 | 45 | 42.36 | 0.9191 | / | 0.9677 | 0.9609 | 0.9361 |
| 2016 | 46 | 42.48 | 0.9231 | / | 0.9708 | 0.9640 | 0.9376 |
| 2017 | 47 | 42.59 | 0.9235 | / | 0.9736 | 0.9668 | 0.9390 |
| 2018 | 48 | 42.69 | 0.9281 | / | 0.9762 | 0.9694 | 0.9402 |
| 2019 | 49 | 42.78 | 0.9314 | / | 0.9785 | 0.9718 | 0.9414 |
| 2020 | 50 | 42.85 | 0.9411 | / | 0.9805 | 0.9740 | 0.9423 |

根据拟合系数，计算 2005 年后 Gompertz 模型预测含水率超过 1；应用 Logistic 模型、Usher 模型和含水率预测新模型计算 2016—2020 年含水率预测误差分别为 5.00％、4.28％和 1.15％。通过对于拟合和预测结果可知，与 Gompertz 模型、Logistic 模型和 Usher 模型相比，含水率预测新模型拟合误差最小，预测精度最高，整体预测效果最好。在整个含水阶段，Gompertz 模型、Logistic模型和 Usher 模型预测含水率均呈逐年上升的趋势，但拟合精度并不高，尤其是进入特高含水期后，含水率预测值明显高于实际数值，与实际不符；而含水率预测新方法在低含水期预测含水率高、特高含水期预测含水率低，最接近于实际含水率数值，可靠性高。

## 6 结论

（1）目前常用的含水率预测方法仅反映了含水率与时间的统计规律，缺乏油水渗流理论，而水驱规律曲线虽有理论支撑，但特高含水期后油水相对渗透率比值与含水饱和度在半对数曲线上偏离直线关系，不能用于特高含水期含水率预测。

（2）基于特高含水期相渗渗流特征，建立了反映含水率和采出程度变化规律的含水率预测新模型，模型参数求取简单、可靠性高，研究表明与 Logistic模型、Usher 模型相比，含水率预测精度分别提高了 3.85 个百分点和 3.13 个百分点。

### 参考文献

[1] 王炜,刘鹏程. 预测水驱油田含水率的 Gompertz 模型[J]. 新疆石油学院学报,2001(4)：30－32.

[2] 陈元千. 对预测含水率的翁氏模型推导[J]. 新疆石油地质,1998(5)：3－5.

[3] 崔秀敏. 翁氏预测含水率模型的改进及应用探讨[J]. 内蒙古石油化工,2016,42(3)：37－38.

[4] 张居增,张烈辉,张红梅,等. 预测水驱油田含水率的 Usher 模型[J]. 新疆石油地质,2004(2)：191－192.

[5] 杨希军. 应用 Usher 模型预测单井含水率变化[J]. 西安石油大学学报(自然科学版),2008,110(3)：50－51,120.

[6] 赵艳武,杜殿发,王冠群,等. 水驱油田特高含水期含水率预测模型[J]. 特种油气藏,2016,23(5)：110－113,156.

[7] 仁锋,杨莉. 水驱油田新型含水率预测模型研究[J]. 水动力学研究与进展 A 辑,2012,27(6)：713－719.

[8] 英怀,高文君,黄瑜,王谦,赵志龙,刘文锐. 含水率预测模型的改进与应用[J]. 新疆石油地质,2017,38(4)：432－439.

[9] 高文君,徐冰涛,黄瑜,李君芝,欧翠荣. 水驱油田含水率预测方法研究及拓展[J]. 石油与天然气地质,2017,38(5)：993－999.

[10] 周鹏. 新型水驱油田含水率预测模型的建立及其应用[J]. 新疆石油地质,2016,37(4)：452－455.

[11] 邝绍献. 基于特高含水期油水两相渗流的水驱开发特征研究[D]. 西南石油大学,2013.

[12] 许家峰,张金庆,安桂荣,等. 广适水驱曲线求解新方法及应用[J]. 断块油气田,2017,24(1)：43－45,55.

[13] 李珂,杨莉,张迎春,皮建. 一种新型水驱特征曲线的推导及应用[J]. 断块油气田,2016,23(6)：797－799.

[14] 范海军,朱学谦. 高含水期油田新型水驱特征曲线的推导及应用[J]. 断块油气田,2016,23(1)：105－108.

[15] 高文君,徐君. 常用水驱特征曲线理论研究[J]. 石油学报,2007(3)：89－92.

[16] 窦宏恩,张虎俊,沈思博. 对水驱特征曲线的正确理解与使用[J]. 石油勘探与开发,2019,46(4)：755－762.

# 窄薄砂体油田利用三次采油数值模拟技术优化方案设计研究

唐梓朔

(大庆油田有限责任公司第七采油厂)

**摘　要**　大庆油田第七采油厂三次采油项目部尝试在葡北窄薄砂体油田利用聚合物溶液驱油方法进一步提高原油采收率。由于油田开发的不可逆性,需要通过三次采油数值模拟技术找到效果、最好成本最低的开发方法。本文在水驱历史拟合的基础上利用聚驱数值模拟技术对注入聚合物的浓度及黏度、注入速、用量以及注入的方案设计进行优选,并预测聚驱以及后续水驱的开发效果,为葡北窄薄砂体油田进一步提高原油采收率提供帮助。

**关键词**　窄薄砂体油田;提高原油采收率;聚驱数值模拟技术;预测开发效果

## 1　引言

大庆油田第七采油厂葡北油田为窄薄砂体油田。即河道砂体较窄,河道宽度一般小于300m;砂体分布面积大,但厚度较薄,除葡I6－9单层厚度在2m以上其余砂岩组单层厚度在1～2m之间;席状砂薄而稳定、分布面积大,河道砂岩主要呈条带状分布,具有南北走向的特征。大庆油田葡北二断块油藏目前水驱含水率93.63%,持续稳定开发面临一定困难。针对该油藏渗透率较低、地层压力较高、油田含水上升速度较快、原油采收率较低等现状,计划采用聚合物溶液驱油方法进一步提高原油采收率。在完成对构造的精细解释和储层的空间展布形态预测并构建三维地质模型以及对注入剂优选的实验后,为了提高三次采油开发效果,以葡65－84井区为试验区,在水驱数值模拟模型的基础上,通过优化注入参数和注入方式,制定合理的单井配产配注量,开展聚驱跟踪数值模拟研究,指导聚驱方案设计及措施优化调整。

葡65－84井区控制含油面积0.91km²,共有注采井54口,注入井18口,采出36口。其中,基础井网井2口,一次加密井网井10口,二次加密井网井11口,聚驱加密井31口;开采层位为葡I油层组,试验区原始地质储量为100.75×10⁴t。针对葡65－84井区开发井网及储层发育特征,建立了能满足葡65－84井区精度要求的三维精细地质模型,模型网格精度为10m×10m,纵向上分为26个层,共划分网格数为997152个。

根据动、静态资料等数据,利用Eclipse数值模拟软件建立了水驱油藏数值模拟模型,网格步长为30m×30m,纵向上共分为26层,总网格数共计68×62×26＝109616个。并对全区及单井生产动态进行了历史拟合,通过拟合,水驱结束后全区各项开发动态数据最终拟合相对误差均小于2%,拟合精度较高,单井拟合率达到88.9%。

在数值模拟结果基础上,综合分析葡65－84井区剩余油类型,结果表明,剩余油类型主要有厚油层内部型、注采不完善型和薄差层型三种,其中,厚油层内部型剩余油占总剩余油的78.4%,注采不完善型剩余油占总剩余油的14.9%,薄差层型剩余油占总剩余油的6.7%。从储层厚度、砂体微相和渗透率来看,剩余油主要富集在有效厚度1m以上的渗透率在$150×10^{-3}\mu m^2$以上的主河道、主体席状砂和过渡相河道中,这三种砂体剩余油储量为40.45×10⁴t,占总剩余油储量的60.97%;剩余油主要集中在葡I2₃、葡I6₂、葡I7₁、葡I7₂、葡I8₁、葡I8₂、葡I9₁、葡I9₂及葡I11₁河道砂及主体席状砂较发育的9个沉积单元中,剩余油储量占总剩余油储量的64.30%。并对井网的加密设计进行预测,最终采收率提高幅度较大,采收率比未井网加密提高了4.05%～41.91%。

## 2　参数优化设计

聚驱参数的优化设计在水驱历史拟合的基础上,应用Eclipse软件的Polymer Flood模型对抗盐聚合物溶液注入参数进行优化设计,从而确定最优注入方案。该模型出现多个不同于水驱的关键字,它们实现的功能主要有:

(1)聚合物溶液的黏度随溶液的浓度及含盐量的变化而变化;

(2)考虑聚合物被岩石孔隙的吸附作用;

(3)考虑聚合物溶液的残余阻力系数;

(4)考虑聚合物的孔隙体积。

### 2.1　聚合物浓度及黏度的优选

结合现场提供的聚合物浓粘关系曲线(图1),

利用聚驱数值模拟模型,对试验区不同浓度聚合物溶液的驱油效果进行预测。

在保持注入速度为 0.15PV/a 和注入量为 0.7PV 不变的条件下,共设计了 7 种不同浓度(分别为 400mg/L、500mg/L、600mg/L、700mg/L、800mg/L、900mg/L 和 1000mg/L)的抗盐聚合物溶液,预测至后续水驱含水达到 98% 为止,通过对比分析采收率、综合含水和压力的变化,确定最优注入浓度和黏度。其中聚驱采收率提高值是在水驱采收率(41.91%)的基础上计算的,对于注入速度和注入量优选时采收率提高值计算采用相同方法。

从数值模拟计算结果可以看出(表1、图2、图3),随着抗盐聚合物溶液浓度及黏度的不断增加,综合含水下降幅度越大,采收率提高值先增加、后略有减小。综合含水下降幅度随着注入聚合物浓度及黏度增加而减缓,当聚合物浓度小于 700 mg/L 时(黏度小于28.34mPa·s),采收率提高值随聚合物浓度及黏度增大而快速增大,当聚合物浓度大于700mg/L时(黏度大于28.34mPa·s),注聚后期注入困难,注入量减少,采收率提高值随聚合物浓度增大而增幅减缓,后略有减小,驱油效果变差。

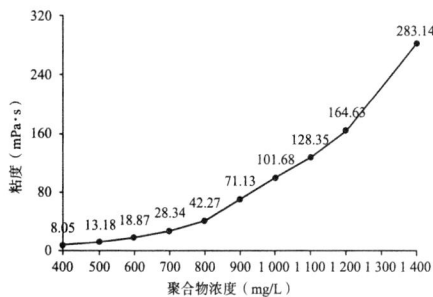

图1 浓粘关系曲线

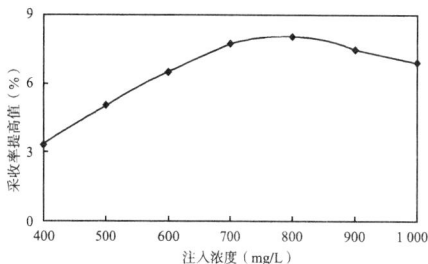

图2 采收率提高值预测结果曲线图

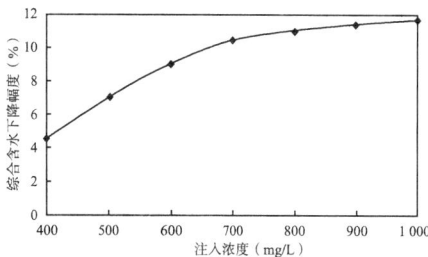

图3 综合含水下降幅度预测结果曲线图

通过数值模拟结果(图4)可以看出,随着抗盐聚合物溶液浓度及黏度的增加,注入压力均有不同程度的上升。试验区储层物性较差,当注入聚合物溶液浓度大于 700mg/L 时(黏度大于28.34mPa·s),由于聚合物黏度较大,在注聚后期注入压力接近或超过地层破裂压力,造成抗盐聚合物溶液注不进去,注入量减少,导致聚合物的浪费,降低了聚驱效果,同时也增加了生产成本。

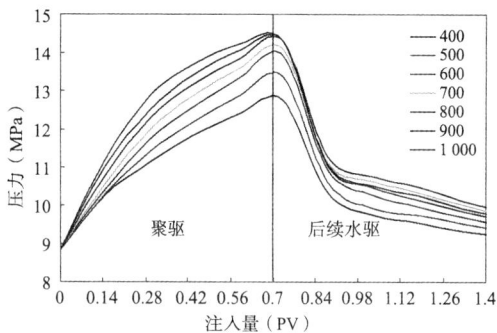

图4 不同抗盐聚合物溶液浓度下压力随注入量变化曲线

结合现场实际情况,考虑聚合物溶液炮眼剪切影响,为确保有效注入和驱油效果,井口黏度应在 20mPa·s,因此,综合考虑现场实际情况、驱油效果、压力变化情况及经济效益,确定试验区注入聚合物浓度为 700mg/L,聚合物黏度为28.34mPa·s,在不同注入阶段,可根据实际情况调整注入浓度。

### 2.2 聚合物注入速度的优选

在其他注入参数相同的情况下(注入浓度为700mg/L 和注入量为 0.7PV),对试验区的 18 口注聚井共设计 7 个注入速度(0.08PV/a、0.10PV/a、0.12PV/a、0.14PV/a、0.15PV/a、0.16PV/a 和0.18PV/a),利用数值模拟模型对不同注入速度下

表1 不同抗盐聚合物浓度的预测结果

| 聚合物浓度(mg/L) | 黏度(mPa·s) | 最终采收率值(%) | 采收率提高值(%) | 综合含水下降幅度(%) |
|---|---|---|---|---|
| 400 | 8.05 | 45.23 | 3.32 | 4.57 |
| 500 | 13.18 | 47.01 | 5.10 | 7.06 |
| 600 | 18.87 | 48.41 | 6.50 | 9.03 |
| 700 | 28.34 | 49.62 | 7.71 | 10.41 |
| 800 | 42.27 | 49.96 | 8.05 | 11.00 |
| 900 | 71.13 | 49.39 | 7.48 | 11.39 |
| 1000 | 101.68 | 48.84 | 6.93 | 11.68 |

驱油效果进行预测,预测至后续水驱综合含水达98%为止,结合现场实际生产情况,通过对比分析不同注入速度下的驱油效果,最终确定试验区最佳注入速度。数值模拟研究结果表明(表2、图5、图6),随着抗盐聚合物溶液注入速度的增加,采收率提高值和综合含水下降幅度值变化较小。因此,结合现场的实际生产需要,注入速度应以0.15PV/a为宜。

表2 不同抗盐聚合物注入速度的预测结果

| 注入速度 (PV/a) | 最终采收率值(%) | 采收率提高值(%) | 综合含水下降幅度(%) |
|---|---|---|---|
| 0.08 | 49.92 | 8.01 | 10.92 |
| 0.10 | 49.80 | 7.89 | 10.64 |
| 0.12 | 49.72 | 7.81 | 10.53 |
| 0.14 | 49.67 | 7.76 | 10.46 |
| 0.15 | 49.62 | 7.71 | 10.41 |
| 0.16 | 49.57 | 7.66 | 9.90 |
| 0.18 | 49.35 | 7.44 | 9.34 |

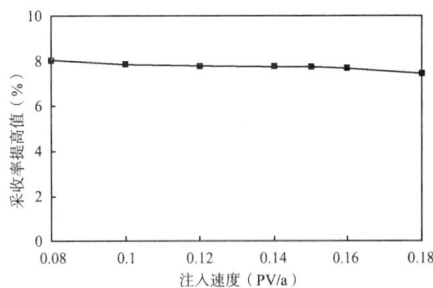

图5 采收率提高值预测结果曲线图

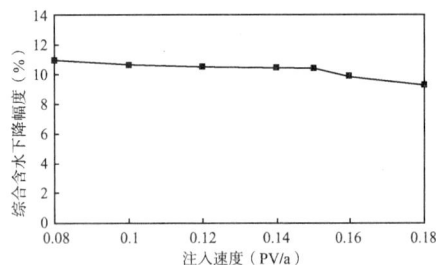

图6 综合含水下降幅度预测结果曲线图

### 2.3 聚合物用量的优选

以优选的注入浓度(700mg/L)和注入速度(0.15PV/a)为基础,共设计5个(315mg/L·PV、385mg/L·PV、455mg/L·PV、525mg/L·PV和600mg/L·PV)用量,对不同聚合物用量下的驱油效果进行预测,以确定最佳的抗盐聚合物溶液用量。

数值模拟结果(表3、图7、图8)显示,随着抗盐聚合物用量的增加,采收率提高值下降幅度均不断升高,当抗盐聚合物用量大于455mg/L·PV时,采收率提高值下降幅度值上升趋势变缓。聚合物用量与吨聚增油的关系曲线表明,随着用量的增加,吨聚

增油上升,当用量大于455 mg/L·PV时,吨聚增油开始下降,且效果变差。综上所述,随着用量的增加,虽然采收率变大,但生产成本增加。当抗盐聚合物用量为455mg/L·PV时,采收率提高值为7.52%,吨聚增油量为82.9t,采收率提高值和吨聚增油效果相对最佳,二者乘积最大,聚驱效果最优。综合分析采收率、吨聚增油量及经济效益,确定最佳用量为455 mg/L·PV。

表3 不同抗盐聚合物用量的预测结果

| 聚合物用量 (mg/L·PV) | 最终采收率值(%) | 采收率提高值(%) | 吨聚增油 (t/t) | 采收率提高值×吨聚增油 |
|---|---|---|---|---|
| 315 | 46.73 | 4.82 | 75.7 | 364.9 |
| 385 | 48.14 | 6.23 | 80.0 | 498.4 |
| 455 | 49.52 | 7.61 | 82.9 | 630.9 |
| 525 | 49.99 | 8.08 | 76.1 | 614.9 |
| 600 | 50.27 | 8.36 | 68.9 | 576.0 |

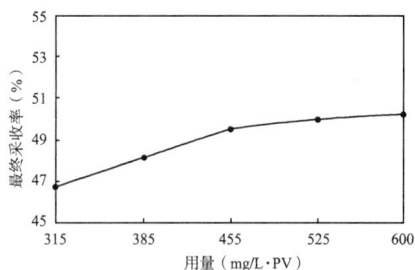

图7 最终采收率预测结果曲线

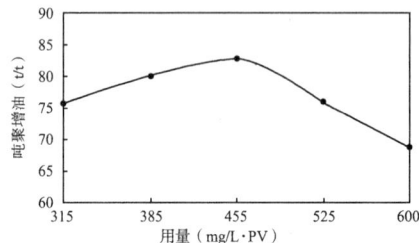

图8 聚合物用量与吨聚增油的关系曲线图

## 3 注入方式设计

### 3.1 前置段塞设计

选择前置段塞聚合物要考虑聚合物浓度与油层孔隙的匹配关系,尽可能增加聚合物溶液可进入的油层孔隙空间,提高聚驱控制程度,获得更好的聚驱调剖效果,因此考虑到葡65-84井区储层物性特征,为保证聚驱试验后期平稳注入,试验初期可设计注入聚驱溶液低浓段塞进行试注。室内实验结果表明,浓度为600mg/L的抗盐聚合物对油层不会发生堵塞,且具有较高阻力系数和残余阻力系数。因此结合葡65-84井区储层物性特征,确定前置低浓保护段塞采用浓度为600mg/L的中低分抗盐聚合物溶液,注入孔隙体积为

0.05PV,用量为30mg/L·PV。

## 3.2 注入方式设计及优选

(1)方案设计。

以上述优选参数结果(注入浓度为700mg/L、注入速度为0.15PV/a、用量为455mg/L·PV)为基础,结合试验区储层中孔中渗特征,开展段塞注入方案设计,并利用数值模拟模型对聚驱效果进行预测,预测至后续水驱综合含水达98%为止,通过对比分析不同方案采收率、综合含水变化情况,确定最优注入方案。

方案一:单段塞注入。

聚合物溶液浓度为700mg/L,注入速度为0.15PV/a,用量为455mg/L·PV。

方案二:前置低浓保护段塞+单段塞。

前置低浓保护段塞(抗盐聚合物浓度600mg/L,用量30mg/L·PV)+抗盐聚驱段塞(抗盐聚合物浓度700mg/L,用量425mg/L·PV)。

方案三:前置低浓保护段塞+段塞1+段塞2。

前置低浓保护段塞(抗盐聚合物浓度600mg/L,用量30mg/L·PV)+抗盐聚驱段塞(抗盐聚合物浓度700mg/L,用量395g/L·PV)+抗盐聚合物低浓段塞(抗盐聚合物浓度600mg/L,用量30mg/L·PV)。

方案四:前置低浓保护段塞+段塞1+水驱+段塞2。

前置低浓保护段塞(抗盐聚合物浓度600mg/L,用量30mg/L·PV)+抗盐聚合物段塞(抗盐聚合物浓度700mg/L,用量212mg/L·PV)+水驱(注入量0.01PV)+抗盐聚合物段塞(抗盐聚合物浓度700mg/L,用量213mg/L·PV)。

(2)方案优选。

数值模拟研究结果表明(表4、图9),不同方案下的驱油效果相差不大,对比分析不同方案采收率提高值和综合含水下降幅度,可以看出方案三的效果最好,方案四效果最差。方案一采用单段塞注入,由于试验区储层物性较差,渗透率较低,导致注聚后期注入压力上升较高,不能确保聚合物溶液的有效注入,影响驱油效果,提高采收率值低于方案二和方案三;方案三采用前置低浓保护段塞+段塞1+段塞2,采收率提高值和综合含水下降幅度最大,聚驱效果最好,但由于采用多段塞、多浓度方式注入,导致聚驱后期调整空间变小,制约了方案调整的灵活度;方案二前置低浓保护段塞可以避免油层发生堵塞,后期转高浓度段塞可以充分发挥抗盐聚合物溶液的性能,提高原

油采收率,且后期调整空间较大,提高采收率值与方案三相差不大。因此综合考虑聚驱效果、聚驱过程中方案调整空间、聚驱的可注入性,最佳的注入方式应为方案二,即前置低浓保护段塞(抗盐聚合物浓度600mg/L、用量30mg/L·PV)+抗盐聚驱段塞(抗盐聚合物浓度700mg/L、用量425mg/L·PV)。

表4 不同聚合物注入方案预测结果

| 注入方案 | 最终采收率值(%) | 提高采收率值(%) | 综合含水下降幅(%) |
|---|---|---|---|
| 方案一 | 49.52 | 7.61 | 10.41 |
| 方案二 | 49.56 | 7.65 | 10.30 |
| 方案三 | 49.59 | 7.68 | 10.30 |
| 方案四 | 49.34 | 7.43 | 10.06 |

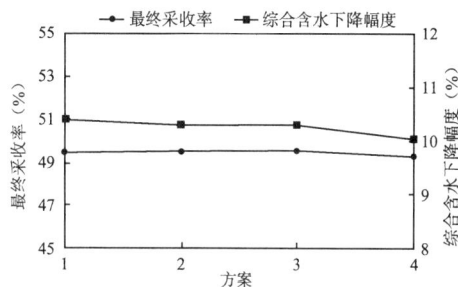

图9 不同方案预测结果变化曲线图

## 4 聚驱及后续水驱开发效果预测

方案一:按目前射开目的层进行聚驱,聚驱结束后补开所有未射孔层进行后续水驱至综合含水达98%。

方案二:按目前射开目的层进行聚驱,聚驱结束后进行后续水驱至综合含水达98%。

方案三:按射开所有层进行聚驱,聚驱结束后进行后续水驱至综合含水达98%。

数值模拟结果表明,方案一驱油效果最优,方案二与方案三最终采收率相差不大。方案三射开所有层后进行聚驱,对地层伤害比较大,且不利于缓解层内、层间矛盾,达不到调整剖面的目的。方案一在注聚阶段,有效保护了低渗透储层,且可以有效地改善聚驱中高渗目的层非均质性,后续水驱阶段通过实施薄差层补孔,确保所有储层有效动用,从而能合理地开发试验区块。综上所述,选用方案一较适宜(表5)。

表5 不同方案预测的最终采收率的结果

| 方案 | 最终采收率(%) |
|---|---|
| 方案一 | 49.56 |
| 方案二 | 48.99 |
| 方案三 | 49.10 |

结合试验区储层发育特征,综合考虑平面和

纵向上的非均质性(包括储层微相、沉积厚度、渗透率、孔隙度、连通性等),制定聚驱单井配产配注原则及方法,基于最优注入参数、最佳注入方案,利用数值模拟模型对开发效果进行预测(表6、图10),预测至后续水驱含水达98%为止。数值模拟结果表明,聚驱阶段,综合含水降幅度达10.30个百分点,注聚结束时,综合含水为93.14%,处于含水回升期,采收率为46.16%,提高采收率5.73%;当综合含水达到98%时,最终采收率为49.56%,提高采收率7.65%,累计增油6.91×10⁴t,聚驱效果较好。

表6 葡65-84井区开发指标预测结果

| 最终采收率(%) | 采收率提高值(%) | 综合含水最低值(%) | 综合含水下降幅度(%) |
|---|---|---|---|
| 49.56 | 7.65 | 85.75 | 10.30 |

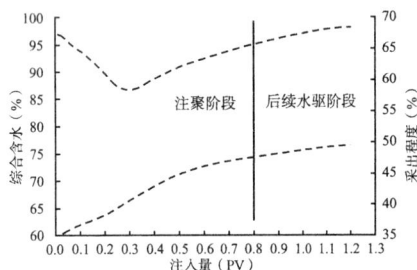

图10 葡65-84井区开发指标预测曲线

## 5 结论

(1)在完成三维地质建模和水驱数值模拟工区的建立以及历史拟合的基础上,利用聚驱数值模拟模型对注入参数进行优化,确定最优浓度为700mg/L,注入速度为0.15PV/a,用量为455mg/L·PV;针对试验区设计4中注入方式,由数值模拟结果得出,以前置低浓保护段塞+单段塞为注入方式,提高采收率7.65个百分点。

(2)结合试验区储层发育特征,制定聚驱单井配产配注原则及方法,计算单井配产配注量。再通过数值模拟技术预测开发效果,试验区最终采收率为49.56%,提高采收率7.65个百分点,含水下降幅度达10.30%,预测聚驱效果较好。

**参考文献**

[1] 李海涛.杏二西三类油层聚表剂驱数值模拟研究[D].东北石油大学,2014.

[2] 赵时光.南三区中块二类油层聚合物驱数值模拟[D].东北石油大学,2014.

[3] 徐程宇.喇8_182井区高二组油层聚驱跟踪调整数值模拟研究[D].大庆石油学院,2010.

# 三类油层窄小河道顶部剩余油水平井挖潜技术研究

王恩德

（大庆油田有限责任公司第四采油厂）

**摘 要** 三类油层具有厚度小、渗透率低、层间非均质性强的特征,在油田开发时由于层内非均质性及重力分异作用的存在,窄小河道砂体中下部优先动用从而在砂体顶部形成剩余油富集区,利用常规的直井布井方式以及水驱开采方式难以挖潜此类剩余油。本文借鉴了一类油层水平井强碱三元复合驱挖潜厚油层顶部剩余油的成功经验,介绍了一种新的三类油层水平井强碱三元复合驱开采方式,可以有效挖掘窄小河道砂体顶部剩余油,并且不影响水平井区内部直井开采,现场试验结果表明水平井增油效果优于直井。该技术为三类油层窄小河道顶部剩余油挖潜提供了新的技术支撑,具有广阔的推广前景。

**关键词** 窄小河道;水平井布井方式;增油效果

## 1 前言

大庆油田杏北开发区三类油层地质储量占总储量的64.5%,虽然开采难度较大,仍然是油田主要的开采潜力对象。但三类油层由于层内非均质强的特征会在窄小河道砂体顶部形成局部富集的剩余油,利用常规的直井布井方式以及水驱开采方式难以挖潜此类剩余油,而水平井由于其与油层接触面积大、平面连续性强的特征,在一、二类油层得到广泛利用并取得较好效果[1-4],因此选定C区块开展三类油层水平井强碱三元复合驱现场试验,寻求有效的手段挖潜三类油层窄小河道顶部剩余油。

## 2 三类油层窄小河道地质特征

C区块三类油层均属于三角洲前缘相沉积,根据沉积类型可细分为内前缘相和外前缘相Ⅰ—Ⅳ类。其中内前缘相储层水下分流河道砂体大面积分布,是三类油层中潜力最大、最适合利用水平井挖潜的储层。外前缘相Ⅰ类沉积砂体中零散分布水下分流河道砂体,也具有部署水平井的潜力。

C区块目的层段为萨Ⅱ11³单元,为内前缘相沉积,发育大面积的水下分流河道,具有"一高、两大、一差"的储层特征。

### 2.1 窄小河道在三类油层中砂岩厚度大、渗透率高

试验区目的层萨Ⅱ11³单元河道砂宽400m左右,主体部位宽度近450m,钻遇率33.5%,平均有效渗透率$468×10^{-3}\mu m^2$,平均砂岩厚度3.4m,有效厚度2.9m,优于主体、非主体薄层砂(表1)。

表1 C区块砂体发育状况

| 类别 | 井数（个） | 钻遇率（%） | 砂岩厚度(m) | 有效厚度(m) | 渗透率($10^{-3}\mu m^2$) |
|---|---|---|---|---|---|
| 水下分流河道 | 91 | 33.5 | 3.4 | 2.9 | 468 |
| 主体薄层砂 | 104 | 38.2 | 1.3 | 0.8 | 203 |
| 非主体薄层砂 | 46 | 16.9 | 0.8 | 0.3 | 74 |
| 表外 | 31 | 11.4 | 0.8 | / | / |
| 小计 | 272 | 100 | 1.8 | 1.3 | 278 |

### 2.2 三类油层窄小河道剩余地质储量较大

从C区块不同类型储层剩余地质储量情况来看(表2),内前缘相、外前缘相Ⅰ类和外前缘相Ⅱ类储层剩余地质储量分别为27.92%、25.72%和29.84%,占有较大比例。本次水平井挖潜重点是平面上砂体发育较连续的内前缘相。

表2　C区块不同类型储层剩余地质储量情况

| 沉积类型 | 原始地质储量 | | 储量动用状况 | | | 剩余储量 | |
| --- | --- | --- | --- | --- | --- | --- | --- |
| | 储量 (10⁴t) | 所占比例 (%) | 累计产油(10⁴t) | 所占比例(%) | 采出程度(%) | 地质储量(10⁴t) | 所占比例(%) |
| 内前缘相 | 704.54 | 29.52 | 298.34 | 32.00 | 42.34 | 406.20 | 27.92 |
| 外前缘相Ⅰ类 | 631.43 | 26.45 | 257.30 | 27.60 | 40.75 | 374.13 | 25.72 |
| 外前缘相Ⅱ类 | 660.74 | 27.68 | 226.73 | 24.32 | 34.31 | 434.01 | 29.84 |
| 外前缘相Ⅲ类 | 372.94 | 15.62 | 145.74 | 15.63 | 39.08 | 227.20 | 15.62 |
| 外前缘相Ⅳ类 | 17.20 | 0.72 | 4.09 | 0.44 | 23.76 | 13.11 | 0.90 |

### 2.3　窄小河道砂体顶部动用程度较差,剩余油富集

从C区块不同位置砂体水淹程度及含油饱和度情况来看(表3),砂体顶部水淹程度为低水淹,含油饱和度较高,整体动用程度较差,存在局部富集的剩余油,因此需要探索合理的水平井开采方式来有效挖潜此类剩余油。

表3　C区块窄小河道砂体不同位置水淹程度及含油饱和度情况

| 砂体位置 | 有效厚度 (m) | 渗透率 (10⁻³μm²) | 水淹程度 | 含油饱和度 (%) |
| --- | --- | --- | --- | --- |
| 砂体顶部 | 0.6 | 326 | 低 | 59.1 |
| 砂体中部 | 0.7 | 370 | 中 | 49.4 |
| 砂体底部 | 0.7 | 421 | 高 | 39.5 |

## 3　水平井井网布井方式对开发效果影响

### 3.1　井网井距对开发效果影响

结合试验区油层发育条件,初步确定水平井井网井距(100m、200m和300m),采用数值模拟先水驱至含水98%再进行强碱三元复合驱[0.05PV×1350mg/L聚合物+0.35PV(3000mg/L聚合物+1.2%碱+0.3%表活剂)+0.15PV(2900mg/L聚合物+1.0%碱+0.2%表活剂)+0.2PV×1900mg/L聚合物],预测后续水驱至含水98%该试验区水平井增油效果。

在水平井井网井距不同条件下,试验区水平井增油效果及动态特征数值模拟预测结果见表4和图1。

从图表可以看出,随水平井井网井距增加,所需开发年限延长,含水率低值升高,日产油峰值降低,强三元复合驱增油降水效果减弱;从增油效果看,随水平井井网井距增加,水驱阶段采出程度提高,强碱三元复合驱阶段采出程度降低,但最终采出程度基本相当。综合考虑开发年限、采油速度以及初期投入成本等因素,确定该水平井试验区合理井网井距为200m。

表4　数值模拟预测结果

| 井距 | 日产油峰值(t/d) | 含水率降低(%) | 开发年限(年) | 产油量(万吨) | | | 采油速度(%) | 阶段采出程度(%) | | |
| --- | --- | --- | --- | --- | --- | --- | --- | --- | --- | --- |
| | | | | 水驱 | 三元复合驱 | 最终 | | 水驱 | 三元复合驱 | 最终 |
| 100m | 50.0 | 14.3 | 7.5 | 2.47 | 4.09 | 6.56 | 3.27 | 9.2 | 15.3 | 24.5 |
| 200m | 20.9 | 11.5 | 14.8 | 3.24 | 3.28 | 6.52 | 1.64 | 12.1 | 12.2 | 24.3 |
| 300m | 12.1 | 9.9 | 20.6 | 4.03 | 2.47 | 6.50 | 1.18 | 15.0 | 9.2 | 24.3 |

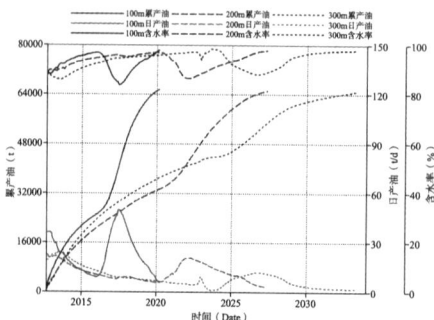

图1　累产油、日产油和含水率与时间的关系

## 3.2 入靶方向对开发效果影响
### 3.2.1 方案设计

为明确注采井入靶方向对水平井试验区开发效果影响,在200m井网井距条件下,分别采用同向入靶和反向入靶,先水驱至含水98%再进行强碱三元复合驱,预测后续水驱至含水98%该试验区水平井增油效果。

### 3.2.2 增油效果分析

在同向入靶和反向入靶条件下,试验区水平井增油效果及动态特征数值模拟预测结果见表5和图2。

表5 数值模拟预测结果

| 入靶形式 | 日产油峰值(t/d) | 含水率降低(%) | 开发年限(年) | 产油量(万吨) | | | 采油速度(%) | 阶段采出程度(%) | | |
|---|---|---|---|---|---|---|---|---|---|---|
| | | | | 水驱 | 三元复合驱 | 最终 | | 水驱 | 三元复合驱 | 最终 |
| 同向入靶 | 20.9 | 11.5 | 14.8 | 3.24 | 3.28 | 6.52 | 1.64 | 12.1 | 12.2 | 24.3 |
| 反向入靶 | 21.4 | 11.8 | 15.6 | 3.24 | 3.70 | 6.94 | 1.66 | 12.1 | 13.8 | 25.9 |

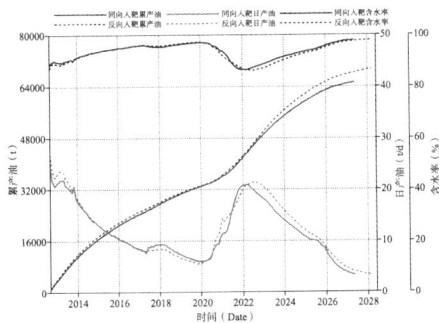

图2 累产油、日产油和含水率与时间的关系

可以看出,水平井井网注采井入靶方向对强碱三元复合驱增油效果存在影响,反向入靶增油降水效果较好,采出程度可比同向入靶提高1.6%。分析其原因在于,由于水平井井筒摩阻压降显著,注入井跟部注入压力较高、采出井跟部流压较低,注采井同向入靶将导致跟部注采压差高于其他部位,注入水和化学药剂容易在注采井跟部形成水窜,增油有效期缩短,采出程度较低,而反向入靶可在一定程度上改善注采井跟部水窜现象,使注入水或化学药剂前缘推进更加均衡。因此,推荐水平井井网注采井入靶方向为反向入靶。

### 3.2.3 剩余油分布

在同向入靶和反向入靶条件下,试验区剩余油分布见图3和图4。从剩余油丰度分布可以看出,水平井井网注采井入靶方向不同,剩余油丰度分布存在差异。注采井同向入靶下,由于跟趾部注采压差差异较大,注入井跟部剩余油较少,趾部剩余油较多,导致动用程度不均衡;而注采井反向入靶下,注入前缘推进较为均衡,跟趾部剩余油能够得到更好的动用,采出程度较高。

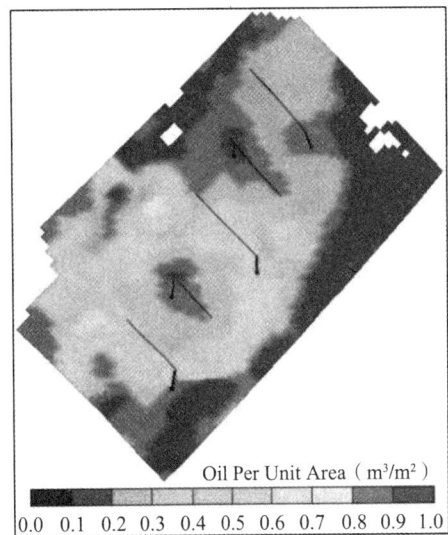

图3 同向入靶剩余油丰度分布

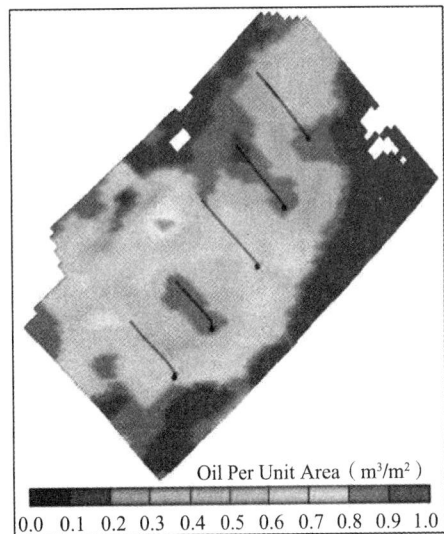

图4 反向入靶剩余油丰度分布

## 4 水平井三元复合驱现场应用效果

在C区块选取5口水平井(2注3采)开展强碱三元复合驱现场试验,注采井距200m,考虑试验区块河道砂体展布存在局部的微幅度

差,入靶方式选择同向入靶,2017 年 5 月开始化学驱,目前处于三元主段塞阶段。试验区方案执行情况见表6。

表6　试验区方案执行情况表

| 注入阶段 | 聚合物分子量 | 开始时间 | 注入速度(PV/a) | 注入(PV) | 聚合物浓度(mg/L) | 碱浓度(%) | 表活剂浓度(%) |
|---|---|---|---|---|---|---|---|
| 前置聚段塞 | 1200 万 | 2017.05.05 | 0.057 | 0.038 | 1304 | 1.20 | 0.30 |
| 三元主段塞 | 1200 万 | 2018.01.05 | 0.059 | 0.054 | 1814 | 1.20 | 0.30 |

### 4.1　水驱阶段水平井含水上升速度快,开发期短

通过对比不同区块水平井与直井在水驱开发情况下含水变化(图5)可以发现,C区块水平井含水上升速度较快,5 口水驱水平井中有 2 口开发时间不到 5 年已经含水 99% 以上,故关井停产;而直井由于开发层系内小层较多,有接替层位,含水上升速度较慢,开发期长(表7)。

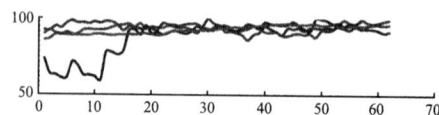

图5　不同区块水驱阶段含水对比

表7　三类油层各区块基础情况表

| 区块名称 | 静态参数 | | | | | 井网类型 |
|---|---|---|---|---|---|---|
| | 井距(m) | 注采井数(口) | 砂岩厚度(m) | 有效厚度(m) | 渗透率(μm²) | |
| A 区 | / | 1 口采出井 | 3.0 | 2.3 | 0.208 | 直井注水平井采 |
| B 区 | / | 4 口采出井 | 3.2 | 2.5 | 0.369 | 直井注水平井采 |
| C 区 | 200 | 2 注 3 采 | 3.3 | 3.0 | 0.282 | 水平井注水平井采 |
| D 区 | 125 | 25 注 36 采 | 7.6 | 3.5 | 0.133 | 五点法面积井网 |

### 4.2　三元复合驱阶段三类油层水平井注采能力高于直井

#### 4.2.1　注入能力

通过对比不同类型的注入井压力变化情况(图6)发现,C区块三类油层水平井平均注入压力为 9.45MPa,低于该区块直井的 10.37MPa。水平井注入压力部分时间高于直井是由于直井采取了大规模的增注措施;日注入量方面三类油层水平井单井平均日注入量 43m³,为该区块直井的 3 倍(图7)。

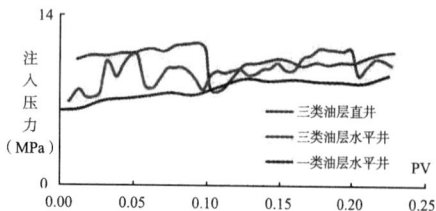

图6　不同类型注入井压力变化情况对比

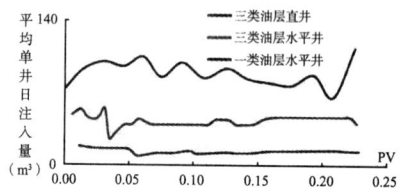

图7　不同类型注入井日注入量变化情况对比

#### 4.2.2　产液能力

对比不同类型采出井日产液量变化情况(图8)发现,C区块三类油层水平井平均单井日产液 57m³,为该区块直井的 3 倍以上。随着化学驱开发的进行,三类油层直井采出井产液能力下降明显,产液降幅达到 35%,而三类油层水平井日产液量并未出现下降趋势。

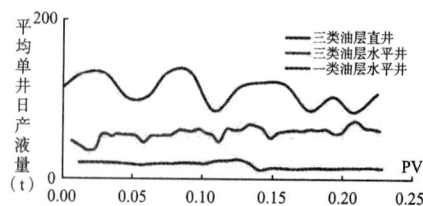

图8　不同类型采出井日产液量变化情况对比

## 4.3 三元复合驱阶段三类油层水平井增油能力高于直井

统计 C 区块 3 口三类油层水平采出井与水平井区内 9 口直井采出井的累计增油情况（截至 0.23PV），对比发现水平井的累计增油与单位厚度累计增油均高于直井，水平井单位厚度累计增油高达 1852t/m，为水平井区直井的 2 倍以上（表 8）。

表 8 不同类型区块累计日增油量情况（截至 0.23PV）

| 区块类型 | 有效厚度（m） | 渗透率（$10^{-3}\mu m^2$） | 累计增油（t） | 单位厚度累计增油（t/m） |
|---|---|---|---|---|
| 三类油层水平井 | 2.9 | 278 | 5371 | 1852 |
| 三类油层直井 | 3.5 | 133 | 3192 | 912 |

## 5 结论

（1）在挖掘三类油层窄小河道砂体顶部富集剩余油时，采用注采井距 200m 的水平井强碱三元复合驱油技术是可行的。

（2）现场试验结果表明水平井强碱三元复合驱的注采能力均优于直井，化学驱阶段含水幅度下降明显，增油能力高于直井，单位厚度累计增油为直井的 2 倍以上。

## 参 考 文 献

[1] 徐薇薇. 一类油层聚驱后利用水平井组开发动态特征研究[A]. 西安石油大学、陕西省石油学会. 2019 油气田勘探与开发国际会议论文集[C]. 西安石油大学、陕西省石油学会：西安石油大学，2019：7.

[2] 费立军. 萨中开发区二类油层水平井挖潜潜力和设计发法研究[D]. 东北石油大学，2013.

[3] 赵跃军，宋考平，范广娟，张继成，吕波，杨敏. 水平井挖潜二类油层典型沉积单元剩余油潜力区的计算方法研究[J]. 数学的实践与认识，2013，43(19)：84－89.

[4] 孙继刚，张东，付斌，郑红，王亮，徐卓成. 水平井三元复合驱大幅度提高采收率技术研究[A]. 西安石油大学、陕西省石油学会. 2018 油气田勘探与开发国际会议(IFEDC 2018)论文集[C]. 西安石油大学、陕西省石油学会：西安华线网络信息服务有限公司，2018：10.

# 西区三类油层加密方法研究

## 李 群

(大庆油田有限责任公司第一采油厂)

**摘 要** 西区三类油层加密调整井网开采对象为萨葡薄差油层和高台子油层,最大限度地将三类薄差、表外油层的剩余油潜力充分发挥出来,是本次加密调整的重点。因此需要对开采方案的制定、新老井从平面连通关系到纵向沉积单元的动态变化规律、周边井跟踪调整等方面开展有效的研究。一是针对不同油层、不同井距砂体控制程度的变化规律,并结合西区萨葡高三类油层剩余油分布特点进行研究,优化设计井网、井距,形成了适合小井距加密开发的萨葡高合采井网。二是针对复杂的井网、井位关系及其匹配调整时机进行研究,总结出从投产初期的三个同步,到投产后的四个匹配的油水井综合匹配调整挖潜策略。通过对西区三类油层加密井网平面与纵向相结合的结构性调整,形成了一套三类油层小井距加密井区的调整挖潜技术,充分发挥出了剩余油潜力,相比预期单井日产油增加1.2t,含水降低2.8个百分点,自然递减-10.22%。本项目创新井网加密组合方式及匹配调整挖潜方法的研究成果,对指导水驱三类油层小井距加密井区的调整与挖潜具有一定借鉴意义。

**关键词** 三类油层;密井网;调整方法

## 1 前 言

西区由于射孔较宽,同时射开了一类、二类、三类油层,层间差异大,使有效厚度小于1.0m油层动用较差;井距偏大,平均井距300m,对于薄差油层开采,建立有效驱动压力梯度难度较大,造成动用状况差;因此需要探索减缓产量递减幅度、提高薄差层及表外储层动用程度和完善砂体注采关系的有效途径,以及对新老井的动态变化规律、开采方案的制定、周边井跟踪调整等方面开展有效的研究,为今后三类油层的加密调整提供科学的依据。

## 2 提高三类油层开发效果的有效途径研究

### 2.1 西区三类油层剩余油潜力研究

2.1.1 西区萨葡和高台子油层水驱井网注采完善程度较低,需要加密调整来改善开发效果

西区萨葡二、三类油层射孔层段连通砂岩厚度比例为82.4%,有效厚度比例为79.4%,其中多向连通砂岩和有效厚度比例仅23.7%和19.9%;高台子油层射孔层段砂岩厚度连通比例92.8%,有效厚度比例90.4%,其中多向连通砂岩和有效厚度比例仅为23.0%和21.2%。

2.1.2 萨葡和高台子有效厚度小于1.0m油层动用状况相对较差,具有水驱潜力

剖面测试结果表明,在各套井网水驱含水90%左右的条件下,动用好的比例只有20%,还有30%左右的厚度未动用;近期完钻的新井水淹层电测解释结果表明,有效厚度大于1.0m油层中、高水淹厚度比例达到80%以上,水淹程度较高,而有效厚度小于1.0m的油层中、高水淹厚度比例只有50%左右。说明该类油层仍存在一定的水驱潜力。

2.1.3 数值模拟表明萨葡高三类油层采出程度低,存在剩余油

数值模拟结果显示,目前萨葡高三类油层采出程度31.5%,与区块实际采出程度接近。动用好的单元采出程度超过50%,动用差的单元采出程度不到20%,单元间动用差异较大,萨葡高三类油层在250~300m较大注采井距笼统开采的条件下,各类油层动用程度差异也较大。剩余油主要有以下几种形式[6]。

一是分布在成片差油层区,由于油层薄、物性差、注采井距较大,不能建立有效的驱动压力梯度,形成了成片状分布的剩余油(图1a);二是井网控制不住型剩余油,平面上分布在零星分布的朵状或窄条带状砂体,由于砂体规模小、井距大、井网难以控制形成剩余油(图1b);另外,还有少数因尖灭遮挡井网注采不完善形成的剩余油,但分布零散(图1c)。

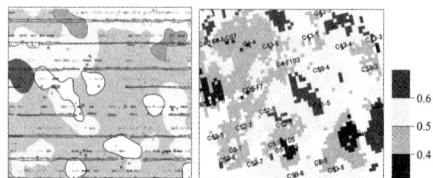

*a.成片分布差油层型剩余油*

b.井网控制不住型剩余油

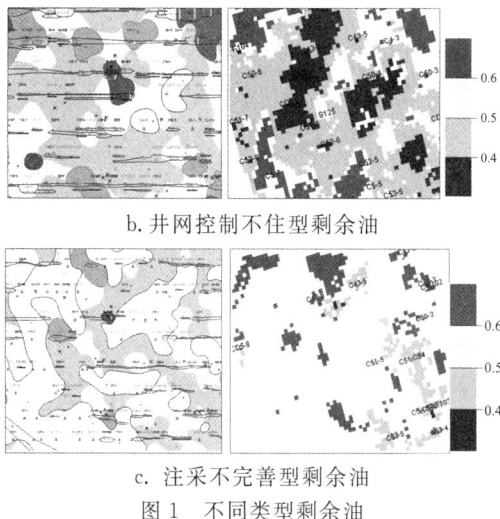

c.注采不完善型剩余油

图 1　不同类型剩余油

针对萨葡高三类油层剩余油分布状况,需要加密调整进一步缩小井距来加大三类油层的控制程度,从而提高三类油层最终采收率。

### 2.2　井网、井距优化设计研究

已投产区块的生产实践表明,井网井距直接影响着驱替剂的注入速度和采液速度,决定了注入周期、见效时间、见效程度、接替稳产时机,最终影响采收率提高幅度。因此,合理的井网井距是油田合理高效开发的基础和前提,井网井距的确定必须最大限度地适应油层地质特点,提高井网对砂体的控制程度。针对三类油层发育差的特点,对三类油层开发的合理井网、井距进行了研究。

#### 2.2.1　井距优化设计研究

西区萨葡高三类油层加密调整井网开采对象为萨葡薄差油层和高台子油层,相邻区块中区西部区密井网试验结果表明,在 100m 井距条件下,薄差油层水驱砂体控制程度较高,多向连通比例较高,能够建立起有效的聚驱驱动压力梯度,提高油层的动用程度。

(1)100m 左右井距对薄差油层的控制程度高。

研究表明,不同类型油层水驱控制程度随井距的变化情况(图 2)可以看出,随着井距的缩小,各类砂体的水驱控制程度均呈递增趋势,对于开采对象为连片分布的低渗透薄层砂体和不规则分布的薄层砂体,砂体控制程度要达到 80% 以上,井距需缩小到 100m 左右。

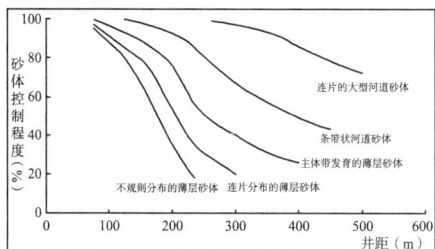

图 2　不同油层、不同井距砂体控制程度

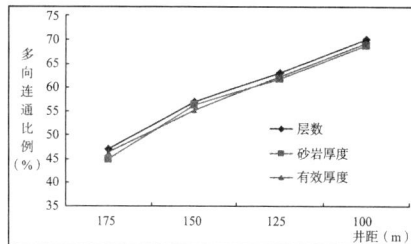

图 3　不同井距多向连通比例

另外,对于这类砂体,随着井距的缩小,多向连通比例也在逐渐增大(图 3),要想达到较高的多向连通比例[7],需要进一步缩小井距,当井距缩小到 100m 左右时,层数和多向连通比例均能达到 70% 左右,能够满足三次采油的需要。

(2)100m 井距条件下薄差油层动用状况较好。

从动用状况看,有效厚度小于 1.0m 非河道砂及表外层,随着井距缩小动用程度逐渐升高,尤其是对有效厚度小于 0.5m 油层及表外层,动用程度增加幅度较大,250m 井距表外油层基本不动用,150m 井距也只动用了 40%,100m 井距可动用 80% 以上(表 1)。

表 1　不同井距三类油层动用程度表

| 厚度分级 | 项目 | 井距(m) | | | | |
|---|---|---|---|---|---|---|
| | | 250 | 175 | 150 | 125 | 106 |
| 1.0m>H$_有$ ≥0.5 | 层数(%) | 40.2 | 62.2 | 84.4 | 92.2 | 94.1 |
| | 砂岩(%) | 62.1 | 64.7 | 85.7 | 93.9 | 95.6 |
| | 有效(%) | 57.2 | 62.9 | 85.8 | 92.1 | 95.2 |
| 0.5m>H$_有$ | 层数(%) | 20.1 | 37.8 | 62.1 | 71.5 | 87.5 |
| | 砂岩(%) | 19.4 | 42.3 | 63.8 | 73.6 | 89.2 |
| | 有效(%) | 23.5 | 41.9 | 63.6 | 72.9 | 87.3 |
| 表外 | 层数(%) | 2.0 | 14.9 | 41.72 | 65.4 | 80.2 |
| | 砂岩(%) | 1.4 | 16.1 | 45.6 | 69.7 | 85.2 |

(3)100m 注采井距条件下薄差油层能够建立有效的驱动压力梯度。

考虑到加密调整井网后期要实施三次采油,因此在论证合理注采井距时要确定合理的注采压力梯度,只有建立了合理的注采压力梯度,才能获得好的驱油效果。室内实验研究表明,三类油层动用需要比主力油层和二类油层更高的驱动压力梯度,为 0.16MPa/m 左右;现场试验表明,100m 注采井距条件下薄差油层正常注聚时,注入压力已接近破裂压力,压力梯度为 0.163~0.169MPa/m(图 4)。在接近破裂压力的最大注入能力下,最大注采压差为 18MPa 左右,要达到上述压力梯度使薄差油层启动,井距必须缩小到 100m 左右,井距过大就达不到压力梯度要求,实现不了薄差油层有效动用。

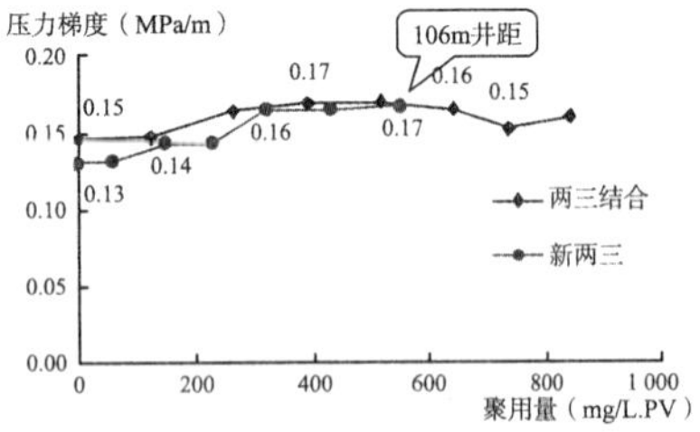

图 4　相同聚用量下不同试验区压力梯度曲线

综上所述,在 100m 左右注采井距时三类油层水驱控制程度达到了 90% 以上,薄差油层动用好,且能够建立起合理的驱动压力梯度。结合目前西区萨葡高三类油层的动用情况,将西区萨葡高三类油层加密调整井网井距也确定为 106m 左右。

### 2.2.2　开发层系设计研究

加密调整井网开采对象为三类油层,即萨一组油层,萨二组、萨三组、葡二组油层中有效厚度小于 1.0m 的表内薄层及表外储层,以及该区发育的全部高台子油层。

具体方案设计为:将利用井开采对象及萨葡三类油层分两段开采,西部区域,萨三组、葡二组及高台子油层组成一段,可调砂岩厚度 26.0m,有

效厚度 5.3m,开采井段长度 160m;东部区域,萨三组、葡二组、高二组及以下油层组成一段,可调砂岩厚度 26.9m,有效厚度 6.5m,开采井段长度 216m。

## 3　三类油层小井距加密井区匹配调整技术研究

遵循因需而异、因井而异、因地制宜的调整原则,新井投产投注同时,掌握调整时机采取三个"同步",加密投产后新、老井做好"四个匹配"调整,保证投产后实际生产情况优于方案设计。

### 3.1　新井投产、投注同时调整时机研究

#### 3.1.1　新井投注与细分调整同步进行

西区注水井投注时依据已研究制订出的层段细分注水界限"7788",实施细分注水,保证萨葡高油层均衡注水。新投注的 156 口注水井全部细分层段注水,平均单井注水层段数达到 4.76 个,段内的各项地质参数基本控制在合理注水界限附近(表 2)。

表 2　注水井层段调查统计表

| 项目 | 全井小层数(个) | 全井砂岩厚度(m) | 全井有效厚度(m) | 层段数(个) | 平均段内小层数(个) | 平均段内砂岩厚度(m) | 段内渗透率变异系数 |
|---|---|---|---|---|---|---|---|
| 合理值 | / | / | / | / | 7.00 | 8.00 | 0.70 |
| 实际值 | 5731 | 5384.6 | 1431.7 | 4.76 | 7.72 | 7.26 | 0.72 |

#### 3.1.2　新井投产与压裂改造同步进行

由于西区开采对象以薄差层、表外储层为主,油层性质较差,自然产能低,压裂完井有助于提高薄差层的导流能力,改善开发效果。西区萨葡高三类油井有 73 口采用了压裂完井,主要改造高Ⅱ下部油层,占总投产井数的 44.2%,压裂完井采油井初期产能较高,综合含水较低,效果明显好于其他投产方式(表 3)。

表 3　西区萨葡高三类油层不同完井方式采油井生产情况表

| 完井方式 | 井数(口) | 砂岩厚度(m) | 有效厚度(m) | 产液量(t/d) | 日产油(t/d) | 含水(%) | 产液强度(t/m·d) | 产油强度(t/m·d) |
|---|---|---|---|---|---|---|---|---|
| 复合 | 86 | 40.3 | 7.9 | 42.8 | 4.0 | 90.7 | 2.491 | 0.233 |
| 普通 | 6 | 34.5 | 9.2 | 35.7 | 3.2 | 90.9 | 2.169 | 0.197 |
| 压裂 | 73 | 41.9 | 9.6 | 35.9 | 5.1 | 85.8 | 1.901 | 0.269 |
| 平均 | 165 | 40.8 | 8.7 | 39.5 | 4.5 | 88.7 | 2.205 | 0.249 |

#### 3.1.3　新井投产与老井封堵同步进行

西区新、老井葡Ⅱ油层组连通厚度大,层系间干扰严重,因此针对 41 口萨葡老注水井同步封堵葡Ⅱ油层,占萨葡老井的 67.2%,既保证了聚驱下返的需求,又减缓了对新井的层间干扰。封堵砂岩厚度 468.9m,有效厚度 208.5m,封堵厚度占全井的 30.5%、30.9%,占葡Ⅱ厚度的 90.6%、

95.2%,封堵前注水强度 3.3m³/d·m,封堵后注水层段强度提高至 3.9m³/d·m。

### 3.2　新、老井匹配调整技术研究

西区三类油层加密调整后,纵向上形成萨葡高合采的特殊开采层系,平面上形成新老井网交叉注水、共同受效的平面关系。因此需要对新老井从平面连通关系到纵向沉积单元的动态变化规

律、开采方案的制定、周边井跟踪调整等方面开展有效的研究。

### 3.2.1 流线关系与井位关系做好匹配调整

加密调整后,由于萨葡老井网为不规则五点法面积注水井网,加密新井网是在高台子老井网基础上进行的井间加井、排间加排的布井方式,因此形成了西区复杂多样的流线与井位关系。流线关系分为两种,主流线与分流线;井位关系较为复杂,根据井距的不同,近井距矛盾最为突出的井位关系是同井场共射关系,远井距突出的矛盾是斜井引发的一口井不同沉积单元井位关系的变化。因此调整过程中,掌握好流线与井位的匹配是解决小井距井区注采矛盾的关键。按新井在老井的流线井位关系分别确立调整思路,分流线总体调整思路:根据井位关系,按剩余油类型调整;主流线总体调整思路:根据井距关系,按水淹状况调整。

### 3.2.2 萨葡老井封堵与新井周期注水做好匹配调整

为保证新井的开发效果,充分发挥三类油层剩余油潜力,新老井在调整技术上要进行匹配调整。新井射开萨Ⅲ、葡Ⅱ、高台子油层,存在两方面的矛盾,一是新井与老井萨Ⅲ、葡Ⅱ油层组三类油层连通,以新井为中心统计,新井与老井连通厚度达到15.1%;二是新井射孔跨越萨、葡、高油层组,各套油层射孔顶界相距较大,萨Ⅲ与高Ⅱ平均埋藏深度相差159m,上覆岩压差2MPa。调整策略是萨葡老井针对共射层位实施封堵,避免对新井的干扰。新井针对大跨度的层系组合实施周期注水,保证底部油层的有效动用。

### 3.2.3 前期投产投注与后期跟踪做好匹配调整

西区三类油层加密调整后,注采井距缩短至106m,根据注入示踪剂试验结果表明,主流线最快见剂时间14天,分流线见剂时间45天,注采井距的缩短,要求根据动态变化,把握时机实施跟踪调整。例如新注水井与老采油井同井场的5个井组,新注水井未做调整的1口井,见效阶段7个月内,产量上升,含水下降,也证实了西区确实存在未挖掘出来的剩余油潜力。根据同井场近井距关系,从第8个月迅速出现含水大幅度上升、产量大幅度递减现象。而我们根据新加密注水井注入状况的变化,及时做出周期注水、压裂低渗透油层、停住高渗透油层、浅调剖等各种调整措施的4个井组,都保证了产量上升、含水下降的开采形势。

### 3.2.4 油井措施与水井调整做好匹配调整

针对油井措施做好注水井调整工作是保证措施效果的关键,以新老采油井同井场,油井实施措施为例,这种井位关系存在新老采油井共争水源的矛盾,14口萨葡老井,年度对比日增油1.4t,含水下降0.2个百分点,11口加密新井,年度对比日降油17.9t,含水上升1.9个百分点,老井优先受效明显,未措施新井开发效果较差。我们调整策略是不仅让老井受效优势发挥出来,也把新加密井开发效果充分挖掘出来。新采油井措施改造的同时,新注水井及时调整、老注水井封堵相结合改善了新老井开发效果,典型加密新井压裂,日增油高达9.7t。

## 4 效果分析

### 4.1 投产效果好于预期的效果

剩余油分布特点研究、井网、井距优化设计研究结果证明,西区适合小井距加密开发,比预期日产油增加1.2t,含水下降2.8个百分点(表4)。

表4 西区萨葡高三类油层新井生产情况与方案预测对比表

| 对比 | 射孔厚度(m) | | 油井生产情况 | | 水井生产情况 | |
| --- | --- | --- | --- | --- | --- | --- |
| | 砂岩 | 有效 | 日产液(t/d) | 日产油(t/d) | 含水(%) | 日配注(m³) | 日实注(m³) |
| 油藏方案预测 | 27.6 | 6.2 | 39.1 | 3.3 | 91.5 | 52.0 | 52.0 |
| 实际投产情况 | 37.1 | 8.2 | 39.5 | 4.5 | 88.7 | 59.4 | 55.0 |
| 差值 | 9.5 | 2.0 | 0.4 | 1.2 | -2.8 | 7.4 | 3.0 |

### 4.2 新老井匹配调整注水结构,解决了平面与层间复杂的注水状况

从加密新井周期注水各沉积单元动用状况分析,原吸水状况较好的萨葡油层通过周期停注的方式,底部高台子油层吸水状况明显改善,砂岩吸水厚度比例由2.9%提高到26.5%。

西区萨葡老井封堵前后各沉积单元动用状况分析,通过精细封堵葡Ⅱ油层组,葡Ⅱ油层组的砂岩吸水厚度比例由44.2%下降至11.8%,这部分油层的注水量主要由新井供给,最终达到新老井的注水结构的综合匹配调整。

### 4.3 新老井年产油量上升,开发效果好

通过新老井的匹配调整,西区三类油层的剩余油潜力得到从分发挥,新老井年产油量上升,开发效果好,西区高台子年增油13.95×10⁴t,西区萨葡年增油9096t,自然递减-10.22%。

通过对西区三类油层加密调整方法的深入研究与应用,对指导整个萨中水驱三类油层小井距加密井区的调整具有一定借鉴意义,应用前景广阔。

## 5 结论

(1)西区属于高二外井区,油层发育较差,适合三类油层缩小井距加密开发。

(2)掌握调整挖潜时机,从投产初期的三个同步,到投产后四个匹配,综合分析新老井流线与井位关系实施匹配调整挖潜,有效地改善了平面、纵向注水结构,油田开发效果好。

### 参 考 文 献

[1] 洪世铎.油藏物理基础[M].北京:石油工业出版社,1985.

[2] 郑俊德,张洪亮.油气田开发与开采[M].北京:石油工业出版社,1997.

[3] 金毓苏.采油地质工程[M].北京:石油工业出版社,1985.

[4] 葛家理,宁正福.现代油藏渗流力学原理[M].北京:石油工业出版社,2001.

[5] 冈秦麟.高含水期油田改善水驱效果新技术[M].北京:石油工业出版社,1999.

[6] 刘丁曾.多油层砂岩油田开发[M].北京:石油工业出版社,1986.

[7] 张烈辉.油气藏数值模拟基本原理[M].北京:石油工业出版社,2005.

[8] 巨亚锋.姬塬油田多层细分注水工艺技术研究[J].科学技术与工程,2012,12(18):43-45.

[9] 刚振宝,丁秀芬.大庆油田机械分层注水技术回顾与展望[J].特种油气藏,2006,13(5):4-8.

[10] 曾忠杰.重复压裂候选井多级模糊决策方法[J].大庆石油地质与开发,2006,25(3):73-77.

[11] 吴亚红.人工神经网络在压裂选井及选层中的应用[J].石油大学学报,2001,25(5):12-14.

[12] 于凤林,刘敏,侯继波,等.高含水后期油井重复压裂选井选层方法探讨[J].大庆石油地质与开发,2005,24(4):47-48.

[13] 蒋玉梅,钱慧娟.高含水期油井重复压裂技术研究[J].油气田地面工程,2009,28(4):21-22.

[14] 闫洪林,侯峰,张国斌.大庆油田水平缝重复压裂改造技术[J].大庆石油地质与开发,2005,24(6):71-73.

# 三类油层聚表剂驱提高采收率技术研究

孙志慧　王　鹤　杨海涛

（大庆油田有限责任公司第四采油厂）

**摘　要**　三类油层厚度小、渗透率低、层间差异大、非均质性强，致使水驱采收率低，而且已开展的聚合物驱现场试验效果均不理想，亟待研究适应三类油层的化学驱新技术，充分挖掘剩余油。室内通过对不同类型的聚驱化学药剂分析、评价各种性能参数，研究药剂与油层的配伍性，优选出适合三类油层且具有较好驱油效率的 $B_{III}$ 型聚表剂，并开展先导性矿场试验研究聚表剂驱提高采收率现场应用技术。通过注入参数及方案优化设计、聚表剂驱动态特征及增产增注措施的研究表明，在注采井距100m的条件下，厚度小于1m、渗透率小于 $0.1\mu m^2$ 的油层组合，应用聚表剂驱可以有效驱替水驱时未动用的剩余油，采出井见到明显的增油降水效果，可提高采收率12个百分点以上，比普通聚合物驱高5～8个百分点。该技术为提高三类油层油田采收率提供技术支撑，且药剂投入成本低，吨油成本比普通聚合物驱低29％，具有广阔的推广应用前景。

**关键词**　三类油层；化学驱；现场试验；提高采收率

大庆油田油层性质分为一类、二类及三类。三类油层物性差、非均质性强，但由于地质储量基数大，剩余地质储量比例仍然较大，依靠目前的水驱井网进一步提高采收率难度较大，应以发展三次采油技术为主要挖潜方向[1-4]。2006 年以来，油田公司针对不同地区、不同油层先后开展的三类油层聚合物驱现场试验，可提高采收率 5～8 个百分点，效果均不理想[5]。本文通过深入研究三类油层储层特征，进一步优选出适合该类油层的单一驱油体系，并应用到现场，取得了较好的效果，为提高三类油层油田采收率提供了技术支撑。

## 1　三类油层储层特征

杏北开发区三类油层沉积类型为三角洲沉积，且以三角洲外前缘相沉积为主，主体、非主体薄层砂大面积分布[6]。与一类、二类油层相比，三类油层具有"两低、两高、两小"的储层特征，开采难度大。

### 1.1　三类油层渗透率、孔隙度均低

三类油层渗透率和孔隙度明显低于一类、二类油层。三类油层渗透率小于 $0.05\mu m^2$ 的比例达45％（图1），孔隙度小于 25％的比例达 38％（图2）。

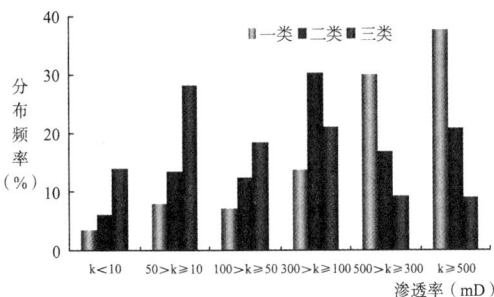

图 1　不同油层的渗透率分布特征

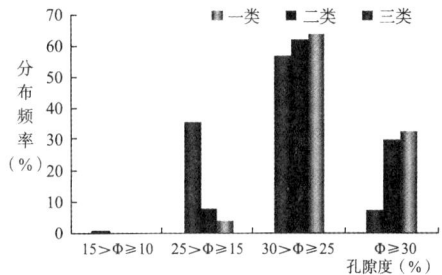

图 2　不同油层的孔隙度分布特征

### 1.2　三类油层黏土和泥质含量高、孔隙半径小、排驱压力高

三类油层平均黏土含量达 11.71％；平均孔喉半径为 $4.59\mu m$，比一类油层小 $4.76\mu m$；排驱压力达 0.156MPa，比二类油层高 0.066 MPa（表1）。

表 1　不同类型油层孔隙结构及黏土含量统计表

| 区块 | 油层类型 | 样品数量（块） | 黏土总量（％） | 样品数量（块） | 平均孔喉半径（μm） | 排驱压力（MPa） |
|---|---|---|---|---|---|---|
| 喇萨杏全区 | Ⅰ类 | 62 | 4.66 | 2624 | 9.35 | 0.052 |
| | Ⅱ类 | 159 | 5.20 | 1006 | 6.49 | 0.090 |
| | Ⅲ类 | 657 | 11.71 | 681 | 4.59 | 0.156 |

### 1.3　三类油层油水共渗范围小

三类油层水相相对渗透率和驱油效率低，束缚水饱和度和残余油饱和度高，渗流能力明显低于一类和二类油层（图3、图4）。

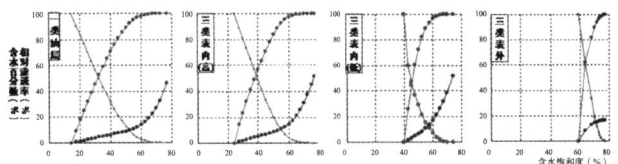

图 3　三类与一类油层油水相渗曲线对比

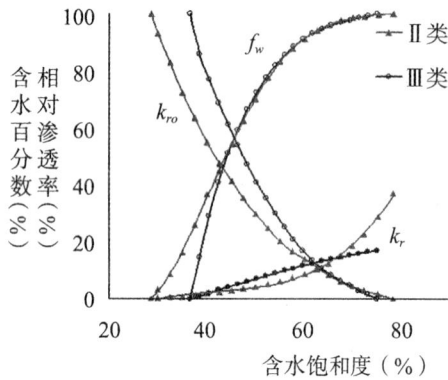

图 4 三类与二类油层油水相渗曲线对比

# 2 室内单一体系化学剂优选及注入参数优化

## 2.1 优选适合三类油层注入的聚表剂

室内通过对现有的不同类型的聚驱化学药剂分析、评价各种性能参数,研究药剂与油层的配伍性,优选出适合三类油层且具有较好驱油效率的 B$_{III}$ 型聚表剂。B$_{III}$ 型聚表剂是聚丙烯酰胺接枝共聚了较强亲油性和亲水性官能团的驱油剂[7,8]。对 B$_{III}$ 型聚表剂的黏度、乳化性能等 11 项指标进行评价。

### 2.1.1 B$_{III}$ 型聚表剂分子量低、工作黏度较高

B$_{III}$ 型聚表剂的分子量为 $300 \times 10^4 \leqslant M \leqslant 550 \times 10^4$,远低于普通中分聚合物的分子量 $1200 \times 10^4 \leqslant M \leqslant 1600 \times 10^4$。但在低浓度下,聚表剂溶液黏度与普通中分聚合物溶液基本相当(图 5),说明聚表剂更适应于孔喉半径小的储层。随放置时间的延长,B$_{III}$ 型聚表剂溶液黏度在前 3 天降幅较明显,3 天后趋于稳定。溶液浓度为 800mg/L 时,B$_{III}$ 型聚表剂溶液 30 天后黏度保留率 70%,比普通中分聚合物黏度保留率高 17%(表 2)。

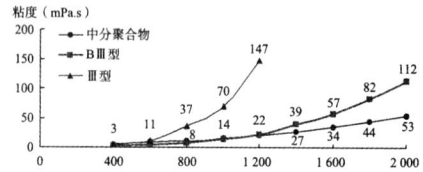

图 5 聚表剂黏度随浓度变化

表 2 聚表剂溶液黏度稳定性

| 药剂名称 | 浓度 (mg/L) | 放置不同时间后黏度(mPa·s) | | | | | 黏度保留率 (%) |
|---|---|---|---|---|---|---|---|
| | | 1d | 4d | 7d | 15d | 30d | |
| III 型 | 800 | 37 | 45 | 61 | 51 | 21 | 55 |
| | 1000 | 70 | 128 | 155 | 133 | 95 | 136 |
| | 1200 | 147 | 253 | 292 | 242 | 240 | 163 |
| B$_{III}$ 型 | 800 | 10.7 | 5.33 | 7.47 | 7.47 | 7.47 | 70 |
| | 1000 | 16.0 | 10.7 | 10.7 | 10.7 | 10.7 | 67 |
| | 1200 | 22.4 | 17.1 | 16.0 | 16.0 | 16.0 | 71 |
| 普通中分 | 800 | 11.6 | 10.5 | 9.5 | 7.2 | 6.1 | 53 |
| | 1000 | 15.7 | 13.6 | 10.3 | 8.4 | 8.0 | 51 |
| | 1200 | 20.9 | 16 | 12.1 | 10 | 9.8 | 47 |

### 2.1.2 B$_{III}$ 型聚表剂乳化原油能力强

B$_{III}$ 型聚表剂具有降低原油和水之间界面张力的能力。室内乳化实验表明,B$_{III}$ 型聚表剂与原油形成乳状液 1 小时内破乳速度较快,放置 3 天后,基本上完全破乳(表 3)。

表 3 B$_{III}$ 型聚表剂乳状液析水率随时间变化情况

| 浓度 (mg/L) | 放置不同时间后析水率变化(%) | | | | | | |
|---|---|---|---|---|---|---|---|
| | 0h | 1h | 4h | 8h | 1d | 3d | 7d |
| 400 | 0 | 72 | 76 | 80 | 84 | 100 | 100 |
| 600 | 0 | 64 | 72 | 74 | 82 | 100 | 100 |
| 800 | 0 | 64 | 72 | 72 | 80 | 100 | 100 |
| 1000 | 0 | 56 | 64 | 72 | 76 | 98 | 100 |

### 2.1.3 B$_{III}$型聚表剂抗剪切能力较强

B$_{III}$型聚表剂剪切后,分子碳链变短,形成的增溶原油的活性结构体积变小,乳状液粒径变小,受周围水分子作用力增强影响,油滴上浮速度变慢,因此,注入液黏度下降、与原油形成的乳状液黏度降低,析水速度变慢(图6),乳化能力保持不变,但乳状液稳定性增强[9]。

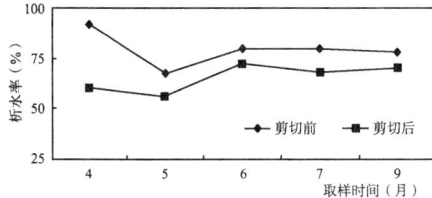

图6 B$_{III}$型聚表剂剪切前后乳状液析水率随时间变化图

### 2.1.4 B$_{III}$型聚表剂渗流传导能力强

室内渗流实验结果表明,与III聚表剂相比,B$_{III}$型聚表剂能够顺利通过渗透率为0.3$\mu m^2$(气测)的岩心(表4)。

表4 室内岩心渗流实验结果

| 药剂类型 | 工作粘度(mPa·s) | 空气渗透率($\mu m^2$) | 阻力系数 | 残余阻力系数 |
|---|---|---|---|---|
| B$_{III}$型聚表剂 | 9.6 | 0.335 | 10 | 3 |
| III型聚表剂 | 12.7 | 0.330 | 520 | 308 |

注:深度处理污水配制聚表剂浓度1000mg/L

为了进一步评价B$_{III}$型聚表剂与油层的适应性,开展岩心渗透率为0.05$\mu m^2$(气测)的渗流实验,800mg/L的B$_{III}$型聚表剂溶液体系没有堵塞岩心的迹象,说明B$_{III}$型聚表剂与低渗透油层具有很好的配伍性(表5)。

表5 室内渗流实验结果

| 药剂类型 | 工作粘度(mPa·s) | 空气渗透率($\mu m^2$) | 阻力系数 | 残余阻力系数 |
|---|---|---|---|---|
| B$_{III}$型聚表剂 | 6.0 | 0.052 | 22 | 11 |

### 2.1.5 B$_{III}$型聚表剂驱油效果好

室内驱油实验结果表明,当注入浓度和注入体积相同时,B$_{III}$型聚表剂的采收率提高幅度值最大,且B$_{III}$型聚表剂体系无堵塞岩心现象(表6)。

表6 不同驱油剂室内驱油实验结果

| 编号 | 聚表剂样品 | 方案 | 岩心渗透率($\mu m^2$) | 含油饱和度(%) | 采收率(%) 水驱 | 采收率(%) 聚表剂驱 | 采收率(%) 后续水驱 | 采收率增幅(%) | 是否堵塞岩心 |
|---|---|---|---|---|---|---|---|---|---|
| 1 | III型聚表剂 | 0.64PV× 800mg/L | 0.104 | 64.0 | 49.7 | 53.6 | 58.7 | 9.0 | 是 |
| 2 | 普通中分 | | 0.105 | 64.0 | 49.0 | 54.1 | 57.1 | 8.1 | 否 |
| 3 | B$_{III}$型聚表剂 | | 0.102 | 67.4 | 49.3 | 57.6 | 60.9 | 11.6 | 否 |
| 4 | I型聚表剂 | 0.64PV× 1000mg/L | 0.102 | 63.4 | 49.5 | / | / | / | 是 |
| 5 | III型聚表剂 | | 0.105 | 63.1 | 49.7 | / | / | / | 是 |
| 6 | B$_{III}$型聚表剂 | | 0.103 | 68.3 | 48.9 | 59.8 | 63.8 | 14.9 | 否 |
| 7 | 普通中分 | | 0.109 | 67.5 | 49.3 | 59.7 | 61.7 | 12.4 | 否 |
| 8 | B$_{III}$型聚表剂 | 1PV× 1200mg/L | 0.105 | 67.4 | 49.3 | 65.8 | 67.4 | 18.1 | 否 |
| 9 | 普通中分 | | 0.102 | 68.3 | 49.2 | 62.6 | 64.0 | 14.8 | 否 |

## 2.2 注入参数研究及驱油方案优化设计

开展室内岩心驱替实验,研究不同浓度组合注入方式对驱油效果的影响。实验结果表明,在注入相同体积情况下,采用"高中低"浓度阶梯段塞注入方式驱油效果最佳。气测渗透率为0.05$\mu m^2$为岩心,可提高采收率10.96个百分点(表7)。

表7 不同注入方案室内岩心驱油实验结果

| 方案 | 气测渗透率 ($10^{-3}\mu m^2$) | 含油饱和度 (%) | 采收率(%) | | | |
|---|---|---|---|---|---|---|
| | | | 水驱 | 最终 | 聚表剂驱 | 平均值 |
| 0.1PV×1300mg/L +0.9PV×600mg/L | 63.6 | 60.36 | 48.28 | 57.27 | 8.99 | 8.97 |
| | 58.1 | 54.19 | 47.06 | 56 | 8.94 | |
| 0.1PV×1300mg/L +0.9PV×800mg/L | 50.0 | 49.2 | 43.24 | 52.7 | 9.46 | 9.48 |
| | 52.2 | 50.53 | 44.87 | 54.36 | 9.49 | |
| 0.1PV×1300 mg/L +0.5 PV×800 mg/L +0.4 PV×600 mg/L | 56.2 | 52.37 | 49.12 | 59.65 | 10.53 | 10.96 |
| | 59.7 | 58.46 | 48.21 | 59.60 | 11.39 | |

同时结合精细地质研究成果及现场注采井动态变化特点,研究出合理的注入参数和注入方式,优化设计了最终现场试验驱油方案:采用 $B_{III}$ 型聚表剂,采取"高、中、低"的浓度组合注入方式,即 0.1PV × 1300mg/L + 0.5PV × 800mg/L + 0.4PV×600mg/L+0.5PV×400mg/L。

## 3 聚表剂驱现场应用效果

首次在大庆油田三类油层水驱后探索应用聚表剂驱油技术,试验区位于杏树岗背斜构造西翼的纯油区内,注采井数共32口(12注20采),布井方式为五点法面积井网,平均注采井距100m,目的层共10个沉积单元,以外前缘相沉积为主,主体、非主体薄层砂大面积分布。试验于2008年开始注水,2011年进入化学驱阶段,目前试验区正处于后续水驱阶段。

### 3.1 聚表剂驱可以减少层间差异扩大波及体积

现场试验注入 $B_{III}$ 型聚表剂后,根据注入井连续剖面资料(表8),结合精细地质,统计了不同沉积类型砂体不同时期油层动用状况,与水驱空白阶段对比,聚表剂驱油层动用具有不同砂体交替动用的特点。说明低分子量的 $B_{III}$ 型聚表剂易于注入低渗透油层,能够有效动用表外储层。

表8 不同类型砂体不同时期动用情况统计表

| 砂体类型 | 动用比例(%) | | | | | | | | | | | | | | |
|---|---|---|---|---|---|---|---|---|---|---|---|---|---|---|---|
| | 空白水驱 | | | 聚表剂驱 | | | | | | | | | | | |
| | | | | 未见效期 | | | 含水下降期 | | | 含水稳定期 | | | 含水回升期 | | |
| | 层数 | 砂岩(m) | 有效(m) | 层数(m) | 砂岩(m) | 有效(m) | 层数 | 砂岩(m) | 有效(m) | 层数 | 砂岩(m) | 有效(m) | 层数 | 砂岩(m) | 有效(m) |
| 河道砂 | 100.0 | 100.0 | 100.0 | 100.0 | 100.0 | 100.0 | 100.0 | 100.0 | 100.0 | 100.0 | 100.0 | 100.0 | 100.0 | 100.0 | 100.0 |
| 主体薄层砂 | 47.1 | 50.9 | 46.8 | 64.7 | 70.8 | 62.7 | 58.8 | 64.6 | 60.1 | 64.7 | 75.9 | 67.7 | 76.5 | 76.6 | 74.7 |
| 非主体薄层砂 | 25.0 | 28.9 | 28.6 | 45.0 | 56.1 | 47.1 | 45.0 | 44.7 | 41.4 | 45.0 | 54.9 | 47.1 | 55.0 | 62.2 | 58.6 |
| 表 外 | 12.5 | 22.2 | / | 25.0 | 35.4 | / | 37.5 | 42.4 | / | 12.5 | 22.2 | / | 50.0 | 56.6 | / |
| 合 计 | 34.0 | 42.6 | 50.0 | 51.1 | 62.6 | 64.2 | 51.1 | 57.0 | 61.2 | 48.9 | 62.5 | 67.2 | 63.8 | 70.3 | 74.3 |

### 3.2 采出井见效比例100%且含水长期保持低稳

全区采出井全部见效,从含水曲线可以看出,采出井于聚表剂驱后6个月全面受效,见效后含水下降,最低点达89.8%,之后长期保持低稳,中心井含水在93%左右稳定了55个月(图7)。说明充分发挥了 $B_{III}$ 型聚表剂较强的乳化和抗剪切能力。

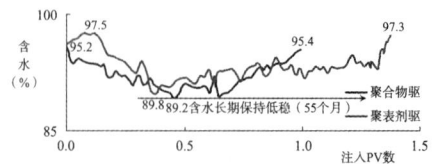

图7 三类油层试验区含水对比

### 3.3 聚表剂驱提高采收率达12个百分点以上

现场试验结果表明,试验区化学驱提高采收率达12个百分点以上,比已结束试验的三类油层聚合物驱试验区高5～8个百分点(表9)。

表9 不同三类油层化学驱区块试验效果情况对比

| 区块名称 | 驱油体系 | 注采井距(m) | 化学剂用量(mg/L.PV) | 提高采收率(百分点) |
|---|---|---|---|---|
| A区 | 聚合物驱 | 125 | 616 | 4.76 |
| B区 | 聚合物驱 | 110 | 842 | 5.34 |
| C区 | 聚合物驱 | 100 | 916 | 7.95 |
| D区 | 聚表剂驱 | 100 | 680 | 12.87 |

3.4 聚表剂驱吨油成本比普通聚合物驱低29%

聚表剂驱与普通聚合物驱对比,吨聚增油高,在化学驱结束时聚表剂驱吨聚增油高达57t,吨油成本比普通聚合物驱低29%(表10)。

表10 不同三类油层化学驱试验效果对比表

| 名称 | 阶段采出程度(%) | 提高采收率(百分点) | 吨油成本(元) |
|---|---|---|---|
| 聚合物驱 | 13.12 | 7.95 | 355 |
| 聚表剂驱 | 17.65 | 12.03 | 251 |

## 4 结论

(1)室内外研究均表明,BⅢ型聚表剂驱作为新型的驱油体系应用于三类油层三次采油是可行的,且药剂投入成本低、配注工艺简单。

(2)聚表剂驱可以有效驱替水驱时未动用的剩余油,采出井见到明显的增油降水效果,含水低值期稳定时间长,提高采收率比普通聚合物驱高5～8个百分点,吨油成本比普通聚合物驱低29%。

## 参 考 文 献

[1] 王启民,冀宝发,隋军,等.大庆油田三次采油技术的实践与认识[J].大庆石油地质与开发,2001,13(4):1-8,16.
[2] 徐洪玲.油藏非均质性对聚合物驱开发效果的影响[J].油气地质与采收率,2015,22(5):99-102.
[3] 廖广志,牛金刚,邵振波,等.大庆油田工业化聚合物驱效果及主要做法[J].大庆石油地质与开发,2004,23(1):48-50.
[4] 沈平平,俞稼镛.大幅度提高原油采收率的基础研究[M].北京:石油工业出版社,2001.
[5] 闫存章,李秀生,常毓文,等.低渗透油藏小井距开发试验研究[J].石油勘探与开发,2005,32(1):105-108.
[6] 陈思.三类油层复合驱提高采收率技术研究[J].化学工程与装备,2016(4):74-77.
[7] 朱红霞.功能型聚表剂提高采收率技术研究[D].中国地质大学(北京),2008.
[8] 唐晓旭,王闯,卢祥国,等.聚表剂溶液性能及其驱油机理[J].大庆石油地质与开发,2011,30(3):144-149.
[9] 孙悦.驱油用BⅢ型聚表剂乳化性能研究[J].化学工程与装备,2015,4:17-21.

# 油藏—井筒—管网一体化耦合模拟方法研究及应用

侯玉培[1]　杨耀忠[2]　孙业恒[1]　于金彪[1]　孙红霞[1]　陶国华[3]

(1.中国石化胜利油田分公司勘探开发研究院;2.中国石化胜利油田分公司;3.中国石化北京埕岛西项目部)

**基金项目**　中国石化股份有限公司前瞻课题"基于大数据的油藏井筒一体化智能诊断方法研究"(P20058－1)

**摘　要**　油气田开发生产系统包含油藏、井筒、地面管网三大生产环节。传统数值模拟方法主要模拟油藏中流体的流动,而油藏—井筒—管网一体化耦合模拟同时反映油藏供液能力、井筒举升能力和管网集输能力,对准确地预测生产态势、实现生产系统全流程优化具有重要意义。通过研究井筒—管网模型建立方法及流体多相管流相关式适应性,实现了井筒、管网内流动模拟和流动保障模拟;通过节点链接建立一体化模型,耦合关键节点的流动关系,形成了油藏—井筒—管网一体化耦合模拟技术,实现了油气田开发全流程模拟。基于埕岛油田西A区块,根据海上油田实际生产需求和约束条件,优化生产制度、配产配注等,建立了基于一体化模型的全流程优化技术,最大化提高了油气田开发系统产量效益。

**关键词**　井筒模型;管网模型;流动保障;一体化模型;耦合模拟方法;全流程优化

油气田开发是一个高度连续的生产系统,涵盖了流体从油藏到井底的渗流、从井底到井口的井筒内垂直管流和井口到集输管线的地面集输管流等生产环节,各环节相互独立、相互依存、相互制约。目前主要通过数值模拟方法模拟出地下油藏的供液能力,缺少对井筒举升能力和地面管网集输能力的研究,并且井筒—管网系统中流体流动形态复杂,难以精确模拟流体流动规律;油藏—井筒—管网沿程相互制约的节点多,各节点遵守质量守恒和能量守恒,难以进行一体化模型耦合;油气田开发过程中,流体从油藏到地面的流动需要在协调统一的环境下才能高效运行,如何在局部最优基础上进行全流程优化,进而获得效率最优的系统开发方案?为此,开展了油藏—井筒—管网的一体化耦合模拟和优化技术研究,集成地下油藏、井筒及地面管网等生产系统,实现了整个油气田开发系统高效运行及立体优化,突出了生产系统全程优化,获得全系统的最优方案。

随着智能油田的建设需求日益迫切[1,2],一体化的油藏管理作为智能油田建设的核心,实现了油藏、井筒、地面管网全流程的模拟和优化,因此研究油藏—井筒—管网一体化耦合模拟技术对智能油田建设具有重要意义。

## 1　油藏—井筒—管网一体化耦合模拟方法

一体化模型包括三个基本模型:油藏模型、井筒模型和地面管网模型。油藏模型建立以及模型拟合方法相对比较成熟,本文重点介绍井筒和地面管网模型的建立及模拟方法。

### 1.1　井筒模型建立及举升动态模拟

井筒模拟是对井筒内举升系统的模拟,在此基础上进行举升设计和优化。通过建立井身结构模型、热传导模型、优选多相管流相关式,建立反映井筒举升能力的井筒模型,完成举升动态模拟。

井筒模型主要包括基于井筒管柱结构、举升方式及举升参数的井身结构模型及考虑流体能量传递的热传导模型。

井身结构模型实际井身结构复杂,通过优选井筒内关键节点,设置参数模拟(表1),建立精细井身结构模型如图1所示。

表1　不同类型井井身结构关键节点参数

| 类型 | 关键节点 | 举升参数 |
|---|---|---|
| 自喷井 | 井口、油管、套管、安全阀、井底、油嘴 | 油嘴尺寸 |
| 电潜泵井 | 井口、油管、套管、安全阀、井底、电潜泵 | 泵挂深度、型号、排量、泵径、级数、频率 |
| 有杆泵井 | 井口、油管、套管、安全阀、井底、抽油泵 | 泵挂深度、冲程、冲次、杆型号、杆等级 |
| 气举井 | 井口、油管、套管、安全阀、井底、气举阀 | 气举阀深度、尺寸、型号 |
| 力潜油电泵井 | 井口、油管、套管、安全阀、井底、射流泵 | 泵挂深度、型号、排量、泵径、级数、转速 |

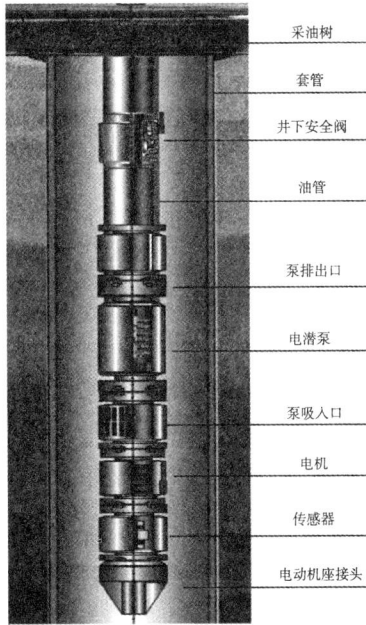

图 1 电潜泵井井身结构模型

热传导模型假设流体与环境之间通过各种不同传热机制传递的热量可以通过一个总传热系数（$U$）值得到。假定传递的能量是由流体温度下降时产生的热量获得，通过将各相的平均比热容乘以该相质量流量，再乘以流体的温差得到传递给环境的热量[3-5]。

考虑流体能量传递的热传导模型：

$$\frac{dT}{dx}=-\frac{U\pi D}{\dot{m}\overline{C}_P}\left[T-T_{x_1}+G(x-x_1)\cos\theta\right] \quad (1)$$

式中，水的平均比热容为 4.19 kJ/(kg·K)，油的平均比热容为 2.219 kJ/(kg·K)，气体的平均比热容为 2.135 kJ/(kg·K)。

储层及井类型、流体类型、举升方式、流体流动方式、完井方式和防砂方式主要影响井筒内流体多相管流流动形态、流体流入动态。流体流入动态产能计算公式优选及拟合影响油藏供液能力[6-16]，在油藏模型建立及模拟中已有详细介绍。因此，根据实际井筒内流体流动特点，研究了井筒多相管流相关式的适应性，准确描述流体多相管流流动形态，反映井筒举升能力。

受压力、温度和流速影响，井筒中流体流动是多相管流，具有泡流、雾流、段塞流等多种复杂流动形态。通过对不同多相管流相关式适应性分析[17-20]（表 2），根据井类型、类别和流体特征，优选多相管流相关式，建立反映生产实际的多相管流模型，精确描述井筒内流体流动形态。图 2 是某口生产井某时刻井筒内流体流动形态，横坐标和纵坐标分别是气体流速和液体流速的对数。在此基础上，以井底为节点，将油藏流入动态作为输

入边界条件，计算日产液量与垂直管流压力的关系，生成举升动态曲线（图 3），为一体化模型提供井筒举升动态模拟的基础数据。

表 2 多相管流相关式适应性分析

| 多相管流相关式 | 适用范围 |
| --- | --- |
| Beggs and Brill | 可用于水平、垂直和任意倾斜气液两相管流 |
| Petroleum Experts | 改进的多相管流相关式，综合考虑多种多相管流特征，适用于任何流体包括凝析油 |
| Orkiszewski | 该方法一般和测试数据的拟合度较高，但存在不连续性，导致压力拟合过程中不稳定性 |
| Fancher Brown | 主要适用于检查测试数据的质量，不考虑气体、液体滑脱效应 |
| Hagedorn Brown | 主要适用于油井，适用于泡流和段塞流，不适用于凝析油和雾流，当流速较低时，预测的压力偏低 |
| Duns and Ros Original | 在低速范围内比较可靠，高速流不够准确 |
| Duns and Ros Modified | 主要适用于当流动形态为雾流时，高气油比井和凝析油井，预测的压力偏高 |

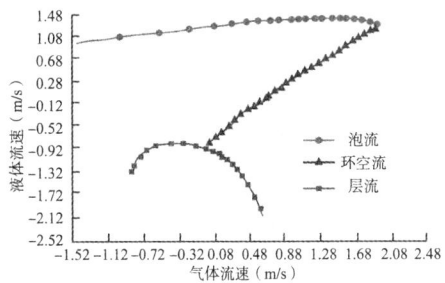

图 2 井筒内流体流动形态

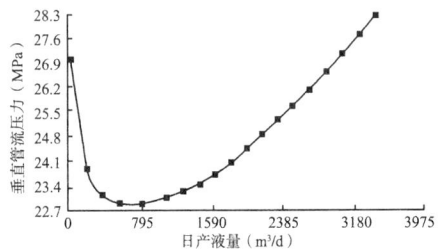

图 3 井筒举升动态曲线

### 1.2 管网模型建立及流动保障模拟

地面管网模型包括地面集输管网以及各种地面设备（如分离器、加热器、压缩机、外输泵等）、管线内设备（如各种阀门、管线内分离装置等）。通过定义井、关键设备、管线实际地理位置，生成管线真实拓扑结构、管线长度、高程差，建立管网物理模型。基于优选水平多相管流相关式如 Beggs and Brill 相关式，给定井口产量、含水、气油比、外

输终端压力和温度,计算地面管线沿程节点流量、压力和温度分布,实现管网节点流动模拟。

基于管道内流体流动状态,对比临界流量、压力、温度等指标,预测可能发生的出砂、结蜡、水合物、管道积液等异常问题,实现管网内实时预警、诊断分析和优化。临界指标计算公式如式(2)～式(4)所示。

砂粒临界运移速度油井出砂是砂岩油层开采过程中的常见问题之一。当井筒内流体速度大于砂粒临界运移速度时,砂粒被提升到井口,造成油井出砂[17]。砂粒临界运移速度与砂粒粒径、形状、密度和流体密度有关。

临界运移速度模型[18]:

$$V = \frac{-3N + (9N^2 + (gr^2\rho f)(\rho_s - \rho f)(0.014476 + 0.19841r))^{0.5}}{\rho_f(0.011607 + 0.19881r)} \quad (2)$$

临界侵蚀速度[19-20]:

$$Ve = \frac{C}{\sqrt{\rho m}} \quad (3)$$

式中,关于常数(C)值的大小存在一些争议,一般 C 取值 100～250。

临界携液速度气井井筒积液主要是由于地层压力下降,导致气体流速降低,没有足够的能量把井筒中产生的液滴携带出井口时,液滴将在井底形成积液,严重影响正常生产[17]。根据 Tuner 模型[21],气体能拖动液滴的最小速度为

$$v_t = 20.4 \times \frac{\sigma^{1/4}(\rho_l - \rho_g)^{1/4}}{\rho_g^{1/2}} \quad (4)$$

按照节点的流入流出关系将油藏模型、井筒模型、管网模型等链接,建立一体化模型(图4),耦合关键节点(如井底、井口和地面分离器等)流动关系,实现油藏、井筒、管网等模型上下游各节点模拟。

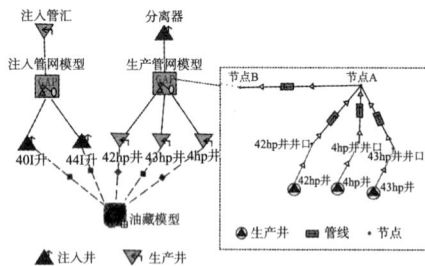

图 4  油藏—井筒—管网一体化耦合模型

根据实际生产需求,确定关键耦合节点,以井底、井口、分离器或管汇为耦合节点,进行节点流入流出拟合。根据模型类型不同,耦合模型之间传递的变量也各不相同(表3)。

表 3  不同模型及耦合模型间传递的变量

| 模型 | 耦合模型间传递的变量 |
| --- | --- |
| 黑油模型 | 日产液量、IPR、气油比、含水率 |
| 组分模型 | 质量流量、IPR、摩尔百分比 |
| 注水模型 | 日注水量、注入压力－日注水量关系 |
| 黑油注入模型 | 日注气量、注入压力－日注气量关系 |
| 组分注入模型 | 质量流量、注入压力－质量流量关系 |

油藏—井筒—管网一体化模型中各子系统之间耦合传递是动态耦合,模型之间相互影响的参数有油藏压力、井底流压和产量。运用油藏模型(5)式计算油藏压力、饱和度、IPR,传递给井筒模型,IPR 与井筒模型(6)式垂直管流曲线交点即井底流压和产量,根据流体流速、管径、粗糙度计算管网模型(7)式沿程压力降,压力损失误差限制在管网,直到达到管网模型耦合迭代收敛,实现一体化系统平衡。

油藏模型:

$$\frac{\partial^2 p}{\partial r^2} + \frac{1}{r}\frac{\partial p}{\partial r} + \frac{\varphi \mu Ct}{k}\frac{\partial p}{\partial t}$$

初始条件:$t = 0, p = pi$;

外边界条件:$r = r_e, \frac{\partial p}{\partial r} = 0$; (5)

内边界条件:$r = r_w; r\frac{\partial p}{\partial r} = \frac{q\mu}{2\pi Kh}$;

井筒模型:$-\frac{dp}{dz} =$

$$\frac{[p_L H_L + pg(1 - H_L)]g\sin\theta + \frac{\lambda G_v}{2DA}}{1 - \{[p_L H_L + pg(1 - H_L)]vv_{sg}\}/p} \quad (6)$$

管网模型:$\frac{\Delta p}{\gamma} = \lambda \frac{l}{d}\frac{v^2}{2g}$ (7)

以井底为耦合节点,对于计算产量与实际产量存在误差的井,因井口产量、压力等数据和管网外输终端数据均为实测值,管网模型在拟合好的情况下,在一体化模型拟合时不做调整,通过调整油藏模型参数或井筒模型参数来拟合井底流压和产量。

一体化模型拟合有两种调整方式:①调整油藏模型,可调整参数有流入动态曲线 IPR 端点值(地层压力)、IPR 斜率(采液指数)。②调整井筒模型,可以检查举升曲线是否存在外推情况,检查泵效或校正多相管流相关式。

## 2  油藏—井筒—管网一体化全流程优化方法

油藏—井筒—管网一体化全流程优化方法是基于油藏—井筒—管网一体化模型,从油气田开

发系统多节点、全过程、多目标进行全系统优化，最大程度提高系统生产效率，节约运行成本。

全流程优化方法有三个关键，优化目标确定、约束条件设置和控制变量优选。全流程优化的整体思路是，根据实际生产设备的能力和生产需求，设定节点约束条件、系统约束条件，明确敏感性控制变量，利用最优算法进行系统求解或优化，在此过程中，反复调整敏感性控制变量进行迭代，直到满足整个系统约束条件，达到系统最优目标。

全流程包括单井、注采源汇端、全局等多层次目标，可以优化产量、效益、热能和集输管线路径等多个目标。约束条件有系统约束、井约束及举升约束等，全流程优化可以同时满足多种约束条件，对于不同的系统、不同的举升方式，根据生产实际选择相应的约束条件(表4)。

表4 约束条件设置

| 类别 | 约束条件 |
|---|---|
| 管汇节点、模型系统 | 最高、最低温度 |
| | 最大、最小压力 |
| | 最大、最小压力降 |
| | 最大、最小日产液量、日产气量、日注入量 |
| 气举井 | 最大、最小注气量 |
| 电潜泵、水力潜油电泵、螺杆泵、喷射泵 | 最大、最小泵频(电潜泵井) |
| | 最大、最小动力液排量(水力潜油电泵井、喷射泵井) |
| | 最大、最小速度(水力潜油电泵井、螺杆泵、有杆泵井) |
| | 最高、最低电动机功率 |

控制变量是井筒内可控设备的控制参数，控制生产井日产液量或注入井日注水或气量。控制变量的选取要满足约束条件对控制变量的敏感性。对于自喷井，控制设备是油嘴，控制变量是井口油嘴节流压差;对于抽油机井，控制设备是泵，控制变量是泵冲次;对于气举井，控制变量是注气设备注气速率或井口节流压差。不同举升方式的控制变量如表5所示。

表5 控制变量优选

| 类别 | 控制设备 | 控制变量 |
|---|---|---|
| 自喷井 | 油嘴 | 井口节流压差 |
| 抽油机井 | 泵 | 冲次 |
| 气举井 | 注气设备、气举阀 | 注气速率、井口节流压差 |
| 电潜泵井 | 电潜泵 | 工作频率、井口节流压差 |
| 管道可控节流器 | 节流阀 | 节流压差 |
| 可控压缩机 | 压缩机 | 旋转速度 |
| 注入井 | 管汇节点 | 气体注入速度 |

油藏一井筒一管网一体化全流程优化结果包含油藏、单井、节点、管道、分离器等全流程各节点日产液量、压力、含水率、气油比等参数，具有全面性和实时性特点。

## 3 油藏一井筒一管网一体化耦合模拟技术应用

基于埕岛西A区块开展了一体化耦合模拟技术应用，研究油藏一井筒一管网一体化生产潜力，查找单井生产瓶颈，优化生产制度，优化科学合理的配产配注方案，实现了油藏一井筒一管网一体化全流程最优产油量。

### 3.1 单井油藏井筒管网一体化潜力分析

以埕岛西A区块电潜泵井35I井为例，某时刻35I井泵频率为35Hz，产量为46m³/d。首先建立此井油藏一井筒一管网一体化模型，在一体化模型拟合时，给定井口产量、含水率、气油比，调整影响采液指数的参数，如渗透率、有效厚度、表皮系数等，拟合井底流压和产量(图5);通过调整电泵磨损系数和气体分离效率来拟合泵吸入口、排出口压力(图6蓝线)，调整总导热系数拟合温度剖面(图6红线)，产量、压力、温度拟合好后的油藏一井筒一管网一体化模型反映了实际生产条件，可以用来进行一体化潜力分析。

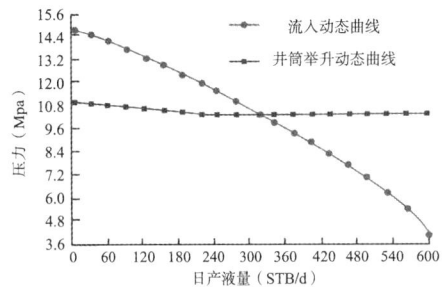

图5 埕岛西A区块35I井协调点拟合

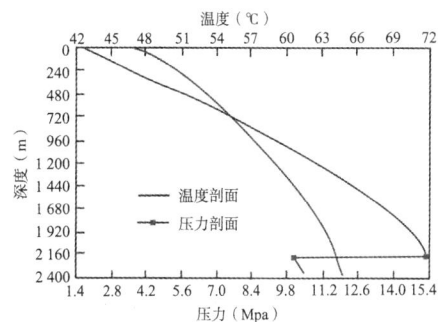

图6 埕岛西A区块35I井压力、温度剖面拟合

井筒方面的单井潜力主要体现在垂直管流曲线上，矿场实际中电潜泵的泵频率可调范围最大为60Hz，利用一体化模型对泵频率进行敏感性分析，井筒方面单井生产潜力范围为46~95 m³/d。

油藏方面潜力主要体现在流入动态 IPR 曲线上，产量范围受合理生产压差、最小井底流压、最大采液量、采油速度等影响因素限制。根据合理生产压差条件下油藏模型计算结果，油藏方面单井生产潜力为 50 m³/d。

一体化模型拟合好后，以单井产油量最优为目标、以泵频率为控制变量进行优化。

单井一体化潜力为油藏潜力和井筒—地面潜力的最小值，单井一体化生产潜力是 50 m³/d，对应泵频率为 38Hz。因此，制约单井生产的生产瓶颈在井筒，提高泵频率到 38Hz，可小幅度提液；当单井日产液量达到 50 m³/d 后，油藏成了制约单井生产的瓶颈，下步可通过采取增产措施、优化注采等提高油藏供液能力，实现单井提质增效。

### 3.2 注采系统一体化全流程优化研究

海上油藏在开发初期，平台处理能力有限，应用全流程优化方法，满足处理能力限制的前提下协调整个注采系统，优化生产、注入系统配产配注，满足整个平台产油量最优目标。

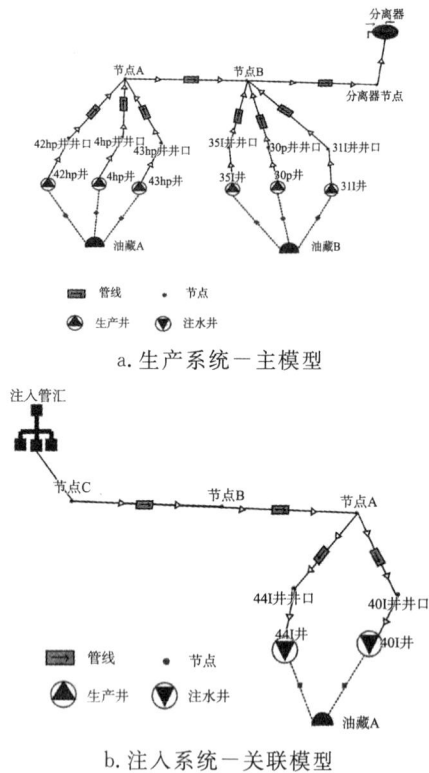

图 7 注采井组的一体化模型

以生产系统作为主模型，以注入系统作为关联模型建立一体化模型，通过井口管汇节点 A 连接注采系统(图 7)。

设定一体化模型的优化目标是满足平台处理能力下日产油量 $Q_{omax}=\sum_{i=1}^{N}(q_o,i)$ 最优；设置生产系统油藏压力 $p_{res}$ 和注入系统注入压力 $p_{inj}$ 为约束条件；设置生产井、注水井井口节流压差为控制

变量，以调整生产井日产液量、注水井日注水量。

优化计算中，利用序列二次规划最优算法，根据生产系统产量和时间步长，通过产量计算亏空量，传递给注水系统，以累积注水量作为注水系统约束条件，根据生产、注水系统约束条件，调整井口油嘴节流压差，寻求平台最优产油量。

对比不考虑平台能力的单系统配产配注方案和一体化优化配产配注方案的日产油量(图 8a)、日产液量(图 8b)和地层压力(图 8c)情况，单系统配产配注方案目标同样是日产油量，其日产油量比一体化配产配注优化方案多，但其日产液量远超过平台最大处理能力，地层压力也不合理；而一体化配产配注优化方案同时考虑了油藏压力、井筒条件、地面注入压力、地面处理能力，更科学、更全面、更贴近生产实际，实现了井组的高效开发。

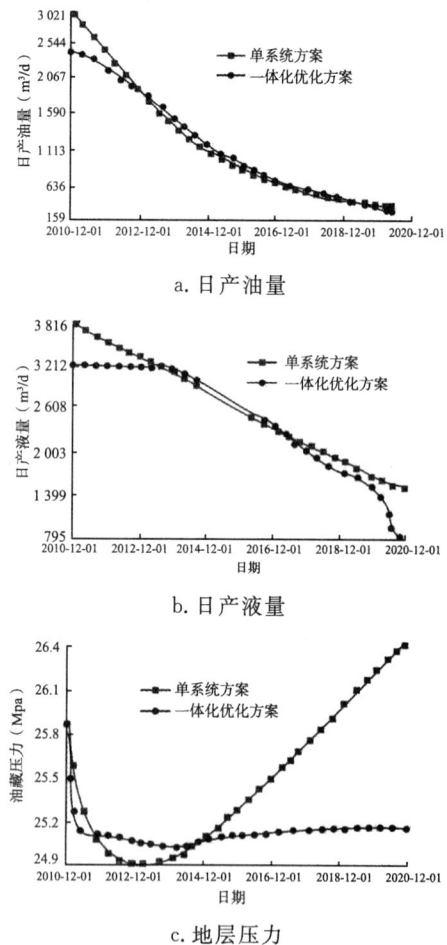

图 8 单系统和一体化优化配产配注方案对比

## 4 结 论

在井筒模型、管网模型建立及模拟基础上，通过对多系统、多节点耦合模拟，形成了油藏—井筒—管网一体化耦合模拟方法。油藏—井筒—管网一体化耦合模拟消除了单系统模拟时边界条件影响，用更精确、更高频率的井筒及管网实时数据来

校正一体化模型,更准确地模拟整个开发生产系统,实现了更贴近生产实际的油气田开发全流程模拟。

基于油藏－井筒－管网一体化耦合模拟,考虑油气田开发系统实际生产目标、约束条件和控制变量,从整个系统多节点、全过程、多目标进行油藏－井筒－管网全流程优化,建立了一体化全流程优化方法。

基于埕岛西 A 区块,应用一体化全流程优化方法查找单井生产瓶颈,优化生产制度、优化井组配产配注,实现了油藏－井筒－管网全流程最优,提高油气田开发系统智能化管理水平。

符号解释:

$x$——井筒内任意一点,m;

$x_1$——井筒内第一个点,m;

$T_{x_1}$——$x_1$ 的环境温度,℃;

$T$——段内平均流体温度,℃;

$\theta$——偏向角;

$m$——流体质量流量,kg/s;

$\overline{C_p}$——所有相的加权平均比热容,kJ/(kg·K);

$U$——管道内总传热系数,KJ/h/m²/K;

$D$——管道内径,m;

$G$——地热梯度,℃/100m;

$V$——临界运移速度,cm/s;

$N$——流体动态黏度,泊松;

$G$——重力加速度,980cm/s²;

$R$——颗粒半径,cm;

$p_f$——流体密度,g/cm³;

$p_s$——砂粒密度,g/cm³;

$p_g$——气体密度,g/cm³;

$p_L$——液相密度,g/cm³;

$C$——常数,100～250 之间;

$p_m$——混合液密度,g/cm³;

$V_e$——临界侵蚀速度,cm/s;

$V_t$——气体能拖动液滴的最小速度,m/s;

$\sigma$——气液表面张力,N/m;

$p_i$——原始油藏压力,MPa;

$\phi$——孔隙度,小数;

$\mu$——原油黏度,mPa·s;

$C_t$——综合压缩系数,1/MPa;

$r_e$——泄油半径,m;

$r_w$——井筒半径,m;

$K$——油藏渗透率,mD;

$h$——油藏厚度,m;

$q$——日产液量,m³/d;

$H_L$——持液率,在流动的气液混合物中液相体积分数,小数;

$G_v$——混合物质量流量,kg/s;

$v_{sg}$——气相流速,m/s;

$v$——流体流速,m/s;

$L$——管流长度,m;

$d$——管流直径,m;

$A$——横截面积,m²;

$\lambda$——沿程阻力系数,$\lambda = \dfrac{0.3164}{4\sqrt{4Re}}$;

Re—雷诺数。

## 参 考 文 献

[1] 梁文福.油田开发智能应用系统建设成果及展望[J].大庆石油地质与开发,2019,38(5):283－289.

[2] 杜金虎,时付更,杨剑锋,等.中国石油上游业务信息化建设总体蓝图[J].中国石油勘探,2020,25(5):1－8.

[3] SUTTON. R. P,FARSHAD. F. Evaluation of Empirically Derived PVT Properties for Gulf of Mexico crude oils[J]. SPE Reservoir Engineering,(Feb. 1990):79－86.

[4] BEAL. C. The Viscosity of Air,Water,Natural Gas,Crude Oil and its Associated Gases at Oil Field Temperatures and Pressures [J]. Trans.,AIME (1946),165:94－98.

[5] CARLAW. H. S.,JEGER. J. C. Conduction of Heat in Solids[M]. Oxford:Clarendon Press,1959:29－111.

[6] 秦积舜,李爱芬.油层物理学[M].青岛:中国石油大学出版社,2003:76－80.

[7] 姜瑞忠,刘秀伟,崔永正,等.非稳态窜流多段压裂水平井井底压力分析[J].油气地质与采收率,2019,26(5):86－95.

[8] BEGGS. H. D.,ROBINSON. J. R. Estimating the Viscosity of Crude Oil Systems [J]. JPT (Sept. 1975):1140－1144.

[9] 崔传智,吴忠维,杨勇,等.缝洞型碳酸盐岩油藏压裂直井非稳态复合产能模型[J].油气地质与采收率,2018,25(1):61－67.

[10] 纪禄军,杨承孝.IPR 方程通式中 Vogel 参数与流动效率 R 的计算[J].河南石油,2000(4):13－15.

[11] VOGEL J. V. Inflow Performance Relationships for Solution Gas Drive Wells[J]. JPT,1968:83－92.

[12] 张琪.采油工程原理与设计[M].青岛:中国石油大学出版社,2000:1－15.

[13] FETKOVICH. M. J. The Isochronal Testing of Oil Wells[J]. SPE 4529 SPE ATCE,Las Vegas,1973:3－8.

［14］JONES L. G. , BLOUNT. E. M. et al. Use of Short Term Multiple Rate Flow Tests to Predict Performance of Wells Having Turbulence［J］. SPE 6133 SPE ATCE，New Orleans，Oct：3－6.

［15］CINCO LEY. H. , SAMANIEOGO. F. , DOMINGU-EZ. N. Transient Pressure Behaviour For a Well With a Finite－Conductivity Vertical Fracture［J］. SPE 6014 SPE ATCE，New Orleans，Louisiana，Oct 3－6 1976.

［16］CINCO LEY. H. , RAMEY. H. J. and MILLER. F. G. Pseudo － Skin Factors for Partially － Penetrating Directionally － Drilled Wells［J］. SPE － 5589 － MS presented at 50th Annual Fall Meeting of SPE of AIME，Dallas，TX，September 28 － October 1，1975.

［17］吴星晔. 储层－井筒－井口一体化动态分析方法研究［D］.西南石油大学,2017.

［18］WASP，KENNY，GANDHI. Solid － Liquid Flow Slurry Pipe Line Transportation［M］. Gulf Publishing Company，Clausthal，Germany，1979.

［19］S. J. SVEDEMAN. Criteria for Sizing Multiphase Flowlines for Erosive/Corrosive Service［J］. SPE Paper 26569.

［20］李学军.气井冲蚀腐蚀临界速度的计算方法［J］.石油石化节能,1991(4):94.

［21］TURNER. R. G. Analysis and Prediction of Minimum Flow Rate for the Continuous Removal of Liquids from Gas Well［J］. 2198－PA SPE Journal Paper,1969.

# 特高含水后期油藏动态管理方法

白凤坤 崔文富

（中国石化胜利油田分公司胜利采油厂）

**摘 要** 面对低油价新常态和降本增效的新要求,本文以胜坨油田为例,在对动态管理工作面临的新形势新问题进行深刻解剖的基础上,创新思路,积极探索改善开发效果的动态管理方法,通过深化五个结合、抓实八个精细、优化十个方向、开展对标追标,确保了油田效益目标的实现。

**关键词** 动态;效益;管理;精细;方法

胜坨油田已进入特高含水开发后期,低油价下生产经营形势异常严峻,降本增效的压力日益加剧。最大限度地降低"成本压缩,工作量减少"对动态管理工作带来的影响,进一步提高动态管理水平,与特高含水期老油田规范、精细的要求还有差距。特别是低油价下动态管理工作面临着更大的挑战,必须进一步创新思路才能适应新的要求。

## 1 动态管理面临的形势

### 1.1 低油价对动态管理工作提出了更高的要求

低油价下新井和措施效益产量首先受到冲击,增强稳产基础、降低油田递减成为最经济有效的手段。从依靠投资拉动和大量措施成本投入以产量为中心的运行模式,转变为以效益为中心的经营模式,会更加暴露出动态管理上存在的问题,对动态管理工作提出了更高的要求,动态管理工作要更加注重分析的精细化,更加注重决策的一体化,更加注重调整的效益化。

### 1.2 老油田的特性问题决定了动态分析的复杂性

一是开发基础地质工作需要进一步向动态延伸。多层砂岩油藏,平面上和纵向上储层非均质性严重,注采连通判断上需要准确的单砂体描述,尤其是河流相储层,单砂体对比工作量繁重[1];同时,要根据在动态分析中发现的矛盾,及时对地质图件进行修改。二是剩余油认识难度大[2]。剩余油认识决定着动态调整的质量和效益,是注水产液结构调整的基础。注水开发时期长、层系井网变迁复杂、注采层位变化复杂、历史流线变化复杂造成了剩余油分布的复杂性。三是井筒状况复杂。复杂的井筒状况既影响对历史开发状况的判断,也制约着下步调整对策的实施。在新井井数大幅下降和现存有效注水井点水量运行负荷重的情况下,保住注水井点成了最紧迫的任务。对每口注水井井况的分析,不仅要分析现状,也要分析历次作业过程中遇到的井况问题,采取过的油层改造等措施效果,还要分析出砂出胶等多种状况。

四是注采调整效果效益定量预测难度大。油田整体采出程度和含水分别达到38.02%和96.22%,其中主力水驱油藏东营组、沙一段、沙二段(不含稠油和三采正注单元)地质储量43765万吨,采出程度40.48%,综合含水96.95%,日产液量13.18万吨,日注水量12.58万方。在651个井组中,含水超过96%的井组有410个,占到63%,产液量和注水量分别占83%和85%。这些井组既是控制无效低效产液和注水的重点,也是效果和效益预测的难点,往往由于新井、监测资料的不足,难以做出对工作量实施效果和效益的准确预测。

### 1.3 对动态调整的信心需要进一步增强

受采出程度和含水高的影响,技术人员对动态调整的预期效果信心不足,从思维观念上和工作方式上还不适应,需要打破思维定式,不为惯性的传统思维所束缚,深化潜力认识,坚定依靠动态分析、动态调整优化注水产液结构,夯实开发基础,实现提质提效的信心。牢固树立"极致开发"的理念,保护好每一套井网,认清每一个层,注好每一方水,采好每一吨油,花好每一分钱,依靠更加精细的动态分析工作,改善油藏开发效果,增强对动态调整的信心。

### 1.4 动态分析成果无痕迹不持续

低油价下的新常态,要求开发动态管理人员深化长线动态分析,提高动态分析的系统性和准确性。不仅要掌握地层对比、动态分析、油藏工程方法,还要了解井筒、工艺、地面等各个环节,更要学会算效益账,对动态管理人员提出更高的要求。动态管理人员在技术素质上还存在不适应,需要开展系统的培训,在实战中练兵,加强一体化的结合,尽快提升技术素质。尤其是长线动态分析,工作量大、耗费时间长,需要继承以往动态分析取得的成果认识。目前对动态分析没有相关成果延续的有效载体,每次分析都要重复准备大量的资料。为此,要建立动态分析成果库,实施痕迹化管理,实现动态分析的可持续性,减少重复劳动,提高工作效率。

## 1.5 对一性资料录取提出了更高的标准

动态分析决策的优化和效果的跟踪[2],都需要对调整井组的一性资料进行加密、核实,带来油水井一性资料录取工作量的增加,倒逼一性资料的从严管理。在目前一性资料录取人员力量状况、设备仪器状况、按照中石化标准检查和HSE严格管理的背景下,需要认真研究,进行系统优化。

# 2 动态管理的主要方法

面对低油价新常态和降本增效的新要求,动态管理人员要积极创新思路,牢固树立问题导向,从问题中找潜力,精细分析、精细管理、科学决策、效益为先,以无效转有效、低效转高效、高效再提效为目标,深化五个结合,抓实八个精细,优化十个方向,开展对标追标,全力做好注水产液结构优化,最大限度压减无效低效注水量和产液量,确保油田效益目标的实现。

围绕上述工作思路,单元管理人要重新认识目前水驱效果,重新认识动态调整潜力,重新认识动态分析精细程度,增强对注采调整潜力的信心,深化配产配注合理性的论证,逐个井组解剖,进一步拓宽思路,精细论证,大胆实践,积极探索改善开发效果的调整方法。

## 2.1 深化五个结合

一是深化动态管理与效益开发的结合。地质决策一旦确定,涉及工艺、作业、地面、特车、监测、注采站等多个单位大量人财物的投入。即便是简单的配注调整,也要涉及技术室、测试队和注采站。因此,动态管理人员要切实增强效益意识、责任意识和担当意识,所有的工作量决策都要精细分析,先算效益再实施,实施过程要跟踪,实施之后再评价。

二是深化地质、工艺、地面、作业和注采管理的五位一体结合。油藏问题本身具有多解性,动态分析的基础是对全面资料的把握,涉及上述各个专业和部门。如注水量的上升可能是动态影响,周围连通油井提液、新增加了生产井点等;也可能是地面原因,流量计指针不落零、地面管线漏失、泵压升高等;还可能是井筒原因,封隔器失效、油管漏失、配水器刺漏、底部阀门不严等。油井动液面下降,有可能是注水出了问题,也可能是井组整体液量升高影响,还可能是出砂、含水变化或作

业污染的影响。因此,动态分析人员要加强与相关部门人员的结合,掌握一手资料,提高动态分析的可靠性。

三是深化地质系统所区站结合。重点依托四个平台,水井工作量结合平台,油藏月度会平台,单元及井组动态分析会平台,三位一体分析平台。油藏月度会主要分两大部分内容,一部分内容是全厂、分板块、分区、分单元主要开发指标的变化趋势,注采调整单元和井组调整的效果跟踪,一性资料和井组预警软件应用情况,对标追排名情况;另一部分内容是专题分析。全厂、分板块、分区、分单元开发形势的分析,落脚点要给出自然递减、含水和地层能量的变化趋势结论,找出开发形势变差的原因,制定改善开发效果的可行性对策,并对下步动态变化趋势进行把控。三位一体分析会每月由采油管理区组织,重点分析当月出现的疑难问题,促进三个技术员的进一步融合分析,增强实战性。三位一体分析的基本程序要遵循先地面,后井筒,再地下,层层解剖,去伪存真。地质所要随时收集发现的资料问题井,作为注采站三位一体分析的一项内容。如某井含水突然从40%上升到90%,日产油量从7t下降到1.4t,成为重点下降井,首先要做的是三位一体分析,落实好一性资料,落实好掺水问题,取好水性等资料,不能直接得出水窜的结论,否则动态分析人员就会瞎忙活,跑错方向,决策上就会出问题。为此,所区站要实现充分的信息共享,互相促进。

四是深化近期与长远的结合。注采调整工作量的实施,首先要考虑近一段时期的效果,也要结合规划的目标井网,结合油层的潜力培养。水井作业工作量必须考虑井组内油井三年内生产层位的变化,对能量低的潜力层,要提前注上水;对极限含水低效无效的井层,要找到转有效高效的措施,杜绝就水井作业论水井作业,而是作为井组注采调整方案来对待。

五是深化油水井调整的一体化结合。围绕目前油井见效情况,分析水井的调整对策,同时要对油井的产液量和生产层位进行认真分析,尤其是无效低效油井关停和改变生产层位或工作制度的可行性必须进行充分论证,先把油井论证清楚,再优化注水层位和配注,实现注水产液结构的优化调整。

## 2.2 抓实八个精细

实现动态调整的提质提效,动态分析工作必须细化到井组,目标是围绕减缓平面、层间、层内三大矛盾,实现注水层段及采油层位的优化、射孔

完善性的优化、配注量的优化、产液量的优化。为实现上述目标,在实际工作中总结形成了八个精细(表1),所有的工作量(包括新井、油井措施、水井调整)都要建立在八个精细的基础上,尤其是对潜力认识清楚的基础上,要特别注重动态监测资料的应用。以水井作业工作量的优化和规范为切入点,地质、工艺、地面、作业和注采管理五位一体充分结合,一体化优化论证每口井,精细论证注水量和产液量的效益,把低效投入点和效益增长点找出来,最大程度压减无效低效成本投入,对每一口水井作业工作量形成井组动态分析库,保证井组分析工作的可持续性。

表1 八个精细及重点资料明细

| 序号 | 八个精细 | 重点资料明细 |
| --- | --- | --- |
| 1 | 精细储层连通状况分析 | 小层平面图、井组连井剖面图等 |
| 2 | 精细层间吸水差异分析 | 分层流量、吸水剖面、测试资料、动态见效情况等 |
| 3 | 精细历史注采流线分析 | 井网变迁图、历史注采流线图、累采累注图等 |
| 4 | 精细地层能量状况分析 | 动液面、测压资料等 |
| 5 | 精细储层潜力状况分析 | 综合分析评价层间、层内、平面的潜力,结论性认识 |
| 6 | 精细井筒状况分析 | 历史井况分析(包括出砂、出胶)、40臂及井温资料等 |
| 7 | 精细地面管理状况分析 | 压力、水量资料、水质状况、测调、洗井情况等 |
| 8 | 精细调整效益评价分析 | 阶段投入产出数据、五种效益类型 |

在八个精细分析的基础上,逐步探索水井单井效益量化评价方法,形成了五种水井工作量效益评价类型(效益递增型、效益递减变缓型、效益维持型、间接效益型、深化研究型),在决策时进行效益评价,工作量实施后进行认真跟踪评价,审视油藏认识的准确程度,决策的可靠程度,针对动态的新变化和出现的新问题,跟踪分析,跟踪调整。

## 2.3 优化十个方向

单元和井组采出程度和含水级别不同,调整的方向和对策也不同,针对矛盾突出的无效低效点和效益增长点,确定了井组动态分析十个重点方向:一是只注不采注水井层治理;二是低效、无效高含水井层治理;三是供液不足、动液面较深井层治理;四是单向受效井层的优化调整;五是只采

不注井层优化调整;六是停产停注井优化调整;七是注采不均衡井组治理;八是溢流井层治理;九是高产井层保效优化调整;十是精细水质单元调整治理。地质所和管理区开展认真调研,制定治理目标,每月跟踪评价调整进展与效果。

## 2.4 推进对标追标

为调动技术人员积极性,建立分级对标追标排名机制:

地质所:负责采油厂层面分区含水上升率、稀油自然递减率、稀油井组稳升率、一性资料全准率、三位一体井组分析及时率排名;注采站稀油井组稳升率、一性资料全准率、井组预警平台应用排名。负责地质所层面单元含水上升率、井组稳升率、八个精细分析准确率、配注配液优化率、分单元利润排名。

管理区:负责管理区单元井组稳升率、单元八个精细分析准确率、配注配液优化率排名。负责管理区内一性资料全准率、三位一体井组分析及时率、井组稳升率排名。

# 3 动态管理方法应用效果

## 3.1 提升了效益

通过以上动态管理工作,年控制无效作业及运行费用751.3万元,胜坨油田自然递减由15.2%降至9.5%,水驱开发效益和效果得到了稳步提升。

## 3.2 实现了机制转变

通过动态管理方法的不断深化,使开发、经济、管理与分析功能有机结合在一起,为油藏经营管理提供了有力工具[3],实现了"四项转变":一是实现了由"粗放型"向"精细型"的转变;二是实现了由"定性决策"向"效益决策"的转变;三是实现了由"单纯考核增油量"向"考核产出效益"的转变;四是实现了由"短期评价"向"远近结合"的转变。

思想的解放,观念的转变,是发现问题、认识问题的根本。在老油田开发后期,只有打破惯性思维,以效益为中心,不断创新动态管理方法,才能持续实现老油田高效开发。

## 参 考 文 献

[1] 李阳,刘建民.油藏开发地质学[M].北京:石油工业出版社,2007.
[2] 裘亦楠.石油开发地质方法论(一)[J].石油勘探与开发,1996,23(2):43-47.
[3] 刘海成.特高含水后期油藏低成本开发技术研究[J].石化技术,2017(2):120-121.

# 胜利稠油老区提高采收率技术方向及潜力评价

孙业恒　吴光焕　李洪毅　王可君　韦　涛　唐　亮

(中国石化胜利油田分公司勘探开发研究院)

**摘　要**　以胜利油田稠油老区特点出发,采用统计学方法论证了胜利稠油油藏由于类型复杂、开发技术单一性造成采出程度低、井间剩余油富集。通过大量调研、室内研究、矿场实践等手段,提出了化学蒸汽驱技术、深层稠油SAGD技术、火烧驱油技术和化学降粘开发技术可进一步提高稠油老区采收率。并对每一类技术目前的应用现状、研究进展、开发适用性进行了详细论述,对胜利稠油在不同技术下的潜力规模进行摸排评价。研究内容对胜利稠油老区进一步提高采收率有重要意义。

**关键词**　稠油老区;化学蒸汽驱;深层稠油SAGD;火烧驱油;化学降粘

## 1　引　言

胜利稠油资源量8.35亿吨,已动用稠油地质储量6.28亿吨,多为难采稠油。东部,稠油油藏主要分布在单家寺、王庄等25个油田[1,2]。西部以浅薄层特超稠油为主,主要分布在春风、春晖、阿拉德油田。作为胜利油田重要的稳产支撑,稠油热采板块以油田八分之一的动用储量贡献了五分之一的产量。目前稠油老区已大部分进入吞吐开发末期,急需探索进一步提高采收率的技术对策。

## 2　胜利稠油老区特点

### 2.1　油藏类型复杂

胜利稠油已开发的221个单元中,油藏类型极为复杂。以东部油区为例:按照埋藏深度可分为中深层(600~900m)稠油、深层(900~1300m)稠油和特深层(1300~2000m)稠油。3种类型稠油的已动用储量分别占到总动用储量的13%、60.6%和26.4%。按照边底水的强弱可分为无边底水稠油、弱边底水稠油和强边底水稠油。3种类型稠油的已动用储量分别占到总动用储量的1.1%、56.4%和42.5%。按照原油黏度可分为普通稠油、特稠油、超稠油和特超稠油。以上类型的已动用储量分别占到总动用储量59.5%、26.5%、9.2%和4.8%。此外还可按照油层厚度分为薄层(有效厚度<5m)稠油、中一厚层(5~10m)稠油、厚层(10~15m)稠油及极厚层(>20m)稠油。前3种类型稠油的已动用储量分别占到总动用储量的7.9%、40.9%和29.9%。

以上数据表明,胜利已动用的东部稠油油藏以深层、薄层和边底水普通稠油为主。而西部稠油油藏以埋藏浅(420~615m)、厚度薄(3~6.5m)、原油黏度高的特超稠油为主。如此类型多

样的稠油油藏,为稠油开发带来了极大的难度。

### 2.2　开发方式单一

由于胜利稠油油藏类型的复杂性,稠油开发技术主要以蒸汽吞吐[3]为主,包括一些气体辅助吞吐技术等[4]。2019年胜利稠油产量443万吨,其中蒸汽吞吐产油量达到428万吨,占到稠油总产量的96.6%。据统计胜利稠油吞吐轮次达到6.7个,已逐步进入高轮次开发阶段。对于弱边底水稠油油藏存在地层能量低,供液不足的问题。而强边底水稠油油藏,随着吞吐轮次的增加,油藏内部亏空大,边底水入侵严重,油井含水上升,产油量下降。目前胜利稠油采出程度仅为16.7%。

通过吞吐后10口密闭取心井(图1),1585块样品统计分析结果表明剩余油饱和度平均48.7%,主要分布区间35%~60%。说明吞吐后井间的剩余油饱和度仍然很高,稠油老区有进一步提高采收率的物质空间。

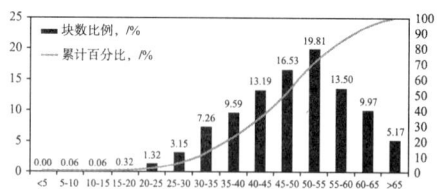

图1　稠油油田岩心分析油饱和度频率分布及累计曲线

## 3　提高采收率技术及潜力

### 3.1　化学蒸汽驱技术

多数稠油开发都会考虑蒸汽驱作为蒸汽吞吐后的接替技术[5]。作为吞吐后期的重要接替技术,自90年代初在胜利油田单2断块开展了蒸汽驱的先导试验,后在乐安油田扩大试验,在孤岛油田开展化学蒸汽驱先导试验,技术日趋成熟。但胜利稠油油藏埋藏深(1000~1400m)、油层压力高(7~10MPa),蒸汽腔小,热水带大;地层存在较强

的非均质性,热前缘的指进现象明显。以上开发矛盾严重制约了的蒸汽驱的开发效果。

针对胜利油田深层稠油蒸汽驱面临的问题,根据剩余油分布特点,胜利稠油转变开发理念和思路,探索新的技术方向。"十二五"以来通过高干度注汽、泡沫堵调、驱油剂复合增效的方式,实现稠油的有效驱替和大幅度提高采收率,即化学辅助蒸汽驱[6−8]。同时根据数值模拟及现场应用情况,制定(化学)蒸汽驱实施油藏筛选依据:原油黏度<10000mPa·s;油藏埋深<1800m,压力低于7MPa;油层厚度>6m;孔隙度>0.2%,渗透率>500×10^{-3}μm^2。该技术在孤岛油田中二北 Ng5开展先导试验以来,效果明显:试验区采出程度突破50%,2个小井距井组采出程度突破60%。

技术界限持续突破促使蒸汽驱的应用规模进一步拓展。根据潜力评价条件结合胜利稠油类型特点认为:弱边水普通稠油油藏是实施(化学)蒸汽驱大幅提高采收率的主要阵地;筛选适合(化学)蒸汽驱的地质储量1.12亿吨。其中已达到转驱条件(地层压力<7MPa)的潜力3883万吨,占总储量的34.7%,主要分布在蒸汽吞吐轮次较高的孤岛、单家寺和王庄等边底水较弱的整装稠油油藏,包括孤岛中一区 Ng5、单家寺油田单83−050块、王庄坨82块等10个单元;需进一步吞吐降压后转蒸汽驱的潜力覆盖地质储量5908万吨,占总储量的52.7%,主要分布在孤岛、王庄、乐安等油田边部、处于中高吞吐阶段和具有一定边底水能量的普通稠油油藏,包括孤岛中二中 Ng5稠油、渤76断块稠油、乐安草109等10个单元;需要进一步加密后转蒸汽驱的潜力覆盖储量1432万吨,占总储量的12.8%。主要分布在草桥、王庄郑36等投入时间相对较晚,井距较大的普通稠油油藏,包括草四沙四4块、王庄郑364沙1基、王庄365基3个区块。

## 3.2 深层稠油SAGD技术

蒸汽辅助重力泄油技术(SAGD)首先由But-ler提出[9]。加拿大应用最多,主要集中在阿尔伯达省,均为浅层,油藏埋深不超过500m,油层厚度一般在15m以上,现场试验及应用采收率达到了50%～60%。国内主要在辽河、新疆油田实现工业化应用,众多学者对SAGD不同井型的组合方式、泄油速率、蒸汽腔的形成及扩展规律等问题进行了研究[10−17]。

与辽河SAGD区块油藏地质条件对比(表1),胜利东部稠油埋深偏深、水体能量较大,导致

地层压力高。目前深层、活跃边水特超稠油油藏开展SAGD尚无研究先例。针对油藏特点针对性提出解决对策一:引入非凝析气体(如 $N_2$、$CO_2$、烟道气等)辅助SAGD。利用气体隔热降低热损失,有利于蒸汽扩展。对策二:引入溶剂气体(丙烷、丁烷等)辅助SAGD,当蒸汽前缘温度高于溶剂沸点温度时,溶剂气化,利用分压作用降低汽腔温度,增加蒸汽比容,有效扩展蒸汽腔。对策三:引入直—水平井驱泄复合方式,改传统的双水平井注采模式为直井注汽,水平井采油的直—水平井模式,蒸汽腔上升较快,加速蒸汽腔连通和扩展。

目前该技术已经进入室内攻关研究阶段,预测可在单家寺的单2、单10、单113等厚层稠油油藏实施,覆盖地质储量8174万吨。

表1 胜利东部深层稠油目标区块与辽河SAGD区块油藏参数对比表

| 指标 | 油藏条件 | 馆陶油层 | 兴VI组 | 单2沙三段4砂组 |
|---|---|---|---|---|
| 油层中深(m) | <1000 | 640 | 810 | 1100～1230 |
| 连续油层厚度(m) | >20 | 70～100 | 30～50 | 20～50 |
| Kh(μm2) | >0.5 | 5.5 | 1.9 | 3.5 |
| Kv/Kh | >0.35 | 0.77 | 0.56 | 0.5 |
| 孔隙度(%) | >20 | 36.3 | 27 | 34 |
| 净总厚度比 | >0.7 | 0.9 | 0.7 | 0.68 |
| 目前含油饱和度(%) | >50 | >60 | >55 | 47～58 |
| 地层温度原油粘度(mPa·s) | >10000 | 23.2×104 | 16.8×104 | 2663～119329 |
| 地层倾角 | <5° | 2°～3° | 5°～9° | 3°～8° |
| 边底水影响 | 水体倍数<2 | 边顶水 | 底水 | 水体倍数9 |

## 3.3 火烧驱油技术

火驱开发看成一种"收割"式的采油过程,驱

油效率可以达到 90％甚至更高,燃烧前缘波及范围内(已燃区)基本没有剩余油。无论将其应用于原始油藏,还是水驱后、注蒸汽后的油藏,它都是"末次采油"方式。在 20 世纪 20—30 年代美国、苏联已经开始火驱技术研究试验,在 80 年代随着注空气工艺技术发展,火驱技术得到广泛应用。国内相似区块取得较好效果[18-22],新疆红浅 1 块火驱开发已累产油超过 9 万吨,阶段采出程度 22％,预计最终采收率 65.1％;辽河共实施 3 个项目,转驱 161 个井组,日产油 1128t,瞬时空气油比 1326 标方/吨,年产油 34.4 万吨。

胜利油田在 1993 年将"火烧油层"列入重点先导性试验项目,随后在金家油筛选三种不同类型的试验井组进行火烧油层试验,后由于工艺设备条件限制,被迫停止试验,但此次试验对火驱稠油技术取得了一些初步认识。2003 年选取郑 408 一试 1 井组作为试验井组开展火驱试验,后岩心分析表明该井以低温结焦为主,没有实现有效燃烧。

通过近年来不断深入研究发现,油藏的埋藏深度在 150~1500 m 时适合采用火烧油层技术。同时需要有一定的地层倾角,在构造高部位注气,重力作用改善波及。薄油层中应用火烧油层成功的可能性较大,油层厚度 3.0~15 m 为宜。油层应具有高孔(＞0.20)、中高渗(＞100mD)和较高的含油饱和度(＞0.4),一般说来,原油应含有足够的重质成分,且氧化性好,油层条件下密度为 0.802~1.00g/cm³ 的原油适合于选用火烧油层开采。为了补偿火驱中消耗的燃料油,要求必须有一个最低的含油量,不能低于 0.09。此外横向上,油层要具有较好的连通性,利于提高火驱的波及系数;连通系数应在 70％以上。纵向上,各油层之间具有良好的隔层分布,可把注入空气限制在产层中,避免纵向上气窜,利于维持高温燃烧模式,隔层厚度应≥3m。

通过初步筛选评价,胜利油田可应用火烧驱油的潜力主要集中在孤岛、单家寺等弱边底水稠油的 68 个单元,储量 1.7 亿吨。

### 3.4 化学降粘开发技术

化学降粘开发技术为稠油油藏一种新的开发技术,目前降粘剂在矿场上的应用主要有两个方向:在热采开发中和蒸汽一起,用其辅助蒸汽开采特稠油或者超稠油;运用于采油工艺和管道运输中,降低原油黏度,减少举升和运输中的载荷或者压差[23-30]。而将化学降粘开发作为一种油藏开发方式的矿场实践基本没有,国内仅有少量理论的研究。

在室内实验和数值模拟研究的基础上初步建立化学降粘开发理论体系:揭示了稠油致粘、化学剂降粘机理;明晰化学降粘驱提高采收率机理。同时开展了数值模拟拟合适应性研究,建立了化学降粘表征方法,考虑界面张力改变而引起油水相渗曲线的变化,实现化学降粘提高采收率主要机理的模拟。并研发形成适合低动力解聚的水溶性和适合近井解堵的油溶性两类降粘体系,分析了稠油理化性质,筛选化学剂功能基团,研制出具有微动力乳化降粘作用的化学驱替体系,完成体系对界面润湿性、接触角/粘附功等的实验评价,实现稠油低动力条件下的降粘分散。

同时建立了降粘剂驱油藏筛选标准:原油黏度＜1500mPa·s,渗透率＞100mD,有效厚度＞4m,含油饱和度＞0.4。同时优化了降粘剂驱关键注采参数:降粘剂注入浓度 0.3％,降粘剂注入量 0.5PV,转降粘复合驱的最佳时机为降粘剂驱含水达到 75％,最优泡沫剂浓度为 0.5％,气液比为 1.05,降粘复合驱的合理注入方式为注一个月泡沫后注两个月降粘剂。

根据建立的油藏筛选标准,按区块目前所采用的开采方式,降粘开发可应用于于两类油藏,一类是热采开发稠油区块,主要集中在孤岛、乐安等 26 个单元,储量 5844 万吨;另一类是低效水驱稠油区块,主要为敏感性及活跃边底水区块,30 个单元,储量 12523 万吨。该技术可应用于胜利油田 56 个区块、近 1.8 亿吨稠油地质储量,增加可采储量 1080 万吨。

## 4 结论

(1)胜利稠油多为难采稠油,目前已大部分进入吞吐开发末期,需要探索进一步提高采收率的技术对策。

(2)(化学)蒸汽驱是弱边水普通稠油油藏后期大幅度提高采收率的主导技术;深层、活跃边水特超稠油油藏开展 SAGD 可进一步提高采收率。

(3)火烧驱油效率高、适应性强、低能耗低排放,但需要配套相应的工艺设备,以提高其成功率。

(4)化学降粘目前作为胜利油田一项低成本提质增效开发技术已逐渐扩大使用规模,在低油价、绿色减排形势下,该技术无疑是一项绿色、节能、增效的有效技术手段。

## 参 考 文 献

[1] 刘文章.中国稠油热采技术发展历程回顾与展望[M].北京:石油工业出版社,2014.

[2] 吴光焕,刘祖鹏.胜利油田稠油热采开发技术研究进展[J].当代石油石化,2014,12(1):7—10.

[3] 顾浩,孙建芳,秦学杰.稠油热采不同开发技术潜力评价[J].油气地质与采收率,2018,25(3):112—116.

[4] 潘一,付洪涛,殷代印,等.稠油油藏气体辅助蒸汽吞吐研究现状及发展方向[J].石油钻采工艺,2018,40(1):111—117.

[5] 王学忠.多轮次蒸汽吞吐井开发接替技术研究[J].当代石油石化,2019,27(6):30—34.

[6] 刘晏飞,唐亮,熊海云,等.化学蒸汽驱不同温度区域的驱油特征[J].油气地质与采收率,2015,22(3):115—118.

[7] 曹嫣镔,刘冬青,王善堂,等.中深层稠油油藏化学辅助蒸汽驱三维物理模拟与应用[J].石油学报,2014,35(4):739—744.

[8] 魏新辉.化学蒸汽驱提高驱油效率机理研究[J].油气地质与采收率,2012,19(3):84—86.

[9] Butler R M,Stephens D J. The Gravity Drainage of Steam—Heated Heavy Oil to Paral el Horizontal Wells[J]. Petroleum Society of Canada,1981,20(2):90—96.

[10] 任芳祥,孙洪军,户昶昊.辽河油田稠油开发技术与实践[J].特种油气藏,2012,19(1):1—8.

[11] 李浩哲,熊彪,张荷,等.国外稠油油藏单井SAGD开发技术综述[J].天然气与石油,2017,35(1):84—87.

[12] 刘尚奇,包连纯,马德胜.辽河油田超稠油油藏开采方式研究[J].石油勘探与开发,1999,26(4):80—81.

[13] 岳宗杰,李勇,于海军.辽河油田杜84区块超稠油油藏水平井钻井技术[J].石油钻探技术,2005,33(6):15—18.

[14] 武毅,张丽萍,李晓漫,等.超稠油SAGD开发蒸汽腔形成及扩展规律研究[J].特种油气藏,2007,14(6):40—43.

[15] 李巍,刘永建.提高直井与水平井组合SAGD泄油速率技术研究[J].石油钻探技术,2016,44(2):87—92.

[16] 栾健.超稠油砂岩油藏SAGD参数优选及SAGP方案设计[D].西南石油大学,2016:1—11.

[17] 王建俊,鞠斌山,陈常红,等.超稠油FAST—SAGD技术影响因素分析[J].特种油气藏,2016,23(2):89—92.

[18] 王伟伟.火驱油墙技术界限判定及运移特征[J].特种油气藏,2019,23(4):131—135.

[19] 黎庆元.红浅一井区稠油油藏火驱开采适应性分析[J].新疆石油地质,2014,35(3):333—336.

[20] 程宏杰,廉桂辉,毛小茵,等.火驱过程中储集层变化[J].特种油气藏,2014,21(3):132—134.

[21] 江琴,金兆勋.厚层稠油油藏火驱受效状况识别与调控技术[J].新疆石油地质,2014,35(2):204—207.

[22] 席长丰,关文龙,蒋有伟,等.注蒸汽后稠油油藏火驱跟踪数值模拟技术——以新疆H1块火驱试验区为例[J].石油勘探与开发,2013,40(6):715—721.

[23] 孟科全,唐晓东,邹雯炆,等.稠油降黏技术研究进展[J].天然气与石油,2009,27(3):30—34.

[24] 周风山,吴瑾光.稠油化学降粘技术研究进展[J].油田化学,2001,25(3):268—271.

[25] 范海涛,王秋霞,刘艳杰,等.稠油冷采技术在胜利油田应用的可行性探讨[J].特种油气藏,2006,13(1):81—83.

[26] 周风山,吴瑾光.稠油的类乳化复合降粘作用机理[J].油田化学,2002,19(4):311—315.

[27] 吴晓明,张建国,王颖,等.振动辅助化学剂降粘的室内实验及现场应用[J].油气地质与采收率,2008,15(6):89—91.

[28] 周风山.稠油流动性改善机理及聚合物降粘剂制备与应用研究[D].西安交通大学,2000.

[29] 张付生,王彪.复合型原油降凝降粘剂EMS的研制[J].油田化学,1995,12(2):117—120.

[30] 李锦昕.原油改性机理研究中的几个问题[J].油气储运,1998,17(7):1—5.

# Ⅲ-1类油藏聚合物驱提高采收率技术研究与应用

## ——以胜二区东三4为例

张　娜　元福卿　魏翠华　赵方剑　李菲菲　岳　静

(中国石化胜利油田分公司勘探开发研究院)

**摘　要**　胜利油田Ⅲ-1类油藏具有矿化度高、钙镁离子含量高的特点,常规聚合物在此类油藏条件下黏度大幅降低,无法满足Ⅲ-1油藏聚合物驱提高采收率的要求。因此,研发新型耐盐抗钙镁聚合物驱油产品以增加溶液黏度,成为Ⅲ-1高盐高钙镁油藏聚合物驱提高采收率的关键。本文以胜利油田胜二区东三4高盐高钙镁油藏为目标区,室内优选了含有AMPS耐盐抗钙镁单体的超高分多元共聚物,相比常规聚合物增黏性提升50%,抗钙镁离子能力提升一倍;利用数值模拟手段,优化了耐盐抗钙镁聚合物驱注入浓度和边部注采比以提高聚合物利用率。胜二区东三4作为胜利油田第一个现场应用高盐高钙镁油藏聚合物驱单元,井口黏度达到方案设计要求,油井见效率高于95%,矿场已提高采收率8.3%,对同类型油藏聚合物驱提高采收率具有重要指导意义。

**关键词**　高盐高钙镁油藏;超高分多元共聚物;注入浓度;注采比

## 1　引　言

胜利油田Ⅲ-1类高盐高钙镁油藏资源丰富,地质储量1.93亿吨,随着油田开发进入中后期,产油量递减加快,常规水驱开发采收率较低,有必要转换开发方式进一步提高采收率。但是,由于此类油藏矿化度和钙镁离子含量都较高(矿化度>20000mg/L,钙镁离子含量>400mg/L),常规聚合物在此类油藏条件下黏度大幅降低,需要提高聚合物注入浓度以提升黏度,聚合物驱成本急剧增加。本文以胜二区东三4为目标区,针对Ⅲ-1类油藏特点优选具有耐盐抗钙镁性能的聚合物,应用化学驱油藏数值模拟研究聚合物驱注入参数、边部注采比,对Ⅲ-1类油藏提高采收率具有重要意义。

## 2　东三4区块概况

胜二区东三段4砂组位于胜坨油田胜利村构造西南翼,埋深1646～1714m,地层倾角2°～5°,自东北向西南方向由高变低,西面及西南与边水相连,呈扇形分布,沉积类型以三角洲前缘沉积为主。目标区含油面积3.2km²,地质储量435×10⁴t,纵向上发育3个小层。原始油层温度69℃,地下原油黏度65～78mPa·s,渗透率1700×10⁻³μm²,产出水矿化度20735mg/L,钙镁离子含量758mg/L,属高渗高盐高钙镁油藏。自1968年10月投产,先后经历了天然能量开发、常规水驱、综合调整产能扩建、综合治理减缓递减4个开发阶段,阶段末综合含水96.3%,采出程度仅34.5%,预计采收率38.4%。

## 3　耐盐抗钙镁聚合物优选及性能评价

### 3.1　基本物化性能评价

测试常规HPAM与超高分多元共聚物的特性黏数、分子量、水解度和表观黏度,对比结果见表1。由常规HPAM和超高分多元共聚物基本物化性能对比结果可知,超高分多元共聚物在大量引入耐盐抗钙镁单体AMPS的基础上,又进一步提高分子量至3000万以上,且降低了水解度,减少了聚合物中羧酸根离子含量,因此表观黏度提升50%以上。

**表1　常规HPAM和超高分多元共聚物干粉基本物化性能对比**

| 聚合物样品 | AMPS含量 % | 特性黏数 mL/g | 分子量 ×10⁴ | 水解度 % | 表观黏度 mPa·s |
|---|---|---|---|---|---|
| 常规HPAM | 0 | 2470 | 2010 | 23.0 | 18.2 |
| 超高分多元共聚物 | 15 | 3320 | 3150 | 13.2 | 27.6 |

### 3.2　增黏性能评价

目标区块条件下对比常规HPAM和超高分多元共聚物黏浓曲线(图1),随着聚合物浓度增加,两种聚合物的黏度都呈现上升趋势;但是由于超高分多元共聚物引入了AMPS耐盐抗钙镁单体,因此在目前区块较高钙镁离子含量条件下,聚合物的黏度随浓度增加趋势更明显,增黏能力相对于常规聚合物提升50%以上。

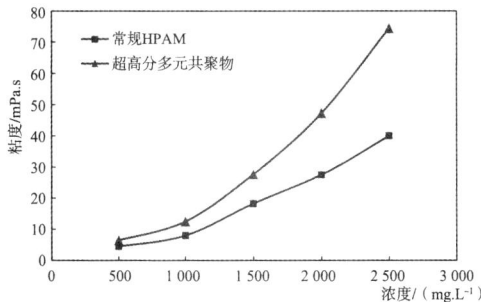

图1 目标区聚合物黏浓关系曲线对比

### 3.3 抗钙镁性能评价

现场产出水配制浓度为 1500mg/L 的聚合物溶液,继续在溶液中增加不同浓度的钙离子含量:100mg/L、200mg/L、300mg/L、500mg/L、800mg/L、1000mg/L,并测试增加钙离子含量后聚合物黏度的变化,测试结果见图 2。由图 2 可知,增加钙离子浓度后,聚合物 69℃ 条件下黏度测试结果对比表明,常规 HPAM 和超高分多元共聚物黏度随着钙离子浓度的增加都呈现出下降趋势,但超高分多元共聚物在钙离子浓度增加 1000mg/L 时,黏度仍能够达到 17mPa·s 以上,抗钙镁离子的能力较好,常规 HPAM 在钙离子浓度增加 1000mg/L 时,黏度只达到 9mPa·s,因此超高分多元共聚物引入 AMPS 后抗钙镁性能更好,更适用于高钙镁离子含量的油藏。

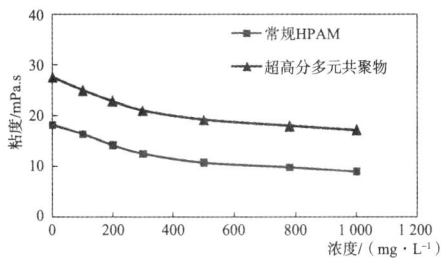

图2 增加钙离子浓度对聚合物黏度影响对比

### 3.4 黏弹性能研究

振荡剪切流变是对材料施加正弦剪切应变,而应力作为动态响应加以测定,主要获得溶液的黏性模量、弹性模量。在聚合物线性黏弹区下(应变<20%),将频率固定于 1Hz 进行振荡剪切流变测试,研究浓度为 2000mg/L 的常规 HPAM 和超高分多元共聚物的黏弹模量(图 3)。实验结果表明,在相同浓度条件下,超高分多元共聚物弹性模量、黏性模量都大幅高于常规 HPAM,表明在高盐高钙镁离子水中,超高分多元共聚物分子链更加舒展[1],分子链相互之间缠绕后能够形成更高的黏弹性能。

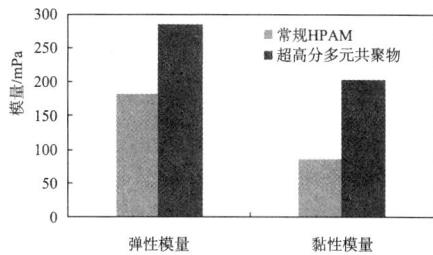

图3 常规 HPAM 和超高分多元共聚物黏弹模量对比

### 3.5 高盐高钙镁油藏聚合物驱效果

在实验温度 69℃、注入水矿化度 20735mg/L、钙镁离子含量 780mg/L 条件下,采用长 30cm、直径 1.5cm 的石英砂充填管式模型,先抽空模型再饱和水、饱和油,含水达到 95% 时分别注入耐盐抗钙镁聚合物和常规聚合物,注入 0.3 PV 聚合物驱后转水驱至含水达到 98% 结束(图 4、图 5)。与常规聚合物驱相比,耐盐抗钙镁聚合物驱采出液含水降低幅度更大,对比实验结果(表 2)可知,超高分多元共聚物提高采收率能力更高,驱油效果更好。

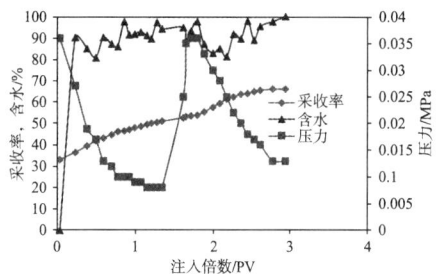

图4 常规聚合物驱替曲线

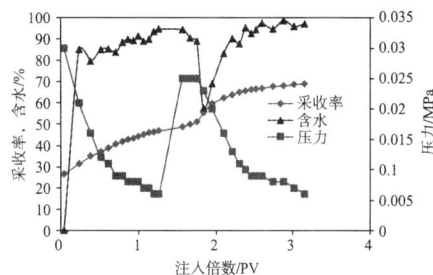

图5 超高分多元共聚物驱替曲线

表2 常规 HPAM 和耐盐抗钙镁聚合物驱油效果对比

| 聚合物 | 水驱采收率 % | 最终采收率% | 聚驱提高采收率% |
|---|---|---|---|
| 常规 HPAM | 53.5 | 64.8 | 11.3 |
| 超高分多元共聚物 | 51.8 | 70.4 | 18.6 |

## 4 数值模拟研究

### 4.1 模型建立

根据目标油藏地质参数和生产注入动态建立

了水驱开发模型,平面网格步长 20m×20m,纵向上划分为 3 个网格,总网格数 14364 个。动态模型共涉及历史油井 147 口、水井 43 口,拟合结果与实际值接近(表3),为聚合物驱计算提供了可靠的初始参数场。

表 3 水驱阶段指标计算值与实际值对比

| 对比指标 | 地质储量 $10^4$ t | 累积产油 $10^4$ t | 综合含水 % | 采出程度 % | 地层压力 MPa |
|---|---|---|---|---|---|
| 实际值 | 435 | 150 | 96.3 | 34.5 | 13.4 |
| 计算值 | 434.2 | 151 | 94.8 | 34.7 | 13.5 |
| 误差/% | 0.18 | 0.66 | 0.4 | 0.5 | 0.75 |

### 4.2 聚合物浓度优化

假设聚合物驱主段塞尺寸 0.40PV,年注入速度 0.08PV,数值模拟预测对比聚合物浓度 1000mg/L、1200mg/L、1400mg/L、1600mg/L、1800mg/L、2000mg/L、2200mg/L 的提高采收率值和吨聚增油(图6),随注入浓度增加,聚合物驱提高采收率值增大,其中浓度 2000mg/L 时吨聚增油最高,目标区聚合物驱经济性最优。

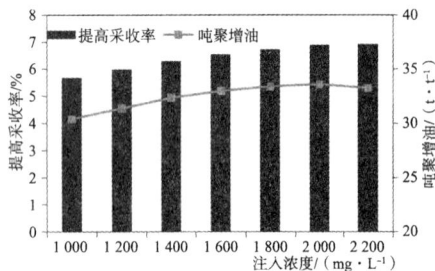

图 6 不同聚合物浓度预测指标对比

### 4.3 注采比优化

目标区西南部与边水相连,边水内侵易形成窜流通道,影响边部聚合物驱增油效果,需要通过研究应对边水内侵以提高边部油井见效率[2]。采用数值模拟手段,在产液量相同的情况下优化边部注聚井组注采比,分别为 0.9、1.0、1.1、1.2。从边部井组不同注采比对综合含水的影响(图7)可以看出,随着边部井组注采比增加,综合含水下降幅度增加,且含水在谷底运行时间较长即含水下降漏斗变宽;当边部井组注采比由 1.1 增加至 1.2 时,含水下降值增加幅度不大。适当提高靠近边水区域井组的注采比,能够有效减弱边水影响,促进边部井组见效,并延长其聚合物驱见效期。因此,在确保目标区注采平衡条件下,西南部靠近边水井组注采比保持 1.1～1.2。

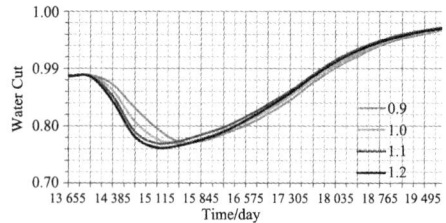

图 7 边部井组注采比对含水的影响

## 5 现场应用效果

(1)注入压力和启动压力稳定上升。

注入压力的变化是聚合物驱取得良好效果的一个重要特征,由于聚合物溶液黏度远大于注入水的黏度,因此注聚后渗流阻力增加、注入压力和启动压力上升。目标区井口化验聚合物黏度 30mPa·s 以上,注入压力由注聚前的 8.8 MPa 逐渐上升至 12.2 MPa,启动压力由 5.1MPa 上升至 7.2MPa。

(2)阻力系数上升,吸水指数下降。

阻力系数是评价聚合物驱效果的重要参数之一,是指聚合物降低水油流度比的能力,用 $R_f$ 表示。目标区注聚前阻力系数 0.98、吸水指数 65.7 $m^3$/(d·MPa),聚合物驱第一段塞阶段阻力系数 1.31、吸水指数 41.6 $m^3$/(d·MPa),主段塞阶段阻力系数上升至 1.75、吸水指数下降至 21.8 $m^3$/(d·MPa)。随着聚合物连续注入时间延长,阻力系数明显上升且吸水指数大幅度下降,聚合物的封堵性能较好,目标区渗流阻力有效增加。

(3)聚合物驱层间矛盾有所改善。

聚合物驱初期,聚合物溶液主要进入渗流阻力较低的高渗透层;较高黏度的聚合物溶液会不断增加高渗透层渗流阻力,使得高渗透层的吸水能力下降;当高渗透层渗流阻力高于中低渗透层时,聚合物溶液开始进入中低渗透层,从而改善层间矛盾。跟踪分析连续氧活化水流测井 S2X93 井,随着连续注聚时间延长,各小层吸聚差异减小,逐渐趋于均衡(表4)。

表 4 S2X93 井氧活化测井对比图

| 小层 | 相对吸水量(%) | | | |
|---|---|---|---|---|
| | 2013.08 | 2014.02 | 2018.05 | 2020.01 |
| $4^1$ | 76.3 | 62.8 | 59.9 | 32.2 |
| $4^2$ | 3.5 | 5.4 | 4.9 | 28.7 |
| $4^3$ | 20.2 | 31.8 | 35.2 | 39.1 |

(4)增油效果显著。

现场实施聚合物驱后,油井见效率 96%,其中边角井见效率 93%,靠近西南部边水油井全部见效。目标区综合含水由 96.3% 最低下降到

88.4%,下降了7.9个百分点;日油水平由89t/d最高上升至274t/d,目前194t/d,处于见效高峰期;矿场累积增油36.1×10⁴t,已提高采收率8.3%,Ⅲ-1类高盐高钙镁油藏聚合物驱降水增油效果显著。

## 6 结 论

(1)针对Ⅲ-1类高盐高钙镁油藏特点优选的含有AMPS耐盐抗钙镁单体的超高分多元共聚物,相比常规聚合物增粘性提升50%,抗钙镁离子能力提升一倍。

(2)目标区适宜的耐盐抗钙镁聚合物注入浓度为2000mg/L,矿场实施后井口化验黏度35mPa·s以上。

(3)靠近边水区域井组注采比1.1~1.2有效地减弱了边水影响,西南部边部油井全部见效,目标区矿场累增油36.1×10⁴t,已提高采收率8.3%。

## 参 考 文 献

[1] J C Cheng,X H Shen,S Y Shi,et al. Study on rheology of polyacrylamide copolymer used in enhanced oil recovery[J]. POLYMER MATERIALS SCIENCE & ENGINEERING,2004,20(4):119-121.

[2]王旭东,张健,康晓东,等. 稠油油藏水平井聚合物驱注入能力影响因素[J].断块油气田,2017,24(1):87-90.

[3]叶银珠,王正波. 聚驱后油藏剩余油分布数值模拟[J]. 吉林大学学报(地球科学版),2012,42(1):119-126.

# 氮气辅助蒸汽驱方式下氮气影响蒸汽干度实验研究

王一平 唐 亮 王 曦

（中国石化胜利油田分公司勘探开发研究院）

**摘 要** 氮气辅助蒸汽驱开发过程中,氮气的加入会对蒸汽分压产生影响,进而使蒸汽干度发生变化。由于蒸汽干度直接测量难度大,致使氮气分压引起的蒸汽干度变化规律难以有效确定,因此设计了氮气影响蒸汽干度实验,模拟高压地层条件下的氮气辅助蒸汽驱开发,通过实验探讨各气体分压、混合气体总压对蒸汽干度的影响规律以及氮气分压比例与蒸汽饱和温度之间的关系。实验研究表明,蒸汽干度变化主要受蒸汽分压影响,与系统总压无关;在蒸汽中加入氮气可减小蒸汽分压,降低蒸汽饱和温度,从而提高相同条件下的蒸汽干度。实验结果对氮气辅助蒸汽驱开发方式的优化具有一定的指导作用。

**关键词** 氮气;蒸汽驱;分压;蒸汽干度;实验研究

对稠油开发而言,蒸汽驱是一种行之有效的热力开发方式,但单一蒸汽驱开发存在热损失严重、热波及范围小等诸多问题。通过在蒸汽中加入氮气,形成氮气辅助蒸汽驱,可在一定程度上提高蒸汽干度,强化开发效果,因此在生产中得到了广泛应用[1-3]。氮气的加入会对蒸汽分压产生影响,进而影响蒸汽干度,但目前氮气对蒸汽干度影响规律的研究,主要集中在井筒流动过程的理论研究[4-7],高压地层条件下氮气影响蒸汽干度的实验研究相对较少。这主要是因为高压条件下蒸汽干度直接测量难度大[8-10],将氮气加入蒸汽后,蒸汽的干度变化难以准确测定。因此针对该问题开展了氮气影响蒸汽干度实验,模拟高压地层条件下的氮气辅助蒸汽驱开发,以期探讨各气体分压、混合气体总压对蒸汽干度的影响规律以及氮气分压比例与蒸汽干度之间的关系。

## 1 实验设备及步骤

由于蒸汽干度难以直接测定,因此在实验中通过调节反应釜的容积、温度、氮气含量等参数,改变反应釜总压和蒸汽分压,观察反应釜内蒸汽的状态变化,从而判断蒸汽干度变化,以研究蒸汽干度随压力的变化规律。

### 1.1 实验设备

实验装置主要包括反应釜、活塞升降系统、高压可视窗、温控系统以及数据实时采集系统等,如图1所示。

a. 反应釜

b. 活塞升降系统

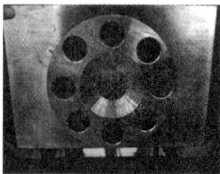

c. 高压可视窗

图1 氮气影响蒸汽干度实验设备图

反应釜材料选用316L优质不锈钢,具有良好的耐温耐压性能;活塞升降系统由电机和螺杆两部分组成,分为定压和定容两种模式,定容模式可通过电脑控制活塞升降至指定容积,定压模式可根据设定压力自行调整活塞位置;高压可视窗的视窗玻璃采用高强度 Si－Al 玻璃,透明度 99%,耐温 1200℃;温度控制系统是由 J 型热电偶和 RD500 控制器组成的一套高精确反馈控制系统,控温精度±1℃。

### 1.2 实验步骤

实验内容共包括 3 部分:蒸汽分压对干度影响、系统总压对干度影响以及氮气含量对蒸汽饱和温度的影响。具体实验步骤如下:

(1)利用真空泵对反应釜抽真空 20min,使其内部相对压力达到−0.09MPa;

(2)量取 60mL 水,利用反应釜的负压将水吸入釜内,依据实验内容的不同设定反应釜容积,并对其进行加热,直至反应釜内的水完全汽化,记录此时的温度和压力;

(3)向反应釜内充入氮气,并实验要求设置反应釜的压力和温度,计算并记录蒸汽的分压(由于氮气为非凝析气体,因此可根据反应釜的温度、容积以及氮气基本物性参数计算得到氮气的分压,从而得到蒸汽的分压)。

## 2 蒸汽干度与气体分压关系

在该部分实验中,保持反应釜恒温充氮气,通过调节充氮气过程中反应釜容积,使釜内总压力保持恒定。

(1)设定反应釜内容积为 5.83L,然后对负压吸入的 60mL 水进行加热,当温度达到 215.2℃时停止加热,通过高压视窗观察反应釜内的蒸汽状态,并记录反应釜内压力。记录此时刻为时间节点 1;

(2)恒温压缩反应釜,当系统总压达到 2.9MPa 时停止压缩,观察反应釜内蒸汽状态。记录此时刻为时间节点 2;

(3)向反应釜内充氮气,通过活塞升降系统自动调节反应釜容积,使釜内总压在充氮过程保持恒定,当氮气分压达到 1.0MPa 时停止注入氮气,观察反应釜内蒸汽状态。记录此时刻为时间节点 3。

不同时间节点下的系统总压、气体分压及观察到的蒸汽状态如表 1、图 2 所示。

**表 1 蒸汽干度与气体分压关系实验结果表**

| 时间节点 | 反应釜温度(℃) | 反应釜总压(MPa) | 蒸汽分压(MPa) | 液滴状态 |
|---|---|---|---|---|
| 节点 1 | 215.2 | 1.9 | 1.9 | 无液滴 |
| 节点 2 | 215.2 | 2.9 | 2.9 | 产生液滴 |
| 节点 3 | 215.2 | 2.9 | 1.9 | 液滴消失 |

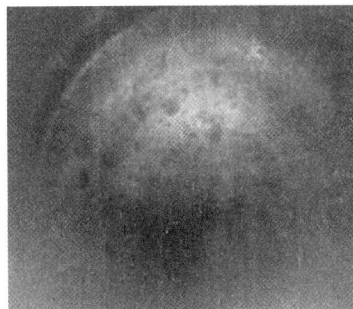

a. 节点 1

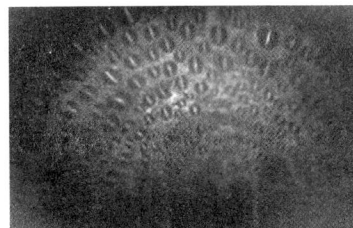

b. 节点 2

c. 节点 3

图 2 蒸汽干度与气体分压关系实验中不同时间节点蒸汽状态

从实验结果可以看出,在时间节点 2,反应釜内只存在蒸汽,此时蒸汽分压 2.9MPa,对应的蒸汽饱和温度为 232℃,而反应釜内温度(215.2℃)低于蒸汽的饱和温度,因此从高压视窗可以观察到图 2b 所示的液滴;当保持反应釜总压不变充入氮气后,蒸汽分压由 2.9MPa 降为 1.9MPa,液滴消失,如图 2c 所示,这说明系统总压虽然保持不变,但分压变化会对蒸汽干度造成影响。观察窗中液滴消失的原因是由于蒸汽分压降低到 1.9MPa 后,对应的蒸汽饱和温度降至 210℃,而釜内温度要高于此时的饱和温度,因此釜内液滴全部汽化消失。

## 3 蒸汽干度与系统总压关系

该部分实验中,保持反应釜恒温等容充氮气,从而提高系统总压,但蒸汽分压保持不变。

(1)设定反应釜容积为 5.83L,然后对负压吸入的 60mL 水进行加热,当温度达到 181.2℃时停止加热,通过高压视窗观察反应釜内的蒸汽状态,并记录反应釜内压力。将此时刻记为时间节点 1;

(2)保持反应釜恒温等容并向釜内充氮气,当系统总压达到 2.0MPa 时停止注入氮气,观察反

应釜内的蒸汽状态,并计算反应釜内氮气和蒸汽的分压。将此时刻记为时间节点2;

(3)对反应釜进行恒温压缩,当系统总压达到3.0MPa时停止压缩,并观察反应釜内蒸汽状态,并计算氮气分压。将此时刻记为时间节点3。

不同时间节点下的系统总压、气体分压以及通过高压视窗观察到的蒸汽状态如表2、图3所示。

表2　蒸汽干度与系统总压关系实验结果表

| 时间节点 | 反应釜温度（℃） | 反应釜总压（MPa） | 蒸汽分压（MPa） | 液滴状态 |
|---|---|---|---|---|
| 节点1 | 181.2 | 1.0 | 1.0 | 无液滴 |
| 节点2 | 181.2 | 2.0 | 1.0 | 无液滴 |
| 节点3 | 181.2 | 3.0 | 1.5 | 产生液滴 |

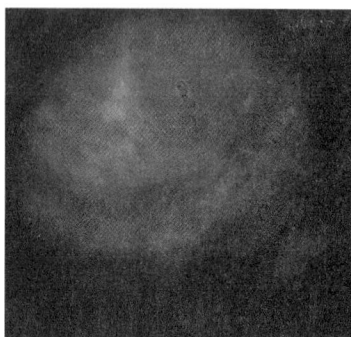

a. 节点1

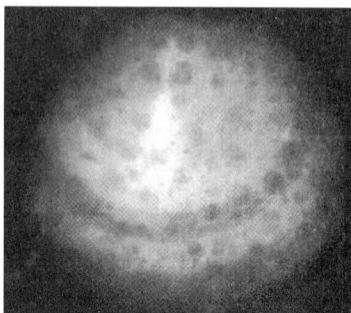

b. 节点2

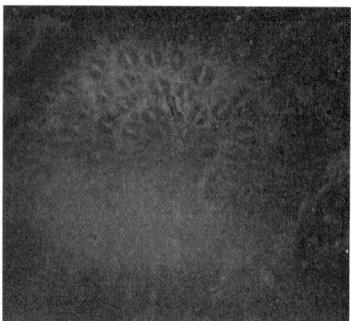

c. 节点3

图3　蒸汽干度与系统总压关系实验中不同时间
节点蒸汽状态

从实验结果可以看出,在时间节点1,此时蒸汽分压1.0MPa,对应的蒸汽饱和温度为179℃,而反应釜温度为181.2℃,高于蒸汽的饱和温度,因此反应釜内的液体水全部汽化为蒸汽,通过高压视窗也观察不到液滴,如图3a所示;当保持反应釜恒温等容,持续充氮气至釜内总压力达到2.0MPa时,若蒸汽干度受总压影响,此时反应釜温度低于总压对应的饱和温度(212℃),应该会有液滴生成,但通过高压视窗观察到的现象如图3b所示,并无液滴出现。这说明蒸汽分压不变的情况下,蒸汽状态也不会发生变化,系统总压的变化并不会对蒸汽干度造成影响。

## 4　氮气含量对蒸汽饱和温度的影响

在实验中改变氮气的注入量、调节反应釜的容积和温度,观察釜内蒸汽状态的变化,从而判断蒸汽临界点,以探讨氮气含量和蒸汽饱和温度之间的关系。

(1)设定反应釜容积为2.59L,然后对负压吸入的60mL水进行加热,通过高压视窗观察到釜内液滴全部消失时,记录釜内温度和压力;

(2)向反应釜内充入设计量的氮气,通过活塞升降系统自动调节反应釜容积,使釜内总压在充氮过程保持恒定,然后调节釜内温度使蒸汽刚好达到饱和状态,此时釜内温度即为当前分压下的蒸汽饱和温度,记录温度值并计算气体分压;

(3)改变氮气的量并重复步骤(2)。

实验得到的蒸汽饱和温度随氮气分压比例的变化规律如图4所示。

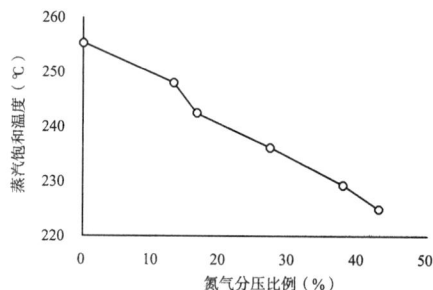

图4　蒸汽饱和温度随氮气分压比例变化规律图

由图4可知,在系统总压保持不变的情况下,随氮气与蒸汽混合气体中氮气比例的增加,氮气分压增大,蒸汽分压降低,由于蒸汽分压会影响其饱和温度,因此蒸汽的饱和温度会随氮气比例的增加而降低。

在实际生产中,可通过在蒸汽中加入一定比例的氮气,以降低蒸汽饱和温度,提高相同条件下的蒸汽干度,提高蒸汽热效率,降低注汽开发成本。

## 5. 结论

(1)在氮气与蒸汽组成的混合气体系统中,蒸

汽干度变化主要受蒸汽分压影响,与系统总压无关;

(2)在蒸汽中加入氮气可降低蒸汽分压,降低蒸汽饱和温度,提高相同条件下蒸汽的干度,提高蒸汽热效率。

## 参 考 文 献

[1]林日亿,李兆敏.井筒中蒸汽－氮气混合物流动与换热规律[J].石油学报,2010,31(3):506－510.

[2]刘刚.蒸汽－氮气混合驱井筒沿程参数计算模型[J].新疆石油天然气,2017,13(4):68－73.

[3]裴润有,蒲春生,吴飞鹏,等.深层稠油混合高温蒸汽吞吐工艺参数优化研究与实践[J].西安石油大学学报(自然科学版),2010,25(2):44－47.

[4]薛婷,檀朝东,孙永涛.多元热流体注入井筒的热力计算[J].石油钻采工艺,2012,34(5):61－64.

[5]杨阳,刘慧卿,庞占喜,等.孤岛油田底水稠油油藏注氮气辅助蒸汽吞吐的选区新方法[J].油气地质与采收率,2014,21(3):58－61.

[6]韩继勇,刘易非,郑维师.辽河油田冷家稠油高温复合气驱实验研究[J].西安石油大学学报(自然科学版),2013,28(6):50－54.

[7]王洋,蒋平,葛际江.井楼油田氮气辅助蒸汽吞吐机理实验研究[J].断块油气田,2013,20(5):667－670.

[8]李兆敏,杨建平,林日亿.氮气辅助注蒸汽热采井筒中的流动与换热规律[J].中国石油大学学报(自然科学版),2008,32(3):84－88.

[9]王一平.氮气辅助蒸汽驱强化传热机理及成因探讨[J].特种油气藏,2018,25(2):134－137.

[10]王传飞,吴光焕,韦涛,等.薄层特超稠油油藏氮气与降粘剂联合蒸汽辅助重力泄油物理模拟实验[J].油气地质与采收率,2017,24(1):80－84.

# 低渗透油藏均衡驱替提高采收率技术探索与实践

## 郭志华

(中国石化胜利油田分公司现河采油厂)

**摘　要**　河74断块为一低渗透岩——性构造油藏,含油层系为沙二下稳,1989年投入开发,采用250m×300m五点法不规则面积井网开发,目前采出程度25.6%,近年来受储层非均值、井况等因素的影响,水淹水窜严重,综合含水67.8%,开发效果变差,针对主要矛盾,开发技术人员利井网完善、用膨胀胶束乳液调驱、注采流线调整等技术实施均衡驱替精准治理,取得了原油产量上升,综合含水下降,自然递减大幅下降的良好效果,对同类型油藏低效治理具有思路技术指导和借鉴意义。

**关键词**　低渗透;水淹水窜;均衡驱替;控水稳油

低渗透油藏是胜利油田主要产量阵地之一,目前处于"中高含水、低采油速度、低采出程度"阶段。普遍存在注采两难和水淹水窜两大主要矛盾。现河油区低渗油藏目前43.7%以上储量进入中高含水期,平均单井日液9.8t,综合含水高达81.3%。低渗油藏近几年来水淹水窜趋势加剧,如何遏制油井含水上升速度,进一步提高油藏采收率,急需探索一种提高低渗油藏均衡驱替的技术思路和技术方法。

## 1　油藏地质开发概况

河74断块位于东营凹陷中央隆起带西段,现河庄油田的东北部,主力含油层系为沙二下稳。含油面积3.54km²,上报地质储量267×10⁴t,采收率24.5%。可采储量为65.4×10⁴t。

构造相对简单,为自西向东逐渐抬升的单斜鼻状构造,地层倾角为6°~8°。河74断层为工区内主断层,控制格局,断层南倾,落差100m左右,延伸长度大,内部被低序级断层切割复杂化。

储层为早期三角洲前缘滑塌浊积岩沉积,主力含油砂层组为沙二下稳,砂体平面上呈不规则状,砂体轴向为近东南—西北向,平均孔隙度为18.6%,平均空气渗透率为23.8mD。

地层原油密度0.76499g/cm³,地层黏度2.46mPa·s,河75-6井沙二下稳井段2550~2700m,高压物性分析资料,原始地层压力36.67MPa,压力系数1.2~1.3,饱和压力8.53MPa,地层温度为115℃,地温梯度为3.3℃/100m,地层水类型CaCl₂,矿化度平均45000mg/L,属于常温高压稀油油藏。

单元从1989年投入开发,历经弹性开采、注水开发、滚动扩边、低速低效开发四个阶段,到2019年12月,河74单元总油井21口,开井18口,日产液83吨,日产油27t,综合含水67.8%,注水井11口,开井6口,日注水平134m³,平均动液面1665m,采出程度19.6%,自然递减18.83%,开发效果效益逐年变差。

## 2　油藏开发差异因素分析

经过30多年的开发,河74单元油水井开发效果差异较大,突出问题一是油藏核部、物性好区域水淹水窜;二是边部、物性差区域普遍油井供液不足,这样造成剩余油驱替不均衡,造成核部高含水递减大,边部低能低含水,造成潜力不能充分发挥,双因素叠加造成单元低速低效开发。

### 2.1　地质因素造成了区域动用不均衡,产能差异大

单元构造相对简单,为自西向东逐渐抬升的单斜鼻状构造,地层较为平缓,倾角6°~8°,满区含油,无边底水,统计油井产能受构造影响相对较小。

单元为一岩性为主的油藏,储层的发育、物性是影响开发效果的主要因素,以沙二下稳3小层为例,从油层的厚度图看储层的发育平面上呈不规则状,砂体轴向为近东南—西北向,该砂体厚度2.0~8.0m,平均厚度4.0m。呈现出中心厚度大,边部厚度薄的特征。从油层的等渗透率图分析看出渗透率与储层厚度具有正相关性,储层厚的地方物性好,渗透率高。统计不同区域的投产油井产能(表1),反映出储层厚度大、渗透性好、产能高的特点。

表1　河74单元核部区域与边部产能统计表

| 油藏位置 | 投产井数<br>(口) | 初期产能<br>(t) | 单井累产油<br>(10⁴t) |
|---|---|---|---|
| 核部 | 5 | >10 | 2.8 |
| 核部 | 8 | 5~10 | 1.9 |
| 核部 | 2 | <5 | 0.8 |
| 边部 | 1 | >10 | 1.6 |
| 边部 | 3 | 5~10 | 0.9 |
| 边部 | 6 | <5 | 0.4 |

## 2.2 注采井网不完善加剧了区域储量动用的差异

单元井况问题突出,尤其是水井井况。目前区块有6个井区因井况问题造成储量失控,井网不完善,失控地质(水驱)储量64.8×10⁴t。有井况问题水井共6口,其中工程、层段报废水井5口,共损失水驱储量50.6×10⁴t。

受到注采井网完善程度的差异影响,注采井网完善区域,地层能量保持好,产能高,储量动用好,井网不完善区,地层能量低,油井产能低,储量动用差。例如河75-斜更17水井检管增注时造成鱼顶,水井报废封井,对应油井能量下降,日油下降2t/d。油藏中部及西北部区域注采完善,油井平均大于5t,产能相对较高,东部及南部区域井网不完善,油井平均低于2t。从开采现状图(图1)明显看出区块开发的不均衡程度。

## 2.3 平面上受水淹水窜影响,动用不均衡

平面上,砂体核部水淹水窜,边部供液不足。油藏北部中部河74-斜18,河74-更斜8,河75-斜70区域水淹水窜明显,而断层南部目前油井弹性开采,油井普遍供液不足,液面测不出。利用油藏数值模拟研究,砂体核部水淹水窜,动用程度高,边部区域动用程度差,含水低。例如沙二稳3层平面上,油井平均含水高达75.6%,其中河75-斜72,河75-斜73,河75-32,河75-6四个井区(图2)水淹最为严重,边部河75-斜77,河75-斜78,河75-斜74等井受效差,动用程度低,含油饱和度高。

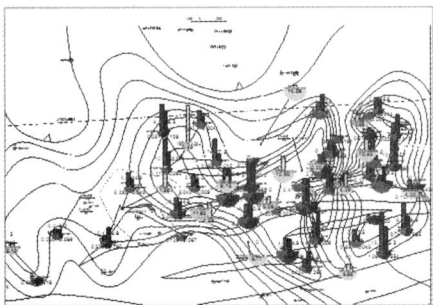

图1 河74单元开采现状图

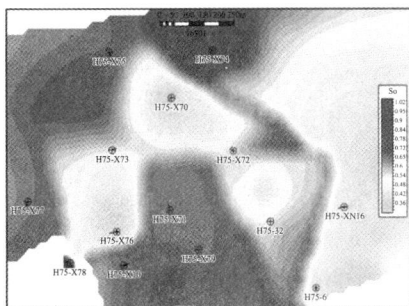

图2 河74单元沙二下稳3含油饱和度分布图

为了明确油藏水淹水窜方向和速度,采用井间示踪监测技术对注水井河75-斜70、河75-斜76、河75-斜18井进行注采关系研究。示踪剂浓度曲线表明,河75-斜73井、河75-32、河75-斜72井方向见到了示踪剂的产出,为主要水窜方向。

纵向上,通过注水井吸水剖面和剩余油饱和度监测,发现纵向上油层动用也极不均衡(图3、图4),其中沙二下稳3层吸水48.9%,沙二下稳4层吸水27.2%,沙二下稳3层吸水23.8%。

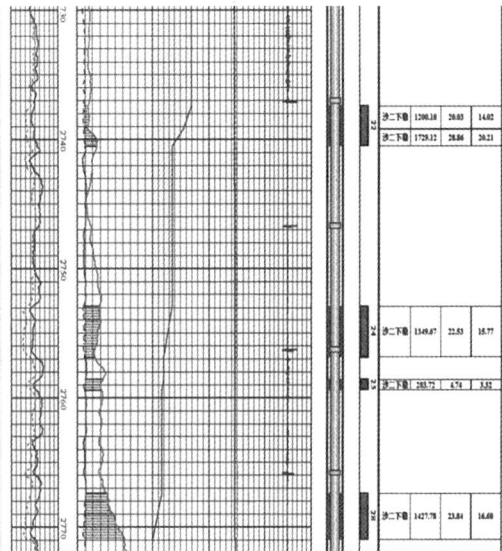

图3 河75-斜70吸水剖面成果图

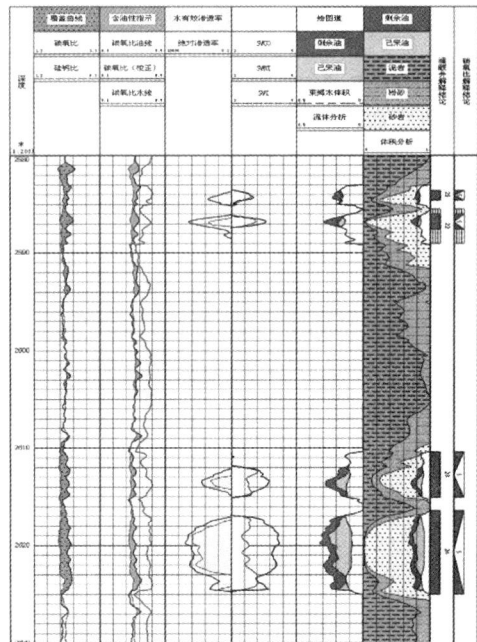

图4 河74-5碳氧比测井成果图

## 3 "调+驱"均衡驱替技术做法与效果

针对问题和矛盾,提出了"调+驱"开发对策,一是局部调整更新,恢复储量控制;二是转注大修扶停,完善注采井网;三优化配产配注,调整流线;

四是水井堵水调剖,水驱均衡驱替,通过多措并举,实现改善开发效果,提高油藏采收率目的。

### 3.1 调整井网,注采完善,网控剩余油

针对井区有 6 口水井由于井况问题报废或停注,造成井区注采井网不完善,井区注采对应率(51.1%)偏低,二向注采对应率仅为 8.3% 的问题,部署更新水井 2 口,大修恢复注水 2 口,扶停产油井 3 口,新增注采流线 9 条,井区注采对应率上升到 84.5%,二向对应率上升到 59.7%,调整后储量控制程度到达 85.6%,调整后,对应 7 口油井均见效,井组日液上升,日油由 18.2t/d 上升到 25.1t/d。

### 3.2 优化配注,调整流线,利用能量

河 75－斜 10 油井历史上位于河 75－斜 76 井组的次流线方向,受注采不均衡影响,油井严重供液不足,日液仅 2t/d,含水 12%。动态分析认为虽然该油井位于次流线方向,但有注水见效史,且历次作业所提管柱结垢较严重,水井上调配注后供液仍持续变差,因此认为该井存在油层堵塞,具有解堵的潜力。为充分发挥油井潜能,制定解堵配套小泵深抽措达到均衡水驱引流线的措施方案,实施后日液增加 5t,日油由原来的 1.8t 上升至 6.7t,累增油 1400t。

### 3.3 深度调剖,活性驱替,均衡开发

针对淹井区油井开采差异大的矛盾,结合断块的取芯井资料,对孔吼结构进行分析,精细区块储层研究,结合储层的非均质性特点及油井水淹水窜的特征和高温高盐的特点条件,优选了一种适合本断块的调驱剂（Dispersed gel Particle Soyasaponins Drive oil,简称 DPD)膨胀胶束乳液复合驱油体系。

#### 3.3.1 DPD 调驱剂制备及特点

DPD 以三种功能聚合物(高分子改性聚丙烯酰胺,改性单宁类聚合体、黑料)和树脂交联剂制备成冻胶胶束,再与皂豆中提取合成高活性三萜皂苷－YH－01 植物皂苷在反应釜中二次复合,制备成既具有高效堵水性能又具有高强驱油性能的 DPD。

DPD 的主要特点,粒径分布宽,纳米到毫米级别;高膨胀性能,10～30 倍;高抗剪切;耐温 140℃,耐盐 $35 \times 10^4$ tmg/L;工艺制备简单,可在线注入。

#### 3.3.2 DPD 调驱基本机理

机理一,DPD 胶束颗粒膨胀封堵性能胶束膨胀乳液具有均一分散,单个颗粒有限膨胀,多个颗粒聚集的特征,具有储层微观调控作用实现直接封堵、架桥封堵、滞留或吸附(图5),封堵优势渗流孔道,再造油水井新流线。

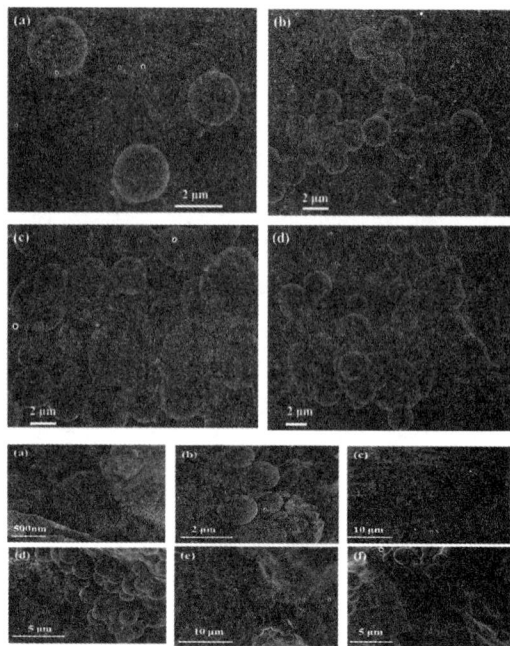

图 5 胶束膨胀乳液 DPD 分散聚并电镜图

机理二,DPD 乳液改变润湿性驱油机理,乳液能使油湿石英片润湿性发生反转,驱替压力降低,室内试验,利用该乳液浸泡亲水石英片油膜后,润湿角由 24.5° 加到 28°,乳液浸泡亲油石英片油膜后,润湿角由 147.5° 减小到 52.5°,亲油发生翻转到亲水。

机理三,变形携带运移作用,胶束乳液进入地层后,发生膨胀、变形后,聚集形成大颗粒,对剩余油具有携带驱油作用。

#### 3.3.3 河 75－斜 70 井组整体堵调均衡驱替实例

地质要求:因河 75－斜 70 受非均质影响水淹水窜方向明确,且含水上升速度快,要求对储层进行深度调剖,调剖深度 70m 以上。要求堵剂能够堵住水淹水窜优势通道,但不能影响水井正常注水。要求在堵剂前后,所有水井进行压力测试,进行 P－I 决策。

工艺设计:①地层预处理。注入驱油剂,将优势渗流通道或微裂缝中的剩余油驱出,利于后续调驱剂的注入。②前置段塞。根据注水井压力波动情况,判断地层孔道状况。③主体段塞。冻胶胶束乳液,根据注水井压力波动情况,动态调整注入浓度和注入量高强度保护段塞:(0.3%聚合物＋0.9%交联剂);弱强度调节段塞:( 0.3%聚合物)。④采出水顶替。⑤焖井,生产。

施工过程:根据地质工艺方案设计,河 75 区块采取 4 个井组整体堵驱方式,进行优化施工(图6)。

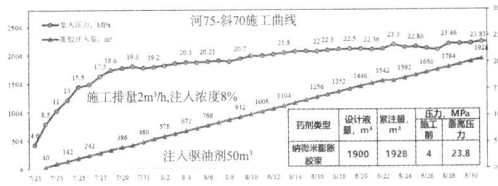

图 6　河 75—斜 70 调驱施工曲线图

### 3.3.4　调驱效果

（1）井区综合含水下降由 66.7% 下降到 57.1%，日产油量上升 22.3t 上升到 36.2t（图 7）。

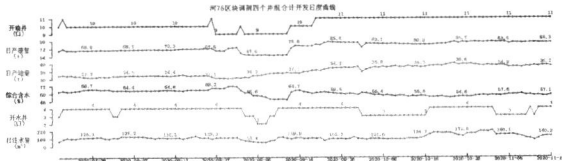

图 7　河 75—斜 70 调驱开发曲线图

（2）注水井剖面得到良好改善。

层间：调剖后纵向吸水剖面得到改善，储层物性相对较好下稳 2 层，调剖后相对吸水量减少储层物性相对差的下稳 3 层，调剖后相对吸水量增加，层内：层内吸水剖面得到改善。

下稳 2 调剖前中下部吸水多，调剖后中部吸水变好。下稳 3 调剖前吸水相对均匀，调剖后中部吸水变好。下稳 4 调剖前底部吸水好，调剖后顶部吸水好（图 8）。

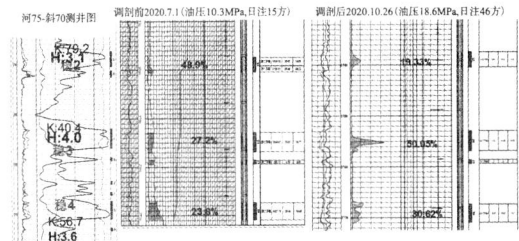

图 8　调驱前后吸水剖面对比

（3）调驱后油井受效均衡。

在油井参数不变的情况下，油井开发趋于均衡（表 2）。

表 2　调驱后对应油井生产情况表

| 序号 | 井号 | 调驱前 | | | 调驱后 | | |
|---|---|---|---|---|---|---|---|
| | | 日产液 t | 日产油 t | 含水 % | 日产液 t | 日产油 t | 含水 % |
| 1 | 75—X74 | 4.3 | 3.1 | 27.9 | 5.3 | 3.6 | 32.1 |
| 2 | 75—X75 | 4.1 | 1.6 | 60.9 | 4.2 | 2.0 | 52.3 |
| 3 | 75—X72 | 10.4 | 1.8 | 82.7 | 10.9 | 3.6 | 66.7 |
| 4 | 75—X73 | 23 | 2.2 | 90.4 | 18 | 3.3 | 81.6 |
| 5 | 75—X71 | 5.4 | 4.6 | 14.8 | 8.3 | 7.1 | 14.4 |
| 6 | 75—X77 | 3.5 | 2.5 | 28.6 | 4.0 | 3.3 | 17.5 |
| 7 | 75—X78 | 2.2 | 1 | 54.5 | 4.3 | 2.5 | 41.8 |
| 8 | 75—10 | 5.5 | 5 | 9.1 | 6.9 | 5.9 | 14.4 |
| 9 | 75—6 | 5.4 | 1.1 | 77.6 | 7.2 | 4.4 | 38.6 |

### 3.4　区块整体效果

河 74 单元实施均衡驱替调整后，取得了良好的开发效果，开井数不变，日产油水平由 26t 上升到 50t，注采对应率提升 12.6%，水驱控制储量恢复提高 63.5×10⁴t，自然递减−38.0%，采油速度由 0.36% 提升到 0.69%，用递减法测算区块采收率提高 3.2%，可采储量增加 8.5×10⁴t。

### 4　结　论

（1）提高储量及水驱储量控制程度，完善注采关系是均衡驱替的基础。

（2）优化配产配注、流线调整是基本手段。

（3）在水淹水窜严重的情况下，低渗开展调驱是实现水驱均衡驱替的关键。

（4）适应高温高盐调驱剂的研发，为实现低渗油藏均衡驱替提供了新途径。

（5）低渗油藏潜力巨大，高含水后依然剩余油丰富，需要丰富调驱的技术手段。

### 参　考　文　献

[1] 杨正明.低渗透油藏渗流机理研究及其应用[D].中国科学院博士研究生学位论文,2004,12.

[2] 林琳,赵莹黄,永梅.堵水调剖技术在低渗油藏中的应用与效果评价[J].石油化工,2017;152.

[3] 李文静,林吉生,徐国瑞,王善堂.绥中 36—1 油田氮气泡沫逐级调驱实验研究科学技术与工程[J].2016,9;177−180.

# 稠油热复合降粘驱油剂驱油增效机理及驱油效果分析

邢晓璇　张　民　周　敏　张　文　张书栋　汤战宏

(中国石化胜利油田分公司勘探开发研究院)

**摘　要**　稠油热复合降粘驱油剂驱油具有热采和降粘驱油剂驱油的双重机理,且热与降粘驱油剂间存在协同作用能共同提高驱油效率。对此,首先研究了温度和降粘驱油剂剂对稠油和含水稠油流变特性和油水界面性质的影响,然后分别进行了90℃、120℃和150℃条件下热复合降粘驱油剂驱一维驱油物理模拟实验,研究了热复合降粘驱油剂驱对油水相对渗透率和驱油效率的影响规律。实验结果表明,降粘驱油剂可通过降低界面张力和乳化作用降低稠油黏度并改善了油水的界面张力和流变性。90℃条件下,0.5%的降粘驱油剂溶液可使含水稠油的转相点由70%降至30%,油水界面张力可降至$10^{-4}$mN/m达超低界面张力。实验温度范围内,温度为稠油热复合降粘驱油剂驱油增效的主要机理,降粘驱油剂起辅助驱油作用,随着温度升高降粘驱油剂的增效作用减弱。

**关键词**　稠油;热复合降粘驱油剂;流变特性;增效机理;驱油效果

我国稠油油藏储量资源丰富,分布广泛,稠油开发在石油工业中发挥越来越重要的作用[1]。稠油组分中含有胶质和沥青质等高分子化合物,易形成空间网状结构,具有非牛顿流体的性质[2]。稠油具有温度敏感性,随着温度升高可由非牛顿流体转变为牛顿流体[3-5]。稠油中的胶质和沥青质是天然的表活剂易形成油包水乳状液,使稠油的流动性进一步变差[6,7]。稠油热采能够降低稠油黏度,减小流动阻力,改善流度比,提高波及系数和驱油效率,是稠油开发的有效、成熟的开采技术,包括蒸汽吞吐和蒸汽驱[8-11]。对于不同类型的稠油油藏,蒸汽吞吐和蒸汽驱也存在一些问题[12]。例如,对于深层稠油埋藏深、压力高、井筒热损失大,导致井底蒸汽干度低,蒸汽腔发育差,导致采收率低。针对稠油热采过程中出现的问题,发展了稠油热复合化学驱技术,在热力采油的基础上,发挥化学剂乳化、降低界面张力等作用,进一步改善热力采油的效果[13-16]。为此,本文首先研究了热和降粘驱油剂对稠油和含水稠油流变特性和油水界面性质的影响,然后分别进行了90℃、120℃和150℃条件下稠油热复合降粘驱油剂驱的一维驱油实验,研究了热和化学剂对油水相对渗透率和驱油效率的影响规律,实验温度范围内分析了热和降粘驱油剂对提高驱油效率的贡献大小。

# 1　实验设备及方法

## 1.1　主要仪器设备及材料

主要仪器设备:稠油高温相渗和驱油实验装置(自主研发)如图1所示,包括注入系统、恒温系统和回压控制系统;HAAK MARSII流变仪,最高实验温度200℃;TX500c界面张力仪;徕卡体视显微镜。

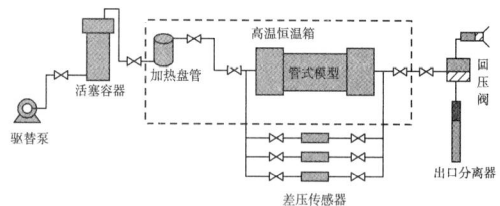

图1　稠油高温相对渗透率和驱油效率实验装置示意图

实验材料:实验用油为脱气原油,50℃时黏度为54129mPa·s,密度为0.9751 g/cm³。模拟地层水矿化度为10249mg/L,水型为$CaCl_2$型。填砂管为采用石英砂充填制作,模型管尺寸为$\varphi$25mm×150mm,孔隙度为35.93%,渗透率为1544×$10^{-3}\mu m^2$。降粘驱油剂为自研制的烷基苯磺酸盐型耐温降粘驱油剂,实验使用浓度为0.5%。

## 1.2　实验方法

1)流变特性测试

(1)60℃~120℃范围内,采用 HAAK MARSII流变仪测试测试原油的粘温曲线及流变曲线;

(2)配制不同含水率的原油在60℃~120℃范围内测试其粘温曲线;

(3)配制0.5%的降粘驱油剂溶液与原油按照2)的含水率进行粘温曲线测试。

2)界面张力测试

(1)采用模拟地层水配制0.5%降粘驱油剂溶液于60℃和90℃条件下测试油水界面张力;

(2)将0.5%的降粘驱油剂溶液150℃条件下

老化24小时,90℃条件下测试油水界面张力。

3)稠油高温相渗及驱油效率测试

(1)采用石英砂填制填砂管模型;

(2)将填砂管模型抽空饱和模拟地层水;

(3)实验温度条件下油驱水造束缚水;

(4)实验温度条件下进行热水驱及热复合降粘驱油剂驱油油水相渗及驱油效率实验。

## 2　实验结果及分析

### 2.1　温度对(含水)稠油流变特性的影响

原油及不同含水率原油在不同温度条件下的粘温曲线见图2。

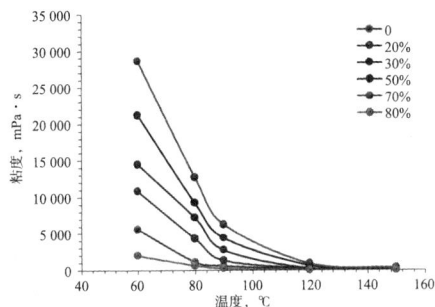

图2　不同温度及含水率稠油的粘温曲线

由图2可知,随着温度升高,稠油的黏度下降,90℃时存在黏度下降的拐点,随着温度继续升高黏度变化不大。随着含水率的增加,相同温度条件下稠油的黏度先增加后降低。这是由于稠油存在温度敏感性,随着温度增加黏度下降。高温条件下稠油能自发形成水包油乳状液使稠油黏度增大,当含水率增加到70%以上时发生乳状液的转相形成水包油乳状液,水为连续相,稠油黏度大幅下降,与Ostwald提出的相体积理论相吻合[17]。

不同温度条件下,稠油的流变曲线如图3所示。由图3可知,温度为80℃时,稠油的流变曲线为假塑型流体特征,当温度高于90℃时,黏度不再随剪切速率发生变化,稠油的流型由假塑性流体转变为牛顿流体。

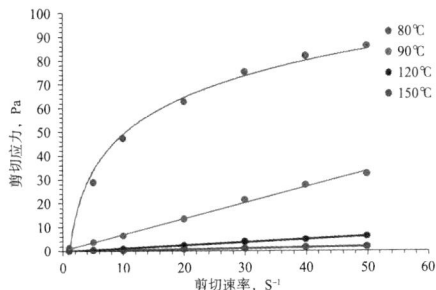

图3　不同温度下稠油的流变曲线

### 2.2　降粘驱油剂对(含水)稠油流变特性的影响

采用模拟地层水配制0.5%降粘驱油剂溶液与稠油按不同比例配制成不同含水率稠油,其粘温曲线见图4。由图4可知,降粘驱油剂具有降低转相点的作用,转相点由70%降至30%。90℃下,0.5%降粘驱油剂溶液配制不同含水率稠油的黏度随转相过程的变化见图5。由图5可知,当含水率为20%时,由于胶质和沥青质的存在,形成油包水乳状液,稠油的黏度增大,含水率为30%时黏度最大;含水率为50%时,开始形成水包油乳状液,此时水包油和油包水乳状液共存,黏度开始下降;含水70%时,主要形成水包油乳状液,但是乳状液不稳定存在聚并现象;含水率80%时,体系中形成了水包油乳状液,同时存在少量的水包油包水乳状液类型,黏度达到最低。

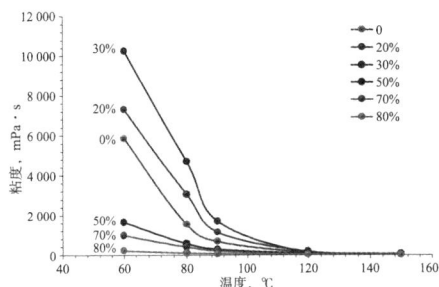

图4　不同温度及含水率条件下稠油粘温曲线

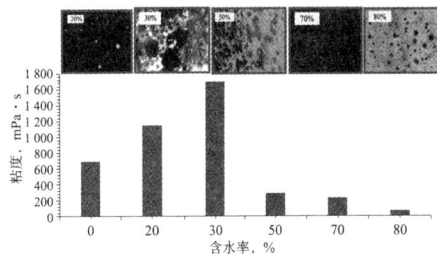

图5　转相过程中稠油黏度的变化

某温度条件下稠油的黏度记作$V$,相同温度条件下不同含水率的稠油黏度记作$V'$,则该温度下降粘驱油剂导致的稠油降粘率为

$$\delta = \frac{V-V'}{V} \times 100\%$$

不同温度和含水率条件下,降粘驱油剂对稠油降粘率的影响如图6所示。

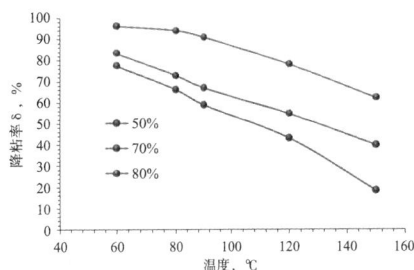

图6　不同温度和含水率条件下稠油降粘率的变化

由图6可知,不同含水率条件下,降粘驱油剂对稠油的降粘率随着温度的升高逐渐降低,含水率的降低,则降粘率越低。

## 2.3 降粘驱油剂对油水界面张力的影响

60℃和90℃条件下,0.5%降粘驱油剂测得的油水界面张力及150℃老化后于90℃条件下测试的油水界面张力结果见图7。

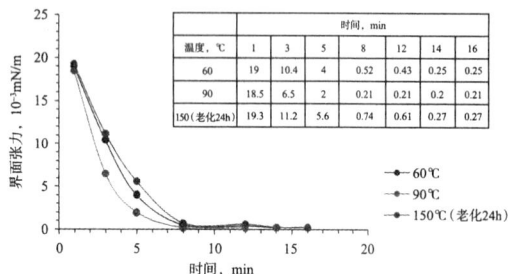

| 温度,℃ | 时间,min | | | | | | |
|---|---|---|---|---|---|---|---|
| | 1 | 3 | 5 | 8 | 12 | 14 | 16 |
| 60 | 19 | 10.4 | 4 | 0.52 | 0.43 | 0.25 | 0.25 |
| 90 | 18.5 | 6.5 | 2 | 0.21 | 0.21 | 0.2 | 0.21 |
| 150(老化24h) | 19.3 | 11.2 | 5.6 | 0.74 | 0.61 | 0.27 | 0.27 |

图7 不同温度条件下界面张力

由图7可见,0.5%降粘驱油剂可使油水界面张力降至$10^{-4}$mN/m,达到超低界面张力。对比60℃和90℃界面张力曲线可知,温度升高界面张力降低的大小不变,效率增加。150℃老化24h后,降粘驱油剂性能基本不变,表明降粘驱油剂具有良好的耐温性能。

## 2.4 热复合降粘驱油剂驱油效果及分析

90℃,120℃和150℃条件下稠油热水驱及稠油热复合降粘驱油剂驱的驱油效率曲线如图8和图9所示。

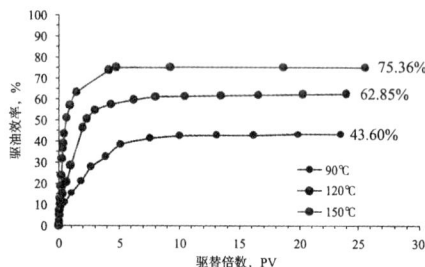

图8 不同温度稠油热水驱油效率

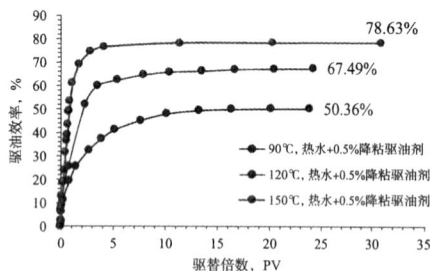

图9 不同温度降粘驱油剂驱油效率

由图8和图9可知,随着温度的升高驱油效率增加。相同温度条件下,0.5%降粘驱油剂提高了驱油效率,这是由于降粘驱油剂具有改善流变性和降低界面张力作用。随着温度的升高及降粘驱油剂的加入,稠油能够快速地被驱出,这主要是由于温度升高一方面黏度下降,另一方面降粘驱油剂降低界面张力的效率提高,改善了流变性和洗油效率。

不同温度条件下热水驱与热+0.5%降粘驱油剂驱的驱油效率变化如表1和图10所示。其中,温度$t$℃时的热水驱油效率记为$E_{水t℃}$,例如,90℃热水驱油效率为$E_{水90℃}$。

表1 不同温度热水驱和热/降粘驱油剂驱驱油效率及对比

| 温度,℃ | $E_{水t℃}$,% | $E_{水+剂t℃}$,% | $E_{水t℃}-E_{水90℃}$,% | $E_{水+剂t℃}-E_{水t℃}$ |
|---|---|---|---|---|
| 90 | 43.6 | 50.36 | 0 | 6.76 |
| 120 | 62.85 | 67.49 | 19.25 | 4.64 |
| 150 | 75.36 | 78.63 | 31.76 | 3.27 |

由表1可知,随着温度升高驱油效率大,温度由90℃升至120℃驱油效率增加了19.25%,由120℃增加至150℃驱油效率增加了12.51%,相同的升温幅度,驱油效率增幅降低,这主要是由于随着温度升高稠油黏度降低幅度减缓所致。对比稠油热水驱和稠油热+0.5%降粘驱油剂驱的驱油效率可知,降粘驱油剂进一步提高了驱油效率,随着温度升高,降粘驱油剂提高驱油效率的幅度由6.76%先降至4.64%又降至3.27%。对比表1中4列与5列数据可知,实验温度范围内温度驱油增加驱油效率起绝对作用,降粘驱油剂起辅助作用。

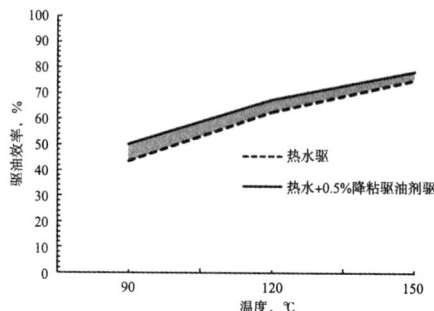

图10 稠油热水与稠油热水+0.5%降粘驱油剂
驱驱油效率对比

由图10可知,随着温度的升高,稠油热水驱与稠油热水+0.5%降粘驱油剂驱驱油效率的差值越来越小,说明随着温度升高降粘驱油剂提高采收率的作用减弱。通过前文中降粘驱油剂降粘率和降低界面张力实验表明,温度对界面张力影响不大,主要是由于随着温度升高降粘驱油剂的降粘率降低导致随温度升高降粘驱油剂提高驱油效率能力减弱。

# 3 结果讨论

## 3.1 温度和降粘驱油剂协同作用改善(含水)稠油流变特性

分别测试了温度及降粘驱油剂对稠油黏度及

流变特性的影响,稠油粘温曲线表明 90℃是稠油黏度下降的拐点,温度高于 90℃黏度降幅大大减缓。稠油的流变曲线也表明当温度高于 90℃时,稠油由假塑性流体转变为牛顿流体。对于含水稠油的粘温性及流变性测试表明,随着含水率增加稠油的黏度先增加后降低,这是由于随着含水率的增加稠油与水形成的乳状液由 W/O 型向 O/W 型转变存在转相点,转向点后黏度大幅下降。加入 0.5%降粘驱油剂后,转相点由 70%降为 30%。0.5%降粘驱油剂的降粘率变化曲线(图6)表明,不同温度及相同含水率条件下,随着温度升高,降粘驱油剂的降粘率下降;相同温度不同含水率条件下,含水率越高,降粘驱油剂的降粘率越高。综上,稠油存在温度敏感性,随着温度升高能够改善稠油流变性,而降粘驱油剂的加入能够进一步改善稠油的流变性,降粘驱油剂改善流变性的主要机理为乳化作用。同时,温度与降粘驱油剂间具有协同作用,温度降低,降粘驱油剂的降粘率增加,说明稠油热水驱时,降粘驱油剂的加入能够补偿随着流体温度的降低导致降粘效果变差的不足。

### 3.2 温度和降粘驱油剂对油水界面性质的影响

60℃、90℃与 150℃老化后 90℃条件下测试的界面张力随时间的变化曲线表明,该降粘驱油剂具有降低界面张力的作用,三种条件下的界面张力平衡值可达 $10^{-4}$ mN/m,达到超低界面张力值。对比 60℃与 90℃界面张力变化曲线可知,温度升高降粘驱油剂降低界面张力的效率增大,达到超低界面张力值的时间减少。对比 90℃和 150℃老化后 90℃条件下测试的界面张力变化曲线可知,老化前后界面张力平衡值基本保持不变,该驱油剂具有耐温性。上述实验结果及规律说明,不同温度条件下稠油降粘驱油剂通过降低界面张力对驱油效率的影响是相同的,仅仅是由于降低界面张力的效率不同会缩短了达到驱油平衡的时间。

### 3.3 温度和降粘驱油剂协同作用对驱油效率的影响

升高温度能够大幅提高驱油效率,降粘驱油剂能够进一步提高驱油效率。随着温度升高,热水驱油效率的增幅降低,降粘驱油剂随着温度升高增加驱油效率的作用减弱。这主要是由于随着温度升高,稠油黏度的下降趋势减弱(图2),降粘驱油剂的降粘率降低(图6)导致。

## 4 结 论

稠油热复合降粘驱油剂驱提高采收率的主要机理为降粘稠油黏度改善其流变性,降粘驱油剂通过乳化和降低界面张力来进一步提高稠油热采的驱油效率。90℃为稠油粘温曲线的拐点,温度高于 90℃后黏度降幅趋缓。同时流变曲线测试结果表明,温度高于 90℃稠油的由非牛顿流体向牛顿流体转变。含水稠油粘温曲线表明,降粘驱油剂能够降低稠油乳状液的拐点,0.5%降粘驱油剂使稠油乳状液的拐点由 70%降至 30%,当稠油乳状液由 W/O 型转变为 O/W 型时,水变为连续性,流动性增强,流动阻力减弱,从而提高了驱油效率。

稠油热水驱和热复合降粘驱油剂驱的驱油效率对比分析结果表明,在实验温度范围内,热是稠油提高驱油效率的主要机理,降粘驱油剂能够进一步提高热水驱的驱油效率。随着温度升高,热水驱和热复合降粘驱油剂驱增加驱油效率的幅度减缓,这主要是温度和降粘驱油剂对稠油流变特性的影响导致的。

**参 考 文 献**

[1] 宋向华,蒲春生,肖曾利,等.稠油热/化学采油技术概述[J].特种油气藏,2004,11(1):1—4.
[2] 汪伟英,喻高明,柯文丽,等.稠油非线性渗流测定方法研究[J].石油实验地质,2013,35(4):464—467.
[3] 张跃雷,程林松,刘倩.稠油流变特性的基础实验研究[J].特种油气藏,2009,16(6):64—66.
[4] 唐旭.稠油流变性的实验室研究及应用[J].钻采工艺,2012,35(6):98—101.
[5] 李玉华,郑玉泉,吕莉莉,等.稠油流变性研究[J].油气田地面工程,2007,26(11):12—13.
[6] 任波,丁保东,杨祖国,等.塔河油田高含沥青质稠油致稠机理及降粘技术研究[J].西安石油大学学报(自然科学版),2013,28(6):82—85.
[7] 李春山,孙卫,蒋官澄,等.孤东油田稠油极性四组分测定方法及其乳化特性研究[J].钻采工艺,2011,34(6):74—78.
[8] 计秉玉,王友启,聂俊,等.中国石化提高采收率技术研究进展与应用[J].石油与天然气地质,2016,37(4):72—76.
[9] 任芳祥,孙洪军,户昶昊.辽河油田稠油开发技术与实践[J].特种油气藏,2012,19(1):1—8.
[10] 李鹏华.稠油开采技术现状及展望[J].油气田地面工程,2009,28(2):9—10.
[11] 刘栋梁,顾继俊.稠油热采技术现状及发展趋势[J].当代化工,2018,47(7):1445—1448.

[12]吴光焕,刘祖鹏.胜利油田稠油热采开发技术研究进展[J].当代石油化工,2014,12:7—11.

[13]陈民锋,孙璐,余振亭,等.稠油热力—表面活性剂复合驱对提高采收率的作用[J].断块油气田,2012,19(增刊1):57—60,67.

[14]王英.稠油热采及化学采油技术措施[J].油气开采,2018,44(10):53—54.

[15]李锦超,王磊,丁保东,等.稠油热/化学驱油技术现状及发展趋势[J].2010,25(4):36—40.

[16]李敬,杨盛波,张瑾.超稠油热化学复合体系影响因素实验研究[J].科学技术与工程,2014,14(23):41—45.

[17]P.贝歇尔.乳状液理论与实践[M].傅鹰,译.北京:科学出版社,1964.

# 东三5$^{1-4}$高盐高钙镁油藏二元复合驱技术研究

王丽娟　严　兰　石　静　于　群　王红艳　潘斌林

(中国石化胜利油田分公司勘探开发研究院)

**基金项目**　国家科技重大专项"高温高盐油田化学驱提高采收率技术"(2016ZX05011－003)

**摘　要**　立足于胜二区东三5高盐高钙镁油藏特点,对比超高分多元共聚物,支化可控自由基聚合物和常规聚合物的增粘性能及抗盐性能,同时优化设计阴非两性表面活性剂,进一步通过室内实验研究了超高分多元共聚物和表面活性剂的相互作用对驱油性能的影响。设计出的二元复合驱体系增粘效果提升,界面张力达到超低,抗吸附、抗钙镁能力较好,室内提高采收率大于20%。预计矿场实施全区提高采收率8.1%,累增油28.5×10⁴t,折合当量吨聚增油19t/t。

**关键词**　高盐高钙镁油藏;高分多元共聚物;阴非两性表面活性剂;二元复合驱

目前我国石油对外依存度高达60.6%,确保国家能源安全面临重大挑战,大幅度提高石油采收率是保障石油供给的重要途径。随着化学驱优质资源的动用完毕,二元复合驱阵地向高盐高钙镁油藏甚至更苛刻条件的油藏转移。目前胜利油田探明Ⅲ类油藏石油地质储量5.1亿吨,占胜利油田化学驱资源探明储量的47%,开展高盐高钙镁油藏化学驱技术攻关,对胜利油田三次采油稳产增具具有重要意义[1-3]。本文以胜利油田胜二区东三5砂层组为例,针对试验区油藏特征,设计了高盐高钙镁油藏的新型聚合物与表面活性剂,探索高盐高钙镁油田大幅度提高采收率方法,配套形成高盐高钙镁油田二元驱技术。

## 1　试验区油藏概况

试验区为胜二区东三5砂层组,位于胜坨油田东部穹窿背斜构造的西南翼,是一北部和东部被断层切割,西南部与边水相连的扇形构造油藏。单元含油面积2.6km²,地质储量590×10⁴t。

选区地层温度69℃,原油地面黏度225~2661 mPa·s,原油地下黏度50~98mPa·s,原油地面密度0.943g/cm³,原油地下密度0.89g/cm³。原始地层压16.7MPa,目前地层压力13.4MPa,饱和压力9.82MPa。原始地层水矿化度17000mg/L,目前地层水矿化度17500mg/L,钙镁离子481~1016mg/L,属于CaCl₂型。

## 2　二元复合驱提高采收率研究

### 2.1　聚合物性能评价

常规聚合物抗钙镁能力差,无法适用于高盐高钙镁油藏。通过提高聚合物的分子量[5],丙烯酰胺分子主链中引入耐盐抗钙镁基团增强聚合物耐盐抗钙镁能力[6]等方法提高新型聚合物的抗钙镁能力。

### 2.1.1　聚合物基本物化性能评价

分别对新型耐温抗盐聚合物固含量,溶解时间,滤过比,水解度,表观黏度和特性粘数进行测试,测试结果和常规聚合物进行对比[4-6]。由表1测试结果可知,两种新型聚合物基本物化性能关键指标表观黏度和特性粘数相对于常规聚合物都有了较大幅度的提高,其中超高分多元共聚物特性粘数达到了3700mL/g,表观黏度达到17.9mPa·s,相对于常规聚合物提高幅度更大,且溶解时间和滤过比都满足驱油用聚合物标准要求。支化可控自由基聚合物特性粘数也达到3000mL/g以上,但由于目前的干燥工艺不完善,溶解时间稍长。

表1　不同聚合物产品基本性能评价表

| 样品名称 | 固含量(%) | 溶解时间(h) | 滤过比 | 水解度(%) | 表观黏度(mPa·s) | 特性粘数(mL/g) |
|---|---|---|---|---|---|---|
| 常规聚合物 | 89.5 | 2 | 1.02 | 20.9 | 8.9 | 2510 |
| 超高分多元共聚物 | 90.1 | 2 | 1.05 | 21.3 | 17.9 | 3700 |
| 支化可控自由基聚合物 | 90.1 | 8 | 1.55 | 0 | 15.2 | 3010 |

### 2.1.2　聚合物增粘性能评价

聚合物增粘性能是评价其驱油性能的一项重要指标,分别测试了两种新型聚合物在不同浓度下的黏度,并和常规聚合物进行了对比。

由图1可知,三种聚合物的黏度均随着浓度的增加而平缓增加,且没有黏度的突变点,但超高分多元共聚物和支化可控自由基聚合物表观黏度随着浓度的增加的幅度更大,表明两种聚合物增粘性更好。

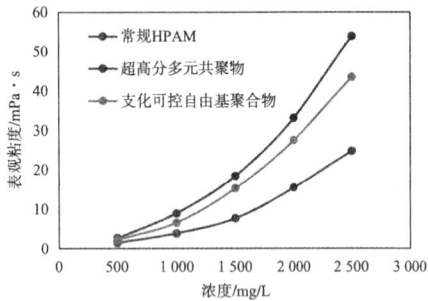

图1 矿场条件下聚合物增粘性能曲线

### 2.1.3 抗盐性评价

考虑到东三5油藏矿化度变化较大,矿化度增加对聚合物的黏度会有一定影响,因此需要考察聚合物的抗盐性能。分别考察从矿化度5727mg/L到32868mg/L条件下,新型耐温抗盐聚合物的黏度随矿化度的变化,并和常规聚合物作对比。

由图2可知,三种聚合物的黏度均随着矿化度的增加而缓慢降低,但常规聚合物、超高分多元共聚物和支化可控自由基聚合物在矿化度为32868mg/L相对于5727mg/L条件下黏度保留率分别为35.2%、51.2%和49.2%,表明两种新型聚合物引入AMPS耐温抗盐单体后,AMPS中的磺酸根抗钙镁离子能力更强,而常规HPAM由于没有引入AMPS单体,聚合物中的羧酸根基团和钙镁离子结合后分子链卷曲严重,因此高矿化度下常规聚合物黏度下降幅度更大。

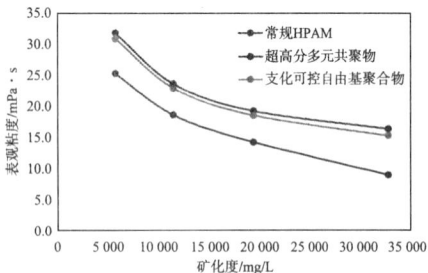

图2 新型聚合物和常规聚合物抗盐性对比

### 2.2 表面活性剂设计

#### 2.2.1 超低界面张力浓度窗口

考虑到表活剂现场配注、地层污水逐级稀释、岩石吸附及色谱分离等诸多矿场影响因素,复合驱用活性剂的浓度窗口越宽越好[2,3],超低界面张力($<10^{-3}$mN/m)浓度窗口一般要求达到$0.1\sim$

0.6%。在指定油藏条件下,分别测试表活剂浓度为0.1%、0.2%、0.4%、0.6%时的界面张力值,实验结果见图3。$Ed3^5-1\#$、$Ed3^5-2\#$、$Ed3^5-3\#$表面活性剂的超低浓度窗口都较宽,在0.1%～0.6%的范围内都可以达到超低界面张力。

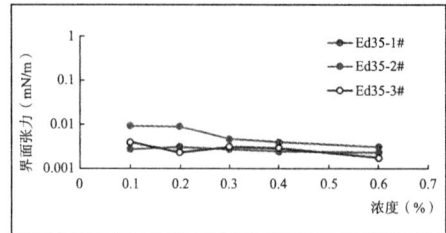

图3 超低界面张力浓度窗口

#### 2.2.2 吸附性能评价

将一定量油砂与表面活性剂溶液混合后,恒温水浴振荡,取上层清液用$0.45\mu m$微孔过滤膜过滤后测定吸附后体系界面张力的变化。吸附试验结果见表2,可以看出$Ed3^5-1\#$、$Ed3^5-2\#$、$Ed3^5-3\#$抗吸附能力较强,吸附前后界面张力变化不大,基本维持在一个数量级上。

表2 抗吸附实验

| 表活剂体系 | 吸附前界面张力 (mN/m) | 吸附后界面张力 (mN/m) |
| --- | --- | --- |
| $0.3\%Ed3^5-1\#$ | $2.8\times10^{-3}$ | $4.1\times10^{-3}$ |
| $0.3\%Ed3^5-2\#$ | $4.8\times10^{-3}$ | $4.6\times10^{-3}$ |
| $0.3\%Ed3^5-3\#$ | $3.2\times10^{-3}$ | $6.3\times10^{-2}$ |

#### 2.2.3 抗钙镁测试

以现场注入水为基础,加入$CaCl_2$,观察现象,测定界面张力,研究表面活性剂的抗钙能力,结果见图4。实验结果表明以看出,当溶液中$Ca^{2+}$浓度高达900mg/L时,$Ed3^5-1\#$、$Ed3^5-2\#$、$Ed3^5-3\#$界面张力仍能达到超低,表面活性剂沉淀损失较小。

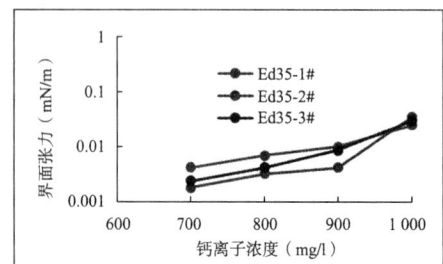

图4 抗钙镁性能

### 2.3 二元体系热稳定性研究

复合驱油体系一旦注入油层就将过数月甚至数年才能采出,复合驱油体系在油藏温度作用下是否具有降低界面张力和增粘能力是非常关心的问题。为此，需要考查老化不同时间时体系的黏度和降低界面张力的能力。

从图5、图6可以看出，Ed35－1♯、Ed35－2♯与聚合物复配后30天界面张力仍能达到超低，且黏度保留率较高，体系均具有比较好的稳定性。

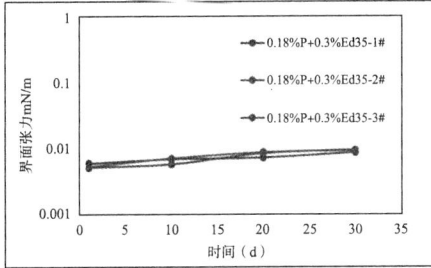

图5　复配体系界面张力随时间变化曲线

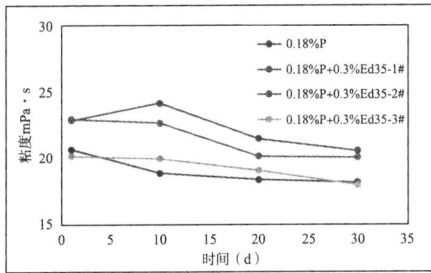

图6　复配体系黏度随时间变化曲线

### 2.4　体系驱油试验

为考察配方与聚合物驱效果，将单一聚合物驱与复合驱进行了驱油试验对比，试验结果见表3。

表3　复配体系与聚合物试验对比

| 模型编号 | 配方 | 提高采收率（％） |
|---|---|---|
| 01 | 0.2％超高分多元共聚物（0.3PV） | 15.9 |
| 02 | 0.2％超高分多元共聚物＋0.3％Ed3$^5$－1♯（0.3PV） | 22.0 |
| 03 | 0.2％超高分多元共聚物＋0.3％Ed3$^5$－2♯（0.3PV） | 21.8 |
| 04 | 0.2％超高分多元共聚物＋0.3％Ed3$^5$－3♯（0.3PV） | 22.2 |

由表3看出，聚合物和活性剂有一定的协同作用，单一聚合物驱提高采收率幅度为15.9％，低于二元复合驱的22.0％。在相同段塞条件下，二元驱比水驱提高采收率20个百分点。

## 3　矿场应用

胜二区三 $5^{1-4}$ 高盐高钙镁油藏二元复合驱于2018年8月开始试注，2019年1月全面投注，2020年5月转主体段塞，截至2020年6月，累计注入0.122PV，累注聚合物2036t，累注表活剂332t，完成方案设计的24.3％。根据该单元生产

曲线（图7）所示，综合含水下降4.4％，日产油上升59t，增加3.1倍，项目已进入见效期。

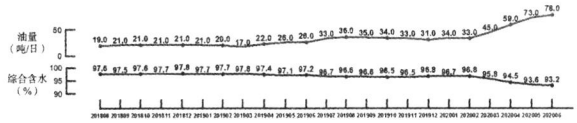

图7　胜二区东三 $5^{1-4}$ 二元复合驱生产曲线

## 4　结　论

针对胜二区三 $5^{1-4}$ 高盐高钙镁油藏，认识了试验区的开发状况，明晰了剩余油主力层内部剩余油局部富集，非主力层内部剩余油整体富集的分布规律。立足高盐高钙镁的油藏条件，通过分子模拟，提出了具有较强抗钙性能的化学剂的设计方向，设计形成了具有很好的耐盐性能、增粘性能、界面性能的高盐高钙镁油藏二元复合驱体系。优化了最佳的体系浓度、注入段塞、注入速度、注入方式。胜二区东三 $5^{1-4}$ 区块于2019年1月全面投注，目前综合含水下降4.4％，日产油上升59t，增加了3.1倍，项目已进入见效期。为下一步在高温高盐油藏开展二元驱大幅度提高原油采收率提供基础。

**参　考　文　献**

[1] 赵福麟. EOR原理[M].青岛：中国石油大学出版社，2006.

[2] 孙焕泉，李振泉，曹绪龙，等.二元复合驱油技术[M].北京：中国科学技术出版社，2007.

[3] hu, D., et al., Laboratory Study on the Potential EOR Use of HPAM/VES Hybrid in High－Temperature and High－Salinity Oil Reservoirs[J]. Journal of Chemistry，2013. 2013：1.

[4] Wever, D. A. Z., F. Picchioni, and A. A. Broekhuis, Polymers for Enhanced Oil Recovery：A Paradigm for Structure－Property Relationship in Aqueous Solution [J]. Progress in Polymer Science (Oxford)，2011，36(11)：1558.

[5] 梁伟，赵修太，韩有祥，等.驱油用耐温抗盐聚合物研究进展[J].特种油气藏，2010，17(2)：11－14,38.

[6] 赵仁保，岳湘安，张宏方.AMPS共聚物溶液的性质及在多孔介质中的流动特征[J].石油学报，2005，26(2)：85－87,91.

# 低渗透油藏氮气复合调驱技术机理研究与应用

穆晓东

（中国石化胜利油田分公司东胜公司）

**摘　要**　低渗透油藏开发难,用以往的封堵方式调剖效果不明显。本文旨在以通83块实际地质开发特征为依据,对通83块沙四上油藏挖潜措施进行研究,首先对氮气复合驱机理进行研究,然后采用数值模拟和室内驱替实验相结合的方法,对氮气复合驱段塞方案进行优选,制定合理氮气复合驱开发方案,为提高通83块开发效果提供理论指导和技术支持。不但可以提高难该区块采出程度,同时为其他类似油藏的开发提供很好的技术借鉴。

**关键词**　低渗透油藏;氮气复合驱;数值模拟;采出程度

## 1　引　言

低渗透油藏在东胜公司总储量和产量中占比高,开发难点为单井日产油量低、采油速度低、采收率低、采出程度低,含水高、含水上升快、注水流线不易控制,注入水突进无法有效驱替原油等。因为水驱属于刚性驱替,流体方向性差、扩散性弱,尤其在地层能量不足的条件下,用以往的封堵方式调剖效果不明显,能量补充不及时。鉴于以上情况,对于如何调整吸水剖面,加强水窜治理以及弹性增能的研究及攻关具有重要的意义。

通83区块储量规模大,油藏产量低,采油速度低,采出程度低;断层发育广泛,油水井水淹水窜,对应油井不见效,以上这些问题制约了该油藏下一步的高效开发。本文旨在依据通83块的动静态资料,针对其油藏特点,搜集历史数据,摸索水窜规律,通过攻关形成一套适合东胜公司低渗透水淹油藏的开发配套技术,使老区焕发出新的活力,解决以往解决不了的难题。不但可以提高难该区块采出程度,同时为其他类似油藏的开发提供很好的技术借鉴。

## 2　区块概况

### 2.1　区块简介

东胜公司博兴油田通83块位于山东省博兴县,构造上位于东营南坡西部断阶构造带。油藏类型为构造—岩性油藏,含油面积5.03km²,地质储量303万吨,含油层系为沙四上,共划分为6个砂层组、25个小层,0砂组为页岩,砂体不发育,1砂组为主力含油砂层组,部分井发育厚层坝砂,2～4砂组发育薄层砂体,5砂组砂体不发育。

### 2.2　开发难点

随着通83区块的不断开采,受储层平面、纵向非均质性及天然、人工裂缝等多重影响,地层内部形成优势注水通道,导致水线突进,层内层间吸水不均衡,井组含水上升较快,开发效果逐渐降低。现已进入中高含水期,主要体现在以下几个方面。

(1)油井中后期生产呈现液量低、油量低。

(2)断层复杂、储层物性差,注水开发难度大。

根据常规岩心物性分析,区块孔隙度集中在$10\%\sim15\%$,渗透率集中在$<1.0\times10^{-3}\ \mu m^2$区间,变异系数11.8,级差495,突进系数为4,层内非均质性较强,砂体横向上变化快,连通性差。

(3)大规模压裂、注水开发导致含水上升过快。

通83块裂缝方向与井排方向夹角小,油水井间存在优势渗流通道,井排外侧存在储量失控区;部分储量无对应水井控制(图1)。

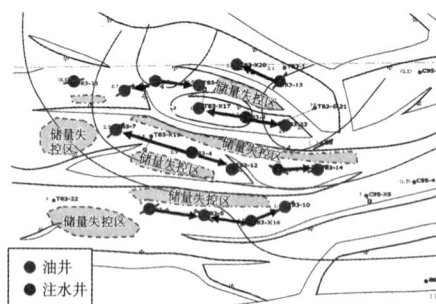

图1　通83块沙四上二砂组油层等厚图

### 2.3　研究目的与意义

为有效解决通83块注水开发后的一系列问题,本次研究以实际地质开发特征为依据,对通83块沙四上油藏挖潜措施进行研究,首先对氮气复合驱机理进行研究,然后采用数值模拟和室内驱替实验相结合的方法,对氮气复合驱段塞方案进行优选,制定合理氮气复合驱开发方案,为提高通83块开发效果提供理论指导和技术支持。

## 3 氮气复合驱机理研究

氮气复合驱可以分为氮气泡沫驱和表活剂驱。氮气具有良好的可压缩性和膨胀性，能够快速补充地层能量，改善地层的亏空状态。氮气进入地层，改变油水流动带，形成多相流，驱替剩余油，同时具有上浮压水锥的作用。将氮气与表活剂充分混合，形成氮气泡沫，氮气泡沫遇油消泡，遇水稳定，抑水作用强，可降低油井含水，实现高效增能调驱一体，扩大波及体积，改善油水流度比，提高驱油效率，有效动用地层剩余油。

### 3.1 氮气泡沫运移规律

氮气泡沫进入地层后，在多孔介质中形成的气泡大小不同，导致了其在喉道中的运动方式与形态也不同(图2～图4)。

尺寸较小的氮气泡沫，直接通过孔喉。尺寸中等的氮气泡沫，在会在喉道口处出发生变形，然后通过。尺寸较大的氮气泡沫，通过长孔隙时，会在毛管力的作用下发生截断形成新的小气泡通过喉道。

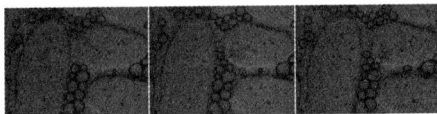

图2 较小泡沫通过喉道

图3 较大泡沫变形通过喉道

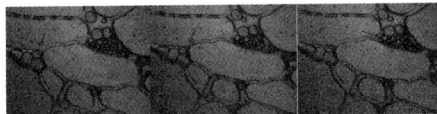

图4 大气泡被分割成小气泡后通过喉道

可见，运移规律取决于泡沫大小与孔喉直径，形成三种运移形态：通过、通过变形、分割通过。

### 3.2 氮气泡沫堆积规律

在注入氮气泡沫过程中，随着地层毛细管半径的增大，氮气泡沫不断进入高渗大孔道，稳定性和视黏度增大，逐渐在高渗层中形成氮气泡沫堵塞，此后注入的流体便能够进入中低渗层。由于高渗透层流度的降低，氮气泡沫堵塞了高渗透"窜流通道"，后续注入的流体必然要流向波及状况较差的其他方向，从而扩大波及效率。

对于较大的氮气泡沫，在变形过程中由于贾敏效应，会在气泡两侧产生压差，从而起到一定的封堵作用；而对于尺寸较小的氮气泡沫，虽然无法独立地进行有效的封堵，但由于大量氮气泡沫在孔喉处的堆积基于聚集机理也会形成封堵作用。

可见，氮气泡沫在高渗透层具有稳定的封堵作用。

### 3.3 氮气增能机理

氮气增能机理主要体现在两个方面：

一是氮气的压缩性(膨胀性)。氮气的压缩系数随压力的升高而增大，受温度的影响不大。一般情况下，氮气的压缩系数为二氧化碳压缩系数的2～3倍，具有更大的压缩性(膨胀性)，在注氮气驱油时具有较大的弹性能量，可节约注入量。

二是保持油藏压力。对于封闭地层，保持油藏压力可以大大提高原油采收率。氮气在原油及地层水中的溶解性极差，再加上良好的膨胀性，有利于保持油藏压力。另外，在油藏压力达到一定程度时，氮气与原油能发生多级接触混相，混相驱替可进一步提高采收率。

### 3.4 表活剂辅助驱油机理

表活剂辅助驱油的机理非常复杂，多种机理并存，只是某种机理起主要作用。如低张力表活剂驱主要机理是降低油水界面张力，改变润湿性；微乳液驱的主要机理是混相和增溶作用，同时存在乳化作用。

一般可归纳为以下两大类。

一是流相参数机理。加入表活剂后，驱替流体和被驱替流体的相性质发生了改变，导致：①油水相界面张力降低，介质表面的油滴变小，变形阻力减小，提高驱油效率；②改变原油在岩石表面的润湿接触角，有利于水在孔隙表面的铺展；③形成的乳状液滴、泡沫等封堵多孔介质的孔隙喉道，提高波及系数。

二是相态特性机理。注入表活剂水溶液段塞，油相和驱替段塞以混相的形式被驱动；原油中的某些组分被驱替流体优先溶解(即增溶)，驱替流体中的某些组分在原油中溶解(图5)。

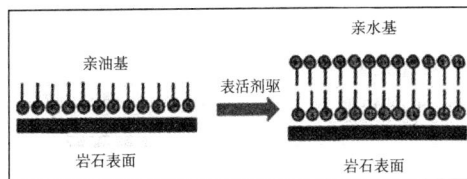

图5 表活剂润湿反转示意图

### 3.5 气液两相运动规律

1)气相在多孔介质中的运移

气相在孔隙介质中的运移一般情况以被捕集的氮气泡沫和流动的氮气泡沫两种形式存在。被捕集的氮气泡沫聚集在一起堵塞气体流动孔道，阻碍气体通过，在一定程度上能控制气体流度。

从图 6 可以看出，流动的氮气泡沫在驱替压力的作用下，以滚动前进的方式通过渗流阻力较小的大孔道，而被捕集的氮气泡沫分布在中等尺寸的孔隙中或黏附在岩石壁面，几乎不参与流动。

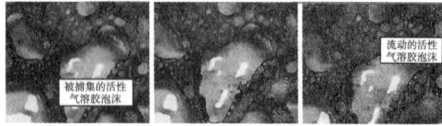

图 6 氮气泡沫气相运移实验

如图 7 所示，在驱替过程中形成大量的氮气泡沫，而大部分氮气泡沫都被捕集，存在少量的流动的氮气泡沫以气泡链的形式进入渗流阻力较小的通道，将该通道中的原油携带出去。

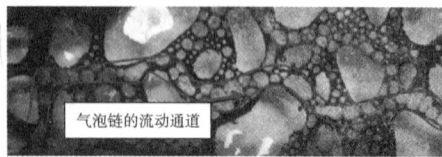

图 7 氮气泡沫调驱主通道气泡链实验

2) 液相在多孔介质中的运移

液相一般以两种形式存在于多孔介质中：液膜水和体积水。气泡的生成是体积水转换为液膜水的过程，气泡破灭则是液膜水向体积水转换。

液膜存在一个临界厚度，当孔隙介质中的液膜厚度达到临界厚度时，液膜水压力等于体积水压力，液膜稳定；若继续增大气液比则液膜水压力大于体积水压力，液膜破裂，液膜水变为体积水；反之，若气液比降低则体积水补充液膜水使其稳定。

# 4 数值模拟研究及注入参数优化设计

## 4.1 地质模型的建立

使用 Petrel 地质建模软件，建立通 83 区块的地质模型，再通过划定 T83-9 井组区域，来建立 T83-9 井组的精细地质模型。再利用测井解释成果、小层平面图以及对该区的地质认识，通过人机交互进行确定性建模(图 8～图 11)。

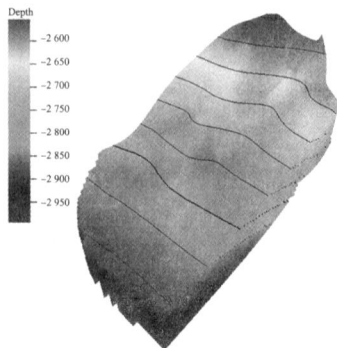

图 8 通 83-9 构造模型图

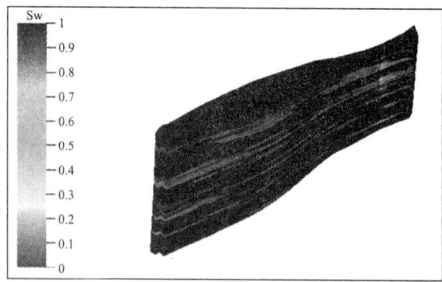

图 9 通 83-9 含水饱和度模型

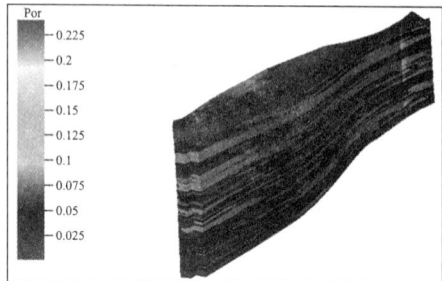

图 10 通 83-9 孔隙度模型

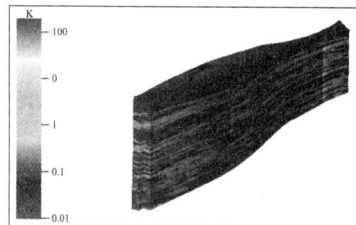

图 11 通 83-9 渗透率模型

## 4.2 可视化模型制作

通过将碳酸钙粉末、石英砂，加入有机胶，压制出岩心模具；并用金属丝、金属管在模具中构建地层孔隙与井筒，最终定型成用于室内实验的可视化模型(图 12、图 13)。

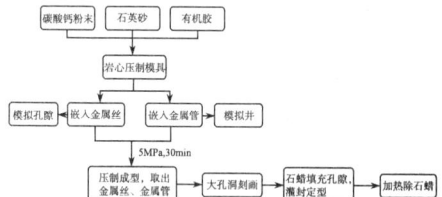

图 12 可视化模型制作流程图

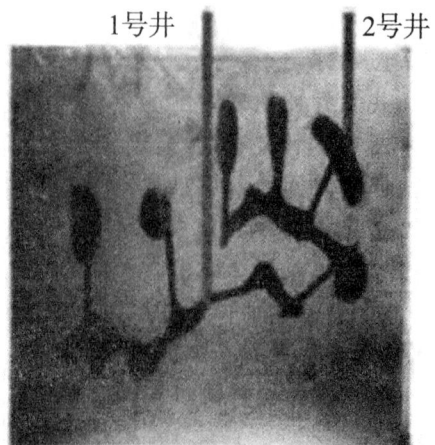

图 13 可视化实物模型

## 4.3 注入方式优化实验

实验步骤：将 4.2 中制作的可视化模型抽真空，向模型中饱和以模拟水和模拟油，并水驱至含水 98%，开始进行连续注氮气泡沫和段塞注入实验（图 14）。

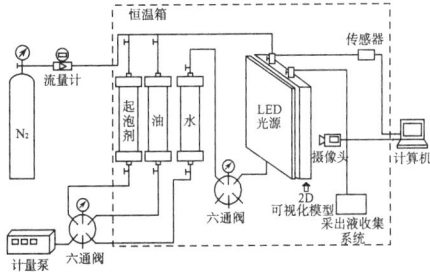

图 14 可视化实验装置流程图

如图 15、图 16 所示，1 号为注入井，2 号为采出井。通过实验，在注入量和注入速度相同的情况下，连续注氮气泡沫采收率明显高于段塞注入，说明等量氮气泡沫分为多次注入，导致氮气泡沫没有足够的量在大孔喉处形成堆积封堵就被采出，因此段塞式注入采收率低。

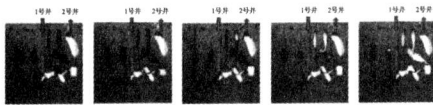

图 15 段塞式氮气泡沫注入剩余油启动效果

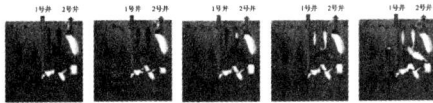

图 16 连续注氮气泡沫剩余油启动效果

## 4.4 注入部位优化实验

实验步骤：将 4.2 中制作的可视化模型抽真空，向模型中饱和以模拟水和模拟油，并水驱至含水 98%，开始进行不同部位注入氮气泡沫实验（图 17）。

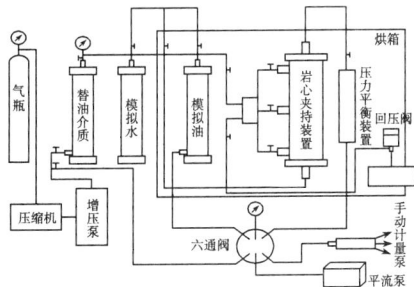

图 17 注入部位模拟实验装置图

如表 1、图 18 所示，上部注入，依靠气顶能量驱动原油，当油气界面至注入位置时，产气速率急剧上升，很快形成气窜；中部注入，气体运移扩散空间相对较大，氮气泡沫动用储量大，产液速率稳定产油时间长，驱替效果好；底部注入，注入位置与底水接近，底水很快锥进，驱油效果差。

表 1 不同注入部位效果对比

| 注入部位 | 采出原油体积/mL | 采出程度/% | 换油率 |
| --- | --- | --- | --- |
| 上部 | 148.60 | 5.78 | 0.706 |
| 中部 | 378.80 | 14.42 | 1.761 |
| 下部 | 119.20 | 4.90 | 0.598 |

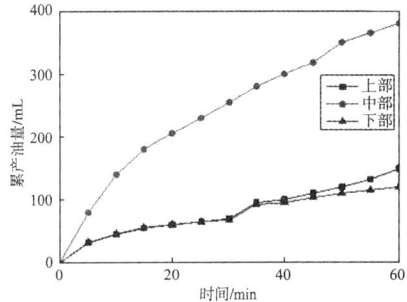

图 18 不同注入部位累产油量对比

实验结论：注入部位油层中部＞油层上部＞油层下部。

## 4.5 注气量预测优化

通过数模软件 pipism 分别预测对比：无措施、注气量 $20 \times 10^4 \sim 70 \times 10^4$ Nm³ 的 7 个方案开发指标。从累产油量预测曲线看，注气量越多累产油量越多；从含水变化看，实施注氮气泡沫调剖后，井组含水先上升之后持续下降，当下降到一定程度后继续上升，周期数越多含水下降幅度越大（图 19～图 21）。

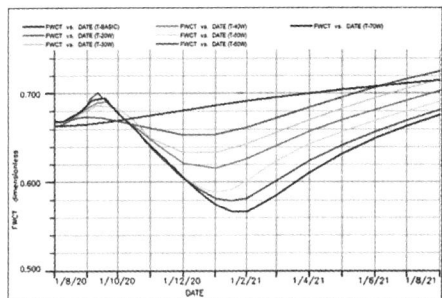

图 19 不同方案井组含水预测曲线

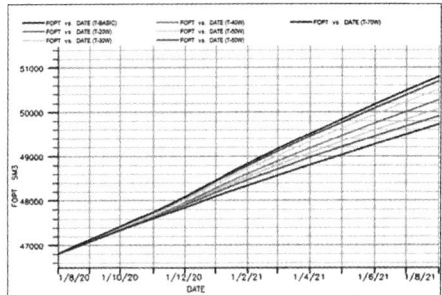

图 20 不同方案累产油预测曲线

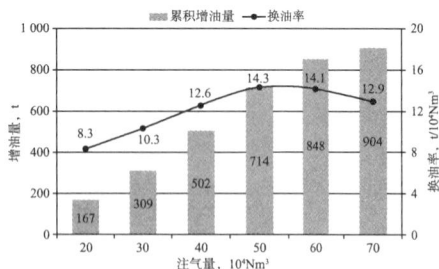

图21 方案预测结果对比示意图

### 4.6 注入气液比优化

通过不同气液比下微观渗流特征发现,地层中气液比较低时,气体以气泡或气液段塞形式分散在孔道中,随着气液比升高,气体膨胀推动原油产出,当气液比超出临界值后,气体不再以分散状态存在,形成连续相,不利于气体在地层内驻留,导致原油流动性变差(图22～图24)。

图22 低气液比流动示意图

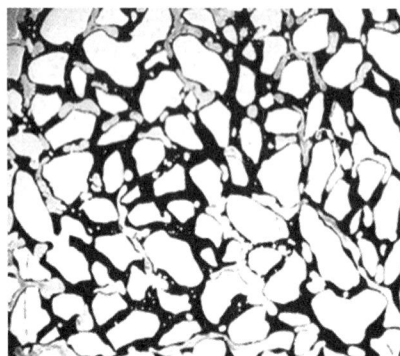

图23 中气液比流动示意图

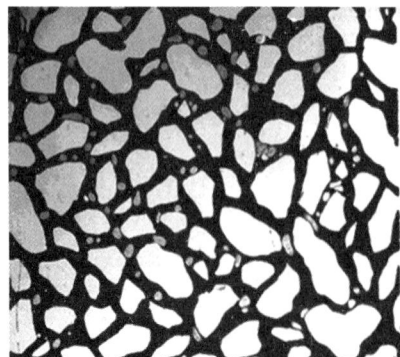

图24 高气液比流动示意图

### 4.7 实验结论

通过以上室内模拟优化实验,我们对比了气液比、注入量、注入方式、注入部位等参数,取得了以下认识:

(1)针对低渗透油藏,氮气复合驱能显著提高驱油效率,且采用氮气和表活剂混注的方式比交替注入驱替效果好;

(2)注入速度过低不利于泡沫的生成,过高会导致气窜情况严重;

(3)气液比较低时,产生泡沫数量少,封堵效果不明显,可作为转向段塞使用;气液比较高时泡沫容易破裂导致气液分离,驱替性能较好,可作为驱替段塞使用。

## 5 现场应用效果分析

### 5.1 矿场实验井组概况

T83-9井组为两个断层夹持的小条带,具有封堵作用,含油面积 $0.33km^2$,地质储量 46.17 万吨。井组内油水井注采对应率为 100%,井组 4 油 1 水,其中 3 口井压裂 C2-C3(T83-9、T83-12、T83-14)。T83-9 井于 2006 年 1 月投产排液,2008 年 4 月由于井网需要,实施转注,初期全井合注,日注 $27m^3$,目前分注,全井日注 $11.2m^3$,累注 $5.59×10^4 m^3$。

井组在开采初期,依靠天然能量开发,日液 $22.3 m^3/d$、日油 $21.8 m^3/d$,含水仅 2.2%,但无能量补充,递减较大,仅 8 个月后,日液降至 $7.7 m^3/d$,日油降至 $6.3 m^3/d$,含水 4.6%,月自然递减高达 11.8%,转注后,T83-X25C、T83-12、T83-14 地层能量得到有效补充,液量与油量均大幅上升,注水有效期 22 个月后即突破(图25、图26)。

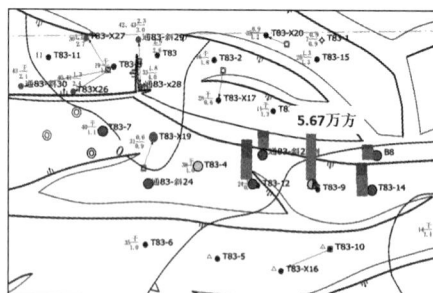

图25 通83块沙四上顶面构造图

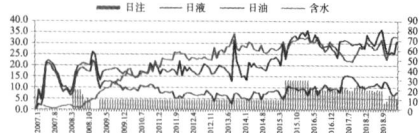

图26 T83-9井组注氮气前生产曲线

### 5.2 现场施工情况

复合调驱段塞的结构为:前置段塞+主体段塞。

前置段塞:通过对地层预处理,疏通孔喉中的原油和杂质等微小颗粒堵塞物,确保泡沫液的顺利注入。同时,避免主体段塞泡沫液的流失,前置段塞设计为氮气段塞和较高浓度起泡液段塞。

主体段塞:该段塞注入后,受后续流体作用,在油藏多孔介质中连续运移、分配,不断增大作用半径,让注入水能在多孔介质中多次绕流而增大水驱波及体积,从而达到提高水驱效率和增油降水的目的,设计采用"氮气/起泡液－微乳液"的注入段塞循环施工。

实际实施过程中根据现场压力等数据不断调整注气参数,油压保持在 31MPa 左右可以有效防止气体进入大孔道,封堵主通道。

第一阶段:注入氮气 34.9×10⁴ Nm³,泡沫液量 835m³;

第二阶段:油井出现反乳化现象,加入了驱油剂段塞,共注氮气 24.7 万方,总注液 775m³;

第三阶段:为巩固效果,增加注气量 10×10⁴ Nm³,泡沫液量 324m³。

累注氮气 696219 方,累注液 1934 方。

### 5.3 试验井组开发效果

措施后井组日油大幅上升(峰值日增油 6.4t/d);含水大幅下降(最高 17.1%);地层压力恢复情况良好,对应油井动液面回升明显;有效期长,井组累增油量高达 1343t,目前仍在见效期(图27)。

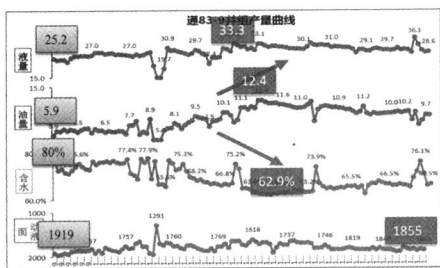

图 27 T83－9 井组注氮气后产量曲线

单井示例分析:博 8 井受断层影响,仅有 C1 小层(5.8m/3 层),平均渗透率 7.27mD,2015 年 8 月不供液停井,2019 年 3 月恢复后注水一直不见效。注气后液量上升,功图明显变好,套压上升,10 月 21 日间开改为常开,日液增加 1.15t,日油增加 1t,累增油 363t(图28、图29)。

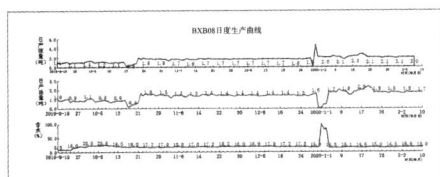

图 28 博 8 井注氮气后产量曲线

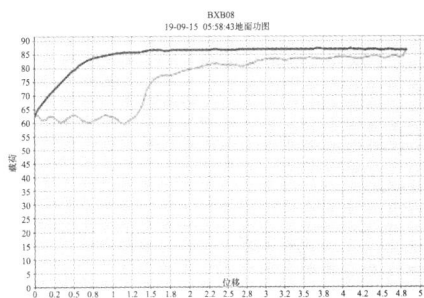

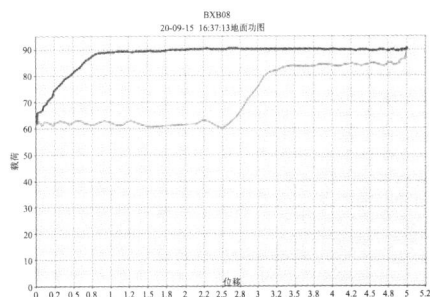

图 29 博 8 井注氮气后产量曲线

在低渗油藏开发中,氮气泡沫复合调驱可以取代注水开发。

(1)博 8 井见效说明,注水开发难以动用物性差的小薄层,氮气复合驱可以动用。

(2)见效方向:西部累计采出高于东部,西部见效速度快于东部,氮气最先推进方向为地层亏空大的方向。

(3)氮气复合调驱能有效封堵大孔道及含油饱和度低的高渗层。

(4)油井明显见效后要打转向段塞,后期出现反乳化现象,可配合驱油剂使用。

### 5.4 结论

在低渗油藏开发中,氮气泡沫复合调驱可以取代注水开发。

(1)博 8 井见效说明,注水开发中,难以动用物性差、小而薄的层,活性气溶胶泡沫调驱技术则可以动用。

(2)见效时间快:注气 20 万方时,油井生产出现变化。

(3)见效方向:西部累计采出高于东部,西部见效速度快于东部,说明氮气最先推进方向为地层亏空大的方向。

(4)活性气溶胶泡沫调驱能有效封堵大孔道及含油饱和度低的高渗储层。

(5)在油井见效明显后要及时打转向段塞,后期原油会出现反乳化现象,可配合驱油剂使用。

经济效益分析:自 2019 年 9 月 21 日 T83－9 井组氮气复合调驱以来,截至 2020 年 9 月 20 日,共 366 天,整个井组累计增油 1343t。

（按油价 2350 元/吨计算）

增油效益＝增油量×(2350－运行成本)－作业费用

$$=1343\times(2350-348.53)-105\times10^4=163.8\times10^4(元)$$

## 参 考 文 献

[1] 陈铁龙,马喜平.油田化学与提高采收率技术[M].北京:石油工业出版社,2016:298.

[2] 罗跃,杨欢,苏高申.低渗透油田采油化学新技术及其应用[M].北京:石油工业出版社,2016:197.

[3] 周玉衡,喻高明,周勇,张娜,苏云河.氮气驱机理及应用[J].内蒙古石油化工,2007(6):101－102.

[4] 王健,覃达,余恒,徐鹏,胡雨涵.烟道气泡沫封堵参数优化及微观机理研究[J].油气藏评价与开发,2018(6):33－38.

# 硫铁对驱油用聚合物性能影响研究

孙秀芝　徐　辉　庞雪君　何冬月　窦立霞　季岩峰

(中国石化胜利油田分公司勘探开发研究院)

**摘　要**　产出水中的 $Fe^{2+}$、$S^{2-}$ 等还原性物质遇到氧气发生反应,造成聚合物黏度大幅度下降。为解决这一问题,考察了绝氧条件下,不同的配注方式对聚合物黏度的影响,建立了绝氧条件下取样及测试流程;研究了不同浓度的 $Fe^{2+}$、$S^2$ 对聚合物黏度的影响。结果表明,有氧条件下,$S^{2-}$ 的浓度在 0.5mg/L 时,聚合物黏度就大幅下降。相对有氧的条件,绝氧配制聚合物溶液初始黏度大幅提高,黏度保留率在 90% 以上;并具有良好的热稳定性能,120 天的黏度保留率在 80% 以上。为了使化学驱达到更显著的效果,建议现场用绝氧密闭的方式配制聚合物母液,陆上东辛油田营 8 沙二 8 超高分多元共聚物驱油先导试验采用产出水全密闭工艺配注聚合物,应用效果良好,井口黏度高。

**关键词**　密闭;水解度;表观黏度;离子

随着油田聚合物驱应用规模的扩大,聚合物驱产出水越来越多,环境问题日益严重。为解决油田富余产出水,考察产出水直接配制聚合物的可行性尤为重要。在产出水配制稀释聚合物的过程中,产出水中 $Fe^{2+}$、$S^{2-}$ 等还原性物质遇到空气,发生氧化反应,产生的自由基攻击聚合物主链,造成聚合物链的断裂,发生化学降解,从而使聚合物黏度大幅度下降[1]。目前在取样、配制及测试过程中,无法做到绝氧,所测样品已经发生了改变,从而造成黏度降低,所测结果不能真实反映实际情况,容易产生误导。为此需要建立绝氧条件下测试流程,研究产出水直接配制聚合物的可行性。

## 1　主要试验仪器

UBIlab 手套箱:MB－Unilab Pro SP(1800/780),具有双重除氧特性,精度高。

高压取样器:YX－03－8－06,高压下 2 小时内可达到密封。

旋转黏度计:美国 BROOKFIELD 公司生产,DV－Ⅲ型。

## 2　$Fe^{2+}$、$S^{2-}$ 对聚合物性能的影响

### 2.1　有氧条件下 $Fe^{2+}$、$S^{2-}$ 对聚合物的影响

用 10000mg/L 的模拟水配制聚合物溶液,放入手套箱内。在手套箱中绝氧配制 $Fe^{2+}$、$S^{2-}$ 溶液,然后加入到聚合物溶液中充分搅拌溶解。然后把配制好的 1500mg/L 聚合物溶液分装入安剖瓶中,放入 70℃烘箱进行长期热稳定测试。

### 2.2　绝氧条件下 $Fe^{2+}$、$S^{2-}$ 对聚合物的影响

10000mg/L 的模拟水除氧充氮,放入手套箱内绝氧配制聚合物溶液。在手套箱中绝氧配制 $Fe^{2+}$、$S^{2-}$ 溶液,然后加入到聚合物溶液中充分搅拌溶解。然后把配制好的 1500mg/L 聚合物溶液分装入安剖瓶中,放入 70℃烘箱进行长期热稳定测试。

### 2.3　试验结果

绝氧条件下 $Fe^{2+}$、$S^{2-}$ 对聚合物黏度的影响,试验结果见图 1、图 2。

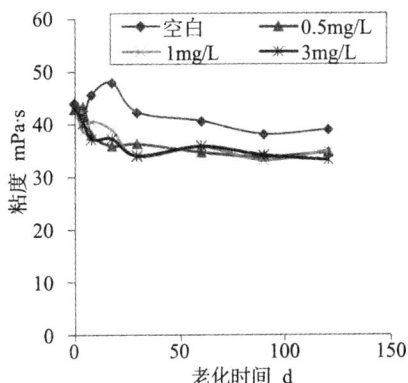

图 1　绝氧条件下,不同浓度 $S^{2-}$ 对聚合物黏度的影响

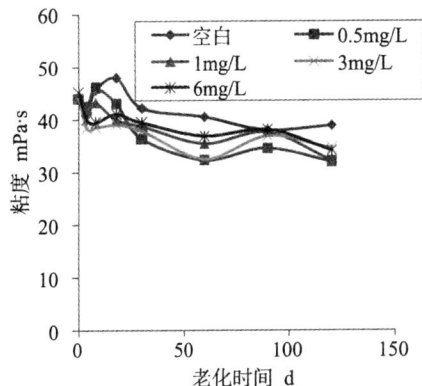

图 2　绝氧条件下,不同浓度 $Fe^{2+}$ 对聚合物黏度的影响

由图 1 和图 2 可以看出,在绝氧条件下,聚合物溶液中加入不同浓度的 $S^{2-}$、$Fe^{2+}$ 离子后,在 120 天后仍能保持较高的黏度值,黏度保留率大于

80%;同时可以看出,在绝氧条件下,聚合物的黏度随着 $S^{2-}$、$Fe^{2+}$ 离子浓度的增加没有下降;相比空白,加入 $S^{2-}$、$Fe^{2+}$ 后,聚合物 120 天的黏度保留率与空白的黏度保留率几乎一致。

绝氧条件下 $Fe^{2+}$、$S^{2-}$ 对聚合物水解度的影响,试验结果见图3、图4。

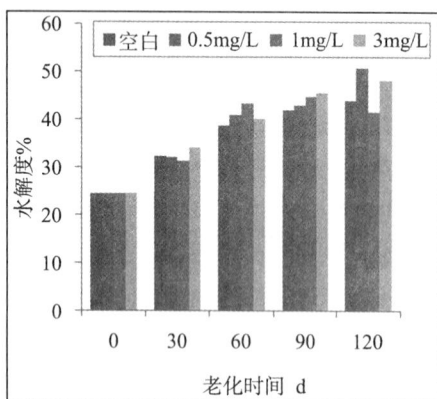

图3 绝氧条件下,不同浓度 $S^{2-}$ 对聚合物水解度的影响

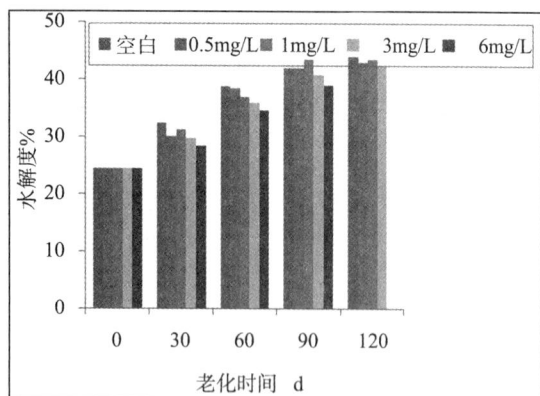

图4 绝氧条件下,不同浓度 $Fe^{2+}$ 对聚合物水解度的影响

由图3和图4可以看出,在绝氧条件下,随着老化时间的延长,聚合物的水解度有所增大。相对于空白样品而言,聚合物溶液中加入不同浓度的 $S^{2-}$、$Fe^{2+}$ 离子后,对聚合物的水解度没有影响,水解度值与空白几乎一致。

有氧条件下 $Fe^{2+}$、$S^{2-}$ 对聚合物黏度的影响,试验结果见图5、图6。

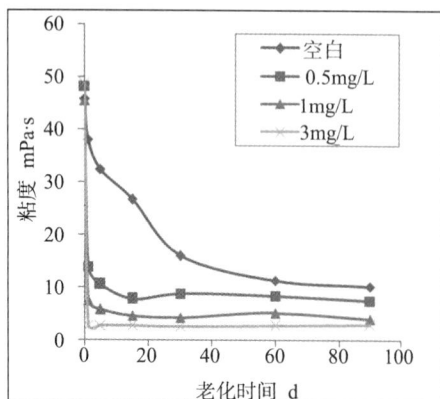

图5 有氧条件下,不同浓度 $S^{2-}$ 对聚合物黏度的影响

在有氧条件下,聚合物溶液中加入不同浓度的 $S^{2-}$ 离子后,聚合物的黏度瞬时大幅下降;硫离子的浓度为 0.5mg/L 时,90 天的黏度保留率仅为 16%。随着 $S^{2-}$ 浓度的增加,黏度保留率下降,当硫离子的浓度为 3mg/L 时,90 天的年的保留率仅为 6% 左右。

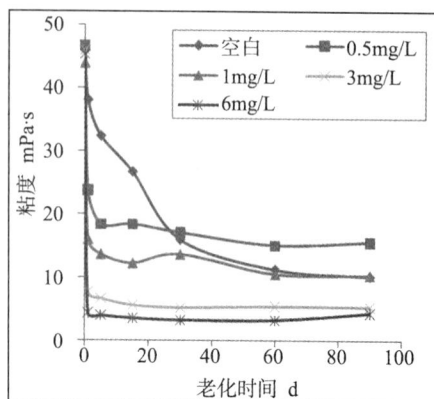

图6 有氧条件下,不同浓度 $S^{2-}$ 对聚合物黏度的影响

在有氧条件下,聚合物溶液中加入不同浓度的 $Fe^{2+}$ 离子后,聚合物的黏度瞬时大幅下降;随着 $Fe^{2+}$ 浓度的增加,黏度保留率大幅下降,$Fe^{2+}$ 的浓度为 0.5mg/L 时,90 天的黏度保留率为 30% 左右,当 $Fe^{2+}$ 的浓度为 6mg/L 时,90 天的黏度保留率为 7% 左右。

从测试结果可以看出,溶液中不含 $S^{2-}$、$Fe^{2+}$,聚合物的黏度随着老化时间增加,黏度也一直下降,90 天的黏度保留率为 30% 左右,说明在有氧环境下,发生氧化反应,造成聚合物链的断裂,发生化学降解,从而使黏度大幅度下降。因此推荐现场用绝氧的方式配制聚合物。

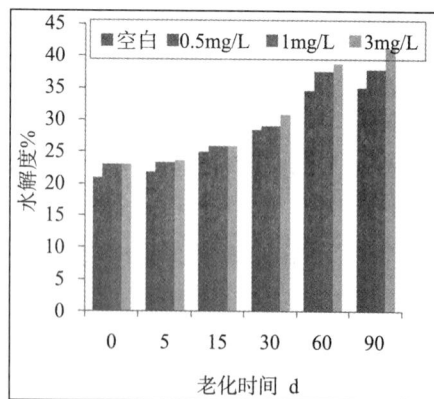

图7 有氧条件下,不同浓度 $S^{2-}$ 对聚合物水解度的影响

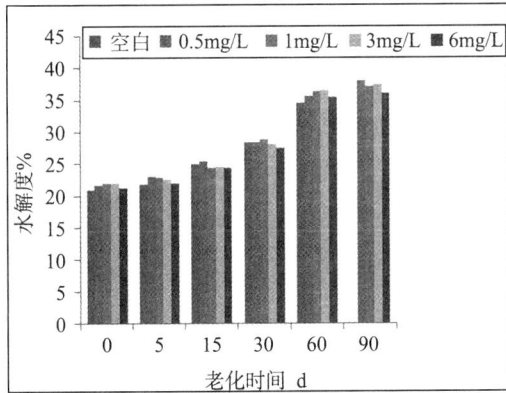

图 8　有氧条件下,不同浓度 $Fe^{2+}$ 对聚合物水解度的影响

从图 7 和图 8 可以看出,随着老化时间的延长,聚合物的水解度有所增大。相对于空白样品而言,聚合物溶液中加入 $S^{2-}$、$Fe^{2+}$ 离子后,目前对聚合物的水解度没有影响。

## 3　现场产出水适应性及绝氧密闭配注试验

用密闭取样器取现场产出水(二价硫离子含量 3.05mg/L)进行聚合物配制试验,配制聚合物 1500mg/L,分别用产出水直接配制、全密闭绝氧配制、曝氧水配制三种配制方式,在 65℃ 条件下,用 DV－Ⅲ 黏度计进行黏度测试。试验结果见表 1。

表 1　不同配注方式聚合物黏度测试结果

| 聚合物 | 黏度,mPa·s | | |
|---|---|---|---|
| | 产出水直接配制 | 产出水曝氧后配制 | 全密闭绝氧配制 |
| 1# | 11.5 | 21.4 | 19.8 |
| 2# | 11.1 | 20.9 | 19.1 |

从表 1 可以看出,相对于产出水直接配制,全密闭绝氧配制的聚合物初始黏度大幅提高;相对于产出水曝氧除硫后配制,全密闭绝氧配制的聚合物黏度保留率大于 90%。

陆上东辛油田营 8 沙二 8 超高分多元共聚物驱油先导试验采用产出水全密闭工艺配注聚合物,产出水 $Fe^{2+}$ 含量 11.3mg/L 的条件下,12000mg/L 母液黏度 7650mPa·s,高于室内产出水曝氧除铁后配制黏度,结果见表 2;注入压力最高上升 2MPa,应用效果良好,结果见图 9。

表 2　营八现场母液和室内曝氧水配制黏度对比

| 母液浓度 mg/L | 室内产出水曝氧后配制黏度 mPa·s | 现场母液黏度 mPa·s |
|---|---|---|
| 8500 | 2020 | 2340 |
| 12000 | 5800 | 7650 |

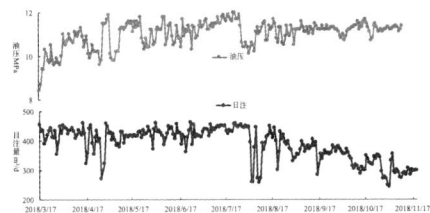

图 9　东辛营 8 先导试验区注入曲线

## 4　结论及认识

(1)绝氧条件下,$Fe^{2+}$、$S^{2-}$ 对聚合物黏度和水解度几乎没有影响。

(2)有氧条件下,$Fe^{2+}$、$S^{2-}$ 对聚合物的水解度几乎没有影响。

(3)有氧条件下,$Fe^{2+}$、$S^{2-}$ 的存在使聚合物黏度瞬时下降;溶液中不含有 $Fe^{2+}$、$S^{2-}$,90 天后的黏度保留率也仅为 30% 左右,推荐现场用绝氧的方式配制聚合物。

(4)从先导试验的实施情况看,密闭配注效果良好。

参 考 文 献

[1] 赵福麟.油田化学[M].北京:石油大学出版社,2000.

# 特高含水油藏调整中数值模拟的应用

## ——以胜二区沙二9—10单元为例

石晓燕 魏翠华 李硕轩 岳 静 王 毅 徐建鹏

(中国石化胜利油田分公司勘探开发研究院)

**摘 要** 本文以胜坨油田胜二区沙二9—10砂组为调整区,围绕经济高效提高水驱采收率,应用油藏数值模拟技术,开展"流场、饱和度场、压力场"研究,探索出以"均衡开发、经济开发"为核心理念的矢量开发调整技术,包括两大子技术系列,一是以饱和度场分布特点为基础的"大网套小网"矢量井网调整技术系列;二是以流场、压力场分布特点为基础的"控强扶弱"均衡开发技术系列,取得了明显效果。该文的研究,为特高含水老油田稳液、控水、调结构工作提供借鉴。

**关键词** 特高含水;数值模拟;井网调整;三场

胜坨油田含油面积 84.83km²,地质储量 4.72×10⁸t,采出程度 38.2%。历经 57 年的开发,目前已进入近极限含水开发阶段,综合含水达到95.72%。受储层非均质性、井网方式、注采不均衡等影响,储层动用状况差异大,剩余油分布复杂,产液结构不合理。2010 年以来,选择典型单元二区沙二9—10砂层组作为先导试验单元,开展了"流场、饱和度场、压力场"调整研究。

胜二区沙二9—10单元位于胜坨油田东部穹隆背斜构造的西南翼,是一个北部和东部被断层切割、西南部与边水相连的扇形断块油藏。单元含油面积 2.5km²,地质储量 355×10⁴t。纵向上分为 2 个砂层组,8 个含油小层,其中 $9^2$、$10^3$、$10^5$ 为大面积分布的主力层。储层为三角洲前缘亚相及前三角洲亚相沉积,主要微相类型有河口坝主体、河口坝侧缘、席状砂、远砂坝以及前三角洲泥等。单元面临的开发矛盾主要有:①层间干扰严重,一套井网开发,层间动用状况极不均衡;②规则化的井网、井距对平面上的矢量特征不适应;③产液结构不合理,矢量化配产配注难以实现。

## 1 油藏数值模拟研究

本次数值模拟利用 PETREL 建模软件建立该块的静态模型,选用了三维两相黑油模型,用 ECLIPSE软件建立其动态模型。

### 1.1 静态模型建立

根据油藏构造、地层变化特点和研究的需要,建立全区油藏数值模拟网格模型。本次研究的目的层为沙二9—10砂层组的 7 个小层,即 $9^1$、$9^2$、$10^2$、$10^3$、$10^4$、$10^5$、$10^6$,纵向上分为 23 个网格,其中隔夹层数 6 个,模拟层 17 个。平面网格步长:25m×25m,网格规模:128×93×23=27.38 万。

### 1.2 流体模型及动态模型

流体模型:根据试验录取的高压物性资料,流体特性参数表现为:原油压缩系数8.0×10⁻⁵MPa⁻¹,地层水压缩系数 4.0×10⁻⁵ MPa⁻¹,岩石压缩系数 4.0×10⁻⁴MPa⁻¹,饱和压力 11.2 MPa,原油体积系数 1.2,原油黏度 22.5mPa·s。通过分析本块多块岩样相渗实验数据,获得油水相对渗透率曲线。

动态模型:沙二9—10砂层组自 1966 年 5 月投产至 2010 年 6 月,共投产油水井 84 口,利用现场收集的月度数据与射孔资料,在 ECLIPS 的 SCHEDULE 模块中生成每月的一个时间步的动态模型。

### 1.3 历史拟合

历史拟合是在计算机上重现油藏开发历史的过程,对油藏地质、开发历程给出的正确分析。通过反复地调整参数,修正静态模型,从全油藏到油层再到单井,对压力、含水等参数进行拟合,使模拟模型更接近油藏实际地质情况,更准确地反映地下油、气、水的分布规律。拟合的过程也是对油藏不断认识的过程。

#### 1.3.1 开发指标拟合

区块累产油量指标拟合是动态历史拟合的基础,它从总体上控制动态模型的变化规律,而且能从宏观上评价地质模型的合理性、科学性。按照油井定液生产的原则,得到累产油量拟合曲线和含水拟合曲线。

#### 1.3.2 单井指标拟合

单井指标拟合主要是单井含水率拟合。主要方法是在动态分析的基础上,明确油井的注水受效方向,通过调节局部网格的传导率以及对相渗曲线进行端点标定,达到拟合单井含水的目的。90%以上的井达到了较高的拟合要求。

## 2 剩余油分布规律研究

沙二 9－10 砂层组目前综合含水 96.2%，受储层非均质性以及注采井网等因素的影响，平面上、纵向上各油层开采状况存在较大差异，目前仍有一部分低含水油层（或井区）储量采出程度较低，在现井网基础上无法挖掘这部分潜力。单元目前采出程度 32.2%，预测采收率为 43.8%，具有进一步提高采收率的基础。

### 2.1 层间剩余油分布规律

数值模拟研究表明，沙二 9 砂层组由于储量动用较差，剩余油饱和度相对较高，一般为 40%～55%，潜力较大，沙二 10 砂层组油层剩余油饱和度相对较低，一般为 30%～45%。从分层采出状况分析，沙二 9 砂层组采出程度低，剩余油潜力大；沙二 10 砂层组采出程度较高，剩余油潜力相对较差，其中沙二 9 砂层组目前累计采油 $31.34×10^4$ t，采出程度仅为 22.55%，剩余地质储量 $107×10^4$ t；沙二 10 砂层组累计采油 $83.03×10^4$ t，采出程度为 38.44%，剩余地质储量 $240.6×10^4$ t。

### 2.2 平面剩余油分布规律

根据数值模拟研究分析，沙二 9 砂组总体含水较低，含水小于 90% 的油层面积占总面积的 53%，其中含水小于 80% 的油层面积占总面积的 18%，平均剩余油饱和度为 40%～55%。平面上储量动用程度仍有差异，井网控制程度差的中部井区、边部井区以及断层附近剩余油富集，油层剩余油饱和度达 55% 以上。沙二 10 砂层组含水相对较高，含水小于 90% 的油层面积仅占总面积的 6%，多数井点含水在 95% 左右，含水小于 95% 的油层面积占总面积的 58%。平均剩余油饱和度为 30%～45%。平面上井网不完善、注水差的东南部、西北部井区以及断层附近剩余油潜力较大，油层剩余油饱和度可达 50% 以上（图 1）。

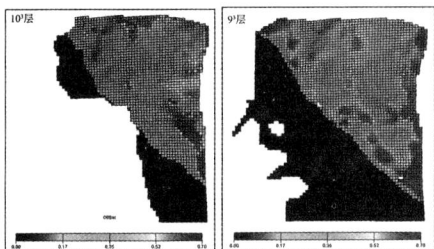

图 1 平面含油饱和度图

## 3 数值模拟技术在调整中的应用

利用油藏数值模拟技术，开展"流场、饱和度场、压力场"研究，对矢量井网井距、提液时机、单井配产配注方案进行优化。

### 3.1 基于饱和度场分布特征的矢量井网方式研究

（1）10 砂组主力层系井网抽稀优化。

物性好、高渗层经过多年开采，水已经形成固定水流通道，主流线上驱替较好，非主流线部位剩余油饱和度较高。井网抽稀后，液流方向改变，新注水井的主流线改走原井网的分流线，能有效驱动原井网分流线滞留区内剩余油（图 2）。

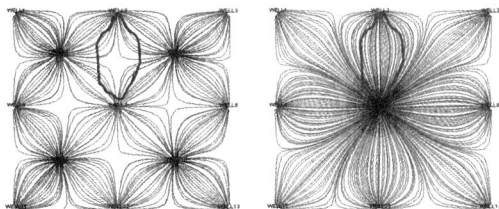

图 2 井网抽稀前、后流线图

沙二 10 砂组方案设计：

方案 1：油水井距 260m，油井距 300m；

方案 2：油水井距 320m，油井距 360m；

方案 3：油水井距 380m，油井距 420m。

通过数模论证，方案 2 阶段采出程度高，油水井数适中，因此采用方案 2 作为试验方案（图 3）。

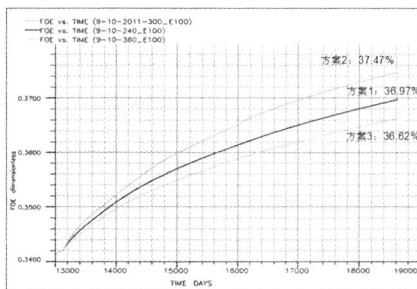

图 3 沙二 10 不同井距采出程度关系曲线

（2）9 砂组非主力层系井网加密优化。

非主力层由于储层物性较差，孔隙结构复杂，导致注入水驱替不均匀，部分区域由于水驱控制不到形成剩余油。井网加密后，井距减小，驱替压力梯度增加，渗流阻力减小，使原井网无法控制的剩余油被有效驱动，采出程度增加。

沙二 9 砂组设计方案：

方案 1：油水井排距 250m，油井距 125m；

方案 2：油水井排距 250m，油井距 200m；

方案 3：油水井排距 250m，油井距 275m。

数模计算结果显示，随着井距的增大采出程度减小，方案 2 比方案 1 少 8 口井，而采出程度接近，因此采用方案 2 作为试验方案（图 4）。

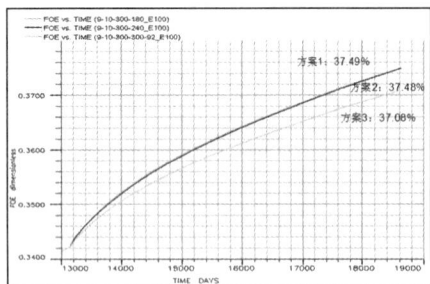

图 4　沙二 9 不同井距采出程度关系曲线

### 3.2　基于流场、压力场分布特征的"控强扶弱"均衡开发技术

在井网井距不变的情况下,产液结构调整是调控平面流场的有效手段。在充分考虑储层结构和剩余油分布特征的基础上,合理优化产液结构,达到均衡驱替的目的。

在论证合理地层压力保持水平基础上,对沙二 9、10 层系设计恢复压力、均衡注采两个阶段不同单井产液量方案,第一阶段:恢复地层压力,9、10 层系各设计方案 3 套;第二阶段:矢量均衡注采,9、10 层系各设计方案 4 套。应用油藏数值模拟方法对多套方案进行优选(表 1)。

表 1　合理压力保持水平的数模研究结果表

| 单元 | 目前状况 | | | | | 压力保持水平 MPa | 含水 98%时采出状况 | | |
| --- | --- | --- | --- | --- | --- | --- | --- | --- | --- |
| | 地层压力 MPa | 单井产液 t/d | 含水率% | 注采比 | 采出程度% | | 地层压力 MPa | 稳定注采比% | 采收率% |
| 沙二 9 | 11.9 | 13 | 86.8 | 0.45 | 22.5 | 11 | 11 | 0.975 | 34.2 |
| | | | | | | 11.5 | 11.5 | 0.986 | 34.9 |
| | | | | | | 目前压力 | 11.9 | 0.988 | 34.6 |
| | | | | | | 12.5 | 12.5 | 0.989 | 35.1 |
| | | | | | | 13.5 | 13.5 | 0.99 | 35.8 |
| | | | | | | 14 | 14 | 0.993 | 35.2 |
| 沙二 10 | 13.5 | 83 | 96.8 | 0.81 | 38.1 | 12.5 | 12.5 | 0.973 | 44.1 |
| | | | | | | 13 | 13 | 0.977 | 44.7 |
| | | | | | | 目前压力 | 13.5 | 0.98 | 44.5 |
| | | | | | | 14 | 14 | 0.982 | 44.8 |
| | | | | | | 15 | 15 | 0.985 | 45.3 |
| | | | | | | 16 | 16 | 0.987 | 44.9 |

数模结果显示,沙二 9、10 砂层组压力分别保持在 13.5MPa、15MPa 能获取较高采收率。

第一阶段:恢复地层压力。

设计 1 年时间地层压力恢复至合理水平,根据单井配产配注 9 砂组设计平均单井液量为 28t/d、48 t/d、64 t/d,注采比为 1.4。数模结果表明,单井产液量为 48t/d(方案二)时,采出程度最高为 33.2%,比方案一和方案三高 1.5%和 0.3%(图 5)。

第二阶段:矢量均衡注采。

矢量注采主要是提高部分相对低采出程度液量,控制相对高采出程度液量,根据单井配产配注 9 砂组设计平均单井液量为 35t/d、55t/d、65t/d、75t/d,注采比 0.99。数模结果表明,单井产液量为 55t/d(方案二)时,采出程度最高为 34.8%,比方案一、方案三和方案四高 3.2%、2.1%和 1.9%(图 6)。

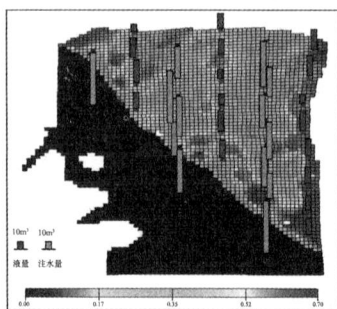

图 5　沙二 9 砂组第一阶段方案二设计液量柱状图

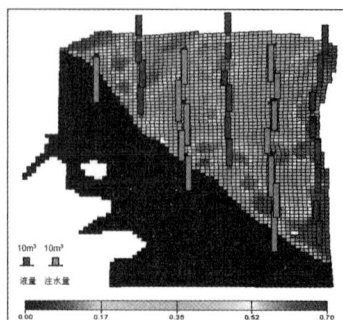

图 6　沙二 9 砂组第二阶段方案二设计液量柱状图

## 4 实施效果

（1）单元注采对应率和水驱储量控制程度大幅提高。

通过调整，单元注采对应率由调整前的78.5％上升至目前的100％，单向对应率由57.73％下降至22.31％，双向注采对应率由13.57％上升至55.43％，三向注采对应率由7.2％上升至20.22％。储量动用程度由82.9％上升至97.4％。

（2）开发效果好转，基本实现"稳液、控水、调结构"。

调整后，单元油井开井数增加3口，水井开井数增加6口，液量下降341.3m³，油量增加6.5t，含水下降2.95％，液面回升473m，注水量增加398m³。其中，沙二9层系投注精细过滤水后，注水状况得到改善，层系能量持续恢复，液量稳中有升，日产油能力由调整前的13.4t上升至23.8t，综合含水下降1.7％，动液面恢复558m；沙二10层系含水和采出程度较高，调整后高含水产液量得到控制，含水下降0.37％，动液面恢复575m。

（3）单元递减明显减缓，采收率提高5.15％。

递减率由13.05％降至6.23％，采收率由34.65％提高至39.80％，提高采收率5.15％，增加可采储量18.3×10⁴t。

## 5 结论

（1）开展了矢量化井网调整方式研究，提出了"大网套小网"调整模式，主力层抽稀优化，改变液流方向；非主力层井网加密优化，提高了储量动用程度。

（2）开展了矢量产液结构调整优化研究，利用数模技术，对单井配产配注方案进行优化，提高了部分相对低采出程度液量，控制了相对高采出程度液量，逐步实现均衡开发。

（3）明确了矢量开发的理念、原则，同时形成了矢量开发的三大核心技术，为特高含水老油田持续稳定开发探索出新路线。

（4）利用研究成果在二区9－10单元开展了先导试验，取得了明显的效果，对同类油藏的开发调整具有指导意义。

## 参 考 文 献

[1] 袁谋，计兆红，卞松梅，崔虹霞. 胜坨油田开发技术[M]. 北京：中国石化出版社，2004：114－119.

[2] 陈月明. 油藏数值模拟基础[M]. 北京：石油工业出版社，2006：22－37.

[3] 李传亮. 油藏工程原理[M]. 北京：石油工业出版社，2011：27－40.

[4] 周炜，唐仲华，温静，龚姚进. 数值模拟技术研究剩余油分布规律[J]. 断块油气田，2010，17(3)：325－329.

[5] 张少波. 特高含水期剩余油分布的油藏数值模拟研究[J]. 长江大学学报，2010，7(3)：218－220.

# 宁海油田坨 135 井组开发矛盾及措施分析

霍智颖　隋云玲　张绪霞

(中国石化胜利油田分公司胜利采油厂)

**摘　要**　坨 135 单元位于东营凹陷西北部,处在坨 94 断层下降盘北部,为断块型油气藏。进入注水开发阶段后,该单元经历 3 轮次调剖,注采矛盾日益明显,主要表现为西部地区油井水窜严重,含水上升加快;东部井区构造高部位地层能量不足,产液量较低。本文从多方面分析,针对坨 135 地区东西两个井组,分别提出了注采调整方案:西部井区可以通过油水井注采耦合的措施方案,达到降低油井含水的目标,实现增产;东部井区通过构造高部位低效益油井转注或者增强现有水井注水达到补充构造高部位地层能量的目的。

**关键词**　坨 135 单元;注采矛盾;高含水

## 1　前　言

在油田开发生产中,常常因为储层性质、开发时间和速度等因素导致注采不均衡的情况,表现为部分油井高含水而部分油井欠注[1-5]。为了加强含油气地区剩余油的采出程度,本文以宁海油田坨 135 单元为例,针对该单元生产中出现的注采矛盾,研究并提出一套注采调整方案,以期对下一步措施部署有一定指导意义。

## 2　区域地质概况

宁海油田位于济阳坳陷东营凹陷西北部(图 1),处在坨庄-胜利村-永安镇断裂带的西端,东与民丰洼陷相接,西邻利津洼陷,北部受到胜北断层控制,南部为东营凹陷中央断裂带[6]。坨 135 单元位于宁海油田西北部,处在坨庄-胜利村-永安镇断裂带的坨 94 断层下降盘北部,构造走向为北北东向,坨 135 单元整体为受到北部、东部和西部三向断层封闭的断块油气单元[7]。

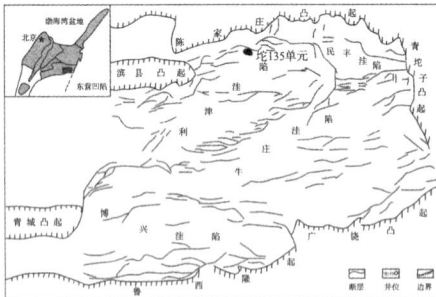

图 1　坨 135 断块构造位置示意图

## 3　单元开发现状

坨 135 单元于 2003 年开始投产,在 2003 年至 2004 年为天然能量开发阶段(图 2),随后至今进入人工补充能量开发阶段。该单元含油面积约为 0.9km²,地质储量 67 万吨,采出程度达到 29.3％,现单层开发沙二 6 小层,目前日产液 96t,日产油量约为 9.4t,含水约为 90.15％,开油井总数 6 口,水井 4 口,单元井网比较完善。

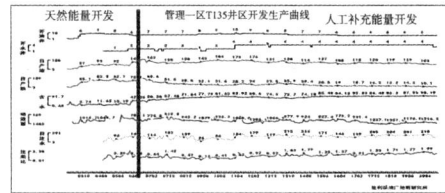

图 2　坨 135 单元开发现状

## 4　单元注采问题分析

在油藏单元注采动态分析中,注采矛盾主要可以分为以下两种类型:层间注采矛盾和平面注采矛盾[8]。坨 135 单元的开采层位为沙二段 6 小层,为单层开发,因此层间注采矛盾对该单元的影响可以不计。坨 135 单元由西部井区和东部井区两部分组成,西部井区内油水井均位于同一断块构造内部,油井位于对应水井的主流线方向;东部井区油水井分布相对较分散,油井处于构造高部位,且处于对应水井的非主流线方向。下面将从坨 135 单元西部和东部两个井区分别讨论存在的平面注采矛盾。

### 4.1　西部井组注采问题分析

西部井区为坨 135 单元西扩新区(图 3),T135X9 与 T135X10 于 2011 年投产,同时 T135X11 转注水井生产。西部井区新投后,该地区地层能量缺失较明显,因此通过水井增注的方法补充地层能量,但是该地区油水井对应较好,层内发育有大孔道,增注的措施导致发生水窜,表现为井区油井含水上升以及自然递减率增长较快。为了增大水井波及范围以及改变水井的主流线方向,于 2013 年、2013 年以及 2014 年分别对两口水井累计进行了三轮次调剖,但是效果逐渐不显著。所以水窜仍然是坨 135 单元西部井组开发生产中需要解决的问题。

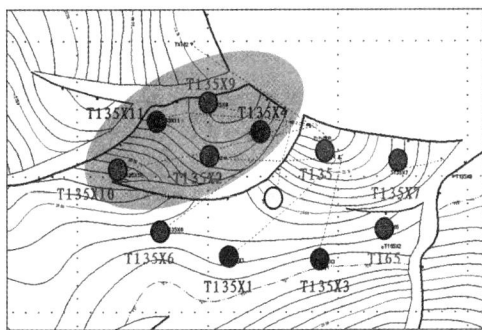

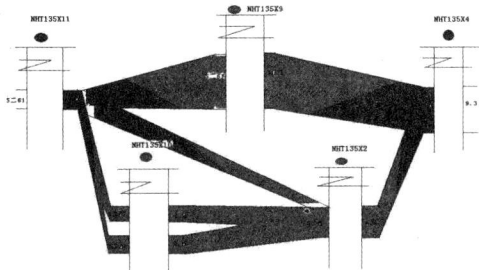

图3　西部井组注采流线图

## 4.2　东部井组注采问题分析

坨135单元东部井组分别于2004年以及2006年将油井T135X3和油井T135X1转为注水井，T135X5位于主流线，T135X6处于非主流线位置（图4），转注后，两口井的地层能量均得到了一定程度上的补充。但是由于受到T135X3和T135X1单向注水，T135X5和T135X6含水上升较快，因此分别于2007年和2011年对两口转注水井累计进行了3轮次的调剖工作，在一定时间内有效地控制了两口油井的含水上升速度，增油效果较为明显。而位于构造高部位的T135和T135X7同时受到井距大和储层渗透性相对较差等因素的影响，水井注水不见效，导致该部位油井低产低液。因此坨135单元东部井区存在构造高部位地区注水效果不明显，导致油井供液不足的平面注采矛盾。

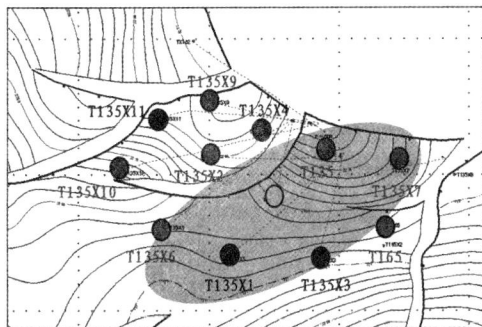

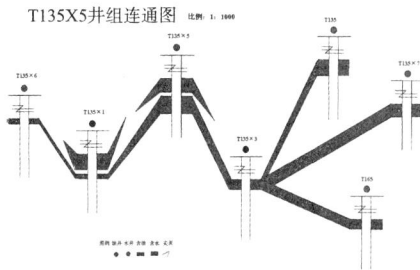

图4　东部井组注采流线图

# 5　单元注采调整措施

坨135单元仅沙二段6砂组小层含油，为单层开发的油气单元，纵向上几乎不受层间和层内储层性质的干扰；平面上，油水井均位于坨94断层下降盘的同一断块，单元内构造相对清晰。因此，该单元剩余油分布主要影响因素为构造高度的影响，分布在西部井组和东部井组的构造高部位。根据上文分析的注采矛盾以及剩余油的分布特征，下文将分别讨论两个井组的注采调整方案。

## 5.1　西部井组注采调整措施

坨135单元西部井区存在注水主流线油井水窜严重含水上升较快的问题。为了更加均衡地为油水井注水，坨135单元西部井组可以分别从以下两个方面进行方案调整：水井不稳定注水和油井周期采油。通过注采耦合的开发方式，分时段改变水井配注，在水井高配注时油井关井停产，达到高配注的水井与油井错峰工作的目的，在补充地层能量的同时，降低油井含水，增加油气产能[9]。与此同时，水井还可以使用增压泵加快注水速度，在达到相同配注时，使用更短的时间，减少油井停产时长，减少停产造成的生产损失[10]。

## 5.2　东部井组注采调整措施

坨135单元东部井区位于注水主流线位置的T135X5在2013年高含水关井后，主流线逐渐向T135X6方向转变，而位于北部相对较高构造部位的油井能量仍然不能得到有效的补充。对于加强北部油井注水可以从提高现有水井注水量和新增水井两个方面进行调整部署。首先对于提高现有水井注水量，该方案可以加强对地层能量的补充速度，但是现有水井与北部油井距离较大，这一方案可能需要一定的见效时间，同时可能对距离T135X1较近的T135X6含水影响比较大；第二对于新增水井，综合井口产量、注水距离和构造高度等因素分析，将T135X7转注或者扶起T135X5进行转注均可以有效地达到为构造高部位油井补充能量的目的。

## 6 结 论

坨135单元为单层开发的含油气构造,在现阶段的开发生产中存在的主要问题是平面注采不均衡,具体表现为坨135单元西部新扩井区主流线油井水窜严重,含水上升较快,东部井区构造高部位油井注水效果不明显,地层能量缺失严重。针对以上问题,本文分别提出两种解决方案,坨135单元西部井区采用油水井注采耦合的方案,在高配注时油井停产,以同时达到补充地层能量和降低油井含水的目的,除此之外还可以使用增压泵注水,缩短油井关井时间,减少产量损失坨135单元东部井区可以采取构造高部位油井转注或者现存水井提高配注的方法增加北部区域地层能量。

### 参 考 文 献

[1] 郭小文,何生,宋国奇,等.东营凹陷生油增压成因证据[J].地球科学(中国地质大学学报),2011,36(6):1085－1094.

[2] Van Ruth P, Hillis R, Tingate P. The Origin of Overpressure in the Carnarvon Basin, Western Australia: Implications for Pore Pressure Prediction [J]. Geological Society of London, 2004;10(3), 247－257.

[3] Bowers G. Detecting High Overpressure[J]. The Leading Edge, 2002,21(2):173－177.

[4] 肖焕钦,刘震,赵阳,等.济阳坳陷地温－地压场特征及其石油地质意义[J].石油勘探与开发,2003,30(3):68－70.

[5] 杨姣,何生,王冰洁.东营凹陷牛庄洼陷超压特征及预测模型[J].地质科技情报,2009,28(4):34－40.

[6] 王永诗,邱贻博.济阳坳陷超压结构差异性及其控制因素[J].石油与天然气地质,2017,38(3):430－437.

[7] A. Eaton B. Graphical Method Predicts Geopressures Worldwide [J]. World Oil;(United States),1976,183(1):51－56.

[8] Bowers G. Pore Pressure Estimation From Velocity Data: Accounting for Overpressure Mechanisms Besides Undercompaction [J]. SPE Drilling and Completion,1995,10:89－95.

[8] Guo X, He S, Liu K, et al. Oil Generation as the Dominant Overpressure Mechanism in the Cenozoic Dongying Depression, Bohai Bay Basin, China[J]. AAPG Bulletin,2014,94(12):1859－1881.

[9] Teige G, Hermanrud C, Wensaas L, et al. The Lack of Relationship between Overpressure and Porosity in North Sea and Haltenbankenshales[J]. Marine and Petroleum Geology,1999,16(4):321－335.

[10] 何生,宋国奇,王永诗,等.东营凹陷现今大规模超压系统整体分布特征及主控因素[J].地球科学(中国地质大学学报),2012,37(5):1029－1042.

# 稠油油藏组合蒸汽吞吐的分区方法

杨艳霞　李　伟　邓宏伟　韦　涛　王传飞

（中国石化胜利油田分公司勘探开发研究院）

**基金项目**　中国石化股份公司科研项目"稠油高轮次吞吐后组合吞吐提高采收率技术"(P16010)。

**摘　要**　稠油油藏组合蒸汽吞吐是控制井间气窜，提高蒸汽吞吐经济效益的有效技术，且气窜前组合的效果要好于气窜后组合。依托数值模拟方法，建立稠油油藏蒸汽吞吐井间气窜的数值模拟模型，研究渗透率突进系数、原油黏度、油层厚度、井间压力梯度等因素与蒸汽吞吐井间气窜时间的定量关系，利用多元非线性回归方法建立多因素影响下蒸汽吞吐井间气窜时间的预测模型，根据蒸汽吞吐井间气窜时间的大小和热干扰级别，建立了组合蒸汽吞吐的分区方法，应用简单方便，结果可靠，满足矿场应用的需要。以坨82块为例，采用分区组合蒸汽吞吐效果明显。

**关键词**　稠油；气窜；预测模型；组合蒸汽吞吐；分区方法

## 1　前　言

蒸汽吞吐是国内稠油油藏最主要的开发方式[1,2]，开发初期可获得较高的周期油气比，但随着吞吐轮次的增加，周期开发效果逐渐变差，其中蒸汽吞吐井间气窜是热利用率降低、周期产油量下降的重要原因[3-7]。组合蒸汽吞吐将邻近的几口油井划为一个组合吞吐区，同一组合吞吐区内的油井同时注汽，同时生产，消除井间驱替压差，有效抑制蒸气窜流，提高热利用率和周期产油量，矿场实践取得较好的开发效益[8,9]。

目前矿场已有组合蒸汽吞吐治理气窜井的部分实例，但由于气窜前进行组合的效果要好于气窜后再进行组合，同时考虑矿场锅炉注汽能力有限，无法满足蒸汽吞吐区块大批井一起组合蒸汽吞吐的实际情况，需要建立一种科学的吞吐井发生气窜前进行组合的分区方法。本文在数值模拟的基础上，明确影响吞吐井间气窜时间的主控因素，定量分析单因素与蒸汽吞吐井间气窜时间的关系，利用多元非线性回归方法建立多因素影响下蒸汽吞吐井间气窜时间的预测模型，实现吞吐井间气窜时间的定量计算，根据气窜时间的大小划分组合吞吐区，为组合蒸汽吞吐技术取得更好的效果和推广应用提供有效的技术支持。

## 2　数值模型

利用 CMG 软件中 STARS 模块，依据胜利油田某稠油区块的地质情况，建立包含 2 口油井的数值模型，油藏埋深 1230 m，油层厚度 10.2 m，平均孔隙度 30.6 ％，平均渗透率 1.86 $\mu m^2$，初始含油饱和度 0.6，地层温度 54 ℃，地层压力 12.3 MPa，地层条件原油黏度 3789 mPa·s。

为准确反映蒸汽吞吐井间气窜规律，在该模型中考虑油井出砂的模拟[10]，砂子被定义为可动砂和骨架砂两种组分，骨架砂在任何条件下都不会发生运移，可动砂初始为固态，当地层流体流速大于临界流速时可以发生溶蚀、脱落并运移。油井出砂后会造成地层近井地带孔隙度和渗透率的升高，加剧地层的非均质性，吞吐井注汽过程中蒸汽易沿高渗通道快速突进到邻近井，从而发生吞吐井间气窜。

## 3　气窜时间影响因素

影响蒸汽吞吐井间气窜的因素除地层非均质、原油黏度、油层厚度等静态因素，还应包括投产时间、吞吐轮次、注汽量、采液量、井距等动态因素，动态因素变化直接导致单井压力的差异，因此本文采用井间压力梯度表征动态因素的综合影响。

### 3.1　渗透率突进系数

渗透率突进系数是气窜方向的渗透率与平均渗透率比值，表征地层非均质的大小。利用上述数值模型，计算渗透率突进系数分别为 1.1、1.2、1.4、1.6 和 2.0 时井间气窜时间。结果表明，吞吐井间气窜时间随渗透率突进系数的增加显著缩短，吞吐井间气窜时间与渗透率突进系数呈较好的幂率关系(图1)。

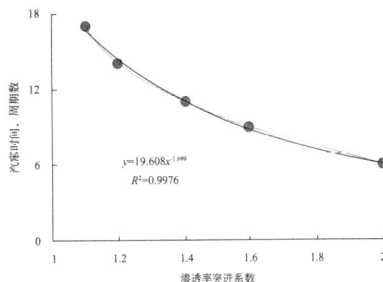

图 1　气窜时间与渗透率突进系数关系曲线

## 3.2 原油黏度

原油黏度是影响地下原油流动能力的主要因素,模拟计算地层原油黏度分别为 3789mPa·s、9136mPa·s、20537mPa·s、27128mPa·s、35426mPa·s时,吞吐井间气窜时间的大小。结果表明,随原油黏度的增加,蒸汽越易发生窜流,吞吐井间气窜时间缩短,且吞吐井间气窜时间与原油黏度呈较好的线性关系(图2)。

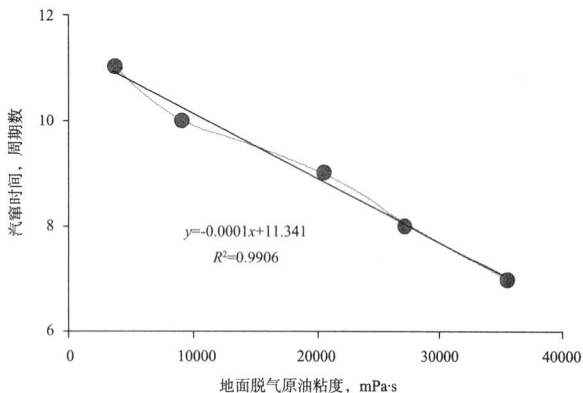

图 2　气窜时间与原油黏度关系曲线

## 3.3 油层厚度

选取油层厚度分别为 5m、10m、15m、20m 和 30 m,研究油层厚度对吞吐井间气窜时间的影响。计算结果表明,吞吐井间气窜时间随油层厚度的增加而减小,两者间呈对数关系,但油层厚度对气窜时间的影响幅度相对较小(图3)。

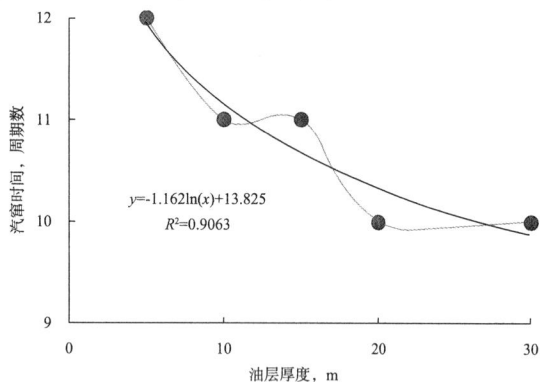

图 3　气窜时间与油层厚度关系曲线

## 3.4 井间压力梯度

模拟计算井间压力梯度分别为 0.01MPa/m、0.02MPa/m、0.03MPa/m、0.04MPa/m 和 0.05MPa/m时吞吐井间气窜时间的大小。结果表明,井间压力梯度越大,注入蒸汽受到流向采油井的驱动力越大,气窜时间明显较小,两者间呈较好的二次函数关系(图4)。

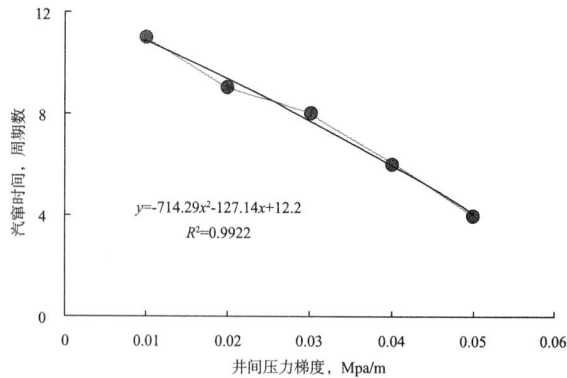

图 4　气窜时间与井间压力梯度关系曲线

# 4 组合分区方法

## 4.1 影响权重分析

在气窜时间影响因素分析的基础上,采用变异系数对各因素进行气窜时间的影响权重评价,变异系数定义为一组样本数据的标准差与平均值绝对值的比值,变异系数反映一组样本数据分散和差异程度,数值越大说明该样本数据间差异程度越大,否则越集中。

变异系数计算公式为

$$C_v = \frac{S}{|\bar{y}|} \tag{1}$$

$$S = \sqrt{\frac{1}{n-1}\sum_{i=1}^{n}(y_i - \bar{y})^2} \tag{2}$$

式中,$C_v$ 为变异系数;$S$ 为样本标准差;$\bar{y}$ 为样本均值;样本为 $y_1, y_2 \cdots y_n$;$n$ 为样本个数。

利用上式计算渗透率突进系数、井间压力梯度、原油黏度、油层厚度对吞吐井间气窜时间影响的变异系数分别为 0.375、0.355、0.176、0.077,表明对吞吐井间气窜时间影响由大到小依次为渗透率突进系数、井间压力梯度、原油黏度、油层厚度,其中渗透率突进系数和井间压力梯度的影响显著,而油层厚度的影响非常小。

## 4.2 气窜时间预测函数建立

依据影响权重分析结果,选取渗透率突进系数、原油黏度和井间压力梯度对吞吐井间气窜时间影响较大的因素,作为本文计算方法考虑的表征参数,各影响因素与吞吐井间气窜时间呈现良好的函数关系,且相关性比较高,为建立可靠的计算方法奠定了坚实的基础。

根据单因素与吞吐井间气窜时间的函数关系,采用 LSTOPT 软件进行多元非线性回归,得到如下吞吐井间气窜时间预测函数:

$$T_h = 19.732K_R^{-1.699} - 1.267\times10^{-4}\mu_o - 4.904\times10^2 P_h^2 - 1.437\times10^2 P_h + 1.822 \tag{3}$$

式中，$T_h$ 为吞吐井间气窜时间，周期数；$K_R$ 为渗透率突进系数；$P_h$ 为井间压力梯度，MPa/m；$\mu_o$ 为地层条件原油黏度，mPa·s。模型参数适用范围为渗透率突进系数 1.1～3，原油黏度 3789～35426mPa·s，井间压力梯度 0.01～0.05 MPa/m。

该预测方法实现在不进行数值模拟的情况下，仅利用渗透率突进系数、原油黏度、井间压力梯度计算吞吐井间气窜时间，计算简单方便。

### 4.3 组合分区方法

针对某一具体吞吐单元，通过公式(3)可以计算吞吐井与所有关联井的吞吐气窜时间，从而进行井间热干扰预判和分级，一般认为气窜时间在 1～3 个周期以内属一级热干扰，影响吞吐产量 20%以上；气窜时间在 4～6 个周期以内属二级级热干扰，影响吞吐产量 10%～20%；气窜时间在 7～10 个周期以内属三级热干扰，影响吞吐产量 10%以下；大于 10 个周期不易热干扰，影响吞吐产量少。根据吞吐井实际周期轮次，吞吐注汽时原则上应将所有气窜关联井划分为一个组合吞吐区，但实际计算表明，某一吞吐井的气窜关联井相对较多，往往达到 10 口井以上，受现场锅炉注汽能力限制，难以满足同时注汽，为此，按热干扰级别对组合分区进一步细化，气窜时间早、影响产量大的关联井优先组合，实施组合蒸汽吞吐，组合井数一般控制在 2～4 口。细化组合分区后，矿场可操作性更强。

## 5 应用实例

王庄油田坨 82 块为受构造控制的层状普通稠油油藏，埋深 1150～1260 m，地层条件原油黏度 1000～6900mPa·s，油层厚度 6～12m，平均孔隙度 34.4%，平均渗透率 $1380×10^{-3}\mu m^2$，渗透率突进系数 0.6～2.3，2004 年开始热采开发，目前大部分井处于第五周期，部分井已发生气窜，整体采出程度 18.2%。

以该块 2X16 井与 2CPX17 井为例，地层条件原油黏度 6200mPa·s，井间渗透率突进系数 1.7，注汽压力 14MPa 左右，距离 149m，平均井底流压 8.1MPa，井间压力梯度 0.0406MPa/m，利用该预测模型计算 2X16 井与 2CPX17 井间气窜时间为 2.9 个周期，现场 2X16 井于 2012 年底进行第三周期吞吐注汽时，2CPX17 井井口温度由之前的 40℃上升至 113℃，产液量由 22.8t/d 上升至 32.5t/d，含水由 62.4%突升至 95.1%，表现出明显的气窜现象，导致该井日产油由 8.6t/d 降至 1.6t/d，严重影响产量。从 2X16 井与 2CPX17 井矿

场动态情况表明，与井间气窜时间预测结果吻合较好。

利用井间气窜时间预测方法计算了坨 82 块东区各吞吐井与周围邻井间气窜时间如图 5 所示。为清晰说明利用气窜时间进行组合蒸汽吞吐区的划分，气窜时间大于 10 周期的井间关系未标注。图 5a 为现场注汽锅炉能够满足 10 口井同时注汽，可将坨 82 块东区有气窜关联的 10 口井划分为一个组合蒸汽吞吐区，图 5b 为现场注汽锅炉无法满足 10 口井同时注汽，按井间气窜时间早晚将吞吐井细分为 3 个不同的组合蒸汽吞吐区。如组合区二的 2X16、2CPX17、2X18、3－19 四口井气窜发生时间在 2.9～5.3 个周期，针对 2X16 井第三周期注汽与 2CPX17 井气窜问题，2X16 井第 4 周期与 2CPX17 井实施组合蒸汽吞吐，开井后，2CPX17 井含水稳定在 70%左右，周期产量增加 150 吨，油气比提高 0.05；根据对各井气窜时间的预判，2CPX17 井第 5 周期与 2X18、3－19、2X16 井进行组合，实施组合蒸汽吞吐后 2X18、3－19 井井口温度保持在 42℃～45℃，避免了气窜的发生，提高了热利用率，日产油量比上一周期分别提高 0.7 t/d、1.2t/d。根据以上思路，实现了稠油吞吐单元组合蒸汽吞吐的科学分区，达到吞吐井间气窜后治理和防止气窜的效果。2015 年低油价以来，胜利油田共实施组合吞吐 465 个井组，1320 井次，平均单井周期增油 97 吨，提高油气比 0.04，保障 450 万吨效益稳产。

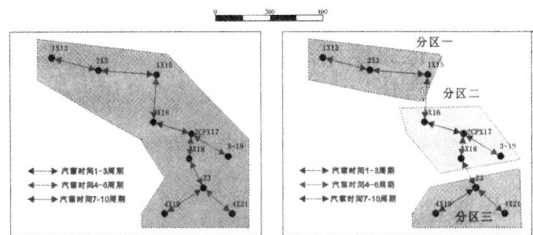

a.锅炉满足 10 口井同时注汽　b.锅炉无法满足 10 口井同时注汽

图 5　坨 82 块组合蒸汽吞吐分区图

## 6 结　论

(1)单因素影响分析表明，吞吐井间气窜时间随透率突进系数、井间压力梯度、原油黏度和油层厚度的增大而缩短。

(2)对吞吐井间气窜时间影响由大到小依次为渗透率突进系数、井间压力梯度、原油黏度、油层厚度，其中渗透率突进系数和井间压力梯度的影响显著，而油层厚度的影响非常小。

(3)采用多元非线性回归方法建立吞吐井间气窜时间的预测方法，实例验证计算结果与矿场

实际情况吻合性较好;通过气窜时间和热干扰级别建立了组合蒸汽吞吐的分区方法,实现气窜防治理结合,应用简单方便,可操作性强,效果明显,能够满足矿场应用需要。

## 参 考 文 献

[1] 陈月明.注蒸汽热力采油[M].东营:中国石油大学出版社,1996:63-82.

[2] 刘喜林.稠油开采技术[M].北京:石油工业出版社,2005:23-56.

[3] 张红玲,刘慧卿,王晗,等.蒸汽吞吐气窜调剖参数优化设计研究[J].石油学报,2007,9(6):105-108.

[4] 张勇,孙玉环,孙旭东.杜84断块超稠油蒸汽吞吐气窜机理分析及防窜措施初探[J].特种油气藏,2002,9(6):31-35.

[5] 刘广友.孤东油田九区稠油油藏化学蒸汽驱提高采收率技术[J].油气地质与采收率,2012,19(3):78-81.

[6] 周燕.弱边水普通稠油油藏蒸汽吞吐转氮气泡沫辅助蒸汽驱技术界限[J].油气地质与采收率,2009,26(3):68-70.

[7] 郑家朋,东晓虎,刘慧卿,等.稠油油藏注蒸汽开发气窜特征研究[J].特种油气藏,2012,19(6):72-75.

[8] 杨胜利,耿立峰.多井整体蒸汽吞吐在超稠油开采中的初步应用[J].特种油气藏,2002,9(6):16-18.

[9] 徐家年,冯国庆,任晓,等.超稠油油藏蒸汽吞吐稳产技术对策研究[J].西南石油大学学报,2007,29(5):90-93.

[10] 任勇,孙艾茵,刘蜀知.稠油出砂侵蚀模型的建立[J].新疆石油地质,2005,26(4):414-416.

# 胜一区沙二1-3非均相复合驱先导试验矿场实践

## 张云鹏

（中国石化胜利油田分公司胜利采油厂）

**摘　要**　胜坨油田历经50年的开发，目前已进入近极限含水开发阶段，采出程度高，综合含水高。1998年以来，采油厂先后开展了11项化学驱先导试验及推广项目，Ⅱ类聚驱后油藏非均相复合驱技术在胜一区沙二1-3取得突破后，正实施技术推广。非均相复合驱矿场实施主要在项目组统一领导下，厂院一体化协同，精细方案研究、优化项目投资、强化跟踪调整、加强过程管理，确保非均相复合驱在Ⅱ类聚驱后油藏实现技术突破。矿场实践表明，非均相复合驱技术可以大幅提高Ⅱ类聚驱后油藏采收率。下步要进一步发挥技术优势，扩大推广应用规模；同时，要深化Ⅲ类油藏技术攻关，保障资源有序接替，为采油厂较长时间内保持效益稳产做出积极贡献。

**关键词**　化学驱；油藏；注聚；非均相

## 1　胜采厂化学驱基本概况

### 1.1　采油厂三采资源状况

胜利采油厂三采资源储量2.99亿吨，其中油藏条件较好的Ⅱ类油藏0.77亿吨，Ⅲ-1类油藏0.27亿吨，Ⅲ-3类油藏1.94亿吨（表1）。

**表1　胜利采油厂化学驱资源分类表**

| 高温高盐油藏类型 | | 地层温度 ℃ | 地层水矿化度 $10^4$mg/L | 钙镁离子含量 mg/L | 地层原油黏度 mPa·s | 地质储量 $10^4$t | 已注聚储量 $10^4$t | 类型单元 |
|---|---|---|---|---|---|---|---|---|
| Ⅰ类 | | ≤70 | ≤1.0 | ≤200 | ≤70 | / | / | / |
| Ⅱ类 | | 70~80 | 1.0~2.0 | 200~400 | <150 | 7717 | 5298 | 一区沙二1~3、二区沙二1~2 |
| Ⅲ类 | Ⅲ-1(低温高盐高钙镁型) | 70~80 | 2.0~3.0 | >400 | <150 | 2703 | 787 | 二区东三4、二区东三5、三区东三 |
| | Ⅲ-2(低温高盐高粘型) | 70~80 | 1.0~3.0 | >200 | 150~1000 | 104 | / | 坨11南 东二 |
| | Ⅲ-3(高温高盐高钙镁型) | 80~95 | 3.0~10.0 | >400 | <150 | 19354 | 1371 | 二区沙二段下油组，三区沙二段上、下油组 |
| 合计 | | | | | | 29878 | 7456 | / |

1998年以来，先后开展了11项化学驱先导试验及推广项目，累增油265万吨，提高采收率4.8%。其中，Ⅱ类聚驱后油藏非均相复合驱技术在胜一区沙二1-3取得突破后，正实施技术推广（表2）。

表 2 胜坨采油厂三采项目实施情况表

| 资源分类 | 阶段分类 | 序号 | 项目 | 化学驱类别 | 时间 | 设计提高采收率% | 累增油 10⁴ t | 已提高采收率% | 累计吨聚增油 t/t |
|---|---|---|---|---|---|---|---|---|---|
| Ⅱ类 | 后续 | 1 | 胜一区沙二 1-3 先导 | 聚合物 | 98.4-01.9 | 6.5 | 73.3 | 6.7 | 104.7 |
| | | 2 | 胜一区沙二 1-3 扩大 | 聚合物 | 02.3-09.8 | 6.3 | 98.4 | 5.6 | 44.2 |
| | | 3 | 胜二区沙二 1-2 后续 | 聚合物 | 05.3-08.12 | 4.3 | 35.2 | 2.0 | 26.6 |
| | | 4 | 胜二区沙二 1-2 二元驱 | 二元驱 | 09.1-17.12 | 11.9 | 14.3 | 2.9 | 10.2 |
| | 正注 | 1 | 胜一区沙二 1-3 聚后复合驱 | 非均相 | 16.1- | 7.2 | 10.0 | 2.0 | 23.8 |
| Ⅱ类合计 | | | | / | / | / | 231.2 | 3.8 | / |
| Ⅲ-3类 | 后续 | 1 | 坨11南注聚区 | 交联+聚合物 | 05.8-09.12 | 5.4 | 1.45 | 0.7 | 6.5 |
| | | 2 | 坨28沙二 7-8 注聚区 | 聚合物 | 11.5-15.2 | 6.1 | / | / | / |
| | | 3 | 胜二区沙二3泡沫区 | 泡沫驱 | 14.7-15.11 | 6.1 | / | / | / |
| | | 4 | 胜二区沙二8³⁻⁵注聚区 | 聚合物 | 14.1-16.12 | 8.9 | / | / | / |
| Ⅲ-1类 | 正注 | 1 | 胜二区东三4聚合物驱 | 聚合物 | 12.11- | 6.1 | 32.8 | 7.6 | 28.7 |
| | | 2 | 胜二区东三5二元复合驱 | 二元驱 | 18.08- | 8.1 | 0.45 | 0.1 | 2.3 |
| Ⅲ类合计 | | | | / | 2158 | / | 33.2 | 7.6 | / |

## 1.2 采油厂三采增油状况

2016 年以来,非均相复合驱增油规模持续上升,确保采油厂年连续 5 年三采增油规模保持 11 万吨(图 1)。

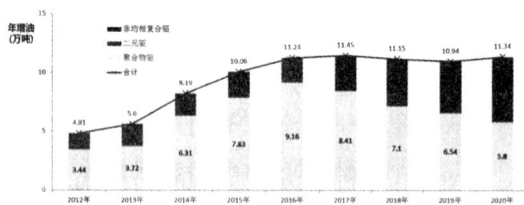

图 1 采油厂化学驱年三采增油柱状图

## 1.3 先导试验实施背景

2010 年,孤岛油田中一区 Ng3 Ⅰ类聚驱后油藏非均相复合驱取得成功,提高采收率 8.5%,为Ⅱ类聚驱后油藏大幅提高采收率树立了信心。

经过与孤岛油田油藏条件对比后发现(表 3),胜坨油田Ⅱ类油藏具有"三高一强"的特点。地层温度在 75℃~80℃,比孤岛油田高出 5℃~10℃;

地层水矿化度相比高出 3 倍;地层水矿化度高和非均质性强,从而使得非均相复合驱技术在胜坨油田面临新的挑战。

表 3 油藏条件对比表

| 油藏参数 | 胜一区沙二 1-3 | 孤岛中一区 Ng3 |
|---|---|---|
| 地下原油黏度 mPa·s | 10~40 | 46.3 |
| 油层有效厚度 m | 8 | 14.2 |
| 空气渗透率 10⁻³μm² | 2360 | 2589 |
| 渗透率变异系数 | 0.72 | 0.54 |
| 注入水矿化度 mg/L | 22100 | 8120 |
| Ca²⁺、Mg²⁺含量 mg/L | 163 | 129 |
| 地层温度℃ | 75 | 70 |
| 综合含水% | 97.2 | 98.2 |
| 采出程度% | 35.9 | 52.3 |
| 注聚总量 PV·mg/L | 371 | 446 |

按照"先易后难、能复制、易借鉴、可推广"原则,2015年,优选胜一区沙二1—3单元东部开展Ⅱ类聚驱后油藏非均相复合驱先导试验,该单元含油面积3.8km²,覆盖地质储量502万吨,目前含水97.2%,采出程度35.9%。设计注入井15口,受效油井33口(图2)。

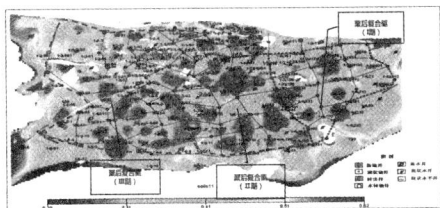

图2 胜一区沙二1—3聚后非均相复合驱井网部署图

## 2 非均相复合驱矿场实施主要的做法

在项目组统一领导下,厂院一体化协同,精细方案研究、优化项目投资、强化跟踪调整、加强过程管理,确保非均相复合驱在Ⅱ类聚驱后油藏实现技术突破。

### 2.1 精细方案研究,提升源头设计质量

在方案设计阶段,全面深化精细油藏地质研究,提高设计适配性;精细剩余油的描述,提高体系针对性;注重注采流线调整,发挥协同增效作用;个性配产配注优化,均衡油藏平面流场;精细分注射孔设计,扩大纵向波及系数;强化地面系统配套,满足注入质量要求六项研究,紧抓关键节点,找准油藏需求,大幅提升方案设计质量。

#### 2.1.1 精细油藏地质研究,提高设计适配性

在油藏构造、沉积、砂体展布、岩性、隔夹层、储层非均质和三维建模精细油藏描述研究基础上,深化聚合物驱油后油藏储层时变规律及微观孔喉结构特征研究,发现注聚后孔隙度、渗透率都有相应增大(图3),根据PPG颗粒粒径与孔喉配伍关系曲线(图4),确定PPG最佳尺寸为20~50目,提高驱油剂与地层的配伍性。

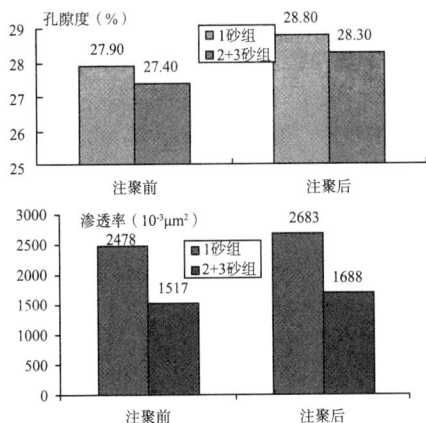

图3 注聚前后储层参数时变特征图

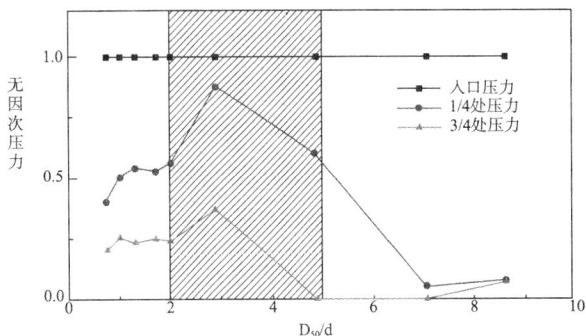

图4 PPG颗粒粒径与孔喉配伍关系曲线

#### 2.1.2 精细剩余油描述,提高体系针对性

综合利用密闭取心井、动态监测和数值模拟等手段,明确剩余油平面普遍分布、层内顶部富集和层间差异大的分布规律(图5),优选"聚合物＋PPG＋表活剂"驱油体系,配套分层注聚,确保剩余油高效动用。

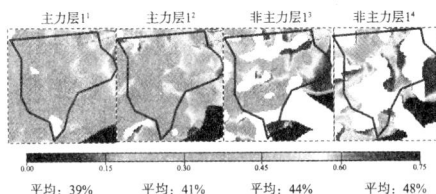

图5 试验区各小层剩余油分布图

#### 2.1.3 注重注采流线调整,发挥协同增效作用

基于注聚前后剩余油变化特征认识,充分利用老井,通过转注、抽稀和零散新井等,建立流线转变20°~60°的注采井网,有效规避注聚主流线和水井间,强化次流线和油井间剩余油动用,实现转变流线、提高动用(图6)。

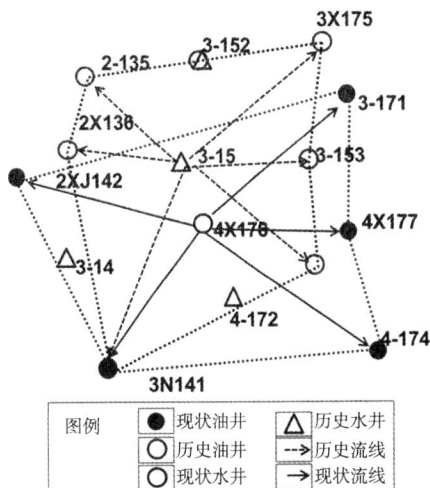

图6 转流线井网调整示意图

#### 2.1.4 个性配产配注优化,均衡油藏平面流场

利用数模多方案对比,开展配产配注研究,确定最佳注入速度0.07PV/年(图7)和注采比1.0(图8),将单元产液级差由8.8优化至1.9,实现控强扶弱、均衡驱替。

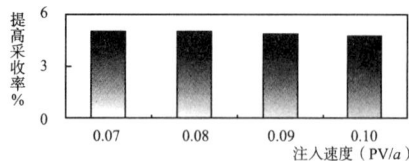

图7 注入速度优化柱状图

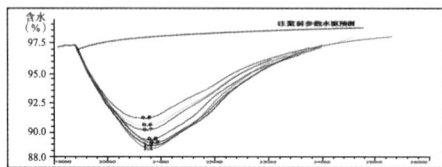

图8 注采比优化曲线

**2.1.5 精细分注射孔设计,扩大纵向波及系数**

综合考虑层间渗透率级差(图9)、层间吸水状况(图10)和隔层厚度等因素,根据分层注聚井筛选原则,即层间物性差别大(渗透率级差>2);层间吸水差异大(每米吸水指数>1.5);层间隔层发育良好(h>2m),利用同心双管工艺(图11),实施分层注聚,确保水井实现应分尽分。

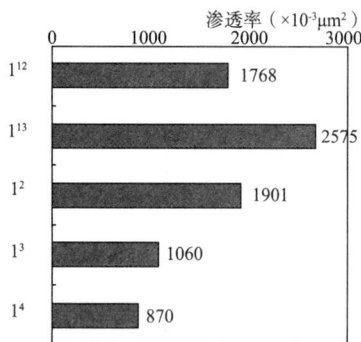

图9 分小层渗透率柱状图

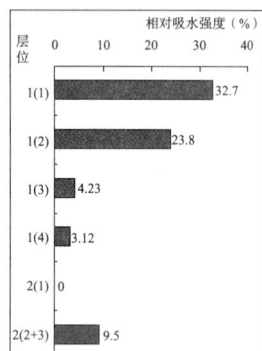

图10 分小层吸水强度柱状图

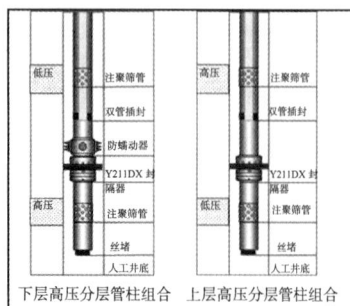

图11 分层注聚管柱图

在精细剩余油和隔夹层研究的基础上,优化油井最佳射开程度36%,水井最佳射开程度90%,既保障水井注入能力,又规避层内高耗水层带影响,有效提高驱油剂层内波及效率(图12、表4)。

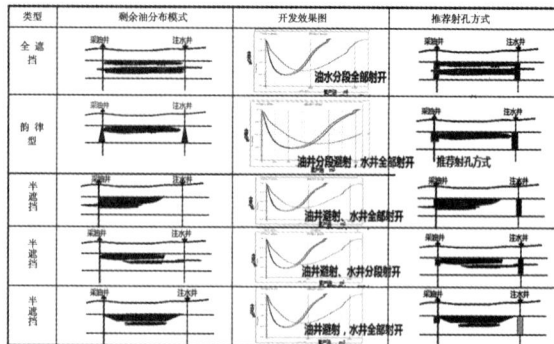

图12 化学驱油水井射孔方式优化(概念模型)

表4 实际油水井射孔统计表

| 井别 | 井号 | $1^1$层厚度(m) | 射孔厚度(m) | 射孔比例(%) |
|---|---|---|---|---|
| 油井 | ST1－2X597 | 7.9 | 2.8 | 35.4 |
| | ST1－2X179 | 8.4 | 3.2 | 38.1 |
| | ST1－3－171 | 6.8 | 2.5 | 36.8 |
| | ... | | | |
| | 合计(27口) | 7.7 | 2.8 | 36.8 |
| 水井 | ST1－2X176 | 7.2 | 6.5 | 90.3 |
| | ST1－2X196 | 7.4 | 6.6 | 89.2 |
| | ST1－3－152 | 8.4 | 7.5 | 90.4 |
| | ... | | | |
| | 合计(15口) | 7.6 | 6.9 | 90.8 |

**2.1.6 强化地面系统配套,满足注入质量要求**

通过非均相复合驱注入压力论证,优化配套高压注入系统(20MPa),保障全部水井正常注入,避免高压井治理造成的黏度下降和成本上升。一区1－3复合区注聚前平均油压为10.6MPa,经过两级段塞注聚后,该单元目前平均注入压力15.4MPa,其中15.5MPa以上注入井7口(压力上升5.4MPa),若采用常规注入系统(16MPa),将无法保证正常注入。

通过研究油田产出水中铁离子对聚合物黏度影响,铁离子与聚合物发生反应,导致黏度大幅下降(图13),优化"曝氧除铁＋精细过滤"地面流程,确保注入质量满足方案设计要求(图14)。

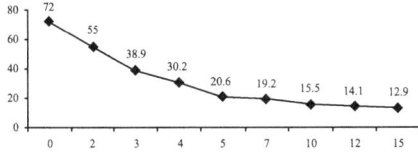

图 13 铁离子对聚合物黏度影响曲线

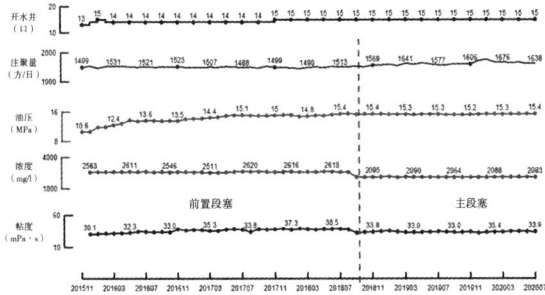

图 14 一区沙二 1-3 聚后非均相复合驱注入曲线

在深化六项研究和驱油体系研究的基础上，最终确定方案设计两级段塞注入，注入井 15 口、受效井 33 口，采用清配污注，注入速度 0.07 PV/年，预计提高采收率 7.6%（最终达到 50.9%），累积增油 37.9×10⁴ t，当量吨聚增油 20.1t/t（图 15）。

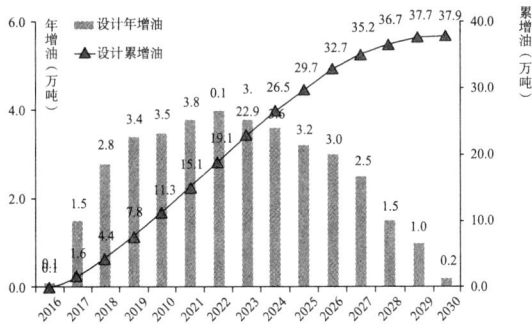

图 15 年增油预测曲线

## 2.2 强化跟踪调整,确保全程优质高效

在方案精细设计和严格执行的基础上，还要根据动态变化和出现问题进行及时调整，边认识、边实践，确保方案初期促效引效、高峰期全面见效。

### 2.2.1 控引结合调流线,提高整体见效率

针对局部流线不均衡造成的见效不均匀，实施"控（主流线）、引（次流线）"结合（图 16），均衡注采流线，加快非主流线油井见效，抑制主流线油井含水回返，实现整体见效。

例如，ST1-4X215 井区（图 17），在数模指导下，通过对次流线提液引效，主流线降液抑窜取得了较好的效果，日增油 10.6t，含水下降 3.92%。

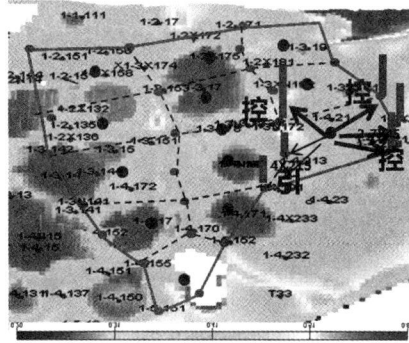

→ 主流线 → 次流线 ■ 日产液50t

图 16 1-3 复合驱 11 层剩余油饱和度图

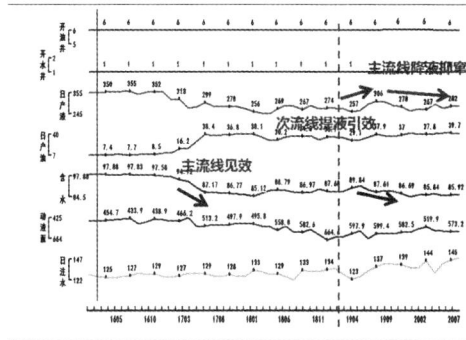

图 17 ST1-4X215 井区开发生产曲线

### 2.2.2 内提外压抑水侵,促进边部油井见效

针对外围水驱造成的西部边井见效慢，按照"内提外压"思路，外围注采比由 1.02 降至 0.63，内部注采比由 1.03 提高至 1.12（图 18），同时配套外围水井大段塞调剖，减缓外围水侵影响（图 19）。累计促进边部见效 5 口井，日产油上升 21.8t。

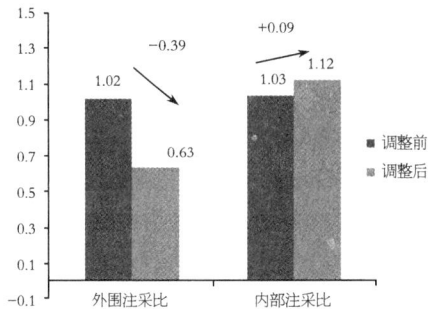

图 18 调整前后注采比变化图

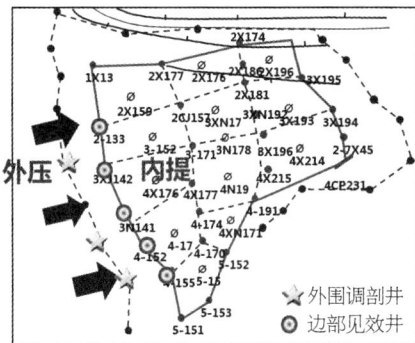

图 19 一区沙二 1-3 非均相复合驱井网图

**2.2.3 及时更新套坏井,保持井网完整性**

针对套坏油水井,坚持"随发现随更新"的原则,保持井网完善。项目投注以来,累计更新2油1水(表5),注采对应率长期保持99%以上,确保复合驱储量高效动用。

表5 套坏油水井更新统计表

| 类别 | 老井井号 | 套款类型 | 发现套坏时间 | 新井井号 | 更新时间 |
|---|---|---|---|---|---|
| 油井 | ST1—2X181 | 套管错段 | 2018.1 | ST1—2X179 | 2018.6 |
| | ST1—3X195 | 防砂管柱无法打捞 | 2018.9 | ST1—2X597 | 2019.2 |
| 水井 | ST1—5—15 | 套管浅部缩颈 | 2016.4 | ST1—5XN15 | 2016.12 |

**2.2.4 油水联动控窜聚,延长油井见效期**

针对平面窜聚含水回返井,利用数模跟踪,搞清窜聚方向;结合见聚浓度变化,实施油水井联动的"两步法"调整(第一步水井调剖＋油井降液,第二步油井提液),实现油井由"V型"回返变"W型"回返。

**2.2.5 适时开展层间接替,提高非主力层动用**

投注初期(0～0.15PV),非主力层与主力层合注合采,潜力无法有效发挥。注聚中后期(＞0.15PV),利用报废井侧钻、套变井大修,建立矢量注采井网;结合数模跟踪,优化措施时机,确保层间接替、高效开发。

**2.3 加强过程管理,保障方案实施效果**

在运行管理方面,重点强化制度建设、运行管理、过程控制、动态监测和攻关研究5个方面,保障方案高质量运行和实施。

**2.3.1 加强管理制度建设,保障运行规范有序**

在聚合物驱的基础上,考虑非均相复合驱特殊性,完善了停关井、外检、投料、校粉、化验和交接班等全流程相关制度、规范,使每个过程、每项操作都有规可循、有章可依。

**2.3.2 加强项目运行管理,保障方案高效实施**

通过"旬、月、季"三级例会制度,强化非均相复合驱注入质量管理、动态跟踪调整和宏观规律掌控,确保项目有序开展。旬度会以现场设备、运行等问题为主,强化注入质量管理,制定应急工作量。主要参加部门为技术管理部、地质所、工艺所、管理区;月度会以生产动态分析为主,发现和

解决存在问题,开展动态跟踪调整,统一协调运行。主要参加部门为技术管理部、地质所、工艺所、管理区;季度会以油藏动态分析为主,掌控宏观开发规律,方案调整,制定项目季度注采调整和综合调整方案等。参加部门为油气开发管理中心、勘探开发研究院、采油厂。

**2.3.3 加强注入过程管理,确保驱替段塞质量**

细化"药剂、配制、三标"全过程管理节点,充分发挥三采项目季度评比、配注质量优胜杯评比两个平台的推动作用,提升注入质量。项目投产以来,井口黏度、浓度合格率一直保持98%以上(图20)。

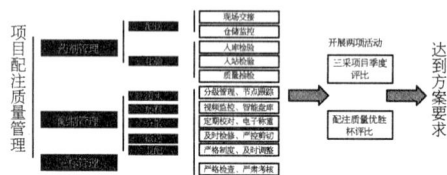

图20 流程图

**2.3.4 加强动态监测管理,精准指导注采调整**

项目年均动态监测110井次以上(方案设计95井次),监测技术类型包括注聚剖面监测、注聚井压降监测、指示曲线监测、示踪剂和饱和度监测,搞清平面流线分布状况、层间吸聚状况和剩余油运移规律,为方案跟踪调整提供决策依据。

**2.3.5 加强专题攻关研究,解决现场技术难题**

针对注聚质量提升、见效机理研究和促效对策研究等重点问题,强化攻关研究,先后完成局、厂级课题4项,发表论文3篇,获集团公司《规模增加经济可采储量》二等奖1项,为项目运行提供了有力的技术支撑。

**2.3.5.1 方案实施进展及效果**

胜一区沙二1—3聚后非均相复合驱实施方案,2016年1月正式投注,2018年9月转主段塞,截至2020年7月底,累计注入0.284PV,完成总方案63.1%(表6)。已累计见效井32口(图21),见效率88.9%,整体处于见效高峰期,目前日产油144.2t,对比注聚前增加102.4t,综合含水下降6.9%。通过强化方案设计、跟踪调整和运行管理,目前综合含水90.2%,与方案设计含水基本持平。预计2020年底累增油12.0万吨,高于同期方案设计0.7万吨。实现胜一区沙二1—3非均相复合驱见效情况与方案设计一致的良好效果。

表 6　一区 1－3 聚后非均相复合驱实施进展表

| 段塞 | | 段塞尺寸(PV) | 注入液量(10⁴m³) | 聚合物 | | B－PPG | | 表活剂 | | 注入时间(d) |
|---|---|---|---|---|---|---|---|---|---|---|
| | | | | 浓度(mg/L) | 用量(t) | 浓度(mg/L) | 用量(t) | 浓度(%) | 用量(t) | |
| 前置段塞 | 设计 | 0.15 | 136 | 1700 | 2600 | 900 | 1300 | / | / | 974 |
| | 实际 | 0.15 | 136 | 1782 | 2578 | 845 | 1149 | / | / | 974 |
| 主体段塞 | 设计 | 0.30 | 260 | 1400 | 2687 | 700 | 1616 | 0.35 | 10770 | 1551 |
| | 实际 | 0.13 | 114 | 1459 | 1680 | 691 | 787 | 0.35 | 4786 | 638 |
| 合计 | 设计(总) | 0.45 | 396 | 1579 | 5287 | 795 | 2916 | 0.35 | 10770 | 2525 |
| | 完成(总) | 0.284 | 250 | 1681 | 4258 | 820 | 1936 | 0.35 | 4786 | 1612 |

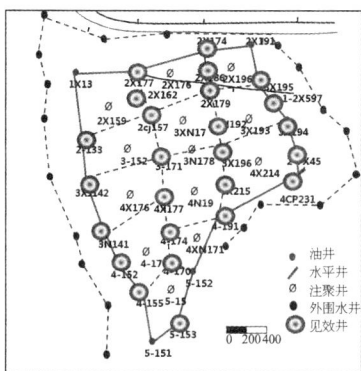

图 21　1－3 聚后非均相见效井分布图

## 3　部署安排非均相复合驱的潜力单元

矿场实践表明,非均相复合驱技术可以大幅提高Ⅱ类聚驱后油藏采收率。下步要进一步发挥技术优势,扩大推广应用规模;同时,要深化Ⅲ类油藏技术攻关,保障资源有序接替,为采油厂较长时间内保持效益稳产做出积极贡献。

### 3.1　加快Ⅱ类油藏非均相复合驱推广

#### 3.1.1　"胜一区沙二 1－3"——推广聚后非均相复合驱Ⅱ期和Ⅲ期

在Ⅰ期成功的基础上,正实施Ⅱ期推广,覆盖地质储量 728×10⁴t,已进入地面建设收尾阶段。对具备投注条件的 7 口井,已实施先期投注,预计 9 月底整体投注。Ⅱ期配套筒仓新技术试验,建成后将大幅提升劳动效率、配注能力和注入质量。规划Ⅲ期覆盖地质储量 1800 万吨,预计 2022 年投注(图 22)。

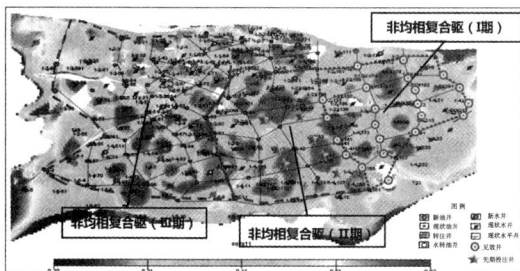

图 22　胜一区沙二 1－3 聚后非均相复合驱井网部署图

采油厂高度重视,要求成立由主管厂长挂帅的项目运行组,过程中强化协调、压实责任、监督到位,全力提高地面建设运行能力。面对疫情影响,积极作为、周密运行,仅用一个月的防疫审批,成为采油厂第一个复工建设项目;面对交叉复杂施工,组织精细论证分析,一次停产完成多项施工内容。(2♯配施工案例:停产 8 小时,完成 5 项 29 小时工作量施工)。截至目前,项目已完成 95% 的地面工作量,新投注 7 口井,配注 840m³/d。预计 9 月底完成设计外增加的筒仓建设,全面投注投注 14 口井。

#### 3.1.2　"胜二区沙二 1－2"——推广聚后非均相复合驱Ⅰ期和Ⅱ期

借鉴一区沙二 1－3 成功经验,在同类油藏二区沙二 1－2 单元,分两期实施非均相复合驱推广,分别覆盖地质储量 1043×10⁴t 和 1340×10⁴t,预计 2021 年和 2023 年投注,提高采收率 7.5% 和 7.2%(图 23)。

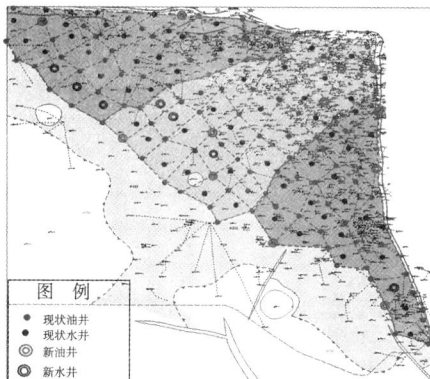

图 23　胜二区沙二 1－2 聚后非均相复合驱井网部署图

### 3.2　开展Ⅲ类油藏非均相复合驱技术攻关

优选坨 28 沙二 1－3 单元南部,编制中石化重大先导试验方案(图 24)。试验区地质储量 290×10⁴t,提高采收率 8.5%,正实施地面建设,预计 2020 年 9 月底投注。技术突破后,可推广 20 个单元,地质储量 1.45 亿吨,增加可采储量 1160

万吨,提高采收率8%。

"十四五"期间,规划实施非均相复合驱技术推广和先导试验项目9个,覆盖地质储量6226万吨,预计2025年三采年增油上升至17.3万吨。(表7)

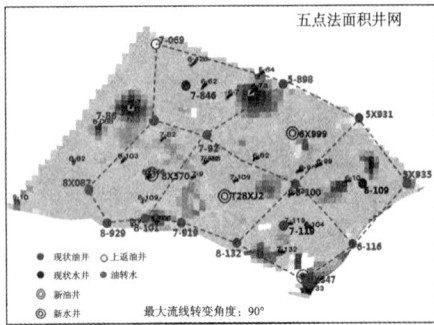

图24 坨28沙二1-3单元先导试验区井网部署图

表7 "十四五"胜坨油田非均相复合驱推广计划表

| 序号 | 项目 | 油藏类型 | 预计覆盖地质储量(万吨) | 预计投注时间 |
|---|---|---|---|---|
| 1 | 一区沙二1-3非均相复合驱三期 | Ⅱ类聚驱后 | 728 | 2020年 |
| 2 | 一区沙二1-3非均相复合驱三期 | | 1800 | 2022年 |
| 3 | 二区沙二1-2非均相复合驱一期 | | 1043 | 2021年 |
| 4 | 二区沙二1-2非均相复合驱二期 | | 1340 | 2022年 |
| 5 | 三区东三非均相复合驱 | Ⅲ-1类水驱后 | 83 | 2022年 |
| 6 | 坨11北东二非均相复合驱 | | 75 | 2021年 |
| 7 | 二区东三4聚后非均相复合驱 | Ⅲ-1类聚驱后 | 435 | 2021年 |
| 8 | 二区东三5聚后非均相复合驱 | | 352 | 2025年 |
| 9 | 坨28沙二1-3非均相复合驱 | Ⅲ-3类水驱后 | 370 | 2020年 |
| 合计 | | | 6226 | |

# 阳离子型水凝胶与聚合物的分子复合

董 雯 李德庆 马宝东 李海涛 李 彬 刘 煜

(中国石化胜利油田分公司勘探开发研究院)

**基金项目** 国家科技重大专项项目"高温高盐油田提高采收率技术"(2011ZX05011)

**摘 要** 以丙烯酰胺(AM)和阳离子单体二甲基二烯丙基氯化铵(DMDAAC)为原料,在交联剂 N,N'－亚甲基双丙烯酰胺和水溶性偶氮引发剂存在的条件下,采用溶液聚合法合成了阳离子型水凝胶。根据高分子间异性电荷静电相吸的分子复合原理,将阳离子型水凝胶溶液与部分水解聚丙烯酰胺溶液复配成复合型聚合物。对复合型聚合物的增黏、耐温、热稳定、耐盐和剪切流变性进行了评价。结果表明,阳离子型水凝胶溶液的加入可以提高 HPAM 溶液的黏度,当阳离子型水凝胶溶液和 HPAM 溶液质量浓度均为 2000mg/L、阳离子度为 5%、体积比为 1:1 时,其增黏效果最好。25 ℃时,在剪切速率为 $170s^{-1}$ 的条件下,黏度由单一 HPAM 溶液的 31.1mPa·s 增加到复合溶液的 46.8mPa·s。研究表明,复合溶液具有良好的耐温、耐盐性能,其热稳定和剪切流变性能也得到了明显的改善。

**关键词** 阳离子型水凝胶;复合聚合物;性能评价

在三次采油技术中,利用聚合物驱进一步提高采收率已获得了显著的效果。但是随着油田开发的继续,所遇特殊油藏越来越多,特别是高温高盐油藏已逐渐成为化学驱的主阵地。使用中发现在一定的无机盐、较高温度和剪切作用下,部分水解聚丙烯酰胺明显降解,水溶液黏度急剧下降[1],而且其排放物易造成环境污染,因此,聚合物驱油剂的盐温增黏问题已成为极具挑战性的世界难题[2]。为了改善聚合物驱油剂的耐温抗盐性,常在聚合物分子中引入少量的离子单体或者增加聚合物的链长[3,4]。但在高矿化度条件下,聚合物受到异性电荷的静电屏蔽作用,分子链卷曲,溶液黏度显著下降;且随着链长的增加,受剪切力的影响增大[5,6]。这些问题均限制了单一聚合物在高温高盐油藏中的应用。

根据高分子间分子复合原理,制备了部分水解聚丙烯酰胺(HPAM)/丙烯酰胺－二甲基二烯丙基氯化铵阳离子型水凝胶分子复合型聚合物。试图通过这两类共聚物阴、阳离子的复合来削弱溶液中异性电荷对聚合物分子的静电屏蔽效应,改善聚合物的抗盐性能[7,8],并对其耐温、抗剪切性能进行评价。

## 1 实验部分

### 1.1 实验药品

所用的实验药品见表1。

**表1 主要实验药品**

| 药品名称(产品代号) | 纯 度 | 生产厂家 |
|---|---|---|
| 丙烯酰胺(AM) | 化学纯 | 国药集团化学试剂有限公司 |
| 二甲基二烯丙基氯化铵(DMDAAC) | 工业级 | 淄博天德精细化工有限公司 |
| 部分水解聚丙烯酰胺 | 工业级 | 广州宇洁化工有限公司 |
| 过硫酸铵 | 分析纯 | 上海爱建试剂厂有限公司 |
| 偶氮引发剂 | 工业级 | 上海西宝生物科技有限公司 |
| 乙二胺四乙酸(EDTA) | 分析纯 | 山东淄博开发区三威化工厂 |
| 氮气 | 普氮 | 山东省半导体研究所特种气体厂 |
| N,N'－亚甲基双丙烯酰胺(MBA) | 化学纯 | 上海试剂二厂 |
| 氯化钠 | 分析纯 | 山东莱阳市双双化工有限公司 |

### 1.2 实验方法

#### 1.2.1 阳离子型水凝胶的合成

称取一定质量的 AM 和 DMDAAC 单体加入三颈瓶中,加入交联剂 N,N'－亚甲基双丙烯酰胺(MBA)、偶氮引发剂,加水到一定质量,将溶液搅拌混匀。通氮气 10～15min,加入过硫酸铵溶液。在氮气保护下,体系进行交联,待反应液变稠至一定程度后,将反应体系在 50℃ 下密封 6～10h,生成的聚合体即为阳离子型水凝胶。

阳离子度定义为阳离子聚合物大分子链上含阳离子链节占总链节的比例,也即阳离子侧基链节的质量占整个大分子链的质量的比例,以百分数表示。可由下式计算阳离子度:

$$D = \frac{C}{m} \times 100\%$$

式中,$D$ 为阳离子聚丙烯酰胺的阳离子度,%;$C$ 为阳离子链节质量,g;$m$ 为聚合物质量,g。

### 1.2.2 复合溶液的配制

将水解度为 10.80%～37.02% 的部分水解聚丙烯酰胺溶解在蒸馏水中,配制成质量浓度为 2000mg/L 的部分水解聚丙烯酰胺溶液 A;将合成的阳离子型水凝胶烘干、粉碎,室温下放入蒸馏水中吸水 24 h 后,用胶体磨将其磨成胶态体系,并配成质量浓度为 2000mg/L 的阳离子型水凝胶溶液 B;于室温搅拌下将溶液 B 逐渐加入到溶液 A 中,搅拌均匀后得到部分水解聚丙烯酰胺/丙烯酰胺－二甲基二烯丙基氯化铵阳离子型水凝胶复合溶液,pH 为 6～9。其结构示意图如图 1 所示。

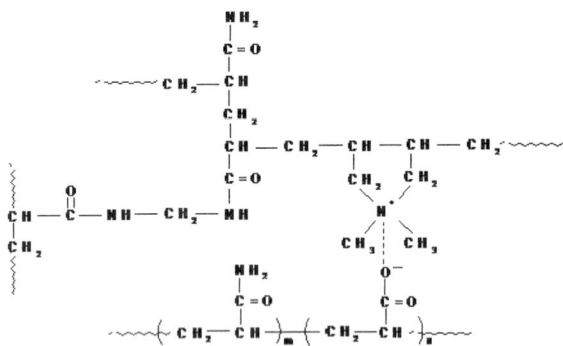

图 1　含有异性电荷的复合物结构示意图

通过溶液黏度测定可以表征复合溶液的形成及其增黏效果。

## 2　结果与讨论

### 2.1　阳离子型水凝胶的阳离子度对复合溶液增

将质量浓度为 2000mg/L 的阳离子型水凝胶溶液与质量浓度为 2000mg/L 的部分水解聚丙烯酰胺溶液在体积比为 1∶1 的条件下混合,改变阳离子型水凝胶的阳离子度,配制成不同的聚合物复合溶液,25℃条件下测量剪切速率为 170s⁻¹ 时的表观黏度,并与同条件下 2000mg/L 的阴离子聚丙烯酰胺溶液和 2000mg/L 的阳离子水凝胶溶液的黏度进行比较,实验结果如图 2 所示。

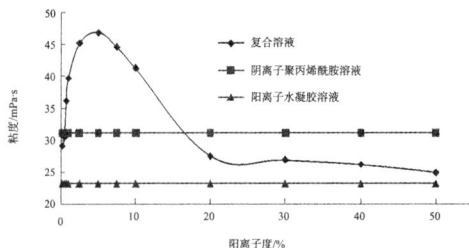

图 2　阳离子度对复合溶液黏度的影响

由图 2 可以看出,复合溶液的黏度随着阳离子度的增加,先增加后减小,且复合溶液的黏度远高于阳离子型水凝胶溶液的黏度,当阳离子度增加到 0.75% 时复合溶液的黏度达到 36.1mPa·s,高于部分水解聚丙烯酰胺溶液的黏度,阳离子度增加到 5% 时复合溶液的黏度达到最大值为 46.8mPa·s,之后随着阳离子度的增加,复合溶液黏度减小,阳离子度超过 20% 以后,复合溶液黏度趋于平缓。

前面实验结果表明,在一定的阳离子度范围内复合溶液的黏度远高于两组分溶液的黏度,两种异性电荷聚合物的静电吸引作用起到了效果,达到了增黏的目的。阳离子型水凝胶的阳离子度为 5% 时,复合溶液的黏度最高。

### 2.2　阳离子型水凝胶溶液含量对复合溶液黏度的影响

选用阳离子度为 5% 的阳离子型水凝胶溶液与部分水解聚丙烯酰胺溶液进行混合,其中阳离子型水凝胶与部分水解聚丙烯酰胺的质量浓度均为 2000mg/L,改变复合溶液中阳离子型水凝胶的体积分数,在 25℃ 条件下,剪切速率为 170 s⁻¹ 时,测定复合溶液的表观黏度。

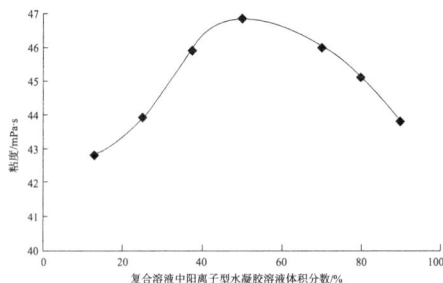

图 3　阳离子型水凝胶溶液所占体积分数对复合溶液黏度影响

由图 3 可知,随着复合溶液中阳离子型水凝胶溶液体积的增加,复合溶液的黏度增加,当阳离子型水凝胶溶液体积分数为 50% 时,复合溶液黏度达到最大值 46.8 mPa·s,但阳离子型水凝胶溶液所占体积分数继续增加时,复合溶液的黏度反而下降。这是因为当少量的阳离子型水凝胶溶液加入到部分水解聚丙烯酰胺溶液中时,部分水解聚丙烯酰胺分子链中仍带有较多的负电荷,分子链保持伸展的构象；而且，适度过量的聚阴离子与周围水分子发生水合作用，故复合溶液黏度升高。当阳离子型水凝胶溶液体积分数大于 50% 时，过多的阳离子减弱了分子链内阴离子的静电斥力，不利于分子链的伸展。而且，过量的聚阳离子导致相分离生成复合沉淀产物，降低了溶液中聚合物的浓度[9,10]，同时由于聚阴离子的减少，削弱了复合溶液的水合作用，故溶液表观黏度下降。

### 2.3 复合溶液的剪切流变性能

将阳离子度为 5%、质量浓度为 2000mg/L 的阳离子型水凝胶溶液与 2000mg/L 的部分水解聚丙烯酰胺溶液按体积比 1:1 混合，得到复合溶液。在 25 ℃条件下，改变剪切速率测量其黏度，在相同条件下，测定组分溶液中黏度较高的部分水解聚丙烯酰胺溶液和胜利三类高温高盐用聚合物溶液黏度，并进行比较，实验结果见图 4。

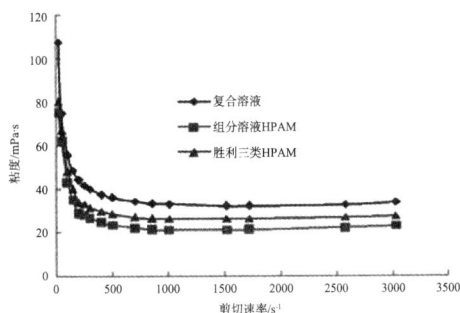

图 4　剪切速率对溶液黏度的影响

由图 4 可见，复合溶液和另外两种溶液的黏度均随剪切速率的增加而减小，先是急剧减小，剪切速率大于 $500s^{-1}$ 后，黏度随剪切速率的增加变化很小。这主要是因为随着剪切速率的增加，这 3 种溶液分子的有序性增加，分子之间的作用力减小，流动阻力减小，导致黏度降低，降低到一定程度趋于平稳[11,12]。但是在相同的剪切速率条件下，复合溶液的黏度高于组分溶液中黏度高的溶液——部分水解聚丙烯酰胺溶液和胜利三类高温高盐用聚合物溶液，这说明复合溶液中高分子间异性电荷静电吸引力随着剪切速率的增大没有被完全破坏，仍起着较大的提高溶液黏度的作用。故复合溶液有较好的剪切流变性能。

### 2.4 复合溶液的耐温及热稳定性

将阳离子度为 5%，质量浓度为 2000mg/L 的阳离子型水凝胶溶液与质量浓度为 2000mg/L 的部分水解聚丙烯酰胺溶液按体积比为 1:1 进行混合，得到复合溶液。在剪切速率为 $170s^{-1}$ 的条件下，改变温度，测定复合溶液、同浓度的部分水解聚丙烯酰胺溶液和胜利三类高温高盐用聚合物

溶液的黏度，实验结果见图 5。

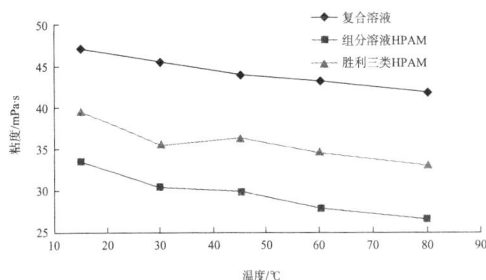

图 5　温度对溶液黏度的影响

由图 5 可以看出，在所测的温度范围内，复合溶液、组分溶液和胜利三类高温高盐用聚合物溶液的黏度均随温度的升高而减小，这是因为温度升高，分子运动加剧，破坏了大分子链间的相互作用。其中，复合溶液黏度下降的幅度为 11%，组分溶液黏度下降幅度为 21%，胜利三类高温高盐用聚合物溶液黏度下降幅度为 16%。由此可以看出，复合溶液黏度随温度升高而下降的幅度低于另两种溶液，且在 80℃条件下，复合溶液的黏度仍能保持到 41.8 mPa·s，远高于另外两种溶液，表现出较好的耐温性。

将复合溶液、同浓度的部分水解聚丙烯酰胺溶液和胜利三类高温高盐用聚合物溶液在 80℃条件下恒温，测定其热稳定性。在剪切速率 170 s$^{-1}$，温度 80℃条件下测定溶液的黏度，实验结果见图 6。

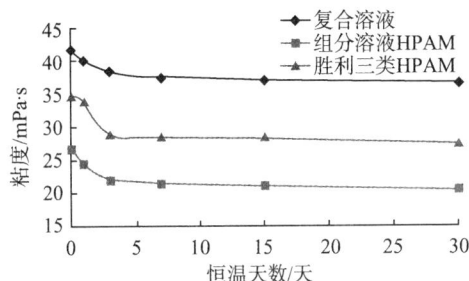

图 6　恒温时间对溶液黏度的影响

由图 6 可以看出，复合溶液、同浓度的部分水解聚丙烯酰胺溶液和胜利三类高温高盐用聚合物溶液的黏度均随恒温时间的增加而减小，先是急剧减小，恒温 7d 后黏度趋于平缓。但复合溶液黏度远高于同浓度的另两种溶液的黏度，且减小的幅度小于同浓度的聚丙烯酰胺溶液，恒温 30d 后，复合溶液的黏度为 36.6 mPa·s，黏度保留率为 88%，同浓度的另外两种溶液的黏度保留率均低于 80%。故复合溶液的热稳定性能优于组分溶液中黏度较高的部分水解聚丙烯酰胺溶液和胜利三类高温高盐用聚合物溶液。

## 2.5 复合溶液的抗盐性

将阳离子度为5%,质量浓度为2000mg/L的阳离子型水凝胶溶液与2000mg/L的部分水解聚丙烯酰胺溶液按体积比为1∶1进行混合,得到复合溶液。改变复合溶液、组分溶液中黏度较高的部分水解聚丙烯酰胺溶液和胜利三类高温高盐用聚合物溶液的矿化度,在剪切速率为170 s$^{-1}$,25℃条件下测量其黏度,并在同条件下对其黏度进行比较,实验结果见图7。

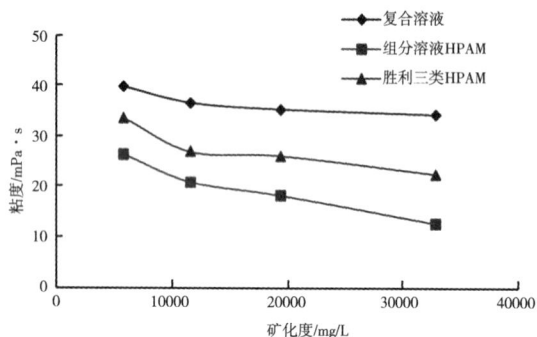

图7 矿化度对溶液黏度的影响

由图7可以看出,3种溶液的黏度均随矿化度的增加而减小,但减小幅度不同。当矿化度从5800 mg/L增加到32868 mg/L时,复合溶液的黏度降低幅度为14.3%,同浓度的部分水解聚丙烯酰胺溶液黏度降低幅度为51.9%,胜利三类高温高盐用聚合物溶液黏度降低幅度为33.1%。由此可以看出复合溶液黏度减小的幅度小于同浓度的另外两种溶液,说明复合溶液具有较好的抗盐性能。

在纯水溶液中,高分子离子间的静电相斥作用强,分子链伸展,黏度较高,加入小分子电解质后,高分子离子的电荷被部分中和,静电斥力减弱、分子链卷曲,导致黏度下降[13,14]。而复合溶液中阴、阳离子的复合削弱了溶液中异性电荷对聚合物分子的静电屏蔽效应,改善聚合物的抗盐性能;另一方面,复合溶液还可使极性基团包裹在复合物结构内部,从而减弱分子表面电性,有利于提高溶液的抗盐性。

## 3 结 论

(1)阳离子型水凝胶溶液的加入可以提高部分水解聚丙烯酰胺溶液的黏度,当阳离子型水凝胶的阳离子度为5%、阳离子和阴离子溶液质量浓度均为2000mg/L,体积比为1∶1时,其增黏和抗盐效果最好,25℃时在剪切速率为170s$^{-1}$的条件下黏度由单一HPAM溶液的31.1mPa·s增加到复合溶液的46.8 mPa·s。

(2)复合溶液中阴、阳离子的复合削弱了溶液中异性电荷对聚合物分子的静电屏蔽效应,改善了聚合物的抗盐性能;在80℃,浓度均为2000 mg/L的条件下,复合溶液的黏度仍能保持到41.8 mPa·s,比组分溶液中黏度较高的部分水解聚丙烯酰胺溶液的黏度高出15 mPa·s左右,同时也高于胜利三类高温高盐用聚合物溶液的黏度,表现出较好的耐温性。且复合溶液的热稳定性、剪切流变性也明显优于同条件下的另外两种溶液。

### 参 考 文 献

[1] 张跃军,顾学芳.二甲基二烯丙基氯化铵与丙烯酰胺共聚物的研究进展[J].精细化工,2002,19(9):521-527.

[2] 张健,张黎明,李健,等.无机盐对水溶液中两性离子聚合物分子线团尺寸的影响[J].油田化学,1998,15(2):105-108.

[3] 范宏,陈卓.淀粉/DMDAAC-AM接枝共聚物的合成及表征[J].高分子材料科学与工程,2002,18(5):62-65.

[4] 沈丽.新型阳离子聚合物NCP的合成及应用[J].钻井液与完井液,2006,23(3):54-56.

[5] 淡宜,王琪.聚(丙烯酰胺-丙烯酸)/聚(丙烯酰胺-二甲基二烯丙基氯化铵)分子复合型聚合物驱油剂的增黏作用[J].高等学校化学学报,1997,18(5):818-822.

[6] 马江波,王志坚,尚晓峰,等.一种新型水溶性增粘剂的研究[J].沈阳航空工业学院学报,2000,17(4):24-26.

[7] 李蔚萍,魏平方,向兴金.新型增粘剂GFZ的性能评价[J].精细石油化工进展,2004,5(10):22-24.

[8] 王冬梅,张秋红,刘建梅,等.酸液稠化剂TP-1的合成及性能[J].石油钻采工艺,2005,27(增刊):64-67.

[9] He Qin Gong, Gu Da Zhi. Polymer Materials Used for Oilfield Exploration[M]. Beijing: Petroleum Industry Press, 1990:179.

[10] 张健,张黎明,李卓美,等.耐盐增粘剂HCMC的研究[J].石油与天然气化工,2000,29(2):80-82.

[11] 阎云.超分子聚合物:自组装的高分子[J].大学化学,2009,24(5):1-6.

[12] 钟传蓉,邓俊,罗平亚,等.离子型疏水缔合共聚物的分子复合[J].石油学报(石油加工),2009,25(1):78-83.

[13] 罗坤,尹静波,陈红丹,曹田,陈学思.高分子复合物的研究与应用进展[J].高分子通报,2006,9(1):58-64.

[14] 徐辉,曹绪龙,石静,孙秀芝,李海涛.新型物理交联凝胶体系性能特点及调驱能力研究[J].石油与天然气化工,2018,47(1):69-73.

# 高温高盐普通稠油油藏复合驱技术研究

石　静　郭淑凤　于　群　严　兰　王红艳

(中国石化胜利油田分公司勘探开发研究院)

**摘　要**　胜利油田孤岛油田东区为典型的高温高盐普通稠油油藏,为提高化学驱油体系的耐温性、抗盐性和增黏性,研究了新型复合驱油体系。根据聚合物驱水油黏度比与提高采收率的关系,确定了聚合物的合理黏度;利用动态界面张力分析,研究了驱油体系各组分之间的相互作用。实验结果表明,油藏条件下分子质量为 $2200×10^4$ 的超高分子质量聚丙烯酰胺可满足驱油要求;石油磺酸盐(SLPS)与烷醇酰胺类非离子表面活性剂(GD-1)复配能大幅度提高体系的界面活性和抗钙能力;复合驱配方为 0.18%聚合物+0.2% SLPS+0.2% GD-1,室内提高采收率17.4个百分点。

**关键词**　提高采收率;普通稠油;复合驱;界面张力;先导试验

## 1　引　言

化学驱是中国注水开发油田提高采收率的重要手段,胜利油田化学驱资源丰富,但油藏受地层温度、地层水矿化度、二价离子含量、原油黏度高等因素影响对化学驱油体系的耐温性、抗盐性、增黏性提出了更高要求[1-3]。胜利油田于2003年在孤岛油田东区开展了国内首例低浓度表面活性剂—聚合物二元复合驱先导试验,取得了明显的矿场应用效果[4-7]。自2007年以来,二元复合驱技术在胜利油田进行了工业化推广应用,二元复合驱技术已成为胜利油田化学驱的主导技术[8,9]。目前,胜利油田适合化学驱的Ⅰ、Ⅱ类油藏已全部覆盖,高温、高盐Ⅲ-1类普通稠油油藏石油地质储量为 $2.05×10^6$ t。由于稠油黏度高,水油流度比差异大,水驱指进现象严重,平均水驱采收率仅为15.5%。孤岛油田东区地面原油黏度为1500～3000mPa·s,地层温度为71℃,注入水的总矿化度为7156mg/L,$Ca^{2+}$、$Mg^{2+}$含量为230mg/L,是典型的高温、高盐普通稠油油藏。以孤岛油田东区 Ng3-4 单元作为先导试验区开展高温高盐普通稠油油藏复合驱技术攻关,是该类油藏经济高效提高原油采收率迫切需要解决的问题。

## 2　实验方法与试剂

### 2.1　实验试剂

石油磺酸盐(SLPS),胜利油田中胜公司生产,有效物质含量为34%;非离子表面活性剂(GD-1),山东东营远大公司生产,有效物质含量为50%;超高分子质量聚丙烯酰胺,山东东营长安化工集团生产,活性成分为90.3%,水解度为24.4%,分子质量为 $22×10^6$;氯化钙,分析纯,天

津化学试剂有限公司。

实验用油为孤岛东区 3-025 井脱水原油,实验用水为孤岛 15-2 站过滤污水。

### 2.2　实验方法

石油磺酸盐质谱扫描:利用 Waters Quattro micro API 液质联用仪对石油磺酸盐质荷比进行连续扫描,从而得到石油磺酸盐质谱图。

黏度测定:用清水配制 5000mg/L 聚合物母液,然后用污水稀释成不同浓度的聚合物溶液,利用 Physica MCR301 流变仪测定溶液黏度,剪切速率为 7.34 $s^{-1}$,实验温度为71.0℃。

界面张力测定:采用 TX500C 型旋转滴界面张力仪测定油水动态界面张力曲线,油水体积比约为1∶200,转速为 5000r/min,实验温度为71.0℃。

物理模拟实验:70℃下水驱至含水率为95%,转注不同化学驱配方 0.3 倍孔隙体积,再转后续水驱至含水率为100%结束。

## 3　高温、高盐稠油油藏二元复合驱油体系设计

### 3.1　聚合物优选

流度比是影响采收率的主要因素,对于地下原油黏度较高的普通稠油油藏,通过提高驱替液黏度可较大幅度改善流度比,从而提高采收率[10-14]。利用物理模拟和数值模拟方法,研究了普通稠油油藏聚合物驱水油黏度比与提高采收率的关系(图1)。由图1可知,当水油黏度比为0.150时,数值模拟提高采收率为7.0个百分点;当水油黏度比为0.508时,提高采收率为13.0个百分点;当水油黏度比为0.150～0.508时,提高采收率幅度较大;当水

油黏度比大于 0.500 时,提高采收率增幅不明显,经济效益变差,因此,普通稠油油藏实施聚合物驱的合理原油黏度比区间为 0.150～0.500。孤岛油田东区 50℃地面脱气原油黏度为 1500～3000mPa·s,地下原油黏度为 50～96mPa·s,驱替液的有效黏度需要达到 14.4mPa·s 以上。

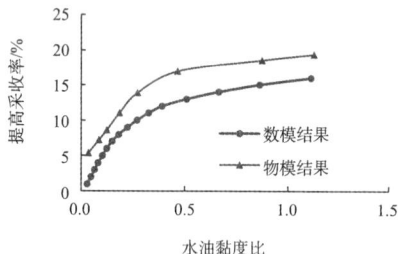

图 1 聚合物驱水油黏度比与提高采收率关系

对常规聚丙烯酰胺(分子质量为 1500×10⁶)、超高分子质量聚丙烯酰胺(分子质量为 22×10⁶)的耐温性能进行了研究(图 2),实验温度为 45℃～85℃,聚合物的浓度为 1500mg/L。由图 2 可知,随着温度升高,两种类型聚合物溶液的黏度均呈下降趋势,但相同温度下超高分子质量聚丙烯酰胺的黏度是常规聚丙烯酰胺的 2 倍以上,表明超高分子质量聚丙烯酰胺与常规聚丙烯酰胺相比有更好的耐温性能。

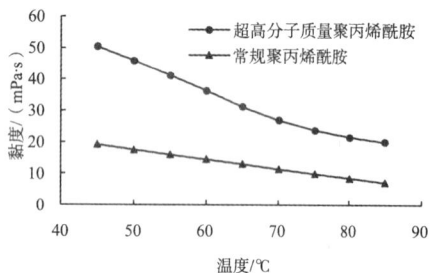

图 2 不同类型聚合物的黏度与温度的关系

两种聚合物在孤岛东区 Ng3－4 单元的油藏条件下(71.0℃)的增黏性能评价结果见表 1。由表 2 可知,浓度为 1800mg/L 的常规聚丙烯酰胺溶液黏度为 20.3mPa·s,而超高分子质量聚丙烯酰胺在相同浓度条件下,黏度为 45.0mPa·s。在矿场实施过程中,聚合物溶液经过炮眼剪切后,实际有效黏度通常是配注黏度的 1/3,由此折算浓度为 1800mg/L 的超高分子质量聚丙烯酰胺的有效黏度为 15.0mPa·s,能满足孤岛油田东区化学驱黏度的要求。实验结果表明,通过提高聚合物分子质量和提高聚合物的使用浓度,能实现流度控制的目的,且超高分子质量聚丙烯酰胺与常规聚丙烯酰胺相比具有较好的增黏性能。

表 1 不同类型聚合物黏度－浓度关系数据

| (mg·L⁻¹) | 超高分子质量聚丙烯酰胺的黏度 (mPa·s) | 常规聚丙烯酰胺的黏度 (mPa·s) |
|---|---|---|
| 500 | 8.0 | 4.5 |
| 1000 | 14.0 | 7.2 |
| 1500 | 26.8 | 11.3 |
| 1800 | 45.0 | 20.3 |
| 2000 | 62.3 | 28.2 |
| 2300 | 89.2 | 45.2 |
| 2500 | 110.0 | 58.3 |

### 3.2 表面活性剂体系优化

#### 3.2.1 石油磺酸盐优化

磺酸盐是目前应用最为广泛的驱油用表面活性剂,特别是石油磺酸盐(SLPS)与原油适应性好,在胜利油田得到了工业化推广[15-17]。在孤岛油田东区油水条件下,室内测试了矿场用的单一石油磺酸盐产品,活性剂溶液与该区块原油的油水界面张力较高,因此,需要对石油磺酸盐结构进行优化调整。孤岛油田东区原油属于稠油油藏,其胶质沥青质等重质组分含量较高,分子质量明显高于常规稀油,因此,对石油磺酸盐的调整方案为增加 SLPS 中的大分子质量成分,降低小分子质量成分。常规油藏用 SLPS 分子质量主要分布为 180～490,平均分子质量为 375,而普通稠油油藏用 SLPS 的平均分子质量为 420,与常规油藏用 SLPS 相比,分子质量为 380～480 的大分子成分增至 40%,分子质量小于 300 的成分降至 30%。图 3 为不同表面活性剂体系复配时间与原油之间的动态界面张力关系。由图 3 可知,优化前 SLPS 的界面张力最低值为 7.4×10⁻² mN/m,优化后 SLPS 的界面张力最低值降至 2.0×10⁻² mN/m,表明优化后的 SLPS 对普通稠油的适应性明显改善。

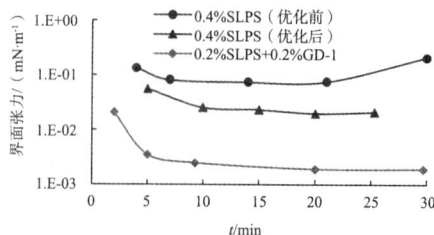

图 3 不同表面活性剂体系复配时间与原油之间的动态界面张力关系

#### 3.2.2 表面活性剂复配体系对界面张力的影响

优化后的 SLPS 可有效降低孤岛油田东区普通稠油的界面张力,但仍达不到超低界面张力的要求。前期研究结果表明,磺酸盐类阴离子表面活性剂的界面效率高,但在油水界面的饱和吸附量低,饱和吸附时界面层内仍存在大量空腔;烷醇酰胺类非离子表面活性剂的界面效率低,但其界面饱和吸附量大,两者之间具有明显的协同增效作用,即选择分子尺寸适当的非离子表面活性剂能楔入阴离子表面活性剂界面层中的空腔,使界面上表面活性剂的吸附总量增大,提高界面活性[18-20]。由图3可知,优化后的SLPS与烷醇酰胺类非离子表面活性剂GD-1按质量比1:1混合后的复配体系,能很快将孤岛东区普通稠油的界面张力降至$1.95 \times 10^{-3}$mN/m,进一步证明表面活性剂复配是增强表面活性剂界面活性的有效途径。

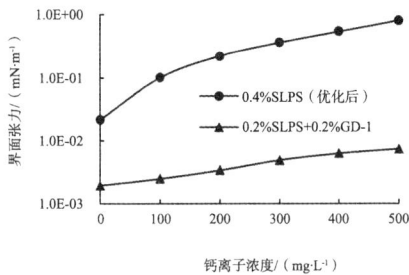

图4 单一SLPS及复配表面活性剂体系的抗钙能力对比

由于孤岛油田东区钙镁离子含量较高,表面活性剂体系的抗钙能力需要提高,加入钙离子后表面活性剂体系的界面张力见图4。由图4可知,单一SLPS抗钙能力有限,随着钙离子浓度增加,单一SLPS的界面张力明显变差,这是由于生成了石油磺酸钙沉淀造成的;0.2%SLPS+0.2%GD-1复配体系随着钙离子浓度增加,油水界面张力从$1.95 \times 10^{-3}$mN/m升至$7.40 \times 10^{-3}$mN/m(钙离子浓度为500mg/L),在实验范围内油水界面张力均能保持超低,表明加入GD-1后复配体系抗钙能力增强,能满足高钙镁油藏的需要。

### 3.3 二元复合驱油体系设计

在聚合物与表面活性剂相互作用研究的基础上开展二元复合驱油体系设计,室内推荐二元复合驱配方为0.18%HPAM+0.2%SLPS+0.2%GD-1,复合体系的黏度为45mPa·s,界面张力为$4.4 \times 10^{-3}$mN/m。表面活性剂对聚合物溶液的黏度基本无影响,而加入超高分子质量聚丙烯酰胺后,油水界面张力仍能达到超低,说明聚合物与表面活性剂的配伍性良好。

利用物理模拟实验评价不同驱油体系的驱油效果。用煤油和孤岛东区3-025井脱水原油配制模拟油,70℃下原油黏度为50mPa·s;用孤岛15-2站过滤污水配制聚合物和表面活性剂溶液;使用石英砂充填的管式模型,长度为30cm,直径为1.5cm,模型气测渗透率为$1500 \times 10^{-3} \mu m^2$。驱油步骤为岩心饱和水、饱和油后,先水驱至含水率为95%,再转注不同配方的化学剂段塞,后续水驱至含水率为100%结束实验。不同配方提高采收率的物理模拟结果见表3。由表2可知:在化学剂注入段塞均为0.3倍孔隙体积时,单一表面活性剂驱提高采收率幅度很小,比水驱提高采收率1.2个百分点;单一聚合物驱比水驱提高采收率12.4个百分点;二元复合驱体系比水驱提高采收率17.4个百分点,二元驱提高采收率幅度优于单一聚合物驱和单一表面活性剂驱的总和;将表面活性剂的用量按价格折算成聚合物的用量,聚合物段塞为0.6倍孔隙体积,单一聚合物驱提高采收率幅度为16.1个百分点,在同等经济条件下,仍然比二元复合驱低1.3个百分点。

表2 不同配方提高采收率的物理模拟实验结果

| 模型编号 | 渗透率<br>($10^{-3} \mu m^2$) | 配方 | 段塞的孔隙<br>体积倍数 | 水驱采收<br>率(%) | 总采收率<br>(%) | 提高采收率<br>的百分点 |
|---|---|---|---|---|---|---|
| 孤岛东区-1 | 1476 | 0.18%HPAM | 0.3 | 33.9 | 46.3 | 12.4 |
| 孤岛东区-2 | 1522 | 0.18%HPAM | 0.6 | 33.8 | 49.9 | 16.1 |
| 孤岛东区-3 | 1485 | 0.2%SLPS+0.2%<br>GD-1 | 0.3 | 33.5 | 34.7 | 1.2 |
| 孤岛东区-3 | 1540 | 0.18%HPAM+0.2%<br>SLPS+0.2%GD-1 | 0.3 | 34.2 | 51.6 | 17.4 |

## 4 结 论

针对孤岛油田东区原油黏度高、注入水矿化度高、钙镁离子高的油藏条件,研发了由超高分子质量聚丙烯酰胺与石油磺酸盐(SLPS)和烷醇酰胺类非离子表面活性剂(GD—1)复配的新型二元复合驱油体系。超高分子质量聚丙烯酰胺在孤岛油田东区油藏条件下具有较好的耐温性和增黏性,SLPS与GD—1复配能大幅度提高复合驱油体系的界面活性和抗钙镁能力。二元复合驱驱油效果明显优于单一聚合物驱,表明将聚合物的扩大波及能力与表面活性剂的洗油能力结合起来,能更大幅度提高稠油油藏的采收率。

### 参 考 文 献

[1]孙焕泉.胜利油田三次采油技术的实践与认识[J].石油勘探与开发,2006,33(3):262—266.

[2]元福卿,李焕臣,张朝启.胜利油区化学驱潜力评价[J].油气采收率技术,2000,7(2):12—15.

[3]张以根,元福卿,祝仰文,等.胜利油区化学驱油技术面临的矛盾及对策[J].油气地质与采收率,2003,10(6):53—55.

[4]WANG Hongyan,CAO Xulong,ZHANG Jichao,et al. Development and application of dilute surfactant—polymer flooding system for Shengli oil field[J]. Journal of Petroleum Science and Engineering,2009,65(1—2):45—50.

[5]曹绪龙.低浓度表面活性剂—聚合物二元复合驱油体系的分子模拟与配方设计[J].石油学报(石油加工),2008,24(6):682—688.

[6]张爱美,曹绪龙,李秀兰,等.胜利油区二元复合驱油先导试验驱油体系及方案优化研究[J].新疆石油学院学报,2004,16(3):40—43.

[7]孙焕泉,李振强,曹绪龙,等.二元复合驱油技术[M].北京:中国科学技术出版社,2007:393—432.

[8]张爱美.孤东油田七区西南二元复合驱油先导试验效果及动态特点[J].油气地质与采收率,2007,14(5):66—68.

[9]康万利.油田化学与提高原油采收率新进展[M].北京:化学工业出版社,2014:2—6.

[10]张宏方,王德民,王立军.聚合物溶液在多孔介质中的渗流规律及其提高驱油效率的机理[J].大庆石油地质与开发,2002,21(4):57—61.

[11]张宏方,王德民,岳湘安,等.利用聚合物溶液提高驱油效率的实验研究[J].石油学报,2004,25(2):55—58.

[12]夏惠芬,王德民,刘中春,等.黏弹性聚合物溶液提高微观驱油效率的机理研究[J].石油学报,2001,22(4):60—65.

[13]沈平平,袁士义,邓宝荣,等.化学驱波及效率和驱替效率的影响因素研究[J].石油勘探与开发,2004,31(增刊1):1—4.

[14]刘玉章.聚合物驱提高采收率技术[M].北京:石油工业出版社,2006:70—71.

[15]岳晓云,楼诸红,韩冬,等.石油磺酸盐表面活性剂在三次采油中的应用[J].精细石油化工进展,2005,6(2):48—52.

[16]王红艳.系列化石油磺酸盐与胜利原油相互作用的研究[J].精细石油化工进展,2006,7(1):15—17.

[17]王建峰.石油磺酸盐在胜利油田稠油开发矿场实验中的应用分析[D].中国海洋大学,2014.

[18]孙焕泉,李振泉,曹绪龙,等.驱油剂加合增效基础研究进展[M].北京:科学出版社,2016:182—188.

[19]严兰.胜利石油磺酸盐及其复配体系抗盐性能研究[J].精细石油化工进展,2012,13(11):17—20.

[20]王红艳,曹绪龙,张继超,等.孤东二元驱体系中表面活性剂复配增效作用研究及应用[J].油田化学,2008,25(4):356—361.

# 复杂河流相油田水平井网智能注采优化技术研究与应用

常会江　马奎前　王少鹏　张宏友　孙广义

(中海石油(中国)有限公司天津分公司渤海石油研究院)

**摘　要**　基于连通性思想与最优控制理论,建立了一种智能注采优化方法。在现有井间连通性模型的基础上,充分考虑水平井渗流规律及河流相油田储层强非均质性的特点,使得计算结果更为精确。在对油田历史动态进行自动拟合反演后,一方面指导对复杂河流相油田水平井间连通性再认识;另一方面建立了油藏最优控制模型,结合优化算法进行快速求解,最大化经济效益的同时,自动获取最优开发注采调控方案。应用该方法在BZ油田进行了矿场试验,实现油田日增油 $200\mathrm{m}^3$,全年累增油 $6.82\times10^4\mathrm{m}^3$,助力油田连续 11 年稳产 $100\times10^4\mathrm{m}^3$。矿场效果与预期基本一致,说明了该方法准确、可靠,对海上油田的高效开发具有重要意义。

**关键词**　复杂河流相;水平井;智能注采优化;动态连通性模型

## 1　引　言

渤海河流相油田储量占比大、产量占比高,是渤海油田上产 3000 万吨的主力军,在稳产 3000 万吨战略中具有举足轻重的地位,且对保障国家能源安全、实现公司高质量发展至关重要[1,2]。河流相油田储层的非均质性强,尤其海上油田井距大,井网稀疏,主要利用地震、测井、沉积等确定储集层构型,进行定性研究储层连通性,更需要结合油藏生产动态进行研究[3,4]。同时以 BZ 油田为代表的河流相油田已进入"双高"开发阶段,且 70% 采用水平井开发,如何进一步立足现有条件,优化注采调整方案,改善注采矛盾,是实现油田稳油控水、提高开发效益的关键。目前国内外学者对于注采结构优化主要采用油藏工程法或数值模拟法[5-7],但该类方法进行人工注水方案优化设计的随机性强,人工设计有限组合的方案往往不是最优的,且数值模拟模拟建立工作烦琐,人工历史拟合过程耗时耗力,优化设计工作量大。另外无法满足油田实时注采调整需求。

连通性认识是油藏描述和注水开发设计的重要基础,基于井间连通性的生产动态预测已在油田开发中得到了一定应用[8,9]。但是目前井间连通性模型主要适用于相对均质、定向井开发油藏,难以适用于水平井开发的复杂河流相油田。针对当前井间连通模型和生产优化存在的问题,笔者提出了一种不依赖于精细建模的快速复杂河流油田水平井网生产优化策略。通过利用当前油水井生产动态信息,并充分利用复杂河流油田的地质信息及储层构型研究结果和考虑水平井渗流特征,改进了一种可模拟油水动态的连通性预测模型。在厘清油水井相互作用规律和连通关系的基础上,实现了对油藏地质特征、井间连通关系、瞬时油水流动的定量认识。基于这些认识,结合最优控制理论,建立了油藏生产最优控制数学模型,可以自动进行注采参数等设计,快速制定注采动态优化决策。

## 2　基于动态连通模型的智能注采分析技术

### 2.1　动态连通性模型的建立与求解

为了便于反映油藏井间的相互作用关系并降低模型复杂性,借鉴 Gherabati 等提出的方法,油藏注采系统进行了简化表征[10],将其看成由一系列井与井之间的连通单元所构成,如图 1 所示。这里的连通单元不再像传统连通性模型中仅局限于注井、采井之间,还可以是生产井之间或者注水井之间,且每个单元都含有两个特征参数:传导率 $(T_{ij})$ 和控制体积 $(V_{pij})$,前者表征单元流动能力,后者反映单元的物质基础。显然传导率越大、控制体积越小,则在相同水驱压差下,该单元越容易突破见水,反之则见水较慢。然后,以连通单元为基础通过物质平衡方程和油—水两相前缘推进理论进行井点压力计算和饱和度追踪,就可以计算出井点处的油水动态指标。

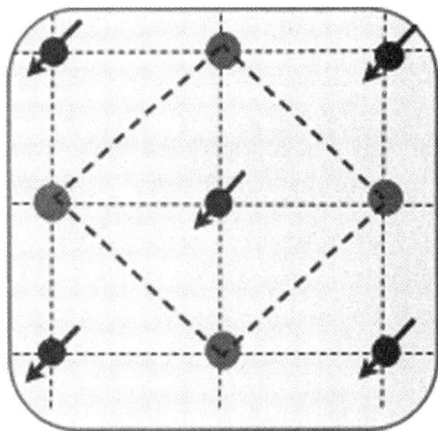

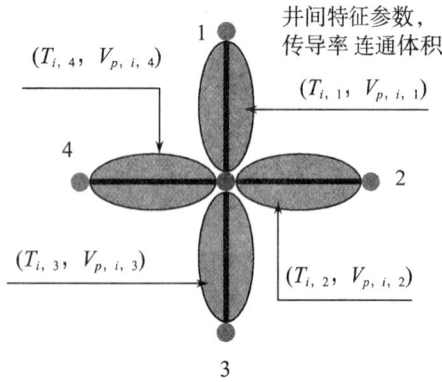

图 1 动态连通性模型建立与简化

### 2.1.1 动态连通性模型的建立

考虑油、水、岩石压缩性,忽略毛细管力、重力作用,以第 i 口井为对象,其油藏条件下物质平衡方程为

$$\sum_{j=1}^{N_W} T_{ij}(t)[p_j(t) - p_i(t)] - q_i(t) = \frac{\mathrm{d}p_i(t)}{\mathrm{d}t} \frac{C_{ti}}{V_{pi}(t)} \quad (1)$$

式中,$N_w$ 为井数;$i$ 和 $j$ 为井下标;$t$ 为生产时间,d;$T_{ij}$ 为第 $i$ 井和第 $j$ 井间的平均传导率,m³·d⁻¹·MPa⁻¹;$p$ 为单井泄油区的平均压力,MPa;$q$ 为单井产液量或注入量,产液为正,注入为负,m³/d;$C_{ti}$ 为单井泄油区的综合压缩系数,MPa⁻¹;$V_{pi}$ 为单井泄油区体积,m³。

上式经过整理和离散得

$$\sum_{j=1}^{N_W} T_{ij}^n p_j^n - p_i^n \sum_{j=1}^{N_W} T_{ij}^n - q_i^n = \frac{p_i^n - p_i^{n-1}}{\Delta t^n} C_{ti}^n V_{pi}^n \quad (2)$$

式中,$n$ 为时间步。根据渗流理论,传导率、连通体积和压缩系数随时间而改变,其可根据上一时刻压力或饱和度进行估算:

$$T_{ij}^n = 11.57 \frac{A_{ij} \lambda_{ij}^{n-1}}{L_{ij}} = T_{ij}^0 \frac{\lambda_{ij}^{n-1}}{\lambda_{ij}^0} \quad (3)$$

$$\begin{bmatrix} p_1^{n-1} \\ p_2^{n-1} \\ \bullet \\ p_{N_W}^{n-1} \end{bmatrix} = \begin{bmatrix} \psi_1 + 1 & -\omega_1 T_{12}^n & \bullet & -\omega_1 T_{1N_W}^n \\ -\omega_2 T_{21}^n & \psi_2 + 1 & \bullet & -\omega_2 T_{2N_W}^n \\ \bullet & \bullet & \bullet & \bullet \\ -\omega_{N_W} T_{N_W 1}^n & -\omega_{N_W} T_{N_W 2}^n & \bullet & \psi_{N_W} + 1 \end{bmatrix} \begin{bmatrix} p_1^n \\ p_2^n \\ \bullet \\ p_{N_W}^n \end{bmatrix} + \begin{bmatrix} \xi_1 \\ \xi_2 \\ \bullet \\ \xi_{N_W} \end{bmatrix}$$

$$(8)$$

通过求解上式即可获得 $n$ 时刻各单井泄油区的平均压力,进而可以得出各井间连通单元内流体流动方向及流量:

$$q_{ij}^n = T_{ij}^n (p_j^n - p_i^n) \quad (9)$$

式中,$q_{ij}^n$ 为 $n$ 时刻的第 $i$ 井和第 $j$ 井间的流速,m³/d。

$$V_{pi}^n = V_{pi}^0 (1 + C_{ti}(p_i^{n-1} - p_i^0)) \quad (4)$$

$$C_{ti}^n = C_r + S_{wi}^{n-1} C_w + S_{oi}^{n-1} C_o \quad (5)$$

式中,$A_{ij}$ 和 $L_{ij}$ 分别为第 $i$ 井和第 $j$ 井间的平均渗流截面积和距离,其单位分别为 m²、m;$T_{ij}^0$、$T_{ij}^n$ 分别为初始时刻和 $n$ 时刻的第 $i$ 井和第 $j$ 井间传导率,m³·d⁻¹·MPa⁻¹;$V_{pi}^0$、$V_{pi}^n$ 分别为初始时刻和 $n$ 时刻第 $i$ 井的控制体积,m³;$\lambda_{ij}^0$、$\lambda_{ij}^n$ 分别为初始时刻和 $n$ 时刻,第 $i$ 井和第 $j$ 井间的流度,10⁻³ μm²·(mPa·s)⁻¹;$C_r$、$C_w$ 和 $C_o$ 分别为岩石、油、水的压缩系数,MPa⁻¹;$S_{wi}$、$S_{oi}$ 分别为第 $i$ 井处的含水和含油饱和度。$\lambda_{ij}^n$ 可采用数值模拟中上游权法[11]由井点处的流度计算。即

$$\lambda_{ij}^n = \begin{cases} \lambda_i^{n-1} = K_{ij} \left( \dfrac{k_{ro}(S_{wi}^{n-1})}{u_{ok}} + \dfrac{k_{rw}(S_{wi}^{n-1})}{u_{wk}} \right), & p_i^{n-1} \geq p_j^{n-1} \\ \lambda_j^{n-1} = K_{ij} \left( \dfrac{k_{ro}(S_{wj}^{n-1})}{u_o} + \dfrac{k_{rw}(S_{wi}^{n-1})}{u_{wk}} \right), & p_i^{n-1} < p_j^{n-1} \end{cases}$$

$$(6)$$

式中,$K_{ij}$ 为第 $i$ 井和第 $j$ 井间平均渗透率,10⁻³ μm²;$\lambda_I$、$\lambda_j$ 分别为第 $i$ 井和第 $j$ 井的流度,10⁻³ μm²·(mPa·s)⁻¹;$S_{wi}$、$S_{wj}$ 分别为第 $i$ 井和第 $j$ 井的含水饱和度;$k_{ro}$、$k_{rw}$ 分别为油、水的相对渗透率;$u_o$、$u_w$ 分别为油、水黏度,mPa·s。

式(2)可以整理成

$$p_i^n - p_i^{n-1} = \omega_i \sum_{j=1}^{N_w} T_{ij}^n p_j^n - p_i^n \psi_i - \xi_I \quad (7)$$

式中,$\omega_i = \dfrac{\Delta t^n}{C_{ti} V_{pi}^n}$;$\psi_i = \omega_i \sum_{j=1}^{N_w} T_{ij}^n$;$\xi_i = \omega_i q_i^n$

$n$ 时刻与 $n-1$ 时刻压力关系可表示为

### 2.1.2 动态连通性模型的求解

得到连通性模型压力分布和井间流量分布后,就可以基于贝克莱前缘理论进行饱和度追踪。连通性模型将油藏划分成一系列连通单元,连通单元内部发生流体流动,连通单元之间也会通过井点相互影响。连通单元内油水流动主要沿着井间最大压降梯度方向,因此连通单元内饱和度追

踪过程可近似为一维油水两相流问题。根据贝克莱水驱油理论，距离注入端任意位置处含水饱和度与累计流量间满足：

$$x = \frac{Q_t}{\varphi A} f'_w(s_w) \tag{10}$$

式中，$\varphi$ 为孔隙度；$A$ 为渗流横截面积，$\mathrm{m}^2$；$Q_t$ 为累积注入量，$\mathrm{m}^3$；$S_w$ 为位置 $x$ 处的含水饱和度；$f'_w(S_w)$ 为水相分流量（含水率）$f_w$ 对 $S_w$ 的导数。

另取一点 $x_u$，其为 $x$ 的上游点，满足 $x_u < x$，则

$$x_u = \frac{Q_t}{\varphi A} f'_w(s_{wu}) \tag{10}$$

式中，$S_{uu}$ 为 $x_u$ 处的含水饱和度。结合上述两式可得

$$x - x_u = \frac{Q_t}{\varphi A}(f'_w(S_w) - f'_w(S_{wu})) \tag{11}$$

定义 $Q_{pv}$ 为从 $x_u$ 流入到 $x$ 的无因次累积流量，即

$$Q_{pv} = \frac{Q_t}{\varphi A(x - x_u)} \tag{13}$$

则上式可简化为

$$f'_w(s_w) = f'_w(s_{uu}) + \frac{1}{Q_{pv}} \tag{14}$$

上式说明，储层某点含水率导数是其上游值加上流入两者间控制单元的无因次累积流量的倒数。得到含水率导数分布后，根据油水相渗数据，可反求含水饱和度分布，也可以获得单井含水率，进行可以快速计算其他指标，如日产油、日产水量、累积产油量和累积产水量。同时该模型也能实时给出注、采井间的流量分配系数，该系数不是一个定值，二是随着工作制度及措施调整把变化，能准确反应注采动态。假设第 $i$ 井为注水井，其与周围油井 $j$ 间的连通系数为

$$\lambda_{ij} = \frac{q_{ij}}{\sum\limits_{j=1}^{n} q_{ij}} \tag{15}$$

该模型具有两个优势：①压力方程求解个数与油藏井数相同，不像传统数值模拟中压力方程的计算与划分网格数有关，因此可以快速求解井节点的压力；②饱和度和动态指标计算都是通过半解析方法，仅利用某井点的上游井点来求解，整个过程快速、稳定，可以采用大步长进行计算。

## 2.2 水平井渗流特征等效表征

针对现有井间连通性模型中将水平井等效为直井无法表征水平井平面线性渗流场的问题，忽略水平段内压力损失，将水平井表征为多个相连

的节点(图 2)，引入产液指数计算得出每个节点注采量后，带入原物质平衡方程即可参数求解，进而精细刻画水平井流动规律。

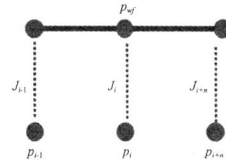

图 2　考虑水平井的连通单元示意图

连通单元生产指数：

$$J_{ijk}^n = \frac{4 T_{ijk}^n \lambda_{ik}^{n-1}}{\lambda_{ijk}^{n-1}(\ln(0.5 L_{ijk}/r_i) + s_i - 0.75)} \tag{16}$$

水平井总生产指数：

$$J_h^n = \sum_{m=1}^{N_{s,h}} \sum_{k=1}^{N_i} \sum_{j=1}^{N_w} J_{mjk}^n \tag{17}$$

水平井节点注采量：

$$WLPR_m = \frac{J_m^n}{J_h^n} \cdot WLPR_h \tag{18}$$

基于此，对比了将水平井等效为直井及水平井模型两种情况下，传导率分布图与含油饱和度(图 3)，二者明显存在差别，另外连通系数也不同，充分说明了水平井表征的重要性。

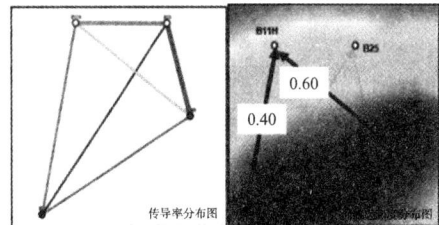

a. 等效直井表征

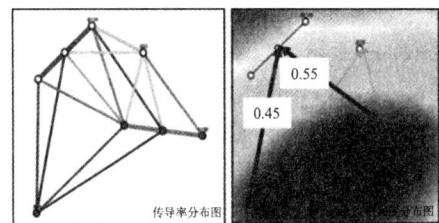

b. 水平井表征

图 3　水平井渗流特征表征结果图

## 2.3 储层非均质等效表征

针对现有井间连通性模型难以表征储层非均质性的问题，通过新增虚拟节点的方法将河流相储层非均质性及地质研究成果精细等效表征到模型中，采用有向图路径搜索算法，快速求解，对动态连通性认识更加精确。

虚拟节点是源汇项产量为 0 的节点，在该节点处物质平衡方程为

$$\sum_{j=1}^{N_W} T_{i,j}(t)[p_j(t) - p_i(t)] = \frac{\mathrm{d}p_i(t)}{\mathrm{d}t} C_{t,i} V_{p,i}(t) \tag{19}$$

虚拟节点增加原则有以下几个。

(1)过路井点：根据过路井点处的物性参数(渗透率、孔隙度、油层厚度)(图 4a 所示)代入传导率和连通体积计算公式进行后续计算；

(2)储层构型内部、边界：根据地质储层研究认识，储层构型内部和边界有不同的物性参数(图 4a 所示)，也将该参数代入传导率和连通体积计算公式进行后续计算；

(3)未井控区域：为完善注采流动关系，在未井控区域新增虚拟节点(图 4b 所示)，然后进行后续计算。

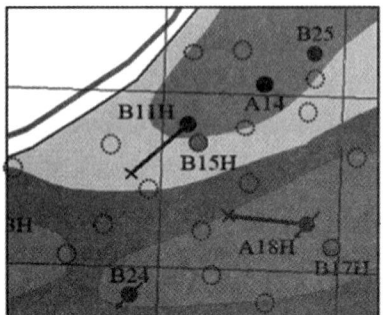

a. 地质参数表征

◯ 过路井节点 ● 构型内部节点 ◯ 构型边界节点

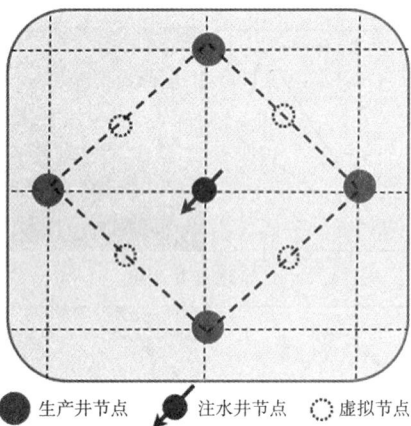

● 生产井节点 ● 注水井节点 ◯ 虚拟节点

b. 完善流动单元表征

图 4 储层非均质性等效表征示意图

基于此，在考虑水平井真实渗流特征的情况下，进一步考虑储层非均质性，从二者的传导率分布图与含油饱和度(图 5)，标准结果明显存在差别，另外连通系数也不同，充分说明了储层非均质性表征的重要性。

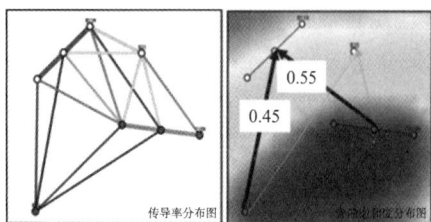

a. 水井井＋均质储层表征

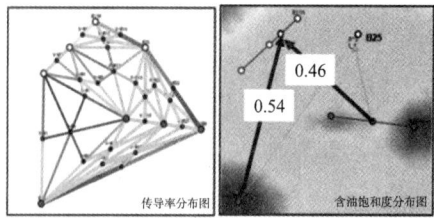

b. 水平井＋非均质储层表征

图 5 储层非均质表征结果图

## 2.4 自动历史拟合及井间连通关系分析

连通性模型可以快速计算油水产出动态，计算结果主要取决于模型各连通单元的特征参数。为使模型计算值和实际动态相吻合，就需要对这些参数进行修正和优化。这是典型的历史拟合问题，其可转化为最优化问题进行求解。此外为保证优化的模型参数符合其实际地质意义，还须加入约束条件(如模型参数值非负、且所有控制体积之和为油藏孔隙体积)。

$$\min F(s) = \frac{1}{2}\left[g(s) - d_{obs}\right]^T C_d^{-1}\left[g(s) - d_{obs}\right],$$
$$s = \left[\cdots, T_{ij}, \cdots, V_{ij}, \cdots\right]^T \quad (20)$$

满足：

$$s \geq 0$$
$$\sum V_{pij} = V_T \quad (21)$$

式中，$F(s)$ 为目标函数；$s$ 为模型参数向量，其包含所有连通单元的传导率和控制体积等参数；$d_{obs}$ 和 $C_d$ 分别为实际动态数据向量及其误差协方差阵；$g(s)$ 为本模型预测动态数据向量；$V_T$ 为油藏总孔隙体积，$m^3$。

由于连通性模型计算较为快速，笔者使用有限差分近似法[12,13]计算 $\nabla F$。在迭代过程中，为了保证反演结果的准确性和提高寻优效率，对于初始模式参数取值(各单元的传导率及控制体积)，可以利用地质认识的井间平均有效厚度和井距的乘积为权重确定各连通单元的控制体积，然后由控制体积、井距和平均渗透率等参数就可以反求连通单元的传导率。

## 3 基于动态连通模型的智能注采优化技术

以历史拟合后的井间连通性模型作为油田动态预测基础，将未来生产时间分为若干控制步，各控制步内油水井的注采参数 $u$ 作为控制变量，考虑油藏实际生产条件约束，以油藏的经济净现值作为性能指标，建立最后控制数学模型为

$$\max J(u,s) = \sum_{n=1}^{L}\left[\sum_{j=1}^{Np}(r_o q_{o,j}^n - r_w q_{w,j}^n) - \sum_{i=1}^{NI} r_{wi} q_{wi,i}^n\right]\frac{\Delta t^n}{(1+b)^{t^n}} \quad (22)$$

约束条件为

$$e_i(u,y,m)=0,i=1,2,\cdots,n_e$$
$$c_j(u,y,m)\leqslant 0,j=1,2,\cdots,n_c$$
$$u_k^{low}\leqslant u_k\leqslant u_k^{up},k=1,2,\cdots,N_u \qquad (23)$$

在上述优化模型,只有与井相关的控制变量 $u$ 可以被操作,而且连通性模型变量 $s$ 不能直接控制。控制变量 $u$ 作为外部因素通过影响 $s$ 相关状态变量影响油藏生产系统的运行状态,进而达到影响经济指标 $J$ 的结果。求解该油藏生产优化问题就是在满足约束条件的同时尽可能地求取最大经济指标以及对对应的控制变量 $u$,可以采用梯度投影法[14-15]进行模型求解。

# 4 矿场应用

渤中 BZ 油田 X 砂体油层平均有效厚度为9.3 m,平均孔隙度 31.1%,平均渗透率 $1236\times10^{-3}$ $\mu m^2$,目前采油井 13 口,注水井 9 口,其中水平采油井 7 口,水平注水井 5 口,基于单砂体不规则井网开发。2019 年 12 月砂体日产液 $1531m^3/d$,日产油 $242m^3/d$,综合含水率 84.2%。整体砂体产液平面产出不均,日产液从 $160m^3/d$ 到 $1000m^3/d$ 不等,单井含水率分布为 45.2%~95.1%,部分井组存在优势通道,注水利用率低,开发效果较差,目前控水稳油难度大。

为了进一步改善改善该砂体开发效果,基于上述研究方法对该砂体动态连通性进行分析,得到动态连通性表征的场图、传导率图、连通体积图、劈分系数图,如图 6 所示,并可以得到连通系数随时间的变化曲线。

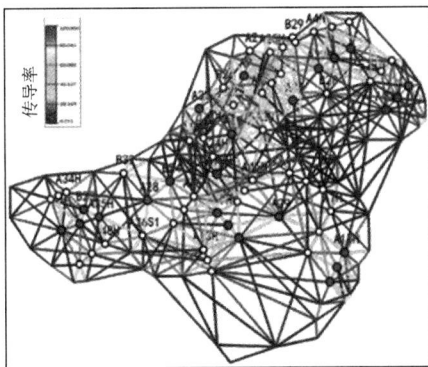

a.X 砂体传导率分布图

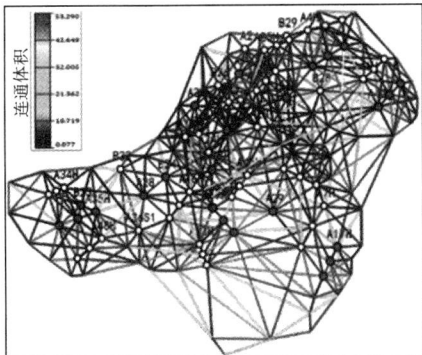

b.X 砂体连通体积分布图

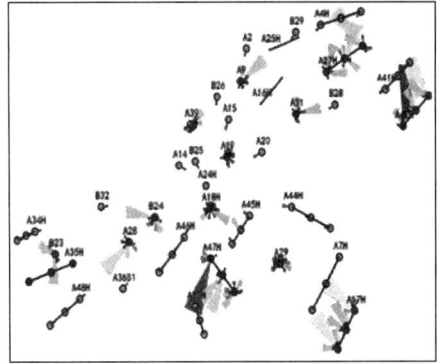

c.X 砂体连通系数分布图

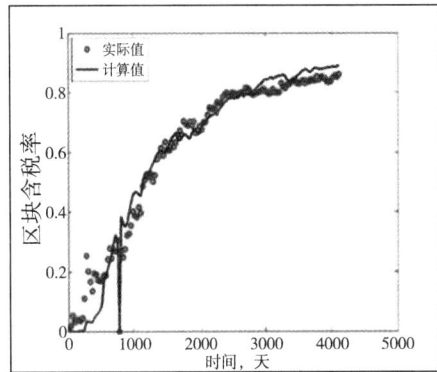

d.X 砂体含水率拟合分布图

图 6 X 砂体动态连通模型分析结果

## 4.1 连通性再认识

根据连通性再认识对先前 B11H 井与 B24、A18H 井间的静态劈分系数进行修正,如表 1 所示,基于新认识对两口注水井注水量调整后,一个月后受益 B11H 井含水率降低 5%,日增油 $20m^3/d$,年增油 $0.36\times10^4 m^3$,取得了显著的效果,如图 7 所示。

表 1 B11H 井组井间连通性新认识

| 井号 | 优化前（静态认识） | | 优化后（动态认识） | | 备注 |
|---|---|---|---|---|---|
| | 连通系数 | 日注水量方/天 | 连通系数 | 日注水量方/天 | |
| B24 | 0.40 | 330 | 0.54 | 450 | 增注 |
| A18H | 0.60 | 840 | 0.46 | 750 | 限注 |
| 合计 | | 1170 | | 1200 | |

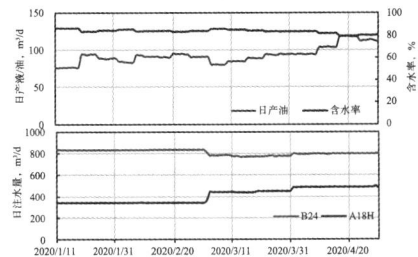

图 7 B11H 井组开采曲线图

## 4.2 注采结构优化

基于海上油田生产特点,在动态连通性认识

的基础上,基于净现值最优对该砂体未来 2 年进行注采优化调整。在方案优化过程中,油价设置 2184 元/bbl,注水成本为 5.56 元/立方米,产水成本为 1.5 元/立方米,对每口注水设置最大及最小注入量为限制条件。优化后,砂体含水率降低 1.0%,累产油增加 $2.3 \times 10^4 \mathrm{m}^3$,净现值增加 3.2 亿元。

2020 年 1 月矿场根据上述方案进行平面注采调整,对 5 口注水井增注、3 口注水井限注、1 口注水井维持目前现状,如图 8 所示。实施后砂体开发效果逐渐变好,目前砂体日增油 $30 \mathrm{m}^3/\mathrm{d}$,并实现全年稳产 $230 \mathrm{m}^3/\mathrm{d}$,实现砂体零递减率,截止 2020 年底累增油 $1.5 \times 10^4 \mathrm{m}^3$,具体效果如图 9 所示。

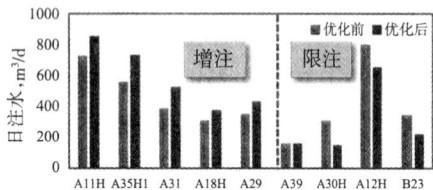

图 8　X 砂体注水井整调整策略

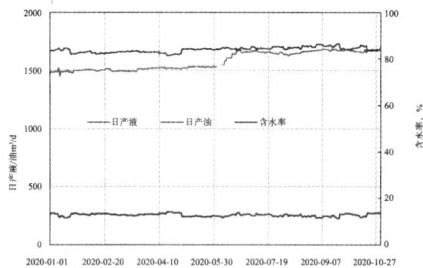

图 9　X 砂体开采曲线图

在上述砂体应用的基础上,并在 BZ 油田其他全面推广应用,全年共实施 217 井次智能流场调整方案,全年累增油 $6.82 \times 10^4 \mathrm{m}^3$,助力油田连续 11 年稳产 100 万方,水驱开发指标持续变好,实现了水平井高效开发,创造了海上河流相油田开发标杆。

## 5　结　论

(1)基于动态连通性模型,考虑水平井及储层非均质性的表征,计算结果更加符合油田实际情况,较好地指导了复杂河流相油田水平井网井间连通性精确的定量认识。

(2)在上述基础上,基于动态连通性模型的生产优化能够在最大化经济效益的同时,自动获取注采方案,实现控水稳油,改善油田开发效果。

(3)基于动态连通性模型所提出的优化方法

实现过程简单,计算快速,可在不依赖于精细地质建模情况下,满足现场快速制定优化开发方案的需求。该方法在 BZ 油田应用,取得全年累增油 $6.82 \times 10^4 \mathrm{m}^3$,助力油田连续 11 年稳产 100 万方的良好效果。

## 参 考 文 献

[1] 张新涛,周心怀,李建平,等. 敞流沉积环境中"浅水三角洲前缘砂体体系"研究[J]. 沉积学报,2014,32(2):260-269.

[2] 郭太现,杨庆红,黄凯,等. 海上河流相油田高效开发技术[J]. 石油勘探与开发,2013,40(6):708-714.

[3] 胡光义,范廷恩,梁旭,等. 河流相储层复合砂体构型概念体系、表征方法及其在渤海油田开发中的应用探索[J]. 中国海上油气,2018,30(1):89-98.

[4] 胡光义,陈飞,范廷恩,等. 渤海海域 S 油田新近系明化镇组河流相复合砂体叠置样式分析[J]. 沉积学报,2014,32(3):586-592.

[5] 康志江,赵艳艳,张允,等. 缝洞型碳酸盐岩油藏数值模拟技术与应用[J]. 石油与天然气地质,2014,35(6):944-949.

[6] 刘晨,孟立新,黄芳,等. 油藏数值模拟技术在复杂断块油藏开发后期的应用[J]. 录井工程 2011,22(2):65-69.

[7] 韩大匡,陈钦雷,闫存章. 油藏数值模拟基础[M]. 北京:石油工业出版社 1999:1-120.

[8] 赵辉,李阳,高达,等. 基于系统分析方法的油藏井间动态连通性研究[J]. 石油学报,2010,31(4):633-636.

[9] 赵辉,康志江,张允,等. 表征井间地层参数及油水动态的连通性计算方法[J]. 石油学报,2014,35(5):922-927.

[10] Gherabati S A,Hughes R G,Zhang Hongchao,et al. A large scale network model to obtain interwell formation characteristics[R]. SPE 153386,2012.

[11] 宋考平,吴玉树,计秉玉. 水驱油藏剩余油饱和度分布预测的函数法[J]. 石油学报,2006,27(3):1-5.

[12] 袁亚湘,孙文瑜. 最优化理论与方法[M]. 北京:科学出版社,1997.

[13] 赵辉,李阳,康志江. 油藏开发生产鲁棒优化方法[J]. 石油学报,2013,34(5):947-953.

[14] 张光澄,王文娟,韩会磊,等. 非线性最优化计算方法[M]. 北京:高等教育出版社,2005.

[15] 孙清莹,段立宁,崔彬,等. 基于简单二次函数模型的非单调信赖域算法[J]. 系统科学与数学,2009,29(4):470-483.

# 渤海稠油油田"双高"阶段流场立体重构提高采收率技术研究

张俊廷　　王公昌　　王美楠　　邓景夫　　王立垒

(中海石油(中国)有限公司天津分公司渤海石油研究院)

**基金项目** "十三五"国家科技重大专项(2016ZX05058001)

**摘　要**　A油田是渤海典型的水驱开发稠油油田,目前油田已经进入高采出程度、高含水率的"双高"阶段,近几年随着含水上升,油田开发效果逐渐变差,亟需探索"双高"开发阶段水驱提高采收率技术。本文以A油田F区为例,开展"双高"开发阶段的基于持续扩大波及系数的流场立体调控技术研究,旨在探索"双高"开发阶段提高水驱采收率的有效技术手段。F区是A油田首个含水突破90%的区块,优势通道发育,含水上升快,生产效果逐年变差,基于此,以持续扩大波及系数为目标,通过扩大平面波及系数和纵向波及系数两个方面改善油田开发效果,提高水驱采收率。首先,基于F区目前地质油藏特征和生产特征,建立纵向波及系数下的井位筛选和层系组合图版,明确平面调控区域、纵向调控层位,持续提高纵向波及系数;其次,通过油藏工程理论、矿场实践与机理研究相结合,优化F区块平面流线转换角度,确定现井网条件下平面波及系数最大化下的流线转变角度。通过以上两方面的研究,在F区块建立流场立体重构试验区,2020年对试验区实施13井次油井开关层、20井次水井分层调配工作,实现了流场立体重构,试验区含水率稳定,日产油量由300方上升至360方,试验区产量实现负递减,扭转了F区生产形势,预计水驱采收率提高2%~4%。基于本文流场立体重构技术的研究及应用,对海上稠油油田"双高"开发阶段提高水驱采收率具有一定的指导和借鉴意义。

**关键词**　"双高"开发阶段;流场立体重构;平面波及系数;纵向波及系数;水驱采收率

## 1　前　言

渤海A油田是典型的水驱开发稠油油田,开发至今已经近30年,油田自投产以来先后经历过综合调整、聚合物驱、调剖堵水、注采结构调整等措施,取得了较好的开发效果。但经过多年的开发,油田已经进入"双高"开发阶段,目前采出程度已达28%,综合含水率达到85%,油田后续稳产难度加大,同时多年的注水开发,部分区块优势渗流通道发育,导致无效水循环加剧,严重影响了油田的注水开发效果。通过对A油田不同区块地质油藏特征和生产特征的分析,选取F区作为目标区开展"双高"开发阶段水驱提高采收率技术研究。F区目前采用行列注采井网注水开发,物源方向与主流线方向一致,且平面上水下分流河道优势相带发育,经过多年的注水开发,平面上注入水主要沿河道优势方向渗流,形成低效水;纵向上层间、层内矛盾突出,受韵律性和重力作用双重影响,注入水在层间沿高渗层渗流,在层内沿底部渗流,形成高渗通道,影响注水开发效果,如图1、图2所示。由于在"双高开发阶段"平面矛盾和纵向矛盾持续加剧,近几年F区开发效果逐渐变差,日产油从2015年1500m³递减至2020年年初510m³,含水率从68%上升至90%,2019年自然递

减率达到15.2%,开发效果逐年变差,亟需开展技术攻关研究,探索"双高"开发阶段提升水驱油田水驱采收率的技术方法。

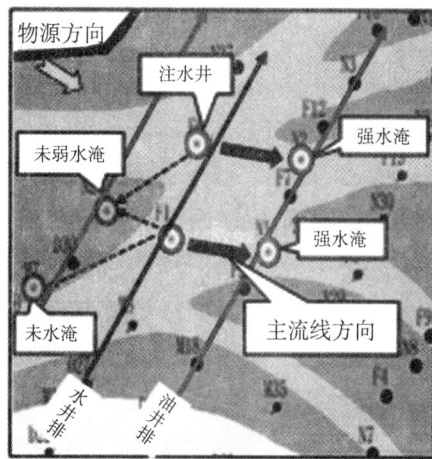

图1　A油田F区沉积微相图

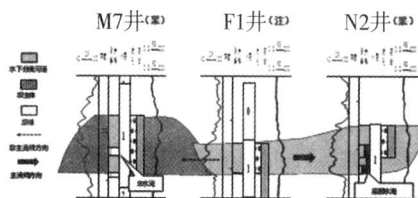

图2　A油田F区注采井连井剖面图

笔者通过调研,目前陆上油田及海上油田针

对处于"双高"开发阶段的水驱油藏,主要围绕"剩余油挖潜"开展研究,如剩余油定量表征及调整井挖潜[1-5]、注采结构调整[6-9]、井网加密[10]、调剖调驱[11 12]、气体吞吐增效[13]、工艺配套技术研究[14]等方面,旨在不断提高波及系数和驱油效率,实现采收率的提高,改善油田开发效果[15]。但目前关于"双高"阶段针对流场立体重构研究相对较少,本文以 F 区为例,纵向上,对 F 区油井纵向波及系数评价基础上,开展纵向细分层系及重组,提高纵向波及,平面上,开展平面流线角度转换研究,在现井网条件下实现平面波及最大化,从而实现流场的立体重构,改变 F 区目前开发效果。也为渤海水驱油藏在"双高"开发阶段进一步提高水驱采收率提供一定指导和借鉴。

## 2 基于纵向波及差异化的纵向波及系数提高方法

### 2.1 考虑采液强度倍数的纵向波及系数方法研究

针对 F 区在高含水开发阶段纵向矛盾逐步突出,亟须开展 F 区油井纵向波及系数评价,明确目前 F 区不同油井纵向波及程度,并制定改善策略。通过调研发现,目前针对纵向波及系数的研究主要基于俞启泰、沈瑞、陈元千等学者[16-19]确定的纵向波及系数计算方法开展研究,计算公式如公式(1)和公式(2)所示:

$$3.3341 E_Z{}^{0.7747}(1-E_Z)^{-1.2258}$$
$$=\frac{(F_{ow}+0.4)(18.948-2.499 V_K)}{(M+1.137-0.8094 V_K)10^{Y(V_K)}} \quad (1)$$

式中,$Y(V_K)=-0.6891+0.8735 V_K+1.6453 V_K^2$;$E_Z$ 为纵向波及系数,无量纲;$F_{wo}$ 为水油比,无量纲;$M$ 为流度比,无量纲;$Y(V_k)$ 为渗透率变异系数 $V_k$ 的函数。

$$E_Z=$$
$$\frac{0.993 f_w}{\left[0.034 M(1-f_w)+\left(0.044\left(\frac{H^2}{K}\right)^{0.556}+1\right)f_w\right]100.014-0.287 V_K+0.789 V_K^2} \quad (2)$$

式中,$H$ 为油层生产厚度,m;$K$ 为渗透率平均值,$m^2$。

公式(1)考虑了储层非均质性,但是未考虑储层厚度影响,公式(2)在考虑储层非均质性基础上考虑了储层厚度的影响,但是没有考虑高含水阶段采液强度提高对纵向波及系数的影响。基于此,为了更能准确评价高含水阶段纵向波及系数的变化,本文在公式(2)基础上,通过开展油藏数

值模拟研究,分析高含水阶段不同采液强度提高幅度对纵向波及系数的影响,并建立了考虑采液强度倍数的纵向波及系数计算公式,如公式(3)所示:

$$E_Z=$$
$$\frac{0.875 f_w+\lambda(x)}{(0.034 M(1-f_w)+(0.044(\frac{H^2}{K})+1)f_w)10^{Y(V_K)}} \quad (3)$$

式中,$Y(V_K)=-0.6891+0.8735 V_K+1.6453 V_K^2$

$$\lambda(x)=-2E-06 x^4+0.0001 x^3-0.0031 x^2+0.0351 x-0.033$$

$$x=\frac{(Q_L/H)_{措施后}}{(Q_L/H)_{措施前}}$$

式中,$\lambda(x)$ 为采液强度倍数的函数;$Q_L$ 为产液量,$m^3/d$;$H$ 为油层生产厚度,m;$K$ 为渗透率平均值,$m^2$。

根据公式(3),结合 F 区不同油井油层生产厚度、渗透率变异系数、含水率、流度、采液强度等参数,计算得到 F 区目前纵向波及系数及不同油井纵向波及系数图版,如图3所示。从图3中可以看出,不同油井纵向波及系数存在一定差异,以 F 区目前整体波及系数作为评价基值,高于基值的油井目前纵向整体波及程度较高,低于基值的油井目前纵向矛盾较突出,纵向波及程度较低,需要进一步改善。其中纵向波及系数较低的油井主要集中在图4的蓝色框图区域,通过纵向波及系数的评价,以该区域纵向波及系数低的油井作为研究目标开展流场立体重构研究。

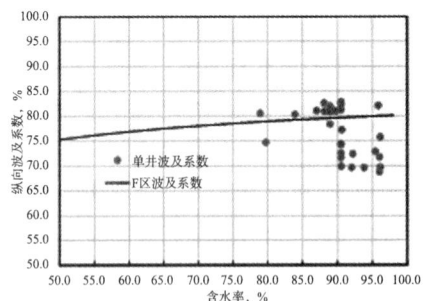

图3 F 区及单井纵向波及系数图版

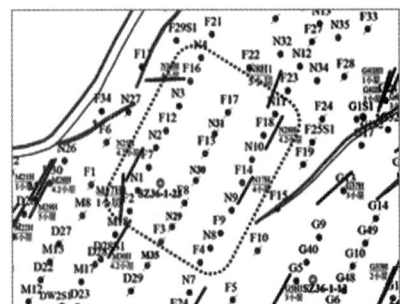

图4 F 区纵向波及系数低的井位分布图

## 2.2 基于提高纵向波及系数的层系重组研究

在纵向波及系数评价基础上，进一步明确了F区纵向调控主要区域为纵向波及程度低区域，基于此，在该区域开展层系细分及重组研究，旨在进一步提高纵向波及系数。通过该区域F7～N3井连井剖面可以看出，纵向上主要划分为4个主力层，分别为1小层、3－1小层、4－2小层和5小层，如图5所示，且各个小层水淹情况存在一定差异，其中1小层和3－1小层水淹程度相对较低，4－2和5小层水淹程度相对较强，如图6所示。

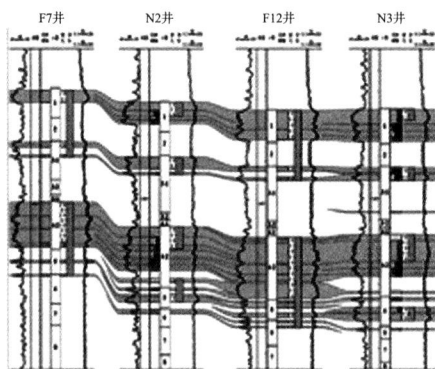

图5　F区F7～N3井连井剖面图

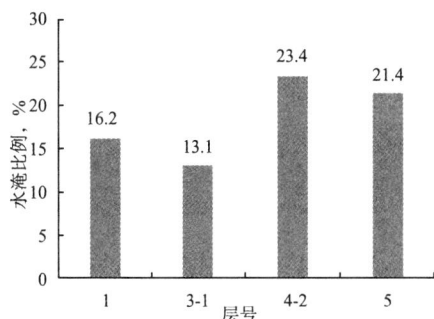

图6　F区各个小层强水淹层占比图

基于调控区域油井储层物性、厚度、采液强度、渗透率变异系数及含水率等参数，应用公式(3)建立不同层系细分和重组下的纵向波及系数图版，并考虑两种层系细分及重组模式，模式一：3－1小层和4－2小层合采，1小层和5小层合采；模式二：1小层与3－1小层合采，4－2小层和5小层合采。通过对不同层系细分和重组情况下纵向波及系数计算可以看出，细分层系和重组后，相比合采纵向波及系数均有不同程度的提高，其中模式二的层系细分和重组纵向波及系数提高幅度最大，纵向波及系数可提高4.4％～8.5％，如图7所示，主要因为在高含水阶段水淹程度影响相对较大，层系细分和重组在考虑储层物性的干扰情况下，含水的干扰也是重要考虑因素。

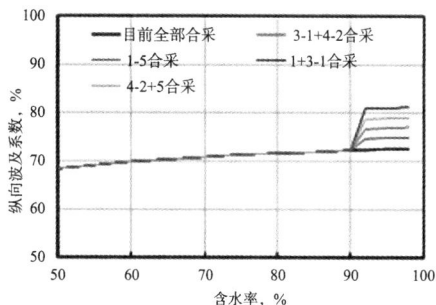

图7　F区层系细分和重组纵向波及系数图版

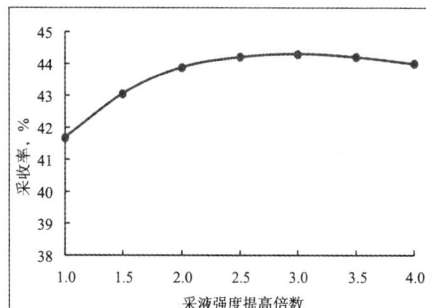

图8　不同采液强度提高倍数优化图版

在层系细分和重组的基础上，为了进一步提高水驱开发效果，开展层系细分和重组下的提高采液强度优化研究，通过建立符合研究区域储层物性、生产特征的油藏数值模型，模拟层系细分和重组后，不同采液强度条件下F区的开发效果，通过大量模型计算得到不同采液强度提高倍数优化图版，如图8所示，通过研究，在层系细分和重组基础上，进一步提高采液强度，采收率可得到提高，其中采液强度提高2.0～3.0倍效果最佳。

## 3　基于流线角度转换的平面波及系数提高方法

通过纵向上层系细分和重组，纵向波及系数得到进一步提高，在此基础上开展扩大平面波及系数的流线角度转换研究，由于F区物源方向与主流线方向一致，且平面上水下分流河道优势相带发育(图1)，平面注入水主要沿主流线方向渗流，形成高渗通道，影响开发效果，亟须开展平面流线角度转换研究，进一步扩大平面波及，改善开发效果。

为了明确不同流线角度转换后平面波及系数的变化情况，本文通过油藏工程理论、矿场实践与机理研究相结合，确定F区平面流线的转换角度，达到现井网条件下平面波及系数的最大化。通过调研，目前针对平面波及系数的计算主要采用Dyes研究的计算模型[18]，如公式(4)所示，根据该公式可计算流线角度转换后形成的不同井网条件下的平面波及系数。

$$E_{\mathrm{A}} = \cfrac{1}{[a_1\ln(M+a_2)+a_3]f_{\mathrm{w}}+a_4\ln(M+a_5)+a_6+1} \tag{4}$$

式中,$E_{\mathrm{A}}$ 为平面波及系数,无量纲;$M$ 为流度比,无量纲;$a_1 \sim a_6$ 为计算常数,与井网类型有关,数值如表1所示。

表1　不同井网类型平面波及系数计算参数统计表

| 不同井网类型 | $a_1$ | $a_2$ | $a_3$ | $a_4$ | $a_5$ | $a_6$ |
|---|---|---|---|---|---|---|
| 五点井网 | −0.2062 | −0.0712 | −0.511 | 0.3048 | 0.123 | 0.4394 |
| 直线井网 | −0.3014 | −0.1568 | −0.9402 | 0.3714 | −0.0865 | 0.8805 |

F区在2014年开展小井距试验研究,在局部区域通过打加密调整井实现行列井网到五点井网的转换,如图9蓝色区域所示,F27、F32、N35、F33和F28井形成五点井网,根据公式(4)计算了F区内部行列注采井网和五点注采井网的平面波及系数,五点法井网与行列井网相比,流线角度转换45°,平面波及系数可提高3.2%,计算结果如图10所示。

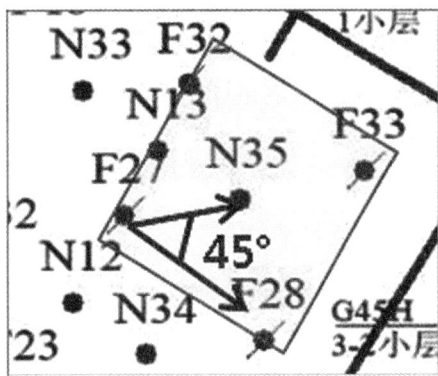

图9　F区五点井网开发区域井位图

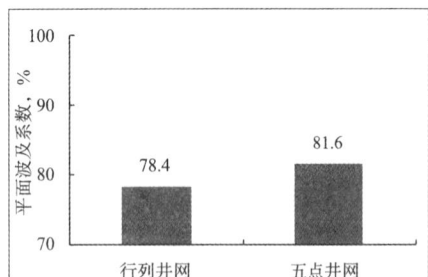

图10　F区内部不同井网模式下平面波及系数对比图

通过油藏工程和矿场实践可知,流线角度转换后能够进一步提高平面波及系数,F区现井网条件下,通过层系细分和重组后结合油水井开关层措施能够实现流线角度的转换,现井网流线角度最大能够转换60°。由于油藏工程理论和矿场实践能够得到45°情况下波及系数,对于其他流线角度转换后的波及系数评价难度较大,基于此,为了

明确F区不同流线转换角度下的平面波及系数变化,建立了层系细分和重组情况下的油藏数值模型,利用Eclipse软件结合模型中油水井的开关层措施,实现流线角度转换的研究,考虑F区现井网的实际情况,模拟流线角度分别转换30°、45°和60°三种情况,通过流线角度转换后,可以看出平面波及区域得到进一步扩大,如图11所示,对于流线转换不同角度情况下的平面波及系数计算结果如图12所示,可以看出流线角度转换30°、45°和60°后平面波及系数分别提高2.7%、4.4%和5.0%,其中流线转换60°与转换45°相比,平面波及系数增幅较小。

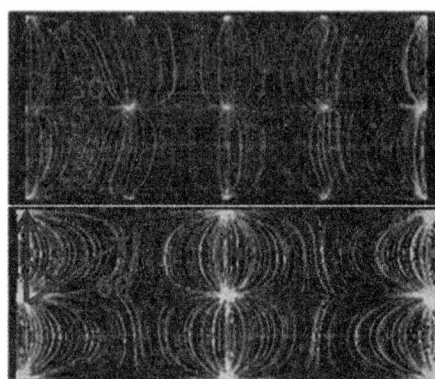

图11　F区流线转换30°和60°流线波及对比图

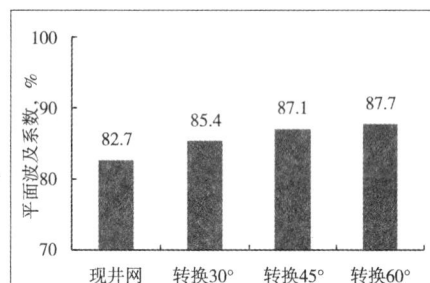

图12　F区流线转换不同角度平面波及系数对比图

综合油藏工程方法、矿场实践和数值模拟机理研究的结合,考虑F目前井网、地质油藏特征和生产特征,现井网流线角度转换45°,预计平面波及系数可提高3.2%～4.4%。

## 4　矿场应用及效果分析

基于以上研究成果,确定F区纵向上实施层系细分和重组,其中1小层与3−1小层合采,4−2小层与5小层合采,进一步提高纵向波及;平面上实施流线角度转换,转换角度为45°,进一步实现平面波及系数提高,通过纵向和平面的调整实现F区流场立体重构。在调整策略明确基础上,选取F区整体波及相对较低区域作为先导试验区,根据研究成果对油水井实施开关层措施,实现纵向细分层系和重组、平面流线角度的转换,如图13所示。油井排标注红色的油井生产1小层和

3-1小层,标注绿色的油井生产4-2和5小层,水井排标注深蓝色的注水井注水层位为1小层和3-1小层,标注浅蓝色的注水井注水层位为4-2小层和5小层,通过油水井开关层实现行列井网向局部五点法井网转换,实现了平面流线角度的转换。

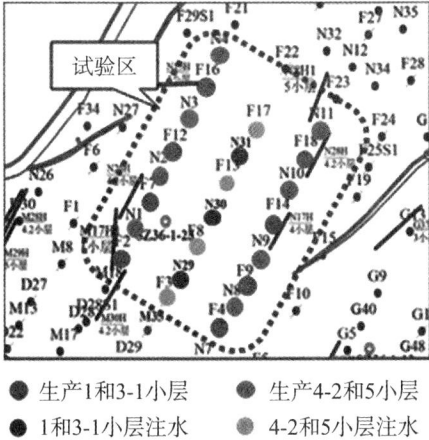

图13　F区流场立体重构先导试验区

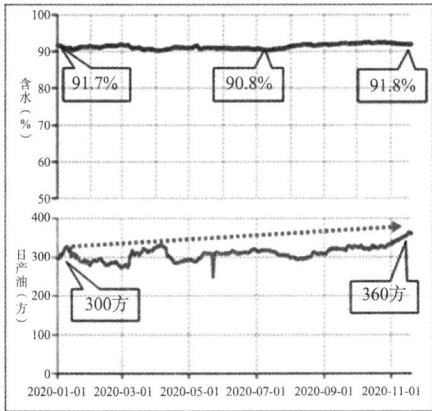

图14　F区先导试验区开发效果曲线

2020年对F区先导试验区共实施了13井次油井开关层措施、20井次水井开关层和分层调配措施,实现流场立体重构,先导试验区平均单井产液量增幅25%,采液强度提高2.1倍,日产油量从年初300m³提高到年底360m³,日增油60m³,含水率从年初91.7%控制到年底91.8%,含水率得到有效控制,试验区自然递减率为负值,通过水驱曲线法评估先导试验区水驱采收率可提高2%～4%,如图14所示。F区2020年整体自然递减率从2019年15.2%降低至1.2%,极大地改善了F区整体开发效果,后续将研究成果在F区及A油田其他区块进行推广应用。

## 5　结论及认识

(1)本文基于F区的地质油藏特征和生产特征,建立了考虑采液强度影响的纵向波及系数公式,并建立单井纵向波及系数图版,实现F区单井

纵向波及效果的评价。

(2)本文基于F区单井纵向波及系数的差异化,建立F区层系细分和重组纵向波及系数图版,同时考虑层系重组后提高采液强度进一步扩大纵向波及策略,明确F区纵向划分为两套层系进行分层系注水开发。

(3)基于油藏工程方法、矿场实践和油藏数值模拟方法,确定F区平面流线角度转换45°的调整策略,进一步提高平面波及。

(4)基于本文研究成果,在F区建立先导试验区,2020年通过油水井开关层和分层调配措施实现流场立体重构,先导试验区水驱采收率预计提高2%～4%,改善了F区整体开发效果。

(5)通过本文研究技术在F区先导试验区的成功应用,进一步验证了该技术在水驱油藏"双高"开发阶段的实用性,探索出渤海水驱油藏在"双高"开发阶段进一步提高水驱采收率的关键技术,具有一定的指导和推广意义。

### 参 考 文 献

[1]郑春峰,赵忠义,郝晓军,等.高含水、高采出程度阶段油田剩余油定量表征及其综合评价[J].石油天然气学报,2012,34(2):131-135.
[2]李伟.海上"特双高"油田剩余油挖潜关键技术研究与实践——以埕北油田调整挖潜为例[J].工艺技术,2019,19:228-232.
[3]闫建丽,谷志猛,颜冠山.海上双高油田断层附近剩余油评价及挖潜[J].科学管理,2020,4:189-198.
[4]陆杨.厚层状中高渗油藏"双高"阶段挖潜技术完善及推广[J].科学管理,2018,12:296.
[5]温静."双高期"油藏剩余油分布规律及挖潜对策[J].特种油气藏,2004,11(4):50-53.
[6]吴义志.基于流场强度的注采调控优化方法[J].西安石油大学学报(自然科学版),.2020,35(6):54-59.
[7]孔祥玲.欢采某双高阶段剩余油研究及开发对策[J].科学管理,2017,8:243.
[8]王全贵.中高含水弧状油藏流场改变的水驱技术研究[J].石油化工应用,2019,38(11):49-59.
[9]李廷礼,刘彦成,于登飞,等.海上大型河流相稠油油田高含水期开发模式研究与实[J].地质科技情报,2019,38(3):141-146.
[10]张安迪.K油田"双高递减"开发期井网加密调整潜力评价[J].内蒙古石油化工,2016,6:61-63.
[11]徐海波.牛12东营双高区块调驱技术的研究及应用[J].技术管理,2015:174.
[12]林云.大剂量深部调驱技术在小集"双高"油田的应用[J].石油化工高等学校学报.2014,27(5):85-91.
[13]尹敏,曹杜军,杨承欣,等.老爷庙油田浅层双高油藏

剩余油挖潜技术研究[J].技术管理,2016:189.

[14]于春生.明一西块"双高"开发期稳产技术研究[J].内蒙古石油化工,2013,3:127—128.

[15]张文静,谷建伟,赵金水.过扩大波及系数提高采收率的技术展望[J].内蒙古石油化工,2013,18:90—92.

[16]俞启泰,赵明,林志芳.水驱砂岩油田驱油效率和波及系数研究(一)[J].石油勘探与开发,1989,2:48—52.

[17]俞启泰,赵明,林志芳.水驱砂岩油田驱油效率和波及系数研究(二)[J].石油勘探与开发,1989,3:46—53.

[18]沈瑞,高树生,胡志明,等.低渗透油藏水驱波及系数计算方法及应用[J].大庆石油地质与开发,2013,32(2):60—65.

[19]陈元千.水驱体积波及系数变化关系的研究[J].油气地质与采收率,2001,8(6):49—51.

# 注采井间波及定量方法及在海上油田的应用

康 凯 吴金涛 别旭伟 刘 斌 曲炳昌

(中海石油(中国)有限公司天津分公司渤海石油研究院)

**摘 要** 注水油田进入高含水期后,必须以注采井间为对象进行研究。目前的研究方法以井间连通性为主,无法有效刻画井间的波及程度。为此,本文基于物质平衡方程和Buckley—Leveret前缘推进方程,建立了一种注采井间波及模型,将水驱油藏离散为井间波及单元,提出了以波及体积和传导率为特征参数表征注采井间波及差异,并依据油水井动态资料进行反演求解。运用该方法对渤海N油田组进行了注采结构调整,日产油提高45方/天,增幅达到41%,含水率下降6.0%。矿场实践表明,该方法能够实现井组内部不同注采方向和层间水驱波及差异的定量评价,为水驱油田注采调整提供依据。

**关键词** 水驱油藏;注采井间;波及系数;定量模型;海上油田

从国内外注水油田的开发经验来看,通过优化注水、流场调控等措施扩大注入水波及范围,减小层间和平面的驱替差异、实现均衡驱替是注水油田进入高含水期后主要的稳产策略之一[1-6]。油藏进入高含水期后,受储藏非均质性和注入水长期冲刷的影响,在注采井间容易形成优势通道,导致注入水波及体积减小;同时,注采井间容易形成平面和纵向驱替不均,注入水沿单层或单向突进,导致无效循环加剧[7-9]。因此,必须划分井间单元,以井间单元为对象研究水驱差异和剩余油分布规律[10-12]。目前对于井间单元驱替差异的研究方法主要以井间连通性作为评价参数,如阻容模型等,只能对比不同层间或注采方向上的连通系数或渗流阻力的差异,达到定性判别优势通道的效果,不能定量反映井间单元的水驱波及程度[13-16]。海上油田受开发成本和平台作业窗口的限制,注采井距大、测试资料较少,必须依靠矿场动态数据分析注采井间的差异[17-21]。

针对目前井间单元研究的问题和海上油田需求,本文通过开展注采井间水驱波及差异的定量研究,建立了一种注采井间波及模型,通过利用油水井动态资料进行反演求解,获得注采井间各层各方向的水驱波及体积和传导率。

## 1 注采井间波及模型的建立

为了从油藏各层各方向认识水驱波及的差异,同时能够在表征注采关系的基础上进行方便快速的计算,本文将注水油藏进行简化,离散为井间波及单元,如图1所示。每个井间波及单元注入端和出口端分别对应1口注水井和1口油井,表征注入水的驱替范围。井间波及单元的2个特征参数可以表征其注采状况:波及体积 $V_{ijh}$ ——表

示在第 $k$ 小层第 $i$ 井和第 $j$ 井间波及单元的孔隙体积;传导率 $T_{ijk}$ ——表示单位压差下流过井间波及单元的体积流量。当油藏局部注采井存在优势渗流通道时,表现为波及体积较小、传导率较大;反之,当油藏驱替较为均衡时,表现为波及体积和传导率差异较小。

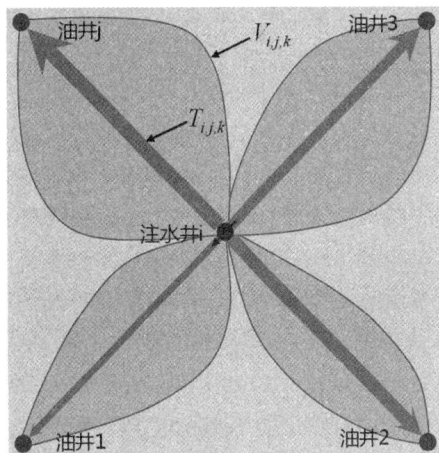

图1 井间波及单元示意图

将油藏离散为井间波及单元的主要优势是将二维或三维水驱简化为一维两相渗流问题,计算速度快。井间波及单元的特征参数可以依据油藏动静态数据,采用优化算法进行反演求解。依据注采井间平均的油层厚度、井距、孔隙度、渗透率等静态参数给出初始的波及体积 $V_{ijh}$ 和传导率 $T_{ijk}$ 。采用有限差分方法,根据物质平衡方程和Buckley—Leveret前缘推进理论分别计算各个时刻的油水井底压力和含水率。对比计算得到的油井含水率与实际值得差异是否满足目标函数;如不满足目标函数,则依据优化算法更新 $V_{ijh}$ 和 $V_{ijk}$ 。反演求解井间波及单元特征参数 $V_{ijh}$ 和 $T_{ijk}$ 的流程如图2所示。

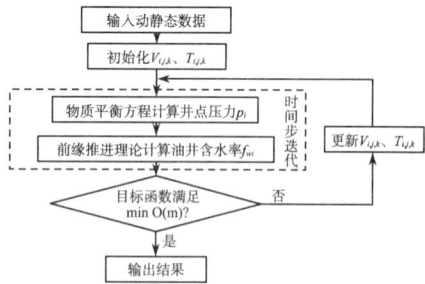

图 2 井间波及单元特征参数反演流程图

## 1.1 基于物质平衡方程的井底压力计算

以单井泄油区为研究对象,建立物质平衡方程。单井泄油区孔隙体积与井间单元的波及体积有如下关系:

$$V_{ik} = \frac{1}{2}\sum_{w\,j=1}^{m} V_{ijk} \qquad (1)$$

式中,$V_{ik}$ 为第 $i$ 井在第 $k$ 小层的泄油区孔隙体积,$m^3$。

考虑岩石及流体压缩性并忽略毛细管力和重力作用,单井泄油区内物质交换由 3 方面构成,包括由井间单元进入或流出泄油区的流量、井注入或产出的流量以及泄油区内孔隙体积的弹性变化。因此,对于第 $i$ 井在第 $k$ 小层泄油区内油藏条件下的物质平衡方程表示为

$$\sum_{k=1}^{n_t} = \sum_{j=1}^{n_w} T_{jk}(t)\left[p_j(t)-p_i(t)\right]+q_i(t)=$$
$$\frac{dp_i(t)}{dt}\sum_{k=1}^{n_t} ct_{ik}(t)V_{ik}(t) \qquad (2)$$

式中,$n_w$ 为油水井数;$n_t$ 为小层数;$T_{ijk}$ 为在第 $k$ 小层第 $i$ 井和第 $j$ 井间波及单元的传导率,$m^3/(d\cdot MPa)$;$p_i$ 和 $p_j$ 分别为第 $i$ 井和第 $j$ 井泄油区内的平均压力,$MPa$;$q_i$ 为第 $i$ 井的体积流量,生产井为负值,注入井为正值,$m^3/d$;$c_{tik}$ 为综合压缩系数,$MPa^{-1}$;$t$ 为生产时间,$d$;$\alpha$ 为单位换算系数。

传导率定义为

$$T_{ijk}(t) = \frac{\alpha\lambda_{ijk}(t)A_{ijk}}{L_{ijk}} \qquad (3)$$

式中,$\lambda_{ijk}$ 为在第 $k$ 小层第 $i$ 井和第 $j$ 井间波及单元的视流度;$A_{ijk}$ 为在第 $k$ 小层第 $i$ 井和第 $j$ 井间波及单元的渗流截面积,$m^2$;$L_{ijk}$ 为在第 $k$ 小层第 $i$ 井和第 $j$ 井间的距离,$m$。

为了求解不同时刻的油水井底压力,采用有限差分方法对式(3)进行差分离散。压力取为隐式,其他函数取为显式,得到压力的差分方程有如下形式:

$$p_i^n - p_i^{n-1} = \frac{\Delta t^n}{\sum_{k=1}^{n_t} c_{tik}^{n-1}V_{ik}^n}\sum_{k=1}^{n_t}\sum_{j=1}^{n_w}T_{ijk}^{n-1}p_i^n -$$
$$\sum_{k=1}^{n_t}\sum_{j=1}^{n_w}T_{ijk}^{n-1}p_j^n+q_i^n \qquad (4)$$

式中,上标 $n$ 代表当前时间步。由于泄油区内的

压力和饱和度是随时间变化的,$V_{ik}$ 和 $T_{ijk}$ 也是时间 $t$ 的函数,利用差分格式显示求解为

$$V_{ik}^{n-1} = V_{ik}^0\left[1+c_{tik}^{n-1}(p_i^{n-1}-p_i^0)\right] \qquad (5)$$

其中

$$c_{tik}^{n-1} = S_{oik}^{n-1}c_0 + S_{uik}^{n-1}c_w + c_f \qquad (6)$$

式中,$S_{oik}^n$ 和 $S_{uik}^n$ 分别为在第 $k$ 小层第 $i$ 井泄油区内的油、水饱和度;$c_0$、$c_w$ 和 $c_f$ 分别为油、水和储层孔隙的压缩系数,$MPa^{-1}$。

根据定义,传导率与视流度成正比:

$$T_{ijk}^{n-1} = T_{ijk}^0\frac{\lambda_{ijk}^{n-1}}{\lambda_{ijk}^0} \qquad (7)$$

式中,$\lambda_{ijk}^{n-1}$ 是油水黏度和相对渗透率的函数,采取上游权原则进行计算,如果 $p_i^{n-1}>p_j^{n-1}$

$$\lambda_{ijk}^{n-1} = \lambda_{ik}^{n-1} = K_{ijk}\left[\frac{K_{ro}(S_{uik}^{n-1})}{\mu_o}+\frac{K_{rw}(S_{uik}^{n-1})}{\mu_w}\right] \qquad (8)$$

否则

$$\lambda_{ijk}^{n-1} = \lambda_{jk}^{n-1} = K_{ijk}\left[\frac{K_{ro}(S_{uik}^{n-1})}{\mu_o}+\frac{K_{rw}(S_{uik}^{n-1})}{\mu_o}\right] \qquad (9)$$

式中,$K_{ijk}$ 为在第 $k$ 小层第 $i$ 井和第 $j$ 井间的平均渗透率,$mD$;$K_{ro}$ 和 $K_{rw}$ 分别为油、水相对渗透率;$\mu_o$ 和 $\mu_o$ 分别为油、水的地下黏度,$mPa\cdot s$。

求解式(4)组成的线性方程组可得到当前时刻各井点的压力。

## 1.2 基于 Buckley－Leveret 前缘推进方程的含水率计算

单位时间步长内井间波及单元内可近似看成稳定渗流,依据 Buckley－Leveret 前缘推进方程得到一维水驱任意位置饱和度与累计注水量的关系为[22]

$$x-x_0 = \frac{Q_t}{\Phi A}(f'_w(S_w)-f'_w(S_{w0})) \qquad (10)$$

式中,$x_0$ 为流入起始点坐标,$m$;$\Phi$ 为孔隙度;$A$ 为渗流横截面积,$m^2$;$Q_t$ 为累积注入量,$m^3$;$S_w$ 为位置 $x$ 处的含水饱和度;$f'_w(S_w)$ 为水相分流量 $f_w(S_w)$ 对 $S_w$ 的导数。

累积流量倍数的定义为

$$I_v = \frac{Q_t}{\Phi A(x-x_0)} \qquad (11)$$

式(10)整理为

$$f'_w(S_w) = f'_w(S_{w0})+\frac{1}{I_v} \qquad (12)$$

对于第 $k$ 小层第 $i$ 井和第 $j$ 井间的波及单元来说,式(12)有如下形式

$$f'_w(S_{uijk}) = f'_w(S_{w0})+\frac{1}{I_{Vijk}} \qquad (13)$$

式中,$f'_w(S_{w0})$ 为注水井含水率($f_w(S_{w0})=1.0$)

的导数,可由含水率关于水相饱和度的导数曲线直接求得。由式(13)可知,油井的含水率由其连通注水井的累计注入量决定。

将式(11)进行差分离散,得到如下形式:

$$I_{Vijk}^n = I_{Vijk}^n \frac{T_{ijk}^n(p_{jk}^n - p_{ik}^n)\Delta t^n}{V_{ik}^n} \qquad (14)$$

将井点压力代入式(14),求得当前时刻的累积流量倍数。则当前时刻第 $k$ 小层第 $i$ 井和第 $j$ 井间的井间波及单元出口端的含水率导数为

$$f'^n_w(S_{uijk}) = f'_w(S_{w0}) + \frac{1}{I_{Vijk}^n} \qquad (15)$$

通过上式并依据含水率关于饱和度的导数曲线可反算第 $k$ 小层第 $i$ 井和第 $j$ 井间的井间波及单元出口端的含水率 $f_{uijk}^n$,依次求得第 $i$ 井各个连通方向上的含水率后,该井的综合含水率为

$$f_{ui}^n = \frac{\sum_{k=1}^{nl}\sum_{j=1}^{nw} Q_{ijk}^n f_{uijk}^n}{\sum_{k=1}^{nl}\sum_{j=1}^{nw} Q_{ijk}^n} \qquad (16)$$

求得了各井的综合含水率,就为后续井间波及单元特征参数的反演提供了基础指标。

## 2 井间波及单元特征参数反演求解

本文所建立的注采井间波及模型计算得到的含水率等动态指标取决于井间波及单元的特征参数,为了让注采波及体积和传导率能够反映油藏生产的实际情况,应用过程中需要使特征参数的计算结果与实际动态相吻合,因此特征参数的反演可转化为最优化问题进行求解,定义目标函数

$$minO(m) = \sqrt{\frac{1}{n} \cdot \sum_{t=0}^{tmax}(s(m) - d_{obs})^2} \qquad (17)$$

其中 $m = [\cdots, T_{ijk}^0, V_{ijk}^0, \cdots]^T \qquad (18)$

满足约束条件为

$$m \geqslant 0 \qquad (19)$$

$$\sum V_{ijk}^0 \leqslant V_R \qquad (20)$$

本文采用梯度下降算法对上述最小化问题进行求解,该算法具有寻优快速、不易陷入局部震荡的优点[23]。

## 3 矿场应用

渤海 N 油田平均渗透率和孔隙度分别为 1664mD 和 32.5%,地下原油黏度为 50.0 mPa·s;采用反九点井网注水开发,有油井 21 口、注水井 7 口(图3);油田平面非均质性强,综合含水率已达 82.5%。通过反演求解得到油井含水率反演值与实际值的对比结果如图4所示,可以看到反演后的特征参数与实际动态吻合性良好,能够较好地反映油藏生产动态特征(图4)。

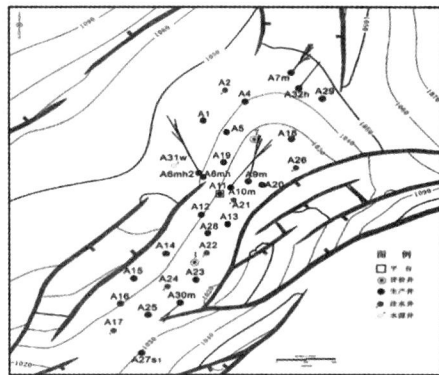

图3 渤海 N 油田注采井位图

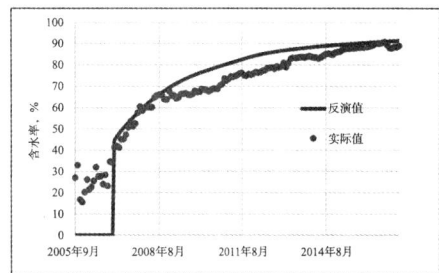

a. A14 井

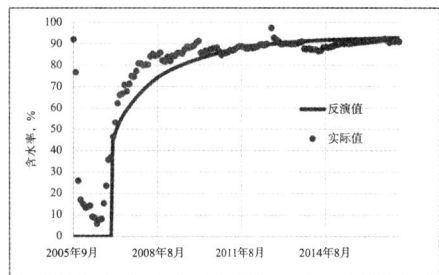

b. A15 井

图4 油井含水率反演值与实际值对比曲线

以该油田 A24 井组为例,该井组共有受效油井 5 口,纵向上生产 2 个油组,该井组的注采井间波及单元特征参数如表1所示。在矿场应用中,通过分析各井间波及单元井间特征参数差异,寻找注采调整的潜力并制定具体措施(表2)。可以看到,A15 井与注水井 A24 井在 I 油组波及体积小、传导率高,说明在该油组存在大孔道,注水波及差、无效水循环严重;而在 II 油组 A15 井波及系数大、传导率低,说明该油组注水波及较好,具备措施增油的潜力。因此,对 A15 井实施卡层措施,关闭 I 油组,单采 II 油组,该井含水率得到有效控制,日增油 17 方/天。A14 和 A16 井在各层特征参数差异不大,同时波及体积较大而传导率较低,说明具备较好的物质基础且注入水驱替较均匀,因此对 A14 和 A16 井实施提液措施,均取得了较好的增油效果。

表1　N油田A24井组注采井间波及
单元特征参数反演成果表

| 井间波及单元 | 油组 | 油井 | 波及体积 $10^4 m^3$ | 传导率 $m^3/(d \cdot MPa)$ |
|---|---|---|---|---|
| 1 | I油组 | A14 | 8.23 | 7.95 |
| 2 | | A15 | 4.385 | 20.53 |
| 3 | | A16 | 11.04 | 19.36 |
| 5 | | A25 | 9.01 | 19.97 |
| 6 | II油组 | A14 | 10.75 | 10.09 |
| 7 | | A15 | 13.45 | 17.54 |
| 8 | | A16 | 12.55 | 12.67 |
| 9 | | A23 | 13.20 | 19.72 |
| 10 | | A25 | 5.15 | 18.33 |

表2　N油田A24井组措施统计表

| 序号 | 井名 | 措施类型 | 实施时间 | 日增油 $m^3/d$ |
|---|---|---|---|---|
| 1 | A24 | 优化注水 | 2017.03 | — |
| 2 | A15 | 卡层 | 2017.03 | 17 |
| 3 | A14 | 提液 | 2017.04 | 12 |
| 4 | A16 | 提液 | 2017.04 | 10 |

通过对A24井组实施一系列油水井措施,取得了明显的降水增油效果,井组含水由81%下降到75%,日产油提高45方/天,提高41%(图5)。通过注采井间波及差异定量方法指导注采调整,在矿场实践中取得了较好的效果。

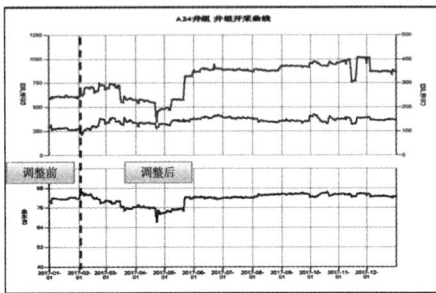

图5　N油田A24井组开采曲线

## 4　结　论

(1)建立了一种定量表征注采井间波及差异的方法,该方法从平面各方向和纵向层间出发,将水驱油藏离散为井间波及单元,并提出注采波及体积和传导率为特征参数,可有效表征注采井间波及差异。

(2)提出了依据矿场动态资料进行反演求解井间波及单元特征参数的方法,反演结果与生产实际结果相符合,能够较准确地反映注采波及程度和连通情况。

(3)新方法在渤海N油田进行矿场应用,在井

间波及及单元特征参数分析基础上制定注采调整措施,取得了明显的降水增油效果,表明该方法对实际油田水驱波及差异的表征及注采优化调整具有较好的适用性。

**参　考　文　献**

[1]柏明星,张志超,梁健巍.中高渗透砂岩油田优势流场识别与调整[J].油气地质与采收率,2017(1):100—105.

[2]张凯,陈国栋,薛小明,等.基于主成分分析和代理模型的油藏生产注采优化方法[J].中国石油大学学报(自然科学版),2020,44(3):90—97.

[3]李宇征,戴亚权,靳文奇.安塞油田长6油层注采调整技术[J].海洋石油,2003,5(3):55—62.

[4]彭鹏商,张宝胜.大庆油田高含水期注采及压力系统优化方法[J].大庆石油地质与开发,1988(4):36—44.

[5]赵德利,宫宝,张庆斌,等.大庆外围东部葡萄花油层注采参数优化方法[J].断块油气田,2012,19(6):743—746.

[6]王建.注采耦合技术提高复杂断块油藏水驱采收率——以临盘油田小断块油藏为例[J].油气地质与采收率,2013,20(3):89—91.

[7]关悦,蔡燕杰,周文胜,等.孤岛油田油水井井间剩余油分布规律[J].油气地质与采收率,2003,10(1):25—27.

[8]关振良,姜红霞,谢丛姣.海上油井井间流动单元预测方法[J].海洋石油,2001,21(4):30—34.

[9]李松泽,胡望水.复杂油藏高含水期流动单元研究及剩余油预测[J].特种油气藏,2015,1(3):121—124.

[10]陈烨菲,彭仕宓,宋桂茹.流动单元的井间预测及剩余油分布规律研究[J].石油学报,2003,24(3):74—77.

[11]李淑霞,陈月明,冯其红,等.利用井间示踪剂确定剩余油饱和度的方法[J].石油勘探与开发,2001,28(2):73—75.

[12]林博,戴俊生,陆先亮,等.井间流动单元预测与剩余油气分布研究[J].天然气工业,2007,27(2):35—37.

[13]杨超,许晓明,齐梅,等.高含水老油田注采连通判别及注水量优化方法[J].中南大学学报(自然科学版),2015(12):4592—4601.

[14]李成勇,罗璇宇,伍勇,等.元120长2_2~1油藏注水见效及井间连通性研究[J].新疆石油天然气,2010,6(2):55—58.

[15]闫长辉,周文,王继成.利用塔河油田奥陶系油藏生产动态资料研究井间连通性[J].石油地质与工程,2008,22(4):70—72.

[16]赵芳,熊伟,高树生,等.已开发油田水驱评价体系及波及系数计算方法综述[J].Advances in Porous

Flow, 2012, 2(2):9—15.

[17]邓英尔,刘树根,麻翠杰.井间连通性的综合分析方法[J].断块油气田,2003,10(5):50—53.

[18]张明安.油藏井间动态连通性反演方法研究[J].油气地质与采收率,2011,18(3):70—73.

[19]常会江,孙广义,陈晓明,等.基于均衡驱替的平面注采优化研究与应用[J].特种油气藏,2019(4).

[20]蔡晖,刘东,程大勇,等.厚层砂岩油藏水驱均衡驱替研究及应用[J].中国海上油气,2019,31(6):92—98.

[21]孙强,石洪福,凌浩川,等.窄条带状稠油油藏均衡驱替产液量调整方法[J].特种油气藏,2020,27(2):120—124.

[22]宋考平,吴玉树,计秉玉.水驱油藏剩余油饱和度分布预测的($\varphi$)函数法[J].石油学报,2006,27(3):91—95.

[23]陈宝林.最优化理论与算法[M].北京:清华大学出版社,2005.

# 基于连通性的多层非均质油藏精细注水优化方法

孙　强　周海燕　王记俊　凌浩川　敖　璐

(中海石油(中国)有限公司天津分公司渤海石油研究院)

**摘　要**　针对海上多层油藏平面和纵向水驱不均衡问题,运用油藏工程和数值模拟方法,建立了基于注采连通性的精细注水优化方法。根据等值渗流阻力法,建立了多层油藏水驱油模型,通过该模型计算得到平面连通系数;由连通系数进一步计算得到注采连通值,基于纵向及平面均衡驱替目标,推导得到了分层注水量和平面产液量调整公式。研究结果表明,连通系数计算方法速度快,与数模结果差异较小;基于连通性的精细注水优化方法较好地减缓了层间及平面矛盾,井组采收率可以提高2%以上。研究成果可有效指导水驱开发油藏实现立体均衡驱替,改善开发效果。

**关键词**　水驱开发;多层油藏;连通系数;注采连通值;均衡驱替;配产配注

## 1　前　言

渤海B油田为多层非均质油藏,采用非规则面积井网注水开发,纵向上采用一套开发层系。目前油田已进入高含水期,局部区域平面矛盾和纵向层间矛盾突出[1-4]。目前国内外学者对多层油藏注水优化方法开展了大量研究。崔传智等研究了以纵向均衡驱替为目标的分层配注方法[5-10];严科、冯其红等研究了针对平面非均质油藏的均衡水驱调整方法[11-17]。这些方法主要单一的解决了纵向或平面水驱不均衡的问题,难以综合缓解纵向及平面矛盾,且大多难以对注采调整给出定量化指导。针对上述问题,为减缓海上多层油藏纵向和平面矛盾,基于等值渗流阻力法建立了连通系数计算方法,通过计算连通系数明确了注水井在各油层不同方向的水驱量;根据连通系数进一步计算得到了不同水驱方向的注采连通值,以均衡驱替为目标,建立了基于纵向及平面注采连通值均衡化思想的精细注水优化方法。针对水驱不均衡井组,指导了注水井分层配注及平面产液结构调整,使注入水在平面和纵向实现了均衡驱替,改善了井组整体的水驱开发效果。

## 2　连通系数计算方法

### 2.1　假设条件

针对多层非均质油藏,建立了数学模型,基本假设条件如下:

(1)非活塞式水驱油,存在油水两相区;

(2)刚性多孔介质,流体不可压缩;

(3)层间存在稳定隔层,不考虑层间窜流;

(4)井组内保持注采平衡。

### 2.2　注采单元划分

对于多层合采的油藏,注采单元为各油层注采井间控制的渗流区域,主要受注采井网形态、平面非均质性影响。基于流线数值模拟发现,注采单元的夹角与相邻2组注采井连线的角平分线之间的夹角基本一致[18,19]。

### 2.3　连通系数计算

基于等值渗流阻力法,各注采单元内渗流阻力为

$$R_{i,j,k}=\begin{cases} \dfrac{1}{K_{i,j,k}h_{i,j,k}\theta_{i,j,k}} \cdot (\int_{r_w}^{r_{\text{fi},j,k}} \dfrac{1}{(\frac{K_{ro}}{\mu_o}+\frac{K_{rw}}{\mu_w})r}dr+\mu_o \cdot \ln\dfrac{r_{i,j,k}}{r_{\text{fi},j,k}}+\mu_o \cdot \dfrac{\theta_{i,j,k}}{2\pi} \cdot \ln\dfrac{r_{i,j,k}\theta_{i,j,k}}{2\pi r_w}) & r_{\text{fi},j,k}<r_{i,j,k} \\[4mm] \dfrac{1}{K_{i,j,k}h_{i,j,k}\theta_{i,j,k}} \cdot (\int_{r_w}^{r_{i,j,k}} \dfrac{1}{(\frac{K_{ro}}{\mu_o}+\frac{K_{rw}}{\mu_w})r}dr+\dfrac{1}{\frac{K_{ro}(S_{we})}{\mu_o}+\frac{K_{rw}(S_{we})}{\mu_w}} \cdot \dfrac{\theta_{i,j,k}}{2\pi} \cdot \ln\dfrac{r_{i,j,k}\theta_{i,j,k}}{2\pi r_w}) & r_{\text{fi},j,k}>r_{i,j,k} \end{cases}$$

$$\tag{1}$$

式中,$R_{i,j,k}$ 为第 i 口生产井与第 j 口注水井在第 k 小层所在注采单元的渗流阻力,mPa·s/(μm²·mm);$K_{i,j,k}$ 为注采单元内的平均渗透率,$10^{-3}$ μm²;$h_{i,j,k}$ 为注采单元内的平均油层厚度,m;$\theta_{i,j,k}$ 为注采单元夹角;$r_{\text{fi},j,k}$ 为注采单元内的水驱前缘位置,m;$r_{i,j,k}$ 为注采单元的等效半径,m。

其中,注采单元的等效半径可根据注采单元面积计算得到:

$$r_{i,j,k} = \sqrt{\frac{2S_{Ai,j,k}}{\theta_{i,j,k}}} \qquad (2)$$

式中，$S_{Ai,j,k}$ 为注采单元面积，$m^2$。

假设多层油藏纵向上有 $N_L$ 个油层，任一口生产井对应 $N_w$ 口注水井，任一口注水井对应 $N_o$ 口生产井。

则以生产井为中心联立方程得到单井产液量公式：

$$\sum_{k=1}^{N_L} \sum_{j=1}^{N_w} \frac{p_j(t) - p_i(t)}{R_{i,j,k}(t)} = q_L(t) \qquad (3)$$

式中，$p_i(t)$ 为 $t$ 时刻某生产井的井底压力，MPa；$p_j(t)$ 为 $t$ 时刻某生产井对应注水井的井底压力，MPa；$q_L(t)$ 为 $t$ 时刻某生产井产液量，$m^3/d$。

以注水井为中心联立方程得到单井注水量公式：

$$\sum_{k=1}^{N_L} \sum_{i=1}^{N_o} \frac{p_j(t) - p_i(t)}{R_{i,j,k}(t)} = q_I(t) \qquad (4)$$

式中，$q_I(t)$ 为 $t$ 时刻某注水井注水量，$m^3/d$。

考虑注采平衡，则地层平均压力保持稳定：

$$\sum_{i=1}^{n} P_i(t)/n = \bar{p}_e \qquad (5)$$

式中，$P_i$ 为注采单元内地层压力，MPa；$\bar{p}_e$ 为平均地层压力，MPa。

其中注采单元内的地层压力可以通过将注采单元内生产井和注水井的井底压力取平均近似求取。

由式（3）～式（5）联立求解得到 $t$ 时刻注水井和生产井的井底压力。

此时，第 $i$ 口生产井与对应的第 $j$ 口注水井在第 $k$ 小层所在注采单元的流量为

$$Q_{i,j,k}(t) = \frac{p_j(t) - p_i(t)}{R_{i,j,k}(t)} \qquad (6)$$

式中，$Q_{i,j,k}$ 为第 $i$ 口生产井与第 $j$ 口注水井在第 $k$ 小层所在注采单元的流量，$m^3/d$。

根据物质平衡原理，由注采单元内流量推导得到注采单元内油水前缘方程满足：

$$r_{fi,j,k}^2 = \frac{2\int_0^t Q_{i,j,k}\mathrm{d}t}{\varphi_{i,j,k}h_{i,j,k}\theta_{i,j,k}} f'_w(S_w) + r_w^2 \qquad (7)$$

式中，$S_w$ 为含水饱和度；$f'_w(S_w)$ 为含水率导数。

定义连通系数为注水井在不同注采方向的分配比例。可由注采单元内流量计算得到井间连通系数：

$$\alpha_{i,j,k} = \frac{Q_{i,j,k}(t)}{\sum_{i=1}^{N_o} Q_{i,j,k}(t)} \qquad (8)$$

储层的非均质性使得注入水在各方向驱替不均衡，相应的注采单元内渗流阻力有所差异。实际

计算时，应选取一定的时间步长，迭代计算（图1）。

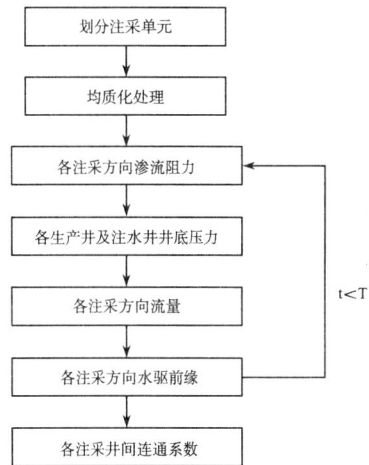

图 1　连通系数计算程序框图

## 3　精细注水优化方法

为了表征注入水在各水驱方向的驱替程度，引入了注采连通值的概念。注采连通值就是注采井间累积过水量与地质储量的比值，即单位地质储量上的累积过水量。通过油藏工程推导，注采连通值与井间含油饱和度满足[22]：

$$\lambda = \frac{\mu_o B_o}{\mu_w B_w (1 - S_{wc})dc} e^{cS_{wc}} \cdot [e^{c(S_{oi} - S_o)} - 1] + \frac{S_{oi} - S_o}{S_{oi}} \qquad (9)$$

式中，$c,d$ 为与储层和流体物性有关的常数；$B_o$ 为地层油体积系数；$B_w$ 为地层水体积系数；$S_{wc}$ 为注采井间束缚水饱和度；$S_{oi}$ 为原始含油饱和度；$S_o$ 为注采井间目前平均含油饱和度。

由式（9）可知注采连通值越大，井间含油饱和度越小，驱替效果越好；反之，注采连通值越小，驱替效果越差。基于均衡驱替的目标，对于多层合采的油藏，需要通过纵向优化分层配注量以及平面调整产液结构，使各油层之间以及同一油层不同水驱方向之间注采连通值趋于一致。

根据划分的注采单元及计算得到的连通系数可以得到任一注水井在各油层不同注采方向即不同注采单元的注采连通值：

$$\lambda_{i,j} = \frac{Q_{i,j}}{N_{i,j}} = \frac{Q_i \cdot \alpha_{i,j}}{\bar{S}_{Ai,j} \cdot \bar{h}_{i,j} \cdot \bar{\varphi}_{i,j} \cdot S_{oi}} \qquad (10)$$

式中，$\lambda_{i,j}$ 为任一注水井在第 $i$ 小层第 $j$ 个注采单元的注采连通值；$Q_{i,j}$ 为第 $i$ 小层第 $j$ 个注采单元的累积注水量，$m^3$；$N_{i,j}$ 为第 $i$ 小层第 $j$ 个注采单元的地质储量，$m^3$；$Q_i$ 为第 $i$ 小层的累积注水量，$m^3$；$\alpha_{i,j}$ 为第 $i$ 小层第 $j$ 个注采单元的连通系数；$\bar{S}_{Ai,j}$ 为第 $i$ 小层第 $j$ 个注采单元的面积，$m^2$；$\bar{h}_{i,j}$ 为第

$i$ 小层第 $j$ 个注采单元的平均油层厚度,m;$\varphi_{i,j}$ 为第 $i$ 小层第 $j$ 个注采单元的平均孔隙度。

基于均衡驱替思想,进行优化调整,调整后各注采方向实现驱替均衡,各注采井间注采连通值趋于一致,均为 $\bar{\lambda}$,即

$$\lambda_{i,j} + \Delta\lambda_{i,j} = \bar{\lambda} \tag{11}$$

$$\frac{Q_{i,j}}{N_{i,j}} + \frac{q_{1\ i,j}\Delta t}{N_{i,j}} = \bar{\lambda} \tag{12}$$

式中,$\Delta\lambda_{i,j}$ 为注水井第 $i$ 小层第 $j$ 个注采单元的注采连通值变化量;$\Delta t$ 为调控时间,d;$q_{1i,j}$ 为第 $i$ 小层第 $j$ 个注采单元的日注水量,m³/d。

注水井各油层地质储量,日注水量和累注水量满足:

$$N = \sum_{i=1}^{n} N_i = \sum_{i=1}^{n}\sum_{j=1}^{m} N_{i,j} \tag{13}$$

$$q_1 = \sum_{i=1}^{n} q_{1\ i} = \sum_{i=1}^{n}\sum_{j=1}^{m} q_{1\ i,j} \tag{14}$$

$$Q = \sum_{i=1}^{n} Q_i = \sum_{i=1}^{n}\sum_{j=1}^{m} Q_{i,j} \tag{15}$$

式中,$N$ 为注水井在各油层的总地质储量,m³;$N_i$ 为注水井在第 $i$ 小层的地质储量,m³;$q_1$ 为注水井日注水量,m³/d;$q_{1i}$ 为第 $i$ 小层的日注水量,m³/d;$Q$ 为注水井的累积注水量,m³;$Q_i$ 为第 $i$ 小层的累积注水量,m³。

由式(11)~式(15)联立可得优化后注水井在各小层的配注量为

$$q_{1i} = \frac{N_i}{N}\left(q + \frac{Q}{\Delta t}\right) - \frac{Q_i}{\Delta t} \tag{16}$$

基于分层配注量及井间连通系数得各生产井产液量调整公式:

$$q_L = \sum_{i=1}^{n}\left[\frac{N_{i,j}}{N_i}\left(q_i + \frac{Q_i}{\Delta t}\right) - \frac{Q_i \cdot \alpha_{i,j}}{\Delta t}\right] \tag{17}$$

## 4 实例应用

### 4.1 概念模型应用

以渤海 B 油田某区块为例,结合油田实际地质油藏参数建立多层油藏模型。模型中考虑 4 个注采井组,采用五点井网,包括 4 口注水井,9 口生产井。模型中生产井采用定液量方式生产,保持注采平衡;注采井距 300 m,油藏宽度为 200 m,纵向上各小层厚度均为 15 m,孔隙度均为 0.3,油藏条件下油相黏度为 30 mPa·s,水相黏度为 0.7mPa·s,残余油饱和度为 0.2,束缚水饱和度为 0.25;纵向上共有 3 个小层,渗透率分别设置为 $3000\times10^{-3}\ \mu m^2$、$1500\times10^{-3}\ \mu m^2$、$500\times10^{-3}\ \mu m^2$(表1)。利用上述模型,对各油层的水驱动态进行了模拟。同时依据上述模型条件,建立了多层油藏数值模型,模型中各参数与油藏模型相同,对两种方法模拟的结果进行了对比。通过对比发现,相同驱替时间下,两种模型计算得到的不同油层的水驱前缘位置以及饱和度场分布基本相同(图2),证实了该模型的计算结果与数值模拟结果基本一致,也说明了该模型计算的可靠性。

表 1　生产井及注水井液量参数

| 井名 | 液量(m³·d⁻¹) | 井名 | 液量(m³·d⁻¹) |
|---|---|---|---|
| P1 | 50 | P8 | 150 |
| P2 | 100 | P9 | 30 |
| P3 | 80 | I1 | 200 |
| P4 | 100 | I2 | 300 |
| P5 | 320 | I3 | 500 |
| P6 | 170 | I4 | 200 |
| P7 | 200 | | |

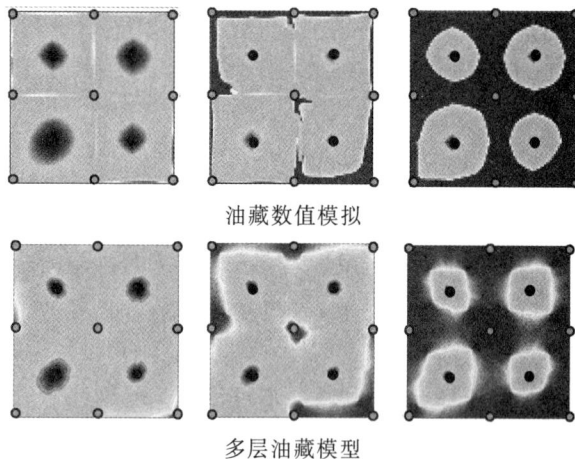

油藏数值模拟

多层油藏模型

图 2　各层水驱前缘位置及饱和度分布

在数值模型基础上,对精细注水优化方法进行了验证。选取数值模拟模型运行至第 5 年的数据作为优化前的初始数据。以调控时间 10 年为例,采用数值模拟方法进行验证,分以下 2 种情况进行开采:基础方案为保持原有注水量和产液量继续生产;优化方案为根据上述方法计算调整后的注水量和产液量进行生产。数值模拟表明,调控时间结束后,纵向上各油层,以及平面各注采方向的采出程度相同,表明通过精细注水优化后,各油层实现了均衡驱替(图3),井组采收率提高了 3.5%。

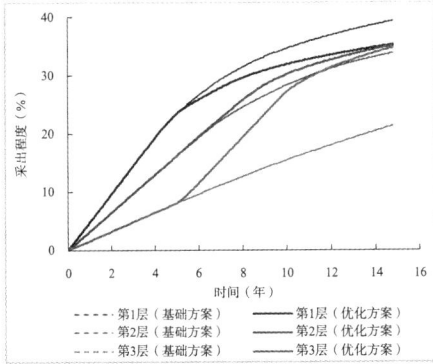

图 3　纵向各小层采出程度

## 4.2　油藏实际应用

　　渤海 B 油田目前已进入高含水期，井组内平面和纵向水驱不均衡问题日益突出。利用本文提出的方法，针对 B 油田部分井组优化了分层配注量和生产井产液量，以 F13 井组为例，该井组主要生产 IV5 和 IV8 层，通过计算各层注采连通值，明确了主力层 IV8 层水驱效果较好，而 IV5 层水驱效果相对较差，通过对 IV5 层进行有针对性的增注，井组日增油 30 m³，含水下降 4%，井组采收率提高 2.1%；以 F26 井组为例，该井组主要生产 IV3 和 IV8 层，通过计算各层井间注采连通值，明确了 F26 井在 IV3 层注入水主要驱向了 F27，F26 与 F25 井间注采连通值较小，存在剩余油，通过将 F27 在 IV3 层关层，改变了注入水水驱方向，F25 井产油量翻倍，日增油 26 m³，含水降低 6% 左右，井组采收率提高 2.3%。

　　将该研究成果应用到了全油田，共指导了 B 油田 16 个井组进行产液量调节，平均井组日增油达 30 m³，取得了较好的开发效果。

## 5　结论与认识

　　(1)基于等值渗流阻力法建立了多层油藏水驱模型，通过该模型计算得到各油层注水井在不同水驱方向的连通系数。

　　(2)以纵向及平面均衡驱替为目标，建立了基于注采连通值均衡化思想的精细注水优化方法，有效抑制了注入水水窜，降低了注入水无效水循环，实现了降水增油。

### 参　考　文　献

[1] 周守为. 中国近海典型油田开发实践[M]. 北京：石油工业出版社，2009：28—29.

[2] 周守为. 海上稠油高效开发新模式研究及应用[J]. 西南石油大学学报，2007，29(5)：1—4.

[3] 韩大匡. 准确预测剩余油相对富集区提高油田注水采收率研究[J]. 石油学报，2007，28(2)：73—78.

[4] 胡文瑞. 中国石油二次开发技术综述[J]. 特种油气藏，2007，14(6)：1—4,16.

[5] 崔传智，姜华，段杰宏，等. 基于层间均衡驱替的分层注水井层间合理配注方法[J]. 油气地质与采收率，2012，19(5)：94—96.

[6] 崔传智，刘力军，丰雅，等. 基于均衡驱替的分段注水层段划分及合理配注方法[J]. 油气地质与采收率，2017，24(4)：67—71.

[7] 马奎前，陈存良，刘英宪. 基于层间均衡驱替的注水井分层配注方法[J]. 特种油气藏，2019，26(4)：109—112.

[8] 孙召勃，李云鹏，贾晓飞，李彦来，张国浩. 基于驱替定量表征的高含水油田注水井分层配注量确定方法[J]. 石油钻探技术，2018，46(2)：87—91.

[9] 贾晓飞，李其正，杨静，等. 基于剩余油分布的分层调配注水井注入量的方法[J]. 中国海上油气，2012，24(3)：38—40.

[10] 陈存良，王相，刘学，等. 基于最大净现值的水驱多层油藏均衡驱替方法[J]. 特种油气藏，2019，26(1)：123—125.

[11] 严科，张俊，王本哲，等. 平面非均质油藏均衡水驱调整方法研究[J]. 特种油气藏，2015，22(5)：86—89.

[12] 冯其红，王相，王端平，黄迎松. 水驱油藏均衡驱替开发效果论证[J]. 油气地质与采收率，2016，23(3)：83—88.

[13] 常会江，孙广义，陈晓明，翟上奇，张言辉. 基于均衡驱替的平面注采优化研究与应用[J]. 特种油气藏，2019，26(4)：120—124.

[14] 王德龙，郭平，汪周华，何红英，付微风. 非均质油藏注采井组均衡驱替效果研究[J]. 西南石油大学学报(自然科学版)，2011，33(5)：122—125.

[15] 崔传智，安然，李凯凯，等. 低渗透油藏水驱注采压差优化研究[J]. 特种油气藏，2016，23(3)：83—85.

[16] 韩光明，代兆国，杨建雷，曹孟菁，闫建钊，刘海婴. 基于均衡驱替的多井干扰下产液量优化方法[J]. 石油钻采工艺，2017，39(2)：254—258.

[17] 杨明，刘英宪，陈存良，等. 复杂断块油藏不规则注采井网平面均衡驱替方法[J]. 断块油气田，2019，26(6)：756—760.

[18] 冯其红，王相，王波，王端平，王延忠. 非均质水驱油藏开发指标预测方法[J]. 油气地质与采收率，2014，21(1)：36—39+113.

[19] 陈红伟，冯其红，张先敏，吴天琛，周文胜，刘晨. 多层非均质油藏注水开发指标预测方法[J]. 断块油气田，2018，25(4)：473—476.

[20] 张建国，杜殿发，侯建，等. 油气层渗流力学[M]. 东营：中国石油大学出版社，2006：85—87.

[21] 李传亮，邓鹏，朱苏阳，刘东华. 渗流圆的等效原则[J]. 新疆石油地质，2018，39(6)：717—721.

[22] 孙强，石洪福，凌浩川，潘杰，邓琪. 窄条带状稠油油藏均衡驱替产液量调整方法[J]. 特种油气藏，2020，27(2)：120—124.

# 多元热流体吞吐后转蒸汽驱可行性研究

韩晓冬　白健华　王秋霞　刘　昊　王弘宇　张　华

(中海石油(中国)有限公司天津分公司渤海石油研究院)

**摘　要**　NB油田B1井区多元热流体吞吐后油藏存气量大,气窜严重,影响开发效果。本文应用油藏数值模拟,研究了目前地下气体的赋存状态,对比了B1井区衰竭式开发、蒸汽驱、蒸汽吞吐和间歇汽驱等不同开发方式的开采效果,优选出了适合B1井区的最佳开发方式,优化了关键的注采参数。在此基础上,为提升海上蒸汽驱开发效果,针对海上平台空间有限的限制,完成了堵调工艺、地面工艺流程、以及高效注热工艺管柱设计,可有效保障海上蒸汽驱先导试验的顺利开展。

**关键词**　海上稠油油田;多元热流体吞吐;蒸汽驱;方案优化

## 1　引　言

热力采油是国内外最为常用且有效的稠油开发方式[1-3]。渤海油田稠油储量丰富,从2008年开始在NB油田开展多元热流体先导试验,取得了较好的开发效果。截至2018年12月,累计完成27轮次多元热流体吞吐[4-7]。吞吐开发对储层动用程度有限,随着吞吐轮次的增加,采出程度和地层压力分布不均衡程度会日益加重,导致开发效果逐渐变差。与此同时,多元热流体吞吐每轮次伴随注入大量非凝析气体,多轮次吞吐后,油藏存气量大,井间气窜严重,会进一步影响多元热流体吞吐开发效果[8-12]。因此,为实现该区块稠油储量的进一步动用和有效开发,继续在现有多元热流体的基础上转换开发方式[13-17]。

本文通过油藏数值模拟,研究了NB油田六井区多元热流体吞吐后地下气体的赋存状态和特征,估算了溶解态和游离态气体的组成和体积。在此基础上,对比了B1井区衰竭式开发、蒸汽驱、蒸汽吞吐和间歇汽驱等不同开发方式的开采效果,优选出了适合B1井区的最佳开发方式,优化了关键的注采参数,可为该油田下一步开发提供一定指导和借鉴。

## 2　NB油田数值模型建立

选取NB油田B1井区,依据油藏实际地质参数建立油藏数值模型,如图1所示。B1井区基础模型网格数为$42 \times 42 \times 7$,平面网格大小$50\ \mathrm{m} \times 50\ \mathrm{m}$,为提高计算精度,对井附近网格进行加密,井附近网格大小$10\ \mathrm{m} \times 10\ \mathrm{m}$。B1井区共有生产井7口,其中,热采吞吐试验井5口(水平井),冷采井2口(1水平井+1直井)。

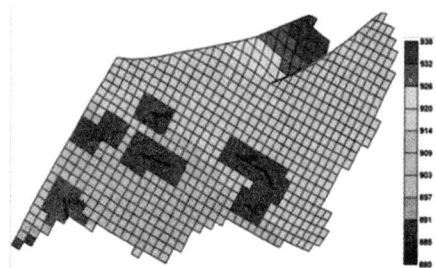

图1　NB油田B1井区油藏数值模型

## 3　多元热流体吞吐后气体赋存状态研究

多元热流体多轮次吞吐后,大量非凝析气体($N_2$和$CO_2$)赋存于地层中,导致临井间气窜严重。为此,本文根据油田实际注热和生产数据,进行了历史拟合,并分析了目前地下气体的赋存状态和特征,为后续方案优化打下基础。具体结果参见图2和图3。

由数模结果可知,NB油田目前温度、压力条件下,气体主要赋存于开采程度较高的低压区和油藏顶部。如图2所示,油相中$N_2$摩尔含量约为6.7%,气相中$N_2$摩尔含量约为85%($N_2$和$CO_2$富集区$CH_4$含量低至4%左右)。油相中$CO_2$摩尔含量约为1%,气相中$CO_2$摩尔含量约为12%。

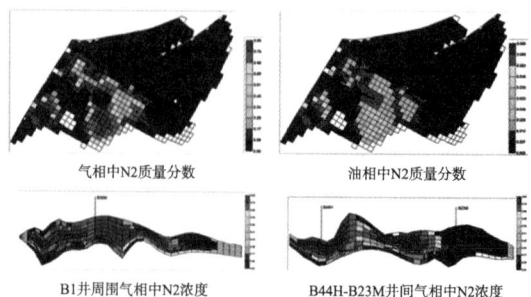

气相中N2质量分数　　　油相中N2质量分数

B1井周围气相中N2浓度　　B44H-B23M井间气相中N2浓度

图2　NB油田B1井区多元热流体吞吐后N2分布

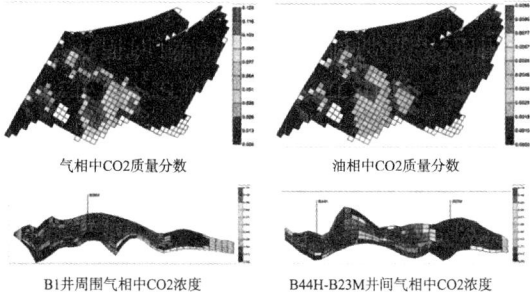

气相中CO2质量分数　　　　油相中CO2质量分数

B1井周围气相中CO2浓度　　B44H-B23M井间气相中CO2浓度

图 3　NB 油田 B1 井区多元热流体吞吐后 CO2 分布

根据数值模拟结果估算,B1 井区 $N_2+CO_2$ 存量为 $521.7\times10^4m^3$,采出 $N_2+CO_2$ 量为 $555.7\times10^4m^3$,$N_2+CO_2$ 逸出量为 $467.6\times10^4m^3$。在目前条件下,地下 $N_2+CO_2$ 游离态与溶解态的体积比为 1∶1.45,以溶解状态为主。地下 $N_2$ 与 $CO_2$ 存量的体积比为 6.8∶1。

## 4　多元热流体吞吐后最优开发方式优选

在历史生产动态特征分析的基础上,以 B1 井区为目标,本文通过数值模拟方法,研究了多元热流体吞吐后转热水驱、蒸汽吞吐和间歇汽驱＋多井吞吐引效等不同开发方式的开发效果,并对关键注采参数进行了优化,如表 1 所示。其中,间歇汽驱＋多井吞吐引效方式的工作制度为蒸汽驱井组受效井先依次进行蒸汽吞吐,吞吐周期为 1 年,各井注汽结束后,中间注蒸汽井 B1 井注蒸汽,注 1.5 月、停 0.5 月。

### 4.1　生产效果对比

在参数优化研究的基础上,对多元热流体吞吐后转热水驱、蒸汽驱、和间歇汽驱＋多井吞吐引效的开发效果进行了对比,各开发方式的主要注采参数和开发指标如表 1 所示。

表 1　多元热流体吞吐后不同开发方式关键注采参数及开发指标

| 开发方式 | 采注比 | 注入温度℃ | 注入速度 $m^3/d$ | 注汽干度 | 吞吐井次 | 累积注汽量 $\times10^4m^3$ | 累积采油量 $\times10^4m^3$ | 累积油汽比 | 采收率 % |
|---|---|---|---|---|---|---|---|---|---|
| 衰竭式开发 | — | — | — | — | 0 | 0 | 12.55 | — | 5.27 |
| 热水驱 | 1 | 300 | 300 | 0 | — | 109.59 | 25.92 | 0.237 | 10.88 |
| 蒸汽驱 | 1.4 | 300 | 300 | 0.4 | — | 109.59 | 44.83 | 0.409 | 17.88 |
| 蒸汽吞吐 | — | 300 | 300 | 0.4 | 85 | 65.83 | 45.92 | 0.698 | 18.64 |
| 间歇汽驱＋多井吞吐引效 | 1.4 | 300 | 300 | 0.4 | 40 | 98.99 | 50.63 | 0.512 | 21.25 |

由表 1 结果可知,NB 油田 B1 井区多元热流体吞吐后转间歇汽驱＋多井吞吐引效的累积采油量最高,累积油汽比相对较低,但吞吐轮次较多,作业费用过高。

### 4.2　经济性对比

考虑不同开发方式条件下的经济性,综合考虑累积采油量、累积油汽比和作业成本三个指标,对比结果如表 2 所示。从产油效果来看,间歇汽驱＋多井吞吐引效生产效果最佳,开发 10 年,累积采油量 $50.63\times10^4m^3$,采收率可达 21.25%,累积油汽比为 0.512。

从经济性角度来看,由于海上动管柱作业成本较高,因此间歇汽驱＋多井吞吐引效作业成本较高,综合来看,蒸汽驱的整体开发经济性最好。

表 2　不同开采方式经济效益评价

| 开发方式 | 作业次数 | 收入万元 | 支出,万元 | | | | | | 盈余 |
|---|---|---|---|---|---|---|---|---|---|
| | | | 注蒸汽费用 | 隔热油管费用 | 采油操作费 | 起下管柱费用 | 注氮费 | 合计 | |
| 蒸汽吞吐 | 85 | 99643 | 19748 | 900 | 24795 | 14450 | 2550 | 62444 | 37199 |
| 蒸汽驱 | 2 | 97285 | 32877 | 720 | 24209 | 340 | 1825 | 59971 | 37314 |
| 间歇汽驱 | 86 | 109872 | 29696 | 900 | 27341 | 14620 | 3470 | 76027 | 33844 |

## 5 多元热流体吞吐转蒸汽驱注采参数优化

影响蒸汽驱开采效果最大的注采工艺条件是注汽速度、注采比、注汽干度。为了提高蒸汽驱的开发效果和经济效益,对上述三个关键注采参数进行了优化。

### 5.1 注汽速度

注汽速度的选择既要保证足够的注热量和加热效率,又要避免发生蒸气窜流或蒸汽超覆。在采注比1.4、注汽温度310℃、注汽干度0.5的条件下,分别模拟了不同注汽速度的蒸汽驱开发效果。不同注汽速度下蒸汽驱累积采油量和累积油汽比如图4所示。综合阶段采出程度和累积油汽比两个指标和NB油田现场注气设备的注入能力,最佳注汽速度为$300m^3/d$。

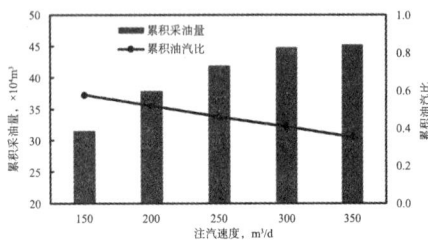

图 4 不同注汽速度下累积采油量和累积油汽比

### 5.2 采注比

在注汽速度为$300m^3/d$、注汽温度310℃、注汽比0.5的条件下,分别模拟了不同采注比的蒸汽驱开发效果。不同采注比时蒸汽驱累积采油量和累积油汽比如图5所示,可以看出,当采注比在1.0~1.4时,蒸汽驱累积采油量随采注比的增加而明显增加,当采注比大于1.4时,蒸汽驱累积采油量对采注比不敏感。推荐蒸汽驱采注比为1.4。

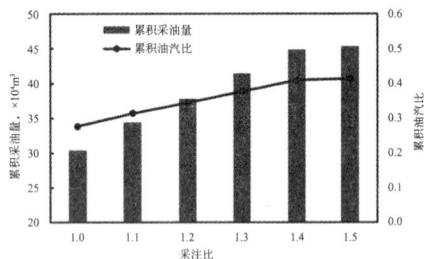

图 5 不同采注比下累积采油量和累积油汽比

### 5.3 注汽干度

在注汽速度为$300m^3/d$、注汽温度310℃、注采比1.4的条件下,分别模拟了不同井底蒸汽干度下的蒸汽驱开发效果。不同蒸汽干度时蒸汽驱累积采油量和阶段采收率如图6所示,可以看出,蒸汽干度越高,蒸汽驱累积采油量和阶段采收率越高。目前渤海油田注蒸汽过程中采用井口分离技术,可使井口蒸汽干度保持在0.85以上。注汽井筒采用氮气隔热,减少注热过程中的热损失,

可使井底蒸汽干度保持在0.3~0.5。综合考虑蒸汽驱开发效果和注汽操作成本,推荐合理的井底蒸汽干度为0.3~0.4。

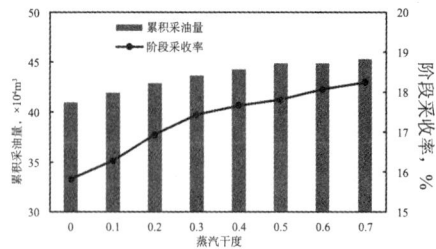

图 6 不同蒸汽干度下累积采油量和阶段采收率

## 6 多元热流体吞吐转蒸汽驱工艺方案设计研究

### 6.1 增效方案设计

为了进一步提升蒸汽驱开发效果,通过室内试验结合数值模拟方法对蒸汽驱过程中堵调增效方案及参数进行了优化。优化结果如表3所示,泡沫注入时间为井组含水率为60%左右时,注入浓度为0.5%,气液比1:1,注入量为0.1PV。

表 3 堵调方案优化参数结果

| 蒸汽驱(化学辅助)方案设计 | 泡沫注入时机 | 注入浓度 % | 气液比 | 注入量 PV | 段塞间隔月 |
|---|---|---|---|---|---|
| | 含水率 =60% | 0.5 | 1:1 | 0.1 | 3 |

### 6.2 地面工艺流程

针对海上平台空间有限的限制,结合海上注热对于水源、燃料、氮气以及注热装备等的技术需求,开展了地面工艺流程设计,具体方案流程人如图7所示。

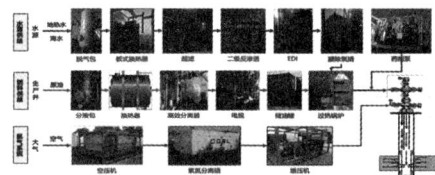

图 7 蒸汽驱地面工艺流程图

为了保证井底干度,锅炉采用过热锅炉,设计干度100%,过热度50℃,额定排量23t/h,可满足两井同注排量需求。同时,由于过热锅炉对于供给水质要求高于普通锅炉,因此水处理流程采用二级反渗透、EDI除硬除盐、膜除氧的流程设计方式。

### 6.3 管柱工艺方案设计

蒸汽驱注热井工艺管柱,结合海上热采井高干度、安全可控、水平段均衡注热等技术需求,设计方案人如图8所示。为了保障管柱隔热效果,管柱采用"气凝胶隔热油管＋隔热接箍"隔热方式,同时环空冲氮来进一步降低热损失。井下设

有包括高温封隔器＋安全阀＋排气阀在内的高温井下安全控制系统,可以实现紧急情况下的井下应急关断。水平段通过配注阀实现均衡配注,保障水平段动用效果和吸汽尽可能均匀。同时,管柱设有高温光纤,可实现井下沿程温度的实施监测,对井下注热效果分析具有十分重要指导意义。

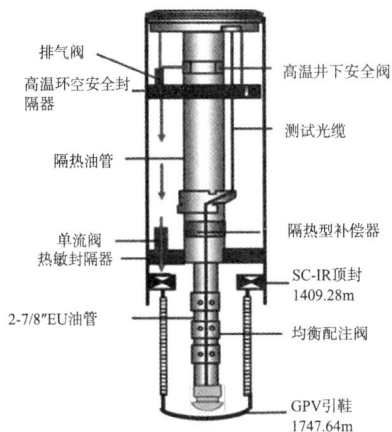

图 8　蒸汽驱注热井工艺管柱设计

### 6.4　工艺方案小节

蒸汽驱注热及工艺方案小节见表 4。

表 4　蒸汽驱注热及工艺方案小节

| | 单井注入(B36m) |
|---|---|
| 注热装备及流程 | ①过热锅炉:干度 100%,过热度 50℃,额定排量 23t/h; |
| | ②水处理流程:二级反渗透、EDI 除硬除盐、膜除氧; |
| | ③燃料油处理流程:含水<3%、排量>36m³/d |
| 注汽参数 | B36m 注汽速度:350t/d<br>井口:蒸汽干度 100%,过热度 20℃～30℃;<br>井底:蒸汽干度大于 80% |
| 井口装置选型 | 性能参数:21MPa(370℃)、34.5MPa(82℃) |
| 注汽管柱方案 | 井筒安全控制:高温封隔器、排气阀、高温安全阀<br>井筒高效隔热:气凝胶隔热油管＋高真空隔热接箍<br>水平段均匀注汽:配注阀<br>全井筒温度监测:高温光纤测试技术 |
| 化学调堵增效方案 | 高温氮气泡沫剂,药剂使用浓度及段塞数量根据现场情况调整 |

## 7　结　论

(1)NB 油田 B1 井区多元热流体吞后,油藏存气量大,$N_2＋CO_2$ 存量为 $521.7×10^4 m^3$,采出 $N_2＋CO_2$ 量为 $555.7×10^4 m^3$,逸出 $N_2＋CO_2$ 量 $467.6×10^4 m^3$。在目前条件下,地下 $N_2＋CO_2$ 游离态与溶解态的体积比为 $1:1.45$,以溶解状态为主。

(2)B1 井区的多元热流体吞吐后最佳开采方式为蒸汽驱,通过数值模拟对 NB 油田 B1 井区多元热流体吞吐后转蒸汽驱关键注采参数进行了优选,最优注采参数为:注汽速度 $300m^3/d$,采注比 1.4,井底蒸汽干度为 0.3～0.4。

(3)为提升海上蒸汽驱开发效果,针对海上平台空间有限的限制,完成了堵调工艺、地面工艺流程、以及高效注热工艺管柱设计,可有效保障海上蒸汽驱先导试验的顺利开展。

### 参 考 文 献

[1]陈明.海上稠油热采技术探索与实践[M].北京:石油工业出版社,2012.

[2]周守为.海上油田高效开发新模式探索与实践[M].北京:石油工业出版社,2007.

[3]刘文章.稠油注蒸汽热采工程[M].北京:石油工业出版社,1997.

[4]宫汝祥,杜庆军,吴海君,等. 海上稠油多元热流体吞吐周期产能预测模型[J]. 特种油气藏,2015,22(5):117－120.

[5]唐晓旭,马跃,孙永涛. 海上稠油多元热流体吞吐工艺研究及现场试验[J]. 中国海上油气,2011,23(3):185－188.

[6]黄颖辉,刘东,罗义科. 海上多元热流体吞吐先导试验井生产规律研究[J]. 特种油气藏,2013,20(2):84－86.

[7]陈建波. 海上深薄层稠油油田多元热流体吞吐研究[J]. 特种油气藏,2016,23(2):97－100.

[8]崔政,张建民,蔡晖,等. 渤海油田多元热流体吞吐技术的现场试验[J]. 长江大学学报(自然科学版),2014,32(11):115－118.

[9]张维申. 水平井在齐604块薄层稠油热采中的应用[J]. 特种油气藏,2008,15(3):49－55.

[10]李敬松,杨兵,张贤松,等. 稠油油藏水平井复合吞吐开采技术研究[J]. 油气藏评价与开发,2014,4(4):42－46.

[11]李敬松,姜杰,朱国金,等. 稠油水平井多元热流体驱影响因素敏感性研究[J]. 特种油气藏,2014,21(5):103－108.

[12]李浩. NB油田单井蒸汽吞吐优化设计[J]油气地面工程,2008,27(11):35－36.

[13]郑伟,袁忠超,田冀,等. 渤海稠油不同吞吐方式效果对比及优选[J]. 特种油气藏,2014,21(3):79－82.

[14]李彦杰,李娜,谭先红,等. 海上M稠油油田吞吐后转驱开发方案研究[J]. 西南石油大学学报(自然科学版),2018,40(2):98－106.

[15]刘新光,田冀,李娜,等. 海上稠油热采开发经济界限研究[J]. 特种油气藏,2016,2(3):106－109.

[16]邹斌,盖平原,宋文芳,等. 胜利油区蒸汽驱工艺技术现状及攻关方向[J]. 油气地质与采收率,2010,17(5):50－52.

[17]龚姚进,王中元,赵春梅,等. 齐40块蒸汽吞吐后转蒸汽驱开发研究[J]. 特种油气藏,2007,14(6):17－21.

# 风城超稠油溶剂辅助 SAGD 启动技术参数优化研究

张宝真　杨浩哲　孙　滕　王　丽　姜　丹　艾文众

（中国石油新疆油田分公司风城油田作业区）

**摘　要**　目前 SAGD 模式已成为新疆稠油开发的主体技术。风城超稠油 SAGD 实现规模开发以来，仍存在循环预热启动阶段时间长，耗能大，转生产后井间动用不均横，产量下降的问题。本文以溶剂辅助启动机理研究为背景，基于实际井组模型，对注入时机、注入方式、注入量、注入速度及生产压差等操作参数进行设计，细化措施后生产调控制度，确保措施有效率。实施后，单井平均节约蒸汽 8t/d，日产油水平提高 4.0t/d，油汽比提高 0.11。实践表明溶剂辅助 SAGD 循环预热技术能够满足启动阶段节能减排和提高效果的需求。

**关键词**　SAGD；溶剂辅助；风城油田；参数优化

风城超稠油自 2008 年开辟双水平井 SAGD 先导试验区以来，截至目前已完钻双水平井 SAGD 井组 256 对，实现了 SAGD 商业化开发。SAGD 开发与其他稠油热采技术相比，具有波及系数高、采收率高等优点[1]，是目前有效的一种稠油开采技术，但由于新疆超稠油储层多为陆相沉积，储层非均质性强。在开发过程中存在 SAGD 启动时间长、蒸汽能耗大、前两年产能贡献率低等问题[2]。针对这些问题，本文以化学剂辅助循环预热机理研究为背景，提出了溶剂辅助 SAGD 快速启动技术思路，即在循环预热阶段将化学剂注入到地层中，与地层中的原油互溶从而降低原油黏度，实现快速均匀连通和对差物性段及近井地带夹层的改造[3-5]。目前，国内对溶剂辅助 SAGD 主要集中在物理模拟和数值模拟两个方面，风城油田在 SAGD 开发的基础上开展了溶剂辅助开发的室内实验研究及部分先导试验，认为溶剂辅助 SAGD 开发能够调整蒸汽腔发育，增加产油量[6-8]，但现场实施仍处于小规模试验阶段，对于溶剂辅助 SAGD 启动的机理，注入参数及措施后生产调控优化仍需深入研究。本文基于风城油田某区块实际井组，利用油藏数值模拟技术，开展溶剂辅助 SAGD 机理研究，并对典型试验井组进行了注采参数优化，为溶剂注入及措施后恢复提供了重要指导方向[9]。

## 1　溶剂辅助 SAGD 模型建立

以风城油田 A 区块实际油藏特征为基础，采用加拿大数模模拟软件 CMG 的 BUILDER 模块建立包含地质模型、属性模型（孔隙度、渗透率、饱和度等）、岩石－流体模型和井模型的数值模拟机理模型。模型尺寸为：420m×40m×20m，模型网格总数：42×26×35＝38220 个，水平井共 4 口，其中上端水平井注汽，下端水平井产油。水平段长度均为 400m。循环注汽压力为 5.0MPa，井口蒸汽干度为 0.75（表 1）。

表 1　模型基本参数

| 参数 | 模型取值 |
| --- | --- |
| 渗透率，mD | 800 |
| 孔隙度，% | 30 |
| 含油饱和度，% | 根据相渗曲线，取 70 |
| 水平井段长度，m | 490 |
| 初始原油黏度，mPa·s | 232000 |
| 砂体厚度，m | 20 |
| 油层埋深，m | 450 |
| 油藏温度，℃ | 22 |
| 油藏压力，MPa | 4.26 |

## 2　溶剂辅助 SAGD 作用机理

SAGD 产油主要依靠重力驱动，高温下原油动力黏度对蒸汽腔扩展速度和油井产量影响很大。溶剂辅助 SAGD 可利用溶剂对原油的降黏作用，在蒸汽高温降黏的基础上，进一步降低原油黏度，提高原油的泄油能力[10]。

本次研究通过室内试验和数值模拟方法明确了溶剂辅助 SAGD 启动技术机理：先"热"后"剂"，利用蒸汽热力降粘和溶剂溶解降粘的接力降粘效果，减小井筒附近原油的黏度，增大原油的流动性，仅需要较少的蒸汽来再次降低原油黏度，促进注采井间连通快速降低原油黏度，在水平井间建立"低温"连通（图 1）。

Temperature(C) 250.00 day  J layer:26

150℃

蒸汽用量30000m³

a. 无溶剂辅助连通时温度场图

Temperature(C) 98.00 day  J layer:26

100℃

蒸汽用量11760m³

b. 溶剂辅助连通时温度场图

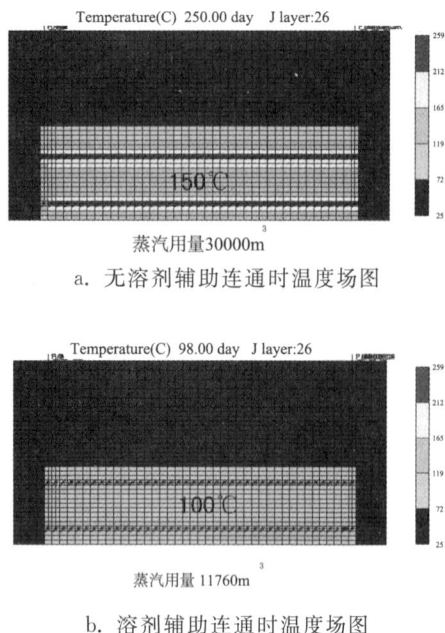

图1　溶剂辅助与无溶剂辅助连通时温度场对比图

混相、扩散,均匀启动 溶剂在原油中混相扩散,能够抑制指进,使低孔低渗部位的原油黏度下降,流动性增加,从而改善井间热连通程度,提高动用的均匀性,并扩大了初期井周原油流动范围,实现井间均匀动用。

改善初期汽腔发育,提高泄油能力 当无溶剂辅助时,井周围低粘区域较小,转SAGD生产后基础蒸汽腔也较小;溶剂辅助后,井周围低粘区域扩大,井周原油的流动范围随之扩大,大幅提升了初期的生产能力,转SAGD生产后蒸汽腔规模也较大,利于后期的泄油增产(图2)。

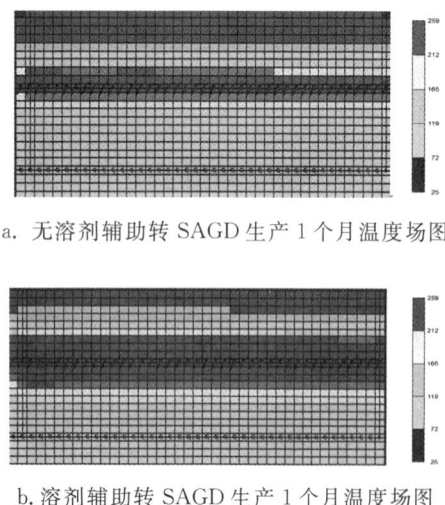

a. 无溶剂辅助转SAGD生产1个月温度场图

b. 溶剂辅助转SAGD生产1个月温度场图

图2　溶剂辅助与无溶剂转SAGD生产1个月温度场对比图

## 3　溶剂辅助SAGD注入阶段参数优化

运用数模方法以预热连通时间与累计油汽比为评价指标,分析各因素对开发效果影响,对比各方案增产效果,优化出最佳注采参数。

### 3.1　溶剂注入方式

溶剂注入方式有注汽井单独注入和注汽井、采油井同时注入两种方式,在溶剂总量一定的情况下,注汽井单独注入会增加操作的复杂性和人工成本,而注汽井、采油井同时注入可降低操作成本,但不同的注入方式对水平井蒸汽腔的连通速度以及开发效果影响不同,必须对注入方式进行合理优化,确保溶剂辅助作用得到有效的发挥。从模拟结束后的温度场和黏度场看,由I井和P井同时注入溶剂,井间温度为109℃,两井之间的黏度场已达114mPa·s,达到转SAGD生产的条件;由I井单独注入溶剂,两井间温度较低,为101℃,井间原油黏度较高,为282mPa·s,未达到转SAGD生产的条件,效果稍次于I井和P井同时注入(图3)。主要原因为两井同时注入,溶剂可以更大范围的与油藏中的原油接触,更好的发挥溶剂对稠油的降粘作用。因此优选注入方式为注汽井、采油井同时注入。

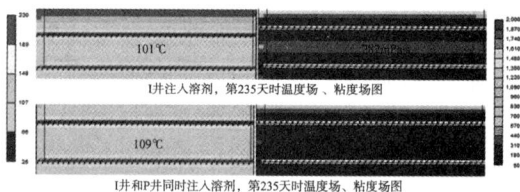

图3　不同溶剂注入方式第235天时温度场、黏度场图

### 3.2　溶剂注入时机

模拟溶剂注入总量定为30t,溶剂注入方式为注汽井、采油井同时注入。模拟比较了循环预热35、50、65、80、100天时注入溶剂,比较I、P两井连通天数,结果表明循环预热65天时加入溶剂进行辅助,井间黏度更早达到100mPa·s左右,启动时间最短为235天(图4)。主要是因为过早注入溶剂,蒸汽在井附近发育蒸汽腔有限,形成的热力降粘区域较小,溶剂不能充分发挥溶解降黏作用即被采出;过晚注入溶剂,井间原油黏度已经降低,溶剂大量溶于原油并随采出液带走,井间溶剂浓度变小,未充分发挥降粘作用,启动时间反而增加,因此注入时机为循环预热65天最优。

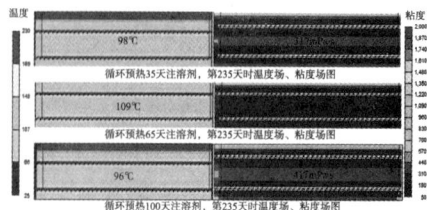

图4　不同溶剂注入时机第235天时温度场、黏度场图

### 3.3　溶剂注入量

蒸汽循环后,需要溶剂降粘的区域为井筒1m

之外的低温区。井筒注入的溶剂在井附近为一近似圆形区域,向地层推进呈一近似矩形,溶剂注入量与水平段长度成正比:

$$A = (2 \times \pi r^2 + 3 \times 1) \times \Phi \times S_o \times \rho \times 4\% \times L$$

式中,r——I、P井溶剂作用范围半径,m;

Φ——油层孔隙度,%;

$S_o$——含油饱和度,%;

P——原油密度,g/cm³;

L——水平段长度,m。

单井注入量计算,取值孔隙度30%,含油饱和度取值70%,密度取值0.970g/cm³,水平段长度400m,计算溶剂注入量为30.8t。

模拟溶剂量分别为10t、20t、30t、40t、60t和80t时对循环预热阶段启动时间的影响。模拟研究结果显示,随着注入量的增加,井间溶剂浓度增大,降粘速度加快,连通时间也变短;但当注入量大于30t后,连通时间下降较缓慢,主要是因为注入大量温度较低的溶剂,造成I、P两井周围温度下降,蒸汽腔向周围油藏的传热能力也下降,并且后续注入的蒸汽不仅需要再次加热油藏,还需要加热注入的冷溶剂,造成热力降粘效果变差。因此最佳溶剂量在30t左右(图5)。

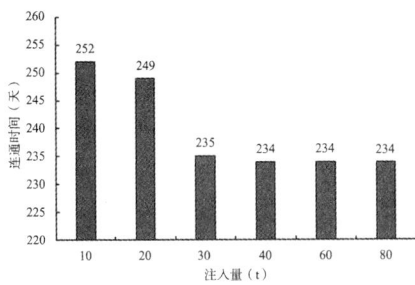

图5　注入量与连通时间关系图

### 3.4　溶剂注入速度

设计溶剂量30t,溶剂注入速度为10t/d、20t/d、30t/d、40t/d和50t/d,比较不同速度对蒸汽腔连通速度的影响,模拟计算为溶剂注入速度为20t/d时连通时间最短235天,不同注入速度连通天数基本一致。因为在SAGD循环预热阶段,蒸汽腔的规模仅限于井周围1～2m处,注入的溶剂仅仅溶解降粘井周围的原油,注入量相同的情况下,连通时间没有明显的差别。根据现场操作条件和操作成本,以50t/d的注入速度注入溶剂。

### 3.5　注溶剂后生产压差

焖井结束后,I、P两井的注汽和生产压力分三种情况:I、P井之间无压差(保持不变)、I、P井之间无压差(同增)、I、P井之间有压差为0.2MPa和0.3MPa,模拟结果为,I、P井之间有0.2MPa和0.3MPa压差时,连通时间最短为235天(图6)。因此保持微小压差,有利于溶剂的推进。

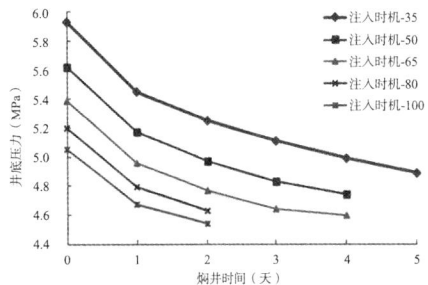

图6　不同焖井时间的井底压力变化曲线

## 4　溶剂辅助SAGD恢复阶段注采参数优化

SAGD生产阶段注采参数优化主要针对SAGD生产阶段操作压力、注汽速度、Sub－cool及采注比等关键参数。

### 4.1　操作压力优化

转SAGD生产初期,由于高温低粘区仅限于注采井筒周围以及注采井井间油层,蒸汽腔较小,供液有限,承受压力波动幅度较小,整个过渡阶段必须采用相对较低的操作压力,注汽井弱注,采油井弱采,在注汽井与采油井之间建立新的动态平衡,然后逐步提高操作压力,增加注汽量和产液量,重建新的动态平衡。因此,在转SAGD生产初期应保持操作压力不高于地层压力0.5MPa,采注比1.0左右。SAGD生产相对稳定后,适当提高操作压力,加快蒸汽腔的扩展,高压生产阶段操作压力应小于油层破裂压力0.5MPa,采注比控制在1.1～1.2。当蒸汽腔开始稳定横向扩展时,逐步降低操作压力,有效利用蒸汽闪蒸释放的潜热,提高热效率,达到高效经济开发目的。稳定生产阶段操作压力应控制在大于地层压力0.2～0.5MPa,采注比控制在1.2～1.3(表2)。

表2 SAGD不同阶段关键参数细化设计结果表

| 参数 | | SAGD生产阶段 | | |
|---|---|---|---|---|
| | | 转SAGD初期 | SAGD高压生产 | SAGD稳定生产 |
| 注汽井 | 井底注汽干度,% | >90 | >90 | >90 |
| | 井底注汽压力,MPa | 4.5~5.0 | 5.0~5.8 | 4.7~5.0 |
| | 日注汽量范围,t | 70~100 | 100~110 | 80~100 |
| 生产井 | 日产液量范围,t | 80~120 | 110~140 | 90~120 |
| | 阶段时间,d | 120~180 | 200~300 | 1800~2400 |

## 4.2 Sub-cool优化

Sub-cool是指生产井井底产液温度与井底压力下相应的饱和蒸汽温度的差值。为防止蒸汽突破到生产井,需要控制生产井井底温度,生产井井底温度要低于蒸汽的饱和温度,SAGD生产过程中,一般要求Sub-cool稳定在一个适当的范围之内,来控制生产井的采出情况,以利于重力泄油。模拟结果表明,Sub-cool越大,生产井上方的液面越高,越便于控制蒸汽突破,但是不利于蒸汽腔的发育。从生产井的控制和蒸汽的热利用效率考虑,SAGD正常生产阶段Sub-cool以5℃~15℃为宜。但现场为稳定井组产量,便于动态调控,Sub-cool可以适当放大至20℃~30℃。

## 4.3 采注比优化

在SAGD生产过程中,生产井排液能力对SAGD生产效果影响较大,生产井必须有足够的排液能力,才能实现真正的重力泄油生产。如果排液能力太低,就会导致冷凝液体及泄下的油在生产井上方的聚集,使注汽井与生产井间变为液相,甚至将注入井淹没,憋压,影响汽腔的扩大,从而泄油的速度下降,开采效果变差;如果排液能力太大,就会使汽液界面进入生产井筒,这一方面因蒸汽进入泵中导致泵效降低,另一方面会因产出大量蒸汽,降低热利用率,开采效果也变差。

模拟结果表明,当采注比小于1.2时,其蒸汽腔得不到有效扩展,注汽井被大量的液体淹没,降低了热利用率,从而油汽比大大降低;当采注比大于1.2时蒸汽腔得到了较好的扩展。对部署区建议SAGD稳定阶段的采注比大于1.2。

## 4.4 SAGD生产阶段操作要点

通过以上注采参数的优化,SAGD生产阶段主要通过控制注汽井的注汽压力和生产井的产液速度(采注比),平衡Sub-cool,确保蒸汽能够顺利注入,排液相对顺畅,蒸汽腔相对均匀扩展。为达到以上目标,在转SAGD生产初期应遵守以下几点操作调控原则。

(1)转SAGD初期采用泵抽生产,严格控制采注比、Sub-cool和生产压差以保持较高的液面为基本原则,避免因采注比过大而造成局部气窜,采注比小于1.0。

(2)采用入泵Sub-cool监测与控制,为使转SAGD初期的操作稳定,保证连通井段均匀动用,初期的Sub-cool应严格控制在10℃~15℃范围内,SAGD稳定生产阶段Sub-cool控制在20℃~30℃。

(3)初期供液有限,应严格控制生产压差,降低点窜风险,使转SAGD生产初期操作自然过渡为正常的SAGD生产操作。

## 5 现场应用实例

风城油田作业区实施了2个井组的溶剂辅助预热试验。与同区块无溶剂辅助SAGD井组循环预热相比,溶剂辅助预热启动井组的循环预热阶段连通时间提前41天,节约蒸汽19.2%。转抽初期较常规循环预热井组的水平段动用程度提高15%,日产油水平提高4.0t/d,增油幅度为32.8%,油汽比提高0.11,应用效果显著。

## 6 结 论

(1)常规蒸汽循环预热时间长,连通时为"高温连通";溶剂辅助循环预热时间短,连通时为"低温连通"。

(2)溶剂注入参数的优化结果为:在蒸汽循环预热的第 65 天,由 I、P 两井各以 20t/d 左右的速度注入总量为 30t 的溶剂,并保持注溶剂后微小压差。

(3)基于两井组现场实施效果可知,溶剂辅助 SAGD 启动技术能够实现 I、P 井间"又快又好"连通,形成了一套完整且适用的现场施工流程及预热、转抽阶段调控技术。

## 参 考 文 献

[1] 解鑫,魏立新,王伟伟,等. 注氮气改善 SAGD 开发效果(SAGP)作用机理解析[J]. 化学工程师,2015,29(4):81-85.

[2] 杨兆臣,于兵,吴永彬,等. 超稠油溶剂辅助 SAGD 启动技术油藏适应性研究[J]. 特种油气藏,2020,27(4):67-72.

[3] 赵睿,罗池辉,张宇,等. 非均质超稠油油藏 SAGD 快速启动技术界限—以风城油田侏罗系齐古组超稠油油藏为例[J]. 新疆石油地质. 2019,40(2):199-203.

[4] 王正东. 溶剂辅助 SAGD 现场实验:以辽河油田杜 84 块为例[J]. 化工设计通讯,2016,42(6):24-26.

[5] 何万军,木合塔尔,董宏. 风城油田重 37 井区 SAGD 开发提高采收率技术[J]. 新疆石油地质,2015,36(4):483-486.

[6] 罗健,李秀峦,王红庄,等. 溶剂辅助蒸汽重力泄油技术研究综述[J]. 石油钻采工艺,2014,36(3):106-110.

[7] 贾江涛,施安峰,王晓宏. 辅助溶剂对 SAGD 开采效果影响的数值模拟研究[J]. 特种油气藏,2014,21(5):99-101.

[8] 席长丰,马德胜,李秀峦. 双水平井超稠油 SAGD 循环预热启动 优化研究[J]. 西南石油大学学报(自然科学版),2010,23(4)103-108.

[9] 王大为,刘小鸿,张凤义,等. 溶剂-蒸汽辅助重力泄油数值模拟研究[J]. 西安石油大学学报(自然科学版),2018,33(2):65-71.

[10] 周志军,闫文华,暴赫. 双水平井多源、多元介质辅助 SAGD 驱注采参数优化[J]. 当代化工,2020,49(6):1203-120

# 火驱烟道气回注油藏大幅度提高采收率实验研究

梁宝兴　周　伟　汪周华　王子强　唐红娇　张自新

(中石油新疆油田分公司实验检测研究院)

**摘　要**　新疆油田红浅火驱先导试验区日产气 $8×10^4$～$9×10^4$ $m^3$，按照工业化设计扩大规模后日产气达 $210×10^4$ $m^3$，烟道气主要成分为 $N_2$ 和 $CO_2$，为了合理利用丰富的烟道气资源，将产出烟道气回注距离近、砂体连续、埋深合适、规模较大的红48断块油藏。本文进行了注烟道气PVT实验和长岩心注气驱替室内实验，实验结果表明，火驱烟道气对地层原油具有一定的膨胀降粘效果，注烟道气可形成 $N_2$ 驱替和 $CO_2$ 降粘机理，烟道气气水交替驱可显著提高低渗储层动用程度，在水驱基础上可提高采收率22.0%以上，最终采出率可达60.0%，优化最佳气水比为1:1。

**关键词**　火驱烟道气；驱油机理；提高采收率效果；注入参数优化

国外烟道气驱的研究与应用主要以加拿大为代表[1-5]，其在处理烟道气的技术思路上主要立足于从烟道气中分离出二氧化碳进行综合利用或埋存，$CO_2$ 混相驱可提高采收率 6.8%～21%，效果显著。新疆稠油主体开发区已进入蒸汽开发后期，需要转换开发方式，进一步提高采收率。火驱是稠油油藏重要增产措施之一[6-9]，红浅1井区火驱已形成一定规模，但火驱后烟道气产量大，最大日产量为 $210×10^4$ $m^3$，烟道气主要成分70%～85%的 $N_2$、10%～15%的 $CO_2$、轻烃以及 CO、$H_2S$ 等有害气体，直接排放不仅污染环境，同时也造成了资源浪费，将烟道气回注油藏进行二次利用不仅可以避免污染环境，同时也可以增油增产。本文进行了红18井区注烟道气室内态实验评价，测定了注烟道气对地层原油相态特征影响，实验表明注烟道气对地层原油性质影响较少，烟道气回注驱替方式为非混相驱，烟道气驱油机理是以 $N_2$ 驱替为主，$CO_2$ 可协同降粘、抽提传质作用，实验评价了烟道气回注油藏提高采收率效果，注烟道气水气交替可显著提高采收率20%左右，低渗层采收率增加32.3%、高渗层采收率增加16.6%，烟道气回注可使低渗储层得到有效动用，优化最佳气水比为1:1，室内实验研究可为现场先导试验提供重要的实验数据支撑。

## 1　实验介绍

### 1.1　实验材料

本次实验选用的长岩心夹持器尺寸为38mm×1000mm，共计2只；实验用原油为按照原始地层条件15MPa，42℃配制的红18井区地层原油，溶解气油比为40.8 $m^3/m^3$；实验用水为根据水质监测数据配置的模拟地层水，矿化度为13913.65mg/L，水型

为 $NaHCO_3$；实验用岩心为人造岩心，高渗岩心平均渗透率为 139.4mD，低渗岩心平均渗透率为 42.53mD，实验用烟道气为根据现场烟道气组分检测数据配置的模拟烟道气，组分数据见表1所示。

**表1　驱油用模拟烟道气组分数据**

| 组分 | $N_2$ | $CO_2$ | $C_1$ | $O_2$ |
|---|---|---|---|---|
| 含量 mol% | 82.6 | 15.49 | 0.58 | 1.33 |

### 1.2　实验设备

实验装置如图1所示，驱替泵为 ISCO-500D，最高驱替压力为51.71MPa，双泵流速范围 0.001～204.000mL/min；活塞容器为扬州华宝仪器公司制造，耐压70.00MPa，环压和回压压力范围为0～50.00MPa。

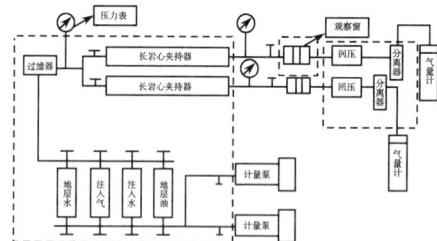

**图1　烟道气驱油实验流程图**

### 1.3　实验步骤

先期降压至目前地层压力10MPa，然后采用水驱至岩心出口端不出油后进行5组不同气水比(水段塞0.1HCPV；连续气驱、气水比4:1、3:1、2:1、1:1)气水交替驱实验，评价不同开发方式提高原油采收率差异。具体实验测试过程如下所示。

(1)准备和安装仪器。

依据入口高渗、出口低渗方式排列组装岩心，

用石油醚和酒精清洗岩心、氮气吹洗岩心、试温和试压,最后抽真空。

(2)原始地层条件建立及油相渗透率测定。

控制入口泵分别将地层水分别注入高渗管、低渗管岩心,并升高至原始地层压力 15.02MPa,并记录每组长岩心饱和水量。然后采用配制地层原油分别驱替高渗管、低渗管,按照相渗曲线测试结果建立束缚水饱和度;待岩心出口端气油比稳定后分别对高渗砂岩管、低渗砾岩管测试油相渗透率 $K_1-1$、$K_2-1$。

(3)气水交替驱油实验。

首先衰竭开采至目前压力 10MPa,然后进行恒速(0.1ml/min)注水驱油实验,当高渗管水驱含水率达到98%后进行连续气驱油、气水交替驱油,注入速度与水驱一致;气水交替驱时,定水段塞0.1HCPV、依次开展气水比 1∶1、2∶1、3∶1、4∶1气水交替驱实验,记录实验过程中注入流体体积、采出油体积、气体及实验压差。

## 2 实验结果及数据分析

### 2.1 烟道气对地层原油性质影响

从膨胀实验结果来看,如图2所示,随注入气量的增多,$CO_2$对地层原油性质改变明显,而烟道气与 $N_2$ 类似,对地层原油性质改变较小,烟道气降粘效果略好于氮气。

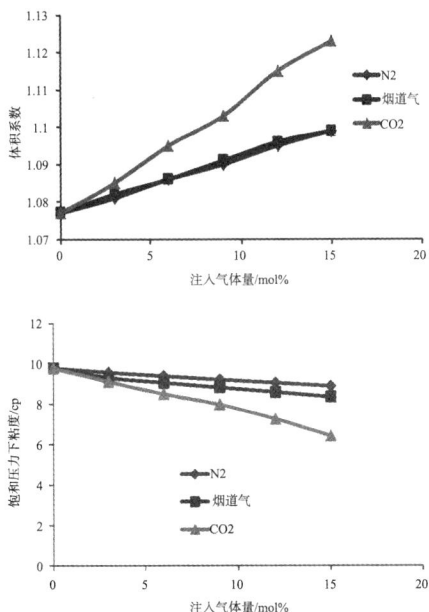

图 2 不同注入气含量下原油体积系数和原油黏度变化特征

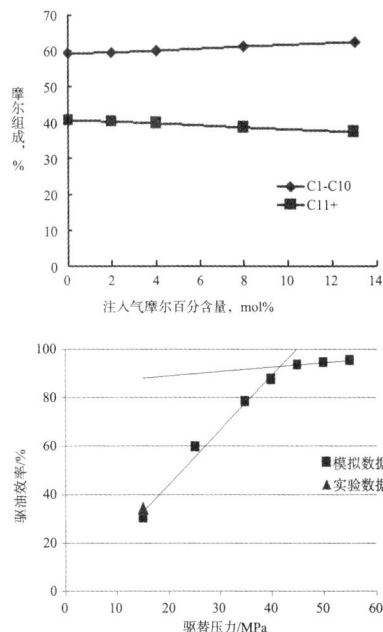

图 3 地层原油注烟道气组分变化及混相特征

如图3所示,烟道气的注入使得地层原油中的轻组分进入注入气中,烟道中 $CO_2$ 组分对原油具有一定的传质作用,但大多数 $N_2$ 未溶于原油,处于自由气态状态。烟道气回注最小混相压力为41.2MPa,远大于原始地层压力,烟道气驱为非混相驱,其驱替方式以 $N_2$ 驱为主,$CO_2$ 辅助降粘。

### 2.2 注入方式选择

如图 4 所示,水驱后连续气驱在注气0.35HCPV后烟道气突破,突破后基本不出油,最终采收率为40.43%,而气水交替可较长时间保持低气油比状态,最终采收率为 60.04,气水交替可以很好的防止烟道气过早形成气窜通道。

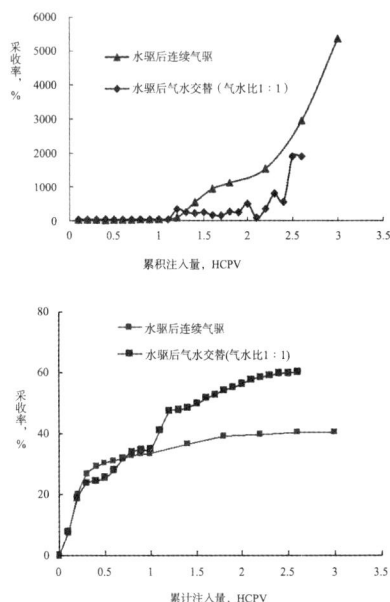

图 4 烟道气不同注入方式气油比及采收率

## 2.3 非均质对驱油效率的影响

并联长岩心实验数据结果显示,如图5所示,气水比为1:1,段塞大小为0.1HCPV,从采收率曲线来看,烟道气首先波及高渗通道,而后逐渐进入低渗通道,使得低渗通道得到显著动用,与水驱相比,WAG高渗层采收率增加16.6%～18.6%,低渗储层采收率增加25.7%～32.3%,烟道气气水交替使得低渗储层得到明显动用。

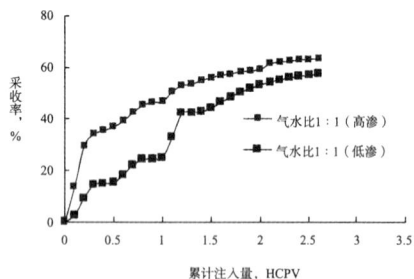

图5 储层物性对采收率影响

## 2.4 注气参数优选

进行了4个烟道气气水比的长岩心注气实验,如表2所示,随着气水比的增加,注气压差逐渐增大,采收率呈降低趋势,气水比1:1时,最终采收率最高为60.04%,因此优选气水比1:1为最佳气水比。

表2 注不同气水比采收率对比

| 注气比例 | 段塞大小(PV) | 注入烟道气量(PV) | 水驱采收率% | 最大压差 MPa | 最终采收率% |
|---|---|---|---|---|---|
| 1:1 | 0.10 | 0.8 | 34.91 | 1.62 | 60.04 |
| 2:1 | 0.10 | 0.8 | 32.66 | 1.74 | 56.48 |
| 3:1 | 0.10 | 0.8 | 32.44 | 1.80 | 54.45 |
| 4:1 | 0.10 | 0.8 | 33.53 | 1.85 | 52.96 |

## 3 结 论

(1)实验表明注烟道气对研究区地层原油性质影响较小,火驱烟道气中 $N_2$ 主要起到保持地层压力、驱替原油的作用,烟道气中 $CO_2$ 可溶解降粘,同时抽提地层原油轻质组分 $C_2$～$C_6$,改善原油性质。

(2)烟道气驱替特征为非混相驱替,连续气驱容易形成气窜,采收率低,气水交替可以一定程度防止气窜,最终采收率比连续气驱提高20%左右。

(3)烟道气气水交替驱可使低渗通道得到显著动用,与水驱相比,WAG高渗层采收率增加16.6%～18.6%,低渗储层采收率增加25.7%～32.3%,低渗储层采收率增加明显。

(4)优选了注烟道气最佳气水比为1:1。

### 参 考 文 献

[1] 马涛,王海波,等.烟道气驱提高采收率技术发展现状[J].石油钻采工艺,2007,29(5):79—85.

[2] 李宪腾,赵东亚等.烟道气驱油机理与技术综述[J].石油工程建设,2016,42(1):1—6.

[3] DONG M. HUANG S. Flue Gas Injection for Heavy Oil Recovery [J]. Journal of Canadia Petroleum Technology,2002,41(9):44—50.

[4] NASR T N,PROWSE D R,FRAUENFELD T. The use of flue gas with steam in bitum en recovery from oil sands [J]. Journal of Canadian Petroleum Technology,1987,6(3):62—69.

[5] ZHANG Y P,SAYEGH S G,HUANG S. Laboratory Investigation of Enhanced Light — Oil Recovery By CO2/Flue Gas Huffn — Puff Process[J]. Journal of CanadianPetroleum Technology, 2006,45(2):24—32.

[6] 付美龙,熊帆,等.二氧化碳和氮气机烟道气吞吐采油物理模拟实验[J].油气地质与采收率,2010,17(1):68—73.

[7] 李兆敏,孙晓娜,等.烟道气改善超稠油蒸汽吞吐开发效果研究[J].新疆石油地质,2014,35(3):303—306.

[8] 马三佳.辽河油田烟道气注入装置建成投产烟道气驱油试验初见成效[J].石油机械,2002,13(4):10.

[9] 李兆敏,王勇,高永荣,等.烟道气辅SAGD数值模拟研究[J].特种油气藏,2011,18(1):58—60,138.

# 多重交联聚合物凝胶体系研究及砾岩油藏矿场应用

赵　勇[1,2,3]　原凤刚[1,2,3]　王凤清[1,2,3]　孙鹏超[1,2,3]　张　芸[1,2,3]　李婷婷[1,2,3]

(1.中国石油新疆油田分公司实验检测研究院；2.中国石油天然气集团公司油田化学重点实验室；3.新疆砾岩油藏实验室)

**摘　要**　基于砾岩油藏窜流通道特征和堵剂稳定性差、封堵有效期短等难题,研发了一种利用部分水解聚丙烯酰胺上的—$COO^-$、—$CONH_2$功能基团分别与固态醛类交联剂 A、固态酚类交联剂 B 和偏硼酸钠反应形成多重交联聚合物凝胶调驱体系,并确定了适用配方:0.2%～0.5% HPAM+0.15%～0.3%固态醛类交联剂 A+0.03%～0.05%固态酚类交联剂 B+0.005%～0.015%偏硼酸钠。该多重交联凝胶体系功能组分均为性质稳定且速溶性好的固态干粉,其成胶时间可控(24～72h)、成胶黏度高(6000 ～18000mPa·s)、耐温性好(30℃～120℃)、耐盐性好(0.5%～5%)、耐酸碱性好(5～12)、封堵性好(封堵率>99%)、耐冲刷性好(突破压力梯度达 4.48 MPa/m),有效避免了现有液态交联剂的挥发性、毒害性和运输难等缺陷。当渗透率变异系数 VK=0.9时,"凝胶驱+二次水驱"过程采收率增幅最大为29.98%,中、低渗透层分流率最大增幅为19.4%。核磁共振实验表明溶胶调驱体系主要进入岩心的中孔和大孔,少量溶胶进入小孔中;调驱后进行水驱有助于进一步提高波及体积,说明该调驱体系具有良好的液流改善能力。应用该体系在典型 F 水窜井进行封堵试验,平均压力增幅为 3.1MPa,含水率降低24.2%,增油987t,有效期大于18个月,在砾岩油藏调剖堵水中具有良好的应用潜力。

**关键词**　多重交联;聚合物凝胶;采收率;砾岩油藏

## 1　引　言

新疆砾岩油藏经多年注水开发,目前综合含水高达85%以上[1],水驱开发稳产难度逐年加大,难以保障国家能源安全。因新疆砾岩油藏具有非均质性强、孔隙结构复杂、孔喉分布极为不均、储层特征差异大等,因长期水驱冲刷逐渐形成窜流通道,含水率回升快,驱替效果愈发变差[2]。为进一步改善水驱效果和单井产量,亟需对窜流通道进行有效封堵,用于扩大波及体积和提高波及效率[3]。

聚合物凝胶体系[4-6]是目前油田堵水应用最广泛的调剖封堵体系之一,先进入中高渗层,因黏度增加和吸附滞留作用,使得流动阻力增大,发生液流转向进入低渗层,提高低渗层纵向上的波及效率。就现有聚合物凝胶的交联体系而言,主要分为无机交联剂和有机交联剂。其中无机交联剂[7]主要以高价重金属离子($Cr^{3+}$,$Cr^{6+}$)应用最多,因成胶时间短、耐温性差、环境污染严重和毒性大等缺陷;有机交联剂[8-9]主要以液态甲醛、脲醛树脂和其他液态醛类衍生物为主,因液态醛类的高挥发性、毒害性、热分解性和环境污染性,极大制约了规模化堵漏堵水应用[10]。为了克服上述凝胶封堵体系的缺陷,本文主要从配方浓度优化、油藏适应性、解堵性能评价等方面进行研究,研制了一种功能组分均为固态且性质稳定的双重交联聚合物凝胶。

## 2　实验部分

### 2.1　材料与仪器

抗盐部分水解聚丙烯酰胺(KYHPAM),相对分子质量 $2500×10^4$,水解度28.5%;固态醛类交联剂 A,有效含量为92.1%,自制品;偏硼酸钠,有效含量96.2%,天津市天大化工厂;固态酚类交联剂 B,有效含量97.5%,自制品;模拟原油,由脱水脱气原油与煤油配制;地层水,矿化度8491.9mg/L,水型 $NaHCO_3$。

HAAKE 流变仪;TW20 恒温水浴;AE-200 电子天平;XTA-7000 型岩心流动装置;IKA 磁力搅拌器;IKA KS 260 控制型圆周振荡摇床;岩心为人造砾岩岩心,其物性参数见表1。

表 1　岩心物性参数表

| 岩心编号 | 直径,cm | 长度,cm | 孔隙体积,cm³ | 孔隙度,% | 渗透率,mD |
|---|---|---|---|---|---|
| A-1 | 3.8 | 30.3 | 54.5 | 15.87 | 464.3 |
| A-2 | 2.5 | 9.06 | 10.45 | 23.54 | 266 |
| A-3 | 2.5 | 9.01 | 10.33 | 23.17 | 1019 |

### 2.2　凝胶体系的制备

先取一定量的部分水解聚丙烯酰胺溶解地层水中,混合均匀后,将固态醛类交联剂 A、固态偏硼酸钠和固态酚类交联剂 B 分别配制成溶液,依次加入聚合物溶液中,密封后置于恒温水浴中观察。

## 2.3 黏度测定方法

采用 HAAKE 流变仪在剪切速率 $1s^{-1}$ 条件下,测定在不同温度、不同矿化度和不同酸碱性条件下,测定黏度。

## 2.4 并联岩心驱替

岩心驱替实验按照《SY/T 5590－2004 调剖剂性能评价方法》标准中相关内容进行[11],并计算采收率。

# 3 多重交联型聚合物凝胶配方优选

## 3.1 HPAM

固态醛类交联剂 A 含量(质量分数,下同)0.25%,固态酚类交联剂 B 含量 0.03%,偏硼酸钠浓度 0.01%,温度 43℃,溶液体系 pH 为 8.1,考察 HPAM 含量对体系成胶性能的影响,结果见图1。

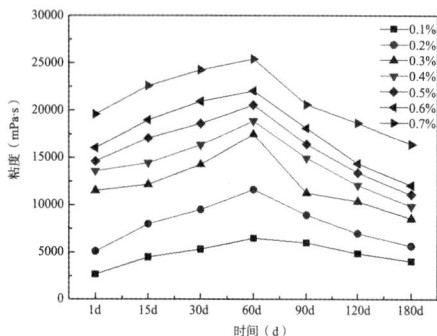

图 1 HPAM 含量对聚合物凝胶成胶性能的影响

由图1可知,聚合凝胶溶液在 43℃下,固态固态醛类交联剂 A 在溶解过程中缓慢释放甲醛,并分别与固态酚类交联剂 B、偏硼酸钠发生交联反应,使得聚合物分子链间形成三维网状凝胶结构[12,13]。凝胶黏度随 HPAM 含量的增加而增大,成胶时间在 36~72h 之间;基于经济合理性、黏度和成胶时间等多因素,HPAM 含量以 0.2%~0.5%为宜。

## 3.2 固态醛类交联剂 A 浓度

固定其他条件,HPAM 含量 0.3%,考察脲醛固态交联剂含量对体系成胶性能的影响,结果见图2。在 43℃下固态醛类交联剂 A 在溶液中缓慢释放甲醛,与 HPAM 上的酰胺基团发生交联,体系黏度随固态醛类交联剂 A 含量的增加呈先增加后减小的趋势[13,14]。固态醛类交联剂 A 含量大于 0.15%,成胶时间大于 38h 时,60d 后黏度均保持在 10000mPa·s 以上,继续增加固态醛类交联剂 A 含量,成胶时间和黏度变化不大。因此,固态醛类交联剂 A 含量以 0.15%~0.3%为宜。

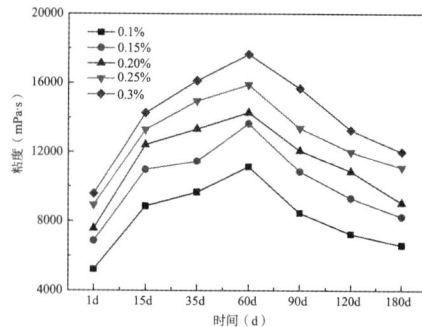

图 2 固态醛类交联剂 A 含量对聚合物凝胶成胶性能的影响

## 3.3 固态酚类交联剂 B 浓度

固定其他条件,HPAM 含量 0.3%,考察固态酚类交联剂 B 含量对体系成胶性能的影响,结果见图3。在 43℃下因固态酚类交联剂 B 中富含多个酚基,进一步加强了凝胶网状结构的交联性和稳定性[15]。当固态酚类交联剂 B 含量为 0.03%,成胶时间 38h 时,体系成胶最高黏度可达 11534 mPa·s,当固态酚类交联剂 B 含量增加到 0.05%,成胶时间 24h 时,体系黏度最高可达 16800 mPa·s。继续增加固态醛类交联剂 A 含量,成胶时间和黏度变化不大。因此,固态酚类交联剂 B 含量以 0.03%~0.05%为宜。

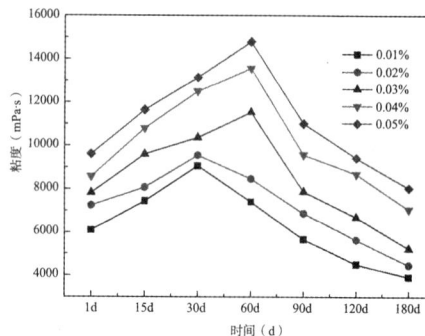

图 3 固态酚类交联剂 B 含量对聚合物凝胶体系成胶性能的影响

## 3.4 偏硼酸钠浓度

固定其他条件,HPAM 含量 0.3%,考察偏硼酸钠含量对体系成胶性能的影响,结果见图4。43℃条件下,向体系中加入偏硼酸钠后,体系黏度呈先增大后减小。当偏硼酸钠含量在 0.005%~0.015%之间时,90d 后黏度均保持在 10000mPa·s 以上。因此,偏硼酸钠含量以 0.005%~0.015%为宜。

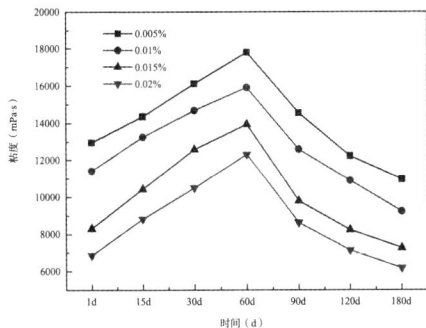

图4 偏硼酸钠含量对聚合物凝胶体系成胶性能的影响

### 3.5 最佳浓度范围

由2.1～2.4知,双重原位交联聚合物凝胶的最佳浓度范围:0.2％～0.5％HPAM＋0.15％～0.3％固态醛类交联剂A＋0.03％～0.05％固态酚类交联剂B＋0.005％～0.015％偏硼酸钠。

## 4 油藏适应性评价

### 4.1 温敏性

在HPAM含量为0.3％、固态醛类交联剂A含量为0.25％、固态酚类交联剂B含量为0.03％、偏硼酸钠含量为0.01％条件下,考察温度对体系成胶性能的影响,结果见图5。体系成胶时间随温度升高而缩短,黏度呈先增大后稳定趋势。当温度升高到120℃时,黏度可达16000mPa·s,交联效果显著,成胶强度较高。体系中分子运动随着温度的升高逐渐加剧,分子间碰撞概率增加,加快了HPAM分子与两种交联剂的交联速率,保持了三维空间网状凝胶结构的稳定性。因此,该体系在30℃～120℃温度下具有良好的耐温性。

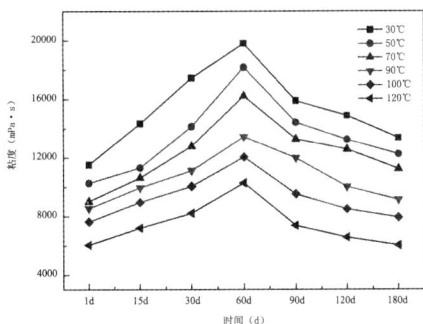

图5 温度对多重交联聚合物凝胶体系成胶性能的影响

### 4.2 盐敏性

在HPAM含量为0.3％、固态醛类交联剂A含量为0.25％、固态酚类交联剂B含量为0.03％、偏硼酸钠含量为0.01％条件下,考察矿化度对体系成胶性能的影响,结果见图6。当矿化度在0.5％～5％时,随着矿化度增加,体系成胶时间缩短,黏度先增加后降低,当矿化度为2％时,体系28h后成胶且黏度可达11000mPa·s。主要作用机理为矿化度越高,对HPAM的扩散双电层的压

缩作用越大,使得HPAM分子链段的电负性性减小且分子链过度卷曲,导致体系黏度降低。说明该体系在3％以下矿化度条件下具有良好的耐盐性。

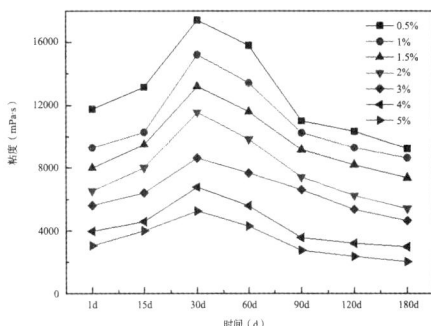

图6 矿化度对多重交联聚合物凝胶体系成胶性能的影响

### 4.3 耐酸碱性

在HPAM含量为0.3％、固态醛类交联剂A含量为0.25％、固态酚类交联剂B含量为0.03％、偏硼酸钠含量为0.01％条件下,考察pH对体系成胶性能的影响,结果见图7。体系黏度随pH增加呈先增大后减小的变化趋势,而成胶时间逐渐缩短。当pH为12时,最高黏度达7949mPa·s;pH为6时,黏度可达9760mPa·s;当pH在7～10时,成胶时间适中,体系黏度高。主要原因为:当pH大于12时,过量的$OH^-$加速了固态醛类交联剂A和固态酚类交联剂B的水解速率,交联剂中的醛基和酚基快速释放,导致体系黏度下降和成胶时间缩短。说明该体系在pH6～12条件下具有良好的耐酸碱性。

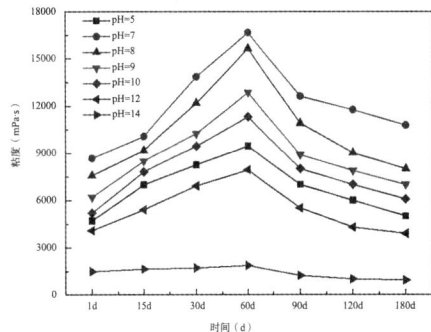

图7 pH对双重交联聚合物凝胶体系成胶性能的影响

### 4.4 封堵性能和驱油性能

选取A－1岩心进行封堵性能测试实验,A－1砾岩岩心尺寸为Φ3.8cm×30.3cm,渗透率为464.3mD。平流泵流量为1.5 mL/min,注入0.5PV多重交联聚合物凝胶体系至岩心中,关泵,将加持器放入43℃恒温烘箱中交联成胶3d后开泵,以1.5 mL/min的恒定速度进行后续水驱,考察凝胶体系的突破压梯度和耐冲刷性能,结果见图8。

由图8知,多重交联凝胶体系达到突破压力(1.36MPa)时,突破压力梯度为 4.72 MPa/m,压力稳定后测得渗透率为8.7mD,封堵率达99.1%;后续水驱至注入量为 3.41 PV 时,多重交联凝胶体系注入压力为 0.05 MPa,压力梯度为 0.16 MPa/m,说明该体系具有较好的耐冲刷性和封堵性。

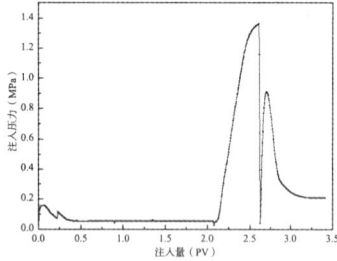

图 8　凝胶体系封堵 A-1 岩心的注入压力曲线

通过三管并联物理模拟实验,得到了 0.3%多重交联聚合物凝胶在不同渗透率变异系数条件下的采收率和分流率实验结果(图9)。研究表明,随着渗透率变异系数 $V_K$ 增加,模型水驱和凝胶驱的平均采收率均呈现减少趋势,二次水驱后,中低渗层得到有效动用。当 $V_K=0.9$ 时,"凝胶驱+二次水驱"过程采收率增幅最大为 29.98%;凝胶驱后高渗透层分流率减小,中低渗透层分流率增加。与水驱比较,$V_K=0.9$ 模型二次水驱结束时中、低渗透层分流率最大增幅为 19.4%。

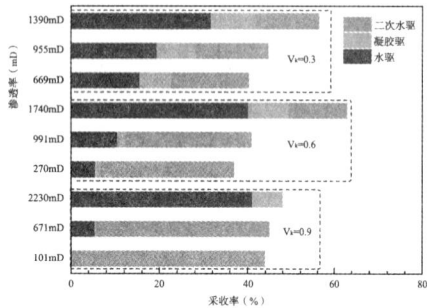

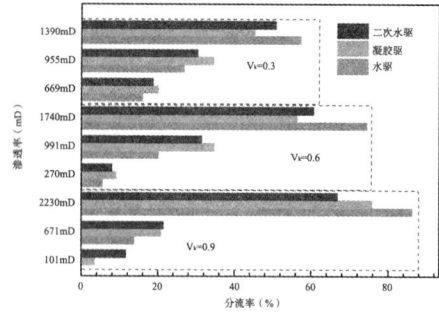

图 9　不同渗透率变异系数条件下多重交联凝胶的采收率和分流率

## 4.5　低场核磁共振实验

0.2%多重聚合物凝胶体系运移的核磁共振图像见表2。表2可以直观反映凝胶在中低渗岩心中的运移状态。凝胶驱至 0.4PV 时,凝胶溶液呈条带状波浪式向前驱替,主要波及中低渗岩心前半部分,波及面积逐渐扩大。二次水驱0.2PV~1.0PV过程中,A-2岩心中重水驱替凝胶溶液均匀整体向前推进,出口端残留部分凝胶,封堵效果较好;重水在 A-3 岩心的运移速度较快,突进现象明显,岩心末端凝胶残留量较少。

表 2　多重交联聚合物凝胶体系核磁共振图像

| 测试节点 | A-2岩心 | A-3岩心 | 测试节点 | A-2岩心 | A-3岩心 |
|---|---|---|---|---|---|
| 饱和水 | | | 水驱0.4PV | | |
| 溶胶驱0.2PV | | | 水驱0.6PV | | |
| 溶胶驱0.4PV | | | 水驱0.8PV | | |
| 水驱0.2PV | | | 水驱1.0PV | | |

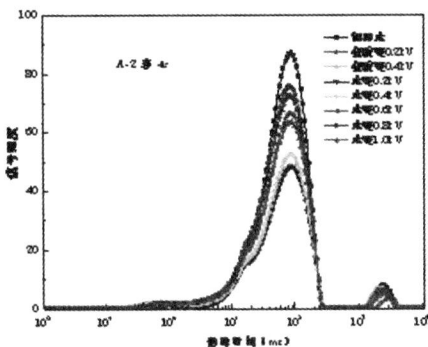

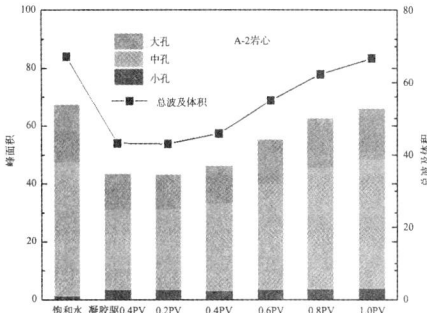

图10 A－2砾岩岩心凝胶调驱体系的的T₂谱和孔隙分布

由砾岩岩心凝胶体系不同的 $T_2$ 谱变化特征和孔隙分布知(图10和图11),随着水驱PV数增加,水峰面积逐渐增大增加幅度先增大,后减小;凝胶驱注入量增加至0.4PV,$T_2$ 谱的峰面积逐渐减小。A－2砾岩岩心凝胶驱阶段的孔隙分布:中孔27.68%、大孔11.95%、小孔3.54%,总波及体积43.19%;A－3岩心孔隙分布:大孔35.62%、中孔6.07%、小孔2.88%;凝胶调驱体系主要进入岩心的中孔和大孔,少量凝胶进入小孔中;调驱后进行水驱有助于进一步提高波及体积,说明该调驱体系具有良好的液流改善能力。

图11 A－3砾岩岩心凝胶体系的的T₂谱和孔隙分布

### 4.6 现场应用

F井于2018年3月－2018年5月和2018年10月－2018年12月应用多重交联凝胶体系进行两轮次调剖封堵,调堵后井组注水压力增幅3.1MPa,日产油由0.6t增至5.1t,综合含水由99.9%降至75.7%,截至2019年12月累计增油987t,有效期大于18个月,见图12。

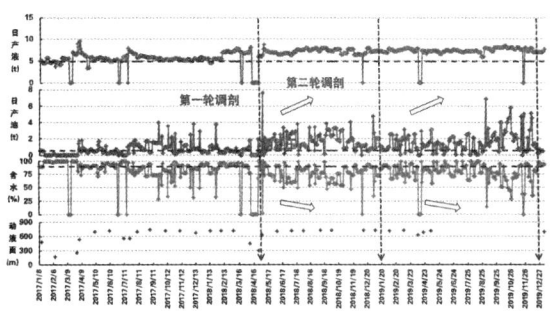

图12 F井调剖后井组开发动态曲线

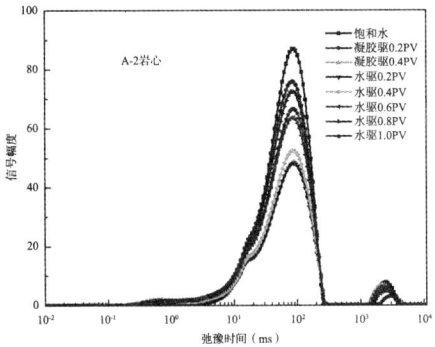

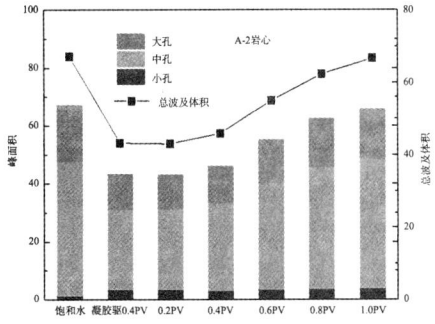

## 5 结 论

(1)以HPAM、固态醛类交联剂A和固态酚类交联剂B为功能组分,制备了多重交联聚合物凝胶,确定了最佳配方范围:0.2%~0.5%HPAM＋0.15%~0.3%固态醛类交联剂A＋0.03%~0.05%固态酚类交联剂B＋0.005%~0.015%偏硼酸钠。

(2)该体系的功能组分均为固态粉末,克服了现有液态交联剂的高挥发性和毒害性的缺陷,具有成胶时间可控(24~72h)、成胶黏度高(6000~18000mPa·s)、耐温性好(30℃~120℃)、耐盐性好(0.5%~3%)、耐酸碱性好(6~12)、耐冲刷性好(突破压力梯度为4.48MPa/m)等性能优势,可以满足砂岩、砾岩油藏的封堵需要。

(3)当渗透率变异系数 $V_K=0.9$ 时,"凝胶驱＋二次水驱"过程采收率增幅最大为29.98%,中、低渗透层分流率最大增幅为19.4%。核磁实验表明,核磁共振实验表明体系主要进入岩心的中孔和大孔,少量进入小孔中;调驱后进行水驱有助于进一步提高波及体积,说明该体系具有良好的液流改善能力。

(4)现场应用试验表明,以多重交联聚合物凝胶为调剖封堵体系,可有效水驱窜流通道,扩大了水驱的波及效率,达到了增油降水的目的。

## 参 考 文 献

[1] 朱水桥,钱根葆,刘顺生.克拉玛依砾岩油藏二次开发[M].北京:石油工业出版社,2015:1—26.

[2] 谭锋奇,许长福,王晓光.砾岩油藏水驱与聚合物驱微观渗流机理差异[J].石油学报,2016,37(11):1414—1427.

[3] 张明霞,杨全安,王守虎.堵水调剖剂的凝胶性能评价方法综述[J].钻采工艺,2007,30(4):130—133.

[4] 闫霜,杨隽,高玉军.一种聚合物弱凝胶深部调剖剂的研究[J].应用化工,2014,43(5):905—908.

[5] 何启平,施雷庭,郭智栋.适合高温高矿化度油藏的弱凝胶体系研究[J].钻采工艺,2011,34(2):79—82.

[6] 王丽,卜祥福,陈耀星.化学堵水剂在油田生产中的应用[J].石油化工应用,2010,29(9):6—9.

[7] 赵晓非,于庆龙,晏凤,等.有机铬弱凝胶深部调剖体系的研究及性能评价[J].特种油气藏,2013,20(3):114—117.

[8] 戚灵美,薛俊格,戚磊.高强度脲醛树脂复合堵剂的研制及解堵[J].精细石油化工进展,2013,14(2):8—10.

[9] 于丽宏.HPAM/酚醛/脲醛复合交联聚合物凝胶暂堵剂的室内实验研究[J].精细石油化工进展,2014,15(5):17—19.

[10] 万青山,袁恩来,侯军伟.新疆油田砾岩油藏调驱配方设计研究[J].特种油气藏,2017,24(4):106—111.

[11] 唐可,胡冰艳,廖元淇.用于封堵新疆油田砾岩油藏水流优势通道的调剖剂研究[J].油田化学,2016(4):633—637.

[12] 宫兆波,罗强,扎克坚.有机酚醛聚合物凝胶深部调驱体系孔渗适应性研究[J].石油天然气学报,2014,36(5):136—140.

[13] 唐可,纪萍,汪学华.新疆油田砾岩油藏聚合物驱窜流特征及调剖对策[J].西南石油大学学报(自然科学版),2019,41(05):105—111.

[14] 王斌杰,张云宝,王威.聚合物凝胶在油田的应用现状及发展前景[J].当代化工,2020,49(10):2286—2289.

[15] 杨卫华,葛红江,徐佳妮.HPAM/酚醛凝胶体系的低温成胶性能改进[J].油田化学,2019,36(04):630—635.

# 浅层超稠油 VHSD 开发蒸汽腔演变规律研究

吕柏林　卢迎波　薛梦楠　黄　纯　胡鹏程　陈　超

（中国石油新疆油田分公司风城油田作业区）

**摘　要**　稠油油藏蒸汽吞吐开发中后期，转换开发方式是提高采收率的重要方法之一，F油田依据现有井网条件进行综合调整，利用重力泄油衍生技术，建立直井与水平井组合驱泄复合（VHSD）开发模式，并成为吞吐后期接替有效开发的主要方式。本文通过三维物模实验、数值模拟技术，开展VHSD开发蒸汽腔发育规律研究跟踪，流体流动轨迹，剖析剩余油变化规律。研究结果表明，多轮次蒸汽吞吐建立注采井间水动力连通时，油层的动用情况决定了蒸汽腔的初始形态，随着蒸汽持续注入，蒸汽腔经历了形成、横向扩展、向下扩展三个阶段，各阶段蒸汽腔扩展方向不同，对应着不同的剩余油分布规律和生产特征变化，其中蒸汽腔横向扩展阶段为主要产油期，阶段产出程度达28.8%，油藏最终采收率可达55%以上。

**关键词**　浅层超稠油；直井与水平井组合；驱泄复合；蒸汽腔

## 1　前　言

稠油开发常以蒸汽吞吐方式开发为主，蒸汽驱作为蒸汽吞吐中后期有效的接替开发方式，要求油藏原油地面脱气黏度小于 $2×10^4$ mPa·s，而针对地面脱气原油黏度大于 $2×10^4$ mPa·s 的超稠油油藏来说已不适用。VHSD作为稠油蒸汽吞吐中后期转换开发方式的一种全新开发方式，是一种直井与水平井组合的驱泄复合开发方式，水平井作为采油井，位于油层底部，直井作为注汽井，位于水平井两侧，射孔位置高于水平段垂向距离5m（图1）。直井与水平井通过蒸汽吞吐预热方式建立水动力连通，之后转VHSD生产，直井持续向油藏内注入蒸汽，蒸汽超覆在油层上部形成蒸汽腔，蒸汽汽化潜热加热的原油在蒸汽驱替和重力势能作用下，渗流至底部的水平井采出（图2）。

新疆F油田利用驱泄复合开发机理，在G井区齐古组 $J_3q_2^{2-3}$ 层油藏开辟了8井组VHSD先导试验区，油藏平均油层厚度15.4m，孔隙度32.2%，渗透率2650mD，含油饱和度74.8%，地面脱气条件下原油黏度 $50×10^4$ mPa·s，试验区于2009年以蒸汽吞吐方式投入开发，2013年转入VHSD开发，生产8年，累产原油 $34×10^4$ t，采出程度达到44.5%。目前尚未针对VHSD蒸汽腔演变规律开展研究，本文结合试验区油藏条件，开展VHSD生产三维物模实验及数值模拟研究，全方位刻画蒸汽腔演变特征及生产特征，明确VHSD开发驱油过程，为油藏开发调整、调控提供依据。

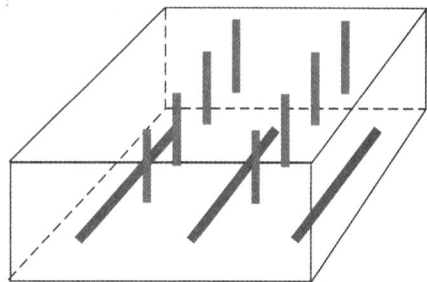

图1　VHSD井网示意图

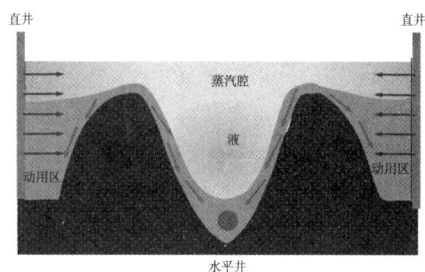

图2　VHSD生产原理示意图

## 2　VHSD 开发三维物理模拟实验

### 2.1　实验装置

三维维物理模拟实验是由模型本体、注入系统、数据采集系统组成（图3）。模型尺寸为45 cm×45 cm×15cm，最大工作压力为10MPa，最高耐温300℃，模型内壁安装隔热层，外围附加有加热保温系统，保证整个实验温度的热补偿，注入系统分为高压泵将蒸馏水泵入过热蒸汽发生器（耐温300℃，耐压10MPa），产生高干度蒸汽，通过直井井筒探头注入到模型腔体，模型内部安装三层热电偶，共有测温点 81×3＝243 个，热电偶连接数据采集系统，可以实现测温数据的实时采集并绘制温度场[8-20]。设置一口直井注汽，一口水平井采油。直井在水平井以上5cm处进行射孔，水平井水平段全部射开。

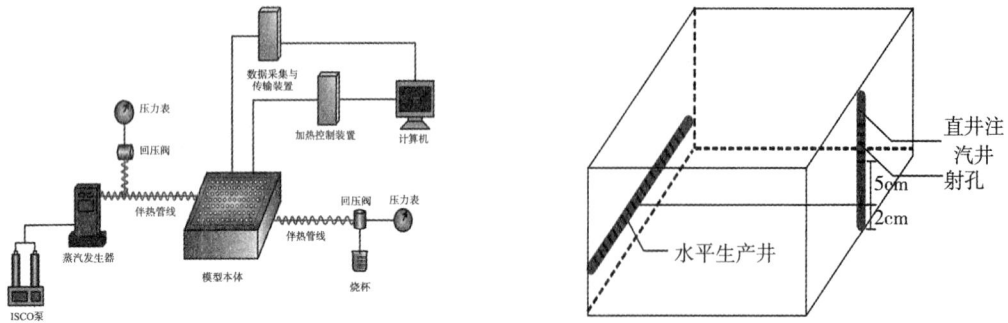

图3 实验整体设计流程及井网示意图

## 2.2 实验材料

三维物模实验采用纯净的石英砂,根据油藏实际参数,按照相似准则要求,充填模型,其模型物性参数如下(表1)。实验所使用的原油为VHSD试验区的现场原油,实验用水为蒸馏水,通过蒸汽发生器后的蒸汽温度为250℃,蒸汽干度为0.7。

表1 物理模拟实验模型的物性参数表

| 类型 | 注采井距 | 油层厚度 | 渗透率 | 孔隙度 | 初始含油饱和度 |
|---|---|---|---|---|---|
| 原始油藏 | 30m | 15.4m | 2650mD | 32.2% | 74.8% |
| 三维物模 | 30cm | 15cm | 2637mD | 32.5% | 75.0% |

## 2.3 实验流程

将三维物模实验装置右下端距离底部2cm处设置为原油采出口的水平井,左上侧距离水平井35cm处设置设置为蒸汽注入口的直井,其射孔段高于水平井垂向距离5cm。具体实验步骤为:①把外部包裹200目防护纱网的模拟井安装到指定接口,在模型的内壁及顶盖上部抹了耐高温胶并进行拉毛工艺处理,随后向模型中装填模型砂,同时用氮气对模型试压;②按照二维物模实验步骤二的方式进行模型孔隙度、渗透率和含油饱和度的测量计算;③开启模型外壁的加热板对模型本体进行加热,待模型内部各测点温度达到50℃时开始实验;④从注入口向模型中注入过热蒸汽发生器所产生的高温蒸汽(实测蒸汽温度250℃),根据实验阶段,注汽速率控制在60～80mL/min之间进行调整,使用数据采集处理及控制系统实时监测模型内温度、压力变化,并计量蒸汽注入量,

原油和水的采出量,直至产水率达到97%时结束实验;清洗相关实验装置。

## 2.4 实验结果

实验开始初期,为防止蒸汽注入速度过快,导致蒸汽沿模型内壁扩展,设置试验初期注入速度控制在60mL/min,蒸汽腔受蒸汽超覆及水平井泄压牵引影响,逐渐向水平段方向扩展,但实验略受模型本体密封性影响,腔体沿平行水平井方向略有扩展,但整体扩展趋势仍还是朝向水平井方向扩展,此时蒸汽腔形成。随着蒸汽的持续注入,进入蒸汽腔向水平段方向横向扩展阶段,当蒸汽腔在水平井上方形成后,就会在水平井上方形成稳定的泄油沟槽,蒸汽汽化潜热加热的原油沿泄油面渗流至水平井采出,蒸汽占据已采出原油空间体积,随后蒸汽腔开始向下扩展,发育速度明显加快,泄油槽想两侧扩大,泄油面坡度随之减缓,直至蒸汽充满几乎整个模型腔体(图4)。

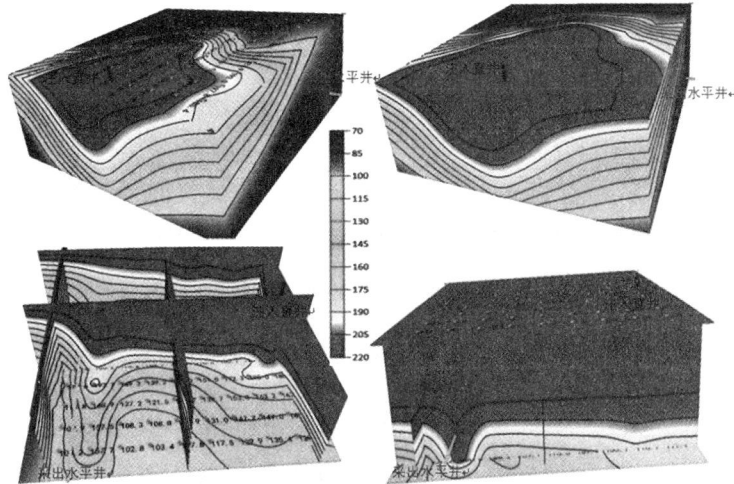

图 4　VHSD 三维实验蒸汽腔发育图

## 3　VHSD 开发数值模拟

### 3.1　机理模型建立

以 VHSD 先导试验区油藏条件为依据(表1),建立 VHSD 机理数值模拟模型。模型 I 方向距离井网 5 个网格之外的网格步长为 10m,其余网格步长为 5m,J 方向上网格步长为 0.5m,K 方向上网格步长为 0.375m,共计 $35 \times 280 \times 40 = 392000$ 个网格数。直井与水平井侧向水平距离为 35m,直井射孔底界距水平井垂直距离 5m,水平井水平段长度为 280m(表 2)。

表 2　模型油藏参数设置统计表

| 项目 | 模型参数 |
| --- | --- |
| 油藏埋深(m) | 215 |
| 油层厚度(m) | 15 |
| 孔隙度(%) | 32 |
| 水平渗透率(mD) | 2650 |
| 垂直渗透率(mD) | 2650 |
| 含油饱和度(%) | 75 |
| 50℃原油黏度(mPa·s) | 15000 |

### 3.2　VHSD 蒸汽腔演变规律

根据 VHSD 生产过程中蒸汽腔演变特征,将整个过程划分为蒸汽腔形成阶段、蒸汽腔横向扩展阶段、蒸汽腔向下阶段。

(1)蒸汽腔形成阶段:该阶段是基于蒸汽吞吐建立注采井间水动力连通,直井全部转为注汽井,高干度蒸汽为驱替介质,以蒸汽吞吐有效加热半径为起点向采油井进行驱替。水平井作为泄压点对蒸汽腔的牵引,蒸汽腔向对向水平段方向推进,驱替直井和水平井连通通道内的剩余油、残余油至下部水平井采出,逐步在水平井上方形成蒸汽腔体,井间含油饱和度由 34.7% 下降至 22.1%,蒸汽占据被采出原油体积空间形成蒸汽腔,此时蒸汽腔以独立腔体为主,呈"锥形",腔体基本占据已动用区空间,剩余油主要分布在蒸汽腔未波及区域,蒸汽腔形成末期井间剩余油呈"M型",该阶段以驱替作用为主,重力泄油为辅(图 5、图 6)。

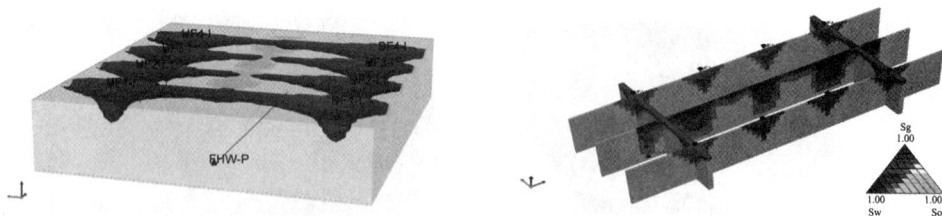

图 5　蒸汽腔形成阶段蒸汽腔及汽油水分布图

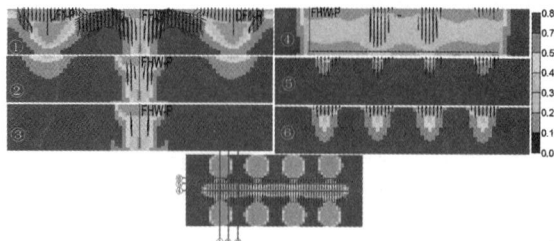

图 6　蒸汽腔形成阶段原油流向及含油饱和度场图

(2)蒸汽腔横向扩展阶段:随着蒸汽腔的形成,蒸汽腔开始横向扩展,以水平段为主要泄压区域,蒸汽腔沿水平段的横向扩展速度大于直井间横向扩展速度,当水平段方向蒸汽腔融合后,直井间蒸汽腔融合速度提升,直至独立腔体逐渐全部融合,建立统一的蒸汽腔体占据油层中上部,油层中上部原油基本动用。井间的未动用区原油在蒸汽腔横向扩展释放汽化潜热时被加热,泄油槽外围原油在重力作用下泄至采油井采出,随着剩余油"M 型"高度的降低,蒸汽腔外围原油被加热,驱泄至泄油槽采出。剩余油在垂直水平段方向由"M 型"转变成"m 型",沿水平段方向由"钟型"转变成"帽型"。该阶段以重力泄油为主,驱替作用为辅(图 7、图 8),

图 7　蒸汽腔横向扩展阶段蒸汽腔及汽油水分布图

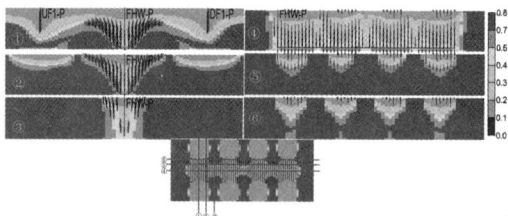

图 8　横向扩展阶段原油流向及含油饱和度场示意图

(3)蒸汽腔向下扩展阶段:随着独立蒸汽腔的完全融合后,蒸汽腔开始向下扩展,泄油槽外围原油不断采出,泄油槽坡度减缓,泄油高点也随之向直井方向偏移,泄油速率降低,直井间原油在蒸汽汽化潜热加热后,沿缓坡的泄油面泄流至采油井采出,直井间的未动用区原油得到较好动用。通过含油饱和度切面可知,蒸汽腔下降扩展阶段,剩余油在垂直水平段方向"m"型高度逐渐降低,在沿水平段方向由"帽"型向"拱桥"型转变(图 9、图10)。

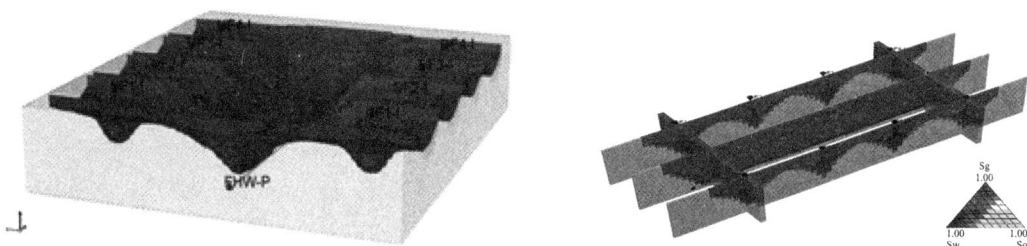

图9 蒸汽腔向下扩展阶段蒸汽腔及汽油水分布图

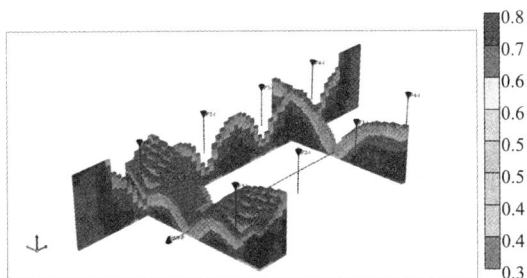

图10 向下扩展阶段含油饱和度场图

## 4 VHSD生产特征变化

通过对VHSD三维物模实验和数值模拟的产量、含水率进行分析对比，并结合蒸汽腔演变规律，可以看出，VHSD生产整个过程可划分为产量升降阶段（注采连通阶段）、产量上升阶段（蒸汽腔形成阶段）、产量稳定阶段（蒸汽腔横向扩展阶段）、产量下降阶段（蒸汽腔下降阶段）共四个生产阶段。

物理模拟实验：产量升降阶段，驱扫注采井间原油，促使井间建立水动力连通，该阶段蒸汽注入时间为70min，产油量先升后降，最高达13.6mL/min，含水率逐渐上升至95%，阶段采出程度为6.1%，油汽比0.10；产量上升阶段，操作压力呈下降趋势，蒸汽占据被采原油空间，逐渐形成蒸汽腔，与蒸汽发生热交换的原油量逐步提高，该阶段蒸汽注入时间225min，产油量缓慢上升，含水率一直呈平缓下降趋势，阶段采出程度为13.8%。油汽比0.13；产量稳定阶段，通过提高注汽速度保证蒸汽腔的均匀发育程度并逐步横向扩展，该阶段蒸汽注入时间121min，产油量保持高水平并保持稳定，最高产油量达31.3mL/min，含水率呈先下降后缓慢上升趋势，阶段采出程度为30.8%。油汽比0.28，该阶段为产油高峰期；产量下降阶段，随着蒸汽腔开始下降，重力泄油能力减弱，该阶段注汽时间75min，产油量水平迅速递减，由23mL/min下降至5mL/min，含水率迅速上升至91%，阶段采收率为4.9%，，油汽比0.13。整个实验过程经历455min，VHSD生产最终采出程度约

55.6%，油汽比0.17。

数值模拟研究，蒸汽吞吐建立注采井间水动力连通后，注采井间连通温度达80℃以上，操作压力3MPa，阶段采出程度为15.1%。随后转入VHSD生产，先进入蒸汽腔形成阶段，随着井间剩余油、残余油驱扫采出，产量快速上升至23t/d，含水率快速下降，由初期的98.5%下降到82.6%，然后又缓慢上升到89%左右，主要是由于汽腔形成阶段的井间剩余油、残余油被驱扫完，导致含水呈先下降后上升趋势，产油先上升后下降趋势，该阶段采出程度为7.1%。当蒸汽腔进入横向扩展阶段，驱替作用减弱，重力泄油为主，原油沿泄油槽不断采出，蒸汽腔以稳定的速度不断充填已动用区域，含水率由89%降低到85.2%，并且相对稳定，产油水平稳定在16t/d左右，该阶段采出程度为28.8%，为主要产油期。当蒸汽腔横向融合后，蒸汽腔开始慢慢向下扩展，进入汽腔下降阶段，斜坡带部位的原油被不断剥蚀，产油水平迅速下降至10t/d，含水率由85.2%逐渐上升至91.4%左右，阶段采出程度为10.3%（图11），最终采收率为61.3%。

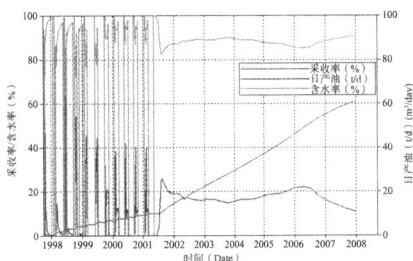

图11 VHSD生产特征曲线

## 5　结论与认识

通过物理模拟实验、数值模拟研究充分认识了VHSD开发生产的各个阶段汽腔的发育特征和主力泄油区,得到以下认识。

(1)VHSD开发蒸汽腔发育过程为直井注汽建立独立蒸汽腔体,在水平段牵引下驱替注采井间剩余油、残余油采出,蒸汽占据初始已动用区域空间体积形成蒸汽腔,随着蒸汽的持续补充,蒸汽腔开始横向扩展直至全部融合后,蒸汽腔开始向下扩展。根据蒸汽腔演变规律,将VHSD生产划分为蒸汽腔形成阶段,蒸汽腔横向扩展阶段和蒸汽腔向下扩展阶段。注汽井点首先形成蒸汽腔,蒸汽腔规模较小,注汽井与生产井间压差驱动冷凝液至生产井,井间剩余油、残余油驱扫采出,油井产量迅速上升。

(2)剩余油随着蒸汽腔的发育和扩展情况变化,在垂直水平段方向,剩余油分布由"M型"向"m型"转变,其两种形态的高度是不断降低的;在沿水平段方向,剩余油分布由"钟型"向"帽型"再向"拱桥型"转变。该开发方式井间剩余油得到较好的动用。

(3)蒸汽腔的演变阶段,对应着不同的生产特征,蒸汽腔形成阶段,含水呈先下降后上升趋势,产油呈先上升后下降趋势;蒸汽腔横向扩展阶段,产油、含水保持稳定,为主要产油期;蒸汽腔向下扩展阶段,产油呈快速下降趋势,含水缓慢上升趋势,采用该方式,油藏最终采收率可达55以上%。

## 参 考 文 献

[1] 孙新革,马鸿,等.风城超稠油蒸汽吞吐后期转蒸汽驱开发方式研究[J].新疆石油地质,2015,36(1):61—64.

[2] 孙新革,赵长虹,等.风城浅层超稠油蒸汽吞吐后期提高采收率技术[J].特种油气藏,2018,25(3):72—76+81.

[3] 巴忠臣,张元,等.超稠油直井水平井组合蒸汽驱参数优化[J].特种油气藏,2017,24(1):133—137.

[4] 钱根葆,孙新革,等.驱泄复合开采技术在风城超稠油油藏中的应用[J].新疆石油地质,2015,36(6):733—737.

[5] 王宏远,杨立强.辽河油田蒸汽辅助重力泄油开发实践[J].特种油气藏,2020,27(6):20—29.

[6] 王春生,曹海宇.稠油油藏直平井组合立体开发实验研究[J].天然气与石油,2017,35(4):25—29+53.

[7] 杨建平,王诗中,等.过热蒸汽辅助重力泄油吞吐预热模拟及方案优化[J].中国石油大学学报(自然科学版),2020,44(3):105—113.

[8] 吴永彬,刘雪琦,等.超稠油油藏溶剂辅助重力泄油机理物理模拟实验[J].石油勘探与开发,2020,47(4):765—771.

[9] 王连刚,石兰香,等.超稠油油藏溶剂辅助蒸汽重力泄油室内实验研究[J].现代地质,2018,32(6):1203—1211.

[10] BUTLER R M. SAGD: concept, development, performance andfuture[J].JCPT,1994,33(2):60—67.

[11] 魏桂萍,胡桂林,闫明章.蒸汽驱油机理[J].特种油气藏,1996,3(增刊):7—11.

[12] 岳清山.蒸汽驱油藏管理[M].北京:石油工业出版社,1996:3—30.

[13] 张军,贾新昌,曾光,等.克拉玛依油田稠油热采全生命周期经济优选[J].新疆石油地质,2012,33(1):80—81.

# 超支化疏水缔合聚合物HBPAM的性能及驱油效率

关 丹 徐崇军 韩 力 唐文洁 帕提古丽 麦麦提

（中国石油新疆油田分公司实验检测研究院）

**摘 要** 基于三采污水配聚对聚合物性能提出了更高的要求，对比评价了超支化缔合聚合物HBPAM和现场在用的KYPAM聚合物的增黏性能、黏弹性能、抗盐性能、长期稳定性能、抗剪切性能以及驱油效果，并观察了二者的微观形貌。研究结果表明，HBPAM浓度达到临界缔合浓度（1250 mg/L）后，具有较强的增粘性能和粘弹性能；与KYPAM相比，HBPAM具有更好的抗盐性能和长期稳定性能。污水配制的浓度1500 mg/L的KYPAM溶液，在油藏条件老化180 d后的黏度仅为13mPa·s左右，黏度保留率仅20%，而相同处理条件下，HBPAM溶液的黏度大于50 mPa·s，黏度保留率在80%左右。机械剪切速率15000 $s^{-1}$作用后再静置24 h，浓度1500mg/L的HBPAM溶液的黏度保留率为85%～89%，扫描电镜结果显示HBPAM具有更加规整三维网状结构。岩心驱替实验结果表明，在水驱基础上，注0.3 PV的1500 mg/L的HBPAM溶液及后续水驱提高采收率16.5%，比黏度相近的浓度1800mg/L的KYPAM溶液提高采收率幅度高5.0%。与KYPAM溶液相比，相同黏度的HBPAM溶液更能改善油藏非均质性、有效油层剖面。

**关键词** 超支化缔合聚合物；增粘性能；黏度保留率；驱油效率

随着长期的注水开发，新疆油田砾岩油藏A区非均质加剧，剖面和平面矛盾突出，水窜严重，水驱效果急待进一步提高。能满足污水配聚需求的聚合物应具有油藏适应性强，长期稳定性优异，抗盐性能优异，适用于清水（淡水）资源匮乏的油田，也是聚合物驱的发展趋势，加上油田环保压力日益增大，有必要针对污水水质复杂、矿化度高的三次采油污水在A区开展污水配聚。目前，胜利油田的Ⅲ类油藏、长庆油田的Ⅱ油藏，也正开展此类聚合物驱的先导性试验，其产出水由于水质组成较简单、矿化度低，因此，无论是超支化缔合聚合物，还是疏水抗盐聚合物均可实现较好的聚合物驱效果。但对于采用水质较复杂、矿化度较高的三次采油污水配注进行聚合物驱尚未见报道[1,2]。针对新疆油田的实际情况，对比研究了超支化缔合聚合物（HBPAM）和目前现场在用的KYPAM聚合物，旨在优选出既能满足A区污水配聚，同时又能适应该油藏的储层条件的高性能聚合物。

## 1 实验部分

### 1.1 实验材料

聚合物KYPAM，具有梳形分子结构的超高分子量的AM/AHPE共聚物，固含量92.4%，相对分子质量$2500×10^4$，水解度24.6%，工业品，北京恒聚化工集团有限责任公司；超支化疏水缔合聚合物HBPAM，固含量88.9%，相对分子质量$750×10^4$，水解度25%，疏水基含量0.05%，西南

石油大学提供。实验用水均为克拉玛依油田A井区产出水，矿化度10260.8 mg/L，主要离子质量浓度（单位 mg/L）：$Na^+ + K^+$ 3438.8、$Mg^{2+}$ 17.48、$Ca^{2+}$ 16.47、$Cl^-$ 2941.78、$SO_4^{2-}$ 227、$HCO_3^-$ 3339.03、$CO_3^{2-}$ 280.32。实验用油：取自A井区原油，原油黏度8.2mPa·s（43℃）。实验用岩心：尺寸$\varphi$3.8 cm×7.7cm人造砾岩岩心，水测渗透率约$200×10^{-3}$μm²。

### 1.2 实验方法

#### 1.2.1 黏度测定

称取一定量的聚合物，设置产出水的搅拌转速250RPM/min左右，沿着搅拌的方向，缓慢地加入聚合物干粉，避免产生任何鱼眼，搅拌2～4h，静置12h[3]；用HAAKE流变仪测定聚合物溶液的黏度，设定测试温度43℃，剪切速率10$s^{-1}$。

#### 1.2.2 粘弹性测定

采用Physical MCR 302的双狭缝（DG 26.7）系统，在43℃下，固定振荡应变6%，在0.01～10Hz进行动态频率扫描，得到弹性模量（G'）及黏性模量（G"）随频率的变化规律。

#### 1.2.3 抗盐性能测定

以一系列不同浓度的氯化钠溶液做配液用水，考察配制浓度为1500mg/L的两类聚合物溶液的黏度随氯化钠浓度的变化情况。

#### 1.2.4 抗剪切性能测定

实验模拟炮眼剪切的原理：设定ISO泵以一定的流速顶替中间容器的聚合物溶液，聚合物溶液在中间容器的流动速度慢，而从中间容器向管

线过渡的瞬间,聚合物进入小孔径的管线,根据质量守恒原理(聚合物溶液的流量不变),小孔径的流动速度瞬时骤然上升,聚合物分子线团受到很强的拉伸剪切。这与聚合物从井筒注入到地层过程中经过炮眼的剪切行为一致[4]。聚合物的剪切速率可以用公式计算:

$$\gamma = \frac{4Q}{\pi R^3}$$

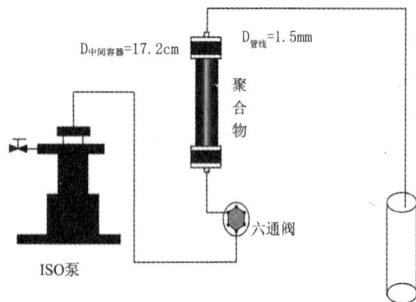

式中,$\gamma$ 为剪切速率,$s^{-1}$;$Q$ 为聚合物的流动速率,$cm^3/s$;$R$ 为管线半径,$cm$。

产出水溶解浓度为 1500mg/L 的聚合物溶液,模拟聚合物从井筒到炮眼的快速流动的高剪切过程,其中管线长度 50cm(图 1)。

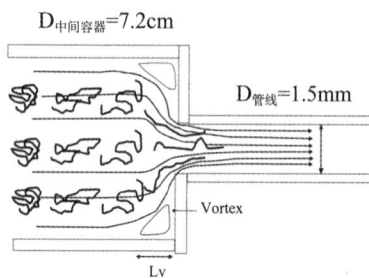

图 1 模拟聚合物高速剪切示意图

### 1.2.5 扫描电镜观察

用去离子水分别配制浓度为 1500 mg/L 的 KYPAM 与 HBPAM 溶液,−20℃ 条件用液氮对聚合物样品进行冷冻,随后在冷冻样品上面均匀铺撒一层金粉末,最后在 20kV 条件,采用环境扫描电镜(Quanta 450)观察聚合物的聚集状态与微观形貌。

### 1.2.6 驱油实验

驱油实验步骤如下:①采用 A 井区产出水饱和岩心,水测渗透率;②然后用油井原油驱水至不出水;③用 A 井区产出水驱至含水 98%,计算采收率;④注入 0.3 PV 的聚合物溶液,然后再用 A 井区产出水水驱至含水 98%,计算化学驱采收率。实验温度 43℃,驱替速度为 0.15 mL/min。

## 2 结果与讨论

### 2.1 聚合物的基本性能

#### 2.1.1 增粘性能

不同浓度的 KYPAM 和超支化缔合聚合物 HBPAM 溶液的黏度见图 2。在一定浓度范围内,KYPAM 与 HBPAM 溶液的黏度相差不大;当浓度超过 HBPAM 的临界缔合浓度后,HBPAM 溶液显示了明显的增粘性能。浓度低于临界缔合浓度时,聚合物 HBPAM 的分子链间是分子内缔合,增粘效果不明显;浓度高于临界缔合浓度(1250 mg/L)后,分子链间疏水单元发生缔合形成瞬时三维结构,黏度显著增加[5,6]。

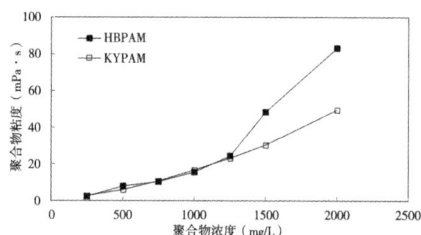

图 2 KYPAM、HBPAM 溶液的粘浓关系曲线
(温度 43℃,剪切速率 10 $s^{-1}$)

浓度 1500 mg/L 的 KYPAM 与 HBPAM 溶液的粘弹性能见图 3。由图 3 可见,HBPAM 溶液的粘弹性比 KYPAM 溶液的高。HBPAM 的分子量仅是 KYPAM 的 1/2,但 HBPAM 溶液的增粘性能以及粘弹性能均高于 KYPAM 的,这充分地体现了结构黏度对聚合物溶液整体黏度的贡献。

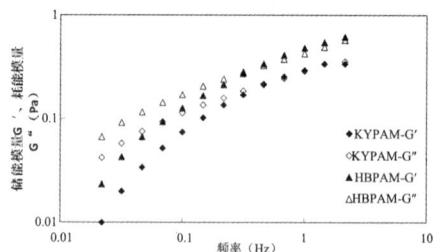

图 3 浓度 1500 mg/L 的 KYPAM、HBPAM
溶液的粘弹性能

#### 2.1.2 长期稳定性和抗盐性能

用污水配制聚合物溶液须满足以下两个要求:一是高矿化度下聚合物需要有较高的增粘性;二是聚合物溶液的黏度保留率能在三个月内达到 80%[7,8]。浓度 1500 mg/L 的 KYPAM 和 HB-

PAM 溶液在模拟地层温度 43℃ 下老化 180 d 后，溶液黏度随老化时间变化情况见图 4。采用加有 NaCl 的污水配制浓度 1500 mg/L 的 KYPAM 和 HBPAM 溶液，聚合物溶液随 NaCl 加量的变化情况见图 5。由图 4 和图 5 可知，在相同浓度下，HBPAM 抗盐性能仅略高于 KYPAM 的，但是 HBPAM 溶液具有较强的长期稳定性能，在 43℃ 下老化 30 d、90 d、180 d 后的黏度保留率分别为 89%、79% 和 78%，而 KHPAM 在老化 30 d、90 d、180 d 时的黏度保留率仅分别为 71%、31% 和 23%。这主要是由于 HBPAM 的超支化结构和疏水缔合效应增强了自身的水动力学尺度，因此其抗盐性能比 KYPAM 强；此外，HBPAM 具备的超分子结构和核-壳结构使其具有更好的长期稳定性能。

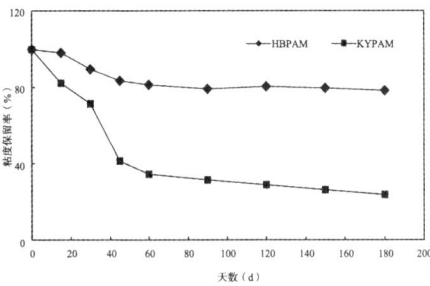

图 4　聚合物溶液的黏度随放置时间的变化（温度 43℃，剪切速率 10 s$^{-1}$）

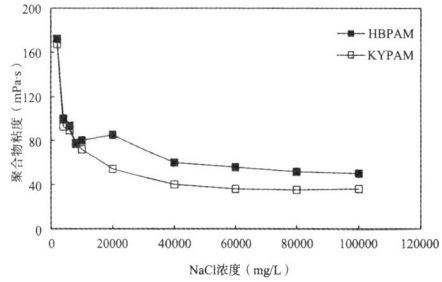

图 5　NaCl 加量对溶液黏度的影响（温度 43℃，剪切速率 10 s$^{-1}$）

### 2.1.3　抗剪切性能

不同流动速度下 1500mg/L 聚合物溶液受到的剪切程度如表 1 所示。KYPAM 在剪切速率大于 15000 s$^{-1}$ 作用后，静置 24 h 的黏度保留率为 74%～81%。HBPAM 的刚性内核、超支化结构及支链上的疏水缔合形成的超分子效应赋予其溶液高抗剪切降解的性能[9,10]，另外较低的分子量也在一定程度上增加了溶液的抗剪切降解性能；HBPAM 溶液在剪切速率大于 15000s$^{-1}$ 作用后再静置 24 h 后的黏度保留率为 85%～89%。

表 1　高速剪切前后聚合物溶液的黏度变化情况（剪切速率＞15000s$^{-1}$）

| 聚合物类型 | 黏度 (mPa·s) | 流动速度 (mL/min) | 剪切后放置不同时间后的黏度 (mPa·s) | | | | 黏度保留率 (%) * |
|---|---|---|---|---|---|---|---|
| | | | 0 h | 6 h | 12 h | 24 h | |
| KYPAM | 30.2 | 3 | 13.9 | 21.5 | 23.2 | 24.1 | 81 |
| | | 5 | 11.0 | 20.9 | 21.1 | 22.3 | 74 |
| HBPAM | 48.4 | 3 | 24.5 | 28.8 | 37.5 | 43.4 | 89 |
| | | 6 | 21.8 | 30.8 | 35.9 | 41.2 | 85 |

* 黏度保留率＝（剪切静置 24h 后溶液的黏度÷剪切前溶液的黏度值）×100%

## 2.2　溶液中聚合物的微观结构

去离子水配制聚合物浓度 1500 mg/L 的 KYPAM 与 HBPAM 聚合物溶液中的聚合物的聚集状态与微观形貌见图 6。KYPAM 具有梳形结构且带有功能基团，其微观形貌呈现较规整的三维网络结构，这与其他的相关文献报道相一致[11]。

超支化缔合聚合物 HBPAM 呈现三维较规整的网络结构,主要表现在超支化结构呈现立体结构,支链上接枝缔合基团形成疏水微区,整体的三维网络结构更醒目。KYPAM 的结构单元相对简单,而 HBPAM 的结构单元相对比较复杂,呈三维发射状,表现出更高的增粘性能以及粘弹性[9]。

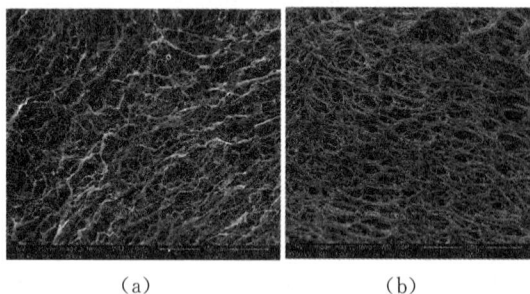

(a)                    (b)

图 6    KYPAM(a)与 HBPAM(b)的 SEM 形貌

### 2.3    岩心驱油实验效果
#### 2.3.1    单管岩心驱油实验

岩心及聚合物参数见表 2。KYPAM、HBPAM 溶液的驱油效果见图 7。水驱阶段,驱替压力平稳,采收率上升速度较快,水驱至含水 98% 以上,水驱采收率达到 65% 左右,随后注入 0.3 PV 聚合物溶液后,注入压力上升很快,含水下降,表明聚合物均具有一定程度的流度控制能力,最终 KYPAM 和 HBPAM 聚合物驱及后续水驱采收率分别是 11.5% 和 16.5%。

表 2    岩心及聚合物的基本参数

| 实验编号 | 岩心尺寸(cm) | | 孔隙度(%) | 水测渗透率(10^{-3}μm^2) | 残余油饱和度(%) | 聚合物类型 | 浓度(mg·L^{-1}) | 黏度(mPa·s) |
|---|---|---|---|---|---|---|---|---|
| | 直径 | 长 | | | | | | |
| 1# | 3.78 | 7.63 | 19.5 | 230.2 | 74.8 | KYPAM | 1800 | 49.87 |
| 2# | 3.79 | 7.55 | 20.3 | 222.1 | 76.2 | HBPAM | 1500 | 48.35 |

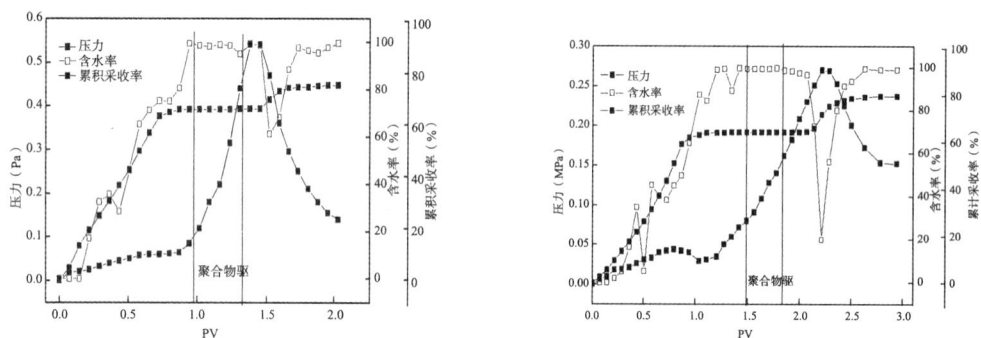

图 7    KYPAM 和 HBPAM 驱油效果图

KYPAM 溶液驱替岩心的注入压力较高,而 HBPAM 溶液驱替岩心的的注入压力相对较低。虽然 HBPAM 溶液的黏度比 KYPAM 的大,但由于 HBPAM 的相对分子质量较低,单分子线性水动力学尺度较小,在剪切的作用下更容易解缔合形成水动力学尺度更小的聚集体,因此 HBPAM 溶液的注入性更好,能有效地进入多孔介质,提高水驱后原油的驱油效率。同时,具有较高粘弹性的 HBPAM 溶液能有效地"拉拽""剥离""携带"水驱后残留在孔隙盲端、孔壁处的原油,降低残余油饱和度[12-15]。在岩心渗透率相当、水驱采出程度相当的情况下,浓度较低的 HBPAM 溶液提高原油采收率的能力高于 KYPAM 溶液的。

#### 2.3.2    并联岩心驱油实验

为更好地对比 HBPAM 与 KYPAM 溶液在非均质油藏中的驱替效果,开展了三管并联岩心驱油实验,驱替步骤同单管岩心流动实验一致,岩心及聚合物参数见表 3,KYPAM 和 HBPAM 溶液对并联岩心的驱油实验结果见表 4、图 8。HBPAM 溶液提高采收率幅度高于 KYPAM 溶液的,这与单管岩心中的实验结果一致。而且,与 KYPAM 相比,HBPAM 更能改善油藏的非均质性、有效改善剖面,从而更加有利于提高采收率。

表3 岩心及聚合物的基本参数

| 实验编号 | 岩心尺寸（cm） | 岩心尺寸（cm） | 孔隙度（%） | 水测渗透率($10^{-3}\mu m^2$) | 残余油饱和度（%） | 聚合物类型 | 浓度（$mg \cdot L^{-1}$） | 黏度（$mPa \cdot s$） |
|---|---|---|---|---|---|---|---|---|
|  | 直径 | 直径 |  |  |  |  |  |  |
| 3# | 3.8 | 29.8 | 14.3 | 755.4 | 70.27 | KYPAM | 1800 | 49.87 |
|  | 3.8 | 29.8 | 14.0 | 458.3 | 70.41 |  |  |  |
|  | 3.8 | 29.9 | 12.4 | 213.4 | 70.17 |  |  |  |
| 4# | 3.8 | 30.2 | 14.4 | 757.7 | 69.57 | HBPAM | 1500 | 48.35 |
|  | 3.8 | 29.8 | 14.0 | 451.7 | 60.29 |  |  |  |
|  | 3.8 | 29.8 | 11.5 | 242.9 | 70.74 |  |  |  |

表4 岩心及聚合物的基本参数

| 驱替体系 | 水驱各层采收率（%） | | | | 聚合物驱各层采收率（%） | | | | 总采收率（%） | 采收率提高值（%） |
|---|---|---|---|---|---|---|---|---|---|---|
|  | 高渗 | 中渗 | 低渗 | 平均 | 高渗 | 中渗 | 低渗 | 平均 |  |  |
| KYPAM溶液 | 56.6 | 50.5 | 27.2 | 47.0 | 10.5 | 5.7 | 26.0 | 14.07 | 57.7 | 10.7 |
| HBPAM溶液 | 57.2 | 46.4 | 27.5 | 45.5 | 9.1 | 9.0 | 32.1 | 16.7 | 58.7 | 13.2 |

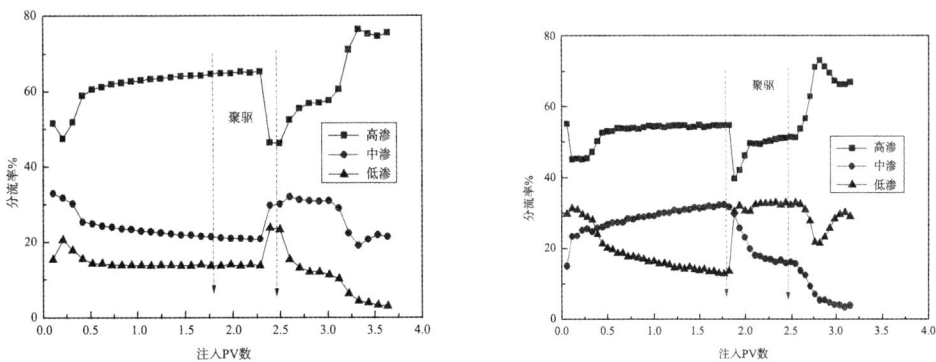

图8 KYPAM和HBPAM溶液对不同渗透层的驱油效果

## 3 结 论

（1）HBPAM 的分子量仅约为 KYPAM 的 1/2，但浓度高于缔合浓度（1250 mg/L）后，HBPAM 的增黏性能明显高于 KYPAM 的，充分体现了结构黏度对聚合物溶液整体黏度的贡献。

（2）与 KYPAM 相比，HBPAM 具有更好的抗盐性能和长期稳定性能。污水配制的浓度 1500 mg/L 的 KYPAM 溶液，在油藏条件老化 180 d 后的黏度仅为 13mPa·s 左右，黏度保留率仅 20%，而相同处理条件下，HBPAM 溶液的黏度大于 50 mPa·s，黏度保留率在 80% 左右。

（3）在浓度为1500mg/L下，与KYPAM溶液相比，机械剪切速率大于15000 $s^{-1}$的剪切作用后静置24 h，HBPAM溶液的黏度保留率为85%～89%。

（4）在水驱基础上，注0.3 PV的1500 mg/L的HBPAM溶液及后续水驱提高采收率16.5%，比黏度相近的浓度1800mg/L的KYPAM溶液提高采收率幅度高5.0%。

（5）与KYPAM溶液相比，相同黏度的HBPAM溶液更能改善油藏非均质性、有效油层剖面。

## 参 考 文 献

[1] 郭光范. 疏水缔合聚合物强制拉伸加速溶解技术研究[D]. 西南石油大学,2015.

[2] Pu W, Liu R, Wang K, et al. Water—Soluble Core-Shell Hyperbranched Polymers for Enhanced Oil Recovery [J]. Industrial & Engineering Chemistry Research, 2015, 54(3):798—807.

[3] 中国天然气集团公司. Q/SY 119—2014,驱油用部分水解聚丙烯酰胺技术要求[S]. 北京:石油工业出版社,2014.

[4] AL HASHMI A R, AL MAAMARI R S, AL SHABIBI I S, et al. Rheology and mechanical degradation of high—molecular—weight partially hydrolyzed polyacrylamide during flow through capillaries[J]. J Petrol Sci Eng, 2013(105):100—106.

[5] 王德民,王刚,吴文祥,等. 黏弹性驱替液所产生的微观力对驱油效率的影响[J]. 西安石油大学学报(自然科学版),2008,23(1):43—45.

[6] 王玉普,罗健辉,卜若颖,等. 梳形KYPAM抗盐聚合物在油田中的应用[J]. 化工进展,2003,22(5):509—511.

[7] 樊剑,韦莉,罗文利,等. 污水配制聚合物溶液黏度降低的影响因素研究[J]. 油田化学,2011,28(3):250—253.

[8] 韩玉贵. 解决污水配制聚合物溶液黏度问题的方法探讨[J]. 油气地质与采收率,2008,15(6):68—70.

[9] 蒲万芬,闫召鹏,刘锐,等. 一种超支化疏水缔合聚合物的制备与性能评价[J]. 化学研究与应用,2015,27(5):589—594.

[10] 刘锐,蒲万芬,彭欢,等. 超支化缔合聚合物的制备及驱油性能[J]. 西南石油大学学报(自然科学版),2015,37(2):152—145.

[11] Liu R, Pu W, Du D. Synthesis and characterization of core—shell associative polymer that prepared with oilfield formation water for polymer flooding[J]. Journal of Industrial and Engineering Chemistry, 2017, 46:80—90.

[12] 徐辉,孙秀芝,韩玉贵,等. 超高分子聚合物性能评价及微观结构研究[J]. 石油钻探技术,2013,41(3):114—118.

[13] 夏惠芬,王德民,王刚,等. 聚合物溶液在驱油过程中对盲端类残余油的弹性作用[J]. 石油学报,2006,27(2):72—76.

[14] 刘锐,蒲万芬,彭琴,等. 多孔介质的润湿性对聚驱稠油微观效率的影响[J]. 油田化学,2013,20(2):207—211.

[15] 何柳,周玉萍,伊卓. 耐盐聚合物HNY—1在高盐油藏中的应用性评价[J]. 油田化学,2016,33(1):70—73.

# 克拉玛依油田九6区稠油蒸汽—$CO_2$复合驱实验评价

王 蓓 胡冰艳 周 浩 许 宁 张远凯

（中国石油新疆油田分公司实验检测研究院）

**摘 要** 克拉玛依油田九6区齐古组稠油油藏蒸汽驱上层采出程度达到了60%，而下层采出程度仅为32%，存在油藏原油动用程度差异大，部分储层未被波及等开发问题，因而在蒸汽驱基础上，需要探索新的开发方式来进一步提高开发效果。通过室内物理模拟实验，研究了九6区蒸汽—$CO_2$复合驱油效率效果及其驱油机理，优化了复合驱最佳注入参数。实验结果表明，蒸汽—$CO_2$驱替过程中$CO_2$可为蒸汽驱打开渗流通道，降低注蒸汽压力，还可以抑制蒸汽驱造成的高黏度油包水乳状液的形成，降低了原油黏度；蒸汽冷凝水形成水气交替段塞，减缓了$CO_2$气窜发生，增大了波及体积，形成了良好的协同作用，蒸汽—CO2驱比蒸汽驱提高采收率35%左右，实验优选了最佳注入方式为交替注入，在蒸汽温度为220℃，蒸汽与$CO_2$体积比为10：1～25：1时，提高采收率为80%以上。

**关键词** 克拉玛依油田；九6区；稠油；蒸汽—$CO_2$复合驱；驱油效率；注入方式；波及体积

克拉玛依油田九6区齐古组稠油油藏平均埋深200m，20℃下脱气油黏度平均23670mPa·s，属特稠油油藏；黏—温反应敏感，当温度达到50℃时，黏度降至1000mPa·s左右，具有流动性。目前九6区经过前期多轮次蒸汽吞吐及蒸汽驱后已进入高含水、低油汽比开发后期，其平均油气比仅为0.09，平均含水率达到了95.4%，齐古组上油层采出程度达到了60%，而下油层的采出程度仅为32%，且油气比低，上、下油层原油动用程度和采出程度相差很大。因而在蒸汽驱基础上，需要探索新的开发方式来进一步提高开发效果。

国内外稠油提高采收率主要为单纯气驱或热力采油[1,2]。气驱主要以氮气驱和$CO_2$驱为主，前人在$N_2$、$CO_2$驱机理、注入工艺及数模物模研究等方面开展了相应的研究，研究表明，注$CO_2$具有维持地层压力、提高波及系数、减少热损失和使原油产生膨胀、溶解降黏、传质作用等一系列物理化学变化实现稠油增产[3-5]；热力采油主要包括蒸汽驱油（包括蒸汽吞吐、蒸汽驱两个阶段）和层内燃烧法[6-8]。通过在油层内进行一定程度的燃烧或注入热水、蒸汽，提高油藏温度，增加稠油流动性和溶解能力，进而提高稠油油藏的采出效果。虽然应用热力开采提高稠油采收率已是一项较为成熟的技术，但依然存在热损失大和能量利用低等一系列问题，并且石油中的热敏性物质也容易遭到破坏，尤其是层内燃烧法情况严重时会将优质的石油在地层中转变为无用的焦炭，因而限制了该技术的应用。

本文以克拉玛依油田九6区稠油油藏为研究对象，将蒸汽驱和$CO_2$驱结合起来，一方面发挥$CO_2$膨胀性强、波及体积大的特点；另一方面发挥蒸汽驱高温降黏作用。通过室内物理模拟实验，研究了九6区稠油蒸汽—$CO_2$复合驱驱油效率，分析了其驱油机理，研究了影响蒸汽—$CO_2$复合驱驱油效率的因素，筛选出了研究区蒸汽—$CO_2$复合驱最佳注入参数。

## 1 实验介绍

### 1.1 实验材料

实验选用内填充0.015～0.147mm石英砂的填砂管，填砂管尺寸为25mm×500mm，填充压力为7～10MPa，渗透率为1.5～2.5D，共计4只；实验用原油为克拉玛依九6区地面稠油，20℃时地面原油黏度为17301mPa·s，密度为0.9442g/cm³；实验用水为根据水质监测数据配置的模拟地层水，矿化度为4179.40mg/L，水型为$NaHCO_3$；实验用蒸汽为220℃纯蒸汽，实验用$CO_2$纯度为99.9%。

### 1.2 实验设备

实验装置如图1所示，驱替泵为ISCO－500D，最高驱替压力为51.71MPa，双泵流速范围0.001～204.000mL/min，生产厂家为法国万奇公司；活塞容器耐压70.00MPa，生产厂家为江苏华安仪器有限公司；环压泵和回压泵压力范围为0～50.00MPa，生产厂家为法国万奇公司；蒸汽发生器工作温度为0℃～350.0℃，生产厂家为江苏华宝仪器有限公司。

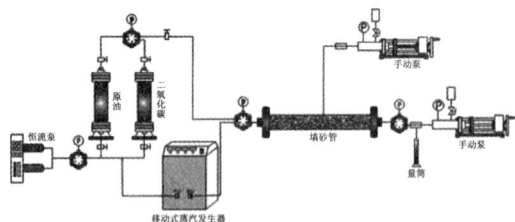

图 1 蒸汽－$CO_2$复合驱油实验设备示意图

### 1.3 实验步骤

将填好的填砂管称干重质量,测量渗透率后饱和水称湿重质量,计算孔隙体积和孔隙度;然后用油驱水,到排出液不含水为止,计量排出水的体积,排出水量即为饱和油量,计算填砂管含油饱和度。按照流程示意图将装置连接好,先进行多轮次蒸汽吞吐,直至吞吐不再产油;后进行驱替实验,蒸汽驱过程中进行 220℃左右的纯蒸汽驱,直至产出液含水率达到 98%以上后停止;蒸汽－$CO_2$驱过程分为混合注入和交替注入,混合注入过程为多轮次蒸汽吞吐直至吞吐不再产油后,将一

定体积 $CO_2$与蒸汽混合后进行驱替,直至含水率达到 98%以上上后停止实验;交替注入过程为多轮次蒸汽吞吐直至吞吐不再产油后,先注入 $CO_2$驱油,记录注入 $CO_2$体积,稳定出油后进行蒸汽驱,直至含水率达到 98%以上后停止实验。

## 2 实验结果及数据分析

### 2.1 蒸汽驱与蒸汽－$CO_2$复合驱效果对比

实验是在地层温度 18℃,地层压力 2.8MPa下进行,前期均进行了 11 轮次的蒸汽吞吐。蒸汽驱实验中,前期吞吐阶段采收率为 15.4%,后期蒸汽驱阶段采收率为 30.9%,最终采收率为 46.3%;蒸汽－$CO_2$复合驱前期蒸汽吞吐阶段采收率为 16.9%,后期复合驱阶段采收率为 64.3%,其中 $CO_2$驱采收率为 12%,蒸汽驱采收率为 52.3%,总采收率达到 81.2%,比纯蒸汽驱高 34.9%(表 1),蒸汽－$CO_2$复合驱表现出很好的驱油效果。

表 1 蒸汽驱、蒸汽－$CO_2$复合驱驱油效率参数对比

| 驱替方式 | 孔隙度 (%) | 渗透率 (mD) | 含油饱和度(%) | 前期吞吐轮次 | 吞吐采收率 (%) | 注 $CO_2$量 (PV) | 注蒸汽量 (PV) | 驱替采收率 (%) | 最终采收率 (%) |
|---|---|---|---|---|---|---|---|---|---|
| 蒸汽驱 | 37.9 | 3013 | 92.26 | 11 | 15.4 | / | 2.25 | 30.9 | 46.3 |
| 复合驱 | 33 | 3280 | 91.54 | 11 | 16.9 | 0.12 | 1.85 | 64.3 | 81.2 |

从两种驱替方式产出的油样看,蒸汽驱后期产出油呈黄褐色,生成油包水型乳状液[9],且油样不易流动,50℃黏度为 2710 mPa·$s^{-1}$,而蒸汽－$CO_2$驱产出油样可流动,50℃黏度为 760 mPa·$s^{-1}$,乳化现象不明显。从驱替后的砂样对比可以明显看出,蒸汽－$CO_2$复合驱驱替过的砂样要比蒸汽驱替过的砂样干净,表明蒸汽－$CO_2$驱比纯蒸汽驱洗油效率和波及能力都有显著提高。

### 2.2 蒸汽－$CO_2$复合驱增油机理分析

(1)$CO_2$高温溶解膨胀增加地层能量。

原油的密度越高,原油的膨胀系数越大[5],$CO_2$注入油藏后,使原油体积大幅度膨胀,增加地层的弹性能量,提高原油采收率。实验结果显示,随着温度和溶解 $CO_2$量的增加,原油的膨胀系数不断增加。当原油中注入 5mol% $CO_2$时,80℃原油膨胀系数为 1.006,120℃原油膨胀系数为 1.051,膨胀系数增加了 4.4%;当温度恒定为 120℃时,注入 5mol% $CO_2$原油膨胀系数为 1.051,注入 25mol% $CO_2$原油膨胀系数为 1.122,膨胀系数增加了 6.8%,表明 $CO_2$对九 6 区稠油具

有很好的溶解膨胀效果,有利于增加弹性能提高采收率。

(2)降低原油黏度、改善油水流度比。

温度升高以及注入 $CO_2$都具有降低原油黏度作用。实验结果显示,随着溶解气量增加,降黏率提高,随着温度的升高,降黏率减小。当实验压力为 10MPa,注入 5mol% $CO_2$时,原油温度从 80℃升高到 120℃,原油黏度从 191.90mPa·s 降低为 48.90mPa·s,原油黏度降低了 74.5%;当实验压力为 18MPa、温度 100℃时,注入 $CO_2$体积从 5mol%增加到 25mol%,原油黏度从 88.20 mPa·s 降低为 69.45mPa·s,原油黏度降低了 21.2%。与此同时,$CO_2$溶解在油水中可使地层水碳酸化,碳酸化后的地层水黏度将提高 20%以上,降低了水的流度,这使得油和水的流度趋向靠近,改善了油水流度比,有助于蒸汽与 $CO_2$稳定向前传播,扩大波及范围,延缓热了热量损失[10-13]。

(3)$CO_2$注入可抑制稠油乳化。

在蒸汽驱过程中,由于九 6 区稠油为高酸值原油,原油中包含的环烷酸、脂肪酸以及芳香羧酸

等都是天然的表面活性剂,一旦受热后,这些成分会促进原油发生乳化[14],产生油包水乳状液,导致原油表观黏度增加几倍甚至十几倍[15],而在蒸汽－$CO_2$驱产出油乳化现象不明显,蒸汽－$CO_2$驱产出油黏度是相同条件下蒸汽驱产出油黏度的一半,这说明 $CO_2$ 具有抑制稠油乳化为油包水乳状液的功效,这也是复合驱驱油效率高于蒸汽驱驱油效率的一个重要机理。

### 2.3 蒸汽－$CO_2$复合驱注入参数优选

（1）注入方式。

室内实验经过多轮次蒸汽吞吐不出油后,进行蒸汽与 $CO_2$ 混注,混注时注入 $CO_2$ 体积为0.24PV,最终驱油效率为57.65%;交替注入 $CO_2$ 分为 2 个段塞注入,每个段塞为 0.12PV,最终驱油效率为81.7%,混注的驱油效率明显低于交替注。

通过对比可以发现,混注与交替注的采收率有着明显的差异（图 2）,蒸汽、$CO_2$ 混注采收率曲线呈现出气驱采收率曲线特征,前期驱油效率上升速度快,但是很快达到稳定,出口端几乎不产油,且没有出现大量的水,这是由于 $CO_2$ 过早的形成气窜,导致驱油效率较低;交替注入的采收率曲线有明显的水气交替的特征,采收率曲线先是上升,再趋于稳定,然后再上升、再平稳,蒸汽在岩心内冷凝水可形成调剖效果,减缓了 $CO_2$ 突破速度,

扩大了 $CO_2$ 波及体积,使得驱油效率明显增加。

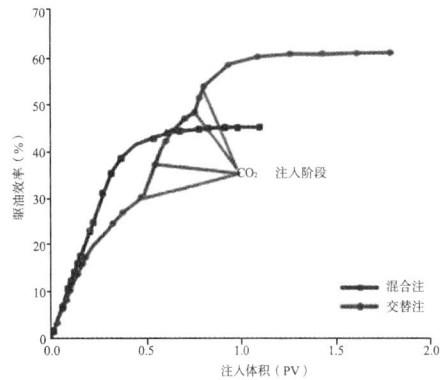

图 2　不同注入方式驱油效率对比

（2）蒸汽与 $CO_2$ 注入比。

为了明确不同蒸汽与 $CO_2$ 注入比对采收率的影响,室内实验进行了 5:1、10:1、25:1、50:1 下 4 个蒸汽－$CO_2$ 体积比（7.00MPa）的优选,可以看出（表2）蒸汽与 $CO_2$ 注入比例为 10:1～25:1 时为最佳注入比例,最终驱油效率可达到80%以上,若蒸汽量太少,就会出现热量传递慢,热损失快的特点,若注入蒸汽量过多,会产生蒸汽气窜,且稠油乳化现象严重,原油黏度增加,导致驱油效率较低。因此,在稠油油藏开发过程中,并不是蒸汽注得越多,采收率就越高,必须要优化注采参数,达到经济效益最大化。

表 2　注不同蒸汽、$CO_2$ 比例下采收率对比

| 注气比例 | 注入 $CO_2$ 量 (PV) | 注入蒸汽量 (PV) | 前期吞吐轮次 | 吞吐采收率 (%) | 驱替采收率 (%) | 最终采收率 (%) |
|---|---|---|---|---|---|---|
| 5:1 | 0.53 | 2.65 | 11 | 13.8 | 56.26 | 70.06 |
| 10:1 | 0.47 | 4.7 | 10 | 13.0 | 70.02 | 83.02 |
| 25:1 | 0.19 | 4.67 | 11 | 14.2 | 66.55 | 80.75 |
| 50:1 | 0.17 | 8.54 | 12 | 16.8 | 59.71 | 76.51 |

## 3　结　论

（1）蒸汽－$CO_2$复合驱与蒸汽驱相比,$CO_2$的加入可补充地层能量,降低原油黏度,改善油水流度比,同时抑制原油乳化,二者协同作用增大了波及体积,驱油效率高达81%,提高采收率效果显著。

（2）蒸汽、$CO_2$ 混合注入易发生气窜,气窜后驱油效率几乎不增长,蒸汽－CO2 交替注入可形成水气交替效果,扩大波及体积,驱油效率明显增高,因此交替注为最佳的注入方式。

（3）实验表明蒸汽体积与 $CO_2$ 体积（7.00MPa

下）比例为 10:1～25:1 时,驱油效率达到80%以上,驱油效果显著,现场需要结合经济因素综合优化注气参数。

### 参 考 文 献

[1] 林吉生.$CO_2$提高特超稠油采收率作用机理研究[D].中国石油大学（华东）,2008:1－57.
[2] 刘其成.火烧油层室内实验及驱油机理研究[D].东北石油大学,2011:1－15.
[3] 王卓飞,霍进,吴平,等.克拉玛依油田九 6 区注蒸汽加烟道气数值模拟[J].新疆石油地质,2001,22（5）:433－435.

[4]杨胜来,李新民,郎兆新,等.稠油注$CO_2$的方式及其驱油效果的室内实验[J].中国石油大学学报(自然科学版),2001,25(2):62—64

[5]孙而杰,彭旭,朱连忠,等.注$CO_2$提高普通稠油油藏驱油效率物理模拟试验研究[J].实验室科学,2010,13(3):90—93.

[6]刘其成.火烧油层室内实验及驱油机理研究[D].东北石油大学,2011:1—15.

[7]王延杰,顾鸿君,程宏杰.注蒸汽开发后期稠油油藏火驱燃烧特征评价方法[J].石油天然气学报,2012,32(4):125—128.

[8]石晓渠.浅薄层稠油吞吐后转蒸汽驱技术研究[J].石油地质与程,2008,22(2):93—96.

[9] 雷昊,郭肖,贾英,等.稠油注蒸汽开车对储层伤害的机理研究[J].中国西部油气地质.2006,2(3):212—214.

[10]王顺华.稠油油藏氮气泡沫辅助蒸汽驱驱油效率实验及参数优化[J].油气地质与采收率,2013,20(3):83—85.

[11]苏玉亮,高海涛.稠油蒸汽驱热效率影响因素研究[J].断块油气田,2009,16(2):73—74.

[12]宋远飞,伍晓妮.$CO_2$辅助蒸汽吞吐开发效果实验研究[J].石油地质与工程,2016.

[13]杨杰.$CO_2$辅助蒸汽驱驱油效率实验研究[J].当代石油化工,2017,46(5):827—830

[14]任立华,孙甲等.高酸值稠油的特性及加工对策[J].石化技术与应用,2014,32(5):417—420.

[15]蒋小华,王玮,宫敬.稠油包水乳状液的表观黏度[J].化工学报,2008,59(3):721—727.

# 超稠油介质组合提高采收率研究及应用

卢迎波 吕柏林 杨 果 马 鹏 董森淼 洪 锋

(中国石油新疆油田分公司风城油田作业区)

**摘 要** 围绕超稠油水平井高轮次蒸汽吞吐后面临的井间窜扰严重、水平段动用不均、油井存水高等多重问题,基于介质驱油实验,开展多种介质单一及组合驱油研究,建立多元介质热载驱油体系和评价方法。实验与数值模拟相结合,表征多元介质热载驱油机理,并优化介质注入关键参数,为现场应用提供依据。该技术已在G油田Z区块实施水平井22口,增油效果显著,为提高超稠油水平井吞吐后期开发效果和采收率提供了新技术。

**关键词** 浅层超稠油;蒸汽吞吐;多元介质热载;采收率

G油田齐古组油藏构造上是受断裂控制的南倾单斜,辨状河流相沉积,平均埋深390m,地层温度下原油黏度157.5万 mPa·s,属构造-岩性浅层超稠油油藏,自2008年开发至今,已投产水平井513口,均采用蒸汽吞吐方式开发,平均吞吐13.7轮。受储层非均质性、注汽工艺等影响,高轮次吞吐后水平井面临井间气窜严重、水平段动用不均、排液困难等多重开发矛盾。现场单一介质辅助实践表明,在注蒸汽时加入 $N_2$ 或 $CO_2$ 可提高地层压力、降低原油黏度;或添加高温起泡剂能够封堵起窜通道,改善剖面动用,综合考虑二者作用,基于室内实验,匹配多相介质,剖析多元介质热载增压、降粘、调剖等多效合一驱油机理,优化注采参数,现场应用效果较好,为提高超稠油水平井开发效果和采收率提供稳产技术新思路。

## 1 多元介质热载驱油技术

### 1.1 多元介质热载体系建立

多元介质热载技术其核心是在于多种介质协同相辅,伴随高干度蒸汽入井,实现调剖、降粘、增能等作用[1-3]。根据一维介质驱油实验,根据不同介质及组合下的驱油效果,确定最佳的驱油介质体系。

以齐古组油藏条件为参考,制作物性相近岩心8个(表1),均填充6.8mL原油,实验设置及流程:设置回压4MPa,驱替速度0.5mL/min,先注蒸汽2PV驱替后,再分别注入0.3PV的 $N_2$、$CO_2$、尿素(30%wt)、起泡剂(0.5%wt)及等体积比例组合介质(①尿素+起泡剂;②$CO_2$+起泡剂;③$N_2$+起泡剂),再进行蒸汽驱替直至产出液含水98%为止。实验结果表明:单一介质能提高采收率为2%~5%,多种介质组合后可提高采收率为6%~10%,单一介质驱油作用有限,通过与其他介质组合,可互补驱油短板,达到较好的驱油效果和采收率。基于多种介质提高采收率效果,最终确定尿素/$CO_2$/$N_2$+起泡剂复合多元介质热载体系。

表1 实验岩心参数表

| 序号 | 岩心长度/cm | 岩心直径/cm | 孔隙体积/mL | 孔隙度/% | 渗透率/mD | 介质类型 | 最终采收率/% |
|---|---|---|---|---|---|---|---|
| 1 | 6.99 | 2.54 | 10.2 | 30.2 | 1011 | 蒸汽 | 27.32 |
| 2 | 6.89 | 2.54 | 10.4 | 29.8 | 1084 | $N_2$+蒸汽 | 30.28 |
| 3 | 7.12 | 2.54 | 11.3 | 31.3 | 1131 | $CO_2$+蒸汽 | 31.49 |
| 4 | 6.71 | 2.54 | 10.1 | 29.7 | 991 | 尿素+蒸汽 | 32.55 |
| 5 | 6.35 | 2.54 | 10.1 | 31.4 | 1015 | 起泡剂+蒸汽 | 31.34 |

| 序号 | 岩心长度<br>/cm | 岩心直径<br>/cm | 孔隙体积<br>/mL | 孔隙度<br>/% | 渗透率<br>/mD | 介质<br>类型 | 最终采收率<br>/% |
|---|---|---|---|---|---|---|---|
| 6 | 6.88 | 2.54 | 10.6 | 30.5 | 1091 | 尿素+起泡剂+蒸汽 | 37.62 |
| 7 | 6.98 | 2.54 | 10.5 | 29.7 | 999 | $CO_2$+起泡剂+蒸汽 | 36.02 |
| 8 | 7.02 | 2.54 | 11.1 | 31.2 | 1102 | $N_2$+起泡剂+蒸汽 | 33.92 |

注:1号岩心用于纯蒸汽驱;2—8号岩心用于多元介质优选实验,注蒸汽温度为150℃

## 1.2 多元介质热载体系驱油机理研究

(1)补充地层能量。

非凝析气体 $CO_2$、$N_2$ 均具有较好的可压缩性,在油层中一部分以游离状态存在,可提高近井地带压力 0.8～4MPa,释能时能提高油井排液能力[2-5]。因此仅介绍尿素+起泡剂组合的增能机理。尿素加热分解生成 $CO_2$ 和 $NH_3$,实验流程是将 30%wt 尿素和 0.5%wt 起泡剂的混合溶液放入高压反应釜中(压力 4MPa),改变系统温度,观察并记录反应釜内压力随时间的变化规律,直至系统内压力稳定即为尿素分解反应完毕。实验结果表明,当温度升高至 150℃时,尿素反应速率由 0.12mol/(mL·s)提高至 0.36 mol/(mL·s),经过 1.9h 反应,压力由 0.3MPa 上升至 2.95MPa 后基本趋于稳定,表明尿素在 150℃时基本完全分解,反应釜内压力提升近 3MPa(图 1)。

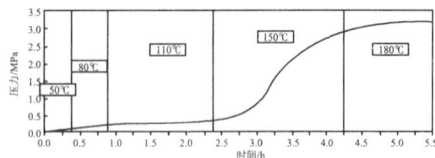

图 1 不同温度条件下多元介质分解压力变化曲线

(2)提高油层剖面动用。

以 Z 区块油藏参数为依据建立三维物理模型,设计三套油层,每套油层装填 2 种渗透率(上部油层 3000mD/800mD,中部油层 1000mD/300mD;下部油层 2000mD/400mD),同时每套油层夹有 2.0cm 厚的隔层,模拟吞吐实验 12 轮,其中 7 轮蒸汽吞吐,后转多元介质热载辅助吞吐 5 轮,蒸汽吞吐设计注汽速度 150cm³/min;多元介质复合吞吐设计注蒸汽速度 130cm³/min,注多元介质速度 20cm³/min(30%wt 浓度尿素+0.5% wt 起泡剂),每周期注汽 8min,焖井 2min,生产 30min。从实验监测的温度场图可知,随蒸汽吞吐周期增加,注入的蒸汽大部分进入高渗层,低渗层较难动用;转多元介质热载复合吞吐后,利用气体泡沫贾敏效应[4-9],暂堵高渗层,蒸汽转向中低渗层,达到改善各层吸汽,油层均衡动用的效果(图 2)。蒸汽吞吐采出原油 742g,转多元介质热载辅助吞吐后采出 351g,周期产油量、油汽比明显提升,采收率由 22.8%提升至 33.6%,提高 10.8%(图 3)。

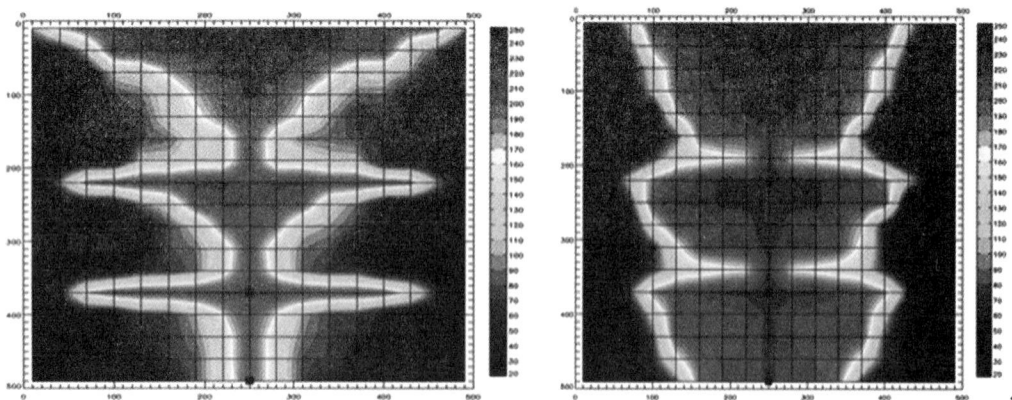

图 2 温场剖面对比图(左:第 7 轮,右:转多元介质)

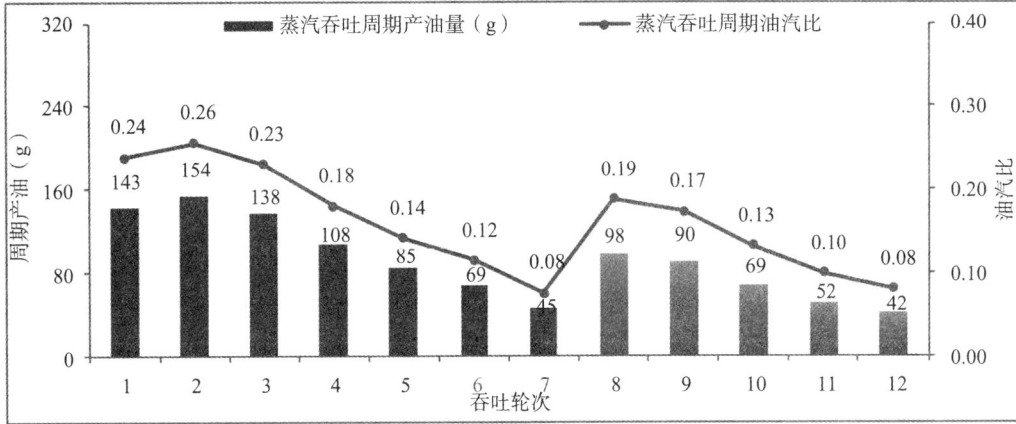

图 3    三维物模实验周期生产指标图

（3）降低原油黏度。

$CO_2/N_2$ 在稠油的溶解度随压力增加而增加，随温度的升高而降低，原油降粘率随溶解度增加而增加[7,8]。选取 50℃黏度为 12400mPa·s，密度 0.974g/m³ 的油样进行降粘实验，结果表明 $CO_2$ 降粘率大于 $N_2$ 降粘率（表 2），尿素分解的 $CO_2$ 溶于

原油，原油黏度降至 7552mPa·s，黏度降粘率为 39％；降压至 2.5MPa 后析出拟混相状态的泡沫油，原油黏度可降至 1300mPa·s，降粘率高达 89％（表 3），其次尿素分解的 $NH_3$ 溶于水后与原油中的酸就地生产表面活性剂，降低表面张力，与 $CO_2$ 综合作用降粘。

表 2    尿素溶液反应后的降粘效果实验结果

| 参数 | 黏度（2MPa，100℃） | | 黏度（4MPa，100℃） | |
|---|---|---|---|---|
| | $CO_2$ | $N_2$ | $CO_2$ | $N_2$ |
| 脱气黏度/ mPa·s | 333.2 | 333.2 | 333.2 | 333.2 |
| 含气黏度/ mPa·s | 277.6 | 304.5 | 244.2 | 282.9 |
| 降粘率/％ | 16.7 | 8.6 | 26.7 | 15.1 |

表 3    尿素溶液反应后的降粘效果实验结果

| 溶液：原油 | | 黏度（4MPa，50℃） | | 黏度（2.5MPa，50℃） | |
|---|---|---|---|---|---|
| | 反应前/ mPa·s | 溶解 $CO_2$ 降粘 | | 形成泡沫油降粘 | |
| | | 反应后/ mPa·s | 降粘率/％ | 反应后/mPa·s | 降粘率/％ |
| 1：9 | 12400 | 9089 | 26.7 | 2468 | 80.1 |
| 2：8 | 12400 | 7552 | 39.1 | 1327 | 89.3 |
| 3：7 | 12400 | 8606 | 30.6 | 1897 | 84.7 |

## 2    多元介质热载关键参数设计

室内实验与数值模拟相结合，对介质注浓度、注入强度、蒸汽注入速度和注入强度等参数进行优化设计，为多元介质热载提高采收率技术现场

应用提供依据。

### 2.1    介质浓度设计

介质浓度决定其阻力因子的大小，同时决定了介质的调剖能力。通过物理模拟实验，测试不

同采出程度下不同起泡剂浓度的阻力因子。结果显示:阻力因子随起泡剂浓度的增大而增大,当起泡剂浓度大于3.0%时,阻力因子上升幅度降低,最优浓度随采出程度的增大而升高(图4)。测试

尿素浓度分别在10%、20%、30%、40%时的阻力因子,阻力因子随尿素浓度的增大而增大,当尿素浓度大于30%时,阻力因子上升幅度降低(图5)。

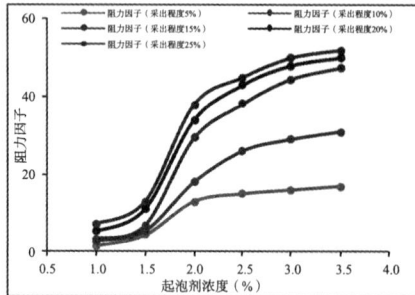

图4 起泡剂浓度与阻力因子变化曲线

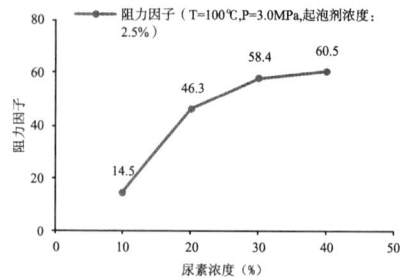

图5 不同尿素浓度条件下阻力因子变化曲线

## 2.2 介质注入强度设计

介质注入强度决定了多元介质热载辅助增油量及经济效益。通过采用均质模型进行介质注入强度数值模拟,对比水平井注入尿素强度分别为0.1t/m、0.2t/m、0.3t/m、0.4t/m、0.5t/m、0.6t/m,注入

氮气强度分别 100m³/m、200m³/m、300m³/m、400m³/m、500m³/m时的增油和效益,结果显示尿素注入强度为0.3t/m时,氮气注入强度为400m³/m时,增油幅度降低,开发效益最高(图6)。

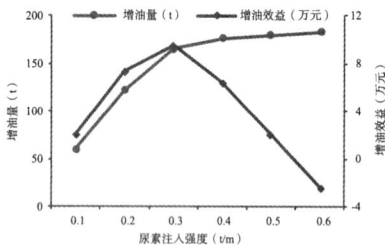

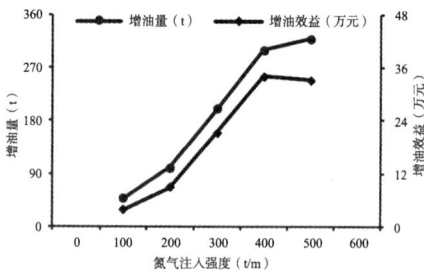

图6 介质注入强度优化曲线(左为尿素注入强度,右为氮气注入强度)

## 2.3 注汽参数优化

多元介质注入油层后,多元介质分解、非凝析气体的扩散和溶解等作用需要吸收部分汽化潜热,需对注汽参数进行数值模拟优化研究,结果显

示,多元介质复合吞吐后,最优注汽速度为250t/d,与纯注蒸汽速度相同,最优注汽强度为13t/m时,较纯注蒸汽强度提高1t/m(图7)。

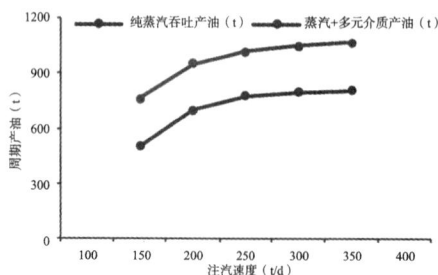

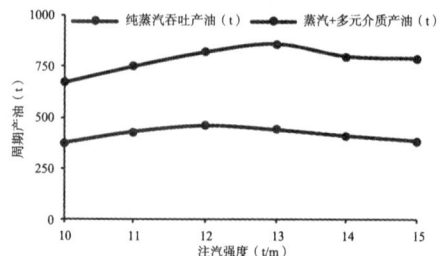

图7 多元介质辅助蒸汽吞吐注汽强度优化曲线(左为注汽速度,右为注汽强度)

## 3 现场应用

利用多元介质热载辅助吞吐技术,在 G 油田 Z 井区现场实施尿素＋起泡剂复合试验 16 口井,采注比提高 0.57,油汽比提高 0.19,单井增油 540t,水平段动用提高 40％。同时实施氮气＋起泡剂复合试验 6 口井,采注比提高 0.79,油汽比提高 0.13,单井增油 334t,取得较好的现场应用效果(表4)。

表 4 水平井多元介质热载复合生产效果统计表

| 介质分类 | 分类 | 周期产油/t | 油汽比 | 采注比 | 采油速度/% | 剖面动用程度/% |
|---|---|---|---|---|---|---|
| 尿素＋起泡剂辅助 | 实施前 | 740 | 0.31 | 0.98 | 1.4 | 35 |
| | 实施后 | 1280 | 0.49 | 1.55 | 2.6 | 75 |
| | 对比 | 540 | 0.19 | 0.57 | 1.2 | 40 |
| 氮气＋起泡剂辅助 | 实施前 | 128 | 0.05 | 0.67 | 0.8 | 35 |
| | 实施后 | 462 | 0.18 | 1.46 | 1.6 | 60 |
| | 对比 | 334 | 0.13 | 0.79 | 0.8 | 25 |

## 4 结　论

(1)多元介质热载技术可以协调各介质驱油优势,针对性解决油藏生产矛盾。多元介质注入后实现多效合一的驱油作用实验结果表明:压力提升 2～3MPa,油层剖面动用改善 40％,降粘率达 80％以上,采收率可提高 6％～10％。

(2)多元介质热载复合效果取决于最优关键操作参数,数值模拟结果表明:起泡剂最佳浓度为 2.5％,尿素最优浓度 30％,水平井尿素最优注入强度 0.3t/m,氮气最优注入强度 4000m³/m,蒸汽注入速度保持不变,注汽强度提升至 13t/m。

(3)该技术已实施 22 口井,取得较好效果,实践证明超稠油油藏多元介质热载复合吞吐可改善开发效果,为吞吐中后期油井提高油层动用程度,扩大蒸汽波及体积,减缓井间窜扰,降低地层存水提供了有效新手段思路,为减缓递减,提高采收率提供了新技术。

**参　考　文　献**

[1] 刘帆.超稠油油藏注蒸汽和气体复合开采技术研究[J].化工管理,2017(16):184.

[2] 王福顺,牟珍宝,刘鹏程,张胜飞,王超,李秀峦.超稠油油藏 $CO_2$ 辅助开采作用机理实验与数值模拟研究[J].油气地质与采收率,2017,24(6):86－91.

[3] 李士伦,张正卿.注气提高采收率技术[M].成都:科学技术出版社,2001:1－12.

[4] 王泊,李胜彪,蒲春生,等.稠油增效注蒸汽开采技术在河南油田的应用[J].西安石油大学学报(自然科学版),2008,23(4):35－39.

[5] 李兆敏,孙晓娜,鹿腾,李宾飞,王鹏.二氧化碳在毛 8 块稠油油藏热采中的作用机理[J].特种油气藏,2013,20(5):122－124＋157.

[6] 蒲春生,石道涵,秦国伟,等.高温自生气泡沫室内实验研究[J].特种油气藏,2010,17(3):84－86.

[7] 沈德煌,谢建军,王晓春.尿素在稠油油藏注蒸汽开发中的实验研究及应用[J].特种油气藏,2005,12(2):85－87.

[8] 张守军,等.超稠油自生二氧化碳泡沫吞吐技术的研究与应用[J].石油钻探技术,2009,37(5):101－104.

[9] 吕洪坤,杨卫娟,周俊虎,等.尿素溶液高温热分解特性的实验研究[J].中国电机工程学报,2010,30(17):35－40.

[10] 姚凯,等.井下自生气复合泡沫技术在稠油热采中的研究与应用[J].特种油气藏,2002,9(1):61－63.

# 风城浅层超稠油油藏微生物乳化冷采技术研究与应用

马　鹏　邢向荣　胡鹏程　赵慧龙　陈　超　宋祥健

（中国石油新疆油田分公司风城油田作业区）

**摘　要**　本文选取风城油田B区块超稠油样品,通过配置营养液、内源微生物菌种的培养、筛选与优选,确定了适合该区超稠油乳化降粘的内源乳化菌NG80－2菌株。同时根据单井地质参数和开采状况设计四段塞注入方式,优化微生物药剂的注入量。目前该技术已在室内试验取得了较好的效果,并在风城超稠油常规开发区开展了19口井的现场试验,实施后单井增油94t,节约蒸汽2.5万吨,取得了较好的经济效益。

**关键词**　超稠油;微生物降粘;菌种培养;注入设计

## 1　前　言

风城油田B区块作为新疆风城浅层超稠油开发的主力区块之一,油藏平均埋深370m,地层条件下原有黏度超过100 mPa·s,2013年以蒸汽吞吐方式投入开发,由于该区微断裂和微裂缝的存在,2014年发生地表窜喷,导致该区域无法继续注蒸汽开发。为了盘活该区剩余地质储量,防止环境污染,开展了微生物乳化冷采技术的研究和试验。稠油乳化降粘冷采技术作为稠油开发的重要技术,目前主要应用于地层条件下原油黏度小于500 mPa·s的普通稠油,而针对高粘稠油和超稠油应用较少[1]。本文通过室内试验研究,优选适合超稠油乳化降粘的微生物菌种,并通过菌种的培养、注入参数的设计和现场试验,盘活地表气窜区难采储量,为超稠油开发寻求降本增产提效新方法。

## 2　技术原理

微生物菌类以原油中的烃类为碳源繁殖生长,此过程中产生的酶可降解原油中的重质组分,进而降低原油黏度,增加原油流动性。且微生物在代谢过程中会产生低分子的醇、脂肪酸、糖脂、表面活性剂、二氧化碳、氢气、甲烷等物质,该类物质可改变油藏岩石表面润湿性,并降低原油黏度,提高采收率[2-10](图1)。

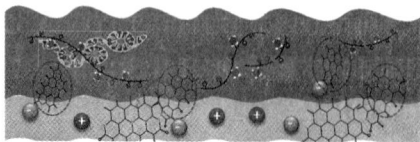

图1　微生物降解、乳化原油示意图

微生物乳化冷采技术的关键是乳化菌的筛选和培养。因此,首先找到适合风城超稠油油藏的内源菌,在原油中菌类能够大量繁殖并与原油发生反应,实现超稠油的地下冷采[11,12]。

## 3　菌种的筛选及现场应用参数设计

### 3.1　培养液的配置

本次实验需配置5种培养液:①用于分离超稠油中微生物菌种的无机盐溶液,主要成分:($NH_4$)$_2$ $SO4$、$MgSO_4$ · $7H_2O$、$KH_2PO_4$、$K_2HPO_4$ · $3H_2O$;②以超稠油为碳源的液体培养液:在50mL厌氧培养瓶中加入风城超稠油0.2g和无机盐溶液10ml,在0.1MPa、120℃蒸汽灭菌20min,然后用无菌注射器注入0.2mL1.0％$Na_2S$和$NaHCO_3$溶液;③以超稠油为碳源的固体培养基:在10mL无机盐溶液添加酵母膏0.1％、原油4.0％、琼脂2.0％,调pH7.0～7.2,在0.1MPa、120℃蒸汽灭菌20min;④用葡萄糖为碳源的固体培养基:在10mL无机盐溶液添加酵母膏0.1％,葡萄糖2.0％,琼脂2.0％,调pH7.0～7.2,在0.7～0.8MPa、120℃蒸汽灭菌20min;⑤以葡萄糖为碳源的液体培养液:在10mL无机盐溶液添加酵母膏0.2％,葡萄糖2.0％,琼脂2.0％,调pH 7.0～7.2,在0.6～0.7MPa、120℃蒸汽灭菌20min。

### 3.2　菌种的筛选

实验过程:①将取自风城油田超稠油开发井1344的10ml采出水样和0.2g原油放入厌氧培养瓶中,按严格厌氧操作程序取2mL的无机盐溶液加入培养瓶中,0.1MPa、40℃条件,在200～250转/分钟的摇床培养7天;②取0.5mL上述培养液注入到以超稠油为碳源的厌氧液体培养基,相同条件培养7天;③对上述培养液进行$NO_2^-$离子检验,若有红色反应,则取其培养液0.5ml稀释到一定程度,在葡萄糖液体培养基上涂布,放入真空干燥箱内,真空箱密封抽真空30min,然后充入高纯度氮气,再抽真空10min,反复四次,使干燥箱保持－0.02MPa的真空度,相同温度恒温培养3天;④取不同形态的菌落在葡萄糖固体培养基上划线,反复抽真空充氮气,厌氧条件恒温培养。如此反复几次,直到菌落形态一致;⑤将划出的不同菌落在超稠油为碳源的固体培养基上划线,抽真空充氮气,厌氧培养 7 天,所得的菌落极为纯化菌种;⑥挑取纯化的菌落分别接种在好氧、厌氧两种条件超稠油液体培养基中,在 200~250r/min 的摇床培养,观察其降解的情况,将能降解超稠油的菌种保存在葡萄糖斜面上。

### 3.3 井场试验关键参数设计

(1) 注入量的设计。

综合考虑地层原油的采出程度、射孔厚度、作用半径、孔隙度、非均质性等因素,采用地层体积亏空法计算药剂的注入量。

$$Q = \alpha(\pi(R_2^2 - R_1^2)H\varphi) \qquad (1)$$

式中,$\alpha$ 为非均质系数,根据油藏非均值性确定;$R_1$ 为地层原油采出半径;$R_2$ 为微生物作用半径＋原油采出半径;$H$ 为射孔厚度;$\varphi$ 为射孔段孔隙度。

(2)注入段塞设计。

采用"前置营养液＋菌液＋后置营养液＋顶替段塞"的组合方式,最大限度地发挥各个段塞的作用,提高微生物降粘现场试验的效果。

①前置营养液段塞:前置营养液主要是满足地层岩石的吸附作用,防止后期主体菌液注入后被岩石大量吸附,同时可为微生物初期生长提供营养,保证整体的效果。②主段塞菌液:主体菌液的作用是降解原油的微生物,使之繁殖生长,产生代谢产物,降解原油,降低原油黏度,增加其流动性。③后置营养液:主要是补充前期注入菌液的营养,为微生物大量繁殖提供营养,产生更多的代谢产物。④顶替段塞:为保证注入的菌液更好地与原油接触,增加其作用面积,利用氮气将注入的菌液和营养剂趋向地层深处。

## 4 微生物乳化降粘效果

### 4.1 室内实验效果

通过实验筛选,获得了株可降解风城超稠油的兼性厌氧菌种,分别是 NG80－2、DM－2、HB1。

分别取 3 种菌种在接种到由糖蜜、玉米浆、磷酸盐和硫酸盐按比例调配而成的培养液中,加入含水率为 5％的风城超稠油,并进行灭菌处理,在 0.1MPa、60℃的厌氧环境培养 5 天。用于监测 3 种菌类的乳化、生长和产气能力。实验结果发现,3 种菌的生产能力接近,但 NG80－2 菌株的乳化和产气能力更强,原油呈分散的小油滴状态均匀地分布在培养液中,降粘效果更好(表 1、图 2)。

表 1  筛选微生物的厌氧生长、产气和乳化效果表

| 菌株 | 乳化效果 | 厌氧 | |
| --- | --- | --- | --- |
|  |  | 生长程度 | 产气效果 |
| NG80－2 | 优 | 优 | 优 |
| DM－2 | 良 | 优 | 良 |
| HB1 | 良 | 优 | 良 |

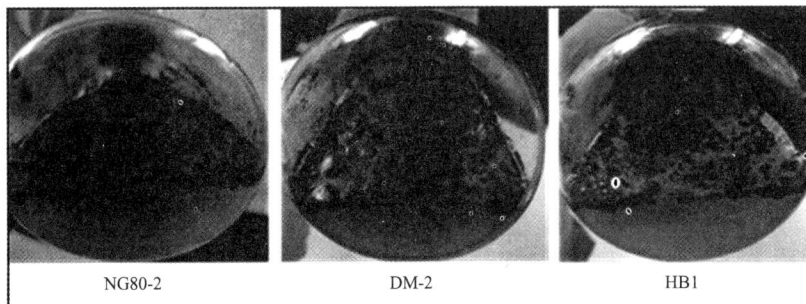

图 2  室内乳化效果实验

### 4.2 现场应用效果

目前该技术在风城 B 区块开展试验 19 口井,实施微生物乳化降粘后,采出液呈现分散的水包油乳状液,50℃原油黏度仅 1081mPa·s,较初始原油黏度下降近 93.0％(表 2)。说明微生物在生长过程中产生的酶可降解原油中的重组分,改变原始原油组分和物理性质,从而降低原油黏度,增加其流动性。

表 2　微生物降粘效果统计表

| 井号 | 实施前动力黏度 mPa·s | | | 实施后动力黏度 mPa·s | | |
|---|---|---|---|---|---|---|
| | 20℃ | 50℃ | 80℃ | 20℃ | 50℃ | 80℃ |
| 1344 | 161000 | 14087 | 926 | 10465 | 916 | 60 |
| 1461 | 240900 | 17870 | 1090 | 18549 | 1376 | 84 |
| 1632 | 139808 | 13211 | 845 | 10066 | 951 | 61 |
| 平均 | 180569 | 15056 | 954 | 13027 | 1081 | 68 |

生产指标提升显著,表现为:平均单井生产 97 天,单井累计产液 763t,单井产油 94t,累计增油 1783t,节约蒸汽 2.5 万吨。

以典型井 1344 为例,该井自 2019 年 7 月注入药剂 475 方,其中前置营养液 25 方,主段塞 250 方,后置营养液 200 方,注入后焖井 25 天开井,开井口平均日产液 9.1t/d,日产油 0.85t/d,井口温度 53℃,井口油压 0.13MPa(图 3)。

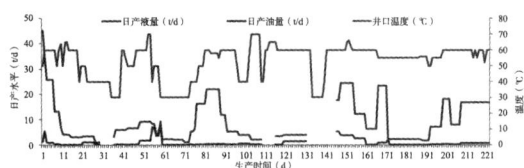

图 3　典型井 1344 井开井后生产运行图

## 5　结论与认识

(1)内源菌可降解超稠油中的重质组分,乳化原油,降低原油黏度,提高开发效果。

(2)内源乳化菌为 NG80-2 菌株可实现超稠油的降解和乳化,提高原油低温流动性。

(3)目前该技术在风城重 18 井区开展试验 19 口井,单井增油 94 吨,累计增油 1783 吨,节约蒸汽 2.5 万吨。

## 参 考 文 献

[1]魏小芳,许颖,罗一菁,等.稠油微生物冷采技术研究进展[J].化学与生物工程,2019,36(3):16-36.

[2]李习武,刘志培.石油烃类的微生物降解[J].微生物学报,2002,42(6):764-767.

[3]刘其友,宗明月,张云波,等.石油烃降解混合菌的筛选及其降解条件研究[J].环境科学与技术,2013,36(4):28-32.

[4]包建平,朱翠山,马安来,等.生物降解原油中生物标志物组成的定量研究[J].江汉石油学院学报,2002,24(2):22-26.

[5]王大威,张健,齐义彬,等.稠油降解菌的筛选及其对胶质降解作用[J].微生物学报,2012,52(3):353-359.

[6]聂麦茜,张志杰,雷萍.优势短杆菌对多环芳烃的降解性能[J].环境科学,2001,22(6):83-85.

[7]王楠,刘义刚,张云宝.渤海稠油油藏"调剖+乳化降黏"技术研究及矿场试验效果[J].油田化学,2019,3(36):524-530.

[8]王大威,杨振宇,石梅,等.分子生物学在石油微生物多样性研究中的应用[J].生物技术,2005,15(5):86-89.

[9]贾群超,郭楚玲,卢桂宁,等.两株稠油高效降解菌的筛选鉴定及其降解性能研究[J].环境工程学报,2011,5(5):1181-1186.

[10]霍进,吕柏林,杨兆臣,等.稠油多元介质复合蒸汽吞吐驱油机理研究[J].应用与环境生物学报,2008,14(4):553-557.

[11]张廷山,邓莉.微生物降解稠油及提高采收率实验研究[J].石油学报,2001,22(1):54-57.

[12]张廷山,任明忠,蓝光志,等.微生物降解作用对稠油理化性质的影响[J].西南石油学院学报,2003,25(5):1-5.

# H区块稠油油藏火驱开发多级优势通道识别与应用

吕世瑶　王若凡　展宏洋　李永会

（中国石油新疆油田分公司勘探开发研究院）

**摘　要**　为提高采收率，新疆油田H区块在蒸汽开发后开展了火驱先导试验[1]。与稀油注水开发类似，注蒸汽及火驱开发的沙砾岩油藏中发育的优势通道极大的影响到开发效果。优势通道的影响主要表现为注入蒸汽/空气在注采井间低效窜流，极大的降低驱油效率。本文综合运用生产动态数据及响应特征、地质静态参数、油藏数值模拟等方法，建立了多级优势通道的定量识别标准。与其他方法相比，该方法具有准确度高，可定量分级的优点。该方法建立的标准在H区块取得了较好的应用效果，识别结果吻合度高，且运用分级结果在火驱开发中制定了差异化调控策略，有效改善了改发效果。

**关键词**　稠油；火驱；优势通道；多级；定量

## 1　前　言

优势通道指因地质及开发导致储集层局部形成的低阻渗流通道，从形成原因上可分为原生与次生[2]。其识别方法可以分为静态方法和动态方法两大类。静态方法主要是以静态资料为基础，从地质角度分析优势通道的形成机理，研究通道的分布[3,4]。动态方法主要是利用示踪剂测试资料、试井资料、生产动态资料等来进行分析，从优势通道在各类开发动态中的响应进行判断[5,6]。国内学者在相关方向也已进行了大量研究，如雷霆改进的CRM模型后的动态水分析方法[7]，刘薇薇运用RDOS栅状数值模拟方法分析的水驱优势通道[8]，张伟从宏观和微观两个角度，对优势通道的形成机理进行了理论研究[9]。

前人的研究结果或受限于适用条件，或受限于结果精度，在H区块应用后，结果均不理想，无法根据其进行火驱开发调控。本文以H区块火驱先导试验区为研究区，通过动静态数据分析，数值模拟等多数方法总结出一种可定量识别多级优势通道的方法，为火驱开发制定差异化的调控措施提供有力支撑。

## 2　油藏基本情况

新疆油田H区块稠油油藏为典型的沙砾岩油藏，目的层为侏罗系八道湾组（$J_1b_4^2$）单层系油藏，平均油层厚度9.1m，油层孔隙度25.2%，渗透率639mD，原始含油饱和度63%，平均渗透率变异系数0.79，属高孔-中渗，非均质油藏。该油藏在蒸汽开发阶段采出程度为28.9%，剩余油潜力巨大，而继续注蒸汽开发已无经济效益。火驱技术作为一项在注蒸汽开发后期继续大幅提高采收率的接替技术，也是稠油老区提高采收率最有效的办法。2009年在H区块开展了火驱先导试验，动用地质储量$42.5×10^4$t，截至2020年5月，火驱阶段累积采油$15.5×10^4$t，阶段采出程度36.4%，最终采收率65.3%，达到预期效果，极具推广潜力。而优势通道的识别与针对性调控，是该项技术推广应用中急需解决的问题。

## 3　原生优势通道

原生优势通道是指由于储层物性差异而形成的优势通道[10]。在各项物性参数中，渗透率及非均质性是形成通道的地质基础，所以原生优势通道的识别可基于渗透率及非均质参数进行研究。

绘制研究区渗透率及非均质参数（以渗透率级差为例）平面图（图1、图2），初步以各参数平均值为界限，将各项参数大于平均值区域进行叠合，认为其为优势通道的可能区域。初步识别后，认为研究区$J_1b_4^2$层优势通道主要发育于研究区中部及南部，方向以西北-东南向为主，北部发育程度较弱。

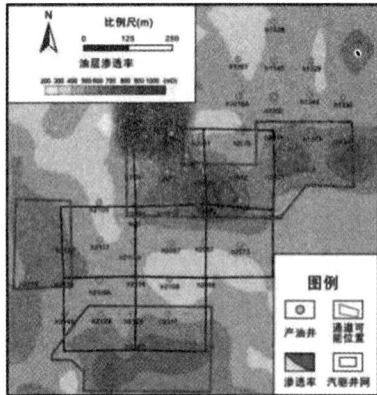

图 1 研究区 $J_1b_4{}^2$ 层渗透率平面分布图

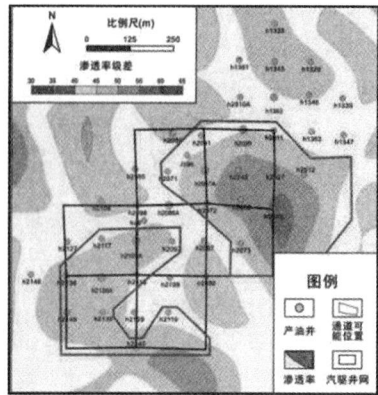

图 2 研究区 $J_1b_4{}^2$ 层 K 级差平面分布图

将初步判断的通道位置与蒸汽开发阶段动态响应进行对比,根据蒸汽开发阶段的动态响应强弱,可将优势通道分为两类。基于此,进一步分析强、弱气窜响应位置处渗透率及非均质参数特征,根据分析结果,可对优势通道进行定量分级(表1)。

表 1 研究区 $J_1b_4{}^2$ 层原生优势通道评价标准

| 指标 | 一级通道 | 二级通道 |
|---|---|---|
| 渗透率(mD) | >1600 | 800~1600 |
| 级差/突进系数/变异系数 | >15 / >2.02 / >1.1 | 1.6~15 / 1.27~2.02 / 0.16~1.1 |

运用标准对研究区进行原生通道的识别,共识别出一级通道1处,二级通道3处。识别结果与蒸汽开发阶段气窜位置一致。

## 4 蒸汽开发后次生优势通道

次生优势通道:油田在长期注水开发过程中,一方面由于注入水浸泡、冲刷作用,储集层微观属性发生物理、化学变化,致使储集层参数也发生变化;另一方面受储集层非均质性、油水黏度比、注采强度等各种参数影响而产生的渗流差异导致流体趋向于某一局部区域流动,最终在局部产生优势渗流,形成优势渗流通道[11]。类似稀油注水开发,稠油注蒸汽开发也会形成次生优势通道。

(1)动态响应特征。

研究区蒸汽驱初期开发曲线会受到蒸汽吞吐影响,故在分析汽驱开发曲线时,用注汽井的注汽时间与油井受效时间配伍程度以及响应强度共同作为判断汽驱受效的依据。将注采配伍程度高且产油井产液量出现明显峰值的,定性为受效井;出现峰值但峰值相对较低的,定性为疑似受效井;响应不配伍定义为无优势通道,并基于注采井的受效关系判断优势通道的可能方向。以 h2071 井组为例,h2072 井、h2086 井蒸汽驱开发曲线(图3、图4),可以看出 h2072 受效,响应配伍程度高,h2086 无明显受效反应,响应不配伍。

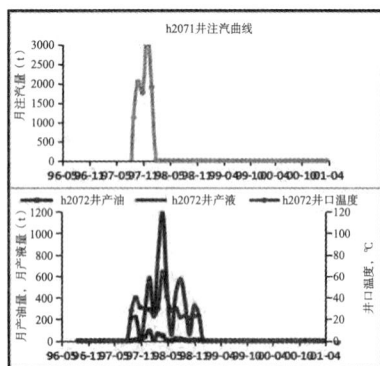

图 3 h2071－h2072 蒸汽驱开发曲线

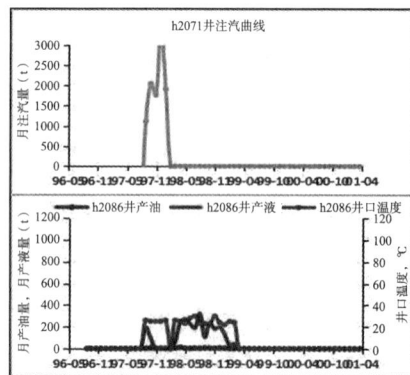

图 4 h2071－h2086 蒸汽驱开发曲线

(2)地质特征。

类似原生通道,对不同响应特征次生通道的静态地质参数进行分析,结果显示砂体的渗透率和渗透率的层间级差可用来识别和区分不同响应特征的通道(图5)。

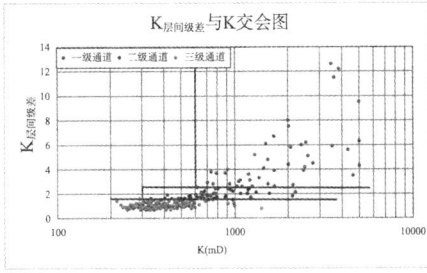

图 5　蒸汽阶段次生优势通道地质识别图版

（3）数值模拟。

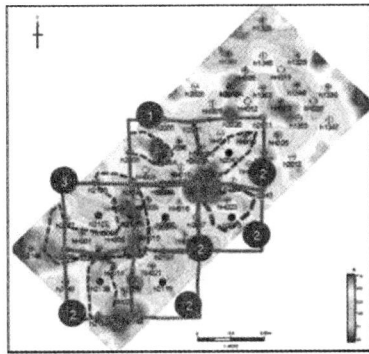

图 6　研究区渗透率分布类型示意图

纵向上，高渗（渗透率＞600mD）薄层（厚度＜1.5m）成为蒸汽突进通道（图8）。

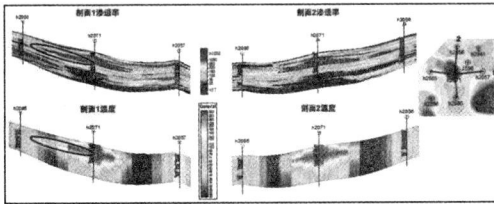

图 8　火驱先导试验区蒸汽驱阶段地下温度分布图

通过数值模拟，蒸汽驱阶段地下温度分布与渗透率分布有较好的对应关系（图6、图7）：存在单优势通道井组会在通道方向形成热连通，其他方向地层未加热（1型）。存在两个优势通道方向井组，受优势通道分布和单井注汽速度影响，加热形状各异（2型）。优势通道呈环状分布井组，加热区域较大，但相对优势方向优先热连通（3型）。

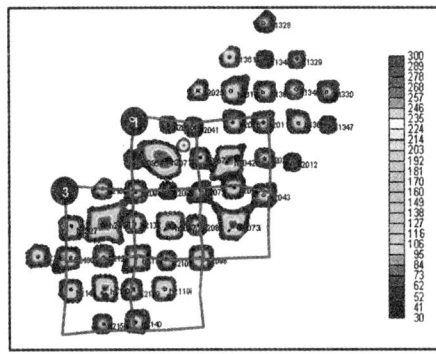

图 7　研究区蒸汽驱阶段地下温度分布图

（4）综合识别标准。

蒸汽驱阶段，以储层物性与非均质参数为基础，结合生产动态响应配伍程度及强度，可识别优势通道的可能方向，对存在优势通道处进行 CMG 模拟，综合数值模拟结果，最终确定汽驱阶段次生优势通道位置及等级（表2）。

表 2　H 区块 $J_1b_4{}^2$ 层蒸汽开发后次生优势通道多级评价标准

| 分项 | 指标 | 一级通道 | 二级通道 |
|---|---|---|---|
| 物性及非均质性 | 渗透率（mD）/层间级差 | ＞600/＞2.5 | 300～600/1.5～2.5 |
| CMG 模拟 | 蒸汽流速（m/d） | ＞0.08 | 0.04～0.08 |
| | 温度（℃） | ＞30 且连片 | ＞30 且有突进趋势 |
| 生产动态 | 油井响应/配伍程度 | 强/高 | 较强/较高 |

## 5　火驱开发后次生优势通道

（1）动态响应＋数值模拟。

动态响应＋数值模拟方法是在井组内渗透率相对高的注采方向上，通过火驱生产过程中注采井间井口温度、油压等参数的响应特征初步确定优势通道位置，然后通过数值模拟火驱过程中的地下流体流速场、温度场，综合确定优势通道位置。以 hH007 井组为例，其在 h12138、h2128A 方向渗透率较高，为主要受效方向。点火后，h2138 方向井口持续高温；h2128A 方向井口无高温，但油压响应明显。CMG 结果显示两方向上流速场均呈突进形态。综上，判断在 h2138 与 h2128A 方向上均存在优势通道（图9）。

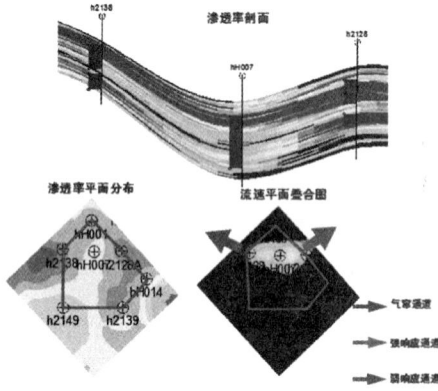

图9 hH007井组渗透率剖面图、渗透率平面图
及流速平面叠合图

（2）生产动态分析。

本次研究按井组对各类动态参数的响应速度、响应幅度、到达峰值速度进行单项及多项关联性评价，最终得到了分级通道的动态响应参数标准：一级通道为油井口持续见高温且持续见氧；二级通道为主要特征占响应特征值前20%，20%～40%为三级通道。

（3）动静结合识别。

通过动态响应类型＋CMG方法确定优势通道可能方向，并结合动态参数进行定量分级，对各级通道井的静态地质参数与曲线特征进行统计，得到动静结合的综合识别标准（表3）。

表3 研究区 $J_1b_4^2$ 层火驱阶段次生优势通道标准参数表

| 分项 | | 指标 | 一级优势通道 | | 二级优势通道 | | 三级优势通道 | |
|---|---|---|---|---|---|---|---|---|
| 测井解释 | | RT(Ω·m) | >55 | | 30～55 | | <30 | |
| | | SP(v) | 0.8～1.0 | | 0.5～0.8 | | <0.5 | |
| 静态特征 | | 渗透率(mD) | >2020 | | 935～2020 | | 650～935 | |
| | | 级差/突进系数/变异系数 | >40/>2.6/>0.8 | | 17～40/2.3～2.6/0.7～0.8 | | 5～17/2～2.3/0.38～0.7 | |
| 动态特征 | | 井口温度(℃) | >60且持续见氧 | | 正常 | | 正常 | |
| | 产液/温度 | 响应速度(m/mon) | / | | >21.5/>20.5 | | 7～21.5/15～20.5 | |
| | | 变化幅度(t或℃) | / | | >6/>48 | | 3～6/11～48 | |
| | | 变化速度(t或℃/mon) | / | | >1.2/>10.2 | | 0.4～1.2/0.3～10.2 | |
| | 含水 | 响应速度(m/mon) | / | | >34 | | 7～34 | |
| | | 下降幅度(%) | / | | >51 | | 20～51 | |
| | | 下降速度(%/mon) | / | | >10.4 | | 2.7～10.4 | |
| | 油压/套压 | 响应速度(m/mon) | / | | >7.5/>5.5 | | <7.5/<5.5 | |
| | | 变化幅度(Mpa) | / | | >0.3/>0.35 | | <0.3/<0.35 | |
| | | 变化速度(Mpa/mon) | / | | >0.05/>0.1 | | <0.05/<0.1 | |
| | 动液面 | 响应速度(m/mon) | / | | >18.5 | | 2～18.5 | |
| | | 上升幅度(m) | / | | >256 | | 87～256 | |
| | | 上升速度(m/mon) | / | | >47 | | 6.5～47 | |
| | $CO_2/O_2$ | 响应速度(m/mon) | / | | >65/>34 | | 6～65/<34 | |
| | | 变化幅度(%) | / | | >5.7/>0.3 | | 3～5.7/<0.3 | |
| | | 变化速度(%/mon) | / | | >1.5/>0.2 | | 0.4～1.5/<0.2 | |

示踪剂监测分析方法为从注气井注入某类示踪剂,对其周围的生产井进行示踪剂监测,根据有无见剂及各类见剂参数判断火线突进方向,从而确定火驱优势通道。对 hH011 井组示踪剂的监测结果显示:hH011－hH005、hH011－J596 井方向均为驱替主方向,但 hH005 方向驱替较为均匀,不存在优势通道;J596 井方向既是驱替主方向又是优势通道主要方向。运用表 4－1 标准判断 hH011 井组内 J596 井方向存在二级通道,与示踪剂结果一致。

## 6 优势通道研究的应用

一级通道处发生气窜是影响火线均匀推进的主要因素,所以在火驱开发中,应针对一级通道位置采取相应措施,以改善生产效果。在研究区火驱先导试验中,结合 CMG 数值模拟技术,对一级优势通道位置提出控关生产井、注水吞吐控液生产、射孔优化、调降吞吐预热参数、加大生产井排距等调控对策。研究区生产结果表明:通过针对性的调控,可有效改善火线发育状态(图 10)。

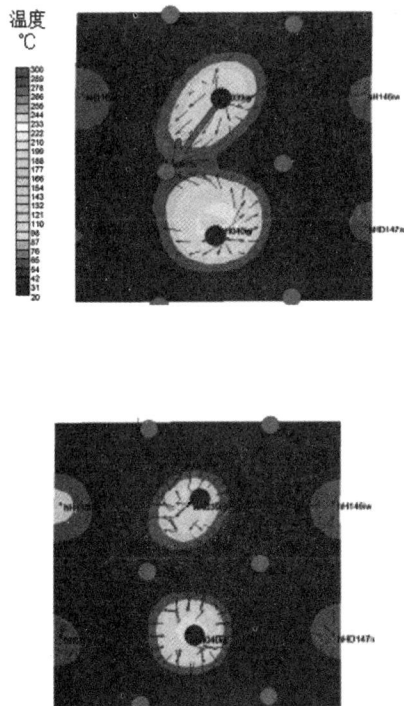

图 10 一级通道处火线发育情况对比
(上为无措施;下为控关生产井)

## 7 结 论

H 区稠油油藏为非均质油藏,同时存在原生与次生优势通道,次生优势通道又可根据开发阶段分为蒸汽阶段次生优势通道与火驱阶段次生优势通道。

结合不同类别通道特点,可通过动态响应、地质静态参数、数值模拟方法建立动静结合的分级定量识别标准。

火驱开发中,针对不同级别通道制定合理的调控对策,可有效改善火线发育状态,获得更好的开发效果。

## 参 考 文 献

[1] 霍进,孙新革,杨智,杨凤祥,等.注蒸汽后低饱和度油藏火驱开发理论与实践[M].北京:石油工业出版社,2020:13－37,78－107.

[2] 姜汉桥.特高停水期油田的优势渗流通道预警及差异化调整策略[J].中国石油大学学报(自然科学版),2013,37(5):114－119.

[3] 廖明光,李仕伦,谈德辉.根据压汞曲线估算储集层渗透率的模型[J].新疆石油地质,2001,22(6):503－505,456.

[4] 李国娟,梁杰,李薇.测井资料识别大孔道的方法研究[J].油气田地面工程,2008(9):11－12.

[5] 史有刚,曾庆辉,周晓俊.大孔道试井理论解释模型[J].石油钻采工艺,2003(3):48－50,84.

[6] 高慧梅,姜汉桥,陈民锋.疏松砂岩油藏大孔道识别的典型曲线方法[J].石油天然气学报,2009,31(1):108－111,393.

[7] 雷霆,倪天禄,季岭,王庆魁.基于生产动态数据的水驱砂岩油藏井间优势渗流通道识别[J].复杂油气藏,2020,13(02):38－42.

[8] 刘薇薇,龚丽荣,罗福全,温玉焕,王力那.水驱砂岩油藏优势通道识别[J].复杂油气藏,2020,13(01):42－47.

[9] 张伟,刘斌,王欣然,刘喜林,朱志强.基于时变理论的优势通道演化规律研究[J].新疆石油天然气,2019,4:61－66,4.

[10] 刘雨佳,黄建全.G 断块优势通道的识别及发育情况判定方法[A].中国矿物岩石地球化学学会岩相古地理专业委员会——第十五届全国古地理学及沉积学学术会议论文集[C].成都:中国矿物岩石地球化学学会岩相古地理专业委员会,2018:442.

[11] 曹连明,郑家朋,孙桂玲,等.南堡陆地中浅层油藏优势渗流储层特征研究[J].石油天然气学报,2013,35(4):114－116.

# 准噶尔盆地超稠油油藏原位催化改质降粘技术研究与应用

马 鹏 杨兆臣 吕柏林 卢迎波 胡鹏程 董森淼

(中国石油新疆油田分公司风城油田作业区)

**摘 要** 针对超稠油吞吐中后期井间气窜严重、蒸汽利用率低和生产效果差等问题,采用催化改质降粘技术,在高温条件下使超稠油中的大分子催化裂解,并通过加氢的方式提高原油中的H/C原子比,降低原油黏度,提高原油流动性及油藏开发效果[1]。本次研究优选油溶性催化剂和供氢剂,开展超稠油催化改质降粘实验。实验结果显示,随着温度的升高,降粘率增大,当温度达到300℃时,单独使用催化剂降粘率可到达50%,加入四氢化萘供氢剂后,黏率可提高到85%以上,原油分子的碳链长度由$C_{36}$变成$C_{18}$,原油轻质化明显。目前该技术已在准噶尔盆地超稠油油藏某吞吐井开展试验,产出油黏度产出油黏度从22640mPa·s降至21mPa·s,降粘率达到99.1%,周期产增加435吨,油汽比提高0.36,为超稠油热采开发开辟了新方向。

**关键词** 超稠油,吞吐中后期,催化改质,降粘

## 1 前 言

准噶尔盆地超稠油油藏是国家优质环烷基原油的主要生产基地,油藏平均埋深370m,地层条件下原有黏度超过$100×10^4$mPa·s,2010年以蒸汽吞吐方式投入开发,至2020年,已进入吞吐开发中后期,受气窜干扰、剖面动用不均以及地层存水高等因素影响,油藏递减大,开发效益差,吨油成本急剧上升,稳产难度大。针对油藏开发现状,为提高开发效果,降低蒸汽成本,2020年开展了原位催化改质降粘技术攻关与现场试验,效果明显,为稠油开发模式的转变提供了新方向。

HYNE于1982年首次验证了金属催化剂可以有效降低稠油黏度[2],此后国内外学者采用镍盐、铁盐、金属纳米晶、水合肼等催化剂配合使用四氢化萘、甲苯、甲酸等供氢剂对稠油开展了改质降粘实验,实验结果表明:稠油API度增加,黏度、重质组分和硫的质量分数均有所降,在注蒸汽条件下反应一定时间可使稠油黏度降低70%以上;同时证明了稠油在与过渡金属接触时,饱和烃在一定温度下活化,使稠油发生裂解反应,实现原油轻质化[3,4]。

## 2 催化改质降粘原理

稠油中的有机物种类十分复杂,所含元素除构成有机物分子骨架的C、H外,还有O、S、N等杂原子,它们主要分布在胶质和沥青质中。研究证实,杂原子所带的负电性在分子间形成负电中心导致大分子团聚形成大集团,导致稠油黏度的大幅度提高。稠油所含化合物中的主要化学键的离解能大小依次为:C=C>C−C>C−O>C−N>C−S。在高温条件下,可使用催化改质剂脱去杂原子,还原不饱和键,同时加入供氢剂,提高H/C原子比,大幅度降低原油黏度。研究发现,在温度200℃~250℃时,催化改质作用主要断C−S键;温度在250℃~400℃时,催化改质作用使C=C、C−C、C−O、C−N等键断裂开始增多,胶质、沥青质的分子量开始减小,油品中的小分子量增加,原油轻质化明显[5−8]。

## 3 催化改质实验研究

### 3.1 催化剂降粘效果

目前稠油催化剂主要分为水溶性催化剂、油溶性催化剂和纳米分散性催化剂,其中油溶性催化剂可以与原油互溶,降粘效果最好。本次实验采用的是油溶性催化剂环烷酸锰、二烷基二硫代磷酸氧钼混合物[9,10]。超稠油样品取自准噶尔盆地北部风城油田,50℃原油黏度为18253mPa·s。

称取约200g的脱水超稠油,置于反应釜中,加入10g催化剂,在300℃反应8h,处理水热裂解后的油样,用BROOKFIELD旋转黏度计测量油样在50℃的降粘率。实验结果显示,催化裂化改质不可逆降粘率可达到50%。为了验证温度对降粘率的影响,设计温度为150℃~300℃,每隔25℃重复上述实验步奏,实验后测量原油黏度。实验结果显示:150℃~300℃条件下催化剂的降粘率为25%~50%,且降粘率随着温度的上升(表1)。

表 1 加催化剂后反应釜试验结果统计表(反应 8h)

| 序号 | 150℃ | 175℃ | 200℃ | 225℃ | 250℃ | 275℃ | 300℃ |
|---|---|---|---|---|---|---|---|
| 黏度(mPa·s) | 13671 | 12814 | 11463 | 10678 | 9930 | 9638 | 9163 |
| 降粘率(%) | 25.1 | 29.8 | 37.2 | 41.5 | 45.6 | 47.2 | 49.8 |

### 3.2 催化剂供氢改质降粘效果

称取约 200 g 的脱水超稠油,置于反应釜中,加入 10g 催化剂,供氢剂(四氢化萘)30g,在 300℃ 反应 8h,处理水热裂解后的油样,用 BROOKFIELD 旋转黏度计测量油样在 50℃ 的黏度。为了验证温度对降粘率的影响,设计温度为 150℃~300℃,每隔 25℃ 重复上述实验步奏,实验后测量原油黏度。实验结果显示,温度在 200℃ 以下时,降粘效果不明显,降粘率低于 50%,此时供氢剂未充分发挥作用;当在 200℃ 以上时,供氢剂逐渐发挥作用,降粘率提升至 80% 以上,且温度增加有利于加快热裂解反应速度(表 2)。

表 2 加催化剂、供氢剂后反应釜试验结果统计表(反应 8h)

| 序号 | 150℃ | 175℃ | 200℃ | 225℃ | 250℃ | 275℃ | 300℃ |
|---|---|---|---|---|---|---|---|
| 黏度(mPa·s) | 13671 | 12814 | 11463 | 10678 | 9930 | 9638 | 9163 |
| 降粘率(%) | 26.4 | 32.5 | 43.5 | 54.6 | 66.6 | 81.5 | 89.5 |

### 3.3 多孔介质中的催化改质降粘实验

选取风城油油井采出砂样制备 2 个岩心,并饱和稠油,具体岩心数据见表 3。

表 3 实验用岩心参数表

| 序号 | 岩心长度(cm) | 岩心直径(cm) | 孔隙度(%) | 渗透率(mD) | 含油饱和度(%) | 原油黏度(mPa·s) |
|---|---|---|---|---|---|---|
| 1 | 6.99 | 2.54 | 30.2 | 1011 | 72 | 15625 |
| 2 | 7.00 | 2.54 | 29.9 | 1020 | 71 | 16252 |

采用单管驱替实验,分别验证蒸汽和"蒸汽＋催化剂＋供氢剂"驱替后的效果,具体实验方法:①号岩心采用 300℃ 的蒸汽,注汽压力 2.0MPa,持续蒸汽驱 8 小时,收集采出物;②号岩心采用 300℃ 的蒸汽,注汽压力 2.0MPa,蒸汽中加入 0.3 PV 段塞尺寸的催化剂、供氢剂溶液,持续驱替 8 小时,收集产物。用 BROOKFIELD 旋转黏度计测量油样在 50℃ 的黏度,计算降粘率;采用气相色谱分析仪分析产出物的成分。

实验结果显示,①号岩心采出油的原油黏度为 15351 mPa·s,与驱替前相比,基本没有变化,原油组分与驱替前基本一致;②号岩心采出油的黏度从 16252 mPa·s 下降至 2098 mPa·s,降粘率为 87.09%;组分中饱和烃含量明显增加,芳香烃、胶质、沥青质明显减少(表 4);色谱分析显示,原油分子的碳链长度由 $C_{36}$ 变成 $C_{18}$,原油轻质化明显,原油凝固点从 14℃ 降为 −50℃,流动性明显变好(图 1)。

表 4 岩心驱替试验前后原油黏度及组分的变化

| 岩心编号 | 分类 | 黏度(mPa·s) | 质量分数(%) | | | |
|---|---|---|---|---|---|---|
| | | | 饱和烃 | 芳香烃 | 胶质 | 沥青质 |
| ① | 实施前 | 15625 | 38.12 | 20 | 20.28 | 21.6 |
| | 实施后 | 15351 | 39.7 | 22.3 | 18.5 | 19.5 |
| | 对比 | −274 | 1.58 | 2.3 | −1.78 | −2.1 |
| ② | 实施前 | 16252 | 38.66 | 21.08 | 20.18 | 20.08 |
| | 实施后 | 2098 | 63.8 | 15.6 | 12.3 | 8.3 |
| | 对比 | −14154 | 25.14 | −5.48 | −7.88 | −11.78 |

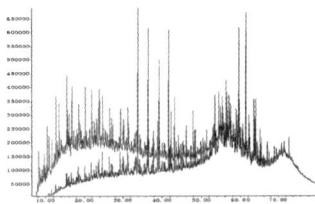

图 1 ②岩心驱替前后原油色谱分析曲线图

## 4 现场应用效果

2019 年在准噶尔盆地超稠油油藏开展原位改质催化降粘试验 1 口井,该井油层厚度 11.5m,射孔厚度 9m,原油黏度 22640mPa·s,含油饱和度 65.5%,动用地质储量 8691t,实施前生产 8 轮,累计产油 1394t,动用储量采出程度 16.04%。由于原油黏度高,多轮次吞吐后,周期产油已下降至 115t,油汽比下降至 0.06,日产油下降至 0.9t/d。

催化改质注入体系由催化剂(环烷酸猛、二烷基二硫代磷酸氧钼)、供氢剂(四氢化萘)、分散助剂(脂肪醇聚氧乙烯醚硫酸钠)和水组成。先向井内注入催化改质剂体系 60t,后注汽蒸汽 1250t,注汽速度按 140t/d,注汽 9 天焖井 5 天后开井。

与试验前对比,试验后该井周期生产时间延长 106 天,周期产液增加 1672t,周期产油增加 387t,周期油汽比提高 0.34,周期采注比提高 1.6。原油分析发现:产出油 50℃ 黏度从 22640mPa·s 降至 21mPa·s,降粘率达到 99.1%,放置 100 天后测试黏度为 23mPa·s,基本不变,原油发生了不可逆降粘(表 5)。

表 5 催化改质降粘前后效果对比表

| 分类 | 轮次 | 周期注汽(t) | 周期生产天数(d) | 周期产液(t) | 周期产油(t) | 周期油汽比 | 周期采注比 |
|---|---|---|---|---|---|---|---|
| 措施前 | 8 | 1795 | 125 | 1245 | 115 | 0.06 | 0.69 |
| 措施后 | 9 | 1250 | 231 | 2917 | 502 | 0.40 | 2.3 |
| 对比 | | −545 | 106 | 1672 | 387 | 0.34 | 1.61 |

从实施前后生产曲线对比来看,实施前主要产油期为前 10 天,10 天后生产急剧变差,主要是地层热量的下降,原油黏度上升,原油流动性变差,低产油,高含水;实施后由于原油黏度大幅度下降,地层原油流动性变强,日产油存在 2 个多月的稳产期,效果明显变好(图 2)。

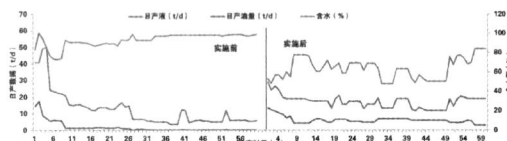

图 2 试验井试验前后前 60 天生产曲线

## 5 结论与认识

(1)反应釜实验发现,单独使用催化剂降黏率在 30%~50%,加入供氢剂后,降粘率可提高到 80%,实现不可逆降粘。

(2)多孔介质驱油实验表明,在蒸汽驱过程中,加入催化剂(环烷酸猛、二烷基二硫代磷酸氧钼)和供氢剂(四氢化萘)可大幅度提高开发效果,产出油黏度大幅度降低,降粘率达 87.1%,提高采收率 30% 以上。

(3)该技术在准噶尔盆地试验 1 口井,试验后周期产油增加 387 吨,周期油汽比提高 0.34,产出油 50℃ 黏度从 22640mPa·s 降至 21mPa·s,降粘率达到 99.1%,放置 100 天后黏度 23mPa·s。

参 考 文 献

[1] 秦文龙,苏碧云,蒲春生. 稠油井下改质降黏开采中高效催化剂的应用[J]. 石油学报:石油加工,2009,25(6):772 − 776.

[2] 李彭旭. 稠油催化改质降黏实验研究[J]. 重庆科技学院学报(自然科学版),2014,16(5):20 − 23.

[3] 赵法军. 利用供氢体对稠油进行水热裂解催化改质的研究进展[J]. 油田化学,2006,23(4):379 − 384.

[4] 孙道华,景萍,方维平,等. 甲醇对稠油热裂解降黏过程的影响[J]. 石油化工,2009,38(5):504 − 507.

[5] 范洪富,刘永建,赵晓非,等. 国内首例井下水热裂解催化降黏开采稠油现场试验[J]. 石油钻采工艺,2001,23(3):42 − 44.

[6] 颜从杭. 减粘裂化原料特性的表征[J]. 石油学报(石油加工),1991,7(1):9.

[7] 刘永建,陈尔跃,闻守斌. 用油酸钼和石油磺酸盐强化辽河油田稠油降粘的研究[J]. 石油与天然气化工,2005,34(6):511 − 512.

[8] 范洪富,张翼,刘永建. 蒸汽开采过程中金属盐对稠油黏度及平均分子量的影响[J]. 燃料化学学报,2003,31(5):429 − 433.

[9] 范洪富,刘永建,赵晓非. 稠油在水蒸气作用下组成变化研究[J]. 燃料化学学报,2001,29(3):269 − 272.

[10] 宋向华,蒲春生,秦文龙. 井下乳化/水热催化裂解复合降粘开采稠油技术研究[J]. 油田化学,2006,23(2):153 − 157.

# 砾岩油藏聚合物驱注采耦合调控方法及参数优化

刘文涛　冯利娟　苏海斌　汪良毅

(中国石油新疆油田分公司勘探开发研究院)

**摘　要**　砾岩油藏微观孔隙结构复杂、宏观非均质性强,并且注采井距较小导致优势通道发育,聚窜矛盾突出,聚合物驱开发效果较差。以克拉玛依七东1区砾岩油藏为例,提出了小井距条件下聚合物驱注采耦合理论及方法。针对注采敏感井组通过注采耦合调控方法,拉大注采井距,变化流线,控制聚合物窜流,有效启动优势通道屏蔽型剩余油,实现砾岩油藏聚合物精细化驱替,精准调控。结果表明,处于聚合物驱中后期的砾岩油藏在实施注采耦合方法调控策略后,整体含水回返趋势得到有效控制,油井聚窜得到抑制。针对目标油藏开展注采耦合参数优化,采用时间比例为1:1对称型结构,注采耦合半周期为60 d时采出程度提高1.89%,效果最好。该方法对指导砾岩油藏聚合物驱中后期提高采收率具有重要意义。

**关键词**　砾岩油藏;非均质性;聚合物驱;注采耦合;抑制聚窜

## 1　引　言

虽然国内外学者对聚合物驱已经进行了详尽的研究,并且在大庆油田取得了显著效果,但其主要应用于砂岩油藏[1-4],针对砾岩油藏的应用和研究较少,砂岩油藏研究得出的规律不能直接应用于砾岩油藏。砾岩油藏主要区别于砂岩油藏在于孔隙结构复杂,具有较强的非均质性,导致其聚合物驱开发效果较差。在小井距条件下,聚合物沿优势通道窜流,产聚质量浓度上升快,聚窜现象严重,反而导致聚合物驱效果变差。导致砾岩油藏聚合物驱出现见效较快、有效期短、含水下降幅度小且上升快、采收率低、提前发生聚窜等问题。因此针对砾岩油藏出现问题提出聚合物驱调控方法具有重要意义。

针对砾岩油藏提出利用注采耦合调控方法改善砾岩油藏聚合物驱效果[5]。注采耦合是一种油水井交替注采模式,是周期注水方式的延伸[6],采用平面异步注采模式,将各注水井排分成2组,分组交替进行注聚与停注,从而达到拉大井距,变化流线效果[7,8]。虽然诸多学者已经针对周期注水已经进行了详尽的研究,对其机理有明确的认知[9,10]。但周期注水主要针对注水开发进行研究,主要应用于水驱中后期改善开发效果,其优点是可以依靠当前注采井网,适用性较强,但针对聚合物驱进行的研究较少。

根据克拉玛依油田七东1区砾岩油藏实际条件,建立油藏实际地质模型,研究进入聚合物驱中后期砾岩油藏实施注采耦合流线变化、油水变化以及提高采收率特征,分析注采耦合改善砾岩油藏聚合物效果,明确砾岩油藏聚合物驱中后期注

采耦合增效作用机理。同时进行聚合物注采耦合参数优化研究,对聚合物驱中后期实施注采耦合时机以及周期等参数进行优化,建立适应砾岩油藏的注采耦合开发模式,指导现场实际开发应用,从而达到改善砾岩油藏聚合物驱中后期开发效果作用。

## 2　目前砾岩油藏聚合物驱存在问题及解决方案

克拉玛依油田七东1区砾岩油藏岩性以含砾粗砂岩、沙砾岩、小砾岩为主。油藏平均孔隙度为17.4%,平均有效渗透率395.1×10$^{-3}$ μm²,属于中孔、中渗储层。该砾岩属于近物源储集层,具有相变快、岩性变化快、孔隙结构复杂、非均质性强等特点,经过多年注水开发导致优势通道发育。于2014年进行大规模聚合物驱工业应用后,目前已进入中后期,聚合物驱开发效果变差,过早进入含水回返[11],提高采收率降低,聚窜现象严重,大量聚合物无效循环,低渗区剩余油无法被正常采出,经济效益变差。

针对目前砾岩油藏聚合物驱存在问题,提出注采耦合调控方法。注采耦合采用平面异步注采模式,将注水井排分成2组,分组交替注聚和停注,即轮流进行轮次1与轮次2(图1)。为保证同一周期内2种注聚方式注聚量一致,注采耦合半周期内单井注入速度设计为连续注采时的2倍,根据此进行配产配注设计(表1、表2)。注采耦合可以在保证注采井网不变的情况下实现拉大井距,同时使流线产生周期性变化,从而提高聚合物驱中后期采收率。

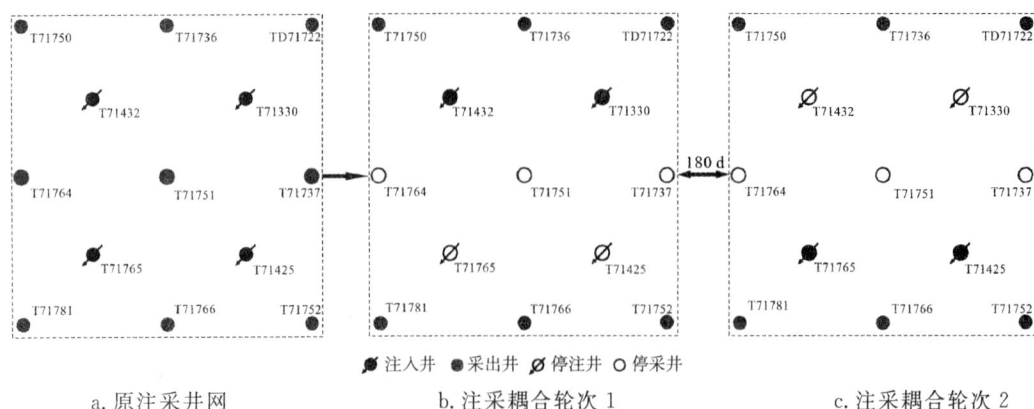

| a.原注采井网 | b.注采耦合轮次1 | c.注采耦合轮次2 |

注入井　● 采出井　∅ 停注井　○ 停采井

图1　注采耦合方案部署

表1　注采耦合方案配注设计表

| 井号 | 单井日配注/m³ | | |
|---|---|---|---|
| | 连续注采 | 注采耦合轮次1 | 注采耦合轮次2 |
| T71423 | 41.34 | 79.71 | 关井 |
| T71330 | 40.83 | 80.59 | 关井 |
| T71765 | 38.73 | 关井 | 79.71 |
| T71425 | 39.67 | 关井 | 80.59 |

表2　注采耦合方案配产设计表

| 井号 | 单井日配产/m³ | | |
|---|---|---|---|
| | 连续注采 | 注采耦合轮次1 | 注采耦合轮次2 |
| T71750 | 10.34 | 10.34 | 30.26 |
| T71736 | 20.54 | 20.54 | 60.60 |
| TD71722 | 10.28 | 10.28 | 9.92 |
| T71764 | 19.93 | 关井 | 关井 |
| T71751 | 40.05 | 关井 | 关井 |
| T71737 | 20.13 | 关井 | 关井 |
| T71781 | 9.59 | 29.52 | 9.59 |
| T71766 | 19.51 | 59.56 | 19.51 |
| T71752 | 9.92 | 30.04 | 9.92 |

## 3　砾岩油藏聚合物驱数值模拟

### 3.1　数值模型的建立

选取七东1区砾岩油藏4个井组作为研究试验区。根据目标油藏实际地质情况,建立2个砂层组,共12个小层单元的地质模型。利用得出的地质模型建立七东1区砾岩油藏数值模型,并根据目标油藏实际开发动态数据进行历史拟合。拟合结果如图2所示,数值模拟与实际综合含水率拟合度达到90%以上,说明该数值模型能有效保证数值模拟研究结果的可靠性,可以利用该数值模型进行砾岩油藏聚合物驱研究。

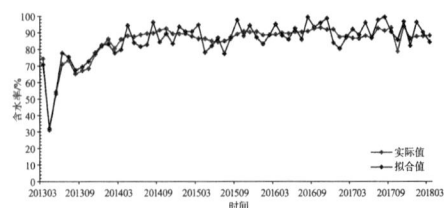

图2　试验区全区含水率拟合

目标试验区采用反五点法井网,共4个井组,注采井距125～142 m,油藏原始地层压力为16.8 MPa,原油黏度为5.8 mPa·s。目前聚合物驱设计注入段塞大小为0.7 PV,聚合物注入速度为0.1 PV/a,聚合物质量浓度为1500 mg/L,聚合物分子量为1000万,目前已经注入段塞大小为0.3 PV,已经进入聚合物驱中后期,针对其已经出现问题进行注采耦合开发优化研究。

### 3.2 砾岩油藏聚合物驱数值模拟方案

利用建立砾岩油藏数值模型进行连续注采和注采耦合2种注聚方式开发效果分析。具体开发方案:注水至含水率为93%时开始进行聚合物驱,采用连续注采方式,聚合物注入速度为0.1 PV/a,段塞大小为0.7 PV,聚合物注入质量浓度为1500 mg/L。在注入0.3 PV聚合物时,分别进行连续注采与注采耦合。连续注采保持注采参数不变。注采耦合进行以180 d为半周期的1号与2号轮次进行轮流注入(图1)。为保证同一周期内2种注聚方式注聚量一致,注采耦合半周期内单井注入速度设计为连续注采时的2倍,根据此进行配产配注设计(表1、表2)。从而进行连续注采和注采耦合2种方式下的流线变化、油水变化、提高采出程度以及油井产聚质量浓度的对比,并对其提高聚合物驱开发效果进行评价以及提高采收率机理进行分析。

在砾岩油藏实施注采耦合效果分析的基础上,应用数值模拟手段对七东₁区砾岩油藏进行注采耦合时机、时间比、半周期等参数优化研究[12-15],从而建立适合七东1区砾岩油藏注采耦合开发模式,指导现场实际开发应用,为未来指导现场实际开发应用提供支持。

## 4 砾岩油藏聚合物驱数值模拟结果分析

### 4.1 改善砾岩油藏聚合物驱开发效果分析

为评价注采耦合调控方法改善砾岩油藏聚合物驱效果,进行连续注采和注采耦合2种方式下的开发效果对比。具体开发方案:注水至含水率为93%时开始进行聚合物驱,采用连续注采方式。在注入0.3 PV聚合物时,分别进行连续注采与注采耦合。连续注采保持注采参数不变,注采耦合进行以180 d为半周期的1号与2号轮次进行轮流注入(图1)。模拟结果:在进行连续注采时聚合物驱采收率为46.53%,而进行注采耦合时聚合物驱采收率提高到47.99%,注采耦合提高聚合物驱采收率为1.46%,有效改善砾岩油藏聚合物驱效果。不同注聚方式下的含水率对比如图3所示,实施注采耦合可以有效控制含水回返趋势,含水

率趋于稳定。相对于连续注采,注聚末期含水率降低6.02%。根据不同注聚方式下的产聚质量浓度对比可以看出(图3),注采耦合通过拉大井距,变化流线从而抑制聚窜。相对于连续注采,注采耦合注聚末期产聚质量浓度降低283.73 mg/L,减少聚合物无效循环,从而提高聚合物驱中后期效果。说明注采耦合能有效解决砾岩油藏聚合物驱有效期短、含水上升快、采收率低等问题。

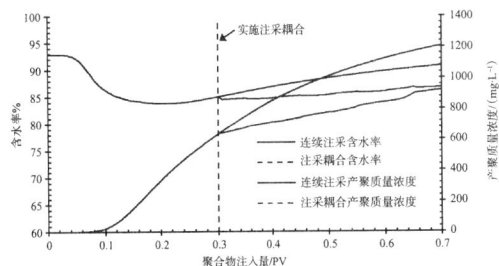

图3 不同注聚方式下含水率与产聚质量浓度曲线对比

### 4.2 改善砾岩油藏聚合物驱效果机理分析

#### 4.2.1 拉大井距改善聚合物驱效果机理分析

基于七东1区砾岩油藏建立的聚合物驱数值模型,进行目标油藏井距适应性研究,进行水驱时将井距设置为125 m,注水至含水率为93%时开始连续注聚,注聚时将井距分别设置为125 m、150 m、175 m,分析不同井距时连续注采提高采收率效果。同时通过文献调研与参考,以杏76区葡Ⅰ2-3砂岩油藏不同井距时聚合物驱效果为例,将杏76区葡Ⅰ2-3砂岩油藏与七东1区砾岩油藏得出的不同结论进行对比分析。如图4a所示,砂岩油藏注采井距越小,井网控制程度越高,聚合物驱效果越好,提高采收率效果敏感程度较高。如图4b所示,砾岩油藏注采井距越小,聚合物驱提高采收率反而降低,提高采收率效果对注采井距敏感程度较低。说明在小井距条件下,聚合物沿优势通道窜流,产聚质量浓度上升快,聚窜现象严重,反而导致聚合物驱效果变差。目前克拉玛依油田七东1区油藏注采井距125～142 m,井距过小导致影响聚合物驱开发效果变差。

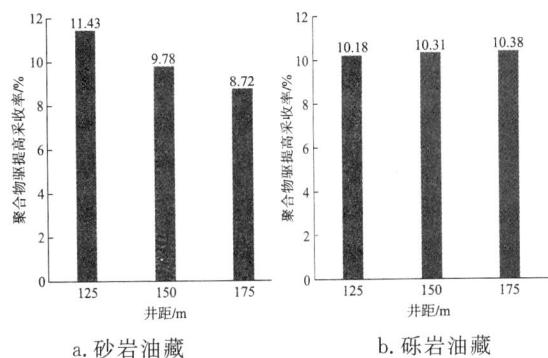

a.砂岩油藏　　　　b.砾岩油藏

图4 不同井距与聚合物驱提高采收率关系

根据井距适应性分析可知,砾岩油藏非均质性较强,优势通道发育。导致相对于砂岩油藏,井距对砾岩油藏提高采收率影响呈现了相反的趋势。克拉玛依油田七东1区油藏目前注采井距125~142 m,注采井距小是聚窜现象严重的主要原因。而实施注采耦合,可以在保证注采井网不变的情况下,将井距从125 m拉大到275 m,从而改善砾岩油藏开发效果。

### 4.2.2 变化流线改善聚合物驱效果机理分析

根据模拟方案设计,进行连续注采与注采耦合数值模拟研究。根据连续注采结束时和注采耦合2个轮次结束时的油水分布以及流线分布情况,进行流线变化效果改善聚合物驱效果机理分析。如图5所示,对不同注聚方式下流线变化进行分析,注采耦合可以使流线进行周期性变化,注入聚合物不再按沿原流线推进,转变原始流线方向从而产生多条新流线,因此可以增大聚合物驱控制面积,有效启动优势通道屏蔽型剩余油,实现砾岩油藏聚合物驱精准调控。

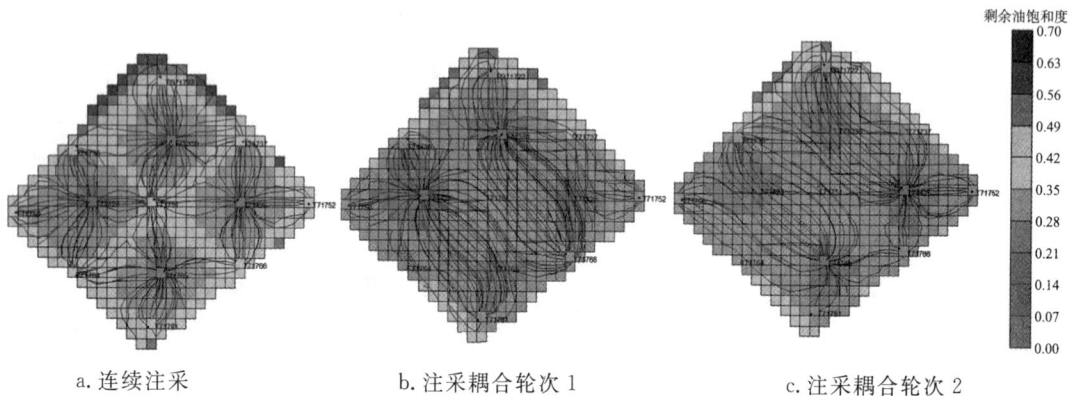

a.连续注采　　b.注采耦合轮次1　　c.注采耦合轮次2

图5　不同注聚方式下流线变化分析

### 4.3 注采耦合参数优化研究

#### 4.3.1 注采耦合时机

确定注采耦合时机需要综合考虑目标油藏实际情况,目标油藏聚合物驱目前已经注入0.3 PV聚合物,已经进入含水回返期,因此在保证聚合物总注入量0.7 PV不变的情况下,分别注聚至注入量为0.3 PV、0.4 PV、0.5 PV、0.6 PV时,从而研究注采耦合时机对改善聚合物驱效果影响。如图6所示,注采耦合时机越靠前,注采耦合效果越好,当注采耦合时机为0.3 PV时,可以提高聚合物驱采收率1.46%,因此建议目标油藏尽早开始注耦合。

#### 4.3.2 注采耦合轮次时间比

利用数值模拟技术,研究注采耦合轮次1与轮次2之间的时间比对提高聚合物驱中后期采收率影响研究,分为对称型与非对称型2种。其中对称型不同轮次进行时间相同,非对称型注采耦合轮次1与轮次2之间的时间比例为1:3、1:2、2:1、3:1。如图7所示,注采耦合时间比例为1:1时的效果最好,注采耦合轮次1与轮次2之间的时间差越大,注采耦合效果越差。因此建议目标油藏采用不同注采耦合轮次时间比例为1:1的对称型结构。

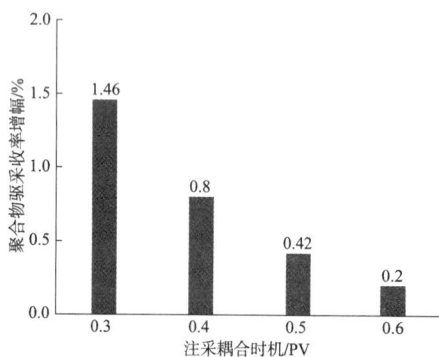

图6　不同注采耦合时机聚合物驱采收率增幅对比

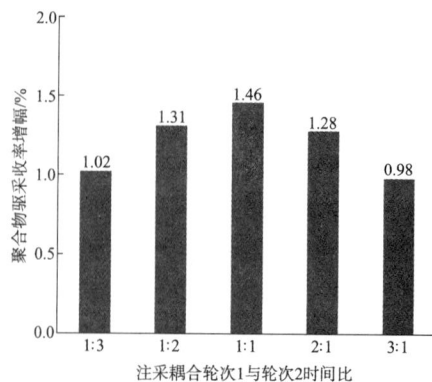

图7　不同注采耦合轮次时间比聚合物驱采收率增幅对比

#### 4.3.3　注采耦合半周期

在注采耦合时机为 0.3 PV,不同注采耦合轮次时间比例为 1:1 的对称型结构的基础上,将注采耦合半周期设为 15 d、30 d、60 d、90 d、180 d 进行研究。如图 8 所示,合适的注采耦合半周期对提高聚合物驱中后期效果十分重要。注采耦合半周期与聚合物驱采收率增幅呈近似正态分布,当注采耦合半周期为 60 d 时效果最好,可以提高聚合物驱采收率 1.89%。

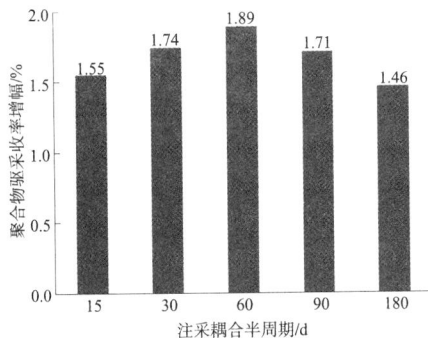

图 8　不同注采耦合半周期聚合物驱采收率增幅对比

## 5　结　论

(1)针对砾岩油藏聚合物驱存在的问题与矛盾,提出了注采耦合调控方法。采用平面异步注采模式,将注水井排分成 2 组,分组交替进行注聚与停注。注采耦合能够有效解决砾岩油藏聚合物驱有效期短、含水上升快、采收率低等问题。

(2)对注采耦合改善聚合物驱效果机理进行分析,注采耦合可以在保证注采井网不变的情况下实现拉大井距,控制聚合物窜流。同时注采耦合可以使流线进行周期性变化,转变原始流线方向从而产生多条新流线,因此可以增大聚合物驱控制面积,有效启动优势通道屏蔽型剩余油,实现砾岩油藏聚合物驱精准调控。

(3)针对克拉玛依七东 1 区砾岩油藏进行了注采耦合参数优化。对于进入注聚含水回返期的砾岩油藏应尽早开展注采耦合,采用时间比例为 1:1 对称型结构,注采耦合半周期为 60 d,可以在注聚量保持不变的情况下,再提高聚合物驱采收率 1.89%,说明注采耦合能有效解决砾岩油藏聚合物驱有效期短、含水上升快、采收率低等问题。

### 参考文献

[1] Sheng J J, Leonhardt B, Azri N, et al. Status of polymer-flooding technology [R]. SPE 174541, 2015.

[2] 刘朝霞,王强,孙盈盈,等. 聚合物驱矿场应用新技术界限研究与应用[J]. 油气地质与采收率, 2014, 21(2):22-24+31.

[3] RAMAZANI S A A, NOURANI M, EMADI M, et al. Analytical and experimental study to predict the residual resistance factor on polymer flooding process in fractured medium[J]. Transport in Porous Media, 2010, 85(3):825-840.

[4] 王德民,程杰成,吴军政,等. 聚合物驱油技术在大庆油田的应用[J]. 石油学报, 2005, 26(1):74-78.

[5] 宋子齐,孙颖,常蕾,等. 克拉玛依油田非均质砾岩油藏特征及其剩余油分布[J]. 断块油气田, 2009, 16(6):54-58.

[6] 王瑞,袁士宝,王建,等. 复杂断块油藏注采耦合技术提高采收率机理[J]. 大庆石油地质与开发, 2018, 37(6):38-42.

[7] 解伟,石立华,吕迎红,等. 特低渗透非均质油藏周期注水方案研究[J]. 非常规油气, 2016, 3(01):47-52.

[8] 何增军,王战丹,宋成立,等. 利用数值模拟技术研究扶余油田周期注水模式[J]. 非常规油气, 2016, 3(4):65-70.

[9] 姜瑞忠,卫喜辉,王世朝,等. 考虑毛管滞后的周期注水作用机理数值模拟[J]. 油气地质与采收率, 2013, 20(4):49-52+114.

[10] 张继春,柏松章,张亚娟,等. 周期注水实验及增油机理研究[J]. 石油学报, 2003(2):76-80.

[11] 钱根葆,许长福,陈玉琨,等. 沙砾岩储集层聚合物驱油微观机理——以克拉玛依油田七东 1 区克拉玛依组下亚组为例[J]. 新疆石油地质, 2016, 37(1):56-61.

[12] 师昊,李占东,张海翔,等. 聚合物驱合理井距优选及其适应性分析[J]. 石油化工高等学校学报, 2017, 30(02):55-59.

[13] 王业飞,黄勇,孙致学,等. 聚合物驱数值模拟参数敏感性研究[J]. 油气地质与采收率, 2017, 24(1):75-79.

[14] 元福卿,李振泉. 不同因素对聚合物驱效果的影响程度研究[J]. 西南石油大学学报(自然科学版), 2008, 30(4):98-100.

[15] 王新海. 聚合物驱数值模拟主要参数的确定[J]. 石油勘探与开发, 1990, 17(3):69-76.

# 聚驱后油藏多段塞组合驱技术研究

郭 艳[1,2]　李 岩[1,2]　王 熙[1,2]　张 卓[1,2]　孙林涛[1,2]

(1. 中国石化河南油田分公司勘探开发研究院;2. 河南省提高石油采收率重点实验室)

**摘 要** 下二门 H2Ⅳ 层系经过 0.5 PV 聚合物驱,剩余油分布更加零散,为了优选成本低且能大幅度提高原油采收率的化学驱方式,通过对区块剩余油赋存形态和原油组分分析,依据不同化学驱方式对不同形态剩余油的动用效果,确定该区块的多段塞组合的驱替方式。研究结果表明:配方为 1500mg/L 聚合物＋2000mg/L 表面活性剂二元复合驱体系具有较好的长期热稳定性,老化 360 d 后界面张力仍能保持 $10^{-2}$ mN/m 数量级,黏度保留率 85% 以上。聚合物浓度和渗透率相同时,二元体系注入压力低于聚合物的。聚合物浓度为 1500mg/L 时,表面活性剂浓度为 500~5000 mg/L 时,二元复合体系中表面活性剂吸附量低于单一表面活性剂的吸附量。表面活性剂浓度大于 1000mg/L 时,二元体系的洗油效率高于 40%。双层非均质岩心驱油实验表明,在聚合物驱后实行多段塞组合驱可提高采收率 21.51%,比单一聚合物驱和二元复合驱分别提高 12.69 个百分点和 5.33 个百分点。最终确定该区块剩余油的动用方式为以聚合物驱为主,复合驱为辅的低成本的多段塞组合 "0.05 PV 调剖＋0.35PV 聚合物驱＋0.15PV 二元复合驱＋0.05 PV 调剖"。

**关键词** 剩余油赋存形态;二元复合驱;长期热稳定性;超低界面张力;洗油效率;多段塞组合驱

表面活性剂/聚合物(SP)二元复合驱通过在水中加入聚合物增加驱替液的黏度和黏弹性,以提高波及效率;同时依靠表面活性剂的作用降低油水界面张力、改变岩心润湿性、乳化原油来提高驱油效率,可避免三元复合驱中的碱引起的结垢、乳化严重、腐蚀等负面作用,降低投资和操作成本,是具有应用前景的化学驱提高石油采收率技术。河南油田化学驱开发成本较高,为了降低开发成本,采取多段塞组合驱替的方式。下二门油田核二段Ⅳ油组属候庄近源三角洲沉积,砂体平面几何形态为扇状,河口坝、水下分流河道微相为主要油气储集单元;储层岩性复杂,以含砾细砂岩为主,非均质较严重,主要矿物成分为石英、长石、岩屑,胶结物以泥质为主,胶结类型以孔隙型为主,颗粒以次圆为主。该层系原始地层压力为 11.3MPa,油层中部温度为 58℃。自 1978 年投入开发,先后经历了早期注水阶段、细分层系调整阶段、井网加密阶段、聚合物驱(0.5 PV)、后续水驱阶段,目前综合含水 96.33%,采出程度 41.87%。如何有效动用聚合物驱后的剩余油和采取低成本的化学驱段塞组合方式是我们研究的方向。前期研究优选了适合该区块的超高分聚合物 CJ－1,该聚合物具有良好的黏弹性能、驱油性能、抗剪切和拉伸性能,浓度为 1500 mg/L;优选了性能优良的阴－阳离子表面活性剂 B－2,质量分数为

0.02%～0.3% 时,油水界面张力可达到 $10^{-3}$ mN/m 数量级,优选了调剖体系的配方为 1500 mg/L 聚合物＋1500 mg/LPPG(预交联凝胶颗粒)。本文首先分析区块剩余油形态和原油组分,在此基础上,研究不同化学驱替技术对不同形态剩余油的动用效果,以确定适合该区块聚合物驱后的驱替技术。

## 1 实验部分

### 1.1 材料与仪器

超高分聚合物 CJ－1,固含量 89.20%,相对分子质量 3260 万,水解度 30.2%,河南正佳公司;现场一次聚合物驱用聚合物 TP－1,固含量 89.1%,相对分子量 2400 万,水解度 25.4%,河南正佳公司;阴－阳离子表面活性剂 B－2,上海化工研究院。实验用水为下二门油田注入污水,经 0.45 μm 微孔滤膜过滤,总矿化度 2282 mg/L,主要离子质量浓度(单位 mg/L):$Na^+ + K^+$ 654,$Ca^{2+}$ 20.4,$Mg^{2+}$ 6.08,$Cl^-$ 141.8,$SO_4^{2-}$ 240.15,$HCO_3^-$ 1159.38,水型为碳酸氢钠型;实验原油为该区块多口井原油等比例混合原油,黏度 24.8 mPa·s(油藏温度 58℃),密度 0.896 g/cm³,含胶质、沥青质 21.0%,含蜡 22.4%,含硫 0.13%,凝固点 34℃。注入性实验用人造均质长岩心,尺寸 2.5 cm×2.5 cm×30 cm(6 块),渗透率约为 1.2

$\mu m^2$；驱油实验用双层人造均质长岩心，2.5 cm×2.5 cm×30 cm（8块），渗透率分别约为 1.8 $\mu m^2$ 和 0.6 $\mu m^2$，渗透率级差为3。

DV－Ⅲ黏度计，美国 Brookfield 公司；TX－500C 型旋转滴界面张力仪，美国 TEMCO 公司；安捷伦气相色谱仪，美国安捷伦公司；OW－Ⅲ型全自动岩心驱替装置，海安县石油科技仪器有限公司。

### 1.2 实验方法

（1）黏度测试。

采用 DV－Ⅲ黏度计（0号转子），在温度58℃、转速 6 r/min 下测定聚合物溶液的黏度。

（2）界面张力测定。

采用 TX－500C 型界面张力仪，在温度58℃、转速 4500 r/min 下，测定溶液与原油间的界面张力，取稳定值。

（3）剩余油形态分析。

依据中国石油天然气行业标准 SY/T 5614—2011《岩石荧光薄片鉴定》，取芯井 T5－2410 井和 T5－2420 井的油层岩心（未经洗油）制成岩石薄片，在荧光显微镜下借助四川大学的"荧光图像分析"软件进行可视化定量分析，得到储集层中剩余油的形态和组成。

（4）原油组分分析和饱和烃色谱分析。

依据中国天然气石油行业标准 SY/T 5119—2016《岩石中可溶有机物及原油族组分分析》对原油进行组分分析；依据中国天然气石油行业标准 SY/T 5779—2008《石油和沉积有机质烃类气相色谱分析方法》对原油进行。饱和烃色谱分析。

（5）二元体系的静态吸附性量。

取目标区块的天然散砂（洗油后），控制砂液比为1：10，将聚合物浓度为 1500 mg/L、表面活性剂质量浓度分别为 500 mg/L、1000 mg/L、1500 mg/L、2000 mg/L、3000 mg/L、4000mg/L、5000 mg/L 的二元复合体系与砂混合，在密封的恒温水浴中振荡24h，考察表面活性剂在天然岩心中的吸附量，同时进行单一表面活性剂溶液中表面活性剂在天然岩心中的吸附量测试的空白实验。

（6）二元体系的洗油能力。

将油砂饱和油后，在58℃烘箱老化15 d后测含油量（初始含油量为 10.18%），按砂液比1：10 向聚合物浓度为 1500 mg/L、表面活性剂浓度分

别为 500 mg/L、1000 mg/L、2000 mg/L、3000 mg/L、4000 mg/L、10000 mg/L、20000 mg/L 的二元复合体系中加入 m1g 的油砂，在58℃恒温烘箱中放置48 h，过滤，烘干，称重油砂的质量（m2），由 X＝（m1－m2）/10.18m1×100% 计算二元体系对油砂的洗油效率。

（7）注入性实验。

首先气测渗透率，饱和水，测定岩心孔隙度，测水相渗透率；分别注入二元复合体系或聚合物溶液，注入速率为 38 mL/h，开始在 3～5 min 时记录一次压力和液量，待注入压力平稳后，转水驱至压力平稳，结束实验。如果压力不稳，注入 10 PV 聚合物溶液后直接转水驱至压力平稳，结束实验。压力稳定后根据情况适当延长记录时间间隔。

（8）驱油实验。

①将胶结柱状岩心经空气渗透率测定、饱和实验用水、测量孔隙度后，在58℃恒温箱内恒温 12 h 以上；②岩心饱和油约 70%；③以 50 mL/h 的驱替速率水驱至模型出口含水 98%，计算水驱采收率；④注入 0.5 PV 聚合物（一次聚合物驱替聚合物 TP－1）溶液，待聚合物段塞全部注完后转后续水驱至含水 98%，计算一次聚合物驱采收率；⑤继续注入化学驱段塞，待化学驱段塞全部注完后转后续水驱至含水 98%，计算化学驱段塞采收率，结束实验。实验过程中记录压力及液量。

## 2 结果与讨论

### 2.1 聚合物驱后剩余油形态分析

将芯井 T5－2410 井和 T5－2420 井的岩心制得的58块荧光薄片样品置于显微镜下观察并分析剩余油形态和具体成分，结果见图1和表1。聚合驱后剩余油分布的模式是非均质的，形态多样，主要以簇状、斑块状、薄膜状、角隅状、零星吸附状、狭缝状六种形态存在。以 H2Ⅳ21－2 编号为 11－13/27 的样品为例，剩余油含量为 34.96%，其中簇状占 61.19%，斑块状占 27.77%，薄膜状占 4.67%，角隅状占 1.90%，零星吸附状占 3.00%，狭缝状占 1.47%。由表1可以看出，所有形态的剩余油的油质和沥青质含量都较高，需要通过扩大波及体积、采用高黏弹性的聚合物、改变岩心润湿性和提高洗油效率来提高剩余油的动用程度。

表1　11-13/27 各种形态剩余油组分含量

| 剩余油形态 | 油质(%) | 胶质(%) | 沥青质(%) |
|---|---|---|---|
| 簇 状 | 15.5 | 5.4 | 79.1 |
| 斑块状 | 51.9 | 4.0 | 44.4 |
| 薄膜状 | 37.8 | 4.4 | 58.1 |
| 角隅状 | 66.7 | 3.8 | 29.5 |
| 零星吸附状 | 47.3 | 4.2 | 48.5 |

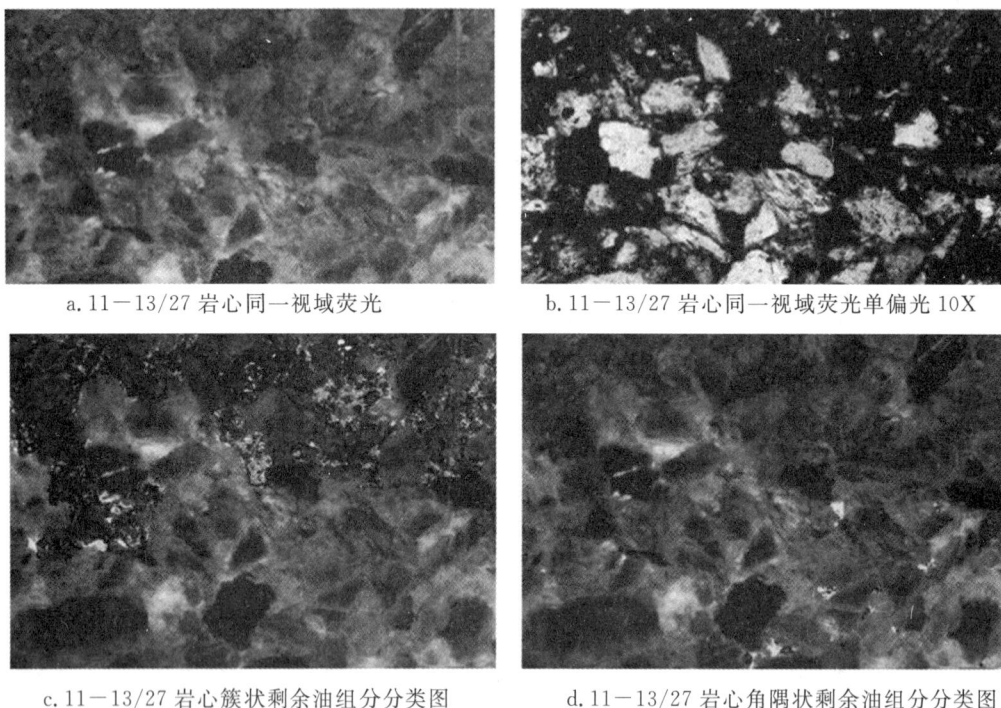

a. 11-13/27 岩心同一视域荧光

b. 11-13/27 岩心同一视域荧光单偏光 10X

c. 11-13/27 岩心簇状剩余油组分分类图

d. 11-13/27 岩心角隅状剩余油组分分类图

图1　11-13/27 岩心剩余油形态分析结果

## 2.2　区块原油分析

对下二门 H2IV 油组新 5-92 井和 T5-247 井原油进行族组分,结果如表 2 所示,由表 2 可以看出两口油井的沥青质、饱和烃含量差异较大。新 5-92 井、T5-247 井原油的饱和烃色谱分析如表 3 所示。T5-247 井原油的饱和烃集中在 C16~C33 之间,新 5-92 井原油的饱和烃集中在 C23~C34 之间,重质组分含量高,对孔隙颗粒吸附强,常规水驱和聚合物驱难以动用,需要加入表面活性物质以改善岩石润湿性能提高动用程度。

表2　下二门 H2IV 原油族组分分析

| 井号 | 沥青质量分数(%) | 饱和烃质量分数(%) | 芳香烃质量分数(%) | 非烃质量分数(%) | 总收率(%) |
|---|---|---|---|---|---|
| 新 5-92 | 72.69 | 11.24 | 6.02 | 8.23 | 98.19 |
| T5-247 | 12.18 | 49.74 | 13.38 | 12.35 | 87.65 |

表3　两口油井的饱和烃色谱分析

| 化学物名称 | 质量（%） | | 化学物名称 | 质量（%） | | 化学物名称 | 质量（%） | |
|---|---|---|---|---|---|---|---|---|
| | 新T5-92 | T5-247 | | 新T5-92 | T5-247 | | 新T5-92 | T5-247 |
| nC8 | — | — | Ph | 3.37 | 5.40 | nC30 | 5.25 | 3.68 |
| nC9 | — | — | nC19 | 1.83 | 5.75 | nC31 | 4.57 | 2.61 |
| nC10 | — | — | nC20 | 1.85 | 6.73 | nC32 | 5.03 | 1.99 |
| nC11 | — | — | nC21 | 2.45 | 6.85 | nC33 | 5.00 | 1.46 |
| nC12 | — | — | nC22 | 2.93 | 7.05 | nC34 | 4.42 | 0.95 |
| nC13 | — | — | nC23 | 5.09 | 6.94 | nC35 | 3.17 | 0.88 |
| nC14 | — | 0.06 | nC24 | 5.38 | 6.32 | nC36 | 3.11 | 0.50 |
| nC15 | 0.28 | 0.71 | nC25 | 7.47 | 5.84 | nC37 | 1.92 | 0.29 |
| nC16 | 1.04 | 2.68 | nC26 | 6.36 | 5.04 | nC38 | 1.44 | 0.39 |
| nC17 | 2.68 | 5.04 | nC27 | 7.49 | 5.04 | nC39 | — | — |
| Pr | 1.47 | 2.94 | nC28 | 7.33 | 4.48 | nC40 | — | — |
| nC18 | 1.83 | 5.45 | nC29 | 7.11 | 4.78 | | | |

### 2.3　不同化学驱油体系驱替后微观剩余油含量和驱油效率

在大量微观驱油实验的基础上，统计出不同化学驱油体系对不同赋存形态剩余油的微观驱油效率，如表4所示。化学驱后含油量都比水驱后少，且形态也随时在发生变化，水驱后以簇状、斑状剩余油为主；聚合物驱（1500 mg/L P）后剩余油仍以簇状为主，主流道上斑状剩余油被携带，膜状剩余油相对含量增加明显；二元复合驱（2000 mg/L S＋1500 mg/L P）中的聚合物/表面活性剂充分发挥协同驱油效应，大幅提高波及面积和驱油效率。复合驱后模型簇状、斑状、膜状、柱状等各类剩余油都大幅减少，微观剩余油含量不足10%，以远离驱替主流道模型边沿低渗层较细孔喉处的斑状、簇状剩余油为主，柱状、膜状和盲状剩余油均有少量分布。

表4　不同驱替方式下各类微观剩余油含量统计表

| 驱替类型 | 剩余油含量（%） | 不同形态剩余油绝对含量（%） | | | | |
|---|---|---|---|---|---|---|
| | | 簇状 | 斑状 | 膜状 | 柱状 | 盲状 |
| 水驱 | 48.21 | 24.84 | 18.66 | 2.97 | 1.38 | 0.35 |
| 聚合物驱 | 42.78 | 18.28 | 16.95 | 5.64 | 1.39 | 0.52 |
| 二元复合驱 | 9.21 | 2.32 | 4.57 | 0.66 | 1.06 | 0.60 |
| 三元复合驱 | 4.63 | 0.76 | 3.21 | 0.23 | 0.33 | 0.10 |

通过剩余油赋存形态分析，根据不同化学驱方式动用剩余油形态研究结果，根据河南油田化学驱经验，结合下二门的开发概况（聚合物驱替后油藏，非均质性严重），确定下二门H2IV的技术思路为"调剖＋聚合物驱＋复合驱"的多段塞组合的方式在扩大波及体积的基础上提高洗油效率。二元复合驱只是驱替方式，不能起到调整剖面的作用，化学驱过程必须配套调剖措施。

2.4 二元复合驱体系的性能

2.4.1 表面活剂与聚合物的配伍性

(1)聚合物浓度对二元体系性能的影响。

表面活性剂 B-2 浓度为 2000 mg/L 时,聚合物(超高分聚合物 CJ-1)浓度对二元体系性能的影响见表5,由表5可以看出,随着聚合物浓度增加,二元体系的黏度明显增大,二元体系与原油间的界面张力明显增大,聚合物浓度从由1000 mg/L增加至 1500 mg/L 时,体系的黏度从24.5 mPa·s增至 84.3 mPa·s,继续增大聚合物浓度时黏度变化不大[13,14]。聚合物浓度由 1000 mg/L 增加至 1200 mg/L 时,体系与原原油间的界面张力从 $1.17\times10^{-4}$ mN/m 上升至 $1.33\times10^{-3}$ mN/m,继续增大聚合物浓度至 1800 mg/L 时,界面张力变化较小。

表5 聚合物浓度对二元体系性能的影响

| 聚合物(mg/L) | 界面张力(mN/m) | 黏度(mPa·s) |
| --- | --- | --- |
| 0 | $8\times10^{-5}$ | 4.3 |
| 500 | $1.16\times10^{-4}$ | 9.60 |
| 1000 | $1.17\times10^{-4}$ | 24.5 |
| 1200 | $1.33\times10^{-3}$ | 43.7 |
| 1500 | $2.66\times10^{-3}$ | 84.3 |
| 1800 | $4.47\times10^{-3}$ | 88.5 |

(2)表面活性剂浓度对二元体系性能的影响。

聚合物浓度为 1500 mg/L 时,表面活性剂浓度对二元体系性能的影响见表6。由表6可以看出,随着表面活性剂浓度的增加,二元体系的黏度基本保持不变,而体系与原油间的界面张力逐渐降低。表面活性剂浓度为 500 mg/L 时,体系与原油间的界面张力可达到 $10^{-3}$ mN/m 数量级。表面活性剂浓度为 1000~2000 mg/L 时,二元体系与原油间的界面张力稳定在 $10^{-3}$ mN/m 数量级。

表6 表面活性剂浓度对二元体系性能的影响

| 表面活性剂(mg/L) | 界面张力(mN/m) | 黏度(mPa·s) |
| --- | --- | --- |
| 0 | 12.3 | 84.3 |
| 200 | $1.25\times10^{0}$ | 84.3 |
| 300 | $3.41\times10^{-1}$ | 84.3 |
| 500 | $5.27\times10^{-3}$ | 83.2 |
| 1000 | $3.78\times10^{-3}$ | 84.3 |
| 1500 | $2.97\times10^{-3}$ | 82.1 |
| 2000 | $2.66\times10^{-3}$ | 84.3 |

2.4.2 二元体系的长期热稳定性

将配方为 2000 mg/L S+1500 mg/L P 和 2000 mg/L S+2000 mg/L P 二元体系在58℃条件下老化一定时间后,体系的黏度及其与原油间的界面张力结果见表7。由表7实验数据可以看出,单一聚合物、二元体系的黏度随老化时间的变化均呈上升后缓慢下降趋势。二元体系老化后黏度略高于单一聚合物,老化360d后,单一聚合物和二元体系的黏度保留率均在80%以上。二元体系具有较好的长期热稳定性能,老化360d后,界面张力维持在 $10^{-2}$ mN/m 数量级。

表 7　聚合物和二元体系的长期热稳定性

| 化学体系 | 测定参数 | 时间(d) | | | | | | |
|---|---|---|---|---|---|---|---|---|
| | | 0 | 7 | 30 | 60 | 90 | 120 | 360 |
| 1500mg/L P | 黏度(mPa·s) | 87.5 | 86.9 | 84.4 | 76.8 | 74.8 | 77.7 | 74.8 |
| 2000mg/L P | 黏度(mPa·s) | 150.4 | 144.4 | 143.6 | 144.3 | 146 | 141.9 | 138.6 |
| 1500mg/L P+2000mg/L S | 黏度(mPa·s) | 85.6 | 84.6 | 79.4 | 83.7 | 88.4 | 85.6 | 79.7 |
| | 界面张力(mN/m) | $6.18 \times 10^{-3}$ | $5.57 \times 10^{-3}$ | $9.02 \times 10^{-3}$ | $1.78 \times 10^{-2}$ | $1.02 \times 10^{-2}$ | $6.18 \times 10^{-3}$ | $9.12 \times 10^{-3}$ |
| 2000mg/L P+2000mg/L S | 黏度(mPa·s) | 162.1 | 148.3 | 140.7 | 146.1 | 150.3 | 153.6 | 140.9 |
| | 界面张力(mN/m) | $5.62 \times 10^{-3}$ | $5.11 \times 10^{-2}$ | $9.36 \times 10^{-3}$ | $5.46 \times 10^{-2}$ | $4.26 \times 10^{-2}$ | $5.11 \times 10^{-2}$ | $5.78 \times 10^{-2}$ |

#### 2.4.3　二元体系的静态吸附性量

聚合物浓度为 1500 mg/L、表面活性剂浓度分别为 500mg/L、1000mg/L、1500mg/L、2000mg/L、3000mg/L、4000mg/L、5000 mg/L 的二元复合体系中表面活性剂在天然岩心中的吸附量如表 8 所示，单一表面活性剂溶液中表面活性剂在天然岩心中的吸附量也见表 8。由表 8 可以看出，二元复合体系中表面活性剂的吸附量要小于单一表面活性剂溶液中表面活性剂的吸附量，表面活性剂质量分数为 500～2000 mg/L 时，二元复合体系中表面活性剂的吸附量低于 2 mg/g，聚合物可以起到一定的牺牲剂的作用。

表 8　表面活性剂在天然岩心中的静态吸附量

| 表活剂浓度(%) | 0.05 | 0.1 | 0.15 | 0.2 | 0.3 | 0.4 | 0.5 |
|---|---|---|---|---|---|---|---|
| SP 中表面活性剂吸附量(mg/g) | 0.82 | 1.26 | 1.68 | 1.89 | 2.29 | 2.37 | 2.43 |
| 单一表面活性剂吸附量(mg/g) | 0.97 | 1.74 | 1.89 | 2.02 | 2.49 | 2.50 | 2.51 |

#### 2.4.4　二元体系的洗油能力

聚合物质量浓度为 1500 mg/L、表面活性剂质量浓度分别为 500mg/L、1000mg/L、2000mg/L、3000mg/L、4000mg/L、10000mg/L、20000 mg/L 的二元复合体系对初始含油量为 10.18% 的油砂的洗油效率如表 9 所示。由表 9 可以看出，表面活性剂质量浓度在 1000 mg/L 以上时，二元体系对油砂的洗油效率高于 40%，二元体系具有较好的洗油效率。

表 9　不同浓度的表面活性剂洗油效率(聚 1500mg/L)

| 表活剂浓度(%) | 0.05 | 0.1 | 0.2 | 0.3 | 0.5 | 1 | 2 |
|---|---|---|---|---|---|---|---|
| 洗油效率(%) | 20.1 | 41.2 | 44.3 | 48.9 | 52.7 | 63.2 | 76.6 |

#### 2.4.5　二元体系的注入性

分别考察了配方为 1500 mg/L P ＋2000 mg/L S 的二元体系和浓度 1500 mg/L 的聚合物溶液在高渗、中渗和低渗岩心中的注入性能，注入速率为 0.5 mL/min，注入参数如表 10 所示，注入性结果如图 2 和图 3 所示。由图 2 和图 3 可以看出，随着岩心渗透率的增加,聚合物和二元体系的注入压力降低;相同渗透率下,二元体系的注入压力小于单一聚合物溶液的,二元体系由于加入了表面活性剂降低了注入压力。

表 10　二元体系注入性岩心参数

| 岩心号 | 岩心长度<br>(cm) | 渗透率<br>(mD) | 孔隙体积<br>(cm³) | 二元体系浓度<br>(mg/L) |
| --- | --- | --- | --- | --- |
| GS—17—10 | 9.45 | 738.2 | 12.41 | 1500P+2000S |
| GS—17—15 | 10.09 | 1082.7 | 14.44 | 1500P+2000S |
| GS—17—12 | 10.00 | 2292.0 | 13.13 | 1500P+2000S |
| GS—17—13 | 9.52 | 705 | 12.43 | 1500P |
| GS—17—22 | 10.17 | 1113.9 | 13.46 | 1500P |
| GS—17—29 | 9.94 | 2017.6 | 14.17 | 1500P |

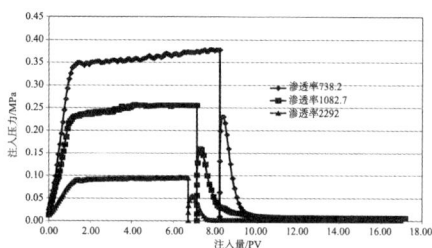

图 2　不同渗透率时,二元体系的注入性实验

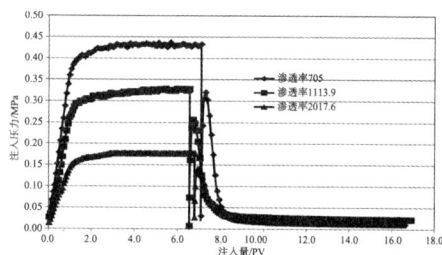

图 3　聚合物浓度为1500mg/L时,不同渗透率的注入曲线

### 2.5　岩心驱油实验

根据河南油田化学驱三十多年的开发经验,在化学驱的全过程实施调剖技术,可有效防止驱油剂窜流,最大限度发挥驱油剂的作用。对聚合物驱后油藏采取调剖措施,可以封堵聚合物驱形成的优势窜流通道,减少驱油剂的损失。该区块采用调剖+高黏弹性聚合物+二元复合驱技术思路,同时考虑到成本,选择增黏性强的聚合物驱替为主,复合驱为辅,非均相体系(聚合物+PPG)作为调剖段塞,形成"调"+"驱"+"洗油"的低成本提高采收率的技术。实验对比了 0.6 PV 1500 mg/L 聚合物、0.6 PV(1500 mg/L 聚合物+2000 mg/L 表面活性剂)、0.05 PV(调剖体系)+0.35 PV 1500 mg/L 聚合物+0.15 PV(1500 mg/L 聚合物+2000 mg/L 表面活性剂)+0.05 PV(调剖体系)、0.05 PV(调剖体系)+0.3 PV 1500 mg/L 聚合物+0.2PV(1500 mg/L 聚合物+2000 mg/L 表面活性剂)+0.05 PV(调剖体系)等 4 个方案驱替效果,结果如表 11 所示。由表 11 可以看出,聚合物驱后进行单一聚合物驱提高采收率幅度仅为 8.82%,聚合物驱后进行二元复合驱可以提高采收率12.11%,方案3(21.51%)和方案4(21.9%)提高采收率的幅度相当,但方案 3 的成本低于方案 4 的,因此选择方案 3 为最终方案。聚合物驱后通过"调剖+聚合物驱+二元复合驱+调剖"的方式可提高采收率21.51%,比单一聚合物驱和二元复合驱分别提高 12.69%和 5.33%,聚合物驱替后油藏采用化学驱和调剖相结合的方式在降低化学驱成本的基础上可以大幅度提高采收率(表11)。

表 11　四种方案的岩心实验结果

| 项目 | 方案 1 | 方案 2 | 方案 3 | 方案 4 |
|---|---|---|---|---|
| 高渗岩心渗透率/mD | 1744.1 | 1750.4 | 1664.6 | 1958.8 |
| 低渗岩心渗透率/mD | 551.1 | 571.8 | 525.00 | 615.90 |
| 渗透率级差 | 3.16 | 3.06 | 3.17 | 3.18 |
| 水驱（%） | 42.28 | 42.50 | 41.27 | 41.21 |
| 一次注聚后采收率（%） | 54.72 | 54.61 | 53.29 | 53.95 |
| 段塞组合驱后采收率（%） | 63.54 | 70.79 | 74.80 | 75.85 |
| 一次聚驱提高采收率（%） | 13.44 | 12.11 | 12.02 | 12.74 |
| 段塞组合驱提高采收率（%） | 8.82 | 16.18 | 21.51 | 21.9 |

## 3　结　论

（1）下二门 H2IV 油组聚合驱后的剩余油以沥青质和饱和烃含量较高，可以通过加入表面活性剂改变岩石的润湿性，提高剩余油的采收率。

（2）综合区块的开发状况和不同化学驱对不同形态剩余油的驱替结果，确定动用方式为"调剖＋聚合物驱＋复合驱"相组合的驱替方式。

（3）配方为 2000 mg/L B－2＋1500 mg/L CJ－1 的二元复合体系的长期热稳定性好，老化 360 d 后黏度保留率大于 85%，与原油间的界面张力仍能保持 $10^{-2}$ mN/m 数量级。二元体系的注入压力低于单一聚合物，具有良好的注入性，表面活性剂浓度高于 1000 mg/L 以上时，二元体系的洗油效率大于 40%。

（4）聚合物驱后通过加入调剖段塞的方式可以改善剖面的非均质性。在 0.5 PV 聚合物驱后进行 0.05 PV（调剖体系）＋0.35 PV 1500 mg/L 聚合物＋0.15 PV（1500 mg/L 聚合物＋2000 mg/L 表面活性剂）＋0.05 PV（调剖体系）段塞组合驱，室内可提高采收率 21.51%，比单一聚合物驱和二元复合驱分别提高 12.69% 和 5.33%。

### 参 考 文 献

[1] 朱友益,张翼,牛佳玲,等.无碱表面活性剂－聚合物复合驱技术研究进展[J].石油勘探与开发,2012,3(39)：346－350.

[2] 郭艳,李树斌,韩志红,等.80℃高温油藏聚合物驱后复合驱油体系性能评价[J].油田化学,2013,30(1)：74－75.

[3] 闫文华,付强,杨兆明.等.不同尺寸段塞组合等流度 SP 二元复合驱驱油效果评价[J].石油化工高等学校学报,2014,27(5)：80－84.

[4] 孟祥海,杨二龙,韩玉贵,等.海上油田二元复合驱末期段塞优化提效室内物理模拟实验[J].油田化学,2019,36(2)：337－342.

[5] 张新民,郭拥军,冯茹森,等.适合渤海绥中 361 油田二元复合驱体系性能研究[J].油田化学,2012,29(3)：322－325.

[6] 吕鑫,张键,姜伟.聚合物/表面活性剂二元复合驱研究进展[J].西南石油大学学报,2008,30(3)：127－130.

[7] 刘艳华,孔柏岭,吕帅,等.稠油油藏聚合物驱后二元复合驱提高采收率研究[J].油田化学,2011,28(3)：288－291.

[8] 牛续海,赵凤兰,侯吉瑞.不同非均质条件下的复合驱油体系优选[J].油田化学,2010,27(4)：407－410.

[9] 吴文祥,张玉丰,胡锦强,等.聚合物及表面活性剂二元复合体系驱油物理模拟实验[J].大庆石油学院学报,2005,29(6)：98－100.

# 断块油藏低序级断层识别及矢量调整技术

## ——以魏岗油田四区V断块为例

张 薇

(中国石化河南油田分公司采油一厂)

**基金项目** "十三五"国家科技重大专项(2016ZX05058001)

**摘 要** 魏岗油田四区V断块为典型的复杂断块油田,目前处于特高含水开发阶段,构造轴部低序级断层发育,受套损影响注采井网严重受损,精细注采调整难度大,单元递减大,开发效果变差。本文综合利用构造轴部密井网优势,通过井震剖面法、微构造趋势面找矛盾法及注采关联性佐证法等技术,对低序级断层精细描述;在注采优势流线识别基础上,通过矢量井网调整、矢量流线调整,提高注采连通率,扩大水驱波及,改善单元开发效果。对油田持续稳产、提高采收率具有重要意义。

**关键词** 复杂断块油田;特高含水期;微断层;矢量注采调整

## 1 引 言

精准识别复杂断层区构造特征,理清注采关系,精细注采调整是断块油藏特高含水开发后期提高采收率研究的重点课题。魏岗油田四区V断块进入特高含水期后,随着井网不断加密,断距规模在20m以上的断层基本被钻遇并落实。而规模较小的四、五级小型断层在构造轴部同样比较发育和具有封隔性,对剩余油起控制作用并影响注采关系[1];经过40多年长期注水开发,优势流场发育,部分注水井套管严重受损关停,

注采井网严重受损。因此,识别低序级断层,部署矢量注采井网,提出精细注采调整对策,对于解决井间注采矛盾,提高井间注采连通率,提高原油采收率,具有重要的现实意义。

本文以魏岗油田四区V断块为研究对象,通过综合运用多角度多方位井震剖面法、断面图法、微构造趋势面找矛盾法,油藏动态分析注采关联性佐证法等,精细组合低序级断层;在注采流线识别的基础上,通过部署矢量井网,完善优化注采关系,恢复储量控制程度,提高注采连通率;通过矢量流线调整,扩大水驱波及,改善井组开发效果。现场应用后,注采见效显著。

## 2 基本概况

魏岗油田四区V断块位于南阳凹陷南部魏岗—北马庄断鼻构造带上④、⑤号断层之间,受两断层抬升作用,形成一地垒构造,构造轴部发育的多条低序级断裂系统使构造变得更加复杂,单元控制含油面积3.1km²,地质储量280万吨。储层物性较好,平均孔隙度24.3%,平均空气渗透率0.557μm²。纵向上共含有20个含油小层,含油井段长499m,有效厚度以中薄层为主。

截至2018年12月,魏岗油田四区V断块采油井开井33口,日产液964t,日产油44.1t,综合含水95.43%,采油速度0.57%,采出程度47.08%,注水井开井20口,日注水976.4m³,月注采比0.94,累计注采比0.93,剩余可采储量79.52万吨,处于高采出程度特高含水开发阶段。

魏岗油田四区V断块经过40多年长期注水开发,已进入特高含水开发阶段,受以下因素制约,精细注采调整受限,地层压力下降,产量递减大,开发形势变差。

(1)构造轴部低序级断层发育,注采连通关系复杂;

(2)水井套损严重,井网完整性受损;

(3)流线长期固定,优势流场发育。

针对开发中存在的主要问题,重点开展魏岗油田四区V断块构造轴部低序级断层识别研究,理清注采关系;在注采优势流线描述的基础上,通过注采井网矢量调整,提高水驱储量控制;通过矢量流线调整,扩大水驱波及,达到改善单元整体开发效果的目的。

## 3 低序级断层组合技术

低序级断层通常是指四、五级及以下的断层，由于在横向上的延伸短——延伸长度多半不超过500m，段距小——段距在20m左右[2]，具有较强的隐蔽性，常规地球物理方法难以识别。魏岗油田四区Ⅴ断块主体区被多条低序级断层复杂化，现有构造认识与油藏开发动态不符的问题一直未得到有效的解决。

为此，在研究低序级断层与主断层的关系、力学机制及组合样式的基础上，综合高精细地震解释资料、高密度钻遇井点资料及油水井间注采关联资料，利用多种精细地层对比技术识别断点，形成了以构造样式为指导，结合地质、地震解释和油藏动态等信息的断裂系统重组技术，开展研究后，在构造认识和生产应用上均取得较好的效果。

### 3.1 小断点的识别

精细地层的划分与对比是油藏描述中最重要的基础工作之一，在不同开发阶段，其开发对象在不断地发生变化，地层对比由大到小。在较密井网条件下识别低序级断层断点，小层级对比已不能满足开发需要。为此，以测井资料为主体，综合应用"旋回对比，分级控制"的小层对比技术及流动单元的划分与对比技术，采取以标准层控制的上下挤压方法，纵向上精雕细刻到最小沉积单元，深入研究单砂体，识别小断点。

利用上述方法，对研究区28口井进行精细地层对比，识别断点13个，其中新发现断点1个，核销断点3个，最小断距6m，最大断距30m，为准确组合低序级断层提供可能。

### 3.2 低序级断层的组合

（1）多角度多方位地震剖面图法组合断点。

在断层解释中，高精细地震剖面资料，可以指导低序级断层和复杂断块的地震解释。剖面的建立主要遵循基本垂直断层、囊括断层末端、尽量多过实钻井点。在地震剖面上，根据同相轴连续情况，进一步佐证过剖面井点钻遇断点情况，达到井震结合。同时，通过剖面上断点分布情况，指导断点组合，达到地质、地震统一。在没有井点控制的区域，通过切地震剖面，还可以研究断层纵向、横向的延伸状况。

在四区Ⅴ断块构造轴部微断层发育区，选取四条过井地震剖面，从剖面上可清楚的看到：$5^2$号断层为一北掉正断层，自H2Ⅱ6层断至H2Ⅱ16层，发育规模相对较小，53号断层为一南掉向正断层，自H2Ⅱ13层断至H3Ⅰ6层，发育规模相对较大。

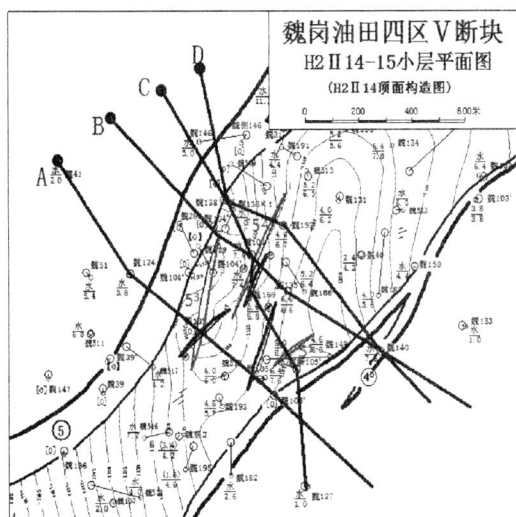

图1 断层发育区4条剖面位置图

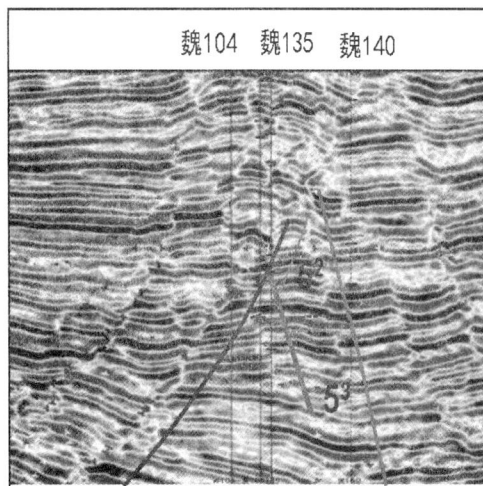

图2 过B剖面地震剖面图

（2）地质剖面图法组合断点。

根据实钻油组界面位置及断点位置，绘制地层剖面图，从纵向上开展断点组合，同一断层的断点组合后，其断点海拔深度、断距沿同一方向应有规律地变化，不能有突然变化。

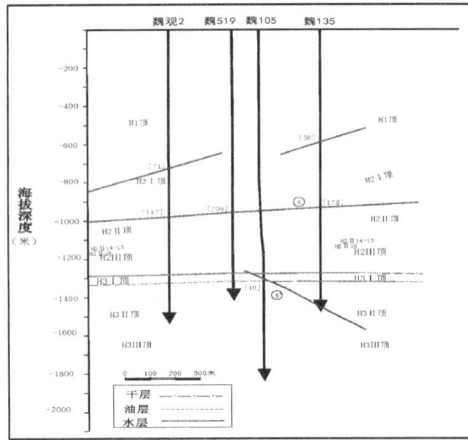

图3 观2井-魏135井地层剖面图

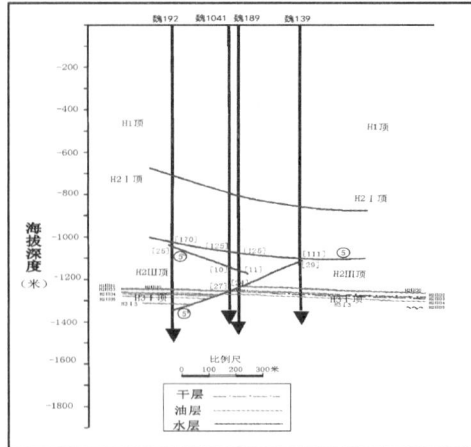

图4 魏192井-魏139井地层剖面图

(3) 微构造趋势面找矛盾法。

利用密井网资料优势，在精细地层对比统层的基础上，计算单井钻遇构造高度，利用趋势面法，精细描述储层构造，在与构造特征相矛盾区，可识别未被发现的微断层。

利用趋势面法刻画微构造等高距5m。H2Ⅲ30层，地震剖面仅识别出53号断层钻遇该层，无法识别其他微断层。研究区由于断层切割，局部构造继承性差，但构造整体为一断鼻背斜。微构

造刻画后，出现同一断盘与构造特征相矛盾情况：构造轴部中心区域魏189、魏104井构造高度应高于魏135、魏188等井，实际高度却比邻井低，与区域构造特征相矛盾，分析应为低序级断层切割所致。根据断层发育特征，该断层为魏104井钻遇，断距10m，断缺H3Ⅰ2—3层。魏189、魏104井区构造较低为受两条反向断层作用，形成一小型地堑所致。

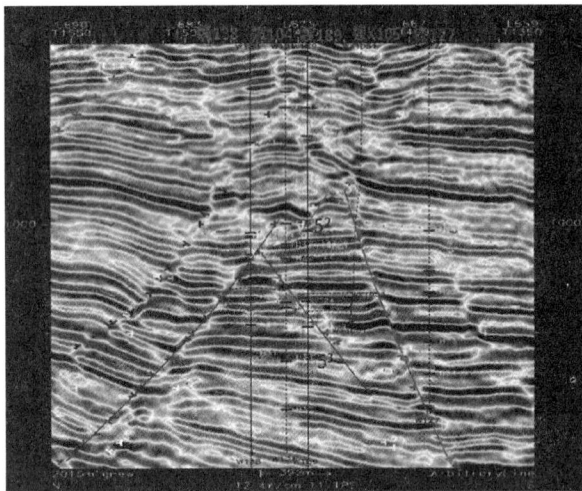

图5 过D剖面地震剖面图

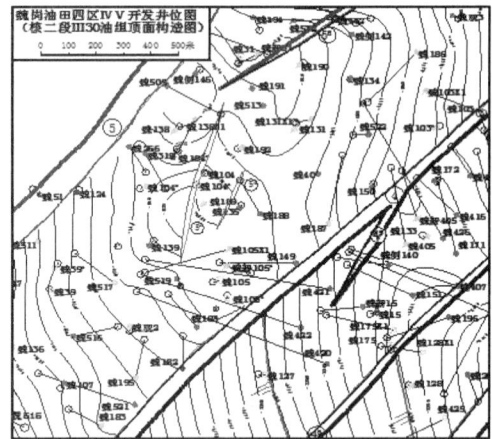

图6 四区Ⅴ断块H2Ⅲ30层顶面构造图

(4) 断面图组合法。

断层面等值线图可以表现同一条断层的倾向、倾角、走向、断距及分布范围。同一断层的这些要素在它的分布范围内是渐变的，其断层面等

值线也是有规律分布的；不同的断层，其断层面等值线的变化趋势则是不同的。通过绘制断面图，达到断层纵向、平面组合的统一。其中51号断层仅魏149、魏新1051井钻遇，为一北掉正断层。

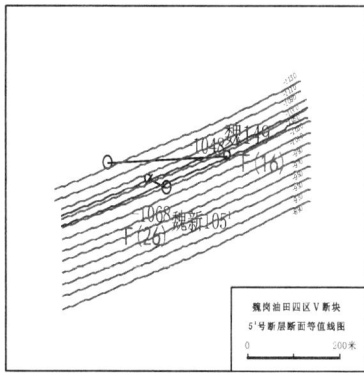

图 7  51 号断面图

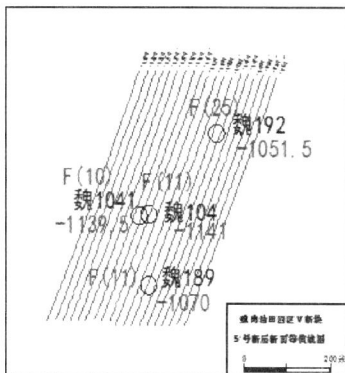

图 8  52 号断面图

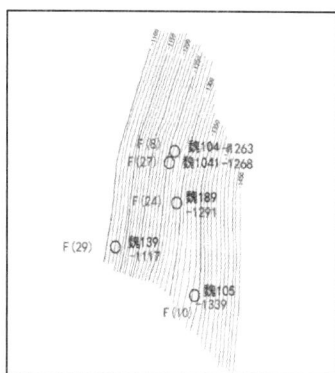

图 9  53 号断面图

（5）油藏动态分析验证组合合理性。

在 H2Ⅲ30 层原认识为魏 189 井与魏 139 井位于同一断盘，魏 189 井于 2003 年 5 月转注，对应魏 139 井于 2005 年 12 月调层单采 H2Ⅲ30 层，仍为低能低产，表现出静态连通动态注采无响应矛盾。精细构造刻画后，发现魏 189 井断失 H2Ⅲ34－H3Ⅰ2 层，断距 24m；魏 139 井断失 H2Ⅱ13－15 层，断距 29m。利用地质地震剖面法及断面图组合法，两口井断点应隶属于同一断层。在 H2Ⅲ30 层上，魏 139 井位于断层下盘，魏 189 井位于断层上盘，两口井静态不连通，解决了动态无响应的注采矛盾。

### 3.3  构造变化特征

通过上述方法，确定了研究区断裂系统平面组合形态，复杂断裂构造带面貌有了较大变化，具体为：原三个平行的小北掉断层在 H2Ⅱ14－15 层为一南掉断层及两个延伸规模较小的北掉断层；在 H2Ⅲ30 层以下层位变为一个纵向延伸较远的南掉断层及发育规模较小的北掉断层。

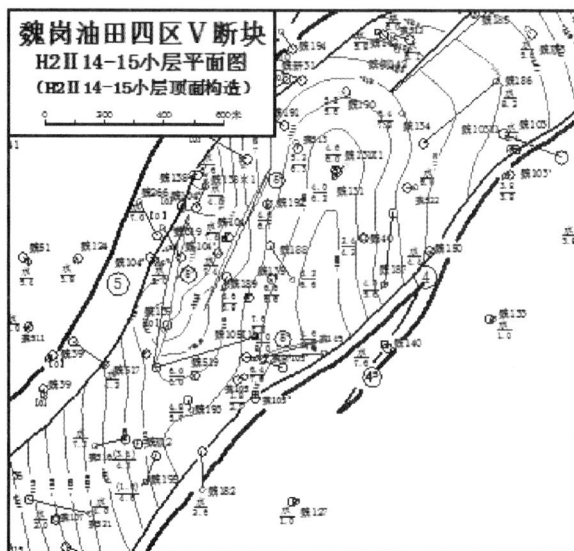

图 10  H2Ⅱ14－15 层构造图

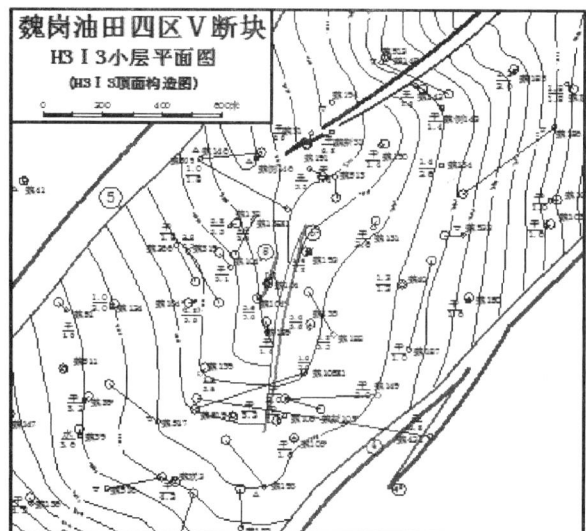

图 11  H3Ⅰ3 层顶面构造图

## 4  矢量调整技术

### 4.1  井网矢量调整技术

剩余油分布特征的多样性决定了开发对策的不确定性。井网矢量调整是针对特高含水后期储层动态非均质性增强的特征，以经济有效提高储量动用率和采收率为目的，通过对注采井网开展不均衡调整，改变液流方向，强化弱驱部位，实现有效均衡驱替而采取的调整技术[3]。

魏岗油田四区 V 断块优势流线发育，注水低效循环严重问题，储层动态非均质性增强。在区域构造特征、注采流线特征精细研究的基础上，调整的方向一是部署矢量更新水井，完善优化主体区注采井网；二是利用长关井开窗侧钻，提高近断层区储量控制。

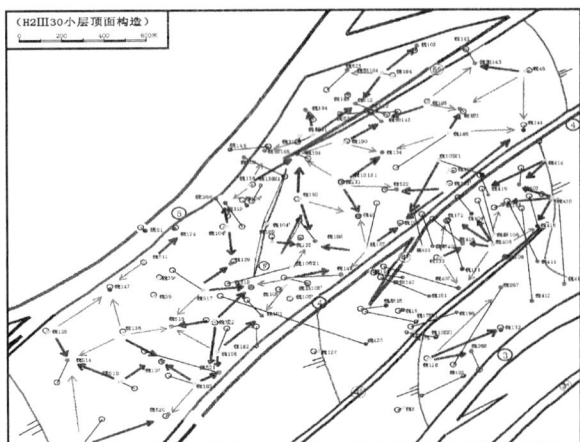

图 12  油藏工程法识别流线图

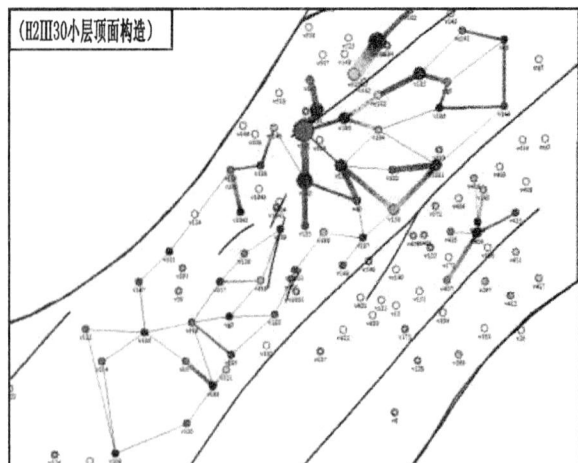

图 13  数值模拟法识别流线图

（1）部署矢量更新水井,完善优化主体区注采井网。

针对研究区注水井套损严重,部分注水层位被迫挤注封堵,区域井组有采无注,油井集团采油,水驱控制储量损失严重的问题,通过部署矢量更新井,完善优化注采井网,提高水驱储量控制程度。

矢量更新水井部署原则一是针对原注采井组存在的优势注水通道,在搞清优势注水方向基础上,井网部署时考虑避开原优势注水方向,从而最大限度实现液流转向,促使弱势方向见效,扩大水驱波及。二是在低序级断层发育区,在搞清断层产状基础上,更新井靶点设计主要考虑部署后可最大程度的提高平面注采对应率。

为此,提出部署更新水井 4 口,提高水驱储量控制 61.44 万吨。其中,2019 年 3 月部署投注魏 105X1 井,对应 5 口井均见效,见效前后增油 3.2t/d,当年见效增油 479.1t。其中,对应采油井魏 519 井 6 月注水见效,日产油 1.2～1.9t。原构造解释上,出现了注水井魏 105X1 井与位于不同断块采油井魏 519 井注采响应特征明显的矛盾。新的构造解释上,魏 105X1 井与魏 519 井位于同一断块,进一步印证了新构造解释的合理性。

（2）老井开窗侧钻,提高近断层区储量控制。

油水井开窗侧钻技术,是在充分利用原井地面资源、套管资源的前提下,可向井筒周围辐射 360°挖潜剩余油,是老油田经济有效挖潜碎片化剩余油的革命性措施。研究区由于受多条低序级断层切割,加之原钻遇井点部分层位断失,致使局部断块储量控制程度较低。为此,提出 2 口井侧钻,可提高储量控制 11.94 万吨。

## 4.2  流线矢量调整技术

高含水开发阶段,平面矢量注采调整既考虑水井调配,又兼顾油井协同调整;既考虑井组注采大小,又兼顾注采方向[4]。魏岗油田受断层格局控制,采用不规则点状注采井网。针对各井组注采响应特征,通过调整不同方向上油水井注采参数,达到平面均衡驱替,深化挖潜平面剩余油,解决平面矛盾。

（1）控强提弱引流线。

在一口采油井对应两口及以上注水井的注采井组,通过控制优势方向注水,从而引导弱势方向注水驱动,达到动用分流线剩余油的目的。如魏侧 146 井对应魏 138、魏 138X1 两口注水井,采用控强提弱技术,油井产能 0.8～1.8t,含水由 95.1％下降至 89.3％,阶段增油 132t,增油降水效果明显。

（2）协同注采拉流线。

在一口注水井对应两口及以上采油井的注采井组,通过主流线油井限液"压"流线,水井上提配注"推"流线,非主流线油井提液"拉"流线,达到动用分流线剩余油的目的。现场实施 4 井组,对应 8 口井注水见效,见效前后日增油 5.6t,阶段累计增油 491.6t,井组开发效果得到有效改善。

（3）不稳定注水扰流线。

不稳定注水又叫周期注水,在注采单一受效的井组,通过注水量的升、降,在地层中造成不稳定压力场,使油层中的油水重新分布来提高注入水波及效率[5]。现场实施 3 井组,对应 4 口井注水见效,见效前后日增油 1.6t,阶段累计增油 258.4t。如魏 186 井组,利用魏 186 井对魏观 3 井周期注水,油井产能 0.7～1.8t,含水由 98.1％下降至 95.9%,阶段增油 132 吨,增油降水效果明显。

（4）细分开采均流线。

针对纵向上一套井网开发层间干扰严重的问题,油井端通过限流分采技术,限制高能层出液,释放低能层出液,从而减缓层间干扰。水井端根据概念模型设计及魏岗油田分段动用厚度比例统计结果,界定了多段注水细分界限,其中细分注水渗透率极差应控制在 3 以内,单层段内油层数不超过 2 小层。现场实施油井分采 2 口,前后增油4.3t/d,当年增油 450t。水井分注 2 口,增加注水层段 3 段,对应油井见效 2 井次,储量得到有效动用。

## 5 技术应用效果

魏岗油田四区 V 断块实施综合调整后,提高储量控制 73.38 万吨,(4 口水井、开窗侧钻井 2口)注采连通率由 75.7% 上升至 76.2%,多向连通比例由 24.9% 提高至 29.6%,自然递减持续降低,保持在 7% 左右,采收率由 53.67% 提高至54.75%,提高了 1.08 个百分点,油藏动用状况得到改善,开发形势明显好转。

## 6 结 论

（1）综合利用构造轴部密井网优势,通过井震剖面法、微构造趋势面找矛盾法及注采关联性佐证法等技术,可提高低序级断层的识别能力,让断裂系统解释更为精细可靠。

（2）复杂断块油藏开发调整具有特殊性,需重点针对构造特征、流线特征、注采井网,制定个性化矢量开发调整对策。

（3）魏岗油田采用矢量调整技术有较强的针对性和适应性,实施后单

元整体开发趋势变好,可为同类复杂断块油田开发提供借鉴,有较好的应用前景。

### 参 考 文 献

[1] 李阳.油藏综合地球物理技术在垦 71 井区的应用[J].石油物探,2008,47(2)

[2] 阎世信,等.石油地球物理勘探技术的发展及需求,中国石油勘探,2002(2),34－39

[3] 刘丽杰.胜坨油田特高含水后期矢量开发调整模式及应用[J].油气地质与采收率,2016,23(3)

[4] 周焱斌,许亚南等.高含水期油田的注采关系调整和挖潜开采研究[J].油气勘探与开发,2017,35(6)

[5] 张煜,张进平.不稳定注水技术研究及应用[J].江汉石油学院学报,2001,23(1):49－55

# 蒸汽吞吐井间气窜通道定量描述及有效利用技术

王　泊[1]　庞占喜[2]　张初阳　薛国勤　范喜群　黄青松

(1.中国石化河南油田公司采油二厂;2.中国石油大学)

**摘　要**　河南油田东部稠油热采开发动用地质储量 $5555×10^4$ t,目前主力油层吞吐周期达到 18 个左右,面积气窜严重,年影响产量 5565 吨。由于气窜通道的认识及定量描述缺乏有效的手段,抑制气窜的方式针对性差,措施效果不理想。鉴于此,利用物模方法,研究了稠油蒸汽吞吐开发过程中气窜通道的形成原因及通道内孔喉和剩余油变化规律,利用可视化手段,得到了气窜通道宏观及微观形态,建立了一套蒸汽吞吐井间窜流通道的定量计算理论模型,现场进行了气窜通道的参数计算,进一步开展了气窜治理措施优化,取得了较好效果,为改善稠油开发效果效益提供了新的理论支撑。

**关键词**　稠油油藏;气窜通道;形成原因;孔喉变化;定量描述;措施优化

## 1　研究区概况

研究区为井楼油田一区北部楼 1917 井区。井楼油田一区构造为一北西—南东走向、西南翼被断层切割的长轴鞍型复式背斜。在复式背斜上,发育着 5 条断层,断层倾向 225°~315°,倾角 30°~60°,断距 10~300m,这些断层的存在对井楼一区的油水分布具有控制作用。全区油层多达 23 层,且集中分布在背斜的两个高点处。主要含油层为 H3Ⅲ5—6、Ⅲ8—9、Ⅳ1—3、Ⅳ7—8 和 Ⅳ11 等小层,油层有效厚度一般在 10m 左右,油层属于中厚层。主力层 H3Ⅲ5—6 和 H3Ⅲ8—9 油层温度下脱气原油黏度 15039~107091mPa·s,属特浅层特超稠油。

楼 1917 井区总储量 $57×10^4$ t,采出程度仅有 20.4%,远低于标定采收率 34%,储量动用程度仅 35.7% 相对较低;该井区采油速度低,2018 年累计产油 5055t,采油速度仅为 0.7%。

受油藏条件影响,区域平、剖面矛盾日益突出,目前存在的主要问题有:多轮次吞吐后效果变差,进一步扩大蒸汽波及体积难度大;多轮次吞吐后气窜加剧,进一步制约吞吐开发效果。2018 年该区域实施调剖封堵气窜 6 井次,累计产油 204t,油汽比 0.07,单井日均产油 0.5t,其中有效井 2 口,无效井 3 口,待评 2 口,有效率 40%,措施效果差。

因此,为了改善稠油高轮次蒸汽吞吐后开发效果效益,急需开展稠油蒸汽吞吐开发过程中气窜通道内的形成原因及孔喉变化规律研究,得到气窜通道的定量计算理论模型,便于现场进行气窜通道的参数计算,以此为基础进一步开展气窜治理措施优化。

## 2　注蒸汽对储层物性的实验

针对天然松散砂样,经洗油后用沉降法分离出石英及长石矿物,利用高温高压釜模拟现场热采条件,对岩石中的主要成分石英及长石矿物进行溶解能力实验研究。

### 2.1　储层矿物溶蚀实验

如图 1 所示,研究不同温度及不同初始 pH 条件下岩石颗粒的高温溶解能力。实验压力 6MPa,实验温度分别 100℃、200℃和 300℃,初始 pH 分别 8、10、13。实验结果表明,相同 pH 条件下,随温度升高岩石颗粒的溶解量大幅度增加;当 pH 超过 10 后,温度继续增加岩石颗粒溶解量基本不变或有所下降;相同温度条件下,随 pH 的增加岩石颗粒的溶解量大幅度增加。实验所用的黏土矿物样品采自井楼一区 L1819 井Ⅲ8—9 层的油砂,油层深度为 158~174m。黏土样品在封闭系统中进行高温高压溶解实验。实验压力为 6MPa,实验温度分别为 150℃、200℃、250℃和 300℃,pH 分别选择 8、9、10、11 和 13,实验结果见图 2。研究结果表明:黏土矿物的溶解度随 pH 与温度的增高而逐渐增大;黏土矿物发生溶解后的溶液 pH 都有所降低,其原因是高温、高 pH 条件下发生水岩反应所造成的。

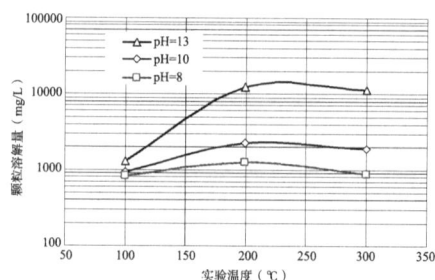

a. 岩石颗粒

b. 黏土矿物

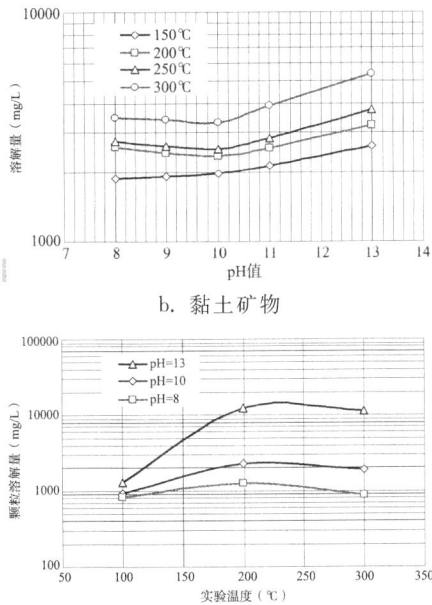

图 1 储层矿物的热溶蚀实验结果图

稠油油藏主蒸汽过程中造成的岩石骨架颗粒溶解会给储层物性及孔隙结构带来巨大的伤害，主要表现为两个方面：一是颗粒溶解主要发生在注汽井筒附近，造成在注汽井近井地带因高温、高pH的溶解作用而使得储层岩石更加松散，从而导致生产井大量出砂甚至地层坍塌；二是因高温、高pH作用溶解的矿物在远离注汽井近井地带的油层中因温度降低及pH的降低而造成晶体的析出，或与其他矿物化合而产生新生矿堵塞孔隙。这两方面原因造成注汽井近井地带大孔道的形成，同时引起远离注汽井的地层孔隙堵塞，从而使得稠油油藏非均质性进一步增强。

## 2.2 孔隙结构变化特征

研究认为，当高温、高压、高pH蒸汽介质注入稠油储层后，这类孔隙由三种因素综合作用而形成：①高温高压蒸汽的强烈驱动作用；②高pH碱性介质对储层骨架颗粒的扩溶作用；③吞吐时稠油粘液对松散微粒的携带掏空作用。这类孔隙在吞吐井间一旦连通，就会发生严重气窜。"热蚯蚓孔"是导致热采老区多轮次吞吐井气窜频繁发生的主要因素，如图2所示。

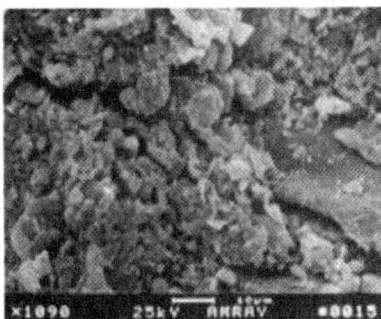

图 2 "蚯蚓孔"电镜照片

## 2.3 储层颗粒运移分析

任何敏感性危害最终都导致渗透率降低。该实验是在流体以恒速正向流动达到一定孔隙体积D倍数后，改变流动方向，继续测定反向流动渗透率随流体注入体积的变化。如果反向流动后渗透率有回升现象，而随着注入量的增加渗透率又下降，则表示岩心中已经产生了微粒运移。如果反向流动渗透率不变或者继续下降，则说明影响渗透率的主要原因不是微粒运移。如图3所示，实验结果表明，注入相同介质时，随着注入介质温度升高，岩心物性伤害程度增加；相同温度条件下，随着注入介质碱性的增强，岩心物性伤害程度增加。

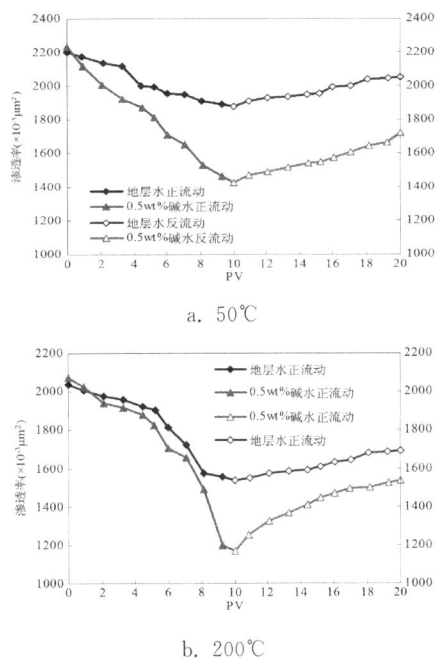

a. 50℃

b. 200℃

图 3 不同流体性质对岩心正反向流动渗透率变化的影响曲线

## 3 气窜规律可视化实验

利用可视化机理模型研究一次驱油后向地层中注胶以及后续驱替对于改善水驱及蒸汽驱开发效果的机理。更直观清晰地观察地层中各种流体的运动形态和规律，更有针对性地提出改进措施。通过饱和油、注蒸汽、汽/水前缘推进三个过程后形成井间窜通，得到了井间气窜通道可视化识别图像，如图4所示。可以看出，井间形成的气窜通道呈现了一个楔形形状。该形状可视为以注汽井气窜前的加热范围与气窜井切线所形成的区域。该观测结果具有一定的合理性。

蒸汽吞吐过程中，因吞吐井间的注采同步性造成有的井在注汽而有的井在生产，使得两井之间存在注采压差；经过多轮次蒸汽吞吐后易形成井间蒸气窜通。实验结果表明，注采井间气窜时，平面波及系数仅为 43.16%。另外，经过计算，气窜通道迂曲率为 1.2，气窜通道总数量为 4～5 条，气窜通道直径约为 367.94，气窜体积约为油藏体积的 3.66%。

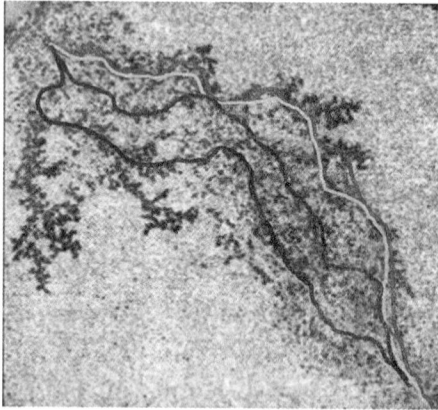

图 4　井间气窜通道量化识别图像

根据以上分析，得到如下认识：①气窜发生后，井间呈现了一个楔形形状的波及范围；②该形状可视为以注汽井气窜前的加热区域与气窜井切线所形成的区域；③吞吐井之间存在注采压差，经过多轮次蒸汽吞吐后易形成井间蒸气窜通。

而蒸气窜流通道分布于汽淹范围内，气窜通道的窜流通道模式可简化为：①气窜通道分布于楔形形状波及范围之内，以管流形式进行流动；②窜流通道内为蒸汽驱动冷凝水流动的过程，临井实为热水窜通；③热波及范围内存在高渗通道，使得渗流呈现非线性渗流特征。

因此，气窜通道定义为：分布于注汽井与相邻井之间的热波及范围内，因地层非均质差异、压力场差异及流体分布差异等形成的多条微细簇状突进通道组合，形态呈现根系状分布，使注入蒸汽以热水形式从窜通井产出而不能继续扩大有效加热范围的高速流动通道。

# 4　井间窜流通道定量描述

## 4.1　理论模型的建立

通过进一步开展井间气窜通道的二维可视化实验，并利用染色流体对窜流通道进行标识，在此基础上，建立了一套蒸汽吞吐井间窜流通道的定量计算理论模型，便于现场进行气窜通道的参数计算。如图 5 所示，两吞吐井间一旦形成气窜通道，多条微细簇状气窜通道分布于井间的楔形范围的热波及范围内，气窜过程一般为热水窜流，即蒸汽腔前缘因热损失变为热水，当热水推进到窜通井便发生窜流。

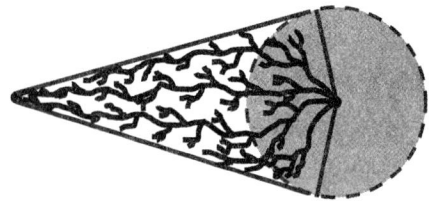

a. 气窜通道形态示意图

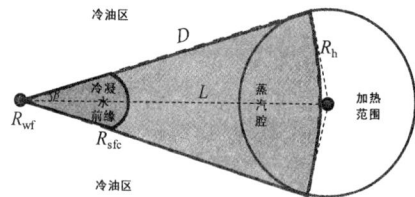

b. 流体分布特征示意图

图 5　蒸汽吞吐井间窜流通道分布简化物理模型

计算需用到的公式：

(1)气窜通道管流公式：$\Delta P = \lambda \dfrac{L}{d} \rho \dfrac{u^2}{2}$

(2)通道内非线性渗流公式：

$$\frac{dP}{dr} = \frac{\mu}{K} \frac{Q}{2\omega rh} + \beta\rho \left(\frac{Q}{2\omega rh}\right)^2$$

(3)通道宽度计算公式：

$$h_f \cdot x_f = \frac{H_s i_s M_s \alpha}{4\lambda^2 (T_s - T_i)} t_f \left[ e^x \mathrm{erfc}(\sqrt{x}) + \frac{2\sqrt{x}}{\sqrt{\pi}} + 1 \right],$$
$$x = \frac{4\lambda^2}{M_s^2 \alpha t_f^2}$$

(4)冷凝水体积计算公式：

$$G_x(t)\rho_s L_v = \frac{2\lambda(T_s - T_i)x_f}{\sqrt{\pi\alpha t}}(t_f + h_f)$$

(5)窜流通道渗透率公式：

$$(P_s - P_w)K = \frac{\mu_w Q}{2\omega h} \ln\frac{x_f}{R_w} + \frac{C_B}{\varphi^{5.5}} \frac{\rho Q^2}{4\omega^2 h^2}$$
$$\left(\frac{1}{R_w} - \frac{1}{x_f}\right)K^{0.5}$$

(6)窜流通道孔隙度公式：

$$\varphi = 1 - \varphi_0(1-溶蚀量)(1-出砂量)$$

式中，$\Delta P$ 为压差，Pa；$u$ 为通道内流体的流动速度，m/s；$K$ 为绝对渗透率，$\mu m^2$；$Q$ 蒸汽的瞬时流量，$m^3/d$；$x_f$ 为蒸汽前缘位置，m；$t_f$ 为气窜通道宽度，m；$\varphi$ 为孔隙度，小数；$d$ 为窜流通道直径，m。

## 4.2　实际应用与分析

井楼一区Ⅲ5－6 层因储层孔渗性好，经过高周期吞吐后，已形成复杂的井间窜通规律(图 6)，根据窜流通道定量描述公式进行了通道内各参数定量计算。

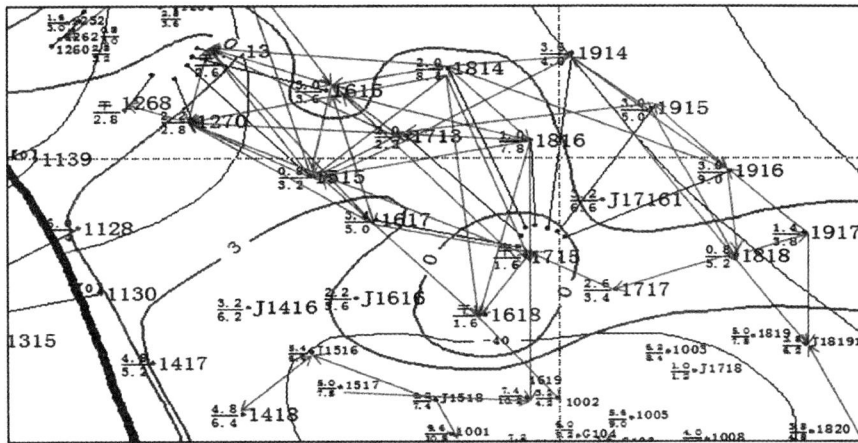

图 6 楼 1917 井区Ⅲ5—6层气窜示意图

表 1 模拟井区井间气窜特征量化分析

| 注汽井 | 窜通井 | 注汽温度℃ | 注汽压力 MPa | 蒸汽流量(t/d) | 蒸汽干度 | 窜通井流压(MPa) | 井距(m) | 有效厚度(m) | 气窜通道宽度(m) | 气窜天数(d) | 汽腔前缘位置(m) | 单根管道直径(mm) | 大孔道体积(m³) | 加热半径(m) | 原始孔隙度(%) | 原始渗透率(μm²) | 目前孔隙度(%) | 目前渗透率(μm²) |
|---|---|---|---|---|---|---|---|---|---|---|---|---|---|---|---|---|---|---|
| LJ1518 | LJ1616 | 260 | 1.5 | 118 | 0.7 | 1.42 | 98.66 | 11.6 | 0.95 | 2.7 | 70.71 | 0.278 | 485.6 | 25.63 | 30.16 | 3.2622 | 37.22 | 13.67 |
| L1715 | L1618 | 242 | 2.4 | 78 | 0.7 | 1.68 | 54.79 | 3.4 | 3.323 | 1.7 | 48.07 | 0.075 | 251.4 | 17.55 | 26.41 | 0.7925 | 33.85 | 8.09 |
| L1814 | L1715 | 242 | 2.5 | 184 | 0.7 | 1.96 | 153 | 4 | 3.102 | 2.7 | 130.2 | 0.189 | 984.29 | 32.5 | 36.82 | 4.307 | 43.21 | 18.97 |
| L1816 | L1715 | 235 | 2.3 | 178 | 0.7 | 1.96 | 91.37 | 3.8 | 4.9 | 1.9 | 82.1 | 0.139 | 920.3 | 29.62 | 38.9 | 7.348 | 45.08 | 14.425 |
| L1814 | L1715 | 235 | 2.5 | 187 | 0.7 | 1.96 | 153 | 4 | 2.76 | 1.9 | 133.6 | 0.23 | 895.72 | 37.25 | 37.92 | 5.58 | 44.2 | 18.235 |
| L1618 | L1715 | 237 | 2.3 | 178 | 0.7 | 1.88 | 54.79 | 3.4 | 4.37 | 1.8 | 50.15 | 0.098 | 697 | 19.89 | 30.92 | 1.553 | 37.9 | 8.31 |
| L1916 | L1818 | 235 | 2.1 | 100 | 0.7 | 2.01 | 66.65 | 4.5 | 4.09 | 2.5 | 58.94 | 0.212 | 648.98 | 25.93 | 37.8 | 5.278 | 44.09 | 9.123 |
| L1916 | L1818 | 244 | 1.7 | 106 | 0.7 | 1.61 | 66.65 | 4.5 | 6 | 3.6 | 58.5 | 0.206 | 669.6 | 25.9 | 37.8 | 5.278 | 44.09 | 10.445 |
| L1916 | L1818 | 244 | 1.6 | 106 | 0.7 | 1.41 | 66.65 | 4.5 | 6.74 | 2.7 | 59.7 | 0.139 | 1069.6 | 25.77 | 37.8 | 5.278 | 44.09 | 10.646 |
| L1818 | L1917 | 244 | 1.5 | 56 | 0.7 | 1.42 | 46.93 | 4.5 | 2.98 | 2.5 | 40.27 | 0.159 | 304.82 | 20.52 | 33.66 | 2.149 | 40.37 | 4.373 |
| LJ17161 | L1916 | 250 | 2 | 184 | 0.7 | 1.96 | 69.22 | 14.2 | 2.38 | 3.1 | 58.96 | 0.308 | 1194.8 | 24.29 | 36.1 | 3.884 | 42.56 | 13.035 |

计算结果如表 1 所示,根据以上计算结果可得以下结论。

(1)蒸汽吞吐井间发生气窜后,井间渗透率呈现明显增加趋势,最大渗透率增幅达到 74.25 倍,最小渗透率增幅仅为 1.59 倍;

(2)同一井对多次窜流后井间渗透率逐渐增加,但气窜通道体积不一定增加,说明个别通道渗透能力增强后,弱窜通能力通道或许不再窜通。

因此,井间气窜通道内油层物性变化明显,针对原始物性参数设计的调剖工艺针对性差,该定量描述结果为后续气窜通道治理技术的优化提供了依据。

## 5 气窜通道控制的剩余油分布特征

### 5.1 实验设计

利用可视化机理模型(图 7)研究稠油油藏注蒸汽开发效果的机理。更直观清晰地观察地层中各种流体的运动形态和规律,更有针对性地认识气窜通道控制下的宏观和微观剩余油分布特征,提出改进措施。

图7 可视化实验流程图

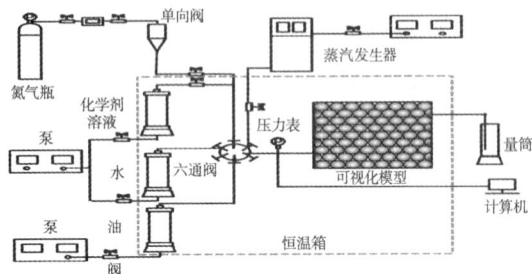

a.饱和油初期　　　　　　b.进入主流线1/6　　　　　　c.进入主流线1/3

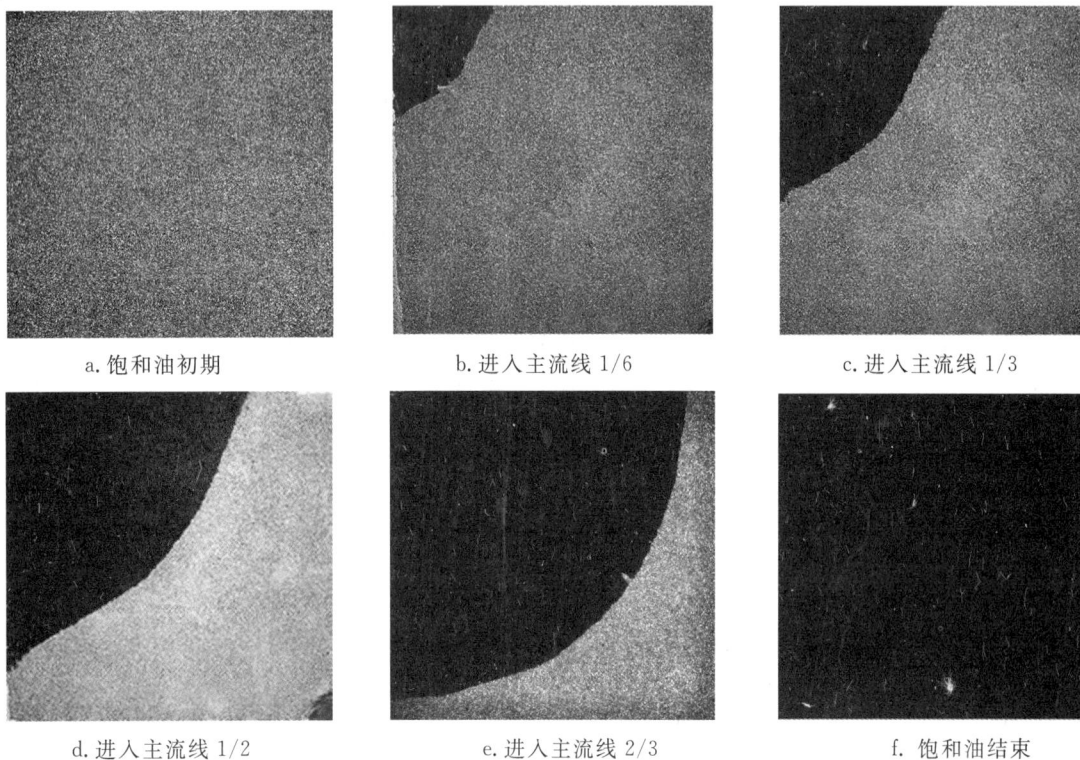

d.进入主流线1/2　　　　　e.进入主流线2/3　　　　　　f.饱和油结束

图8 双层玻璃珠平板可视化模型饱和油过程

## 5.2 实验结果

### 5.2.1 饱和油过程

图8展示的是充填介质为玻璃珠时的单层可视平板模型的饱和油过程。从图中可以看出,饱和油前缘为较为平滑的弧形,说明所充填的双层玻璃珠均匀,可以模拟均质模型。

### 5.2.2 注蒸汽过程

注蒸汽过程宏观可视图像如图9所示。可以看出,由于较大的油水流动差异及模型内压力波传播的主要方向,注入蒸汽首先沿压力梯度最大的方向突进。在突进过程中,注入蒸汽及热水不断加热蒸汽两侧的稠油区,使稠油黏度降低,流动能力增强,被后续注入蒸汽及热水携带入主流通道后采出。在此过程,蒸汽及热水波及范围不断扩大,并且从图中可以看出,入口处洗油效率较高,注入蒸汽不能均匀的加热井周围而是沿连通方向微细气窜通道突进,造成注入蒸汽的热利用率降低。

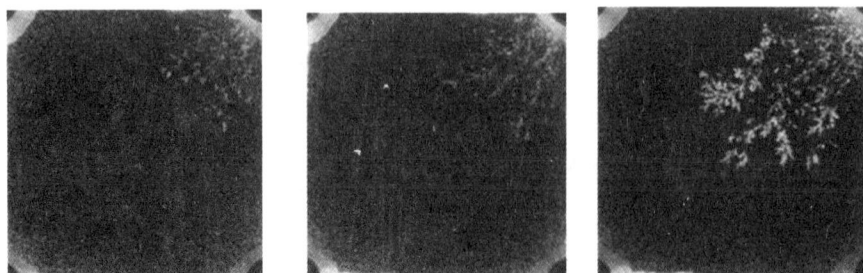

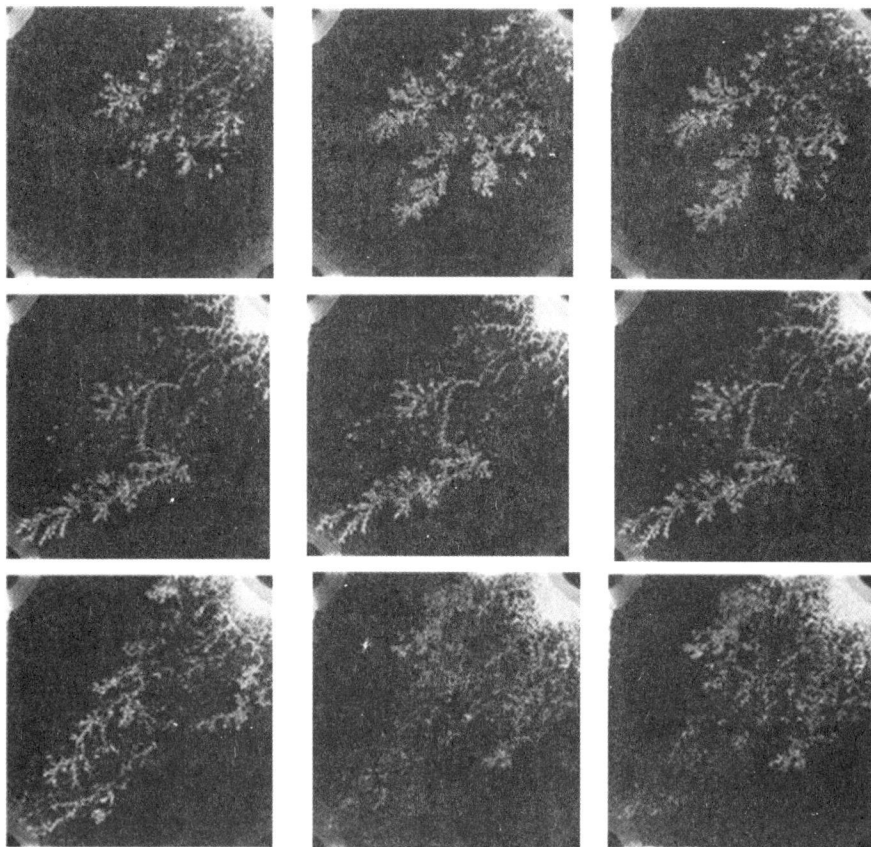

图 9　注蒸汽过程宏观图像

## 5.3　宏观和微观剩余油分布特征

从注蒸汽可视化试验结果可以看出,由于油水黏度的差异造成注入蒸汽及热水的指进现象明显,主流通道两侧留有大量剩余油,气窜区域宏观剩余油分布表现为:不规则网状气窜通道分割下的低动用或未动用片块状剩余油(图10)。其宏观剩余油分成两种类型:一是波及范围内微细气窜通道之间为汽驱残余油状态(图9),此类剩余油分布仍不均衡,只能依赖化学剂提高洗油效率。二是窜流通道内为热水驱残余油(图11),此类剩余油一方面可依赖化学剂进行洗油;另一方面由于剩余绕流油分布范围大,可封堵窜流通道扩大蒸汽波及后动用。气窜通道内微观剩余油分布表现为:微细通道间的绕流油和润湿性及孔喉形状等原因造成滞留油(图12)。

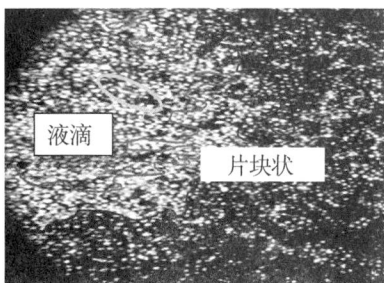

图 10　气窜区域宏观剩余油分布图

图 11　气窜通道内宏观剩余油分布图

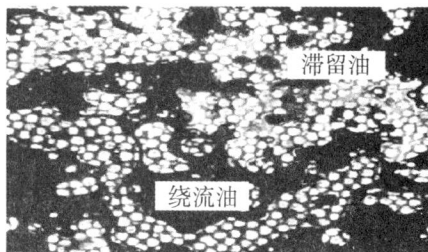

图 12　气窜通道内微观剩余油分布图

## 6　注入参数及工艺技术优化

### 6.1　气窜程度评价指数的建立

当两口吞吐井发生井间气窜时,气窜时间与气窜时产生的温度是评价井间气窜的两个重要参数,将无因次气窜时间和无因次井底温度增量两个主要判断气窜强弱的指标关联起来,形成气窜程度评价指数计算公式。

无因次气窜时间表示井间气窜的快慢程度,其值越小,则气窜越严重;无因次温度增量表示井间气窜的大小程度,其值越大,则气窜越严重。将无因次气窜时间与无因次温度增量组合,形成气窜程度的评价指数 $E_{sc}$。公式如下:

$$E_{sc} = \sum_{i=1}^{n_c} \frac{T_{Di}}{t_{Di}}$$

式中, $n_c$ 表示中心井与周围井的气窜通道条数,无因次。

该评价指数越大,则表示所评价的中心井的气窜程度越严重,需要提早采取防治措施;反之表则示气窜程度较弱。通过随机改变模型动静参数,包括井距、渗透率差异、油层厚度、注汽速度等,计算出相应的无因次气窜时间 $t_D$,再根据无因次气窜时间对应的油藏数值模型,计算相应的无因次温度增量 $T_D$。输入评价指数( $E_{sc}$ )计算公式,即可得出气窜中心井的评价指数大小,作图可得图13。根据评价指数 $E_{sc}$ 的计算结果,各井的气窜程度均加以量化,根据该量化数值的相对大小即可判断各气窜井的气窜程度。评价指数越大,表明所评价的中心井气窜程度越严重,需要优先进行气窜治理。同样,亦可根据各井的评价指数进行聚类分析,划分气窜等级。

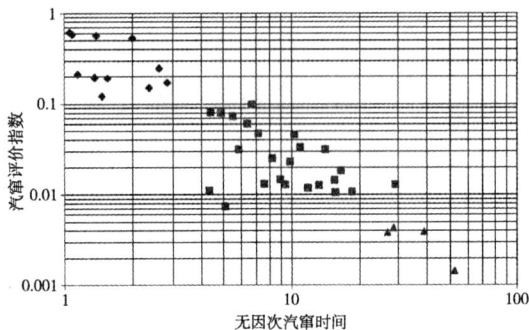

图13 评价指数聚类分析图

### 6.2 调剖剂选型及调剖参数优化

#### 6.2.1 调剖剂选井型

参照数模研究得出的不同调剖剂适用油藏类型,结合研究区实际情况确定不同程度气窜井调剖剂选型标准。

针对气窜程度高的井,分成两种情况分析,以组合参数 $\left[ \frac{K \cdot H_e \cdot \varphi}{\mathrm{Ln}(\mu_o)} \right]^{\frac{1}{\sqrt{V_k}}}$ 的值0.65为界,如图14所示,界线左侧应采用先注颗粒类调剖剂再注泡沫;界线右侧最佳的方式也是先注凝胶再注泡沫。

因此,不同调剖剂适用条件如下:

(1)随原油黏度增加,泡沫的适用渗透率级差减小;

(2)普通稠油时,泡沫的适应范围为3~10倍级差;

(3)特稠油范围内,泡沫适应范围为3倍级差以下;

(4)其他范围内,应使用强度高的固体类调堵剂。

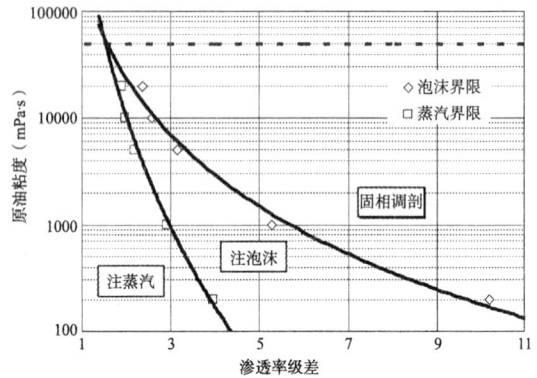

图14 不同气窜程度调剖剂选型标准图版

表2 不同类型堵剂对气窜类别的适应性统计表

| 类别 | 氮气 | 氮气+泡沫 | 氮气+凝胶 | 固相颗粒 | 固相颗粒+凝胶 |
|---|---|---|---|---|---|
| 弱窜 | | √ | √ | | |
| 中等窜 | | | √ | √ | |
| 强窜 | | | | √ | √ |

根据表1和表2,以试验区 LJ1518 井和 LJ1616 井为例,目前由于井间气窜通道的形成,渗透率已由原始的 $2.156\mu m^2$ 升至 $13.670\mu m^2$, LJ1616 井Ⅲ5-6层的渗透率仅为 $1\mu m^2$ 左右, LJ1518 井的渗透率为 $3.26\mu m^2$ 左右,形成气窜通道后,气窜通道与Ⅲ5-6层的平面渗透率极差超过6.34,因此必须选择颗粒类调剖剂进行封堵,可选择高强度粉煤灰作为封堵剂。

#### 6.2.2 调剖参数优化

根据气窜通道定量描述结果及数模结果,确定了调剖技术指标。其中,封窜厚度:当渗透率极差≥中时,选高渗层有效厚度;当渗透率极差<2时,选全井段有效厚度;封窜宽度:0.6~3m;封窜深度:井距1/2处,优化范围为15~35m;堵剂粒径:气窜通道宽度的1/6,22°~25°的;调剖剂注入倍数:气窜通道体积的0.1PV-0.15PV;封堵强度:≥90%,数模优化结果如图15~图17所示。

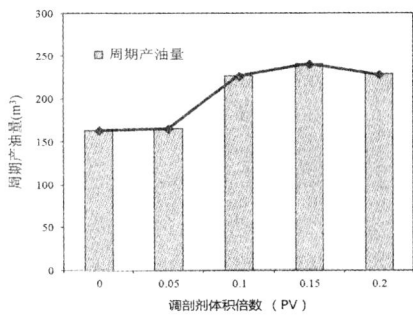

图15 调剖剂用量优化设计结果

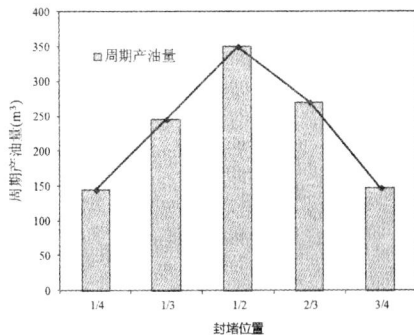

图16 调剖剂封堵位置优化设计结果

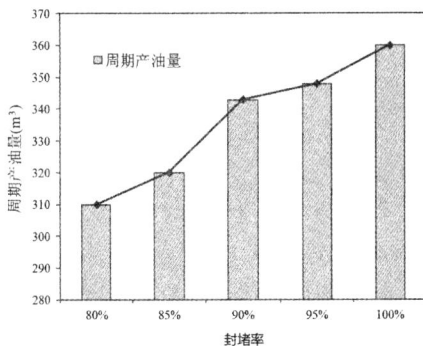

图17 调剖剂封堵强度优化设计结果

#### 6.2.3 注汽参数优化

根据数值模拟结果明确了调剖后单井吞吐及组合吞吐注入参数。

如图18所示，单井吞吐时，单窜通道前提下最优注汽强度240t/m～250 t/m,注汽速度最优166m最优－250 t/m注汽强度合吞吐注入参数。为,焖井时间5～6d;多窜通道前提下最优注

汽强度230t/m汽强度注汽强度,注汽速度最优166m,焖井时间4～6d。

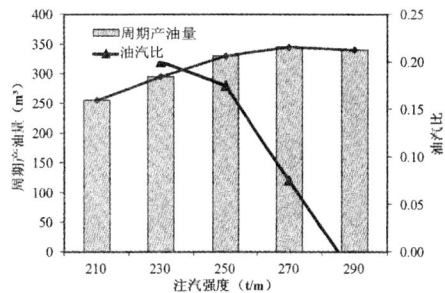

图18 单井吞吐单窜通道注汽强度优化设计结果

如图19所示，组合吞吐时，单窜通道前提下最优注汽强度340t/m,注汽速度最优180～210m度注汽强度,焖井时间5d;多窜通道前提下最优注汽强度340t/m,注汽速度最优170～190m度注汽强度强度注汽强度度,焖井时间5d。

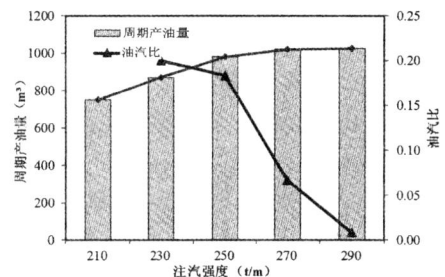

图19 组合吞吐多窜通道注汽强度优化设计结果

### 7 应用效果及结论

如表3所示,2018—2019年在研究区楼1917井区Ⅲ5.6层优化应用气窜治理技术220井次,累计产油3.14,累计增油5894.6t,阶段油汽比0.27,相比治理前上升了0.14,提高采收率3.5%。投入投入3098万元,产出9734万元,利润5936万元,投入产出比1:1.9。该技术2020年在热采区块全面推广应用,优化指导热采调剖封窜,实施85井次,产油18042t,增油6140t,净增经济效益1585万元。

表3 工区Ⅲ5.6层气窜治理效果

| 治理对策 | 井组/井次 | 治理前周期 | | | | | | 治理后周期 | | | | | | 增油(t) |
| --- | --- | --- | --- | --- | --- | --- | --- | --- | --- | --- | --- | --- | --- | --- |
| | | 注汽量(t) | 注氮量(Nm³) | 产液量(m³) | 产油量(t) | 含水(%) | 日产油(t/d) | 油汽比 | 注汽量(t) | 注氮量(Nm³) | 产液量(m³) | 产油量(t) | 含水(%) | 日产油(t/d) | 油汽比 | |
| 单井吞吐 | 13 | 5361 | 119729 | 15781.1 | 1071.5 | 93.2 | 0.5 | 0.2 | 5018 | —— | 31100 | 1367 | 95.6 | 1.31 | 0.27 | 874.9 |
| 组合吞吐 | 207 | 108033.5 | 3823048 | 141459.9 | 13490.4 | 90.46 | 0.67 | 0.12 | 110416 | 3506411 | 324487 | 30011.7 | 90.7 | 0.78 | 0.27 | 4452.1 |
| 合计 | 220 | 113394.5 | 3942777 | 157241 | 14561.9 | 90.74 | 0.65 | 0.13 | 115434 | 3506411 | 355587 | 31378.7 | 91.2 | 0.8 | 0.27 | 5894.6 |

## 8 结 论

(1)稠油油藏注蒸汽后一般会出现：黏土膨胀、矿物溶解转化、颗粒运移沉积、沥青质沉积、润湿性转变、乳化物堵塞等现象；由于岩石骨架颗粒的溶解作用，使储层更加松散，导致油井大量出砂或油层坍塌；"热蚯孔"形成热连通后造成层间气窜严重。

(2)注汽过程中，井间形成的气窜通道呈现了一个楔形形状；可视为以注汽井气窜前的加热范围与气窜井切线所形成的区域；建立了一套蒸汽吞吐井间窜流通道的定量计算理论模型，便于现场进行气窜通道的参数计算。

(3)研究区块内，蒸汽吞吐井间发生气窜后，井间渗透率呈现明显增加趋势，最大渗透率增幅达到 74.25 倍，最小渗透率增幅仅为 1.59 倍；同一井对多次窜流后井间渗透率逐渐增加，同时井间弱窜通能力通道或许不再窜通。

(4)确定井间气窜的无因次气窜时间 $t_D$ 与无因次温度增量 $T_D$，进而建立气窜程度的评价指数 $E_x$；将气窜程度划分为强、中、弱三个等级；$E_x >$ 0.1 判定为强气窜，$0.01 < E_x < 0.1$ 之间判定为中气窜，$E_x < 0.01$ 判定为弱气窜。

### 参 考 文 献

[1]马玉霞.古城油田泌浅 10 断块构造应力分布研究及应用[J].江汉石油学报,2003,25(3),29－30.

[2]张现德.碱性添加剂提高稠油注蒸汽采收率室内研究[J].油田化学,1992,9(4):363－365.

[3]李锦超,王磊,丁保东,等.稠油蒸汽/化学驱油技术现状及发展趋势[J].西安石油大学学报(自然科学版),2010,25(4):36－40.

[4]郭东红,辛浩川,崔晓东,等.稠油热采高温放窜剂的性能研究[J].精细石油化工进展,2006,7(10):1－3.

[5]杨德远.稠油注蒸汽热采中添加化学剂技术[J].特种油气藏,1999,6(1):41－46.

[6]郎宝山.曙光油田超稠油蒸汽添加剂的研制与应用[J].油田化学,2004,21(1):23－25.

[7]赵发军,刘永建,赵田红,等.利用供氢体对稠油进行水热裂解催化改质的研究进展[J].油田化学,2006,23(4):379－384.

[8]张一伟,刘洛夫,欧阳健,等.油气藏多学科综合研究[M].北京:石油工业出版社,1995.

# 二次聚合物驱转水驱油藏控制递减技术

何兰兰　马培申　张　磊　张向红　郑青华　刘亚新

（中国石化河南油田分公司采油一厂）

**摘　要**　下二门油田 H2Ⅱ、Ⅲ油组为断块油藏，在"十二五"期间二次聚转后续水驱，与水驱相比，二次聚合物驱后剩余油分布更为复杂、零散，现有的剩余油认识手段及挖潜技术已不适应油田高含水后期开发的需要，如何精确、定量的描述聚合物驱后剩余油分布、进一步提高采收率，已是聚驱后进一步提高老油田采收率急需解决的难题。因此，为了寻求后续水驱阶段控减进一步提高采收率的有效技术，利用油藏数值模拟、流线描述、油藏工程及动态分析为手段，研究了断块油藏聚转水驱后剩余油分布特征和规律、平面及纵向高耗水条带时变规律，形成了二次聚转水驱控减、进一步提高采收率的技术政策，应用于现场试验后，自然递减、综合递减控制在 0 以内，取得较好的控减效果，为其他聚转水驱油藏的开发提供了方法借鉴和理论指导。

**关键词**　下二门油田；断块油藏；二次聚转后续水驱；控制递减；提高采收率

河南油田在"十五"后期和"十一五"期间为实现三采产量的接替，逐步扩大二类储量和一类储量二次聚合物驱的应用规模，河南油田化学驱出现二次增油高峰。"十二五"期间下 H2Ⅱ、Ⅲ油组、双河Ⅴ上层系、Ⅲ油组、北块Ⅳ1－3层系等主力单元相继转入后续水驱开发，产量递减大，需探索后续水驱单元控减技术对策，平衡平面压力场，延缓大孔道的形成时间从而减缓递减，同时为其他三采区块提供技术储备。本文以下 H2Ⅱ、Ⅲ油组为例，系统介绍了断块油藏后续水驱单元控减及进一步提高采收率技术。

## 1. 地质概况

下二门油田 H2Ⅱ、Ⅲ油组构造形态为一轴向近南北向经过断层复杂化的短轴背斜，油藏类型以断层－岩性油藏、断块油藏为主。储层均为近物源三角洲前缘沉积，沉积类型以水下分流河道、河口坝为主。

H2Ⅱ油组储层具有胶结疏松、渗透率高、孔隙度大的特点。平均孔隙度 23.7%，渗透率 2.33μm²。渗透率平面分布具有分带性，相带窄、变化急剧的特点；纵向上具有分层性、小夹层发育，韵律性强，油层厚的特点，以近物源、粗粒沉积为主，宏观和微观非均质性异常严重，层内存在明显的特高渗流通道。单元 2006 年 8 月进入二次聚驱阶段，2014 年 1 月转入后续水驱阶段，综合含水94.6%，采出程度 48.66%。H2Ⅲ油组孔隙度23.88%，储层空气渗透率 2.105μm²，层间突进系数 1.8，变异系数 0.81，级差 20.1，非均质也很严重。主力油层 6 个，属于断块多层油藏。单元

2006 年 8 月进入二次聚驱阶段，2012 年 8 月转入后续水驱阶段。综合含水 96.8%，采出程度 48.03%。

下 H2Ⅱ、Ⅲ油组转后续水驱以后进入高含水高采出程度开发后期，主要存在井况差注采井网破坏严重、储层非均质严重动用差异大、高耗水发育调整难度大的问题。

## 2. 高耗水条带识别技术

随着油田开发程度的不断深入，矿场、室内试验特高含水期表现出的规律、特征不同于中高含水阶段。如进入特高含水阶段水驱特征曲线出现上翘，"拐点"之后耗水量急剧增加。本文运用水驱曲线法、数值模拟及流线描述等技术，定量描述了纵向高耗水层段、平面优势流线及高耗水条带时变规律及分布特征，指导下步调整。

### 2.1　纵向高耗水条带识别

（1）水驱曲线识别高耗水层。

根据双河油田天然岩样室内水驱油实验结果，得到高注入倍数（200PV）下水驱油效率变化曲线（图1），从图中可以看出，注入倍数由 50PV 增加至 200PV，驱油效率提高了 6.1 个百分点。高注入倍数下甲型水驱特征曲线出现"拐点"（图2），当注入倍数达到 18PV，含水率达到 99% 后，甲型水驱特征曲线开始上翘，"拐点"之前驱油效率 50.0%，消耗的水量占 18%，时间占 9%；"拐点"之后驱油效率 9.1%，消耗的水量占 82%，时间占 91%。由此可见，水驱特征曲线上翘后，耗水量急剧增加，开发效益变差。因此通过绘制分层水驱曲线，如果曲线出现拐点，可作为判定高耗水层的依据。

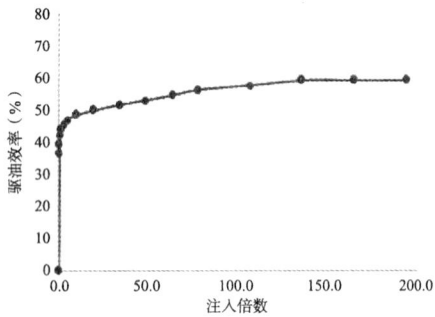

图1　不同注入倍数下驱油效率变化曲线

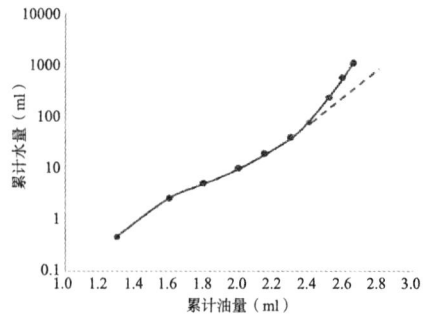

图2　双河油田天然岩心高注入倍数下甲型水驱特征曲线

从分层驱替曲线可以看出(图3),主力层Ⅲ1.2.3层,注入采出好,一次和二次聚驱斜率均较聚驱前斜率变小,转水驱后快速出现"拐点",且水油比为21～32,斜率明显大于聚驱前水驱阶段。说明聚合物溶液降低油水比后,有效扩大波及体积,并有效封堵大孔道,聚驱后地下残留聚合物加大储层非均质性,使得地层大孔道愈加发育,快速出现高

耗水条带。非主力层Ⅲ4层:注入采出差,聚驱阶段聚合物溶液进入少,聚驱效果不明显,因此聚驱前后斜率变化不明显,转后续水驱后"拐点"不明显,高耗水不发育。注入采出好的主力层高耗水条带较注入采出差的非主力层或小砂体发育,且水油比高8～19。

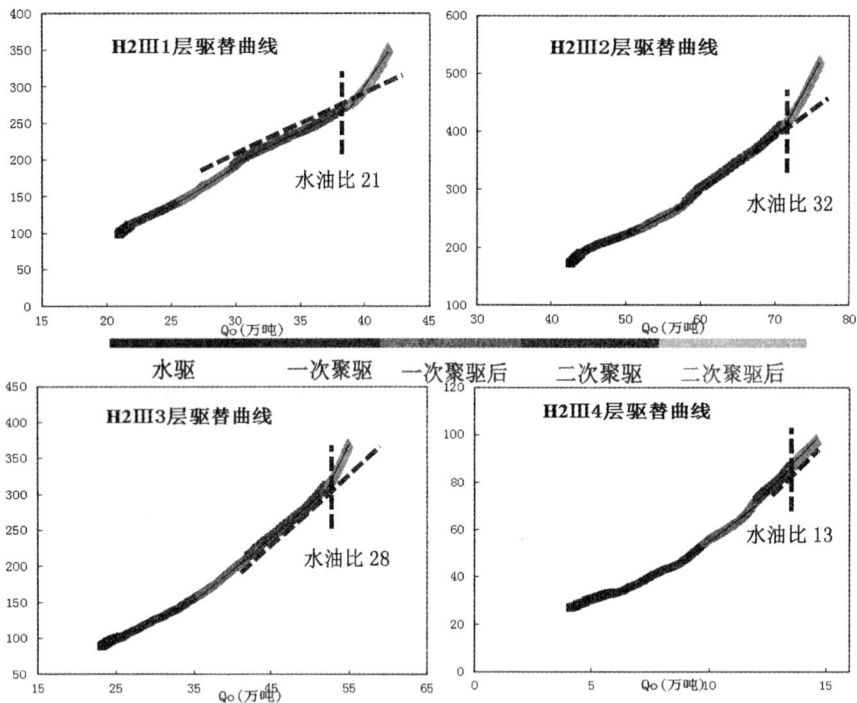

图3　H2Ⅲ1.2.3.4层驱替曲线图

(2)吸水剖面识别高耗水段。

根据连续吸水剖面可以看出,吸水强度大的单层易形成高耗水段。吸水剖面由均匀式逐渐变为突进式,吸水厚度变薄、强度变大,因此可识别厚层层内高耗水段。例如浅25井聚驱阶段剖面变得相对均匀,后续水驱阶段剖面较水驱阶段突进更强,吸水厚度由6.5m到4.2m,吸水强度7.3～15.8m³/d/m,形成了高耗水段。连续吸水剖面

跟踪发现,主力层主体区及边部高耗水层较断层及上倾区吸水厚度变化更快,吸水强度更强,特别是厚油层油藏H2Ⅱ油组,高耗水层更明显和突出,吸水厚度最高从8m突进到3.5m,吸水强度7m³/d/m～15.8m³/d/m,较多层油藏H2Ⅲ油组更加发育。

2.2　平面高耗水条带识别

为评判井间流场强弱,提出注采关联度模糊

评判优势流场方法。本方法利用 RMS 软件进行数值模拟研究,应用模糊相关评判法,确定分层分井组对应油水井关联度大小,形成分层井间关联度量化分布图。全区拟合程度达 94%,单井拟合率达 84%,模型可靠。

(1)灰色关联度因素的确定。

应用关联度模糊评判需要确定关联度因素,采用注采关联度对大孔道存在进行预测识别,关键是确定参数,建立因素集和权重集。利用 SPSS 数理相关性分析软件进行相关性分析,确定各参数相关性大小。井距>注水倍数>渗透率>非均质程度。

(2)灰色关联度定量计算油水井间连通相关性。

灰色关联分析是根据相关性大小赋予不同权重,利用模糊评判法,量化确定井间注采关联度。采油井的产量、井底压力、含水率等受周围多口注水井注入量的影响,它们均是时间的函数,之间的关系具有灰色性。可通过关联分析来确定注水量与油井各生产参数之间的关联度。影响油水井连通性的因素有井距、油层厚度、油层渗透率、原油和水的黏度、注水压差。应用达西公式,将以上因素综合为一个指标 $q$,即

$$q = \frac{KH}{\mu L}\Delta P$$

表 1 分层分井组油水井间灰色关联系数

| 水井 | 小层 | 小层 | 油井 | 全区得分 | 井组得分 | 小层得分 | 平均日注 | 注水强度 |
|---|---|---|---|---|---|---|---|---|
| 井号 | 序号 | 名称 | 井号 | 10 分制 | 10 分制 | 10 分制 | 方/天 | 方/天米 |
| 下 5−71 | 1 | Ⅲ14−5 | 下 T6−2215 | 0.6 | 2.2 | 0.8 | 6.814 | 1.936 |
| | 1 | Ⅲ14−5 | 下检 1 | 0.4 | 1.7 | 0.6 | 4.348 | 1.235 |
| | 2 | Ⅲ16−7 | 下 T6−2215 | 2 | 7.6 | 3.1 | 20.223 | 21.066 |
| | 2 | Ⅲ16−7 | 下检 1 | 0.2 | 0.8 | 0.3 | 0.236 | 0.246 |
| | 6 | Ⅲ24−5 | 下 T5−221 | 0.3 | 1.1 | 1.5 | 2.256 | 0.522 |
| | 6 | Ⅲ24−5 | 下 T6−2215 | 0.9 | 3.6 | 4.6 | 20.476 | 4.74 |
| | 6 | Ⅲ24−5 | 下检 1 | 0.9 | 3.3 | 4.2 | 17.752 | 4.109 |
| | 8 | Ⅲ31−2 | 下检 1 | 0.9 | 3.4 | 8.9 | 15.129 | 4.503 |
| | 9 | Ⅲ33−4 | 下检 1 | 0.8 | 2.9 | 4.9 | 11.361 | 3.087 |
| 下 6−304 | 1 | Ⅲ14−5 | 下 T6−227 | 0.5 | 5.6 | 0.5 | 2.79 | 0.671 |
| | 4 | Ⅲ21−2 | 下 6−152 | 0.2 | 2.5 | 2.5 | 0.453 | 0.129 |
| | 4 | Ⅲ21−2 | 下 T6−221 | 0.9 | 10 | 10 | 7.536 | 2.141 |
| | 4 | Ⅲ21−2 | 下 T6−227 | 0.2 | 2.6 | 2.6 | 0.513 | 0.146 |
| | 6 | Ⅲ24−5 | 下 T6−227 | 0.1 | 1.1 | 0.6 | 0.09 | 0.028 |
| | 10 | Ⅲ35−7 | 下 6−152 | 0.3 | 3.6 | 1.3 | 0.973 | 0.277 |
| | 10 | Ⅲ35−7 | 下 T6−221 | 0.8 | 8.6 | 3.2 | 5.604 | 1.592 |
| | 10 | Ⅲ35−7 | 下 T6−227 | 0.4 | 4.3 | 1.6 | 1.367 | 0.388 |
| | 11 | Ⅲ38−9 | 下 6−152 | 0.3 | 3 | 1.5 | 0.363 | 0.189 |
| | 11 | Ⅲ38−9 | 下 T6−227 | 0.2 | 2.6 | 1.4 | 0.288 | 0.15 |
| 下 7−132 | 6 | Ⅲ24−5 | 下 T5−355 | 0.8 | 8.1 | 4.1 | 11.864 | 3.633 |
| | 6 | Ⅲ24−5 | 下 T5−356 | 0.6 | 6.8 | 3.4 | 10.24 | 3.136 |
| | 6 | Ⅲ24−5 | 下 T6−2210 | 0.1 | 0.9 | 0.8 | 0.313 | 0.096 |
| | 6 | Ⅲ24−5 | 下 T6−222 | 0.3 | 2 | 1.9 | 2.801 | 0.858 |
| | 6 | Ⅲ24−5 | 下 T6−3310 | 0.4 | 3.8 | 2.3 | 4.41 | 1.35 |
| | 6 | Ⅲ24−5 | 下侧 T6−2212 | 0 | 0.2 | 0.2 | 0.013 | 0.004 |

根据指标大小，识别井组、井间优势流场，如图4所示，从H2Ⅲ油组分阶段瞬时注采关联度图可以看出：Ⅱ1断块面积套损区经历5年有采无注，优势流线减弱甚至消失；Ⅱ2断块二次聚驱边部井网加密，流线密集，因边水能量强，环水面积大，流线改变力度小，区域强注强采后，油井见效快窜流快，强连通流线较Ⅱ1断块发育。

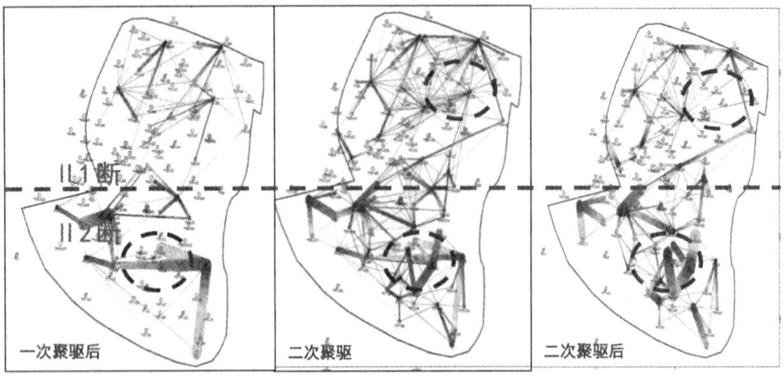

图4　H2Ⅲ2$^{4-5}$层流线矢量图(二次聚驱前、二次聚驱阶段、后续水驱四年)

(3)矢量流线表征描述平面非均质性。

利用流线描述技术，将优势流线转变为矢量流线图，直观反映井组及平面注采方向强弱及流线波及能力。聚驱阶段流线较为均匀的向四周发散，波及面积增大，均衡驱替性好；后续水驱阶段流线更加集中，流线包络面积减小甚至消失，平面非均质性进一步加强。

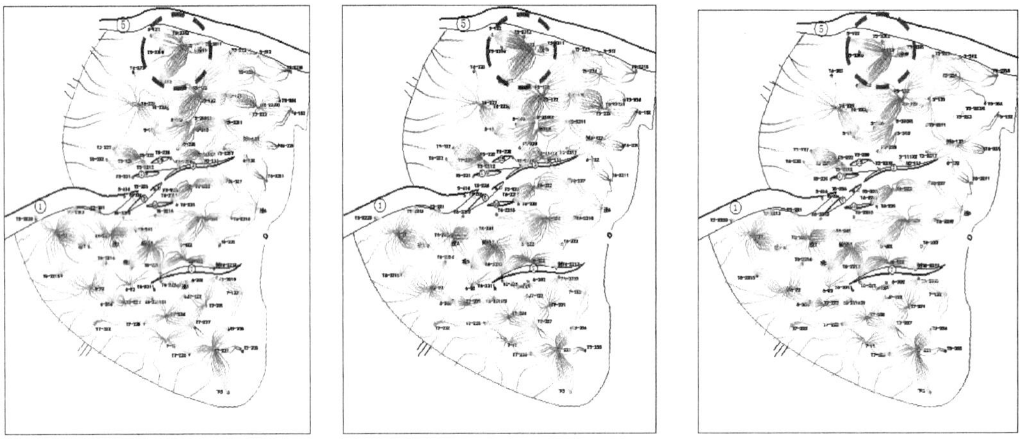

图5　H2Ⅲ3层分阶段注采关联度图

(4)高耗水条带分布特征。

通过流线数值模拟法、模糊综合评判法以及时变流线分析法相互叠加、修正，最终确定了平面高耗水条带分布特征。从主力层高耗水条带可以看出：转水驱波及面积缩小、注水方向性更强，高耗水条带变窄变长；Ⅱ1断块面积套损区有采无注，优势流场缓慢恢复，Ⅱ2断块强注强采高耗水连片分布。从非主力层H2Ⅲ4$^{1-2}$层高耗水条带可以看出：受层间干扰注入采出差，聚驱末仅在新泌7、T6-223和5-310井区发育一条高耗水条带，转水驱后改善力度小，高耗水仍不发育。

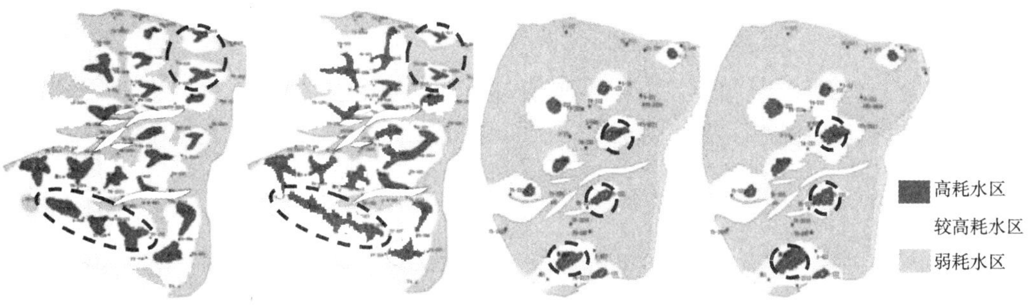

图6  主力层 H2Ⅲ3$^{5-7}$层和 H2Ⅲ4$^{1-2}$层高耗水条带图(二次聚驱、后续水驱四年)

## 3　剩余油分布特征

### 3.1　平面剩余油分布特征

聚驱后平面剩余油受物性分割、断层分割及井网影响,呈"整体高度分散,局部零星分布"的特点。主要在相变区、断层区、分流线区及套损区富集,在高耗水区剩余油零散分布。

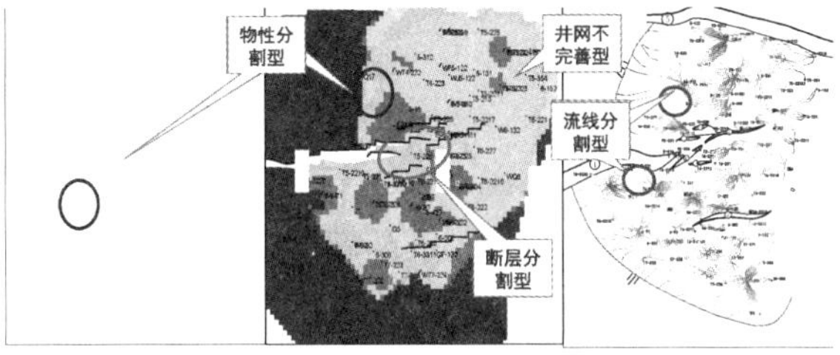

图7  主力层 H2Ⅲ3$^{5-7}$层沉积微相图、剩余油饱和度图和流线图

表2　剩余油分类储量统计

| 分类 | 区域 | 平均含油饱和度(%) | 剩余油丰度 | 剩余储量($10^4$t) |
|---|---|---|---|---|
| 较大尺度 | 断层区 | 43.5 | 15~28 | 36.2 |
| | 相变区 | 41.2 | 15~23 | 29.4 |
| 小尺度 | 分流线区 | 37.5 | 13~25 | 35.6 |
| | 套损区 | 37.2 | 13~20 | 48.5 |
| 零散分布 | 高耗水区 | 31.8 | 8~15 | 183.5 |

相变区和断层区剩余油时变特征:受储层非均质、构造及格局等影响,相变区和断层区聚驱阶段剩余油饱和度分别下降2.8、2.6个百分点,后续水驱四年因流线波及较差,饱和度下降幅度较小,平均下降1.6、1.4个百分点,剩余油饱和度高于单元平均水平5.5、7.8个百分点。

分流线及高耗水区剩余油时变特征:聚驱主体区剩余油下降7.8个百分点,后续水驱四年仅下降2.5个百分点;其中主流线区以水带油,饱和度下降幅度较小,平均下降1.3个百分点;分流线区虽流线波及差,饱和度下降3.5个百分点,但剩余油饱和度仍较主流线高5.7个百分点。Ⅱ1断块套损区剩余油重新富集,是下步井网完善的潜力区,Ⅱ2断块大面积强水淹,是液流转向调整区。

### 3.2　纵向剩余油分布特征

纵向剩余油分布在储量高、物性好的主力层Ⅱ13-13Ⅲ14-521-2.4-735-9层,主力层聚驱注入采出好(饱和度下降9.5个百分点),聚驱后饱和度低(平均35.7%),但油层厚度大,仍占总剩余储量80.2%;非主力层注入采出差(下降3.2个百分点),油层厚度薄,剩余储量占比不到20%。

## 4　二次聚合物驱转水驱油藏控制递减技术

### 4.1　零星分布剩余油挖潜技术

针对严重窜流区域,结合高耗水条带分布特征,封堵特高含水井层,促进液流转向。实施3口井,调整后弱驱方向流线由稀疏变密集,波及面积增大。阶段产油1117t。

### 4.2　小尺度剩余油挖潜技术

(1)分流线区控强提弱扩波及。

建立典型五点法井网,模拟不同注采结构研究流线波及程度及提高采收率变化。研究表明,通过"推、拉、压"注采联动调整,差异化配产配注调整,流线波及最大,提高采收率幅度最高。

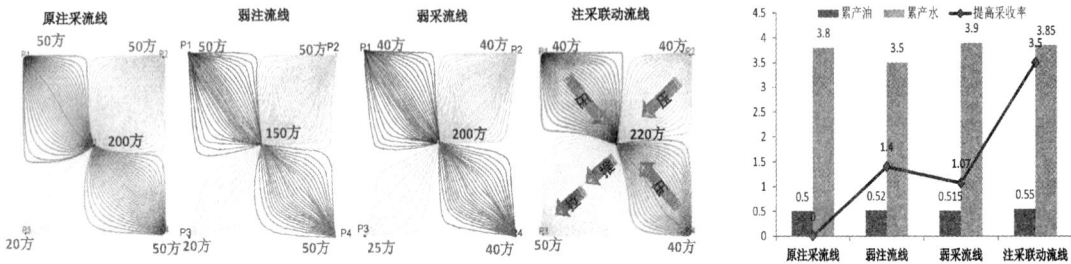

图8 不同注采结构流线变化情况及提高采收率图

结合剩余油饱和度分布及流线分布,选取3个井组开展注采联动试验,对主流线方向6口油井限液、弱流线方向3口油井提液;3口水井优化配注,通过注采联动变流线,强化非主流线方向注入,扩大流线波及,调整后弱驱方向流线明显改善。井组日产油上升,日产液下降,3井组阶段增油1512t,阶段降低无效产液1.8万吨,降低无效注水0.6万方,单井最高日增油8.6t,含水下降23%,有效实现均衡驱替,开发效果改善显著。

(2)套损区重建井网促动用。

典型套损区H2Ⅲ油组Ⅱ1断块T5-223井区,2012年—2013年3口注入井套变封井,出现面积型套损,经过五年有采无注,井区流线场、压力场均缓慢恢复至平衡状态,剩余油重新富集,呈连片状分布。平均剩余油饱和度恢复至37.2%,丰度13~20×10⁴t/km²,具有完善注采井网潜力。

数值模拟研究表明:流线改变45度最终采收率最高,效果最佳。结合矿场实际确定井网恢复原则:均衡考虑原井网井距、液流转向力度等因素,最大限度避开优势水流通道;失控储量小、套损程度较小的井组,大修和转注恢复井网;失控储量大、套损严重井组,部署更新井4口恢复井网;

井网恢复后H2ⅡⅢ油组井网恢复后储量控制程度分别由85%↑91%,77.6%↑92%。更新井与套变井相距25~52m,流线改变12°~35°;阶段累计注水21.1万方,见效井5口,日增油4.2t,阶段累计增油925t。调整前后井组递减减缓18.4个百分点。

### 4.3 较大尺度剩余油挖潜技术

(1)非主力层仿强边注水促波及。

H2Ⅲ4层受层间干扰注入采出差,聚驱后剩余油呈片状分布,油井低能低含水,平面整体动用差。开展人工强边合理井距及注水强度研究:建立典型模型,定配注定液量生产至含水95%研究合理井距;定液量生产至含水98%研究注水强度。确定距离边界最佳为150m,最优注水强度为20(m³/d·m)时,采出程度最高。

表3 不同距离边界位置提高采收率程度

| 方案 | 注水强度 m³/(d·m) | 累产油 (×10⁴m³) | 累产水 (×10⁴m³) | 累产液 (×10⁴m³) | 采出程度 |
|---|---|---|---|---|---|
| 50m | 20 | 3.8 | 25.09 | 35.13 | 20.14% |
| 150m | 20 | 3.9 | 24.96 | 34.94 | 20.67% |
| 200m | 20 | 3.67 | 25.22 | 35.31 | 19.45% |

表4 不同注水强度提高采收率程度

| 方案 | 注水强度 m³/(d·m) | 累产油 (×10⁴m³) | 累产水 (×10⁴m³) | 累产液 (×10⁴m³) | 采出程度 |
|---|---|---|---|---|---|
| S150m | 15 | 3.7 | 25.09 | 35.13 | 20.10% |
| 150m | 20 | 3.9 | 24.96 | 34.94 | 20.67% |
| 150m | 25 | 3.67 | 25.32 | 35.45 | 19.90% |

矿场应用情况:距离边界120~200m利用过路井补孔注水5井,累计注入7.8万方后,小层平均压力保持水平由43.8%到63.5%,注水波及半径95m,阶段增油687t。

(2)断层区井网矢量加密。

密井网区充分利用过路井补孔,加密注采流线;稀井网区部署调整井或利用废弃井开窗侧钻,井网矢量加密,提高油层动用。阶段调整以来,在断层屋檐下密井网区过路井补孔9口,日增油27.6t,阶段增油4156t;稀井网区部署调整井1口,部署侧钻井3口,目前完钻开抽2口,阶段产油866t。

（3）相变区井网矢量加密。

结合沉积微相、高耗水条带、剩余油分布、测井曲线等识别相变区，井网矢量加密。例如 H2 Ⅲ$_{14-5}$ 层有利相变区 6 个，其中 5－11 井与注入井位于主河道区，长期高能高含水，与 5－11 相距25m 的 T5－113 井位于物性相对较差的溢岸砂，优化射孔方式后（顶部 1/3－1/4），日产油 6t，含水77%，阶段增油 429t。

## 5　技术应用效果

上述控制递减技术运用到下 H2 Ⅱ Ⅲ 油组后效果明显，递减大幅减缓，采收率提高：日产能保持相对稳定，实际运行值分别高于预测值 30t 和20t，自然递减由 16% 降至 －0.55%，综合递减由11.86% 降至 －5.68%；阶段增油 1.8×10$^4$t，预计提高采收率 1.56 个百分点，如图 9 所示。

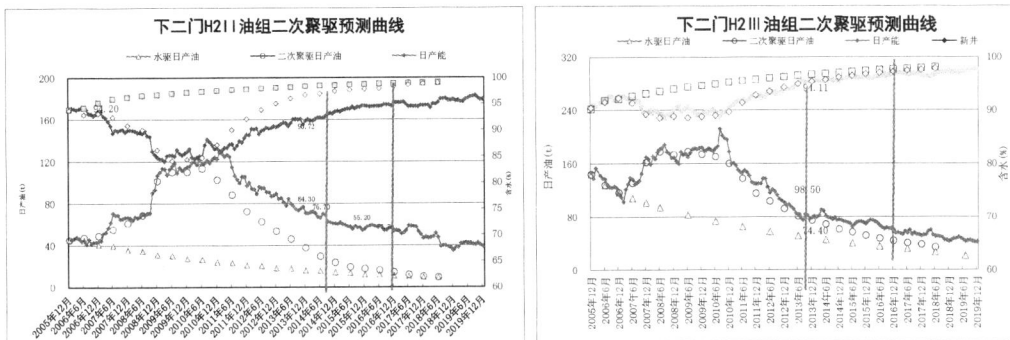

图 9　下 H2 Ⅱ Ⅲ 油组二次聚合物驱预测与实际生产曲线对比图

## 6　结论与认识

（1）二次聚驱后，主力层注水偏向性加剧，流线更密集，波及面积减少，平面高耗水条带变窄、延伸更长；非主力层受层间干扰注入采出差，聚驱末仅在个别井区发育一条高耗水条带，转水驱后改善力度小，高耗水仍不发育。

（2）二次聚驱后主流线区以水带油，平均下降1.3 个百分点；分流线区虽流线波及差，饱和度下降 3.5 个百分点，但剩余油饱和度仍处于较高水平；相变区和断层区流线仍波及较差，饱和度下降幅度仍较小，平均下降 1.6、1.4 个百分点，剩余油饱和度高于单元平均水平 5.5、7.8 个百分点。

（3）二次聚驱后正韵律上部油层剩余油饱和度高于底部 12 个百分点，非主力层剩余油饱和度高于主力层 3.7～8.6 个百分点。以难动用的角隅状、颗粒吸附状为主。

（4）不同尺度剩余油挖潜技术能有效改善开发效果，提高采收率。

**参 考 文 献**

[1] 邱坤态、孙宜丽、刘瑜莉，等. 改善二类储量聚驱效果动态调整技术研究及应用[M]. 河南南阳：石油大学出版社，2009.

[2] 王道远，等. 杏北聚驱 A 块后续水驱开发特征及影响因素分析[J]. 油气田地面工程，2009，8(3)：13－15.

[3] 张继成等. 聚合物驱后剩余油识别方法及其分布规律[M]. 大庆：大庆石油学院出版社，2008.

[4] 王冬梅、韩大匡，等，聚驱后续水驱阶段影响因素分析[J]. 大庆石油学院学报，2007，4(2)：45－48.

[5] 李玉梅、陈开远，等，聚合物驱后转后续水驱注采参数优化研究[J]. 科技与生活，2010，9：148.

# PPG 非均相调驱技术在聚驱后油藏的应用研究

张　卓[1,2]　王正欣[1]　唐金星[1]　王　熙[1,2]　张丽庆[1]　朱义清[1]

(1.中国石化河南油田分公司勘探开发研究院；2.河南省提高石油采收率重点实验室)

**基金项目**　中国石油化工集团公司示范工程项目"中高渗沙砾岩油藏聚驱后非均相复合驱技术"(编号：P19007－4)

**摘　要**　本文模拟下二门油田某油组油藏条件,选用Ⅱ型预交联粘弹性凝胶颗粒(粒径150～300$\mu$m)－PPG产品,系统评价了PPG非均相调驱体系的悬浮性、溶胀性、增粘性、粘弹性、注入性、调剖分流效果(渗透率级差2～7)。结果表明,PPG与聚合物溶液复配形成的非均相调驱体系具有明显的协同增效作用,粘弹性的大幅上升改善了PPG的悬浮性,提高了注入能力。PPG中值粒径为油藏孔喉直径的30倍时,非均相体系注入性较好,有较高的岩心封堵率。在此基础上,结合注聚井油层物性、注入压力和吸水剖面不均程度,进行了现场可注性试验和前缘段塞调剖,现场表现为注入性良好、注入压力持续缓慢上升、油层深部流动阻力增大、注聚井吸水剖面变均匀、强吸水层段被抑制、非吸水层段被启动、对应采油井日产油从27t/d增加至52.9t/d;且现场生产动态好于数值模拟预测结果。

**关键词**　预交联凝胶颗粒－PPG;非均相调驱体系;非均质性;注入性;聚驱后油藏

## 1　引　言

预交联PPG非均相调驱技术,是近年开发适用于非均质性严重的中、高渗油藏的一种新型调驱技术[1-4]。通过选择与地层孔隙尺寸匹配的预交联凝胶颗粒(PPG)与聚合物溶液复配,形成非均相调驱体系。PPG具有遇水膨胀和受压形变的特性,使注入水在层内改变方向,不再沿高渗带流动,从而增大扫油面积[5-7]。非均相调驱体系具有良好的增粘性和粘弹性,可有效发挥"调"和"驱"的协同增效作用。预交联PPG非均相调驱技术已在胜利、大庆、渤海等油田成功应用。如胜利油田孤岛中一区Ng3单元成功开展了聚驱后非均相复合驱先导试验[1,2,4]。先导试验前置非均相调剖段塞注入油层孔隙体积0.08PV,平均注入浓度为1660mg/L聚合物＋1660mg/L B－PPG。试验区总产油量由4.5t/d上升到81.2t/d,综合含水由98.2%降至79.7%,油井综合含水率下降18.5%。累计增油8.2万吨,阶段提高采收率6.6个百分点,预计最终可提高采收率8.5%,最终采收率达到63.6%。

下二门油田某油组油藏物性好,但非均质性严重;纵向非均质性较强,孔隙度为20%～26%,平均渗透率为1.17×10$^{-3}$$\mu$m$^2$,渗透率级差为4.8～23.0,变异系数平均为0.61～0.81;油藏温度58.1℃,地下原油黏度24.8mPa·s。2000年7月—2004年7月,开展了聚合物驱。目前,平均注

采井距215m,采出程度44.75%,综合含水97.8%。

针对该油组储层非均质性严重,吸水剖面不均匀,非主力层与主力层层间干扰大,剩余油分布零散等问题,拟通过系统室内筛选评价研究,选用预交联粘弹性凝胶颗粒(PPG)非均相调驱体系作为二次聚驱前缘段塞进行深度调剖。

## 2　实验部分

### 2.1　实验材料与设备

(1)聚合物:下二门某油组优选的超高分聚合物产品LH3500,固含量为90.03%,分子量为3000万;

(2)PPG:胜利油田某公司产Ⅱ型(粒径150－300$\mu$m)PPG产品,膨胀后中值粒径为361$\mu$m;

(3)配制水:下二门回注污水,敞开放置至少7天(陈化污水);矿化度2282mg/L,离子组成(单位mg/L)为Na$^+$＋K$^+$654、Ca$^{2+}$20.4、Mg$^{2+}$6.08、Cl$^-$141.8、SO$_4$$^{2-}$240.15、HCO$^3$$^-$1159.38mg/L。

(4)岩心:填砂管岩心,直径2.5cm×长度30cm,双管并联填砂岩心模型(渗透率级差为2、4、7);

(5)黏度计:DV－Ⅲ黏度计,美国Brookfield公司;

(6)岩心驱替实验装置,海安县石油科技仪器有限公司。

### 2.2　实验方法与步骤

聚合物溶液配制:聚合物干粉加入下二门油

田陈化污水中,配制浓度为 4000mg/L 的聚合物母液,搅拌 2 小时后用下二门陈化污水稀释为浓度 1000mg/L、1500mg/L 的聚合物溶液。

非均相体系配制:聚合物干粉和 PPG 干粉按 3:2 比例加入下二门油田陈化污水,配制浓度为 4000mg/L 的母液,搅拌 2 小时。然后用下二门陈化污水稀释为 1000mg/L 聚合物 + 667mg/L PPG、1500mg/L 聚合物+1000mg/L PPG 的非均相调驱体系。

黏度测试:采用 DVⅢ型布氏黏度计,0# 转子,转速 6RPM、温度 58℃。

弹性模量测试:通过 HAKKE MARS Ⅲ,利用 P60Ti 转子,间隙为 1mm,58℃下利用平板模式测试。

悬浮性能评价:观测量筒中预交联凝胶颗粒 PPG 在聚合物溶液中的悬浮性。

注入性评价:选取≤油藏平均渗透率的岩心,测定岩心的孔隙度和渗透率,注入非均相调驱体系,跟踪监测不同测压点的压力值,通过分析不同测点位置压力变化特征和趋势,研究 PPG 非均相调驱体系在中、低渗透岩心的注入性和运移能力。

调驱效果评价:选用不同渗透率级差(2~7 倍)的填砂管岩心(直径 2.5cm×长度 30cm),进行双管并联岩心实验;分析高低渗透率岩心分流率变化,研究预交联凝胶颗粒 PPG 非均相调驱体系对不同渗透率级差并联岩心的调剖效果及液流转向分流作用。

## 3 实验结果及分析

### 3.1 PPG 的悬浮性能

Ⅱ型(粒径为 150~300μm)预交联凝胶颗粒 PPG,在油田回注污水中的悬浮性能差,大都沉降到污水底部;而在浓度为 1200~1500mg/L 聚合物溶液中,观察到 PPG 颗粒能够悬浮在粘性聚合物溶液中,但属分布不均匀的非均相体系。

### 3.2 聚合物、PPG、聚合物+PPG 非均相调驱体系的增粘性评价

利用黏度计和流变仪测定单一聚合物溶液、单一 PPG 溶液及 PPG+聚合物非均相调驱体系的黏度及弹性模量,数据见表 1。从实验数据看出,预交联凝胶颗粒 PPG 与聚合物复配形成非均相调驱体系后,黏度和弹性模量大幅增加,明显高于相同浓度下单一聚合物溶液与单一 PPG 溶液的黏度和及弹性模量和,呈现出良好的协同增效作用。预交联凝胶颗粒 PPG 分子是一种通过多官能团引发、控制交联度、形成部分交联部分支化三维空间结构[8]。聚合物分子为长链直链结构。二者分散在水中聚合物直链"嵌套"到 PPG 三维结构中相互缠绕,增强体系的粘弹性。非均相调驱体系粘弹性增加有效地改善了预交联颗粒的悬浮性。24h 内未发现预交联颗粒发生沉降现象,从而改善了预交联颗粒在岩心中的注入性。

表 1 超高分聚合物、PPG、非均相调驱体系的增粘性实验结果

| 化学体系 | 浓度/mg·L⁻¹ | 体系黏度/mPa·s | 弹性模量/Pa |
|---|---|---|---|
| 聚合物 | 667 | 23.5 | 0.11 |
| | 1000 | 48.0 | 0.24 |
| | 1500 | 89.6 | 0.41 |
| 预交联凝胶颗粒 | 667 | 10.9 | 0.15 |
| | 1000 | 23.5 | 0.32 |
| | 1500 | 52.3 | 0.52 |
| 非均相调驱体系 | 1000 P+667 PPG | 99.8 | 0.63 |
| | 1500 P+1000 PPG | 168.9 | 0.93 |

### 3.3 PPG与岩心孔喉匹配关系研究

Ⅱ型(粒径150—300μm)PPG非均相调驱体系(1500 mg/L P+1000mg/L PPG)在下二门油藏中、低渗透率填砂岩心中封堵率和残余阻力系数及见表2所示。

岩心孔喉直径的计算公式见公式(1)：

$$d=\sqrt{\frac{32K}{\Phi}} \quad (1)$$

式中，$K$为岩心渗透率，$\mu m^2$；$\Phi$为岩心孔隙度，下二门油田目标油组平均渗透率为下$1.17\times10^{-3}$ $\mu m^2$，孔隙度20%~26%，取值20%，直接计算出孔喉直径为$d=13.86\mu m$。由该式计算的填砂管岩心孔喉直径结果列于表2中。

表2 不同渗透率岩心封堵数据

| 岩心编号 | 渗透率/$10^{-3}\mu m^2$ | 孔隙体积/mL | 孔隙度/% | 孔喉直径/μm | PPG中值粒径/孔喉直径 | 封堵率/% | 残余阻力系数 |
|---|---|---|---|---|---|---|---|
| 1 | 2550 | 9.66 | 24.80 | 18.14 | 19.90 | 75.00 | 4.00 |
| 2 | 1202 | 8.98 | 22.54 | 12.44 | 29.01 | 96.63 | 29.65 |
| 3 | 701 | 9.68 | 24.30 | 9.83 | 36.73 | 73.36 | 3.75 |
| 4 | 529 | 9.07 | 23.22 | 8.35 | 43.25 | 45.92 | 1.85 |

实验发现，3、4号岩心端面有较多的PPG残留，注入性较差；1和2号岩心端面只有少许残留，注入性相对更好。另外从表2中岩心封堵率和残余阻力系数看，1、2号岩心中PPG封堵率及残余阻力系数相对较高，尤其是2号岩心，PPG封堵率达96.63%、残余阻力系数更是高达29.65。说明当PPG粒径为与岩心或地层孔喉直径30倍时，PPG利用其良好的变形特征，更易受压变形进入岩心深部、甚至孔喉处，产生较高的封堵率和残余阻力系数。当PPG粒径与孔喉直径比约小于30倍时，岩心端面PPG残留少，注入性好；而当PPG粒径与孔喉直径比大于30倍时，端面有较多PPG残留，体现注入性差。

### 3.4 PPG非均相调驱体系调剖效果评价

在不同渗透率级差(2、4和7)并联填砂岩心中注入0.08PV非均相体系(1500mg/LP+1000mg/LPPG)，再注入0.52PV聚合物溶液(1500mgL)，考察其调剖分流效果(表3)，分流率变化曲线如图1所示。

表3 预交联凝胶颗粒非均相调驱体系并联岩心调剖实验效果

| 实验号 | 渗透率级差 | 渗透率/$10^{-3}\mu m^2$ | 水驱分流率/% | 非均相调驱分流率/% | 聚合物驱分流率/% |
|---|---|---|---|---|---|
| 1 | 2.49 | 1438.1 | 69.0 | 81.2 | 53.0 |
|  |  | 578.3 | 31.0 | 18.8 | 47.0 |
| 2 | 4.12 | 1428 | 91.7 | 81.6 | 76.0 |
|  |  | 346.7 | 8.3 | 18.4 | 24.0 |
| 3 | 7.06 | 2187.7 | 91.3 | 82.0 | 77.0 |
|  |  | 309.9 | 8.7 | 18.0 | 23.0 |

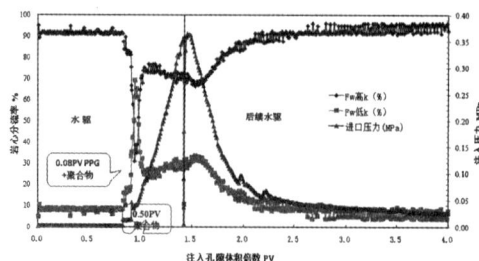

图1 PPG非均相调驱体系在级差为7双管并联岩心中分流率曲线

在渗透率级差为 2~7 的并联双管岩心中,水驱容易从高渗岩心中窜流,高渗岩心分流率达 69.0%~91.3%。PPG 非均相调驱后,部分并联填砂岩心(如 2、3 号)吸水剖面得到明显改善,高渗岩心的分流率明显降低,低至 81.2%~82%;同时低渗岩心得到有效启动。后续聚合物驱后,分流率得到进一步改善,尤其是 1 号并联岩心,高低渗分流率也非常接近。说明 PPG 更适于高极差非均质地层调驱,而聚合物更适于低级差非均质地层流度调节。

## 4 现场应用

### 4.1 现场试注试验

为了考察 PPG 非均相调驱体系的现场注入性、调剖封堵能力和现场稳定性,探索预交联 PPG 颗粒尺寸与注入井油层孔喉尺寸的匹配性,选择新 T5—2313、T6—232 和 T5—239 等三口注聚井(表 4),作为 PPG 非均相调驱体系(聚合物 1200—1500mg/L＋Ⅱ型 PPG 1200—1500mg/L)试注试验井。2018 年 7 月 1 日开始 PPG 非均相调驱体系试注试验。现场试注 23 天,PPG 非均相调驱体系在高压井和低压井都能顺利注入,低压井新 T5—2313 注入压力缓慢上升 1.4MPa(6.0↑7.4MPa),T5—239 注入压力缓慢上升 1.5MPa(5.0↑6.5MPa),高压井 T6—232 注入压力基本保持稳定(11.0↑11.5MPa)。现场单井试注试验达到了预期效果和目的。

**表 4 预交联凝胶颗粒非均相调驱体系并联岩心调剖实验效果**

| 注聚井号 | 目的层位 | 有效厚度/m | 孔隙度/% | 渗透率/10⁻³μm² | 注水压力/MPa | 试注后压力/MPa |
|---|---|---|---|---|---|---|
| T6—232 | Ⅳ1²⁻⁴·⁵·⁶·⁷·⁸,2¹·²·³·⁴·⁶⁻⁷ | 18.2 | 12.32~18.98 | 27~237 | 11.0 | 11.5 |
| T6—239 | Ⅳ1⁴⁻⁵,2¹·²·⁵·⁶⁻⁷,6¹⁻²·³⁻⁶ | 22.2 | 13.96~21.53 | 35~820 | 5.0 | 6.5 |
| 新 T5—2313 | Ⅳ1²⁻⁴·⁵·⁸,3⁴⁻⁵,4¹⁻³,5³,6¹⁻³ | 15.8 | 11.98~23.36 | 15~456 | 6.0 | 7.4 |

### 4.2 现场调驱实验及效果

(1)PPG 非均相调驱体系配方优选与段塞设计。

根据 PPG 非均相调驱体系的增粘性能、粘弹性、在填砂岩心里的注入性和在双管并联岩心PPG 非均相调驱分流效果,结合现场单井试注动态及效果,按照注聚井的油层物性、注入压力水平(表 5)和吸水剖面不均匀程度(表 6),确定该油组的合理配方(表 5)。

**表 5 调剖井注入压力及段塞设计**

| 注聚井 | 类型 | 日配注/m³·d⁻¹ | 油压/MPa | 套压/MPa | 视吸水指数 | 聚合物/mg·L⁻¹ | PPG/mg·L⁻¹ |
|---|---|---|---|---|---|---|---|
| 新 T5—2314 | 注水转注聚 | 50 | 8.4 | 3.1 | 6.43 | 1200 | 800 |
| T5—2314 | 注水转注聚 | 85 | 11 | 11 | 8.57 | 1200 | 800 |
| 新 T5—2313 | 注水转注聚 | 85 | 6.1/7.6 | 0/0 | 14.1/11.6 | 1500 | 1000 |
| T5—2313 | 注水转注聚 | 30 | 11.5 | 11.4 | 2.87 | 1000 | 670 |
| T5—2410 | 油井转注聚 | 125 | 8.5 | 7.1 | 15.76 | 1200 | 800 |
| J6—143 | 注水转注聚 | 55 | 3 | 2.6 | 19.67 | 1500 | 1000 |
| T5—2315X1 | 更新井 | 90 | 7.4 | 7.2 | 12.97 | 1500 | 1000 |
| T6—235 | 注水转注聚 | 65 | 7 | 6.8 | 10.14 | 1500 | 1000 |
| F5—232X1 | 更新井 | 85 | 5.6 | 5.5 | 16.07 | 1500 | 1000 |
| T5—231 | 油井转注聚 | 60 | 8 | 7.6 | 14.38 | 1500 | 1000 |

续表

| 注聚井 | 类型 | 日配注/m³·d⁻¹ | 油压/MPa | 套压/MPa | 视吸水指数 | 聚合物/mg·L⁻¹ | PPG/mg·L⁻¹ |
|---|---|---|---|---|---|---|---|
| 新5-92 | 油井转注聚 | 65 | 5.1 | 5 | 17.25 | 1500 | 1000 |
| T5-239 | 注水转注聚 | 120 | 5/6.5 | 4.3/5.5 | 25/18.3 | 1500 | 1000 |
| T6-232 | 注水转注聚 | 60 | 10.8/11.2 | 10.4/9.7 | 5.56/5.5 | 1200 | 800 |
| J5-1104 | 油井转注聚 | 55 | 11.2 | 10.5 | 5.27 | 1000 | 670 |
| T6-240 | 新钻井 | 100 | 7.2 | 6.9 | 14.58 | 1500 | 1000 |

①低压井(笼统注水压力≤8MPa,视吸水指数≥10m³/d. MPa):聚合物1500mg/L + PPG1000mg/L;②中压井(笼统注水压力8～11MPa,视吸水指数<10m³/d. MPa):聚合物1200 mg/L + PPG800mg/L;③高压井(笼统注水压力>11MPa,视吸水指数<5m³/d. MPa):聚合物1000mg/L + PPG670mg/L,段塞量均为0.08PV。

表6　某油组11口注聚井的近期吸水剖面资料和强吸水层位及厚度表

| 注聚井 | 吸水剖面 | 测井时间 | 强吸水层位 | 测量井段/m | 调剖厚度/m | 相对吸水量/% | 吸水强度/m³·m⁻¹·d⁻¹ | 解释结果 | 孔隙度/% | 渗透率/μm² |
|---|---|---|---|---|---|---|---|---|---|---|
| 新T5-2313 | 氧活化测井 | 2018.4.11 | Ⅳ1(5) | 1096.2-1099.2 | 3 | 28.2 | 8.0 | 吸水好 | 23.36 | 0.456 |
| | | | Ⅳ4(1-3) | 1189.4-1194.4 | 5 | 38.7 | 6.6 | 吸水好 | 11.98 | 0.015 |
| | | | Ⅳ5(3) | 1212.0-1214.4 | 2.4 | 20.6 | 7.3 | 吸水好 | | |
| T5-2313 | 同位素测井 | 2009.9.22 | Ⅳ1(5) | 1082.2-1084.1 | 1.9 | 35.7 | 29.3 | 吸水好 | 21.532 | 无 |
| | | | Ⅳ2(6) | 1117.3-1120.0 | 2.7 | 19.2 | 11.1 | 吸水好 | 21.428 | 无 |
| | | | Ⅳ4(2-3) | 1173.2-1177.2 | 4 | 20.3 | 7.9 | 吸水好 | | |
| T6-232 | 同位素测井 | 2018.5.15 | Ⅳ1(2-4) | 1131.0-1132.4 | 1.4 | 14.2 | 7.8 | 吸水好 | 15.73 | 0.084 |
| | | | Ⅳ1(2-4) | 1132.8-1134.8 | 2 | 13.2 | 5.1 | 吸水中 | 16.42 | 0.059 |
| | | | Ⅳ1(5) | 1139.2-1141.6 | 2.4 | 14.9 | 4.8 | 吸水中 | 15.85 | 0.08 |
| J5-1104 | 氧活化测井 | 2018.4.1 | Ⅳ1(5) | 1147.4-1149.4 | 2 | 80 | 24 | 吸水好 | 23.29 | 0.465 |
| | | | Ⅳ2(6-7) | 1178.4-1182.0 | 3.6 | 20 | 3.3 | 吸水中 | 18.69 | 0.135 |
| T5-2314 | 同位素测井 | 2017.8.2 | Ⅳ2(6) | 1145.0-1148.0 | 3 | 69.5 | 6.9 | 吸水好 | 16.814 | 0.104 |
| 新T5-2314 | 氧活化测井 | 2017.3.17 | Ⅳ5(2) | 1246.0-1249.0 | 3 | 100 | 31 | 吸水好 | 14.99 | 0.098 |

续表

| 注聚井 | 吸水剖面 | 测井时间 | 强吸水层位 | 测量井段/m | 调剖厚度/m | 相对吸水量/% | 吸水强度/$m^3 \cdot m^{-1} \cdot d^{-1}$ | 解释结果 | 孔隙度/% | 渗透率/$\mu m^2$ |
|---|---|---|---|---|---|---|---|---|---|---|
| T5−239 | 同位素测井 | 2018.5.15 | Ⅳ1(4−5) | 1155.0−1161.6 | 3.6 | 30.7 | 9.1 | 吸水中 | 23.5 | 1.019 |
| | | | Ⅳ6(4−5) | 1305.3−1311.9 | 6.6 | 32.9 | 5.3 | 吸水中 | 20.28 | 0.285 |
| T6−240 | 同位素测井 | 2018.6.5 | Ⅳ2(1) | 1172.1−1174.4 | 2.3 | 15.1 | 7.0 | 吸水好 | 21.58 | 0.217 |
| | | | Ⅳ2(5) | 1179.6−1184.2 | 4.6 | 70 | 16.3 | 吸水好 | 21.91 | 0.318 |
| T5−2315X1 | 同位素测井 | 2018.6.5 | Ⅳ1(5) | 1159.2−1162.0 | 2.8 | 25.9 | 9.3 | 吸水好 | 26.64 | 0.405 |
| | | | Ⅳ6(5−6) | 1272.4−1276.8 | 4.4 | 45.9 | 10.4 | 吸水好 | 17.47 | 0.124 |
| J6−143 | 氧活化测井 | 2018.3.10 | Ⅳ1(4−5) | 1177.5−1180.1 | 2.6 | 26.3 | 15.8 | 吸水好 | 19.78 | 0.173 |
| | | | Ⅳ2(6−7) | 1219.3−1223.9 | 4.6 | 28.8 | 9.8 | 吸水好 | 18.83 | 0.397 |
| T6−235 | 同位素测井 | 2011.7.8 | Ⅳ1(4−5) | 1113.4−1119.2 | 5.8 | 31.7 | 6.6 | 吸水好 | 21.53 | 0.82 |
| | | | Ⅳ2(5) | 1148.5−1152.6 | 4.1 | 27 | 8 | 吸水好 | 18.58 | 0.466 |

(2)PPG 非均相调剖方式。

预交联凝胶颗粒 PPG,是预先完全交联形成的具有一定粒径尺寸的粘弹性颗粒,具有三维立体网络结构,基本组成为含有大量亲水基团的柔性高分子,在地层中遇水膨胀。为了避免进入非目的层段(中低渗透、弱吸水和中等吸水层段),要求采用笼统合注方式进行调剖。

(3)非均相调驱现场效果。

下二门某油组二次聚驱,共 15 口注聚井,对应采油井 36 口。2018 年 8 月 23 日全面转注聚合物,2018 年 9 月 1 日前缘段塞开始注入 PPG 非均相调驱体系,2019 年 5 月 13 日停注 PPG 非均相调驱段塞,开始注入主体聚合物段塞。PPG 非均相调驱现场效果明显。

①注入压力持续缓慢上升,PPG 非均相调驱体系在油层深部建立了流动阻力。前缘段塞期间,注入压力从 7.9MPa 缓慢上升到 10.9MPa,PPG 非均相调驱压力升高 3MPa(图 2),日注量基本稳定。表明 PPG 非均相调驱体系现场注入性良好,能够平稳注入不同物性和不同压力水平的注聚井,在油层深部建立了较大流动阻力。

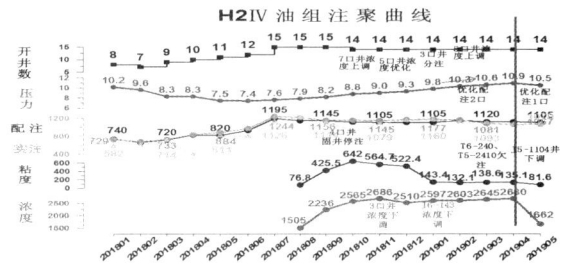

图 2 下二门某油组二次聚驱非均相调驱动态变化曲线

②见效井区注聚井吸水剖面变得均匀,强吸水层段得到抑制,非吸水层段启动。PPG 非均相调驱后,可对比的注聚井 F5−232X1、T5−231、N5−92、新 T5−2313 的吸水剖面明显改善,非均相调驱抑制了强吸水层段,启动了非吸水层段(图 3),显示了 PPG 的调剖效果。

③对应采油井见效快,见效率高,现场生产动态好于数值模拟预测曲线。前缘段塞 PPG 非均相调驱 2 个月后,对应采油井开始明显见效。2019 年 5 月转注主体聚合物段塞后,单元对应见效井 8 口,见效率 22.2%,日产液由 264.1t 升到 306.7t,产能由 21.2t/d 增加到 32.1t/d,含水率从 92.0% 降低到 89.5%(图 4)。现场生产动态好于数值模拟预测曲线图(图 5)。

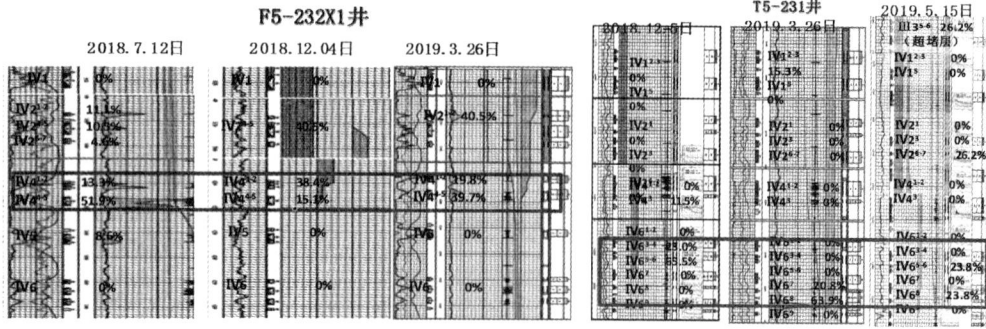

图3　下二门某油组二次聚驱非均相调驱井吸水剖面曲线变化

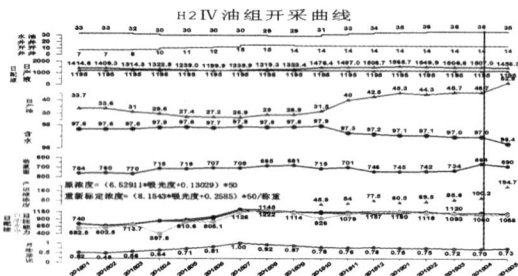

图4　下二门某油组二次聚驱生产动态变化曲线

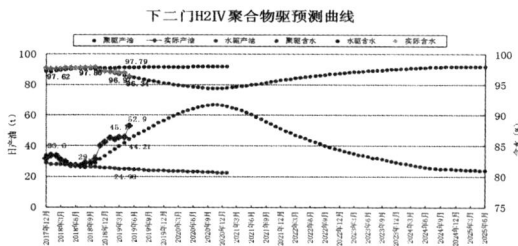

图5　下二门某油组二次聚驱实际生产动态与预测曲线对比

# 5　结　论

(1)聚合物复配预交联颗粒PPG形成非均相调驱体系,其黏度和弹性模量大幅增加,体现两者良好的协同增效作用;非均相调驱体系粘弹性有效改善了预交联颗粒的悬浮性及岩心可注入性。

(2)Ⅱ型PPG粒径与孔喉直径比为10～20时,岩心端面存在少许PPG残留;当粒径与孔喉直径比>50倍时,岩心端面有较多PPG残留,注入性较差。非均相调驱体系能够明显改善渗透率级差(4～7)的吸水剖面,而聚合物溶液更有利于改善渗透率极差小(2)吸水剖面。

(3)PPG非均相调驱体系在某油组的三口高压井、低压井都能平稳注入,取得了预期效果;非均相前缘调剖段塞注入压力持续缓慢上升,吸水剖面改善,对应油井见效较快,见效率较高,现场生产动态好于数值模拟预测曲线。

## 参 考 文 献

[1] 曹绪龙.非均相复合驱油体系设计与性能评价[J].石油学报(石油加工),2013,29(1):115－121.

[2] 崔晓红.新型非均相复合驱油方法[J].石油学报,2011,32(1):122－126.

[3] 孙焕泉.聚合物驱后井网调整与非均相复合驱先导试验方案及矿场应用——以孤岛油田中一区Ng3单元为例[J].油气地质与采收率,2014,21(2):1－4+111.

[4] 于龙,宫厚健,李亚军,等.非均质油层黏弹性凝胶颗粒提高采收率机理研究[J].科学技术与工程,2014,14(17):59－63.

[5] 白宝君,刘伟,李良雄,等.影响预交联凝胶颗粒性能特点的内因分析[J].石油勘探与开发,2002(2):103－105.

[6] 张代森.丙烯酰胺地层聚合交联冻胶堵调剂研究及应用[J].油田化学,2002(4):337－339.

[7] 李良雄,白宝君,李宇乡.油田深部调驱剂的研究及应用[J].石油钻采工艺,1999(6):51－55+85－105.

[8] 刘煜.黏弹性颗粒驱油剂调驱性能的室内研究[J].承德石油高等专科学校学报,2013(3):5－9.

# 浅薄互层稠油油藏进一步提高采收率对策研究

王　泊

（中国石化河南河田分公司采油二厂）

**摘　要**　井楼油田自1990年投入开发以来，经过二十多年的开发，进入稠油蒸汽吞吐开发中后期，地层压力大幅度下降，递减逐年加大，日产油水平低。主力层平均单井吞吐18个周期，高周期吞吐以及气窜等因素导致油井生产效果逐渐变差。在蒸汽吞吐后期仅仅依靠常规蒸汽吞吐开采方式，难以维持稳产和进一步提高采收率，鉴于此，以井楼一区楼资23井区为研究区，对浅薄互层油藏高周期吞吐后存在问题、"三场分布特点"进行分析，形成了高周期吞吐后进一步提高采收率技术对策，为其他浅薄层稠油区块高周期吞吐后效益开发提供经验及技术指导。

**关键词**　吞吐开发后期；楼资23井区；存在问题；剩余油潜力；技术对策

## 1　研究区概况

### 1.1　油藏地质特点

研究区为井楼油田一区上部楼资23井区。井楼油田一区构造为一北西——南东走向、西南翼被断层切割的长轴鞍型复式背斜。在复式背斜上，发育着五条断层，断层倾向225°～315°，倾角30°～60°，断距10～300m，其中①号断层为井楼油田南部边界大断层，其他②、③、④、⑤号四条断层落差相对较小，这5条断层对井楼一区的油水分布具有控制作用。楼资23井区被①、⑤号断层切割形成，属受断层控制的浅层特稠油油藏。油层埋藏较浅，含油层位多，以中厚层为主井楼油田一区油层埋深102.0～401.4m，埋藏较浅。全区油层多达23层，且集中分布在背斜的两个高点处。主要含油层为H3Ⅲ5-6、Ⅲ8-9、Ⅳ1-3、Ⅳ7-8和Ⅳ11等小层，油层有效厚度一般在10米左右，油层属于中厚层。主力层H3Ⅲ5-6和H3Ⅲ8-9油层温度下脱气原油黏度15039～107091mPa·s，属特浅层特超稠油。

### 1.2　开发简况

楼资23井区2002年投产14口井，2004年6月外围新投10口，2010年部署更新井1口，采用不规则五点法井网，井距70m×100m，主力层Ⅲ8～9层，兼采层Ⅲ6、Ⅲ10、Ⅳ1-3、Ⅳ7-8、Ⅴ2层，共部署油井25口，总动用储量53.92万吨，采出程度21.6%，其中Ⅲ8-9-10层总储量41.3万吨，占区域总储量的77%，核实采出程度23%，剩余储量31.8万吨。

## 2　存在问题

楼资23井区受油藏条件影响，区域平、剖面矛盾日益突出，目前存在的主要问题有：多轮次吞吐后效果变差，进一步扩大蒸汽波及体积难度大；多轮次吞吐后气窜加剧，进一步制约吞吐开发效果。

## 3　"三场"分布特征研究

### 3.1　剩余油分布

剩余油研究是中高含水期油藏改善开发效果的重要工作，是开发调整、综合治理的依据。拟合结束时该区块各数模小层的剩余油饱和度场见图1～图4。

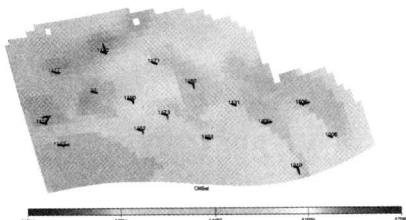

图1　Ⅲ8层剩余油饱和度场

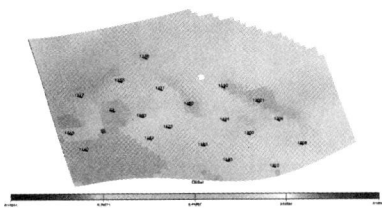

图2　Ⅲ9¹层剩余油饱和场

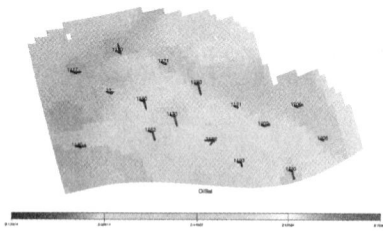

图3 Ⅲ9²层剩余油饱和度场

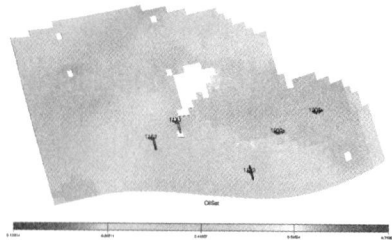

图4 Ⅲ9³层剩余油饱和场

从剩余油饱和度分布图可以明显看出,即使已经过长时间的蒸汽吞吐,大部分井周围一定距离(一般在30~50m)以外,剩余油饱和度仍然可高达60%以上,即使物性好的井层,井与井之间仍然有大片的剩余油。这些丰富的剩余油储量,为后期挖潜提供了丰富的储量基础。

分析发现,各层吞吐以后油井周围剩余油饱和度的高低,主要与与吞吐期间注汽量、注汽速度、热交换效率、采注比等有关。

## 3.2 温度场分布规律分析

从温度场分布图上可以看出,井点周围的温度均有明显升高,部分井形成了有效的热连通,吞吐轮次低的井注入蒸汽的加热范围较小,注汽井周围大面积油层基本接近原始温度,蒸汽带范围小。研究还发现,气窜的形成,主要受渗透率的高低及其非均质程度的影响(图5~图8)。

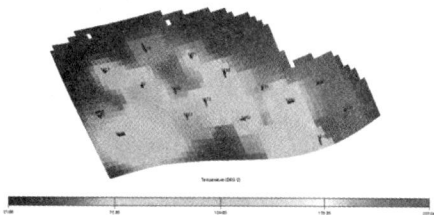

图5 Ⅲ8层温度场分布图

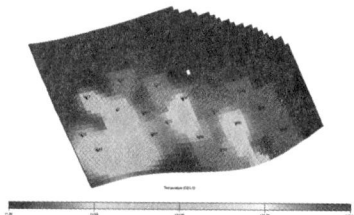

图6 Ⅲ9¹层温度场分布图

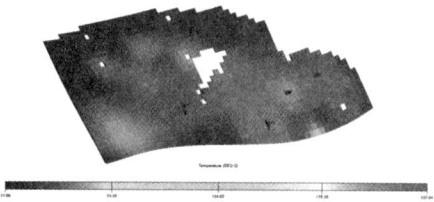

图7 Ⅲ9²层温度场分布图

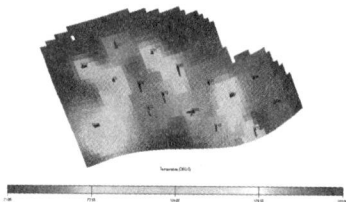

图8 Ⅲ9³层温度场分布图

## 3.3 压力场分布规律分析

从压力场分布图上可以看出,压力场很不均匀,整个区块的压力已远低于原始地层压力,有利于后期驱替(图9~图13)。

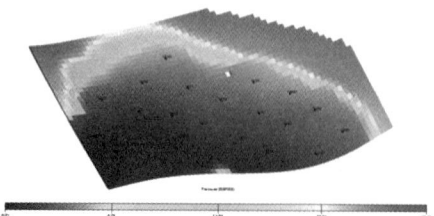

图9 Ⅲ8小层压力场分布图

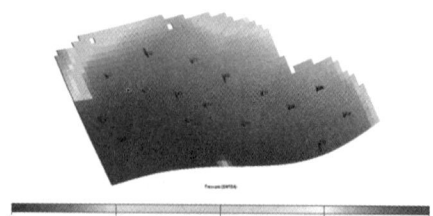

图10 Ⅲ9¹小层压力场分布图

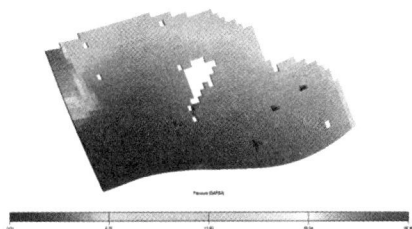

图 11　Ⅲ9² 小层压力场分布图　　　　　　　图 12　Ⅲ9³ 小层压力场分布图

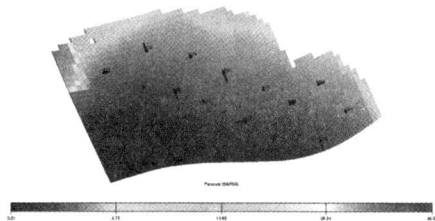

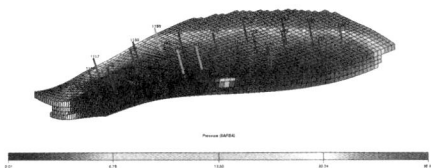

图 13　整体压力场分布图

## 4　剩余油分布规律及控制因素

井楼油田一区Ⅲ8－9层在平面上和纵向上存在一定的非均质性,因此蒸汽吞吐后期剩余油分布比较复杂。在精细细分小层、沉积微相、储层非均质性研究的基础上,结合各层位不同时期四场图、剩余储量丰度图和采出程度图,及叠加压力场、温度场,进行细致地剩余油分布规律的定量解剖。

从井楼油田一区 H3Ⅲ8－9层单层剩余油饱和度图,总体来看,该层采出程度除个别井大于35%或小于2%外,大部分为10%～15%。经过25年的开采,目前已进入蒸汽吞吐后期,地下剩余油分布复杂,其分布不仅受油层本身发育程度及非均质性的影响,而且受动用程度、井网完善程度、边水、井况等因素制约,造成剩余油在平面和纵向上分布的差异。

### 4.1　平面剩余油分布特点

数值模拟研究结果表明,油层平面上动用不均匀,吞吐开采导致油层压力整体下降,目前井间压力下降至1.0MPa,东部井区由于边水影响,井间压力下降不明显;井间区域油层压力仍高于吞吐井井点压力,同时老井与新井压力差别不明显,说明地下稠油由于原油黏度高,加热半径扩展有限,井间仍存在"冷油区"难以动用,压降较有限。

由数模温度场图可知,吞吐井井底附近温度大幅上升,井间油层温度也有所升高,但升高幅度不大;目前油层温度平均提高25℃,局部热联通已经形成。但部分井间部位油藏温度变化小,较原始油层温度上升幅度小,井间仍存在未动用区域。

由数模剩余油饱和度场图可知,多周期吞吐后,近井区域含油饱和度为20%～35%,较原始含

油饱和度平均下降了35%左右,油层动用较好;远井区域含油饱和度为60%～67%,油层动用程度较差,基本处于未动用状态。从地质方面和生产方面分析认为平面剩余油分布主要受以下几点影响:从沉积微相看在河道侧翼以及分流间湾处的剩余油富集;从构造看断层附近剩余油富集;从生产情况看边水淹区域剩余油富集;局部井网不完善区域剩余油富集。

### 4.2　纵向剩余油分布特点

纵向上,由于井楼一区Ⅲ8－9层为厚层特稠油油藏,各小层砂体发育状况和连续性差异大,储层纵向上非均质性强,同时蒸汽在井筒内的超覆现象等因素,造成纵向上动用程度必然存在差异。结合地质模型和实际生产动态分析认为影响纵向上剩余油分布的因素主要有沉积韵律和物性。

从单井生产情况可以看出纵向上各单层剩余油与沉积韵律有关,正韵律油层下部油层的动用程度大于油层上部动用程度,即波及半径下部比上部波及半径大;反韵律油层的上部油层动用程度大于下部油层的动用程度,即波及半径上部大于下部波及半径。

超稠油油藏由于纵向物性差异大,导致各个油层的吸汽量和产油量差异大。除去开发因素(井网井距、注采参数等),纵向上剩余油分布情况来看物性好的区域由于油层吸汽好,蒸汽波及体积大,累计产油量高,平面上动用程度高,剩余油潜力小;纵向上物性相对较差的油层吸汽效果差,累计产油量低,平面上动用程度差,剩余油潜力大。

## 5　提高采收率技术对策研究

井楼浅薄互层平均单井吞吐已经达到18个

周期以上,受蒸汽吞吐开发方式的限制,多轮次吞吐注汽有效加热半径有限,井间原油难以动用;同时由于非均质性的差异导致蒸汽吞吐时,蒸汽沿高渗透带窜流,不能有效动用低渗透带的富集油,注入蒸汽只是在气窜通道附近地带扩散,造成平面上远离气窜带剩余油不能有效动用。

针对浅薄互层油藏油层热化学吞吐后暴露出的平剖面矛盾突出、依靠吞吐进一步扩大蒸汽波及体积难度大的问题,需求转换开发方式,主要通过常规点状蒸汽驱、分层立体间歇汽驱两种汽驱方式提出了改善开发效果的技术对策。

## 5.1 常规点状井网蒸汽驱技术

通过上述模拟结果来看,总结适合点状蒸汽驱的油藏条件范围,如表1所示。

表1 点状蒸汽驱适应性油藏条件

| 参数 | 适合点状蒸汽驱油藏条件 | 楼955井区参数 |
|---|---|---|
| 埋深,m | <1300 | 105~230 |
| 有效厚度,m | >4 | 5.4 |
| 净毛比 | >0.4 | >0.6 |
| 渗透率,md | ≥1000 | 3000 |
| 孔隙度,% | ≥20 | 28~34 |
| 转驱时区域剩余油饱和度 | 0.5~0.6 | 0.55 |
| 采出程度,% | 10~30 | 17.4 |
| 脱气原油黏度,mPa·s | <50000 | 46421 |

通过将从油藏适宜点驱条件与井楼浅薄互层参数对比,认为楼955井区具备点驱条件。下面以该井区为例说明。该井区存在问题主要为多轮次吞吐后气窜加剧,多轮次面积注汽、组合调剖后效果变差,进一步制约吞吐开发效果。为提高该井区Ⅳ7、8层储量动用程度,提高油井生产能力,改善开发效果,挖潜井间剩余油,提高采收率提供依据,对该井区实施点状蒸汽驱。

### 5.1.1 井网井距设计原则

(1)利用现有可利用井做为汽驱井网内注采井(考虑井下技术状况影响);

(2)采用灵活的回字形井网形式确保储量控制最大化,利于驱替过程中动态调整。

### 5.1.2 井网设计结果

井网设计以井网控制储量最大化为原则,蒸汽驱控制范围内油井均可作为采油井。楼955井区以楼955井为中心注汽井,邻井气窜井楼945、楼946、楼956、楼965、楼964和楼954井为一线采油井,其中楼945井与楼955井相距97.2m为井组最小井距,楼946井与楼955井相距142m为一线井组最大井距。二线采油井为楼935、楼936、楼937、楼高浅3、楼957、楼966、楼963、楼943井(见图2),最终形成"小网推大网"的点驱井网。

### 5.1.3 注采参数优化设计

结合泌浅10区Ⅳ9层以及三区Ⅲ6层数模成果,确定高浅3区楼955井点状蒸汽驱方式为间歇汽驱,注汽时间为90天,停注时间为120天。矿场实施时,应结合具体汽驱动态情况,摸索适宜的停注周期。

(1)井底蒸汽干度。

要取得较好的汽驱效果,必须确保井底蒸汽干度大于55%,井口干度≥70%,故要求井口干度≥70%。

(2)注汽速度及周期注汽量。

注汽速度低,井筒热损失造成井底蒸汽干度低,蒸汽带在油藏中扩展缓慢;相反,注汽速度高,可能会压破地层,加剧蒸汽在油层中的窜流。因此,参考相关数模成果及楼955井组第一次点驱试验,注汽强度设计为10~12t/d.m,注汽速度为72~86t/d,注汽时间为90d,设计楼955井组第二轮注汽量为6480~7740t,实施中根据采油井的生产变化情况,及时加以调整。

(3)注汽压力。

井口注汽压力按井点油层破裂压力值的85%计算,计算结果为4.9MPa左右。

(4)井组累计采注比。

蒸汽驱开采要打破常规油藏注水开采中保持

注采平衡的传统观念,建立蒸汽驱开采中必须降压的概念,保持蒸汽驱开采过程中采注比＞1.0,是形成正常蒸汽驱的基本条件。本次蒸汽驱采注比优化后设计为1～1.2。

### 5.1.4 效果预测

楼955井组进行蒸汽驱,注汽井1口,一线采油井6口,二线采油井8口,依据楼955井组第一周期点驱试验结果及油井历史生产情况,预测点状蒸汽驱第二周期,井区受效增产油井4～6口,有效生产时间120d,累计增油852t,油汽比为0.19～0.22。

### 5.2 分层立体间歇汽驱技术

#### 5.2.1 油藏适宜条件研究

对比国内标准,并从国内油田蒸汽驱油藏条件及开发指标来看,楼资27区、新疆六九区两个区块的蒸汽驱取得了较好的效果,因此,认为成功笼统汽驱的油藏条件为:剩余油饱和度大于45%;油层厚度大于5.0m,纯总比大于0.5;原油黏度小于20000 mPa·s。

但是,受到纵向非均质对开发效果的影响,一方面,笼统注汽吞吐波及范围小、吸汽不均,吞吐效果差。从温剖监测结果可以看出蒸汽未波及的区域为层段底部,剩余油富集,为主要挖潜目标。另一方面,笼统汽驱蒸汽波及受限,油井受效差。通过数模结果可以看出,当渗透率级差大于3时,蒸汽驱效果明显下降,渗透率级差大于4,非主力层段基本不吸汽,因此,纵向非均质导致笼统汽驱蒸汽波及范围受限,油井受效差。

由于楼资23井区纵向渗透率级差范围为2.0～11.4,纵向矛盾突出,且区域累计亏空达10.1万方,该区域于2017年7—9月采取笼统汽驱,受纵向非均质及区域亏空及调剖封堵能力弱等因素影响,蒸汽仍沿优势方向窜流,注汽压力低,阶段累计注汽18226t,累计产油2498.7t,阶段核实油汽比0.11。

因此,通过综合分析笼统汽驱油藏条件及纵向非均质对开发效果的影响,得出了适合分层汽驱的油藏条件。其中正韵律油藏适宜的油藏条件主要包括隔层＞2m分布稳定、渗透率级差大于3、厚度大于5m、有效厚度4～10m、原油黏度10000～20000 mPa·s、剩余油饱和度50%～60%;反韵律油藏适宜的油藏条件主要包括:隔层＞2m分布稳定、渗透率级差大于4、厚度大于5m、有效厚度4～8m、原油黏度10000～20000 mPa·s、剩余油饱和度50%～60%(图14)。

通过对比,优选楼资23井区进行分层间歇蒸汽驱研究。

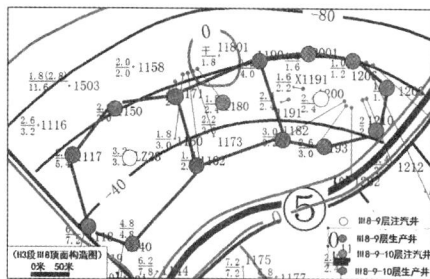

图14 楼资23井区点驱面积井网图

#### 5.2.2 井网井距优化研究

(1)利用现有可利用井做为汽驱井网内注采井(考虑井下技术状况影响);

(2)采用灵活的井网形式确保储量控制最大化;

(3)原则上采用70～100m井距;

(4)物性好、采出程度高(30%以上)、气窜严重区域扩大1～2个井距。

依据井网井距设计原则,结合楼资23井区动态情况及开发现状,最终优化设计楼资23井区点状蒸汽驱三个井组,其中楼1180井组采取Ⅲ8.9层和Ⅲ10层分层汽驱方式,楼资23井组和楼1200井组单独Ⅲ8.9实施蒸汽驱。

#### 5.2.3 分层立体转换模式下的间歇汽驱时机优化研究

一是层内汽驱注入量优选。以Ⅲ8层为例,在保持油井连续正常生产的情况下,研究层内平面上注汽井注3个月,停3～6个月转换模式下间歇汽驱的最优注入量。数值模拟结果表明研究表明:注3个月,停3个月间歇汽驱注入量优选LZ23井日注入量75.5m³,1180井日注入量53.0m³,1200井日注入量60.5m³。注3个月,停4个月注入量优选结果:LZ23井日注入量72.0m³,1180井日注入量50.5m³,1200井日注入量57.5m³。注3个月,停5个月间歇汽驱注入量优选结果:LZ23井日注入量79.0m³,1180井日注入量55.5m³,1200井日注入量63.0m³。注3个月,停6个月间歇汽驱注入量优选结果:LZ23井日注入79.0m³,1180井日注入56.0m³,1200井日注入量63.0m³。

二是层间汽驱注入量优选。以Ⅲ8层为例,Ⅲ8层层间转换时机优选结果:Ⅲ8层注6个周期(注3个月、停3个月为一周期)后,转为Ⅲ9层注。

#### 5.2.4 井组分层汽驱注采参数数值模拟优化

蒸汽驱过程中重要的注采参数包括注汽速

度、蒸汽干度、蒸汽温度和采注比,设定数值模拟时间为 6 年,可得到以下结果。

(1)常规蒸汽驱的最优注采参数如下:注汽速度取 55t/d,注汽干度取 0.7,注汽温度取 275℃,采注比取 1.2;

(2)二氧化碳泡沫驱的最优注采参数如下:注入速度取 55t/d,采注比取 1.2,泡沫剂浓度取 1.5%,段塞尺寸取 2PV,段塞个数取 3,气液比和注入温度根据实际条件选择;

(3)烟道气泡沫驱的最优注采参数如下:注入速度取 55t/d,注入温度取 325℃,采注比取 1.2,泡沫剂浓度取 1%,段塞个数取 3,气液比和段塞尺寸根据实际条件选择。

## 6 效果分析及评价

通过研究浅薄互层油井存在问题、三场分布、平剖面剩余油分布特征,形成了高周期吞吐后常规点状井网蒸汽驱技术、分层立体间歇汽驱技术两种有效提高采收率技术对策,矿场应用实践也取得了较好的效果。

2018 年累计常规点状蒸汽驱共实施 12 井组,24 个井次,累计注汽 16583.4t,阶段产油 2819.4t,阶段油汽比 0.17,取得较好效果;分层立体间歇汽驱未进入现场,但为浅薄互层常规蒸汽驱后进一步提高采收率提供借鉴。

### 参 考 文 献

[1] 党永峰,王城,李艾红,等. 剩余油潜力再评价技术在河南油田的应用[J]. 西南石油学院学报,2006,28(1):43-45.

[2] 甘红军、郭志涛. 河南浅薄层稠油油藏化学辅助蒸汽吞吐机理及注采参数优化研究[J]. 西南石油大学学报(自然科学版),2011,33(3):121-124.

[3] 邵先杰,孙冲,王国鹏,等. 浅薄层特、超稠油注蒸汽吞吐后剩余油分布研究[J]. 石油勘探与开发,2005,32(1):131-133.

[4] 齐与峰. 剩余油分布和运动特点及挖潜措施间的最佳协同[J]. 石油学报,1993,14(1):55-65.

[5] 黄伟强、郑爱萍. 提高浅薄层普通稠油油藏开发效果研究[J]. 西部探矿工程,2008(2):76-77.

[6] 郭龙. 胜坨油田浅层稠油难动用储量开发实践与认识[J]. 油气地质与采收率,2008(5):36-38.

[7] 刘强、杨洪. 浅薄层普通稠油油藏递减规律研究[J]. 内蒙古试油化工,2011:14(2),111-112.

# 渤海探区渤中 34－A 油田合理生产压差研究

袁亚东[1]　曹　军[1]　邓津辉[2]　罗　鹏[1]　苑仁国[1]　彭　超[1]

(1.中海油能源发展股份有限公司工程技术分公司;2.中海石油(中国)有限公司天津分公司)

**摘　要**　综合考虑油井出砂、产能发挥及储层污染和完井方式对生产压差的制约因素,运用岩石力学模型、油井动态流入模型和矿场试验手段分析了渤中 34－A 油田明下段、东三段和沙一二段临界生产压差,并确定了渤中 34－A 油田合理的生产压差,对渤中 34－A 油田及同类型油田的开发生产具有指导意义。

**关键词**　渤中 34－A 油田;临界出砂压差;地饱压差;最大产能;矿场试验;合理生产压差

## 1　油田概况

BZ34－A 油田位于渤海湾盆地黄河口凹陷南斜坡带上,主要含油层系为新近系明下段,古近系东三段和沙一、二段。明下段主要发育极浅水三角洲沉积,沉积亚相以三角洲平原为主;东三段和沙一、二段为辫状河三角洲前缘沉积。

新近系明下段储层平均孔隙度 27.3%,平均渗透率 582.6mD,为高孔高渗储层,地面原油密度 0.90～0.91g/cm³,原油性质为中质油。古近系东三段储层平均孔隙度 19.4%,平均渗透率 736.2mD,为中孔中高渗储层;沙一、二段储层平均孔隙度 18.9%,平均渗透率 253.1mD,为中孔中渗储层,地面原油密度 0.85～0.86g/cm³,原油性质为轻质油。

BZ34－A 油田采用两套开发层系,明下段采用水平井开发,东三段、沙一段和沙二段采用定向井开采采。水平井采用优质筛管防砂,定向井采用简易防砂,明下段储层疏松易出砂,平均产水率 8.7%,古近系储层胶结强度中等,平均产水率 2.0%。不合理的生产压差可导致地层出砂、原油大规模脱气、近井地带孔隙堵塞、筛管破裂,影响油井产能与安全。因此为了确保油井高效、安全生产,进行合理生产压差研究很有必要。

## 2　合理生产压差研究

### 2.1　临界出砂压差

砂岩油藏出砂会引起井筒安全问题、套管破损、产量下降,严重可导致油井报废。油井出砂分为充填出砂和骨架出砂,充填出砂对油井影响小,骨架出砂是油井在生产过程中,随着油藏压差或油藏压力的衰竭导致井筒或射孔通道周围岩石所受的剪切应力超过其固有剪切强度,发生剪切破裂,破裂面上的砂岩颗粒受地层流体的拖拽力大规模进入井筒,产生灾难性后果。因此地层出砂主要需要关注骨架出砂[1]。

从力学角度分析,决定地下油藏稳定性的主要因素为岩石强度和作用于岩石上的有效应力。对于孔隙性砂岩,作用于岩石骨架上的有效应力等于上覆地层压力减去孔隙压力。造成油井出砂的主要原因是:生产压差增大使得井壁和射孔通道周围有效应力增大,压差越大,井壁和射孔通道周围有效应力就越大,岩石所受应力超过岩石本身的强度就会发生剪切破坏。井筒或者射孔通道周围的应力状态[2]如下:

$$\sigma_\theta = \frac{\sigma_v 2\nu}{1-\nu} + \frac{(1-2\nu)}{1-\nu}\beta(Po+P_f) - Pf(1+\beta) \tag{1}$$

$$\sigma_r = P_f(1-\beta) \tag{2}$$

$$\sigma_z = \sigma_v - \frac{(1-2\nu)}{1-\nu}\beta(Po-P_f) - \beta P_f \tag{3}$$

式中,$\sigma_\theta$ 为有效周向应力;$\sigma_r$ 为有效径向应力;$\sigma_z$ 为有效轴向应力;$P_f$ 为井底流压;$Po$ 为油藏外边界压力;$\nu$ 为静态泊松比;$\beta$ 为 Biot 常数。

根据库伦－摩尔准则,当岩石破裂面上的剪切应力等于岩石的内聚力和作用于该破裂面上的正应力引起的内摩擦阻力之和时,岩石发生剪切破裂,造成骨架出砂。即

$$\tau = \sigma_n tg\varphi + C \tag{4}$$

式中,$\tau$ 为岩石的抗剪强度;$\sigma_n$ 为剪切破裂面上的正应力;$\varphi$ 为内摩擦角;$C$ 为岩石的内聚力。

在库伦－摩尔模型中,当应力莫尔圆的半径 $r$ 小于其圆心到达破裂包络线的距离 $d$ 时,即应力莫尔圆与破裂包络线相离,地层处于稳定状态(图 1a);当应力莫尔圆的半径大于其圆心到达破裂包络线的距离 $d$ 时,即应力莫尔圆与破裂包络线相交(图 1b),岩石发生剪切破裂,地层发生骨架出砂;当应力莫尔圆的半径 $r$ 等于其圆心到达破裂包络线的距离 $d$ 时,即应力莫尔圆与破裂包络线

相切交(图 1c),地层处于出砂临界状态,此时的井底流压 $P_{cr}$ 为地层出砂的临界流压,压差为临界出砂压差 $\Delta P_{cr}$。

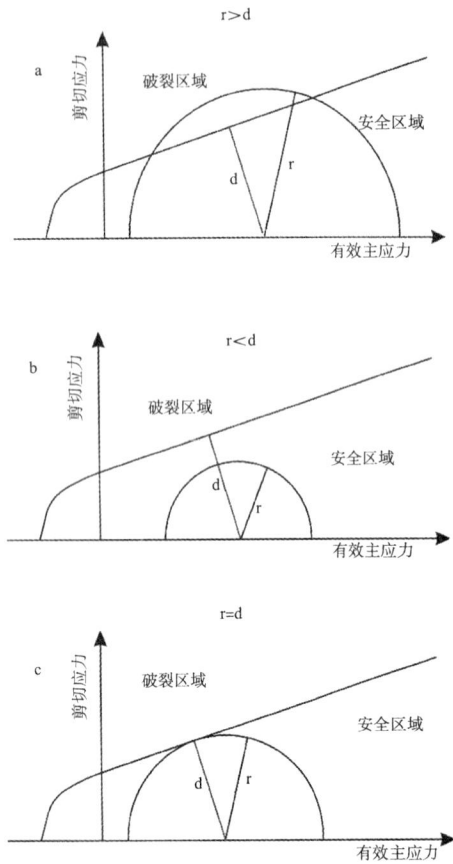

图 1 库伦－摩尔准则示意图

根据库伦－摩尔准则:

$$r=\frac{\sigma_v\nu}{1-\nu}+\frac{(1-2\nu)}{2(1-\nu)}\beta(Po+P_f)-P_f \quad (5)$$

$$d=\frac{\sin\varphi}{2}\left(\frac{2\sigma_v\nu}{1-\nu}+\frac{1-2\nu}{2(1-\nu)}\beta Po-\frac{1}{1-\nu}\beta P_f\right)+\cos\varphi C \quad (6)$$

当 $r=d$ 时可得井底临界流压:

$$P_{cr}=\frac{\frac{2\sigma_v\nu+(1-2\nu)\beta Po}{1-\nu}\sin\varphi+2\cos\varphi C-\frac{2\sigma_v\nu}{1-\nu}-\frac{1-2\nu}{1-\nu}\beta Po}{\frac{1-2\nu}{1-\nu}\beta-2+\frac{\sin\varphi}{1-\nu}\beta} \quad (7)$$

则临界出砂压差为

$$\Delta P_{cr}=P_o-P_{cr} \quad (8)$$

式中,$\sigma_v$ 为垂直有效应力,MPa;$P_f$ 为井底流压,MPa;$Po$ 为油藏外边界压力,MPa;$P_{cr}$ 为临界井底流压,MPa;$\Delta P_c$ 为临界出砂压差,MPa;$\nu$ 为静态泊松比,无量纲;$\beta$ 为 Biot 常数,无量纲;$C$ 为岩石的内聚力,MPa;$\varphi$ 为内摩擦角,°。

根据公式(7)、(8)计算结果如表 1 所示。

表 1 渤中 34－A 油田各井区临界出砂压差

| 井区 层位 | 1井区 | 5井区 | 6井区 | 2井区 | 3井区 | 7井区 |
|---|---|---|---|---|---|---|
| 明下段 | / | / | / | 3.43 | 3.11 | 3.19 |
| 东三段 | 17.02 | 16.25 | 15.35 | / | / | / |
| 沙一二段 | 18.54 | 18.57 | 14.31 | / | / | / |
| 备注:压差单位为兆帕(Mpa) | | | | | | |

## 2.2 产能最大化和地饱压差

油井产量的提高是以井底流压的下降为代价的[3]。对于注水来发油田,大量生产实践和稳定试井表明,油井的产液量并不是随着井底的流压的降低而不断增大的[4]。井底流压高于饱和压力时,油层为单相流或者油水两相流,产能曲线近直线。井底流压等于饱和压力时,油层开始脱气生产,产能曲线开始向下弯曲,产量增加速率开始降低。井底流压低于于饱和压力时,油层大规模脱气,进入溶解气驱模式,出现油气水三相流,由于原油脱气,原油流动性降低,近井地带渗流条件也发生变化,在产能曲线中,产量随着井底流动压力的降低的增加量变为零,产量到达最高点后向压力轴回转,产量最高点所对应的井底流压为临界井底流压。

大庆油田王俊魁等人推导出油井流入动态曲线模型[5],该模型同时适用井底流压低于饱和压力和井底流压高于饱和压力情况下井底流压和产能关系的分析。

$$Q_L=\frac{J_O(1-f_w)}{1+(1-f_w)R}(Po-P_f) \quad (9)$$

对方程(10)两边求一阶导数,并令其等于零可得到最高产能所对应的最低井底流压,即临界井底流压。

$$P_{fcr} = \frac{1}{(1-n)}\left[\sqrt{n^2 P_b{}^2 + n(1-n)P_b P_o} - nP_b\right]$$
(10)

$$n = \frac{0.1033\alpha T(1-fw)}{293.15Bo}$$
(11)

$$\Delta P_{cr} = P_o - P_{fcr}$$
(12)

式中,$Q_L$ 为产量,$m^3/(d.\ MPa)$;$J_O$ 为比采油指数,$m^3/(d.\ MPa)$;$R$ 为井下气油体积比,$m^3/m^3$;$P_b$ 为饱和压力,$MPa$;$P_f$ 为井底流压,$MPa$;$P_o$ 为油藏压力,$MPa$;$P_{fcr}$ 为临界井底流压,$MPa$;$\Delta P_c$ 为最大产能对应的临界压差,$MPa$;$\alpha$ 为天然气溶解系数,$m^3/(m^3.\ MPa)$;$B_o$ 为原油体积系数,$m^3/m^3$;$T$ 为地层温度,K;$fw$ 为产水率,小数。

渤中 34－A 油田新近系明下段饱和压力在 13.44 ～ 14.62MPa 之间,平均饱和压力 14.03 MPa,溶解气油比 48m³/m³。东三段 1 井区饱和压力 16.10 MPa,溶解气油比 98m³/m³;5 井区东东三段饱和压力 18.93 MPa,溶解气油比 98m³/m³;沙一二段饱和压力 18.93 MPa,溶解气油比 125m³/m³;6 井区饱和压力 10.71 MPa,溶解气油比 58m³/m³,沙一二段饱和压力 18.09 MPa,溶解气油比 113m³/m³,见表 2。古近系地饱压差较大,明下段地饱压差小,明下段开始生产即为脱气生产。依据油井流入动态曲线公式(10)、(11)、(12)计算渤中 34－A 油田各井区最大产能临界压差,见表 3。

表 2　渤中 34－A 油田各井区各层位地层压力和地饱压差

| 井区<br>层位 | 1 井区 | | 5 井区 | | 6 井区 | | 2 井区 | | 3 井区 | | 7 井区 | |
|---|---|---|---|---|---|---|---|---|---|---|---|---|
| 压力 | pO | Δpb | pO | Δpb | pO | Δpb | pO | Δpb | pO | Δpb | pO | Δpb |
| 明下段 | / | | / | | / | | 15.89 | 2.50 | 15.23 | 1.39 | 15.14 | 1.15 |
| 东三段 | 28.57 | 12.47 | 28.30 | 12.20 | 25.54 | 14.83 | / | | / | | / | |
| 沙一二段 | 30.08 | 11.15 | 30.00 | 11.07 | 27.81 | 9.72 | / | | / | | / | |
| 备注:pO 为地层压力,pb 为饱和压力,压力单位为兆帕(Mpa) | | | | | | | | | | | | |

表 3　渤中 34－A 油田各井区最大产能临界压差

| 井区<br>层位 | 1 井区 | 5 井区 | 6 井区 | 2 井区 | 3 井区 | 7 井区 |
|---|---|---|---|---|---|---|
| 明下段 | / | / | / | 10.39 | 9.83 | 9.82 |
| 东三段 | 19.58 | 19.18 | 19.10 | / | / | / |
| 沙一二段 | 19.67 | 19.78 | 18.25 | / | / | / |
| 备注:压差单位为兆帕(Mpa) | | | | | | |

定义 $\Delta P_{cr}/P_b$ 为无因次临界压差,即最高产能时的临界压差与饱和压差的关系,可根据饱和压力确定生产压差。如表 4 所示,明下段当生产压差为饱和压差的 0.71 倍时,油井产能最高;东三段为 1.48,沙一段为 1.81。

表 4　各井区无因次临界生产压差

| 井区<br>层位 | 1 井区 | 5 井区 | 6 井区 | 2 井区 | 3 井区 | 7 井区 | 平均 |
|---|---|---|---|---|---|---|---|
| 明下段 | / | / | / | 0.74 | 0.70 | 0.70 | 0.71 |
| 东三段 | 1.57 | 1.57 | 1.29 | / | / | / | 1.48 |
| 沙一二段 | 1.76 | 1.79 | 1.88 | / | / | / | 1.81 |
| 备注:无因次 | | | | | | | |

### 2.3 矿场试验

渤中34－A油田古近系东三段和沙一二段采用定向井合采，明下段采用水平井开采。考虑到储层污染和完井方式对油井实际产能的影响，选取各个井区地层能量充足、气油比稳定、含水率低且稳定及井况稳定的试验井分析生产压差的合理性。

实际试验情况表明，1井区临界流压10.01MPa，临界生产压差19.23MPa，初期投产随着压差增大，油井产能稳产增大，井低流压降低为临界压差后，产量开始递减，整体递减缓慢，未见出砂。5井区临界流压10.8MPa，临界生产压差18.39MPa，井底流压低于饱和压力后，产量曲线开始下凹，流压低于临界压差后，产量缓慢递减，油井开始轻微出砂。6井区临界流压12.0MPa，临界生产压差14.51MPa，井底流压低于饱和压力后，产量曲线开始下凹，流压低于临界压差后，产量快速递减，未见出砂。明下段临界流压11.0MPa，临界生产压差4.6MPa，初期投产随着压差增大，油井产能稳产增大，井低流压降低为临界压差后，产量开始快速递减。古近系储层为了确保储层稳定、长久可持续生产，建议保持井低流压高于饱和压力(图2)。

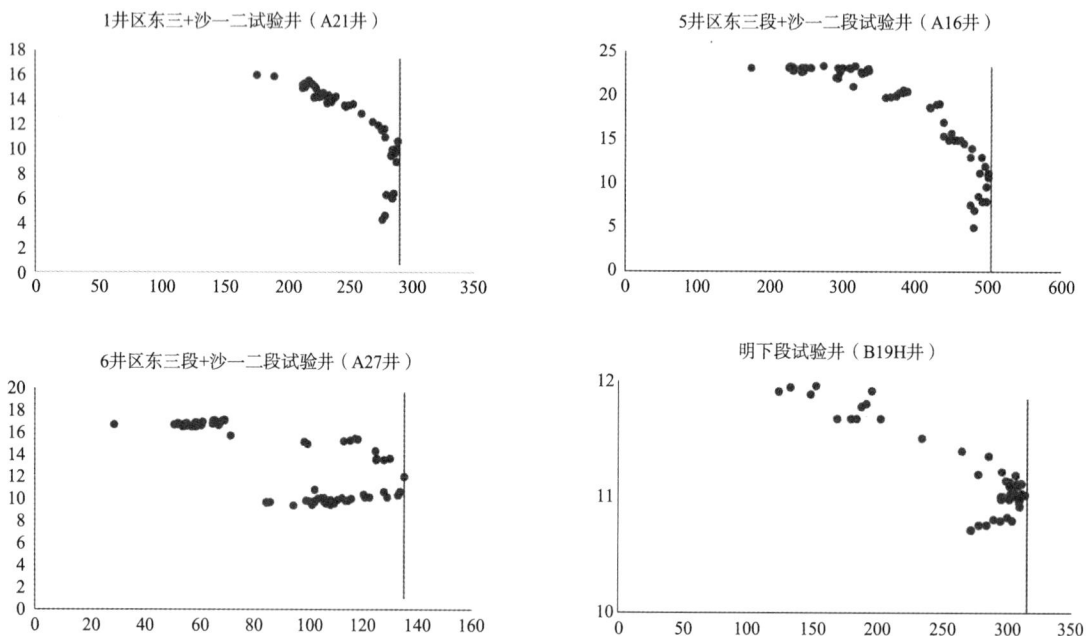

图2 渤中34－A油田矿场试验井底流压和产量记录

## 3 合理生产压差确定

渤中34－A油田合理生产确定原则：油层不发生规模骨架出砂；古近系油层不出现大规模脱气，溶解气驱的情况；油井产量长期稳定，采油速率不突进。综合临界出砂压差、饱和压差、最大产能临界压差和矿场试验数据提出渤中34－A油田合理生产压差，见表5。

表5 渤中34－A油田合理生产压差

| 井区 层位 | 1井区 | 5井区 | 6井区 | 2井区 | 3井区 | 7井区 |
|---|---|---|---|---|---|---|
| 明下段 | / | / | / | <3.43 | <3.11 | <3.19 |
| 东三段 | <16.10 | <16.10 | <10.71 | / | / | / |
| 沙一二段 | <18.54 | <18.57 | <9.72 | / | / | / |
| 备注：单位为兆帕，Mpa | | | | | | |

## 4 结 论

(1)基于井筒和射孔通道力学稳定性,应用库伦－摩尔准则得到渤中 34－A 油田明下段、东三段和沙一二段临界出砂压差。

(2)基于油井产能最大化应用油井流入动态曲线模型分析渤中 34－A 油田明下段、东三段和沙一二段最大产能条件下的生产压差,并建立了无因次生产压差与饱和压力的经验关系。

(3)考虑到储层污染和完井方式对油井实际产能的影响,分析了各井区各层位代表性试验井生产情况,以实际生产最佳压差指导合理压差确定。

(4)综合临界出砂压差、饱和压差、最大产能临界压差和矿场试验数据提出渤中 34－A 油田合理生产压差。

### 参 考 文 献

[1] 梁丹,曾祥林,房茂军.适度出砂技术在海上稠油油田的应用研究[J].西南石油大学学报(自然科学版),2009.31(3):99－102.

[2] Risnes R,Bratili R K,Horsrud P. Sand. Sand stress around a wellbore. [J]. Soc Pet. Eng. J. ,1982,273:883－898.

[3] 李传亮.油藏工程原理(第三版)[M].石油工业出版社,2017:1169.

[4] 林玉秋,林树华.采油井合理流动压力的界限[J].石油勘探与开发,1995,22(6):51－53.

[5] 王俊魁,李艳华,赵贵仁.油井流入动态曲线与合理井底压力的确定[J].新疆石油地质,1999,20(5):414－417.

# 不同层系组合方式开发效果室内实验研究

田津杰 阚 亮 王成胜 季 闻 敖文君 陈 斌

(中海油能源发展股份有限公司工程技术分公司)

**摘 要** 为了研究海上稠油油田层系组合开发对驱油效果的影响,根据 S 油田物性资料,构建目标研究井组的实验模型,研究纵向非均质性对开发效果的影响。在数值模拟实验的基础上,采用三维平板物理模型,借助电极检测含油饱和度法和低场核磁共振技术,分别对不同层系组合开发方式对驱油效果的影响进行实验研究。结果表明,本次实验条件下,当级差大于 8 时,采出程度随级差增大而降低的幅度趋于平缓,这是由于级差足够大时,笼统注水的层间干扰现象明显,采出程度的大小主要依赖于高渗层的贡献;多层系组合开发时,如果可以采用分注分采的细分层系开发模式,整体采收率较笼统注水开发有所提升,本次实验条件下提升 6.06 个百分点;如果采用笼统注水开发模式,在含水突进时采用一定程度的井网调整措施,改善油水分布,也可以提高采收率;控制合采和分采的转换节点,提高整个驱替阶段的采收率,对现场有很重要的借鉴意义。

**关键词** 层系组合;级差;核磁共振;细分层系

多层系组合开发时常遇到层间矛盾[1-5],在海上稠油开发过程中,多采用笼统注水和多油层合采的开发方式[6-9],这会产生层间干扰问题[10-14]。层间干扰是一个比较复杂的问题,国内外石油工作者针对层间干扰问题做过大量的研究工作。朱丽红等通过室内岩心物理模拟实验、精细油藏数值模拟、分析生产动态监测资料等方法,剖析了在特高含水期平面、层间以及层内三大矛盾的变化特征和主要影响因素,探索出了一种特高含水期老油田水驱精细、深度开发的新模式,为多层砂岩油藏水驱开发提供了可借鉴的经验[15]。李波等分析了渤海 3 个稠油油田的测压井资料,统计其层间干扰系数与流动系数变异程度的关系并给出了判断同类油田层间非均质性强弱程度的标准,从而更加客观地表征了层间非均质性[16]。于会利等利用生产资料、取心井、测井解释资料及精细油藏研究成果对胜坨油田不同开发阶段的干扰形式进行了分析,认为开发初期主要是稀油高渗透层干扰稠油中低渗透层;中含水期主要是高压高含水层干扰中低压含水层;高含水期初期主要是高压特高含水、高含水层干扰低压高含水、中低含水层;特高含水期层间干扰转变为特高含水韵律层干扰高含水及中低含水韵律层[17]。但是,针对海上油田典型特征,同时考虑平面和纵向流场下的层间干扰现象鲜有研究。为了进一步加强对海上油田多层合采层间干扰问题的规律性认识,为下步层系组合调整提供参考依据,本文采用室内实验级别数值模拟模型,在学者研究干扰系数对开

发效果影响的基础上[18-20],结合海上油田开发的实际情况研究不同层系组合开发方式下纵向渗透率级差造成的开发效果变化,利用三维平板物理模型进行水驱油实验,分析不同层系组合开发对驱油效果的影响;借助核磁共振技术,对三维平板物理模型水驱油实验各阶段进行 $T_2$ 谱及切片成像检测,直观地观察油水分布变化,从而得到海上油田多层系组合开发层间干扰问题的规律性认识,为开发方案调整提供参考依据。

## 1 实 验

### 1.1 实验仪器

多功能岩心驱替系统、注入泵、恒温箱、含油饱和度检测系统、压力自动采集系统等。

### 1.2 实验材料

(1)三维平板物理模型,渗透率为 $5000 \times 10^{-3} \mu m^2$、$2000 \times 10^{-3} \mu m^2$、$1000 \times 10^{-3} \mu m^2$,尺寸为 $300mm \times 300mm \times 45mm$;核磁共振测试平板模型尺寸为 $100mm \times 100mm \times 15mm$;

(2)实验用水:岩心饱和地层水和驱替用水采用室内配制的模拟水;

(3)实验用油:室内模拟油,55℃条件下黏度为 $70mPa \cdot s$;

(4)实验温度:55℃;

(5)实验速度:0.51、1.02、1.53mL/min;

(6)井网布置:一注三采(反九点井网 1/4 模型),以井网调整方案为例,示意图见图 1。

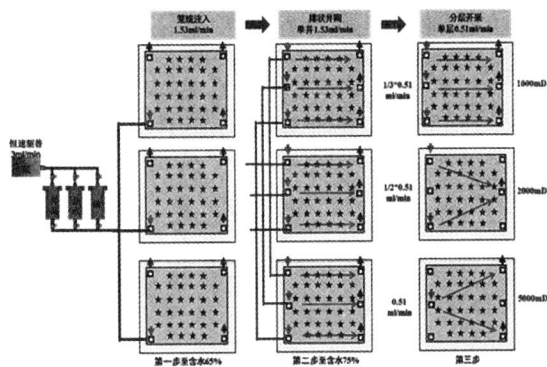

图1 井网调整注水开发流程示意图

## 1.3 实验流程

(1)水测渗透率:以恒定的流速(0.5 mL/min、1.0 mL/min、1.5 mL/min、2.0mL/min)注入盐水,直到岩心两端压力稳定;提高盐水注入速度,继续驱替直至岩心两端再次达到压力稳定,记录岩心两端的压力及流量,计算水相渗透率;

(2)检查模型的气密性:将岩心放入水中,以0.5mL/min的流速通入气体,检查是否漏气;

(3)抽真空:由模型注入端开始抽真空6小时,其余压力测试点抽真空1小时;

(4)饱和水:饱和人工合成模拟盐水,测量孔隙度;

(5)模型饱和油:以岩心模型中心点为注入端向岩心四角方向推进原油,注入速度为0.5 mL/min,直至不出水为止,提高注入速度为1.0 mL/min、2.0 mL/min、3.0 mL/min、4.0mL/min;累积计量采出水量,计算原始含油饱和度,老化24小时;

(6)水驱:按实验方案(表1)进行水驱至模型出口含水率98%以上;

(7)实验数据分析:实验过程中监测压力、含油饱和度变化,并且记录产液、产水等原始实验数据。

表1 实验方案

| 方案编号 | 实验流程 | 层系组合方式 |
|---|---|---|
| B-1 | 水驱至综合含水98%以上 | 三层合注开发 |
| B-2 | | 高渗层、中渗层合注,低渗层分注开发 |
| B-3 | | 三层分注开发 |
| B-4 | | 三层合注开发,综合含水65%时提液增速2倍开发至实验结束 |
| B-5 | | 三层合注开发,综合含水65%时改排状井网,含水75%时进行加密分注 |
| B-6 | | 前同B-1,含水65%时改为分注开发方式(利用核磁共振技术进行切片成像扫描) |

## 1.4 实验结果

根据目标研究区块的实际参数进行实验参数转化,采用5倍级差条件,分别在三维人造岩心模型上进行驱替实验,采出程度实验结果见表2。

表2 采出程度实验结果

| 方案编号 | 气测渗透率/mD | 平均孔隙度/% | 原始含油饱和度/% | 单层采收率/% | 综合采收率/% |
|---|---|---|---|---|---|
| B-1 | 5000/2000/1000 | 30.47 | 74.70 | 11.16/6.82/1.83 | 19.81 |
| B-2 | | 30.92 | 75.19 | 11.02/6.20/7.09 | 24.31 |
| B-3 | | 30.43 | 75.33 | 10.94/7.82/7.11 | 25.87 |
| B-4 | | 29.72 | 74.84 | 11.88/8.56/2.25 | 22.69 |
| B-5 | | 30.21 | 75.61 | 15.06/9.75/6.14 | 30.95 |

# 2 分析及讨论

## 2.1 不同层系组合方案开发效果对比

为了研究不同层系组合开发对驱油效果的影响,按照表1所示实验方案,在三维平板物理模型上进行水驱油实验。

各方案的实验开发曲线见图2~图6。根据上述不同层系组合开发方式对驱油效果的影响情况分析,结合油田开发的实际情况,在方案1开发的基础上,设计方案5(开展井网调整),调整方案见表1,采出程度实验结果见图7。

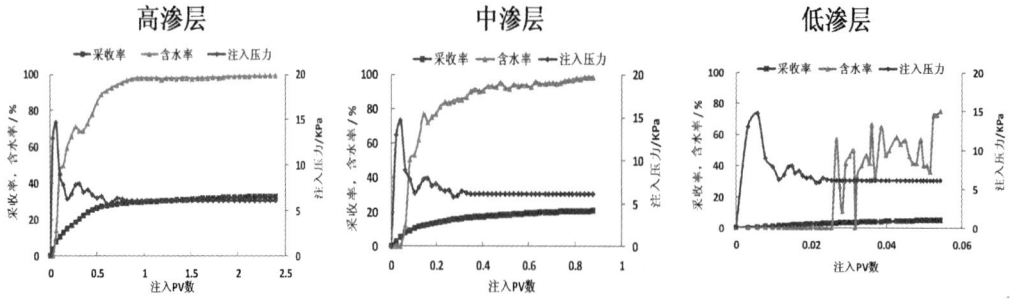

图 2　各渗透率层开发曲线(B-1)

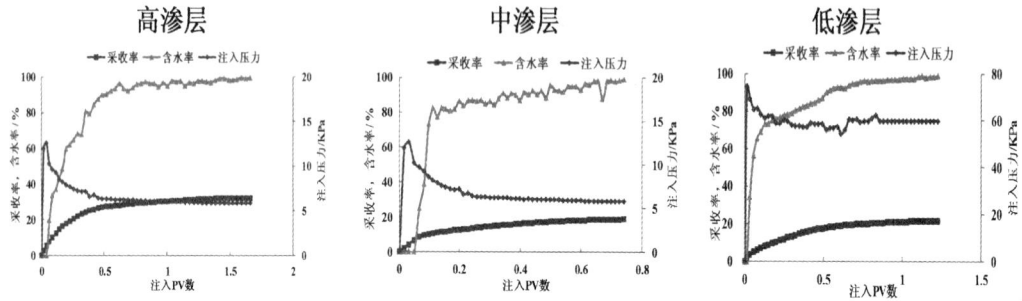

图 3　各渗透率层开发曲线(B-2)

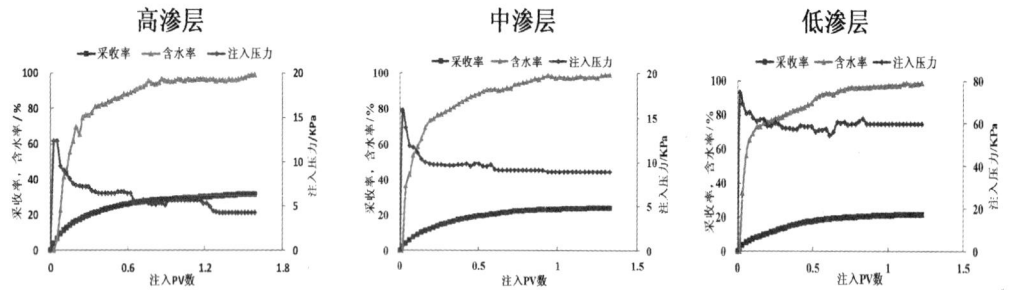

图 4　各渗透率层开发曲线(B-3)

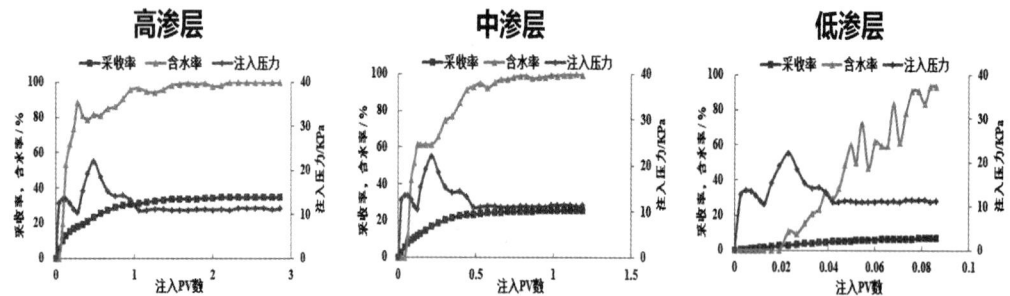

图 5　各渗透率层开发曲线(B-4)

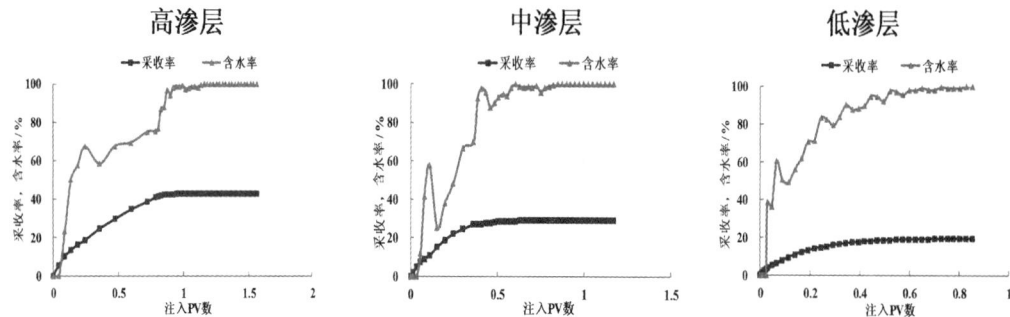

图 6　各渗透率层开发曲线(B-5)

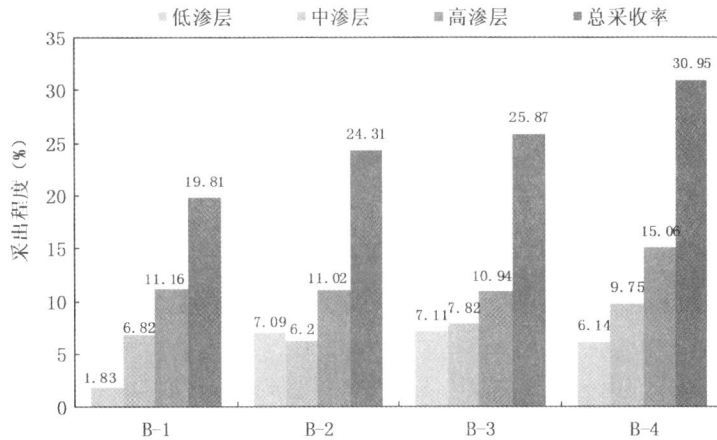

图 7　不同开发方案下各储层采出程度柱状图

由表 2 和图 2 至图 6 可知,采用三种不同的层系划分方式对一个区块进行开发,其中方案 1(三层笼统注水)采出程度为 19.81%;方案 2(高渗层、中渗层合注开采,低渗层分层开采)采出程度为 24.31%;方案 3(三层分层注水)采出程度为 25.87%。结合各渗透率层开发曲线可见,纯水驱开发对于各渗透率层来说都存在油井见水后,含水率迅速上升的趋势,这主要是由于对于稠油油藏,油水黏度比差异引起的微观指进现象造成水驱前缘突破油井后含水迅速上升。

方案 3 采出程度较方案 1 高了 6.06 个百分点,较方案 2 高了 1.56 个百分点,方案 2 采出程度较方案 1 高了 4.5 个百分点。这主要是因为,对于该区块进行开发,如果采用方案 1(三层笼统注水)开发,高渗层吸水量较大,中、低渗层吸水量相对较小,发生较严重的层间干扰现象;如果采用方案 2(高渗层、中渗层合注开采,低渗层分层开采)开发,高渗层会对中渗层的吸水量造成影响,导致中渗层对采出程度的贡献有限,但低渗层进行了单独开发,其采出程度反而高于中渗层;而采用方案 3(三层分层注水)开发,各渗层均得到有效地开发,所以采出程度相比方案 1、2 较高。

对比三个渗透率层分别在三种层系划分开发方式下的采出程度可见,由于配注量相同,且方案 1 采用了三层笼统注水开发方式,高渗层更多地分配了中、低渗层的吸水量,水洗程度较高,所以其采出程度较方案 2、方案 3 都要略高一些;对于中渗层,由于方案 2 是高、中渗层合注开发,所以高渗层对其吸水量的影响较大,以至于其采出程度在 3 个方案中最低,方案 1 次之,方案 3 未有层间干扰的影响,故相对较高;对于低渗层,由于方案 1 采用三层笼统注水开发,所以对低渗层吸水量的

影响最大,采出程度也很低,只有 1.83%,远低于方案 2、方案 3 低渗层的采出程度。

由表 2 和图 7 可见,方案 5 是在方案 1(三层笼统注水)开发的基础上,当含水达到 65% 时,进行井网加密,从反九点井网改为排状井网,而当含水达到 75% 时,改为五点井网。通过井网调整,高、中、低渗透层采出程度都得到了一定提升,总体采出程度较方案 1 提高了 11.14 个百分点。这说明在多层系组合开发时,如果可以采用分注分采的细分层系开发模式,整体采收率较笼统注水开发有所提升;如果采用笼统注水开发模式,在含水突进时采用一定程度的井网调整措施,改善油水分布,也可以提高采收率。

### 2.2　不同层系组合开发渗流场变化分析

在对比不同层系组合方案开发效果的同时,利用含油饱和度检测系统,采用电极法监测实验各阶段三维平板模型上电极对的电阻值变化,利用标准曲线反算含油饱和度的变化,进而形成云图,各方案模型含油饱和度变化云图见图 8 至图12。

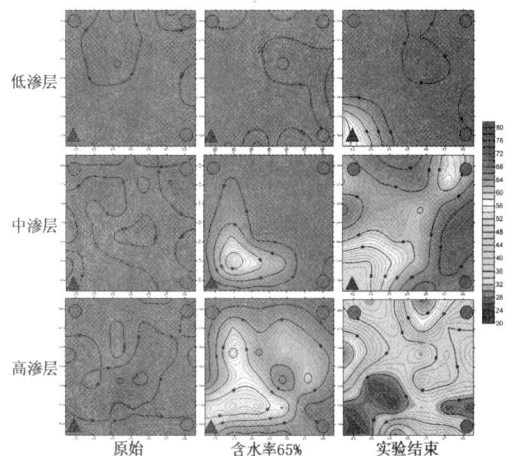

图 8　不同实验阶段各储层含油饱和度分布图(B-1)

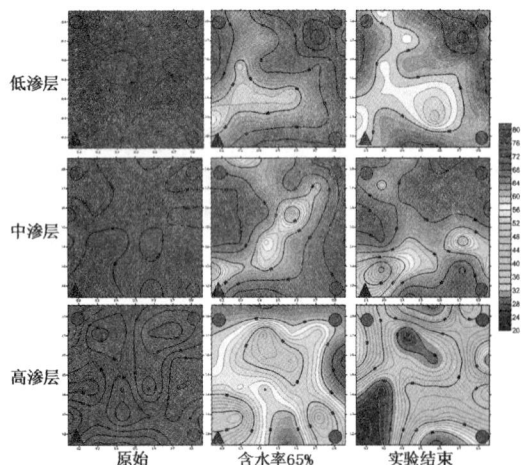

图 9  不同实验阶段各储层含油饱和度分布图(B-2)

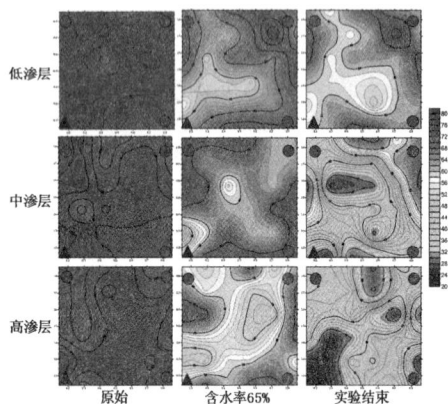

图 10  不同实验阶段各储层含油饱和度分布图(B-3)

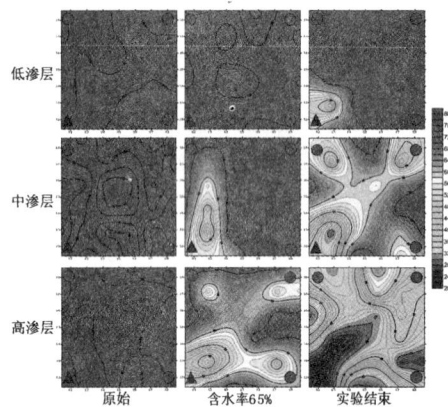

图 11  不同实验阶段各储层含油饱和度分布图(B-4)

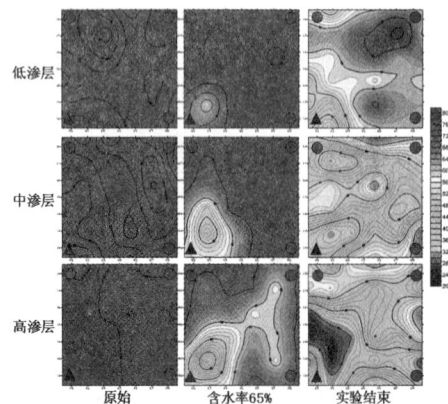

图 12  不同实验阶段各储层含油饱和度分布图(B-5)

由表 2 和图 8 至图 12 可知,无论采用哪种层系划分方式,高渗层的剩余油饱和度基本相当,这是由于高渗层都得到了很好的开发,从云图中也可以看出,高渗层不存在连片的剩余油富集区,仅有一些水驱波及不充分的位置存在孤立的剩余油富集区域;对于中渗层来说,剩余油饱和度从大到小分别是方案 2>方案 1>方案 3,这是因为方案 2 是高渗层和中渗层合注开发,高渗层对中渗层的干扰作用很大,影响了中渗层的吸水量,进而造成水驱波及程度较低,剩余油饱和度相对较高,而方案 1 虽然是三层笼统注水,但有低渗层的存在,高渗层更多地是影响了低渗层的吸水量,对中渗层的影响程度有限;对于低渗层,由于方案 2、3 都采用了单独开发,其开发效果远优于方案 1 低渗层的开发程度,从云图中也可以看出,笼统注水开发方式下,低渗层几乎未得到有效动用。

2.3  笼统注水后转分层注水对开发效果的影响

常规水驱开发采用笼统注水的开发方式,为了研究在笼统注水的基础上选择时机进行分层注水的开发效果,按照表 1 所示实验方案,先按方案 1 进行实验,在综合含水 65%时改为分层注水开发方式至综合含水 98%。

借助低场核磁共振技术,使用核磁共振仪器系统进行研究,观察实验各阶段岩心的 $T_2$ 谱和成像,实验结果见图 13 至图 18 和表 5。

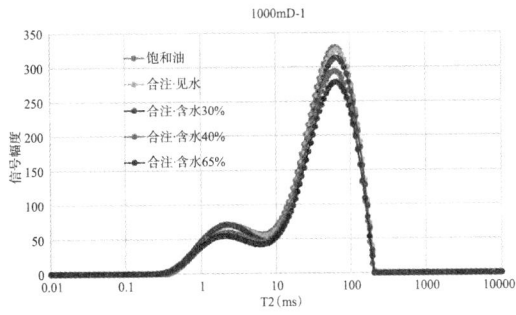

图 13　1000mD 岩心合注过程中 $T_2$ 谱变化

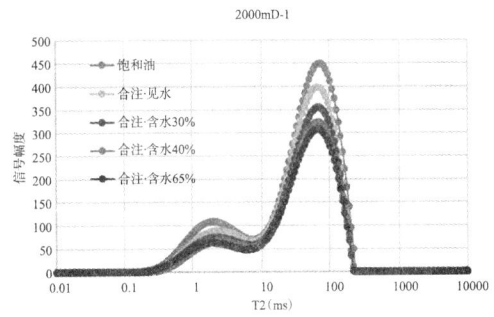

图 14　2000mD 岩心合注过程中 $T_2$ 谱变化

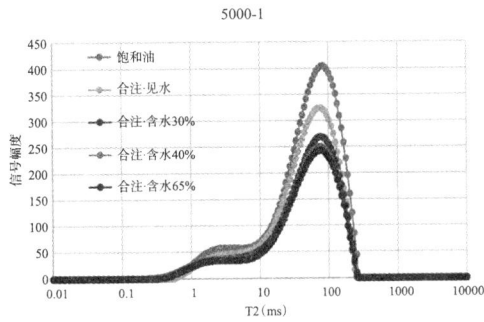

图 15　5000mD 岩心合注过程中 $T_2$ 谱变化

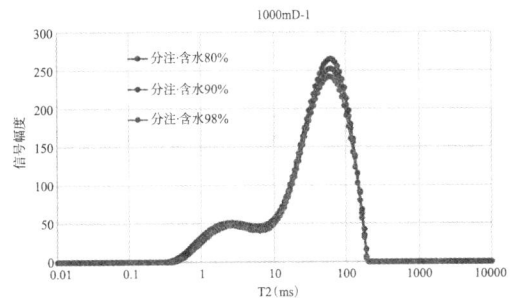

图 16　1000mD 岩心分注过程中 $T_2$ 谱变化

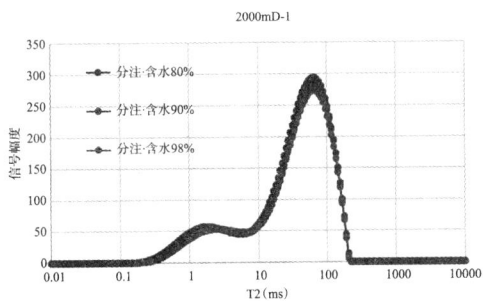

图 17　2000mD 岩心分注过程中 $T_2$ 谱变化

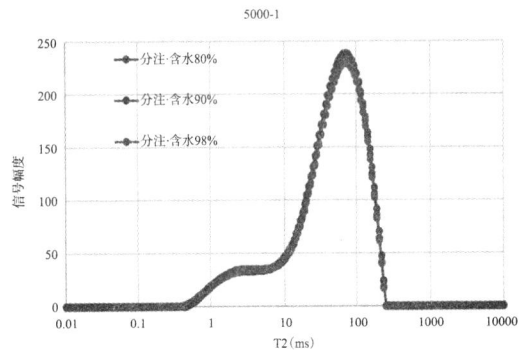

图 18　5000mD 岩心分注过程中 $T_2$ 谱变化

表 5　岩心核磁共振图像

| 过程 | 1000mD | 2000mD | 5000mD |
|---|---|---|---|
| 合注－见水 | | | |

续表

| 过程 | 1000mD | 2000mD | 5000mD |
|------|--------|--------|--------|
| 合注—含水30% | | | |
| 合注—含水65% | | | |
| 分注—含水80% | | | |
| 分注—含水98% | | | |

由图13至图18和表5可知,合注驱替过程中,岩心中的油逐渐从出口被驱替出来,三块岩心的含油饱和度都有不同程度的下降,见水前2000mD和5000mD驱替原油量最多。含水30%时岩心中的大部分油已经被驱替出岩心,后续驱替至含水65%的过程中岩心中的油含量逐渐减少,驱替结束后在岩心部分区域还有一定的油剩余。

驱替过程中岩心的油的信号逐渐减少,开始阶段信号幅度减少较快,末尾阶段信号幅度减小较少。三组岩心相比,岩心中的5000mD岩心含油饱和度变化最大,1000mD岩心含油饱和度变化最小。

合注结束后岩心开始分注,从核磁共振图像中可以观察注水过程中岩心含油饱和度逐渐降低,三者相比其中1000mD岩心含油饱和度变化较大,其余两块岩心含油饱和度有一定程度的减少,但变化不大。合注没有被驱替出的原油通过分注继续被采出,一些剩余油分布比较密集的区域含油饱和度进一步减少。1000mD岩心驱替结束后在岩心右下角含量较多,其他区域剩余油含量较少。2000mD岩心驱替结束后,剩余油主要集中在岩心的右半部分,其他区域较少。5000mD岩心驱替结束后,剩余油主要集中在岩心的左下角,其他区域较少。三组岩心 $T_2$ 谱图相比,岩心中的1000mD岩心变化最大,5000mD岩心变化最小。

综合对比可以看出,1000mD岩心在两个开发方式的过程中都有一定的原油产出,2000mD和5000mD两个岩心原油产出过程主要发生在第一个阶段,第二阶段产出油较少。这主要是因为合注过程中1000mD岩心配液量较少,采出程度较少,分注后驱替液体量增加,驱油效率逐渐增加。2000mD和5000mD两个岩心在合采阶段,大部分油已经被采出,分采阶段油很难再被驱替出岩心,导致驱油效率增加不明显。所以如何控制合采和分采的转换节点,提高整个驱替阶段的采收率,对现场有很重要的借鉴意义。

# 3 结 论

(1)当级差大于8时,采出程度随级差增大而降低的幅度趋于平缓,这是由于级差足够大时,笼统注水的层间干扰现象明显,采出程度的大小主要依赖于高渗层的贡献;当级差在3~5之间时,采出程度变化幅度要小于当级差在5~8之间的变化幅度。

(2)多层系组合开发时,如果可以采用分注分采的细分层系开发模式,整体采收率较笼统注水开发有所提升;如果采用笼统注水开发模式,在含水突进时采用一定程度的井网调整措施,改善油水分布,也可以提高采收率。

(3)控制合采和分采的转换节点,提高整个驱替阶段的采收率,对现场有很重要的借鉴意义。

## 参 考 文 献

[1] 刘洛夫,郭永强,朱毅秀. 滨里海盆地盐下层系的碳酸盐岩储集层与油气特征[J]. 西安石油大学学报(自然科学版),2007,22(1):53-58.

[2] 梁会珍,谢俊,张金亮. 下二门油田中上层系剩余油成因及可动油定量分布研究[J]. 西安石油大学学报(自然科学版),2009,24(6):13-16.

[3] 赵秀娟,左松林,吴家文,等. 大庆油田特高含水期层系井网重构技术研究与应用[J]. 油气地质与采收率,2019,26(4):82-87.

[4] 马奎前,陈存良,刘英宪. 基于层间均衡驱替的注水井分层配注方法[J]. 特种油气藏,2019,26(4):109-112.

[5] 郑伟林. 单泵同心双管分层注聚工艺的理论分析及应

用[J]. 西安石油大学学报(自然科学版),2010,25(3):41-45.

[6] 叶勤友. 多通道连续油管地面分层注水技术研究[J]. 西安石油大学学报(自然科学版),2018,33(6):74-78.

[7] 张继成,何晓茹,周文胜,等. 大段合采油井层间干扰主控因素研究[J]. 西南石油大学学报:自然科学版,2015,37(4):101-106.

[8] 何芬. J油藏层间干扰系数变化规律研究与实践[J]. 石油化工应用,2019,38(7):26-28.

[9] 缪飞飞,黄凯,胡勇,等. 渤海油田层间干扰物理模拟研究及应用[J]. 特种油气藏,2019,26(1):136-140.

[10] 裴承河,陈守民,陈军斌. 分层注水技术在长6油藏开发中的应用[J]. 西安石油大学学报(自然科学版),2006,21(2):33-36.

[11] 马云,叶从丹,李永军,等. 吴定区块多层系开发采出液集输系统的堵塞机理[J]. 西安石油大学学报(自然科学版),2019,34(3):35-40.

[12] 马元琨,柴小颖,连运晓,等. 多层合采气藏渗流机理及开发模拟——以柴达木盆地涩北气田为例[J]. 新疆石油地质,2019,40(5):570-574.

[13] 杨婷媛,曹广胜,白玉杰,等. 非均质油藏层间干扰室内实验研究[J]. 石油化工高等学校学报,2019,32(5):24-30.

[14] 牛彩云,李大建,朱洪征,等. 低渗透油田多层开采层间干扰及分采界限探讨[J]. 石油地质与工程,2013,27(2):118-120.

[15] 朱丽红,杜庆龙,姜雪岩,等. 陆相多层砂岩油藏特高含水期三大矛盾特征及对策[J]. 石油学报,2015,36(2):210-216.

[16] 李波,罗宪波,刘英,等. 判断层间非均质性的新方法[J]. 中国海上油气,2007,19(2):93-95.

[17] 于会利,汪卫国,荣娜,等. 胜坨油田不同含水期层间干扰规律[J]. 油气地质与采收率,2006,13(4):71-73.

[18] 李留仁,赵艳艳. 注水开发油田开发层系划分与重组的定量原则和方法[J]. 西安石油大学学报(自然科学版),2016,31(6):60-65.

[19] 王峙博,黄爱先,魏进峰. 薄互层油藏层间干扰数值模拟研究[J]. 石油天然气学报,2012,34(9):247-250.

[20] 蔡晖,阳晓燕,张占华,等. 层间干扰定量表征新方法在渤南垦利区域的应用[J]. 特种油气藏,2018,25(4):91-94.

[21] 莫建武,孙卫,杨希濮,等. 严重层间非均质油藏水驱效果及影响因素研究[J]. 西北大学学报(自然科学版),2011,41(1):113-118.

# 纳米材料与芥酸酰胺甲基哌嗪丙磺酸盐构筑复合体系性能评价

陈士佳　侯　岳　阚　亮　田津杰　敖文君　季　闻

(中海油能源发展股份有限公司工程技术分公司)

**摘　要**　纳米材料作为一种新型材料,对于表面活性剂溶液与原油界面分子作用机制具有较大影响。芥酸酰胺甲基哌嗪丙磺酸盐(EDPS)为哌嗪类两性离子表面活性剂,本文将 EDPS 与不同纳米材料混合,评价了多种复合体系的界面性能及增粘性能,并尝试分析了 EDPS 与不同纳米材料可能的作用机理。选取氧化石墨烯(GO),研究与 EDPS 构筑复合体系耐温性能、耐盐性能以及长期热稳定性。实验结果表明,在高温(90 ℃)、高盐(50000 mg/L)及高钙镁离子浓度(1000 mg/L)下,EDPS/GO 复合体系能够保持较高的黏度($>$ 30 mPa·s),界面张力能够达到 $10^{-2}$ mN/m 数量级,满足驱油体系性能要求。在 90 天热稳定性实验中,体系的界面张力和增粘性能仍能保持稳定。另外,室内模拟驱油实验证实了该复配体系在老化前和老化后均具有较高的提高采收率幅度。

**关键词**　两性表面活性剂;纳米材料;黏度;界面活性;驱油性能

## 1　前　言

化学驱提高采收率技术被认为是国内最为有效的原油增产手段。表面活性剂驱技术为化学驱技术的重要分支,被认为是化学法中降低残余油饱和度最有效的驱替方法之一[1]。根据毛管准数的定义,降低油水界面张力和增加水与岩石界面接触角都可以提高毛管准数,当界面张力达到 $10^{-3}$ 数量级时,理论上毛管准数能够提高 1000 倍,对于提高采收率的贡献是巨大的。近年来,许多新型高性能表面活性剂在科研领域出现,例如双子表面活性剂、Bola 表面活性剂、增粘型表面活性剂(VES)、表面活性离子液体、两性离子表面活性剂等[2]。有研究团队通过将两性表面活性剂复配或向其中加入聚合物成功构建了具有黏弹性且耐温耐盐的驱油体系,展示出良好的提高采收率潜力[3]。但是使用聚合物与表面活性剂复配的方法成本较高,在原油价格不稳定的今天,无法取得良好的经济效益。为此,如何在相对较低浓度下获得具有耐温耐盐的黏弹性驱油体系已成为油田化学领域的热点[4,5]。

由于区别于传统材料的独特理化特性,各种纳米材料(SiO₂,ZnO,TiO₂ 和 Fe₃O₄ 等)已广泛应用于国民生活的各方面领域,但在提高采收率方面多见于理论研究和实验室研发,大规模现场应用较少[6-10]。近年来,有关表面活性剂/纳米材料复合体系界面活性与流变性能的研究引起了极大的关注,为纳米材料在油田化学领域应用提供了新思路。本文使用芥酸酰胺甲基哌嗪丙磺酸盐(EDPS)与多种纳米材料复合,研究该体系的表观黏度与界面活性,分析了两性表面活性剂与纳米材料之间在油水界面膜上的作用规律,并选取合适的复配比例,构筑低浓度高效黏弹性复合体系,经过实验发现,该体系展现出良好的耐温性、耐盐性及抗老化性,并且具备较高的提高采收率性能。

## 2　实验部分

### 2.1　实验药品

芥酸酰胺甲基哌嗪丙磺酸盐(EDPS)根据文献所述的步骤合成[11],所得样品分子结构如图 1 所示,纯度经过 $^1$H NMR 谱图确认。纳米二氧化硅(SiO₂)、纳米氧化锌(ZnO)、氧化石墨烯(GO)、氯化钠(NaCl)、氯化钙(CaCl₂)和氯化镁(MgCl₂)(均为分析纯)等购自上海国药集团化学试剂有限公司。

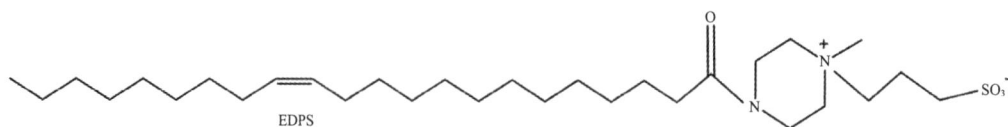

图 1　EDPS 的分子结构图

实验用岩心为人造均质岩心,由环氧树脂与石英砂胶结而成,尺寸 Φ2.5 cm×30 cm。实验用水为根据不同油藏地层水中矿物组成,利用氯化钠、氯化钙和氯化镁配制的模拟矿化水。实验用油为渤海 P 油田脱水原油。

### 2.2 实验方法

实验体系的表观黏度通过采用 Brookfield LVDV－Ⅲ黏度计进行测量。采用 TX－500 型旋转滴界面张力仪,参照相关标准在给定温度条件下对油水界面张力进行测量。

### 2.3 室内模拟驱油实验

体系的驱油效果采用 DHZ－50－180 型化学驱动态模拟装置评价。在恒温 80 ℃水驱至出口端含水 98%,计算水驱采收率;再注入 0.5 PV (PV 为孔隙体积)的驱油剂段塞,后续水驱至出口端含水 98%,计算最终采收率。

## 3 实验结果及分析

### 3.1 不同纳米材料对 EDPS 溶液表观黏度的影响

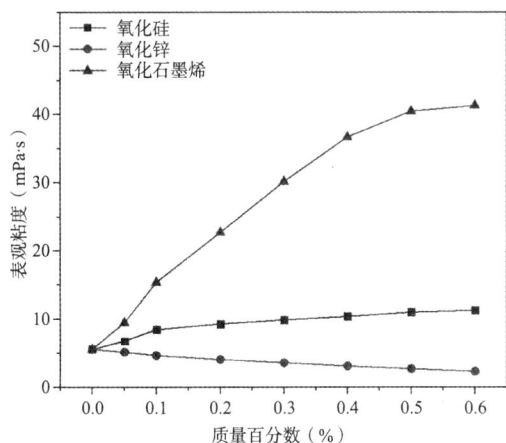

图 2 三种纳米材料对 EDPS 黏度的影响
(盐度 20000 mg/L,25 ℃)

三种纳米材料的加入对 EDPS 溶液的黏度产生了不同的影响,氧化石墨烯能显著提高 EDPS 溶液的表观黏度,而纳米氧化锌的加入反而削弱了体系的黏度。对于质量分数为 0.3% 的 EDPS 溶液,其黏度仅为 5.6 mPa·s,说明该浓度条件下 EDPS 分子间相互缔结形成空间结构强度较弱。当加入带正电的氧化锌纳米颗粒后,延展的胶束由于静电吸引会包覆在颗粒表面,导致溶液黏度进一步降低,如图 2 所示。而纳米氧化硅与氧化石墨烯表面存在着大量羟基,除静电作用外,纳米材料与 EDPS 胶束间还存在氢键作用,进一步促进了溶液内空间缔合结构的产生。氧化硅纳米颗粒粒径较小,导致产生的整体结构较为松散,只能

引起溶液黏度的小幅增加。而氧化石墨烯是典型的二维片状纳米材料,能插入到作用较弱的胶束之间增强相互吸引,大幅提升缔合结构的强度,引起溶液黏度明显上升。

### 3.2 不同纳米材料对 EDPS 溶液界面活性的影响

根据文献报导,芥酸酰胺甲基哌嗪丙磺酸盐 (EDPS) 在较低浓度(0.3%)下即可将水/原油 IFT 降低至小于 $10^{-2}$ mN/m,但溶液黏度较低 (5.6 mPa·s)。为此,我们选择了三种具备不同特性的纳米材料,纳米氧化硅(球状颗粒,表面带负电)、纳米氧化锌(球状颗粒,表面带正电)及氧化石墨烯(二维纳米片,表面带负电),加入到质量分数为 0.3% 的 EDPS 溶液中,考察其对表面活性剂界面活性的影响,结果如图 3 所示。向 EDPS 溶液中加入不同纳米材料后,复合体系的 IFT 均有所上升,但增加的幅度有明显差异。带正电的 ZnO 纳米颗粒能引起 IFT 的显著增加,由 $6.01\times10^{-3}$ mN/m 上升至 $1.09\times10^{-1}$ mN/m。而表面带有负电荷的氧化硅纳米颗粒和氧化石墨烯对界面张力的影响相对较小。我们推测 EDPS 分子结构末端为带负电的磺基,与 ZnO 表面电荷间的静电引力能够促使 EDPS 分子从油水界面脱附,进而导致界面层中活性剂有效浓度降低,造成 IFT 上升。而 EDPS 分子内部带正电荷的氮原子受负电表面吸引时,分子接近纳米材料表面过程中会受到分子末端的磺基与表面产生的斥力,会促进活性剂向界面层移动;同时,EDPS 分子也会在带负电纳米材料表面产生一定的吸附。因此,上述作用相互抵消,使得加入纳米二氧化硅和氧化石墨烯对界面吸附层中 EDPS 的有效浓度影响有限。

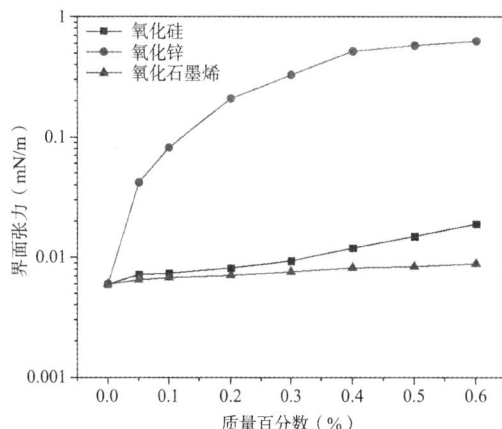

图 3 三种纳米材料对 EDPS 界面张力的影响
(盐度 20000 mg/L,25 ℃)

## 3.3 外部因素对 EDPS/GO 复合体系的影响
### 3.3.1 盐度的影响

图 4、图 5 分别展示了高浓度条件下各种盐离子对 EDPS/GO 复合体系性能的影响。盐离子的引入会引起体系黏度下降与 IFT 上升,但不难看出,复合体系的耐盐性极佳。在盐度为 50000 mg/L、钙镁离子浓度达到 1000 mg/L 的苛刻条件下,依然能够维持较高黏度与低界面张力。其主要原因是插入的 GO 与 EDPS 分子之间存在较强的相互作用,可以有效屏蔽外加离子的影响,从而使得体系增黏能力受无机盐含量的影响不大[12]。

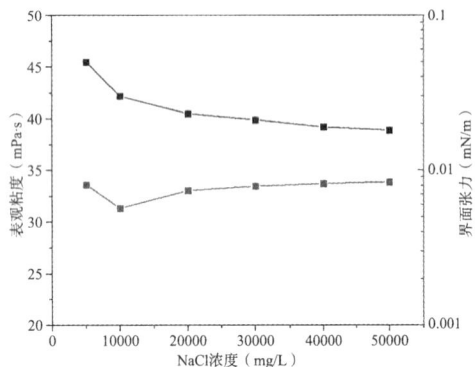

图 4 盐度对氧化石墨烯(0.5%)加入下 EDPS 溶液黏度与界面张力的影响(25 ℃)

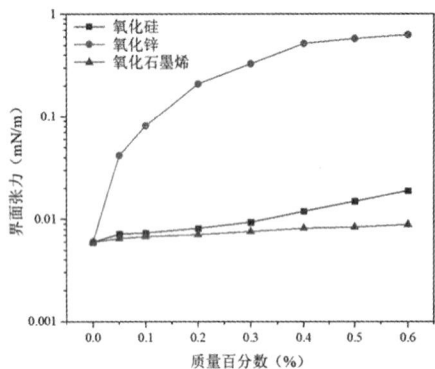

图 5 二价盐对氧化石墨烯(0.5%)加入下 EDPS 溶液黏度与界面张力的影响(NaCl 浓度 50000 mg/L,25 ℃)

### 3.3.2 温度的影响

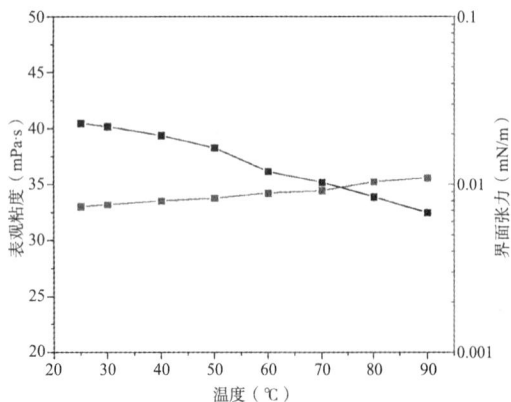

图 6 温度对氧化石墨烯(0.5%)加入下 EDPS 黏度与界面张力的影响(盐度 20000 mg/L)

根据上述体系的初步评价结果,我们向 EDPS 溶液中加入 0.5% 的氧化石墨烯组成复合体系,进一步研究各类外部因素对体系界面活性与表观黏度的影响。图 6 展示了升高温度对复合体系黏度与 IFT 的影响。当温度升高到 90 ℃时,界面张力微升至 $1.11\times10^{-2}$ mN/m,黏度仍然能够维持 30 mPa·s 以上,表明 EDPS/GO 复合体系对高温具有良好的耐受性。虽然高温会促进分子的热运动并减弱活性剂与纳米材料之间的相互作用,导致体系黏度有所下降,但 GO 的二维片状结构提供了大量与活性剂之间的作用位点,二者间较强的相互作用部分抵消了高温对体系黏度的影响。

### 3.3.3 老化时间的影响

为了进一步讨论复合体系用于用于实际增产的可行性,研究了模拟储层条件(80 ℃,总矿化度 30000 mg/L,其中钙镁离子浓度 250 mg/L)下该体系的老化稳定性。通过向体系中持续通入 $N_2$ 带出溶液中的溶解氧后再进行老化,实验结果如图 7 所示。EDPS/GO 体系在老化初期(7 d 之内)体系黏度稍有降低,同时界面张力略微增加,这可能是样品瓶内残存的氧气氧化破坏 EDPS 结构造成的。在之后的老化过程中,体系黏度和界面张力基本维持不变,在 90 d 时黏度依然保持在 31.9 mPa·s,说明该体系在模拟高温高盐储层条件下具有非常好的老化稳定性。

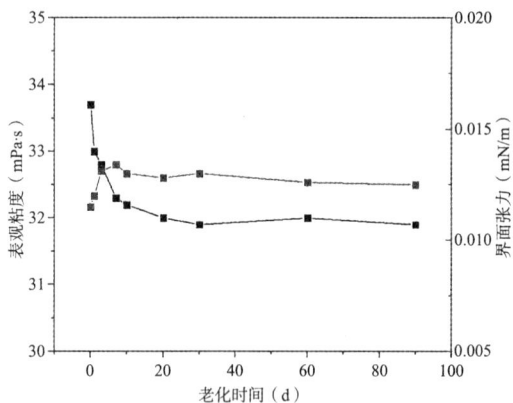

图 7 老化时间对氧化石墨烯(0.5%)加入下 EDPS 溶液(0.3%)黏度与 IFT 的影响

### 3.4 室内模拟驱油实验

进行了室内模拟驱油实验以验证表面活性剂/纳米材料复合体系提高采收率的性能。在模拟油藏条件(总矿化度 30000 mg/L,钙镁离子浓度 250 mg/L,80 ℃)下,未经过老化的复合体系可以有效提高原油采收率 21.14%(表 1),远高于相同浓度的 HPAM 体系(7.24%),证实了 EDPS/GO 复合体系的对提高高温高盐油藏采收率的有效性。在高温高盐条件下,HPAM 分子链会发生蜷曲,导致黏度大幅降低,严重影响了其驱油性能。而复合体系不仅具有一定的黏度,可以和聚合物驱一样增大波及系数,同时还在表面活性剂作用下使油水界面张力大大降低,使残余油易于分散、驱动,提高了洗油效率。之前研究证实了EDPS/GO复合体系老化90 d后其基本性能保持稳定,因此又利用老化后的体系进行了对照实验(表1)。经过 90 d 老化,黏弹性表面活性剂复合体系 EDPS/GO 提高采收率能力稍有下降(17.12%),但仍远高于聚合物体系(7.24%),从而进一步证实了 EDPS/GO 复合体系的高效性。

表 1 EDPS/GO 复合体系驱油效果

| 驱油体系 | 气相渗透率(mD) | 水驱采收率(%) | 最终采收率(%) | 提高采收率(%) |
|---|---|---|---|---|
| 0.3%EDPS+0.5%GO | 1530 | 58.03 | 79.17 | 21.14 |
| 0.3%EDPS+0.5%GO(老化后) | 1445 | 61.50 | 78.62 | 17.12 |
| 0.3% HPAM | 1483 | 60.77 | 68.01 | 7.24 |

## 4 结 论

(1)向芥酸酰胺甲基哌嗪丙磺酸盐(EDPS)中加入了三种纳米材料,带正电纳米颗粒对两性表面活性剂 EDPS 溶液的界面张力与增黏能力均有不利影响。而带负电的氧化石墨烯纳米片不仅对界面活性影响低,还能促进 EDPS 胶束进一步缔结,显著提高了体系黏度,这主要取决于 GO 片层结构与 EDPS 之间较强的相互作用。

(2)EDPS/GO 复合体系在高温(90℃)、高盐(50000 mg/L)、高钙镁离子浓度(1000 mg/L)条件下仍能保持较高的界面活性及黏度。此外,复合体系还表现出良好的抗老化性能。

(3)室内模拟驱油实验表明,由于具有扩大波及系数和提高洗油效率的双重作用,EDPS/GO 复合体系可以大幅提高原油采收率达20%以上,且老化后的体系依然有效。

### 参 考 文 献

[1] 岳湘安,王尤富,王克亮. 提高石油采收率技术基础[M]. 北京:石油工业出版社,2008:96-150.

[2] Lu H., Shi Q., Huang Z. pH-Responsive anionic wormlike micelle based on sodium oleate induced by NaCl[J]. Journal of Physical Chemistry B, 2014, 118(43):12511-12517.

[3] Bernheim-Groswasser A., Wachtel E., Talmon Y. Micellar growth, network formation, and criticality in aqueous solutions of the nonionic surfactant C12E5[J]. Langmuir, 2000, 16(9):4131-4140.

[4] Ericsson C. A., Soderman O., Garamus V. M., et al. Effects of temperature, salt, and deuterium oxide on the self-aggregation of alkylglycosides in dilute solution. 2. n-Tetradecyl-β-D-maltoside[J]. Langmuir, 2005, 21(4):1507-1515.

[5] Cai S., Vijayan K., Cheng D., et al. Micelles of different morphologies—Advantages of worm-like filomicelles of PEO-PCL in paclitaxel delivery[J]. Pharmaceutical Research, 2007, 24(11):2099-2109.

[6] Pi G. L., Mao L. L., Bao M. T., et al. Preparation of oil-in-seawater emulsions based on environmentally benign nanoparticles and biosurfactant for oil spill remediation[J]. ACS Sustain. Chem. Eng., 2015, 3:2686-2693.

[7] Zargartalebi M., Kharrat R., Barati N. Enhancement of surfactant flooding performance by the use of silica nanoparticles[J]. Fuel, 2015, 143:21-27.

[8] Zhang Y., Wang S. C., Zhou J. R., et al. Interfacial activity of nonamphiphilic particles in fluid-fluid interfaces[J]. Langmuir, 2017, 33:4511-4519

[9] E. Vignati, R. Piazza, T. P. LockhartPickering emulsions: interfacial tension, colloidal layer morphology and trapped-particle motion[J]. Langmuir, 2003, 19:6650-6656.

[10] Saleh N., Sarbu T., Sirk K., et al. Oil-in-water emulsions stabilized by highly charged polyelectrolyte-grafted silica nanoparticles[J]. Langmuir, 2005, 21:9873-9878.

[11] Han Y. G., Wang Y. F., Meng X. H., et al. Wormlike micelles with a unique ladder shape formed by a C22-tailed zwitterionic surfactant bearing a bulky piperazine group[J]. Soft Matter, 2019, 15:7644-7653.

[12] 丁伟,江依昊,吴玉娜,等. 甜菜碱型两性表面活性剂在高温高矿化度油藏条件下砂岩表面的吸附规律[J]. 化工进展,2014,33(9):2450-2454.

# 不同尺寸三维模型下聚合物驱油效果实验研究

阚 亮 季 闻 敖文君 陈士佳 田津杰 陈 斌

(中海油能源发展股份有限公司工程技术分公司)

**摘 要** 在 500mm×500mm×420mm 的大尺寸填砂模型上,填出 5000/2000/1000mD 的三层非均质模型,布置反九点井网,进行支链型聚合物在纵向非均质模型上的驱油效果评价实验,并对实验过程中的含油饱和度变化进行检测。利用 300mm×300mm×45mm 的平面非均质胶结模型,测试支链型聚合物在平面非均质模型上的驱油效果,并采用红外光谱仪和扫描电镜对该支链型聚合物的微观结构进行表征。结果表明,该支链型聚合物具有较好的增油效果,较水驱提高了 10.2 个百分点,而且对于采用反九点井网的大尺寸模型,注入水由于聚合物的调节作用,更充分的波及到中渗层和低渗层,开发效果进一步提升,但实验结束时低渗层还存在明显的剩余油,中渗层较高渗层来说洗油效率略低。另外,在生产井之间的非主流线边界区域存在部分残余油;对于平面非均质模型来说,高、中渗透条带仍是聚驱阶段提高采收率贡献的主力条带。

**关键词** 支链型;聚合物;非均质模型;采收率;渗透率

水驱开发后仍有大量剩余油存在地下[1-3],注入聚合物溶液可以有效的扩大波及体积和提高洗油效率[4-6]。大尺寸填砂模型主要用于水驱、化学驱、调剖堵水等提高采收率效果和相关驱油机理研究,能够实现平面非均质驱油效果评价,纵向非均质驱油效果评价,不同井网排布的驱油效果评价。可用于模拟注采井网、层间非均质性、平面非均质性对剩余油分布规律的影响研究;在模拟油藏温度和压力下进行驱替采油物理模拟实验,获得不同类型驱替状态下饱和度场随时间的变化。本文主要在大尺寸填砂纵向非均质模型和平面非均质胶结模型上进行驱油实验,测试支链型聚合物的驱油效果[7],并对其微观特征进行研究。

## 1 实 验

实验仪器:六联搅拌器、高温高压流变仪、电子天平、大尺寸物理模拟实验装置、红外光谱仪、扫描电镜等。

驱油模型:采用 500×500×420mm 的大尺寸填砂模型,所填砂层为反韵律储层,三层等厚,渗透率分别为 5000、2000、1000mD;布置井网为反九点井网;预埋饱和度电极进行含油饱和度检测。模型装置流程简图如图 1 所示,井网布置示意图如图 2 所示。

实验用水:采用室内配制模拟水,矿化度为 9300mg/L。

实验用油:将脱水原油与航空煤油复配,在 60℃下黏度为 70mPa·s。

聚合物:HX-1,1500mg/L。

实验温度:60℃。

实验方法:将大尺寸填砂模型进行填砂、饱和度电极预埋等处理;饱和水和饱和油之后,老化 24h;水驱至含水达到 98% 以上;注入 0.3PV 的 HX-1 聚合物;后续水驱至含水 98% 以上。后又在 300mm×300mm×45mm 的平面非均质胶结模型上进行驱油实验,观察驱油效果;使用红外光谱仪和扫描电镜对 HX-1 聚合物进行表征分析(图 1、图 2)。

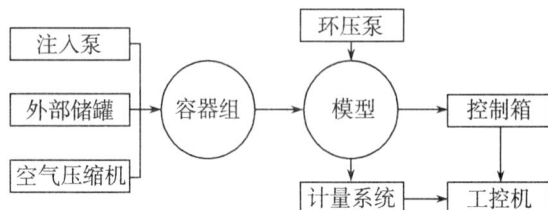

图 1 模型装置流程简图

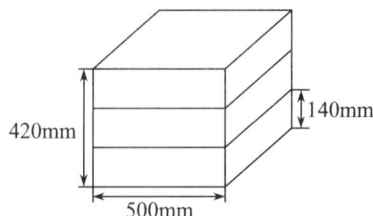

图 2 井网布置示意图

## 2 结果与分析

### 2.1 大尺寸物理模型驱油效果分析

大尺寸物理模型设计为反九点井网模型,开发数据见表 1。

表1 大尺寸物理模型实验基本物性参数

| 模型类型 | 渗透率(mD) | 模型尺寸(mm) | 孔隙度(%) | 含油饱和度(%) | 水驱采收率(%) | 总采收率(%) |
|---|---|---|---|---|---|---|
| 大尺寸物理模型 | 5000/2000/1000 | 500×500×400 | 31.15 | 83.4 | 56.4 | 66.6 |

由表1可知,大尺寸物理模型填砂后,总孔隙度为31.15%,饱和油后使含油饱和度达到83.4%,水驱后采收率为56.4%,注0.3PV的HX-1聚合物及后续水后,总采收率为66.6%,较水驱提高了10.2个百分点,说明该支链型聚合物具有较好的增油效果。

含油饱和度变化过程如图3至图6所示。

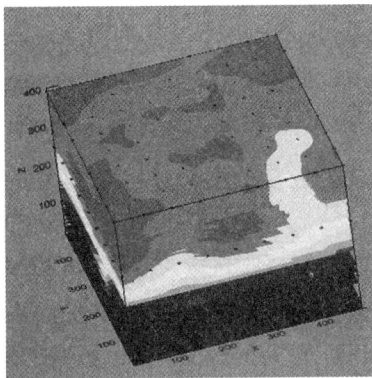

图3 饱和油过程1

图4 饱和油过程2

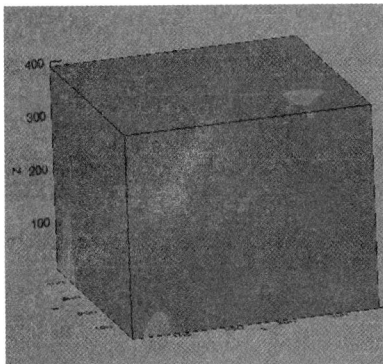

图5 饱和油过程3

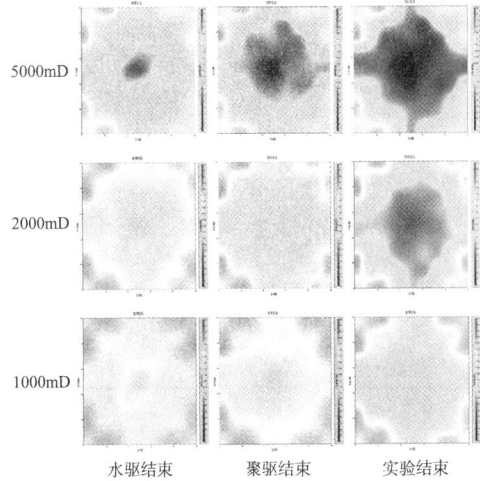

图6 各层含油饱和度变化过程

由图3至图5可以看出,饱和油过程中,高渗层吸液量大,饱和油速度较快,中渗层和低渗层依次饱和充分,最终完成饱和油过程,含油饱和度达到83.4%。

由图6可见,随着注水开发的进行,三层的储量均得到动用,而高渗层开发效果最明显,注入井附近已有明显见水程度,水驱结束时,三层的波及范围均由井网中心注入井向周围8口生产井扩散,但是模型内部各层的油、水饱和度相差较大,水驱阶段产油主要来自于高、中渗层,低渗透层的动用程度相对较小,存在有大量剩余油。注聚后,从云图中可以明显看出,波及体积进一步扩大,这是由于注入聚合物后,聚合物有很好的流度控制作用,使得水油流度比得到改善,纵向非均质性带来的层间干扰现象得到缓解,高、中渗层含油饱和度明显下降,波及面积增大,低渗层得到动用,洗油效率提高。进入后续水驱后,注入水会由于聚合物的调节作用,更充分的波及到中渗层和低渗层,开发效果进一步提升。但实验结束时,仍可观察到,低渗层还存在明显的剩余油,中渗层较高渗层来说洗油效率略低,但相对于水驱后,各层含油饱和度明显下降。另外,在生产井之间的非主流线边界区域存在部分残余油。

### 2.2 平面非均质胶结模型驱油效果分析

在300mm×300mm×45mm的平面非均质胶结模型上进行实验,井网布置为反九点井网的1/4区域,即一注三采模型。水驱含水率达到60%后转注0.25PV聚合物,测试支链型聚合物在平面条带非均质模型条件下的驱油效果。实验结果见表2、表3和图8。

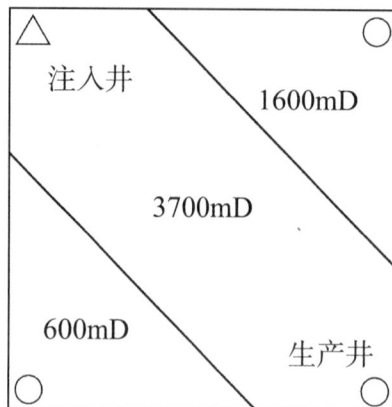

图 7   模型示意图

表 2   平面非均质胶结模型采收率结果

| 岩心编号 | 孔隙度(%) | 原始含油饱和度(%) | 水驱采收率(%) | 注聚后采收率(%) | 最终采收率(%) |
|---|---|---|---|---|---|
| M—1 | 29.32 | 74.39 | 15.31 | 26.12 | 33.61 |

表 3   平面非均质胶结模型各渗透率条带含油饱和度变化结果

| 岩心编号 | 阶段 | 高渗条带含油饱和度(%) | 中渗条带含油饱和度(%) | 低渗条带含油饱和度(%) |
|---|---|---|---|---|
| M—1 | 水驱结束 | 53.95 | 74.99 | 75.76 |
| | 聚驱结束 | 46.51 | 67.24 | 74.83 |
| | 实验结束 | 43.99 | 46.23 | 73.81 |

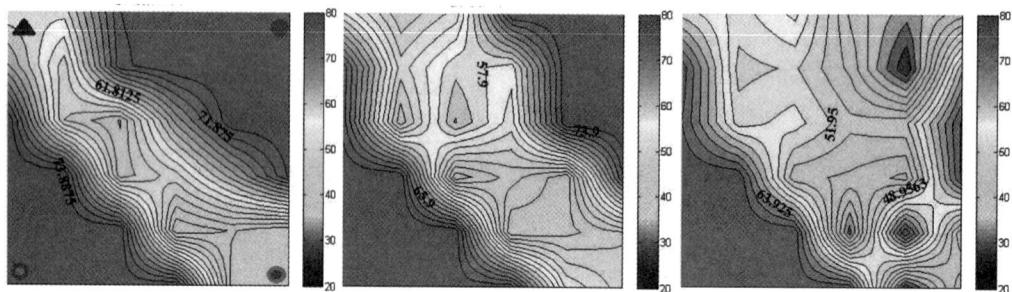

图 8   实验各阶段含油饱和度变化过程

由表2可知,注水至含水率60%时,采出程度为15.31%,注入0.25PV聚合物后,经过后续水驱,最终采收率为33.61%,较水驱结束提高了18.3个百分点,取得了较好的增油效果。

从表3和图8可以看出,水驱后剩余油主要分布在中、低渗透条带。相对于水驱结束时,注入聚合物和后续水结束时高、中、低渗透条带的含油饱和度分别由53.95%、74.99%、75.76%降低到43.99%、46.23%、73.81%,这说明高、中渗透条带是聚驱阶段提高采收率贡献的主力条带。

### 2.3   聚合物微观表征结果分析

将红外光谱测试结果对应官能团的红外特征频率列于表4,用以解释不同体系红外测试结果。1500mg/L聚合物溶液的红外光谱测试结果见图9,扫描电镜结果见图10。

表 4  常见官能团红外吸收特征频率表

| 化合物类型 | 官能团 | 吸收频率/cm⁻¹ | | | | | 备注 |
|---|---|---|---|---|---|---|---|
| | | 4000~2500 | 2500~2000 | 2000~1500 | 1500~900 | 900 以下 | |
| 酰胺 | 仲酰胺 —CONH— | 3440(强) (3300,3070) | / | / | / | / | N—H 吸收 |
| 不饱和烃 | —C≡C— | / | 2140~2100 | / | / | / | 末端炔基 |
| 羧酸 | —COOH | 3000~2500 | / | 1760[1500] | 1440~1395[中,强] | / | / |
| 羧酸盐 | —COO⁻ | / | / | 1610~1550 | 1420~1300 | / | / |
| 烷基 | —CH₂ | 2925,2850 | / | / | 1470 | 725~720 | / |
| 醇和酚 | 二聚体 | 3600~3500 | / | / | / | / | 常被多具体吸收峰掩盖 |
| | 多聚体 | 3300,宽[强] | / | / | / | / | / |

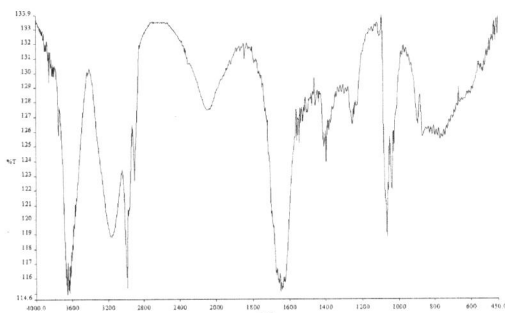

图 9  红外光谱测试结果

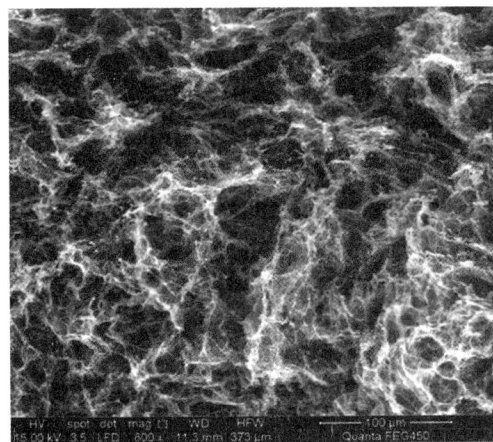

图 10  扫描电镜测试结果

由图 9 可见,聚合物纯溶剂红外光谱在 $3000cm^{-1}$、$1700cm^{-1}$、$1400cm^{-1}$ 出现峰值,证明了聚合物分子链中存在着羧酸根－COOH,该聚合物分子链上的－COOH 易与 $Cr^{3+}$ 发生交联反应形成凝胶体系。由图 10 可见,该支链型聚合物分子微观结构多数是能量最低的类六边形,存在粗的主干和细分支,其中粗骨架的截径比细分支的粗约一个数量级,空间结构较稀疏。

## 3 结 论

(1)该支链型聚合物具有较好的增油效果,较水驱提高了 10.2 个百分点。

(2)对于采用反九点井网的大尺寸模型,注入水由于聚合物的调节作用,更充分的波及到中渗层和低渗层,开发效果进一步提升。但实验结束时低渗层还存在明显的剩余油,中渗层较高渗层来说洗油效率略低。另外,在生产井之间的非主流线边界区域存在部分残余油。

(3)对于平面非均质模型来说,高、中渗透条带仍是聚驱阶段提高采收率贡献的主力条带。

## 参 考 文 献

[1] 赵修太,王增宝,邱广敏,等. 部分水解聚丙烯酰胺水溶液初始黏度的影响因素[J]. 石油与天然气化工,2009,38(3):231－237.

[2] Fernandez I J. Evaluation of Cationic Water Soluble Polymer With Improved Thermal Stability [J]. SPE,2005:93－103.

[3] 鲍敬伟,赵修太,邱广敏,等. 采油污水影响聚合物溶液黏度的因素研究[J]. 高含水期油藏提高石油采收率国际会议论文集,379－385.

[4] 于德水. 聚丙烯酰胺驱油机理[J]. 油气田地面工程,2003,8:27.

[5] 吴凤芝,俞建望,韩成林,等. PI－8203 调剖剂效果室内岩心评价[J]. 大庆石油学院学报,1988,12(4):37－42.

[6] 曹绪龙. 非均相复合驱油体系设计与性能评价[J]. 石油学报(石油加工),2013,29(1):115－121.

[7] 王东英,范海明,郁登朗,等. 络合剂改善无碱一元和二元复合驱油体系的增粘能力和油水界面性能[J]. 油气地质与采收率,2014,21(1):95－98.

# 海上稠油蒸汽驱注采参数实时优化预测技术

宫汝祥　黄子俊　王　飞　冯　青　杨　浩

(中海油田服务股份有限公司)

**摘　要**　针对具有复杂流动特征的蒸汽驱油藏历史拟合难题,研究整合了蒸汽驱油藏数值模拟模型与数据空间反演算法的快速历史拟合与生产动态预测方法。首先基于有限体积方法建立数值模拟模型,利用大量的油藏地质模型计算提供生产动态数据样本。然后基于数据空间反演算法建立了动态预测模型,在贝叶斯框架下根据随机极大似然原理拟合历史观测数据进行模型训练,反演得到生产动态最大后验估计。应用实例结果表明,该方法无须重复数值计算即可进行高效历史拟合与生产动态预测,对稠油油藏蒸汽驱开发政策调整具有重要意义。

**关键词**　蒸汽驱;历史拟合;数据空间反演;生产动态预测

蒸汽驱是开采稠油油藏的有效途径,蒸汽驱油藏历史拟合与生产动态预测模型对于判断稠油的蒸汽驱开发阶段,以及进行阶段性调控具有重要意义。蒸汽驱动态预测模型方面目前已有大量解析或经验模型及数值模型,例如,Marx 和 Langeheim[1] 提出的蒸汽驱动态模型;Neuman[2] 提出了考虑重力超覆的一个蒸汽驱模型,推动了蒸汽驱理论研究的发展;Jones[3] 建立了一个简化的预测模型,可以模拟一定蒸汽注入速率下的产油速度;Pope 和 Aydelotte[4] 基于分相流理论及能量、物质守恒原理提出了预测蒸汽驱动态的新方法,并分析了蒸汽驱油藏的温度场、压力场及饱和度场分布特点;陈月明和刘慧卿[5] 将蒸汽驱油藏划分为四个区域建立了蒸汽驱预测模型(SFPM 模型);付金刚等[6] 考虑蒸汽超覆和顶底层热损失,建立不同井网形式下蒸汽驱前缘计算的模型。Coats[7] 等提出了基于有限差分的隐式冷凝量格式的三维蒸汽驱数值模拟模型。

自动历史拟合技术[8-15] 同时可以应用于各种油藏模型中进行各类数据的动态反演调整,其中张凯等[8] 根据贝叶斯统计理论建立历史拟合最小化数学模型,提出一种稳定高效的无梯度多参数最优化调参技术;张凯等[9] 运用主层次分析方法(PCA)与离散余弦变换方法,提高了历史拟合的鲁棒性;然而由于蒸汽驱油藏数值模拟涉及相态变化,需要以较小的时间步才能收敛到符合物理意义的解,因此数值模拟计算的效率较低。传统的自动历史拟合方法难以高效应用到蒸汽驱油藏的历史拟合中来。

Sun 等[16-18] 提出了数据空间反演方法(Data Space Inversion, DSI)用于常规油藏的历史拟合和生产动态模拟。该方法仅需若干油藏地质模型生产数据样本,在贝叶斯框架下根据极大似然原理直接优化计算得到使条件概率最大生产动态数据后验估计。由于该方法历史拟合变量维数仅与生产数据有关,可极大提高拟合效率。目前该方法仅在常规油藏中有所应用,为此本文将数据空间反演方法应用到蒸汽驱油藏中,为蒸汽驱油藏开发高效历史拟合与动态预测提供一种行之有效的方法。

## 1　蒸汽驱油藏数值模拟方法

蒸汽驱是一种有效的稠油油藏开发方法,通过注汽井向地层中注入大量蒸汽,达到加热稠油使其黏度降低,并将原油驱替到生产井采出的目的。对蒸汽驱油藏生产动态预测的方法主要包括解析或经验方法、半解析方法以及数值模拟方法,其中数值模拟方法能够更准确地计算蒸汽驱油藏的生产动态数据与油藏温度压力等参数的分布特征。本节将基于有限体积方法建立蒸汽驱油藏的数值模拟方法,为数据空间反演方法提供必要的样本数据。

### 1.1　控制方程的有限体积离散

蒸汽驱油藏数值模型涉及到三相流、热传导、热对流及相态变化,其连续形式的控制方程是

$$\left(\frac{\partial(\rho_o\varphi S_o)}{\partial t}\right)+\frac{\partial(\rho_o u_o)}{\partial x}=\rho_o q_o \quad (1)$$

$$\left(\frac{\partial(\rho_g\varphi S_g)}{\partial t}\right)+\frac{\partial(\rho_g u_g)}{\partial x}=\rho_g q_g-q_c \quad (2)$$

$$\left(\frac{\partial(\rho_w\varphi S_w)}{\partial t}\right)+\frac{\partial(\rho_w u_w)}{\partial x}=\rho_w q_w+q_c \quad (3)$$

$$\nabla(\lambda_c \nabla T) - \nabla\left(\rho_w h_w \frac{kk_{rw}}{\mu_w}\nabla p\right) - \nabla\left(\rho_o h_o \frac{kk_{ro}}{\mu_o}\nabla p\right) - \nabla\left(\rho_s h_s \frac{kk_{rs}}{\mu_s}\nabla p\right)$$
$$= \frac{\partial}{\partial t}\left[(1-\varphi)\rho_R C_R T + \varphi\rho_o S_o h_o + \varphi\rho_w S_w h_w + \varphi\rho_g S_g h_g\right] \tag{4}$$
$$\lambda_c = \varphi(s_w\lambda_w + s_o\lambda_o + s_s\lambda_s) + (1-\varphi)\lambda_r$$

式中,$\lambda_{cw}$、$\lambda_{co}$、$\lambda_{cs}$、$\lambda_{cr}$、$\lambda_c$分别代表水相、油相、汽相、油层和综合导热系数;$h_w$、$h_o$、$h_s$分别为水、油、汽的热熔、$c_r$为油层岩石的比热容;$T$为油藏温度,℃;$\rho_o$、$\rho_w$、$\rho_s$为油、水、汽密度。

采取隐式冷凝量格式,即将水相方程式(1)与气相方程(2)叠加起来,并添加相态平衡方程,得到:

$$\left(\frac{\partial(\rho_w\varphi S_w)}{\partial t}\right) + \frac{\partial(\rho_w u_w)}{\partial x} + \left(\frac{\partial(\rho_g\varphi S_g)}{\partial t}\right) + \frac{\partial(\rho_g u_g)}{\partial x} = \rho_w q_w + \rho_g q_g \tag{5}$$
$$p_s(T) - p = 0 \ if \ s_g > 0 \tag{6}$$

本文基于有限体积方法对式(3)、(4)、(5)、(6)进行离散处理,并取全隐式格式,并忽略毛管力,得到:

$$-\rho_{w,sc}\sum_{j=1}^{n}\left\{G_{ij}\lambda_{w,ij}\left[(p_i-p_j) - \frac{\rho_{w,sc}g}{B_{w,ij}}(D_i-D_j)\right]\right\}^{t+\Delta t}$$
$$-\rho_{g,sc}\sum_{j=1}^{n}\left\{G_{ij}\lambda_{g,ij}\left[(p_i-p_j) - \frac{\rho_{g,sc}g}{B_{g,ij}}(D_i-D_j)\right]\right\}^{t+\Delta t} \tag{7}$$
$$+\rho_{w,sc}Q_{w,sc}^{t+\Delta t} + \rho_{g,sc}Q_{g,sc}^{t+\Delta t}$$
$$= \frac{\Delta V_i}{\Delta t}\rho_{g,sc}\left[\left(\frac{\varphi s_{g,i}}{B_{g,i}}\right)^{t+\Delta t} - \left(\frac{\varphi s_{g,i}}{B_{g,i}}\right)^{t}\right] + \frac{\Delta V_i}{\Delta t}\rho_{w,sc}\left[\left(\frac{\varphi s_{w,i}}{B_{w,i}}\right)^{t+\Delta t} - \left(\frac{\varphi s_{w,i}}{B_{w,i}}\right)^{t}\right]$$

$$-\sum_{j=1}^{n}\left\{G_{ij}\lambda_{o,ij}\left[(p_i-p_j) - \frac{\rho_{o,sc}g}{B_{o,ij}}(D_i-D_j)\right]\right\}^{t+\Delta t} + Q_{o,sc}^{t+\Delta t} \tag{8}$$
$$= \frac{\Delta V_i}{\Delta t}\left[\left(\frac{\varphi s_{o,i}}{B_{o,i}}\right)^{t+\Delta t} - \left(\frac{\varphi s_{o,i}}{B_{o,i}}\right)^{t}\right]$$

$$-\sum_{j=1}^{n}\left\{\frac{\rho_{w,sc}}{B_{w,i}^{t+\Delta t}}h_{w,ij}G_{ij}\left[(p_i^{t+\Delta t}-p_j^{t+\Delta t}) + \frac{\rho_{wsc}g}{B_{w,ij}^{t+\Delta t}}(D_i-D_j)\right]\right\}$$
$$-\sum_{j=1}^{n}\left\{\frac{\rho_{o,sc}}{B_{o,i}^{t+\Delta t}}h_{o,ij}G_{ij}\left[(p_i^{t+\Delta t}-p_j^{t+\Delta t}) + \frac{\rho_{osc}g}{B_{o,ij}^{t+\Delta t}}(D_i-D_j)\right]\right\}$$
$$-\sum_{j=1}^{n}\left\{\frac{\rho_{g,sc}}{B_{g,i}^{t+\Delta t}}h_{g,ij}G_{ij}\left[(p_i^{t+\Delta t}-p_j^{t+\Delta t}) + \frac{\rho_{g,sc}g}{B_{g,ij}^{t+\Delta t}}(D_i-D_j)\right]\right\}$$
$$-\sum_{j=1}^{n}\lambda_{c,ij}^{t+\Delta t}G'_{ij}(T_i^{t+\Delta t}-T_j^{t+\Delta t}) + \rho_g h_g Q_{s,si}^{t+\Delta t} + \rho_o h_o Q_{o,si}^{t+\Delta t} \tag{9}$$
$$+\rho_w h_w Q_{w,si}^{t+\Delta t}$$
$$= \frac{\Delta V_i}{\Delta t}\left[\begin{array}{l}((1-\varphi)\rho_R C_R T)_i^{t+\Delta t} - ((1-\varphi)\rho_R C_R T)_i^{t} \\ +(\varphi\rho_o S_o h_o)_i^{t+\Delta t} - (\varphi\rho_o S_o h_o)_i^{t} + (\varphi\rho_w S_w h_w)_i^{t+\Delta t} \\ -(\varphi\rho_w S_w h_w)_i^{t} + (\varphi\rho_s S_s h_s)_i^{t+\Delta t} - (\varphi\rho_s S_s h_s)_i^{t}\end{array}\right] \tag{10}$$
$$p_s(T^{t+\Delta t}) - p^{t+\Delta t} = 0 \ if \ s_g^{t+\Delta t} > 0$$

本文蒸汽驱数值模型中基本变量为温度、压力、含气饱和度和含水饱和度,式(7)、(8)、(9)、(10)四组方程组,可进行封闭求解。由于蒸汽驱油藏模型涉及蒸汽到热水再到产生蒸汽的相态变化过程,因此本文采用自适应时间步牛顿迭代技术与自动微分方法对上述方程组进行整体求解,同时减小设置的初始时间步,增大网格的尺寸,以

使模拟计算能够收敛到符合物理意义的解。

## 1.2 简单的计算示例

如图1所示,建立了一个简单的二维模型,网格数量为15×15,非均质渗透率分布通过克里金插值得到。在油藏左下角有一口注汽井,右上角有一口生产井,原始地层压力是6MPa,注汽速度为150t/d,油藏初始温度是50℃,蒸汽温度是

310℃,生产井定井底流压 3MPa 生产,模拟计算时间为 300 天。

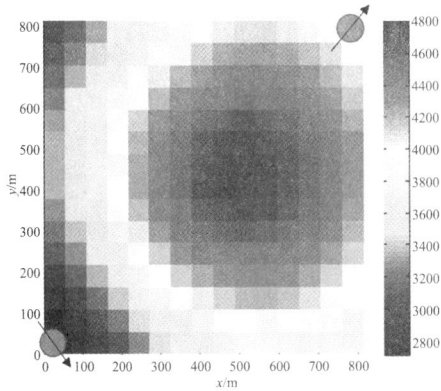

图 1　一维蒸汽驱油藏模型及随机生成的渗透率分布

图 2 分别展示了计算得到的 300 天时的温度、含气、和含水饱和度分布,可以看到 300 天时,仅注汽井所在网格存在蒸汽,而大部分网格的含水饱和度都有所上升,这说明在油藏初始温度条件下,注入的蒸汽全都冷凝为热水,只有当注汽井所在网格的温度上升到足够高,满足式(10)中饱和蒸汽的温度压力对应关系,才可能会存在蒸汽。这也说明,对油藏进行长时间的蒸汽吞吐,使油藏温度上升到一定程度后在开展蒸汽驱,效果会更好些。

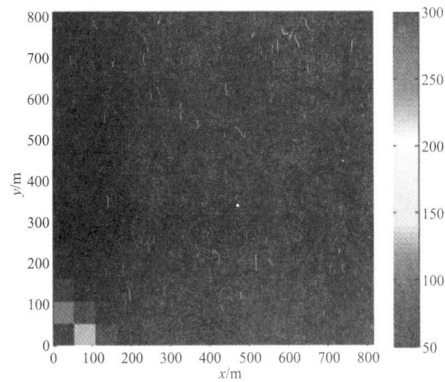

a. 温度分布

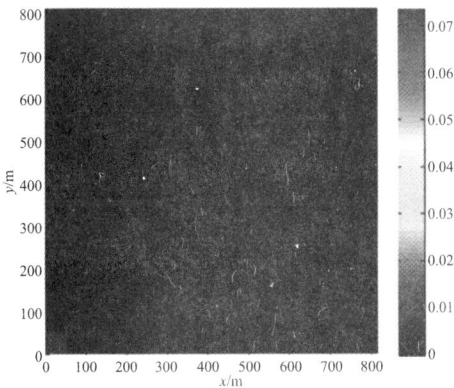

b. 含气饱和度

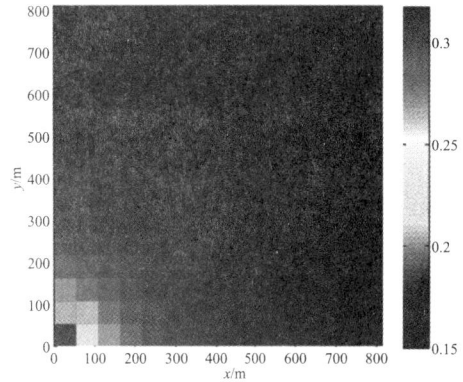

c. 含水饱和度

图 2　300 天时的温度、含气、和含水饱和度分布

## 2　基于数据空间反演的蒸汽驱生产动态数据的历史拟合与预测

对蒸汽驱油藏地质参数进行随机抽样,得到 $N_r$ 个具有不同油藏物性但具有相同生产制度的蒸汽驱油藏数值模型 $\mathbf{m}_i(i=1,2,\cdots,N_r)$,得到相应的生产动态数据为 $\mathbf{d}_i \in R^{N_d \times 1}(i=1,2,\cdots,N_r,N_d$ 是生产动态数据维度),表示为

$$\mathbf{d}_i = (\mathbf{d}_{i,h}{}^T,\mathbf{d}_{i,p}{}^T)^T = g(\mathbf{m}_i) \tag{10}$$

式中,$g(\cdot)$ 是蒸汽驱油藏数值模拟器,$\mathbf{d}_{i,h} \in R^{N_h \times 1}$ 是历史阶段生产动态数据,$\mathbf{d}_{i,p} \in R^{N_p \times 1}$ 是预测阶段生产动态数据,其中,$N_h$ 和 $N_p$ 分别是历史阶段和预测阶段的生产动态数据维度,且满足 $N_h + N_p = N_d$。

将 $N_r$ 个模型的生产动态数据集合起来,构成矩阵 $\mathbf{d} \in R^{N_d \times N_r}$,表示为

$$\mathbf{d} = (\mathbf{d}_1,\mathbf{d}_2,\cdots \mathbf{d}_{N_r}) \tag{11}$$

根据贝叶斯原理,在观测得到历史阶段生产动态数据(记作 $\mathbf{d}_{obs,h}$)情况下全生产阶段(包括历史阶段和预测阶段)动态数据为 $\mathbf{d}_{full}$ 的条件概率 $p(\mathbf{d}_{full}|\mathbf{d}_{obs})$ 为

$$p(\mathbf{d}_{full}|\mathbf{d}_{obs}) = \frac{p(\mathbf{d}_{obs}|\mathbf{d}_{full})p(\mathbf{d}_{full})}{p(\mathbf{d}_{obs})} \propto p(\mathbf{d}_{obs}|\mathbf{d}_{full})p(\mathbf{d}_{full}) \tag{12}$$

由于 $\mathbf{d}_{obs}$ 是从 $\mathbf{d}_{full}$ 中抽提出来,再加上相应的观测误差,假设该观测误差满足均值为 0、协方差阵为 $\mathbf{C}_D$ 的高斯分布,则 $p(\mathbf{d}_{obs}|\mathbf{d}_{full})$ 计算为

$$p(\mathbf{d}_{obs}|\mathbf{d}_{full}) = p(\varepsilon = \mathbf{H}\mathbf{d}_{full} - \mathbf{d}_{obs}) \propto \exp\left(-\frac{1}{2}(\mathbf{H}\mathbf{d}_{full} - \mathbf{d}_{obs})^T \mathbf{C}_D{}^{-1}(\mathbf{H}\mathbf{d}_{full} - \mathbf{d}_{obs})\right) \tag{13}$$

式中,$\mathbf{H} \in R^{N_h \times N_d}$,其作用是从 $\mathbf{d}_{full}$ 中抽提出属于历史阶段的数据点,则若历史阶段中序号 $i$ 对应于整个阶段中的序号 $j$,则 $\mathbf{H}_{ij}=1$。

假设 $\mathbf{d}_{full}$ 满足均值为 $\mathbf{d}_{prior}$、协方差阵为 $\mathbf{C}_d$ 的高斯分布,则

$$p(\mathbf{d}_{\text{full}}) \propto \exp\left[-\frac{1}{2}(\mathbf{d}_{\text{full}} - \mathbf{d}_{\text{prior}})^T \mathbf{C}_d^{-1}(\mathbf{d}_{\text{full}} - \mathbf{d}_{\text{prior}})\right] \quad (14)$$

$N_r$ 个初始模型得到的生产动态数据可看作是对 $\mathbf{d}_{\text{full}}$ 中每个随机变量的抽样,所以 $\mathbf{d}_{\text{prior}}$ 和 $\mathbf{C}_d$ 可近似计算为

$$\mathbf{d}_{\text{prior},i} = \frac{1}{N_r}\sum_{k=1}^{N_r}\mathbf{d}_{ik} \quad (15)$$

$$\mathbf{C}_{d,ij} = \frac{1}{N_r - 1}\sum_{k=1}^{N_r}\left[(\mathbf{d}_{ik} - \mathbf{d}_{\text{prior},i})(\mathbf{d}_{jk} - \mathbf{d}_{\text{prior},j})\right] \quad (16)$$

将矩阵 $\mathbf{d}$ 的每一列向量减去 $\mathbf{d}_{\text{prior}}$,得到矩阵 $\Delta \mathbf{d}$:

$$\Delta \mathbf{d} = (\mathbf{d}_1 - \mathbf{d}_{\text{prior}}, \mathbf{d}_2 - \mathbf{d}_{\text{prior}}, \cdots \mathbf{d}_{N_r} - \mathbf{d}_{\text{prior}}) \quad (17)$$

则式(14)中协方差 $\mathbf{C}_d$ 计算公式可写为更简明的矩阵形式:

$$\mathbf{C}_d = \Phi\Phi^T \quad (18)$$

式中,$\Phi = \Delta \mathbf{d}/\sqrt{N_r - 1}$。

则根据式(12)、(13)、(14),可知:

$$p(\mathbf{d}_{\text{full}} | \mathbf{d}_{\text{obs}}) \propto$$
$$\exp\left\{-\frac{1}{2}\left[\begin{array}{l}(\mathbf{H}\mathbf{d}_{\text{full}} - \mathbf{d}_{\text{obs}})^T \mathbf{C}_D^{-1}(\mathbf{H}\mathbf{d}_{\text{full}} - \mathbf{d}_{\text{obs}}) \\ + (\mathbf{d}_{\text{full}} - \mathbf{d}_{\text{prior}})^T \mathbf{C}_d^{-1}(\mathbf{d}_{\text{full}} - \mathbf{d}_{\text{prior}})\end{array}\right]\right\} \quad (19)$$

根据上式及极大似然原理知道,通过选取 $\mathbf{d}_{\text{full}}$ 使条件概率 $p(\mathbf{d}_{\text{full}} | \mathbf{d}_{\text{obs}})$ 达到极大,则此时的 $\mathbf{d}_{\text{full}}$ 是所需的历史拟合和生产动态预测结果,即

$$\mathbf{d}_{\text{full}} = \min_{\mathbf{d}_{\text{full}}}\left(\left[(\mathbf{H}\mathbf{d}_{\text{full}} - \mathbf{d}_{\text{obs}})^T \mathbf{C}_D^{-1}(\mathbf{H}\mathbf{d}_{\text{full}} - \mathbf{d}_{\text{obs}}) + (\mathbf{d}_{\text{full}} - \mathbf{d}_{\text{prior}})^T \mathbf{C}_d^{-1}(\mathbf{d}_{\text{full}} - \mathbf{d}_{\text{prior}})\right]\right) \quad (20)$$

通过优化算法即可对上述优化问题进行求解,然而在实际问题中 $\mathbf{d}_{\text{full}}$ 的维度 $N_d$ 可能较大,从而导致 $\mathbf{C}_d^{-1}$ 的计算十分耗时,甚至难以计算,显著得降低了优化计算的效率,因此需要降低上述优化问题中目标函数自变量的维度。

令

$$\mathbf{d}_{\text{full}} - \mathbf{d}_{\text{prior}} = \Delta \mathbf{d}\eta = \Phi\xi \quad (21)$$

式中,$\xi = \sqrt{N_r - 1}\eta$。

得到

$$(\mathbf{d}_{\text{full}} - \mathbf{d}_{\text{prior}})^T \mathbf{C}_d^{-1}(\mathbf{d}_{\text{full}} - \mathbf{d}_{\text{prior}}) = \xi^T \Phi^T (\Phi^T)^{-1} \Phi^{-1} \Phi\xi = \xi^T\xi \quad (22)$$

则式(20)中优化问题的目标函数可简化为

$$\xi = \min_{\xi}\left(\left[(\mathbf{H}\Phi\xi + \mathbf{H}\mathbf{d}_{\text{prior}} - \mathbf{d}_{\text{obs}})^T \mathbf{C}_D^{-1}(\mathbf{H}\Phi\xi + \mathbf{H}\mathbf{d}_{\text{prior}} - \mathbf{d}_{\text{obs}}) + \xi^T\xi\right]\right) \quad (23)$$

因此,利用 SPSA 优化算法对式(23)中的优化问题进行求解,可以得到使蒸汽驱生产动态数据历史拟合效果最优的 $\xi$,然后根据式(24)对蒸汽驱油藏生产动态数据进行预测。

$$\mathbf{d}_{\text{full}} = \Delta \mathbf{d}\eta = \Phi\xi + \mathbf{d}_{\text{prior}} \quad (24)$$

## 3 实例应用

### 3.1 一维模型

本节建立了一个简单的一维蒸汽驱油藏模型(图3),中间一口注汽井,两端各一口生产井。利用克里金插值随机生成非均质的渗透率场,并利用随机抽样得到注汽量与井距,总共得到51个初始模型,利用前述方法对该 400 个初始模型集合进行数值计算得到生产井的先验生产数据。每个模型的孔隙度均为 0.3,初始含油饱和度均为 0.85,初始油藏生产压力为 5MPa,模拟时间为 250 天,利用前 200 天进行历史拟合,后 50 天进行生产预测。

初始模型集合的日产油和累产油曲线见图4,可以看出,根据本文蒸汽驱数值模拟器计算得到的日产油曲线呈现出典型的蒸汽驱生产动态特征,即日产油首先由于地层压力下降而产量降低,随后原油受到加热黏度下降而日产油上升,继而因为地层压力的下降和气窜、热水窜的影响而产量下降。

随机选取一个初始模型作为真实模型,其余初始模型作为先验样本数据构成数据空间,拟合真实模型数据并预测生产动态变化规律,其结果如图5所示。可以看出,在历史阶段基于本文方法拟合值与真实模型数据十分吻合,且在预测阶段较好把握未来生产变化规律,拟合计算时间仅需 5.2s。

计算平均相对误差随初始模型数量变化规律如图6所示,当初始模型数越多时,相对误差越小。当初始模型数仅为 400 个时,相对误差可降至 5% 以下,由于本文方法计算时间主要花在初始模型数值计算上,因此,适量的初始模型对于进一步提高历史拟合与动态预测效率是十分必要的。

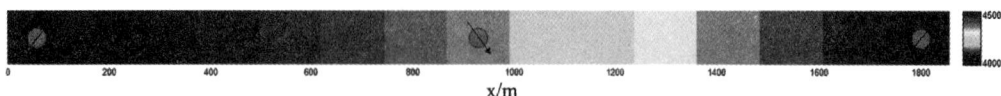

图3 一维蒸汽驱油藏模型及随机生成的渗透率分布

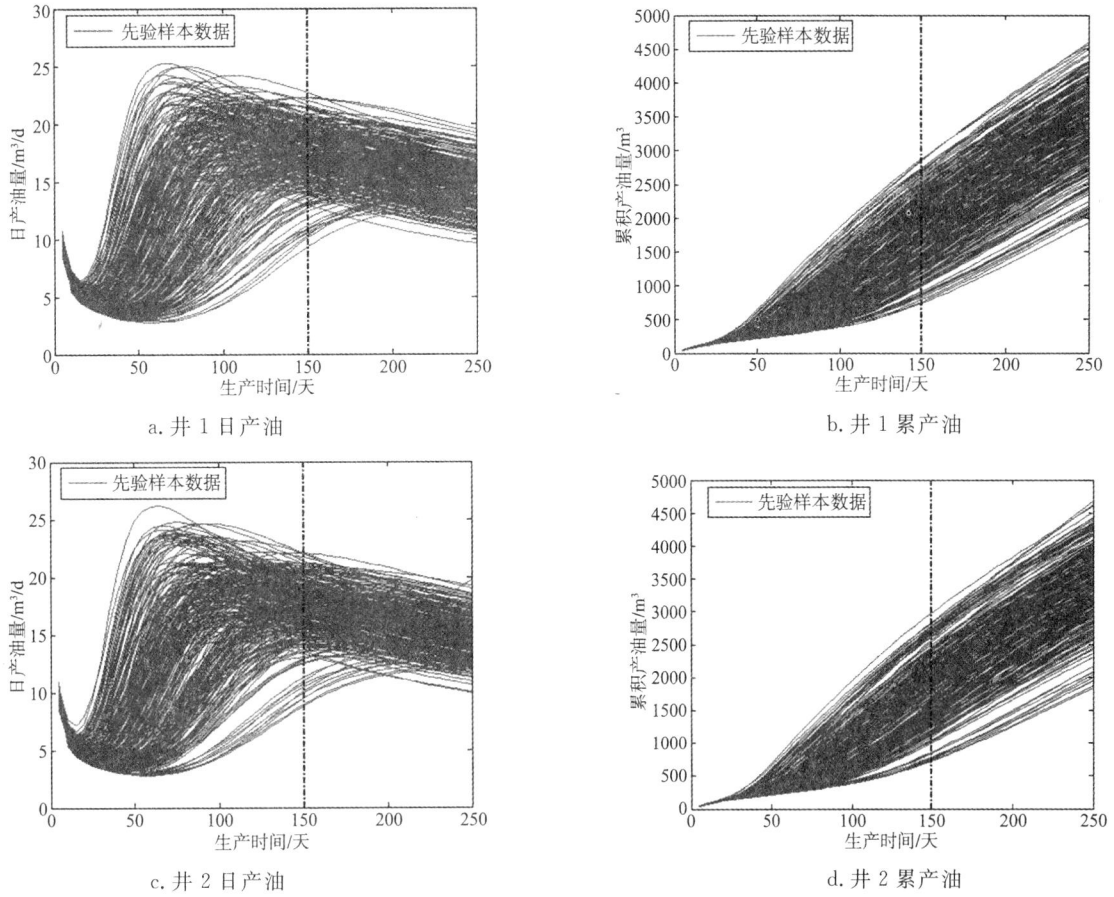

图 4　初始模型的生产动态数据集合

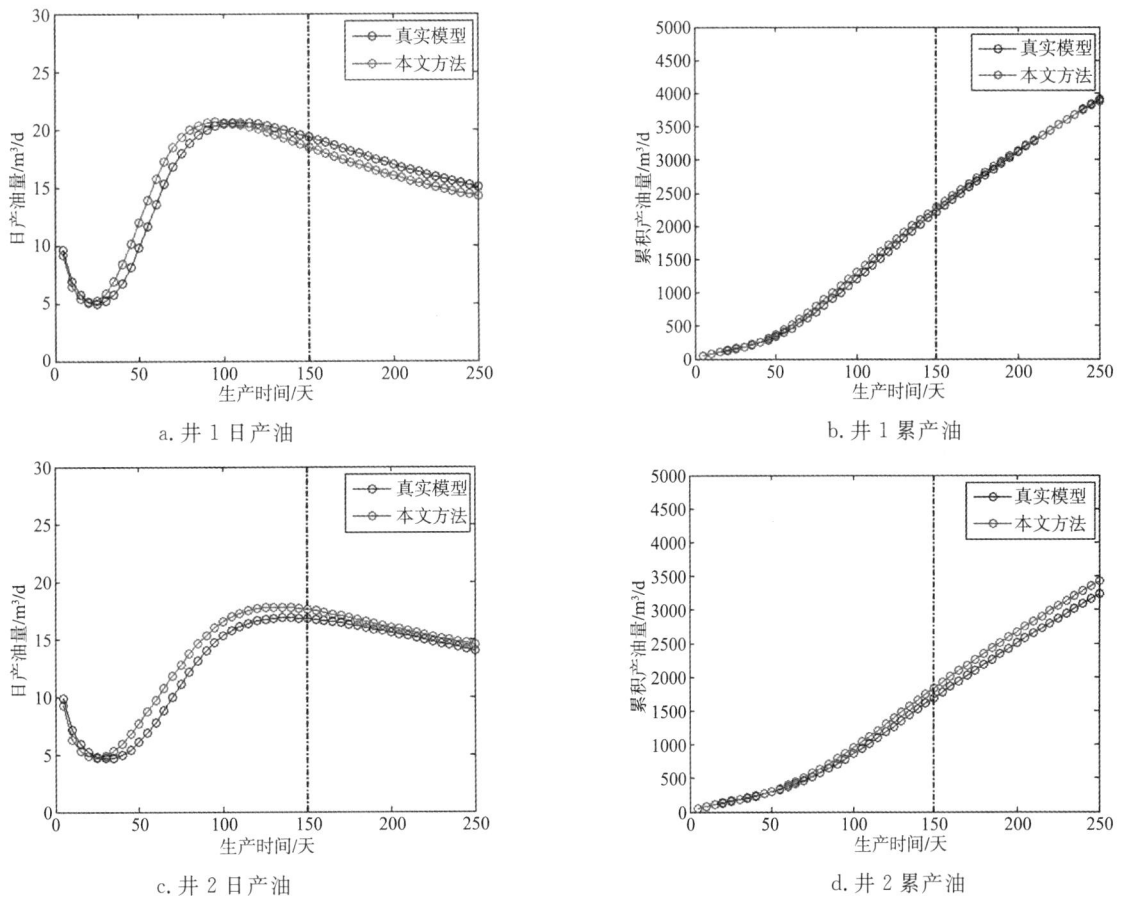

图 5　本文方法历史拟合与生产动态预测的效果分析

图6　平均相对误差与初始模型数量的关系

## 3.2　二维模型

进一步建立一个一注四采的五点法井组蒸汽驱油藏开发示例来验证该方法正确性,该油藏物性与上个示例一致。如图7所示,油藏中心有一口注汽井,四角各一口生产井,利用克里金插值随机生成储层的渗透率分布,得到500个初始模型,随机选取一个模型作为真实模型,总模拟时间为500天,利用前150天进行历史拟合,后350天进行生产预测。

首先对初始模型集合数值计算得到先验样本数据,然后利用数据空间反演算法拟合并预测得到后验生产动态。以左上角和右上角两口生产井为例,其先验生产动态数据如图8及图9中灰色曲线所示,基于本文方法计算所得结果(红色曲线)能与真实模型数据(蓝色曲线)较为匹配。除此之外,在采用500个初始模型情况下,本文方法对二维非均质油藏单井日产油的历史拟合和预测结果平均相对误差低于5%,区块累积产油量的平均相对误差低于1%。

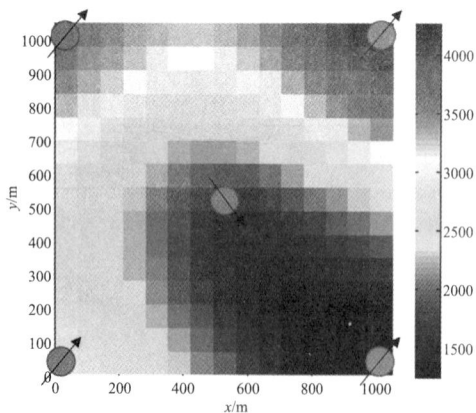

图7　二维蒸汽驱油藏模型及随机生成的渗透率分布

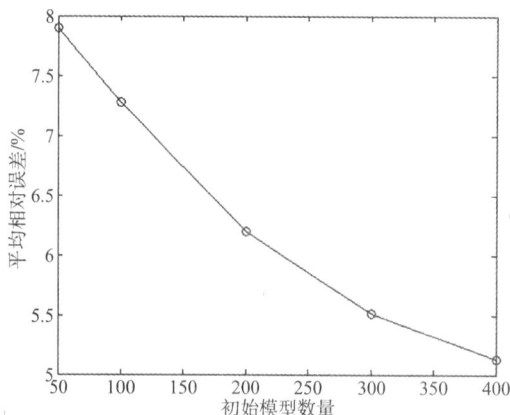

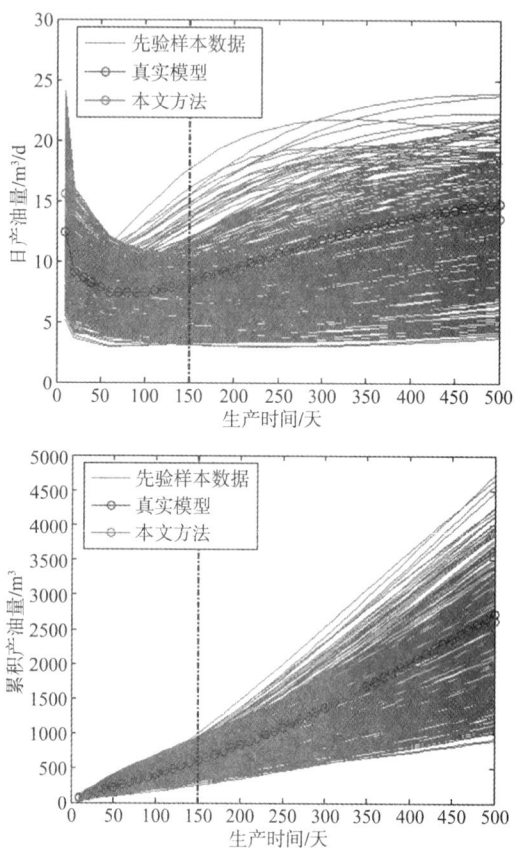

图8　左上角生产井的日产油、累产油数据集

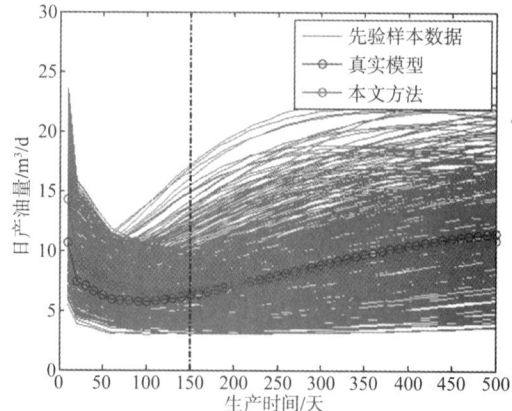

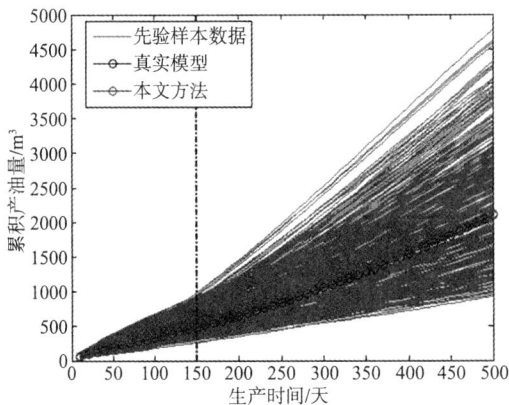

图9 右上角生产井的日产油、累产油数据集

# 4 结 论

(1)本文给出了基于有限体积方法的蒸汽驱油藏数值模拟模型。该模型将冷凝量进行隐式处理,结合蒸汽相态方程,利用自适应时间步牛顿迭代技术进行全隐式求解,为数据空间反演提供生产动态样本数据。

(2)结合蒸汽驱油藏数值模拟方法与数据空间反演算法,建立了蒸汽驱油藏历史拟合及生产动态预测方法,无须重复重复数值计算即可快速拟合历史观测数据并反演得到最优的生产动态后验估计。

(3)应用实例说明,本文方法历史拟合和生产动态预测的精度较高,相对误差随初始模型数量的增加而减小,仅需少量初始模型就能达到足够精度,满足工程应用要求。

## 参 考 文 献

[1] Marx JW,Langenheim RH. Reservoir Heating by Hot Fluid Injection[C]. SPE1266,1959.

[2] Neuman. A mathematical model of the steam drive process. Applications[J]. SPE4757,1975.

[3] Jones J. Steam drive model for hand-held programmable calculators[J]. Journal of Petroleum Technology,1980,33(9):1583-1598.

[4] Aydelotte SR,Pope G A. A simplified predictive model for steam-drive performance[J]. Journal of Petroleum Technology,1983,35(5):991-1002.

[5] 陈月明,刘慧卿.蒸汽驱原油产量预测模型的研究[A].石油大学稠油研究论文集[C].东营:中国 石油大学出版社,1990:156-163.

[6] 付金刚,杜殿发,郑洋,等.超稠油油藏蒸汽驱动态预测

模型[J].石油与天然气地质,2018,02.

[7] Coats K H,George W D,Chu C,et al. Three-Dimensional Simulation of Steamflooding[J]. Society of Petroleum Engineers Journal,1974,14(6):573-592.

[8] 张凯,路然然,周文胜,等.无梯度多参数自动历史拟合方法[J].中国石油大学学报(自然科学版),2014,38:109-115.

[9] 张凯,马小鹏,王增飞,等.一种强非均质性油藏自动历史拟合混合求解方法[J].中国石油大学学报(自然科学版),2018,42(5):94-102.

[10] 闫霞,张凯,姚军,等.油藏自动历史拟合方法研究现状与展望[J].油气地质与采收率,2010,17(4):69-73.

[11] CHAVENT G,DUPUY M,LEMONNIER P. History matching by use of optimal theory[J]. Society of Petroleum Engineers Journal,1975,15(1):74-86.

[12] ABDOLLAHZADEH A,REYNOLDS A,CHRISTIE MA,et al. Estimation of distribution algorithms applied to history matching[J]. SPE Journal,2013,18(3):508-517.

[13] LI R,REYNOLDS AC,OLIVERD S. History matching of three-phase flow production data[R]. SPE 87336,2003.

[14] XIE Jiang,EFENDIEV Yalchin,DATTA-GUPTA Akhil. Uncertainty quantification in history matching of channelized reservoirs using Markov chain level set approaches[R]. SPE 141811,2011.

[15] XUE L,DAI C,WU Y,et al. Towards improving the efficiency of Bayesian model averaging analysis for flow in porous media via the probabilistic collocation method[J]. Water,2018,10(4):412.

[16] Sun W. Data driven history matching for reservoir production forecasting[D]. Stanford University,2014.

[17] Sun W,Durlofsky L J. A new data-space inversion procedure for efficient uncertainty quantification in subsurface flow problems[J]. Mathematical Geosciences,2017,49(6):679-715.

[18] Sun W,Hui M H,Durlofsky L J. Production forecasting and uncertainty quantification for naturally fractured reservoirs using a new data-space inversion procedure[J]. Computational Geosciences,2017,21(5-6):1443-1458.

# 复合驱技术在高盐特高含水油藏的研究与应用

郑 锐 王 鹏 李 乾 张新春 刘广峰 沙 川

(吐哈油田分公司工程技术研究院)

**摘 要** 吐哈雁木西油田地处吐鲁番坳陷台北凹陷,油藏条件苛刻,属于高盐疏松砂岩油藏,处于特高含水开发阶段,亟须研究提高采收率技术改善开发效果。本文通过物理模拟和数值模拟方法开展了复合驱机理研究、化学剂体系优选及效果评价、注入参数优化设计。研究结果表明,本源无机凝胶体系在高矿化度下性能稳定,岩心封堵率可达到 90%以上,具有较好的耐冲刷能力,水驱后封堵率保留率可达 92.47%;驱油体系耐盐 19×$10^4$mg/l,降低油水界面张力至 $10^{-3}$mN/m 数量级;采用"堵、驱、调、降"的复合驱技术思路,本源无机凝胶段塞尺寸 0.2PV、表面活性剂段塞尺寸 0.12PV,可提高采收率 15.88%。先导试验取得较好效果,油井雁 614 井含水率由 95%降至 54%,日产油由 0.4t/d 增加至 4.2t/d,日产油增幅 9.5 倍,达到预期效果。

**关键词** 雁木西油田;本源无机凝胶;驱油体系;参数优化;提高采收率

吐哈雁木西油田为中高渗高盐疏松砂岩油藏,为严重非均质储层。注水开发后出砂严重,孔喉结构发生改变,注入水沿优势渗流通道无效循环,目前采出程度 15.22%,但含水率高达95.4%,采油速度仅为 0.05%,亟须研究提高采收率技术改善开发效果。为挖掘老油田生产潜力,三次采油技术的发展已成为必然选择[1-7]。近几年化学驱在国内油田控水增油实践中发挥了重要作用,为进一步提高采收率提出新方向,多元复合体系采油技术研究和矿场试验也受到广泛重视[8-15]。因该油田矿化度高达 19×$10^4$mg/L,常规化学剂适应性差,在此基础上,开展复合驱提高采收率技术攻关,提出"堵、驱、调、降"的化学复合驱技术思路,研发了适应的耐盐本源无机凝胶调堵剂和超低界面张力表面活性剂体系,优化工艺参数设计、编制方案,进一步深入研究和探讨化学复合驱的适应性。

## 1 复合驱机理研究

采用雁木西第三系油藏现场原油样品,原油密度 0.8093g/$cm^3$,地层温度下黏度 3.66mPa·s,油藏温度为 50℃,开展复合驱室内物理模拟实验、深入机理认识,为数值模拟提供基础。

### 1.1 微观模拟实验

为明确水驱后本源无机凝胶液流转向机理,进行微观模拟实验。实验分为 3 个阶段(图 1):①水驱油阶段,注入水首先进入渗流阻力较小即孔径较大毛细管,水驱结束时其中饱和油已经被全部采出,剩余油存在于孔径较小毛细管内;②无机凝胶调驱阶段,无机凝胶首先进入孔径较大的毛细管内并发生滞留,致使其渗流阻力增加和注入

压力升高;③后续水驱阶段,注入水转向进入孔径较小毛细管,将其中剩余油采出。

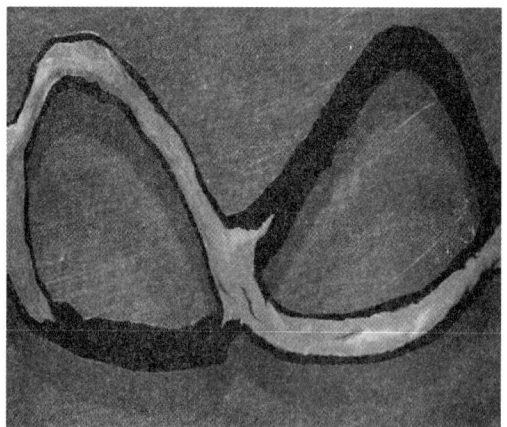

a. 水驱油阶段

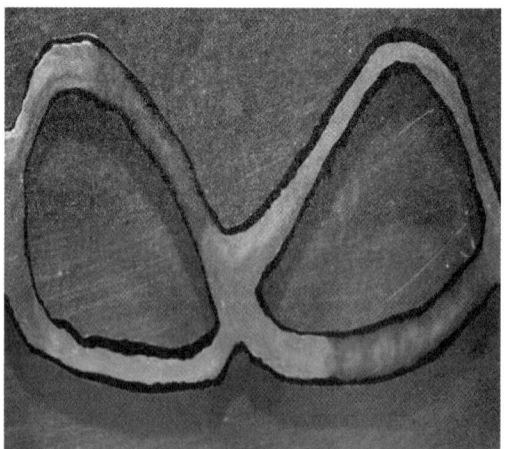

b. 本源无机凝胶驱

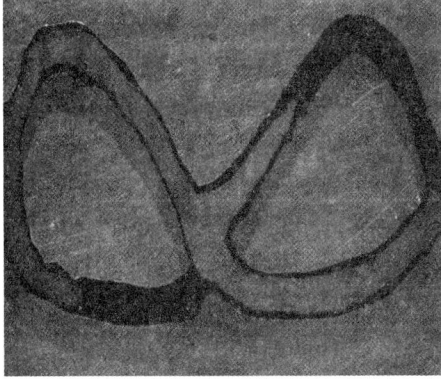

c.后续水驱

图1 驱替机理微观模拟实验

## 1.2 核磁共振实验

为研究水驱后,表面活性剂驱是否有新的孔隙被动用,进行了核磁共振实验。实验样品饱和油以后,在 50℃ 恒温箱放置 4h 以上,进行岩心核磁共振实验。得到饱和油、水驱结束后、表面活性剂驱结束后和后续水驱 4 个阶段的核磁共振横向弛豫时间曲线(图2)。从曲线形态可以看出与水驱相比较,表面活性剂驱和后续水驱结束时曲线降幅较小,表明表面活性剂溶液主要沿着水驱波及区域提高驱油效果,水驱优势渗流通道形成后

扩大波及体积驱油作用有限,若配合本源无机凝胶液流转向作用,可大幅提高采收率。

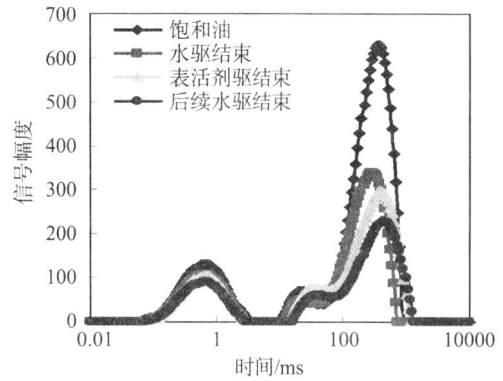

图2 表面活性剂驱核磁共振横向弛豫时间曲线

## 1.3 复合驱提高采收率实验

从驱油机理来看复合驱满足中高渗油藏开发后期封堵优势通道,扩大波及体积驱油的需求。超低界面张力的表面活性剂可有效提高洗油效率,进一步提高采收率。为验证复合驱提高采收率效果,采用本源无机凝胶和表面活性剂溶液段塞组合,从室内实验来看,复合驱可以明显的改善水驱开发效果,提高采收率幅度 17.24%(表1)。

表1 复合驱提高采收率实验数据

| 本源无机凝胶段塞尺寸(PV) | 含油饱和度(%) | 采收率(%) | | |
|---|---|---|---|---|
| | | 水驱 | 最终 | 增加值 |
| 0.4PV 本源无机凝胶 | 63.36 | 38.3 | 47.97 | 9.67 |
| 0.4PV 本源无机凝胶＋0.1PV 表面活性剂溶液 | 66.86 | 37.63 | 54.87 | 17.24 |

# 2 参数优化研究

基于室内实验和雁木西第三系油藏单井地质资料及流体资料,采用 CMG 软件中的 STARS 模块建立全区块化学驱数值模拟地质模型,开展影响复合驱效果的参数优化研究,为矿场试验提供指导。

## 2.1 数值模拟模型建立

模型三个方向网格数分别为 $Nx=62$,$Ny=46$ 和 $Nz=8$,平面上 $x$、$y$ 方向的网格步长均为 20m,总网格数为 22816,试验井组目的层孔隙体积为 $62.98 \times 10^4 m^3$。油藏平均孔隙度 20.4%,渗透率 $225.9 \times 10^{-3} \mu m^2$。对本源无机凝胶调驱和表面活性剂驱物化参数进行数值模拟拟合,得到各参数取值并输入到已拟合好的地质模型中,开展后续基础水驱和化学复合驱数值模拟研究,试

验区油井数值模拟拟合效果较好。

## 2.2 本源无机凝胶段塞尺寸对增油降水效果的影响

在水驱 98% 后加入不同段塞的本源无机凝胶(0.08PV、0.16PV、0.24PV、0.32PV、0.4PV)再后续水驱 98%,观察无机凝胶段塞尺寸对调驱增油降水效果影响。实验结果(图3)表明,无机凝胶能够有效地封堵储层中的高渗透层,促使后续驱油剂转向进入中低渗透层,达到扩大波及体积和提高采收率目的。随无机凝胶段塞尺寸增加,采收率增幅增大,但各个无机凝胶段塞尺寸采收率增幅的增加值逐渐减小。

在主剂浓度固定条件下,设计不同的主剂总段塞尺寸(0.04PV、0.08PV、0.12PV、0.16PV、0.2PV),预测 10 年内试验区增油效果。数值模拟

结果(图3)表明,随主剂段塞尺寸增加,试验区采收率增幅增大,但增幅逐渐变缓,吨剂增油先升后降。综合技术经济效果,推荐试验区主剂段塞尺寸为0.2PV。

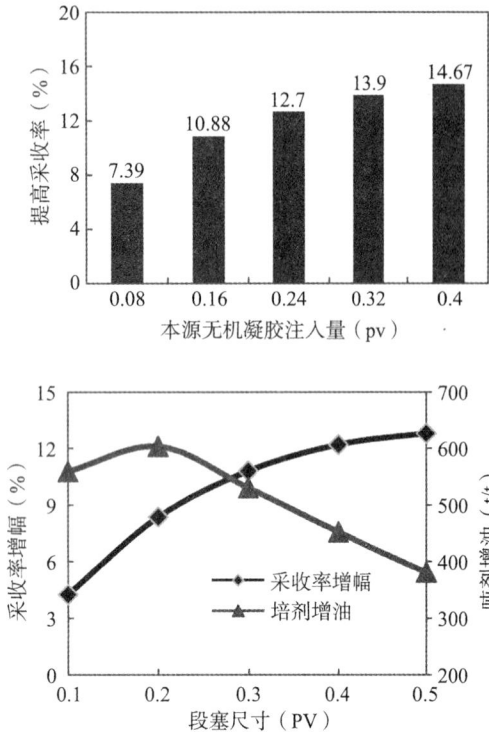

图3 不同段塞本源无机凝胶提高采收率物模实验
和数值模拟数据

## 2.3 注入方式对增油降水效果的影响

为考察注入方式对调驱效果影响,在本源无机凝胶段塞尺寸0.2PV下,设计了"浓度递减"注入方式(0.488%、0.427%、0.366%、0.305%和0.244%)、"等浓"注入方式(0.366%)和"浓度递增"注入方式(0.244%、0.305%、0.366%、0.427%和0.488%),模拟提高采收率效果。结果表明(表2),本源无机凝胶浓度注入方式不同,试验井组增油效果差异较大,"浓度递增"注入方式采收率增幅最高,"等浓"注入方式次之,"浓度递减"注入方式最差。

表2 本源无机凝胶注入方式对采收率的影响

| 注入方式 | 含油饱和度（%） | 采收率(%) | | |
| --- | --- | --- | --- | --- |
| | | 水驱 | 最终 | 增幅 |
| 浓度递减 | 63.43 | 39.12 | 45.35 | 6.23 |
| 等浓 | 65.81 | 39.94 | 51.13 | 11.19 |
| 浓度递增 | 64.22 | 40 | 52.72 | 12.72 |

数值模拟结果(图4)表明,本源无机凝胶浓度注入方式不同,含水率和产油曲线形态存在差异。"浓度递减"和"等浓"注入方式含水率曲线呈浅"U"型,而浓度递增呈深"U"型。浓度递减和等浓注入方式含水率低值较小,产油峰值较高,但稳产高产期短;相反,浓度递增方式,达到含水低值后,含水平稳,上升较慢,有较长的稳产期,整体上增油效果较好。分析原因,在于浓度递增方式,低浓度前置液可使调驱剂进入油藏深部,后续较高浓度调驱剂可较好的封堵近井地带高渗区域,达到"近堵深调"的目的,增油降水效果更佳。

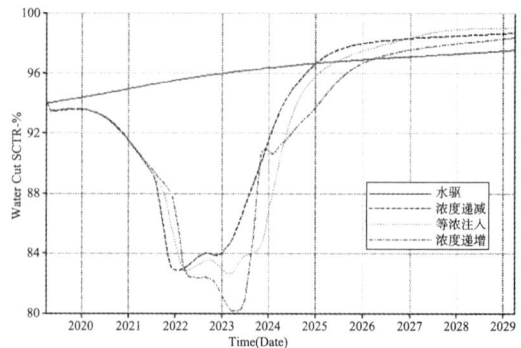

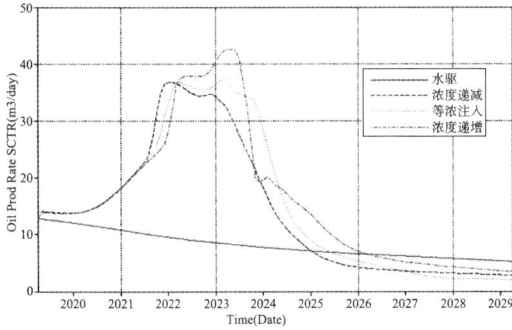

图4 试验区不同注入方式下含水率和日增油与时间关系

## 2.4 表面活性剂对界面张力的影响

采用注入水配制不同浓度表面活性剂溶液（0.025%、0.05%、0.1%、0.2%、0.3%、0.4%），测试表面活性剂对界面张力的影响,结果（图5）表明,界面张力随时间延长大体上呈现下降趋势,部分浓度的样品表现出"下降、升高、再下降"最终趋于稳定的变化趋势,界面张力随表面活性剂浓度升高呈下降趋势。当表面活性剂浓度达到或超过0.05%后,界面张力达到超低界面张力$10^{-3}$ mN/m数量级。将表面活性剂溶液（$C=0.3\%$）与新鲜油砂多次接触,测试表面活性剂的耐吸附能力,随表面活性剂溶液与新鲜油砂接触次数增加,界面张力虽大体呈现下降趋势,但3次吸附以后仍能达到$10^{-2}$ mN/m数量级。

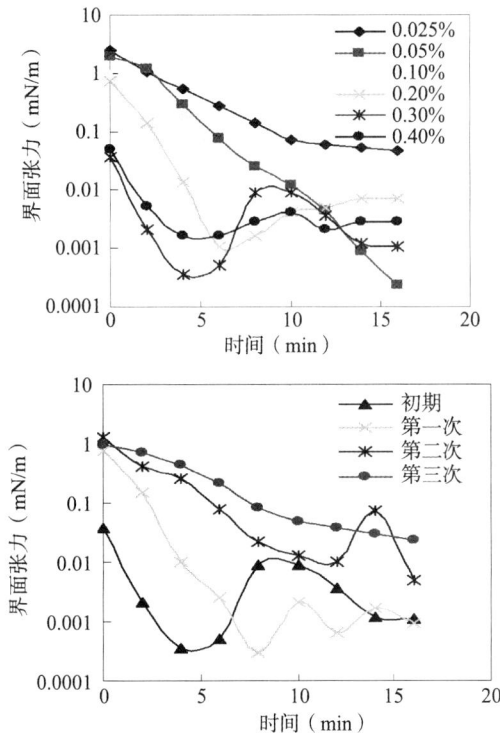

图5 界面张力与表面活性剂浓度和时间关系

## 2.5 表面活性剂段塞尺寸对驱油效果的影响

为考察表面活性剂段塞尺寸对驱油效果的影响,在调驱剂0.2PV下加入表面活性剂段塞,设计

表面活性剂溶液段塞尺寸（Cs=0.3%,0.08PV、0.12PV、0.16PV、0.2PV、0.24PV）。实验结果（图6）表明,复合驱可以达到扩大波及体积和提高洗油效率双重目的,随表面活性剂溶液段塞尺寸增加,采收率增幅较大,但各个表面活性剂溶液段塞尺寸间采收率增幅的增加值逐渐减小。

同样的设计参数,采用数值模拟手段预测10年内试验区增油效果。结果（图6）表明,随表面活性剂注入段塞尺寸增加,试验井组采收率增幅和吨剂增油都呈现先增后降的趋势。综合考虑技术经济效果,推荐试验井组表面活性剂注入段塞尺寸为0.12PV。

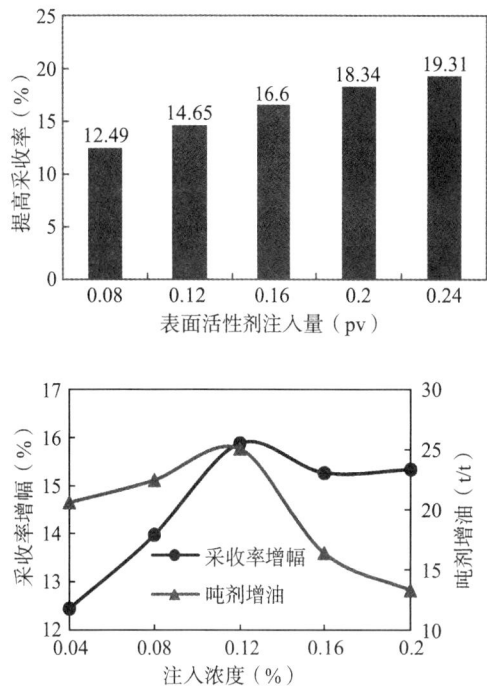

图6 表面活性剂不同段塞尺寸下物模及数值模拟结果

## 3 矿场试验效果

根据油藏特征和开发现状,制定"堵、调、驱、降"的技术思路,在上述研究的基础上编制3注8采先导试验方案,按照"调剖＋调驱/表面活性剂"注入方式,设计总注入量0.32PV,其中封堵高渗通道段塞规模为2880～3840m³,调驱段塞0.2PV,本源无机凝胶注入浓度1%～3%逐渐递增,表面活性剂段塞0.12PV,注入浓度0.3%,注入年限6年,累计注化学剂$13.57×10^4$ m³,预计累计增油$4.08×10^4$t,提高采收率15.88%,"投入/产出"比达到1：2.02。

雁木西油田复合驱于2020年11月启动现场试验,2注7采,复合驱2个月后,对应油井雁614井见效显著,日产油由0.43t增加至4.21t,含水率由95%降至54%,累计增油400余吨,复合驱初步见效,达到了第一阶段的封堵效果。复合驱油井　采油曲线如图7所示。

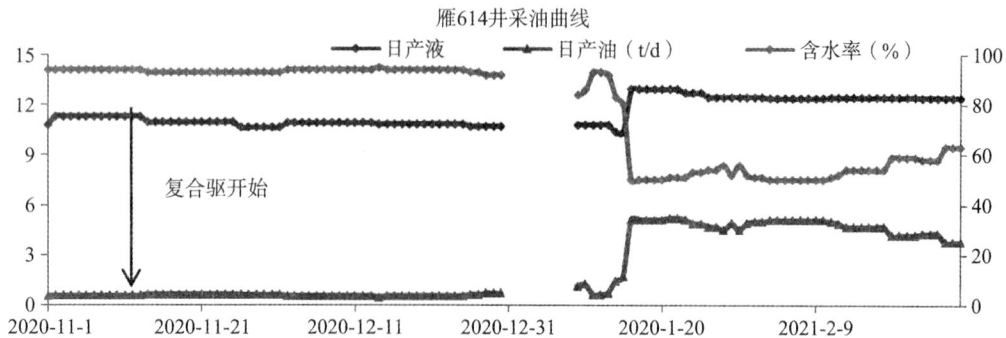

图7　复合驱油井采油曲线

## 4　结　论

(1)高盐特高含水油藏采用复合驱提高采收率技术理论上是可行的,复合驱多种机理并存,可有效封堵水流优势通道,达到液流转向的目的,后续超低界面张力表面活性剂进入中低渗透层可大幅提高驱油效率。

(2)复合驱参数优化表明,本源无机凝胶段塞尺寸为0.2PV,表面活性剂溶液段塞尺寸为0.12PV时,达到最佳经济采收率,采收率增幅15.88%。

(3)现场试验表明,优选的驱油体系表现出较好封堵能力,矿场试验达到预期效果,可在同类型油藏推广实施。

### 参 考 文 献

[1] 孙焕泉.胜利油田三次采油技术的实践与认识[J].石油勘探与开发,2006,33(3),262-266.

[2] 王斌,周迅,王敏,等.三次采油技术在中原油田的应用进展[J].油田化学,2020,37(3),552-556.

[3] 王启民,冀宝发,隋军,等.大庆油田三次采油技术的实践与认识[J].大庆石油地质与开发,2001,20(2):1-6.

[4] 赵方剑,曹绪龙,祝仰文,等.胜利油区海上油田二元复合驱油体系优选及参数设计[J].油气地质与采收率,2020,27(4):133-139.

[5] 沈平平,袁士义,邓宝荣,等.非均质油藏化学驱波及效率和驱替效率的作用[J].石油学报,2004,25(5):54-59.

[6] 程杰成,吴军政,胡俊卿.三元复合驱提高原油采收率关键理论与技术[J].石油学报,2014,35(2):310-318.

[7] 徐宏明,侯吉瑞,赵凤兰,等.非均质油藏封窜及化学驱复合技术研究[J].油田化学,2013,30(1):80-82.

[8] 侯吉瑞,吴晨宇,赵凤兰,等.高温高盐油藏复合驱体系优选及性能评价[J].大庆石油地质与开发,2014,33(2):121-126.

[9] 陈中华,李华彬,曹宝格.复合驱中界面张力数量级与提高采收率的关系研究[J].海洋石油,2004,25(3):53-57.

[10] 郭宇.耐温抗盐型复合表面活性剂驱油体系的合成及应用[J].断块油气田,2018,25(2):258-261.

[11] 石静,曹绪龙,王红艳,等.胜利油田高温高盐稠油油藏复合驱技术[J].特种油气藏,2018,25(4):129-133.

[12] 张晓芹,朱诗杰,施雷庭.二元复合驱体系优化及转注时机实验研究[J].西南石油大学学报(自然科学版),2019,41(5):120-126.

[13] 朱霞,姚峰,沈之芹,等.S7断块驱油用阴/非离子表面活性剂性能评价[J].精细石油化工进展,2014,15(2):25-29.

[14] 刘晨,王凯,王业飞,等.针对A油田的抗温、抗盐聚合物/表面活性剂二元复合驱油体系研究[J].岩性油气藏,2017,29(3):152-158.

[15] 蒋官澄,刘津华,张津红,等.大港油田聚/表二元复合驱注入参数的优选[J].石油地质与工程,2014,28(4):144-146.

# 原位乳化表面活性剂体系开发与应用

程　静　葛红江　郭志强　任丽华　袁肖肖　李　莹

(中国石油大港油田采油工艺研究院)

**基金项目** "十三五"国家科技重大专项"大型油气田及煤层气开发"(编号 2016ZX05010003)

**摘　要**　化学驱技术作为油田开发进一步提高原油采收率的重要途径,但在大于 90°高温高盐油藏面临挑战。针对大港南部高温高盐油藏特征研发出了耐温抗盐的原位乳化表面活性剂产品 BJ－G－77,不仅能够降低油水流度比,而且还具有较好的洗油能力,因此可以驱替更多残余油。原位乳化表面活性剂是由高浊点的非离子表面活性剂组合和乳化增粘组分复配而成。性能评价结果表明,0.3w% BJ－G－77 溶液能使油水界面张力降低至 $10^{-3}$ mN/m 数量级,同时具有优异的乳化增粘和抗吸附性能。室内单岩心物模实验在水驱基础上提高采收率 16.9 个百分点;渗透率级差为 3 的并联岩心驱油实验结果表明,BJ－G－77 溶液能够降低油水流度比,进一步提高采收率 20.3 个百分点。该产品在王 44 断块官 77－60 井组进行了现场试验,油井见到明显的增油降水效果。现场试验表明,原位乳化驱油表面活性剂可应用于高温高盐油藏提高采收率。该表面活性剂的研制为其他不同高温高盐油藏提高采收率开发系列化产品,扩大油藏适应性提供了指导经验。

**关键词**　原位乳化;提高采收率;高温高盐油藏;凝胶

## 1　前　言

化学驱技术作为国内大多数油田开发进一步提高原油采收率的重要途径[1-4],目前常用的化学驱技术主要分为两类:第一类是有效降低油水界面张力,提高原油采收率为主的表面活性剂驱油技术[5,6]。而另一类则是控制流度,以改善油藏环境非均质性为主的聚合物驱油技术[7]。然而,目前常规使用的化学驱技术难以应用于温度超过 90℃的高温高盐油藏,其主要原因是:聚合物在高温环境下降解严重,难以保持其稳定性;在高矿化度以及富含钙镁离子的油藏中,现常用的阴离子表面活性剂形成沉淀而失效,非离子表面活性剂存在浊点(80℃～90℃居多),在 90℃以上油藏溶解性差。

原位乳化驱油技术是一项可应用于高温高盐油藏的新型驱油技术。它的技术原理是表面活性剂在地层运移过程中遇到原油形成油包水(W/O)乳状液,乳液黏度大于原油黏度,使得流度比降低,起到扩大波及体积的作用,同时表面活性剂具有很好的洗油能力,从而可以驱替更多残余油。曹绪龙等[8-10]提出了增粘型乳液表面活性剂驱油技术。为验证乳液表面活性剂在油藏条件下能否形成增粘型乳液,吴伟[11]报道了在纯化油田 17－1 单元的单井试注并取得了较好的增油降水效果。蒲万芬等[12]针对如何在水驱后进一步开发高含水高温油藏,提出了一种表面活性剂就地乳化驱油技术,对 W/O 型乳化剂 OB－2 体系进行了乳化特性评价和乳状液驱油研究。大港南部油藏温度在 90℃以上,地层水的矿化度为 20000～35000 mg/L,属典型的高温高盐油藏。针对大港油田王 27 断块油藏特征,自主研发了一种原位乳化表面活性剂产品 BJ－G－77,并对表面活性剂产品进行了界面张力,乳化增粘,抗吸附和驱油性能评价。并进行了现场试验,结果表明,油井见到明显的增油降水效果,为扩大高温高盐油藏适应性和形成系列化产品提供了技术支撑。

## 2　实验部分

### 2.1　材料与仪器

椰油酰胺,月桂酰胺丙基羟磺基甜菜碱,烷基酚聚氧乙烯醚,脂肪醇聚氧乙烯醚硫酸钠,椰油二乙醇酰胺,有效物含量均大于 90%,临沂市亿群化工有限公司提供;脂肪酸甲酯乙氧基化物,有效物含量大于 70%,于贤化工有效公司提供;碳酸氢钠、碳酸钠、乙二醇,均为分析纯试剂。

实验用水为大港油田王 27 断块油藏地层水,总矿化度为 31151 mg/L,$Cl^-$,$HCO_3^-$,$SO_4^{2-}$,$Ca^{2+}$ 和 $Mg^{2+}$ 的质量浓度分别为 12585 mg/L,255 mg/L,378 mg/L,500 mg/L,水型为 $CaCl_2$;实验用油为王 27 断块原油,地层原油密度为 0.8873 g/cm³,原油黏度为 96 mPa·S(114℃);单岩心驱替实验用岩心为石英砂胶结而成的人造方岩心

（4.3cm×4.3cm×30cm）。

实验仪器主要包括磁力搅拌器、TX500C 旋转滴超低界面张力仪、Brookfield DV－Ⅲ＋型黏度计、岩心驱替装置等。

## 2.2 实验方法

### 2.2.1 原位乳化表面活性剂的制备方法

首先,制备低界面张力体系:分别称取两种非离子表面活性剂,按不同质量比例混合均匀,筛选出界面张力达到 $10^{-3}$ mN/m 数量级的组合,得到低界面张力体系。其次,将低界面张力体系与不同质量的烷基醇酰胺按不同比例混合均匀,筛选出界面张力达到 $10^{-3}$ mN/m 数量级,且同时具有乳化增粘性能的配方组合,即为原位乳化表面活性剂体系。

### 2.2.2 乳状液的配制

将不同浓度原位乳化表面活性剂溶液和所选取油藏原油按照体积比 4:3 混合,90℃条件下使用磁力搅拌器搅拌均匀。

### 2.2.3 界面张力的测定

参照文献[11,12]测定表面活性剂单剂、表面活性剂组合水溶液以及其与地层砂吸附后与原油之间的油水界面张力,所测油水界面张力均为稳定时的界面张力值。

### 2.2.4 乳化增粘性能评价

在实验温度 114℃和剪切速率 7.34S$^{-1}$条件下,用 Brookfield DV－Ⅲ＋型黏度计测试乳状液黏度,计算乳化增粘率,其表达式为

$$X_v = \frac{\mu_1 - \mu_0}{\mu_0} \times 100\%$$

式中,$X_v$ 为乳化增粘率,%;$\mu_{11}$ 为乳状液黏度,mPa·s;$\mu_0$ 为原油黏度,mPa·s。

### 2.2.5 耐温抗盐能力评价

以王 27 断块油藏地层水和原油对原位乳化表面活性剂 BJ－G－77 恒温 114℃,考察 90d 内 0.3％水溶液油水界面张力的变化。如果界面张力在 90d 内仍能保持在 $10^{-3}$ mN/m 数量级,则说明该溶液具有较好的耐温抗盐能力。

### 2.2.6 抗吸附性能评价

配制一定浓度的原位乳化表面活性剂 BJ－G－77 水溶液,按液固比 10:1 与地层返排砂混合摇匀,在 114℃温度条件下静置,吸附 24 小时后取出,取上清液测试油水界面张力,为 1 级吸附的界面张力值;再将上清液按液固比 10:1 与地层砂吸附 24 小时,再取上清液测试界面张力,为 2 级吸附的界面张力值;以此类推测试 4 次吸附,评价界面张力变化,考察其抗吸附性能。

### 2.2.7 岩心驱替实验

采用人造岩心进行岩心驱油实验,分析原位乳化表面活性剂 BJ－G－77 提高原油采收率的效果。具体驱油实验步骤如下:①将岩心置于 114℃烘箱内干燥,24 h 后取出测量其干重及尺寸;②抽真空充分饱和地层水,测量湿重;③测定岩心渗透率;④以 0.4 mL/min 的驱替速度进行水驱,直至岩心出口端含水率达到 98％;⑤注入 0.3PV 的 0.3％表面活性剂 BJ－G－77 溶液,继续后续水驱至岩心出口端含水率达到 98％。实验过程中,记录各阶段的压力以及采收率变化。

## 3 结果与讨论

### 3.1 乳化增粘组分确定

依据 Einstein 黏度公式,乳状液黏度主要与内相水的体积多少有关。也就是我们要用合适的乳化剂来包裹尽可能多的内相水。HLB 值[13]可以作为筛选乳化增粘组分的重要依据。通过实验发现,HLB 值处于偏亲油的在 5～8 之间的非离子表面活性剂具有较好的乳化增粘性。并且确定了这种同时含有脂肪酸和烷醇的酰胺表面活性剂作为体系的乳化增粘组分,能够实现在原油含水率 80％范围内形成稳定的油包水乳状液。

### 3.2 低界面张力体系设计

原油乳化和增粘是高温高盐油藏用表面活性剂的两个重要性能指标,此外表面活性剂在满足耐温抗盐的同时,还需要具有进一步提高油藏驱油效率的目的。优选市面上满足高温（＞90℃）、高盐（＞30000mg/L）不易降解和沉淀的表面活性剂,采用无浊点或浊点大于 110℃的非离子表面活性剂进行复配的方法,来实现表面活性剂组合达到 $10^{-3}$ mN/m 超低界面张力的要求。

将低界面张力体系的表面活性剂组合和乳化增粘组分脂肪酸－醇酰胺按不同比例混合均匀,进一步筛选得到油水界面张力达到 $10^{-3}$ mN/m、且同时具有乳化增粘性能的配方组合,即为原位乳化表面活性剂 BJ－G－77。

### 3.3 原位乳化表面活性剂体系耐温抗盐能力

配制 0.3％原位乳化表面活性剂 BJ－G－77 水溶液。以王 27 断块油藏地层水和原油对 0.3％ BJ－G－77 测试油水界面张力,界面张力值为 6.5×$10^{-3}$ mN/m,达到了超低水平。将 0.3％ BJ－G－77 水溶液恒温 114℃,老化 90d 内,考察油水界面张力变化。老化第 15d、30d、60d、90 d 油水界面张力值均保持在超低水平,如图 1 所示,表明原位乳化表面活性剂 BJ－G－77 具有较好的热盐稳定

性(图1)。

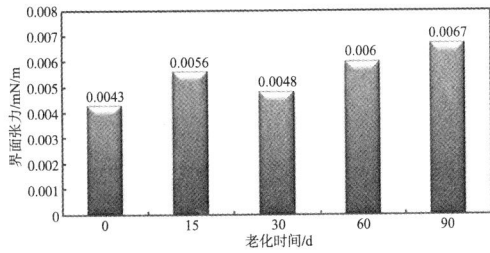

图1 不同老化时间 0.3% BJ−G−77 溶液的油水
界面张力变化

### 3.4 原位乳化表面活性剂体系乳化增粘性能

将 0.3% 质量浓度的原位乳化表面活性剂 BJ−G−77 水溶液和原油按照体积比 4∶3 混合，90℃ 条件下使用磁力搅拌器搅拌均匀后测试乳状液黏度，如图2所示。

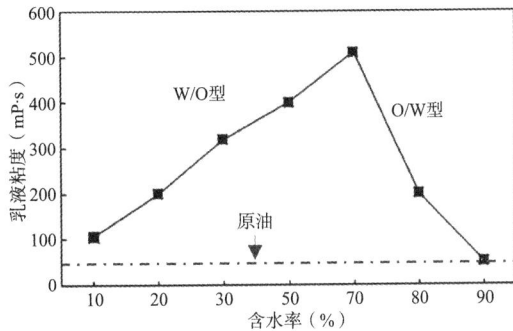

图2 0.3% BJ−G−77 溶液在不同含水率原油中
的黏度变化

0.3% 原位乳化表面活性剂 BJ−G−77 水溶液能在含水率 70% 以内形成稳定的 W/O 乳状液，黏度最高可以达到 500 mPa·S，能够降低水驱油的流度比，因此具有扩大波及体积的作用。含水率超过 70% 以后乳状液开始析出水，黏度降低；含水率超过 80% 以后 W/O 乳状液发生反相，转变为 O/W 型乳状液。因此，原位乳化表面活性剂不适用于发育严重窜流通道的地层驱油。

### 3.5 原位乳化表面活性剂体系抗吸附性能

表面活性剂在地层运移过程中不可避免地被地层水稀释，以及发生色谱分离，造成表面活性剂有效组分浓度降低而影响效果的发挥。因此，原位乳化表面活性剂 BJ−G−77 作为一种现场应用体系，还必须考察在地层中的稀释和吸附问题。

表1为原位乳化表面活性剂 BJ−G−77 基本理化指标，以及稀释前后（质量浓度分别为 0.3% 和 0.15%）和四级地层砂静态吸附的性能评价结果。结果表明，表面活性剂 BJ−G−77 在王 27 断块油藏条件下具有很好的抗稀释和抗吸附能力，经 4 级吸附后界面张力仍能达到 $10^{-3}$ mN/m 数量级。

表1 原位乳化表面活性剂 BJ−G−77 性能评价指标

| 配方 | 理化指标 | | | | 界面张力(mN/m) | | 抗吸附性能(mN/m) | | | |
| --- | --- | --- | --- | --- | --- | --- | --- | --- | --- | --- |
| | pH | 溶解性 | 固含量(%) | 闪点(℃) | 0.3% | 0.15% | 一级 | 二级 | 三级 | 四级 |
| BJ−G−77 | 8.0 | 易溶于水 | 40 | >100 | 0.004 | 0.0043 | 0.0048 | 0.0063 | 0.0075 | 0.0082 |

### 3.6 驱油实验

渗透率为 52.2×$10^{-3}$ $\mu m^2$ 的单岩心物模驱油实验结果表明，0.3% BJ−G−77 溶液总注入量为 0.4 PV 条件下，采收率提高值为 16.9 个百分点；渗透率级差为 3 的并联岩心驱油实验结果表明，原位乳化表面活性剂能够降低油水流度比，起到扩大波及体积的作用，最终提高采收率 20.3 个百分点。

## 4 现场试验

大港王官屯油田王 27 断块原油地质储量 313×$10^4$ t，油层平均温度 114 ℃，平均渗透率为 105×$10^{-3}$ $\mu m^2$。为了便于考察试验效果，选取注采关系简单的井组进行试验。试验井组为官 77−60 井组，注入井官 77−60 井对应的受益油井为官 78−60 井。2020 年 8 月井组注采矛盾恶化，含水由 81% 升至 95.4%，日产油由 2.64 t 降至 1.05 t。考虑到油藏非均质性较强，采用凝胶调剖剂和原位乳化表面活性剂交替注入的多段塞组合施工方式。

2020.9.30−2020.12.13 采用"调剖剂＋原位乳化表活剂"体系 4800 m³ 施工，注入压力上升 1.7 MPa，充满程度由 0.8075 升至 0.9573。受益油井见到了明显的增油降水，含水率由 95.4% 降至 90%，目前日增油在 1.7 t/d 以上。图3为官 77−

60 井组生产曲线。

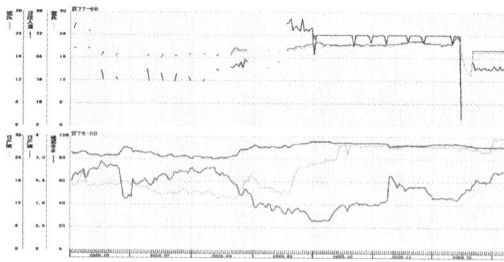

图 3 官 77—60 井组生产曲线

## 5 结　论

原位乳化表面活性剂技术创建了大于 90℃的高温高盐油藏进一步提高原油采收率的方式,地面注入低黏度的、耐温抗盐的表面活性剂,进入油层后形成增粘型的 W/O 乳状液进一步扩大波及体积,同时辅以凝胶调剖剂改善地层剖面。

研发的原位乳化表面活性剂是由低界面张力体系和乳化增粘组分复配而成,耐温 114 ℃ 90 天,界面张力仍达到超低水平。在含水率 80％以内,乳化增粘率大于 100％。单管和双管岩心室内物理模型实验结果表明,原位乳化表面活性剂 BJ—G—77 提高采收率分别为 16.9 和 20.3 个百分点。

井组现场试验表明,试注后注入井压力上升,油井见到了明显的降水增油效果,证明原位乳化表面活性剂在油层中能够起到扩大波及体积和提高驱油效率的作用。同时表面活性剂 BJ—G—77 的研制,为进一步扩大高温高盐油藏适应性和形成系列化产品提供了技术支撑。

## 参 考 文 献

[1] 苑光宇. 化学驱乳化机理及乳化驱油新技术研究进展[J]. 日用化学工业,2019,1(49):44—49.

[2] 刘坤,宋新旺,曹绪龙. 耐温抗盐交联聚合物驱油体系性能评价[J]. 油气地质与采收率,2004,11(5):65—67.

[3] 周玉萍. 江汉油田高盐油藏低界面张力泡沫驱提高采收率研究[J]. 油田化学,2017,34(1):92—95.

[4] 葛红江,张宏峰,程静,等. 等成本下聚合物及凝胶驱油效果[J]. 油田化学,2019,36(1):139—142.

[5] 周佩,刘宁,董俊,等. 表面活性剂驱油体系性能评价及应用[J]. 应用化工,2016,45(12):2383—2386.

[6] 蒲万芬,唐艳丽,赵田红. 低渗油藏表面活性剂驱油性能研究[J]. 精细石油化工,2017,34(1):21—25.

[7] 王德民,程杰成,吴军政,等. 聚合物驱油技术在大庆油田的应用[J]. 石油学报,2005,26(1):74—78.

[8] 曹绪龙,马宝东,张继超. 特高温油藏增粘型乳液驱油体系的研制[J]. 油气地质与采收率,2016,23(1):68—72.

[9] 曹绪龙. 非均相复合驱油体系设计与性能评价[J]. 石油学报:石油加工,2013,29(1):115—121.

[10] 曹绪龙,赵海娜,马骋,等. 阴阳离子表面活性剂混合体系对原油的乳化及增粘行为[J]. 物理化学学报,2014,30(7):1297—1302.

[11] 吴伟. 特高温中低渗透油藏乳液表面活性剂驱提高采收率技术[J]. 油气地质与采收率,2018,25(2):72—76.

[12] 蒲万芬,梅子来,杨洋,等. 高含水高温油藏 W/O 型乳化剂 OB—2 性能评价及驱油研究[J]. 油气藏评价与开发,2019,9(1):38—43.

[13] 方晓玲. HLB 值评价稠油乳化增黏主要因素的研究[J]. 当代化工,2019,48(2):235—238.

# 官109－1聚表二元驱井组压驱可行性论证

田建儒　张益境　张旭东

（中国石油大港油田第三采油厂）

**摘　要**　本文分析了注聚井注入压力升高的原因，论证了压驱降压的可行性，提出判断注聚井是否堵塞的判断方法。首先根据注聚井霍尔曲线计算阻力系数，如果阻力系数大于1.5说明很可能严重堵塞，再根据公式计算注聚井压力升高值。如果实际注入压力升高值比计算值高出较多就应进行解堵等措施。为今后压驱或酸化提供措施依据。

**关键词**　注聚；注入压力；压驱；酸化；堵塞；污染

## 1　前　言

官109－1聚表二元驱从2016年12月开始注入，7口注聚井整体表现注入压力升高，有3口注入井压力升高较快快，后期检管作业时发现有聚合物胶团。研究决定家49－6注水井实施压驱，但效果不理想，措施针对性不强。分析注聚井注入困难的真正原因，提出注聚井堵塞状况的判断方法，有助于今后措施的制定。

## 2　聚表二元驱注入压力升高的原因分析

理论和实践都证明，聚合物的吸附和滞留导致地层渗透率下降，注入压力升高，下面公式可以预测注聚过程中渗透率：

$$k = k_0 e^{bt} \quad (1)$$

式中，$K_0$为地层初始渗透率，md；$t$为注入孔隙体积倍数，PV；$K$为聚表二元驱过程中的渗透率，md；$b$为系数。

图1是家49－6注入期间压力、日注量的变化。由于注入流体黏度高，开始注入时压力升高快，后期注入压力趋于稳定。

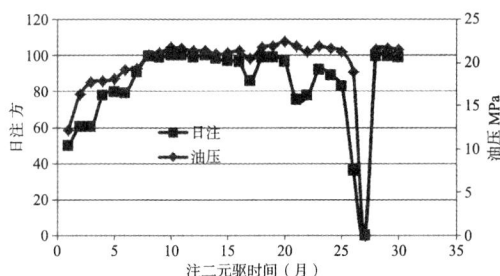

图1　家49－6注入期间压力、日注量的变化

## 3　注聚井堵塞状况判断方法

聚合物溶液注入后，由于黏度增大，注入压力必然升高，这是聚合物驱的通常规律，注聚压力升高可以分成两个阶段，初期阶段，日注量基本稳定，注入压力逐渐升高并趋于稳定。当注入过程

出现近井地带堵塞时注聚压力上升、注聚量下降。如何判断注聚井压力升高是否是由于近井地带堵塞造成的？可见搞清注聚井的堵塞状况对于制定解堵降压措施很有必要的。

### 3.1　根据霍尔曲线计算阻力系数

由于注聚量、注聚压力波动，不易根据每天的注聚量、注聚压力直接比较注水量、注水压力的变化。绘制注聚和注聚前的注水的霍尔曲线，注聚斜率与注水斜率的比值就为阻力系数。

根据大庆等油田的经验：当阻力系数大于1时说明注聚有效，合理范围是1.1～1.5。1～1.3轻微堵塞，1.3～1.5一般堵塞，大于1.5严重堵塞。

图2是家49－6注入霍尔曲线，阻力系数为1.03，不存在明显的堵塞。该井后期实施压裂后没见到效果。

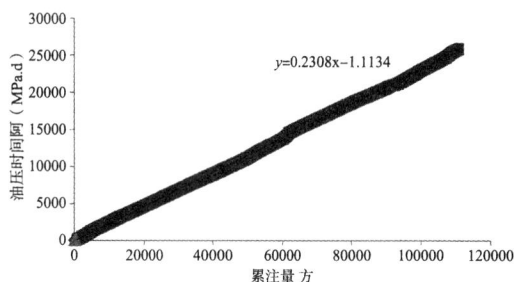

图2　家49－6注水注聚霍尔曲线

### 3.2　计算注聚井的压力升高值

参照调驱的施工压力公式[1]计算注聚压力，处理半径从$r_w$升高到$r$时，注入压力为

$$P_{wh} + P_{ht} = P_{ft} - P_{fw} + P_{whw} + P_{hw} + \frac{\mu_t}{2\pi kh}$$

$$\left[ F_r \ln \frac{r}{r_w} \right] q + \frac{\mu_w}{2\pi kh} \left[ \ln \frac{r_e}{r} \right] q - \frac{\mu_w}{2\pi kh} \left[ \ln \frac{r_e}{r_w} \right] \frac{Q}{t} \quad (2)$$

当$r = r_w$时，就是注聚的起始注入压力，此时

$$P_{wh0} + P_{ht} = P_{ft} - P_{fw} + P_{whw} + P_{hw} + \frac{\mu_w}{2\pi kh}$$

$$\left[\ln\frac{r_e}{r_w}\right]q-\frac{\mu_w}{2\pi kh}\left[\ln\frac{r_e}{r_w}\right]\frac{Q}{t}\quad(3)$$

由公式(2)减去公式(3)得到注聚期间压力升高值公式

$$P_{wh}-P_{who}=\frac{\mu_t}{2\pi kh}\left[F_r\ln\frac{r}{r_w}\right]q+\frac{\mu_w}{2\pi kh}\left[\ln\frac{r_e}{r}\right]q$$
$$-\frac{\mu_w}{2\pi kh}\left[\ln\frac{r_e}{r_w}\right]q\quad(4)$$

注聚时最大半径达到 $r_e$，即当 $r=r_e$ 时，施工压力升高值最大，(4)变成：

$$\Delta p=\frac{\mu_t}{2\pi kh}\left[F_r\ln\frac{r_e}{r_w}\right]q-\frac{\mu_w}{2\pi kh}\left[\ln\frac{r_e}{r_w}\right]q\,(5)$$

式中，$F_r$ 为注聚井的阻力系数；$\mu_t$ 为注聚黏度，mPa·s；$\mu_w$ 为注水的黏度，mPa·s；$q$ 为注聚井的排量，$m^3/s$；$r_e$ 为敏感油井距离注聚井的距离，m；$r_w$ 为注聚井的井筒半径，m；$K$ 为油藏渗透率，$m^2$。

从公式(5)可知，注聚井的压力升高值和阻力系数、聚合物的黏度，井距等因素有关。如果需要降低或控制注聚压力升高幅度，可以降低黏度，降低排量来实施，从公式知道降低排量比降低黏度

更快捷。

对家 49－6 按霍尔曲线的阻力系数 1.03，注聚井口黏度 60mPa·s，由于剪切等因素到达井底黏度为 42mPa·s。按日注聚 80$m^3$/d，计算得压力升高值 7.6MPa。实际压力从 16.0 MPa 升高到 22.0MPa，压力升高 6MPa，在计算范围内，也说明该井没有近井地带污染。实践结果是该井实施压裂后注水压力没有明显下降。

由于注聚压力升高主要受到阻力系数、注聚黏度、注聚排量的影响，其中注聚的黏度影响最大。如果阻力系数超过 1.5 可能存在近井地带堵塞，再根据公式计算注聚压力升高值，如果计算值超过 10MPa，就很可能存在近井地带堵塞，需要实施压驱等降低压力的措施。如果计算值低于 10MPa，很可能不存在近井地带堵塞。家 45－6 计算压力升高很高，这和注聚期间实施了调剖有关。计算压力升高值大于 10MPa 的家 43－6 需要压驱，小于 10MPa 的家新 45－7 和 s 家 49－6 不需要压驱(表 1)。

表 1　官 109－1 注聚压力升高较高井和计算压力升高值对比表

| 井号 | 阻力系数 | 注水压力/日注水 (MPa/m³) | 注聚压力/日注聚 (MPa/m³) | 注聚压力升高(MPa) | 计算压力升高(MPa) | 堵塞严重 |
|---|---|---|---|---|---|---|
| 家新 45－7 | 1.82 | 15.2/100 | 23.5/60 | 9.0 | 8.15 | 不严重 |
| 家 43－6 | 1.61 | 12.2/60 | 24/100 | 6.0 | 17.8 | 严重 |
| 家 49－6 | 1.03 | 9.7/38 | 22/80 | 6.0 | 7.2 | 不严重 |
| 家 45－6 | 1.67 | 15.9/60 | 23.4/75 | 9.0 | 41.8 | 严重 |

## 4　结　论

(1)霍尔曲线计算注井阻力系数，正常范围为 1.0～1.5，如果阻力系数大于 1.5 则注聚井堵塞可能性较大。

(2)虽然计算压力升高值较大，因受到注聚剂量的影响，实际注聚压力升高不一定很大，目前认为计算压力升高值大于 10MPa 就可以实施压驱了。

(3)注聚压力的升高控制有两种途径，一是降

低日注聚量，另一种是降低浓度来降低黏度。现场可将两种途径同时使用。

**参　考　文　献**

[1] 黄翔,等.注水井调剖注入压力预测方法[J].石油天然气学报(江汉石油学院学报),2006,28(5).

[2] 潘恒民.注聚井堵塞类型及措施效果[J].大庆石油地质开发,2005,2.

# 石油工程

# 一种新型微球的合成、表征及其在多孔介质中的封堵运移特性
## ——基于印度尼西亚S海上油田

乔奇琳　铁磊磊　王浩颐　常　振　冀文雄　袁　茹

(中海油田服务股份有限公司)

**摘　要**　印尼S海上油田具有高温、高矿化度、渗透率极差大、超高含水等问题,稳油控水措施难度大。而传统凝胶体系耐温耐盐性较差,本文针对印尼S油田研发了一种新型耐温耐盐自组装微球YC－1,通过粒度仪、SEM、金相显微镜等对其进行表征,发现其在92℃、矿化度48000mg/L的高温高盐条件下稳定存在超过60天,其初始粒径较小为4.8μm,水化膨胀60天后粒径达到37μm,在保证注入性的同时具备更大膨胀倍数和封堵能力,原理为微球水化膨胀后通过电性作用进行自组装,从而获得更稳定且更大的颗粒聚集体。另外,基于S油田的油藏条件,探究了其在多孔介质中的封堵运移特性,并优选了最佳微球注入浓度及注入速率,验证了微球在S油田的高渗层的封堵能力及运移性能。

**关键词**　聚合物微球;自组装;海上油田;高温高盐;封堵运移特性

印度尼西亚S海上油田的温度高达92℃,矿化度高达48000mg/L,为典型高温高盐油田。油层为中高渗储层,平均渗透率3200mD,但非均质性极强,渗透率极差大,高渗层平均7800mD,低渗层平均为900mD左右。经过40年长期开采,产层剩余油极少,由于本身非均质性强,且高渗层流动阻力低,长时间的开采导致地层中窜流通道的形成十分严重,剩余油分布极为不均。而非均质性严重同样导致了S油田注水期间的增油效果不明显,因此需要一种封堵性强、耐温耐盐且注入性良好的驱油体系来靶向地改善油田的水驱开发效果,通过调整剖面已实现均衡驱油,启动低渗层未波及区域的剩余油。目前,针对调堵驱油体系,国内外研究与应用较多的为聚合物凝胶体系、可动凝胶体系等,考虑其耐温耐盐性有限,针对海上油田注入性相对较差且施工设备占地较大,选用聚合物微球作为S油田的驱油剂。

聚合物微球是粒径为纳米到微米级别的凝胶类颗粒,因其微球型结构特性和无任何黏度,其注入性、耐温耐盐性以及深部运移能力都得到保证。本文针对S油田研制了一种新型耐温耐盐微球YC－1,除更高耐温耐盐特性外,克服了普通微球封堵率的局限性,其在注入地层后能够通过电性进行自组装,粒径膨胀与微球电性吸引双重作用使得产生更大微球聚集体,能够有效改善地层强非均质性。其初始粒径较小为4.5μm,注入地层后能够顺利进入地层中高渗层孔喉,并获得更广的扩散范围与驱油面积,水化一定时间后,微球的稳定自组装结构使得改善阻力分布,从而引发水驱液流转向至低渗区。

通过室内实验评价了微观形貌、膨胀性能及耐温耐盐性能,及其在多孔介质中的封堵运移特性。YC－1为带有阳离子内核的核壳球X－1和带有阴离子的纳米微球Z－1复配成的复合型微球,并通过引入耐温耐盐单体、增大壳层交联密度、调节水解度等方式进行微球改性。在一定温度及水化膨胀时间下,核壳球X－1阴离子外壳破裂露出阳离子内核与其他未完全破裂的X－1与带阴离子的纳米微球Z－1互相吸引,获得更大聚集体,Z－1能够作为X－1保护层,防止X－1水化破裂后过早分散吸附于带负电的地层,致使微球有效性降低。

# 1　实验部分

## 1.1　主要试剂与仪器

丙烯酰胺(AM)、过硫酸铵(APS)、丙烯酸(AA)、亚硫酸氢钠(SHS)、氢氧化钠(NaOH)、无水乙醇,分析纯,天津市大茂化学试剂厂;2－丙烯酰胺基－2－甲基丙磺酸(AMPS),上海邦成化工有限公司;甲基丙烯酰氧乙基三甲基氯化铵(DMC),质量分数75%,分析纯,康迪斯化工(湖北)有限公司;N,76'·亚甲基双丙烯酰胺(MBA),分析纯,成都市科龙化工试剂厂;Span－80、Tween－60、肪醇聚氧乙烯醚(AEO－7),工业品,石油化工厂;白油,工业级;乳化剂M,实验室自制。配制微球溶液用S油田现场注入水(总矿化度为42712mg/L),水型为$MgCl_2$型。实验用岩

心规格为 4.5cm×4.5cm×30.0cm,渗透率分别为 3000mD 和 7000mD。

激光粒度仪 mastersizer3000,英国 Malvern 公司;金相显微镜,深圳中正仪器有限公司;电子显微镜(SEM),德国卡尔-蔡司公司;人工填砂管驱替实验装置:管长 1000cm,直径 3.8cm,入口端设有一个压力传感器,填砂管上分布有 3 个压力传感器,间隔为 300cm。

## 1.2 新型耐温耐盐微球 YC-1 的制备
### 1.2.1 核壳球 X-1 的制备

(1)水相A:称取质量比5:1的AA和耐温耐盐单体AMPS溶于去离子水中,用NaOH溶液调节pH=7,控制温度在25℃以下,加入适量AM和MBA(占水相A总体系35%),再加入引发剂APS,搅拌均匀,得到水相A;

水相B:在去离子水中加入适量AM,阳离子单体DMC、MBA和APS,搅拌均匀得到水相B。

(2)油相:称取质量比为5:1的Span80与乳化剂M加入白油中,搅拌均匀,得到油相。

(3)合成:将油相加入反应烧瓶中,开始搅拌,加入水相A,乳化5min,通入氮气,滴加0.15%的SHS引发聚合,在达到最高温度后,在60℃下反应1.5h,再加入水相B,将温度控制再30℃,再次滴加0.1%的SHS引发聚合,达到最高温度后反应1.5h,得到半透明微球溶液A,再加入AEO-7转相剂进行转相,搅拌20min后得到黄色半透明阳核壳球X-1。

### 1.2.2 纳米微球 Z-1 的制备

将一定比例的Span80、Tween60、白油放入反应烧瓶中,搅拌均匀,再加入AM与耐温耐盐单体AMPS单体水溶液(质量比8:1),用NaOH溶液调节pH=7,加入少量APS与MBA,通入氮气。反应30min后加入0.15% SHS,在25℃下反应1.5h,得到淡黄色透明阴离子纳米微球Z-1。

### 1.2.3 YC-1 的制备

将两种微球按照一定比例复配,其中X-1占比为30%~45%,Z-1占比为55%~70%,复配得新型耐温耐盐聚合物微球YC-1。

## 1.3 表征

将一定量YC-1微球原液与S油田注入水混合,放置于目标油藏温度(92℃)的烘箱中老化,采用SEM、激光粒度仪、金相显微镜对不同天数的微球形貌、结构、粒径、分布进行表征,并选取YC-1的组成微球X-1和Z-1在相同温度和矿化度条件下进行粒度分布测试作为对比。

## 1.4 封堵运移特性
### 1.4.1 不同微球浓度

选用等同于S油田平均渗透率3000mD的人造岩芯,以注入速度1mL/min,选取分别膨胀14天不同浓度(3000mg/L,5000mg/L,7000mg/L)的微球溶液进行封堵性实验,注入4PV微球后后续水驱4PV,观察压力变化规律。

### 1.4.2 不同注入速度

选用等同于S油田平均渗透率为3000mD的人造岩芯,以及膨胀了14天5000mg/L的微球溶液进行实验,选取不同注入速度(0.5mL/min,1mL/min,2mL/min)进行封堵性实验,注入4PV微球后后续水驱4PV,观察压力变化规律。

### 1.4.3 高渗层封堵率

探究YC-1能否对S油田的高渗层进行有效封堵,选用等同于S油田高渗层渗透率7000mD的人造岩芯以及膨胀14天的5000mg/L浓度的微球溶液进行实验,选取不同注入速度1mL/min进行封堵性实验,注入4PV微球后后续水驱4PV,观察压力变化规律。

### 1.4.4 运移性实验

探究YC-1在S油田的孔喉运移性,考虑运移性发生在油藏不同渗透率区域,故使用石英砂制作等同于S油田平均渗透率的3000mD的填砂管模型,设置驱替速度为1mL/min,选取膨胀7天的5000mg/L浓度的微球进行封堵性实验,注入4PV微球后后续水驱6PV,观察不同测压点压力情况。

# 2 结果与讨论
## 2.1 表征结果
### 2.1.1 激光粒度仪粒径测试

如图1所示,根据数据看出,在高温高盐条件下,纳米微球Z-1在水溶液中的团聚体初始粒径约0.8μm,水化膨胀后最大粒径为5.1μm且随水化时间呈减小趋势,提供较弱封堵性;核壳球X-1初始粒径为4.9μm,水化膨胀后最大粒径为24μm且粒径随时间大幅下降,核壳球破裂后带正电的内核能够与其他未完全破裂核壳球的阴离子外壳结合,形成由电性自身交结的颗粒团聚体,但稳定性差,难以持续有效封堵;而YC-1由初始粒径4.8μm持续膨胀至37μm,膨胀倍数大且稳定性强,在60天内保持性能稳定。这是由于足够水化时间后,X-1微球带负电的外壳破裂,裸露出带正电的内核不仅与其他未完全破裂的X-1微球互相吸引,同时吸引粒径更小且带负电的Z-1,使其紧密附着于 X-1 上形成保护层。由于 X-1 吸附 Z-1 的能量消耗远远小于吸附 X-1 本身,从而使得聚集体的尺寸更大,且结构更牢固。充分证明,将两种微球复配而成的 YC-1 形成的自组装体系具有更大尺寸的强稳定结构,且耐温耐盐性良好,更适用于印尼 S 油田的高温高盐油藏。

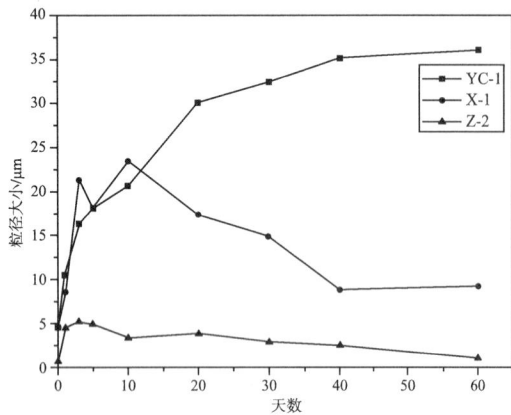

图 1 三种不同微球在不同水化天数的 Dv50

YC-1 的粒径分布图显示,水化膨胀 30 天后,粒径分布存在十分明显的双峰,如图 2 所示,较大粒径即为微球自组装聚集颗体,较小粒径即为未聚集的分散微球,充分证明微球自组装聚集体的存在。

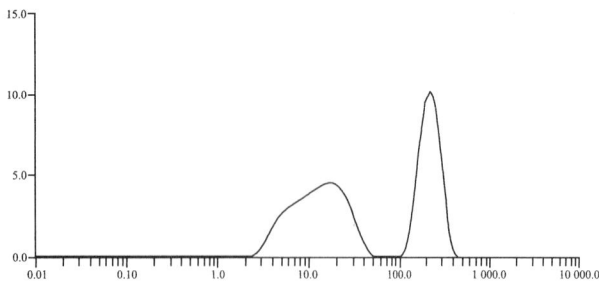

图 2 YC-1 水化膨胀 30 天粒径分布图

### 2.1.2 SEM 外观测试

将 YC-1 微球原液用乙醇洗涤、过滤并干燥,拍摄得到微球形貌如图 3 所示,微观结构中同时存在核壳球与纳米微球,证明 YC-1 复合微球基本结构的形成。同时发现,部分纳米微球独立存在,而另一部分纳米微球颗粒附着于核壳球表面存在,这可能由于在洗涤干燥过程中纳米微球粒径过小,从而与核壳球发生粘结引起附着。

图 3 YC-1 原液形貌图

### 2.1.3 光学显微镜测试

通过实验结果可以看出,YC-1 在水化膨胀第 0 天初始粒径较小,球与球之间分散度高,微球的注入性能得到保证,如图 4 所示;10 天后,微球本身膨胀到较大直径,两种尺寸大小的微球开始聚集,但仍存在一定分散性;20 天后,微球自身尺寸继续增加,并能观察到包含大小尺寸球的微球聚集体,进一步验证了在水化作用下的自组装机理,适用于解决 S 油田的强非均质问题。

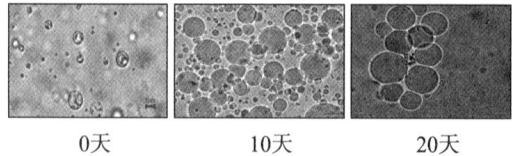

图 4 YC-1 不同膨胀天数下的微球形貌

## 2.2 封堵运移特性实验结果

### 2.2.1 不同微球浓度

如图 5 所示,当浓度为 3000mg/L,微球注入阶段压力增长缓慢且平稳,注入 4PV 后压力增长至 0.02MPa,此时微球在孔隙中匀速堆积滞留,后续水驱阶段压力轻微波动且有一定抬升,最终稳定在 0.05MPa,证明在此浓度下,微球能够在岩心孔喉中产生一定封堵效果,并不断运移封堵。虽有一定残余阻力系数,但后续水驱平衡压力较低,封堵能力有限。

当浓度为 5000mg/L,微球注入阶段压力增长缓慢,注入 4PV 后压力增长至 0.07MPa,此时微球在孔隙中有效堆积滞留。后续水驱阶段压力不断提高且波动较大,后续水驱平衡压力为 0.2MPa。压力波动证明微球运移至某一孔喉处进行封堵,并由于压力冲开运移至下一处孔喉再次封堵,此时微球进行不断封堵运移的良性循环。在此浓度下残余阻力系数较高,能够对 S 油藏条件产生足够封堵,且封堵强度较大。

当浓度为 7000mg/L 时,微球注入阶段压力增长较快,增至 0.3MPa 左右,证明前期在岩心前段微球堆积强度高,后续水驱阶段压力存在波动但无增幅,最终维持在 0.3MPa 左右,证明虽残余阻力系数较高,但微球注入阶段形成的强段塞始终被捕集在岩心前端,注入压力无法使其产生运移,致使压力无变化,微球无法到达岩心后端,无法实现逐级调剖扩大波及体积,同时经济效益低。

通过实验数据分析,在同一渗透率与注入速度下,注入浓度越大,残余阻力系数越大,封堵性能越高。但浓度达到 7000mg/L 时,YC-1 微球后续传播受到抑制,不能对地层深部进行液流转向,无法动用深部未波及剩余油。从运移封堵效果及经济效益考虑,针对 S 油田,3000～5000mg/L 为最优浓度范围。注入前期使用较高浓度段塞进行剖面调整,后期使用较低浓度段塞长时间注入,推动微球进入地层深部,实现逐级液流转向。

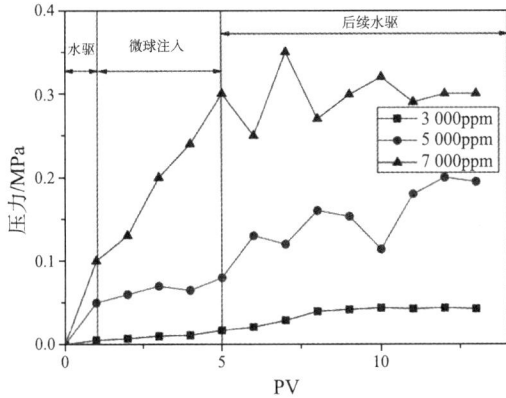

图 5　不同浓度 YC-1 的压力曲线

### 2.2.2　不同注入速度

如图 6 所示,当注入速度为 0.5mL/min,压力在微球注入阶段缓慢增长至 0.04MPa,微球在孔喉内存在一定堆积。后续水驱过程中,压力持续缓慢且稳定增长,最终增至 0.06MPa。证明在此注入速度下,后续水驱阶段微球继续在微观主流道上建立堆积,提升微球封堵性,低流速下微球运移能力较弱,残余阻力系数较低,但微球封堵堆积更加稳定牢固,适用于前端高浓度段塞压力场的建立。

当注入速度为 1mL/min,在微球注入阶段压力平缓增长至 0.07MPa,微球在岩心中匀速积聚,后续水驱压力剧烈波动且增幅变大并平衡于 0.2MPa,证明在此流速下,微球同时具备较强封堵和运移的特性,且残余阻力系数较高。此注入速度适用于后期深部调驱段塞提供能量使微球进入地层深部。

当注入速度为 2mL/min,在微球注入阶段压力增长至 0.07MPa,后续水驱过程中压力维持在 0.07MPa 左右。证明在高速注入时,微球岩心中的运移作用占多数,由于注水速度过快导致微球突破岩心,运移封堵产生的阻力与微球产出达到平衡,故压力不变化,残余阻力系数低,不能形成足够封堵。

通过实验数据分析,注入速度越快,微球的运移性能表现越强,注入速度过快将抑制微球在孔隙中的滞留封堵作用。针对 S 油田,在微球注入前期适宜以较慢速度注入,稳定建立微球在孔隙中的封堵滞留,并缓慢进行能量补充,后期适当提高注入速度实现微球深部运移。

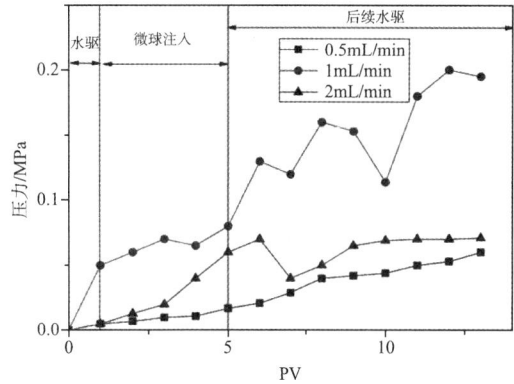

图 6　不同注入速度 YC-1 的压力曲线

### 2.2.3　高渗层封堵

由实验结果(图 7)看出,YC-1 在不同渗透率岩心中,注微球阶段压力均增至 0.8MPa 左右,在后续水驱阶段中,由于 7000mD 人造岩心的孔隙较大,相比与低渗岩心微球堆积产生的能力较弱,易发生突破,但仍具有较高的封堵性,证明 YC-1 微球在 S 油田高渗条带中能够形成有效封堵。

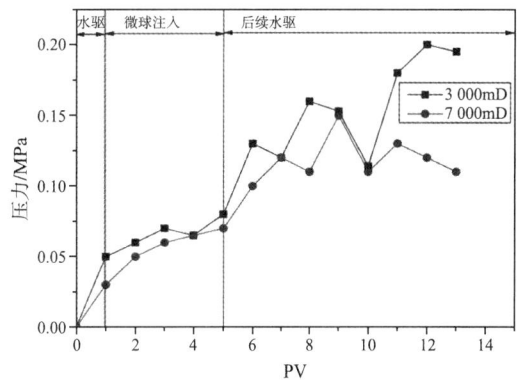

图 7　5000mg/L YC-1 对不同渗透率岩心的封堵性

### 2.2.4　运移性实验

由实验结果(图 8)看出,在微球注入阶段,仅测压点 1 缓慢起压,此时微球主要累积在岩心前端。开始后续水驱时,测压点 2 缓慢起压,随着微球不断封堵运移,压力不断升高,随后测压点 3 开始起压。测压点 4 起压不明显,可能原因是填砂管较长导致微球滞留吸附。但仍证明 YC-1 运移性良好,能够在 S 油田条件达到深部运移并扩大波及体积的目的。后续水驱过程中,测压点 1 压力升高后不断波动并降至平稳,证明在岩心前端系形成了较强的封堵段塞,在矿场中能够在近井地带调整吸水参数,控制微球流向,以扩大波及体积,为后续深部调剖形成强有力的基础。

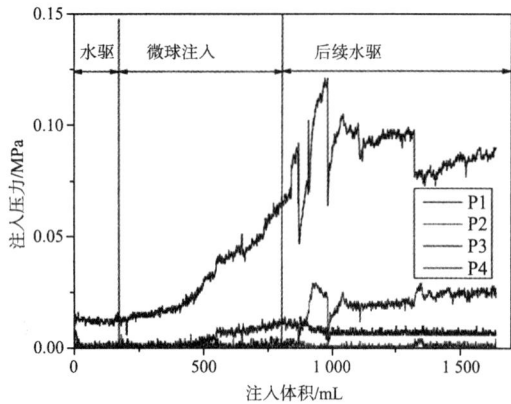

图8 多测压点运移性实验

# 3 结 论

(1)针对印尼S油田的高温、高盐、强非均质性等油藏特征,靶向自主合成了耐温耐盐复合型微球YC-1,YC-1能够在S油田条件稳定超过60天,耐温耐盐性良好,并通过自组装形成具有更高强度的聚集体。通过静态表征证明了复合微球的基本微观结构存在,发现复合微球粒径比两种组分微球的粒径要大且更加稳定,且YC-1粒径分布存在明显双峰,充分证明了强度更高的自组装聚集体的存在,更适用于非均质性强的油藏。

(2)通过室内驱替实验探究了YC-1在S油藏条件下的封堵运移特性,发现YC-1浓度越高,封堵作用越大于运移作用,且较高浓度适用于注入前段近井调整剖面,该实验中适宜浓度为3000~5000mg/L;YC-1注入速度越高,运移作用越大于封堵作用,较大注入速度适用于后段深部调驱,动用更深更远区域剩余油,该实验中适宜注入速度为0.5mL/min~1mL/min,在保证措施效果及同时保证经济效益。针对S井,设计采用注入前段"高浓低速",注入后段为"低浓高速"的注入方案来保证其强非均质性得到控制以及远井端深部调剖。

(3)通过室内驱替实验验证了YC-1在S油藏中具有良好的运移性及高渗层封堵能力,证明YC-1微球适用于印尼S油藏。

(4)针对S油藏合成复合微球YC-1并对其封堵运移特性进行探究,为S油田现场增产施工提供了强有力的理论基础,具有较强指导性意义。

## 参 考 文 献

[1] 张勇.海上q油田聚合物微球在线深部调剖技术研究与应用[J].石油化工应用,2016,35(8):19-24.

[2] 熊春明,唐孝芬.国内外堵水调剖技术最新进展及发展趋势[J].石油勘探与开发 2007(1):88-93.

[3] 王涛,肖建洪,孙焕泉,曹正权,宋岱峰.聚合物微球的粒径影响因素及封堵特性.油气地质与采收率[J].2006,13(4):80-82.

[4] 马海霞,林梅钦,李明远,郑晓宇,吴肇亮.交联聚合物微球体系性质研究[J].应用化工,2006,35(6):453-454,457.

[5] 王代流,肖建洪.交联聚合物微球深部调驱技术及其应用[J].油气地质与采收率,2008,15(2),86-88.

# 筛管外环空阻流控水技术在海上水平井的应用

李晓伟 贾永康 徐国瑞 刘丰钢 杨会峰 张文喜

（中海油田服务股份有限公司）

**基金项目** "十三五"国家科技重大专项"大型油气田及煤层气开发"子课题"渤海油田高效开发示范工程"
（2016ZX05058－003）

**摘 要** 针对南海东部油田筛管防砂水平井高含水生产问题，提出筛管外环空阻流控水技术思路，开展了相关室内试验研究，化学材料体系触变特征值达到0.715，固化时间2～3 h，承受轴向压差达到0.8 MPa/m。评价清洗液对残余原油清洗率达到87%，增加保护液段塞后突破压力提高了0.3 MPa。针对X井找水结果进行分析，制定了环空阻流控水配合中心管实现分段控采的工艺方案，并进行了矿场试验，措施后X井组实施后产油量由原来的400bbl/d增加到755bbl/d，日增油355bbl/d，增油率高达89.0%，说明环空阻流控水技术在海上水平井堵控水方向具有良好的应用前景。

**关键词** 环空阻流控水；水平井；堵水；堵控水

目前南海东部油田水平井占比达到87%，其中高含水生产井占比达到38%[1]，受限于水平一段式笼统防砂的完井方式，难以对地层出水部位实现精准的有效封隔，常规堵控水工艺应用受限，而重新防砂需进行大修打捞作业，风险大且费用较高[2]。

筛管外环空阻流控水技术核心为一种具有特殊流变特性的化学材料（AFC），其剪切变稀、静止瞬间增粘的特点能够使其在注入水平段筛管外环空后，快速形成基础支撑结构[3,4]，不因重力或流体扰动而坍塌、稀释，成胶、固化后起到阻隔筛管外环空窜流的作用[5]，配合中心管柱即可起到水平井分段控采的效果。

## 1 AFC体系性能评价

### 1.1 体系配方优化

模拟地层温度80℃条件下，评价不同浓度配比下AFC体系由触变流体固化至高强度粘弹固体所需的时间见表1，根据管柱内容积计算体系从井口到达筛管外环空用时为40min，固化时间为2～3h时既能够满足施工安全性要求，也可以使体系尽快成胶，避免被地层流体冲刷稀释，因而优选出的体系配方为1.5%主剂＋0.05%引发剂＋0.001%控制剂。

表1 不同体系浓度下的成胶时间

| 温度/℃ | 药剂浓度/% | | | 固化时间/h |
| --- | --- | --- | --- | --- |
| | 主剂 | 引发剂 | 控制剂 | |
| | 1.5 | 0.05 | 0.001 | 2－3 |
| 80 | 1.5 | 0.03 | 0.001 | 9－11 |
| | 1.5 | 0.02 | 0.001 | 35－40 |

### 1.2 剪切变稀特性评价

体系的剪切变稀性能是保障体系现场注入性的关键指标。通过测定流变仪在80℃恒温条件下不同剪切速率的体系黏度，可见体系在剪切率增加至1000 1/s后，黏度由初始10156mPa·s快速降低至278mPa·s（图1）。

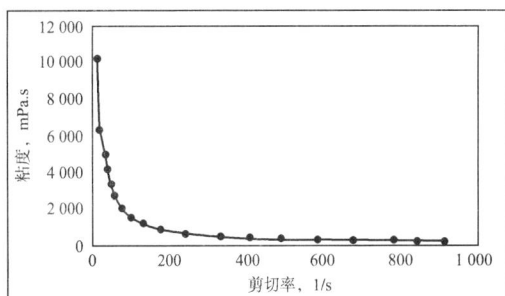

图1 AFC体系剪切黏度曲线

## 1.3 触变性评价

为了考察 AFC 体系的触变结构恢复能力,采用凝胶应力流变仪在温度为 $80℃$,剪切速率为 $500s^{-1}$ 条件下剪切 10min 后,停止剪切,测定其弹性模量恢复曲线,如图 2 所示,停止剪切后,体系弹性模量快速升高,表现出静止瞬间增稠的特点,计算触变特征值达到 0.715,因而能够在第一时间有效填充筛管外环空。

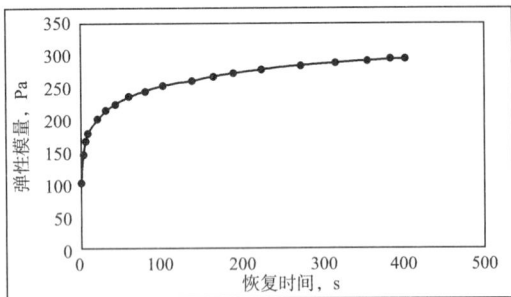

图 2 AFC 体系剪切后弹性模量恢复曲线

## 1.4 固化强度评价

使用 8-1/2"的仿真模拟井筒和 5-1/2"割缝筛管装置,进行室内模拟充填,可见体系挤注过程中能够在环空中形成完整的化学封隔体(图 3)。体系固化后进行轴向压差击穿实验,测定 AFC 段塞在 0.8MPa/m 下,未发生滑移,在设计长度30m条件下,能够满足轴向承压 >10MPa 的工艺需求。

图 3 AFC 体系固化模拟实验

## 1.5 清洗液评价

AFC 体系在实际现场应用时,需综合考虑地层复杂情况,前缘效应和油污粘附等都可能对 AFC 与地层、管壁的接合效果产生影响[6],通过室内评价发现增加质量浓度为 20% 的清洗液段塞,对粘附油污清洗率达到 87%(图 4)。

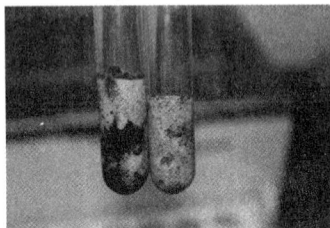

图 4 清洗液对原油的清洗效果

## 1.6 保护液评价

通过增加保护液作为前置段塞,在设计较长段塞情况下,各部位体系都能保持整体较高的固化质量[7],串联岩心(2.54cm×10cm×5)实验发现,添加保护液后,后部岩心内体系成胶效果保持率更高(图 5),突破压力相比未添加保护液段塞高 0.3MPa。

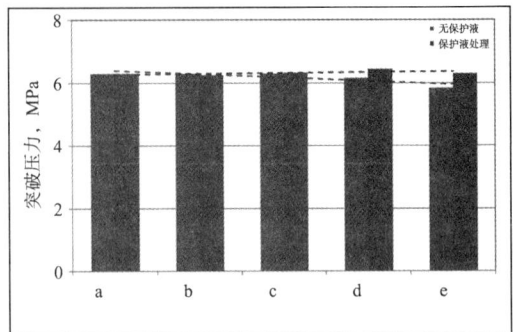

图 5 并联岩心驱替突破压力柱状图

# 2 现场应用

## 2.1 试验井概况

南海东部 X 油井位于油藏构造中部,为强底水油藏,测井解释有效孔隙度 23.7%~30.2%,渗透率 765~2633mD,完井方式为 8-1/2"裸眼段下入 6-5/8"复合筛管,水平段长 667m。

投产半年后含水即到达 90% 以上,属于"含水快速上升型",之后经历了相当长时间的高含水生产阶段,表现为典型的底水油藏生产特征。

前期通过找水测试确认产出水主要来自水平段中部 2331~2490m,也是本井的主要产出层段,原油则主要从趾部 2632~2734m 井段产出,因而建议实施堵水作业,封堵水平段中部,采用分段控采的方式,发挥跟端及趾端的潜力。

## 2.2 方案设计

利用跟端盲管段(2289~2335m)及趾端低渗泥岩段(2500~2580m)的隔断特点,在两段附近实施筛管外阻流控水,设计挤注上部 AFC 于 2260~2305m,下部 AFC 于 2506~2551m,体系固化后,下入带智能滑套和遇水膨胀封隔器的中心管柱,遇水膨胀封隔器充分膨胀座封后,可通过地面操控智能滑套实现分段控采(图 6)。

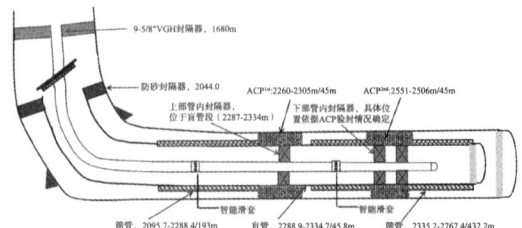

图 6 X井工艺设计实施效果

挤注管柱设计为"双级球座+K344 封隔器×2+定压阀+K344 封隔器×2"(图 7),通过油管正打压封隔器扩张后,定压阀打开,依次挤注设计段塞,投球顶替,可避免过量或顶替不足导致的封堵效果不佳,而双封隔器的设计则能够避免挤注过程中筛管外的 AFC 体系回流到井筒内导致粘附或卡钻,提升作业安全系数。根据段塞设计长度,计算并考虑地层滤失和粘附,设计前置清洗液 20m³,前置保护液 4m³,AFC 段塞 4.5m³,后置保护液 1m³。

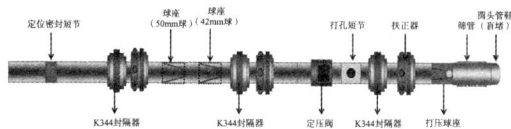

图 7   X 井施工挤注管柱设计

### 2.3   施工过程

2019 年 2 月对 X 井进行施工。起出原井生产管柱后,首先通井冲洗,组合下入挤注管柱,校深后使中部两个 K344 封隔器位于 2551.3m、2545.8m 位置。依次正挤清洗液 10m³、保护液 2m³、AFC 材料 1.7m³,停泵投球,再继续泵入 0.3m³ AFC 材料和 0.5m³ 后置保护液,修井液顶替到位即完成下部 AFC 材料挤注,停泵后上提管柱 120m,反循环顶替出油管内的残余材料,防止油管内固化。同样,缓慢上提管柱至中部两挤注封隔器于 2289.5m、2283.9m,挤注上部 AFC 材料。挤注完成后,候凝 10h,下入验封管柱打压验封至 500psi,合格后起出验封管柱,依次下入智能滑套中心管卡水管柱和原生产管柱,逐步提频恢复生产。

### 2.4   施工后效果评价

措施作业后该井流压逐渐增加,说明遇油膨胀封隔器座封良好,产液量由 15200bbl/d 降至 11900bbl/d,但仍保持在较高水平,说明在封堵中部主力产液层后,根部和趾部储层得到了有效动用,含水率逐渐降低(图 8),由 98% 下降至 93%,产油量由原来的 400bbl/d 增加到 755bbl/d,日增油 355bbl/d,增油率高达 89.0%,措施效果显著。

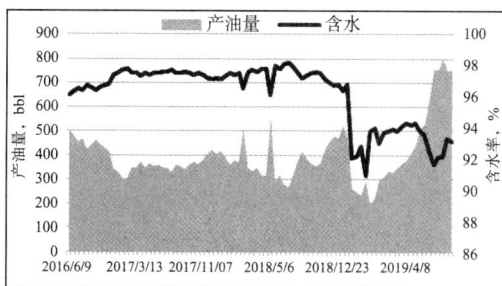

图 8   X 井措施实施前后生产曲线

### 3   结   论

(1)筛管外环空阻流控水体系具有剪切变稀、静止增粘的特点,体系触变特征值达到 0.715,固化时间 2~3h,承受轴向压差达到 0.8MPa/m,能够有效实现筛管外环空的充填及封隔。

(2)通过室内试验评价,质量浓度 20% 的清洗液能够有效清洗地层及筛管外壁原油,清洗率达到 87%,有利于环空阻流控水体系的浓度保持和管壁附着。

(3)通过室内试验评价,增加保护液段塞后,串联岩心突破压力比未添加保护液段塞高 0.3MPa。

(4)矿场试验结果表明,体系对于简易防砂的海上水平井具有良好的适用性,X 井组实施后产油量由原来的 400bbl/d 增加到 755bbl/d,日增油 355bbl/d,增油率达到 89.0%。

### 参 考 文 献

[1]杨振杰,刘建全,谢斌,等.XAN-SP 筛管水平井环空化学封隔器研究[J].石油钻采工艺,2012,34(1):117-121.

[2]周赵川,陈立群,高尚,等.CESP 水平井环空化学封堵工艺在渤海油田的应用[J].断块油气田,2012,34(1):117-121.

[3]陈小凯.辽河油田水平井化学堵水技术研究与应用[D].东北石油大学,2015.

[4]柳建新,章震,陈通,等.水平井环空化学封隔器研究及应用进展[J].精细石油化工进展,2015(5):1-5.

[5]魏发林,刘玉章,李宜坤,等.水平井环空化学封隔器预聚体(AFC-H)[J].石油科技论坛,2015(B10):168-170.

[6]商乃德,邹明华,魏发林,等.水平井环空化学封隔材料——MMH/MT/AM 体系的流变性能研究[J].油田化学,2016(4).

[7]李宜坤,魏发林,路海伟,等.水平井化学控水技术研究与应用[J].石油工业技术监督,2011,27(6):50-54.

# 渤海疏松砂岩储层深部解堵新技术研究及应用

张万春　郭布民　敬季昀　邱守美　陈　玲

(中海油田服务股份有限公司)

**摘　要**　针对渤海疏松砂岩储层堵塞范围越来越深、解堵难度越来越大等问题,创新提出了深穿透解堵技术思路,阐述了其作用机理,并通过三维物模实验和CMG数值模拟研究了疏松砂岩起裂和渗流形态,建立了疏松砂岩深穿透解堵产能分区计算模型,探讨了深穿透解堵增产效果,同时结合解堵体系优选和施工参数优化进行了现场试验。结果表明,疏松砂岩储层通过降阻增压能形成有利的水力裂缝,解堵液在地层中的渗流形态呈"哑铃型"分布,深穿透解堵能大幅提高解堵效果,增加油井产能。现场试验分析深穿透解堵在储层中成功压开裂缝,穿透深度达到15.7m。施工井增液比达到120%,增油比达到320%,有效期达到6个月以上,取得了显著的解堵效果。

**关键词**　渤海油田;疏松砂岩储层;深穿透解堵;起裂;渗流形态

渤海湾主力油田储层多属于高孔高渗疏松砂岩储层,流体性质复杂,油水井易受到伤害而严重影响产能,陆地油田常用水力压裂等技术进行深部解堵,但渤海油田大部分井采用砾石充填防砂方式完井,难以在不动、不破坏筛管的情况下,进行压裂改造作业,而且受限于海上有限的作业空间及时间,以及特殊的作业环境,常规水力压裂作业难以实施[1,2]。前期探索了过筛管加砂压裂深部解堵技术,但该技术应用存在破坏筛管完整性、压后有效防砂难度大等问题,现场应用仍然受到限制[3-5]。目前渤海油田最重要的解堵手段仍然为酸化解堵工艺,并在前期取得了显著的增产增注效果,然而对于疏松砂岩油藏,随着勘探开发程度的逐渐增大,储层伤害类型日渐复杂,堵塞范围越来越深,解堵难度越来越大,主要面临以下问题:①对于高孔高渗疏松砂岩储层,敏感性黏土矿物含量高,微粒易发生运移,潜在伤害因素多;②储层物性好,钻完井过程中漏失量大,部分井钻完井液侵入深度大,超过了常规酸化能够解堵的范围,迫切需要新的增产手段;③生产过程中微粒运移现象严重,发生深部运移后常规酸化难以解除;④多数油田已经过多轮次酸化,但是由于堵塞类型变化和堵塞深度加深,目前酸化措施效果逐步变差;⑤经过多年的开采部分油井各层非均质加强,层间层内差异性大,油井含水率逐年增加,常规解堵作业酸液无法按需分配,往往激化高渗水层,使得酸化解堵效果差;⑥渤海油田自2003年起逐步开展聚合物驱来提高采收率,随着注入聚合物量的不断增加,注入时间的延长,由聚合物驱导致的储层深部及近井筒堵塞问题日益突出[6-8]。

如何突破现有的解堵技术,寻求到新的、有效的过筛管深部解堵新技术,在不破坏原有防砂管柱情况下,有效扩大解堵半径,沟通储层,解决油井、水井、注聚井深部堵塞难题,既是渤海油田稳产增产的需要,更是目前技术发展革新的需要,其具有重大的意义和广阔的应用前景。针对该问题,本文提出了渤海油田深穿透解堵新思路,并对其技术适应性进行了实验研究和模拟分析,同时结合解堵液体体系优选和施工参数优化进行了初步的探索应用[9,10]。

## 1　深穿透解堵技术思路及作用机理

深穿透解堵技术思路主要包括近井筒解堵和储层深部解堵两部分,依次分为近井解堵、降阻造缝、深部解堵、关井反应四个关键步骤:①泵注清洗液、解堵液等解除管柱及井筒周围的堵塞物,达到近井筒解堵的目的;②泵注具有一定黏度的降阻液,降摩阻提高排量,同时降滤失提升井底压力,达到增压造缝的目的,为后续解堵液进入储层深部提供通道;③泵注解堵液,将解堵液注入储层深部,恢复或提高储层渗透率,降低渗流阻力;④关井反应,充分延长解堵液与堵塞物接触时间,形成高渗条带,达到解除储层深部堵塞的目的。示意图如图1所示。

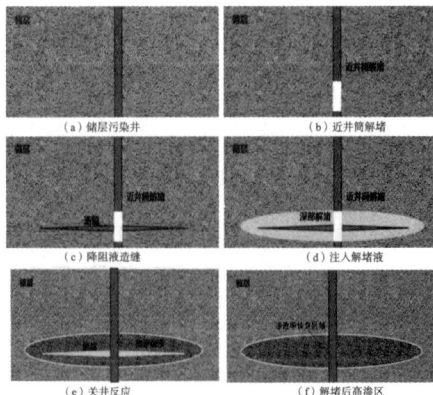

图1　深穿透解堵技术思路示意图

根据深穿透解堵技术思路其作用效果主要可归纳为四个方面：①解堵：解除管柱、近井筒、深部储层堵塞，提高储层渗透率；②沟通产层：形成裂缝，在高度上沟通未动用、弱动用产层；③增渗：溶解裂缝壁面储层的孔隙填充物，增渗并形成高渗条带；④岩石扩容：形成裂缝并促使裂缝壁面发生剪切位移，在裂缝周围产生微裂隙以提高其渗透率。

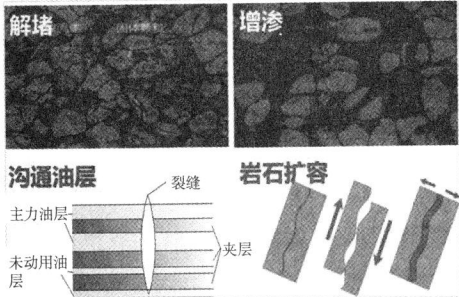

图 2　深穿透解堵作用效果示意图

## 2　深穿透解堵技术适应性研究

### 2.1　疏松砂岩起裂三维物模实验

根据渤海油田储层物性特征及岩石力学性质，经过反复试验，考虑岩心的相似性、制作的难易性和重复性等方面，通过调整石英、石英砂、钠长石、钾长石和固井水泥五种矿物配比，制定了渗透率为 1000mD、500mD、200mD 三种级别，规格尺寸为 100mm×100mm×100mm 的疏松砂岩模拟岩样，岩样岩石力学、物性参数如表 1 所示，并借助真三轴水力压裂物理模拟试验系统探究了疏松砂岩在深穿透解堵过程中裂缝起裂的可行性。

表 1　岩样岩石力学、物性参数表

| 岩样 | 抗压强度（MPa） | 弹性模量（GPa） | 泊松比 | 渗透率（mD） | 孔隙度（％） |
| --- | --- | --- | --- | --- | --- |
| 1♯ | 25.42 | 3.57 | 0.33 | 975 | 26.82 |
| 2♯ | 26.72 | 5.41 | 0.30 | 504 | 25.83 |
| 3♯ | 41.84 | 7.54 | 0.28 | 229 | 25.43 |

采用射孔方式为单排、45°相位、8 孔，注入排量为 150mL/min，压裂液黏度为 78mPa·s，水平应力差为 3MPa（12-8-5）组合条件下开展三维物模实验，分别测试了模拟岩样的注入压力变化及起裂形态，结果如图 3、图 4 所示。

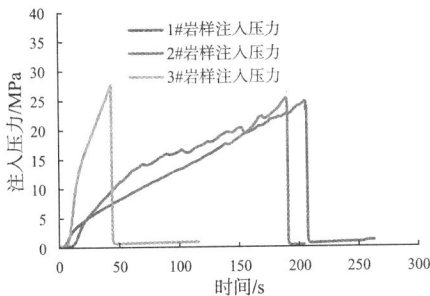

图 3　模拟岩样注入压力曲线

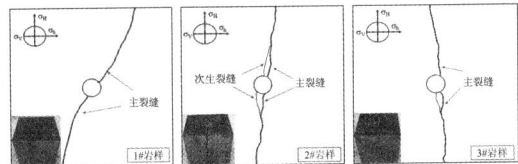

图 4　模拟岩样起裂裂缝形态

由图 3、图 4 可知，三种渗透率级别的模拟岩样均成功压开裂缝，其破裂压力分别为 24.81MPa、25.35MPa、27.61MPa，与理论计算结果基本相近，渗透率级别越小破裂压力越大、破裂时间越短。实验结果表明，疏松砂岩岩样不仅能够起裂，而且其起裂后形成的裂缝形态较佳，说明通过优化射孔参数和施工参数，疏松砂岩储层在降阻增压条件下可以形成有利的双翼水力裂缝，为深穿透解堵增压造缝工艺提供了实验支撑。

### 2.2　疏松砂岩深穿透解堵渗流形态及增产效果模拟

表 2　基础参数表

| 基础参数 | 数值 | 基础参数 | 数值 |
| --- | --- | --- | --- |
| 地层渗透率/mD | 1000 | 压裂液黏度/mPa·s | 30 |
| 注入排量/m³/min | 2 | 注入时间/h | 2 |
| 裂缝半长/m | 7 | 污染带渗透率/mD | 50 |
| 污染带半径/m | 5 | 地层厚度/m | 40 |
| 孔隙度 | 0.3 | 地层压力/MPa | 14 |
| 供给半径/m | 150 | 井眼半径/m | 0.1 |

根据表 2 所列的基础参数,利用油藏数值模拟软件 CMG 的黑油模型采用径向网格划分模式对疏松砂岩深穿透解堵渗流形态进行了模拟。设定原始圆形地层供给边界半径为 150m,在径向上以 0.5m 为单元划分径向网格,采用径向模型划分网格后,设置污染带半径为 5m,由于实际井周污染是渐进式分布,所以基于此将近井 5m 范围内渗透率设置如图 5 所示,图中红色部分为原始地层,白色部分等效为裂缝。

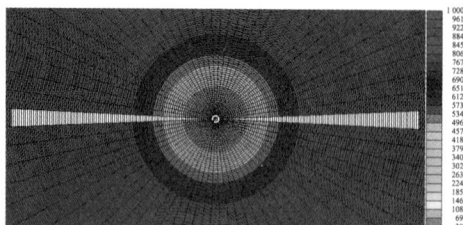

图 5 深穿透解堵径向网格模型及污染带分布

模拟结果如图 6 所示,当向地层中注入解堵液的时候,解堵液将沿着裂缝向地层深处渗流,解堵液饱和度在井周的分布呈中间略粗,越靠近裂缝两侧饱和度越大,远离裂缝饱和度逐渐减小,最终解堵液在地层中的渗流形态呈 "哑铃型" 分布。裂缝半长越长,解堵液在地层中扩散得越远,解堵区域波及面积越来越大。

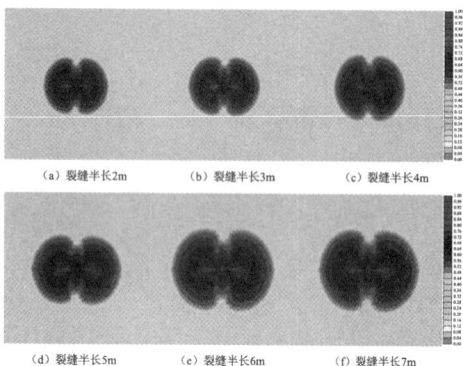

(a) 裂缝半长2m　(b) 裂缝半长3m　(c) 裂缝半长4m

(d) 裂缝半长5m　(e) 裂缝半长6m　(f) 裂缝半长7m

图 6 解堵液渗流波及区域模拟结果

根据解堵液在地层中的渗流分布形态,利用圆形地层中心一口井平面径向渗流模型建立了疏松砂岩深穿透解堵后产能分区计算模型,以裂缝穿透污染半径条件下渗流形态为例,如图 7 所示。进一步探讨了深穿透压裂解堵增产效果。

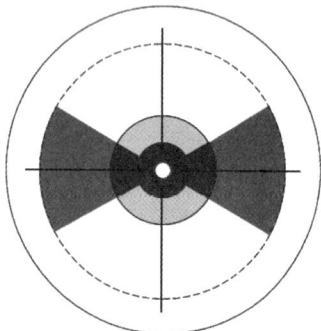

图 7 深穿透解堵产能分区计算模型

图中蓝色区域——深穿透解堵后近井筒污染改善区以及在污染带范围内沿裂缝面污染改善区;红色区域——深穿透解堵后裂缝穿透污染带半径范围外沿裂缝面原始地层改善区;绿色区域——深穿透解堵后未波及的污染带区域;白色区域——深穿透解堵未波及的原始地层。

则原始地层外部扇形产能为

$$Q_1 = \frac{2\pi h(p_e - p_w) \times 86.4}{\mu B \left( \frac{1}{k} \ln \frac{R_e}{R_2} + \frac{1}{k_2} \ln \frac{R_2}{R_3} + \frac{1}{K_3} \ln \frac{R_3}{R_w} \right)} \times \frac{360 - 2\theta}{360}$$

则增压解堵后解堵液波及的范围产能为:

$$Q_2 = \frac{2\pi h(p_e - p_w) \times 86.4}{\mu B \left( \frac{1}{k} \ln \frac{R_e}{R_2} + \frac{1}{k_2} \ln \frac{R_1}{R_2} + \frac{1}{K_3} \ln \frac{R_2}{R_w} \right)} \times \frac{2\theta}{360}$$

由质量守恒定律可知,从地层流入井筒的流量等于图中绿色区域、红色区域和蓝色区域流向井筒的流量之和,即 $Q = Q_1 + Q_2$

式中,$\theta$——增压解堵区扇形圆心角,°;$Q$——总产能,$m^3/d$;$h$——油层厚度,m;$p_e$——供给边界压力,MPa;$k$——原始地层渗透率,$\mu m^2$;$B$——流体的体积系数,$m^3/m^3$;$R_e$——供给边界半径,m;$p_w$——井底流压,MPa;$\mu$——流体的黏度,$mPa \cdot s$;$k_1$——红色区域渗透率,$\mu m^2$;$k_2$——绿色区域渗透率,$\mu m^2$;$k_3$——蓝色区域渗透率,$\mu m^2$;$R_w$——井眼半径,m;$R_1$——深穿透半径,m;$R_2$——近井污染带半径,m;$R_3$——近井污染改善区半径,m。

根据产能模型计算了上述储层深穿透解堵产能,并根据产能计算结果绘制了疏松砂岩深穿透解堵裂缝半长-增产倍数关系曲线如图 8 所示:

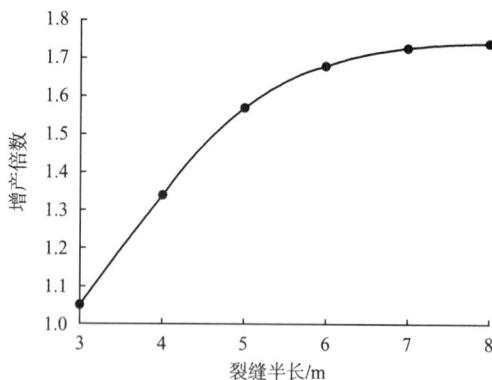

图 8 深穿透解堵裂缝半长-产能关系图

模拟计算结果表明,当裂缝未穿透污染带时疏松砂岩深穿透解堵增产倍数随着裂缝半长的增加而显著增加;当裂缝穿透污染带后,疏松砂岩深穿透解堵增产倍数随着裂缝半长的增加逐渐趋于平缓。所以,综合疏松砂岩深部解堵渗流形态及增产效果模拟分析结果可知,对于目前已经深部污染储层,采用深穿透解堵后地层渗透率将会得到改善,大幅提高解堵效果,增加油井产能。

## 3 深穿透解堵技术现场应用

### 3.1 施工方案优化

渤海注聚井区某平台 E1 井目标储层垂深 1680.5~1696.9m,垂厚 16.4m,测井解释渗透率 1608.6~2193.3mD,孔隙度 30%,为典型疏松砂岩储层。该井产液量、产油量低,且历次酸化解堵后增液增油效果不明显,综合分析认为其主要堵塞类型为聚合物堵塞,通过试井解释分析本井的污染半径达到 10m 以上,急需进行有效的深部解堵改造措施。

根据深穿透解堵技术要求优化解堵液体体系:E1 井储层渗透率高,优选高黏降阻造缝液,利于在地层保持高黏度,降低滤失增压造缝;该井为注聚受效井,其堵塞原因主要为近井及储层深部的聚合物堵塞,因此优选高活性氧含量复合解堵液,该解堵液具有良好的解聚和长效缓蚀效果,同时对无机堵塞也具有良好的降解效果,可为储层深部解堵提供保障。深穿透解堵液体体系优选结果如表3所示。

**表 3 深穿透解堵体系优选**

| 液体体系 | 液体类型及配方 | 作用 |
|---|---|---|
| 清洗液 | 有机清洗剂 F1 | 清洗近井胶质沥青质有机质堵塞 |
| 降阻液 | 淡水+0.35%PA－F－SRT+1%PA－F－CS+0.4%PA－F－GP+0.4%PA－F－DC | 降低施工摩阻及液体滤失,压开裂缝 |
| 解堵液 | 淡水+3% PA－F－PEB +2% PA－F－PEA | 解除近井及储层深部的堵塞 |
| 隔离液 | 清水+1%PA－F－CS+0.4%PA－F－DC | 隔离顶替、清洗作用 |

利用原生产管柱+井口保护器进行深穿透解堵施工,根据邻井地漏实验预测本井破裂压力梯度,综合考虑液体滤失、储层破裂压力、施工摩阻、管柱承压等计算不同液体体系、不同排量下井口施工压力,并根据施工压力计算结果优选井口保护器耐压等级,提高井口承压能力。同时参考储层有效厚度及堵塞半径设计降阻液和解堵液体系液量,结合深穿透解堵技术思路优化施工参数如表4所示。

**表 4 深穿透解堵泵注程序**

| 序号 | 施工阶段 | 阶段液量 m³ | 累计液量 m³ | 排量 m³/min | 施工压力 MPa | 备注 |
|---|---|---|---|---|---|---|
| 1 | 清洗液 | 5 | 5 | 0.5~1.0 | ≤10 | 清洗管柱有机质堵塞 |
| 2 | 隔离液 | 15 | 20 | 1.0~1.5 | ≤28 | |
| 3 | 解堵液 | 40 | 60 | 1.0~1.5 | ≤28 | 解除近井堵塞 |
| 4 | 顶替液 | 15 | 75 | 1.0~1.5 | ≤28 | |
| 5 | 关井反应 8~12h | | | | | |
| 6 | 降阻液 | 90 | 165 | 2.0~2.5 | ≤28 | 降阻造缝 |
| 7 | 隔离液 | 15 | 180 | 1.0~2.0 | ≤28 | |
| 8 | 解堵液 | 100 | 280 | 1.0~2.0 | ≤28 | 解除储层深部堵塞 |
| 9 | 顶替液 | 15 | 295 | 1.0~2.0 | ≤28 | |
| 10 | 停泵 0.5h | | | | | |
| 11 | 顶替液 | 120 | 415 | 1.0~2.0 | ≤28 | 顶替解堵液到储层深部 |
| 12 | 关井反应 8~12h 后返排 | | | | | |

### 3.2 施工过程及分析评价

E1 井深穿透解堵施工主要分两阶段进行,如图9所示。第一阶段最大施工排量1.4m³/min,最高施工压力 19MPa,主要目的为清洗管柱有机质堵塞和解除近井地带的聚合物堵塞。第二阶段最大施工排量 $2.7m^3/min$,最大施工压力 $27MPa$,目的是在储层中形成人工裂缝,使解堵液沿裂缝进入储层深部解除堵塞。

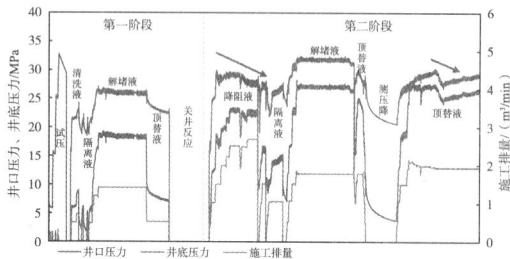

图 9  E1 井深穿透解堵施工曲线

从第二阶段施工曲线可以看出,在泵注降阻液的过程中出现了明显储层破裂点,折算破裂点对应的井底压力为 $29.5MPa$,破裂压力梯度为 $0.018MPa/m$。在储层破裂后,随着排量升高井底压力呈逐渐下降的趋势,图 9 第 1 处红色箭头所示,表明在泵注降阻液阶段在地层中成功形成人工裂缝,后续泵注解堵液阶段施工压力平稳,解堵液沿着裂缝进入储层深部,裂缝未进一步扩展延伸。

停泵测压降 30min 后再泵注大量顶替液,沿裂缝向储层深部顶替解堵液,提高解堵液的波及面积,同时对裂缝附近储层中的堵塞物进行高速冲刷,从而达到深部解堵的目的,在该阶段储层出现了明显的裂缝重启迹象,图 9 第 2 处红色箭头所示,裂缝重启后在相同排量下施工压力大幅降低,裂缝重启对应的井底压力为 $28.9MPa$,较储层破裂压力有一定的降低,说明裂缝沿原裂缝开启。

利用 FRCPRO 压裂软件做停泵压降 G 函数曲线分析,结果如图 10 所示,曲线形态表明在地层中成功压开裂缝,由于储层物性较好,停泵后裂缝闭合速度非常快,在停泵 2.5min 左右裂缝已经闭合。裂缝井底闭合压力为 $24.95MPa$,折算储层闭合压力梯度为 $0.015MPa/m$。

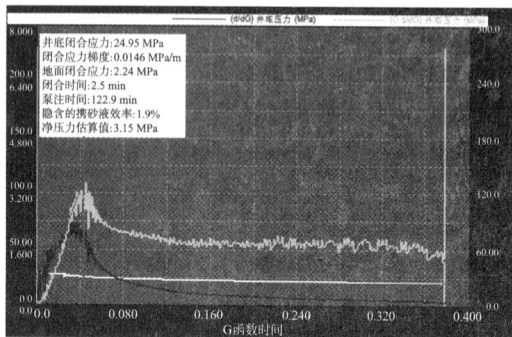

图 10  G 函数压降曲线分析

进一步将储层参数、现场施工参数带入压裂软件进行模拟,得到目的层段深穿透解堵的人工裂缝形

态,人工裂缝穿透深度为 15.7m,如图 11 所示。

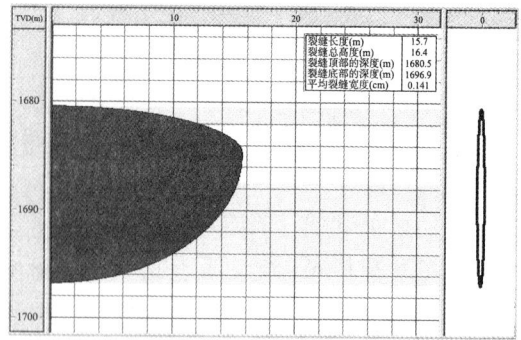

图 11  E1 井深穿透解堵裂缝形态

### 3.3  增产效果及经济效益

E1 井产液量、产油量较低,此前曾经过多次解堵措施,但历次酸化解堵后增液增油效果均不明显。深穿透解堵施工前该井产液量 $71.1m^3/d$、产油量 $4.7m^3/d$,施工后产液能力逐步提高,稳定产液量达到 $154.5m^3/d$,产油量 $19.6m^3/d$,与施工前相比,增液比例达到 120%,增油比例达到 320%,含水率由 93.4% 降低至 88%,油压由 $0.9MPa$ 上升至 $1.5MPa$,有效期达到 6 个月以上,取得了显著的增产效果。深穿透解堵前后生产曲线如图 12 所示。

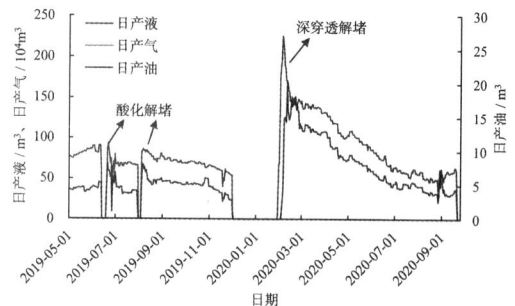

图 12  E1 井深穿透解堵前后生产曲线

深穿透解堵可以采用原生产管柱+原采油井口施工,作业流程简单,与常规酸化解堵工艺相比主要增加了降阻液阶段,而降阻液配方简单,成本低廉,其总体施工成本和作业周期与常规酸化解堵相近。根据已施工井增产效果表明,深穿透解堵解堵半径大,增产效果好,有效期长,综合分析其具有较好的经济效益。

## 4  结论与建议

(1)深穿透解堵技术思路主要包括近井解堵、降阻造缝、深部解堵、关井反应四个关键步骤;其作用效果主要分为解堵、沟通产层、增渗、岩石扩容四个方面。

(2)深穿透解堵技术可以在不破坏原有防砂管柱情况下,既能够解除近井筒堵塞,又能够突破距离限制,将解堵液注入储层深部,达到深部储层解堵的目的,为渤海油田疏松砂岩储层深部解堵提供了有效的技术手段。

(3)深穿透解堵要求裂缝半长穿透污染带半径,但不宜过分追求裂缝半长。对于聚合物堵塞井深穿透解堵,因聚合物常与无机颗粒呈包裹黏连状态,为防止解聚后释放出的无机颗粒造成二次污染,建议在注入解聚剂反应后再泵注适量酸液,以提高解除复合污染物能力。

## 参 考 文 献

[1] 曾明友.海上油田注聚井高效解堵技术研究[D].西南石油大学,2013.

[2] 刘光成,温哲华,王天慧,等.海上油田注聚井解堵增注技术进展研究[J].石油天然气学报,2014,36(12):244—247.

[3] 王坤,吴增智,邹鸿江.海上中高渗储层压裂工艺技术研究与实践[J].钻采工艺,2016,39(6):54—57.

[4] 郭少儒,张晓丹,薛大伟,等.海上低渗油气藏平台压裂工艺研究与应用[J].中国海上油气,2013,25(2):64—67.

[5] 徐文江,肖茂林,孙兴旺,等.海上低渗透油田水平井多级压裂先导试验[J].中国海上油气,2017,29(06):108—114.

[6] 高尚,刘义刚,兰夕堂,等.渤海油田注聚合物井堵塞物组分分析及相互作用机理[J].油田化学,2020,37(2):340—343.

[7] 陈华兴,高建崇,唐晓旭,等.绥中36—1油田注聚井注入压力高原因分析及增注措施[J].中国海上油气,2014,36(12):244—247.

[8] 陈华兴,刘义刚,唐洪明,等.绥中36—1油田注入井欠注原因及治理建议[J].特种油气藏,2011,18(3):129—131.

[9] 申金伟,赵健,陈磊,等.渤海注聚井区高效解聚剂的研究和应用[J].石油化工高等学校学报,2019,32(2):26—31.

[10] 卢大燕,孟祥海,吴威,等.渤海注聚油田堵塞井堵塞机理分析及复合解堵工艺设计[J].中国海上油气,2016,5(28):98—103.

# 渤海油田液压控制智能分注关键技术优化

赵广渊　杨树坤　郭宏峰　季公明　杜晓霞　廖朝辉

(中海油田服务股份有限公司)

**摘　要**　基于渤海油田常规液控智能分层注水工艺分注层数少、调配效率低等问题,针对性开展了关键技术优化研究。通过优化水嘴结构布局、研制数字解码器、配套大排量井下涡街流量计、优化分层调配方案,成功解决了常规液控智能注水工艺调节级数少、测调精度低、分层数受限、无法监测井下数据,以及不满足小井眼注水井应用等问题。工艺优化后已在渤海油田应用20井次,系统运行稳定可靠,水嘴调节灵活,井下数据实时上传;调配效率、精度高,单井调配周期小于1天,测调精度>90%,应用效果良好。

**关键词**　渤海油田;智能分注;液压控制;井下多级流量控制阀;解码器;涡街流量计

## 1　前　言

渤海油田已进入全面注水开发阶段,注水效果的好坏在一定程度上关系到渤海油田的持续稳产。基于常规投捞式分层注水工艺测调效率低、占用平台有限空间、不满足大斜度井应用等问题[1-10],近些年渤海油田开始了智能分层注水工艺的矿场试验。

液控智能注水技术作为智能注水工艺的一种,其控制方式采用纯液压方式,井下工具无任何电子元器件,长期使用可靠性能高。该技术于2016年开始在渤海油田开展应用,取得良好应用效果,但随着作业者对分层注水工艺要求的不断提高,以及工艺自身存在的一些问题:①液控智能滑套调节级数少,最多只能实现3级调节,导致分层调配精度低,调配合格率低;②多层注水井液控管线使用数量较多,现场施工难度加大;③不具备井下注水数据监测功能,地面无法实时监测井下油藏数据,无法直观判断各层注水情况;④海上油田小井眼注水井逐年增多,现有注水工具尺寸不满足下入要求[11-14]。导致该技术无法大规模推广。

基于以上问题,本文在常规液控智能注水技术基础上,从工具整体结构、水嘴设计、控制方式、测试调配方法等方面进行了工艺优化研究,提高液控智能注水技术在渤海油田的适用性。

## 2　工艺概述

### 2.1　工艺原理

液控智能注水系统主要由地面控制系统、可穿越线缆封隔系统、多级流量控制装置、井下油藏数据监测系统组成(图1)。地面控制器通过液压管线控制井下各层位多级流量控制阀的开度,实现地面或远程对井下各层注水量的调控,同时井下油藏数据监测系统可以将各层油藏数据(流量、压力、温度)实时上传至地面,指导地面完成配注。

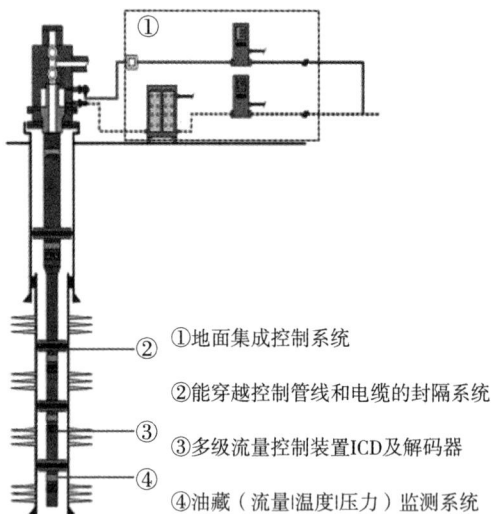

① 地面集成控制系统

② 能穿越控制管线和电缆的封隔系统

③ 多级流量控制装置ICD及解码器

④ 油藏(流量|温度|压力)监测系统

图1　液控智能注水工艺原理图

### 2.2　工艺特点

液控智能注水技术可实现井下数据实时采集、多级流量控制阀在线液压控制。系统采用液压控制方式,推力大,能适应井下复杂工况,通过万向截止轮机构节点控制,实现井下注水流量调节。主要特点有:

(1)分层调配无须钢丝/电缆作业,测调效率高,不占用海上平台作业空间和时间;

(2)不受井斜及井眼尺寸限制,满足大斜度井、水平井、小井眼井(3.25in)应用要求;

(3)井口可实现手动、自动一体控制,操作系统操作快捷、方便,一个地面控制柜控制多口井,可实现电脑远程控制。

## 3　工艺改进

### 3.1　"3-2"控制方式设计

常规液控智能注水工艺采用"N+1"控制模式,即利用N+1条液控管线控制井下N层配注。

该控制方式操作简单、可靠,一般适用于分层数较少(≤4层)的井。而对于多层(≥4层)注水井,此控制方式所需液控管线数量较多,施工难度及安全风险加大,工艺适用性变差。为此,研制了数字解码器,开发出"3-2"控制方式,以减少液控管线使用数量,增强工艺适用性。

### 3.1.1 控制原理

"3-2"控制方式是每个多级流量控制阀串联一个解码器,通过地面液控管线打压顺序的变化(不同排列组合)控制选择不同层位的解码器,从而控制该层位流量阀水嘴的开关,通过此方式可实现3条控制管线控制井下6层。

具体控制流程如图2所示,1#控制线与解码器的关闭口连接;2#控制线与解码器的打压口和解码器进入流量阀关闭口连接;3#控制线与解码器保压口和解码器进入流量阀开启口连接。通过地面控制柜给出开启解码器指令时,3#控制线先保压,2#控制线再打压,此时解码器开启;3#控制线打压,流量阀开启;2#控制线打压,流量阀关闭;1#控制线打压,解码器关闭。

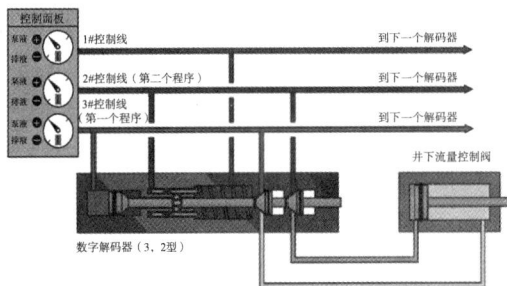

图2 "3-2"控制原理示意图

### 3.1.2 解码器

解码器是实现井下层位选择的液压解码装置(图3),主要由一个常开二位二通阀和一个常闭二位二通阀组成,通过与井下多级流量控制阀配合,实现分层控制。根据渤海油田注水井具体需求,配套了适用于防砂内通径为4.75in、4in、3.88in的解码器,工具技术参数如表1所示。

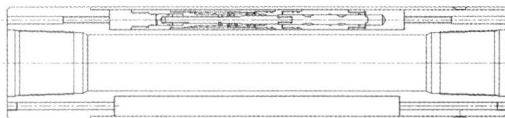

图3 解码器结构示意图

表1 解码器技术参数

| 性能指标 | 参数 | |
|---|---|---|
| 适用密封筒内径,in | 4.75 | 3.25 |
| 最大外径,in | 4.61 | 3.15 |
| 最小内径,in | 1.97 | 1.18 |
| 本体材质 | 42CrMo | 42CrMo |
| 工作压力,psi | 5000 | 5000 |

### 3.2 多级流量控制阀结构改进

渤海油田注水分层数多,调整井侧钻多为7in套管完井,采用3.25in内通径的防砂管柱。因此,针对原有液控智能滑套水嘴调节级数少、不满足小井眼应用要求等问题,研制了适用于3.25in小井眼的井下多级流量控制阀;优化水嘴结构,将不同尺寸多级流量控制阀调节级数分别增大到11级和7级(图4)。工具技术参数如表2所示。

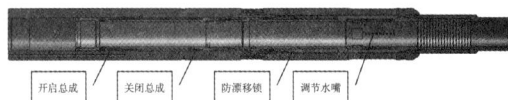

图4 井下多级流量控制阀

表2 井下多级流量阀技术参数

| 适用防砂内通径,in | 4.75 | 4/3.88 | 3.25 |
|---|---|---|---|
| 最大外径,in | 4.65 | 3.74 | 3.15 |
| 最小内径,in | 2.32 | 1.46 | 0.87 |
| 本体材质 | 42CrMo | 42CrMo | 42CrMo |
| 密封材质 | 金属对金属 | 金属对金属 | 金属对金属 |
| 最大排量,m³/d | 1200 | 1100 | 900 |
| 可调节级数 | 11 | 7 | 7 |
| 工作压力,psi | 5000 | 5000 | 5000 |
| 密封件耐温,℃ | ≤200 | ≤200 | ≤200 |

### 3.3 可穿越隔离/定位密封设计

隔离密封、定位密封是与防砂封隔器密封筒配合使用将油层分开,防止层间串流的重要工具。考虑液控管线穿越的要求,在常规隔离/定位密封基础上进行了改进,根据不同规格型号,增加不同数量的穿越孔,满足不同井型应用要求。图5为可穿越隔离密封结构示意图,不同型号隔离密封技术参数如表3所示。

图 5 可穿越隔离密封

表 3 可穿越隔离密封技术参数

| 最大外径,in | 4.75 | 4 | 3.88 | 3.25 |
|---|---|---|---|---|
| 最小内径,in | 1.97 | 1.38 | 1.18 | 0.87 |
| 本体材质 | 42CrMo | 42CrMo | 42CrMo | 42CrMo |
| 密封材质 | 氢化丁腈橡胶 | 氢化丁腈橡胶 | 氢化丁腈橡胶 | 氢化丁腈橡胶 |
| 密封件耐温,℃ | ≤200 | ≤200 | ≤200 | ≤200 |
| 可穿越1/4in液控管线数量 | 6 | 6 | 6 | 6 |

### 3.4 井下涡街流量计研制

考虑井下高温、高压、出砂、油污、空间狭小等各种恶劣工况,研制了测试结果不受介质影响、稳定性高的涡街流量计,用于井下各层油藏数据(流量、压力、温度)的长期监测。涡街流量计的测量原理是被测介质经过流道内的漩涡发生体后,将分离产生两排稳定的漩涡,漩涡的分离频率与当前流速成比例关系,通过置于漩涡场中的感应探头进行检测,将振动频率转换为电信号进行数据处理,从而反映出当前流量值。

涡街流量计结构如图6所示,为了保证足够大的主过流通道,设计Φ15mm旁通测试通道用于流量测试。多层注水井需要每层安装一套流量计,采用递减法计算各层注水量。涡街流量计具体技术参数如表4所示。

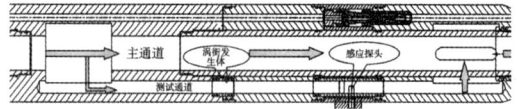

图 6 涡街流量计结构图

表 4 涡街流量计技术参数

| 适用密封筒内径,in | 4.75 | 4/3.88/3.25 |
|---|---|---|
| 最大外径,in | 4.49 | 3.15 |
| 最小内径,in | 1.18 | 1.18 |
| 本体材质 | 42CrMo | 42CrMo |
| 整体耐压,psi | 5000 | 5000 |
| 流量测试范围,m³/d | 65～1200 | 65～1000 |
| 流量测试误差,% | ±1% | ±1% |
| 压力测试范围,psi | 0～5000 | 0～5000 |
| 压力测试误差,% | ±0.5% | ±0.5% |
| 温度测试范围,℃ | −35～120 | −35～120 |
| 温度测试误差,% | ±0.1% | ±0.1% |

## 3.5 调配方案设计

根据井下有无配套流量计设计了两种调配方案,即模糊测调和精确测调。模糊测调应用于井下无流量计的情况,精确测调适用于井下配套流量计情况。

### 3.5.1 模糊测调法

模糊测调法原理同嘴损曲线法,具体调配流程如下:

(1)各层选定水嘴级位,测分层注水指示曲线;

(2)根据分层注水指示曲线计算各层配注量对应的井口注入压力 $P_{井口}$;

(3)查阅各层水嘴嘴损图版,计算各层配注下的地层注入压力 $P_{地}$,$P_{地}=P_{井口}+P_{静液}-P_{管}-P_{嘴损}$;

(4)根据公式 $P_{井口}=P_{地上}+P_{管上}+P_{嘴损上}-P_{静液上}=P_{地下}+P_{管下}+P_{下嘴损}-P_{静液下}$(两层为例,考虑层段间距较小,$P_{静液上}\approx P_{静液下}$,$P_{管上}\approx P_{管下}$),查阅嘴损曲线图版,选配水嘴,进行配注。

### 3.5.2 精确测量法

在模糊测调基础上,地面智能控制系统实时读取井下各层注水量,根据流量监测数据修正各层多级流量控制阀档位,提高测调精度。

## 4 现场应用

液控智能注水技术优化后已在渤海油田累计应用 10 井次,其中 3.25in 小井眼应用 3 井次,工艺实现最大分层数 4 层,最大井斜 75.26°;系统运行稳定,水嘴调节灵活,工具性能可靠;完成调配作业 20 余井次,平均单井调配周期<1 天,调配合格率 100%;满足海上注水井分层酸化、示踪剂测试等措施需求,经多次酸化后,系统仍正常运行,工具耐酸性能可靠;井下各注水层流量、压力、温度等油藏数据实时监测,实现封隔器在线验封及在线调配。现以 A 井为例进行具体应用说明。

A 井 2002 年 8 月 11 日投产,射开层位 NmⅡ油组(P1),NmⅣ油组(P2),共两段防砂,射开有效厚度 28.8m。2019 年 10 月,为补充 A 井主力生产层的地层能力,同时降低 NmⅡ2 和 NmⅡ3 小层间夹层对水驱效果的影响,建议对目前的 P1 防砂段(NmⅡ油组)进行细分防砂段及分层注水作业,作业后考虑储层的高效利用,以及目前的开发状况,建议 NmⅡ3 小层暂时关闭;同时为提高对非主力油层能力补充,减少层间干扰,建议保持 NmⅣ油组原防砂段不变。

根据目标区块注水井破裂压力,最大井口压力为 12.5MPa,A 井重新防砂后分 3 段注水,初期单注 P1 防砂段。各注水层段推荐的配注量及未来预测最大配注量见表 5。

表 5　A 井分层配注量

| 防砂段 | 注水层位 | 油层厚度 m | 井组日产液量 m³/d | 推荐注采比 | 推荐日配注量 m³/d | 预测最大配注量 m³/d |
|---|---|---|---|---|---|---|
| P1 | NmⅡ2 | 10.1 | 660 | 0.5 | 300 | 700 |
| P2 | NmⅡ3 | 9 | — | — | — | 200 |
| P3 | NmⅣ | 3 | — | — | — | 200 |

分层注水管柱结构为:顶部封隔器+1#涡街流量计+1#多级流量控制阀+2#隔离封隔器+2#涡街流量计+2#多级流量控制阀+3#隔离封隔器+3#涡街流量计+3#多级流量控制阀。分三层注水,每层多级流量控制阀控制级数为 11 级;井下各层流量、压力、温度数据可在地面实时监测。分层注水管柱下入全过程,注水工具入井后及每下钻 600m 对流量计进行测试,温度、压力正常(表 6)。

表6　A井注水管柱下入过程测试数据

| 下钻深度 | P1层流量计 | | | P2层流量计 | | | P3层流量计 | | |
|---|---|---|---|---|---|---|---|---|---|
| | 管内压力 MPa | 管外压力 MPa | 温度 ℃ | 管内压力 MPa | 管外压力 MPa | 温度 ℃ | 管内压力 MPa | 管外压力 MPa | 温度 ℃ |
| 300m | 1 | 0.9 | 42 | 2.1 | 1.9 | 48.8 | 2.8 | 2.7 | 50 |
| 900m | 6.8 | 6.6 | 52.6 | 8 | 7.8 | 55.3 | 8.8 | 8.5 | 58.6 |
| 1517m | 10.5 | 10.4 | 63.4 | 11.6 | 11.5 | 66.6 | 12 | 11.6 | 67.9 |

分层注水管柱下到位后,封隔器坐封,开启P2层多级流量控制阀,关闭P1、P3层多级流量控制阀,从油管阶梯打压2MPa、4MPa,P1、P3层流量计仅管内压力有阶梯变化,管外压力无明显变化(表7),说明2♯、3♯隔离封隔器层间封隔情况良好。

表7　A井层间验封数据

| 层位 | 管内压力,MPa | | | 管外压力,MPa | | |
|---|---|---|---|---|---|---|
| | 泵压0MPa | 泵压2MPa | 泵压4MPa | 泵压0MPa | 泵压2MPa | 泵压4MPa |
| P1 | 10.5 | 14.6 | 16.5 | 8.6 | 8.8 | 8.5 |
| P2 | 11.6 | 15.7 | 17.7 | 9.2 | 12.7 | 13.6 |
| P3 | 12 | 16.2 | 18.5 | 10.4 | 10.6 | 10.5 |

A井恢复注水后,对P1层流量计进行流量检测、校准地面控制设备,流量可检测,温度、压力显示正常(表8)。

表8　A井流量计测试及校准数据

| P1层流量计显示流量,m³/h | 10.2 | 13.5 | 16.26 | 20.8 |
|---|---|---|---|---|
| 管内压力,MPa | 15.4 | 16.7 | 17.9 | 18.8 |
| 管外压力,MPa | 14.1 | 14.6 | 14.9 | 15.1 |
| 地面流量,m³/d | 245 | 320 | 390 | 500 |

## 5　结　论

(1)优化常规井下流量控制阀水嘴结构、布局,将不同尺寸流量控制阀调节级数分别增大到11级和7级,提高了测调效率和精度。

(2)研制了数字解码器,利用"3－2"控制模式,实现3条液控管线控制6层注水,减少液控管线使用数量;研制小尺寸井下多级流量控制阀,满足海上3.25in小井眼应用要求。

(3)配套研制了井下涡街流量计,实现井口/远程实时监测井下各层油藏数据(流量、压力、温度),为油藏分析和方案调整提供支持。

(4)根据井下流量计的使用情况,制定了模糊测调、精确测调2种调配方案,保证了分层调配的高效、精确。

(5)优化工艺已在渤海油田应用10井次,系统运行稳定可靠,数据实时监测,水嘴调节灵活;调配效率高,单井调配时间小于1天,测调精度＞90%。

## 参 考 文 献

[1] 刘敏."一投三分"分层配注与分层测试技术[J].中国海上油气(工程),2000,12(4):38－39,45.

[2] 程心平,王良杰,薛德栋.渤海油田分层注水工艺技术现状与发展趋势[J].海洋石油,2015,35(2):61－65＋81.

[3] 于九政,巨亚锋,郭方元.桥式同心分层注水工艺的研究与试验[J].石油钻采工艺,2015,37(5):92－94.

[4] 罗昌华,程心平,刘敏,等.海上油田同心边测边调分层注水管柱研究与应用[J].中国海上油气,2013,25(4):46－48.

[5] 李敢.智能注水井一体化测调技术改进及配套技术[J].石油机械,2014,42(10):74－76.

[6] 王立苹,罗昌华,杨万有,等.海上油田斜井同心边测边调分注技术改进与应用[J].中国海上油气,2014,26(5):83－85.

[7] 姜广彬,李常友,张国玉,等.注水井空心配水器一体化测调技术[J].石油钻采工艺,2011,33(4):99－101.

[8] 贾德利,赵常江,姚洪田,等.新型分层注水工艺高效测调技术的研究[J].哈尔滨理工大学学报,2011,16(4):90－94.

[9] 程心平,马成晔,张成富,等.海上油田同心多管分注技术的开发与应用[J].中国海上油气,2008,20(6):402－403.

[10] 姜广彬,李常友,李国,等.海上注水井一体化测调技术研究[J].石油机械,2011,39(7):77－79.

[11] 张成君,李越,王磊,等.机械式智能分层注水工艺技术研究与应用[J].石油化工高等学校学报,2019,32(4):99－104.

[12] 张旭,韩新德,林春庆,等.有缆智能分注技术在华北油田的应用[J].石油机械,2019,47(3):87－92.

[13] 刘义刚,陈征,孟祥海,等.渤海油田分层注水井电缆永置智能测调关键技术[J].石油钻探技术,2019,47(3):133－139.

[14] 谭绍栩,宋昱东,王宝军,等.渤海油田智能注水完井技术研究与应用[J].石油机械,2019,47(4):63－68.

# 海上深部调驱用分散共聚物颗粒体系的研制及应用

于　萌　铁磊磊　李　翔　刘文辉　王春林　徐国瑞

(中海油田服务股份有限公司)

**摘　要**　为了实现海上中高含水期非均质油田的有效剖面调整,以丙烯酰胺(AM)为主剂,N,N亚甲基双丙烯酰胺(MBA)为交联剂,生成网状结构的高黏聚合物;该聚合物经研磨控制技术处理后,制得分散共聚物颗粒体系。该分散共聚物颗粒粒径分布宽,纳米至微米级别可控,且可实现在线注入,具有制备工艺简单且高效、廉价、耐温、环保等特点。在单体质量分数(5%)和AM/MBA质量比(250∶1)一定的条件下,剪切速率和时间对分散共聚物颗粒体系的黏度、粒径的影响试验结果表明,研磨速率和研磨时间对粒径分布影响较大。模拟地层条件的封堵运移性实验结果表明,分散共聚物颗粒体系具有良好注入性、深部运移能力及封堵性能。在等用量条件下,分散共聚物颗粒的封堵能力显著优于聚合物凝胶。现场应用显示,调驱后,井组油井含水均有不同程度的下降,井组统计净增油2050m³,递减增油2514m³,在注水优势方向上形成有效封堵效果。说明研制的分散共聚物颗粒在海上中高含水期油田剖面调整方面,有很大的应用推广价值。

**关键词**　分散共聚物颗粒;配制;性能试验;剖面调整;海上油田

油田长期注水开发导致地层的非均质性加剧,注入水沿高渗透层突入油井,降低了油井产量,如何实现中高含水油藏增产稳产是油田面临的重要任务。注水井深部调剖是油田稳产增产的重要技术措施之一,但对调剖剂的要求更高。冻胶型堵剂具有成胶时间可调、成胶强度高和价格便宜的特点,在油田中得到了广泛的应用,但冻胶在注入地层的过程中,受机械剪切、色谱分离和地层水稀释等多种因素的影响,其成冻时间、形成的冻胶强度和进入地层深度难以控制,导致冻胶在地下的成胶效果变差,影响调驱工艺的有效性[1-7]。为了解决以上问题而发展的水膨体为地面成胶体系,可较好地解决地下成胶效果不可控的问题,但其初始粒径较大且制备工艺复杂,影响了其在海上油田调剖调驱措施的应用[8-11]。近几年发展的微球调驱工艺,可很好地解决上述问题,但其制备采用乳液聚合方式,引发及聚合时间、聚合温度要求精准,制备设备要求高,工艺相对复杂,不能在线生成注入,且合成成分中包括表面活性剂,进一步增加了制备成本[12-15]。

针对目前冻胶、水膨体、聚合物微球使用存在的问题,笔者采用机械剪切法制备了一种新型的海上油田剖面调整用分散共聚物颗粒体系。该调剖剂兼有冻胶的特点,又避免了地面剪切、稀释和色谱分离等因素的影响,能够变形进入地层深部,实现对地层大孔道进行有效的深部封堵和渗流剖面调整,实现深部液流转向的效果;并对制备工艺进行了探索和优化,为分散共聚物颗粒体系的现场应用奠定了基础。

## 1　体系制备

根据黏度的变化,整个制备过程分为共聚物形成和分散共聚物颗粒制备两个阶段。

### 1.1　共聚物的制备

化学材料:丙烯酰胺,工业品;丙烯酸,工业品;N,N亚甲基双丙烯酰胺,分析纯;AMPS,分析纯;其余试剂均为分析纯。

以丙烯酰胺为主要原料,按比例加入其他添加剂,在水中溶解后置于65℃恒温水浴中,发生聚合物交联反应,形成黏度极高的高分子聚合物,其交联反应式为

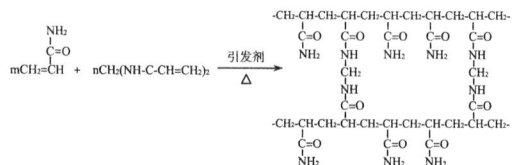

共聚物形成阶段分为引发阶段、快速交联阶段和稳定阶段。成胶后,形成三维凝胶网络结构,黏度不再增加。单体AM质量分数选用3%~6%,AM与MBA的质量比选用250∶1~100∶1。部分AM/MBA共聚物样品的合成时间及合成后的黏度、强度如表1所示。

**表1　共聚物的制备参数**

| AM质量分数/% | AM/MBA质量比 | 合成时间/h | 共聚物黏度/mPa·s |
|---|---|---|---|
| 5 | 167 | 2 | 16460 |
| 5 | 250 | 2.5 | 15320 |

### 1.2　分散共聚物颗粒的制备

分散共聚物颗粒形成阶段分为破碎阶段、后续研磨阶段和稳定阶段等三个阶段,研磨转速为1000 r/min,研磨时间为3~15 min,制得不同粒径分布的均一分散共聚物颗粒水相溶液。为了能更好地了解影响分散共聚物颗粒制备的因素,本次试

验测试了制备过程中体系黏度、粒径分布的变化。

（1）制备过程中黏度的变化。分散共聚物颗粒制备过程中，体系黏度的变化是整个表征中最能说明问题的一个部分。从表2可以看出，将高聚物加入胶体磨中高速研磨，黏度在5min后迅速下降至5 mPa·s以下，进而得到分散共聚物颗粒。该制备过程，每一阶段对应的黏度变化如表2所示。

表2 分散共聚物颗粒研磨过程中黏度变化

| 研磨时间/min | 黏度/mPa·s |
| --- | --- |
| 1 | 9.8 |
| 5 | 3.9 |
| 10 | 3.8 |
| 15 | 3.7 |

注：丙烯酰胺质量分数为5％；AM/MBA质量比为250∶1。

（2）粒径分布。使用马尔文3000激光粒度仪观察分散共聚物颗粒的粒径分布情况，测量前使用蒸馏水将分散共聚物颗粒样品稀释至400mg/L，每个待测样品测3个平行样。图1显示研磨时间对体系粒径分布的影响。可以看出，当研磨1min时，体系的粒径分布范围较广，平均粒径为1520μm，当持续研磨5min后，体系的粒径分布变窄，平均粒径下降至135μm。说明分散共聚物颗粒制备过程中，随研磨时间的增长，体系更为均一。另外，表3中数据显示，"最大最小粒径比"随研磨时间的增长而降低，进一步验证了以上观点。

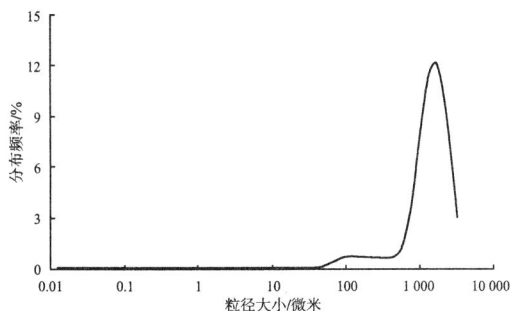

a. 研磨1 min的分散共聚物颗粒的粒径分布

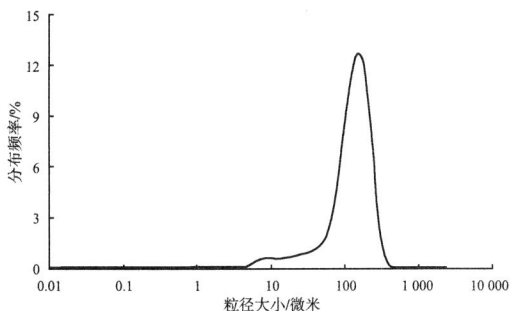

b. 研磨5 min的分散共聚物颗粒的粒径分布

图1 分散共聚物颗粒的粒径分布随研磨时间变化

表3 分散共聚物颗粒粒径随研磨时间的变化

| 剪切时间/min | 平均粒径/μm | 最大粒径/μm | 最小粒径/μm |
| --- | --- | --- | --- |
| 1 | 1 520.0 | 3 080.0 | 31.1 |
| 5 | 135.0 | 352.0 | 4.6 |

## 2 分散共聚物颗粒体系的性能评价

### 2.1 流变性测试

采用安东帕的双狭缝模型，测试质量分数为3％的分散共聚物颗粒水溶液的黏度随剪切速率的变化，剪切速率变化范围为$0.1 \sim 1000 \ s^{-1}$。实验采用模拟垦利油田注入水，总矿化度4485 mg/L，钙镁离子含量70.98mg/L，pH7.34。

本实验使用奥地利Anton Paar的旋转流变仪，测定了65℃下分散共聚物颗粒的流变曲线，见图2。

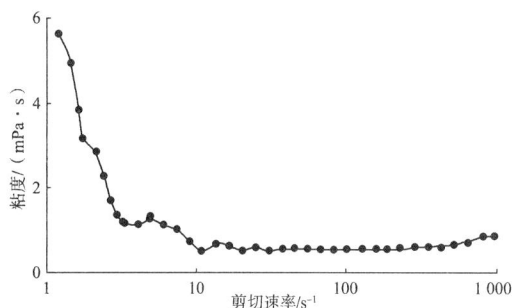

图2 3％分散共聚物颗粒水溶液的流变曲线

由图2可知，分散共聚物颗粒的水溶液在低剪切速率下，其黏度随着剪切速率的增加而下降。在中速剪切速率下，黏度几乎不受剪切速率影响，近似于牛顿流体的性质。在高剪切流动状态下，其黏度随剪切速率的增加而略有上升。推测在高剪切速率下，分散共聚物颗粒不断重新排布、相互碰撞形成结构，导致黏度略有升高。在$1 \sim 1000 \ s^{-1}$的剪切速率范围内，3％的分散共聚物颗粒溶液的黏度较低，小于6.0 mPa·s。剪切速率为$7.34 \ s^{-1}$时的黏度为1.1 mPa·s，略高于水。

### 2.2 分散稳定性测试

使用Turbiscan多重光稳定性分析仪，将质量分数为3％的分散共聚物颗粒水溶液放入多重光稳定性分析仪中，每隔一刻钟，对测试样品从底部到顶部扫描一次。采用高级分析模块，计算体系的稳定性动力学指数。分散共聚物颗粒溶液的稳定性动力学指数随时间的变化关系如图3所示。

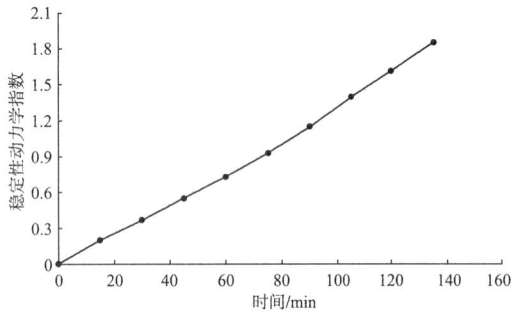

图3　60℃下的分散共聚物颗粒稳定性动力学指数测试结果

稳定性动力学指数是由仪器测量的原始数据BS(背散射光强)和T(透射光强)的信号直接计算而得。它累计了样品的所有光强的变化,并给出数字结果,反映了给定样品不稳定的一个程度。稳定性动力学指数越大,体系越不稳定;稳定性动力学指数小于3.0,则体系的稳定性较好。实验测得分散共聚物颗粒的稳定性动力学指数小于3.0,认为该体系在该加热时间段较稳定,可以保障分散共聚物颗粒从井口注入和运移至井筒及近井地带期间具有良好的分散稳定性能,这段时间内不发生沉降聚集。

## 3　模拟地层条件的封堵运移性评价

### 3.1　封堵性评价实验

采用填砂管驱替装置,填砂管长度50 cm,水测渗透率5 000 mD左右,测试相同用量条件下分散共聚物颗粒和聚合物凝胶体系在多孔介质内的封堵情况,调驱剂注入速度2.0 mL/min。在模拟地层温度下,分散共聚物颗粒和聚合物凝胶体系注入量为1倍孔隙体积,记录注入压力及渗透率的变化情况。后续水驱至压力平稳,记录后续水驱阶段压力的响应情况,结果如图4所示。

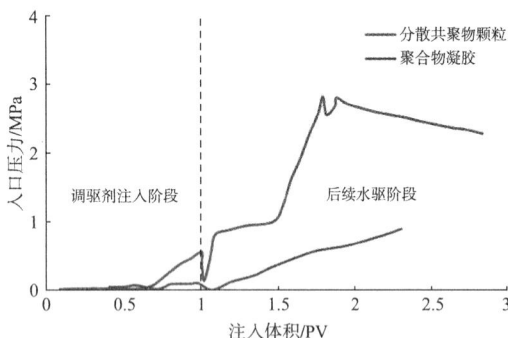

图4　分散共聚物颗粒和聚合物凝胶体系入口压力随PV数变化

从图4可以看出,在相同用量条件下,对比注入1倍孔隙体积(PV)的聚合物凝胶和分散共聚物颗粒体系的入口压力,当注入1PV的1500 mg/L聚合物凝胶体系时,入口压力上升至0.1 MPa,当注入1PV的分散共聚物颗粒体系时,入口压力上升至0.5 MPa。在后续水驱阶段,两种体系均显示出较高的残余阻力系数。其中,聚合物凝胶体

系的入口压力上升至0.9 MPa,分散共聚物颗粒体系的入口压力上升至2.8 MPa。

因此,针对大于5000 mD的高渗储层的剖面调整,在相同药剂用量条件下,分散共聚物颗粒体系兼具更低的注入压力,即更优的注入性能和更强的封堵能力。

### 3.2　模拟地层条件的长填砂管运移性实验

0.5m填砂模型封堵性实验结果表明了分散共聚合颗粒体系具有良好的封堵性能,为了更真实地反映其在地层条件下的封堵性,开展了长填砂管条件下的封堵运移性实验,采用10m填砂模型进行长距离运移性实验,沿填砂管均布5个测压点,模型水测渗透率为$6009 \times 10^{-3} \mu m^2$,评价其深部运移及封堵性能。实验时以5m/d流速向填砂模型内注入地层水,至模型内部压力平稳。以5m/d流速向填砂模型内注分散共聚物颗粒体系1PV。关闭注入端和采出端,在65℃恒温箱中放置10天,以5m/d流速向填砂模型内注入后续水,记录驱替过程中压力变化情况。

后续水驱阶段模型内部压力变化如图5所示。开始注水后,模型各测压点压力迅速上升。上升至一定压力后,逐渐降低。后续水突破后,距注入端越远,压力下降越缓慢。说明分散共聚合颗粒被注入水突破后,封堵体系在填砂模型内仍保持良好的封堵性能。因此,在模拟地层条件下,对于高渗(渗透率大于5000 $\mu m^2$)的储层,分散共聚物颗粒体系具有良好的运移和封堵性能。

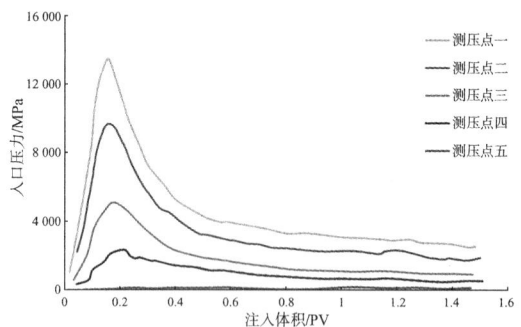

图5　后续水驱阶段模型内部压力变化

## 4　现场应用

DX井为渤海Q油田3区一口注水井,该井2013年9月9日由油井转水井投注,注水层位L42—L86,压裂砾石充填完井,6段防砂。目前zone＃6(L42)关掉,其他层段为临时笼统注水。注水层射孔厚度53m;孔隙度23.2%～29.1%,平均值25.7%;渗透率14～2302mD,平均值1180mD。DX井组中五口生产井产液量较高,含水86%～99%。

DX井施工时间2020年11月30日—2021年1月9日,累计施工40d,施工过程顺利,压力上升缓慢,水排量430～5155m³/d,压力为4.6～6.9MPa。12月3日—2月4日,为试注阶段,注水排量490～515m³/d,压力4.8～5.2MPa;12月4日—12月11日,等待注入主体段塞,转入平台流程注水,注水排量490～1130m³/d,压力5.2～7.1MPa;12月11日—12月24日,为注入主体段塞1阶段,注水量490～510m³/d,压力4.6～6.0MPa;12月24日—1月8日,为注入主体段塞2阶段,注水量480～510m³/d,主剂浓度12000/13000/15000ppm,压力6.0～6.9MPa;1月8日—1月10日,为注入顶替段塞阶段,注水量480～500m³/d,压力6.7～6.0MPa(其中1月9日转入平台流程注水顶替)。

调驱后,DX井组油井含水均有不同程度的下降,井组统计净增油2050m³,递减增油2514m³。从DX井组增油和含水看,在注水优势方向上形成有效封堵效果。

## 5 结论与建议

(1)通过采用特殊的交联技术和分散技术,形成的高黏聚合物经研磨控制技术作用后,制得纳微米级的均一分散水相溶液。强度可控,可进入地层深部,工艺上实现在线注入,对高渗地层有较好的封堵效果且经济的分散共聚物颗粒。

(2)通过调节主剂AM单体的质量分数,及AM/MBA的质量比,可得到不同强度、粒径分布的分散共聚物颗粒;颗粒溶液达到纳微米级,初始黏度控制在10mPa·s之内,表现出良好的注入性、深部运移性和对高渗储层的有效封堵性能;制备出的分散共聚物颗粒经高速剪切后,黏度和粒度变化微小,表现出良好的抗剪切性能。

(3)合成分散共聚物颗粒体系时,引入阴离子单体和阳离子单体,达到吸水膨胀时间可调的目的;引入AMPS类抗盐型官能团,进一步提高体系的耐温抗盐性能;通过调节AM/AA/MBA的质量比,调节离子强度和交联度,控制体系的吸水速度,实现作用位置和时间的可控。

## 参 考 文 献

[1]刘春林,肖伟.油田水驱开发指标系统及其结构分析[J].石油勘探与开发,2010,37(3):344-348.

[2]由庆,于海洋,王业飞.国内油田深部调剖技术的研究进展[J].断块油气田,2009,16(4):68-71.

[3]张吉磊,龙明,何逸凡,等.渤海Q油田隔夹层发育底水稠油油藏精细注采技术[J].石油钻探技术,2018,46(2):75-80.

[4]宫红茹,唐顺卿,胡志成.胡状集油田特高含水油藏剩余油水驱技术[J].石油钻探技术,2018,46(5):95-101.

[5]苑光宇,罗焕.宽分子量聚合物/表面活性剂复合驱油体系性能评价[J].石油钻采工艺,2018,40(6):805-810.

[6]刘义刚,丁名臣,韩玉贵,等.支化预交联凝胶颗粒在油藏中的运移与调剖特性[J].石油钻采工艺,2018,40(3):393-399.

[7]刘光普,刘述忍,李翔,等.淀粉胶体系调剖性能的影响因素[J].石油钻采工艺,2018,40(1):118-122.

[8]贾玉琴,郑明科,杨海恩,等.长庆油田低渗透油藏聚合物微球深部调驱工艺参数优化[J].石油钻探技术,2018,46(1):75-82.

[9]刘玉章,熊春明,罗健辉,等.高含水油田深部液流转向技术研究[J].油田化学,2006,23(3):248-251.

[10]张建国.低矿化度水/表面活性剂复合驱提高采收率技术[J].断块油气田,2019,26(5):609-612,637.

[11]孙志刚,杨海博,杨勇,等.注采交替提高采收率物理模拟实验[J].断块油气田,2019,26(1):88-92.

[12]陈宗淇,王光信,徐桂英.胶体与界面化学[M].北京:高等教育出版社,2001:152-164.

[13]ZHANG Hao, CHALLA R S, BAI Baojun, et al. Using screening test results to predict the effective viscosity of swollen superabsorbent polymer particles extrusion through an open fracture[J]. Industrial & Engineering Chemistry Research, 2010, 49(23): 12284-12293.

[14]YOU Qing, TANG Yongchun, DAI Caili, et al. A study on the morphology of a dispersed particle gel used as a profile control agent for improved oil recovery[J]. Journal of Chemistry, 2014, 2014: 150256.

[15]LAKATOS I J, LAKATOS-SZABÓJ, KOSZTIN, B, et al. Application of silicate/polymer water shut-off treatment in faulted reservoirs with extreme high permeability[R]. SPE 144112, 2011.

# 自生酸体系解堵缓速机理实验研究及数字岩心微观结构模拟

陈 军　王 贵　张 强　高纪超　陈 凯　丁文刚

(中海油田服务股份有限公司)

**摘　要**　为提高碳酸盐岩储层深部酸化效果,研发了一套新型自生酸体系,该体系由高聚合羰基化合物(A剂)与含氯有机铵盐(B剂)组成,室内研究表明,该体系释放 $H^+$ 速度均匀,能延长酸蚀有效作用距离,起到强缓速、深穿透的目的;同时结合数字岩心技术,利用微米CT扫描获取岩心三维孔隙结构并建立孔隙网络模型,对真实岩心孔隙结构进行微观模拟与量化表征,结果表明自生酸体系能够使岩石内部的有效孔喉半径增大,有效孔喉个数增加,孔道发育程度大幅度提高,从而大幅度改善储层的微观孔隙结构特性。

**关键词**　自生酸;缓速机理;数字岩心;微观结构;CT技术

为了实现碳酸盐岩深度酸化,改善酸化效果,国内外常用胶凝酸,交联酸,自生酸等缓速酸体系,其中自生酸具有其他酸液不可比拟的优点。自生酸在地面不显酸性或显弱酸性,主要通过注入储层的反应物在地层的温度、压力等地层环境下经过一段时间发生一系列的化学反应,生成酸类物质。不同种类的反应物可以生成盐酸、氢氟酸或者二者的混合物,而且产酸是逐步进行的,这样酸岩反应速度变慢,不会出现酸液快速失活的情况,能较为理想的实现储层的深部酸化[1-5]。

## 1　自生酸体系配方研制及解堵效果验证

针对碳酸盐岩岩性特征,研制出一种低伤害、强缓速、深穿透的自生酸酸化配方。该体系主要为由高聚合羰基化合物(A剂)与含氯有机铵盐(B剂)组成,可溶解碳酸盐、硅酸盐等无机物,同时复配了防膨缩膨剂、酸化缓蚀剂、润湿反转剂和铁离子稳定剂等酸液常用添加剂,能有效避免因黏土矿物水化膨胀、运移、残酸中氢氧化铁沉淀等二次伤害的产生。

室内在模拟地层温度90℃,用酸化流动实验仪进行岩心物模实验,验证酸化效果。实验步骤:

①驱替标准盐水,测定岩心初始渗透率 $K_0$;②分别驱替自生酸或15%盐酸1PV;③驱替标准盐水,测定岩心渗透率 $K_1$。实验所用岩心为碳酸盐岩露头岩心,主要成分为方解石。实验结果见表1可知自生酸能够溶蚀地层自身矿物,改善储层渗透性。

表1　岩心驱替前后渗透率变化

| 驱替体系 | 岩心编号 | $K_0/10^{-3}\mu m^2$ | $K_1/10^{-3}\mu m^3$ | $K_1/K_0$ |
|---|---|---|---|---|
| 15%盐酸 | M14 | 50.55 | 90.41 | 1.79 |
| PA—LA1 | M18 | 40.93 | 88.43 | 2.16 |

## 2　自生酸体系缓速机理研究

### 2.1　酸蚀有效作用距离对比

室内采用长岩心驱替实验,在模拟地层温度90℃,比较各段岩心在通过自生酸生成盐酸体系与盐酸酸化前后渗透率的变化,评价对比两种体系在动态条件下有效作用距离[12,13]。

实验步骤:①标准盐水测三段岩心串联后的渗透率 $K_0$;②串联后岩心分别挤自生酸或15%盐酸1PV;③标准盐水测过酸之后串联岩心的渗透率 $K_1$。实验所用岩心为碳酸盐岩露头岩心,主要成分为方解石,实验结果见表2。

表2　自生酸和15%盐酸酸化长岩心流动模拟结果

| 驱替体系 | 岩心段数 | 长度/cm | $K_0/10^{-3}\mu m^2$ | $K_1/10^{-3}\mu m^3$ | $K_1/K_0$ |
|---|---|---|---|---|---|
|  | 第一段 | 7.44 | 75.03 | 148.33 | 1.98 |
| 15%盐酸 | 第二段 | 7.32 | 34.68 | 36.38 | 1.05 |
|  | 第三段 | 7.34 | 52.75 | 53.94 | 1.02 |

| 驱替体系 | 岩心段数 | 长度/cm | $K_0/10^{-3}\mu m^2$ | $K_1/10^{-3}\mu m^3$ | $K_1/K_0$ |
|---|---|---|---|---|---|
| | 第一段 | 7.29 | 40.58 | 66.78 | 1.65 |
| PA—LA1 | 第二段 | 7.43 | 41.56 | 54.34 | 1.31 |
| | 第三段 | 7.31 | 55.78 | 70.22 | 1.26 |

由表 2 可知，注入 15％盐酸后第一段岩心有很好的酸化效果，但是第二段与第三段岩心渗透率变化很小，说明其作用距离短，易在近井地带过度酸蚀；而注入自生酸体系后各段岩心渗透率都有一定的改善效果，可见其酸蚀有效作用距离长，能够在远离近井地带有效地对储层酸化，提高渗透率，达到了深部酸化的目的。

## 2.2 驱替前后岩心端面电镜扫描对比

使用扫描电镜（SEM）对经 15％HCl 与 PA—LA1 体系驱替前后岩心正反端面进行扫描，观察对比岩心端面变化情况（图 1、图 2）。

由上图可知，驱替前岩心端面较为致密，孔隙尺寸较小，孔隙密度低，经 15％HCl 驱替后岩心驱替前后的端面 SEM，驱替后岩心端面变得疏松，岩心正端面的溶解程度大，有工作液突破的大孔道存在，孔隙尺寸增大；经 PA—LA1 驱替前后的岩心端面，正端面与反端面溶蚀较为均匀，其内微细孔隙更加发育，连通性更好（图 3、图 4）。

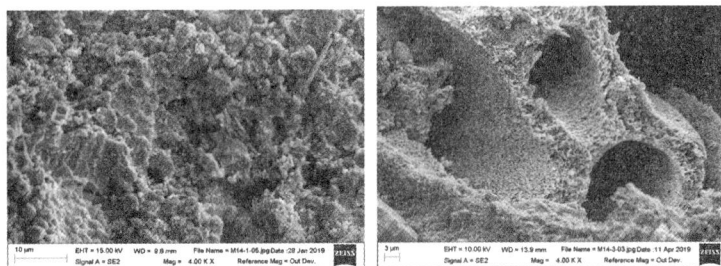

a.驱替前　　　　　　b.驱替后

图 1　15％盐酸体系驱替前后 M—14 岩心正端面电镜扫描图

a.驱替前　　　　　　b.驱替后

图 2　15％盐酸体系驱替前后 M—14 岩心反端面电镜扫描图

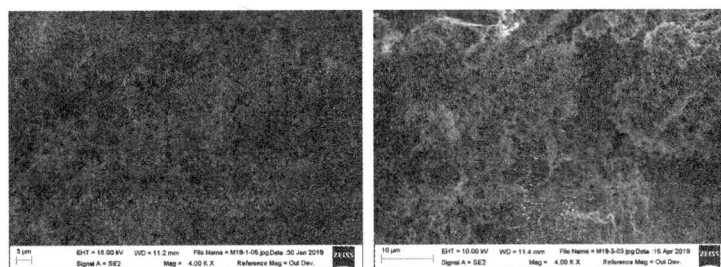

a.驱替前　　　　　　b.驱替后

图 3　自生酸 PA—LA1 驱替前后 M—18 岩心正端面电镜扫描图

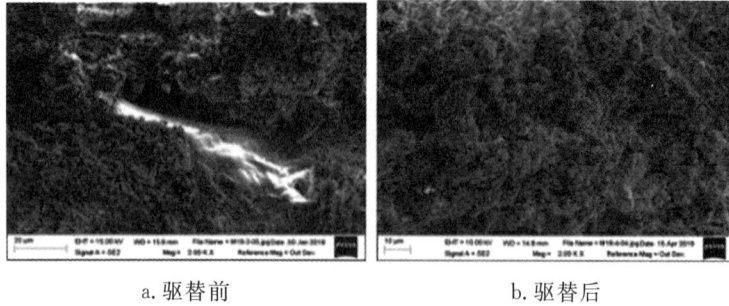

a. 驱替前      b. 驱替后

图 4 自生酸 PA－LA1 驱替前后 M－18 岩心反端面电镜扫描图

## 2.3 驱替前后岩心抗压强度对比

由表 3 可知,原始岩心 M6、M8 的抗压强度较大,范围在 30～34.721MPa;岩心经 15％盐酸驱后,由于岩心端面附近过量溶蚀,其弹性模量与抗压强度明显变小。而经 PA－LA1 驱后,弹性模量与岩心强度有所降低,但仍能保持很好强度,与 15％HCl 体系相比,PA－LA1 体系释放 H+ 速度均匀,对岩心骨架具有良好的保护作用。

表 3 岩心驱替前后强度变化

| 序号 | 驱替体系 | 编号 | 弹性模量/GPa | 泊松比 | 抗压强/MPa |
|---|---|---|---|---|---|
| 1 | 未驱 | M6 | 7.84 | 0.27 | 30.03 |
| 2 | | M8 | 8.63 | 0.28 | 34.72 |
| 3 | 15％HCl | M15 | 3.86 | 0.33 | 6.71 |
| 4 | PA－LA1 | M3 | 5.46 | 0.30 | 16.78 |

## 2.4 自生酸体系解堵缓速机理

自生酸体系是在一定的温度和压力条件下,水解或分解缓慢释放氢离子形成盐酸,并通过有机盐控制生成盐酸的速度。其基本原理为 A 剂能够缓慢水解生成 H+,并与地层岩石反应,氢离子不断消耗,水解平衡被打破,反应向右进行,使 pH 维持在 2 以下,随着酸液不断被泵注,酸液不断被推向深部地层,延长酸蚀有效作用距离,起到强缓速、深穿透的目的,反应式设计如下[6-11]:

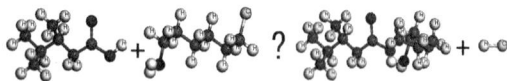

# 3 数字岩芯微观孔隙结构特征分析

岩石孔隙结构特征是指岩石所具有的孔隙、喉道以及微裂缝等的几何形状、空间位置、连通性、大小分布规律的总和。这些特征一般通过室内物理实验获取,由于实验仪器精度的限制,传统的岩心驱替实验难以从微观的角度较为清晰地描述岩石物性、孔喉分布、岩石组分构成等特征。本文基于数字岩芯技术,利用微米 CT 扫描获取岩心三维孔隙结构并建立孔隙网络模型,对岩石微观孔隙结构进行了量化表征,对比研究盐酸体系与自生酸体系对储层改造的效果[13-18]。

选取经 15％HCl 与 PA－LA1 体系驱替前后岩心扫描 CT 建立三维数字岩心模型(图 5、图 7),并提取相应的孔隙网络参数(图 6、图 8)。基于数字岩心和孔隙网络模型,可以对岩心的孔隙结构特征进行分析(表 4)。

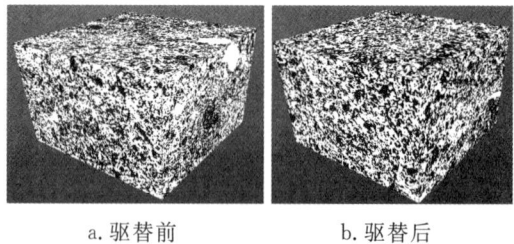

a. 驱替前      b. 驱替后

图 5 15％HCl 驱替前后 M14 岩心的 CT 数字化重构图

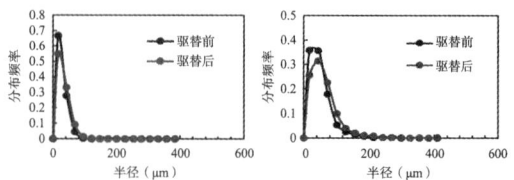

a. 驱替前后孔喉半径分布图   b. 驱替前后孔喉体积分布图

图 6 15％HCl 驱替前后 M14 岩心孔吼半径分布与孔吼体积图

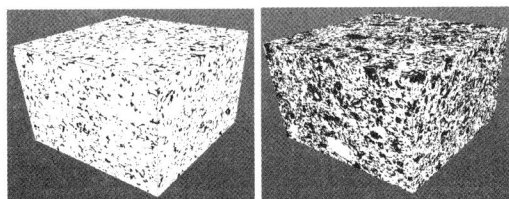

a. 驱替前          b. 驱替后

图 7　PA－LA1 驱替前后岩心 M18 的 CT 数字化重构图

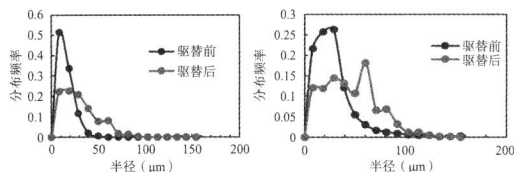

a. 驱替前后孔喉半径分布图　b. 驱替前后孔喉体积分布图

图 8　PA－LA1 驱替前后岩心 M18 的
孔吼半径分布与孔吼体积分布图

表 4　驱替前后平均孔喉半径与体积变化

| 驱替体系 | 岩心编号 | 驱替前平均孔喉半径/$\mu$m | 驱替后平均孔喉半径/$\mu$m | 驱替前平均孔喉体积/$\mu$m³ | 驱替后平均孔喉体积/$\mu$m³ |
|---|---|---|---|---|---|
| 15％HCl | M14 | 26.7 | 27.6 | 7.23E+07 | 7.85E+07 |
| PA－LA1 | M18 | 26.8 | 29.7 | 1.46E+08 | 2.64E+08 |

从图 5、图 6 与表 3 可知，经 15％HCl 驱替前后，岩心的近正端面与近反端面差异性小，孔隙半径尺寸变化也较小，可见 15％HCl 改善储层主要以端面溶蚀为主，对储层深部的改造效果有限。

从图 7、图 8 与表 3 可知，经自生酸 PA－LA1 驱替前后，岩心的近正端面与近反端面差异性大，驱后岩心的孔喉半径分布及体积分布峰值均右移，半径大、体积大的孔喉明显增多，表明自生酸 PA－LA1 驱后岩心的孔喉状况得到了改善，与 15％HCl 相比，PA－LA1 体系能有效对深部储层酸化。

## 4　现场应用

自主开发自生酸 PA－LA 体系已在 FQ－X 井成功开展现场应用，挤入地层总液量 90m³，其中自生酸 50m³（采用 A 段塞与 B 段塞交替注入）、VES 酸 40m³，施工曲线见图 9，施工排量保持在 1.72bbl/min 不变的情况下，泵压由 5185PSI 降至 2650PSI，压力大幅度下降，酸液沟通储集层作用明显。

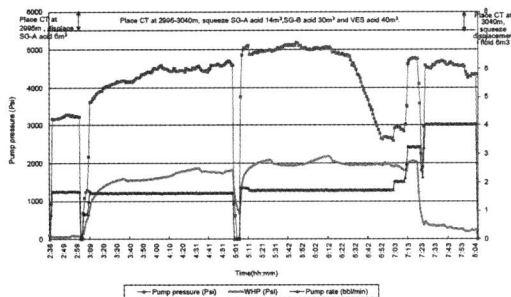

图 9　FQ－X 井自生酸体系施工曲线

## 5　结论

（1）该体系主要由高聚合度羧基化合物（A

剂）和含氯有机铵盐（B 剂）组成，在未进入地层时体系呈平衡状态，进入地层后，随着酸岩反应的进行，能缓慢生成酸液，由于其释放 H⁺ 速度均匀，在不会因局部过度溶蚀而破坏岩心骨架强度的同时，能延长酸液溶蚀的有效作用距离，起到强缓速、深穿透的效果。

（2）实验结果与数字岩心模拟结果同时表明，自生酸体系可以大幅度改善岩心内部的微观孔隙结构特性，而盐酸体系主要以端面溶蚀为主，对碳酸岩盐储层深部的改造效果有限。

### 参　考　文　献

[1]郝伟,伊向艺,黄文强,等. 自生酸酸液体系评价实验研究[J]. 石油化工应用,2020,221(4):96－101.

[2]刘威,章江,张超平,等. 自生酸前置压裂液在碳酸盐岩储层中的室内实验评价[J]. 科学技术与工程,2020,508(3):1051－1056.

[3]夏光,史斌,周际永. 一种适合海上油田的自生酸体系[J]. 钻井液与完井液,2014,172(6):73－75+101.

[4]王巍,刘喜亮,杨洪烈,等. 海上低渗超低渗气藏产能释放增产技术[J]. 精细与专用化学品,2019,27(7):26－29.

[5]张峰超. 海上油田油井酸化自生酸体系研究[D].西南石油大学,2019.

[6]马薛丽. 海上低渗气藏自生酸酸液体系及酸化工艺优化研究[D].西南石油大学,2019.

[7]杨琦. 适用于砂岩储层深部改造的潜在酸室内研究[D].成都理工大学,2013.

[8]刘友权,王琳,熊颖,等. 高温碳酸盐岩自生酸酸液体系研究[J]. 石油与天然气化工,2011,204(4):367－369+325.

[9]于尚,陈洪,杨梅,等.一种自制高温自生酸体系室内评价[J].应用化工,2018,317(7):1353-1355.

[10]侯帆,许艳艳,张艾,等.超深高温碳酸盐岩自生酸深穿透酸压工艺研究与应用[J].钻采工艺,2018,202(1):35-37+3.

[11]方裕燕,张烨,杨方政,等.一种高温就地自生酸酸液体系的性能评价[J].油田化学,2014,120(2):191-194+198.

[12]贾光亮,蒋新立,李晔旻.塔河油田超深井压裂裂缝自生酸酸化研究及应用[J].复杂油气藏,2017,35(2):73-75.

[13]康燕.长岩心流动实验评价酸液酸化效果[J].大庆石油地质与开发,2005(3):77-78+108.

[14]王云龙,胡淳竣,刘淑霞,王长权,张海霞,许诗婧,梅冬,王晨晨,喻高明.低渗透油藏动态渗吸机理实验研究及数字岩心模拟[J].科学技术与工程,2021,546(5):1789-1794.

[15]程志林,隋微波,宁正福,高彦芳,侯亚南,常春晖,李俊键.数字岩芯微观结构特征及其对岩石力学性能的影响研究[J].岩石力学与工程学报,2018,335(2):449-460.

[16]薛华庆,胥蕊娜,姜培学,周尚文.岩石微观结构CT扫描表征技术研究[J].力学学报,2015,47(6):1073-1078.

[17]佘敏,寿建峰,郑兴平,张天付,董虎.基于CT成像的三维高精度储集层表征技术及应用[J].新疆石油地质,2011,153(6):664-666.

[18]王家禄,高建,刘莉.应用CT技术研究岩石孔隙变化特征[J].石油学报,2009,30(6):887-893+897.

# 聚合物微球调驱数值模拟技术研究

朱旭晨 王 涛 田 苗 陈 军 刘汝敏 王艳红

（中海油田服务股份有限公司）

**摘 要** 渤海油田经过长期的注水储层内逐渐形成了优势渗流通道,造成了纵向上吸水不均,平面上无效注水严重等问题。聚合物微球调驱技术具有良好的注入性和选择封堵性,可以有效改善水驱开发效果,具有良好的应用前景。目前针对聚合物调驱数值模拟技术尚未成熟,为此提出了一种基于反应动力学聚合物微球调驱数值模拟技术,利用反应动力学表征聚合物微球在储层中的运移、膨胀和和选择性封堵等过程,采用 Carmen－Kozen 关系式表征聚合物微球堵塞引起的孔隙度与渗透率变化,并通过室内实验验证了模型具有良好的适用性,可以准确地表征聚合物的选择性封堵和深部调驱等过程;并对实际区块聚合物调驱做出预测,发现大浓度药剂有利于封堵高渗通道,改善储层注水效果,最佳方案可实现井组递减增油量 23857 m³,含水率最高由 91％降到 86％。

**关键词** 聚合物微球;调驱;数值模拟;化学反应动力学

## 1 引 言

渤海油田多为高孔高渗砂岩油藏,经过长期的注水开发储层内逐渐形成了优势渗流通道,含水上升快、储层非均质性强、层间储量动用差异等问题逐渐突出[1,2]。近年来,聚合物微球调技术已成为渤海油田改善注水开发、调整产液剖面、扩大波及系数、治理优势渗流通道等问题主要手段,矿场实验已取得了较好的应用效果[3-5]。目前,关于聚合物微球的研究主要集中于聚合物微球的合成、封堵效果评价和微球适用性等方面。1954 年美国里海大学首先合成了聚合物微球,20 世纪 90 年代,美国 BP 公司提出了颗粒深部调驱的理念,聚合物微球被广泛地应用到油田治理优势渗流通道之中,聚合物微球可以有效封堵大孔道,降低大孔道的渗透率和孔隙度[6]。吴天江、王涛、廖新武、李晓伟等人进行了大量聚合物微球室内实验,实验结果表明聚合物微球技术对渤海非均质强的砂岩油藏具有良好的适用性[7-10]。聚合物微球技术已经日益成熟,在提高采收率方面具有广阔的前景。然而,目前多数基于现场经验和室内岩心驱替实验制定聚合物微球调驱方案与方案效果预测,缺少相关定量化理论指导,尤其缺少关于聚合物微球数值模拟技术的研究,导致矿场实施时增油效果达不到预期,即增加投资成本又无法改善储层矛盾。

为此,本文提出一种基于反应动力学表征考虑储层时变性聚合物微球调驱数值模拟技术,通过反应动力学表征聚合物微球在储层中的运移、膨胀和封堵等过程,采用 Carmen－Kozen 关系式表征聚合物微球堵塞引起的孔隙度与渗透率变化。

## 2 聚合物微球调驱机理研究

如图 1 所示,经过长期的注水开发,地层中形成了优势渗流通道,水窜现象严重,减小了波及范围[11]。聚合物微球具有较小初始粒径,能够通过小孔喉进入地层深部,随着水化膨胀微球粒径逐渐变大,通过桥接作用封堵大孔喉,迫使注入水改变流向,进而改变地层中的流场分布,扩大了波及体积,中低孔渗储层的剩余油得以动用,提高了原油的采收率[12]。聚合物微球在地层中的渗流是一个运移、封堵、在运移、在封堵反复循环的过程,其调驱机理主要体现其封堵性、膨胀性和滞留性[13]。

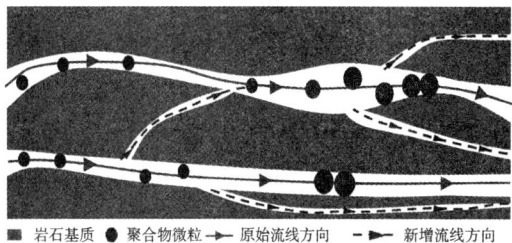

■ 岩石基质 ● 聚合物微粒 → 原始流线方向 ┅→ 新增流线方向

图 1 聚合物微球调驱机理图

## 3 聚合物微球调驱数值模型建立

基于传统组分模型建立油水固三相四组分聚合物微球调驱数学模型,该模型表征了聚合物微球的运移、封堵、膨胀机理以及储层时变性。聚合物微球调驱机理十分复杂,数值模型无法完整地、真实地描述整个调驱过程。为此,数学模型做出如下假设:

（1）聚合物微球为水相组分,发生化学反应后作为固相组分;

（2）聚合物微球在多孔介质中运移符合达西渗流规律;

（3）聚合物微球在多孔介质中发生的反应不受温度影响;

（4）聚合物微球在多孔介质中的封堵作用通过渗透率变化等效替代。

## 3.1 聚合物微球调驱封堵机理表征

为了实现聚合物微球在地层中的选择性封堵—运移—再封堵机制，引入化学反应动力学阿尔纽斯方程(1)(2)，通过反应(3)(4)控制聚合物微球在孔多介质中的封堵和运移。方程(1)代表参与反应的某一物质在不同温度和参与反应的各种物质的不同摩尔分数下的反应速度。$C_i$代表组分 i 的摩尔浓度，是流体孔隙度、摩尔密度以及所在相饱和度以及其所在相摩尔分数的函数。反应(3)控制水相中的聚合物微球变成固相堵塞在地层中，同时采用阻力因子等效模拟聚合物微球堵塞地层现象，原始的相对渗透率与阻力因子的比值作为新的相对渗透率，通过调整阻力因子(5)可以控制堵塞程度。反应(4)控制已经堵塞在多孔介质中的聚合物微球在较大的压力驱动下变形再次运移，驱动压力与反应速度常数关系如图 2 所示。

$$v_i = Ae\left[\frac{-Ea}{RT}\right]\prod_{i=1}^{n}C_i^n \tag{1}$$

$$C_i = \varphi_f \cdot \rho \cdot s \cdot x_i \tag{2}$$

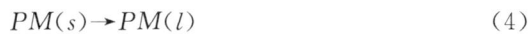

$$PM(l) \rightarrow PM(s) \tag{3}$$

$$PM(s) \rightarrow PM(l) \tag{4}$$

$$Kr = Kr/[1+Rf \times max(0,Csj-Csldmin)] \tag{5}$$

式中，$v_i$ 为反应物在单位时间单位体积内反应掉的摩尔数，mol/(s·m³)；$A$ 为反应速度常数，无量纲；$E$ 为反应活化能，J/mol；$R$ 为阿佛伽德罗常数；$T$ 为绝对温度，K；$C_i$ 为反应物 i 的浓度因子，mol/m³；$\varphi_f$ 为流体孔隙度；$\rho$ 为相密度，mol/m³；$s$ 为相饱和度；$x_i$ 为组分 i 在相中的摩尔分数；$PM(l)$ 为自由移动聚合物微球；$PM(s)$ 为堵塞沉积固相聚合物微球；$Kr$ 为相对渗透率；$Rf$ 为阻力因子，无量纲；$Csj$ 为固相浓度，kg/m³；$Csldmin$ 为开始沉积固相浓度，kg/m³；

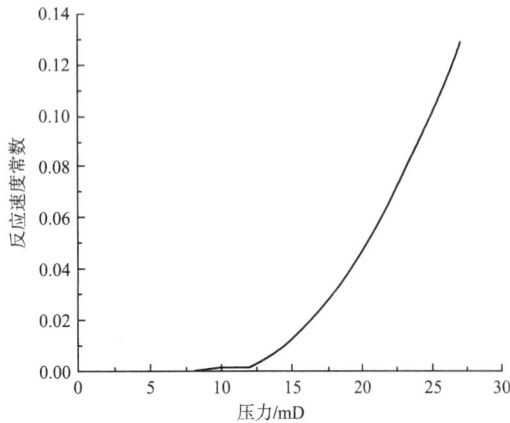

图 2 反应速度常数与压力关系

## 3.2 聚合物微球调驱选择性机理表征

聚合物微球选择性封堵通过建立反应速度常数与渗透率之间的关系进行表征，目前油藏数值模拟难以实现储层真实孔隙结构的刻画，聚合物微球即进入高渗储层，又进入低渗储层，无法实现选择性封堵。本文采用控制渗透率与反应速度常数关系等效实现选择性封堵，反应速度常数与渗透率对应关系如图 3 所示，渗透率越大对应的反应速度常数越大越容易发生堵塞，聚合物微球即使进入低渗储层，由于反应(3)的反应速度常数较小堵塞程度较小，从而实现聚合物微球的选择性封堵。

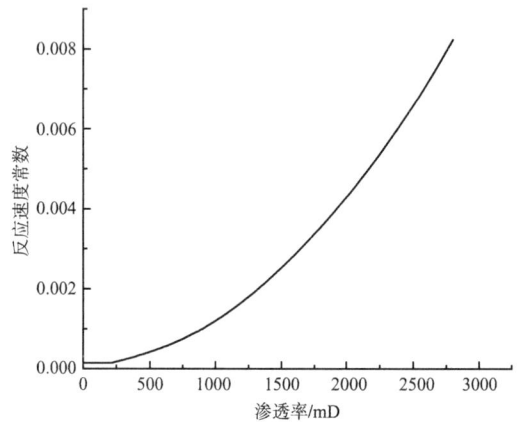

图 3 反应速度与渗透率关系

## 3.3 储层物性时变性机理表征

如图 4 所示，聚合物微球作为固相堵塞地层减了孔隙度，固相聚合物微球含量与孔隙度关系(6)，而孔隙度与渗透率关系采用公式(7)，从而建立固相聚合物微球含量、孔隙度与渗透率的关系，储层的孔隙度、渗透率随着固相聚合物含量发生变化，进而实现储层物性的时变性。

$$\varphi_f = \varphi_{f0} \times \left(1-\frac{C_{Sj}}{\rho_s}\right) \tag{6}$$

$$K = K_0 \times \left[\frac{\varphi_f}{\varphi_{f0}}\right]^n \left[\frac{(1-\varphi_{f0})}{(1-\varphi_f)}\right]^2 \tag{7}$$

式中，$\varphi_{f0}$ 为初始流体孔隙度；$\rho_s$ 为固体密度，kg/m³；$K$ 为渗透率，mD；$K_0$ 为初始渗透率，mD；$n$ 为指数参数，0～10。

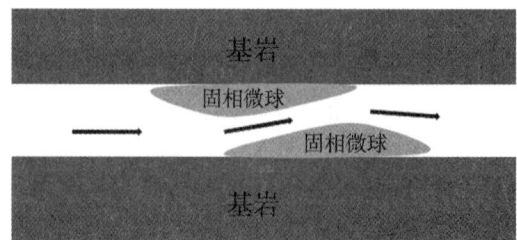

图 4 聚合物堵塞机理

## 4 聚合物微球调驱室内实验

### 4.1 聚合物微球调驱室内实验检验数值模型

为了验证模型的准确性,设计了非均质岩心聚合物微球驱油室内实验,三层的渗透率分别为1000 mD、3000 mD 和5000 mD。首先注水驱替至含水率为98%,此时采收率为41.8%,再注入0.4 PV聚合物溶液,后续注水驱替过程中含水率下降至92%,直到含水率再次达到98%时停止水驱,此时采收率相比于第一次注水驱替提高了7.2%。根据室内实验建立验证模型,模型尺寸为0.5m×0.5m×0.05 m,模型纵向分为3层,孔隙度和渗透率与人造岩心数值一致。通过调整反应速度常数等参数对含水率和压力进行拟合,拟合结果如图5所示,模拟精度约为95%,说明模型可行性较高。

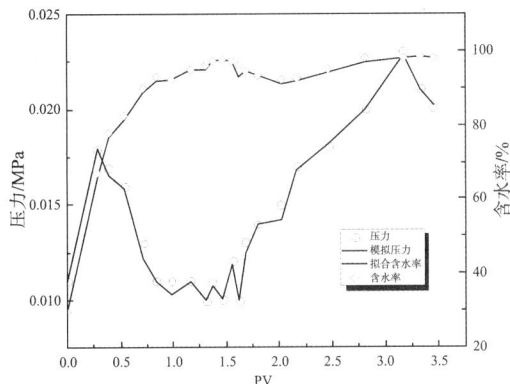

图5 压力和含水率拟合曲线

### 4.2 聚合物微球调驱效果分析

为了探究聚合物微球调驱效果,建立油水固三相四组分聚合物微球调驱数学模型,模型被离散为39×39×5共计7605网格,单一网格尺寸为3m×3m×3 m。为了便于研究将优势渗流通道简化成条带状,注入井与周围4口采油井之间存在800 mD高渗条带,低渗透率区域为30 mD。生产井保持7 MPa井底压力生产,注水井注入量为300 m³/d。当生产井含水率达到98%时,注水井持续注30天纳米微球调驱再转水驱。

如图6和图7所示,日产油、含水率和累计产油曲线可以看出注聚合物微球调驱可以有效提高产油量,含水率由最高99%降低至89%,生产3年内递减增油量4377方,有效期长达1年。图8a是注入聚合物微球30天时地层渗透率分布情况,聚合物微球进入储层之后优先进入高渗区域,并滞留在近井地带。图8b是注入聚合物微球90天时渗透率分布情况,随着后续水驱聚合物微球发生变形和再运移,逐步进入高渗条带中部,使后续注入水发生液流转向,封堵储层中部达到深部调驱效果。图9a为生产1.5年时含油饱和度分布,注入水沿着高渗条带突进,高渗条带的原油优先被驱替,而低渗区域难以波及,大量剩余油富集。图

9b 为注聚合物微球1.5年时含油饱和度图,可以看出聚合物微球调驱可以有效提高水驱波及体积,改善层内非均质性,低渗区域的剩余油被有效动用,井组的含水率下降产油量上升。

模拟结果显示出本文建立的聚合物微球调驱数值模型能够准确表征微球运移、滞留、再运移、堵塞过程;聚合物微球优先封堵高渗条带,实现了选择性封堵;通过建立了聚合物微球的沉积浓度与孔隙度和渗透率关系,进而实现了储层物性时变。

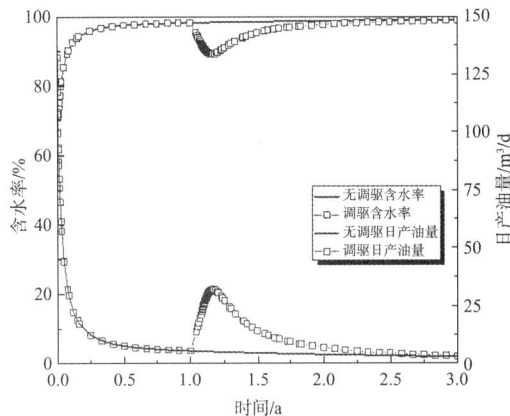

图6 含水率和日产油曲线

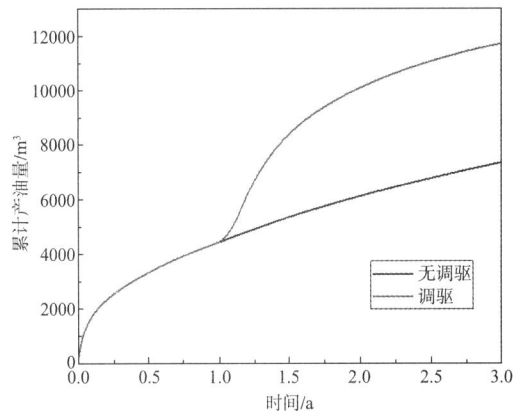

图7 累计产油量曲线

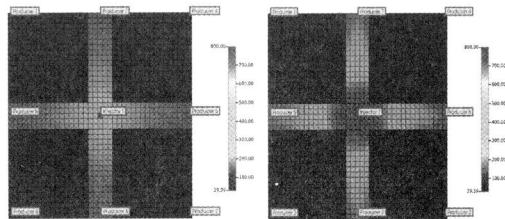

a. 调驱30天时渗透率分布　　b. 调驱90天时渗透率分布

图8 渗透率分布情况

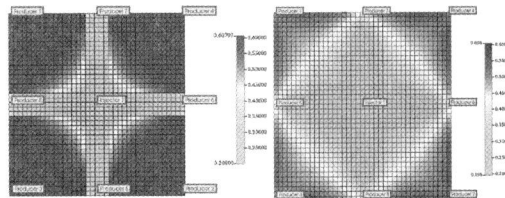

a. 无调驱1.5年时含油饱和度　　b. 调驱1.5年时含油饱和度

图9 含油饱和度分布

## 5 现场应用分析

### 5.1 井组概况

A区块F井组主力层为明下段和馆陶组,油气分布主要受构造控制,沿砂体呈层状分布,油藏类型主要为构造油藏和岩性构造油藏河流相沉积,纵向剖面呈现砂泥岩互层特征,储层单层厚度从不足1m到大于25m储层埋藏浅,具有高孔高渗特征。F井组储层连通性较好,注采关系完善,目前综合含水88%以上,通过示踪剂测试发现注采井之间存在优势通道,吸水剖面测试显示纵向上吸水剖面不均,具有平面上油井产液差异大,含水差异大等问题,需要进行调驱改善注水效果。聚合物微球调驱可以改善注入剖面,抑制高渗条带水窜,缓解平面及纵向注水矛盾,优化水驱效果,达到提高采收率的目的。

### 5.2 聚合物微球调驱方案优选

基于地质资料和测井数据建立F井组三维地质模型如图10所示,并完成F井组的历史拟合。

根据目前的注入情况设计四套调驱方案,方案设计如表1。模拟预测累计产油量图11和含水率图12显示四种方案都有增油效果,其中方案一效果最佳,相比于基础方案,井组递减增油量为23857m³,含水最高由91%降到86%,其次是方案二,井组递减增油量为23491m³,含水最高由91%降到86%。大浓度药剂更有利于封堵高渗通道,改善平面和纵向吸水能力,抑制了高渗条带水窜,扩大了波及系数,使以前难以动用的剩余油得以波及动用,从而使整个井组的含水率下降。

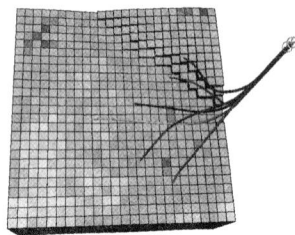

图10 渗透率分布图

### 表1 方案设计

| 基础方案 | 水驱 |
| --- | --- |
| 方案一 | 注入量 900 m³/d,段塞注入 0.6% 药剂 35 天转水驱 |
| 方案二 | 注入量 800 m³/d,段塞注入 0.6% 药剂 30 天转水驱 |
| 方案三 | 注入量 900 m³/d,段塞注入 0.5% 药剂 30 天转水驱 |
| 方案四 | 注入量 800 m³/d,段塞注入 0.5% 药剂 35 天转水驱 |

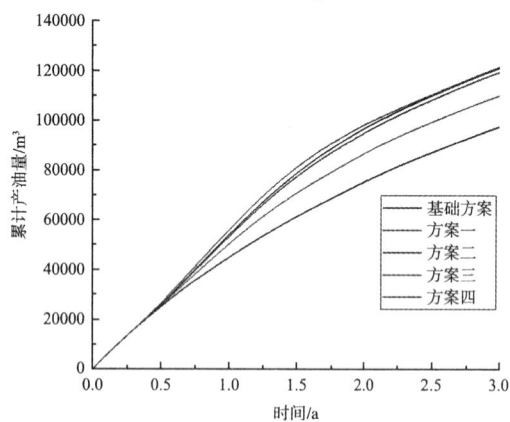

图11 累计产油量

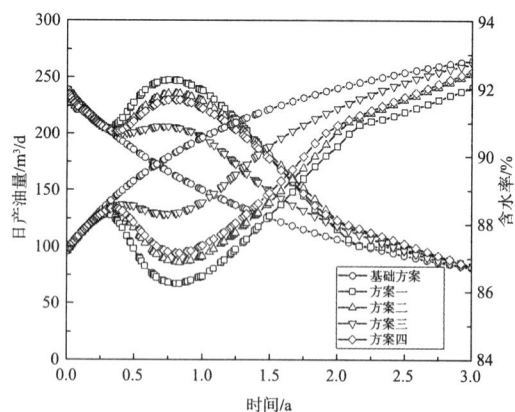

图12 含水率和日产油量

## 6 结论

(1)海上注水开发油田长期的注水开发造成了纵向上吸水不均,平面上无效注水严重等问题。聚合物微球调驱可以有效改善水驱开发效果,具有良好的应用前景。

(2)利用化学反应动力学建立的聚合物微球数值模型可以有效表征微球在储层中的运移、膨胀和和选择性封堵等过程,采用 Carmen－Kozen 关系式实现了调驱过程中孔隙度与渗透率的变化。

（3）非均质岩心聚合物微球驱油室内实验显示聚合物微球调驱可以有效降低含水率，通过调整反应速度常数等参数对含水率和采收率进行拟合，模拟精度约为95％，说明模型可行性较高具有一定的适用性。

（4）实际区块聚合物调驱做出预测，发现大浓度药剂有利于封堵高渗通道，改善储层注水效果，最佳方案可实现井组递减增油量23857m³，含水最高由91％降到86％。

## 参 考 文 献

[1] 苏彦春,李廷礼.海上砂岩油田高含水期开发调整实践[J].中国海上油气,2016,28(3):83－90.

[2] 敖文君,阚亮,王成胜,等.适合海上B油田聚驱后非均相在线调驱性能评价[J].科学技术与工程,2019,19(31):134－139.

[3] 李晓伟,鞠野,刘丰钢,等.海上中等渗透率储层适用聚合物微球优化应用[J].石化技术,2018,25(6):157－159.

[4] 孟祥海,张杰,高尚,等.多孔介质中聚合物弹性微球的运移规律与调驱性能[J].科学技术与工程,2020,20(23):9314－9319.

[5] 安昊盈,侯吉瑞,程婷婷.自组装颗粒调驱体系渗透率适应性评价及调驱机理研究[J].科学技术与工程,2018,18(3):21－31.

[6]Chen X，Li Y，Liu Z，et al. Core— and pore—scale investigation on the migration and plugging of polymer microspheres in a heterogeneous porous media［J］. Journal of Petroleum Science and Engineering，2020，195:107636.

[7]王涛,肖建洪,孙焕泉,等.聚合物微球的粒径影响因素及封堵特性[J].油气地质与采收率,2006,13(4):80－82.

[8]廖新武,刘超,张运来,等.新型纳米微球调驱技术在海上稠油油田的应用[J].特种油气藏,2013,20(5):129－132＋157.

[9]吴天江,郑明科,周志平,等.低渗透油藏纳米微球调驱剂封堵性评价新方法[J].断块油气田,2018,25(4):498－501.

[10]李晓伟,徐国瑞,鞠野,等.海上稠油油田复合调驱技术与应用[J].石油化工应用,2020,39(1):62－65.

[11]赵文景,赵鹏云,杨海恩,等.基于毛细管模型的纳米聚合物微球深部调驱机理[J].断块油气田,2020,27(3):355－359.

[12]樊兆琪,程林松,黎晓茸,等.流线模型的深部调驱影响因素分析及矿场应用[J].西南石油大学学报(自然科学版),2013,35(2):121－126.

[13]李娟,朱维耀,龙运前,等.纳微米聚合物微球的水化膨胀封堵性能[J].大庆石油学院学报,2012,36(3):52－57.

# 渗流流态分析在致密储层压裂诊断中的研究与应用

敬季昀　周　彪　郭布民

(中海油田服务股份有限公司)

**摘　要**　准确分析压后压降曲线可以诊断裂缝特征、评价施工效果。但目前常用的致密储层压后诊断方法存在对数据精度要求高,难以准确获取瞬时停泵裂缝压力及施工净压力,无法准确识别多裂缝特征,不能区分闭合后双线性流及线性流,对停泵压降观测时间要求过长等问题。为此,建立了基于储层压后渗流流态分析的压裂诊断方法,该方法降低了诊断对现场压力数据精度的要求,通过识别并拟合线性流数据点以准确得到瞬时停泵裂缝压力、裂缝净压力及多裂缝特征,避免了闭合后分析中对停泵时间过长的假设并通过辨识闭合后双线性流或线性流定性评价支撑裂缝导流能力、求取储层原始地层压力。通过应用实例,验证了该方法在致密储层压裂诊断中的适用性及可靠性。

**关键词**　致密储层;压裂诊断;流态分析;净压力;多裂缝;裂缝导流能力;储层原始地层压力

水力压裂是目前有效开发致密储层的关键技术。通过压裂诊断获取目标储层裂缝延伸特点、地层及裂缝参数对提升压裂开发效果十分重要[1-4]。压后压降分析是压裂诊断的主要内容之一[3-7],根据压后裂缝闭合状态可分为闭合前分析与闭合后分析[3,6,7],相应的 G 函数与 F 函数分析方法是目前应用最广泛的分析手段[7,8]。Nolte 基于卡特滤失方程建立了 G 函数[9],Barree 等人进一步完善了 G 函数分析曲线以识别各种非理想化裂缝特征,包括沟通天然裂缝、停泵后裂缝继续延伸、缝高突破隔层或形成多条人工裂缝等[10],但该方法仍存在以下问题。

(1)诊断曲线坐标轴中的 G 函数及其导数相对复杂、对数据误差较敏感,导致对数据精度要求较高

(最大误差不超过±0.01MPa)[8]。利用精度较低的地面压力监测数据常难以绘制理想曲线。

(2)未考虑停泵初期近井摩阻、井筒储集效应等因素的影响而使用停泵时井底压力粗略代替瞬时停泵裂缝压力[9],为求取裂缝净压力带来误差。

(3)缝高突破隔层和形成多条人工裂缝具有相同的曲线特征而无法进一步区分[10]。

G 函数分析方法仅用于裂缝闭合前压降分析[3,7],Nolte 等人基于热扩散与压力传导的相似性及 Horner 压降模型建立了 F 函数以用作闭合后压降分析[11]。但 F 函数分析方法的假设条件为压后停泵时间至少为裂缝闭合时间的 2.5 倍以上[11],且不能区分闭合后双线性流与线性流,因此在应用中存在缺陷。

针对以上问题,本文提出一种基于储层压后渗流流态分析的压裂诊断方法,该方法降低了诊断对现场压力数据精度的要求,在获取瞬时停泵裂缝压力与施工净压力时不受近井摩阻等因素的影响,实现了对多裂缝的准确识别和支撑裂缝导流能力的定性分析,将裂缝闭合前、后分析合为一体并避免了闭合后分析对停泵时间过长的假设。通过现场实践表明,该方法可以有效弥补现有方法存在的不足,为现场压裂施工提供快速、准确的诊断分析。

## 1　基于渗流流态分析的压裂诊断方法

### 1.1　基本原理

图 1 展示了压后压降观测期间的井口压力历史。压裂停泵后,缝内液体在高压下继续向地层滤失,这个过程中裂缝-地层系统首先将出现短期的双线性流,然后转变为线性流直至裂缝闭合(或闭合于支撑剂上)[12]。裂缝闭合后缝宽不再变化,缝内液体停止滤失[3]。但由于储层流体与岩石的压缩性,此时在裂缝周围形成了一个高于原始地层压力的区域,该区域压力继续向远处地层传导,地层逐渐出现闭合后双线性流或线性流,最后若关井时间足够长地层将出现拟径向流[13]。不同渗流流态下的裂缝表现出不一样的压力响应特点,分析这些特点可以获取多项裂缝及储层信息[3,14],从而更好地评价储层压裂特征。

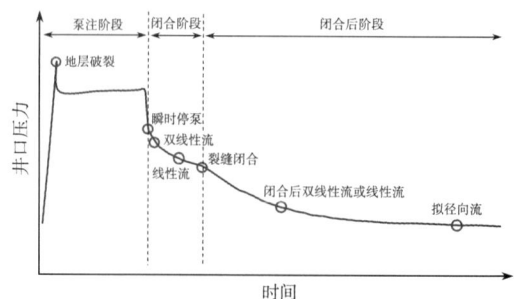

图 1　压后关井期间井口压力变化示意

## 1.2 裂缝闭合前渗流流态分析

停泵初期,人工裂缝将产生短期的双线性流,即缝内液体滤失的同时缝长方向也存在压降。双线性流后裂缝将出现线性流特征直至闭合,这个阶段仅存在缝内液体的线性滤失[12]。Koning 和 Niko 等人考虑这一时期的渗流特征与裂缝储集效应,得出相应的裂缝压力方程[15]:

$$p_D\begin{cases}\dfrac{2.45}{\sqrt{K_{fD}W_{fD}}}\sqrt[4]{D4}-\dfrac{\pi^2}{4}C_{fbcD}\left[1-e^{\pi^2C_{fbcD}^2}erfc\left(\dfrac{2}{\pi C_{fbcD}}\sqrt{t_D}\right)\right] &(双线性流)\\[4mm]\sqrt{\pi t_D}-\dfrac{\pi^2}{4}C_{fbcD}\left[1-e^{\pi^2C_{fbcD}^2}erfc\left(\dfrac{2}{\pi C_{fbcD}}\sqrt{t_D}\right)\right] &(线性流)\end{cases}\quad(1)$$

其中,
$$p_D=\frac{Kh(p_f(t_p)-p_f(t_p+\Delta t))}{1.842\times10^{-3}q\mu_f B}\quad(2)$$

$$t_D=\frac{3.6K\Delta t}{\varphi\mu_f c_t L_f^2}\quad(3)$$

$$K_{fD}=\frac{K_f}{K}\quad(4)$$

$$W_{fD}=\frac{W_f}{L_f}\quad(5)$$

$$C_{fbcD}=\frac{0.8936C_{fbc}}{\varphi c_t hL_f^2}\quad(6)$$

式中,$K$ 为储层有效渗透率,$\mu m^2$;$K_f$ 为裂缝有效渗透率,$\mu m^2$;$h$ 为储层厚度,m;$t_p$ 为压裂泵注时间,h;$\Delta t$ 为停泵压降时间,h;$pf(t_p)$ 为瞬时停泵裂缝压力,MPa;$pf(t_p+\Delta t)$ 为停泵期间裂缝压力,MPa;$q$ 为压裂施工排量,$m^3/d$;$\mu f$ 为压裂液滤液黏度,$mPa\cdot s$;$B$ 为压裂液体积系数;$\varphi$ 为储层有效孔隙度;$c_t$ 为储层综合压缩系数,$MPa^{-1}$;$L_f$ 为裂缝长度,m;$W_f$ 为裂缝宽度,m;$C_{fbc}$ 为裂缝储集效应常数[16],$m^3/MPa$。

致密储层岩石硬度常常较高,$C_{fbc}$ 趋近于 $0^{[16]}$,裂缝储集效应影响较小,因此带入式(2)~(5),可将式(1)近似写为以下形式:
$$\Delta p_{f,\Delta}=p_f(t_p)-p_f(t_p+\Delta t)=$$
$$\begin{cases}\dfrac{6.2163\times10^{-3}q\mu\beta}{h\sqrt{K_f W_f}\sqrt[4]{K\varphi\mu_f}}\sqrt[4]{\Delta t} &(双线性流)\\[4mm]\dfrac{6.195\times10^{-3}qB}{hL_f}\sqrt{\dfrac{\mu_f}{K\varphi c_t}}\sqrt{\Delta t} &(线性流)\end{cases}\quad(7)$$

式中,$\Delta pf,\Delta t$ 为停泵期间裂缝压降,MPa。

分别令 $C_{bl}=\dfrac{6.2163\times10^{-3}q\mu B}{h\sqrt{K_f W}\sqrt[4]{K\varphi\mu_f c_t}}$、$C_l=\dfrac{6.195\times10^{-3}qB}{hL_f}\sqrt{\dfrac{\mu_f}{K\varphi c_t}}$,则式(7)可简化

$$\Delta p_{f,\Delta}=\begin{cases}C_{bl}\Delta t^{0.25} &(双线性流)\\ C_l\Delta t^{0.5} &(线性流)\end{cases}\quad(8)$$

式(7)、(8)中的瞬时停泵裂缝压力 $pf(t_p)$ 因停泵初期孔眼摩阻、近井摩阻、井筒储集效应的影响与停泵时井底压力存在一定差值[8]。为消除未

确定的 $pf(t_p)$ 对流态识别的影响并放大压力变化特征,可对式(8)进行求导,得到式(9):

$$\Delta t\frac{d\Delta p_{f,\Delta t}}{d\Delta t}=-\Delta t\frac{dpf(t_p+\Delta t)}{d\Delta t}$$
$$=\begin{cases}0.25C_{bl}\Delta t^{0.25} &(双线性流)\\ 0.5C_l\Delta t^{0.5} &(线性流)\end{cases}\quad(9)$$

由式(9)得,在双对数坐标中绘制 $\Delta td pf(t_p+\Delta t)/d\Delta t$ 与 $\Delta t$ 的曲线,双线性流与线性流分别会呈现出 0.25 与 0.5 斜率的直线,但因裂缝储集效应的影响,斜率较 0.25 和 0.5 会略有偏大。若不存在停泵后裂缝继续延伸[10],双线性流持续时间往往较短,且常受近井摩阻等因素的影响变得不明显[12,14]。而线性流为裂缝闭合前的主要渗流流态[15],当数据点从线性流特征直线偏离时,表明缝内液体不再做线性滤失,即裂缝已经闭合,对应的裂缝压力即为裂缝闭合压力。若曲线连续出现多段线性流特征直线,则表明压裂施工形成了多条裂缝并在停泵过程中逐一闭合,进而可实现对多裂缝的准确判断。

瞬时停泵裂缝压力表征裂缝延伸压力[8],其值与闭合压力之差即为施工时裂缝净压力。该值同时是计算裂缝几何尺寸的主要参数[6,9]。利用 $\Delta td pf(t_p+\Delta t)/d\Delta t$ 与 $\Delta t$ 的双对数曲线识别出线性流后,将其对应的数据点带入式(8)中绘制 $p_f(t_p+\Delta t)$ 与 $\Delta t^{0.5}$ 的曲线并线性回归,即可排除停泵初期近井摩阻等因素的干扰,通过拟合所得的截距获取瞬时停泵裂缝压力 $p_f(t_p)$。

## 1.3 裂缝闭合后渗流流态分析

裂缝闭合后缝内压力继续向远处地层传导。此时若支撑裂缝的无因次导流能力较低(或测试压裂的裂缝未完全闭合),储层将出现闭合后双线性流特征,即压力向远处地层传导的同时缝长方向也存在压降;若支撑裂缝无因次导流能力较强,储层将出现闭合后线性流特征,即沿裂缝不存在压降[13]。之后若关井时间足够长(24h 以上)地层将出现拟径向流[4]。

将裂缝视作若干瞬态线性点源,可导出裂缝闭合后的双线性流、线性流及拟径向流方程[13],如式(10)~(12)。

闭合后双线性流方程:

$$\Delta p_{f}, {}_{i} = p_{f}(t_{p} + \Delta t) - p_{i} = \frac{0.1235}{\sqrt{K_{f}W_{f}}} Q_{i}\mu^{0.75}$$

$$\left(\frac{1}{\mu c_{t}K}\right)^{0.25} \left(\frac{1}{\Delta t}\right)^{0.75} \quad (10)$$

式中,$\Delta p_{f}$,$i$ 为停泵期间裂缝与远处地层压差,MPa;$p_{i}$ 为储层原始地层压力,MPa;$Q_{i}$ 为压裂总注入量,m³;$\mu$ 为储层流体黏度,mPa·s。

闭合后线性流方程:

$$\Delta p_{f}, i = p_{f}(t_{p} + \Delta t) - p_{i} = \frac{0.07479}{hL_{f}} Q_{i}\left(\frac{\mu}{\phi c_{t}K}\right)^{0.5}$$

$$\left(\frac{1}{\Delta t}\right)^{0.5} \quad (11)$$

闭合后拟径向流方程:

$$\Delta p_{f}, i = p_{f}(t_{p} + \Delta t) - p_{i} = 0.022368 Q_{i}\frac{\mu}{Kh}\frac{1}{\Delta t} \quad (11)$$

$$\Delta p_{f}, i = \begin{cases} C_{abl}\Delta t^{-0.75} & (\text{闭合后双线性流}) \\ C_{al}\Delta t^{-0.5} & (\text{闭合后线性流}) \\ C_{ar}\Delta t^{-1} & (\text{闭合后拟径向流}) \end{cases} \quad (13)$$

其中,$C_{abl} = \frac{0.1235}{\sqrt{K_{f}W_{f}}} Q_{i}\mu^{0.75}\left(\frac{1}{\mu c_{t}K}\right)^{0.25}$ (14)

$$C_{al} = \frac{0.07479}{hL_{f}} Q_{i}\left(\frac{\mu}{\phi c_{t}K}\right)^{0.5} \quad (15)$$

$$C_{ar} = 0.02238 Q_{i}\frac{\mu}{Kh} \quad (16)$$

为放大压力变化特征并消除未确定的储层原始压力 $p_{i}$ 对流态识别的影响,可对式(13)求导:

$$\Delta t\frac{d\Delta p_{f}, i}{\Delta dt} = \Delta t\frac{dp_{f}(t_{p} + \Delta t)}{d\Delta t}$$

$$= \begin{cases} -0.75C_{abl}\Delta t^{-0.75} & (\text{闭合后双线性流}) \\ -0.5C_{al}\Delta t^{-0.5} & (\text{闭合后线性流}) \\ -C_{ar}\Delta t^{-1} & (\text{闭合后拟径向流}) \end{cases} \quad (17)$$

由式(17)可看出,在双对数坐标中绘制 $\Delta t dp_{f}(t_{p} + \Delta t)/d\Delta t$ 与 $\Delta t$ 的曲线,即可识别裂缝闭合后的不同渗流流态。由于式(10)~(12)在推导过程中没有如 $F$ 函数般假设过长的闭合后关井时间[13],其应用范围较 $F$ 函数更加广泛。

通过识别闭合后双线性流或线性流即可定性评价支撑裂缝导流能力[13],再将其对应的数据点带入式(13)中绘制 $p_{f}(t_{p} + \Delta t)$ 与 $\Delta t^{-0.75}$ 或 $\Delta t^{-0.5}$ 的曲线并线性回归,其截距即是储层原始地层压力 $p_{i}$。若后期观测到拟径向流,将其对应的数据点及求得的 $p_{i}$ 带入式(12)绘制 $p_{f}(t_{p} + \Delta t)$ 与 $\Delta t^{-1}$ 的直线,利用直线斜率即可求解储层有效渗

透率。

## 1.4 压后流态分析诊断曲线

由1.2节与1.3节可知,在双对数坐标中绘制 $\Delta t dp_{f}(t_{p} + \Delta t)/d\Delta t$ 与 $\Delta t$ 的曲线可进行裂缝闭合前、后的流态分析诊断。除停泵初期受近井摩阻等因素影响外,停泵后裂缝压力 $p_{f}(t_{p} + \Delta t)$ 可看作等于井底压力 $p_{w}$,于是根据式(9)、(17)可构建压后流态分析诊断方程:

$$\Delta t\frac{dp_{w}}{d\Delta t} = \begin{cases} -0.25C_{bl}\Delta t^{0.25} & (\text{闭合前双线性流}) \\ -0.5C_{l}\Delta t^{0.5} & (\text{闭合前线性流}) \\ -0.75C_{abl}\Delta t^{-0.75} & (\text{闭合后双线性流}) \\ -0.5C_{al}\Delta t^{-0.5} & (\text{闭合后线性流}) \\ -C_{ar}\Delta t^{-1} & (\text{闭合后拟径向流}) \end{cases} \quad (18)$$

式中,$p_{w}$ 为停泵期间井底压力,MPa。

对式(18)两边取对数,可得

$$\lg(\Delta t\frac{dp_{w}}{d\Delta t}) =$$

$$\begin{cases} 0.25\lg\Delta t + \lg(-0.25C_{bl}) & (\text{闭合前双线性流}) \\ 0.5\lg\Delta t + \lg(-0.5C_{l}) & (\text{闭合前线性流}) \\ -0.75\lg\Delta t + \lg(-0.75C_{abl}) & (\text{闭合后双线性流}) \\ -0.5\lg\Delta t + \lg(-0.5C_{al}) & (\text{闭合后线性流}) \\ -\lg\Delta t + \lg(-C_{ar}) & (\text{闭合后拟径向流}) \end{cases}$$

$$(19)$$

由式(19)可知,在双对数坐标中绘制 $\Delta t dp_{w}/d.t$ 与 $.t$ 的曲线并拟合不同斜率的直线段,即可识别关井期间裂缝闭合前、后的各个渗流流态。进而结合上文方法获取瞬时停泵裂缝压力、裂缝闭合压力、裂缝净压力、多裂缝特征、支撑裂缝导流能力、储层原始压力、储层有效渗透率等信息。同时由于坐标轴简单,对数据精度要求相对较低,利用现场相对粗糙的地面压力监测数据即可完成分析诊断。

## 2 实例应用

DX-A 井位于鄂尔多斯盆地东缘某致密气区块,该井太原组在主压裂后进行了压降观测,利用本文方法对其进行计算分析。储层基础数据:中深 1729.9m,砂体垂厚 15.0m,有效垂厚 9.2m,有效孔隙度 6.3%;岩石以石英为主,次为长石,泊松比 0.25,杨氏模量 $3.3 \times 10^{4}$ MPa;上下为泥岩隔层;由测井数据算得上下隔层与储层的最小水平主应力差分别为 5.7MPa、6.0MPa。施工基础数据:$\varphi$73mm 油管泵注,泵注排量 3.5m³/min,泵注时间 78min,累计注液 261m³,加砂 30m³,停泵时井底压力 35.12MPa,停泵后压降观测 140min。施工时利用电子压力计(最大误差±0.05MPa)连续监测地面油管压力,同时压裂管柱底部安装有高精度井下压力计(最大误差±0.001MPa)用于

试气结束后回放压力数据。

首先分别利用地面、井下压力监测数据绘制 DX－A 井 G 函数分析曲线,如图 2 所示。图 2a 因地面压力监测数据精度相对较低且井筒中可能存在细微扰动,导致曲线波动较大,影响分析准确性。图 2b 因井下压力监测数据精度高,绘制的曲线波动小,符合 G 函数分析要求。由图 2b 可得主裂缝闭合压力为 28.37MPa,G 函数叠加导数曲线在闭合前呈明显下凹,对应的裂缝延伸特征为缝高突破隔层或形成多条人工裂缝[10]。

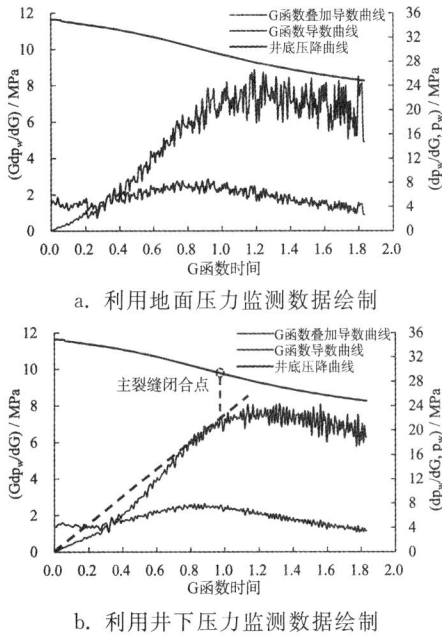

a. 利用地面压力监测数据绘制

b. 利用井下压力监测数据绘制

图 2　DX－A 井太原组压后 G 函数分析曲线

图 2 直观反映出因 G 函数对数据误差较敏感,导致其分析曲线对数据精度要求较高。但实际作业中,大部分施工井只进行地面压力监测,采集到的数据点相对粗糙,可能会明显影响 G 函数分析的准确性。再采用地面压力监测数据绘制压后流态分析诊断曲线,如图 3 所示。

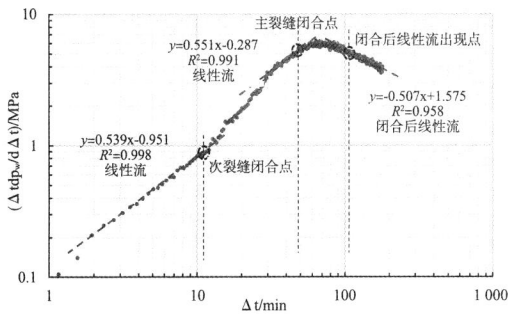

图 3　DX－A 井太原组压后流态分析诊断
曲线(地面压力监测数据)

由图 3 可看出,由于坐标轴简单,压后流态分析诊断曲线降低了对数据精度的要求,利用 DX－A 井的地面压力监测数据即可绘制理想曲线。由图 3 可得,停泵初期因近井摩阻等因素影响未出

现双线性流,但在停泵约 3.5min 后出现了线性流直线段,由于裂缝储集效应的影响其斜率略大于 0.5。停泵后出现两次线性流直线段,表明施工中形成了两条不同方向的人工裂缝,偏离两段直线的点分别为两条裂缝的闭合点。其中次裂缝闭合时间 11.60min,闭合压力 32.87MPa,闭合压力梯度 0.0190MPa/m;主裂缝闭合时间 58.15min,闭合压力 28.49MPa,闭合压力梯度 0.0165MPa/m。求得的主裂缝闭合压力与 G 函数曲线的识别结果基本一致。DX－A 井太原组在压裂时进行了微地震裂缝监测,图 4 为监测成像图。监测结果与压后流态分析一致,即在不同于主裂缝方向形成了另一条人工裂缝。这不仅说明了压后流态分析的准确性,也说明图 2b 中 G 函数分析曲线出现下凹形态特征并非因为缝高突破隔层,而是施工中形成了多条人工裂缝所致。

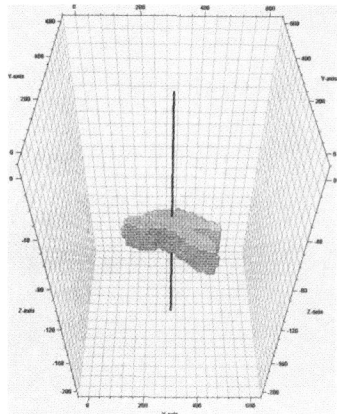

图 4　DX－A 井太原组微地震裂缝监测成像图

将图 3 识别的线性流数据点带入式(8)绘制瞬时停泵裂缝压力识别曲线,如图 5 所示。图 5 中数据点拟合程度高,说明方法可靠性强,由图中截距可得瞬时停泵裂缝压力为 33.96MPa,较停泵时井底压力小 1.16MPa,该值与主裂缝闭合压力的差值即为裂缝净压力 5.47MPa。准确求取净压力可用于进一步计算裂缝几何尺寸[6],同时可以看出裂缝净压力小于储隔层最小水平主应力差,进一步佐证了裂缝延伸过程中并未突破隔层。

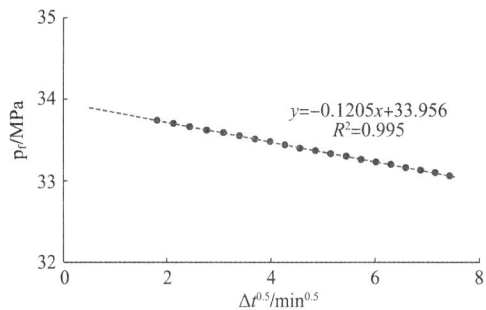

图 5　DX－A 井太原组瞬时停泵裂缝压力识别曲线

DX－A 井太原组的压后压降观测时间

(140.00min)不足裂缝闭合时间(58.15min)的2.5倍,不满足常规F函数的分析假设条件[11]。但由图3可知,裂缝在停泵后102.70min即出现了闭合后线性流。出现闭合后线性流而非双线性流表明支撑裂缝呈无限导流渗流特征[13],无因次导流能力较强,与该井所用压裂液残渣低、破胶好、携砂性能优良的实验结果相符。再将图3识别的闭合后线性流数据点带入式(13)绘制原始地层压力识别曲线,如图6所示。由图中截距可得储层原始地层压力为16.66MPa,折算地层压力系数0.98,与压前测试得到的原始地层压力16.80MPa基本一致。图3中未观测到拟径向流,探测致密储层压后拟径向流并获取有效渗透率需实施低排量、小液量、长关井时间的微注入压降测试[3]。

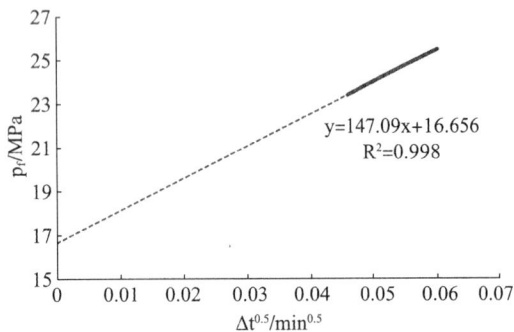

图6 DX－A井太原组原始地层压力识别曲线

## 3 结 论

(1)较常规诊断方法,本文方法建立的压后流态分析诊断曲线坐标轴简单,对数据精度要求较低。实例计算表明,采用现场地面压力监测数据即可绘制理想曲线,利于对致密储层压裂特征做快速分析。

(2)本文方法可通过识别、拟合线性流特征直线来获取瞬时停泵裂缝压力、裂缝闭合压力、裂缝净压力及多裂缝特征。实例计算表明,该方法在求取瞬时停泵裂缝压力及裂缝净压力时不受停泵初期近井摩阻等因素的影响,同时能准确识别多裂缝特征,从而弥补常规方法在获取净压力及识别裂缝形态上的不足。

(3)本文方法没有常规闭合后分析中对关井时间过长的假设且可区分闭合后双线性流与线性流。实例计算表明,在相对较短的关井时间内该方法可通过识别闭合后渗流流态来定性评价支撑裂缝导流能力并获取储层原始地层压力。

(4)相对基于滤失方程建立的G函数分析方法,本文方法在求解储层滤失系数、液体效率、动态缝长等方面存在不足。建议在压后诊断过程中,将该方法与常规方法进行有效结合以对储层压裂特征做出更准确全面的评价。

### 参 考 文 献

[1] 闫鸿林,段彦清,范立华,等. 松辽盆地古龙页岩油储层压裂施工诊断及工艺控制技术[J].大庆石油地质与开发,2020,39(3):176－184.

[2] 李新发,李婷,刘博峰,等. 基于压裂监测的致密储层甜点识别[J].断块油气田,2020,27(5):603－607.

[3] 周彤,苏建政,李凤霞,等. 基于停泵压力降落曲线分析的压后裂缝参数反演[J].天然气地球科学,2019,30(11):70－73.

[4] 张健,敬季昀,王杏尊. 利用小型压裂短时间压降数据快速获取储层参数的新方法[J].岩性油气藏,2018,30(4):133－139.

[5] 刘书杰,蔡久杰,王飞,等. 改进压裂压降曲线分析方法在海上低渗气田的应用[J].断块油气田,2015,22(3):369－373.

[6] 敬季昀,郭布民,周彪,等. 致密油气藏压后压降分析方法的优化与应用[J].油气藏评价与开发,2018,8(6):19－23.

[7] 敬季昀,郭布民,王杏尊,等. 致密储集层小型压裂压降分析方法的改进与应用[J].新疆石油地质,2019,40(3):111－115.

[8] Barree R D,Miskimins J L,Gilbert J V. Diagnostic fracture injection tests: common mistakes, misfires, and misdiagnoses[J]. SPE Production & Operations,2014,30(2):84－98.

[9] Nolte K G. Fracturing－pressure analysis for nonideal behavior[R]. SPE 20704,1991.

[10] Barree R D,Miskimins J L. Physical explanation of non－linear derivatives in diagnostic fracture injection test analysis[R]. SPE 179134,2016.

[11] Nolte K G. Background for after－closure analysis of fracture calibration tests[R]. SPE 39407, 1997.7.

[12] Bachman R C,Walters D A,Hawkes R A,et al. Reappraisal of the G Time Concept in Mini－Frac Analysis[R]. SPE 160169,2012.

[13] Soliman M Y,Miranda C G,Wang H. After closure analysis for unconventional reservoirs and completion[R]. SPE 124135,2009.

[14] 李晓平,张烈辉,刘启国.试井分析方法[M].北京:石油工业出版社,2009.

[15] Koning E J,Niko H. Fractured water－injection wells: a pressure falloff test for determining fracture dimensions[R]. SPE 14458,1985.

[16] Craig D P,Blasingame T A. Application of a new fracture－injection falloff model accounting for propagating, dilated, and closing hydraulic fractures[R]. SPE 100578,2006.

# 海上深层超高温碳酸盐岩储层酸压技术

崔 波

（中海油田服务股份有限公司）

**基金项目** 国家科技重大专项(2017ZX05030005,2016ZX05051003)；中海油科技攻关项目(YSB19YF010)

**摘 要** 深层超高温碳酸盐岩储层是当前海上油气勘探开发的重点领域，酸压是低孔低渗碳酸盐岩油气藏最有效的增产措施之一。渤中古生界潜山碳酸盐岩气藏具有超高温($>190℃$)、埋藏深($>5000m$)、含硫化氢、低孔低渗等特点，且海上作业施工规模受限，施工管柱尺寸小、摩阻高，储层改造难度大。针对储层改造难点，研发非酸螯合体系和高效降阻酸体系。非酸螯合体系为中性—偏碱性液体，可采用平台泥浆池配制，作为前置段塞注入，降温缓速、造缝、溶蚀储层。高效降阻酸体系降阻率大于 $80\%$，可大幅降低泵注压力，提高泵注排量，增加主缝和分支缝裂缝溶蚀导流能力，提高油气渗流能力。采用该技术，有效地解决了目前海上深层超高温碳酸盐岩储层酸压面临的作业平台空间限制、超高温、高摩阻等诸多瓶颈难题，实现了海上深层超高温碳酸盐岩储层的深部改造。

**关键词** 海上深层；超高温；碳酸盐岩；酸压；非酸螯合；降阻

碳酸盐岩中的油气储量在世界油气总储量中占有重要地位，全球有近 $50\%$ 的石油和 $25\%$ 的天然气储量分布于碳酸盐岩中[1]。随着勘探开发的深入，高温深层碳酸盐岩储层已成为油气勘探开发的重点领域。2011 年，渤海湾盆地渤中凹陷西南环渤中 21/22 构造区古生界深埋潜山天然气勘探获得重大突破，发现天然气储量超过 $500×10^8 m^3$，其中古生界潜山碳酸盐岩岩溶储集层是主要勘探层系[2]。

酸化压裂是碳酸盐岩油气藏最有效的增产措施之一[3]。针对深层超高温碳酸盐岩酸压改造，近年来国内外逐步完善和发展了以控滤失、延缓酸岩反应速度从而实现深穿透为主体的各种酸压技术，如前置液酸压、胶凝酸酸压、变粘酸酸压、多级交替注入酸压等[4-8]。渤中古生界潜山碳酸盐岩气藏具有超高温($>190℃$)、埋藏深($>5000m$)、含硫化氢、低孔低渗等特点，且海上作业施工规模受限，施工管柱尺寸小、摩阻高，储层改造难度大，现有酸压技术尚不能有效实施。亟待开展针对性的研究，解决目前海上深层超高温碳酸盐岩储层酸压面临的作业平台空间限制、超高温、高摩阻等诸多瓶颈难题，实现海上深层超高温碳酸盐岩储层的深部改造，释放储层产能。

## 1 地质油藏特征

渤中 21/22 构造区位于渤中凹陷南部，整体具有凹中隆的构造背景。构造区基底潜山整体发育太古界、古生界和中生界。古生界奥陶系马家沟组是一套浅海台地相碳酸盐岩沉积，储层发育

于长期不整合面之下，与古风化壳之间有非渗透性地层相隔，具有埋深大的特点[9]。目的层储层岩性以白云灰岩、灰质白云岩为主。储集空间以孔隙为主，裂缝部分发育（部分裂缝被方解石充填）；孔隙分布不均匀，总孔隙低，为特低孔—特低渗储层。储层流体以天然气为主，含硫化氢。在油气藏勘探开发过程中，由于钻井液滤失及固相颗粒的堵塞，导致储层伤害，测试产量偏低。

## 2 海上深层超高温碳酸盐岩酸压难点

渤中 21/22 构造区探井具有超高温、埋藏深、物性差、非均质性强、测试层段长、含硫化氢等特点。以探井 A 为例，目的层埋深 5363 m，储层温度 201℃。目的层岩性以白云质灰岩为主，碳酸盐岩含量 $64.78\%～88.93\%$。储层微裂缝发育；孔隙度 $0.1\%～7.3\%$，平均孔隙度 $1.3\%$；渗透率 $0.1～1.3mD$，平均渗透率 $0.4mD$。

海上深层超高温碳酸盐岩酸压难点如下：①受海上平台空间限制，酸罐和酸压设备摆放困难，酸压施工规模受限。②储层含硫化氢，海上高强度抗硫测试管柱最大尺寸为三寸半，测试管柱偏小，限制了酸压施工排量。③储层埋深深($\geqslant5000m$)，施工管柱长、尺寸偏小，摩阻大，且地层破裂压力梯度大，导致施工压力高，对酸压设备、井口设备和井下管柱耐压等级提出高要求。④储层温度高($\geqslant190℃$)，酸岩反应速度快，酸蚀裂缝穿透深度有限，难以沟通储层远端的缝洞系统、有效改善地层渗流通道。⑤特低孔—低渗致

密气藏易发生水锁伤害。

## 3 耐高温酸液体系研发

针对储层改造难点,研发非酸螯合体系和高效降阻酸体系。非酸螯合体系为中性—偏碱性液体,可采用平台泥浆池配制,作为前置段塞注入,降温缓速、造缝、溶蚀储层。高效降阻酸体系降阻率大于80%,可大幅降低泵注压力,提高泵注排量,增加主缝和分支缝裂缝酸蚀导流能力,提高油气渗流能力。采用该技术,有效地解决了目前海上深层超高温碳酸盐岩储层酸压面临的作业平台空间限制、超高温、高摩阻等诸多瓶颈难题,实现了海上深层超高温碳酸盐岩储层的深部改造,有效地释放了储层产能。

### 3.1 非酸螯合体系

非酸螯合体系与钙镁离子形成稳定的五元环螯合物,可有效地对碳酸盐岩储层进行深部溶蚀,兼具有腐蚀速率低、抑制黏土膨胀等特点,非酸螯合体系螯合钙镁离子示意图见图1。相比与传统酸液体系,非酸螯合体系有着良好的缓速和缓蚀性能。在碳酸盐岩储层改造中,不仅可以避免管柱受腐蚀的影响,又可以沟通远井溶洞孔隙和微裂缝,实现深部解堵。图2为非酸螯合体系岩心流动实验后CT扫描图像,图像显示非酸螯合体系通过螯合溶解,均匀溶蚀孔隙,扩大基质孔道,提高基质渗透率。

非酸螯合体系配方:50%螯合剂+0.6%润湿反转剂+淡水。非酸螯合体系综合性能见表1。

非酸螯合体系特点如下:

(1)溶垢效率高:对碳酸盐岩溶解率>90%;

(2)反应温和:与碳酸盐岩反应速率为盐酸反应速率的0.4%;

(3)低腐蚀性:180℃条件下,腐蚀速率<2.1g/m²·h;

(4)绿色环保:产品pH为7~8,对人和设备不会造成损害。

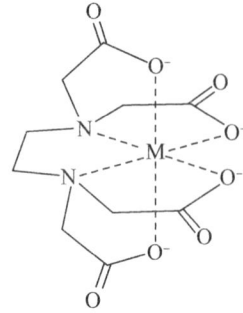

图1 非酸螯合体系螯合钙镁离子示意图

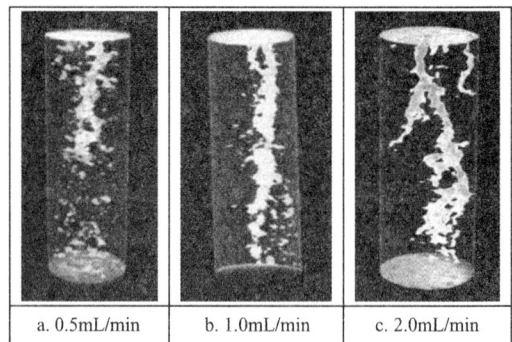

| a. 0.5mL/min | b. 1.0mL/min | c. 2.0mL/min |

图2 非酸螯合体系岩心流动实验后CT扫描图像

表1 非酸螯合体系综合性能

| 项目 | 性能 |
| --- | --- |
| 热稳定性(180℃) | 无色至淡黄色透明液体,无沉淀物 |
| 180℃腐蚀速度(g/(m²·h)) | 2.124(一级标准) |
| pH | ≥7 |
| 表面张力(mN/m) | <22 |
| 界面张力(mN/m) | <1 |
| 缓速性能(%) | ≥95 |
| 溶垢性能 | CaCO₃、MgCO₃、CaSO₄、BaSO₄、SrSO₄溶解率≥90% |

### 3.2 高效降阻酸体系

高效降阻酸体系具有耐高温腐蚀及低摩阻性能。通过体系增粘,降低酸岩反应速度和液体滤失速度,实现储层的深部处理。图3为高效降阻酸岩心流动实验后岩心CT扫描图像,图像显示高效降阻酸易形成主蚓孔。图4为非酸螯合体系和高效降阻酸组合段塞岩心CT扫描图像,图像显示非酸螯合体系段塞注入后,岩心中没有贯穿蚓孔,主要沿着大孔隙生长,均匀溶蚀。后续高效降阻酸段塞进入岩心后,形成多分支蚓孔,贯穿岩心,提高了储层改造程度。从扫描图像分析,段塞组合有利于酸压形成复杂缝网,提高储层的改造体积。

高温缓速缓蚀酸体系配方:15％HCl＋8％粘弹性表面活性剂＋4％高温缓蚀剂＋2％铁稳剂＋1％破乳剂＋0.6％润湿反转剂＋0.1％降阻剂,高效降阻酸综合性能见表2。

高温缓速缓蚀酸体系特点如下:

(1) 低腐蚀性:180℃ 条件下,腐蚀速率 $<70.48g/m^2 \cdot h$;

(2)低摩阻:为清水的 30％～35％;

(3)低表界面张力:表面张力＜24mN/m,界面张力＜1mN/m;

(4)低反应速率:缓速率大于90％。

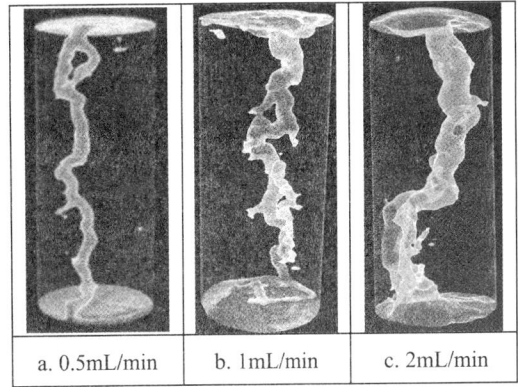
图 3　高效降阻酸岩心流动实验后岩心 CT 扫描图像

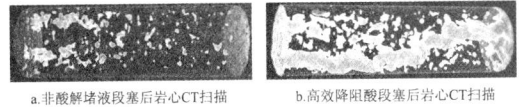
a.非酸解堵液堵段塞后岩心CT扫描　　b.高效降阻酸段塞后岩心CT扫描
图 4　非酸螯合体系和高效降阻酸组合段塞岩心前后 CT 扫描

表 2　高效降阻酸综合性能

| 项目 | 结果 |
| --- | --- |
| 热稳定性(180℃) | 红褐色均匀微粘液体,无沉淀物 |
| 180℃腐蚀速度(g/(m² · h)) | 74.08(一级标准) |
| 稳定铁离子能力(mg/mL) | ≥270 |
| 表面张力(mN/m) | ＜22 |
| 界面张力(mN/m) | ＜1 |
| 降阻率(％) | ≥85 |
| 缓速率(％) | ≥90 |
| 防膨率(％) | ≥90 |

## 4　现场应用效果分析

A井是渤海海域的一口深层超高温碳酸盐岩探井,酸压层段岩性为白云质灰岩,储层埋深5363m,地层温度 201℃,压力梯度 1.06MPa/100m,酸压施工管柱为 3－1/2"TN110SS 防硫油管。采用“非酸解堵液＋高效降阻酸”相结合的酸压技术进行了酸压方案设计及现场先导试验。

具体实施方法为:鉴于海上钻井平台空间有限,充分利用平台主甲板空间,合理地摆放三台 2250HHP 酸压泵、两个 50 方酸罐、一个数采房、一套供液泵、一套六通及高低压管线。

配制酸压工作液:采用海上钻井平台泥浆池配制非酸解堵液 50m³,循环一周。非酸解堵液:50％钙镁螯合剂＋1％解水锁剂＋淡水,密度1.1g/cm³,黏度 15mPa·s。采用酸罐配制高效降阻酸 100 m³,循环一周。高效降阻酸:20％盐酸＋5％高温缓蚀剂＋1％解水锁剂＋1％铁离子稳定剂＋1％粘稳剂＋1％助排剂＋0.1％胶凝剂,密度 1.1g/cm³,黏度 18mPa·s。采用海上钻井平台缓冲罐配制顶替液 20m³。柴油:工业－10♯柴油,密度0.84g/cm³。

试压 65MPa 合格后,启动酸压泵进行酸压作业。正挤非酸解堵液 50m³,排量 1.02～1.18m³/min,泵压 60.2～61.6MPa。正挤高效降阻酸100m³,排量 1.18↗2.52m³/min,泵压 60.3↘46.7↗62.8MPa。正挤柴油顶替液 20m³,排量 1.04 m³/min,泵压 43.4↗61.7MPa,施工曲线见图5。停泵测压降30分钟,测试求产。A井作业后自喷返排,作业后测试产能提高至作业前的 3.4 倍,增产效果显著。提取井下温度压力数据进行分析,数据见图 5。地层温度从 201℃降低至 83℃,酸压工作液对地层降温明显。井底压力曲线显示裂缝开启时,压力下降 15MPa,地层被有效压开。通过井口泵压和井底压力可以求取施工管柱摩阻,高效降阻酸和常规酸摩阻对比见图 6,高效降阻酸较常规酸摩阻摩阻降低 85%以上。

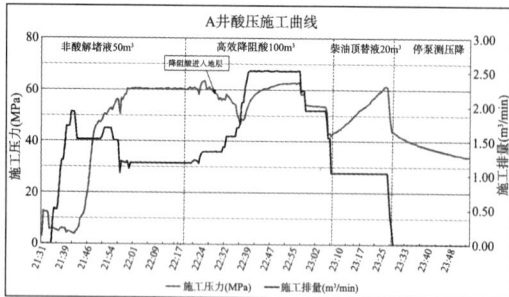

图 5    A 井酸压施工曲线

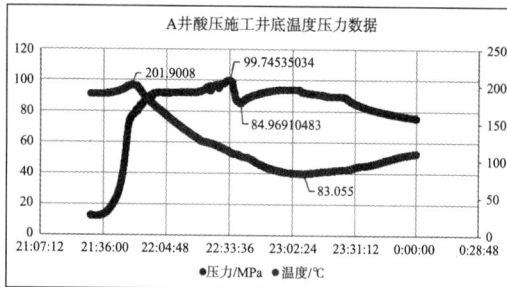

图 6    A 井酸压施工井底温度压力数据

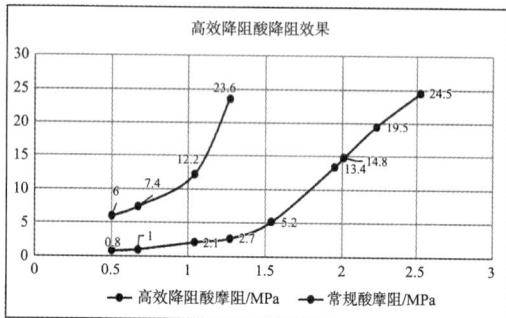

图 7    高效降阻酸和常规酸摩阻对比

## 5    结论及下步措施建议

(1)通过非酸螯合体系降温缓速、造缝、溶蚀储层;结合高效降阻酸体系高效降阻,大幅降低泵注压力,提高泵注排量,增加主缝和分支缝裂缝酸蚀导流能力,提高油气渗流能力,形成了针对渤海深层潜山超高温碳酸盐岩储层酸压技术。

(2)A 井采用"非酸螯合+高效降阻酸"相结合的酸压技术进行施工后,产量提高至作业前的 3.4 倍,增产效果显著。该井的成功实施可为后续类似高温深层碳酸盐岩储层酸压改造提供借鉴意义,同时也可拓展应用到海上深层其他岩性的储层改造,如太古界变质岩等。

(3)对于海上深层超高温低渗碳酸盐岩储层,建议下步继续提高注入液量和排量,多级交替注入,缝内暂堵转向,形成复杂缝网,增大储层改造体积,大幅提高油气产量。

## 参 考 文 献

[1] 王建波,沈安江,蔡习尧,等.全球奥陶系碳酸盐岩油气藏综述[J].地层学杂志,2008,32(4):363－373.

[2] 华晓莉,李慧勇,孙希家,等.渤中凹陷碳酸盐岩潜山岩溶分带特征与优质储层分布规律研究[J].高校地质学报,2020.26(3):333－338.

[3] 邓吉锋,史浩,王保全,等.渤中凹陷古生界碳酸盐岩潜山气藏储层特征及主控因素[J].大庆石油地质与开发,2015,34(4):15－20.

[4] 王永辉,李永平,程兴生,等.高温深层碳酸盐岩储层酸化压裂改造技术[J].石油学报,2012,33(2):166－175.

[5] 胥耘.碳酸盐岩储层酸压工艺技术综述[J].油田化学,1997,14(2):175－179.

[6] 冯冲,王清斌,王晓刚,等.渤海海域渤中 21/22 构造区古生界碳酸盐岩潜山储层特征及控制因素研究[C].第八届中国含油气系统与油气藏学术会议论文摘要汇编,2015:255－264.

[7] 李小刚,陈雨松,王怡亭,等.新型清洁自转向酸性能室内实验研究[J].应用化工,2017,46(1):25－30.

[8] Michael J. Economides, Kenneth G. Nolte. Reservoir stimulation (Third Edition)[M]. Petroleum Industry Press,February 2011:542－544.

[9] 陈丽祥,牛成民,李慧勇,等.渤海湾盆地渤中 21－2 构造碳酸盐岩储层发育特征及其控制因素[J].油气地质与采收率,2016,23(2):16－21.

# 相变压裂新技术在海上应用实践与探索

陈　玲　张万春　郭布民　鲍文辉

(中海油田服务股份有限公司)

**摘　要**　针对海上筛管完井方式和井筒情况复杂的情况,提出了相变压裂新技术,解决施工过程中井筒内沉砂的风险、后续防砂困难的难题。针对海上施工特点与目标井地层、井筒等情况,通过室内实验及模拟分析对施工参数进行优选,优选形成 20/40 目颗粒施工,前置液量 150m³,排量为 3.0～3.5m³/min。现场施工顺利,通过对压裂数据进行拟合分析,裂缝半长为 77.8m,缝高为 23.4m,平均裂缝宽度 2.33mm,射孔段被有效压开,达到工艺设计要求。但通过现场情况分析,目标井在返排期间有出砂现象,说明相变压裂新技术在海上应用还存在着一定的风险。可能由于井筒特殊的井下结构较复杂、液添泵精度不够、支撑剂密度较低等原因,导致关井时间内未完井发生相变,部分材料返排时在井筒中产生相变造成出砂以及管柱堵塞。建议延长关井时间,对后续的相变压裂作业有一定的指导意义。

**关键词**　相变压裂;海上应用;关井时间

## 1　前　言

对于海上油田高孔高渗或中高渗疏松砂岩油藏,为了防止出砂大部分完井方式都是筛管完井或筛管+砾石充填完井。生产一段时间后,近井筒存在地层污染使产量降低,需要采用压裂施工解除地层污染,释放产能。常规的加砂压裂会破坏筛管,导致作业后期防砂困难,成本高。对于海上井筒情况复杂,目的层较深的井,常规的加砂压裂施工压力高,还有井筒内沉砂的风险。相变压裂与常规水力压裂相比,无须破坏筛管向地层中注入固体支撑剂,而是向压出裂缝的地层注入相变压裂液。进入地层后在超学子化学、物理的作用下,相变压裂液形成固体颗粒支撑裂缝。由于无固相支撑剂注入,能降低施工摩阻,不影响后续生产及作业,也能起到防砂的作用。

试验目标井在取芯过程中存在泥浆漏失情况,初产、累产、转抽、采液指数均较低,且明显低于邻井,基于以往解堵效果不佳的问题,需采用压裂作业来解除近井筒堵塞和储层改造来提高产量。该井虽为 7″尾管固井完井,但该井井筒内存在化学切割后留在井底的射孔完井管柱,起出管柱难度大,完井管柱与套管环空小,常规加砂压裂实施困难,存在井筒内沉砂而导致砂堵的风险。故采用不加固体支撑剂的相变压裂方式进行。针对海上不同于陆上的井况、作业方式等限制,通过大量的室内实验优化了施工参数及施工步骤,包括前置液量优化、排量优化、增加地层吸液测试步骤等。该技术的现场实施,为海上过筛管压裂及复杂井况的压裂作业实施提供了技术支持。

## 2　技术原理及参数优化

相变压裂技术原理主要是在不动管柱、不破坏筛管的情况下,先注入水基压裂液造缝为后续相变压裂液进入提供通道,相变压裂液由相变和非相变压裂液组成,进入地层后,在地层温度及化学刺激下,相变化学压裂液体系发生相变形成众多独立的"化学砂堆"支撑裂缝,建立起具有较高导流能力的优势渗流通道,从而提高单井产量。相变及非相变压裂液按一定比例进入地层后,随着温度的升高,逐渐形成具有一定硬度的相变颗粒。通过调整相变和非相变压裂液比例及剪切速度控制颗粒粒径分布,形成的颗粒具有较高的圆球度、导流能力高、抗破碎能力强等特征,能满足现场施工要求。

目标井井深 3434.00m,目的层中部垂直深度为 3320m。平均孔隙度为 13.1%,平均渗透率为 $4.2\times10^{-3}\mu m^2$。相变压裂导流能力取决于地下自生支撑剂效率及"化学砂堆"形态,为了减少支撑剂的嵌入,提高新工艺成功率及压裂增产效果,优化得到采用 20/40 目较大粒径支撑剂进行铺置。

### 2.1　前置液量优化

如图 1 所示,软件模拟 50m³、100m³、150m³液量下的裂缝形态,在 100m³ 液量前有效支撑缝长随液量增加增幅较大,超过 100m³ 后裂缝长度增幅减缓,考虑此次为新技术应用,为了造缝充分,推荐前置液量 120m³。

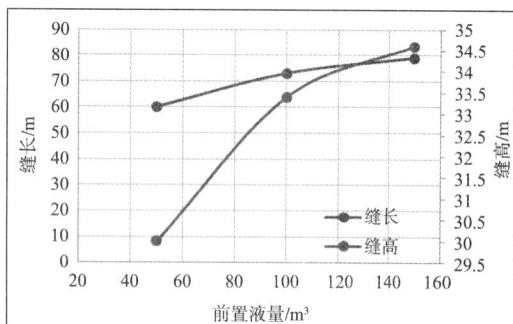

图1　不同液量下裂缝参数变化曲线

## 2.2　排量优化

如图2所示,软件模拟 $2m^3/min$、$3m^3/min$、$4m^3/min$ 排量下的裂缝形态。注液排量对裂缝缝长和缝高有较大影响,排量增大,裂缝长度减小,高度增加。根据模拟结果,结合井口压裂预测结果,$3.5\ m^3/min$ 排量时预测最高井口压力为 $63.6MPa$。同时为了控制裂缝过度延伸,推荐适中排量 $3.0\sim3.5m^3/min$。

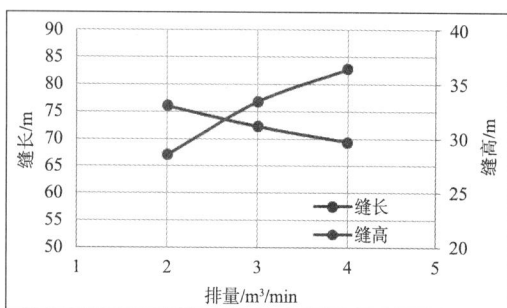

图2　不同排量下裂缝参数变化曲线

## 2.3　关井时间优化

结合不同排量下井筒内、裂缝内温度场进行模拟计算,优化压裂作业各阶段时的相变调节剂浓度,实现快速相变形成有效支撑。通过停泵后温度恢复曲线,$300\sim600min$ 后裂缝壁面井底温度恢复至 $85℃$ 以上;根据相变压裂材料的性质,相变支撑剂承压能力能相变温度和时间有关,因此为了使相变支撑剂具有更好的承压能力,优化施工结束后关井 $5\sim10$ 小时(图3)。

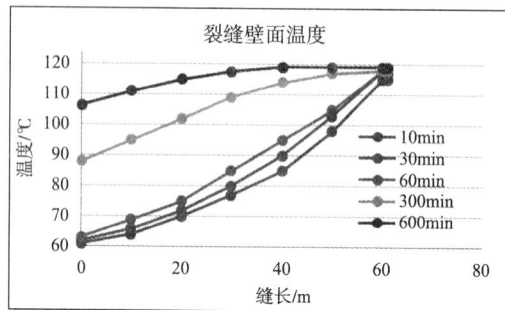

图3　相变压裂停泵温度恢复图

## 2.4　泵注表优化

根据优化结果,结合海上首次应用,正式压裂作业前增加了吸液能力测试,设计泵注表如表1所示。

### 表1　压裂泵注程序

| 序号 | 泵注程序 | 净液量(m³) | 排量(m³/min) | 阶段时间(min) | 累计液量(m³) | 备注 |
|---|---|---|---|---|---|---|
| 1 | 挤注基液 | 30 | 1～3.5 | 10～7.5 | 30 | 吸液能力测试 |
| 2 | 挤注交联液 | 120 | 3—3.5 | 40～30 | 150 | |
| 3 | 挤液固相变压裂液1 | 15 | 2.5 | 6 | 165 | |
| 4 | 挤液固相变压裂液2 | 15 | 2.5 | 6 | 180 | |
| 5 | 挤液固相变压裂液3 | 20 | 2.5 | 8 | 200 | |
| 6 | 顶替液 | 18 | 2.0～2.5 | 9～7.2 | 218 | |
| 7 | 关井 | | | 测压降60min,关井10h,返排 | | |

## 3　现场应用情况

### 3.1　施工情况

由于该技术在海上首次应用,为了保证施工安全,压裂作业前进行了吸液能力测试。试压结束后低替液量,待返液正常后快速提排量座封封隔器,后降排量后观察井筒返液情况,无返出进行测试阶段。分别测试了压力为 $27.6MPa$、$34.5MPa$、$37.9MPa$ 下的吸液能力分别为 $0.48m^3/min$、$1.09m^3/min$、$1.79m^3/min$,说明地层具有一定的吸液能力(图4)。

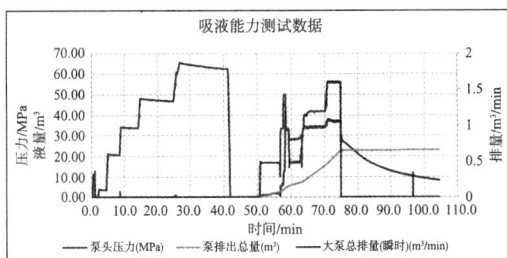

图4  试压及吸液测试曲线图

压裂施工顺利,共注入相变压裂液24.3m³,非相变压裂液43.6m³,井口最高压力59.6MPa,最高排量3.5m³/min。0～16.7min为低替座封阶段。16.7～60.0min为前置液阶段,破裂压力明显,约为52.34MPa,对应的排量约为3.32m³/min。60.0～100.0min为相变压裂阶段,井口最高压力约为59.47MPa。100.0～111.0min为顶替阶段。111.0～173.0min为测压降阶段,压力由36.8MPa降至31.2MPa(图5)。

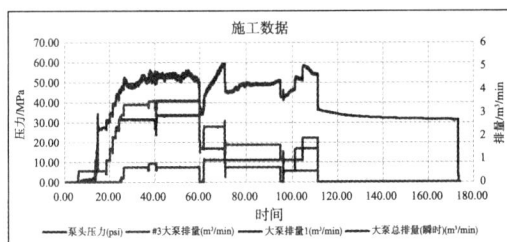

图5  施工曲线图

### 3.2  施工数据分析

通过对压裂施工数据进行升排量分析,选择排量与泵压对应数据点,按台阶稳定点取值,获取不同排量下泵压值。得到井口延伸压力为50MPa左右,与实际施工数据相符,井底延伸压力为83MPa左右,延伸压力梯度为0.0245MPa/m,与邻井数据基本一致(图6)。

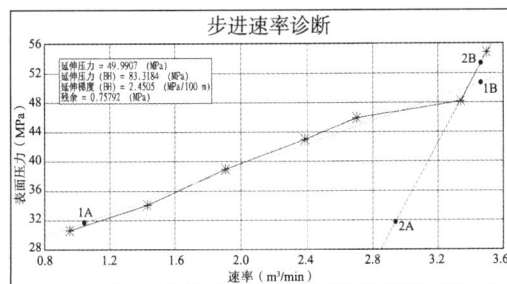

图6  压裂施工步进速率诊断

通过降排量分析,找出压力递降规律,得知排量2.5m³/min时,相变压裂液摩阻约16MPa,与施工设计一致(图7)。

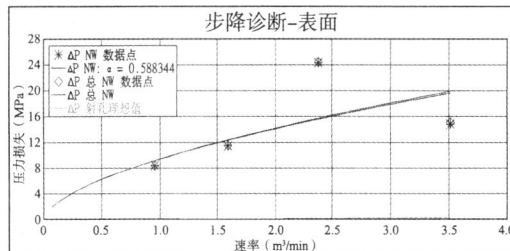

图7  压裂施工步降速率诊断

根据停泵压降数据,选择回归方程进行闭合压力分析,计算闭合压力,净压力。采用Nolte G时间为时间轴,压力选择G Dp/dG,选用压力差双对数曲线进行解释。该方法通过数据建立停泵后任两个时间差的压力差与时间的关系曲线,与现场井的数据进行类比分析,得到相关参数的一种解释方法。

由压降分析结果可知,井口闭合压力为32.881MPa,井底闭合压力为66.208MPa,裂缝内净压力为3.5MPa(平均),闭合压力梯度为0.01947MPa/m,液体效率0.119,液体效率中等偏高。闭合时间为施工122.64min后,按停泵时间计算,停泵时间为111.8min,裂缝闭合时间约为10.8min(图8)。

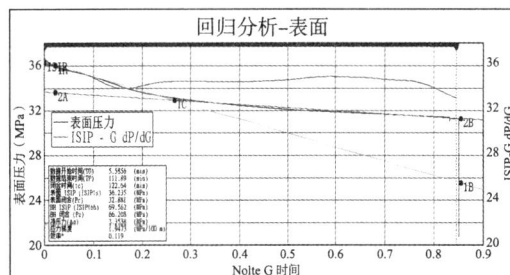

图8  压裂施工压降数据G函数分析

按照压后分析结果对地层剖面进行相应修正,修正后模拟得到裂缝参数剖面如图9所示。

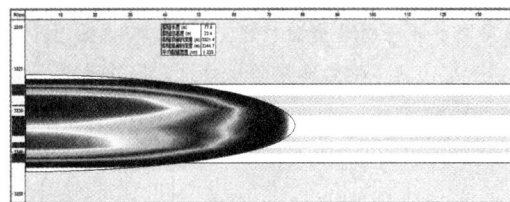

图9  实际施工裂缝参数拟合

根据拟合后裂缝形态所示,裂缝半长为77.8m,缝高为23.4m,平均裂缝宽度2.33mm,射孔段被有效压开,达到工艺设计要求。

本次相变压裂技术是首次在海上施工,虽然施工顺利且达到了设计要求,但在返排过程中,返出液出现了相变颗粒,油压突降至0MPa,反洗井困难,出现管柱堵塞现象。说明该工艺在海上的应用还存在一些问题,只有解决了这些问题才能保证施工的顺利进行(图10)。

图10 返排返出固相颗粒样品

## 4 问题分析与建议

返排期间,返出液出现了相变颗粒,经现场取样观察,返排出来的颗粒主要是 20 目~70 目之间的相变固体颗粒,返排过程中相变颗粒在管柱节流缩径处堆积造成堵塞,特别是部分相变颗粒在堆积过程中形成大颗粒,堵塞就会变得更严重,在返排过程中通过清理防喷考克一次,后续返排就比较顺利。造成相变固体颗粒返出可能有以下几点原因。

(1)一方面在压裂施工过程中,泵注相变调节剂的液添泵出现堵塞;另一方面,相变调节剂设计排量较小,液添泵在小排量计量下泵注相变调节剂不精确,导致压裂施工过程中加入的相变调节剂浓度出现了偏差,从而可能导致部分相变压裂液在关井期间未完全发生相变,返排时随返排液进入井筒产生相变,在井筒节流缩径处堆积造成堵塞,虽然对关井时间进行了调整,由原来的关井 10 小时相变调节剂增加到了 24 小时,但从此次施工时间调整结果来看,关井时间还应该再延长。

(2)根据室内实验,相变固相颗粒的密度为 1.04g/cm³,其密度较小,与水密度相近,因此在返排初期缝口部分相变固相颗粒可能易被返排流体带入井筒,在井筒管柱节流缩径处堆积造成堵塞。

(3)该井施工井口采用的是原采油树,且该井筒中存在化学切割后留在井底的长射孔完井管柱,在泵注相变压裂液阶段可能在采油树、井底的长射孔完井管柱与套管环空中滞留部分相变压裂液,这部分相变压裂液在关井期间相变成固相颗粒,在返排初期带入井筒管柱内,在井筒管柱节流缩径处堆积造成堵塞。

建议适当延长关井相变反应时间;在返排过

程中及时检查清理防喷考克类缩径工具。

## 5 结论与建议

(1)针对海上的采用筛管防砂完井的特殊完井方式,相变压裂液能在不破坏筛管的前提下,进入到地层后在地层温度及化学刺激下,相变化学压裂液体系发生相变形成众多独立的"化学砂堆"支撑裂缝,建立起具有较高导流能力的优势渗流通道,从而提高单井产量。本次作业施工顺利,说明相变压裂工艺在海上施工具有可实施性。

(2)相变压裂液受温度影响较大,需要通过数模实验模拟压裂作业不同阶段不同排量下井筒及裂缝的温度场变化,通过相变时间来优化设计参数。

(3)现场应用施工顺利,但返排液中出现相变颗粒,堵塞管柱,产生原因可能是在关井时间内未完井发生相变,返排时在井筒中产生相变,造成堵塞。建议适当延长关井相变反应时间;在返排过程中及时检查清理防喷考克类缩径工具。

## 参 考 文 献

[1] 杜光焰,杨勇,赵立强,余东合,刘国华,杜娟,车航、罗志峰、裴宇昕,李年银,刘平礼,徐昆.一种用于相变压裂的相变压裂液体系,中国,CN106190086A[P]. 2016-07-07.

[2] 杨勇,赵立强,余东合,杜娟,刘国华,罗志锋,车航,杜光焰,裴宇昕,李年银,刘平礼,徐昆,刘丙晓.一种相变水力压裂工艺,中国,CN105971579B[P]. 2018-05-08.

[3] 赵立强,张楠林,罗志锋,等.液体自支撑无固相压裂技术研究与现场应用[J].天然气工业,2020(11):243-245.

[4] 邹剑,徐昆,高尚,等.适合海上 60~90℃ 储层的液固相变支撑剂相变性能评价[J].广州化工,2020,48(4):61-64.

[5] 赵立强,张楠林,张以明,等.自支撑相变压裂技术室内研究与现场应用[J]天然气工业,2020,11(11):60-67.

[6] 王聚团,刘银山,黄志明,等.G函数压降分析方法优化及应用[J]非常规油气,2020,7(4):81-84.

# 陆地致密气压裂返排液重复利用研究

申金伟 赵 健 陈 磊 李 梦 豆连营

(中海油田服务股份有限公司)

**摘 要** 为解决压裂返排处理水重复利用的问题,本文探讨了压裂返排处理水对瓜胶压裂液的影响。针对瓜胶压裂液在高矿化度水中交联效果差的难题,通过优选交联助剂 YJ－01 以及合成有机硼交联剂 YJ－02,优化出一套适应于压裂返排处理水重复配制压裂液的配方。实验表明该配方可满足 90℃ 耐温耐剪切要求,具有以下功能:①研制的高效交联助剂,由有机碱、EDTA、有机磷酸盐和聚合物组成,可有效螯合钙、镁离子,可将含 1500mg/L 钙镁离子高矿化度水的 pH 调节至 10 以上时不发生沉淀;②研制的有机硼交联剂具有延迟交联功能。

**关键词** 压裂返排液;重复利用;钙镁离子;螯合;有机交联剂

## 1 引 言

随着致密气大规模压裂作业的进行,不可避免地出现了压裂返排液难以"消化"的问题,尤其是某些区块地层水矿化度普遍较高、钙镁子含量较高,利用返排液处理水配制胍胶压裂液,常面临瓜胶压裂液水化增粘效果差和交联效果差的难题[1－6]。

为解决上述问题,国内外对相关压裂液配方进行了研究,主要有水溶性聚合物压裂液[7]、改性胍胶压裂液[8－11]和清洁压裂液[12]等,从经济成本和适应性角度考虑,胍胶为稠化剂的压裂液仍然不可完全替代。为解决返排处理水的影响,需要对此类压裂液配套添加剂[13－16]进行研究。

本文主要从压裂返排处理水重复利用的难题出发,针对目前常用的水处理工艺,研究一套适用于高矿化度、高钙镁离子浓度的压裂返排处理水重复利用压裂液配方。

## 2 实验部分

### 2.1 实验仪器及材料

主要材料:氢氧化钠,氨水,氯化铵,乙酸钙,金属混合指示剂,有机交联剂配体(醇胺类、醛类、葡萄糖酸钠),硼砂,分析纯,国药集团化学试剂有限公司;实验用螯合剂材料见表 1;有机碱,分析纯,天津市光复精细化工研究所;致密气压裂液体系,包括羟丙基瓜胶、交联剂、无机碱 pH 调节剂等,东营同泰化工公司;瓜胶,耐盐瓜胶 PA－G,新乡市玄泰实业有限公司。

表 1 实验用阻垢剂

| 阻垢剂名称 | 规格 | 试剂种类 |
|---|---|---|
| EDTA | AR | 氨基羧酸类 |
| ATS－1 | AR | |
| ATS－2 | 47% | |
| ATS－3 | AR | 有机多元磷酸 |
| ATS－4 | 50% | |
| ATS－5 | 40% | |
| ATS－6 | 50% | |
| ATS－7 | AR | 聚合物类 |
| ATS－8 | 40% | |

主要仪器:精密 pH 计,分析天平,梅特勒公司;水浴锅;德国布鲁克公司;RS－6000 流变仪,赛默飞世尔科技有限公司;DX3000 离子色谱仪,美国赛默飞戴安公司;Turb550 浊度测试仪,德国 WTW 公司;六速黏度计,DNN－D6 天津市政鹏工贸公司;吴茵搅拌器 38BL54,WARING 公司;数显搅拌恒温电热套,SHT,山东省永兴仪器厂;三口烧瓶回流装置,成都市宜邦科析仪器有限公司。

### 2.2 实验方法

#### 2.2.1 阻垢剂阻垢能力测试方法

(1)滴定法测螯合值实验原理。

实验方法参考 GB/T 21884－2008,利用已知浓度的乙酸钙滴定已知质量的阻垢剂,来测得螯合值。

实验条件:25℃。

(2)浊度法评价阻垢能力。

浊度法评价阻垢剂阻垢能力操作方法如下:

首先准备含钙、镁离子的水溶液,然后向溶液中加入一定量的阻垢剂,测试溶液的初始浊度,最后引入pH调节剂调节溶液pH,并测试此时溶液的浊度;或者固定溶液的pH,然后测试加入不同量钙、镁离子后溶液的浊度变化。

实验条件:常温测试为25℃,90℃处理即为将溶液放在60℃下水浴2h,然后取出冷却至25℃再进行测试。

2.2.2 压裂液性能评价

参考标准《SY/T 5107-2016 水基压裂性能评价方法》。

## 3 压裂返排液配液问题讨论

压裂返排处理水中含有大量的钙镁离子,利用压裂返排液配制碱性交联的瓜胶压裂时,容易发生钙、镁离子和碱性物质的反应,一是会形成多种晶体或无定形固体沉淀的混合物,造成储层的伤害;二是碱性物质被钙、镁离子消耗,造成pH下降,影响压裂液的交联性能。

利用返排液处理水和山西致密气压裂常用的羟丙基瓜胶压裂液体系配制压裂液,由图1可知,加入常用的无机碱pH调节剂后,压裂液产生大量沉淀调,同时压裂液耐温耐剪切能力受到影响:由图2可知,38min后黏度降到50mPa·s以下。

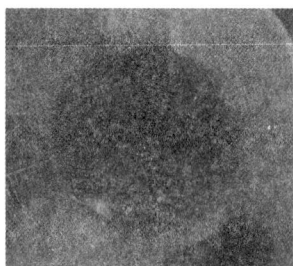

图1 压裂返排处理水配制压裂液沉淀现象

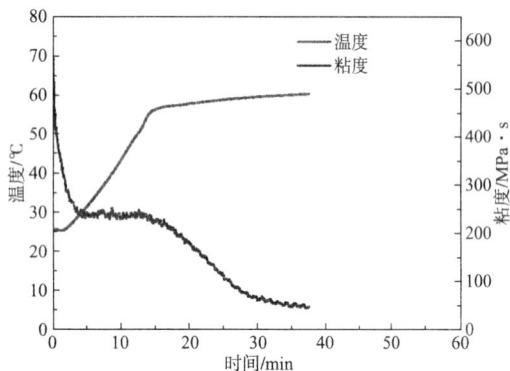

图2 压裂返排处理水配制压裂液耐温耐剪切测试结果

## 4 重复利用压裂液研究

由上述问题可知,针对高矿化水配制瓜胶压裂液时,主要考虑稳定压裂液体系的钙镁离子以及pH,提高压裂液的交联性能。因此该体系以羟丙基瓜胶为稠化剂,引入了交联助剂和交联剂,其中交联助剂主要由掩蔽剂和pH调节剂组成,在压裂液中主要起到螯合钙镁离子并调节压裂液pH的作用,目的是确保体系具有可交联的碱性环境。

### 4.1 交联助剂的研究

#### 4.1.1 掩蔽剂的优选

首先以阻垢剂对沉淀影响的理论为基础,优选出适用的掩蔽剂,考虑到大量该镁离子对压裂液性能的不利影响,因此在含钙镁离子的高矿化度水中一般加入阻垢剂抑制钙镁离子。

通常,阻垢剂的作用可分为螯合、晶格畸变和分散三部分,不同类型的阻垢剂具有不同的作用。氨基羧酸类阻垢剂主要通过螯合作用来阻止沉淀颗粒长大,主要在中低硬度水中起主要作用。有机磷酸盐类[17,18]能够诱导碳酸钙等晶体发生严重的晶格畸变,有机磷酸盐会吸附到碳酸钙晶体的活性生长点上,而后与高价离子螯合,阻碍晶格的正常成长,阻止了颗粒长大,分散作用型类阻垢剂,如水解聚马来酸酐,通过阻止成垢粒子间的相互作用和凝聚阻止垢的生长,主要在中高硬度水中起主要作用。

返排处理水矿化度高、钙镁离子含量高,属中高—高硬度水,因而实验主要对有机膦酸类阻垢剂和聚合物类阻垢剂进行了筛选,并和EDTA复配。

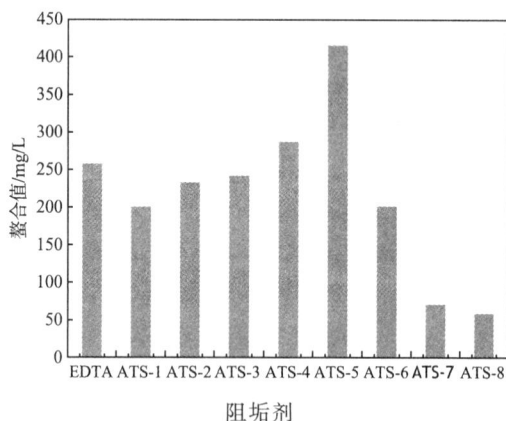

图3 不同阻垢剂配方的螯合值测试结果

从图3可以看出,有机膦酸类阻垢剂ATS-4、ATS-5具有较高的螯合值,聚合物类阻垢剂ATS-6具有较高的螯合值。但优选阻垢剂配方时,目的是在高pH条件下,通过阻垢剂的加入在一定程度上阻止钙镁离子沉淀的生成和长大,考虑到返排液矿化度高、钙镁离子含量高,一般需要综合考虑螯合作用、晶格畸变作用、分散增溶作用的共同影响。因此根据上述结果,初步确定有机膦酸类阻垢剂ATS-5、聚合物类阻垢剂ATS-6、氨基羧酸类EDTA复配体系作为配方。

实验对上述不同组合配方进行了评价,测定了体系的螯合值。

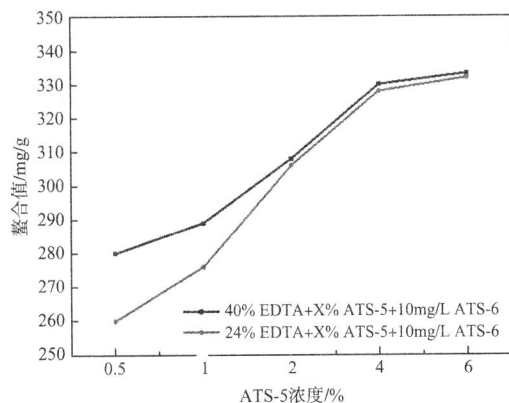

图4 不同配方阻垢剂螯合能力结果

由图4可知,固定 EDTA 浓度和 ATS－6 浓度时,随配方中 ATS－5 浓度的增加,体系的螯合值增加,但 EDTA 浓度不同时,体系螯合值增加的程度不同:当 ATS－5 浓度较低时,含 40% EDTA 的体系螯合值要明显高于含 24% EDTA 的体系螯合值;当 ATS－5 浓度增加时,含 40% EDTA 的体系螯合值与含 24% EDTA 的体系螯合值逐渐接近,当 ATS－5 浓度大于等于 4% 时,两者基本一致。上述实验结果符合返排液的中高一高硬度水特点:当 ATS－5 浓度较低时,晶格畸变作用较小,螯合能力仅与起螯合作用的 EDTA 浓度有关;当 ATS－5 浓度较高时,在返排液中起主要作用的是有机膦酸类阻垢剂的晶格畸变作用,因而螯合作用影响不大,体系的螯合值接近一致。

实验优选 24%EDTA＋4%ATS－5＋10mg/L ATS－6 作为阻垢剂体系配方。

#### 4.1.2 pH 调节剂的优选

实验用返排水配液,加入0.5%阻垢剂体系,分别用 NaOH 和有机碱 pH－O 作为 pH 调节剂,要求体系 pH 大于等于10,浊度小于30NTU,最后确定合适的 pH 调节剂,结果见下图。

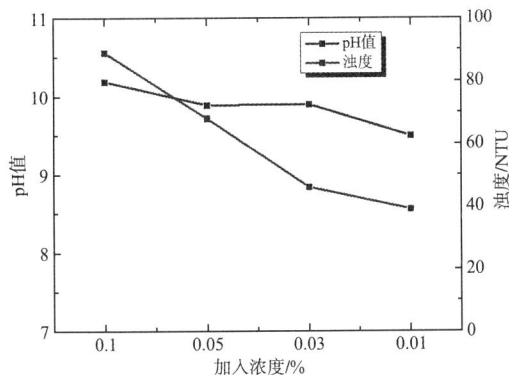

图5 加入不同浓度无机碱后溶液 pH 和浊度变化

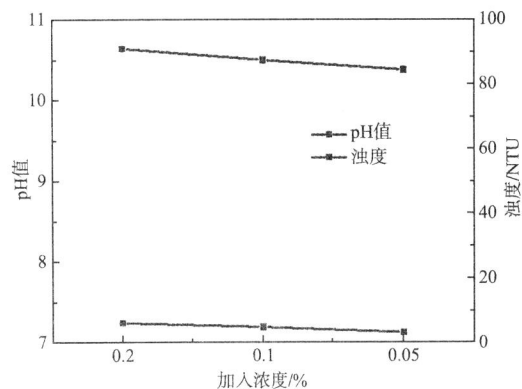

图6 加入不同浓度有机碱后溶液 pH 和浊度变化

图5和图6对比了 NaOH 和有机碱作为 pH 调节剂时,浊度及 pH 的不同。实验结果表明,用 NaOH 调节体系时,NaOH 刚加入体系即会产生瞬时混浊,浊度大幅上升,即使降低氢氧化钠的使用浓度,仍然产生局部浑浊的现象,浊度仍然大于30NTU,但体系的 pH 也随之下降,难以维持10以上;而用有机碱调节体系 pH 时,在 0.05%～0.2% 的浓度范围内都可较好的稳定 pH 在10以上,且体系的浊度较小(小于10),符合调节剂的要求。

有机碱之所以具有较好的 pH 调节能力,是因为有机碱溶于水后发生水解产生碱性,在加入溶液后的局部形成的水解产物较少,提供的 OH⁻ 浓度较低,此外有机碱的碱性需要与水分子结合并导致水分子解离后才表现出来,在加入溶液的同时扩散与水解同时发生,有机碱在扩散同时局部浓度下降局部 pH 升高更小,上述作用的共同结果均能降低沉淀产生,而且随不断水解的进行,可不断提供 OH⁻,可维持一定的碱性环境。

#### 4.1.3 不同浓度交联助剂体系对沉淀抑制效果评价

根据3.2.1和3.2.2研究结果,将阻垢剂成分和 pH 调节剂成分按5∶2比例混合,组成交联助剂配方 YJ－01。将不同浓度交联助剂配方加入到压裂返排处理水中,测量体系的 pH 和浊度,评价交联助剂配方的螯合能力,结果见表2。

表2　不同浓度交联助剂对返排处理水沉淀抑制效果评价

配方:24％EDTA＋4％ATS—5＋10mg/L ATS—6

| 序号 | 交联助剂加入量 | 室温 | | 90℃恒温2h处理后 | |
|---|---|---|---|---|---|
| | | pH | 浊度 | pH | 浊度 |
| 1 | 0.50％ | 10.53 | 6.1 | 10.16 | 7.4 |
| 2 | 0.25％ | 10.38 | 5.2 | 10.28 | 6.0 |
| 2 | 0.125％ | 10.30 | 2.3 | 10.3 | 4.4 |

图7　不同浓度交联助剂对返排
处理水沉淀抑制效果评价

从表2和图7实验结果可以看出,在返排液处理水中加入0.125％～0.5％的螯合剂配方后,溶液的pH保持在10以上,浊度保持在10以下。

从90℃处理后结果看,返排水的pH稍微降低,浊度略有升高,说明虽然高温有利于沉淀反应发生,消耗部分碱性离子,但因为交联助剂的存在,有效地抑制沉淀反应,并能持续提供OH⁻。

### 4.2 交联剂的确定

为提高压裂液冻胶的耐温性能,本研究将无机硼化合物(硼砂)和含多羟基化合物的有机配体(多元醛、醇胺)进行络合反应制备了含硼的有机硼交联剂YJ—02。实验以0.3％羟丙基瓜胶溶液为压裂液基液,对交联剂进行了评价,结果见表3。

表3　不同交联剂浓度时压裂液交联时间和交联状态(基液pH＝10.50)

| 交联剂浓度/％ | 0.1 | 0.2 | 0.3 | 0.4 | 0.5 | 0.6 |
|---|---|---|---|---|---|---|
| 交联时间 | ＞3min | 150s | 120s | 100s | 30s | 10s |
| 交联状态 | 拉丝 | 弱交联 | 交联良好 | 交联良好 | 交联 | 交联 |
| 1h后 | 拉丝 | 弱交联 | 交联良好 | 交联良好 | 流动性差 | 流动性差 |

表4　不同pH环境下压裂液交联时间和交联状态(交联比100∶0.3)

| 基液pH | 7 | 9.11 | 10.25 | 12.79 | 13.48 |
|---|---|---|---|---|---|
| 交联时间 | 8s | 20s | 60s | 100s | 120s |
| 交联状态 | 交联良好 | 交联良好 | 交联良好 | 可吐舌 | 可吐舌 |
| 1h后 | 交联良好 | 交联良好 | 交联良好 | 交联良好 | 交联良好 |

由表3可知,随交联剂浓度的增加,压裂液的交联时间减少。有机硼浓度越高,相应释放的硼酸根浓度越高,某一时刻内有更多的硼酸根离子和胍胶顺式羟基反应,因而交联时间减少,同时冻胶的初始强度增大,当有机硼交联剂浓度过大,流动性变差。根据实验结果,可确定YJ－02交联剂浓度为0.30%～0.40%。

由表4可知,随pH的增加,压裂液的交联时间增加,可见YJ－02交联剂延迟交联效果较明显。有机硼交联剂的合成过程中,碱作为催化剂,有利于硼酸根离子和有机配体的络合反应,因此当pH增加时,有机硼交联剂的逆向水解反应减弱,其释放硼酸根离子的速度减慢,因而压裂液的交联时间变长。根据本实验结论,可通过调节压裂液的交联pH环境,来实现不同的交联时间。

## 5 压裂液性能评价

实验选用神木区块压裂返排处理水(离子组分见表5),加入0.35%羟丙基瓜胶配制压裂液基液,然后加入交联助剂YJ－01和交联剂YJ－02制备压裂液交联液,依据标准《SY/T 5107－2016水基压裂性能评价方法》对压裂液进行耐温耐剪切性能评价,结果见图8和图9。

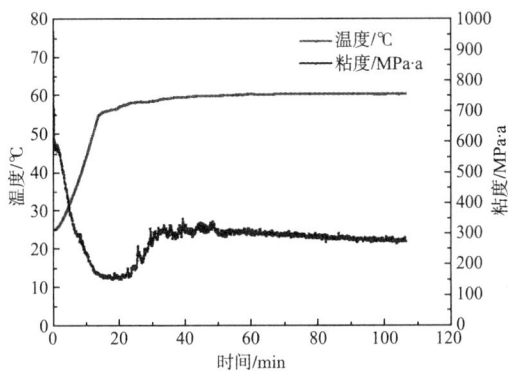

图 8　60℃压裂液耐温耐剪切性能

(0.5%YJ－01＋0.4%YJ－02,基液pH10.53,交联时间80s)

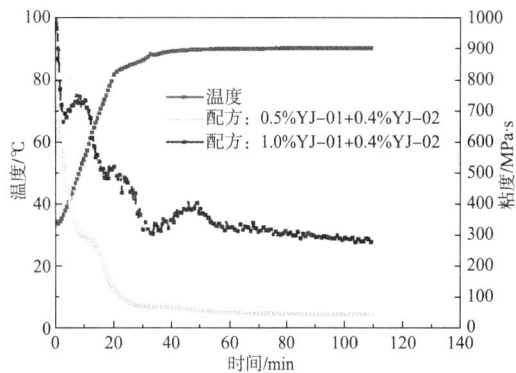

图 9　90℃压裂液耐温耐剪切性能

(1.0%PA－CR＋0.4%YJ－02,基液pH10.95,交联时间120s)

由图8和图9可以看出,压裂液黏度随温度升高黏度先下降,当温度稳定后反弹升高,最后随剪切时间增加趋于稳定,说明压裂液后期出现"二次"交联现象,表明体系中的交联助剂和有机硼交联剂共同作用下,避免了返排处理水中钙镁离子对氢氧根的消耗,提供了稳定的碱性环境以及不断释放的硼酸根交联离子,确保了压裂液的耐温和耐剪切性能。对比图9两种配方的耐温耐剪切结果可知,通过改变交联助剂加量,由0.5%提高至1.0%,提高压裂液的pH,有助于增加压裂液的耐温耐剪切能力,由60℃提高至90℃。

## 6 结　论

(1)讨论了利用压裂返排处理水配制压裂液的影响:高矿化度水中钙镁离子和瓜胶压裂液碱性交联环境不匹配,影响压裂液的耐温耐剪切性能。

(2)针对压裂返排处理水,研制了交联助剂YJ－01、交联剂YJ－02,形成了适用于中低温压裂返排处理水再利用的配方:0.35%耐压瓜胶PA－G＋0.5%～1.0%交联助剂YJ－01＋0.4%交联剂YJ－02。

(3)研制的压裂返排处理水重复利用压裂液具有较好的耐温耐剪切性能,满足90℃储层应用。

表 5　压裂返排液处理后水成分

| 离子含量/(mg·L⁻¹) | | | | | | | | pH | 矿化度/(mg·L⁻¹) | COD/(mg·L⁻¹) |
|---|---|---|---|---|---|---|---|---|---|---|
| Cl⁻ | Br⁻ | F⁻ | Ca²⁺ | Mg²⁺ | SO₄²⁻ | Na⁺ | K⁺ | 8 | 124472.3 | 5112.5 |
| 70191 | 1592 | 136 | 8641.2 | 1336.5 | 480.3 | 37086 | 5009.5 | | | |

## 参 考 文 献

[1] CHENG Y, BROWN K M, PRUD'HOMME R K. Characterization and intermolecular interactions of hydroxypropyl guar solutions[J]. Biomacromolecules, 2002,3(3):456−461.

[2] G ITTINGS M R, CIPELLETTI L, TRAPPE V, et al. The effect of solvent and ions on the structure and rheological properties of guar solutions[J]. J Phys Chem A, 2001, 105(40):9310−9315.

[3] KOTHAMASU R, DAS P, KONALE S. Effect of Salt Concentration on Base−gel Viscosity of Different Polymers used in Stimulation Fluid Systems[C]. // SPE/EAGE European Unconventional Resources Conference and Exhibition. Society of Petroleum Engineers,2014.

[4] 林雪丽,黄海燕,赵启升,等. 返排废液中无机盐离子对压裂液特性的影响[J]. 钻井液与完井液,2013,30(2):73−76.

[5] 蒋继辉,冀忠伦,赵敏,等. 油田井场废水中无机盐对配制压裂液的影响[J]. 石油与天然气化工,2013(2):188−191

[6] 吴萌,陈雁南,李强,等. 水中常见离子对水基压裂液性能影响的研究[J]. 石油化工应用,2014,33(8):61−64+75.

[7] 林波,刘通义,陈光杰. 一种海水基清洁压裂液体系研究[J]. 油田化学,2015,32(3):336−340.

[8] 何乐,王世彬,郭建春,等. 海水中瓜尔胶溶胀性能研究[J]. 油田化学,2014,31(2):207−210.

[9] 鲍文辉,王杏尊,郭布民,等. 高温海水基压裂液研究及应用[J]. 断块油气田,2017,24(3):434−436.

[10] 张大年,赵崇镇,范凌霄,等. 海水基植物胶压裂液体系快速制备及性能评价[J]. 中国海上油气,2016,28(6):95−98.

[11] 魏杰. 高温海水基瓜胶压裂液体系及其流变性研究[D]. 中国石油大学(北京),2016.

[12] 王所良,李勇,吴增智. 高温油藏用海水基压裂液研究进展[J]. 石油化工应用,2016,35(10):5−9.

[13] 李阳,管保山,胥云,等. 高矿化度水压裂液螯合剂的研制[J]. 科学技术与工程,2016,16(14):175−180.

[14] 马兵,宋汉华,牛鑫,等. 环江油田抗高矿化度水质压裂液体系研究[J]. 石油与天然气化工,2011,40(6):602−606.

[15] 刘玉婷,管保山,刘萍,等. 压裂用螯合剂的开发及现场应用[J]. 化学试剂,2010,32(6):545−547.

[16] Le H V, Wood W R. Method for increasing the stability of water−based fracturing fluids[P]: US 1993.

[17] 曾彬. 工业锅炉有机磷水化学技术研究[D]. 长沙理工大学,2013.

[18] 季燕. 有机磷酸阻垢剂与羧酸螯合剂对碳酸钙的抑制机理探究[A]. 中国化工学会工业水处理专业委员会、中国石油学会海洋石油分会. 2016 中国水处理技术研讨会暨第 36 届年会论文集[C]. 中国化工学会工业水处理专业委员会、中国石油学会海洋石油分会:中国化工学会工业水处理专业委员会,2016:9.

# 海上油田优势渗流通道识别及调驱参数优化的研究与应用

于　萌　铁磊磊　李　翔　刘文辉　王春林　徐国瑞

(中海油田服务股份有限公司)

**摘　要**　优势渗流通道导致注入水在注采井间低效甚至无效循环,严重影响水驱开发效果,是中高渗透砂岩油藏提高水驱采收率必须解决的关键问题。目前,有关直井的优势通道识别及对应调驱工艺研究较多,有关定向井及水平井的相关研究较少,且调堵工艺选择和工艺参数设计存在巨大困难。本文使用数值模拟方法,针对水平井井型,建立优势通道定量识别方法,以此为基础,进行调驱方案优化,以实现有效控水及高效稳产。选取渤中油田三个典型井组为例,进行了优势通道识别与定量描述,完成对应目标井组调驱剂最佳置放位置、封堵强度、段塞大小等参数的优化,实现对控水工艺技术定量化设计的要求,较好的指导了海上油田含多井型井组的调驱工艺。

**关键词**　高含水期;优势孔道;定量描述;调驱;工艺优化

## 1　前　言

目前渤海主力油田由于长见注入开发,多进入中高含水时期,储层出砂严重导致砂岩油藏物性相对于开发初期发生了较大的变化,油藏某些层或者局部区域已形成水驱优势通道。优势通道的发育使注入水低效、无效循环,加剧油层非均质性,使注入水波及系数降低,加剧层内、层间矛盾,导致油井含水上升快,油田增产措施实现困难[1-3]。实践证明,优势通道的有效封堵是改善水驱开发效果的必要手段,而优势通道的准确识别与体积定量计算是实现成功封堵的前提保障[4,5]。

目前,有关直井的优势通道识别及对应调驱工艺研究较多,发展较为成熟,有关定向井及多段井的相关研究较少[6-10]。相较于直井,由于定向井及水平井井身斜穿或平行于油层,含水容易急剧上升,"一点见水"或"多点见水"发展成整个油井的"水淹"。另一方面,由于定向井及水平井的油藏状况较复杂,常规找水技术无法推广到定向井及水平井,且存在机械类堵水工具较少,堵剂选择性不理想的问题。因此,目前定向井及水平井调堵工艺选择和工艺参数设计存在巨大困难。迄今为止,虽然国内外学者在矿场施工的基础上,形成了一些针对水平井和定向井的调堵经验,但现阶段水平井调堵工艺选择和工艺参数设计仍然缺乏有效的油藏工程决策作为指导,调堵施工存在盲目性,调堵效果也较难达到理想效果。

本文使用数值模拟的手段,针对多种井型,建立优势通道定量识别方法,以此为基础,进行调驱方案的优化,以实现有效控水及高效稳产开发。

## 2　数值计算模型的建立

### 2.1　数学模型

为尽量简化数学计算过程,显化方法思路而不失一般性,故采用三维两相模型,从运动方程、状态方程、连续性方程出发,建立同时考虑时变绝对渗透率及相对渗透率的控制方程。

油相:

$$\nabla \cdot \left[\frac{KK_{ro}\rho_o}{u_o}(\nabla P_o - \gamma_o \nabla D)\right] + q_o = \frac{\partial(\varphi\rho_o S_o)}{\partial t} \tag{1}$$

水相:

$$\nabla \cdot \left[\frac{KK_{rw}\rho_w}{u_w}(\nabla P_w - \gamma_w \nabla D)\right] + q_w = \frac{\partial(\varphi\rho_w S_w)}{\partial t} \tag{2}$$

辅助方程:

$$\begin{cases} S_o + S_w = 1 \\ P_o - P_w = P_{cow} \\ k = f(R) \\ k_{ro} = k_{ro}(S_w, R) \\ k_{rw} = k_{rw}(S_w, R) \end{cases} \tag{3}$$

设:

$$\begin{cases} \lambda_o = \dfrac{KK_{ro}\rho_o}{u_o} \\ \lambda_w = \dfrac{KK_{rw}\rho_w}{u_w} \end{cases} \tag{4}$$

则方程变形为:

油相:

$$\nabla \cdot [\lambda_o(\nabla P_o - \gamma_o \nabla D)] + q_o = \frac{\partial(\varphi\rho_o S_o)}{\partial t} \tag{5}$$

水相：

$$\nabla \cdot \left[ \lambda_w (\nabla P_w - \gamma_w \nabla D) \right] + q_w = \frac{\partial (\varphi \rho_w S_w)}{\partial t} \quad (6)$$

式中，$K$ 为岩心(网格)绝对渗透率，与岩心的孔隙结构及黏土矿物有关 $\gamma_o = \rho_o g$，$\gamma_w = \rho_w g$，$q$ 为单位时间内单位油藏体积注入的流体质量；$K_{rw}$ 为水相相对渗透率；$K_{rw}$ 为水相端点渗透率；$S_{wr}$ 为束缚水饱和度，$n_w$ 为水相指数；$K_{ro}$ 为油相相对渗透率；$K_o$ 为油相端点渗透率；$S_{or}$ 为残余油饱和度；$n_o$ 为油相指数；$D$ 为地层的海拔深度，$m$；$P$ 为油水的毛管力；$R$ 为冲刷孔隙倍数，无量纲；下标 $o$ 和 $w$ 分别代表油和水。

### 2.2 高含水期储层渗透率变化

#### 2.2.1 绝对渗透率变化

由于长期注水开发，一方面，注入水冲刷使储层中的地层微粒和被分解的黏土矿物碎片被冲散、迁移，并有部分随着采出液带出，颗粒中值增大，泥质含量减少，使孔喉变通畅，孔喉网络的连通性变好，最终表现为储层渗透率增加；另一方面，由于注入水进入油层后，打破了原来的化学平衡状态，储层中的碳酸盐或其他盐类可能会与注入水发生一些化学反应，发生溶解，导致孔候半径增加，流体的流动能力增强，储层渗透率也随之增大。经过各学者的实验研究及理论研究发现，渗透率变化与注水冲刷倍数近似符合关系：

$$K_{冲刷后} = K_{冲刷前} \cdot e^{ak \cdot R} \quad (7)$$

式中，$K$ 为岩心(网格)绝对渗透率；$ak$ 为渗透率变化系数，与岩心的孔隙结构及黏土矿物有关。

#### 2.2.2 相对渗透率变化

国内各学者选取不同含水阶段的岩心，进行了大量油水相对渗透率曲线测试。实验结果证实油水相对渗透率曲线呈明显的规律性变化，随着含水率的升高，油水相对渗透率曲线的共渗点右移，亲水性增强，油水共渗范围增加，驱油效率有一定的提高，整体上对注水开发有利[11,12]。

与渗透率变化类似，相对渗透率曲线各参数与注水冲刷倍数近似符合关系[13,14]：

$$\begin{aligned}
K_{w,冲刷后} &= K_{w,冲刷前} \cdot e^{-aw \cdot R} \\
n_{w,冲刷后} &= n_{w,冲刷前} \cdot e^{-aw \cdot R} \\
S_{wr,冲刷后} &= S_{wr,冲刷前} \cdot e^{-aw \cdot R} \\
K_{o,冲刷后} &= K_{o,冲刷前} \cdot e^{-ao \cdot R} \\
n_{o,冲刷后} &= n_{o,冲刷前} \cdot e^{-ao \cdot R} \\
S_{or,冲刷后} &= S_{or,冲刷前} \cdot e^{-ao \cdot R}
\end{aligned} \quad (8)$$

式中，$aw$ 为水相渗透率变化系数；$ao$ 为油相渗透率变化系数，与岩心的润湿性及流体性质有关。

### 2.3 调驱工艺参数优化

本次研究采用流管模型及渗流力学方法，进行水平井调驱参数优化设计和效果预测。调剖剂挤入地层后，其封堵性能会随着时间的延长而减弱。目前的室内实验研究发现，调剖剂的封堵率与时间近似地呈对数关系，经回归分析，得

$$R_F(t) = R_F(0) - \gamma (1 + \lg t) \quad (9)$$

流管 $i$ 中的调剖剂运移距离可表示为

$$\frac{L}{2} - r_w - L_i(t) = \frac{1}{\varphi_i} \int_0^t |v_i|_{-L_i(t)} dt = \frac{Q_i(t)}{\varphi_i h} \int_0^t \frac{1}{A[-L_i(t)]} dt \quad (10)$$

式中，$R_F(t)$ 为调剖剂在 $t$ 时刻的残余阻力系数；$R_F(0)$ 为调剖剂在初始时刻的残余阻力系数；$\gamma$ 为封堵系数，与调剖剂性能有关。

## 3 应用实例

### 3.1 一注一采水平井组

#### 3.1.1 油藏概况

渤中某油田 A 井区主力含油层层系为 3D-NmIV-1566，含油面积 0.76km²，储量为 92.46×10⁴m³。平均有效厚度 13.5m，平均孔隙度为 30.9%，渗透率 1551mD，以浅水三角洲沉积为主，属于构造层状为主的油藏。4-1566 开发单元 2015 年 6 月投入开发，2016 年 1 月进行注水开发，共一口注水井和一口油井，均为水平井井型。目前含水为 76%，采出程度为 11.3%。

选择 A 井组作为模拟区域，进行优势通道的识别、定量描述与调驱参数优化研究，针对模拟区域，建立数值模型。在模型中，平面网格步长为 25m×25m，向模型中输入井轨迹、砂体储量、射孔、井史、生产动态、流体 PVT 数据等，完成模型建立。

#### 3.1.2 模拟区域内的优势通道定量描述

图 1 为模拟区域内的 4-1566 目前流线分布。可以看出，在注水井跟端和采油井跟端流线较密。这是因为注水井的注水量较大，注水井周围与沿注采井间主流线方向的水流较大，储层冲刷严重，注水井跟端到采油井跟端的孔道半径位 25.39μm，容易发育优势通道。

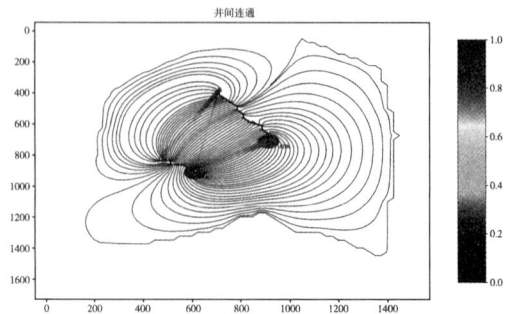

图 1 4-1566 层目前井间连通图

表 1　优势通道分布计算结果

| 注入井 | 生产井 | 孔道半径(m) | 窜流速度(m/d) | 有效渗透率(mD) |
|---|---|---|---|---|
| A22 跟端 | A23 跟端 | 26.95 | 1.83 | 16980 |
| A22 趾端 | A23 趾端 | 11.08 | 0.32 | 4557 |

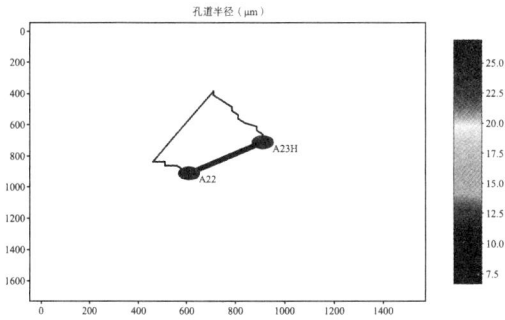

图 2　4－1566 层孔道半径图

对各网格的目前渗透率进行统计,可以得到注入水的窜流速度和孔道半径(表1)。由表1可知,在4－1566 层中发育有优势通道(图2)。

### 3.1.3　调驱参数优化

以 A 井组为例,绘制井组日增油量与最大调驱半径、封堵强度的响应面(图3)。结果表明,并不是封堵强度越大、调驱半径越大其封堵效果越好,而是存在一个最优值,对于 A22 井组,优化设计调驱半径为 10m,封堵强度为 20 时即可达到最佳的封堵效果。计算得到,当调驱剂用量58729.86时,增油 10050 方。

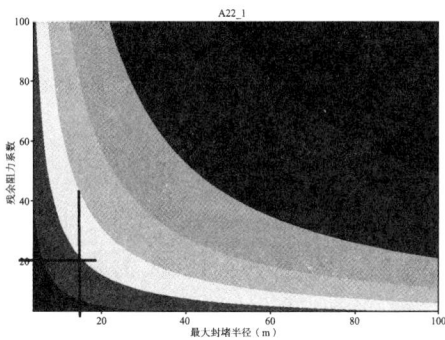

图 3　井组日增油量与最大调驱半径、封堵强度的响应面

### 3.2　直井、定向井井组

### 3.2.1　油藏概况

渤中某油田 B 井区 B8 井注水层位为 E3d2L Ⅱ油组,井组储量约 $70 \times 10^4 m^3 t$,油层中部垂深 2544.55m,属于构造、构造－岩性油气藏。平均有效厚度 27.5m,平均孔隙度 24.2%,渗透率 1051.3mD。2014 年 5 月进行注水开发,共三口注水井和五口油井,为直井和定向井井组,共射开生产五个小层,其中1、2 小层为主要生产及注水层。目前井组平均含水 63.05%,采出程度 27.5%。

选择 B 井组作为模拟区域,进行优势通道的识别、定量描述与调驱参数优化研究,针对模拟区域,建立数值模型。在模型中,平面网格步长为 $50m \times 50m$,向模型中输入井轨迹、砂体储量、射孔、井史、生产动态、流体 PVT 数据等,完成模型建立。

### 3.2.2　模拟区域内的优势通道定量描述

图 4 为模拟区域内的 B8 井组 1 小层目前流线分布,图 5 为 1 小层目前的孔道半径图。可以看出,1 小层中,B8 井和 B5 井、B14、B16 井之间连通性较好。B8 和 B5 间孔道半径 16.26$\mu$m,推进速度 20.65m/d;B8 和 B14 间的孔道半径11.78$\mu$m,推进速度 15m/d;B8 和 B16 间孔道半径 15.98$\mu$m,推进速度 18.3m/d,容易发育优势通道。

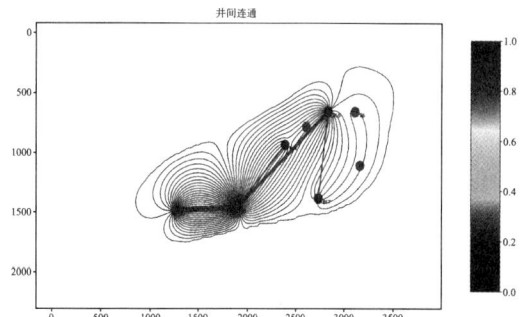

图 4　B8 井组 1 小层井间连通图

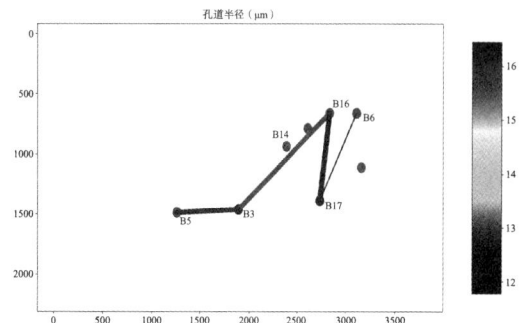

图 5　B8 井组 1 小层孔道半径图

图 6 为模拟区域内的 B8 井组 2 小层目前流线分布,图 7 为 2 小层目前的孔道半径图。可以看出,2 小层中,B8 井和 B14 井、B4、B16 井之间连通性较好。B8 井和 B14 井间孔道半径 32.71$\mu$m,推进速度 24m/d;B8 和 B4 井间的孔道半径 18.68$\mu$m,推进速度 17.2m/d;B8 和 B16 井间的孔道半径 14.41$\mu$m,推进速度 14.6m/d。

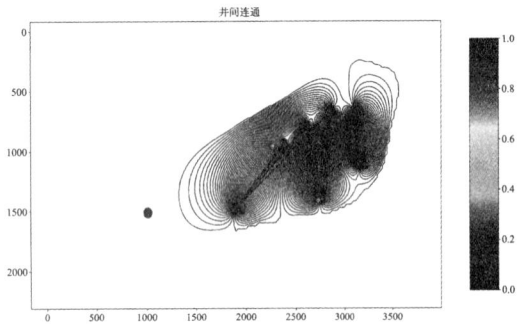

图 6 B8 井组 2 小层流线图

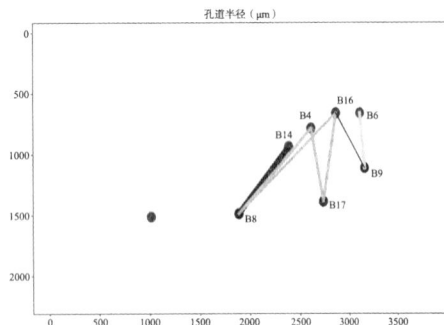

图 7 B8 井组 2 小层孔道半径图

### 3.2.3 调驱参数优化

对 B8 井调驱,绘制井组日增油量与最大调驱半径、封堵强度的响应面(图 8)。结果表明,并不是封堵强度越大、调驱半径越大其封堵效果越好,而是存在一个最优值,对于 B8 井,调驱半径为 19.85m,封堵强度为 28 时即可达到最佳的封堵效果,调剖剂用量 6727.48 方,增油 3152 方。

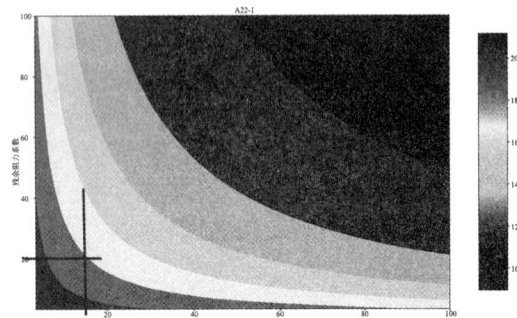

图 8 B8 井组日增油量与最大调驱半径、封堵强度的响应面

### 3.3 多种井型井组

#### 3.3.1 油藏概况

调驱砂体 1－1195－1 属于 NmII1 小层,为河流相沉积,砂体含油面积 7.75Km²,有效厚度 8.0m,孔隙度 31.1%,渗透率 1095mD,为高孔高渗储层,地质储量为 848.01×10⁴m³。含 A11H 和 A12H 两个调驱井组,共四口注水井和五口油井,包含水平井、定向井及直井多种井型。目前井组平均含水 81%,采出程度 25.5%。

#### 3.3.2 模拟区域内的优势通道定量描述

图 9 为模拟区域内的 1－1195－1 砂体,目前流线分布,图 10 为 1 小层目前的孔道半径图。从流线图可以看出,A11H 跟端和 A3H 跟端孔道较大,9.16μm;A11H 趾端和 A03H 趾端孔道较大,8.90μm;A12H 和 A6H 孔道较大,跟端对跟端为 10.72μm,A12H 趾端到 A6H 跟端为 12.21μm,容易发育优势通道。

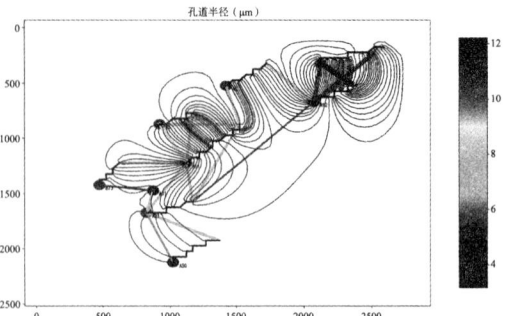

图 9 1195－1 砂体流线图

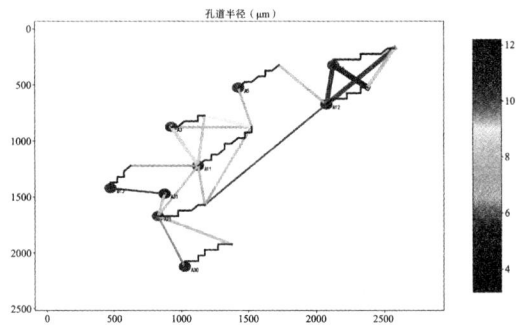

图 10 1195－1 砂体孔道半径图

## 4 结论和认识

(1)以注水冲刷倍数为指标,建立了考虑优势通道影响的数值模拟方法。提出了一套优势通道量化表征的数值模拟方法,以此为基础建立了考虑水平井的优势通道量化参数的计算方法。根据油藏模拟结果,可以判断储层中是否形成了优势通道,并对井间连通情况进行了定量描述。

(2)注采井距、生产压差以及渗透率等都会影响优势通道的形成。注采压差一定时,随着注采井距的增加,形成优势通道所需的临界渗透率越高。

(3)利用流管模型及渗流力学方法,建立了水平井调驱参数优化设计和效果预测方法,根据优势通道定量识别的结果,可对调驱工艺参数进行优化分析。

## 参 考 文 献

[1] 王森,冯其红,宋玉龙,等.基于吸水剖面资料的优势通道分类方法——以孤东油田为例[J].油气地质与采收率,2013,20(5):99－102.

[2] 曾流芳,赵国景,张子海,等.疏松砂岩油藏优势通道形成机理及判别方法[J].应用基础与工程科学学报,2002,10(3):268－276..

[3]刘月田,孙保利,于永生.优势通道模糊识别与定量计算方法[J].石油钻采工艺,2003,25(5):54—59.

[4]郝金克.利用无因次压力指数定性识别优势通道[J].特种油气藏,2014,21(4):123—125.

[5]冯其红,史树彬,王森,等.利用动态资料计算优势通道参数的方法[J].油气地质与采收率,2011,18(1):74—76.

[6]李科星,蒲万芬,赵军,等.疏松砂岩油藏优势通道综述[J].西南石油大学学报,2007,2(95):42—44.

[7]王祥,夏竹君,张宏伟,等.利用注水剖面测井资料识别优势通道的方法研究[J].测井技术,2002,26(2):162—164.

[8]丁乐芳,朱维耀,王鸣川,等.高含水油田优势通道参数计算新方法[J].油气地质与采收率,2013,20(5):92—95.

[9]Yousef A A,Lake L W,Jensen J L. Analysis and interpretation of interwell connectivity from production and injection rate fluctuations using a capacitance mode[C]. SPE 99998—MS,2006。

[10]Babadagli T. Development of mature oil fields — A review[J]. Journal of Petroleum Science and Engineering,2007,57(3/4):221—246.

[11]Ranjbar, M., Rupp, J., Pusch, G., Meyn, R. Qualification and optimization of viscoelastic effects of polymer solutions for enhanced oil recovery[J]. In Proceedings of the SPE/DOE Eighth symposium on EOR, Tulsa, Oklahoma, U. S. A., 22—24 April 1992.

[12]Chan K S. Water control diagnostic plots[C]. SPE 30775—MS,1995..

[13]Wang, D. Cheng, J., Yang, Q. Viscous—elastic polymer can increase microscale displacement efficiency in cores[J]. In SPE annual technical conference and exhibition, Dallas, Texas, U. S. A., 1—4 October 2000

[14]Albertoni A. Inferring interwell connectivity from well—rate fluctuations in waterfloods[C]. SPE 75225—MS,2002.

# 络合酸抑制二次沉淀能力的适应性与应用实践研究

陈　凯　陈　军　潘定成　张洪菁　张　强

（中海油田服务股份有限公司）

**摘　要**　为有效抑制酸化过程中二次沉淀的生成,海上油田常规砂岩酸化作业一般采用前置液、处理液和后置液三段式注入工艺,但作业工序相对复杂;基于此,室内研发了络合酸体系,岩心驱替结果显示,络合酸体系能够有效溶蚀砂岩,酸化解堵效果显著;ICP与EDS测试证明,其能有效抑制酸化过程中二次沉淀的生成;现场应用表明,络合酸对储层具有良好的适应性,实现了海上油田单步法酸化工艺,大幅简化油水井酸化注入工艺。

**关键词**　络合酸;抑制;单步法酸化;二次沉淀;适应性

海上油田油水井砂岩单步法酸化能显著简化酸化注入工艺,采用浓缩酸与平台注入水按比例混合稀释,从而大幅度节省海上油田酸化作业的时间、空间和人力[1-5]。土酸作为一种砂岩储层酸化改造过程中常用的酸液体系,但反应过程中 HF 与矿物反应产生的某些中间产物会形成沉淀,堵塞孔喉,降低地层渗流能力。近年来研究表明,络合酸能高效抑制酸化过程中二次沉淀的生成,为海上油田单步法酸化工艺提供了技术条件。

酸液对储层的改造和伤害与否,最终需要从驱替实验中给出最直观的反映。在实际的酸化施工中,酸液量相对于岩石是不足量的,因此,常规岩心驱替实验过程并不能真实再现储层酸化实况[6,7]。基于此,本文采用标准岩心注入 0.8PV 岩心孔隙体积酸液的方法,以达到真实残酸条件。通过对比酸液注入前后渗透率变化和压差变化,观察储层伤害程度和改造效果,结合 ICP 与 EDS 测试,研究酸液抑制二次沉淀能力与对储层的适应性。

## 1　实验部分

### 1.1　实验仪器及药品

实验药品:5% 氯化铵标准盐水、土酸、络合酸。

实验仪器:高温高压耐酸岩心流动仪,该设备为哈氏合金,耐温耐酸,使用上限压力为 70MPa,上限温度为 200℃。

实验岩心:岩心矿物组成和渗透率具体参数如表 1 和表 2 所示。

表 1　人工岩心参数

| 矿物种类和含量(%) | | | | | | 岩心物性参数 | |
| --- | --- | --- | --- | --- | --- | --- | --- |
| 石英 | 钾长石 | 斜长石 | 方解石 | 白云石 | 黏土矿物 | 孔隙度(%) | 渗透率(mD) |
| 41.5 | 9.6 | 27.9 | 1.2 | 1.4 | 18.4 | 25～30 | 500～1500 |

表 2　岩心编号与渗透率及孔隙度

| 岩心编号 | 渗透率(mD) | 孔隙度(%) | 长度(cm) | 直径(cm) |
| --- | --- | --- | --- | --- |
| R3－1 | 831 | 24.98 | 10.038 | 2.508 |
| R3－2 | 830 | 24.92 | 10.024 | 2.524 |
| R3－3 | 750 | 25.64 | 10.092 | 2.518 |
| R3－4 | 751 | 24.37 | 9.999 | 2.517 |
| R3－5 | 765 | 25.13 | 10.088 | 2.519 |
| R3－7 | 821 | 24.31 | 10.107 | 2.515 |

## 1.2 实验步骤

①配置5%的氯化铵标准盐水、土酸、络合酸；②正驱氯化铵溶液，测定初始岩心渗透率；③反驱0.8PV酸液，关闭阀门，酸岩反应4h；④打开阀门，正驱氯化铵溶液，收集返排的残酸，测试酸岩反应后岩心渗透率；⑤采用ICP测定返排残酸中离子含量；⑥岩心端面电镜扫描分析，并用EDS测试端面岩心组成。

## 2 结果分析与讨论

### 2.1 驱替岩心渗透率实验对比

分别在室温、60℃和90℃条件下进行土酸与络合酸的酸液流动驱替实验，驱替的渗透率变化如表3与表4。

表3 土酸酸液流动前后岩心的渗透率改善统计表

| 岩心编号 | 驱替体系 | 温度 | 酸化前渗透率（mD） | 酸化后渗透率（mD） | 渗透率提高（%） |
|---|---|---|---|---|---|
| R3-1 | 土酸 | 室温 | 50.95 | 44.00 | -13.6% |
| R3-2 | 土酸 | 60℃ | 66.81 | 19.82 | -70.3% |
| R3-3 | 土酸 | 90℃ | 39.75 | 13.25 | -66.7% |

表4 络合酸酸液流动前后岩心的渗透率改善统计

| 岩心编号 | 驱替体系 | 温度 | 酸化前渗透率(mD) | 酸化后渗透率(mD) | 渗透率提高（%） |
|---|---|---|---|---|---|
| R3-5 | 络合酸 | 室温 | 50.75 | 85.45 | 68.4% |
| R3-7 | 络合酸 | 60℃ | 30.84 | 96.92 | 214.3% |
| R3-4 | 络合酸 | 90℃ | 2.08 | 19.15 | 820.0% |

从上表可知，土酸与岩石接触反应四小时后，岩心渗透率降低，说明土酸与岩石反应生成了二次沉淀，且温度越高，反应越剧烈，产生的二次沉淀越多，对储层伤害越大；而络合酸能有效抑制酸化二次沉淀的生成，温度越高，岩心渗透率改善效果越好。

### 2.2 ICP残酸离子浓度分析

取酸液体系在90℃下的返排液进行ICP离子含量分析，从表5可见络合酸体系返排液中金属离子浓度较土酸体系高。说明络合酸能与金属离子发生强的络合作用，所生产的络合物溶解性好，不易发生沉淀。这与岩心流动测试结果相互印证。

表5 酸液返排液ICP离子分析

| 返排液类型 | 钙离子浓度(mg/L) | 铝离子浓度(mg/L) | 铁离子浓度(mg/L) | 硅离子浓度(mg/L) |
|---|---|---|---|---|
| 土酸1PV | 35.7 | 3.77 | 11.5 | 0.306 |
| 土酸2PV | 32.4 | 2.471 | 5.82 | 0.468 |
| 土酸3PV | 31.02 | 0.314 | 3.273 | 0.051 |
| 络合酸1PV | 247.74 | 5.371 | 53.22 | 2.489 |
| 络合酸2PV | 164.51 | 4.992 | 56.68 | 2.265 |
| 络合酸3PV | 161.3 | 4.966 | 30.58 | 3.135 |

### 2.3 岩心端面微观形貌和矿物组成分析

（1）土酸驱替前后岩心端面微观形貌和矿物组成分析。

岩心酸化前的形貌和组成如图1、图2、表6所示。可以看出，酸化前岩心孔隙丰富、连通，矿物主要含有硅、氧等元素，并有少量碳、镁、钙，推测为石英和长石，并含有少量碳酸盐胶结物。土酸驱替后岩心钙和镁明显富集，推测为酸化过程中产生了硅酸镁或者硅酸钙等沉淀。

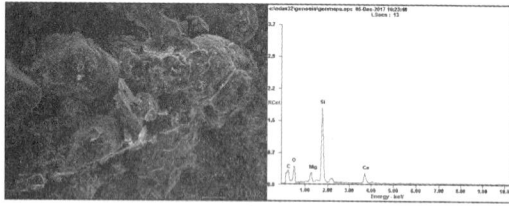

图 1　土酸驱替前岩心的 EDS 分析

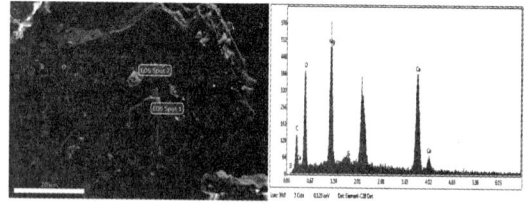

图 2　土酸驱替后岩心的 EDS 分析

表 6　土酸流动前后岩心的 EDS 分析数据表

| Element | 驱替前 | | 驱替后 | |
| --- | --- | --- | --- | --- |
| | Wt% | At% | Wt% | At% |
| C K | 39.23 | 54.13 | 1.34 | 2.98 |
| O K | 24.05 | 24.92 | 22.98 | 38.43 |
| Mg K | 3.95 | 2.7 | 15.93 | 17.54 |
| Si K | 26.65 | 15.73 | 4.04 | 3.85 |
| Ca K | 6.11 | 2.53 | 55.72 | 37.2 |

(2)络合酸驱替前后岩心的微观形貌和矿物组成。

岩心络合酸酸化后的形貌和组成如图 3、图 4 和表 7 所示。可以看出,络合酸酸化前后,岩心主要成分变化小,未形成二次沉淀的富集,说明络合酸能有效抑制酸化过程中二次沉淀的生成。

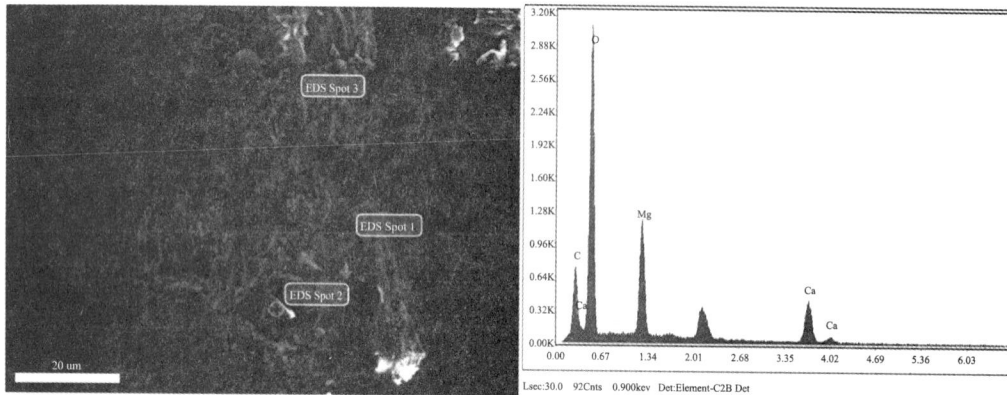

图 3　络合酸驱替前岩心的 EDS 分析

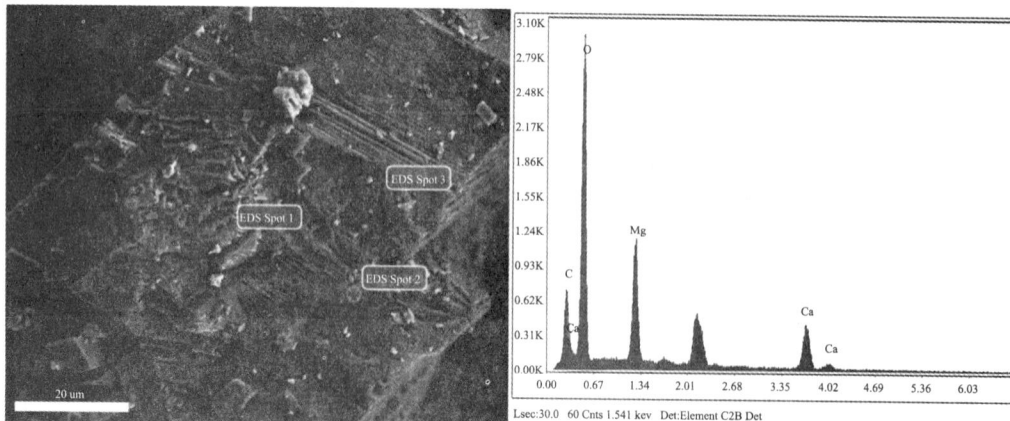

图 4　络合酸驱替后岩心的 EDS 分析

表7  络合酸流动前后岩心的 EDS 分析数据表

| 元素 | 驱替前 | | 驱替后 | |
|---|---|---|---|---|
| | Wt% | At% | Wt% | At% |
| C K | 4.83 | 8.03 | 4.82 | 8.03 |
| O K | 52.16 | 65.15 | 51.42 | 64.33 |
| Mg K | 16.61 | 13.66 | 17.88 | 14.72 |
| Ca K | 26.4 | 13.16 | 25.88 | 12.92 |

## 3 现场应用

截至2020年,络合酸体系进行了100余口井的现场试验,成功率100%,有效率95%以上,其中在 LF—X 井应用效果尤其显著。该井常规测试无产量,采用络合酸改造后日产液115m³/d,日产油105m³/d,含水8.9%,施工期间酸液在地层关井反应72h,施工后测其表皮系数为—4.73,可见络合酸能有效抑制酸化过程中二次沉淀的生成,对储层具有良好的适用性。

## 4 结 论

(1)土酸体系驱替后岩心端面钙镁等矿物富集,返排残酸中金属离子含量大幅减少,生成的二次沉淀造成岩心渗透率降低,且随着温度的升高,对岩心伤害越大。

(2)络合酸体系能高效的溶蚀砂岩,同时对溶蚀释放出的金属离子有强的络合作用,形成的络合物能有效地随残酸返出,抑制了二次沉淀的生成,驱替后岩心渗透率大幅度增加。

(3)现场应用表明络合酸能有效抑制酸化过程中二次沉淀的生成,对储层具有良好的适用性。

## 参 考 文 献

[1] 刘平礼,孙庚,邢希金,等. 砂岩储层酸化智能复合酸液体系研究与应用[J]. 西南石油大学学报(自然科学版),2015,12:138—143.

[2] 刘平礼,兰夕堂,王天慧,等. 砂岩储层酸化的新型螯合酸液体系研制[J]. 天然气工业,2014,34(4),72—75.

[3] 兰夕堂. 注水井单步法在线酸化技术研究及应用[D]. 西南石油大学,2014.

[4] 赵立强,潘亿勇,刘义刚,等. HA一体化砂岩酸化酸液体系的研制及其性能评价[J]. 天然气工业,2017,9,57—62.

[5] 王宝峰. 砂岩基质酸化中的二次伤害物及其预防措施[J]. 石油知识,1999(6):27—27.

[6] Li L,Nasr—El—Din HA,Chang F F,et al. Reaction of Simple Organic Acids and Chelating Agents with Calcite[C]. IPTC 12886,2008:1—15.

[7] Nasr—El—Din HA, Li L, Crews J B,et al. Impact of Organic Acids/Chelating Agents on the Rheological Properties of an Amidoamine—Oxide Surfactant[J]. Spe Production&Operations,2011,26(1):30—40.

[8] 康燕. 通过残酸离子浓度测定评价酸液性能[J]. 化工时刊,2004,18(9):53—55.

# 高含水水平井堵水技术研究及应用

刘　军　史树彬　胡秋平　张小卫　朱妍婷　付　琛

(中国石化胜利油田分公司石油工程技术研究院)

**摘　要**　水平井技术已经成为新油田开发、老油田挖潜、提高原油采收率的重要技术。水平井大多的完井方式为筛管完井。水平井开发一段时间后,会出现见水后含水率迅速上升,产油量急剧下降,严重影响了水平井的开发效果,需要对水平井进行堵水。国内外研究比较多的是ACP定位控水技术,但目前ACP定位控水技术还存在环空封隔材料的触压性、持压能力及强度、施工安全性及经济等问题。为此,研究出筛管完井高含水水平井堵水新技术,即用冻胶堵剂笼统注入地层,地层高、低渗透部位都有冻胶进入,而后笼统注入一定量的安全型解堵剂对冻胶进行部分解堵,高渗透部位仍能保持堵塞,低渗透部位进入冻胶少,更容易解除堵塞,开井生产时就能出液得到动用。在前期研究的基础上,2019年至2020年两年间,在胜利油田,共实施了8口井水平井堵水现场试验,累计增油2826t,平均单井增油353t,含水下降最低13.6个百分点,取得较好的经济效益和社会效益。该高含水水平井堵水技术易于矿场实施、投资少、风险小、见效快、有效期长,应在高含水水平井堵水领域得到重视和推广应用。

**主题词**　高含水;水平井;堵水;冻胶堵剂;冻胶解堵剂

## 1　前　言

水平井是通过扩大油层泄油面积来提高油井产量、提高油田开发经济效益的一项开发技术。水平井最早出现于美国(20世纪二三十年代),但直到20世纪80年代才开始大规模工业化推广应用,20世纪90年代油田开发过程中迅速发展的一项新技术。近年来随着水平井钻井完井等技术进一步的成熟发展,水平井的应用也得到了空前的推进。水平井已经成为新油田开发、老油田挖潜、提高原油采收率的重要技术。水平井相对于垂直井有四个特点:泄油面积大、生产压差小、采液指数高及无水采油期长。因此,有效控制产水是延长水平井生产寿命,提高水平井利用率的关键环节。但是随着开发时间的延长,水平井生产也逐渐暴露出一些问题。一般来说,直井具有较长的含水采油期,而水平井见水后含水率迅速上升,产油量急剧下降,严重影响了水平井的开发效果,因为出水导致水平井开发效果不理想,生产寿命缩短的例子随处可见。如阿拉斯加Prudhoe湾S—17ALl井,该井位于相对构造高部位,投产后6小时后便出现了高含水,基本无继续生产的意义[1,2]。

堵水是水平井见水后采取的主要技术措施。水平井因其油水层之间没有隔层,其泄油井段通常以割缝筛管或裸眼完井,不能实现体系定点注入,因此其堵水问题要比普通油井复杂得多。为了抑制水平井含水的上升,改善边底水油藏水平

井的开发效果,ACP定位控水技术是研究的热点[3-7]。但目前ACP定位控水技术还存在找水技术、环空封隔材料的触变性、持压能力及强度、施工安全性及经济等问题。为此,需要转变思路来解决中高渗油藏高含水水平井堵水问题。

## 2　高含水水平井堵水思路

对于中高渗透砂岩油藏,筛管完井的高含水水平井,堵水时采用以下思路。

首先,采用笼统注的方式,注入大剂量以聚合物为主剂的可降解的冻胶堵剂,冻胶堵剂更容易进入出水的高渗透部位,因而出水部位容易被冻胶堵剂封堵,而出水少的近井地带进入的冻胶堵剂量少,但还是容易受污染,堵后不容易出液,造成低渗透部位剩余油无法启动;同时堵剂在筛管内、筛管与井壁间及筛管缝隙中残留,也可能造成堵完水后开井生产时采液量低或地层不出液、影响堵水效果。堵剂对井筒及地层的封堵如图1所示。

其次,在前期注入的冻胶在地层成胶后,由于地层近井地带渗透率的平均化,向地层中注入一定量的安全型解堵剂溶液,解堵剂溶液在地层中较为均匀地向地层深部推进,这样,注入适量的解堵剂溶液能将低渗透部位的冻胶部分或全部降解掉,从而消除前期注入的冻胶对低渗透部位的污染,不影响地层后期的产液;同时由于出水部位进入的解堵剂量大,所注入的解堵液只是降解掉一小部分的冻胶,不影响冻胶对出水部位的封堵。

解堵液也能将水平段筛管内外的冻胶降解掉,不影响后期的生产。总之,一定量解堵剂的注入能将不该堵的地方的冻胶降解掉,也不至于破坏应该堵部位的冻胶而造成封堵失败,如图2所示。

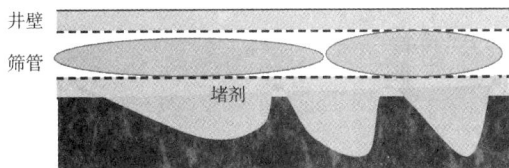

图1 堵剂在筛管内外残留及不同渗透率部位地层堵塞示意图

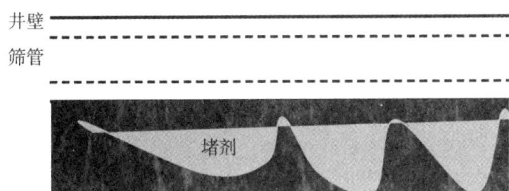

图2 堵剂在地下被解堵剂降解后的示意图

## 3 冻胶体系的选择及用量设计

### 3.1 冻胶体系的选择

冻胶体系由主剂与交联剂两种化学剂组成,主剂为聚合物,白色固体;交联剂为铬交联剂。体系成胶时间随不同配方浓度和不同温度变化,采取5000mg/L聚合物+5000mg/L铬交联剂,在60℃下成胶时间5～6d,地层流动条件下8～10d。铬冻胶成胶情况如图3所示。

图3 铬冻胶成胶情况

适应的油藏条件:温度50℃～110℃;矿化度5000～50000mg/L;渗透率 $300\times10^{-3}\sim5000\times10^{-3}\mu m^2$。

### 3.2 冻胶体系用量设计

水平井的水平段为射孔完井,堵剂注入时沿井轴径向扩散,因此堵剂用量应用如下公式进行计算:

$$Q=a(2b_1h-\pi b_2^2)\Phi e \qquad (1)$$

式中,Q为体系用量,$m^3$;a为堵水井段长度,m;$b_1$为体系沿井轴水平径向波及深度,m;$b_2$为沿井轴水平径向顶替深度,m;h为油层有效厚度,m;$\Phi$为处理层孔隙度;e为用量系数,取0.5。

## 4 安全型解堵剂的选择及腐蚀性能评价

### 4.1 安全型解堵剂的选择

选用胜利油田工程院研发的安全型解堵剂进行高含水水平井冻胶堵水后的解堵。安全型解堵剂通过破坏高分子聚合物的分子链,使聚合物分子链降低,直至变成可溶的小分子物质,从而达到降解堵水用冻胶的目的。安全型解堵剂由对高分子物质起降解作用的主剂、激活剂、稳定剂、缓蚀剂、增效剂、保护剂等辅剂组成,配制后为棕色液体,性质稳定,不会发生剧烈反应,不含有机氯。安全型解堵剂样品及配成液体后外观如图4所示。

图4 安全型解堵剂及配成溶液后的外观

室内,在60℃条件下,对高含水水平井堵水时所用铬冻胶进行了解堵实验。在铬冻胶中加入一定量的安全型氧化解堵剂后,反应1天时间,铬冻胶消失,水溶液没有增粘现象,解堵剂对铬冻胶进行有效降解,如图5所示。

根据室内优化,当安全型氧化解堵剂使用浓度达到6%时,能够完全降解冻胶,考虑到安全型氧化解堵剂在地层的稀释等因素,因此设计使用解聚剂浓度为12%。

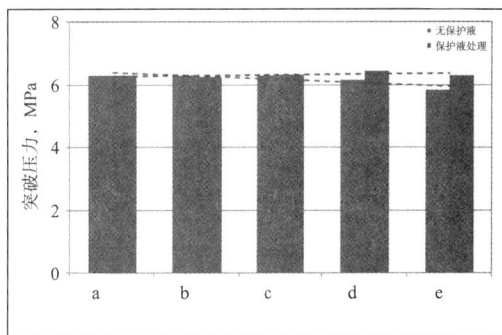

解聚剂与冻胶混合　混合物反应24小时
图5 解堵剂对铬冻胶降解前后对比图

### 4.2 安全型氧化解堵剂用量设计

地层中的堵剂成胶后,注入解堵剂,解堵剂用于降解地层中的部分冻胶及筛管内外的全部冻胶。

地层注入量:

$$Q = \pi r_1^2 \Phi h\, e \qquad (2)$$

式中,$Q$ 为体系用量,$m^3$；$r_1$ 为地层处理半径,通常取 0.5～1m；$h$ 为水平段处理长度,m；$\Phi$ 为处理层孔隙度；$e$ 为用量系数,通常取 1。

解堵剂注完后,要将井筒中的部分解堵剂溶液顶替入地层,但顶替要适量,不能过量,保证筛管内外的少量的残留堵剂能接触到解堵剂而被降解。

### 4.3 安全型氧化解堵剂腐蚀性能评价

为了保证安全型解堵剂在矿场上的正常注入,在室内对安全型解堵剂进行腐蚀性能评价。室内评价采用中华人民共和国石油天然气行业标准 SY/T5405－2019《酸化用缓蚀剂性能试验方法及评价指标》中的常压静态挂片失量法进行试验。评价温度为 60℃,试片为 N－80 钢试片:长50mm,宽 10mm,高 3mm,直径 6mm,实验评价结果如表 1 所示。

表 1 安全型解堵剂腐蚀性能评价结果

| 试片编号 | 单片腐蚀速度 g/(m².h) |
| --- | --- |
| 1 | 1.76 |
| 2 | 1.88 |
| 3 | 1.59 |
| 平均腐蚀速度 g/(m².h) | 1.74 |

从表 1 可以看出,安全型解堵剂溶液对 N－80 钢试片腐蚀速度很低,在行业标准的一级标准范围内,对注入池、注入泵、油管等钢材腐蚀速度也很低,完全可以满足水平井堵水后铬冻胶解堵注入的需要。

## 5 矿场应用实例

2019 年以来,在孤岛采、孤东油厂等单位共实施了 8 口井水平井堵水现场试验,累计增油2826t,平均单井增油 353t,含水下降最低 13.6 个百分点,取得较好的经济效益和社会效益。

典型井例 1:

胜利油田某水平井,2018 年 7 月投产,生产NG(1＋2)4 层,射孔井段 1586.0～1632.0m,射孔厚度 46m,渗透率 1025×10⁻³ μm²,地层压力11.23MPa,原油黏度 195mPa·s(2019.5)。2018年 7 月 3 日投产,初期日液 22.6t,日油 13.8t,含水 39.1%,高峰期(2018.7.18)日液 20.8t,日油15.8t,含水 23.9%,该井无对应水井,受边水影响,2018 年 10 月含水开始快速上升。2019 年 7月日液 40.6t,日油 0.4t,含水 99.1%；通过油藏分析,该井具有堵水潜力,可实施堵水。

2019 年 8 月进行水平井堵水,共注入铬冻胶体系 800 m³(冻胶体系配为:5000mg/LHPAM＋

4000mg/L 铬交联剂),解堵剂 35 m³,2019 年 10月开井生产,日液 22.1 m³,日油最高 7.4t,含水最低 66.5%,动液面 804m(下降 171m),截止到 2020年 7 月,累计增油 920t,有效期达 300 天。该井堵水前后生产情况见图 6。

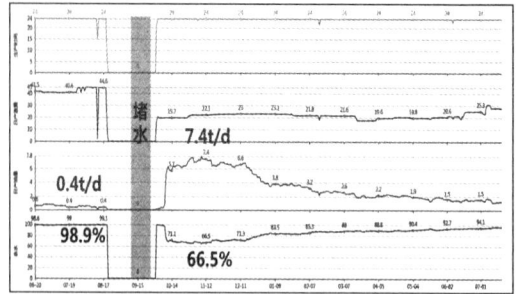

图 6 某井堵水前后生产情况

典型井例 2:

胜利油田某水平井 2009 年 6 月投产,初期日油能力 5.6t,含水 32.5%,2019 年 6 月含水上升至90% 以上居高不下,2020 年 5 月日液 48.5t,日油0.3t,含水 99.5%。根据油藏动静态及生产井史资料分析,该井水平井段非均质性矛盾突出,导致油井高含水,为进一步扩大体积波及系数,提高油井产量,实现增油降水目的,需要对该井进行堵水。

2020 年 6 月,注入 890m³ 冻胶体系(冻胶体系配为:5000mg/LHPAM＋5000mg/L 铬交联剂),注完冻胶后关井 3 天,让其完全成胶。

3 天后进行筛管内外及地层中冻胶的解堵施工,为的是降解掉低渗透部位的冻胶,消除其对低渗透部位的堵塞,使得地层的能量得到释放。共注入 70 方 12% 的安全型氧化解堵剂,其中 70 方解堵剂分两次注入,第一次注入 30 方,第二次注入 40 方,而且两次之间间隔 24 小时。关井 3 天后开井生产,日液稳定在 30t,第 5 天开始见油,日油最高值达到 7.2t,含水降至 71.7%。到 2021 年 1月,该井已经累计增油 510t,少产出水为 14000t,取得了明显的经济效益和社会效益。该井堵水前后生产情况见图 7。

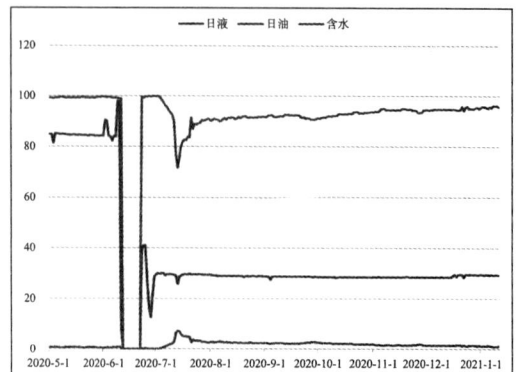

图 7 某井堵水前后生产情况

## 6 结论和认识

(1)对于筛管完井的高含水水平井堵水,研究出"堵-解"的新的水平井堵水技术。冻胶堵剂笼统注入地层,堵剂将出水部位及低渗透部位都进行封堵,堵剂大多进入出水部位,而进入低渗透部位的冻胶量很少,后期注入的解堵剂将出水部位的冻胶部分降解,而低渗透部位的冻胶大多得到降解,低渗透部位的能量的得到释放而启动。

(2)与 ACP 定位控水技术相比,"堵-解"结合的水平井堵水技术简单,堵剂体系及注入工艺都非常成熟,安全型解堵剂为冻胶的降解提供了有力的保证,现场操作易于实现。

(3)"堵-解"结合的水平井堵水技术中,堵是基础,解时关键,两者相辅相成,缺一不可。堵水之前,无须精确知道水平段出水点,从而避开找水这一难题。

(4)所选择的解堵剂需要是安全型的,溶液腐蚀性小,不会对现场的配注池、注入泵、油管等钢材部件产生很强的腐蚀性,能满足现场施工时注入的需要。

(5)胜利油田两年间 8 口井水平井堵水现场试验,累计增油 2826t,平均单井增油 353t,含水下降最低 13.6 个百分点,表明"堵-解"结合的筛管完井高含水水平井堵水方法是一种行之有效的水平井堵水方法。

(6)"堵-解"结合的筛管完井高含水水平井堵水技术需要加强推广应用,必将为水平井的开发生产提供强有力的技术支撑。

### 参 考 文 献

[1] 李宜坤.水平井堵水的背景、现状及发展趋势[J].石油天然气学报,2005,27(5):757-760.

[2] 黄伟.水平井技术在小构造油藏挖潜中的应用[J].断块油气田,2005(1):50-51.

[3] 周兆川,陈立群,高尚,等.CESP 水平井环空化学封堵工艺在渤海油田的应用[J].断块油气田,2013(3):400-402.

[4] 魏发林.割缝衬管水平井堵水技术现状及发展趋势[J].石油钻采工艺,2007,29(1):40-43.

[5] 张勇.挤注封堵管柱在塔河油田水平井的应用[J].石油钻采工艺,2009,31(1):105-107.

[6] 王金忠,肖国华,陈雷,等.水平井管外分段管内分采技术[J].石油钻采工艺,2010,32(5):113-115.

[7] 刘建国.底水油藏水平井开采物理模拟试验研究[J].石油天然气学报(江汉石油学院学报),2010,32(1):145-147.

# 含聚合物采出水配聚性能影响机理研究与试验

荆 波 龚 俊 李丙贤 唐 钢 车传睿

(中国石化胜利油田分公司海洋采油厂)

**摘 要** 胜利海上油田将开展聚合物驱提高采收率,但由于海上平台无清水水源,必须采用采出水配置聚合物溶液。随着聚合物的注入,油井采出液含聚后,其含量对配聚采出水水质将产生影响,需要开展相关机理研究和试验。本文在含聚采出液水质分析、评价的基础上,研究了聚合物浓度对采出水含油量的影响,分析了含聚采出水配聚性能影响因素,并开展模拟试验。结果表明,采出水的 pH 和 HPAM 含量对乳状液的稳定性影响显著,含聚浓度、油珠粒径、含油量和水膜强度是影响溶液黏度的主要因素,处理聚合物驱采出水的关键是强化油珠聚并,缩短沉降时间。

**关键词** 聚合物驱;采出水;配聚黏度;乳状液

## 1 引 言

胜利海上油田将开展聚合物驱提高采收率,但由于海上平台无清水水源,必须采用采出水配置聚合物溶液。随着聚合物的注入,油井采出液含聚后,其含量对配聚采出水水质将产生影响。水质达标是实施回注的前提条件,而回注的采出水是否达标又取决于水处理环节。由于聚合物驱采出液的组成复杂,采出水中残留聚合物的存在导致水质变化,影响聚合物溶液性能指标。而且,采出水中还含有固体悬浮物、乳化油、细菌等,多种因素对配制聚合物溶液带来复杂的影响,增加产出液后处理环节的难度,进而导致处理后的采出水严重超标。同时,利用含聚采出水回注地层时,严重时还会堵塞油层,造成不可逆的伤害。

目前各油田对采出水主要采用隔油除油—混凝或沉淀(或气浮)—过滤三段处理工艺,再辅以破乳、阻垢、缓蚀或生化法处理等,但由于多种原因,含聚采出水水质处理效果差,技术应用限制大,配聚水质难以达标。针对现有问题,开展聚合物浓度对采出水含油量的影响研究,认识含聚采出水配聚性能影响因素,并开展了现场模拟试验。

## 2 含聚采出水水质分析及评价

由于胜利海上油田注聚区油井采出液尚未见聚,因此选择油藏物性类似的陆地油田注聚区的 1# 和 2# 水处理站开展系统分析研究。

### 2.1 采出水的水质分析

为了解污水的组成对污水中含油量的影响,对 1# 及 2# 站的采出水成分进行系统的分析,结果如下。

(1)1# 及 2# 站采出水的含油量。

采出水中油含量的测定数据见表 1。

**表 1 采出水中油含量及原油中含水率数据**

| 项目 | 含量 | 静置 10 天后含量 | 静置 10 天除油率 |
| --- | --- | --- | --- |
| 1#站采出水含油 | 2263.2 mg/L | 1398.9 mg/L | 38.2% |
| 1#站采出水原油含水率 | 12.6% | | |
| 2#站采出水含油 | 1182.6 mg/L | 128.6 mg/L | 89.1% |
| 2#站采出水原油含水率 | 43.2% | | |

从表 1 数据可以看出,1# 站采出水中油含量高,而且采出水中原油存在状态稳定,静置 10 天后,油含量仍为 1398.9 mg/L,静置 10 天除油率 38.2%;而 2# 站采出水中含油仅为 1# 站的一半,且水中油稳定性较差,静置 10 天后水中含油仅为 128.6mg/L,静置 10 天除油率 89.1%。

(2)1# 站及 2# 站采出水矿化度的测定。

由表 2 可知,采出水的矿化度较高,阳离子主要为钠离子,阴离子主要为氯离子和碳酸氢根。2# 站采出水的矿化度比 1# 站高,含油量低。

表2　1#站及2#站采出水水质数据

| 测试项目 | 测试数据 | |
| --- | --- | --- |
| | 1#站采出水 | 2#站采出水 |
| pH | 7.85 | 7.44 |
| $K^+$(mg/L) | 23.0 | 22.0 |
| $Na^+$(mg/L) | 2344 | 3268 |
| $Ca^{2+}$(mg/L) | 71.0 | 76.6 |
| $Mg^{2+}$(mg/L) | 28.2 | 27.4 |
| $HCO^{3-}$(mg/L) | 1027 | 670.3 |
| $Cl^-$(mg/L) | 3598 | 5037 |
| $CO3^{2-}$(mg/L) | 13.4 | 6.8 |
| TDS(mg/L) | 10158 | 12051 |

从以上分析可知,1#站和2#站的采出水的组成存在较大的差别。2#站采出水的矿化度比1#站高,而水中油含量低。

### 2.2　采出水中原油及有机物的采集与分离

(1)采出水中原油及极性有机物的采集方法。

设计了两种采出水中原油及极性有机物的采集方法:

方法一:石油醚、氯仿梯度抽提得到弱极性分

(原油)和强极性分;

方法二:氯仿抽提采出水得到采出水中总有机物。

具体流程为:采出水总有机物→石油醚可溶物+石油醚不溶物+氯仿不溶物。

(2)采出水中原油及有机物的采集结果。

采集实验结果见表3。

表3　采出水溶剂梯度抽提结果

| 水样 | 石油醚抽提物含量(mg/L) | 氯仿抽提物含量(mg/L) | 采集HPAM含量(mg/L) |
| --- | --- | --- | --- |
| 1#站采出水 | 1509 | 1766 | 97.1 |
| 2#站采出水 | 1531 | 391.5 | 71.2 |

从表3的数据可以看出,1#站水样中氯仿抽提组分所占的比例远远高于2#站水样,1#站采出水中聚合物含量明显高于2#站,这是造成1#站采出水含油量高的另一重要原因。

### 2.3　采出水稳定性影响因素分析

(1)pH。

由实验结果看出,水相的pH对不同组分的乳化能力影响很大,酸值高的不同组分对pH的依赖性更强,但pH=7时影响很小(图1、图2)。

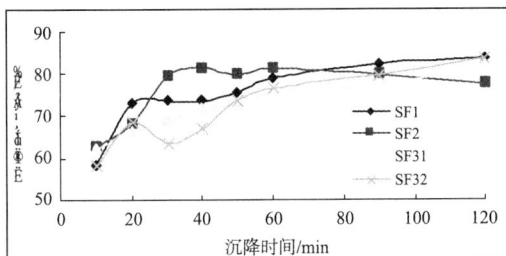

图2　pH=4对采出水稳定性的影响

(2)聚合物浓度。

实验结果表明,HPAM浓度超过200mg/L后,对产出液的分离有显著影响,表现为乳状液变稳定,油水分离难度变大,水质变差(图3)。

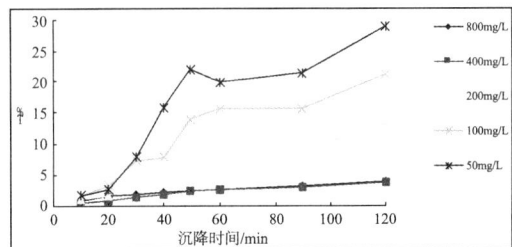

图1　pH=7对采出水稳定性的影响

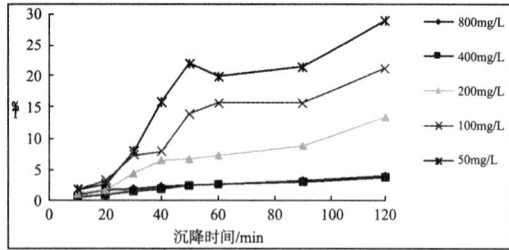

图 3 HPAM 浓度对采出水稳定性的影响

## 3 聚合物浓度对采出水含油量的影响

### 3.1 聚合物浓度对油珠聚并的影响

由实验结果可知,采出水中不含聚合物时,油珠在浮升过程中略有聚并;当采出水中聚合物浓度为 200mg/L 时,油珠聚并程度较高,0.5h 油珠粒径中值为 6.67μm;当聚合物浓度增加到 600mg/L,0.5h 油珠粒径中值达到 10.27μm 沉降 2h 后,油珠粒径进一步增大(表 4)。

表 4 聚合物浓度对油珠聚并的影响

| 序号 | HPAM /mg·L⁻¹ | 粒径中值/μm | |
|---|---|---|---|
| | | 0.5h | 2h |
| 1 | 0 | 3.97 | 4.29 |
| 2 | 200 | 6.67 | 10.55 |
| 3 | 600 | 10.27 | 13.54 |

### 3.2 聚合物浓度对水膜强度的影响

从图 4 可见,聚丙烯酰胺浓度从 0mg/L 增加到 800mg/L,排液时间由 0.43s 增加到 1.32s,半生命期 t1/2 由 1.8s 增加到 4.62s,而破裂速率常数由 0.21s⁻¹ 降低到 0.506s⁻¹,即聚合物增加了水膜的强度。

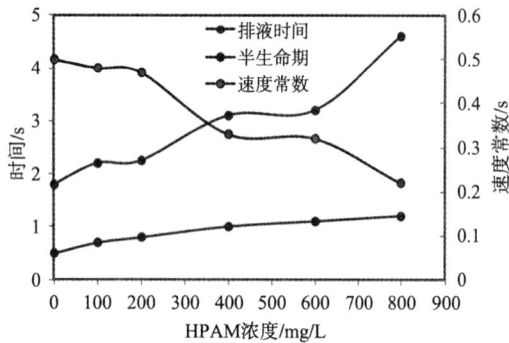

图 4 聚合物浓度对水膜强度的影响

由上述实验结果可知,油珠粒径小是聚合物驱含油采出水油水分离难于水驱的主要原因,处理聚合物驱含油采出水的关键是强化油珠聚并,缩短沉降时间。

### 3.3 聚合物浓度对采出水含油量的影响

从图 5 可见,随着聚合物浓度增加,采出水黏度增大,但对采出水含油量的影响出现先降低后升高的规律。聚合物浓度为 200mg/L,采出水黏度为 1.198mPa·s,沉降后的采出水含油量最低。聚合物有利于聚合物驱含油采出水中油珠的沉降分离。

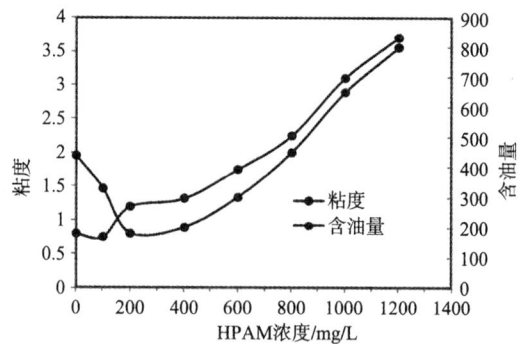

图 5 聚合物对水膜强度的影响

## 4 含聚采出水配聚性能影响因素分析

### 4.1 采出水含油量对配制聚合物黏度的影响

从图 6 可知,原油含量在 0～50mg/L 范围,随着采出水中原油含量的增加,2♯聚合物(疏水缔合)溶液的黏度增加;原油含量超过 50mg/L 后,2♯聚合物溶液的黏度不再增加,黏度保留率较高。1♯聚合物(链状聚合物)溶液的黏度受采出水中原油含量影响较小,黏度较低。

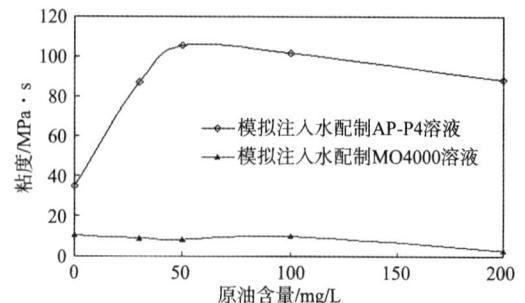

图 6 含油量对聚合物溶液黏度的影响

### 4.2 采出水膨润土含量对配制聚合物黏度的影响

由图 7 可知,膨润土含量在 0～30mg/L 范围,原油含量增加,2♯聚合物溶液的黏度增加。超过30mg/L后,2♯聚合物溶液的黏度增加缓慢,黏度保留率较高。1♯聚合物溶液的黏度受采出水中膨润土含量影响较小,黏度较低。

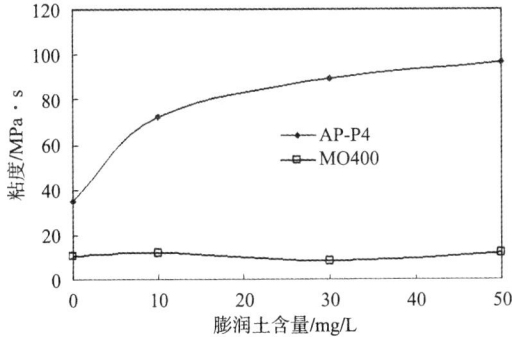

图7 不同膨润土含量对聚合物溶液黏度的影响

### 4.3 采出水"原油＋膨润土"含量对配制聚合物黏度的影响

从表5可以看出,采出水中同时含有原油和膨润土时,1♯溶液黏度保留率比较低;在原油浓度达到200mg/L的时候,2♯溶液仍具有很好增粘性,在原油浓度为100mg/L和膨润土浓度为50mg/L时,增粘达到最好。

表5 膨润土和原油对配制聚合物溶液黏度的影响

| 聚合物<br>浓度(mg/L) | 原油<br>(mg/L) | 膨润土<br>(mg/L) | 1♯黏度<br>(mPa·s) | 2♯黏度<br>(mPa·s) |
| --- | --- | --- | --- | --- |
| 1750 | 0 | 0 | 10.59 | 35.21 |
| 1750 | 30 | 10 | 7.311 | 54.37 |
| 1750 | 50 | 30 | 6.746 | 72.75 |
| 1750 | 100 | 50 | 6.779 | 104.7 |
| 1750 | 200 | 50 | 3.007 | 35.77 |

### 4.4 采出水含聚浓度对配制聚合物黏度的影响

由实验结果可知,用回注采出水配制聚合物溶液,有利于配制聚合物溶液的黏度保留。实验条件下,含聚采出水中聚合物含量为50mg/L时,配制的聚合物溶液黏度最大。含聚采出水回注水质指标初荐:含聚量<100mg/L,含油量<50mg/L,含膨润土量<30mg/L(表6、表7)。

表6 采出水含聚浓度对配制1♯溶液黏度的影响

| 1♯(mg/L) | Ru-2♯(mg/L) | 原油(mg/L) | 膨润土(mg/L) | 黏度(mPa·s) |
| --- | --- | --- | --- | --- |
| 1750 | 0 | 0 | 0 | 10.59 |
| 1750 | 50 | 0 | 0 | 14.53 |
| 1750 | 100 | 0 | 0 | 13.49 |
| 1750 | 50 | 30 | 10 | 12.2 |

表7 采出水含聚浓度对配制2♯溶液黏度的影响

| 2♯(mg/L) | Ru-1♯(mg/L) | 原油(mg/L) | 膨润土(mg/L) | 黏度(mPa·s) |
| --- | --- | --- | --- | --- |
| 1750 | 0 | 0 | 0 | 35.21 |
| 1750 | 50 | 0 | 0 | 63.47 |
| 1750 | 100 | 0 | 0 | 44.98 |
| 1750 | 50 | 30 | 10 | 88.78 |

## 5 结 论

(1)采出水的 pH 和 HPAM 含量对乳状液的稳定性影响显著:pH 越接近中性,HPAM 含量越高,乳状液越稳定,产出液分离难度增大。

(2)含聚浓度、油珠粒径、含油量和水膜强度是影响溶液黏度的主要因素。油珠粒径小是聚合物驱含油采出水油水分离难于水驱含油采出水的主要原因,处理聚合物驱含油采出水的关键是强化油珠聚并,缩短沉降时间。

(3)含聚采出水回注水质指标初荐:含聚量<100mg/L,含油量<50mg/L,含膨润土量<30mg/L。

### 参 考 文 献

[1] 郑忠,李宁.分子力与胶体的稳定和聚沉[M].北京:高等教育出版社,1995.

[2] Janet L. Baldwin, Brain A[J]. Dempsey. Effects of Brownian motion and structured water on aggregation of charged particles, Colloids Surf, 2001, 177:111—122.

[3] Jun Yan, Rajinder Pal[J]. Eeects of aqueous－phase acidity and salinity on isotonic swelling of W/O/W emulsion liquid membranes under agitation conditions. J. Membrane Sci. , 2004,244:193—203.

[4] 夏立新.油水界面膜与乳状液稳定性关系的研究[D].中国科学院大连化学物理研究所,2003.

[6] 夏立新,曹国英,陆世维,等.原油乳状液稳定性和破乳研究进展[J].化学研究与应用,2002,14(6):623—527.

[7] 丁德磐,孙在春,杨国华,等.原油乳状液的稳定与破乳.油田化学,1998,15(1):82—86.

[8] 王慧云.油田采出水稳定性机理研究[D].中国石油大学(北京),2005.

[9] 郭继香.原油界面活性组分性质及乳化性能研究[D].中国石油大学(北京),2004.

# 胜利海上低伤害中性解堵剂体系研究和应用

赵 霞 寸锡宏 朱骏蒙 王 雷 沈 飞 任晓强

（中国石化胜利油田分公司海洋采油厂）

**摘 要** 针对埕岛油田海上常规稠油井近井污染带胶质沥青质有机垢、钙镁盐无机垢及黏土微粒运移形成的油泥垢堵塞，研究优化了中性螯合酶增产剂和活性清垢剂解堵剂体系和解堵工艺技术，并成功应用到现场。结果表明，15%螯合酶解堵剂体系对现场油泥垢的溶垢率达到了76.29%，溶蚀后的残液热沉降脱水率达到90%以上，平均腐蚀率为0.0378g/m² · h，助排率达到为30.4%，岩心伤害率仅为7.4%，满足现场油水井解堵增产增注施工要求。优化了中性解堵剂现场施工工艺，采用高压间歇性注入解堵剂工艺，静止浸泡48小时后返排，取得了较好的现场解堵效果。

**关键词** 海上常规稠油；有机垢解堵工艺；低伤害现场应用

## 1 前 言

在胜利海上油田开发过程中会存在长期生产微粒运移堵塞、含水上升无机垢堵塞和胶质沥青质析出有机垢堵塞，直接影响油水井产能的释放，甚至造成了部分油水井的低液欠注。2018年以来根据海洋采油厂要求，树立了"每口作业井都要增油"的理念，要求专业技术人员必须探寻更适合海上的低成本增产增注技术。

埕岛油田海上稠油油井因地层结垢堵塞、电泵机组导叶轮结垢遇卡等问题导致油井低液、电泵故障躺井，影响油井正常生产及电泵检泵周期。海上稠油油井生产过程中的堵塞原因主要是地层游离砂、游离黏土、石蜡、胶质、沥青质聚集在近井地带、炮眼附近，粘附在滤砂管外，使近井地带地层渗透率降低，造成有机垢堵塞。因此，需要解除炮眼近井污染带胶质沥青质有机垢、钙镁盐无机垢及黏土微粒运移形成的油泥垢堵塞，提高近井筒附近渗流能力和油井产能，为后续高效生产提供良好基础。

## 2 实验部分

### 2.1 实验仪器和材料

实验所用的主要仪器：旋转黏度计（DV－Ⅱ，美国Brookfield公司）、pH计（美国奥立龙公司）、真空干燥箱、恒温水浴等。实验所用油泥垢样分别取自埕岛油田CB22E－4井和CB251E－1油泥垢样，试片为N80标准腐蚀监测试片。

### 2.2 实验方法

#### 2.2.1 油泥垢溶垢率评价方法

采用溶解称重法评价解堵剂对油泥垢的溶蚀效果，具体实验步骤如下：① 称取油泥垢样装入烧杯；② 加入15%常温解堵剂工作液；③ 将烧杯置入60℃恒温水浴，让油泥垢在15%的解堵工作液中静止浸泡48h；④ 浸泡结束后，将残留物质过滤后，置于105℃烘箱中，2小时后取出，置于干燥器内冷却至室温，称重，计算溶垢率。

#### 2.2.2 腐蚀率评价方法

依据石油行业标准《SY/T5273－2000 油田采出水用缓蚀剂性能评价方法》中的静态挂片失重法评价解堵剂体系的腐蚀效果。静态挂片失重法主要原理为：将已称量的金属片分别挂入已加药剂和未加药剂的实验介质中，在规定条件下浸泡到一定的时间，然后取出试片，经清洗干燥处理后称量，根据挂片的质量损失计算平均腐蚀速率。

## 3 实验评价结果与讨论

### 3.1 螯合解堵主要机理

由于海上酸化施工运行难度大、油井酸化解堵后返出液处理困难、酸化施工影响管柱寿命等问题，影响油水井增产增注的实施及效果。针对海上酸化增产增注在现场应用的瓶颈问题，本文研发了中性螯合酶增产剂和活性清垢剂两种新产品。活性清垢剂由功能螯合剂、高效活性酶和功能性表面活性组成，能处理油藏近井地带的无机垢、有机垢，是一种安全、高效的非危化产品，运输、储存、施工都满足安全施工的条件，满足海上安全环保的施工要求。中性螯合酶增产剂由中性螯合剂、活性酶和多组分表面活性组成，能处理油藏近井地带的无机垢、有机垢、原油乳化堵塞，产品安全、高效，解堵后的残液无须油轮返排处理，大大降低了油轮排酸的工作量，提高了进流程生产的有效时率和作业效果，满足海上油田炮眼附近结垢堵塞的除垢解堵、电泵机组导叶轮结垢的解卡解堵的施工要求，突破海上常规酸化解堵需油轮大量返排残酸的技术瓶颈。

(1)螯合除垢机理:在中性环境体系下,配方中的螯合剂与地层物质发生螯和反应,由中心离子和螯合剂(配位体)配成具有环状结构的配合物。使得成垢阳离子(如 $Ca^{2+}$,$Mg^{2+}$ 等)与螯合剂作用生成稳定的螯合物。

(2)降解洗油机理:配方中的活性酶成分,对原油有一定的降解作用,可以将饱和蜡选择性降解为不饱和烯烃的能力,降低原油黏度。同时还可以在油藏表层表面形成一层有效的活性分子膜结构(生物制剂产生的活性聚合物),起到好的剥离、清洗有机油垢的效果。

(3)协同配伍机理:中性螯合酶增产剂中添加的表面活性能明显降低表面张力和油水界面张力。

(4)阻垢杀菌机理:活性清垢剂配方中还加入环保杀菌剂,对腐生菌、硫酸盐还原菌、铁细菌有很好的杀菌效果,有效减少注水井细菌堵塞的发生。

### 3.2 解堵剂体系优化评价

为了解决困扰海上酸化解堵的难题,优化了螯合酶解堵剂体系 CDY-61,该螯合酶解堵剂体系是由多种螯合剂、渗透剂、氧化剂、降解剂、生物酶和多种表面活性剂复配而成,利用化学渗透、增溶和转化方法,将地层硬质的钙、钡、镁等无机垢型发生化学转化为水溶性的盐,从而在中性条件下使钙、钡、镁的硫酸盐垢和碳酸盐垢在水中螯合分散、溶解,形成可溶性的中性络合物盐,可以满足海上油田炮眼附近结垢堵塞的除垢解堵、电泵机组导叶轮结垢的解卡解堵的施工要求。因此,本文主要针对螯合酶解堵剂体系 CDY-61 进行评价研究。

### 3.2.1 配伍性评价

实验测定了用地层水将螯合酶解堵剂配成 15% 的溶液,测定其表/界面张力以及与 CB4EA-11 原油的配伍性(表1)。结果表明,螯合酶解堵剂与地层水配伍性良好,与原油不发生乳化作用。

表1 螯合酶解堵剂的性能评价结果

| 序号 | 解堵剂 | 表面张力(mN/m) | 界面张力(mN/m) | 脱水率% |
|---|---|---|---|---|
| 1 | 15%螯合酶解堵剂 | 27.6 | 1.58 | 92 |

### 3.2.2 油泥垢溶蚀率评价

用地层水将螯合酶解堵剂配成 15% 的工作液,称取一定量的 CB22E-4 井油泥垢放置在烧杯里面(见图1(a)),然后加入 15% 螯合酶解堵剂置入 60℃ 恒温水浴(见图1(b)),图1(c)和图1(d)为油泥垢浸泡 24h 和 48h 后图片。由图可见,浸泡 24h 后油泥垢在解堵剂溶液中很好地分散开。

(a)初始油泥垢样品  (b)刚加入液  (c)浸泡24h后  (d)浸泡48h后

图1 15%螯合酶解堵剂对油泥垢的溶蚀效果图

通过将残留物质过滤后,烘干后冷却至室温,称重计算溶垢率。15% 螯合酶解堵剂对 CB22E-4 井油泥垢和 CB251E-1 油井垢种垢样的溶蚀率结果见表2。结果表明,针对两种油井的油泥垢垢样,15% 螯合酶解堵剂体系溶垢率达到了 76.29%,表明螯合酶解堵剂体系可以解除埕北油田油井中油泥垢堵塞物。

表2 15%螯合酶解堵剂对两种油泥垢的溶垢率结果

| 垢样名称 | 15%中性解堵剂用量(mL) | 溶蚀前垢样重量(g) | 溶蚀后垢样重量(g) | 溶垢量(g) | 溶垢率(%) |
|---|---|---|---|---|---|
| CB22E-4 井油泥垢 | 200 | 11.0202 | 2.9861 | 8.0341 | 72.90 |
| CB251E-1 井油泥垢 | 200 | 11.0736 | 1.2996 | 9.7740 | 88.26 |
| 平均值 | | | | | 76.29 |

### 3.2.3 腐蚀率评价

为了评价螯合酶解堵剂体系对油井套管的腐蚀情况,采用地层水将螯合酶解堵剂配成 15% 的溶液,在 60℃ 下用 15% 螯合酶解堵剂对 N80 钢片浸泡 48h 后,测定对 N80 钢片的腐蚀率,见表3。结果表明,15% 螯合酶解堵剂中体系对 N80 钢片的平均腐蚀率为 $0.0378g/m^2 \cdot h$,能满足现场应用的要求。

表3 15%螯合酶解堵剂对N80钢片的腐蚀率结果

| 试片编号 | N769 | N770 | N771 | 平均值 |
|---|---|---|---|---|
| 试验前质量(g) | 12.9292 | 12.3210 | 13.0103 | / |
| 试验后质量(g) | 12.9276 | 12.3174 | 13.0081 | / |
| 质量差(g) | 0.0016 | 0.0036 | 0.0022 | / |
| 试片表面积(m²) | 0.00136 | 0.00136 | 0.00136 | 0.00136 |
| 腐蚀时间(h) | 48 | 48 | 48 | 48 |
| 腐蚀率[g/(m²·h)] | 0.0245 | 0.0551 | 0.0337 | 0.0378 |

#### 3.2.4 助排率评价

螯合酶解堵剂对油泥垢解堵后需要及时排出地层,因此需要评价螯合酶解堵剂的助排效果。采用地层水将螯合酶解堵剂配成15%的溶液,在60℃下评价15%螯合酶解堵剂的助排率结果见表4。结果表明,15%螯合酶解堵剂的助排率为30.4%,可以满足现场应用要求。

表4 螯合酶解堵剂的助排率评价结果

| 项目 | $M_1$ | $M_2$ | $Q_1$ | $Q_2$ | $Q_3$ | 排除率 | 助排率 |
|---|---|---|---|---|---|---|---|
| 空白样 | 1055.8 | 1089.7 | 14 | 11.5 | 9.5 | 30.85% | 30.4% |
| 螯合酶解堵剂 | 1059.1 | 1092.2 | 17.5 | 13.5 | 12.2 | 40.24% | |

#### 3.2.5 岩心伤害率评价

为了防止螯合酶解堵剂体系对地层的伤害,需要评价螯合酶解堵剂体系对岩心综合伤害情况,结果见表5。15%螯合酶解堵剂对岩心伤害率仅为7.4%,表明螯合酶解堵剂对地层的伤害较小,可以满足现场应用要求。

表5 螯合酶解堵剂的岩心伤害率评价实验结果

| 试样 | $Q/cm^3/s$ | $\mu/mPa\cdot s$ | $L/cm$ | $A/cm^2$ | $\triangle p/MPa$ | $k/mD$ | $\varphi/\%$ |
|---|---|---|---|---|---|---|---|
| 伤害前岩心渗透率 $k_1$ | 1/60 | 2.2 | 19.3 | 4.90 | 0.014 | 1035 | 7.4 |
| 伤害后岩心渗透率 $k_2$ | 1/60 | 2.2 | 19.3 | 4.90 | 0.016 | 958 | |

### 3.3 解堵工艺研究

螯合酶解堵剂的注入工艺采取油管注入、全油管注满的方式,即正挤方式。由于稠油井油泥垢中的沥青质的沉积状态呈固相或半固相,而注入的中性解堵剂是液相,油井的解堵过程实际是固-液非均相反应过程,所以溶解速度由解堵剂扩散速度和溶解速度决定,因此,需要让解堵剂与沥青质充分接触。螯合酶解堵剂施工工艺过程包括注入解堵剂和关井浸泡两个阶段,关井浸泡阶段体系是静止的,而解堵阶段是流动的;关井浸泡时间比注入解堵剂阶段长,但流动体系比静止体系溶解效果要好,因此,建议采用高压间歇性注入解堵剂工艺,这样对溶解油泥垢效果更好。

对采油井或水井进行解堵时,需要根据室内试验结果及生产实际确定施工工艺,将螯合酶解堵剂配制成15%~20%的水溶液,通过水泥泵车将螯合酶解堵剂由油套环空泵入泵和油管内,静止浸泡48小时后返排,螺杆泵井正常生产不需动管柱,操作简单,安全可靠。

## 4 现场解堵效果

### 4.1 中性螯合酶增产剂应用效果

中性螯合酶增产剂由于不含有机酸和无机酸组分,能有效清除地层无机垢堵塞,无须油轮排液,实现"漏失即解堵"过程,达到完井和解堵双重功能。2020年在油井试验应用13口井,作业后平均单井比作业前日增液17t,日增油10.8t,其中CB22FC-13井实施解堵检泵作业,作业后日增液26.4t,日增油3.2t,毛管压力增加250Psi(泵沉没度增加了近200米),取得一定效果。同时大大降低油轮排液的工作量,平均每口井能减少3天左右油轮排液时间,极大提高解堵进流程生产的时效性,如表6所示。

表6 中性螯合酶增产剂应用效果统计表

| 序号 | 井号 | 措施内容 | 药剂用量 t | 作业前试抽效果 | | | 作业初期生产效果 | | | 生产6个月生产效果 | | |
|---|---|---|---|---|---|---|---|---|---|---|---|---|
| | | | | 日液 t | 日油 t | 含水 % | 日液 t | 日油 t | 含水 % | 日液 t | 日油 t | 含水 % |
| 1 | CB22FC—13 | 检泵,10m³中性螯合酶增产剂 | 10 | 89 | 13.4 | 85.0 | 115.4 | 16.6 | 85.6 | 113.5 | 16.3 | 85.6 |
| 2 | CB22FC—1 | 检泵+中性螯合酶增产剂15m³ | 15 | 18.6 | 2.19 | 88.2 | 48.6 | 5.83 | 88 | 33.9 | 6.1 | 82 |
| 3 | CB22E—P3 | 检泵+50%中性螯合酶增产剂60m³ | 30 | 32.9 | 15.4 | 53.1 | 80.1 | 26.3 | 67.2 | 66.2 | 24.4 | 63.1 |
| 4 | CB22H—3 | 检泵+50%中性螯合酶解堵剂50m³ | 25 | 52.4 | 11.6 | 77.9 | 48.9 | 11.2 | 77.1 | 47 | 10.7 | 77.3 |
| 5 | CB12D—8 | 检泵+50%中性螯合酶解堵剂40m³ | 20 | 75.9 | 12.1 | 84.1 | 78.9 | 13.4 | 83.0 | 75.7 | 13.2 | 82.6 |
| 6 | CB251C—4 | 洗井解卡,50%中性螯合酶增产剂8m³ | 4 | 15.5 | 6.59 | 57.5 | 164 | 54.12 | 67 | 78.1 | 37.49 | 52 |
| 7 | CB22B—6 | 洗井解卡,50%中性螯合酶增产剂8m³ | 4 | 36 | 6.8 | 81 | 84 | 21.1 | 74.9 | 84 | 21.1 | 74.9 |
| 8 | CB26B—3 | 补孔+返排泵返排+全井高速水充填+50%中性螯合酶增产剂40m³ | 20 | 53.6 | 9.59 | 82.1 | 95 | 21.28 | 77.6 | 82.1 | 22.9 | 72 |
| 9 | CB22FB—18 | 氮气返排+50%中性螯合酶增产剂20m³+全井高速水充填 | 10 | 120.0 | 24.0 | 80.0 | 91.9 | 32.1 | 65.1 | 67.5 | 25.0 | 63 |
| 10 | CB26B—3 | 补孔+返排泵返排+50%中性螯合酶增产剂40m³+全井高速水充填 | 20 | 53.6 | 9.6 | 82.1 | 68.9 | 27.6 | 60.0 | 59.6 | 26.3 | 55.9 |
| 11 | CB4EA—14 | 补孔+50%中性螯合酶增产剂60m³+高速水充填 | 30 | 40.0 | 10.2 | 74.6 | 91.4 | 47.1 | 48.5 | 90 | 44.4 | 50.7 |
| 12 | SH201A—18 | 返排泵返排+50%中性螯合酶增产剂20m³+高速水充填 | 10 | 40.0 | 28.0 | 30.0 | 56.0 | 44.5 | 20.6 | 52.5 | 41.7 | 20.6 |
| 13 | SH201A—19 | 返排泵返排+一步法分三层解堵+分三层高速水充填+50%中性螯合酶增产剂55m³ | 22.5 | 33.0 | 23.0 | 31.3 | 27.8 | 25.0 | 10.0 | 31.1 | 23.7 | 23.9 |
| 平均 | / | | / | 50.8 | 13.3 | 69.8 | 80.8 | 26.6 | 63.4 | 67.8 | 24.1 | 61.8 |

### 4.2 活性清垢剂应用效果

活性清垢剂为由酸性螯合剂、活性酶和多种功能性表面活性组成,溶解无机垢和螯合无机垢的效果较好,由于含有功能性表面活性剂,溶垢解堵后降低注水压力增加注水效果较明显,同时该产品为非危化产品,无强腐蚀特性,现场施工安全,解决危化品运输、使用受限问题。先后在CB4DA－4、CB1HB－6、CB4EB－14等12口水井应用活性清垢剂解堵,解堵后5天平均单井油压由7.9MPa降至4.8MPa、单井日注水量由195方上升至234方,其中CB1GB－4井实施解堵后解决了测调遇阻问题。三个月后目前平均注水井口压力5.9MPa,平均日注水量247方,仍然有较好的解堵增注效果,如表7所示。

表7 活性清垢剂应用效果统计表

| 序号 | 井号 | 注水层位 | 活性清垢剂用量(t) | 解堵前注水资料 | | | | 解堵后注水资料 | | | |
|---|---|---|---|---|---|---|---|---|---|---|---|
| | | | | 干压(MPa) | 油压(MPa) | 日配注量(m³) | 日注水量(m³) | 干压(MPa) | 油压(MPa) | 日配注量(m³) | 日注水量(m³) |
| 1 | CB4DA－4 | Ng1+2³1+2⁴ Ng3³ | 3 | 9.6 | 5.4 | 240 | 230 | 10.2 | 7.6 | 240 | 238 |
| 2 | CB1HB－6 | Ng4²(外) | 2 | 8.9 | 8.2 | 140 | 68 | 9.2 | 4.5 | 140 | 140 |
| | | Ng5³(内) | 1.5 | 8.9 | 7.6 | 50 | 50 | 9.2 | 5.7 | 50 | 50 |
| 3 | CB4EB－14 | Ng5³ Ng5⁵ Ng5⁶¹⁺⁶² | 3 | 9.1 | 8.2 | 190 | 190 | 10.3 | 7 | 190 | 196 |
| 4 | KD481A－5 | Ng2¹ Ng2² Ng2⁴ | 2.5 | 10 | 9.8 | 200 | 68 | 9.9 | 8.1 | 200 | 203 |
| 5 | CB1GB－4 | Ng1+2³1+2⁴ Ng3³ | 3 | 8.5 | 5.7 | 140 | 140 | 9.5 | 5.2 | 210 | 210 |
| 6 | CB20CB－13 | Ng4¹ Ng4² Ng4⁵ Ng5³ Ng5⁴ | 1 | 8 | 6 | 290 | 293 | 8.2 | 3.9 | 255 | 247 |
| 7 | CB1GB－7 | Ng3⁴ Ng4¹ Ng4⁵ Ng5³ Ng5⁴ | 2.5 | 9.4 | 8.8 | 325 | 173 | 9.5 | 7.9 | 365 | 314 |
| 8 | CB1GB－12 | Ng4¹ Ng4⁵ Ng5³ | 1 | 9.4 | 4 | 160 | 147 | 9.5 | 1.2 | 190 | 190 |
| 9 | CB4EB－6 | Ng4⁴⁺⁴⁵ Ng5¹ Ng5³ Ng5⁵ Ng5⁶¹⁺⁶² | 4.5 | 10.58 | 9.5 | 240 | 215 | 10.3 | 7.1 | 280 | 289 |
| 10 | CB22B－4 | Ng1+2³ Ng3¹ Ng3³ Ng4²⁴⁵ Ng5³ Ng5⁴⁺⁵ | 4 | 10.46 | 9.8 | 555 | 575 | 10 | 5.1 | 555 | 571 |
| 11 | CB251A－1 | Ng4¹ Ng4² Ng4⁵ Ng5² | 3 | 9.4 | 9.4 | 285 | 134 | 9.6 | 7.7 | 285 | 291 |
| 12 | CB26A－8 | / | 4 | 10.5 | 9.7 | 255 | 252 | / | / | / | / |
| | 平均 | / | / | 9.4 | 7.9 | 236.2 | 195.0 | 9.6 | 5.9 | 246.7 | 247 |

### 4.3 应用实例1

KD481A－2井为馆陶组油井,目前生产层位Ng2⁴²层,位于垦东481区块。馆陶组是以河流相沉积的砂岩为主,平均孔隙度29%,渗透率672×10⁻³μm²,泥质含量6.1%。主力油层边底水能量充足。该井于2007年9月6日投产,层位Ng2⁴²,油层厚度4.7m,初期日油能力18.5t,含水79%。生产过程中,多次出现油压、液量持续下降,毛细管压力上升现象。2015年9月、2016年3月、4月和8月分别进行四次泵吸入口解堵施工,措施有效期为3～6个月。后经结合KD481A－2井的井况条件和成垢类型,通过多轮次实验优选30%螯合酶增产解堵剂溶液进行解堵施工,加热螯合酶增产解堵剂液和顶替液至60度,通过套管反替中螯合酶增产解堵液10m³、顶替液15m³,关井反应48小时,后开井试抽。

表8  KD481A－2井解堵前后生产参数对比

| 生产资料 | 油嘴(mm) | 油压(MPa) | 电流(A) | 日液(t) | 日油(t) | 含水(%) |
|---|---|---|---|---|---|---|
| 解堵前 | 3.5 | 1.4 | 24 | 11.3 | 3 | 72.7 |
| 解堵后 | 4 | 2.7 | 23 | 21.8 | 16.5 | 23.9 |
| 对比 | 0.5 | 1.3 | －1 | 10.5 | 13.5 | －48.8 |

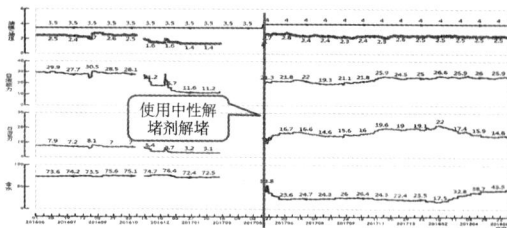

图3  KD481A－2解堵前后油井生产曲线

解堵前后对比,日增液10.5t,日增油13.5t,电流下降1A,并且产出液经热沉降化验满足现场解堵后能进流程生产施工的要求,本次螯合酶增产解堵剂在海上应用获得成功。

### 4.4  应用实例2

CB6GA－5井为埕岛油田主体馆陶北区上层系油井,2016年11月24日投产,生产层位Ng3³3⁵4²,该井投产作业时防砂后防砂后因漏失量大替入过量高浓度井壁抗稳定剂溶液,部分进入地层造成污染,同时由于该井进行酸化施工,作业后试抽过程历时1个多月,残酸在地层不能及时排出,形成二次沉淀污染地层,造成该井投产之后一直低液生产,2017年9月躺井前日液11t,日油8.1t。后经研究决定利用螯合酶增产解堵技术,解除近井地带井壁稳定剂稠化物和地层携砂液混合体系的堵塞,在2018年2月对该井作业过程中利用15%螯合酶增产解堵剂溶液60m³正挤入地层,进行解堵施工。

表9  CB6GA－5井作业前后生产参数对比

| 生产资料 | 油嘴(mm) | 油压(MPa) | 日液(t) | 日油(t) | 含水(%) |
|---|---|---|---|---|---|
| 作业前 | 3 | 2.1 | 11 | 8.1 | 25.5 |
| 作业后 | 7 | 1.9 | 104.2 | 31.5 | 69.7 |
| 对比 | | 1.3 | 93.2 | 23.4 | 44.2 |

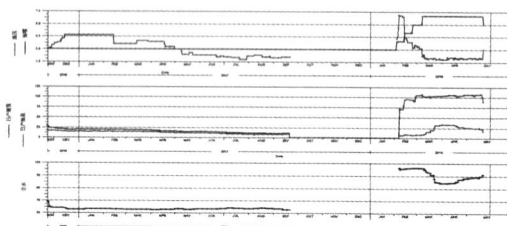

图4  CB6GA－5解堵前后油井生产曲线

作业之后日增液93.2t,日增油23.4t,说明螯合酶增产解堵剂解堵技术有效解除了该井堵塞,改善了近井地带的渗流能力,解决了该井供液问题,取得了可观的经济效益。

## 5  结  论

(1)研究评价了15%螯合酶增产解堵体系的主要性能,该体系对油泥垢的溶垢率达到了76.29%,溶蚀后的残液热沉降脱水率达到90%以上,平均腐蚀率为0.0378g/m²·h,助排率达到为30.4%,岩心伤害率仅为7.4%,满足现场解堵施工的要求。

(2)优化了螯合酶增产解堵剂现场施工工艺,采用高压间歇性注入解堵剂工艺,通过水泥泵车将中性解堵剂由油套环空泵入泵和油管内,静止浸泡48小时后返排。

(3)通过埕岛油田海上稠油井现场施工效果表明,中性解堵剂体系成功解除近井带的油泥垢堵塞,解堵后产油量大幅度提高,且有效期较长,经济效益可观。

## 参 考 文 献

[1]赵立强,王春雷,袁学芳,等.耐高温硫酸钡解堵剂研制及性能评价[J].油气藏评价与开发,2016,6(6):55—60.

[2]罗咏涛,李本高,秦冰.塔河油田稠油井解堵抑堵剂研制[J].石油炼制与化工,2015,46(2):1—6.

[3]李玉光,邢希金,李莹莹,等.针对渤海A油田注水井堵塞的解堵增注液研究[J].石油天然气学报,2013,35(11):132—135.

[4]李永太,范登洲,史班平,等.稠油胶质沥青分散解堵剂性能评价与现场应用[J].西安石油大学学报(自然科学版),2010,25(2):51—53.

[5]于杰刚,曹红英.稠油油藏胶质沥青质分散技术[J].油气田地面工程,2009,28(10):32—33.

[6]赵军凯,张云青,王俊峰,等.埕北油田油井解堵技术[J].石油地质与工程,2008,22(6):81—83.

# 微差井温与硼中子测井技术在油井找水中的优势互补

陈殿芳

（中国石化胜利油田分公司技术检测中心）

**摘　要**　本文简要介绍了微差井温测井和硼中子测井在油井中找水的基本原理和施工工艺,用具体井例分析说明了两种测井方法的优缺点,通过对比分析,发现两种测井方法适应不同的地质条件。微差井温测井对于射孔间距比较大,产液量大的井效果比较好,对于低产夹层薄的井就无能为力;硼中子测井能够直观定量各射孔层位的剩余油分布情况,分辨率比较高,能够分辨0.3m的薄层,但是对于层间矛盾比较大的射孔层段,有可能误解释。因此,建议有关人员在油井找水时,一定要根据油井的具体地质情况确定合适的测井方法,这样才能有效地找出出水层位,把含水降下来,真正达到增油的目的。

**关键词**　微差井温;硼中子;吞吐层;产液层;出水点;串硼

## 1　前　言

临盘采油厂管辖临盘、商河、临南三大油田,已相继进入中高含水期,含水率的升高严重影响采油厂开发经营,所以实现控水增油成为采油厂的工作重点。控水的主要手段之一卡水,卡水的前提是准确找出出水层位(找水)。因此,找水是控水稳油的关键环节,准确找出出水层位是动态监测面临的难题。目前,临盘采油厂主要应用微差井温测井和硼中子寿命测井两种方法找水,从应用效果来看,这两种测井方法都能在一定条件下比较准确地确定出水层位,也都存在不足。

## 2　技术简介

1)微差井温测井

(1)微差井温测井原理。

微差井温测井属于井温测井的范畴,它反映地层温度变化情况的变化率,定义为1m距离温度差的变化量,由梯度井温经延迟电路比较获得(图1),该方法由于用电子线路实现,受探头灵敏度和测井速度影响比较大。

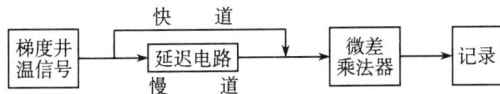

图1　微差井温获得示意图

(2)微差井温测井施工方法。

测井时,井温探头必须接触液体,才能测出变化,否则,空气是热的不良导体,即使变化也不是地层温度的真实反映。油井找水测井时采用静止—加压—放压测量方式,模拟正常生产状态,这种方法能够较为真实地反映地层生产情况。

首先,通井至射孔底界以下20m,保证射孔层位全部测出,下测试管柱,静止12～14小时测静

止曲线,有三种形式(图2)。

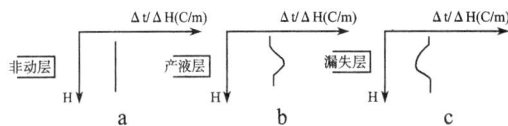

图2　微差井温静止曲线的三种形式

其次,用高压压风机加压5～10MPa测加压曲线,有两种形式(图3)。

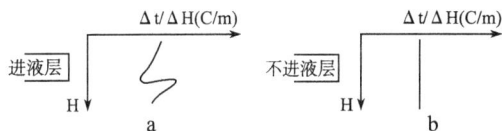

图3　微差井温加压曲线

第三,控制放压0.5～1小时测产液曲线(防止激动地层出砂),有三种形式(图4)。

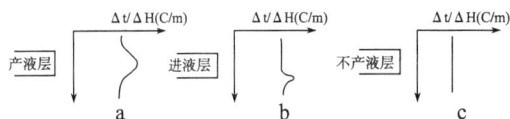

图4　微差井温产液曲线

(3)微差井温资料解释方法和依据。

根据录取的静止、加压、产液三条曲线进行综合解释,详细划分为五个级别:①吞吐层,是指既能进液又能出液的地层。在加压井温曲线上表现为负异常(漏液),在产液曲线上表现为正异常,即使是负异常,幅度要比加压曲线高,这类地层多是渗透性较好的厚层,地层压力低于测加压曲线时的压力。②漏失层,是指只能进液不能产液的地层。在加压曲线和静止曲线表现为较为明显的负温度异常,产液曲线反映产液不明显,这类地层多为高渗透的中厚层,原来为生产主力层,随着油层压力下降而能量亏损,或者是找漏井的漏失井段。③产液层,是指只产液不进液的地层,静止、加压曲线无负温度异常显示,或有较低的正异常显示,

而产液曲线为明显的正异常,或者幅度稍高于加压曲线,这样的地层具有一定的产能,但由于油层压力高,或者地层渗透性差,油层流体黏度大等原因,造成加压时不漏,产液量不大。④未动层,是指不进液也不出液的地层。在三条井温曲线上均无明显异常显示,即使有显示,三条曲线变化幅度基本一致,这样的地层具有一定的生产能力,是主要接替层位。⑤不清层,对于夹层比较薄的层位,或者岩层厚度比较薄的层位,由于温度场的扩散作用,以及仪器分辨率的影响,井温曲线对应该层反映不清,无法判断其出液进液,这样的地层称为不清层。

根据国内外资料介绍和以往统计资料证明,油井含水大于85%时,利用微差井温动态资料解释为吞吐层、产液层、漏失层的井段一般为主要产水层,是卡水的主要对象,这是利用井温资料找卡水的先决条件。

2)硼中子寿命测井

(1)硼中子寿命测井原理。

硼中子寿命测井属于中子寿命测井的范畴,又叫热中子衰减时间测井,是一种脉冲中子测井方法,它是靠中子管在高压作用下产生 14Mev 的脉冲中子流,在地层中发生非弹性散射和弹性散射,经过几百微秒后,大部分被吸收,放出 r 射线,经 r 探头探测输出就是反映地层中岩石和流体性质的 $\Sigma$ 值。该方法适用于高矿化度地质条件的地区,即可以在套管井中又可以在裸眼井中进行测井,从而求得剩余油饱和度和残余油饱和度,估计孔隙度[1]。

中子寿命测井一般在高矿化度地区对寻找剩余油分步和求残余油饱和度,效果十分明显;为了使中子寿命测井技术在低矿化度油田广泛推广,测井工作者经过实验发现,采用测(基线)—注(高矿化度溶液)—测(高矿化度溶液曲线)的方法能够在低矿化度地区利用中子寿命测井技术比较准确地获取剩余油分布情况资料,也就是说向目的层孔隙空间,注入与原有液体 $\Sigma$ 值不同的液体,用同一种仪器在注入前后分别测取其资料,进行对比分析,寻找剩余油分布情况和残余油饱和度,起初采用注入高浓度的 NaCl 溶液效果一般。常见矿物流体宏观俘获截面见表1。

表1 常见的矿物流体宏观俘获截面

| 矿物名称 | $\Sigma$(c.u) | 流体名称 | $\Sigma$(c.u) |
|---|---|---|---|
| 石英 SiO2 | 4.25 | 原油 | 18~22 |
| 方解石 | 7.3 | 纯水 | 22.1 |
| 白云石 | 4.8 | 盐水 15 万 ppm | 78.8 |
| 硬石膏 | 13 | 盐水 5 万 ppm | 39.1 |
| 石膏 | 19 | 天然气 | 4~12 |
| 盐岩 NaCl | 770 | / | / |
| 硼砂 | 9000 | / | / |

由上表看出,水与原油 $\Sigma$ 值相差不大,而硼砂是原油俘获截面的 500 倍,是盐岩的十多倍,所以利用硼砂要比盐岩效果更好,硼砂极易溶于水而不溶于油,所以含水高的地方硼酸多,俘获截面就大,而油层不易进硼酸,俘获截面异常面积不大,根据是否进硼判断地层含水情况,就像测吸水剖面时利用同位素曲线异常高低判断地层吸水好坏一样。

(2)硼中子测井施工工艺。

第一,下测试管柱,油管下过油层底界 10m,确保油层全部测出,在油管内测一条地层原始状态下的俘获截面曲线称为基线,响应方程为

$$\Sigma_1 = \Sigma_{MA}(1-\Phi) + \Sigma_{w1}S_{w1}\Phi + Sh(1-S_w)\Phi + \Sigma_{sh}V_{sh}$$

测完基线后,把井下仪器下到油层底界以下;

第二,运用特殊的工艺把硼酸溶液注入井筒,使硼酸在水层尽量扩散(仪器探测深度为 30~50cm),再测一条俘获截面曲线,其响应方程为

$$\Sigma_2 = \Sigma_{ma}(1-\Phi) + \Sigma_{w2}Sw\Phi + Sh(1-Sw)\Phi + \Sigma_{sh}V_{sh}$$

$$\Sigma_2 - \Sigma_1 = (\Sigma_{w2} - \Sigma_{w1})\Phi Sw$$

$$\therefore Sw = (\Sigma_2 - \Sigma_1) / [(\Sigma_{w2} - \Sigma_{w1})\Phi]$$

$$\therefore Sor = 1 - Sw = 1 - (\Sigma_2 - \Sigma_1)/[(\Sigma_{w2} - \Sigma_{w1})\Phi]$$

式中，$\Sigma_{w2}$、$\Sigma_{w1}$ 分别为硼酸溶液和地层水的俘获截面；$\Phi$ 为地层的孔隙度[1]。

（2）硼中子测井资料解释方法和依据。

因为硼酸是不溶于油而易溶于水的物质，硼酸进入地层只与水的多少有关，与固相骨架和油无关，与不流动的泥质和束缚水的关系也不大，硼酸的作用只是改变地层水的性质，所以基线和注硼曲线幅度差的大小，实质上就是目前地层含水多少的标志。

在实际工作中，根据地层是否因扩散而进硼酸构成幅度差判断地层剩余油分布情况。射孔层位已进入硼酸，按幅度差的大小估算地层剩余油饱和度 Sor：当 Sor＞60％，以含油为主的地层；当 Sor＝60％～50％，油水含量接近地层；Sor＝50％～30％，以含水为主的地层；Sor＜30％以不可动油为主的地层（强水淹层）；射孔层位没有进硼酸即没有幅度差，这可能是由于射孔不完善，或长期开发污染，或地层本身渗透能力不理想等原因造成的，对此叫"未进硼"层位；没有射孔的井段内进入了硼酸，这是不良固井质量引起的，形成串硼井段[2]。

出水点（即强水淹层），严重出水点（作业中漏失部位）以及串层串槽都是堵水的主要对象。这些层段因其含水量大，进入的硼酸多，幅度差大，具有明显的直观性。

## 3 两种测井工艺的优缺点

1）微差井温测井

优点：微差井温测井，灵敏度高，施工简便，需要辅助设备少，成本低，只需用压风机把原井筒的液体压入地层；利用井筒温度随深度增加而增加的特点，只要进液的地方，上下温度差一定变大，即在加压曲线上一定有所反映，据此判断是否进液；

缺点：微差井温测井属于接触测量，只有在液体中才能测出变化。又由于受大地温度场变化的影响，该测井方法在纵向上分辨率低，曲线变化有时与层位不符，特别是夹层比较小的（小于 5m）根本就不能区分到底是哪一个层的贡献引起的；同时产液量必须大，在三条曲线上才有反映，这是微差井温测井的最大缺点。

2）硼中子寿命测井

优点：硼中子寿命测井能够直观出力产层的具体位置，分辨率比较高，能分辨 0.3m 的层位，定量评价产层的剩余油饱和度，如果地层矿化度很高，也能显示未射孔层位剩余油分布情况。

缺点：硼中子寿命测井施工比较复杂，动用辅助设备多，至少两辆罐车，一辆泵车和一辆压风机，根据井深和射孔长度确定硼酸用量（1～2t），硼酸每吨 6000 余元，成本比较高。同时对于压力差别大的井，可能存在到灌现象，利用硼中子寿命测井采取不同的施工工艺就能解决，测注硼曲线时先测一条硼扩散曲线（压力不要高于生产压差，让硼进入低压层），再测一条加压曲线（使压力高于高压地层压力，使硼进入高压地层），通过对比两条注硼曲线，就能判断高压层含水情况。另外采用卤水压井影响基线，也能判断地层压力高低。

## 4 典型井例效果对比

微差井温测井和硼中子寿命测井技术在临盘采油厂降水增油中发挥重要作用，二者各有优缺点，资料既相互符合，也相互矛盾。

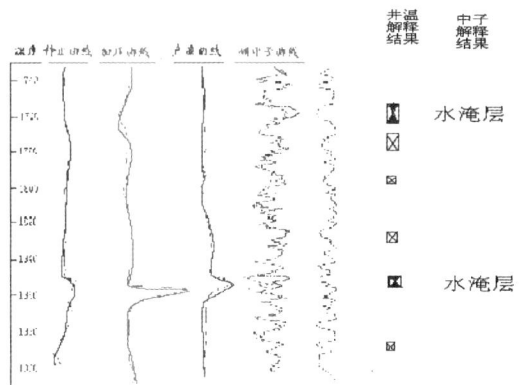

图 5 临 13—21 测井资料对比

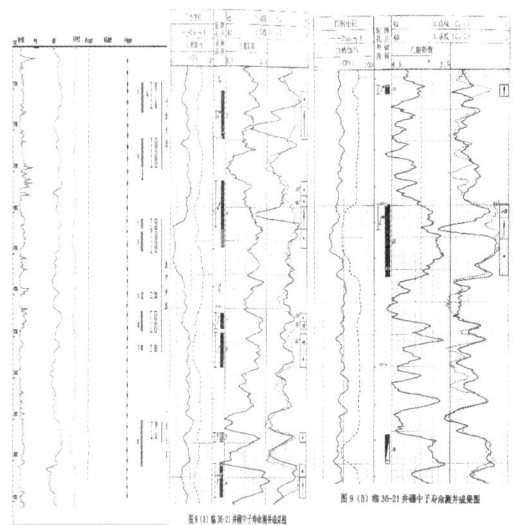

图 6 临 36—21 测井资料

（1）两种找水资料吻合较好，又见到效益的，如 L13—21，该井采取大段射孔合采，高低渗层间互，层间矛盾大且注水井分布不均匀，使该层系能量严重亏损。采用两种方法找水，资料如图 5 所示,两种找水资料解释结果基本一致,硼中子资料解释水淹严重的层位在微差井温资料解释为主动层,通过封堵严重水淹层,日油由 1.2t 上升到 2.4t,含水由 95.2% 下降到 78.3%。

(2)硼中子测井对于当测试井段层间压力差异较大时,特别是有异常高压或异常低压存在且射孔层位间距比较大时没有微差井温测井效果好。

如 L36－21 井生产层位是沙二上,8 层 29.4m,由于高低渗透层间互,层间矛盾严重,导致含水高达 95.8%,日产油 1.4t,实施微差井温和硼中子寿命找水,发现 5 号、12 号层对应的井温曲线明显异常,硼中子寿命解释为出水层的为 5、6、10、11、12(图 6)。据此,采取卡两头,采中间的生产管柱封堵 5、12 号层,作业后日产油由 0.3t 上升到 11.2t,含水由 95.8% 下降到 52%。

(3)微差井温资料分层能力差,对于夹层比较小的低压层,可能产生误解释,而硼中子寿命测井效果比较好。如 S44－1 井,测井资料如图 7 所示,微差井温资料只能反映产液能力差别,而不能反映水淹程度,解释为 8、9、10、11 为主动层,而采用硼中子寿命资料显示,根据 8、9、11 号层剩余油饱和度较高,而 6、7、10 号层为主要出水层。经用封隔器封堵 5、6、7 号层,合采 8～11 号层,日产油由 5.0t 上升到 9.7t,综合含水由 91% 下降到 21.2%。分析该井硼中子测井成功而微差井温测井无效的原因是夹层间距小,各层贡献分不开。另外 11 号层以上各层位加压时都进液,而拐点出现在 11 号层底部,从微差井温曲线分析误认为 10、11 号层为主动层。

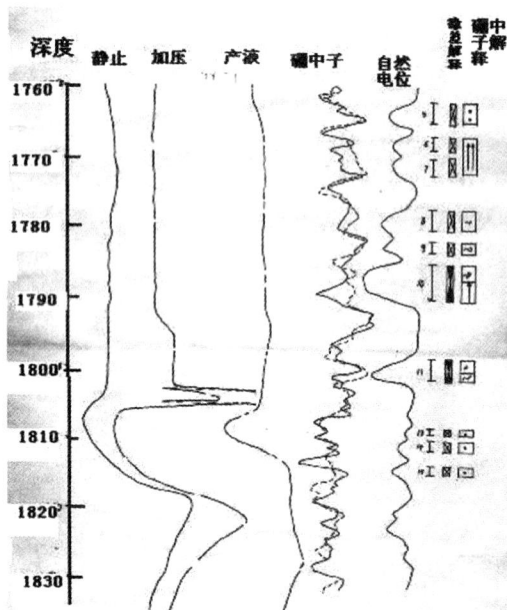

图 7 商 44－1 测井资料

## 5 结　论

综上所述,任何一种测井方法都有它的优缺点,不能只单单依赖某一种仪器,要根据油井的具体情况选择合适的测井方法。

(1)对于夹层比较厚,层间矛盾比较大的井,用微差井温测井比较好。

(2)对于夹层比较薄,层间压力差别不大的井,用硼中子测井比较好。

(3)对于井况不清的井,建议用硼中子、微差和动态分析综合考虑。

(4)对于层间矛盾比较大的井,采用硼中子找水时,应改变施工工艺,首先测两条替液后(不加压)的硼扩散曲线,时间间隔半小时;再测一条加压后的硼扩散曲线,压力应高于地层压力;如果三条硼扩散曲线异常相似,说明该层为低压层,如果只有在加压后才有变化,说明该层为高压层,根据剩余油饱和度计算公式即可算出含油情况。

(5)对于用微差井温找水时也一定根据地层压力情况确定加压大小,否则高压层测不出变化,同时保证该井有一定的产液量。

总之,根据油井的具体情况选择合适的测井工艺,能够有效地发现出水层,确定封堵层,把含水量降下来,增加原油产量。

**参 考 文 献**

[1]刘福林,宋存.测井方法原理[M].北京:石油工业出版社.
[2]油气田开发测井技术与应用[M].北京:石油工业出版社,1995.

# 油井缓蚀防垢技术的研究与应用

尚智美　张　韬　刘全国　唐洪涛　王　建　孙双立

（中国石化胜利油田分公司胜利采油厂）

**摘　要**　油田生产过程中,由于温度、压力变化,使得地层、井筒、输油管线存在不同程度的腐蚀结垢,影响原油生产的正常进行。为此本文分析了腐蚀结垢的原因,针对油井腐蚀结垢问题开展了多级泵下缓蚀器和长效防垢剂的研制,确定了现场施工工艺,为胜坨油田长效缓蚀防垢体系提供了技术支持。

**关键词**　高温高盐;腐蚀;防垢;泵下缓蚀器;固体缓蚀剂

## 1　高温高盐油藏井筒缓蚀防垢技术应用现状

胜坨油田高温高盐油藏井下工具腐蚀结垢问题日益严重,如 T128 断块,油层温度为 108℃,矿化度 3 万～8 万毫克/升之间,伴生气中还不同程度的含有硫化氢和二氧化碳等腐蚀性气体,此类油藏腐蚀结垢较为严重。统计 T128 断块 28 口作业油井发现,有 13 口井存在严重的腐蚀结垢现象,占到了作业井次的 46%。

目前井筒腐蚀结垢预防治理技术主要有两种。一是井口油套环空投加液体缓蚀阻垢剂,其缺点是工作量大,而且液体缓蚀剂易吸附在油、套管表面,造成缓蚀剂损失浪费;二是泵下接挂固体缓蚀剂,但目前固体药剂释放还停留于单级释放阶段,泵下缓蚀剂释放速度过快,导致有效期短。

为此提出了研制多级泵下缓蚀器和预制阻垢剂,通过泵下防腐器逐级释放固体缓蚀剂,预置阻垢剂缓慢释放,达到对井筒管柱及井下工具的防腐防垢的目的。

## 2　泵下长效缓蚀器的研制

### 2.1　泵下长效缓蚀器结构设计

泵下长效缓蚀器由两级组成,一级结构即正常使用部分,二级结构是延迟启动部分,见图1。

一级结构:由释放管和装料管组成。释放管采用 89mm 普通油管制成,长度为 5m,孔径为 20mm,孔数为 30 个。装料管同样由 89mm 普通油管制成,长度为 2m 一根,根据需要装料管串联使用,下端用丝堵密封。将制作成的固体缓蚀剂,装入料管内,填满压实。

二级结构:由释放管和装料管组成同上。释放管与一级结构的释放管保持一致,二级结构上释放孔用直径 20mm,厚 5.5mm 的阳极块铆钉。

装料管与一级结构装料管一致。将制作成的固体缓蚀剂,装入料管内,填满压实。丝扣连接于筛管下。

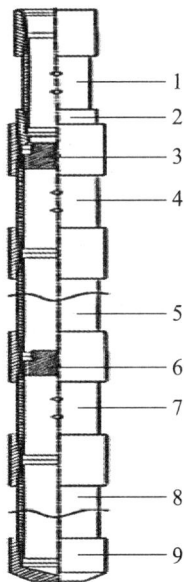

1:进液筛管;2:变径接头;3:丝堵;
4:级释放器;5:级装料管;6:丝堵;
7:二级释放器;8:二级装料管;9:丝堵

图 1　泵下长效缓蚀器的结构图

### 2.2　缓蚀缓蚀器工作原理及井下连接示意图

装置下井后,一级缓蚀阻垢器首先工作,同时二级缓蚀阻垢器释放孔阳极材料块处在腐蚀环境下,由于阳极材料的电极电位较低,优先于铁材料腐蚀。通过优选阳极材料、控制阳极材料块厚度,使得在一级缓蚀阻垢器药剂释放完毕,二级缓蚀阻垢器阳极材料块腐蚀掉后开始工作。从而达到延长防腐蚀目的。因此该装置能够实现由原来一倍左右的有效期。

### 2.3　泵下缓蚀器二级结构牺牲阳极材料的优选

#### 2.3.1　牺牲阳极材料优选实验

根据金属活性序列,选用 XS1 和 XS2 两种金属进行实验。将 XS1、XS2 块分别做成直径

10mm,厚度为 5.5mm 圆柱体。将 50mm 长的油管,平均分成 4 份,上分别打上直径 10mm 的孔。将牺牲阳极材料锚入油管上 10mm 孔径,见图 2 和图 3。

图 2　XS1 牺牲阳极试验样品

图 3　XS2 牺牲阳极试验样品

将做好的阳极材料块放入腐蚀介质中,实验用腐蚀介质为 STT128X140 采出水,实验温度定为 90℃,放置 22d 后,测定阳极材料腐蚀速度。

腐蚀速率计算公式如下:

$$F = (m_{gf} - m_{hf}) \times 365000 / (t_f \times S \times \rho)$$

式中,$F$ 为腐蚀速度,mm/y;$m_{gf}$ 为腐蚀后阳极材料质量,kg;$m_{hf}$ 为腐蚀前阳极材料质量,kg;$S$ 为阳极材料与腐蚀介质接触面积,$m^2$;$t_f$ 为腐蚀时间,d;$\rho$ 为阳极材料密度,$kg/m^3$。通过测试两种牺牲阳极材料腐蚀质量,得到金属 XS1 和 XS2 的腐蚀速率,结果如下。

(1)XS1 阳极腐蚀速率 $F$=0.0046mm/a;

(2)XS2 阳极:5.5mm 阳极块,剩余 2.0mm,阳极腐蚀速率 $F$=38.18mm/a。

实验结果表明,金属 XS1 腐蚀速率很低,其原因是金属表面形成了氧化膜,减缓了金属腐蚀速度,而金属 XS2 腐蚀速度过快,因此两种金属的腐蚀速率均不适合作为二级缓蚀器的牺牲阳极材料。

鉴于金属 XS1 和 XS2 腐蚀速率存在的问题,将两种金属材料按照一定比例进行复合,制作了 XS3 型牺牲阳极复合材料。

#### 2.3.2　复合阳极材料腐蚀速率评价实验

将 XS3 复合牺牲阳极材料做成直径 10mm,厚度为 5.5mm 圆柱体。将 50mm 长的油管,平均分成 2 份,上分别打上直径 10mm 的孔。将牺牲阳极材料锚入油管上 10mm 孔径。做好的样品置于 STT128X140 采出水中,实验温度定为 90℃,放置 17d 后测定阳极材料腐蚀速率,测试结果见表 1。

表 1　复合牺牲阳极 XS3 腐蚀速率测试结果

| 腐蚀前质量(g) | 腐蚀后质量(g) | 腐蚀时间(d) | 腐蚀接触面积($cm^2$) | 阳极材料密度 $\rho(g/cm^3)$ | 腐蚀速率 $F$(mm/y) |
|---|---|---|---|---|---|
| 2.0686 | 1.6498 | 17 | 1.57 | 5.17 | 11.07798 |
| 2.1179 | 1.6261 | 17 | 1.57 | 5.17 | 13.00895 |

根据复合材料 XS3 的腐蚀速率测定结果,制作的 5.5mm 厚的牺牲材料能够在 154～181d 内完全腐蚀,从而打开二级缓蚀器,开始正常工作,因此复合阳极基本符合要求。

### 3　固体缓蚀剂的研制及评价

固体缓蚀剂有两项要求,一是药剂释放速度能达到浓度要求,且在 90℃高温条件下仍具有很好的缓蚀性能;二是药剂不产生任何残渣,不会导致二次伤害。

#### 3.1　固体缓蚀剂的研制

固体缓蚀剂是以缓蚀剂中间体为主体,改性后辅以少量助剂(增效、包覆材料)形成的新型固体缓蚀剂,有效成分高达 90%以上。

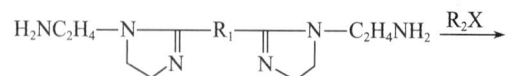

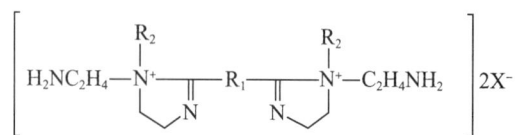

其中，$R_1 = C_2 \sim C_{36}$ 的饱和或不饱和碳链；$R_2 =$ —$CH_2$—$CH$—$CH_2$、—$CH_3$、—$C_6H_5$、—$CH_2COOH$ 等；X 为卤离子或 $[CH_3SO_4]^-$。

### 3.2 固体缓蚀剂缓蚀效果评价

取 2 个 1000ml 广口瓶，加入 T128 区块油田净化污水 1000mL，一个瓶内放入 0.5g 固体缓蚀剂溶液，另一个不加固体缓蚀剂药剂，作为空白样。两个广口瓶挂入处理好的挂片，挂片为 KD 材质标准挂片，90℃恒温水浴静置，10 天后取出挂片清洗称重，计算失重量及缓蚀率（表2）。

表 2　固体缓蚀剂评价实验数据

| 序号 | 缓蚀剂 | 加药浓度(mg/L) | 失重量(g) | 缓蚀率(%) |
|---|---|---|---|---|
| 1 | 空白 | 0 | 0.0113 | |
| 2 | 固体缓蚀剂 | 50 | 0.0024 | 78.7 |

实验结果分析：固体缓蚀剂在 90℃水中浸泡 10 天后，剩余 0.4g，缓蚀率达到 78.7%，因此在高温环境下，10 mg/L 左右浓度的固体缓蚀剂即可具有相当好的缓蚀性能。

### 3.3 固体药剂释放速度动态模拟实验

实验方法：为了模拟药剂在油井里的状态，用玻璃管装入 100g 固体缓蚀剂，放入 20L 的容器中，装有一定量的污水，液面超过固体缓蚀剂的顶面，试验温度 90℃，将玻璃弯管置入装有固体缓蚀剂的玻璃管中，在玻璃弯管中注入油田净化污水，如图 4 所示。按照 T128 断块油井日液量推算模拟流速，测试固体缓蚀剂冲刷 72h 后的损失量，从而得到冲刷水中固体缓蚀剂的模拟浓度（表3）。

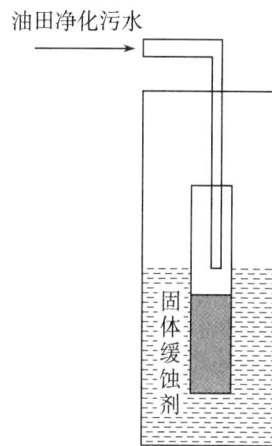

图 4　缓蚀剂动态释放模拟装置图

表 3　固体缓蚀剂冲刷损失量和模拟浓度

| 缓蚀剂初始质量(g) | 缓蚀剂冲刷后质量(g) | 模拟流速(ml/L) | 缓蚀剂损失质量(g) | 冲刷水中固体缓蚀剂浓度(mg/L) |
|---|---|---|---|---|
| 100 | 93.97 | 144 | 6.03 | 9.69 |
| 100 | 91.53 | 180 | 8.47 | 10.89 |
| 100 | 89.56 | 271 | 10.44 | 8.92 |

从结果来看，随着冲刷流速的增加，缓蚀剂损失量逐步增加，冲刷水中缓蚀剂的计算浓度维持在 9mg/L 左右，即能保障采出液保持较低的腐蚀速率。

## 4　新型预置阻垢剂的研制

### 4.1　预置阻垢剂作用机理及有效期影响因素

#### 4.1.1　预置阻垢剂作用机理

将阻垢剂挤入地层，在地层温度、压力等条件下，防垢剂通过物理、化学吸附或沉积滞留在地层孔隙。等开井生产后，又以一定的速度缓慢溶解于地层水中，达到对地层、井筒、集输管线的防垢作用。

#### 4.1.2　油层预置阻垢剂有效期影响因素

（1）预置阻垢剂在地层条件下的溶解度；

（2）预置阻垢剂的用量，即处理深度。

对于一口特定的油井来说，受到油层厚度、采出速度、原油含水等因素影响。

### 4.2　配方研究

#### 4.2.1　母体阻垢剂的优选

优选原则是母体阻垢剂在地层条件下易于和沉淀剂生成微溶盐。选择常用阻垢剂 HEDP、EDTMP、ATMP、PMA、MS－MAA，按照标准 Q/SH1020－1452－2013，分别对上述药剂阻垢率检测，结果如表 4 所示。

表4 不同阻垢剂的阻垢率对比测试

| 阻垢剂 | HEDP | EDTMP | ATMP | PMA | MS－AAA |
|--------|------|-------|------|-----|---------|
| 阻垢率(%) | 78 | 88 | 89 | 65 | 92 |

因此选择阻垢率 92% 的 MS－MAA 作为母体阻垢剂。

#### 4.2.2 沉淀剂的优选

优选原则:要求所形成沉淀的溶解度要求≥10mg/L。室内分别用铝盐、铁盐、镁盐、钙盐和母体阻垢剂进行配比实验,发现钙盐沉淀剂所生成的沉淀溶解度能够达到要求,因此确定钙盐作为沉淀剂。

#### 4.2.3 沉淀条件的优选

不同沉淀条件优选设计表见表5。

表5 不同沉淀条件优选设计表

| 阻垢剂浓度 A(%) | 沉淀剂浓度 B(%) | 酸碱度 C |
|----------------|----------------|---------|
| A1=3 | B1=1 | C1=4 |
| A2=4 | B2=0.5 | C2=7 |
| A3=5 | B3=0.3 | C3=8 |

根据三因素四水平正交设计表 L9(34),确定了实验方案(表6)。

表6 正交实验方案设计表

| A1B1C1 | A2B1C2 | A3B1C3 |
|--------|--------|--------|
| A1B2C2 | A2B2C3 | A3B2C2 |
| A1B3C3 | A2B3C1 | A3B3C2 |

实验条件:烘箱 80 度,观察沉淀情况。

根据实验结果确定最佳配比 A3B2C2:即阻垢剂浓度 5%,沉淀剂浓度 0.5%,pH7。在这种配比下,10 个小时开始生成沉淀,18 个小时沉淀完全,沉淀总量 0.6%,满足低渗油藏施工要求。

### 4.3 预置阻垢剂评价

#### 4.3.1 油层预置阻垢剂溶解度的测定

温度升高溶解度降低,矿化度升高溶解度降低;该沉淀物在常温清水溶解度是在 80 度污水中的溶解度的 2.6 倍,在 80 度污水中的溶解度是 6.2mg/100mL,折算为质量体积浓度是 62mg/L,符合行业标准≥10mg/L 要求,阻垢效果有保障(表7)。

表7 不同条件下阻垢剂溶解度测试

| 水的类型 | 温度(℃) | 溶解度(mg) |
|---------|---------|-----------|
| 清水 | 20 | 16.2 |
| 清水 | 80 | 9.12 |
| 污水 | 20 | 14.7mg |
| 污水 | 80 | 6.2mg |

#### 4.3.2 物模驱替实验

实验方法:岩心 25mm×300mm;饱和预置阻垢剂恒温 80 度 24 小时;常温清水驱替;排量 3.5mL/min(表8)。

表 8　阻垢剂阻垢率测试

| 取样顺序 | 累计驱替体积 | 取样体积 | 累计体积 | PV | 阻垢率(%) |
|---|---|---|---|---|---|
| 1 | 0 | 56 | 56 | 1 | 98 |
| 2 | 105 | 53 | 158 | 3 | 95 |
| 3 | 208 | 53 | 261 | 5 | 88 |
| 4 | 311 | 54 | 365 | 7 | 92 |
| 5 | 415 | 53 | 468 | 9 | 81 |
| 6 | 520 | 55 | 575 | 11 | 81 |
| 7 | 573 | 53 | 626 | 13 | 76 |
| 8 | 679 | 55 | 734 | 15 | 62 |
| 9 | 788 | 56 | 844 | 17 | 38 |
| 10 | 900 | 54 | 954 | 19 | 40 |
| 11 | 1010 | 58 | 1068 | 21 | 21 |

实验结果:13 个 PV 驱替阻垢率仍能达到80%左右。

分析:因室温下阻垢剂在清水中的溶解度是80 度污水中的 2.6 倍,因此 25cm×30cm 岩芯用80 度污水有效驱替倍数应是:2.6×13＝33.8(PV),假如处理深度 3m,有效驱替倍数应是 33.8×10＝338(PV)。

## 5　现场应用试验

选取 T128 断块 2 口腐蚀结垢问题突出的油井开展试验,油管采用耐高温内衬油管,抽油杆采用高强度 KD 杆,2 口油井均表现出抽油杆腐蚀严重,结垢厚度约 2mm,免修期短(表 9)。

表 9　2 口试验井腐蚀问题描述

| 序号 | 井号 | 免修期(天) | 腐蚀位置(m) | 腐蚀程度 |
|---|---|---|---|---|
| 1 | STT128—150 | 387 | 410—2053 | 斑状坑蚀,深度 2～4mm |
| 2 | STT128X69 | 239 | 300—1985 | 斑状坑蚀,深度 1～3mm |

结合 2 口油井腐蚀结垢问题,下入泵下缓蚀器,注入油层预制阻垢剂,并测试采出水对 KD 材质挂片的腐蚀速率,目前 2 口油井平均免修期已达到了 469 天,且继续有效。对 2 口井采出水进行取样,按照 SY/T5329—2012《碎屑岩油藏注水水质指标及分析方法》标准进行腐蚀速率测试,挂片为 KD 材质标准挂片,结果表明,采出水的腐蚀速率较低,达到了注入水水质指标(表 10)。

表 10　2 口试验井采出水腐蚀速率测试结果

| 井号 | 采出水取样时间(d) | 挂片初始质量(g) | 挂片腐蚀后质量(g) | 挂片损失质量(g) | 腐蚀速率(mm/y) |
|---|---|---|---|---|---|
| STT128—150 | 458 | 11.0918 | 11.07775 | 0.014054 | 0.075 |
| STT128X69 | 379 | 11.0824 | 11.06572 | 0.016677 | 0.089 |

## 6 结论及认识

(1)设计研制了泵下多级长效缓蚀器,通过优化牺牲阳极材料,可以逐级释放泵下固体缓蚀剂,实现泵下缓蚀器的长效作用。

(2)研制合成了固体缓蚀剂,有效成分高,其溶解速度可以满足 T128 块油井日液量要求,溶解后采出液对井筒和管柱材质具有较低的腐蚀速率。

(3)预置阻垢剂注入地层后,能够在地层条件下沉积、滞留,开采过程中,随采出地层水缓慢溶解,达到防止地层、井筒结垢的目的,避免了由于地层、井筒结垢带来的一系列问题。

(4)现场试验 2 口井,取得了较好效果,为延长高温高盐油藏油井免修期提供了有效的技术措施。

### 参 考 文 献

[1] 王景博,张珊慧,陈武.全面腐蚀控制油气田固体缓蚀剂的研究及应用进展[J].2016(8):42—47.

[2] 韩敏娜,于洪江,周建猛.高温固体缓蚀剂 XH-3 的研制与应用[J].广州化工,2019(19):159—161.

[3] 霍俊钢.复合固体缓蚀剂对氯化钾水体系缓蚀性能研究[J].天津化工,2015(5):27—28.

[4] 赵修太,杜春安,邱广敏,等.长效固体缓蚀剂的研制及应用[J].石油化工腐蚀与防护,2005(4):23—26.

[5] 岳松涛,郑现峰,杨保华,等.新型固体缓蚀剂在文明寨油田的应用[J].广东化工,2013(17):138—139.

[6] 胡玉辉,滕利民,刘燕娥.固体缓蚀剂 GTH 油井防腐技术[J].油田化学,2000,6:191—192.

[7] 尹成先,冯耀荣,兰新哲,白真权.一种新型固体缓蚀剂的合成及性能[J].精细化工,2006(9):930—932.

[8] 周云,付朝阳,郑家燊.耐高温固体缓蚀阻垢剂的研制[J].材料保护,2005(1)48—51.

[9] 白鹏,孙淑云,李胜华,等.固体缓蚀技术在高腐蚀油区的应用[J].国外油田工程,2005(7):45—46.

[10] 崔付义.新型固体缓蚀阻垢技术[J].石油知识,2009(5):19—20.

# 差异化储层改造技术实现未动用储量效益建产主要做法

岳行行　　王　飞

（中石化胜利油田分公司胜利采油厂）

**摘　要**　随着采油厂接替阵地逐步向未动用区块转变,如何实现未动用储量的效益建产成为区块开发的关键点。未动用区块均为低渗、稠油或复杂断块,普遍存在品位低、能量差、开发难度大等特点,是多年想啃却难以啃下的"硬骨头"。基于采油厂一体化开发模式的建立,针对低渗透未动用区块,聚焦每个区块的主要开发难点,做到"一井一策、一区块一方案",采取差异化储层改造技术,实现了未动用区块的有效动用,使曾被视为"鸡肋"的区块,变为效益开发的"香饽饽"。

**关键词**　压裂；储层改造；差异化；支撑剂；压裂液

## 1　技术实施背景

随着低渗油藏开发的深入,开发的对象发生变化,储层物性越来越差,丰度越来越低,难度越来越大。低渗透储层预测技术、开发技术、优快钻井技术和储层改造等瓶颈技术,亟待攻关,寻求多点突破。且在现场运行过程中,现有产能建设组织模式难以适应低油价效益建产要求,亟须一体化思维、统筹规划、深度融合,构建与油藏经营相适应的体制机制。

针对现状,采油厂大胆破除固有思维定式,充分用好、用活油田政策,制定实施了"未动用储量开发项目管理办法"。在明确各自职责定位、相应运行流程和考核管理办法的基础上,对外,在物资采购、队伍选择方面以市场化运营为手段,做到甲乙双方目标同向、风险共担、利益共享、合作共赢,按比例挣效益油;对内,在产能建设、生产经营、安全环保、经营决策方面以项目化管理为载体、打破单位壁垒,集合全厂最高智慧、最强大脑、最优技术,聚焦每个区块的主要开发难点,组成最佳团队合力攻关,做到"一井一策、一区块一方案",精心打造一体化开发新模式。

在方案编制实施过程中,各专业依托相应配套技术,改变过往"交作业式"传统思维和工作流程,打造一体化、低成本、可复制、可推广的工程,实现油藏价值最大化。同时,找准低品位油藏的"病灶"和"痛点",在做好"常规研究"的同时,依据油藏特点更加注重"靶向研究",依托地质工程一体化建产模式,形成了一系列以提高单井产能为中心、集成多专业融合的开发配套技术。

## 2　差异化储层改造技术在现场中的应用实践

地质工程一体化建产模式在胜利采油厂的实施过程中,取得了实质性发展进步。强化油藏地质构造和沉积特征精细分析评价及压裂工程技术的深度融合,"量身打造"针对性的技术方案,实现了未动用区块的效益开发。

针对不同油藏类型,采取差异化的储层改造技术。主要设计思路如下:

（1）以地质-工程一体化理念,找准影响未动用储量效益开发的主控因素,制定油藏高效开发方案;

（2）以规模化、精细化改造的理念,精细甜点选层,追求纵向横向上改造体积和动用程度最大化;

（3）以压裂开发为中心的钻完井改造工程一体化,集成创新压裂改造技术,追求高产出的效益开发。

2020年共实施新井压裂11口,主要在胜坨油田坨717块、坨765块和宁海油田坨203块3个低渗区块。初期平均单井日液17.6t/d,平均单井日油5.5t/d;目前平均单井日液15.2t/d,平均单井日油5.8t/d。2020年共累油8329.9t,取得较好的开发效果（表1）。

表1　2020年新井压裂投产生产表

| 序号 | 井号 | 基本情况 | | | | 压裂施工情况 | | | 投产段数 | 初期生产情况 | | | | 目前生产 | | 累油t |
|---|---|---|---|---|---|---|---|---|---|---|---|---|---|---|---|---|
| | | 区块 | 油藏类型 | 井别 | 井深m | 压裂日期 | 压裂工艺 | 压裂段数 | | 生产情况 | 油压MPa | 日液t | 日油t | 日液t | 日油t | |
| 1 | 坨765一斜1 | 坨765 | 常规低渗 | 采油井 | 4544 | 2020/4/20 | 套管压裂+泵送桥塞分层压裂+组合缝网+变黏度压裂液 | 3 | 2020/5/1 | 2mm油嘴自喷 | 2 | 6 | 0.7 | 8.2 | 2.3 | 559.9 |
| 2 | 坨765一斜2 | | | 采油井 | 4481 | 2020/9/8 | 套管压裂+笼统压裂+直井长缝压裂 | 1 | 2020/9 13 | 2mm油嘴自喷 | 15 | 15 | 0 | 0 | 11 | 1 |
| 3 | 坨765一斜3 | | | 采油井 | 4480 | 2020/9/9 | 套管压裂+暂堵分层压裂 | 1 | 2020/9/13 | 2mm油嘴自喷 | 41.5 | 19.9 | 0 | 17 | 2.1 | 238.6 |
| 4 | 坨717一斜2 | 坨717 | 常规低渗 | 采油井 | 3317 | 2020/5/6 | 套管压裂+暂堵分层压裂 | 1 | 2020/5/11 | 2mm油嘴自喷 | 11 | 23 | 22.6 | 13.5 | 13.3 | 2319.3 |
| 5 | 坨203一斜5 | 坨203 | 常规低渗 | 采油井 | 3201 | 2020/7/11 | 油管分层压裂+高导流压裂 | 3 | 2021/7/12 | 3mm油嘴自喷 | 4.5 | 28.8 | 15.4 | 31 | 13.2 | 1548 |
| 6 | 坨203一斜1 | | | 采油井 | 3064 | 2020/7/11 | 油管笼统压裂+高导流压裂+大排量压裂 | 1 | 2020/7/18 | 放喷 | 3 | 9.6 | 2.5 | 8 | 5.9 | 349.3 |
| 7 | 坨203一斜2 | | | 采油井 | 3033 | 2020/8/24 | 油管分层压裂+高导流压裂 | 2 | 2020/8/30 | 3mm油嘴自喷 | 2 | 18 | 0.4 | 11.2 | 5.5 | 417.7 |
| 8 | 坨203一斜6 | | | 采油井 | 3291 | 2020/8/25 | 油管分层压裂+高导流压裂 | 2 | 2020/8/29 | 3mm油嘴自喷 | 3 | 20 | 4.7 | 25 | 8.2 | 1091.8 |
| 9 | 坨203一斜7 | | | 采油井 | 3201 | 2020/9/14 | 油管分层压裂+高导流压裂 | 2 | 2020/9/21 | 放喷 | 2.5 | 30 | 2 | 0.4 | 0.3 | 11 |
| 10 | 坨203一斜3 | | | 采油井 | 2955 | 2020/9/15 | 油管分层压裂+高导流压裂 | 2 | 2020/10/12 | 下泵 | | 12 | 2.3 | 11.9 | 1.9 | 66.4 |
| 11 | 坨203一斜4 | | | 采油井 | 3165 | 2020/9/15 | 油管分层压裂+高导流压裂 | 2 | 2020/10/12 | 下泵 | | 11.5 | 9.5 | 11.5 | 9.1 | 653.8 |

## 2.1　胜坨油田坨717块

胜坨油田坨717块位于东营市垦利县胜坨镇附近,构造位置为东营凹陷坨一胜一永断裂带坨94断层下降盘。坨717块构造相对较为简单,北部紧靠坨94断层,单斜构造,东高西低,地层倾角11.3°,南北向构造较为平缓,埋藏顶面深度-2950~-3040m,构造高差90m。沙三段是本区主要含油层系,地层厚度在150m左右(图1)。

根据区块老井资料,沙三下1原始地层压力54.26MPa,压力系数1.78。油层温度平均123℃,

地温梯度 3.4℃/100m,为常温异常高压系统。

为了解区块北部高点的含油气情况,在坨 717 块砂体北部物源方向及构造高部位部署一口滚动勘探井(坨 717-斜 2 井)(表 2)。

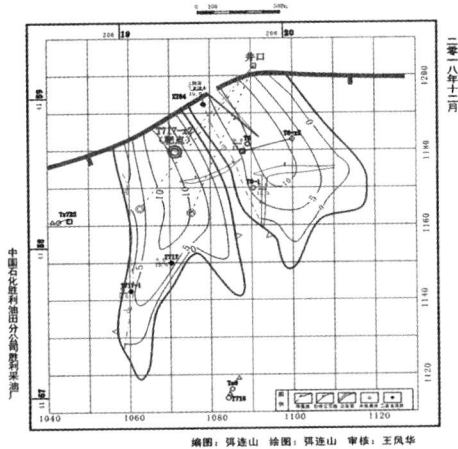

图 1　胜坨油田坨 717 块沙三中 4 油层厚度等值图

表 2　坨 717 区块油藏储层物性统计表

| 目标层位 | 沙三中 | 地层温度,℃ | 123 |
|---|---|---|---|
| 孔隙度,% | 14.58 | 原油密度,g/cm³ | 0.8642~0.881 |
| 渗透率,10⁻³um² | 7.89 | 50℃原油黏度,mPa·s | 10.8~22.9 |
| 原始地层压力,MPa | 54.26 | 压力系数 | 1.78 |

基于地质工程一体化模式,前期超前介入认真分析储层物性;同时对区块已压裂井的生产情况进行分析,为下步压裂改造提供方向及认识。

从该井测井曲线分析,待压裂层各层厚度、岩性及物性差异不大。储层应力 47~49MPa,隔层应力 48~51MPa,而且上部储隔层应力差值比较小,裂缝向上延伸。提出压裂改造思路如下:

(1)针对小层多,层间差异大,采用暂堵剂分层压裂工艺,提高纵向上改造均匀程度;

(2)针对储层离上部水层较近,优化排量选择,既要避免压开上部水层,又要防止斜井多段射孔产生多裂缝引起砂堵;

(3)采用前置多段塞工艺处理近井裂缝,减少裂缝扭曲效应;

(4)优选胍胶压裂液体系,采用耐压 69MPa 的 40/70 目+30/50 目组合陶粒加砂(图 2)。

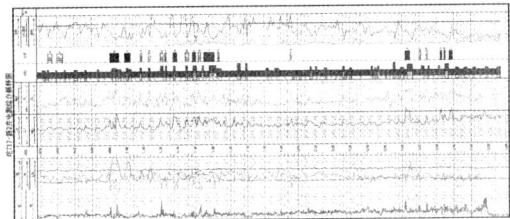

图 2　坨 717-斜 2 井测井曲线图

同时,通过数值模拟合理优化压裂工艺参数。在施工排量 6m³/min,加砂量 50 m³ 时可以满足油藏储层改造的需求(表 3、表 4、图 3)。

表 3　压裂工艺参数表(3135.7~3150m)

| 预计最高泵压,MPa | 54 | 施工排量,m³/min | 6 | 加砂量,m³ | 32 |
|---|---|---|---|---|---|
| 施工压力,MPa | 45 | 支撑缝高,m | 24 | 支撑缝长,m | 161 |

表 4　压裂工艺参数表(3263~3288.5m)

| 预计最高泵压,MPa | 54 | 施工排量,m³/min | 6 | 加砂量,m³ | 18 |
|---|---|---|---|---|---|
| 施工压力,MPa | 45 | 支撑缝高,m | 36 | 支撑缝长,m | 92 |

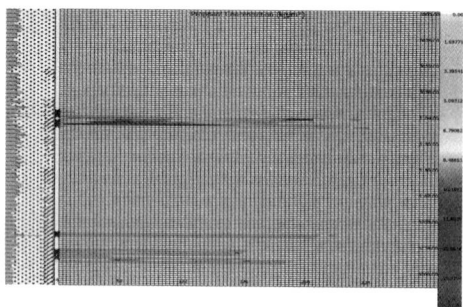

图3　坨717-斜2井压裂裂缝模拟图

该井压裂后,2020年5月11日投产采用2mm油嘴自喷,初期日产液23t,日产油22.6t;截至目前仍自喷生产,单井累油3219t,日产油量较设计提高214%(图4)。

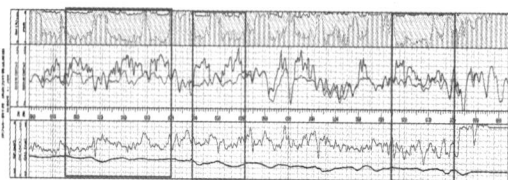

图4　坨717-斜2井开发生产曲线

## 2.2　胜坨油田坨765块

坨765区块地理位置位于山东省东营市垦利县胜坨乡,构造上处于东营凹陷北部陡坡带胜北断层下降盘,油藏埋深3900~4350m,属于深层沙砾岩体油藏,主要含油层位为沙四段。

从区域沉积背景分析,坨764-765块位于胜北大断层下降盘,受重力及断层活动的影响易在下降盘古冲沟内形成一系列滑塌浊积扇体。坨765砂体构造简单,为南高北低、西高东低的单斜构造,地层相对较缓,倾角在4°~7°,构造高差120m左右。

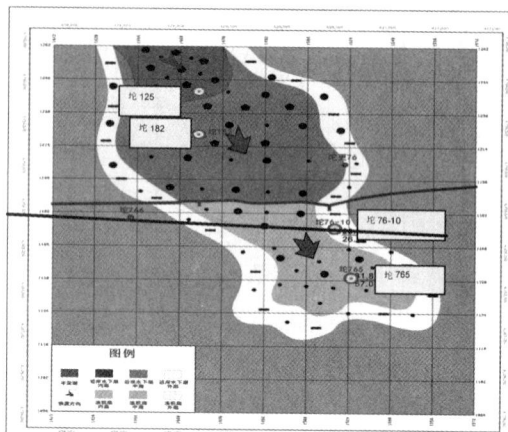

图5　坨765块沙四上沉积相图

根据本区测压资料,原始地层压力为82.38MPa,地层压力系数为1.89,温度为154℃,属于常温高压异常系统(表5)。

表5　坨765区块油藏储层物性统计表

| 目标层位 | 沙四段 | 地层温度,℃ | 154 |
|---|---|---|---|
| 孔隙度,% | 8.8 | 原油密度,g/cm³ | 0.7867 |
| 渗透率,$10^{-3}um^2$ | 4.9 | 50℃原油黏度,mPa·s | 1.31 |
| 原始地层压力,MPa | 82.38 | 压力系数 | 1.89 |

为进一步落实坨765块沙四上纯下段产能,编制了《胜坨油田765块沙四段产能建设方案》。方案设计新油井3口,均压裂投产,新建产能0.8×$10^4$t(图6)。

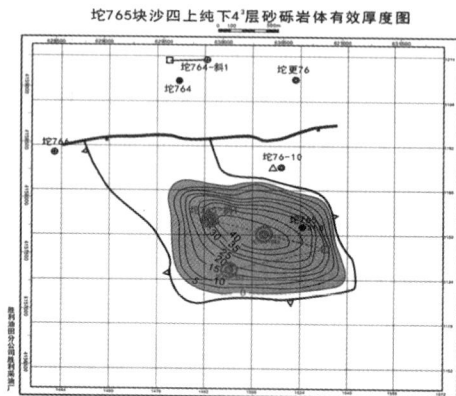

图6　坨765区块方案新井部署图

为保证方案实施效果,先期投产坨765-斜1井,根据先投产新井情况进一步优化下步措施。通过对坨765-斜1井测井曲线和地应力计算,坨765-斜1井待压裂层各层厚度、岩性及物性差异较大,储层泥质含量较高。地应力计算储隔层应力差5~8MPa,最大最小主应力差11~13MPa,形成复杂缝较为困难。提出压裂改造思路如下:

(1)提高压裂规模,采用组合缝网压裂工艺,提高裂缝复杂程度,最大化改造储层;

(2)密切割分段,泵送桥塞分三段压裂;

(3)优选变黏度压裂液体系,在线混配,提高裂缝复杂程度(图7)。

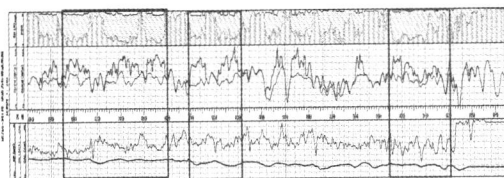
图 7　坨 765－斜 1 井地应力计算图

2020 年 4 月 19—20 日,对坨 765－斜 1 井分

三段进行分段压裂,施工压力 55～63MPa,停泵压力 53～55MPa,最高砂比 28%～40%,设计加砂量 148m³,实际加砂量 140.8m³;第一段、第二段按设计砂量完成加砂,第三段欠加砂 7.2m³。且施工压力偏高,预计 10m³/min 时施工压力 60MPa 左右(表6)。

表 6　坨 765－斜 1 井压裂施工参数统计表

| 压裂段 | 设计排量 | 实际排量 | 设计加砂量 | 实际加砂量 | 施工压力 | 停泵压力 | 最高砂比 |
| --- | --- | --- | --- | --- | --- | --- | --- |
| | m³/min | m³/min | m³ | m³ | MPa | MPa | % |
| 第一段 | 11 | 9 | 46 | 46 | 58－60 | 53 | 40 |
| 第二段 | 10 | 8 | 52 | 52 | 55－62 | 53 | 32 |
| 第三段 | 11 | 7 | 50 | 42.8 | 58－63 | 55 | 28 |
| 合计 | / | / | 148 | 140.8 | / | / | / |

经过后期裂缝监测情况发现,裂缝以主缝长缝为主,主裂缝延伸方向方位在 NE66°～NE71°,未形成复杂缝网(图8)。

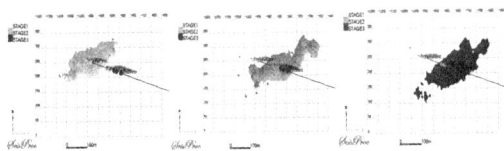
图 8　坨 765－斜 1 井裂缝监测成果图

针对坨 765－斜 1 井压裂时出现的一些情况进行及时分析,边实践边提升认识。在坨 765－斜 2 井和坨 765－斜 3 井压裂设计时,改变思路,采用段塞式加砂,降低施工风险,增大顶替量,减少压后出砂。同时,针对邻井地层压力、破裂压力偏高的情况,压裂施工前设计低排量泵注少量低浓度盐酸(15%)作为预前置液,降低地层破裂压力。

坨 765－斜 2 井于 2020.9.8 日采用套管笼统压裂工艺,施工排量 10 m³/min,加入 40/70 目陶粒 8 方,30/50 目陶粒 74 方,最高砂比 39%。但酸液未见明显效果(图9)。

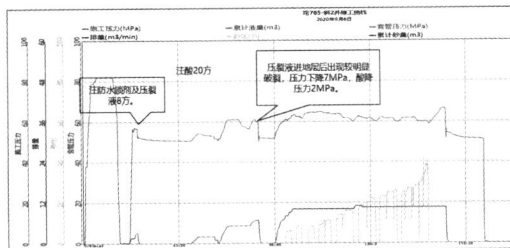
图 9　坨 765－斜 2 井压裂施工曲线

坨 765－斜 3 井于 2020 年 9 月 9 日采用层间暂堵压裂工艺,施工排量 10 m³/min,加入 40/70 目陶粒 7 方,30/50 目陶粒 71 方,最高砂比 38%。

采用暂堵剂实现层间暂堵,取得一定效果(图10)。

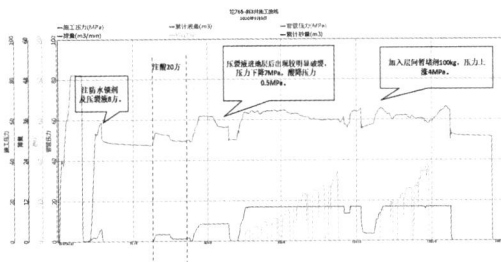
图 10　坨 765－斜 3 井压裂施工曲线

## 2.3　宁海油田坨 203 块

坨 203 井位于宁海油田胜北断层上升盘坨 133 断块较高部位,受古地貌的影响,北部陈家庄凸起提供了丰富的物源条件,该地区在沙三—沙四沉积时期发育了多期次的沙砾岩扇体,是沙砾岩油藏发育的有利区带。油藏埋深 2600～3080m,含砾细、中、粗砂岩,主要含油层位为沙四段(图11)。

图 11　坨 203 块地质概况图

根据坨 203 井地层测试结果,该块属于常温常压系统。地层压力 28.46MPa,压力系数 1.02;折算地层温度 121℃,地温梯度 3.72℃/100m,为常压高温异常系统(表7)。

表 7　坨 203 区块油藏储层物性统计表

| 目标层位 | 沙四段 | 地层温度,℃ | 121 |
|---|---|---|---|
| 孔隙度,% | 10.4 | 原油密度,g/cm³ | 0.8762 |
| 渗透率,10⁻³um² | 10.5 | 50℃原油黏度,mPa·s | 21.92 |
| 原始地层压力,MPa | 28.46 | 压力系数 | 1.02 |

方案设计新井 7 口(新油井 5 口,新水井 2 口),压裂投产,新建产能 0.88 万吨。

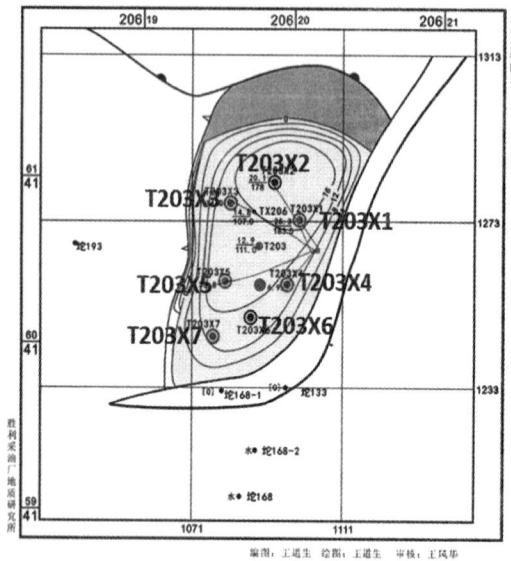

图 12　坨 203 区块方案新井部署图

本块坨 203 井,2018 年 3 月常规投产,初期单井日产液 5.1t/d,日产油 5.0t/d,含水 2.6%,动液面－2083m,2019 年 6 月不供液停产;2019 年 7 月压裂,压裂后初期自喷生产,日产油 7.6t/d,含水 19.3%,目前下泵生产,日产油 7.9t,含水 1.2%(图 12)。

邻井坨 203 井采用机械分层高导流通道压裂工艺,压裂液体系采用连续混配乳液压裂液体系。在施工过程中加砂难度较大,出现高砂比敏感,最高砂比 23%,综合砂比 8%。且天然裂缝发育,滤失大,施工难度大(图 13)。

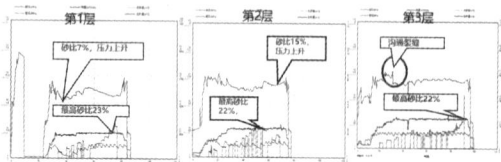

图 13　坨 203 井压裂施工曲线图

结合邻井压裂情况,提出区块压裂改造思路如下:

(1)针对区块井数多,目的层层间跨度大,层数多,非均质性强,优选地质与工程甜点,优化压裂顺序,优化射孔层段(沙四下 2 砂组);

(2)参考邻井坨 203 井具有自然产能,油井压裂段塞加砂方式,沟通远端裂缝,不要求高导流能力,注水井采用连续加砂的方式;

(3)坨 203 斜 5 采用机械分层,坨 203 斜 1 采用大排量施工,进行产能对比,优选压裂工艺;

(4)采用胍胶压裂液,造长缝,减少滤失,支撑剂采用 40/70＋30/50 陶粒砂,降低施工风险。

(5)现场裂缝监测,根据放喷情况及时调整:根据裂缝形态,调整坨 203 斜 3 井、坨 203 斜 4 井、坨 203 斜 7 井 3 口井加砂规模。

实施过程中通过不断提升地质工程一体化认识,加强从源头设计到全过程全节点的提速、提质、提效,确保了区块从各项工程指标到经营指标的全部向好。据统计,与编制方案相比,该区块单井产能飙升 56%,百万吨产能投资由 72.4 亿元下降至 48.6 亿元,开发成本由每桶 17.7 美元下降至 14.6 美元,平衡油价由每桶 45 美元下降至 36.9 美元。实现了区块的高效动用开发。

## 3　认识及结论

基于地质工程一体化建产模式的推进,实现"一区块一方案"的差异化储层改造技术得到了充分实施,且在实践过程中进一步提升认识,边实践边完善方案设计,最终实现了未动用区块的高效动用。

# 化学降粘提高稠油开采效果技术研究

殷方好　郝婷婷　何　旭　张兆祥　佟　彤　张仲平

(中国石化胜利油田分公司石油工程技术研究院)

**摘　要**　胜利油田稠油油藏目前主要以热采和水驱为主,进入到开发后期生产效果逐步下降,而稠油降粘技术随着新材料的应用呈现出良好的前景,在边水普通稠油区块开展降粘吞吐试验取得初步成功。本文探讨了稠油化学降粘吞吐工艺技术优化研究,研制了化学降粘吞吐用降粘调剖体系,确定了稠油化学降粘吞吐应用界限,并进行了注入工艺参数优化,在现场累计实施108井次,取得了显著效果。

**关键词**　稠油;化学降粘;优化技术

## 1　引言

胜利油田稠油资源丰富,目前主要以热采和水驱为主,热采吞吐已进入高轮次、高含水开发阶段,采收率低,水驱处于"高采出、高含水、低采油速度"阶段。目前胜利热采稠油油藏存在以下几个问题:一是多轮次吞吐后生产效果逐轮次下降;油井的加热半径有限。随着蒸汽吞吐周期的增加,油井井底的积水不断增加,注入的热量被积水大量吸收,造成了热效率低。二是环保要求越来越高,注蒸汽热采受到较大影响;胜利油田稠油热采根据环保要求减少碳排放,锅炉煤(或油)改气,不仅增加了成本,而且在冬季气源不足,稠油产量影响较大。三是胜利稠油油藏条件及高成本制约了蒸汽驱的推广应用;蒸汽驱是吞吐的重要接替技术之一,但是胜利油田多数稠油油藏具有活跃边底水,油藏压力高,转驱条件不理想,而能够实施的油藏,由于蒸汽驱的完全成本较高,其应用规模受到了制约。

对部分稠油油藏由于自身的特点并不适合热采,冷采自然产能低,一直未得到有效经济动用。稠油降粘技术随着新材料的应用呈现出良好的前景,在普通稠油区块开展降粘吞吐试验取得初步成功。但是其油藏适应性并不明确,其工艺参数也需要进一步优化完善,其与二氧化碳、氮气协同增能助排作用认识不充分,有必要开展相关的室内研究及现场实验,优化完善稠油强化冷采技术,提高稠油井冷采开采效果,同时明确稠油油藏强化冷采技术选井条件,为同类型油藏的开采提供技术参考。

## 2　稠油化学降粘吞吐用降粘调剖体系研制及作用机理表征

室内开展降粘体系对孤岛原油的适用性研究。分别从降粘体系用量、地层温度及矿化度对降粘效果影响、降粘体系的物模驱油效果、降粘体系注入浓度及注入强度参数优化等方面开展研究,开展体系对孤岛油藏条件的适用性研究。

分别选取不同水溶性降粘体系研究对试验稠油区块的降粘效果的影响。实验方法参照局标"Q/SH1020 1519—2016 稠油降粘剂通用技术条件"进行。实验水浴温度50℃。

水溶性降粘剂目前主要以小分子降粘剂为主,本研究分别从不同角度筛选合适的降粘剂,主要评价了降粘剂的降粘效果、分散颗粒大小以及沉降脱水率等方面,筛选出最适宜的水溶性降粘剂体系。降粘剂筛选ZB—1、ZB—2、S—1、S—2、DJ—1类型降粘剂,油样以GD2—25—5351油井油样为研究对象。

(1)降粘效果评价。

本研究以降粘剂用量1%为基准进行评价,评价方法参照局标"Q/SH1020 1519—2016 稠油降粘剂通用技术条件"进行,使用的温度为50℃。

评价方法:配制含3%NaCl和0.3%CaCl$_2$的盐溶液,用盐溶液将水溶及乳液类样品配成质量分数为1%的溶液,固体样品配制成质量分数为0.3%的溶液备用。称取280g(精确至0.01g)制备的稠油油样于烧杯中,加入120g(精确至0.01g)中配制的样品溶液,放入50℃的恒温水浴中,恒温1h,将搅拌桨置于烧杯中心,并距底部(2～3)mm处,调节转速为250r/min,在恒温的条件下搅拌2min。

在20s内迅速用旋转黏度计测定制备的稠油

乳液,测得50℃时的黏度 $\mu$。

降粘评价结果见表1。

表1 不同降粘体系对GD2-25-5351原油的降粘效果

| 降粘体系 | 浓度 | 降粘率 | 降粘评价 |
|---|---|---|---|
| ZB-1 | 1% | 98.7% | 乳化颗粒小,分散均匀 |
| ZB-2 | 1% | 98.9% | 乳化颗粒小,分散均匀 |
| S-1 | 1% | 72.5% | 颗粒乳化不完全 |
| S-2 | 1% | 97.4% | 颗粒细小,但是稠油聚并快 |
| DJ-1 | 1% | 97.1% | 乳化分散颗粒大,易于分层 |

根据表1结果显示,ZB-1、ZB-2降粘体系的降粘效果均优于其他降粘体系,乳化后颗粒分散细小,在此基础上,本研究通过偏光显微镜观察证实了这几种降粘体系的效果。

(2)粒度分散评价结果。

将ZB-1、ZB-2、S-2以及DJ-1体系分别配置成1%溶液,按照油水比3∶7的体积比混合,混合后预热50℃持续1h,充分搅拌后取出油水乳状液滴在载玻片上,放在显微镜下观察,评价其分散效果(图1、图2)。

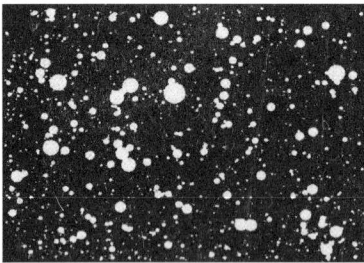

图1 ZB-1体系对稠油分散状态

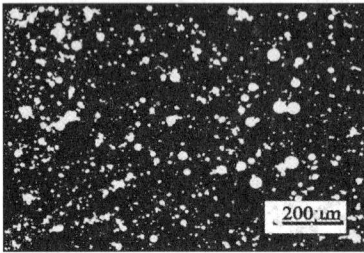

图2 ZB-2体系对稠油分散状态

根据研究,ZB-1和ZB-2降粘体系的降粘效果要优于其他体系,其中ZB-1体系的颗粒度要小于ZB-2,其降粘率均高于98%,完全符合技术要求。

(3)破乳效果评价。

本研究筛选ZB-1、ZB-2体系为主要研究对象,以GD2-25-5351油井油样为研究对象,参照标准"Q/SH1020 1519—2016稠油降粘剂通用技术条件"进行。

研究方法:配制300mL稠油乳液,分别迅速加入100mL具塞量筒或具塞刻度试管中,然后在恒温水浴中静置放置60min,沉降脱水温度应与降粘率试验温度一致。读取量筒下部出水体积V。

结果计算公式:

$$S = \frac{V}{30} \times 100\% \qquad (1)$$

结果显示,ZB-1沉降脱水率78%,ZB-2沉降脱水率83%。ZB-1的自然沉降脱水率较低,且下层浑浊,不易分层,乳状液稳定,难以破乳,而ZB-2体系乳化后半小时内脱水率达80%以上,可实现稠油破乳脱水。

## 3 稠油化学冷采油藏筛选界限研究

(1)建立普通稠油油藏地质模型。

结合试验油藏油水过渡带普通稠油油藏的钻井、测井及分析化验资料以及室内实验结果,应用CMG软件三维可视化地质建模软件BUILDER,建立油藏三维概念模型(图3),X方向划分65个网格,Y方向35个网格,Z方向装入4个小层,建立了65×35×4的三维网格系统,共9100个节点。

表2 地质模型基本油藏参数

| 油藏参数 | 参数范围 |
|---|---|
| 平均有效厚度(m) | 6.4 |
| 平均孔隙度(小数) | 0.34 |
| 平均渗透率($\times 10^{-3} \mu m^2$) | 1138 |
| 原油黏度(50℃)(mPa·s) | 5000 |
| 地层温度(℃) | 70 |

图3 油藏概念模型

(2)不同油藏参数下化学降粘吞吐的生产效果。

为了评价化学降粘吞吐开采的油藏适应性,需要对油藏地质的各项参数进行评价研究。然而影响开采效果的地质因素相当多,其中根据降粘体系的耐温和耐盐特性,确定了地层温度要小于

160℃,地层矿化度低于20000mg/L。大部分地质因素互相影响,为此,本项目将温度和矿化度外的主要影响开采效果的油藏地质条件及流体性质分成五个参数,利用正交试验方法并研究其界限值。即原油黏度、有效厚度、渗透率、采出程度以及边水能量系数(距边水距离/水油体积比)(表3)。

表3 油藏参数的选取

| 油藏参数 | 参数取值 | | | | |
|---|---|---|---|---|---|
| 原油黏度(50℃,mPa·s) | 100 | 500 | 1000 | 5000 | 10000 |
| 有效厚度(m) | 2 | 4 | 8 | 16 | 32 |
| 渗透率(md) | 100 | 500 | 1000 | 2000 | 4000 |
| 采出程度(%) | 5 | 10 | 15 | 20 | 25 |
| 边水能量系数(米/倍) | 5 | 10 | 50 | 100 | 200 |

根据计算结果,原油黏度、有效厚度、渗透率、采出程度以及边水能量系数的极差分别为1472、626、821、1002和853,因此,原油黏度对增油量的影响程度最大,记为R原油黏度>R采出程度>R边水能量系数>R渗透率>R有效厚度。

根据室内物模实验,化学降粘吞吐的油藏筛选条件是:油藏温度低于160℃,矿化物小于20000mg/L,原油黏度范围为低于3000mPa·s,油层厚度范围为大于4m,渗透率范围为大于600md,采出程度范围为低于18%,边水能量系数范围为6~70米/倍。

(3)稠油化学降粘吞吐关键参数优化研究。

根据普通稠油油藏的特点、开发状况井型以及工艺方案设计的原则,建立六类油藏地质模型,分别对调剖剂+降粘剂注入量以及焖井时间进行优化,得出最优工艺方式及注入参数。

## 4 现场试验效果

2019年以来,分别在边底水稠油、多轮次、低产低液、低渗敏感等四类油藏累计实施108井次,平均有效率83.6%,累增油2.8636万吨,平均单井增油317t。

表4 稠油化学降粘吞吐总体实施情况表

| 油藏类型 | 主导技术 | 实施井次(口) | 有效率(%) | 累计增油(t) | 平均单井增油(t) |
|---|---|---|---|---|---|
| 边底水 | 微动力分散降粘 | 44 | 68.9 | 14707 | 485 |
| 多轮次吞吐 | 油溶+$CO_2$ | 24 | 86.36 | 4255 | 203 |
| 水驱低液低产 | 油溶+$CO_2$ | 25 | 95.98 | 6302 | 263 |
| 低渗敏感 | 油溶+$CO_2$ | 15 | 100 | 3372 | 225 |
| 合计 | | 108 | 83.6 | 28636 | 317 |

## 5 结论及建议

(1)根据普通稠油油藏的特点和流体的物性,筛选出合适的降粘体系。

(2)建立了稠油化学冷采降粘的油藏适应性:原油黏度范围为低于3000mPa·s,油层厚度范围为大于4m,渗透率范围为大于600md,采出程度范围为低于18%,边水能量系数范围为6~70米/倍。

(3)根据化学冷采降粘的技术特点,优化了六大不同油藏类型的注入工艺参数,并且直接指导现场生产,效果显著。

## 参 考 文 献

[1] 陈忠,殷宜平,陈浩.非稳态法测定稠油油藏相对渗透率实验研究[J].断油气田,2005,12(1):41-43.

[2] I. Henaut,J-F. Argillier,C. Pierre,et al. Thermal Flow Properties of Heavy Oils[C]. SPE15278,2003

[3] 郎兆新主编.油藏工程基础[M].东营:中国石油大学出版社,1991:24-25.

[4] 刘慧卿,范玉平,等.热力采油技术原理与方法[M].东营:中国石油大学出版社,2000:55-56.

[5] 张跃雷,程林松,刘倩.稠油流变特性的基础实验研究[J].特种油气藏,2009,16(6):64-66.

[6] J-F. Argillier,C. Coustet,I. Henaut. Heavy Oil Rheology as a Function of Asphaltene and Resin Content and Temperature[C]. SPE 79496,2002.

# 孤岛油田中二区馆1+2内源微生物驱油先导试验

冯 云 赵润林 吴晓玲 刘 涛 林军章 汪卫东

（中国石化胜利油田分公司石油工程技术研究院）

**摘 要** 为了探索微生物驱油技术在低效水驱稠油油藏的适应性和驱油效果,在孤岛油田中二区馆1+2开展了内源微生物驱油先导试验。内源微生物群落结构普查结果表明,其微生物菌群种类丰富,既有与驱油功能相关的微生物,又有硫酸盐还原菌等易于造成腐蚀和硫化氢的有害菌,菌多而杂。在室内优化形成了常规激活剂和深部激活剂两种营养体系,既能高效定向激活驱油功能菌,对试验区块原油具有显著的乳化作用,又有效提高了油藏深部菌群的激活效率。室内物理模拟中二区馆1+2油藏条件,常规激活剂和深部激活剂按1:4注入,内源微生物提高采收率达到15.9%。在室内实验基础上开展了5注10采的现场试验,油井产出液生化指标检测结果表明,油藏微生物有效激活并具有良好的代谢活性,驱油功能菌浓度达到106个/毫升以上,代谢产物乙酸根质量浓度达到120mg/L。井组日油从22t提高到35t,综合含水从91.8%降到85.7%,累计增油4680吨,取得了良好的降水增油效果。

**关键词** 内源微生物;定向激活;物理模拟实验;孤岛油田;先导试验

微生物采油是一种经济环保、极具潜力的提高采收率技术,具有成本低、环境友好、不伤害储层、产出液不需要特殊处理等优点[1-5]。微生物采油是指将地面分离培养的驱油功能菌和营养液注入油层,或单纯注入营养液激活内源微生物,使其在油层内生长代谢,产生生物表面活性剂、生物气、有机酸等代谢产物,改变岩石表面润湿性,降低原油黏度,从而提高原油采收率。按照微生物来源的不同可分为外源微生物采油和内源微生物采油,其中内源微生物采油技术不存在外源菌种油藏适应性差的问题,且代谢活性好、工艺简单、成本低,省去了地面发酵菌液的环节,与外源微生物采油相比更具优势和应用前景[6-13]。在前期室内激活剂优化研究的基础上,为探索内源微生物驱油技术在低效水驱稠油油藏的适应性和驱油效果,在孤岛油田中二区馆1+2区块开展了内源微生物驱油先导试验。

## 1 区块概况

孤岛油田位于沾化凹陷东部孤岛潜山构造带上,孤岛潜山构造带北东向展布,周围被三个凹陷包围,即西北部的渤南凹陷,东北部的五号桩凹陷,南部的孤南凹陷。中二区馆1+2单元位于孤岛油田的主体部位,主要含油层系为上馆陶 Ng1+2～Ng5 砂层组。Ng1+2 砂层组油藏埋深1125～1180 m,属于河流相漫滩微相沉积,储层以粉细砂岩为主,胶结疏松,胶结类型为接触—孔隙式和孔隙—接触式为主,平均孔隙度35.1%,空气渗透率 $1673\times10^{-3}\ \mu m^2$,含油饱和度为55.8%,50℃地面脱气原油黏度3552mPa·s,地层水总矿化度为6034mg/L,原始地层温度66℃。

微生物驱油先导试验区位于孤岛油田中二区中部,主力层为 $Ng(1+2)^8$,含油面积 $0.6km^2$,有效厚度4.8m,地质储量 $50.4\times10^4t$。1982年投入试采,该阶段产油量逐年递增,油井含水低。1993年4月转入水驱开发,含水上升迅速,区块注水开发36年,目前已进入特高含水开发阶段,综合含水达到92.1%,采出程度32%。受原油黏度高的影响,油水流度比大,注入水突进较快,且受注水流线和地层非均质影响,平面动用不均衡,水井不敢注,导致注采比偏低,水驱效率降低,油井含水差异性明显,单靠水驱提高采收率难度大,开发形势严峻。

## 2 静态激活实验

### 2.1 试验区水质分析

对孤岛中二区 Ng1+2 的注入水和油井产出液取样进行水质分析,包括 $Ca^{2+}$、$Mg^{2+}$、$HCO_3^-$、$SO_4^{2-}$、矿化度和 pH 等,测试结果如表1所示。注入水和产出液中均含有维持微生物生命活动的丰富的无机离子,且矿化度和 pH 条件适中,试验区水质条件适合微生物的生长代谢(表1)。

表 1 孤岛中二区 Ng1+2 注水井和油井产出液水质分析

| 样品 | 含量,mg/L | | | | | | | pH |
| --- | --- | --- | --- | --- | --- | --- | --- | --- |
| | $Ca^{2+}$ | $Mg^{2+}$ | $HCO_3^-$ | $Cl^-$ | $SO_4^{2-}$ | $K^++Na^+$ | 矿化度 | |
| 注入水 | 74.00 | 39.00 | 952.00 | 3731.00 | 81.00 | 2665.00 | 7542.00 | 7.85 |
| GD22-222 | 81.00 | 41.00 | 782.00 | 3551.00 | 64.00 | 2453.00 | 6972.00 | 7.33 |
| GD2-24-121 | 106.00 | 70.00 | 714.00 | 3432.00 | 143.00 | 2305.00 | 6770.00 | 7.19 |

## 2.2 内源微生物普查

现场油水井取样后,利用荧光定量 PCR、高通量测序技术等分子生物学手段[14]对样品中内源微生物的微生物群落结构进行检测分析。结果如图 1 所示,油藏流体中内源微生物种类丰富,存在芽孢杆菌、假单胞菌、不动杆菌等与驱油功能相关的种属,具备开展内源微生物驱油的物质基础。

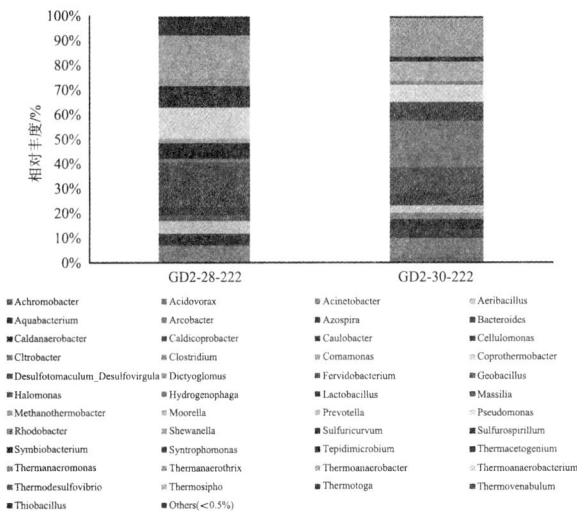

图 1 中二区馆 1+2 内源微生物群落结构

## 2.3 内源微生物激活实验

### 2.3.1 常规激活剂静态激活实验

对试验区的微生物普查分析发现,内源微生物中虽然存在与驱油功能相关的菌群,但其相对丰度低于 15%,并不是油藏微生物中的绝对优势菌。在内源微生物中还存在大量的无效菌和有害菌,如容易造成腐蚀和硫化氢的硫酸盐还原菌。因此如何利用激活剂选择性定向激活驱油功能菌,抑制有害菌,有效提高激活效率对于内源微生物驱油效果是至关重要的。

油藏条件下的微生物生长代谢是一个从有氧到无氧的过程,首先激活的是近井地带好氧微生物,主要有烃类氧化菌、腐生菌等,其次以好氧代谢的产物作为底物,进一步激活油藏深部无氧环境中的厌氧发酵菌和产甲烷菌等厌氧微生物[1,15-18]。为了模拟油藏条件下这一代谢过程,设计室内激活实验以注入水和产出液按 1∶1 比例,其中添加适量的碳源、氮源、磷源,共设计四组常规激活剂体系,在兼性

条件下进行微生物激活。激活后检测指标包括总菌数、乳化指数、小分子酸、产气气压和驱油功能菌。激活 30d 各检测指标的结果如表 2、表 3 所示,3 号激活剂体系能有效激活内源微生物中的驱油功能菌,乳化指数达到 100%,产气最多,气压达到 0.05MPa,小分子酸含量 158.2mg/L,并且硫酸盐还原菌得到有效抑制。

表 2 不同激活剂体系内源激活效果指标

| 体系 | 总菌数,×10$^7$个/mL | 乳化指数,% | 气压,MPa | 小分子酸,mg/L |
| --- | --- | --- | --- | --- |
| 1 号 | 8 | 20 | 0.01 | 56.4 |
| 2 号 | 3 | 20 | 0.004 | 35.6 |
| 3 号 | 30 | 100 | 0.05 | 158.2 |
| 4 号 | 12 | 85 | 0.024 | 81.4 |

表 3 不同激活剂体系激活驱油功能菌效果(单位:个/毫升)

| 体系 | 产乳化剂菌浓度 | | 产甲烷菌浓度 | | 硫酸盐还原菌 | |
| --- | --- | --- | --- | --- | --- | --- |
| | 激活前 | 激活后 | 激活前 | 激活后 | 激活前 | 激活后 |
| 1 号 | 450 | $10^5$ | 150 | $5×10^3$ | 60 | 0 |
| 2 号 | | $8×10^4$ | | $2×10^3$ | | 0 |
| 3 号 | | $2×10^6$ | | $6×10^5$ | | 0 |
| 4 号 | | $4×10^5$ | | $5×10^4$ | | 0 |

### 2.3.2 功能性激活剂静态激活实验

3 号激活剂体系能有效定向激活驱油功能菌,但其营养组分主要是低碳数的糖类和有机、无机氮源等常规激活剂,在油藏中微生物消耗代谢速度快,油藏深部激活作用弱,因此需要利用长碳链高分子多糖的深部激活剂实现延迟激活。室内激活实验以注入水和产出液按 1∶1 比例,其中添加深部激活剂,在兼性条件下进行微生物激活。不同培养时间的菌浓检测结果如图 2 所示,常规激活剂激活微生物的总菌浓峰值出现在第 9 天,而深部激活剂激活菌浓峰值出现在第 24 天,菌浓均在 10$^8$个/毫升以上。这表明以长链高分子多糖为主的深部激活剂能长期为微生物提供营养物质,维持长时间的高效激活性能,促进油藏深部微生物生长代谢,提高微生物与原油作用的有效时间。

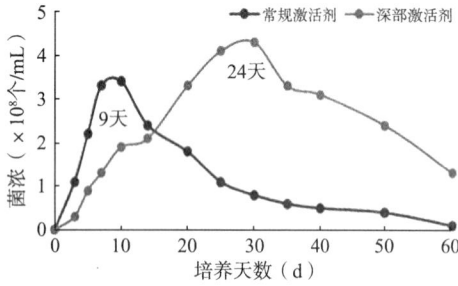

图2 常规激活剂与深部激活剂激活对比

## 3 物理模拟驱油实验

为了研究筛选的常规激活剂和深部激活剂驱油性能,模拟中二区油藏条件开展了物理模拟驱油实验。实验模拟岩心为人工装填石英砂岩心,长度为600mm,直径为38mm,模拟油藏温度为66℃(图3)。常规性激活剂浓度10%,深部激活剂浓度0.3%,混合注入,体积比1:4条件下提高采收率值最高,达到15.9%(表4)。

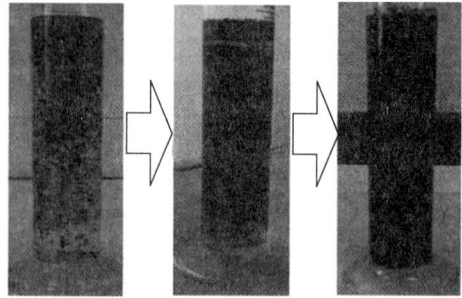

图3 物模实验产出液中原油乳化现象

表4 激活剂注入比例优化驱油实验

| 岩心号 | 渗透率 (10$^{-3}$μm$^2$) | 一次水驱采收率(%) | 注入方式 | 二次水驱后总驱替效率(%) | 微生物提高驱替效率(%) |
|---|---|---|---|---|---|
| 空白 | 1460 | 46.1 | — | 55.2 | — |
| 1 | 1450 | 47.1 | 深部激活剂 | 68.7 | 13.5 |
| 2 | 1400 | 46.5 | 常规激活剂 | 65.8 | 9.2 |
| 3 | 1450 | 45.8 | 常规:深部=1:2 | 67.8 | 11.9 |
| 4 | 1460 | 45.9 | 常规:深部=1:4 | 70.8 | 15.9 |
| 5 | 1440 | 47.6 | 常规:深部=1:6 | 73.3 | 16.6 |

## 4 现场试验

先导试验区5注10采,按照常规激活剂:深部激活剂为1:4的营养体系,通过站内流程采用连续注入的方式实施内源微生物驱油,设计注入量为0.3倍孔隙体积。自2019年12月开始投注营养体系,2020年10月以来,油井陆续见效,目前见效油井5口。油井产出液中菌浓度和功能菌监测结果如图4、图5所示,见效油井菌浓达到10$^6$个/毫升以上,是内源微生物驱油降水增油的充分条件,有效激活油藏中产乳化剂菌、产甲烷菌等驱油功能菌,日油逐渐由22t提高到35t,日增油13t,综合含水由91.8%下降到85.7%。累增油4680t,取得良好的增油降水效果。

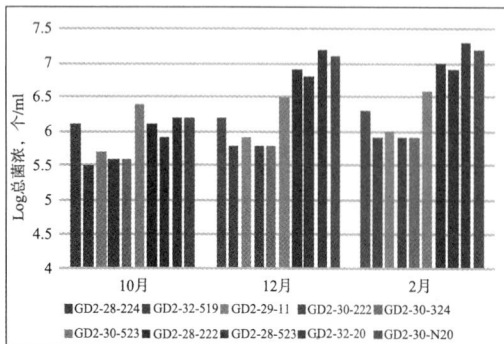

图4 产出液菌浓监测结果

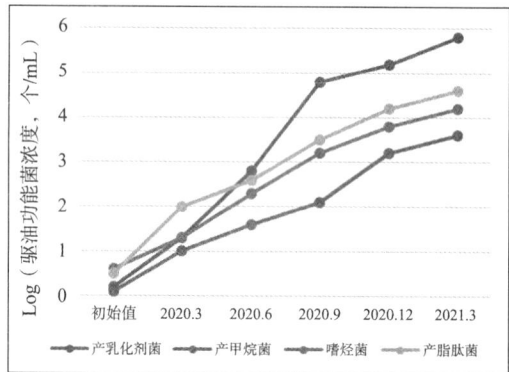

图5 产出液功能菌浓度监测结果

## 参 考 文 献

[1] 曹功泽,刘涛,巴燕,等.孤岛油田中一区馆3区块聚合物驱后微生物驱油先导试验[J].油气地质与采收率,2013,20(6):94-96.

[2] 郭辽原,张玉真,杨年文,等.邵家油田沾3块内源微生物驱激活剂优化及现场试验[J].油气地质与采收率,2012,19(1):79-81.

[3] 宋智勇,郭辽原,高光军,等.内源微生物驱油物模实验及其群落演变研究[J].石油钻采工艺,2010,32(1):89-93.

[4] 包木太,汪卫东,王修林,等.激活内源微生物提高原油采收率技术[J].油田化学,2002,19(4):382-386.

[5] 汪卫东.微生物采油技术研究及试验[J].石油钻采工艺,2012,34(1):107—113.

[6] 包木太,孔祥平,宋永亭,等.胜利油田 S12 块内源微生物群落选择性激活条件研究[J].石油大学学报:自然科学版,2004,28(6):44—48.

[7] 李彩风,宋永亭,谭晓明,等.激活剂对油藏微生物群落及其驱油能力的影响[J].西安石油大学学报(自然科学版),2013,28(6):77—81.

[8] 刘涛,汪庐山,胡婧,等.微生物驱油过程中配气对菌群结构及驱油效果的影响[J].油田化学,2019,36(1):143—146.

[9] 冯云,段传慧,林军章,等.中高温油藏内源微生物厌氧激活[J].生物加工过程,2016,14(3):12—16.

[10] 承磊,仇天雷,邓宇,等.油藏厌氧微生物研究进展[J].应用与环境生物学报,2006,12(5):740—744.

[11] 宋永亭,魏斌,赵凤敏,等.罗 801 区块油藏环境厌氧微生物链的形成及其对微生物驱采收率的影响[J].油田化学,2004,21(2):182—186.

[12] 曹功泽,巴燕,刘涛,等.沾 3 区块内源微生物驱油现场试验[J].特种油气藏,2014,21(1):145—147.

[13] 李彩风,李阳,吴昕宇,等.胜利油田沾 3 区块油藏中 Geobacillus 菌的激活研究[J].中国石油大学学报(自然科学版),2016,40(1):163—167.

[14] 孙刚正,钱钦,胡婧,等.不同类型激活剂条件下沾 3 油藏内源微生物驱油规律研究[J].西安石油大学学报(自然科学版),2019,34(2):78—85.

[15] 王志荣,孙俊,辛鑫,等.一株生物乳化剂产生菌的筛选及其特性研究[J].绿色科技,2015,10(6):279—281.

[16] 赵峰,张颖.厌氧产表面活性剂微生物提高原油采收率的研究进展[J].生物资源,2018,40(2):101—106.

[17] 黎霞,承磊,汪卫东,等.一株油藏嗜热厌氧杆菌的分离、鉴定及代谢产物特征[J].微生物学报,2008,48(8):995—1000.

[18] 王立影,Mbadinga Serge Maurice,李辉,等.石油烃的厌氧生物降解对油藏残余油气化开采的启示[J].微生物学通报,2010,37(1):96—102.

# 源头水质悬浮固体达标优化技术

刘 芬 张 韬 唐洪涛 王 建 穆晓滨

**摘 要** 油田回注水中的悬浮固体是指采用平均孔径为 $0.45\mu m$ 的纤维素脂微孔膜过滤,经汽油或石油醚溶剂洗去原油、经蒸馏水洗盐后,膜上不溶于油和水的物质。作为油田回注水的重要指标之一,悬浮固体的达标率低会造成注水井渗滤端面及渗流孔道堵塞、作业费用增加等一系列后果,严重制约了老油田效益开发。因此,控制联合站外输水悬浮固体稳定达标,提升源头水质悬浮固体达标率,对油藏开发具有重要意义。

**关键词** 悬浮固体;达标率;过滤

## 1 水质优化技术应用的必要性

### 1.1 采油厂联合站水质问题现状

#### 1.1.1 外输水悬浮固体达标率下滑

20019 下半年,采油厂外输水悬浮固体达标率较平稳,完成 89.1%～91.6%,2020 年 1 月,采油厂外输水悬浮固体达标率 86.2%,较去年 12 月下滑 5.4%,如图 1 所示,为近半年来最低水平。

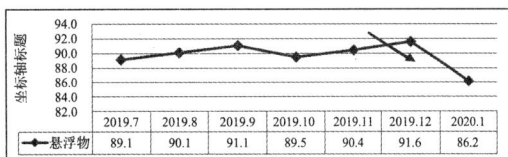

图 1 采油厂外输水悬浮固体达标率变化情况

目前,采油厂联合站污水处理工艺主要采用"沉降+拦截"的方法去除悬浮固体(图 2),污水进入站内,经过一级或多级沉降罐,利用固液密度差,悬浮固体逐渐沉降到罐底,经多级水罐沉降后,污水中含有一定量的小粒径悬浮固体,经提升泵进入压力式过滤器,经滤料或滤膜的机械拦截作用,从水体中去除。经重力沉降、过滤拦截等工艺处理后的水体中悬浮固体含量满足油田回注水水质需求并回注地层。

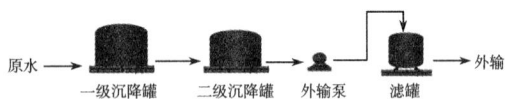

图 2 悬浮固体处理工艺流程图

2020 年 1 月各站外输水质悬浮固体达标率完成情况,发现坨一、坨四、坨六、宁海站悬浮固体达标率较低,见图 3。

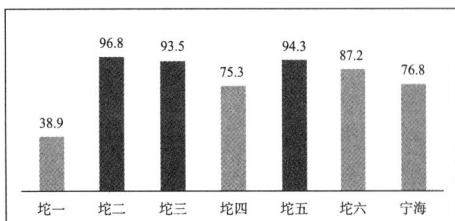

图 3 采油厂各站悬浮固体达标率(%)完成情况

#### 1.1.2 堵塞地层,酸化解堵费用高

悬浮固体达标率低造成回注水水质污染,导致注水层段合格率和开井率降低,酸化解堵作业费用增加。2019 下半年,水井酸化解堵 148 口,其中因悬浮固体达标率低 92 口,占比 62.2%,费用 435 万元(图 4)。

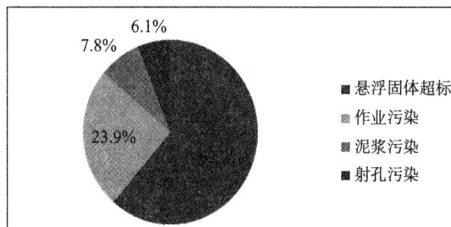

图 4 水井酸化解堵原因占比图

### 1.2 原因分析

#### 1.2.1 来水含聚合物浓度高

通过化验数据对比含聚联合站(坨四、坨六站)和不含聚联合站(坨二站)悬浮固体含量数值,做出了悬浮固体含量在各工艺节点的变化曲线,并计算了节点平均效率(图 5～图 7)。

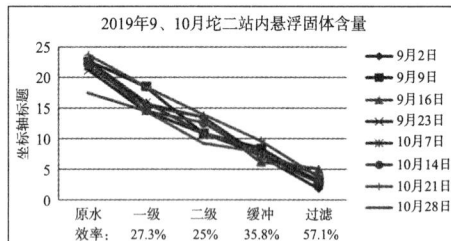

图 5 坨二站内工艺节点悬浮固体去除效率

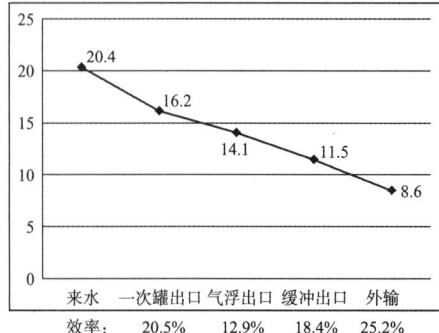

图 6 坨四站内工艺节点悬浮固体去除效率

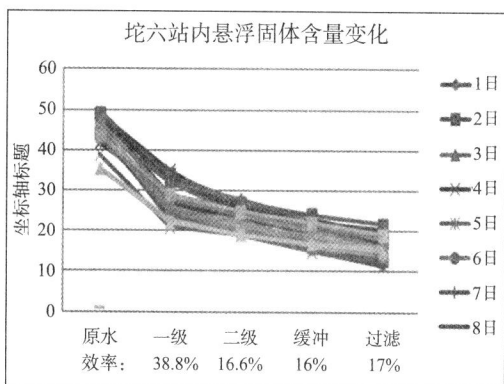

图7 坨六站内工艺节点悬浮固体去除效率

通过历史数据和现场检测数据计算的悬浮固体去除效率进行对比,发现含聚污水站的颗粒沉降和拦截效率比不含聚的站低10%~40%。

针对含聚的污水站悬浮固体沉降和拦截效率低的问题,我们打开坨一、坨四、坨六站的污水过滤器查看滤料,发现滤料发生了严重的粘连甚至板结(图8),滤料失去过滤功能,造成拦截效率低,水质悬浮固体颗粒含量高。

图8 坨一、坨四站过滤器内滤料严重板结失效

### 1.2.2 过滤器故障停运

对目前采油厂在用颗粒滤料过滤器运行情况进行了调查统计(表1),共计87台,故障停运32台,停运率高达36.8%。过滤器停运造成拦截工艺缺失,拦截效率为0,无法有效保障悬浮固体的稳定控制。2020年1月悬浮固体达标率差的四座联合站中,坨一、坨四、坨六、宁海联的过滤器停运率分别为分别为37.5%、50%、100%、100%,而过滤器没有故障停运的坨二、坨三、坨五站悬浮固体达标率完成较好。由此可见过滤器故障停运对拦截效率低的影响较大。

表1 采油厂颗粒滤料过滤器在用停用情况

| 单位 | 在用台数 | 停运台数 | 停运率 |
| --- | --- | --- | --- |
| 坨一联 | 16(6+10) | 6(一级) | 37.5% |
| 坨二联 | 9 | 0 | 0 |
| 坨三污 | 18 | 0 | 0 |
| 坨四联 | 16 | 8 | 50% |
| 坨五联 | 10 | 0 | 0 |
| 坨六联 | 10 | 10 | 100% |
| 宁海联 | 8(3+5) | 8 | 100% |
| 采油厂 | 87 | 32 | 36.8% |

## 2 优化技术

### 2.1 筛选耐污性强、对聚合物耐受性好的新型滤料

针对联合站来水含聚合物浓度高,聚合物对滤料形成污染造成抱团、粘连、板结,造成水处理过程中经过滤器拦截悬浮固体颗粒效率低下问题[1],由于目前采油厂应用的滤料核桃壳、金刚砂和无烟煤等常规滤料无法解决,需筛选抗污染、抗板结、抗聚合物性能好的新型滤料。新型滤料的理想性能除了能过滤拦截悬浮固体外,应具备不吸附甚至排斥聚合物的性能,这样可以大幅降低聚合物对滤料造成的污染,提升滤料对悬浮固体的拦截效率。

经过广泛的调研选型,最终选定一种新型滤料,基本材料为硅酸盐晶体(图9),其特性在于晶体被负电荷吸附包裹,滤料颗粒表面覆盖一层滚动电离层,负电势为-70mV,且电离层稳定不脱离,可以吸附带正电荷的悬浮固体,排斥带负电荷的聚合物。确定选型后,小组成员首先在坨四站开展中试试验,验证抗聚能力和出水效果。

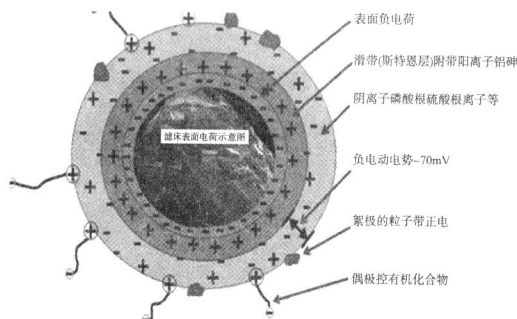

图9 新滤料颗粒表面带负电荷

### 2.1.1 试验方法

在坨四站污水过滤器区放置一套新型滤料物模(图10),并与现场过滤器并联运行,完全模拟现场过滤器的进水指标和运行工况条件,定期进行试验装置过滤后水质的取样检测,检测过滤器出水的聚合物含量和悬浮固体等水质指标。

图10 坨四站现场中试试验装置

### 2.1.2 实施效果

试验周期内,结果见表2,新型滤料处理含聚污水,污水经过一、二级过滤后,聚合物浓度没有降低,试验证明这种滤料不会截留聚合物,聚合物

在滤料内粘连导致其板结失效的可能性较小,与其携带微负电荷排斥聚合物的原理吻合。

表2 坨四站物模试验过滤器进出水聚合物含量

| 检测项目 | 取样点 | 6月10日 | 6月21日 | 6月24日 | 6月29日 |
|---|---|---|---|---|---|
| 聚合物浓度 mg/L | 过滤器进水 | 52 | 39 | 50 | 63 |
| | 一级过滤出水 | 53 | 41 | 51 | 64 |
| | 二级过滤出水 | 52 | 38 | 50 | 64 |

同时检测了四项回注水水质指标(表3),分别是含油量、悬浮固体含量、SRB含量、粒径中值,均稳定达到 SY/T5329-2012《碎屑岩油藏注水水质指标及分析方法》中相关水质控制指标。

表3 坨四站物模试验过滤器进出水水质指标

| 取样时间 | 取样点 | 含油(mg/L) | 悬浮(mg/L) | 中值(μm) | SRB(个/毫升) | 黏度(mPa·s) |
|---|---|---|---|---|---|---|
| 6.16 | 滤前 | 33.4 | 4.4 | 1.5 | 6 | 0.9 |
| | 一级 | 0 | 1.6 | 1.2 | 25 | 0.88 |
| | 二级 | 0 | 1.6 | 1.1 | 25 | 0.88 |
| 6.17 | 滤前 | 76.9 | 6.8 | / | / | / |
| | 一级 | 0 | 1.6 | / | / | / |
| | 二级 | 0 | 0.4 | / | / | / |
| 6.18 | 滤前 | 69.8 | 2 | / | / | / |
| | 一级 | 0 | 0.6 | / | / | / |
| | 二级 | 0 | 0.4 | / | / | / |
| 6.19 | 滤前 | 63.9 | 2.4 | 1.4 | 25 | 0.9 |
| | 一级 | 0 | 2 | 1.2 | 25 | 0.88 |
| | 二级 | 0 | 0.4 | 1.2 | 6 | 0.88 |
| 6.20 | 滤前 | 51.5 | 3.6 | / | / | / |
| | 一级 | 0 | 0.2 | / | / | / |
| | 二级 | 0 | 0.2 | / | / | / |
| 6.21 | 滤前 | 121.1 | 5.6 | / | / | / |
| | 一级 | 0 | 0.3 | / | / | / |
| | 二级 | 0 | 0.3 | / | / | / |
| 6.22 | 滤前 | 76.6 | 4.8 | 1.2 | 25 | 0.88 |
| | 一级 | 0 | 2.4 | 1.3 | 25 | 0.88 |
| | 二级 | 0 | 2 | 1.2 | 25 | 0.88 |

6月30日,小组成员停运试验装置,放空后打开顶部填料孔,观察滤料的污染及板结情况,发现污染后的滤料颗粒分明,无明显粘连、抱团、板结现象(图11、图12)。将污染后滤料取样装瓶,模拟反冲洗工艺,用滤后水对其进行振荡、冲洗,清晰可见流化、松散,附着油污容易清洗呈现出滤料原色(图13),板结率接近0。

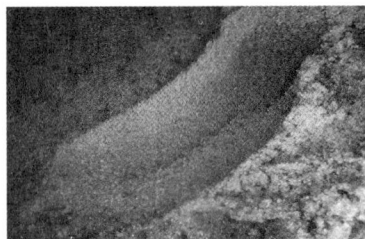
图11 试验前滤料稀松,原色呈翠绿色

图12 污染后滤料呈黑褐色,但未发生粘连和板结

图13 用滤后水进行振荡冲洗可见松散并恢复原色

## 2.2 污水过滤器内构改造,优化材质

内部构件损坏是造成过滤器故障停运的主要原因[2],主要失效形式表现为两方面:一是进水系统的中心筒发生严重变形(图14);二是出水系统的筛管的变形、断裂(图15)。

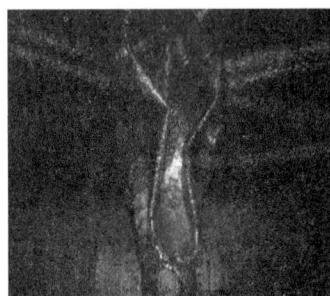
图14 变形失效的中心筒

图15 变形、断裂的筛管

分析中心筒的变形原因,发现中心筒周围均布的筛管被聚合物胶粘堵塞严重,通透性严重下降,导致反冲洗的时候反冲污水无法通过筛管顺畅排出,罐内

的冲洗压力将中心筒挤压变形(图16)。

图16 中心筒周围筛管孔隙被聚合物胶粘堵塞

分析底部筛管变形、断裂的原因,发现底部筛管被鹅卵石垫层支撑包裹,不存在悬空,但清罐过程中发现底部筛管及卵石垫层发黑(图17),是SRB滋生的典型特征,抽取底部残留积液检测SRB含量,发现SRB含量高达2500个/毫升。因此,小组成员分析是由于底部筛管出水压力损失大、出水速度慢,在鹅卵石与筛管区域形成了缓流区与死水区,造成SRB滋生,腐蚀钢铁,造成筛管变形、断裂。

图17 底部筛管区域发黑,有SRB大量滋生

针对以上两种失效部位和时效形式,提出对过滤器进行内构改造、优化选材,避免失效的措施。改进后的过滤器内部构件应具备不易堵塞、强度增强、不易受压变形、防止SRB滋生腐蚀钢铁的特点,降低过滤器内构损坏造成停运的概率。

#### 2.2.1 过滤器顶部进水系统结构优化改造

将过滤器顶部进水系统原有"中心旋流筒＋筛管"式,改为"喇叭口＋挡板"式(图18、图19),减少了堵塞、受力形变点,压力损失降低了50%以上。

为了提升进水口强度,防止压瘪变形,将材质由304不锈钢改为Q235B,屈服强度提升了15%。为了提升防腐效果,进行"环氧富锌底漆＋环氧玻璃鳞片面漆"内涂层防腐,干膜厚度达到300μm以上。

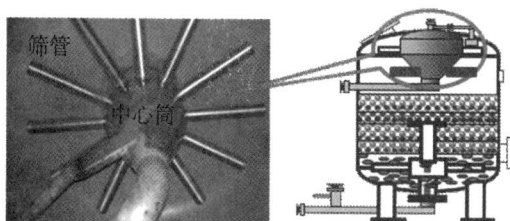

图18 改造前的过滤器进水结构

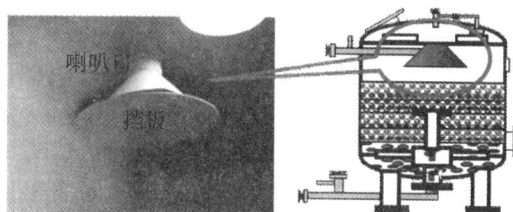

图19 改造后的过滤器进水结构

#### 2.2.2 过滤器底部出水系统结构优化改造

为了解决底部缓流区、死水区滋生SRB造成筛管腐蚀断裂的问题[3],将过滤器底部出水系统进行了优化改造原有"筛管集水＋干线出水"式改成"格栅＋滤板"式(图20、图21),过滤器底部不再需要卵石支撑筛管,底部筛板支撑上层滤料,污水经过滤料后进入下层空腔直接流出过滤器,消除了缓流区,SRB菌滋生腐蚀筛管导致断裂的概率大幅降低。

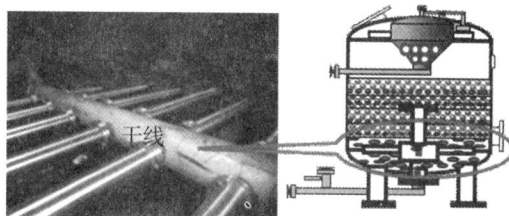

图20 改造前的过滤器出水结构

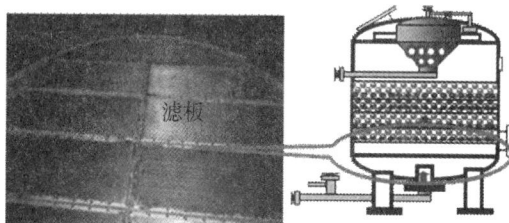

图21 改造后的过滤器出水结构

#### 2.2.3 试验效果

坨四、宁海站相继进行污水过滤器内构优化改造投运后,降低了内构变形、损坏停运的概率,运行压差降低了42.3%,采油厂过滤器停运率由36.8%降至23%(表4)。

表4 改造投运后采油厂污水过滤器在用停用情况

| 单位 | 在用台数 | 停运台数 | 停运率 |
| --- | --- | --- | --- |
| 坨一联 | 16(6＋10) | 6(一级) | 37.5% |
| 坨二联 | 9 | 0 | 0 |
| 坨三污 | 18 | 0 | 0 |
| 坨四联 | 16 | 4 | 25% |
| 坨五联 | 10 | 0 | 0 |
| 坨六联 | 10 | 10 | 100% |
| 宁海联 | 8(3＋5) | 0 | 0 |
| 采油厂 | 87 | 20 | 23% |

## 3 现场实施

### 3.1 源头水质悬浮固体达标率完成情况

2020年7月技术优化后,7—9月分公司检测采油厂联合站外输水质悬浮固体达标率(表5~表7)分别为94.3%、81.2%、91.9%,3个月源头水质悬浮固体达标率平均为89.1%。

表5 2020年7月采油厂各联合站外输水悬浮固体含量达标率完成情况

| 序号 | 站名 | 水量 | 悬浮固体含量 | | |
| | | m³/d | 标准 mg/L | 实测 mg/L | 达标率% |
|---|---|---|---|---|---|
| 1 | 坨一污 | 10700 | 4 | 14.0 | 28.6 |
| 2 | 坨二污 | 19100 | 4 | 0.6 | 100.0 |
| 3 | 坨三污(C1) | 42000 | 5 | 4.6 | 100.0 |
| 4 | 坨三污(A2) | 3000 | 2 | 1.4 | 100.0 |
| 5 | 坨四污 | 28700 | 7 | 4.4 | 100.0 |
| 6 | 坨五污 | 20300 | 5 | 3.4 | 100.0 |
| 7 | 坨六污 | 19850 | 10 | 8.1 | 100.0 |
| 8 | 宁海污 | 7000 | 5 | 5.8 | 86.2 |
| | 采油厂 | 150650 | | | 94.3 |

表6 2020年8月采油厂各联合站外输水悬浮固体含量达标率完成情况

| 序号 | 站名 | 水量 | 悬浮固体含量 | | |
| | | m³/d | 标准 mg/L | 实测 mg/L | 达标率% |
|---|---|---|---|---|---|
| 1 | 坨一污 | 10700 | 4 | 10.0 | 40.0 |
| 2 | 坨二污 | 19100 | 4 | 2.0 | 100.0 |
| 3 | 坨三污(C1) | 42000 | 5 | 4.4 | 100.0 |
| 4 | 坨三污(A2) | 3000 | 2 | 2.6 | 76.9 |
| 5 | 坨四污 | 28700 | 7 | 9.2 | 76.1 |
| 6 | 坨五污 | 20300 | 5 | 6.8 | 73.5 |
| 7 | 坨六污 | 19850 | 10 | 16.3 | 61.3 |
| 8 | 宁海污 | 7000 | 5 | 6.2 | 80.6 |
| | 采油厂 | 150650 | | | 81.2 |

表7 2020年9月采油厂各联合站外输水悬浮固体含量达标率完成情况

| 序号 | 站名 | 水量 | 悬浮固体含量 | | |
| | | m³/d | 标准 mg/L | 实测 mg/L | 达标率% |
|---|---|---|---|---|---|
| 1 | 坨一污 | 10700 | 4 | 10.4 | 38.5 |
| 2 | 坨二污 | 19100 | 4 | 1.0 | 100.0 |
| 3 | 坨三污(C1) | 42000 | 5 | 3.0 | 100.0 |
| 4 | 坨三污(A2) | 3000 | 2 | 2.2 | 90.9 |

续表

| 序号 | 站名 | 水量 | 悬浮固体含量 | | |
| | | m³/d | 标准 mg/L | 实测 mg/L | 达标率% |
|---|---|---|---|---|---|
| 5 | 坨四污 | 28700 | 7 | 8.6 | 81.4 |
| 6 | 坨五污 | 20300 | 5 | 2.6 | 100.0 |
| 7 | 坨六污 | 19850 | 10 | 4.8 | 100.0 |
| 8 | 宁海污 | 7000 | 5 | 3.4 | 100.0 |
| | 采油厂 | 150650 | | | 91.9 |

### 3.2 经济效益评价

此项措施经济效益可观,明显提升了源头水质悬浮固体达标率,提升了回注水水质,减少了底层堵塞,降低了水井酸化解堵付费用。

截至2020年底效益计算如下:

投入:宁海、坨二、坨四站过滤器内构改造、更换滤料费用668万元。

产出:减少因悬浮固体达标率低造成水井酸化解堵212−64=148(口)。

减少相关作业费用148口×5万元/口=740(万元)。

直接经济效益:740−668=72(万元)。

### 3.3 社会效益评价

(1)内构得到优化加强,大幅降低了过滤器停运率,有效延长了过滤器运行周期。

(2)有效延长了滤料的使用寿命,减少了因更换滤料造成的过滤器停运时间,降低了更换滤料的劳动强度。

(3)减少进入过滤器维修的概率,降低了进入受限空间作业风险。

(4)减少了板结滤料作为固体废弃物的处理,实现了清洁生产。

## 4 结论与认识

(1)来水含聚合物浓度高及过滤器故障停运是造成水质悬浮固体达标率低的主要因素。

(2)通过试验筛选的新型滤料解决了来水含聚合物的问题,过滤器的内部结构优化使得过滤器停运率降低了30%左右。

(3)通过技术优化,源头水质悬浮固体达标率完成情况较好,并且一定的经济效益及社会效益,具有良好的社会推广应用价值。

### 参 考 文 献

[1] 孙焕泉,王增林,韩霞.油田回注水水质稳定控制技术[M].北京:中国石化出版社,2012.

[2] 林罡,郭亚红,孙银娟.油气田地面工程一体化集成装置[M].北京:石油工业出版社,2014.

# 胜利油田某断块油藏不稳定注水技术研究

管　新　王亭沂　唐永安　毕　巍　李有才　李　翔

（中国石化胜利油田分公司技术检测中心）

**摘　要**　不稳定注水是一种适用于层状非均质油层的开发方法,利用注入水量和注入压力的波动,在油层中建立不稳定压力降,在不同渗透率小层间产生不稳定交渗流动,并使各小层中的液体重新分布,从而提高注入水在地层中的波及体积。胜利油田某断块为一常温常压中高渗低粘低饱和度断块油藏,采出程度低,其剩余油主要分布于砂体局部构造高点,无井网控制的地区。根据该断块小块多、地层状况复杂的特点,对采用不稳定注水开发方式开采剩余油的可行性进行了研究,提出了不稳定注水施工参数的建议。

**关键词**　胜利油田;断块油藏;驱油机理;不稳定注水

## 1　不稳定注水机理

不稳定注水技术是通过周期性地改变注水方向或注水量,在油层内产生连续不稳定压力分布,使非均质小层或层带间产生附加压差,促进毛细管渗吸作用,强化注入水波及低渗透层带并驱出其中滞留油,以提高采收率,改善开发效果[1,2]。

当生产井关井,注水井正常注水时,高水淹层压力传导快,形成高压层,低渗透层压力传导慢,形成低压层。在层间压差作用下,高渗透层的水大量流入低渗透层(因接触面大,距离小,根据达西定律,即使压差不大,交渗流量也会很大),并将低渗透层的油排入高渗水淹层,直到压力平衡。当注水井停注,油井生产时,高渗水淹层导压系数大,压力下降快,高渗层首先变为低压层,相反,低渗层变为高压层。这样,在层间压差和毛管压力梯度的作用下,将低渗层的油排入高渗层,并被水驱走,直到压力平衡。上述2个过程不断循环,最终使低渗层的油不断进入高渗层并被水驱走。由此可以看出,进行不稳定注水,可有效采出低渗层的原油,并提高水驱体积。

### 1.1　弹性力的作用

如图1所示,在注水升压阶段,其主要作用力为地层弹性力,毛细管力的影响微乎其微。

一般情况下,高低渗透层导压能力是不同的,高渗层的导压能力大于低渗层的导压能力($a_{高} > a_{低}$)。

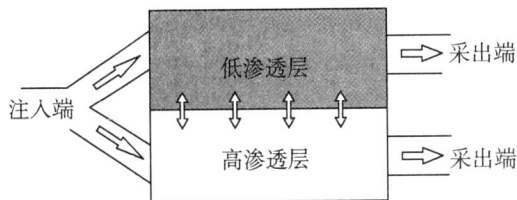

图1　不稳定注水机理图

不稳定注水过程中,增注阶段,对应于初始注采比大于1,高渗层与低渗层相比,能在

短时间内时形成高压区,在高低渗透带之间形成一定的正向压差,流体从高渗透层带被压向低渗透带,驱替那些在常规注水时未能被驱走的剩余油,改善了注水剖面;另一方面由于注入量的增大,部分在大孔道中流动的水克服毛管力的作用沿高低渗段的交界面进入低渗段,使低渗段的一部分油被驱替。同时,注水压力的加大使低渗层段获得更多的弹性能。因此,注入量越大,升压半周期储层内流体的各项活动越强烈;当停注或减注阶段,对应于初始注采比小于1,正是由于导压系数的存在,高低渗透带中压力传导速度不同,高渗透带压力下降相对较快,低渗透带压力下降相对较慢,这样在高低渗透带之间形成一定的反向压差,油水由低渗透带流向高渗透带,进入高渗透带的水较少而油较多。恢复注水时,从低渗透带进入高渗透带的一部分油被采出。

因此,注入量越小,高渗层段能量下降越快,越有利于低渗层段较早地发挥其储备能,而高渗层段内低渗段流体在弹性能和毛管力的作用下沿高、低渗段的交界面进入高渗段的时机也越早,流体也越多。弹性力作用效果的大小主要取决于高渗透层和低渗透层之间的压力差和持续时间,压力差越大,持续时间越长,弹性力的作用越强,反之越弱。并且注水波动幅度越大,在高低渗透层带间产生的附加压差越大,弹性力起的作用越强[1-3]。

### 1.2　毛细管力的作用

在不稳定注水的不同阶段,毛细管力发挥着不同的作用。对于水湿油层,注水阶段,当水驱速度较小时,小孔道的毛细管力大,注入水优先沿着小孔道将油驱替出来,在大孔道中形成残余油,对开发效果不利。随着水驱油速度的增加,由于润湿滞后现象,润湿角增大,毛细管力变小。当驱替速度增大到一定程度时,油水界面反转,毛细管力变成阻力。这时,注入水优先进入大孔道,在小孔道中形成残余油,不利于发挥毛细管力的驱油作用,开发效果也不好。在常规注水开发过程中,采油速度一般较高,驱动压差位于驱替作用的主导地位,毛细管力作用很难发挥;而在不稳定注水开发过程中,减注或停注阶段,油水两相处于自由吸渗状态,将小孔隙中的原油驱替出来,有利于发挥毛细管力的驱油作用,改善水驱开发效果。对于油湿油层,增注阶段,随着水驱油速度的增加,同样会产生润湿滞后现象,但润湿角变小,毛细管力变大,进入孔道中的水只能沿孔道中心驱油,孔道壁上形成大量残余油;减注或停注阶段,毛细管力不能将小孔隙中的原油驱替出来,导致驱替效率较低,毛管力为阻力作用[2-4]。

### 1.3 适用条件

周期注水的实验研究早在20世纪60年代就较成熟,并在许多油田的应用取得很好效果,国内外的理论研究和实践认为,适用周期注水的油藏,主要应满足以下条件[5,6]:

(1)油层非均质性。对非均质性严重的油层,周期注水能起到提高波及系数的作用。因此油层非均质性是合理应用周期注水的主要地质条件。

(2)油层亲水。周期注水的机理就是利用地层岩石的亲水作用,使注入水滞留在低渗透层中,将部分油从低渗透层中驱替出来。因此,只有在油层润湿性亲水的条件下,这种驱油作用才能发挥出来。

(3)地层原油黏度较小。只有在地层原油黏度较小时,才能靠毛管力克服原油的粘滞力,使水将原油从低渗透层中驱替出来。

(4)选择注采关联相对独立的井组在水驱开发后期,尤其是位于油层中心部位的油水井,它们之间如同网格一样互为关联,一口油井一般受几口注水井共同影响,而一口注水井又同时影响着几口采油井。因此,在选择井组时,要考虑到井组间是否相互关联,否则会顾此失彼,一般应选择相对独立的井组实施不稳定注水。鉴于此,对于相对封闭性油藏更适宜于实施不稳定注水。

(5)优先选择位于油层边部包括靠近尖灭区、油水边界或井网相对不完善区的井组油层边部或井网不完善区的注采关联相对较为单一,位于本区内的剩余油潜力挖潜难度较大。利用不稳定注水方法,在现有井网条件下,通过降低一个方向的

流动能力而激励另外方向的渗流,实现挖潜目标。具体效果由油层物性特征和不稳定注水工作制度决定。一般地,在该区实施间歇注水易于调整、控制且风险较低,效果较好。

## 2 胜利油田某断块概况

该断块油藏主力生产层位为沙二上,构造上总的趋势为近东西走向的条带状构造,内部被三、四级断层进一步复杂化,全区油气多沿屋脊的高部位富集,形成了多断层控制的复杂断块油藏,现井网采用边部注水,高部位采油的不规则注采井网,主体块分两套层系开发。

### 2.1 开采现状

该断块1975年投入开发,总井数41口,其中油井33口,开井26口,日产液能力548t/d,平均日产水能力505t/d,日产油能力74.6t/d,平均日产油能力70.1t/d,综合含水率86.4%,平均动液面789米,累计产油55.74×10⁴t,累计产水116.2×10⁴m³。采油速度为0.73%,采出程度18.1%,自然递减率21.6%,综合递减率13.59%。有注水井8口,开井5口,单元日注液能力277m³/d,单元平均日注水247m³/d,累计注水62.5×10⁴m³,月注采比为0.51,累计注采比0.36。地层压力10.1MPa,总降压7.5MPa。现井网条件下采收率27.6%,可采储量85×10⁴t,可采储量采出程度65.6%,剩余可采储量采油速度7.6%。

### 2.2 目前存在的主要问题

(1)局部构造高点及部分主力油砂体剩余油富集区无井网控制,井网分布不规范。该块注采井数比为1:5.2,整体动用程度较高,但55.2%的储量是处于弹性开采状态。由于各断块之间储量动用状况不均,采出程度低于15%的断块有5个,主要是因为井网分布没有占据最高点,也无水井补充能量,造成采出程度偏低的现象。

(2)注采井网不完善,正常注水井少,注采比低。通过全区资料对比,只有Y-101、Y-13、Y-100三个小断块注水,注水储量占总储量的44.8%。8口注水井开5口,关的3口井全部套漏报废,累计注采比0.36,其余9个小断块未注水。分析该区块目前井网密度、油井平均单井控制储量来看,其指标趋于合理,但具体到平面上,不同断块油水井分布不合理。

### 2.3 可行性评价

根据不稳定注水基本原理及适用条件,综合分析认为:该断块适合采用不稳定注水。该断块为常温常压中高渗低粘低饱和度断块油藏,采出

程度低,含大量剩余油。该断块地下层位复杂,小块多且小,面积 0.07～0.8km²,因此,不适于采用钻新井的增产方式,采用不稳定注水方式较为适合。

## 3 不稳定注水参数选择

### 3.1 注水周期

不稳定注水开发方法大致分为对称式、不对称式、间歇式注水三种。由于考虑到地域气候特征等因素,根据其他相似油田开发经验,本次研究选择周期不对称式注水,选择不对称系数为 2:1。

该断块油藏平均主力区块井距在 250m 到 300m 之间,空气渗透率 $89\times10^{-3}～1156\times10^{-3}\mu m^2$,平均为 $370.1\times10^{-3}\mu m^2$,储层孔隙度 25.4%～34.7%,平均为 29.7%,地下原油黏度为 0.4～2.6mPa·s。

$$\eta=\frac{K}{(\beta_r+\varphi\cdot\beta_l)\mu}$$
$$=\frac{370.1\times10^{-3}\mu m^2}{(3.5+0.297\times15.8)\times10^{-4}MPa^{-1}\times1.5mPa\cdot s}$$
$$=2.5\times10^{-2}m^2/s$$

井距为 250m 时:
$$T=\frac{l^2}{\eta}=\frac{(250m)^2}{2.5\times10^{-2}m^2/s}=29.9d$$

井距为 300m 时:
$$T=\frac{l^2}{\eta}=\frac{(300m)^2}{2.5\times10^{-2}m^2/s}=41.6d$$

根据导压系数计算公式和注水工作周期公式计算可得,该区块导压系数为 $2.5\times10^{-2}m^2/s$,理论最佳注水工作周期为 30 到 42 天,取注水工作周期为 30 天。

### 3.2 注水量及注水幅度

针对该断块油藏,由于前期开发过程中,注采比为 0.51,地层压力较为不足,根据周围油田的开发经验,选择不稳定注水增注量按常规注水的 150% 注入。减注量按常规注水的 60% 注入。常规注水量平均为 247m³/d,则增注阶段注水量为 370m³/d,减注阶段注水量为 148m³/d。根据公式[7]可得:

增注周期幅度为
$$X=\frac{Q_1-Q_p}{Q_p}=\frac{370m^3/d-247m^3/d}{247m^3/d}\times100\%=$$
49.8%

减注周期幅度:
$$X=\frac{Q_2-Q_p}{Q_p}=\frac{247m^3/d-148m^3/d}{247m^3/d}\times100\%=$$
40.1%

### 3.3 工作制度

不稳定注水工作参数为:注水周期为 30d。其中增注 20d,增注阶段注水量 370m³/d,减注 10d,减注阶段注水量 148m³/d。

该断块具体不稳定注水开发工程参数见表1。

表 1 不稳定注水开发工程参数

|  | 增注阶段 | 减注阶段 | 注水周期 |
|---|---|---|---|
| 注水时间 | 20d | 10d | 30d |
| 注水量 | 370m³/d | 148m³/d | |
| 注水幅度 | 49.8% | 40.1% | |

## 4 结论和建议

(1)胜利油田某断块油藏由于其本身小块多、地下层位复杂难于认识的特点,在开发过程中井网部署、分析注采关联有一定难度,其中某些小块井网分布不规范,构造高点无井网控制,是形成剩余油的主要原因。由于该断块的区块小,有些区块只有 1～2 口井,所以对于剩余油的开采不宜采用钻新井加密井网的方法,而建议采用不稳定注水开发方法效果较为理想。

(2)根据该断块的特点,结合气候特征和经验,采用不对称式周期式注水,不对称系数为 2:1。计算得出不稳定注水周期为 30d,其中增注 20d,注水量为 370m³/d,增注幅度为 49.8%。减注 10天,注水量为 148m³/d,减注幅度为 40.1%。

## 参 考 文 献

[1] 沙尔巴托娃 ИН,苏尔古切夫 Мл. 层状不均质油层的周期注水开发[M]. 王福松,译. 北京:石油工业出版社,1989:25－42.

[2] 康玲珍. 南阳凹陷断块油田周期注水提高水驱效率技术应用[J]. 石油天然气学报,2011,16(4):80－84.

[3] 唐波,周杰. 东辛油田特高含水期提高采收率的实践[J]. 西南石油学院学报,2003,33(6):129－131.

[4] 计秉玉,吕志国. 影响周期注水提高采收率效果的因素分析[J]. 大庆石油地质与开发,1993.12(1):30－35.

[5] 邵保林. 孤东油田八区不稳定注水适应性研究[J]. 石油地质,2011,11(4):28－31.

[6] 张继春,柏松章,张亚娟,斑颜红. 周期注水实验及增油机理研究[J]. 石油学报,2003,9(1):30－33.

[7] 姜涛,陈世明,巩小雄,胡七南. 油藏周期注水采油机理数值模拟研究[J]. 石油地质与工程,2009,22(4):32－34.

# 电缆桥塞技术在临盘油田开发中的应用

## 陈殿芳

(中国石化胜利油田分公司技术检测中心)

**摘　要**　电缆桥塞作为油水井生产层位封堵的一种有效方式,可以在油水井堵漏、堵水,实现薄夹层间的封堵更显示出独特技术优势。可取式桥塞的投产应用,可以代替普通丢封实现临时性封堵;环空桥塞的使用有效保护了油层,减少了对油层的污染,使电缆桥塞的应用范围和规模上有了进一步提高。

**关键词**　电缆桥塞;投送器;可取式桥塞;套管封堵

## 1　临盘油田概况

临盘油田位于惠民凹陷西部,属于典型的非均质复杂小断块油藏,是一个含有多套含油层系、多种油藏类型的复式油气聚集区。目前已进入高含水期,综合含水达到95%以上,下步开发的重点是在老区以堵水、降水,寻找潜力层为主,在新区寻找新的油气聚集区。

电缆桥塞作为一种国内广泛采用的套管封堵装置,在油田高含水开发过程中发挥了重要作用。普通电缆桥塞适用于底部封堵,为了提高封堵效果,桥塞上再注灰,缺点是桥塞一旦失效或桥塞以下油层需要开采时,采用磨洗方法使桥塞失效,落入井底,对井筒口袋较小的井不适用,为了根据需要随时方便取出桥塞,又引进可取式电缆桥塞和环空桥塞技术,在电缆桥塞应用的范围和规模上有了进一步的提高,也取得了良好效果。

## 2　工艺系统组成

电缆桥塞主要部件包括桥塞电缆座封工具(简称投送器)和桥塞体两部分,根据桥塞解封方式不同,还有相应的配套工具,如注灰筒(可钻式桥塞)和桥塞打捞工具(可捞式桥塞)。

### 2.1　投送器部分

如图1所示,桥塞投送器主要由电缆头、磁定位、磁定位连杆与投送器上端套组件(习惯统称之为导电杆)、引火腔、火药筒、活塞连接套、活塞套堵头、活塞及上下钢套组件、防松螺母、桥塞座封压套、插入棒及桥塞连接套组件等部件组成。

图1　桥塞投送器

利用磁性定位器可以获取井下套管的接箍信号,根据特殊接箍深度进行地面校深,从而确定桥塞座封位置;桥塞下至座封位置后,由地面点火系统控制点火,桥塞座封。

桥塞座封位置应选择在套管的两个接箍之间,避免在接箍上座封。

### 2.2　桥塞体部分

如图2所示,电缆桥塞的主要结构:桥塞座封紧固部件,主要由心轴、上下卡瓦、上下锥体、座封压环组成;胶筒密封部件,胶筒和胶筒压环组成;缩紧部件,主要由心轴、锁环和座封压环组成;释放杆。

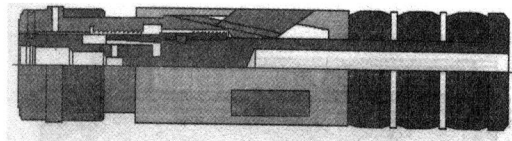

图2　桥塞体

技术指标如表1所示。

表1　技术指标

| 桥塞型号 | 外径 | 长度 | 耐压差 | 工作温度 | 适用套管 |
|---|---|---|---|---|---|
| KZQS－108 | 108mm | 310mm | 35MPa | 150℃ | 5 1/2″ |
| QSA－114－50 | 114mm | 600mm | 50MPa | 150℃ | 5 1/2″ |

### 2.3　注灰筒部分

如图3所示,注灰筒结构简单,主要包括储灰仓和撞击头两部分。下部为玻璃撞击式结构,使注灰操作更为简便、安全可靠,只要注灰筒下到设计深度,利用撞击棒击碎玻璃,灰就会泄到桥塞面上。

图3　注灰筒工具外形图

### 2.4　打捞工具

如图4所示,与油管连接,进行洗井、冲砂,确保桥塞面上无沉砂和脏物,边冲洗边下放打捞管柱打捞桥塞。

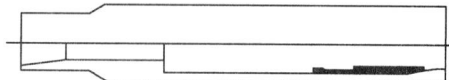

图4　打捞工具结构

## 3　电缆桥塞的施工工艺

要实现电缆桥塞的井下封堵效果,要完成以

下两个施工步骤。

### 3.1 桥塞的输送

电缆桥塞的输送是靠电缆绞车和电缆将投送工具和桥塞体输送到设计深度。在这一过程中，电缆绝缘要达到 20MΩ，电缆下放速度不得高于 50m/min。

### 3.2 桥塞的座封

桥塞被输送到设计深度后，通过地面控制面板给井下投送器供电，将雷管点火器激发，点燃火药，从而在燃气室内瞬间产生 $110\pm30$MPa 的高压，推动投送器将桥塞与投送器之间的连接部分拉断，同时促使桥塞胶皮挤压、上下卡瓦张开卡住套管，完成座封动作。

如果是可钻式桥塞，为了保证桥塞的密封效果，桥塞座封后要在桥塞上面注 3～5m 灰柱。在注灰时必须根据座封段的井温选择水泥，保证注灰成功。一般 1000m 以上采用 625 标号的油井水泥；1000～3000m 采用 625 标号的油井水泥，加入 0.5%～1% 的中温缓凝剂；3000m 以上采用 625 标号的油井水泥，加入 0.5%～1% 的高温缓凝剂。

## 4 现场施工应用情况

近年来，电缆桥塞技术在临盘油田开发中起到重要作用，成功率达到 90% 以上，封堵效果良好。尤其是可取式电缆桥塞和环空桥塞技术引进后，在应用范围上增加了临时性封堵，应用范围规模进一步扩大。

### 4.1 代替一般的水泥塞

S79－斜 2 井补孔上返，原生产井段为 2481.0～2619.6m，设计对该层挤灰封堵，挤灰后，试压不合格，挤灰失败。后利用电缆桥塞一次性成功实现封堵。实践证明，电缆桥塞施周期短、成功率高，保证了下步作业工序的顺利进行，为早开井争取了时间。

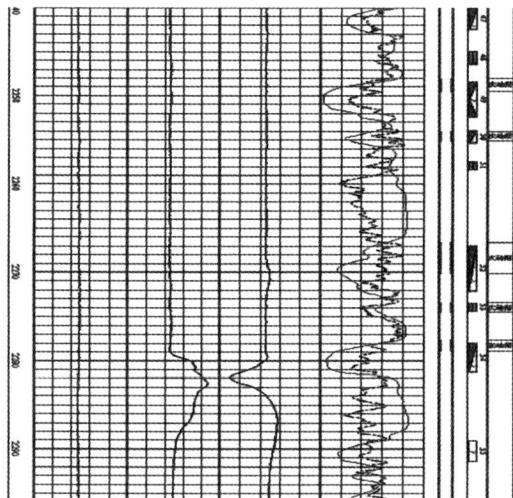

图 5 商 8－斜 522 找水

### 4.2 高压水层堵水

对 S8－斜 522 井下部高压出水层利用电缆桥塞实施封堵。该井生产井段为 2248.0～2279.0m，作业前日液 57.7t/d，日油 1.4t/d，含水高达 97.6%。根据井温找水测井资料如图 5 所示，显示 54 号层 2277.5～2279m 为主动层，于是桥塞设计深度为 2276.0m，封堵 54 号层。作业后，该井日液 7m³，日油 4.6t，含水 34.88%。

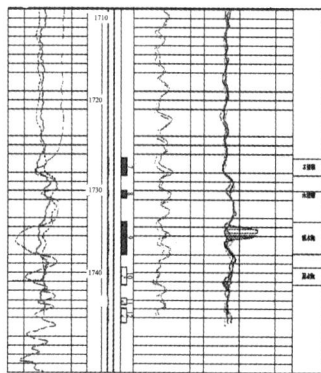

图 6 商 23－37 硼中子找水

### 4.3 封隔层间距离过小的油水气层

商 23－37 井为商 23 块的一口生产井。由于含水高而进行硼中子找水，找水资料如图 6 所示，显示 9 号层 1733.5～1737m 为出水点，8 号层与 9 号层夹层仅为 2.5m，故用电缆桥塞封堵 9、10 号层，合采 7、8 号层。桥塞设计深度为 1732.1m，座封后经试压合格，正常生产日液 15m³，日油 6.2t，含水降到 59%。

### 4.4 可取式桥塞替代普通丢封，应用于临时性封堵

与普通电缆桥塞相比，可取式桥塞在需要时可解封回收，它可与其他井下工具配合使用，进行临时性封堵。如对上部井段进行挤灰封堵或酸化，可先利用可取式桥塞对下部井段进行临时性封堵，并在桥塞上方人工添砂以保护桥塞（图 7），从而提高作业措施的有效性。对目的层的措施完毕后，由油管带解封工具下至可取式桥塞上方，洗井、冲砂，将桥塞解封取出。

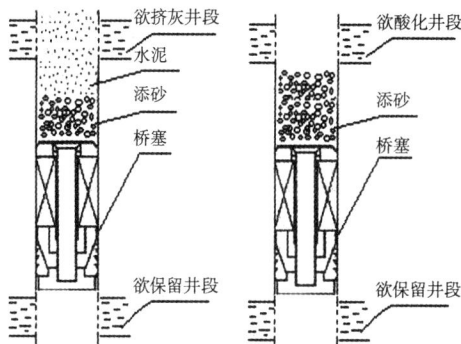

图 7 可取式桥塞

## 4.5 酸化、挤灰时保护油层不受污染

在油田开发后期，经常采取酸化、挤灰封堵等增产措施，有时在一口井有些层需要酸化或挤灰，而其他层不需要措施，在采取措施施工时，要考虑非措施层位的保护，如果措施层在上，可以采用可取式桥塞临时封堵，措施完毕起出桥塞生产；如果措施层在下，待保护层在上，可取式桥塞无能为力，只能采用环空桥塞（图8），目的是酸化B油层，保护A油层。如商13—711井，该井为商三区的一口井，生产层段为2510.2～2603.8，5层23.5m，层间矛盾突出，为了增加产量，决定对2586～2603.8m两层酸化，为保护2510.2～2577.4m的层段，故采用环空桥塞作保护工具，环空桥塞在2580m座封，既保护了油层不被污染，又保证了酸化工艺的顺利进行。

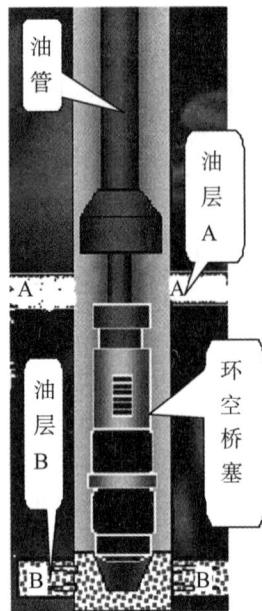

图8 酸化、挤灰尘管柱

## 5 分析与结论

（1）电缆桥塞施工简单、速度快，一般3～5小时即可完成施工，较机械桥塞，可缩短工时10小时以上，比注水泥工艺至少缩短工期2天。

（2）电缆桥塞定位准确，可借助套管资料进行深度校正，定位误差小于0.2m，可封隔夹层为1～5m的油气水层。

（3）为保证桥塞座封效果良好，施工前用Φ118mm的通井规通井或刮管。

（4）可根据不同井下状况和不同施工目的选择相应的桥塞。

（5）桥塞由电缆输送下井，可以最大限度地保证密封胶皮完整、不受挤压碰撞而受损，确保座封效果的可靠。

电缆桥塞作为一种油水井层位封隔装置，具有施工简单、成功率高、费用低、速度快、座封可靠、深度准确的特点，是油田开发中后期堵水工艺的一种重要手段。

**参 考 文 献**

[1] 刘化国,等.桥塞挤水泥工艺及应用[J].石油机械,1997(6).

[2] 谭玉春.电缆桥塞技术在川西油气田开发中的应用[J].天然气工业,2002(3).

# 大庆油田三元复合驱采出液高效脱水技术

李学军　赵忠山　李　航

（大庆油田设计院有限公司）

**摘　要**　三元复合驱采出液是一种复杂的油水混合体系，采出液油水界面张力低，油珠粒径小，导致采出液乳化程度，难于破乳；采出液携污量大，脱水聚结填料堵塞，游离水脱除器运行效率下降，脱水效果变差，脱水时间长；采出液导电性增强，脱水电流增大，电脱水器内件污染严重，严重影响电脱水设备的平稳运行。针对复合驱采出液处理存在的问题，大庆油田通过多年的试验研究，研发处理药剂、原油脱水专用设备，形成了三元复合驱采出液油气集输与处理关键技术，实现了三元复合驱采出液的有效处理，外输油中含水率在0.3%之内。

**关键词**　复合驱；采出液；原油脱水

大庆油田处于特高含水开发阶段，三元复合驱是提高采收率的重要技术措施。三元复合驱是将碱驱、表面活性剂驱、聚合物驱联合使用的方法，聚合物起到了流度控制和调剖的作用，碱和表面活性剂起到了降低油水界面张力、改变岩石润湿性的作用，同时碱还具备降低表面活性剂吸附损耗的牺牲剂功能。三元复合体系既具有较高的黏度，又可与原油形成超低界面张力，能够在扩大波及体积的同时大幅度提高驱油效率，从而提高原油采收率20%以上，是提高采收率的重要技术措施[1]。

三元复合驱采出液原油脱水技术的发展与油田的开发同步进行。"十五"期间，在采油四厂杏二中试验区国产烷基苯磺酸盐类表面活性剂强碱体系三元复合驱和采油三厂小井距α—烯烃表面活性剂弱碱体系三元复合驱两个试验区，针对现场试验存在的问题进行了研究攻关，在试验区当时化学剂含量变化范围条件下，能够实现采出液的有效处理。但仍存在采出液脱水工艺技术没有经过高峰期检验等问题。需要进行现场试验，进一步完善三元复合驱采出液处理工艺技术。"十一五"期间，结合三元复合驱的工业性现场试验，依托南五区、北一区断东和北二西三元试验区，针对采出液乳化严重问题，研制了SP系列破乳剂；针对泡沫问题，研制了AF系列消泡剂；针对聚结填料的堵塞问题，开发了具有可再生填料的游离水脱除设备；针对电脱水器平挂极板淤积问题，研制了组合电极电脱水器。在"十二五"和"十三五"期间，依托试验区、北一区断西西和北三东三元复合驱示范区，结合三元复合驱的推广应用，形成了以两段脱水为主体的三元复合驱采出液脱水工艺，研发并现场应用了适合强碱体系、弱碱体系三元复合驱采出液处理化学药剂，优化确定加药量。为提高脱水系统的稳定性，从化学方面，研究了油井酸洗作业应对措施；从设备方面，研究了脉冲脱水技术，提高运行稳定性；从工艺方面，试验了回收油单独回收处理工艺，避免中间层的产生。提高了脱水系统的运行平稳性。

总体来说，三元复合驱原油脱水技术经过多年的研究攻关，两段脱水工艺及配套研发的脱水设备，在技术上满足了三元复合驱采出液脱水的要求，实现了原油的达标外输，处理规模与生产质量均达到较高水平[2]。

## 1　复合驱采出液物性特点和油水分离特性

### 1.1　采出物物性特点

大庆油田油品普遍具黏度高、含蜡高、凝固点高的三高特点，三元复合驱采出原油的蜡、胶质、沥青质含量与相同层位水聚驱采出原油无显著差异。由于三元复合体系中含有碱、表面活性剂和聚合物及碱与油藏水、油藏矿物的作用产物，所以采出液成分较水聚驱复杂，油水相黏度大。采出原油中钠及硅元素含量高，机械杂质含量高，携砂量大，易在分离设备中形成淤积物，造成流道堵塞和电极短路。

三元复合驱采出水水质特点为黏度大、驱油剂含量高、矿化度高、碱度高、颗粒细小、油水沉降分离困难。与水驱、聚驱相比，三元复合驱采出水的黏度增大，可达3.0～6.0mPa·s；与聚驱相比，采出水中油珠 Zeta 电位绝对值更大，在 $-50$～$-80$mV 之间；矿化度高达6000～15000mg/L；pH高，可达到10.0～11.5；采出水中油珠粒径中值更为细小，在2.57～3.75$\mu$m之间，油水分离特性差。表1为大庆油田水驱、聚合物驱与三元复合驱采出液物性对比表。

表1 大庆油田水驱、聚合物驱与三元复合驱采出液物性对比表

| 采出方式 | 水驱 | 聚合物驱 | 弱碱三元复合驱 | 强碱三元复合驱 |
|---|---|---|---|---|
| 密度,20℃ kg/m³ | 856.4 | 865.1 | 866.3 | 861.5 |
| 原油黏度(50℃)mPa·s | 21.1 | 22.6 | 22.3 | 25.4 |
| 蜡含量,% | 26.7 | 29.6 | 28.4 | 27.5 |
| 胶质含量,% | 7.83 | 7.21 | 8.76 | 7.96 |
| 原始油气比,m³/t | 45.5 | 46.6 | 44.9 | 45.3 |
| 凝点,℃ | 33 | 32.6 | 30.4 | 31.6 |
| Na,mg/L | 6.2 | 14.8 | 24.3 | 34.2 |
| Si,mg/L | 1.6 | 1.5 | 1.8 | 3.1 |
| 机械杂质,% | 0.05 | 0.16 | 0.21 | 0.24 |
| 水中油珠粒径中值,μm | 20.7 | 15.3 | 3.75 | 2.57 |
| 水相聚合物含量,mg/L | / | 400~600 | 800~1400 | 800~1400 |
| 水相表活剂含量,mg/L | / | 无 | 60~120 | 60~120 |
| pH | 7.5~8.5 | 7.5~8.5 | 8.0~10.0 | 10.0~11.5 |
| ZETA 电位,mv | −20~−35 | −30~−40 | −30~−50 | −50~−80 |
| 水相黏度,mPa·s | 0.7~1.0 | 1.5~2.5 | 1.5~3.0 | 3.0~6.0 |
| 矿化度,mg/L | 4000~6000 | 4000~6000 | 6000~7000 | 7000~15000 |

## 1.2 采出液油水分离特性

三元复合驱采出液组分和相态复杂,油水乳状液稳定性强,各区块、各阶段的采出液性质差别大,原油脱水难度大。通过三元复合驱工业性示范区,研究三元复合驱采出液的沉降分离特性和电脱水特性[3,4]。

(1)化学剂含量对沉降分离特性的影响。

随着北一区断西西三元复合驱示范区采出化学剂浓度升高,选用示范区中105脱水站不同化学剂含量的采出液,进行40min沉降分离试验。脱水温度为40℃,采出液含水率为60%,破乳剂型号SP1008,加药量30mg/L。

表2 中105站不同化学剂含量的采出液沉降数据

| 聚合物浓度 mg/L | 表面活性剂含量 mg/L | pH | 水相含油量 mg/L | 油相含水率% |
|---|---|---|---|---|
| 330 | 0 | 8.13 | 743 | 2.4 |
| 650 | 35 | 8.88 | 1608 | 2.95 |
| 720 | 70 | 9.45 | 2800 | 3.13 |
| 840 | 100 | 10.76 | 2234 | 15.8 |

从表2不同化学剂含量的采出液沉降试验后的水相含油量和油中含水率关系可以看出:表面活性剂含量的升高使三元复合驱采出液稳定性增加,油水分离难度上升。表面活性剂含量在0~35mg/L时,采出液油水分离难度增加不大;表面活性剂含量在35~100mg/L时,采出液油水分离难度逐步加大,且随表面活性剂含量增加而呈现增加趋势。

(2)化学剂含量对电脱特性的影响。

选用北一区断西西三元复合驱示范区中105站不同化学剂含量的采出液,进行电脱水试验。脱水前油中含水率为10%,试验温度为50℃,二段破乳剂型号SP1009,加药量20mg/L。表3为三元剂含量不同阶段2000V/cm场强脱水达标加电变化。

表3 不同阶段2000V/cm场强脱水达标加电变化

| 聚合物浓度 mg/L | 表面活性剂含量 mg/L | 场强 V/cm | 加电时间 min | 油相含水率% |
|---|---|---|---|---|
| 650 | 26 | 1500 | 45 | 0.3 |
| | | 1800 | 45 | 0.28 |
| | | 2000 | 45 | 0.26 |
| 870 | 48 | 1500 | 60 | 0.28 |
| | | 1800 | 60 | 0.27 |
| | | 2000 | 60 | 0.25 |
| 790 | 75 | 1500 | 75 | 0.3 |
| | | 1800 | 75 | 0.29 |
| | | 2000 | 75 | 0.27 |
| 840 | 100 | 1500 | 90 | 0.27 |
| | | 1800 | 90 | 0.25 |
| | | 2000 | 90 | 0.19 |

从表3试验数据可以看出:适当提高脱水场强是提高脱水效果的有效手段,不同阶段最佳脱水场强不同。化学剂浓度低、中含量阶段,最佳脱

水场强为1500V/cm,脱水时间60min脱后含水率即可达到0.3%的脱水指标;化学剂浓度高含量阶段,脱水场强1800~2000V/cm,脱水时间90min脱后含水率可达到0.3%的脱水指标。

通过加电时间对电脱特性的影响试验测试证明:随着采出液中化学剂浓度升高,电脱水难度明显增大,脱水达标时间延长,脱水场强为2000V/cm,脱水达标时间由开采初期的45min左右,采剂高峰期延长到70min左右,处理难度明显提高。

## 2 三元复合驱采出液脱水技术

针对复合驱采出液处理存在的问题,室内攻关和现场试验相结合,在采出液稳定机理和采出性质研究的基础上,开发系列高效采出液处理药剂,实现有效破乳[5];开发开发具有可再生填料的游离水脱除器、平竖挂组合电极电脱水器、变频脉冲式电脱水器供电装置等原油脱水专用设备,形成了三元复合驱采出液油气集输与处理关键技术,实现了三元复合驱采出液的有效处理[6-8]。

### 2.1 复合驱采出液稳定机理和处理药剂

采用微观可视化方法,研究了采出液微观结构及相分离特性变化规律,揭示了多相态采出乳状液难分离的机理。由于碱的溶蚀作用,$Si^{4+}$、$CO_3^{2-}$离子增加,导致采出液水相过饱和,持续析出粒径小于$1\mu m$的碳酸盐、非晶质二氧化硅等新生矿物微粒,悬浮于水中和吸附在油水界面上,形成空间位阻阻碍油珠之间的聚并,造成油、水、固三相分离困难。发明了水质稳定剂,将采出水中碱土金属碳酸盐由过饱和态转变为欠饱和态,抑制新生微粒析出,从而降低水中悬浮固体去除难度;研制出系列破乳剂,使油水界面上吸附的胶态和纳米级的颗粒润湿性发生反转,消除了颗粒造成的空间位阻,并可聚集、聚并原油乳状液中的细小油珠。

根据O/W型三元复合驱采出液最主要的两个稳定机制—固体颗粒稳定机制和高乳化程度稳定机制,三元复合驱采出液破乳剂配方构成中应同时包含大分子量高枝化度的改性聚醚和可使油水界面上吸附的胶态和纳米尺度的颗粒物润湿性发生反转进入水相的润湿性改变成分。同时,由于O/W型三元复合驱采出液与采出水属于同样的乳状液类型,三元复合驱采出液破乳剂应该兼有反相破乳剂的清水作用和低含水乳化原油脱水双重作用,即在三元复合驱采出液处理过程中加入合适破乳剂的情况下,采出水处理中应不再需要投加反相破乳剂等除油剂。

由于三元复合驱采出液静置沉降过程中O/W型油水过渡层的出现,采用常规破乳剂评价方法中抽底水测定含油量的方法评价破乳剂清水效果由于没有综合考虑油水过渡层中聚集而没有聚并的油珠,筛选出的破乳剂在现场应用中往往出现油水分离不分离的现象,其原因是现场采出液油水分离为动态过程,如果油珠之间不能相互聚并就不会形成不稳定的次稳态聚集体而表现出油珠不能上浮而实现油水分离。为此,定义了水相乳化油量的新概念和测定方法:水相乳化油是指水相中尚未聚并的处于乳化状态原油的总含量,不仅包括悬浮在水相中相互独立的油滴,还包括油水界面处油水层之间聚集而未聚并的油滴。测定方法为采出液静置沉降后于抽底水测定含油量前先将其上下颠倒以释放出油水过渡层中的油珠,这样抽底水测定的含油量更接近于现场采出液动态过程中分离采出水的含油量。

采用水相乳化油量和油相水含量作为评价破乳剂对三元复合驱采出液破乳效果的指标,通过大量药剂筛选和复配试验,研制出SP系列三元复合驱采出液破乳剂,根据采出液中表面活性剂的含量,细分加药区间,匹配加药量,有针对性的投加破乳剂,实现复合驱采出液的低成本高效破乳。

### 2.2 具有可再生填料游离水脱除器

针对三元复合驱采出液携污量大,脱水聚结填料易堵塞,游离水脱除器运行效率下降,脱水效果变差等问题,大庆油田提出选择高效填料,强化分散相聚结,改进游离水脱除器结构设计等措施,研发了具有可再生填料的游离水脱除器,可有效降低脱后油中含水率,避免含水过高对后续电脱水的影响。可再生填料游离水脱除器具有不易堵塞、易于清理的特点,实现了脱水填料的原位再生,节省了填料更换的运行成本。可再生填料游离水脱除器已取得国家专利。图1为具有可再生填料的游离水脱除器结构简图。

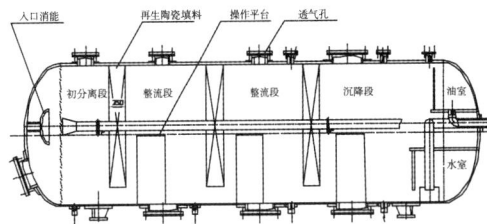

图1 具有可再生填料的游离水脱除器结构简图

新型聚结材质为陶瓷,亲水性,可以有效地降低脱后的油中含水率,避免含水过高对后续电脱水的影响,可以有效地控制大电流对脱水电场的冲击。填料的横断面为蜂窝状,纵向为直管型,不易堵塞,易于堵塞物的清理,具有可再生性。结合新型游离水聚结填料的研制,开发了新型的游离水脱除器。新型游离水脱除器采用三组350mm厚度的管式蜂窝型再生陶瓷填料,抗堵塞能力强。考虑到填料的再生性,在每段聚结器的旁边,设置了操作平台,便于清理填料。

通过现场应用,新开发的游离水脱除聚结填料具有很好的人工再生功能,达到了预期效果,有效地解决了填料淤积后恢复问题。游离水脱除器清淤周期半年1次,效果较好,清淤时间可以安排在每年的5月份和11月份,此时气温合适,便于清淤工作的开展。

### 2.3 组合电极采出液电脱水器及配套供电设备

研究了乳状液在电场中电流及含水变化规律,结合平挂电极电脱水器和竖挂电极电脱水器的特点,发明了组合电极电脱水器,避免了水滴拉链短路,降低了运行电流,有效解决脱水设备易垮电场问题。组合电极电脱水器电极分上、下两部分,上部采用长短相间的竖挂电极,下部采用平挂柱状电极。增加了乳状液的预处理空间,对来液含水率适应性明显提高,进液含水率由20%提高到30%,极板淤积物减少,清淤周期提高到原来的1.75倍。采用双管布液方式,提高了布液均匀度,使电极板利用率提高。采用可拆卸式单管收水结构,收水平稳,易于拆卸,清淤维修方便。高效组合电极电脱水器可在150A电流下平稳运行,在三元复合驱工业化现场试验中能保证外输含水率在0.3%之内,该设备也已取得国家专利。图2为组合电极电脱水器结构简图。

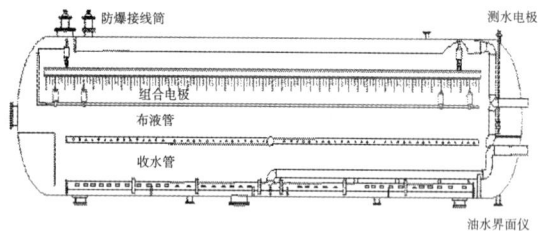

图2 组合电极电脱水器结构简图

随着采出液中三元化学剂含量的增加,脱水电流升高,并且电流波动较大。为了提高脱水设备的运行稳定性,研发和应用变频脉冲电脱水供电装置,提供足够的输出能力,输出电流0~160A内任意设定,设有电流(恒流)反馈、过流截止双重保护电路,设有电场自动恢复功能,满足三元复合驱电脱水的供电要求。

### 2.4 回收油单独处理工艺

回收油的处理是油田生产过程中必须面对的

问题,回收油稳定性强,并且回收油乳状液成分复杂,含有许多导电性较强的FeS等机械杂质,难于处理。目前对于水驱和聚合物驱系统回收油的处理,主要采用回掺的方法,从处理的效果来看,回掺虽不需单独的处理系统,但混掺量一旦过高就容易形成乳化程度较高的油水过渡层,油水过渡层导电性强,往往会导致电脱水装置出现频繁跳闸,甚至垮电场,造成脱水电场运行不平稳,严重影响正常生产,增加了管理难度。同时,大量油水过渡层占据了采出液处理设备的空间,降低了处理量,加大了采出液处理难度,导致脱水温度升高和处理剂用量增加,提高了处理成本。三元复合驱以后,由于采出液的成分更加复杂,脱水系统放水含油量大,导致回收油量增加,采用原来回掺处理的方法,很难适应三元复合驱原油脱水的要求[9,10]。

为了消除回收油对脱水系统的影响,将脱水站、转油放水站和污水处理站的回收油,全部直接进入回收油系统进行单独处理,配套合适的处理药剂,处理后直接进入外输系统,避免回收油对电脱水器运行平稳性产生影响。流程图如图3所示。

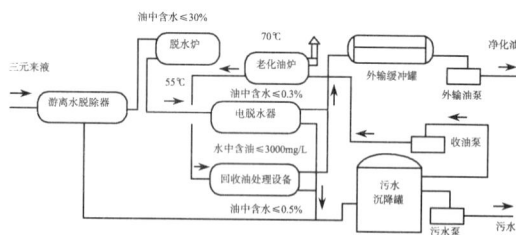

图3 回收油单独处理流程示意图

## 3 规模应用新设备、新药剂,实现大规模工业化原油达标外输

随着大庆油田三元复合驱的工业化推广应用,针对工业化应用过程中出现的问题,分析采出液性质变化对处理药剂和工艺设备的影响,对照影响采出液脱水系统平稳运行的影响因素,规模应用新型脱水设备、新药剂,配套完善全过程技术管理措施。密切跟踪重点站运行,实施针对性措施,实时调整,确保原油平稳达标脱水(表4)。

表4 影响因素和采取的技术对策

| 序号 | 影响因素 | 技术对策 |
|---|---|---|
| 1 | 不同区块、不同类型、不同阶段采出液性质差别大;部分工业区块驱油剂浓度过高,超出了以往认知范围,采出液油水乳化程度高,破乳困难 | 加强机理研究,优化完善化学处理药剂性能及加药方式,或开发新的破乳技术 |

续表

| 序号 | 影响因素 | 技术对策 |
|------|---------|---------|
| 2 | 复合驱采出液电导率高,电脱水运行电流大,导致电脱水器运行平稳性差 | 研发并应用大容量变频脉冲供电设备 |
| 3 | 污物易附着在电脱水器绝缘组件上而导致绝缘失效,维修周期短 | 研发并应用新型的护罩式防污染绝缘吊柱 |
| 4 | 回收油影响电脱水器平稳运行 | 完善回收油的回收工艺及处理系统 |

目前,大庆油田三元复合驱已建原油脱水站12座,包括强碱站4座,弱碱站8座,实现三元复合驱年产400万吨原油的达标脱水,为三元复合驱的大规模工业化提供了有力的技术支撑。

## 4 结论

(1)研发应用适合于三元复合驱的新型脱水设备,配套完善全过程技术措施,化学剂高峰期原油脱水能够稳定达标,足原油脱水生产需求。

(2)回收油单独处理是电脱水设备平稳运行的保障,在三元复合驱原油脱水站应建设回收油单独处理系统,消除回收油对脱水系统的冲击。

(3)复合驱采出液组分复杂,不同区块、不同阶段的采出液性质差别比较大,应加强管理、提前预判,有针对性在采出液中适时、足量投加相应处理药剂。

## 参 考 文 献

[1] 程杰成.三元复合驱油技术[M].北京:石油工业出版社,2013:124-126.

[2] 赵雪峰,李玉华,陈魏芳,等.三元复合驱工业化应用中采取的地面工程控投资措施[C].第三届中国油气田地面工程技术交流大会论文集,北京:中国石油学会,2017,20-25.

[3] 赵忠山.三元复合驱采出液的沉降分离特性[J].油气田地面工程,2013,32(5):46.

[4] 赵忠山.三元复合驱采出液电脱水特性[J].油气田地面工程,2013,32(11):54.

[5] 王翀.新型三元复合驱采出液破乳剂[J].油气田地面工程,2013,32(3):104.

[6] 陈克宁.组合电极电脱水器[J].油气田地面工程,2012,31(8):102.

[7] 李娜.不同注入阶段强碱三元复合驱采出液的处理[J].油气田地面工程,2012,31(8):23-24.

[8] 李学军,刘增,赵忠山.三元复合驱采出液中频脉冲电脱水技术[J].油气田地面工程,2007,26(11):21-22.

[9] 龚晓宏.回收油对复合驱原油脱水的影响及处理技术[J].油气田地面工程,2016,35(7):57-69.

[10] 赵忠山.无机杂质颗粒对三元复合驱原油节电性能的影响[J].油气田地面工程,2020,39(10):18-21.

# 深入挖掘旧油管再利用新工艺

## 赵清敏

(大庆油田创业金属防腐有限公司)

**摘　要**　随着油田开发,原油生产过程中深入开展精细化管理,越来越注重降本增效。油田关键设备在运行、保养维修、更新过程中科学管理,采用了一系列先进的修复技术实现绿色再造工程。深入挖掘旧油管再利用新工艺,旧油管修复后再次下井使用、转地面管线再利用、制作弯头管排等应用,这些技术实用可靠,提高旧油管修复利用率,解决旧油管储存过程中场地、拉运、环保、安全、积压等问题,实现绿色、智能化发展。

**关键词**　旧油管;修复;地面管线;防腐保温

近几年,国际油价持续在低位徘徊,国内多数油气田企业面临较大经营压力。废旧油管修复再利用可为油田节省部分管材费用,降低管材原料成本。由于常规修复油管后,仅有25%旧油管可以下井再利用,剩下大量油管由于材质性能较高,仍具有利用价值,通过深入挖掘旧油管再利用新工艺,将剩余这部分再利用起来,转地面管线再利用、制作弯头或管排等应用,这些技术实用性强,不仅提高旧油管修复利用率,还解决了旧油管储存过程中场地、拉运、环保、安全、积压等问题,也为油田生产经营、安全环保、节能减排作出应有的贡献,实现绿色、智能化发展[1-5]。

## 1　旧油管再利用重新分类

### 1.1　旧油管修复评估及分类

油田每年产生的旧油管数量较大,可以拉运至旧油管处理中心,通过判废标准对废旧油管进行筛选并再利用。首先进行清洗,目测初步分选,经通径、探伤、校直、车扣、试压后分类处置。具体流程见图1。

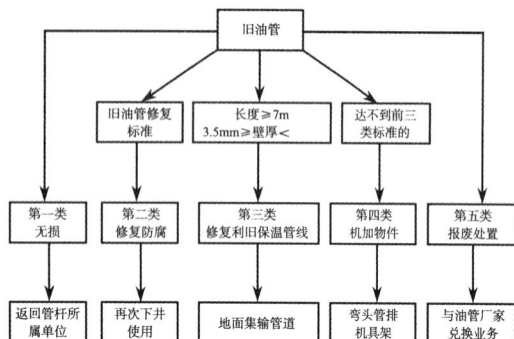

图1　旧油管修复分类图

第一类接箍、丝扣、旧油管无损的直接返回原油管所属单位继续使用。

第二类管按旧油管修复标准处置,修复后防腐加工,再次下入井下使用。

第三类管体3.5mm≤壁厚<4.5mm,长度≥7m的旧油管,按利旧保温管线标准处置,补充到地面集输管线中来应用。

第四类达不到以上三类处置标准的旧油管可用来制作防护围栏、机具架、管排、弯头等产品处置。

第五类达不到以上四类用途的报废旧油管可用于兑换业务。

### 1.2　旧油管修复新工艺[6-11]

旧油管修复新工艺主要包括人工挑选、清洗工艺、探伤工艺、复扣工艺、换接箍工艺、试压工艺等。

## 2　旧油管转地面防腐管线新工艺

### 2.1　旧油管转地面集输管线适用性分析

修复后旧油管,第三类管体3.5mm≤壁厚<4.5mm,长度≥7m的旧油管,按利旧保温管线标准处置,补充到地面集输管线中来应用。

地面集输管线通常采用的钢管钢级为20号钢,油管采用的钢管通常为J55或者N80钢级居多,油管管材具有更高的抗拉强度和屈服强度,且地面管线压力等级相对较低,具有缺陷深度的旧油管依然可以满足地面管线设计压力要求。结合管道应用的环境,可采取旧油管内外防护层加工,提高防腐性能,以适应地面管线腐蚀工矿环境,延长寿命。

针对地面使用条件,开展相应的试验检验,包括含缺陷废旧油管、修复后废旧油管水压试验、整管拉伸试验、防腐层的试样硫化物应力开裂(SSC)试验、内衬PE耐腐蚀性检测,检测结果见表1～表4。

表1 水压试验结果

| 试样编号 | 压力 | 试验压力(MPa) | 保载时间(s) | 失效位置及失效形式 |
|---|---|---|---|---|
| J55—1 | 静水压 | 45.0 | 600 | 未见渗漏 |
| J55—2 | 静水压 | 45.0 | 600 | 未见渗漏 |
| J55—3 | 静水压 | 45.0 | 600 | 未见渗漏 |
| N80—1 | 静水压 | 66.6 | 600 | 未见渗漏 |

表2 拉伸至失效试验结果

| 试样编号 | 拉伸载荷(kN) | 抗拉强度(MPa) | 失效位置及失效形式 | 20号钢抗拉强度 |
|---|---|---|---|---|
| J55—1 | 538.6 | 425.3 | 螺纹滑脱失效 | |
| J55—2 | 552.8 | 436.5 | 螺纹滑脱失效 | 410MPa |
| N80—1 | 713.0 | 563.0 | 管体断裂失效 | |
| N80—2 | 724.3 | 571.9 | 螺纹滑脱失效 | |

表3 试样硫化物应力开裂(SSC)试验结果

| 取向 | 样品编号 | 加载应力,MPa | 试验结果 |
|---|---|---|---|
| 纵向 | SSC—1 | 447 | 720小时未断裂,放大10倍对工作段进行观察,未发现裂纹。 |
| 纵向 | SSC—2 | 447 | 720小时未断裂,放大10倍对工作段进行观察,未发现裂纹。 |

表4 内衬PE耐腐蚀性检测结果

| 编号 | 项目 | | 检验方法 | 检验结果 |
|---|---|---|---|---|
| 1 | 耐化学介质腐蚀<br>(浸泡7d),% | 10%NaCl | GB/T 23257—2017<br>附录I | 98 |
| | | 10%NaOH | | 98 |
| | | 10%HCl | | 98 |
| 2 | 耐热老化<br>(150℃,21d) | 拉伸强度,MPa | GB/T 1040.2—2006 | 17 |
| | | 断裂标称应变,% | | 480 |
| 3 | 耐环境应力开裂时间(F50),h | | GB/T 1842—2008 | >1000 |

通过上述对含缺陷废旧油管、修复后废旧油管及防腐层转地面管线内衬PE层进行试验检验,确定废旧油管的承压能力、拉伸性能、防护性能等均优于常规地面管线用管,保证这部分旧油管用于地面集输管线的安全和质量。

## 2.2 旧油管转地面集输管线加工工艺

首先是表面彻底机械除锈,管道经过传送线,经过底漆涂装工位,表面均匀喷涂底漆防腐,缠绕底胶,接下来进入硬质聚氨酯泡沫防腐保温和外表面聚乙烯防护一次成型的重点关键工序,随后依次传输至激光打标、自动切头、烤防水帽工序,完成质量检测形成成品,可应用在地面集输管线的防腐保温。关键工序及成品见图2。

图2 旧油管修复后外包覆硬质聚氨酯泡沫防腐保温和聚乙烯防护层

## 2.3 旧油管转地面注入管线新工艺

### 2.3.1 旧油管转地面注入管线新工艺

修复后旧油管,首先表面彻底除锈,油管外表面采用挤出机加工2PE防腐防护层,生产加工工艺图见图3。内表面内衬高分子聚乙烯防腐层,然后激光打标,将多余的内衬管切头,采用加热板翻边,对油管端面也进行了保护。

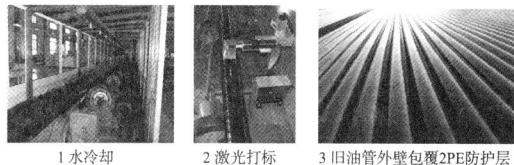

1 水冷却  2 激光打标  3 旧油管外壁包覆2PE防护层

图3 旧油管修复后外包覆2PE防护层

该技术采用的高分子热熔覆内衬聚乙烯管是将改性高分子聚乙烯材料和胶黏剂材料复合形成内衬管,然后通过特殊热熔覆内衬工艺形成内表面防腐防护层的管道。该材料具有优良物理化学特性,实现管道防酸碱盐、防细菌、防硫化氢腐蚀。由于复合内衬管是采用高韧高强复合耐磨塑料层与油管热熔在一起,不脱落不剥离,保持长期防护作用。

### 2.4 旧油管转地面管线现场补口

在旧油管转地面管线应用中,现场施工的重点是现场补口,管道内壁采用热熔覆聚乙烯防腐技术,传统焊接工艺中,焊接的瞬间高温必将破坏内防护层,产生腐蚀进而出现漏点。为了避免焊接的缺点,结合多样的连接方式,管线之间可以采用螺纹连接见图4,连接用接箍采用专用带塑化圈的接箍,也可采用快速压接接头连接见图5,确保管线内部防护层连续完整、完好不受破坏。

图 4　螺纹连接示意图

图 5　压接接头连接示意图

## 3 旧油管转地面管线现场应用

2020 年 8 月,在喇嘛甸油区开展了两条井注入管线施工及补口,一条高压注入管线施工及补口试验。施工过程见图6。

图 6　旧油管外 2PE 内热熔覆高分子
聚乙烯管道在注入管线应用

11 月底,在四条集输掺水管道现场施工及补口五条管线。目前,运行良好。该技术管道防腐性能良好,未发生腐蚀失效,油田生产稳定运行、维修维护成本大幅度降低,降低投资费用。施工过程见图7。

图 7　旧油管外防腐保温内热熔覆高分子
聚乙烯管道在集输管线应用

## 4 旧油管旧油管转地面管线效益分析

采用旧油管修复后替代部分地面管管线,节

约管材费用,按照 φ60×5mm 管道 1km 大约 6.78t,一吨管材 5705 元,1km 节约管材费用 3.87 万元,按照油田年应用 100km 计算,仅仅管材费用节约 387 万元。另外,旧油管采用内衬复合聚乙烯内衬后,防腐性能增强,减少因为普通钢管腐蚀泄露等维修费用、人工费用、维护费用,减轻劳动强度。经济效益和社会效益明显。

## 5 结论

针对常规修复油管后,仅有 25% 旧油管可以下井再利用,剩下大量油管由于材质性能较高,仍具有利用价值,深入挖掘旧油管再利用新工艺,针对第三类旧油管,开发了旧油管转地面管线再利用、内衬热熔覆新技术、管道现场补口连接新技术,针对第四类旧油管制作弯头或管排等应用。旧油管修复利用率提高到 70%,降低了油田管材费用,还解决了旧油管储存过程中场地、拉运、环保、安全、积压等问题,保障油田生产经营、安全环保,实现绿色健康发展。

### 参 考 文 献

[1] 王玉普,刘合,刘长奎,鲁明廷,刘明珍.大庆油田钻采设备管理及修复技术进展[C].大庆油田有限责任公司核心技术人才优秀论文集,2009:625-632.

[2] 徐滨士,刘世参,张伟,史配京.绿色再造工程及其在我国主要机电装备领域产业化应用的前景[C].第二届全国装备再制造工程学术会议论文集,2006:15-19.

[3] 徐滨士.装备再制造工程的理论与技术[M].北京:国防工业出版社.2007:89-108.

[4] 郭生武.油田腐蚀形态导论[M].北京:石油工业出版社.2005:74-77.

[5] 庄传晶,冯耀荣,李鹤林,等.含缺陷石油管道极限承载能力分析[J].石油机械,2001,29(5):6-8.

[6] 刘愚,鲁延丰.浅谈油田旧油管的检测与修复工艺[J].内蒙古石油化工,2001,27(2):128-130.

[7] 徐翔,张亚明,藏晗宇,等.油管断裂失效分析[J].腐蚀与防护,2011,32(3):246-248.

[8] 杜秀华,李强,李建平.抽油机井油管的疲劳强度及其疲劳断裂分析[J].石油矿场机械,2006,35(6):61-64.

[9] 冯定,黄朝斌,黎瑶,等.油田油管修复新方法[J].天然气勘探与开发,2010,33(2):68-70.

[10] 张朋举,殷志杰,钟陈,等.油田用旧油管修复技术现状及标准化建议[J].钢管,2016,45(5):72-76.

[11] 孙卫国,谭瑞花,周志军.旧油管清洗检测工艺的技术研究与实践[J].河北企业,2016(6):187-189.

# 松辽盆地基岩储层外来流体敏感性伤害评价实验研究

耿丹丹[1,2]　任伟[1,2]　魏旭[1,2]　王洪达[1,2]　张浩[1,2]

（1.中国石油大庆油田有限责任公司采油工程研究院；2.黑龙江省油气藏增产增注重点实验室）

**摘　要**　大庆油田已经进入开发中后期，采出液含水较高，稳产难度大，寻找新的油气层，维持油田稳产是目前大庆油田面临的难题。松辽盆地北部古中央隆起带基岩储层成为研究的新领域，但目前对于该储层的特征以及储层的潜在伤害因素认识还不充分，对该储层的体积改造工艺也尚处于探索阶段。文章以古中央隆起带基岩储层为研究对象，对储层特性、储层潜在伤害因素和压裂液对储层的伤害程度进行实验评价，结果表明，古中央隆起带基岩储层孔喉小，尽管黏土矿物含量高，但蒙脱石含量低，所以水敏和碱敏对岩心的伤害程度较弱；胍胶压裂液和聚合物压裂液对岩心的伤害率整体小于25%，但聚合物压裂液伤害略小于胍胶压裂液。

**关键词**　基岩储层；储层伤害；敏感性；压裂液

目前，大庆油田已经进入开发中后期，"以气补油"[1]战略的实施使气井在油田稳产过程中的地位越来越重要。松辽盆地北部古中央隆起带基岩储层是接替火山岩储层的重要领域，是勘探发现和突破的主战场之一。该储层2015年之前常规改造工艺效果差，大规模的体积改造工艺尚处于探索阶段，选用与储层配伍的低伤害压裂液对提高储层渗流能力显得尤为重要。为此，笔者对古中央隆起带基岩储层的储层特性、储层潜在伤害因素[2-4]和压裂液对储层的伤害程度[5-8]进行实验评价，以期为古中央隆起带基岩储层高效开发提供技术支持。

## 1　储层概况

松辽盆地北部古中央隆起带是一个长期继承性发育的古隆起，形成了6个内幕复杂的凸起带，为气藏的形成奠定了良好的构造背景，埋深2700～3500m，总面积约为2400km²，勘探领域大，多口井见显示，是风险勘探重点领域。古中央隆起带岩性复杂，共发育三大类7种岩性，北部以沉积变质岩类为主，南部以花岗岩类为主，沿着徐西断裂发育糜棱岩带，变质砾岩和花岗岩为成藏的优势岩性，基岩风化壳储集空间主要为溶蚀孔，其次为裂缝，花岗岩淋滤型风化壳、变质砾岩淋滤型风化壳物性最好，油气层数多，显示级别高，试油获较高产量；千枚岩、糜棱岩风化壳物性差，显示级别低，基岩储层天然裂缝发育。

## 2　储层特征分析

储层特征分析包括岩心孔渗测试、铸体薄片、扫描电镜、X射线衍射、恒速压汞实验五项分析内容。孔渗测试通过使用孔隙度测试仪和PDP-200渗透率仪器测试岩心的孔隙度和渗透率；铸体薄片实验通过铸体薄片制样分析仪器进行薄片鉴定，得到样品薄片鉴定微观图版；扫描电镜分析通过仪器得到岩石矿物分布和黏土矿物能谱分析；X射线衍射通过X射线衍射仪器进行全岩分析和黏土矿物分析（表1）。

表1　孔隙度渗透率测试结果

| 序号 | 井号 | 岩心编号 | 长度/mm | 直径/mm | 孔隙度/% | 渗透率/mD |
|---|---|---|---|---|---|---|
| 1 | L1 | 1-1 | 54.73 | 25.2 | 11.124 | 0.0026 |
| 2 | L1 | 1-2 | 53.63 | 25.19 | 10.677 | 0.0011 |
| 3 | L1 | 2-1 | 53.82 | 24.69 | 10.634 | 0.0098 |
| 4 | L1 | 2-2 | 53.32 | 24.74 | 10.696 | 0.0029 |
| 5 | L1 | 3-1 | 52.96 | 24.78 | 11.103 | 0.0060 |
| 6 | L1 | 3-2 | 55.4 | 24.76 | 10.664 | 0.0075 |
| 7 | L1 | 4-1 | 54.28 | 25.04 | 12.583 | 0.0058 |
| 8 | L1 | 4-2 | 53.89 | 24.76 | 10.641 | 0.0051 |
| 9 | L1 | 5-1 | 53.26 | 24.92 | 11.883 | 0.0028 |
| 10 | L1 | 5-2 | 54.36 | 24.78 | 10.956 | 0.0034 |
| 11 | L1 | 6-1 | 54.08 | 24.81 | 11.055 | 0.0041 |
| 12 | L1 | 6-2 | 54.15 | 24.74 | 10.753 | 0.0062 |

通过对古中央隆起带基岩储层12块基质岩心进行孔隙度渗透率测试，结果显示古中央隆起带基岩储层的渗透率范围为0.0011～0.0098mD，孔隙度范围为10.641%～12.583%，平均渗透率为0.005mD，孔隙度为11.1%，属于特低渗储层。

古中央隆起带基岩储层样品薄片鉴定微观图版如图1、图2所示。结果显示古中央隆起带基岩地区为鳞片粒状变晶结构，片理构造。矿物晶粒大小0.03～0.40mm，矿物成分：石英67%，它形粒状，表面光洁，部分为新生石英。长石7%，半自形板状－它形粒状，蚀变深，见泥化，绢云母化。黑云母20%，片状，片粒状，蚀变中等，排列具定向性。见白云母3%。方解石3%,不均匀交代。见少量绢云母化的泥质,少量铁质,少量绿帘石,岩石储集空间不发育,仅偶见微缝。

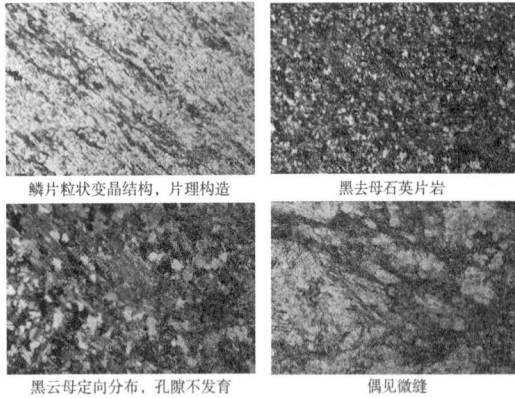

鳞片粒状变晶结构,片理构造　　黑去母石英片岩

黑云母定向分布,孔隙不发育　　偶见微缝

图1　L1-1-1薄片鉴定微观图版

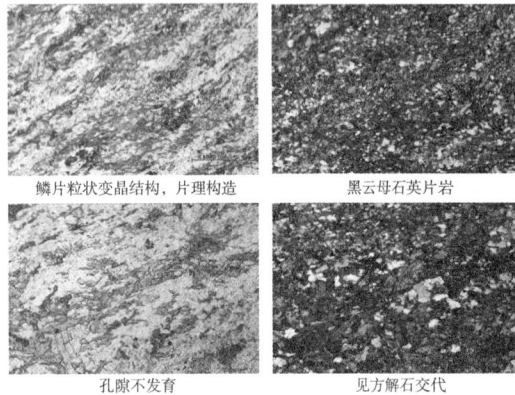

鳞片粒状变晶结构,片理构造　　黑云母石英片岩

孔隙不发育　　见方解石交代

图2　L1-1-2薄片鉴定微观图版

扫描电镜实验后结果(图3、图4)看出古中央隆起带基岩储层石英较发育,伊蒙混层含量也较高,偶见发育裂缝。此外,古中央隆起带基岩储层孔隙极不发育,孔喉直径属于纳米级别。

图3　扫描电镜分析

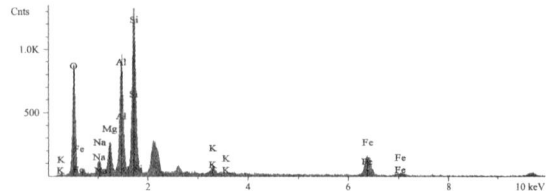

图4　黏土矿物能谱分析

由全岩X-射线衍射定量分析报告(表2)可见,古中央隆起带基岩储层主要矿物为石英、斜长石和黏土矿物。黏土矿物容易遇水膨胀,导致微粒运移堵塞孔喉,降低产量,因此要在压裂液中添加防膨剂,防止或减弱黏土膨胀现象。由沉积岩黏土矿物X-射线衍射定量分析报告(表3)可见,古中央隆起带基岩储层黏土矿物主要成分为伊利石和绿泥石。

表2　全岩X-射线衍射定量分析报告

| 样品号 | 矿物含量(%) | | | | | | | | | | | | |
| --- | --- | --- | --- | --- | --- | --- | --- | --- | --- | --- | --- | --- | --- |
| | 石英 | 钾长石 | 斜长石 | 方解石 | 白云石 | 文石 | 菱铁矿 | 黄铁矿 | 赤铁矿 | 角闪石 | 硬石膏 | 普通辉石 | TCCM |
| L1-2 | 16.4 | 1.4 | 28.5 | | 2.5 | | 0.4 | 1.5 | 2.0 | | 1.3 | | 46.0 |
| L1-4 | 44.6 | | 23.9 | 2.6 | 1.3 | | | | | | 5.0 | 3.4 | 19.2 |

表3　沉积岩黏土矿物X-射线衍射定量分析报告

| 样品号 | 黏土矿物相对含量(%) | | | | 混层比(%S) | | | |
| --- | --- | --- | --- | --- | --- | --- | --- | --- |
| | S | I/S | It | Kao | C | C/S | I/S | C/S |
| L1-2 | | | 39 | | 61 | | | |
| L1-4 | | | 58 | | 42 | | | |

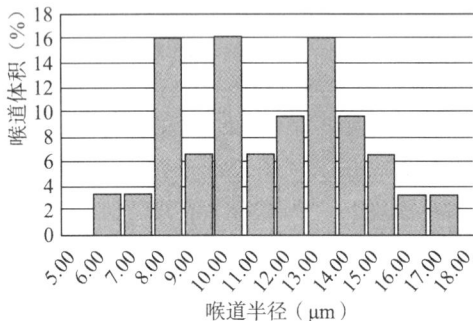

图5　L1-4-2喉道半径分布直方图

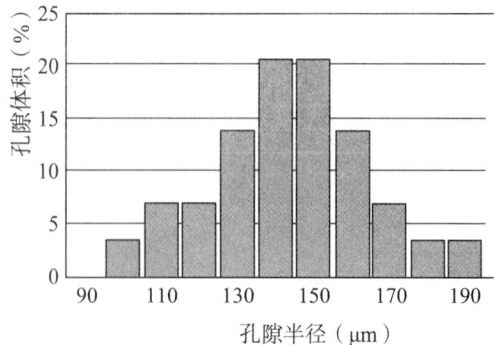

图6　L1-4-2孔隙半径分布直方图

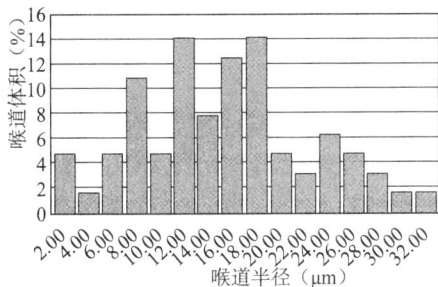

图 7 L1-5-1喉道半径分布直方图

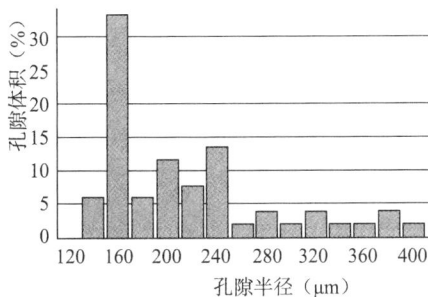

图 8 L1-5-1孔隙半径分布直方图

压汞实验结果(图5~图8)显示古中央隆起带基岩储层平均喉道半径13.3$\mu$m,平均孔隙半径180.3$\mu$m。

## 3 储层流体敏感性分析

### 3.1 外来流体敏感性分析方法

基岩储层为特低渗储层,采用常规驱替手段无法获得外来流体对储层的伤害率。因此本文根据 W. F. Brace 等提出的高压力脉冲瞬态法(图9)进行实验分析评价。该实验方法为给上、下游各设定一个初始压力 $P_m$、$P_0$($P_m>P_0$),当待测液体在岩心上游流动时,利用压力传感器监测下游压力随时间的变化,直到上下游压力平衡,根据瞬时压力模型求解出岩心渗透率。该方法测量致密低渗岩心渗透率耗时短、误差小、可重复性强等优点,对液测致密低渗岩心渗透率有很好的适用性。

图 9 压力传导仪器图

渗透率计算模型:

图 10 为描述压力传导仪实验系统的示意图(沿竖直方向的一维饱和渗流)。

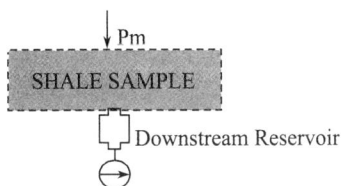

图 10 模型示意图

建立如下所示模型:

扩散方程:$\eta=\dfrac{k}{\varphi\mu C}$

初始条件:$P(x,0)=P_0$ $t>0$

边界条件:$P(0,t)=P_m$

$$\frac{\partial p}{\partial x}(1,t)=\frac{q\mu}{kA} \quad t>0$$

对上述模型,P. A. Hsieh 等研究者给出了脉冲法数学模型的无穷级数的解析解,如下所示:

$$\Phi_n\tan\Phi_n=AL\Phi/v$$

式中,$\eta$ 是岩样的导压系数;$k$ 是岩样的渗透率,mD;$\mu$ 是工作液黏度,mPa;$\Phi$ 是岩样的孔隙度,小数;$C$ 是工作液的压缩系数,V;$P_0$ 是下游初始压力,N;$P_m$ 是上游初始压力,N;$A$ 是岩样横截面积,cm²;$V$ 是下游容器的体积,mL;$L$ 是岩样长度(高度),cm;P(L,t)是下游压力随时间变化,N;$\xi$ 是与时间 $t$ 曲线的斜率。

通过该方法得到储层注入流体前后的渗透率变化,可用来进行储层流体敏感性分析和压裂液对油气层的伤害性评价。

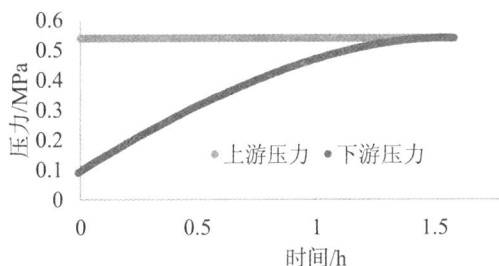

图 11 伤害前岩心上游压力和下游压力

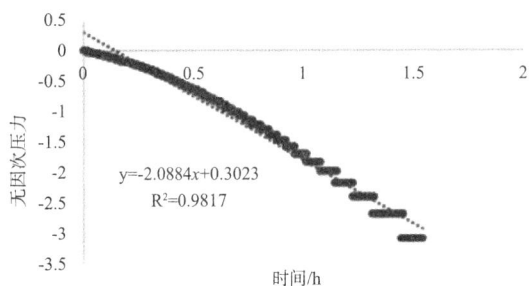

图 12 $\ln\dfrac{P_m-P(L,t)}{P_m-P_0}$ 与时间 $t$ 关系曲线

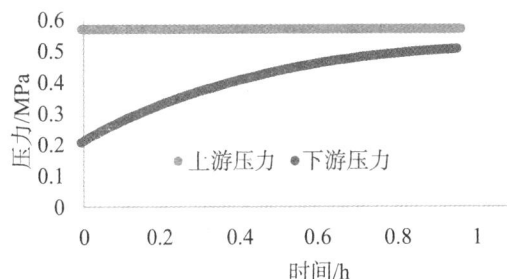

图 13 伤害后岩心上游压力和下游压力

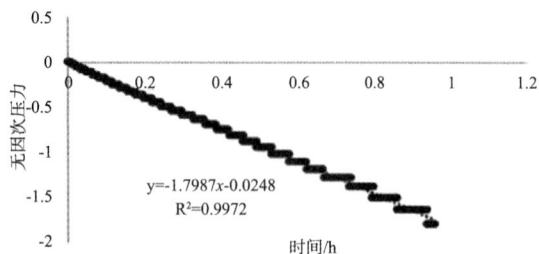

图 14  $\ln \dfrac{P_m-P(L,t)}{P_m-P_0}$ 与时间 $t$ 关系曲线

以图 11～图 14 实验数据为例,说明伤害计算方法和过程。

(1)通过上下游压力数据画出压力变化图和压差比对数值与时间关系图,标出曲线的斜率;

(2)把斜率带入计算渗透率的公式

$$k=-\frac{\xi \mu CVL}{A}$$ 得出初始渗透率 $k_1=200.16\text{nD}$;

(3)进行伤害实验,再次根据上述计算方法的出伤害后渗透率 $k_2=162.03\text{nD}$;

(4)根据伤害前后渗透率算出伤害率 $H=\dfrac{k_1-k_2}{k_1}=\dfrac{200.16-162.03}{200.16}=19.05\%$。

### 3.2  水敏分析

水敏分析是确定由于不同的流体注入而发生渗透率损害的临界值及由此引起的储层损害程度。

通过高压力脉冲的瞬态法得到的储层注入流体后渗透率与注入流体前渗透率比值变化结果(图 15、图 16)看出,古中央隆起带基岩储层平均水敏损害率为 20.25%,结合《SYT 5358-2010 储层敏感性流动实验评价方法》中水敏损害评价指标(表 4),古中央隆起带基岩储层水敏损害程度为弱,表明外来流体对储层水敏性伤害程度较低,常规压裂液则可满足储层改造需求。

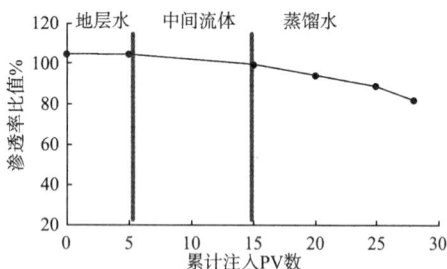

图 15  水敏实验结果(第一组)

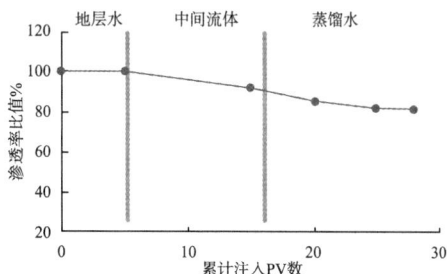

图 16  水敏实验结果(第二组)

**表 4  水敏损害程度评价指标**

| 水敏损害率(%) | $D_w \leqslant 5$ | $5 < D_w \leqslant 30$ | $30 < D_w \leqslant 50$ | $50 < D_w \leqslant 70$ | $70 < D_w \leqslant 90$ | $D_w > 90$ |
|---|---|---|---|---|---|---|
| 损害程度 | 无 | 弱 | 中等偏弱 | 中等偏强 | 强 | 偏强 |

### 3.3  碱敏分析

碱敏分析是确定由于不同 pH 的流体注入而发生渗透率损害的临界值及由此引起的储层损害程度。

从实验结果(图 17、图 18)看出,在 160℃ 条件下,古中央隆起带基岩储层平均碱敏损害率为 15.2%,结合《SYT 5358-2010 储层敏感性流动实验评价方法》中的碱敏损害评价标准(表 5),古中央隆起带基岩储层碱敏损害程度为弱,表明常规中性、弱碱性压裂液体系即可满足储层改造需求。

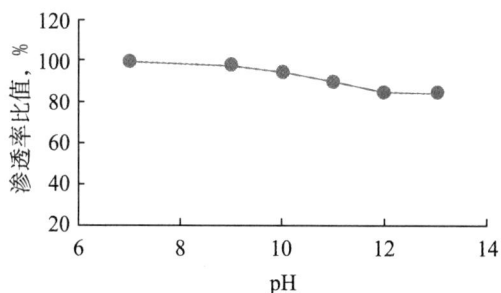

图 17  碱敏实验结果(第一组)

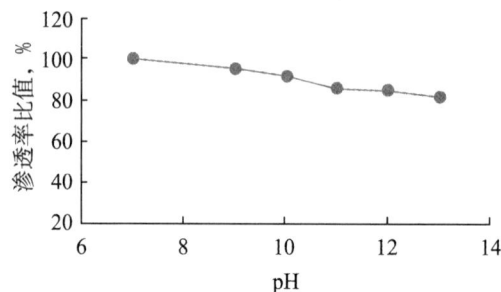

图 18  碱敏实验结果(第二组)

**表 5  碱敏损害程度评价指标**

| 碱敏损害率(%) | $D_J \leqslant 5$ | $5 < D_J \leqslant 30$ | $30 < D_J \leqslant 50$ | $50 < D_J \leqslant 70$ | $D_J > 70$ |
|---|---|---|---|---|---|
| 损害程度 | 无 | 弱 | 中等偏弱 | 中等偏强 | 强 |

## 4  压裂液对油气层的伤害性评价

### 4.1  实验材料

实验用压裂液:胍胶压裂液(0.5% 胍胶 +0.4% 复合添加剂 +0.25% 温度稳定剂 +0.15% 碳酸钠 +0.05% 碳酸氢钠 +0.3% 交联剂)、聚合物压裂液(0.3% 聚合物 +0.4% 复合添加剂 +0.25% 温度稳定剂 +0.3% 聚合物交联剂)。

### 4.2  实验步骤

(1)将柱塞岩心切成 0.8cm 的薄片;

（2）将薄片抽真空4小时后，饱和地层水，再放入高压容器20MPa，高压饱和10小时；

（3）拿出岩心，放入压力传导容器，温度加到储层温度160℃，然后下游泵入地层水，给定初始压力0.05MPa，模拟孔隙压力，上游泵入地层水保证恒压，记录下游压力上升数据，根据上下游压力数据计算伤害前渗透率；

（4）放空，抽真空管线，下游泵入压裂液破胶液，160℃条件下伤害4小时；

（5）放空，抽真空，下游泵入地层水，给定初始压力0.05MPa，模拟孔隙压力，上游泵入地层水保证恒压，记录下游压力上升数据，根据上下游压力数据计算伤害后渗透率。

### 4.3 实验结果

参照《SYT 5107－2016压裂液通用技术条件》计算4种压裂液伤害率，古中央隆起带基岩储层岩样的压裂液伤害评价实验结果如表6所示。

表6 压裂液伤害实验数据表

| 压裂液类型 | 岩心编号 | 伤害（%） | 平均 |
|---|---|---|---|
| 胍胶压裂液 | 1－2－1－1 | 20.51 | 21.8 |
| | 1－2－1－6 | 21.54 | |
| | 1－2－2－5 | 23.2 | |
| 聚合物压裂液 | 1－3－1－2 | 17.15 | 18.6 |
| | 2－1－1－4 | 18.69 | |
| | 2－2－2－6 | 19.99 | |

通过实验结果（表6）显示，在160℃条件下，胍胶压裂液在古中央隆起带基岩储层的平均伤害值为21.8%，聚合物压裂液在古中央隆起带基岩储层的平均伤害值为18.6%，两种压裂液均满足《SYT 6376－2008压裂液通用技术条件》要求，且聚合物的伤害低于胍胶压裂液。

### 4.4 现场应用

LP1井采用大规模体积压裂＋暂堵转向工艺，施工改造25段52簇，采用常规水基压裂液44205m³，支撑剂2621m³，压后计算无阻18×10⁴m³/d，中长期产能预测3.5×10⁴～4×10⁴m³/d，试采一年稳定性好，压裂改造效果较好，为大庆油田古中央隆起带基岩勘探实现重大突破，拓展了深层天然气勘探新领域。

## 5 结论

（1）古中央隆起带基岩储层埋藏深、孔喉小，岩性致密，物性差，大规模体积压裂是提产的关键措施，入井流体对储层的伤害直接影响压后的效果，是体积压裂重点关注问题。

（2）古中央隆起带基岩储层蒙脱石含量低，所以水敏和碱敏对岩心的伤害程度较弱。

（3）利用高压力脉冲瞬态法定量评价两种压裂液对岩心的伤害情况，胍胶压裂液和聚合物压裂液对储层伤害率整体小于25%，其中聚合物压裂液伤害率为18.6%，略小于胍胶压裂液，对储层适应性更好。

## 参 考 文 献

[1] 张厚福.从世界看我国油气勘探战略[J].石油学报，1991,12(3):1－6.

[2] 吴新民，康有新，张宁生.吉林油田大26井区储层潜在伤害因素分析[J].西安石油学院学报（自然科学版），2001,16(5):29－32.

[3] 李亚文，张宏，闫玉玲，等.奈曼油田低渗透储层潜在伤害因素分析[J].当代化工，2010(5):524－527.

[4] 张蕊，臧士宾，任晓娟.CHD盆地南翼山低渗裂缝储层潜在伤害因素分析[J].科学技术与工程，2012,12(34):9316－9319.

[5] 宋晓莉，刘英，雷宏.压裂液伤害室内评价[J].辽宁化工，2016,045(004):523－524.

[6] 王璐琦，彭彩珍，龙秋莲，等.大牛地气田储层伤害评价实验研究[J].广东化工，2016,43(1):10－12.

[7] 彭小强，武俊学，赵玉，等.致密岩心压裂液伤害评价实验方法初探[J].新疆石油天然气，2018,14(3):67－70.

[8] 庄照锋，张士诚，李宗田，等.压裂液伤害程度表示方法探讨[J].油气地质与采收率，2020(5):108－110.

# 定向射孔技术在某油田扶余油层中的实验及应用

薛 辉

（大庆油田有限责任公司第四采油厂）

**摘 要** 某油田扶余油层自 2020 年起全面步入工业化开发,压裂技术作为扶余油层开发的关键性技术已得到广泛认同,其中前期射孔参数选取对压裂造缝的形态有着直接的影响。本文通过采取室内实验、现场应用同步对比,分析定向射孔技术在不同射孔方位角对人造裂缝形态的影响及相应的裂缝延展规律,进而明确科学的射孔参数选取方式

**关键词** 射孔方位角;裂缝形态;扩展路径;水力压裂模拟

## 1 引言

扶余油层为低孔低渗致密储层,开发过程中容易出现油井受效差,水井压力高,吸水状况差,难以建立有效驱动的情况。因此高效开发扶余油层的首要问题是针对区块地质特征建立一套相适应的配套完井技术,提高油层渗流能力,建立有效驱动体系,指导后续扶余区块的开发。

扶余油层压裂后的人工裂缝沿最大水平主应力方向延伸,射孔参数的选取对破裂压力及裂缝初始形态有一定影响,合理制定射孔参数有助于降低破裂压力,改善裂缝形态。

## 2 室内物模实验

本次实验采用真三轴水力压裂模拟实验系统。该设备以真三轴加载方式对正方体试样进行加载来模拟地层中的水平最大主应力、水平最小主应力以及垂向应力,能够比较真实地反映地层中的实际应力状况。

### 2.1 物模实验方式及设备介绍

实验系统包括真三轴模块、水力伺服泵压加载控制装置以及数据采集系统。其中,真三轴模块包括试样放置室、用于对试样进行加压的方形压块,以及驱动压块对试样进行加压的液压泵。真三轴加载装置能够模拟三个方向真实的地应力条件,对岩石施加三个方向的应力,最大能够为 $300mm \times 300mm \times 300mm$ 的岩石提供 150MPa 围压。水力伺服泵压模块包括控制箱体以及高压注入泵,试验中可以选择恒压注入或恒流注入两种模式,最大泵压能够达到 70MPa(图 1)。

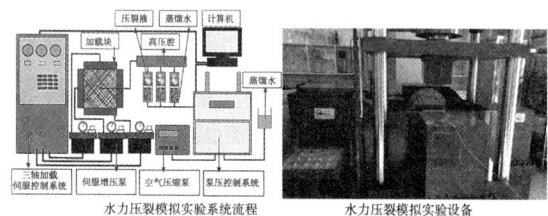

图 1 水力压驱模拟实验

本实验方案为在定向射孔压裂条件下,拟采用真三轴水力压裂模拟实验系统分析人造岩心在不同射孔方位角、水平应力差条件下的水力裂缝的起裂和扩展延伸情况。实验前在压裂液中加入不会改变压裂液性能的红色非渗透性染剂,使裂缝的扩展路径更为明显。

### 2.2 物模实验方案

为探索射孔方位与水平最大主应力方向间夹角关系以及水平应力差对水力裂缝延伸形态的影响,将具有不同射孔参数的模拟井筒预置在试样中。实验中射孔方位角分别设置为 0°、30°、60°、和 90°。水平应力根据区块实际设置,水平应力差分别为 0MPa、实际值一半以及与实际值一致三种情况。压裂液黏度为 4mPa·s,压裂排量为 5mL·min$^{-1}$(表 1),分别对定向射孔人造岩心进行水力压裂模拟,研究其在不同射孔方位角和水平应力差条件下裂缝的起裂和延伸规律。

表 1 人造岩心常规压裂实验及裂缝扩展形态分析实验方案

| 试样编号 | 地应力<br>(σv/σH/σh)/MPa | 水平应力<br>差/MPa | 射孔深度/mm | 压裂液<br>黏度/mPa·s | 压裂液排量<br>/mL·min$^{-1}$ | 射孔方位角/° |
|---|---|---|---|---|---|---|
| S—1—1 | 34/32.9/26.5 | 5.4 | 2 | 4 | 5 | 0 |
| S—1—2 | 34/32.9/26.5 | 5.4 | 2 | 4 | 5 | 30 |
| S—1—3 | 34/32.9/26.5 | 5.4 | 2 | 4 | 5 | 60 |

续表

| 试样编号 | 地应力 ($\sigma v/\sigma H/\sigma h$)/MPa | 水平应力差/MPa | 射孔深度/mm | 压裂液黏度/mPa·s | 压裂液排量/mL·min$^{-1}$ | 射孔方位角/° |
|---|---|---|---|---|---|---|
| S－1－4 | 34/32.9/26.5 | 5.4 | 2 | 4 | 5 | 90 |
| Y－1－1 | 34/29.2/26.5 | 2.7 | 2 | 4 | 5 | 30 |
| Y－1－2 | 34/26.5/26.5 | 0 | 2 | 4 | 5 | 30 |

人造试样水力压裂完成后,通过对试样进行剖切可观察水力裂缝的形态特征,根据染色剂着色的深浅结合泵压－时间曲线,可对水力压裂实验后的裂缝扩展路径进行判断。针对不同射孔参数下的水力裂缝形态特征及相应扩展机理可得出水力裂缝的扩展规律。

## 2.3 物模实验结论

水力裂缝从射孔两侧起裂,先沿着射孔方向进行扩展,之后发生小幅度的偏转。裂缝射孔方向越趋近于垂直于最大水平主应力方向,裂缝不容易发生转向,当裂缝扩展一定距离后,由于试样并非每一部分材料性质都相同,且可能存在小气泡的情况,导致试样受力失衡,裂缝扩展开始发生偏转。随着射孔方位角度变大,裂缝扩展面积大幅度减小,呈小角度的"S"状分布(图2)。

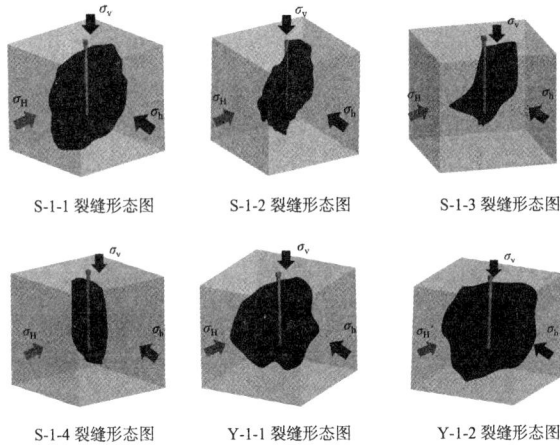

S-1-1 裂缝形态图　　S-1-2 裂缝形态图　　S-1-3 裂缝形态图

S-1-4 裂缝形态图　　Y-1-1 裂缝形态图　　Y-1-2 裂缝形态图

图2　裂缝形态图

通过起裂压力及扩展压力随射孔方位角变化的曲线可知:随着射孔方位角的增大,压裂试样的起裂压力也随之增大,当射孔方位角为0°时,试样起裂压力为28.53MPa,而当射孔方位角为90°时,起裂压力达到了38.16MPa,增长了33.75%。分析认为是由于裂缝在扩展过程中,平行于最大水平地应力方向的孔眼壁面的破裂阻力最小,所需的破裂压力最低,而随着射孔方位角增大,裂缝的扩展受到最大水平主应力的牵制作用,压开地层所需的能量越多,起裂压力越大。

随着射孔方位角的增大,压裂试样的裂缝稳定扩展压力也随之增大,当射孔方位角为0°时,扩展压力为18MPa左右,而当射孔方位角达到90°时,扩展压力达到26.5MPa左右,增长了近47.22%。分析认为是由于射孔方位的增大,裂缝扩展发生偏转,其由于水平主应力的作用,在此过程中,裂缝在此扩展所消耗的能量增大,扩展所需的延伸压力也就越大(图3)。

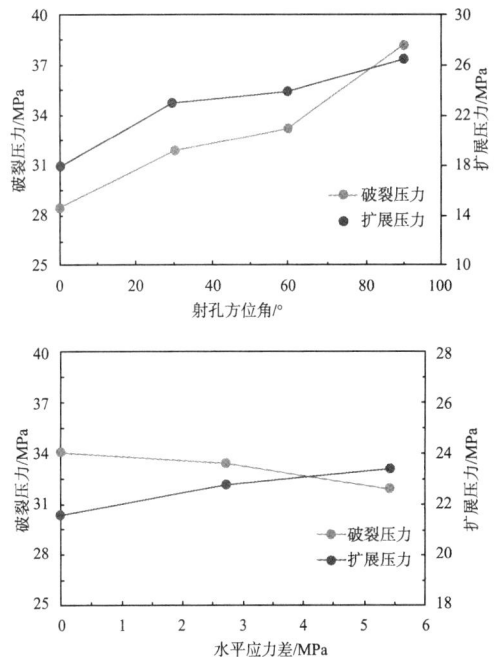

图3　不同射孔方位角、不同水平压差条件下起裂压力及扩展压力变化曲线

随着水平主应力差的增大,起裂压力有下降趋势。分析认为是试件的应力状态重新分布,而且存在应力集中效应,水平应力差的增加,使井筒附近的应力集中现象更加严重,井筒本身稳定性变差,在井内流体压力作用下更容易失稳破裂,导致应力差增加而起裂压力有所下降的现象。

随着水平应力差的增大,压裂试样的扩展压力随之增大。分析认为是由于水平应力差的增大,由于水平主应力的作用,裂缝向水平最大主应力方向偏转,导致裂缝扩展所受阻力增大,扩展所需的压力也就增大。

## 3 现场实验

某区块南部、北部分别选取一注一采两个井组,其中区块南部 A 井组采用定向射孔,区块北部 B 井组采取螺旋射孔(图 4)。

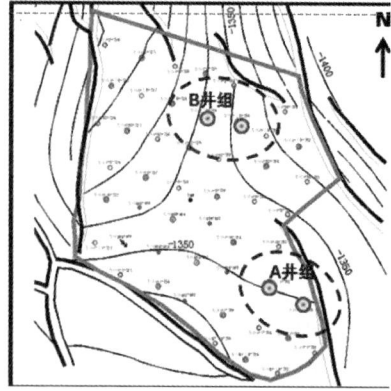

图 4　A、B 井位置

### 3.1 现场实验方案及实验目的

通过改变射孔方位角、布孔格式,结合井震资料监测,探索主应力方向与射孔方向夹角变化后,对人工裂缝的形态的影响。

实验对象四口井,其中 A—1 井采取射孔方向与主应力方向夹角 90°,A—2 井采取单向射孔,与主应力方向夹角 30°,断层一侧不射孔,B—1 井采取定向射孔与主应力方向夹角 30°双向射孔;B—2 采取常规螺旋布孔四类射孔方式(表 2)。

表 2　某区块现场实验方案设计

| 序号 | 井号 | 井别 | 射孔方向 | 主应力夹角 | 射孔厚度 | 有效厚度 |
|---|---|---|---|---|---|---|
| 1 | A—1 | 水井 | 正北正南两相位射孔 | 90° | 19.5 | 5.3 |
| 2 | A—2 | 油井 | 北东 240°单向射孔 | 30°断层方向不射孔 | 8.6 | 8.6 |
| 3 | B—1 | 水井 | 螺旋布孔,四相位射孔 | / | 15.6 | 6.9 |
| 4 | B—2 | 油井 | 北东 60°定向射孔 | 30° | 8.7 | 8.5 |

### 3.2 现场实验结论

A—1 井压裂后出砂,裂缝延展不完全,平面横纵向缝长均低于其他压裂井,该层压裂完成后,起管出现砂堵,压裂终止;

A—2 井中 FⅡ32 裂缝方向为北东 82°,裂缝形态呈现西长东短,裂缝延展速度呈现西向优于东向;FⅠ72 裂缝方向为北东 80°,裂缝两翼长度相近,西侧长于东侧 5m,裂缝延展速度呈现前期西向优于东向,后期西向延展速度减缓,最终两翼长度持平;

B—1 与 B—2 井裂缝方向与地应力方向一致,B—2 井单位砂量的裂缝延展长度大于 B—1 井(图 5)。

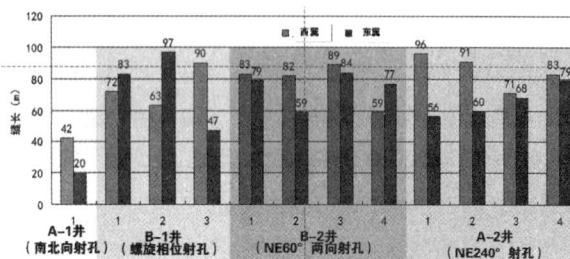

图 5　单井各压裂层段裂缝两翼长度统计

## 4 结论及认识

(1)扶余油层裂缝起裂点受射孔方向影响,裂缝延展趋势受主应力方向影响,当应力方向与射孔方向角度变大,起裂压力、裂缝扩展压力增大,射孔方向与应力方向夹角越小,越易于裂缝延展,相同条件下裂缝长度越大。

(2)单向射孔、定向射孔可以起到一定的人工裂缝引导作用,人工裂缝优先以射孔孔道起裂延展,其中单向射孔后裂缝优先以目的向延展,射孔延展向压力增大后,再出现两向延展。

(3)裂缝形态受射孔方向影响,当射孔方向与应力方向不一致时,呈现"S"形态扩展,初始方向与射孔方向一致,最终方向与应力方向一致。

(4)水平应力差影响裂缝延展方向的稳定性,当水平应力差降低,"S"形偏转幅度降低,当水平应力差消失,裂缝延展方向延起裂方向延展。

# 配制系统应对污水影响提高体系合格率措施及效果

## 杨　晨

（大庆油田有限责任公司第四采油厂）

**摘　要**　聚合物采油污水是一种黏度较大、乳化程度较高、难降解的有机污水。由于聚合物混合液对油水分离的影响，导致油水分离质量变差，沉降分离后污水含油率增高，造成外输水质超标。为此，我们通过各类调整措施应对污水影响，提高体系合格率。

**关键词**　水质；措施；体系合格率

试验大队肩负全厂三采区块母液配制、外输和注入的工作职能。目前上游来水中的含油含悬均超过我厂规定的双 5 标准，本文主要研究水质对黏度的影响因素，有针对性地提出相应的治理建议，以提高污水配制聚合物溶液的黏度，可对今后提高体系合格率有一定的指导意义。

## 1　配制系统应对污水的治理措施

### 1.1　严控水质

首先通过掺清水，由于受上游污水水质变化影响，杏北一号配制站母液黏度下降幅度较大，为保证下游三采工业化区块及 NaCl 三元试验区注入质量及开发效果，适当增加了配制水中清水比例，将区块配制用水清污比例由 1∶1 提至 3∶1，调整后黏度稳定在方案要求的 80mPa·s 以上。

其次进行站间调水，将水质较好的杏八深来水比例由 30% 增加到 60%，含油下降 5.6mg/L，含悬下降 20mg/L，注入水质得到一定改善，供水流程如图 1 所示。

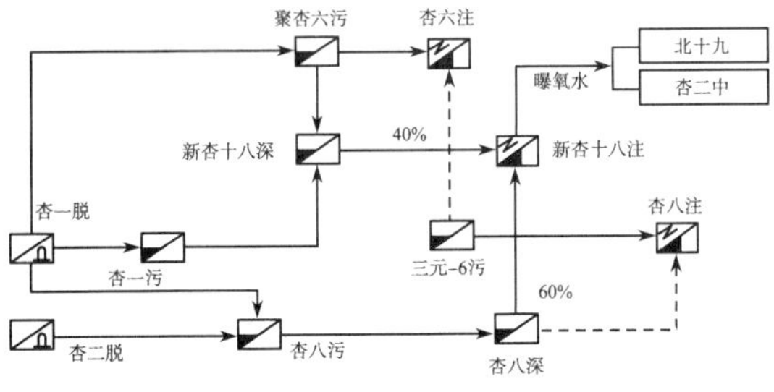

图 1　各站来水流程示意图

再次在 2019 年 12 月下旬，增加二次曝氧工艺，杏北一号配制站及杏二中试验站分别投运二次曝氧装置，曝氧后配制水中硫酸盐还原菌（SRB）有明显下降，低压配制端体系质量也有明显改善，提高了配套工艺技术水平（图 2）。

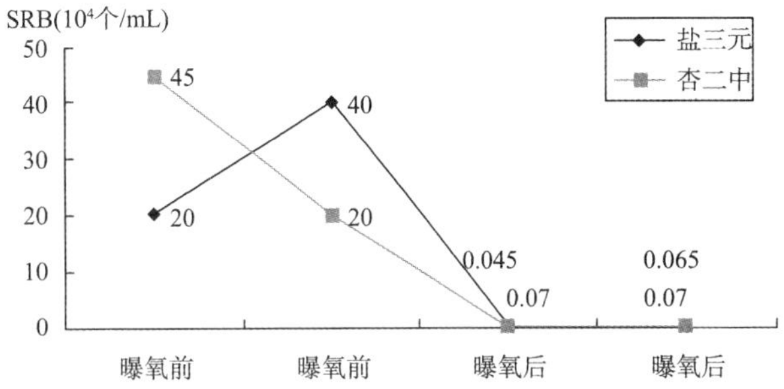

图 2　二次曝氧前后配制水中 SRB 变化情况

（1）效果评价：NaCl 三元试验区按来水量 40m³/h，设定最佳进气量 116m³/h。

水中含氧量上升 26.5 倍，含油下降 44 个百分点，含悬下降 84 个百分点，二次曝氧后母液黏度上升 26.9 个百分点（图 3～图 5）。

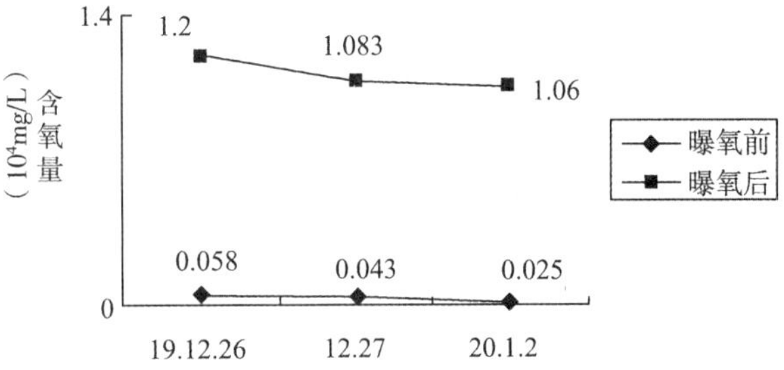

图 3　NaCl 三元试验区二次曝氧前后
配制水中含氧量变化情况

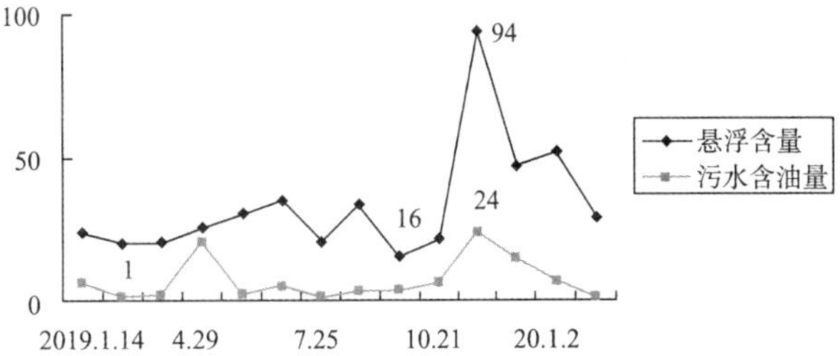

图 4　NaCl 三元试验区二次曝氧前后配制水中
含油含悬量变化情况

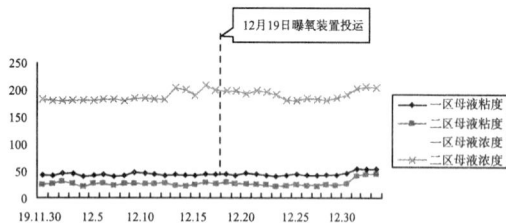

图5 NaCl三元试验区二次曝氧前后
母液浓黏度变化情况

(2)效果评价:杏二中试验区按来水量10m³/h,设定最佳进气量29m³/h。

水中含氧量上升2.4倍,含油下降0.04个百分点,含悬下降54个百分点,一区母液黏度上升30.8个百分点,二区母液黏度上升84.3个百分点(图6~图8)。

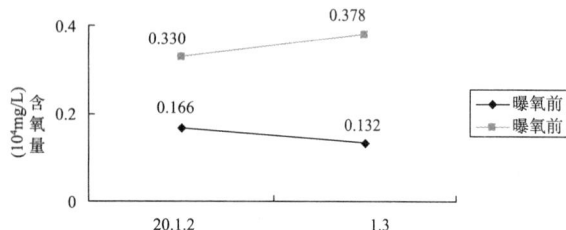

图6 杏二中试验区二次曝氧前后配制
水中含氧量变化情况

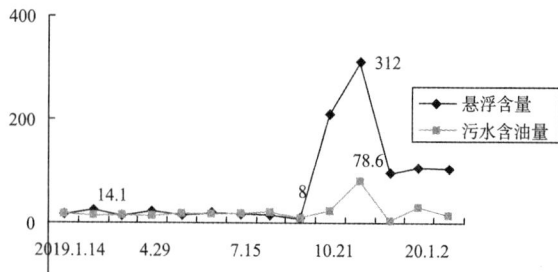

图7 杏二中试验区二次曝氧前后配制
水中含油含悬量变化情况

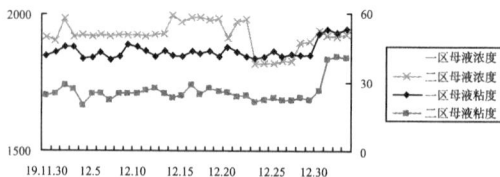

图8 杏二中试验区二次曝氧前后母液浓黏度变化情况

(3)效果评价:NaCl三元试验区单井黏度上升3.1个百分点,杏二中试验区单井黏度上升6.1个百分点,二次曝氧效果较好。

NaCl三元试验区单井黏度上升3.1个百分点,杏二中试验区单井黏度上升6.1个百分点,二次曝氧效果较好(图9)。

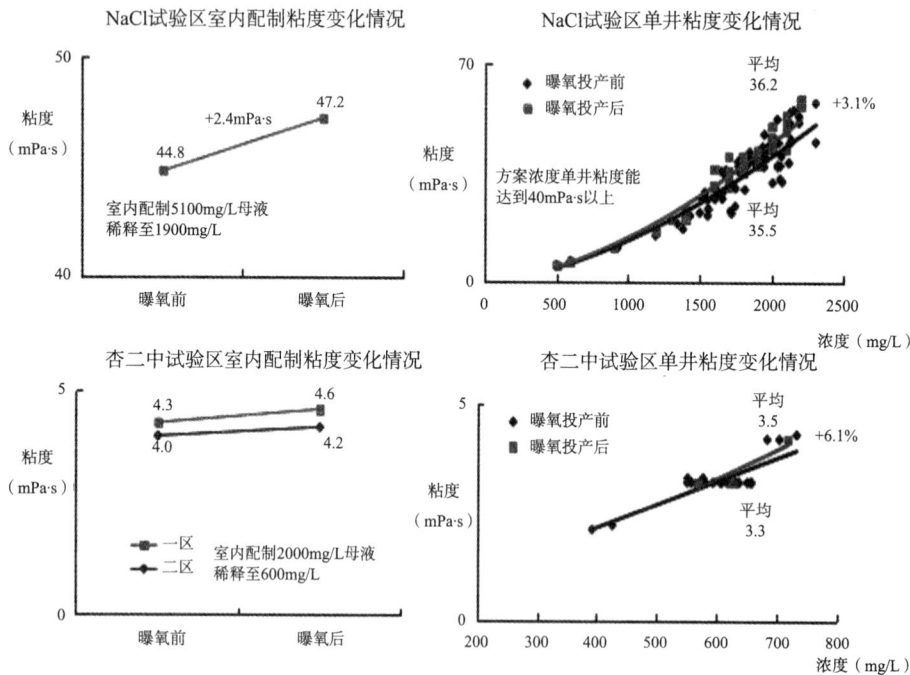

图9 井口黏度变化情况

1.2 精细配制

1.2.1 创新指标管理,控制母液黏度波动

由于受配制用水水质和药剂质量因素影响,在相同聚合物母液黏度下指标范围内有较大波动,为缩小合格母液的黏度波动范围,在精细监测浓度基础上,把黏度新增为日常重要管理指标,为此,依据粘浓曲线点分布规律,制定母液黏度ABC分级管理,降低了不同批次聚合物干粉质量差异造成的影响(图10)。

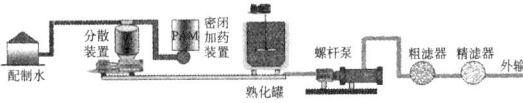

图 10　聚合物配制外输系统

当出现 C＋、C－类指标，根据相应聚合物配制标准调整浓度，减小黏度波动对体系影响（表 1）。

表 1　配制站黏度分级

| 分子量 | 配制方式 | 配制浓度（mg/L） | 稀释 | 类型 | 黏度（mPa·s） |
|---|---|---|---|---|---|
| 1900 | 污配污稀 | 4500 | 1800 | C+ | >82 |
| | | | | B+ | >73－≤82 |
| | | | | A+ | ≥64－≤73 |
| | | | | B- | ≤55－<64 |
| | | | | C- | <55 |
| 2500 | 清配清稀 | 5000 | 1300 | C+ | >111 |
| | | | | B+ | >103－≤111 |
| | | | | A+ | ≥95－≤103 |
| | | | | B- | ≤87－<95 |
| | | | | C- | <87 |

按照黏度 ABC 分级管理规定，各配制站年调整药剂配比 980 次，总体黏度指标较好（表 2）。

表 2　各配制站指标管理情况

| 配制站名称 | 配制方式 | 干粉使用量（t） | 外输母液量（10⁴m³） | 调整配比工作量（次） | 黏度分级占比（%） | | | | |
|---|---|---|---|---|---|---|---|---|---|
| | | | | | C+ | B+ | A+ | B- | C- |
| 1# | 污配污稀 | 10781 | 181 | 327 | 1 | 8 | 87 | 3 | 1 |
| 3# | 污配污稀 | 3540 | 67 | 312 | 0 | 24 | 90 | 5 | 1 |
| 4# | 清配清稀 | 7483 | 128 | 341 | 1 | 9 | 83 | 7 | 0 |
| 合计 | | 21804 | 376 | 980 | 0.6 | 12.8 | 81.3 | 4.7 | 0.6 |

### 1.2.2　优化澳龙聚合物熟化时间，控制母液配制质量

澳龙抗盐聚合物首次在第四采油厂试验大队杏北四号配制站使用，最初执行普通聚合物配制参数，熟化搅拌 2 小时，但现场发现存在母液混合不均匀、黏度波动较大的现象。因此在室内和现场开展试验，取熟化罐不同搅拌时间、不同罐深度母液，使用 2410mg/L 的模拟污水稀释到 1500mg/L 后检测其黏度，证明澳龙聚合物在熟化 4 小时后黏度稳定，母液均匀无粘团、气泡，因此将熟化时间确定为 4 小时（表 3、图 11）。

表 3　熟化时间对聚合物溶液黏度影响实验结果

| 罐号 | 熟化时间（h） | 不同层位稀释后黏度（mPa·s） | | |
|---|---|---|---|---|
| | | 上 | 中 | 下 |
| 13# | 2.5 | 79 | 81.5 | 80.6 |
| | 3 | 78.9 | 80 | 78.9 |
| | 3.5 | 80.9 | 81.5 | 81 |
| | 4 | 82.1 | 82.2 | 82.1 |
| | 4.5 | 82.3 | 82.1 | 82.3 |

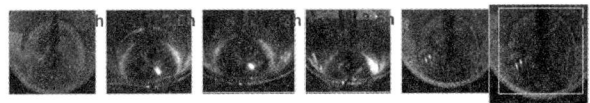

图 11　搅拌过程

### 1.2.3　净化流程

（1）每季度离线清洗泵前过滤器滤网。

长期使用的泵前过滤器中逐步产生大量胶状物，通过对比不同时间滤网胶状物覆盖情况，将泵前过滤器清洗周期定为每季度清洗一次，年工作量 46 次（图 12）。

图 12　现场滤网情况

（2）每月清洗井口过滤器滤网。

三类油层对注入体系要求高，参照滤袋更换周期公式，根据注入量制定单井合理周期。

滤网更换周期公式

$$T = Q_0 \times n \times s / (Q C_k C_0 C_c C_w C_q)$$

式中,$T$ 为滤网更换周期(d);$s$ 为滤网过滤面积 $3.14 \times 6 \times 52 \times 10^{-6}$(平方米/个);$Q_0$ 为单位面积过滤极限量($m^3/m^2$),极限量 1350(前期试验取得)/滤网过滤面积;$n$ 为滤网数量(个),注入井为 1 个;$Q$ 为滤网日过滤母液量 15($m^3/d$);$C_k$ 为与注入目的层渗透率相关的系数,由 = 1.1(单井渗透率<平均渗透率),1.0(单井渗透率>平均渗透率)确定;$C_0$ 为与水中含油有关的系数,由(现含油-试验含油)/现含油+1 确定;$C_c$ 为与单井浓度有关的系数,由(单井浓度-试验浓度)/试验浓度+1 确定;$C_w$ 为与水中含悬浮物有关的系数,由(现悬浮物-试验悬浮物)/现悬浮物确定;$C_Q$ 为与单井浓度有关的系数,由注入量×(1+含油调整系数+悬浮物调整系数)确定。

(3)合理制定粗精过滤器滤袋更换周期。

滤网更换周期公式 $T = Q_0 \times n \times s/Q$

式中,$T$ 为单座滤罐滤袋更换天数(d);$Q_0$ 为单位面积过滤量($m^3/m^2$);$n$ 为单罐内滤袋数量(个);$s$ 为单个滤袋过滤面积(平方米/个);$Q$ 为单座滤罐每天过滤母液量($m^3/d$)(表4)。

表4 常规过滤器滤袋更换周期表

| 水质 | 分子量 | $Q_0$($m^3/m^2$) | | 最长使用时间 $T_0$(d) | |
|---|---|---|---|---|---|
| | | 粗滤袋 | 精滤袋 | 粗滤袋 | 精滤袋 |
| 污水 | 2500万及以上 | 1200 | 1500 | 15 | 30 |
| | 2500万以下 | 1300 | 1600 | 20 | 40 |
| 清水 | 2500万及以上 | 1300 | 1600 | 20 | 40 |
| | 2500万以下 | 1700 | 1800 | 30 | 50 |

(4)科学执行高速母液流冲洗。

外输管线管壁内会滋生大量细菌,对母液黏度产生降解,保持外输管道的清洁可防止降粘细菌产生,年工作量 462 条(表5)。

表5 高速母液流冲洗周期制定表

| 周期 | 冲洗前 | | | | 冲洗后 | | | |
|---|---|---|---|---|---|---|---|---|
| | 黏度(mPa·s) | | 差值(mPa·s) | 粘损(%) | 黏度(mPa·s) | | 差值(mPa·s) | 粘损(%) |
| | 罐 | 注入站 | | | 罐 | 注入站 | | |
| 30天 | 98.7 | 92.3 | 6.4 | 6.48 | 104.6 | 98.9 | 5.7 | 5.5 |
| 15天 | 99.1 | 93.4 | 5.7 | 5.75 | 100.7 | 95.4 | 5.3 | 5.3 |
| 7天 | 103.4 | 97.3 | 6.1 | 5.9 | 104.5 | 99.6 | 4.9 | 4.7 |

(5)冲击式投加杀菌剂。

在聚合物配制注入系统内部存在硫酸盐还原菌(SRB)、腐生菌(TGB)、铁细菌(FB)等微生物破坏聚合物结构,形成降解(图13)。

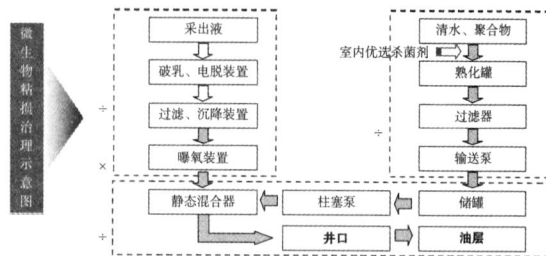

图13 微生物粘损治理示意图

现场开展高浓母液冲击式投加杀菌剂现场试验,加药前后配制站至井口粘损下降 7.4%,投加杀菌剂控制微生物降解是一种有效治理粘损的措施。

## 2 结论

(1)站间调水,可改善水质,降低含油、悬浮物含量;二次曝氧可增加水中含氧量,降低硫酸盐还原菌,通过采取以上两项措施 NaCl 三元试验区单井黏度上升 3.1%,杏二中试验区单井黏度上升 6.1%,措施效果较好。

(2)按照"保源头、抓过程、守下游"思路,扎实推进精配稳输工程,采取清、换、冲、杀、控、调六项措施确保配制系统指标达方案要求,目前完成清配粘损≤4.4%,污配粘损≤4.1%,浓度误差±4.6%,均在指标要求范围内。

## 参 考 文 献

[1] 王宝江.清水配制污水稀释聚合物溶液试验研究[D]. 大庆石油学院,2003.

# 大庆油田强碱三元复合驱后上返区块封堵技术优选及应用

曾涵钰

（大庆油田有限责任公司第四采油厂）

**摘 要** 大庆油田依据一类油层发育状况，为减少层间干扰实施两套层系开采，优先开发下部好层，在上返开发第二套层系时需要实施封堵。但由于部分井下隔层不发育或隔层较小存在窜流现象，以及开采目的层固井质量较差存在管外窜槽现象，严重影响开发效果。因此，需要针对不同类型的油水井实施适应的封堵技术。通过调研适合强碱三元复合驱后的封堵技术，综合分析不同封堵技术的特点，结合单井隔层和固井质量现状，优选封堵技术后个性化方案设计，对比效果总结概括不同类型井的封堵设计规律：对于封堵层剩余油含量少的高含水全水井采取水泥封堵方式，封堵彻底期限长久；对于下隔层超2m井采取化学剂堵水与机堵相结合的方式，封堵效果较单一技术好，化学剂持续反应保证效果持久性。随着三次采油的推进，利用原井网开展上下返分步开采规模越来越大，完善推广个性化封堵技术，提高封堵有效期，改善上返层开发效果具有指导意义。

**关键词** 强碱三元复合驱后；上返区块；封堵技术

## 1 前言

在大庆油田某工业化区块三元复合驱生产过程中，层间矛盾突出，油层差异大，下部层系河道砂钻遇率较高，向上河道发育规模逐渐变小，钻遇率降低连通变差，同时开采层间干扰严重，因此决定对层系组合进行优化，分两套层系进行开采，每套层系基本上能够形成独立的油水运动系统，层系间隔层厚度超过1m的比例达到70%。优先对下部好层开采，对下部层系上方实施机械封堵后，再对上部第二套层系开采，有利于提高上部油层的动用程度，提高采收率。出于成本、时间控制下，对于上返区块第二套层系开采选用原管柱，并未更换新管柱，亦未大规模对强碱三元结垢进行清理，随着化学药剂的注入，部分井上返后动态反应存在动静不符、受效缓慢现象，大多分布于隔层不发育或隔层较小区域，部分井固井质量较差，怀疑存在封堵不严或管外窜槽情况，机械封堵对于隔层不发育、固井质量差这种井况有一定局限性。通过调研国内外适合强碱三元环境下不同封堵技术，个性化设计合适不同类型井的封堵技术，为后续其他上返区块封堵不好井提供技术支持。

## 2 上返区块封堵现状

上返区块注采井主要采用平衡式和悬挂式两种机械封堵方式，多数以悬挂式封堵管柱为主，主要采用丢手管柱，悬挂在套管中间，可实现长井段一次性卡漏、卡层，不动油管检泵，地面打压15MPa以上即可坐封，上提管柱后实现丢手，这种封堵方式性能稳定、调整方便，简单易操作，主要用于封下采上。

注入井自区块上返以来注入剖面测试发现下部封堵层系吸水10井次，吸水占比相对较高，以上返区块某注入井为例，测试剖面情况见表1、图1，封堵层吸水造成化学剂下窜注入至下部封堵层，导致药剂的无效注入过多。

表1 上返区块某注入井相关流量剖面测试情况

| 层位 | 有效厚度（m） | 绝对注入量（m³/d） | 相对注入量（%） |
|---|---|---|---|
| 上返后生产层位 | 7.7 | 37 | 75.5 |
| 原封堵层位 | 7.7 | 12 | 24.5 |

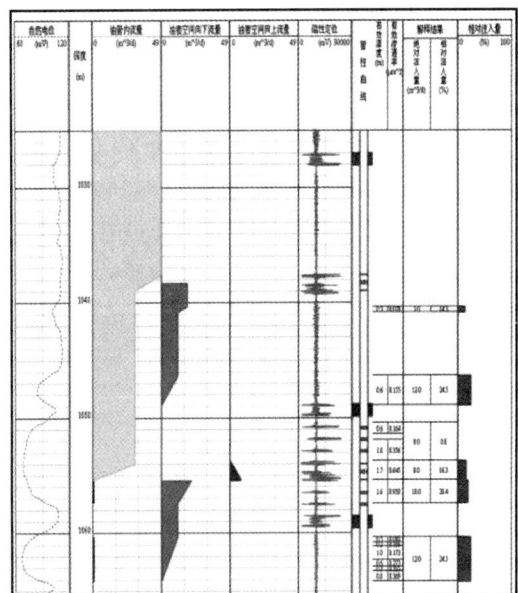

图1 某注入井相关流量剖面测试图

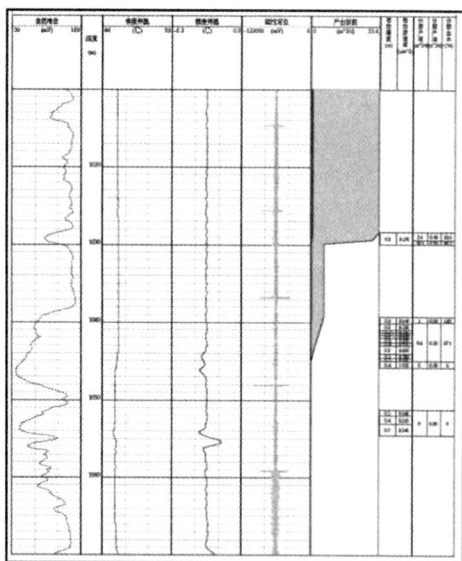

图2 采出井2-C井环空剖面测试图

自上返以来产出剖面显示3井次下部封堵层产液,且产液占比均较高,以2-C井为例,测试剖面见图2,原封堵层产液占比19.1%。但采出井产出剖面测试需偏心井口与导锥组合的支持,上返区块可测产出剖面井数较少,只能通过动态反应监测封堵效果,主要存在以下两种情况:

(1)上返区块部分井上返后发育情况变差,砂岩厚度、渗透率都大幅下降,但产液情况前后无明显变化,甚至不降反增,含水下降缓慢;

(2)本井发育较差,但产液量极高,超出常规产液能力,随着化学药剂的注入,无受效迹象,含水极高近乎全水产出。

## 3 封堵技术优选

为降低下部高渗、高含水封堵层影响,提高生产层动用情况,保证上返层系采出程度,调研国内外各种先进封堵技术,优选适合强碱三元复合驱后,针对不同情况窜液情况采取不同封堵工艺。我国油田堵水调剖技术自1957年玉门油田开展油井堵水试验、1961年大庆油田开展注水井试验至今,已经历60年的发展,目前深部调驱等更高深的技术正在进一步发展研究。油田中采用的堵水方法主要是机械堵水和化学堵水两种。

### 3.1 机械堵水

机械堵水是在井下作业过程中合理设计并优选深度放封隔器,通过封隔器和其他相配套的工具进行封堵。机械堵水工艺适应性较强,具有成本低、能够实现细分堵水、堵后可调等优点,既能堵得住,又能解得开。

分析发现上返区块注入井洗井后易出现压力下降情况,导致封隔器失效,封堵不严,通过加大注入量、释放封隔器方式以达到重新坐封效果,注入压力有明显上升,对于动态反映无明显变化井采用上重配作业、重新封堵、更换采出井使用的不可洗封隔器等方式,提高注入井封隔器封堵效果。

### 3.2 化学堵水

化学堵水技术是合理搭配设计化学堵水剂,并根据实际井况对堵水剂进行优选,从油井注入地层,通过相互作用或反应,堵塞孔道或裂缝,以达到最佳堵水效果。由于化学堵水不增加井筒设备,而且便于井下作业,成本较低,所以被广泛应用,化学堵水分为选择性堵水和非选择性堵水两种。根据不同类型的井况,选择不同性质的堵水剂,施工方案及施工工艺流程也有个性化特征。

#### 3.2.1 非选择性堵水

非选择性堵水就是堵剂流入地层以后,对油水不具有选择性,水层和油层全部堵塞。对于层间矛盾突出的油井,推广应用水泥或超细水泥封堵炮眼与油井堵水工艺。

目前大庆油田常用的是超细水泥封堵,水泥堵剂由超细水泥、缓凝剂、降失水剂、分散剂、膨胀剂等构成,具有"直角稠化""微膨"的特性,有利于与岩层的胶结。通过调整配方添加剂的组分及配比,提高与封堵层的配伍性,优化完善水泥配方,形成不同强度、稠化时间、转向功能的系列水泥配方,不同水泥配方比性能及稠化曲线见上表2、图3。

表2 不同水泥配方性能对比

| 配方 | 流动度(mm) | 24h强度45℃、常压(MPa) | 失水45℃、7MPa(mL/30min) | 稠化时间52℃、30MPa(min) | | | 密度(g/cm³) |
| --- | --- | --- | --- | --- | --- | --- | --- |
| | | | | 50BC | 70BC | 100BC | |
| 1 | 245 | 18.22 | 60 | 140 | 145 | 150 | 1.75 |
| 2 | 244 | 15.25 | 72 | 142 | 145 | 150 | 1.68 |

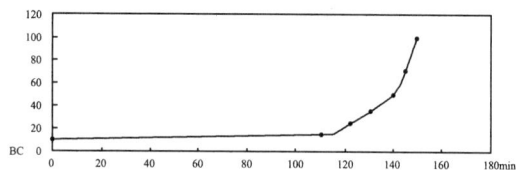

图3 水泥稠化曲线

采用可溶封隔器+水泥封堵工艺,适用丁卡距短、套管外窜槽井,用定量的水泥对炮眼进行封堵,候凝后地面注入盐液,使封隔器和油管溶解,完成封堵封窜。封堵彻底,有效期长,单井费用较少。

由于这种封堵技术期限长、封堵彻底,即原封堵层置于近舍弃状态,因此轻易不采取这种封堵方式,选井时主要选取封堵层三元复合驱后含水较高,几乎全水井,无剩余油无开采价值的井,隔层不发育,无其他更优封堵方式的井。

### 3.2.2 选择性堵水

选择性堵水是施工人员把堵剂灌进地层当中,在堵塞水层的同时油层不会堵塞,降低水相渗透率与油井含水率。选择性堵水可以将堵剂笼统注入,施工工艺简单、方便,具有较高的应用前景,效果主要呈现两种类型:一种是全井降水增油或降水稳油;一种是降水又降油。

目前大庆油田选用的高强高聚物堵剂体系,在高聚物堵剂中添加长链和无机颗粒,通过桥接和骨架作用,增加了堵剂聚合后的空间网状结构密度和强度,实现固化时间 30～60min 可调,能够满足现场注入及转向工艺要求,有利于在炮眼附近快速形成致密封堵带,实现了近井快速转向功能,同时减少堵剂用量,固化强度由 17.5N 提高 37.3N,30d 强度降低 4% 以内,高强封堵剂性能情况见表 3。

表 3　高强封堵剂性能对比表

| 固化时间(h) | 不同时间强度变化稳定性(N) | | 30 天强度降低(%) | 备注 |
| --- | --- | --- | --- | --- |
| | 0d | 30d | | |
| 2～8 | 37.3 | 36.6 | 1.9 | 空白 |
| | 37.3 | 36.4 | 2.4 | 弱碱浸泡 |
| | 37.3 | 36.0 | 3.5 | 强碱浸泡 |

先注入暂堵剂封堵非目的层段,防止非目的层污染,采用双封单卡工艺,再对目的层注入高强堵剂封堵目的层,最后将井筒堵剂挤到炮眼后带压候凝,验效,达到承压 15MPa,稳压 15min 压降小于 0.5MPa,下入原井管柱,生产层位正常注入三元液,否则进行第二次封堵,达到效果后再完井。对下隔层有 2m 以上厚度要求,单井费用较非选择性堵水高出化学剂成本。

在不断的摸索尝试中汲取经验,对单一封堵效果不好井,考虑采取多个封堵技术相结合方式,即化堵与机堵结合的方式,力求最优最适宜封堵技术,取得最好封堵效果,有效期最大化。不同封堵技术对比情况见表 4。

表 4　大庆油田常用封堵技术情况表

| 封堵类型 | 优势 | 劣势 | 成本 |
| --- | --- | --- | --- |
| 机械堵水 | 适应性强,堵后可调,既能堵住,又能解得开 | 有一定局限性,隔层发育较差井存在窜流现象 | 低 |
| 选择性堵水 | 不增加井筒设备,便于井下作业,堵水不堵油 | 下隔层要求 2m 以上厚度 | 高 |
| 非选择性堵水 | 封堵彻底,有效期长 | 堵水堵油 | 中等 |

## 4　上返区块封堵效果

根据不同封堵技术要求,对上返区块封堵效果质疑井,个性化选择设计不同类型封堵方式。实施了重新机械封堵 5 井次、化学剂封堵 5 井次(其中两口井采用化学剂封堵与机械封堵相结合的方式)以及超细水泥封堵 2 井次。

### 4.1 机械封堵的应用

重新封堵 5 井次效果不一,固井质量参差不齐,分析窜槽程度不同,其中 3 口重新封堵后产液量下降,2 口封堵后液量上升,但沉没度明显降低。5 口重新封堵井整体产液量降低不多,但日产油量有了明显上涨,在重新封堵作业后,原高含水封堵层位暂时被封隔器封隔在下方,确定封堵前下部产液,重新封堵井具体封堵效果见表 5,但效果持续时间较短,产液量陆续回升。

表 5　上返区块重新封堵井效果

| 井号 | 固井质量 | 静态数据 | 封堵前 | | | | 封堵后 | | | |
| --- | --- | --- | --- | --- | --- | --- | --- | --- | --- | --- |
| | | 有效厚度(m) | 日产液(t) | 日产油(t) | 含水(%) | 沉没度(m) | 日产液(t) | 日产油(t) | 含水(%) | 沉没度(m) |
| 1－A | 中等偏差 | 8.4 | 65 | 1.5 | 97.7 | 798 | 76 | 2.1 | 97.3 | 743 |
| 1－B | 好 | 2.5 | 78 | 3.4 | 95.7 | 425 | 60 | 2.8 | 95.3 | 509 |
| 1－C | 差 | 4.8 | 8 | 0.1 | 98.5 | 83 | 2 | 0.1 | 97.5 | 83 |
| 1－D | 差 | 0.9 | 34 | 1.3 | 96.2 | 905 | 29 | 0.0 | 99.9 | 955 |
| 1－E | 好 | 2.5 | 51 | 2.2 | 95.8 | 363 | 62 | 5.3 | 91.4 | 295 |

## 4.2 化学剂堵水的应用

试验区选取三口下隔层厚度大于 2m 采出井进行化学堵水试验,选取井有效厚度较低发育差,但产液量较高,产液能力超出正常水平,怀疑下部封堵层产液,影响含水较高,在含水下降期受效缓慢。封堵后两口井产液量下降,一口下降 12.7%,一口下降 31.2%,含水同步下降,封堵后产油量影响不大,说明封堵层产液较多。一口井产液量上升,但沉没度下降 300m,接近区块整体平均水平,含水也有了受效下降趋势,日产油量上升,与见效趋势保持一致,化学剂堵水井具体封堵效果见表 6。

表 6 上返区块化学堵水井效果

| 井号 | 固井质量 | 静态数据 | 封堵前 | | | | 封堵后 | | | |
| --- | --- | --- | --- | --- | --- | --- | --- | --- | --- | --- |
| | | 有效厚度(m) | 日产液(t) | 日产油(t) | 含水(%) | 沉没度(m) | 日产液(t) | 日产油(t) | 含水(%) | 沉没度(m) |
| 2—A | 好 | 2 | 54 | 3.5 | 93.5 | 412 | 37 | 3.0 | 91.8 | 422 |
| 2—B | 中等偏好 | 3.9 | 53 | 1.9 | 96.4 | 959 | 56 | 2.2 | 96.1 | 681 |
| 2—C | 好 | 0.8 | 47 | 1.4 | 97.1 | 760 | 41 | 1.4 | 96.7 | 243 |

封堵后产液能力相对发育情况依旧较强,产液量随着时间推移,逐渐呈上升趋势,化学剂堵水不能完全替代机械封堵,需要将封隔器下回,采取化学封堵与机械封堵结合的方式,封堵效果更优。选取两口井采用化堵与机堵结合,效果优异,化学剂与机堵相结合井具体封堵效果见表 7。

表 7 上返区块化堵与机堵结合井效果

| 井号 | 固井质量 | 静态数据 | 封堵前 | | | 封堵后 | | |
| --- | --- | --- | --- | --- | --- | --- | --- | --- |
| | | 有效厚度(m) | 日产液(t) | 日产油(t) | 含水(%) | 日产液(t) | 日产油(t) | 含水(%) |
| 2—D | 好 | 6.2 | 68 | 2.7 | 96 | 47 | 0.1 | 99.9 |
| 2—E | 差 | 7.3 | 67 | 2.0 | 97.0 | 55 | 1.4 | 97.3 |

以 2—E 井为例,2020 年 7 月采出井环空测试剖面显示封堵层产液,固井质量差,下部层段窜流及管外窜槽情况确定,对该井采取化学封堵及机械堵水结合的方式,封堵完成后产液量相对有所下降,作业完成后对该井进行二次环空测试,剖面显示封堵层无产液量,随着时间推移,化学剂逐渐生效,产液量陆续下降,效果较好,截至目前液量 45t,封堵 33.8% 的原产液量,比封堵前剖面显示封堵层产液比例高,说明固井质量差井的确存在管外窜槽现象。

对比单独化学剂封堵效果,采取化堵与机堵相结合的方式,可以更有效封堵非目的层段。对于隔层发育超 2m 采出井及固井质量差井,采取挤入化学剂堵水后,下回封隔器机械封堵,可以更好的保证封堵效果,延长有效期限。

## 4.3 超细水泥封堵的应用

选取水泥封堵井 2 井次,其中一口井自身发育差,上返前最终含水 99.9%,下部油层已完全开采,暂时无其他开采计划,目前生产层与周围 4 口注入井无有效连通,认为该井永远不会受效,但采出能力较强,含水高于 98%,沉没度近九百米。对两口井采出井超细水泥封堵后,沉没度下降,含水下降,产液下降明显,一井次封堵原井 93.4%,一井次封堵原井 72.2%,封堵较彻底,效果较好,认为已全面排除其他非生产层产液的情况,后续可以针对性采取措施针对生产层增液,提高试验区试验效果,下步计划对这两口井采取压裂措施,增进低含水产液量,增加两井次产油量,水泥封堵井封堵效果见表 8。

表 8 上返区块水泥封堵井效果

| 井号 | 固井质量 | 静态数据 | 封堵前 | | | | 封堵后 | | | |
| --- | --- | --- | --- | --- | --- | --- | --- | --- | --- | --- |
| | | 有效厚度(m) | 日产液(t) | 日产油(t) | 含水(%) | 沉没度(m) | 日产液(t) | 日产油(t) | 含水(%) | 沉没度(m) |
| 3—A | 好 | 3.3 | 50 | 0.9 | 98.2 | 892 | 3 | 0.29 | 91.2 | 847 |
| 3—B | 差 | 1 | 21 | 0.72 | 96.5 | 943 | 6 | 0.22 | 96.2 | 876 |

单纯通过对不同封堵技术手段产液量下降效果对比,从图4可以看出:重新机械封堵方式封堵产液量最低,5井次平均封堵原产液量3.0%,封堵时相对有一定效果,维持时间短,产液逐渐回升;单独化学剂封堵技术液量平均下降13.0%,较机械封堵初期效果好,有效期较短,产液量呈回升状态;化堵与机堵结合井效果较好,封堵原产液24.4%,续航能力相对较强,化学剂稳步反应中,目前封堵作业完井5个月,产液量呈持续下降阶段;水泥封堵封堵效果最好,封堵原87.3%的产液量,但对采出井选井选层需明确封堵层油层情况,确定无油后考虑采取水泥封堵方式,隔绝封堵层影响,实现长久彻底封堵。

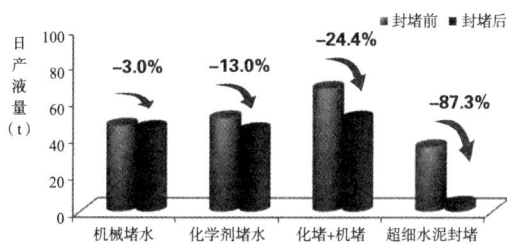
图4 上返区块各种封堵技术效果对比

## 5 结论

(1)碍于时间、经济成本,上返区块一刀切的采取简单的机械封堵方式,由于单井分布位置、隔层发育及固井质量不同,存在窜流或管外窜槽情况,部分井封堵效果不佳,机械封堵存在局限性。

优选适合三元复合驱后封堵技术,对注采井采取逐个击破策略,个性化设计不同封堵方式,有效提高封堵质量。

(2)针对剩余油含量少、隔层不发育、窜层情况确定且严重单井采取超细水泥封堵方式,封堵彻底,后续叠加压裂增液措施,提高生产层动用程度;针对隔层大于2m单井采取高强堵剂堵水方式,但化学剂不能替代封隔器,堵剂堵水后要下回原管柱,采取化学堵水与机械堵水相结合方式,封堵效果持续时间更长;针对周围环境影响大的单井,采取重新机械封堵方式。

(3)随着三次采油的推进,利用原井网开展上下返分步开采规模越来越大,对高渗、高含水层的封堵技术要求日益提高,完善推广个性化封堵技术设计,可以提高封堵有效期,减少化学剂无效注入,高效开采,改善上返层开发效果具有指导意义。

参 考 文 献

[1] 李宜坤,李宇乡,彭杨,等.中国堵水调剖60年[J].石油钻采工艺,2019,41(6):773-787.
[2] 尤建华,王卫真.油田机械堵水技术发展研究[J].科技风,2016(15):141.
[3] 姚慧山,郭雪琴,汪成锁.石油开采井下作业堵水技术的应用探讨[J].化工管理,2020(6):211-212.
[4] 刘广燕,张潇,郭娜,等.缝洞型碳酸盐岩油藏堵水技术[J].精细石油化工,2021,38(1):1-7.

# 注水井多井在线同步加药保护技术探讨

汝友林　黄　冲　孙晓丽　程晓佳　孟　双　姜海月

(大庆油田有限责任公司第七采油厂)

**摘　要**　大庆外围油田储层物性差,渗透率和孔隙度较低,导致注水井井底压力扩散不均衡,区块内注水压力高,欠注井比例高,措施挖潜难度大,严重影响水驱开发效果。针对欠注井多的问题,广泛应用的治理措施以酸化和压裂等工艺为主,利用酸液溶蚀或是高压造缝作用解除近井地带污染堵塞,提高储层渗透率,恢复地层吸水能力,但措施后的注水压力上升速度较快,具有一定的时效性,缺乏对后续注水过程中的储层保护。因此试验应用区域注水井多井在线同步加药保护技术,降低油水界面张力,减轻注水阻力,延长措施有效期,为改善大庆外围油田注水开发效果提供技术手段。

**关键词**　多井在线;同步;加药;保护

## 1　技术思路

大庆外围油田注入水与地层水矿化度差异大、储层敏感性强,有效连通较差,区块欠注比例高,提出采用矿化度调节降压增注技术,在注水站或配注间注水干线中加入矿化度调节剂对区块欠注井进行多井在线同步治理,降低注水压力,提高油层吸水能力。结合外围油田储层渗透率低,储层敏感性强等特点,优选由防膨体系和降阻体系组成的矿化度调节剂,防膨体系作用是防止注水过程油层中黏土膨胀、分散、运移等堵塞油层孔隙;降阻体系作用是降低油水界面张力,改变润湿角,降低毛管阻力,从而达到降低注水压力,提高吸水能力。

## 2　矿化度调节剂降压增注技术室内研究

### 2.1　防膨剂筛选实验

实验方法:取各区块天然岩屑,按一定比例加入添加有不同浓度防膨剂的入井液,采用页岩膨胀测试仪测定,与注入水和煤油样对比,测定防膨率(图1)。

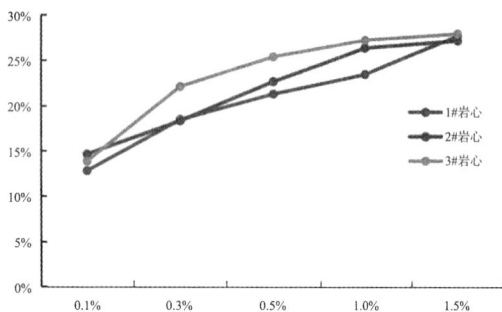

图1　防膨剂浓度筛选曲线

随着防膨剂浓度增加,防膨率不断增加,当浓度为1%时,防膨率已经开始趋于平缓,当浓度为1.5%时,防膨率接近28%左右,已经到达平稳值,因此考虑性价比,防膨剂浓度达到1%时,即可满足指标要求。

### 2.2　表面活性剂优选实验

#### 2.2.1　表面活性剂作用

(1)降低油水界面张力。

在石油采收率的测定中,驱油剂的波及系数和洗油效率是决定性参数。洗油效率的提高随毛细管准数的增加而增加。毛细管准数与界面张力的关系如下:

$$Nc = v \cdot \mu w / \sigma wo$$

式中,Nc 为毛细管准数;v 为驱替速度,m/s;μw 为驱替液黏度,mPa·s;σwo 为油和驱替液间的界面张力,mN/m。

Nc 越大,残余油饱和度越小,驱油效率越高。其中降低界面张力 σwo 是表面活性剂驱的基本依据。在注水开发后期,通过降低油水界面张力,可使毛细管准数有 2~3 个数量级的变化。表面活性剂的加入大大降低地层的毛细管作用,降低了剥离原油所需的粘附功,提高了洗油效率。

(2)降低残余油饱和度,降低注入压力。

表面活性剂体系对原油具有较强的乳化作用,在油水两相流动剪切作用下,将迅速使岩石表面的原油剥离、分散,形成水包油型乳状液,改善油水两相的流度比,从而提高波及系数。同时也降低了毛管阻力和渗流阻力,减小了油滴通过微小岩石孔道时的贾敏效应,降低启动压力。

(3)聚并形成油带。

原油被表面活性剂从地层表面清洗下来形成油滴,油滴在向前移动时会相互碰撞,油珠聚并形成油带,油带移动过程中又和更多的油珠聚并,形成更大的油带,促进残余油向生产井进一步移动。

(4)降低边界层厚度,提高油水相渗流能力。

表面活性剂分子吸附在低渗储层的边界层流体表面,使边界层流体的剥落功减小,边界层流体厚度减小,岩心可流动孔喉变大,流体流动阻力减小,油水相的渗流能力提高。

(5)改变岩石表面的润湿性。

岩石的润湿性密切影响着驱油效率。亲水性表面活性剂的驱油效率较好,而亲油性表面活性剂的驱油效率差。驱油过程中,亲水性表面活性剂,可以使原油与岩石界面的接触角增加,进一步使岩石表面的亲油性亲水性发生反转,从而减少油滴在岩石表面的粘附功,促进原油的剥离。

### 2.2.2 表面活性剂浓度筛选实验

进行注入水表面活性剂降阻体系实验,该体系作用是降低界面张力,能够降低注入水在油层孔隙中的流动阻力,从而达到在低渗透油层降低注水压力的效果。

实验方法:采用注入水配制表面活性剂溶液,利用 TEX-500 型旋转滴界面张力仪在 60℃ 条件下分别测定不同浓度表面活性剂溶液的界面张力(图2)。

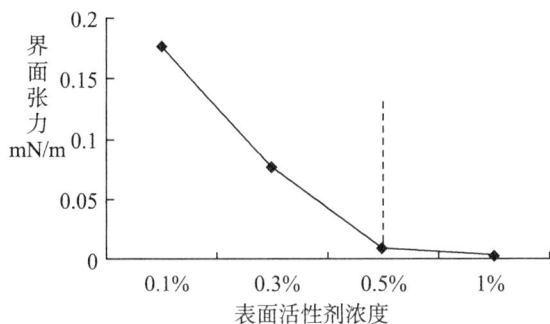

图 2 不同浓度表面活性剂界面张力测定曲线

随着表面活性剂浓度增加,溶液界面张力不断降低,当浓度为 0.5% 时,界面张力降低到 $8.9 \times 10^{-3}$ mN/m,并且随着浓度再次增加,界面张力降低趋于平缓。

### 2.2.3 表面活性剂配伍性实验

外来流体与地层流体混合,往往形成油或水作为外相的混合物。这些混合物一般大于孔喉尺寸,会造成油层孔隙堵塞,使流体黏度增加,降低地层流体的有效流动能力,对储集层造成损害。因此开展配伍性实验研究。

(1)表面活性剂与注入水配伍性实验。

实验方法:将注入水配制的表面活性剂溶液放置在 60℃ 条件下,24 小时后观察表面活性剂溶液是否出现浑浊、沉淀现象(表1)。

表 1 表面活性剂与注入水配伍性实验数据表

| 配比 | 清澈度 | 絮状 | 沉淀 |
|---|---|---|---|
| 1:1 | 清澈 | 无 | 无 |
| 1:2 | 清澈 | 无 | 无 |
| 1:3 | 清澈 | 无 | 无 |
| 1:4 | 清澈 | 无 | 无 |

(2)表面活性剂与地层水配伍性实验。

实验方法:将油田模拟原始地层水与注入水以 1:1 比例混合,配制成模拟地层水。将模拟地层水分别与表面活性剂溶液以一定比例混合,放置在 60℃ 条件下,24 小时后观察表面活性剂溶液是否出现浑浊、沉淀现象(表2)。

表 2 表面活性剂与地层水配伍性实验数据表

| 配比 | 清澈度 | 絮状 | 沉淀 |
|---|---|---|---|
| 1:1 | 清澈 | 无 | 无 |
| 1:2 | 清澈 | 无 | 无 |
| 1:3 | 清澈 | 无 | 无 |
| 1:4 | 清澈 | 无 | 无 |

24 小时后不同配比的混合溶液均未出现絮凝、浑浊现象,说明表面活性剂溶液与注入水及模拟地层水配伍性较好。

### 2.3 互溶剂浓度筛选

互溶剂的作用是润湿反转,能够使岩石表面覆盖的油膜润湿角改变,从亲油性改为亲水性,产生驱替作用。驱油过程中,互溶剂使岩石表面改为亲水性可以使原油与岩石界面的接触角增加,进一步使岩石表面的亲油性亲水性发生反转,从而减少油滴在岩石表面的粘附功,促进原油的剥离(图3、表3)。

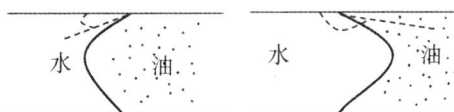

图 3 润湿角改变后驱油示意图

表 3 互溶剂筛选实验数据

| 润湿角(°) \ 岩心编号 | 浓度(%) | | | |
| | 0.1 | 0.2 | 0.3 | 0.5 |
|---|---|---|---|---|
| 1# 岩心 | 51 | 80 | 94 | 95 |
| 2# 岩心 | 59 | 83 | 99 | 100 |
| 3# 岩心 | 61 | 84 | 101 | 103 |

随着互溶剂浓度增加,润湿角不断增加,当浓

度为 0.3％时,水相润湿角达 90°以上,趋于平缓。

对互溶剂界面张力进行测定,0.3％浓度药剂放置 60 分钟后界面张力为 $9.147 \times 10^{-2}$ mN/m,界面张力较低(表 4、图 4)。

表 4　互溶剂界面张力数据

| 互溶剂浓度 | 0.1％ | 0.2％ | 0.3％ |
|---|---|---|---|
| 测定界面张(mN/m) | $2.9390 \times 10^{-1}$ | $1.4668 \times 10^{-1}$ | $9.147 \times 10^{-2}$ |

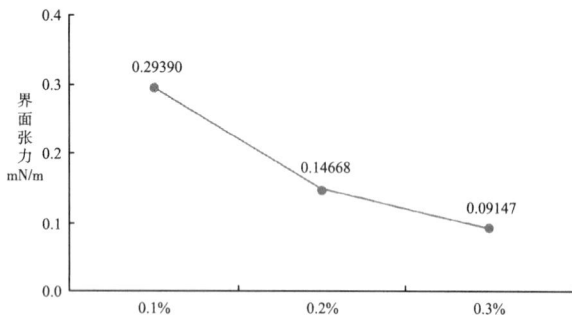

图 4　互溶剂界面张力曲线

### 2.4　消泡剂配方优选

针对调节剂在配液时,由于不同组分的性能要求不同,在配制调节剂体系时,会产生气泡和泡沫,从而影响药剂的注入,因此进行消泡体系研究,降低药剂配制时的气泡和泡沫,提高调节剂注入效率(表 5)。

表 5　消泡剂筛选实验数据表

| 浓度(％) | (mL) | (mL) | 消泡率(％) |
|---|---|---|---|
| 0 | 100 | 120 | 空白样 |
| 0.03 | 100 | 111.98 | 40.1 |
| 0.06 | 100 | 103.86 | 80.7 |
| 0.1 | 100 | 100.96 | 95.2 |

消泡剂浓度 0.1％时,消泡率达 95％以上,达到性能要求。

### 2.5　岩心驱替试验

#### 2.5.1　调节剂降压模拟实验

取各外围区块岩心($\Phi 2.5$cm×5cm),进行洗油,测孔隙度、空气渗透率后抽空,用煤油饱和浸泡 24h。取饱和好的岩心,于地层温度下驱替标准盐水 30PV 并测定驱替压力,驱替 5PV 调节剂溶液,再驱替 30PV 标准盐水,测定驱替压力,计算降压率(表 6)。

表 6　调节剂降低岩心驱替压力实验数据表

| 岩心号 | $\Phi$L 2.5×5 | 渗透率 $10^{-3} \mu m^2$ | 水驱 | | 调节剂驱 | | 水驱 | | 降压率％ |
|---|---|---|---|---|---|---|---|---|---|
| | | | PV | MPa | PV | MPa | PV | MPa | |
| 1 | 2#岩心 | 36.9 | 30 | 20.6 | 5 | 18.2 | 30 | 19.5 | 11.6 |
| 2 | 3#岩心 | 35.8 | 30 | 21.0 | 5 | 18.7 | 30 | 20.2 | 10.9 |

#### 2.5.2　调节剂注入半径及轮换注水周期的确定室内模拟实验

试验思路:采用调节剂多段塞注入的方式,按照先注调节剂驱替,再注水驱替的方式进行岩心驱替试验,调节剂注入时机以注水压力达到驱替前注水压力值为准,最终确定注入规模和时间。

试验方法:取岩心,洗油,测孔隙度、空气渗透率后抽空,用煤油饱和浸泡 24h。

(1)首先标准 30PV 盐水进行岩心驱替压力测定后,第一段塞调节剂溶液驱替,至驱替无压力变化;再转注该区块注入水,至驱替无压力变化。确定第一段塞的调节剂注入半径及注水周期。

(2)重复(1)步骤,确定第二段塞的调节剂注入半径及注水周期。

(3)重复(1)步骤,确定第三段塞的调节剂注入半径及注水周期。

(4)绘制压力变化曲线,对多段塞注入的实验效果进行评价(图 5)。

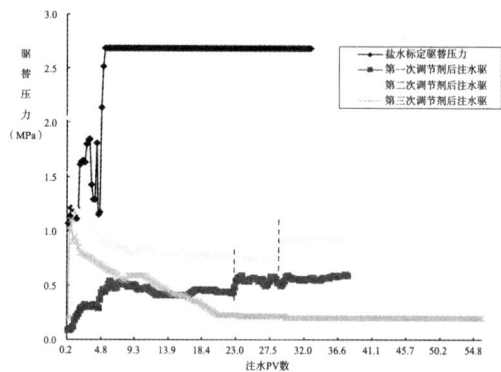

图 5　注调节剂后注水压力变化曲线

从注水情况看,注调节剂后的水驱压力明显降低,三个阶段的水相渗透率提高在 200％以上,而且各阶段注水压力都呈现缓慢下降趋势,且随着多段塞注入,注水稳定周期越来越长,第一段塞注入后注水稳定期达到 22PV,第二次达到 28PV,第三次达到 50PV 以上。从曲线中可以看出,注入 3 次后注水压力下降明显,可以注水压力上升为下一段塞开始注药时机(图 6)。

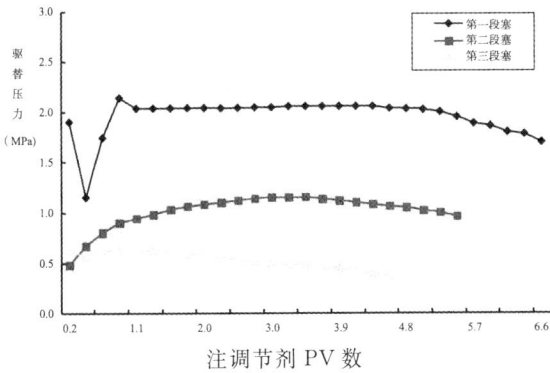

图6 注调节剂压力变化曲线

调节剂母液混配熟化后,抽至注液池中,通过管道注入泵注入注水站低压来水干线(图7)。

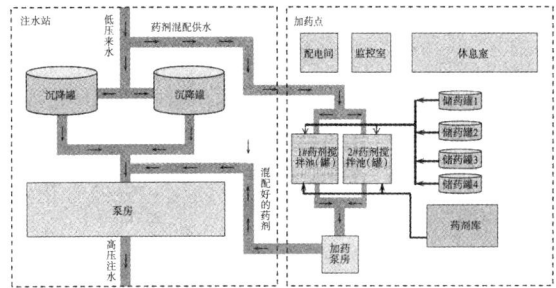

图7 注水站矿化度调剂加药工作流程示意图

从注矿化度调节剂情况看,随着多轮次注入,注调节剂的稳定周期越来越短,第一次在5.0PV,第二次在3.5PV,第三次在1.7PV,注矿化度调节剂后第一阶段压力降低不明显,第二阶段缓慢下降,第三阶段稳定后快速下降。

对外围区块压降漏斗曲线进行模拟,根据处理半径与压降关系,计算稳定注入半径12m,第一次在6m,第二次在4m,第三次在2m。

综合以上室内物理模拟实验结果,同时考虑在现场注入过程中,矿化度调节剂在地层内吸附损失,在现场注入调节剂溶液时可根据注入井注入压力、注入量的变化情况,采用2~3段塞间歇式的注入方式。

## 3 加药工艺流程优化

地面设备包括管道注入泵、安全阀、搅拌池等组成,设备装卸移动方便,能够重复使用,一次投资,长期有效。施工过程中,利用混配池将来水与

## 4 现场试验及应用效果分析

在室内研究基础上,于2018年10月—2019年3月和2019年10月—2020年1月分别进行两次注水站矿化度调节剂加药试验。第一次加药施工84天,第二次加药施工60天。

### 4.1 注水井效果分析

与2017年12月注水站注水数据对比,2018年10月进行注水站加药治理后,初期平均注水压力下降1.1MPa,日实注566 m³,日增注307 m³,日注水增幅118.5%,冬季开井33口,开井数增加120%,欠注井数8口,欠注井比例降低61.9%。2019年平均日注水量415m³,日增注156 m³,日注水量增幅60.2%;2020年平均日注水量407 m³,日增注148 m³,日注水量增幅57.1%(表7)。

表7 敖六注水站初期注水效果对比表

| 2017年12月开井数(口) | 2017年12月欠注井数(口) | 2017年12月注水压力(MPa) | 2017年12月日实注(m³) | 初期开井数(口) | 初期欠注井数(口) | 初期注水压力(MPa) | 初期日实注(m³) | 开井数差值(口) | 欠注井数差值(口) | 注水压力差值(MPa) | 日实注差值(m³) |
|---|---|---|---|---|---|---|---|---|---|---|---|
| 15 | 21 | 15.8 | 259 | 33 | 8 | 14.7 | 566 | 18 | −13 | −1.1 | 307 |

注水站2017年10月—2018年3月冬季平均开井19口,2018年矿化度调节剂加药治理后,2018年10月—2019年3月冬季平均开井29口,开井数增加10口,增幅52.6%;2019年10月—2020年3月冬季平均开井28口,开井数增加9口,增幅47.4%(图9~图11)。

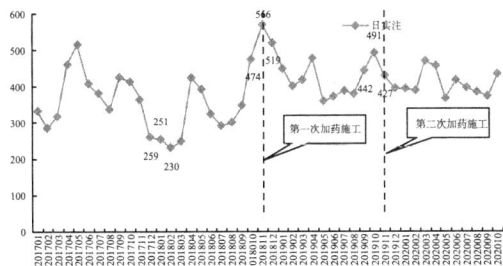

图8 注水站日注水量曲线图

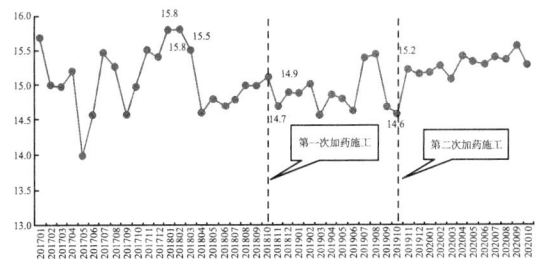

图9 注水站注水压力曲线图

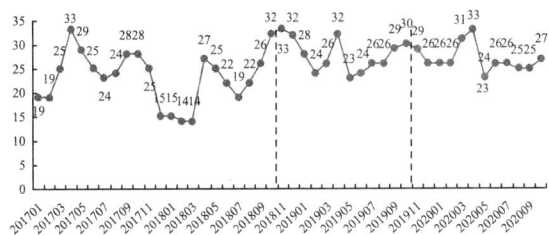

图10 注水站开井数曲线图

553

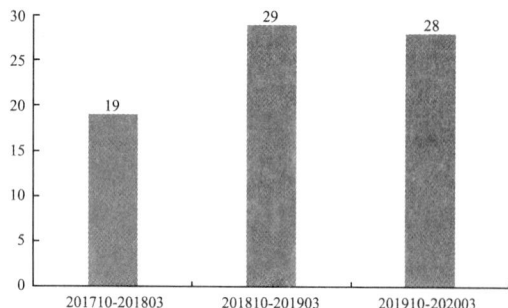

图 11 注水站冬季开井数对比

### 4.2 连通油井效果分析

从注水站连通油井外输油量曲线可以看出，2017 年到 2018 年产量递减幅度较大，自然递减率达到 19.05%，2018 年 10 月开始矿化度加药治理后，2019 年 1 月开始见效，油井产量递减趋势减缓，2019 年自然递减率 10.31%，自然递减率减缓 8.74%，因自然递减率减缓累计增油 959t；2020 年预测自然递减率 1.94%，自然递减率减缓 8.37%，因自然递减率减缓累计增油 1783.3t，外输油量累计增加 2742.3t(图 12～图 14)。

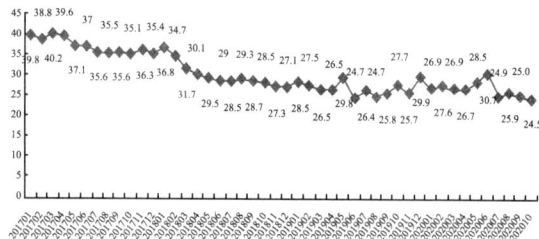

图 12 敖六站外输原油曲线

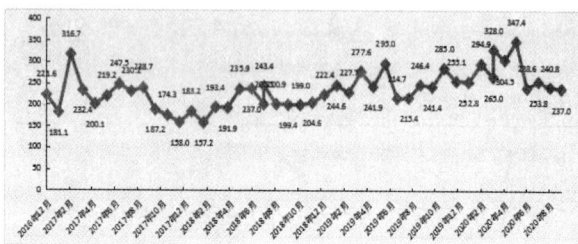

图 13 敖六站油井沉没度曲线

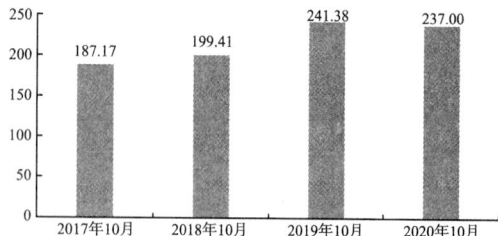

图 14 敖六站 2017—2020 年同期油井沉没度对比图

从油井沉没度曲线可以看出，经过加药治理后，连通油井沉没度稳步上升，2019—2020 年沉没度稳定在 230m 左右，与 2017 年 10 月进行同期对比，2018 年沉没度上升 12.24m，2019 年沉没度上升 54.21m，2020 年沉没度上升 49.83m。

## 5 结论

(1)室内实验表明，矿化度调节剂油水间界面张力可达到 $10^{-2}$ mN/m 数量级，且具有较好的界面张力稳定性，岩心驱油降压物理模拟实验，后续水驱驱替压力下降 11% 以上。

(2)岩心驱油降压物理模拟实验表明，多段塞的注入对岩心的降压效果较好，在第三段塞注入后，注水驱替压力已大幅度降低。

(3)进行注水站矿化度调节剂加药现场试验，注水站连通注水井见到明显降压增注效果，初期日注水增幅 118.5%，欠注井比例降低 61.9%。

(4)注水站注水井经过加药治理后，区块地层压力得到恢复，连通油井沉没度稳定上升，区块自然递减率减缓 8% 以上。

# 定射角射孔工艺在外围油田大斜度井上的应用

王宝峰　王若权　别业荣

（大庆油田有限责任公司第七采油厂）

摘　要　随着外围油田的不断滚动开发,低渗透、非均质薄差储层开始动用,部分井预射小层厚度不足1m,加之为节约投资,投产井多以平台丛式为主,大部分井井斜较大,采用常规射孔工艺易穿层,为此试验应用定射角射孔工艺,使射流平行于储层,提高完井效果。

关键词　定射角；射孔；斜井

## 1　引言

某井为大斜度井,位于葡北某某段块,开发对象为某组油层,砂体呈片状、条带状、断续条带状及透镜体或零星分布。油层粒度中值 0.15～0.21mm,泥质含量相对较少,平均孔隙半径 5.48$\mu$m,平均有效孔隙度 24.10%,平均空气渗透率 298×$10^{-3}\mu m^2$,黏土矿物以水云母为主,其次为高岭石,还含有少量的蒙脱石等。该井完钻井深 1010.0m,最大井斜 46.4°,射孔小层 8 个,最大井斜深度 926.0m,射孔井段 886.9～957.4m,射开砂岩厚度 16.4m,有效厚度 9.2m,其中 PI2 层和 PI32 层的射开厚只有 0.4m 和 0.5m(图 1)。采用常规射孔技术易穿层,为避免射孔穿层和射孔有效厚度减少,试验应用特殊的射孔工艺,使射流平行于储层,提高完井效果。

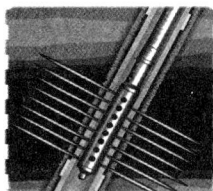

图 1　射孔层位数据

## 2　射孔工艺优选

斜井射孔时,枪体斜靠于套管内壁上而非垂直于储层,要使射流平行于储层,就要使射孔弹药型罩开口方向与枪身呈一定夹角,正对油层。目前,只有定射角射孔工艺可调整射孔弹角度,该工艺利用斜井定方位的原理论,在偏心重力的作用下,定射角射孔器自动旋转,实现定方位定射角的目的(图 2、图 3)。

图 2　普通射孔工艺　　图 3　定射角射孔工艺

## 3　射孔参数优选

### 3.1　枪弹优选

射孔完井效果的最重要指标为穿深。适用于定射角射孔工艺的枪弹组合分别为 102 枪/DP44RDX－5 弹、95 枪/SDP40RDX－1 弹、89 枪/DP41RDX－1 弹三种,试验混凝土靶穿深分别为 867mm、645mm、543mm。从追求最大穿深的角度优选,应选择 102 枪/DP44RDX－5 弹组合。该井油层套管内径为 124.26mm,最大井眼曲率为 5.5°/25m,经计算,外径 102mm 的射孔枪能够完全通过。为进一步提高穿深,设计采用盲孔结构,盲孔可以减少射流的损耗,增加穿深。盲孔分为外盲孔和内盲孔两种,虽然内盲孔可增加炸高,使射流形成的更充分,穿深提高的效果也更明显,但限于内盲孔加工工艺,在斜井下枪过程中与套管内壁发生摩擦,粘贴垫片易脱落导致枪体进水提前起爆,所以选用外盲孔枪。最终确定枪弹组合为 YD－102/DP44RDX－5。

### 3.2　孔密设计

孔密越大,完井效果越好。定射角射孔工艺需要分别调整射孔弹和弹架角度。射孔弹角度调整是根据井斜角,制枪时预先通过药型罩与弹架开孔卡紧实现,所以射孔弹在弹架内处于斜布状态。DP44RDX－5 射孔弹药型罩开口直径为 44mm,射孔井段井斜角在 40.3°～46.1°之间,射孔弹斜布宽度＝44÷cos46.1°＝63.45mm,所以孔密不应超过 15～16 孔/米。弹架的定方位是通过增加配重块,通过重力调整实现,每米增加 5 个配重块,考虑配重块体积,孔密降为 13 孔/米。受套管强度制约,根据孔密和套管安全系数的关系(图4),为使套管抗挤强度下降后不低于原来强度的80%,一般孔密不超过 16 孔/米。最终确定孔密为 13 孔/米。

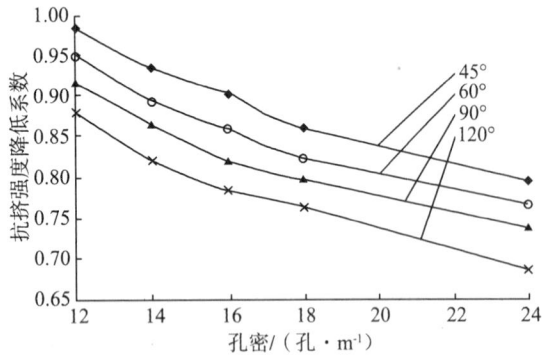

图 4 孔密和套管抗内挤强度降低关系

### 3.3 其他配套工艺

负压设计,负压可减少射孔压实损害、孔道堵塞,提高油气井产能。根据岩心公司经验公式 $\ln \triangle Pmin = 5.471 - 0.3688\ln K$,确定最小负压值为 2.05MPa,该井地层压力为 6.01MPa。最终确定负压深度为 500m。射孔保护液优选,射孔液对油层伤害主要体现为固相堵塞损害、滤失导致黏土膨胀或孔隙润湿反转、速敏伤害等,储层黏土矿物以水云母为主,水云母为云母脱钾后钾少水多的 2:1 层状硅酸盐,该类矿物特点是具可塑性,遇水膨胀、软化和粘结。KCL 射孔保护液与地层流体有较好的配伍性,可抑制黏土膨胀。最终确定选用 KCL 射孔完井保护液。

## 4 现场施工情况及效果分析

### 4.1 现场施工情况

该井 2021 年 3 月 31 日射孔,射孔枪起爆率 100%(图5、图6)。4 月 11 日投产,初期日产液 44.5t,日产油 17.5t,正常生产日产液 47.1t,日产油 9t,完井效果较好。

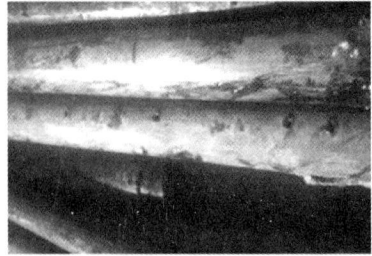

图 5 定射角射孔枪弹架

图 6 起爆后射孔枪检查

### 4.2 效果分析

该井预测日产液 17.5t,日产油 3.5t,日产油比预测提高 14t,截至目前,该井累计产油 2842t,比预测多产油 1943t,吨油效益按 2203.59 元计算,创经济效益 428.1 万元。

## 5 结论与认识

(1)大斜度井射孔在设计方案时应充分考虑井斜对射流方向、射孔施工造成的影响,控制射流方向平行于储层,选用定射角工艺及与其相匹配的参数,才能获得较好的完井效果。

(2)井斜角大于 20° 的井,单层最小射开厚度小于 1m 的井应采用定射角射孔工艺,为保证射孔完井效果,在套管内允许通过的前提下尽可能选取装药量大且适用于定射角工艺的枪弹组合。

(3)井斜角大于 20° 的井,孔密不应超过 13 孔/米,为射孔弹在枪内斜布和配重块预留空间;射孔弹需要调整角度,可不要求固定的相位值。

(4)可选用外盲孔、负压以及优质射孔保护液以进一步提高大斜度井的射孔完井效果。

# 皮带抽油机在层系井网优化调整区块的应用

丁　健　曹　阳　张晓娟　李晨曦

(大庆油田有限责任公司第四采油厂)

**摘　要**　随着油田生产的不断深入,开采难度不断加大,开发矛盾愈加突出。大庆油田某区块存在的主要矛盾是纵向上层间干扰大,平面上注采井距大,老井关井及低效井比例高等问题,因此该区块需要通过层系井网优化调整,来改善整体开发效果,从而提高三类油层控制程度及动用程度,有效地控制水驱产量递减和含水上升速度。该区块剩余油所在油层发育差,且分布零散,产能预测较低,油层供液能力较差,常规的游梁抽油机和螺杆泵等举升工艺虽然可以满足正常的举升需求,已不能满足特高含水期精准高效开发的需求。常规游梁机技术存在设备管理不便捷、小修频次高,检泵率高等问题,系统能耗大、开采成本高,举升方式有待于进一步提高。在国际油价长期震荡低迷的背景下,油田降本增效问题更加突出。因此,为了探索更加合理、高效的原油举升方式,实现科学生产,试验应用了皮带抽油机。皮带机具是一种长冲程、低冲次的抽油机,振动和惯性载荷小,采用重负荷皮带承载,能缓解载荷的变动,设备管理维护便捷,适用范围广等技术优势。在层系井网调整区块试验应用了30口井,与游梁抽油机相比,机采指标达到了较高的水平,平均泵效提高26.7%,单井作业费用和维修保养费用低,大大地降低了油井检泵率,系统效率提高了3.6个百分点,节电率达到了22.44%,节能效果显著,尤其是随着开发时间延长,单井产量不断降低,皮带抽油机更加节能,应用效果会更加突出,对于未来高效油田开发具有较好的推广价值[1]。

**关键词**　层系井网;皮带抽油机;高效开发;节能;降本增效

## 1　区块层系井网优化调整部署

目前大庆油田某区块自投入开发以来,主要经历了基础井网排液拉水线、全面投产、注水恢复压力、自喷转抽、一次加密调整、二次加密调整、三次采油及扶余油层试验等开发阶段。区块存在的主要矛盾是纵向上各套井网射孔跨度大、渗透率变异系数高,层间干扰大;平面上注采井距大、水驱控制程度低、注采井距不均匀、平面矛盾突出;另外,还存在老井关井及低效井比例高等问题,该区块需要通过层系井网优化调整改善整体开发效果[2]。

### 1.1　调整思路

以最大程度提高经济效益、提高水驱采收率、增加可采储量为核心,根据区块砂体发育情况,纵向上细划为萨尔图和葡I4及以下油层分层系开发,并按照油层性质进一步细分为好、差两类开发对象,分别采用不同井网独立开发:其中三类油层平均渗透率在 $100×10^{-3}\ μm^2$ 以上,主体薄层砂与非主体薄层砂钻遇率大于60%,平均单井有效厚度在0.4m以上的层划分为好油层,其他层为差油层。平面上缩小注采井距,根据好、差两类油层合理的注采井距进一步补充加密调整,提高水驱控制程度。通过采取适应的层系井网优化调整技术,缩小注采井距,降低油层渗流阻力,改善油层导压能力,完善注采关系,提高水驱控制程度和驱油效率,以达到改善区块开发效果、提高最终采收率的目的。

### 1.2　调整原则

通过层系井网优化调整,提高三类油层控制程度及动用程度,有效控制水驱产量递减和含水上升速度。

(1)充分利用现有井网资源,适当补钻新井;

(2)细分开发层系,缩短层系跨度,减缓层间矛盾;

(3)缩小注采井距,采用均匀井网,缓解平面矛盾;

(4)优选射孔层位,优化射孔方式,减少层间干扰;

(5)考虑与扶杨油层和三次采油井网结合,有利于后期层系井网的综合利用。

### 1.3　该区块剩余油类型

该区块目前主要有注采不完善、薄差层井网控制不住,层间干扰、平面干扰等四种剩余油类型,其中注采不完善类型比例较高,达38.6%(表1)。

表1　区块剩余油分布类型比例

| 剩余油类型 | 比例(%) |
|---|---|
| 注采不完善 | 38.6 |
| 薄差层井网控制不住 | 26.4 |
| 层间干扰 | 19.8 |
| 平面干扰 | 15.2 |

注采不完善型剩余油:由于处于断层附近或

者射孔对应性差、水井部分层段停注等因素影响使周围一定面积内的砂体动用差或未动用形成的剩余油(图 1),这类剩余油占剩余储量比例的 38.6%。

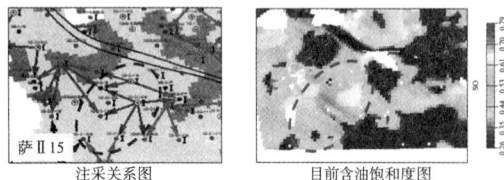

图 1 区块注采不完善型剩余油

层间干扰型:注水井处在差油层或表外层位置,受层间干扰单层吸水差或不吸水,平面上井组内部形成剩余油(图 2),这类剩余油占剩余储量比例的 26.4%。

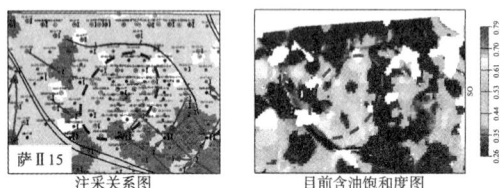

图 2 区块层间干扰型剩余油

平面干扰型:受油层沉积微相的影响,砂体在平面上发育差异较大,导致渗透率等具有各向异性,注入水沿高渗透方向推进,使砂体边部的薄差层受干扰形成剩余油(图 3),这类剩余油占剩余储量比例的 19.8%。

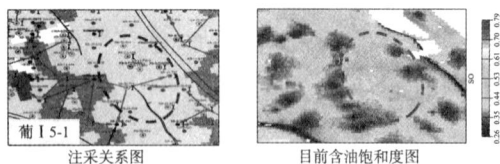

图 3 区块平面干扰型剩余油

薄差层井网控制不住型:砂体控制程度低,井距大,目前井网下不能形成注采对应关系而形成的剩余油(图 4),这类剩余油占剩余储量比例的 15.2%。

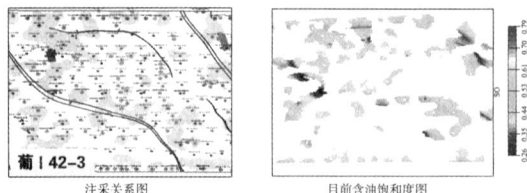

图 4 区块薄差层控制不住型剩余油

### 1.4 调整方法

以区块多学科油藏描述成果为指导,搞清了剩余油的分布特征,确定了区块注采井距的界限,按照"立足现井网,充分利用已有的注采井网和地面、地下设备,提高资源设备利用率;新老井统一考虑,部署的加密调整井要相对规则;油井井位尽

可能部署在现井网分流线上,提高井网对砂体的控制程度、完善砂体注采关系同时,最大程度的挖掘滞留区剩余油"的原则,进行区块加密井位部署[3]。

部署结果为:利用基础、一次加密井,局部补充钻井,形成线性井网开采好油层;原线性二次加密井网排间加油井,原油井转注,构成面积井网开采差油层;新布一套面积井网,开采其他油层。该井网独立且均匀,层系划分较细,各套井网层间差异较小,有利于改善开发效果;控制程度高,对差层适应性好,可形成有效的驱替体系;提高采收率幅度大,同时有利于与三次采油井网衔接。

## 2 层系井网调整的举升方式部署

举升方式是贯穿油田开发全过程的基本技术。因此,确定举升方式成为设计的主要内容,其主要依据就是油井的生产能力。该区块表内厚层、表内薄层和表外储层的动用存在差异,薄差储层动用程度仍然较低,存在注采不完善、层间干扰及井网控制不住等类型的剩余油潜力。这部分剩余油所在油层发育差,且分布零散。基于该区块储层特点、剩余油潜力和层系调整部署,以油藏工程研究成果为基础,以实现产能指标为目的,以经济实用为原则,既能满足举升需求,又兼顾节能特性,尽量降低一次性投资。层系井网优化调整区块产能预测较低,常规的抽油机和螺杆泵等举升工艺虽然可以满足正常的举升需求,已不能满足特高含水期精准高效开发的需求。因此,为了探索高效举升新工艺技术,试验应用了皮带抽油机[4]。

### 2.1 常规游梁机技术现状

游梁抽油机举升工艺技术,仍然是目前应用最广泛、最成熟、适应性最高的举升工艺,技术成熟、运行稳定。但随着油田开发的不断深入,油田进入特高含水期,该举升方式在采油过程中存在的问题主要有以下几个方面[5]。

#### 2.1.1 设备管理不便捷

游梁抽油机为减速箱减速、四连杆传动机构,地面平衡构件为摆动部位,存在平衡块旋转、皮带传动危险,设备的安全性较差;游梁抽油机散件现场吊装,安装复杂时间长;同时存在 25 项检查内容,8 个安全点,9 处安全点源,巡检、紧固、润滑、更换皮带、盘根等日常维护工作量较大,设备节点多,维修保养烦琐,操作便捷性差;调平衡工作需多人配合,调整冲程时间需要 2 小时以上。因此在设备管理方面,游梁抽油机存在安全性差、安装费时,维修保养工作量大等问题。

### 2.1.2 小修频次高,检泵率高

随着油价不断阶梯式的下滑,给油田带来的成本压力越来越大,"控本提效"成了油田发展的重点,而降低抽油井检泵率是实现这一工作目标的重要举措之一。目前抽油机井作业比较频繁,作业维护费用较高。某开发区 2019 年底油井累计检泵作业 1993 井次,检泵率 26%,平均检泵周期 865 天,其中抽油机井检泵作业 1746 井次,占总检泵井次的 87.6%,平均检泵周期 658 天。游梁抽油机由于冲次大,冲程小,上下往复运动次数多易造成杆管的偏磨,因杆管偏磨和杆管断脱问题占总检泵井的 73.0%,是造成抽油机井检泵率高的症结问题。因此游梁抽油机在降低检泵率方面不适应性明显。

### 2.1.3 系统效率偏低,能耗高

某开发区由于多种驱替方式并存、工况日益复杂、管理不及时等原因,部分机采井的运行状况不合理,系统效率偏低。目前,抽油机开井 6653 口,平均单井日产液 29.7t,日产油 1.4t,其中日产油低于 0.5t 井 2026 口,占开井数的 30.5%;同时 2866 口抽油机井处于供液不足状态,占抽油机井开井数的 43.1%,地层供液能力较差;平均系统效率 31%,其中低于 25% 占比 22.3%,低效井比例较高;平均日耗电 165.67kWh,能耗较高。因此,目前的抽油机举升方式存在供采关系不平衡,低产低效率等问题,举升矛盾日益突出,举升方式有待进一步提高。

### 2.2 皮带抽油机的技术原理

皮带抽油机是一种长冲程、低冲次、大负荷纯机械传动的链条式无游梁抽油机,具有良好的采油工艺性能、可靠的机械性能及操作维护安全方便的特性。抽油机结构由机架底座、刹车控制、动力传递、换向平衡及润滑系统五部分组成(图 5)。抽油机机架采用高强度型钢组焊而成,抗弯折性能强,结构稳定可靠;刹车控制系统采用安全系数最高的盘式刹车,配备手动刹车系统,并根据用户需要选配电动控制刹车系统;特有的换向系统,将轨迹链条的单项循环运动转换为悬绳器的上下往复运动。纯机械换向,换向平稳准确,几乎没有换向冲击,最大限度地减少了因抽油机带来的杆柱冲击。重载滚子链条,承载能力强,强度高,适应性强,进一步提高了抽油机的安全运行年限;润滑系统具有润滑点少,保养周期长的特点,日常巡检时只通过油位窗观察抽油机减速箱和链条箱内油

位是否充足,除非发生渗漏一般情况下不需要维护,极大地减少了工人日常维护的工作量[6]。

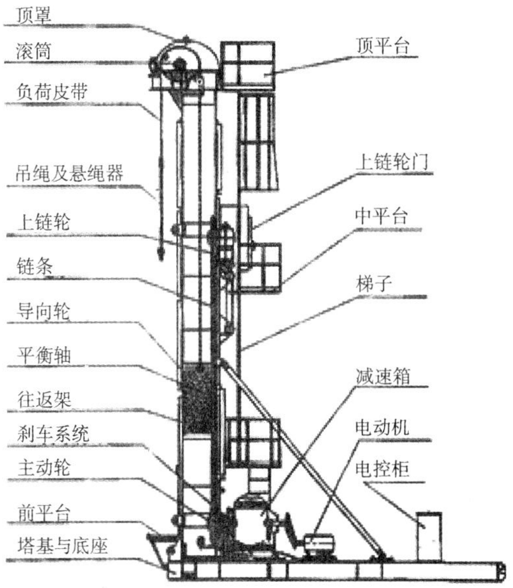

图 5 皮带抽油机结构图

### 2.3 皮带抽油机的技术优势

#### 2.3.1 皮带机是一种长冲程、低冲次的抽油机

10 型皮带机的冲程长度是 6m,10 型游梁机的冲程长度为 4.2m,皮带机是游梁机的 1.42 倍,在产液量相同的情况下,皮带机的冲次为 2.95n/min,游梁机是 5.99n/min。皮带机的冲次是游梁机的 0.5 倍,由此可以看出皮带机的泵效比游梁机高。

同时由于皮带机的相对冲程损失小,在同样的下泵深度下,冲程损失长度按照 0.76m 计算,皮带机冲程损失率为 10.3%,游梁机冲程损失率为 17.7%。皮带机每天的往复运动次数为 4248 次,游梁机为 8625.6 次。每天游梁机比皮带机的往复次数多 4377.6 次,一年就要多 159.7824 万次,因此大幅度地降低了杆管的磨损程度,降低了油井的检泵率[7]。

#### 2.3.2 皮带机与游梁机相比,振动和惯性载荷小

10 型皮带机的最高线速度为 0.7m/s,最高加速度 55.2,出现在换向时刻,光杆载荷处于加载和卸载状态,而且其余大部分时间加速度为零。10 型游梁机的最高线速度为 1.4m/s,最高加速度为 46.4,但是游梁机的加速度始终变化(图 6 中,实线为皮带机、虚线是游梁机、黑色为速度、绿色为加速度)。从图中可以看出皮带机在换向时有加减速,存在速度的变化,而游梁机速度始终在变化,而且峰值要远远大于皮带机。所以皮带机的振动载荷、惯性载荷要比游梁机小。

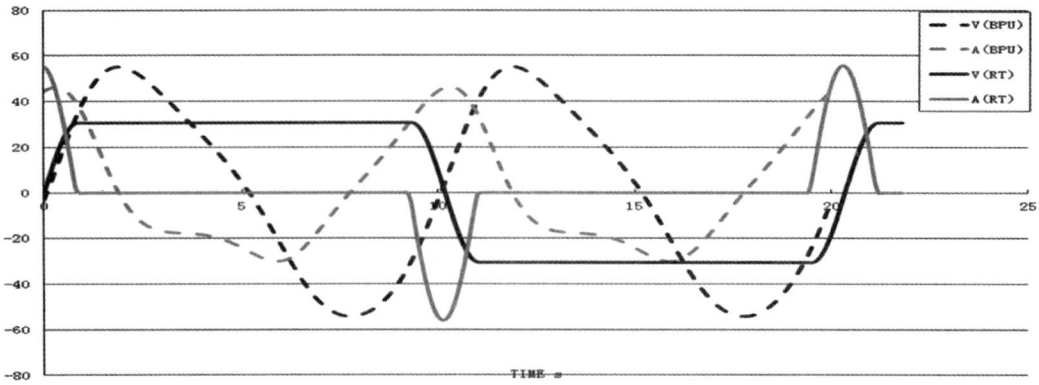

图6 皮带机与游梁机的速度(V)、加速度(A)时间曲线

**2.3.3 皮带机采用重负荷皮带承载,能缓解载荷的变动**

该机型关键技术之一是悬挂系统采用了重型PVG负荷皮带,负荷皮带具有弹性缓冲作用,降低了抽油机的换向冲击,使抽油杆柱运行更加平稳,承载安全系数高且能缓解来自抽油杆柱的冲击和振动载荷,因此减少了振动载荷对抽油杆和泵的疲劳伤害,动力示功图表现得更加饱满(图7),具有一定的节能效果,进而提高油井的免修期和泵效。

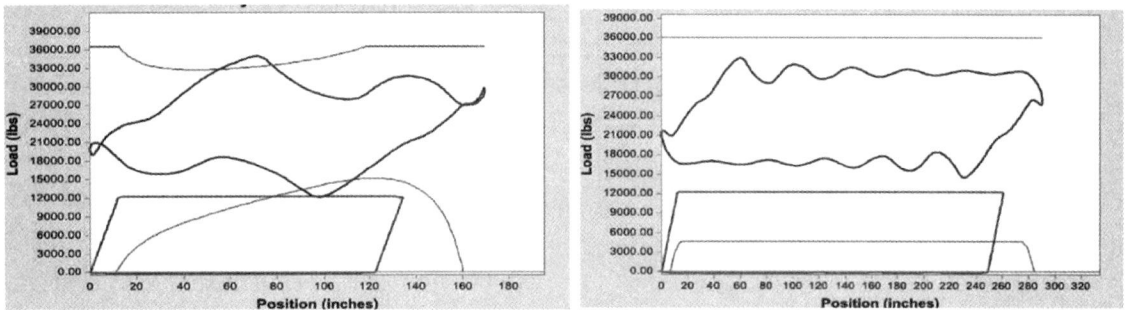

图7 游梁机与皮带机示功图对比

**2.3.4 皮带机设备管理维护便捷**

安装方面,皮带机整机折叠存放、运输,出厂已完成95%的装配工作,安装时只需将主机展开,安装电机、皮带轮、防护罩、附加平衡重及润滑油后便可正常使用,整个安装工作只需2至3个工人便可在半天内完成,安装、运输简单方便;安全性方面,液压、手动移机让位安全方便快捷,游梁机的动力系统,换向机构,平衡系统,减速系统都裸露在外部,而皮带机的动力系统,换向机构,平衡系统,减速系统都有防护罩防护,运动部件都进行了封闭,这样就避免了意外伤害的发生,大大降低了安全事故的可能性;调平衡方面,皮带机采用重力对称平衡,调整方便,每块平衡块重量小于10kg,无须吊车就能完成平衡调整,理论平衡率可达100%。而游梁机调整平衡则需要吊车,工作量较大,成本高。同时平衡调整后,皮带机扭矩稳定,而游梁机是一个正旋曲线函数,即使平衡后的扭矩波动比较大,仍然会存在波峰波谷现象,这也造成游梁机效率不及皮带机的效率高。

**2.3.5 适用范围广**

皮带机不仅能够适用于油田的各种普通井况,还特别适用于:

(1)小泵深抽;

(2)大泵提液;

(3)配套开采稠油;

(4)丛式井的应用;

(5)替代游梁机实现高效、节能[8]。

# 3 实施效果

## 3.1 层系井网调整效果

调整后,层间和平面矛盾得到缓解。从调整前后水驱控制程度变化可以看出,调整实施后,好油层砂岩水驱控制程度提高8.0个百分点,差油层砂岩水驱控制程度提高13.8个百分点,其他油层砂岩水驱控制程度提高14.3个百分点,且三套开发层系的多向连通比例均得到大幅度提高(表2)。

表 2 方案调整前后水驱控制程度对比表

| 项 目 | | 单向连通（%） | | | 双向连通（%） | | | 多向连通（%） | | | 合计（%） | | |
|---|---|---|---|---|---|---|---|---|---|---|---|---|---|
| | | 层数 | 砂岩 | 有效 | 层数 | 砂岩 | 有效 | 层数 | 砂岩 | 有效 | 层数 | 砂岩 | 有效 |
| 好油层 | 调整前 | 27.4 | 24.2 | 24.1 | 28.9 | 31.8 | 32.2 | 31.3 | 31.6 | 33.8 | 87.7 | 87.7 | 90.1 |
| | 调整后 | 8.2 | 14.5 | 11.2 | 32.5 | 27.6 | 28.2 | 54.5 | 53.6 | 56.5 | 95.2 | 95.7 | 95.9 |
| | 差值 | −19.2 | −9.7 | −12.9 | +3.6 | −4.2 | −4.0 | +23.2 | +22.0 | +22.7 | +7.5 | +8.0 | +5.8 |
| 差油层 | 调整前 | 30.4 | 28.3 | 28.3 | 25.6 | 25.8 | 26.8 | 23.9 | 24.1 | 26.3 | 79.8 | 78.2 | 81.5 |
| | 调整后 | 13.3 | 12.3 | 12.1 | 33.2 | 34.1 | 32.5 | 44.7 | 45.6 | 46.9 | 91.2 | 92.0 | 91.5 |
| | 差值 | −17.1 | −16.0 | −16.2 | +7.6 | +8.3 | +5.7 | +20.8 | +21.5 | +20.6 | +11.4 | +13.8 | +10.0 |
| 其他油层 | 调整前 | 29.4 | 27.3 | 22.6 | 26.6 | 25.1 | 27.9 | 22.8 | 25.6 | 33.8 | 78.8 | 78.0 | 84.4 |
| | 调整后 | 14.3 | 8.7 | 9.6 | 34.2 | 33.9 | 33.1 | 41.9 | 49.7 | 50.8 | 90.4 | 92.3 | 93.5 |
| | 差值 | −15.1 | −18.6 | −13.0 | +7.6 | +8.8 | +5.2 | +19.1 | +24.1 | +17.0 | +11.6 | +14.3 | +9.1 |

### 3.2 皮带机应用效果情况

皮带抽油机在层系井网调整区块应用 30 口井,目前平均单井日产液 22.8t,日产油 2.0t,含水 91.0%,与同区块的游梁抽油机对比,冲程提高 1.8m,冲次降低 3n/min,平均泵效提高 26.7%,机采指标达到了较高的水平[9]。

表 3 两种抽油机投产效果统计表

| 机型 | 井数（口） | 日产液（t） | 日产油（t） | 含水（%） | 沉没度（m） | 泵效（%） | 冲程（m） | 冲次（n/min） | 冲程利用率（%） | 冲次利用率（%） | 最大载荷（kN） | 载荷利用率（%） |
|---|---|---|---|---|---|---|---|---|---|---|---|---|
| 游梁抽油机 | 91 | 23.7 | 2.1 | 91.1 | 322 | 43.2 | 3.9 | 4 | 95.1 | 42.6 | 45.62 | 57.0 |
| 皮带抽油机 | 30 | 22.8 | 2.0 | 91.0 | 528 | 69.9 | 5.7 | 1 | 100 | 56.7 | 41.34 | 41.3 |
| 对比 | −61 | −0.9 | −0.1 | −0.1 | 206 | 26.7 | 1.8 | −3 | 4.9 | 14.1 | −4.28 | −15.7 |

### 3.3 节能效果显著

从能耗角度来看,皮带机平均消耗功率降低 2.77kW,日耗电量降低 66.48kWh,抽油机井的系统效率 31%,皮带抽油机系统效率 34.6%,提高 3.6 个百分点,节电率达到了 22.44%,平均单井年节约电费 1.51 万元,30 口累计年节约电费 45.37 万元(表 4)。

表 4 两种抽油机节能效果统计表

| 机型 | 额定功率（kW） | 消耗功率（kW） | 举升高度（m） | 日耗电（kW·h） | 有功单耗（kWh /100mt） | 系统效率（%） |
|---|---|---|---|---|---|---|
| 游梁抽油机 | 30 | 6.40 | 698 | 153.6 | 2.19 | 31.00 |
| 皮带抽油机 | 18.5 | 3.63 | 648 | 87.12 | 1.04 | 34.60 |
| 对比 | −11.5 | −2.77 | −50 | −66.48 | −1.15 | 3.6 |

### 3.4 作业维护费用降低

由于皮带抽油机具有长冲程、低冲次的特点,运行次数减少,抽油机可长期匀速、平稳运行,有效地延长了检泵周期。因此,按照抽油机平均检泵周期 658 天,皮带抽油机检泵周期 1000 天计算,则 10 年内皮带抽油机可少检泵 2.4 次,单井可节约作业费用 12.48 万元。同时,由于皮带抽油机取消了常规游梁抽油机的减速箱、四连杆传动机构,无皮带,维修保养工作量大大降低,单井可节约 3.5 万元(表 5)。因此,从单井作业费用和维修保养两方面,30 口井皮带抽油机 10 年累计可节约作业费用 479.4 万元,大大地降低了检泵率和作业费用。

表 5 两种抽油机 10 年累计单井日常维护费用对比表

| 机型 | 单井作业费用（万元） | 单井维修保养费用（万元） | 合计（万元） |
|---|---|---|---|
| 游梁抽油机 | 31.20 | 4.5 | 28.21 |
| 皮带抽油机 | 18.72 | 1.0 | 19.98 |
| 对比 | −12.48 | −3.5 | −15.98 |

## 4 结论

(1)该区块通过层系井网调整效果调整后,好油层砂岩水驱控制程度提高 8.0 个百分点,差油层砂岩水驱控制程度提高 13.8 个百分点,其他油层砂岩水驱控制程度提高 14.3 个百分点,且三套开发层系的多向连通比例均得到大幅度提高,层间和平面矛盾得到了缓解,提高了控制程度高,改善了开发效果。

(2)皮带抽油机与游梁抽油机相比,机采指标高,平均泵效提高 26.7%,单井作业费用和维修保养费用低,大大地降低了油井检泵率,系统效率提高了 3.6 个百分点,节电率达到了 22.44%,节能效果显著,尤其是随着开发时间延长,单井产量不断降低,皮带抽油机更加节能,应用效果会更加突出。

(3)皮带抽油机具有长冲程、低冲次,振动和惯性载荷小,维护性工作量小,适用范围广等技术优势,结构稳定可靠,换向平稳准确,最大限度地减少了因抽油机带来的杆柱冲击,机型节能低耗,节能效果显著,解决了游梁式抽油机管理效率较低、机采效率较低、机采指标较低的"三低问题",既满足了探索高效举升工艺技术的试验需求,为油田高效开发提供技术参考和依据。

### 参 考 文 献

[1] 杜庆龙,宋宝权,朱丽红,等.喇、萨、杏油田特高含水期水驱开发面临的挑战与对策[J].大庆石油地质与开发,2019,38(5).

[2] 金艳鑫.X区块特高含水期层系井网优化调整技术及其应用[J].大庆石油地质与开发,2019,39(2).

[3] 万仁溥.采油工程手册(上)[M].北京:石油工业出版社,2000.

[4] 易涛.合水油田开发层系适应性分析评价[J].辽宁化工,2018,47(10).

[5] 李倩茹.S-1区水驱层系井网调整界限研究与应用[J].化学工程与装备,2019(01).

[6] 赵秀娟,左松林,吴家文,等.大庆油田特高含水期层系井网重构技术研究与应用[J].油气地质与采收率,2019,26(4).

[7] 郑美茹.皮带抽油机机架机械性能分析[J].内燃机与配件,2020(12).

[8] 杨阳,于继飞,曹砚锋,等.皮带抽油机在海外X区块油砂开采中的应用研究[J].重庆科技学院学报(自然科学版),2019,21(6).

[9] 廖启新,徐东升,王健.一种 WCYJ16 型皮带抽油机的设计计算[J].中国新技术新产品,2017(23)

[10] 陈德春,吕飞,姚亚,等.基于电功图的皮带式抽油机井工况诊断新模型[J].大庆石油地质与开发,2017,36(5).

# 玛湖油田水平井重复压裂提高采收率技术研究

熊启勇　邓伟兵　易勇刚　刘从平

（中国石油新疆油田公司工程技术研究院）

**摘　要**　针对玛湖油田首次压裂生产后的水平井,结合首次压裂后的裂缝簇间距以及裂缝设计规模,利用数值模拟方法进行了重复压裂提高采收率研究。研究结果显示:利用 Fracpro PT 软件反演的首次压裂后的裂缝参数与微地震监测结果较为接近,具有一定的真实性;缝间补孔造新缝的增产措施适用于裂缝簇间距大于 35m 且首次压裂生产后缝间具有较高含油饱和度的情况,新缝最优半缝长为 140m;老缝加长的改造方式适用于首次压裂后裂缝半缝长小于设计规模且裂缝周围具有较高含油饱和度的情况,老缝最优加长规模为 160m。

**关键词**　玛湖油田;重复压裂;提高采收率;补孔造新缝;老缝加长

非常规储层水平井在首次压裂生产一段时间后由于低孔低渗的地质特性以及人工裂缝失效,导致油气井出现产量递减迅速、采收率低等问题[1-4]。重复压裂技术通过恢复首次压裂裂缝导流能力、增加裂缝长度或者产生新的裂缝改善油气井生产状态,能够重新激活低产井,因而已成为非常规储层恢复产量和提高采收率的有效手段[5-9]。

国内外许多学者对重复压裂技术进行了研究,包括重复压裂选井、重复压裂时机优化、重复压裂设计等[10-13]。在重复压裂过程中,增产措施的选择对重复压裂效果有着直接影响,而目前对重复压裂增产措施的选择缺乏一定的依据,对相关裂缝参数优化研究成果较少。本文针对玛湖油田水平井,利用 FracproPT 软件反演出首次压裂后的裂缝参数,根据实际地质模型进行产量历史拟合,确定首次压裂后含油饱和度分布和地层压力分布,再结合首次压裂后的裂缝簇间距以及裂缝设计规模,确定相应的重复压裂增产措施,最后对各增产措施的裂缝参数进行优化。

## 1　区块概况

### 1.1　储层特征

玛 131 井区百口泉组储层岩性主要为灰色沙砾岩、含砾粗砂岩、砂质砾岩、中—粗砾岩、钙质沙砾岩等,砾石大小不等,最大粒径 10cm,一般为 0.5~2cm。岩石颗粒磨圆为次圆状—次棱状,胶结中等—致密,颗粒接触方式为点—线接触和线接触为主,胶结类型为压嵌式和孔隙—压嵌式,成分成熟度和结构成熟度均较低。砂岩以岩屑砂岩为主,少量长石岩屑砂岩,长石部分发生轻中度泥化或绢云母化,石英次生加大现象常见。

储层孔隙度 5.00%~13.90%,平均 7.63%,渗透率 0.02~19.40mD,平均 1.33mD。油层孔隙度主要为 7.50%~13.90%,平均为 8.84%,渗透率主要为 0.08~19.4mD,平均为 1.44mD。

### 1.2　首次压裂生产状况

MaHW1321 井首次压裂采用桥塞射孔联作分级压裂工艺,共分为 15 段 40 簇,平均段间距为 38m。该井于 2016 年 9 月 7 日压裂施工完成,于 2016 年 10 月 28 日记录生产数据,生产初期采用地层能量开采,最高日产油量可达 52m³/d,在生产约 6 个月后产量开始出现递减,在生产约 22 个月后上修转抽,采用有杆泵采油,日产油量最高提升至 50m³/d,但在生产 4 个月左右后,出现了产量递减较快的情况。重复压裂技术能够很好地解决目前油井存在的问题,提高油井产量,而在进行重复压裂前,需要进行重复压裂增产措施研究,选取合适的重复压裂增产措施。

## 2　首次压裂裂缝参数反演

在进行重复压裂增产措施研究前,需要进行首次压裂裂缝参数反演,作为之后研究的基础。玛 131 区块目的层最大、最小两向应力差约 12~15MPa,应力差较高,而且压裂目的层平均最小水平主应力 52.4MPa 左右,弹性模量 29500MPa 左右,泊松比 0.27,根据水平应力差异系数公式:

$$K_h = \frac{\sigma_{\max} - \sigma_{\min}}{\sigma_{\min}} \qquad (1)$$

式中,$\sigma_{\max}$ 为最大水平主应力,MPa;$\sigma_{\min}$ 为最小水平主应力,MPa;

计算得 $K_h = 0.47 > 0.3$,根据研究当水平应力差异系数大于 0.3 时,水力压裂不能形成裂缝网络。由此可知,在玛 131 区块压裂时,形成复杂缝的可能性较小,所以选择用 Fracpro PT 软件进行首次压裂后的列分该参数反演,为建立数值模型提供数据基础。

如图 1、表 1 所示,为了更好地了解 MaHW1321 井在压裂过程中的破裂发生和发展状况,在 MaHW1321 井附近布置了一口监测井,用以确定 MaHW1321 井压裂形成裂缝的方位、高度、长度等方面的空间展布特征信息。同时,通过对比微地震监测结果和反演的裂缝参数,能够进一步证实净压力拟合结果的准确性。以 MaHW1321 井的第 2 段为例,对比微地震监测结果与通过净压力拟合反演的裂缝参数,以验证反演结果的准确性(图 2、表 2)。

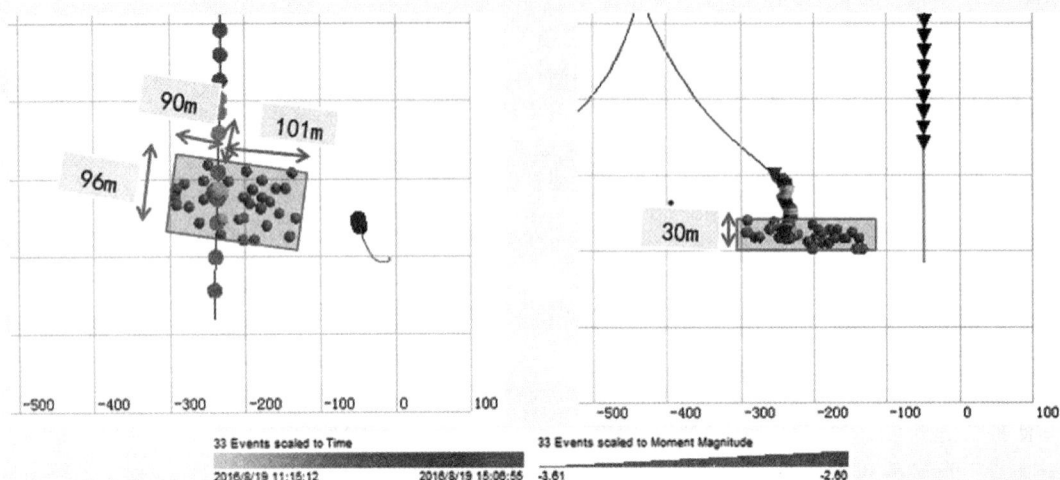

图 1　MaHW1321 井第 2 级微地震监测结果

表 1　MaHW1321 井第 2 级微地震监测结果

| | 裂缝网络长 m | | 裂缝网络宽 m | 裂缝网络高 m | 裂缝网络走向(北东) | 微地震事件数目 |
|---|---|---|---|---|---|---|
| | 西翼 | 东翼 | | | | |
| 监测结果 | 90 | 101 | 96 | 30 | 95° | 35 |

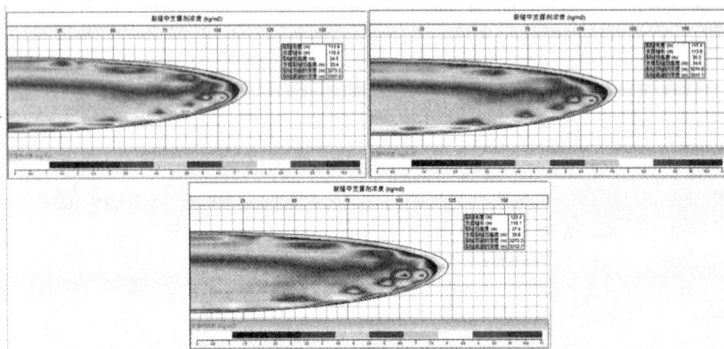

图 2　MaHW1321 井第 2 级反演的裂缝参数

表 2　MaHW1321 井第 2 级反演的裂缝参数

| | 分簇 | 半缝长 m | 缝高 m | 缝宽 cm |
|---|---|---|---|---|
| 第 2 级 | 1 | 118.1 | 35 | 1.2 |
| | 2 | 113 | 34 | 1.2 |
| | 3 | 110 | 33.4 | 1.2 |

按照类似的方法,MaHW1321 通过净压力拟合反演的裂缝参数如表 3 所示。

表 3　MaHW1321 井裂缝参数反演结果

| | 分簇 | 裂缝半缝长 m | 支撑半缝长 m | 裂缝高度 m | 支撑缝高 m | 裂缝宽度 cm |
|---|---|---|---|---|---|---|
| 第 1 级 | 1 | 126.5 | 124.6 | 275.5 | 27.1 | 1.8 |
| | 2 | 125.2 | 123.3 | 28.5 | 28.1 | 1.8 |
| 第 2 级 | 1 | 123.4 | 118.1 | 37.4 | 35.8 | 1.22 |
| | 2 | 117.4 | 113 | 35.3 | 34 | 1.22 |
| | 3 | 113.9 | 110 | 34.5 | 33.4 | 1.26 |

续表

| | 分簇 | 裂缝半缝长 m | 支撑半缝长 m | 裂缝高度 m | 支撑缝高 m | 裂缝宽度 cm |
|---|---|---|---|---|---|---|
| 第3级 | 1 | 115.7 | 111.1 | 29.8 | 28.6 | 1.7 |
| | 2 | 113.7 | 108.2 | 29.8 | 28.3 | 1.7 |
| | 3 | 112.3 | 106.9 | 29.8 | 28.4 | 1.7 |
| 第4级 | 1 | 121.2 | 115.8 | 32 | 30.5 | 1.3 |
| | 2 | 120.7 | 115.3 | 33.3 | 31.9 | 1.3 |
| | 3 | 121 | 115.3 | 34.8 | 33.1 | 1.3 |
| 第5级 | 1 | 132 | 121.3 | 39.8 | 36.6 | 1.07 |
| | 2 | 131.3 | 120.1 | 41.2 | 37.6 | 1.07 |
| | 3 | 130.1 | 118.8 | 42.1 | 38.5 | 1.08 |
| 第6级 | 1 | 145.7 | 125.5 | 45.6 | 39.3 | 1.1 |
| | 2 | 146.5 | 126 | 47.7 | 40.7 | 1.1 |
| 第7级 | 1 | 132.7 | 113.4 | 49.3 | 42.1 | 1.18 |
| | 2 | 127 | 108.5 | 52 | 44.4 | 1.23 |
| 第8级 | 1 | 147 | 133.4 | 32.7 | 29.6 | 1.2 |
| | 2 | 146.2 | 132.8 | 32.5 | 29.5 | 1.2 |
| | 3 | 148.7 | 134.7 | 33.2 | 30.1 | 1.2 |
| 第9级 | 1 | 162.3 | 149.1 | 36.4 | 33.4 | 1.2 |
| | 2 | 171.2 | 154.3 | 37.7 | 33.9 | 1.18 |
| 第10级 | 1 | 147.5 | 137.3 | 35.4 | 33 | 1.25 |
| | 2 | 123.5 | 115.3 | 32.8 | 30.7 | 1.24 |
| | 3 | 152.6 | 144.5 | 37.1 | 35.1 | 1.33 |
| 第11级 | 1 | 149.6 | 134.4 | 29.1 | 26.1 | 1.15 |
| | 2 | 159.5 | 141.5 | 30.2 | 26.8 | 1.21 |
| | 3 | 160.1 | 141.1 | 32 | 28.2 | 1.19 |
| 第12级 | 1 | 111.2 | 105.3 | 37.7 | 35.8 | 1.6 |
| | 2 | 104.1 | 98.4 | 40.5 | 38.3 | 1.6 |
| | 3 | 106 | 99.8 | 41.6 | 39.1 | 1.6 |
| 第13级 | 1 | 142.3 | 141.2 | 40.2 | 39.5 | 1.2 |
| | 2 | 143.2 | 141.1 | 41.3 | 39.1 | 1.2 |
| 第14级 | 1 | 118.4 | 115.5 | 30.9 | 30.2 | 1.2 |
| | 2 | 121.3 | 111 | 27.5 | 27.2 | 1.1 |
| | 3 | 107 | 105.5 | 25.5 | 25.2 | 1.0 |
| 第15级 | 1 | 117.4 | 116.3 | 27.9 | 27.7 | 1.4 |
| | 2 | 114.7 | 114 | 25.4 | 25.2 | 1.4 |
| | 3 | 110.1 | 109.3 | 27.6 | 27.4 | 1.2 |

## 3 重复压裂产能预测模型建立

根据实际地质模型,利用 CMG 数值模拟软件,设置网格步长为 10m×10m×10m,将反演的裂缝参数导入模型,并输入相应的储层物性参数,如表 4 所示。进行产量历史拟合,确定重复压裂潜力区域,制定相应的增产改造措施,模拟结果如图 3～图 5 所示。

表 4 数模相关参数

| 参数 | 大小 | 参数 | 大小 |
|---|---|---|---|
| 地层深度,m | 3000 | 泡点压力,MPa | 24 |
| 地层温度,℃ | 90 | 地层压缩系数,MPa$^{-1}$ | 2.5×10$^{-6}$ |
| 平均孔隙度,% | 8.84 | 原油密度,kg/m$^3$ | 689 |
| 平均渗透率,mD | 1.44 | 原油黏度,mPa·s | 0.52 |
| 平均含油饱和度,% | 58 | 原油体积系数 m$^3$/m$^3$ | 1.32 |
| 地层压力,MPa | 36 | 原油压缩系数,MPa$^{-1}$ | 0.00167 |

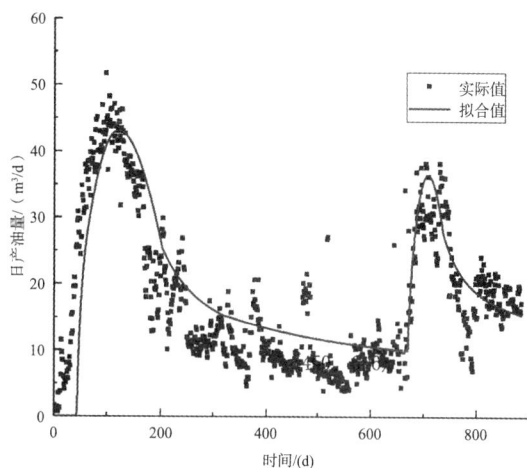

图 3 日产油量拟合曲线

图 4 重复压裂前含油饱和度分布

图 5 重复压裂前地层压力分布

从图 3 可看出,模型计算的日产油量与实际日产油量基本吻合,相对误差在 2.5% 左右,进一步验证了模型的正确性。而从图 4 和图 5 可看出,重复压裂前裂缝周围仍具有较高的含油饱和度,即使在水平井根端低含油饱和度区域,含油饱和度也在 49% 左右,因此,首次压裂生产后该井仍具有进行重复压裂的物质基础。目前地层压力在 31.6MPa,首次压裂生产后地层压力保持程度在 88% 左右,也具有进行重复压裂的能量基础。

## 4 重复压裂增产措施研究

根据含油饱和度和地层压力分布,结合首次压裂后裂缝簇间距以及裂缝半缝长,对缝间补孔造新缝和老缝加长这两种重复压裂增产措施进行研究,两种增产措施的示意图如图6所示。

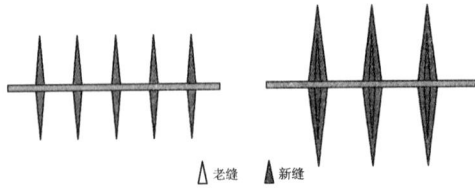

图6 重复压裂增产措施示意图
(左为补孔造新缝,右为老缝加长)

### 4.1 补孔造新缝

在进行缝间补孔造新缝之前,首先需要明确多大簇间距下进行补孔造造新缝最为合适。在相同水平段长下,设置了裂缝簇间距为25m、35m、45m、55m,在不同簇间距之间补射一条新缝,研究补孔造新缝改造效果。

从图7可看出,在不同簇间距下进行补射孔造缝都能使重复压裂后的累产油量相较于不重复压裂有所增加,但在裂缝簇间距在大于35m时进行缝间补孔造新缝能够大幅度提高重复压裂累产油的增油量,所以在裂缝簇间距大于35m且首次压裂生产后裂缝间具有较高的含油饱和度时,使用缝间补孔造新缝的重复压裂增产措施进行重复压裂效果最佳。

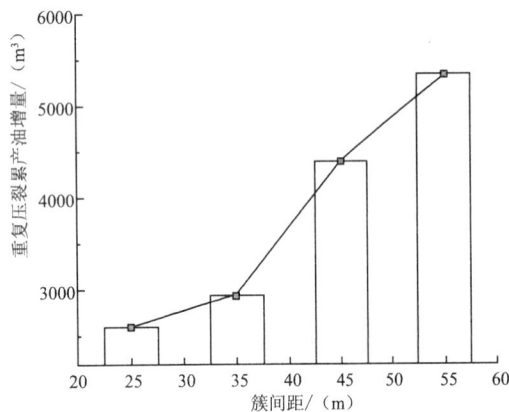

图7 不同簇间距下补孔造新缝改造效果

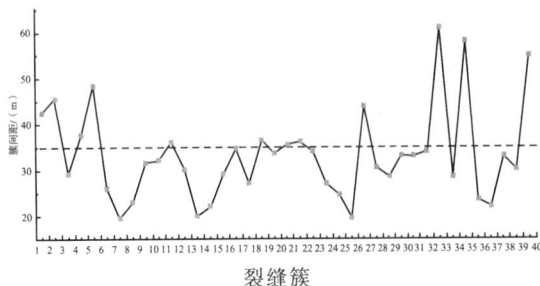

图8 各簇裂缝的簇间距

结合MaHW1321井重复压裂前的含油饱和度分布(图4)以及各裂缝间的簇间距(图8),确定在第1簇和第2簇、第2簇和第3簇、第4簇和第5簇、第

5簇和第6簇、第11和第12簇、第18和第19簇、第20簇和第21簇、第21簇和第22簇、第26簇和第27簇、第32簇和第33簇、第34簇和第35簇、第39簇和第40簇之间各补射1条新缝,共补射12条新缝进行重复压裂改造,并设置了100m、120m、140m和160m四种新缝规模,对新缝半缝长进行优化,重复压裂改造效果如图9~图11所示。

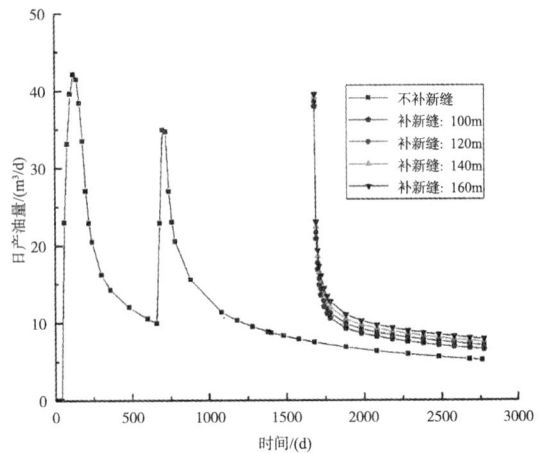

图9 不同新缝半缝长下日产油量对比图

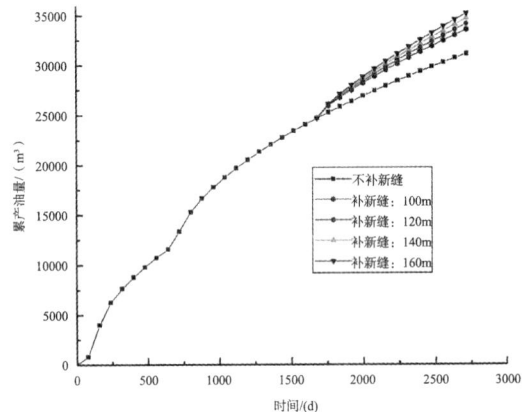

图10 不同新缝半缝长下累产油量对比图

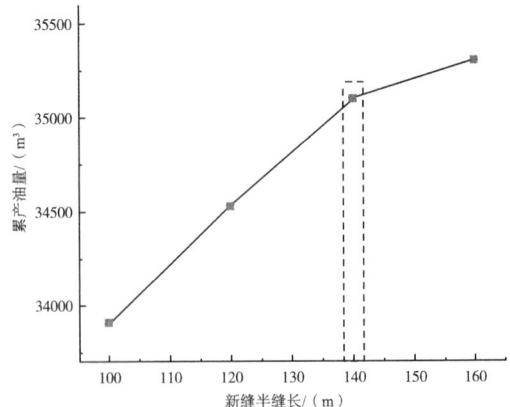

图11 不同新缝半缝长下的累产油量

从上述图中可看出,首次压裂生产后进行缝间补孔造新缝改造能够有效提高油井产量。重复压裂后生产初期,油井日产油量恢复至与重复压裂前最高日产油量相当。随着新缝半缝长不断增加,重复压裂后

的改造效果也逐渐增加,当新缝半缝长大于140m时,重复压裂后的累产油增长明显放缓,结合油井井距,优化补孔造新缝时新缝半缝长为140m。

### 4.2　老缝加长

在进行老缝加长改造之前,需要确定老缝加长对象,结合重复压裂前含油饱和度分布(图4)和老缝缝长对比图(图12)可知,在首次压裂形成的裂缝半长整体偏小,仅有第22、23、26、28、29、33、34簇裂缝达到裂缝半长大于140m的设计要求,而首次压裂生产后裂缝周围仍具有较高的含油饱和度,这为进行老缝改造提供了物质基础。因此,对模型中的所有老缝进行加长改造,通过局部网格加密,实现老缝加长。

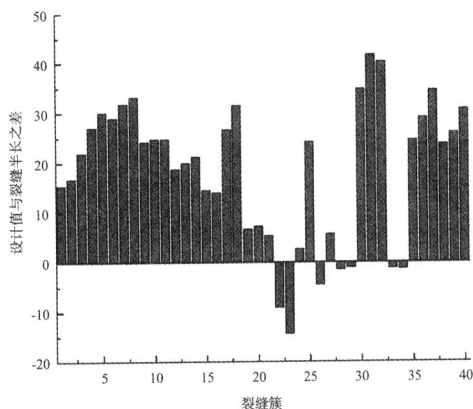

图12　各簇裂缝对比图

图13　网格加密前老缝

图14　网格加密后老缝

分别将老缝加长至140m、150m、160m、170m,研究不同加长规模下重复压裂改造效果,结果如图15~图17所示。

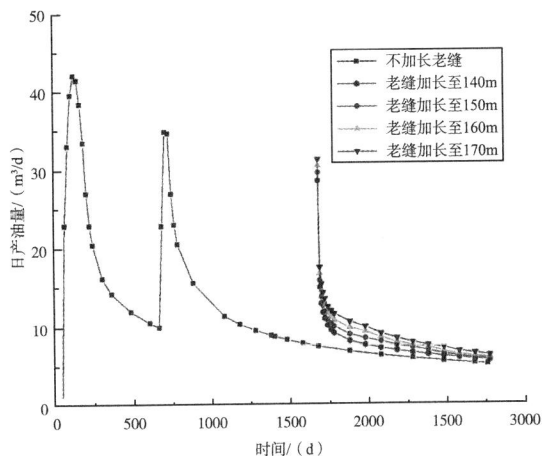

图15　不同老缝加长规模下日产油量对比图

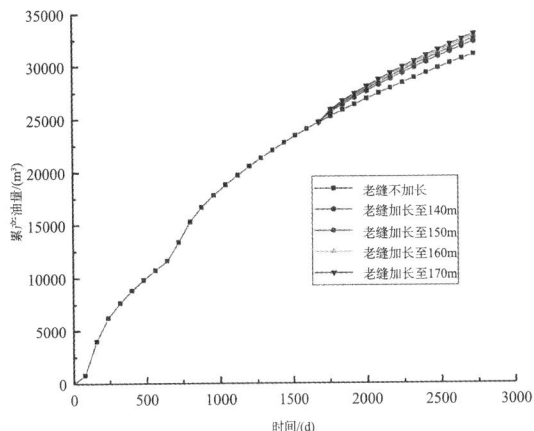

图16　不同老缝加长规模下累产油量对比图

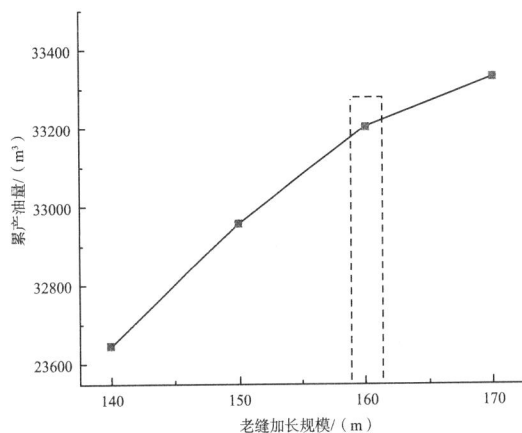

图17　不同老缝加长规模下的累产油量

从上述图中可看出,进行老缝加长后油井日产油量能恢复至重复压裂前最高日产油量的80%,随着裂缝加长规模不断增加,重复压裂改造效果也不断增加,但改造效果低于缝间补孔造新缝。随后对老缝加长规模进行了优化,随着老缝加长规模不断增加,油井累产油量也不断增加,当老缝加长至160m之后,累产油量增速明显放缓,优化老缝最优加长规模为160m。

## 5　结论

利用裂缝参数反演的到首次压裂后的裂缝参数,再结合实际地质模型进行产量历史拟合,确定油井重复压裂潜力及重复压裂增产改造措施,形成了针对玛湖油田水平井重复压裂的新思路。

通过缝间补孔造新缝研究,确定在裂缝簇间距大于35m且首次压裂生产后缝间具有较高含油饱和度的情况,可以进行缝间补孔造新缝改造,能够明显提高重复压裂后油井产量,当新缝半缝长为140m时,缝间补孔造新缝改造效果最佳。

通过老缝加长研究,确定在首次压裂后裂缝半缝长小于设计规模且裂缝周围具有较高含油饱和度的情况,可以进行老缝加长改造,当老缝加长规模为160m,老缝加长改造效果最佳。

## 参 考 文 献

[1] 李国欣,朱如凯.中国石油非常规油气发展现状、挑战与关注问题[J].中国石油勘探,2020,25(2):1—13.

[2] US Energy Information Administration. Annual energy outlook 2019 with projections to 2050[R]. Washington:US Energy Information Administration,2019.

[3] US Energy Information Administration. International energy outlook 2018[R]. Washington:US Energy Information Administration,2018.

[4] 邹才能,杨智,朱如凯,等.中国非常规油气勘探开发与理论技术进展[J].地质学报,2015,89(6):979—1007.

[5] 卫秀芬,唐洁.水平井分段压裂工艺技术现状及发展方向[J].大庆石油地质与开发,2014,33(6):104—111.

[6] 杨兆中,李扬,李小刚,等.页岩气水平井重复压裂关键技术进展及启示[J].西南石油大学学报(自然科学版),2019,41(6):75—86.

[7] 田洪亮,吕建中,李万平,等.低油价下北美地区降低钻完井作业成本的主要做法及启示[J].国际石油经济,2016,24(9):36—43.

[8] Fleming, M. E. Successful Refracturing in the North Westbrook Unit[C]. Society of Petroleum Engineers. ,1992,doi:10. 2118/24011—MS.

[9] Potapenko, D. I. , Tinkham, S. K. , Lecerf, B. , Fredd, C. N. , Samuelson, M. L. , Gillard, M. R. , Daniels, J. L. Barnett Shale Refracture Stimulations Using a Novel Diversion Technique[C]. Society of Petroleum Engineers,2009.

[10] French, S. , Rodgerson, J. , & Feik, C. Re—fracturing Horizontal Shale Wells:Case History of a Woodford Shale Pilot Project[C]. Society of Petroleum Engineers,2014.

[11] Xu, T. , Lindsay, G. , Zheng, W. , Baihly, J. , Ejofodomi, E. , Malpani, R. , & Shan, D. . Proposed Refracturing-Modeling Methodology in the Haynesville Shale, a US Unconventional Basin[J]. Society of Petroleum Engineers,2019.

[12] 李阳,姚飞,翁定为,等.重复压裂技术的发展及展望[J].石油天然气学报(江汉石油学院学报),2005(S5):789—791.

[13] 郭建春,陶亮,曾凡辉.致密油储集层水平井重复压裂时机优化——以松辽盆地白垩系青山口组为例[J].石油勘探与开发,2019,46(1):146—154.

# 新疆油田二元复合驱采出水处理试验研究

丁明华　　王振东　　孟师乡　　王殿舒　　丁幸福　　韩丰泽

（中国石油新疆油田公司采油二厂）

**摘　要**　二元复合驱是油田提高采收率的重要手段,新疆油田将有 4 个油藏投入二元复合驱开发,采出水处理规模将达到 13500m³/d,采出水处理后用于配制二元液。国内还没有集中处理二元复合驱采出水的成熟工艺,为了筛选评选出处理效果好、稳定性强、投资和运行成本低、管理方便的工艺或工艺组合,新疆油田对"物理""物化""生化"3 种代表性的处理工艺开展中试,综合对比出水悬浮物、配液黏度保持率、配液界面张力稳定性、污泥量等指标,确定出"生化"处理工艺具有最大优势。试验结果为二元复合驱采出液处理站建设工程提供了可靠的设计依据。

**关键词**　二元复合驱;采出水;水处理;物化;生化

二元复合驱是油田提高采收率的重要手段,新疆油田 2011 年 11 月在七中区克下组油藏开展二元复合驱工业化试验(8 注 13 采),截至 2018 年底二元驱阶段采出程度 16.0%。根据"十四五"发展规划,新疆油田将有 4 个油藏投入二元复合驱开发,采出水处理规模将达到 13500m³/d,采出水处理后用于配制二元液。由于新疆油田二元复合驱开发油藏采出水悬浮杂质粒径小(中值 5.92μm,常规≥10μm),聚合物表活剂浓度高(500mg/L、500mg/L),有黏度(1.58mPa·s,常规≥0.6mPa·s),矿化度、硫化物、铁离子、硫酸盐还原菌、铁细菌含量均比较高,处理难度大。国内还没有集中处理二元复合驱采出水的成熟工艺,为了筛选评选出处理效果好、稳定性强、投资和运行成本低、管理方便的工艺或工艺组合,新疆油田从 2018 年起开展了二元复合驱采出水处理中试。

## 1　二元复合驱采出水处理中试工艺及构成

可以将采出水处理工艺划分为化学、物理、生化三种类型,为了全面对比不同类型处理工艺对二元复合驱采出水处理的适应性,开展了代表三种工艺的中试。

(1)化学处理工艺。

二元复合驱污水处理采用"预处理＋净化＋除硬"的主体工艺,工艺单元应该包括预处理单元(曝气为主,也可改为化学预处理)、净化单元、除硬单元以及加药、排泥等辅助单元。

本工艺投加的药剂分别为预处理剂(可根据来水水质调整,包括以下几种情形:理想情况不用投加,只投加预处理剂 1)运行时投加预处理剂 1 和预处理剂 2)、净化药剂(复合驱专用净水剂、絮凝剂)、除硬剂,污水在不同聚合物浓度下推荐的净水药剂。

试验规模 2m³/h,在保证出水水质的基础上可进行适当上调,保证净化水含油和悬浮物含量均小于 10mg/L、钙镁离子合量小于 50mg/L。

(2)物理处理工艺工况。

物理处理工艺分为除油罐、物理处理、气浮、过滤、树脂管、反洗等六个部分。分离出的游离水进入除油罐进行初步油水分离,再进入物理界面除油装置分离出水中乳化的微小油滴,继续进入曝气装置中除去硫、铁等离子,再进入过滤装置滤掉浮渣,最后快速通过树脂进行适当除钙,最终在尽量保留采出水中聚合物、表活剂的同时使铁≈0mg/L;硫≈0mg/L;钙≤50mg/L。

(3)生化处理工艺工况。

生化处理主体工艺为"微生物＋高级氧化"。该试验工艺完全按照规模化建站的工艺流程配置,设备按新疆冬季气温能正常运行的要求设计制造。主工艺流程为气浮工艺段、微生物工艺段、高级氧化工艺段和过滤工艺段。必要时根据实际情况再增加一部分辅助装置。试验规模 1m³/h,整套工艺的目标出水水质为含油和悬浮物均小于 10mg/L。

微生物工艺段主要功能是将来水中的乳化油进行破乳、降解,乳化油一旦形成很难通过单一的物理或化学方法去除,但生化法其独有的特性对处理乳化油有非常明显的效果,专项微生物菌种自身可以分泌一种生物酶,该种生物酶能够打破油包水、水包油之间的界面,从而破坏乳化油的稳定性,而后微生物将以水中的含油作为碳源来维系整个微生物种群的生长和繁衍,最终将水中大部分有机污染物消耗掉,达到去除来水中有机污染物的目的。

## 2 中试运行参数、指标的制定

统计七中区二元复合驱油井含聚合物、表活剂浓度变化曲线,以及化学产出水处理站的含聚合物、表活剂浓度,按三种工况确定中试运行参数。七中区二元复合驱 2010 年 11 月—2017 年 9 月 8 注 13 采平均产聚浓度为 451.9mg/L,平均产表活剂浓度为 308.2mg/L,试验用水的聚表浓度设置均有提高(表 1、图 1)。

**表 1 二元复合驱采出水处理试验聚合物、表活剂浓度设置表**

| 试验阶段 | 聚合物浓度(mg/L) | 表活剂浓度(mg/L) | 说明 |
|---|---|---|---|
| 第一种工况 | 516.071 | 10.267 | 处理站现状 |
| 第二种工况 | 600 | 600 | 聚表浓度达到一般水平 |
| 第三种工况 | 800 | 1000 | 聚表浓度达到较高水平 |

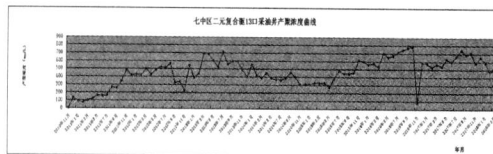

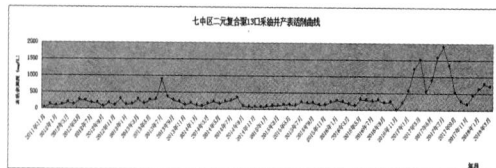

图 1 七中区二元复合驱 13 口采油井曲线

参考"碎屑岩油藏注水水质推荐指标及分析方法"SY/T5329－94、"含聚合物注水水质控制指标"Q/SY DQ0605－2006,增加二元液配制用水配伍性能、长期稳定性要求,提出下列 13 项处理指标(表 2)。

**表 2 二元复合驱采出水处理指标**

| 悬浮物(mg/L) | 含油(mg/L) | 粒径中值($\mu$m) | 硫化物(mg/L) | 总铁(mg/L) | 腐蚀率(mm/a) |
|---|---|---|---|---|---|
| ＜20 | ＜20 | ＜5 | 检不出 | 检不出 | ＜0.076 |
| 钙镁离子(mg/L) | 总矿化度(mg/L) | SRB(个/mL) | | TGB(个/mL) | 铁细菌(个/mL) |
| ＜50 | 8000～13000 | ＜10 | | ＜$10^3$ | ＜$10^2$ |

| 配伍性能 | | 长期稳定性 | |
|---|---|---|---|
| 黏度保留率(%) | 界面张力(mN·m$^{-1}$) | 30 天后黏度保留率(%) | 30 天后界面张力(mN·m$^{-1}$) |
| ＞90 | ＜1×$10^{-2}$ | ＞90 | ＜1×$10^{-2}$ |

## 3 中试工况参数检测

中试指标检测结果与运行参数密切相关,中试参数与处理指标检测同等对待是本次中试的特点(表 3)。

**表 3 三种采出水处理工艺中试运行工况检测数据汇总表**

| 试验阶段 | 工艺 | 处理水量(m³/h) | 加药量(g/m³水) | 浮渣量(m³/m³水) | 反冲洗水量(m³/m³水) | 停留时间(h) |
|---|---|---|---|---|---|---|
| 第一种工况 | 物理 | 0.96 | 0 | 0 | 0.268 | 17.21 |
| | 化学 | 1.34 | 768.96 | 0.098 | 布滤 | 8.19 |
| | 生化 | 0.82 | 0 | 0 | 0.011 | 27.44 |
| 第二种工况 | 物理 | 1.5 | 0 | 0 | 0.275 | — |
| | 化学 | 1.46 | 903.92 | 0.122 | 布滤 | 7.55 |
| | 生化 | 1.11 | 0 | 0 | 0.011 | 20.39 |
| 第三种工况 | 物理 | 1.42 | 杀菌剂 80～200 | 0 | 0.299 | 23.29 |
| | 化学 | 1.51 | 1392.85 | 0.193 | 布滤 | 7.28 |
| | 生化 | 1.11 | 0 | 0 | 0.009 | 20.33 |

工艺评价采用 7～8 小时连续取样检测的方法非常有效,在每隔 1 小时取样的同时检测出每个环节的工况,化学处理工艺主要检测处理量、加药量、排渣量、耗电量、水温等,对评价工艺水平很有帮助。虽然化学处理工艺试验出水指标已经控制得很好,并且有出水水质易于调节的优势,淘汰

该工艺的主要原因是排渣量过多,在第一、二、三个聚表工况下的排渣量分别为 0.0987m³/m³、0.1219m³/m³、0.1924m³/m³ 水,而污泥的处理费用比较高。

## 4 中试指标检测

二元复合驱中试处理指标分水质指标和配液性能指标两类,化学驱采出水处理试验中有些考察对象短时间看不出来,比如微生物在高表活剂浓度时的耐受能力,精密过滤器的使用寿命。因此,为了保障试验结果的可信度,有必要加大试验周期。每种工艺的试验周期均在一个月以上,在

72♯三采联合处理站开展"物理、化学、生物"3种二元复合驱采出污水处理工艺中试从 2017 年 11 月延续到 2018 年 8 月底。

### 4.1 水质指标检测

化学驱采出水处理试验中过滤反冲洗前后出水指标会有大的波动,摸索出一个 7～8 小时连续监督取样检测的方法,每隔 1 小时对各环节同时取样,一共取 8～9 组样,如生化处理分来水、气浮出水、生化出水、高级氧化出水、过滤出水等 5 个环节,8 次大约取 40 组样,每组样又分含油、含悬浮物、细菌、钙镁、硫铁、含聚含表等检测样(表 4)。

表 4 三种采出水处理工艺中试处理出水水质指标检测数据汇总表

| 试验阶段 | 工艺 | 悬浮物(mg/L) | 含油(mg/L) | SRB (个/毫升) | TGB (个/毫升) | 铁细菌 (个/毫升) | 钙镁离子 (mg/L) |
|---|---|---|---|---|---|---|---|
| 第一种工况 | 物理 | 18.625 | 14.83 | 6 | 600 | 25 | 19.1 |
|  | 化学 | 6.656 | 1.079 | 0 | 0 | 0 | 20.145 |
|  | 生化 | 1.47 | 8.15 | 130 | 2500 | 11000 | 104 |
| 第二种工况 | 物理 | 18.6 | 10.7 | 2.5 | 250 | 60 | 31.6 |
|  | 化学 | 2.92 | 2.495 | 0 | 0 | 0 | 19.05 |
|  | 生化 | 3.32 | 7.96 | 2500 | 1253 | 155 | 47.25 |
| 第三种工况 | 物理 | 35.25 | 6.14 | 4.25 | 20.25 | 15.5 | 205.32 |
|  | 化学 | 4.07 | 1.507 | 0 | 0 | 0 | 25.01 |
|  | 生化 | 2.97 | 2.5 | 6.25 | 6.25 | 15125 | 22.63 |

综合对比上表出水含悬浮物、含油、细菌、钙镁离子含量,生化工艺具有明显优势。

### 4.2 配液性能指标检测

因为处理后的水用于二元复合驱配液,同步进行了配液黏度及其长期稳定、界面张力及其长期稳定检测,取样化验样品量约为水质指标的 1/3。

表 5 三种采出水处理工艺中试处理出水配液性能及体系稳定性检测数据汇总表

| 工艺 | 配伍性能 | | 长期稳定性 | |
|---|---|---|---|---|
|  | 黏度 (mPa·s) | 界面张力 (mN·m⁻¹) | 30 天后黏度保留率(%) | 30 天后界面张力(mN·m⁻¹) |
| 物理 | 18.91 | 0.039 | 0.9438 | 0.0214 |
| 化学 | 22.44 | 0.0025 | 0.1981 | 0.0153 |
| 生化 | 26.23 | 0.0035 | 0.9555 | 0.0021 |

综合对比,生化处理在黏度、界面张力初始值和长期稳定性均占优势。

## 5 微生物处理原理及试验结论

微生物处理的效能体现在降解有机物上,含

聚污水中的有机物主要是难以分离的原油,成分复杂,包括烯烃、烷烃、芳香烃、多环芳烃、脂环烃等。有机物的生物降解性因其含烃分子的类型和大小而异,烯烃最易分解,烷烃次之,芳香烃难降解,多环芳烃更难,脂环烃类对微生物的作用最不敏感。烷烃的降解先转化成羧酸,再通过 $\beta$-氧化进行深入降解,形成二碳单位的短链脂肪酸和乙酰辅酶,放出 $CO_2$。多支链的烯烃主要转化成二羧酸再进行降解。环烷烃的降解需要两种氧化酶的协同氧化,一种氧化酶先将其氧化为环醇,接着脱氢形成环酮,另一种氧化酶再氧化环酮,环断开,之后进一步降解。芳香烃一般通过烃基化形成二醇,然后形成邻苯二酚,环断开后,邻苯二酚继而降解为三羧环的中间产物。下面是萘的一个环二羟基化、开环,进一步降解为丙酮酸和 $CO_2$ 的过程反应式[1]:

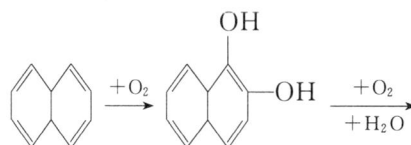

$$
\begin{array}{c}
\text{OH} \\
\text{COOH} \\
\overset{|}{\underset{\parallel}{C}}=O \\
\text{OH}
\end{array}
\longrightarrow
\begin{array}{c}
\text{OH} \\
\text{CHO}
\end{array}
+
$$

$$
CH_3-\overset{O}{\underset{\parallel}{C}}-COOH + CO_2
$$

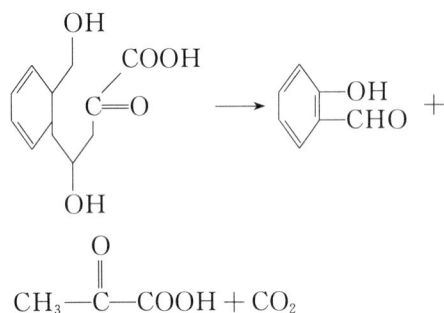

微生物污水净化的载体是附着在填料上的多种微生物膜(包括微生物残骸、微生物代谢物),自身吸附在一起并具有粘附水中悬浮物的能力,生物膜的外部以好氧性微生物降解为主,生物膜的内部以厌氧性微生物降解为主。目前已发现 79 个属的细菌可以把石油烃作为唯一的碳源和能源。alkB、P450 降解酶基因主要用于短中链烷烃的降解,almA 黄素结合蛋白专门降解长链烷烃,C120、C230 类基因能降解芳烃。从筛选出的高效石油降解菌株中提取 DNA,进行 16SrRNA 基因 PCR 扩增,可获得油田污水处理高效菌株序列,优势菌种有枯草芽孢杆菌、巨大芽孢杆菌、短小芽孢杆菌、黄杆菌、假丝酵母、铜绿假单胞菌等。

通过中试,得出生化处理工艺在排渣量、出水水质指标、配液性能及体系稳定性指标上均有明显优势,因此最终推荐及工程采纳的二元复合驱处理工艺为生化处理工艺,工艺流程为:沉降+曝气除钙镁+气浮+生物反应+过滤。

**参 考 文 献**

[1] 刘义刚,赵立强.海上油田含聚污水回注技术研究 [D].西南石油大学,2013,8.

# 液压举升技术在新疆油田稠油冷采上的应用

李亚双　种新明　李　丽

(中国石油新疆油田公司采油一厂)

**摘　要**　新疆油田红山嘴井区稠油老区普遍进入注蒸汽开发末期,轮次高采注比低,同时地面管网损失严重无法正常注汽生产,常规举升工艺无法满足冷采生产要求,造成单井产量低或无法正常生产,影响了稠油经济有效开发。为实现稠油采油方式转变,提高采收率,开展举升方式研究,引进液压举升技术进行冷采工艺试验。通过稠油区块选井试验,发现该新举升技术设备稳定性好,具备长冲程低冲次也行且可实现无极调速能在稠油上进行冷采,成为一种新的稠油开采设备,此外液压抽油机由于驱动力矩小,电动机装机功率相比游梁式抽油机装机功率小,具备一定节能优势。达到了稠油冷采的目的,节约注汽量减少费用投入,开辟了稠油采油方式转变的途径。

**关键词**　液压举升;稠油冷采;无极调速

新疆油田老区已开发生产了近60年,稠油辖区包括克拉玛依油田、红山嘴油田、车排子油田,采出程度17.18%,稠油开发绝对油量递减率呈整体下降趋势,递减率为10.5%。稠油老区普遍进入注蒸汽开发末期,同时地面管网损失严重无法正常注汽生产,造成单井产量低或无法正常生产,需要进行冷采工艺试验。

常规冷采降粘工艺有化学吞吐降粘技术、氮气辅助化学吞吐降粘技术等有效期短,需要定期进行投入,费用高,并且由于地层状况不断转变效果成逐年下降趋势。地层流体作为多分散相,乳状液具有巨大的相界面和较高的界面能。乳状液的形成需要外界对油、水和乳化剂体系做功,其方式有射流、搅动、流动、超声波振动等。其从本质上是对油藏施加外来动力改变地层流体的黏度从而影响其状态。没有外作用就会恢复本来形态。本文研究点立足使采油设备适应地层流体的相态,从而改变保障流动状态,由紊流、段塞流逐步趋于稳定,相态连续,形成流体连续相。

新疆油田采油举升方式为机采,常规游梁式抽油机为主占90%以上,抽油机配置参数已经达到最佳状态,因为受到电机皮带轮直径、皮带传动又收到包角限制、和电机转速限制,目前抽油机的冲次达到2.5~4次/分次。实际上冲程受到机型的制约,可调范围小。应用的立式抽油机具备长冲程、低冲次的优势,但是也存在不足。

(1)即抽油机的参数相对固定、不能无极调节,不利于在调参需要较大的稠油区块实施。

(2)无论是游梁式抽油机还是立式抽油机普遍存在大马拉小车的现象,抽油机电机配置过高,造成电能的浪费。

稠油开发生产存在不采取注汽等措施下无法抽动地层原油问题,因此需要通过寻求适合的机采设备以提升油稠井冷采的开发效果(表1)。

**表1　目前抽油机配置电机列表**

| 序号 项目 | 类型 | 机型 | 型号 | 电机功率(kW) |
|---|---|---|---|---|
| 1 | 立式 | 14 | ROTAFLEX立式皮带机 | 30 |
| 2 | 立式 | 10 | WCYJJ10-6-40Z斜立式 | 22 |
| 3 | 游梁式 | 5 | CYJS5-3-18HY | 16 |
| 4 | | 8 | CYJS8-3-37HY | 18.5 |
| 5 | | 10 | CYJSQ10-5-48HY | 22 |
| 6 | | 14 | CYJSQ14-5-73HY | 37 |

## 1　液压举升技术机理

液压举升技术是根据油藏流动特性对采油指数进一步论证,寻求适用于油藏流动特性的液压传动抽油机所配套的生产设施。

液压传动抽油机传动原理是:电动机电能→液压泵液压能→机械能。

液压系统中变量柱塞泵提供动力、控制原件控制冲次参数、冲程控制器控制冲程参数,通过机架上装有改变力输出方向的定滑轮实现换向,进而实现自适应无极调速液压举升技术。

无级调速:液压控制系统是液压传动抽油机的核心部件,由液压锁、溢流阀、换向阀等部件构成控制系统。电机带动变量泵通过液压控制系统将液压能转换为机械能,实现动力转换,调节工艺参数,实现无级调参。

结构组成:液压抽油机由机架、电动机、液压控制系统等组成(图1、表2)。

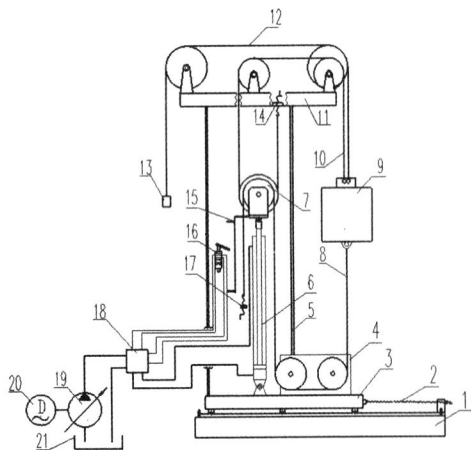

图1 液压抽油机传动示意图

表2 液压抽油机结构组成

| 1 | 基础 | 8 | 上冲程绳索 | 15 | 冲程控制器 |
|---|---|---|---|---|---|
| 2 | 整机移动推拉器 | 9 | 平衡箱 | 16 | 机动换 |
| 3 | 底座 | 10 | 下冲程绳索 | 17 | 上冲程绳索张紧器 |
| 4 | 传动箱 | 11 | 上平台 | 18 | 液压控制系统 |
| 5 | 机架 | 12 | 传动绳索 | 19 | 液压变量泵 |
| 6 | 液压油缸 | 13 | 悬绳器 | 20 | 电动机 |
| 7 | 定滑轮组 | 14 | 冲程绳索张紧器 | 21 | 油箱 |

实现适合稠油生产的参数要求,即抽油机上冲程快下冲程慢,而且运行速度根据原油黏度、含气量和环境温度,液压传动抽油机的液压控制系统通过溢流自适应运行速度。

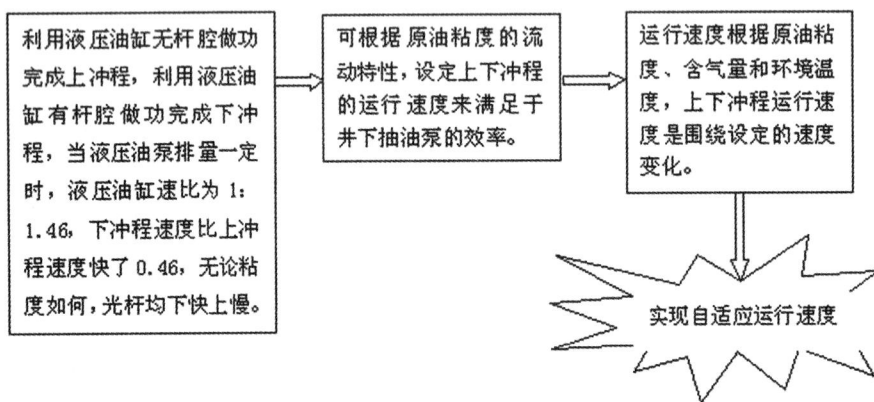

## 2 实施效果

### 2.1 试验选井

试验井50℃黏度为593.3mPa·s,井深684m之间,配套了反馈泵和加重杆柱,冲程3m,冲次4~9分钟/次,实现了在不同油品条件下满足举升要求(表3)。

表3 液压抽油机试验井号表

| 序号 | 井号 | 区块 | 黏度50℃(mPa·s) | 30℃(mPa·s) | 井深(m) | 泵径(mm) | 杆柱组合 |
|---|---|---|---|---|---|---|---|
| 1 | 水平井h** | 一采二中 | 593.3 | 5476.8 | 684 | Φ57/38×3m | Φ19mm×627.5+38mm加重杆*64 |

### 2.2 统计原则

该井试验前为边远井不具备注汽条件,措施后效果不好,长期关井状态,直接应用液压举升技术后产液油量对比。

### 2.3 效果评价

试验井为稠油生产区块吞吐井,2018年12月开始试验该机截至2020年4月工艺、流程、液压系统稳定,之前处于不出状态,应用液压举升技术后平均日产液量1.43t。含水为20%,相比区块注汽生产平均含水率85%,降低65%(表4)。

表4 试验井基本情况

| 井号 | 日产液(t) | 产油(t) | 含水(%) | 沉没度(m) | 备注 |
|---|---|---|---|---|---|
| 水平井h**井 | 1.43 | 1.27 | 20 | 170 | 2012.9投产,注汽、注氮气均不出,关井 |

#### 2.3.1 可靠性

液压抽油机运转平稳,运行时率达98%,合计总试验井平均运转时率达到99%,运转可靠。

运动部件基本上被封闭,停机制动有液压控制系统做保证,安全可靠,无须机械制动装置。采用自动刹车系统,该系统会根据抽油机载荷、抽油机电机电流的变化在停机同时自动刹车。

运行时液压系统正常工作压力为 2～4MPa,属中压范围。在运行时有三级保护系统,超压溢流保护系统、超压压力继电器断电停机保护系统、液压泵超压溢流保护。如遇到抽油杆被卡或其他异常,造成负载增加,三种保护系统都可确保机器运行安全(表5)。

### 2.3.2 适应性评价

水平井 h＊＊井:

2013 年投产至今累积产油 354t,生产 307.66d,生产一直不正常(图2、图3)。通过注汽、注氮气、注生物助剂效果不佳,主要问题是由于稠油黏度大,光杆下冲程速度慢,导致游梁式抽油机无法正常工作。

表 5　液压抽油机运行时率情况表

| 序号 | 井号 | 试验日期 | 运行时率% | 原因 | 天数 | 占比% |
|---|---|---|---|---|---|---|
| 1 | 水平井 h＊＊井 | 2018.12 —2020.4 | 98 | 上修检泵 | 5 | 2.2 |
| | | | | 热洗井筒 | 2 | 0.8 |
| | | | | 上修检泵 | 1 | 0.4 |
| | | | | 泵异常关 | 9 | 3.9 |

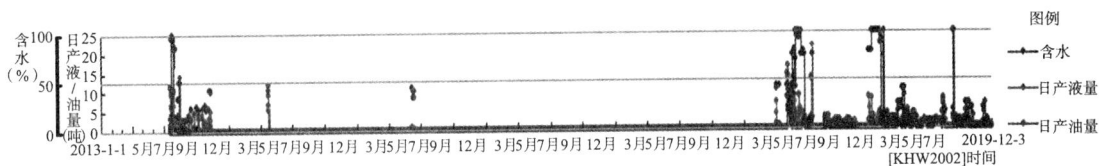

图 2　水平井 h＊＊井井全井生产曲线

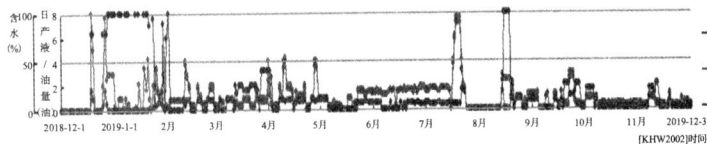

图 3　水平井 h＊＊井经试验液压抽油机阶段生产曲线

2018 年 12 月试验液压抽油机冲次速度设定次 1 次/分钟,工作两天日产液量 5m³ 左右,生产原油维持在 1.2t/d,随着的残留物的不断减少,做功时间趋于平稳,目前基本在 5 分钟/次,原油产量在 0.5～0.6t,含水较低 21%,泵效理想在 85% 左右,试验继续进行中。

冬季需要将冲次降低根据 2018 年冬季情况,上冲程举升困难,需要增加平衡重 750kg,液压系统增加做功压力,上冲程工作压力增加,提高了上冲程速度由 9min/次降低至 5min/次。通过冬季的实验,在不注汽情况下,超稠油能正常生产(表6)。

表 6　水平井 h＊＊井试验液压抽油机生产情况

| 井号 | 冲程 | 冲次 | 液压生产天数 d | 累计产油 t | 累计产液 t | 平均含水% | 试验日期 |
|---|---|---|---|---|---|---|---|
| KHW2002 | 2 | 0.2～6 | 313 | 286 | 377.7 | 21 | 2018.12.19—2019.11.22 |

示功图分析上来看,液压抽油机示功图比较理想,泵的充满度比较高,克服了油稠影响,无极调参工艺足够低的冲次保证了产吸关系,不存在供液不足现象能够适应生产(图4)。

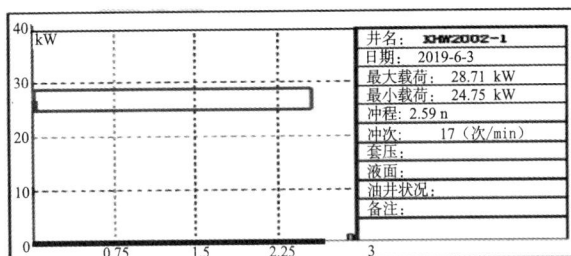

图 4　示功图

## 3  结论

(1)液压抽油机举升技术具备无极调参(3m冲程内)的特性,克服了立式抽油机参数相对固定限制,打破了稠油冷采仅配置采油设备的技术空白。

(2)液压抽油机的节能性目前体现在配置电机功率小于游梁式抽油机,但需要进一步论证其系统效率、节电率等节能指标。

(3)液压抽油机需根据生产情况及时调整参数,需要摸索细化管理要求,并且对管理人员技术要求比较高。

## 4  建议

液压抽油机举升采油技术针对稠油油藏冷采开发具有较大的推广意义。

# 渭北油田浅层致密油藏多缝驱油压裂技术

冯兴武　邢德钢　王树森　孙彬峰　李　博　张　坤

(中国石化河南油田分公司石油工程技术研究院)

**摘　要**　针对渭北油田主力层长3储层埋藏浅、物性差、低温低压、含油层段多，压裂易产生水平缝，初期笼统压裂纵向和平面动用程度低，有效期短的问题，研究了低温低伤害驱油压裂液体系，该体系具有良好的携砂性能、对储层伤害小，渗吸驱油率高等特点，其岩心伤害率仅14.6%，静态实验渗吸驱油率比地层水提高15%；配套了投球及水力喷射分层压裂、体积压裂等压裂工艺，提高了储层的有效改造体积。现场应用13井次，压后平均单井日产油2.3t，是以往常规压裂的1.8倍，取得了较好的增油效果。

**关键词**　浅层致密油藏；多缝压裂工艺；驱油压裂液；现场应用

随着石油勘探开发的深入，致密油藏的开发逐渐增多，效益开发的难度也越来越大。浅层致密油藏由于储层埋藏浅，压裂易产生水平缝，纵向和平面动用程度低，开发效果较差。如何采用水平缝压裂工艺提高浅层致密油藏的开发效果，提高其采收率成为当务之急。渭北油田主力油层长3储层埋深300~650m，平均埋深550m；物性差，平均孔隙度12.2%，平均渗透率0.76mD，孔隙以粒间溶孔为主，直径为40~60μm，喉道宽度多数为6~8μm，孔喉类型以小孔细喉、小孔微细喉为主；地层压力系数0.65，地层温度30℃左右，为低温低压低孔超低渗储层。含油层段多，主要含油层长$3_3$层，纵向上分7个单砂层(长$3_{31(1)}$、长$3_{31(2)}$、长$3_{31(3)}$、长$3_{32(1)}$、长$3_{32(2)}$、长$3_{33(1)}$、长$3_{33(2)}$)，平均厚度7~14m。岩心观察结果表明，储层潜在水平层理缝，尤其是泥质含量高和存在炭屑纹层处水平层理缝发育。三向应力差异较小，实验结果表明，垂向应力分布在7.2~17.6MPa，水平最大主应力分布在10.26~19.51MPa，水平最小主应力在9.02~16.7MPa；在三向主应力中，最小主应力由垂向应力逐渐过渡为水平最小主应力，垂向应力与水平最小主应力的差值为0.08~0.9MPa，相对较小，在此种地应力组合下，压裂易形成水平缝为主导的裂缝，压裂改造体积及导流能力远远不及深层或超深层油藏，使得压后产量更难以达到工业开采价值。开发初期，直井和定向井多层射孔，投产压裂采用笼统压裂或机械分层(受隔层厚度限制，分层数有限)，油层纵向改造程度低，据140口井统计，压后初期平均日产油1.3t，3个月后日产油量递减到0.9t以下，开发效果差。为此，需要研究浅层致密油藏水平缝主导下多缝压裂工艺技术及适用于浅层油藏压裂的低伤害驱油压裂液，提高浅层致密油藏压裂改造体积，从而提高纵向和平面动用程度，提高油井产量。

## 1　清洁聚合物驱油压裂液

清洁聚合物压裂液是目前国内外压裂液研究领域的热点之一。以SRFP型疏水缔合水溶性聚合物为增稠剂，阴离子表面活性剂为交联剂，分子之间通过静电、氢键或范德华力结合形成三维网状结构，使压裂液黏度大幅度增加，具有较好的耐温耐剪切性能[1,2]。针对渭北油田低温低压超低渗油藏特点，选择SRFP-1增稠剂，优化了氧化还原低温破胶体系和渗吸驱油剂，形成低温快速破胶、低伤害、能驱油的多功能清洁聚合物低温压裂液体系。采用RS6000流变仪在30℃、170s$^{-1}$下实验考察了不同浓度SRFP-1疏水缔合水溶性聚合物压裂液的黏度变化规律和不同浓度SRFC-1交联剂的压裂液黏度变化规律，分别见图1、图2。由图1可以看出，随着SRFP-1浓度的升高，黏度升高，SRFP-1浓度大于0.20%恒温剪切60min黏度保持在50mPa·s以上；由图2可以看出，随着SRFC-1浓度的升高，黏度先升后降，最佳浓度在0.15%~0.20%，恒温剪切60min黏度保持在80mPa·s以上。为此，优选适合渭北油田的压裂液体系典型配方为：0.2%SRFP增稠剂＋1%KCL防膨剂＋0.16%SRFC-1交联剂＋0.2%DL助排剂＋0.5%FN渗吸驱油剂＋0.2%DJ低温激活剂＋0.06%APS破胶剂。该压裂液具有良好的携砂性能、对储层伤害小、渗吸驱油率高。30℃下4h破胶，黏度小于5mPa·s，残渣含量46mg/L，岩心伤害率仅14.6%，见表1。30℃、30d静态实验渗吸驱油率比地层水提高10%，见图3。

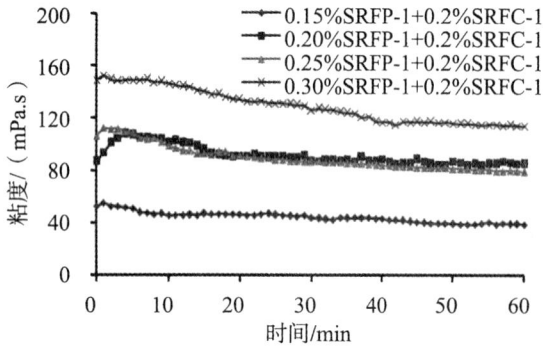

图1 不同SRFP-1浓度压裂液黏度变化曲线

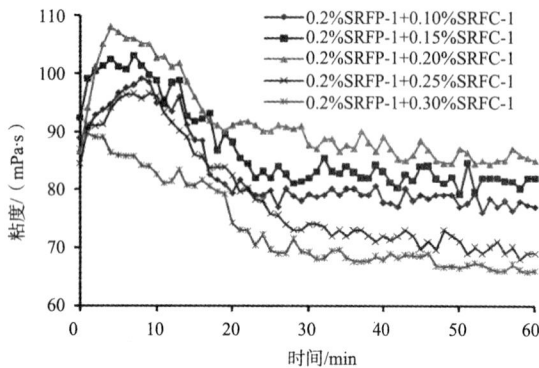

图2 不同ABS浓度压裂液黏度变化曲线

表1 岩心伤害实验数据

| 岩心编号 | 岩心渗透率/($\times 10^{-3}\mu m^2$) | | 伤害率/% |
| --- | --- | --- | --- |
| | 伤害前 | 伤害后 | |
| 1 | 4.6 | 4.1 | 10.9 |
| 2 | 3.6 | 3.1 | 13.9 |
| 3 | 8.1 | 6.9 | 14.8 |
| 4 | 5.2 | 4.23 | 18.7 |
| 平均 | 5.38 | 4.58 | 14.6 |

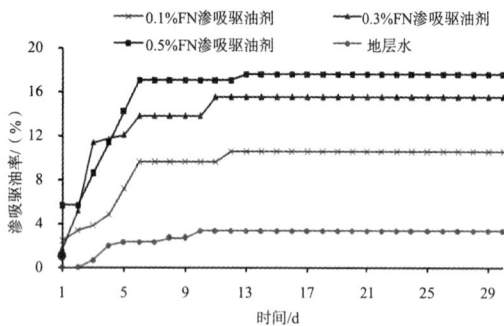

图3 静态渗吸驱油实验

## 2 水平缝多缝压裂工艺

针对渭北油田长3储层特点,采用水平缝多缝压裂工艺技术,提高多层油藏纵向和平面改造程度。一是在纵向上分层压裂形成多条人工裂缝,提高储层纵向动用程度;二是在形成水平缝的基础上,力争形成垂直缝或T型复杂缝,增加整体裂缝的复杂程度,提高储层平面动用程度,提高单

井产量。为此,配套了水平缝水力喷射定点压裂、水平缝投球分层压裂和水平缝体积压裂等三种工艺。

### 2.1 水平缝水力喷射定点压裂工艺

针对厚层层内或层间非均性强、隔层薄、存在水平层理缝的地质特点,压裂时需要精准定位压开含油富集段,机械封隔器无法分层,配套了水平缝水力喷射定点压裂工艺。该工艺比较成熟,采用滑套式喷枪产生的高速射流可同时实现射孔和封隔的作用,无须下入封隔器,实现对储层的精准潜力层段定点压裂。工艺特点:①射孔、压裂、封隔一体化[3];②不用事先射孔,不用封隔器能自动封隔;③一趟管柱可进行3段分层压裂,提高施工效率、降低成本。主要作业步骤如下:下入喷射压裂管柱,用基液替满井筒;投球封堵底部,对第1段喷砂射孔和压裂;投球,球到位后油管加压推动第2段喷枪的滑套芯下移,露出喷嘴,同时封堵下部油管,对第2层段喷砂射孔和压裂;重复上一步骤,直至压裂完所有层;所有层段压裂完成后开井一起排液、排液时可以将压裂球带出井筒,可直接用压裂管柱进行后期生产。水力喷射分层压裂不受卡封层位、裂缝形态的限制,灵活性较高,针对性地设计油、套施工排量即可实现细分压裂。

### 2.2 水平缝投球分层压裂工艺

针对纵向上大厚箱型砂体内发育多套储层,层间隔层小的特点,压裂时需要尽量多造缝,提高纵向动用程度,配套了水平缝投炮眼暂堵球分层压裂工艺。选用炮眼暂堵球直径一般比射孔孔眼直径至少大2~3mm,炮眼暂堵球数量为射孔孔眼数的1.2~1.25倍。该工艺利用已压开层吸液量大的特点,在完成一个目的层压裂施工后,用压裂液将一定量的炮眼球带入已压开层的射孔孔眼处封堵该层的孔眼,迫使压裂液进入其他未压开层,憋起压力,从而使另一个破裂压力更高的目的层被压开。如此反复进行,直到压裂层段内所有目的层都被压开为止,达到一次施工压开多个产层的目的[4,5]。

### 2.3 水平缝体积压裂工艺

采用变黏度压裂液、变排量、缝内暂堵等措施[6],在水平缝充分延伸的基础上通过提高缝内净压力,强制开启分支缝,促使裂缝转向,形成复杂缝网。通过变黏度压裂液、变粒径支撑剂及加入模式,使不同尺度的裂缝得到饱和填砂,提高整体缝网的有效支撑,达到高效连通,提高有效改造体积。

该工艺采用前置低粘原胶液造缝，交联压裂液扩缝及携砂；1～2 个 170/140 目小粒径石英砂段塞降滤，2～3 个 40/70 目中粒径石英砂＋水溶性暂堵剂段塞缝端封堵，原胶液中顶充分开启分支缝，2～3 个 170/140 目与 40/70 目以 1：1 的比例混合粒径石英砂充填分支缝，3～5 个 20/40 目石英砂充填主缝。通过压裂软件优化，压裂裂缝半缝长 60～80m，液量 250～300m³，加砂规模 35～42m³，导流能力 20～25μm²，因水平缝滤失面积大，前置液比例 25%～28%，为增加裂缝复杂性概率，施工排量应达到 3.5～4.5m³/min。

## 3 现场应用

在渭北油田现场应用 13 井次，针对不同的储层特点，分别采用了水力喷射定点压裂、水平缝投球分层压裂及缝内暂堵转向体积压裂等工艺和清洁聚合物驱油压裂液，成功率 100%。压后平均单井日增油 2.3t，是以往常规压裂的 1.8 倍，截至 2021 年 3 月 31 日，累计增油 4642.2t。

WB2－43－3 井位于渭北 2 井区水平缝区域，以往长 3₃₂.₃ 共 6 层合压，纵向动用差。2018 年 12 月 30 日采用投球分层、大排量、变排量、变粒径体积压裂工艺，结合清洁聚合物驱油压裂液，首先小规模重复压裂已压开射孔段的裂缝（层 2、层 4、层 5 三个层），然后投球暂堵（200 个）封堵已压开裂缝段的射孔孔眼，施工压力上升 12MPa，继续对未压开裂缝段进行压裂（层 1、层 3、层 6）。压裂施工压力波动明显，说明形成复杂缝网。如图 4、图 5 所示。该井压裂前日产液 0.4m³，日产油 0.3t，压裂后日产液 5.7m³，日产油 3.2t，日增油 2.9t，累计增油 764.5t。

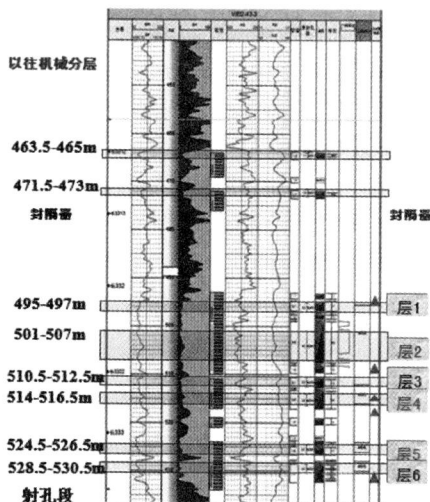

图 4　WB2－43－3 井测井曲线图

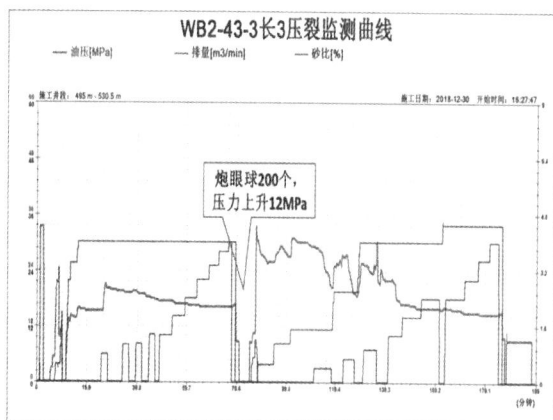

图 5　WB2－43－3 井施工曲线图

## 4 结论与认识

（1）清洁聚合物驱油压裂液具有增能驱油、低温破胶彻底、伤害小、携砂能力强等多种功能，适应低温超低渗储层驱油压裂改造。

（2）投球及水力喷射分层压裂工艺可实现水平缝"一层多缝"，有效提高浅层致密油藏水平缝储层纵向改造程度，提高油井产量。

（3）采用大排量、变排量、变粒径体积压裂工艺可形成多条分支裂缝，有效提高平面改造程度，提高油井产量。

## 参考文献

[1] 杜涛,姚奕明,蒋廷学,等.合成聚合物压裂液最新研究及应用进展[J].精细石油化工进展,2016,17(1):1－4.

[2] 杜涛,姚奕明,蒋廷学,等.清洁聚合物压裂液研究与现场应用[J].化学世界,2016,57(6):334－337.

[3] 龚万兴,廖天彬,王燕,等.水力喷射分层压裂技术研究与应用[J].西部探矿工程,2012,24(10):81－84.

[4] 郭彪,侯吉瑞,赵凤兰.分层压裂工艺应用现状[J].吐哈油气,2009,14(3):263－265.

[5] 李勇明,翟锐,王文耀,等.堵塞球分层压裂的投球设计与应用[J].石油地质与工程,2009,23(3):125－129.

[6] 蒋廷学,周健,李双明,等.页岩气多尺度复杂缝网优化控制技术[M].北京:科学技术出版社,2019.

# 超稠油降粘助排技术优化与应用

陈慧卿　常国栋　耿　超　赵长喜　王晓东

(中国石化河南油田分公司石油工程技术研究院)

**摘　要**　针对多轮次吞吐导致的地下存水增多,蒸汽热效率低,剩余油黏度大使稠油开采更困难的问题,研究开发了耐高温、低表界面张力和快速渗透特点的助排剂,该剂具有使用浓度低(0.05%),表面张力低(21.09mN/m),界面张力低(0.49 mN/m)的特点,耐温达320℃,助排率达18.26%。通过与降粘剂复合使用,达到降粘助排、提高采收率的目的。该体系在新庄油田新5007井进行现场实施,阶段增油254t,峰值产油达8.4t,措施效果显著。

**关键词**　降粘助排;表面张力;界面张力;河南油田

河南油田稠油热采区块共投入开发井楼、古城、杨楼、新庄四个油田 7 个区块,共计含油面积 25.7km²,动用地质储量 2322 万吨。河南油田稠油热采区块通过多年的吞吐开采,稠油老区已进入高周期生产阶段,挖潜难度越来越大。随着油田开发的逐步深入,部分油井已进入中高轮次吞吐,逐渐暴露出重质组分沉积、原油流动性变差、井间气窜严重、地层亏空加大等开发矛盾,使吞吐效果变差。针对这一问题,研究应用复合降粘助排技术,有效封堵大孔高渗透区域,抑制气窜发生,提高蒸汽波及半径,调整油层动用剖面,同时降粘助排,提高储层动用程度,达到改善开采效果的目的,对减缓超稠油产量递减提供一条有效的技术途径。

降粘剂与助排剂辅助油井蒸汽吞吐技术是一项改善稠油油藏注蒸汽开发效果的新技术。通过蒸汽与降粘剂以及助排剂的复合协同作用,从封堵调剖、提高排采能力等多方面改善油井蒸汽吞吐效果。

## 1　超稠油降粘助排技术原理

(1)调剖作用。

复合降粘助排剂中含有直链烷基苯磺酸、氟碳表面活性剂及渗透剂,与蒸汽混合注入油层后,形成大量泡沫,泡沫在地层孔隙中形成贾敏效应,封堵高渗透油层或气窜层,控制蒸气窜流,克服重力超覆,减少粘滞指进,降低液体流度,调整注汽剖面,增大波及系数,迫使蒸汽进入中低渗透率油层,提高中低渗透率油层动用程度和原油采收率,进而调整储层动用剖面[1-3]。

(2)降粘助排作用。

复合降粘助排剂与流过微小孔道的高温流体(原油)共同作用,将长期浸泡、覆盖在岩石表面、沉积老化的胶质、沥青质和半极性成分(憎水厚膜)等相互缠绕的大分子,迅速剥离出来,使孔道、蒸汽通道和油流通道相对增大,注入压力降低。孔道的非均质性和流体剪切作用又加强乳化发生。因此药剂能够降低油水界面张力,形成水包油乳状液,改善原油流动性;能够改变岩石表面润湿性[4],提高回采水率;能够使岩石胶结矿物产生一定的收缩作用,增大储层岩石的渗流孔道,降低渗流阻力[5-7]。

## 2　超稠油降粘助排技术配方研究

### 2.1　助排剂的筛选与性能评价

在降粘剂中加入助排剂能迅速、高效的降低水溶液的表界面张力,增加界面活性,提高其润湿性与渗透性,减小地层多孔介质的毛细管阻力,有利于降粘剂的顺利注入,降低蒸汽注入压力,改善原油的流动性,提高采油效率。该剂本身需要具有很低的界面张力,一般需 8mN/m 以下,对地层的吸附力尽可能低,对其他工作液不发生作用,同时对地层不产生伤害,分别收集了 5 种助排剂对其性能进行了评价。

#### 2.1.1　助排剂的表界面张力测试

在室温条件下,将收集到的 5 种助排剂分别配制成不同浓度的溶液 100mL,充分搅拌后,静置 3h,使溶液充分溶解均匀后,用 K12 型德国 kruss 表界面张力仪挂片法测试各溶液的表界面张力,测试结果如表 1 所示。

收集到的 5 种助排剂,其中 TCJ 助排剂是碳氢类表面活性剂,它虽然具有超低的界面张力,但表面张力值相对较高,且碳氢类表面活性剂不耐高温,适用温度为 80℃以下,因此不适用于超稠油油藏的降粘助排配方。其余四种助排剂均为氟碳类表面活性剂,适用于高温条件,从表 1 中可以看出，F370 与 F633 助排剂的表界面张力值比 HCF－01 和 WHFC 助排剂的表界面张力值要低，更适合用于超稠油油藏的助排剂，并且二者在 0.005%～0.3%浓度范围内的表界面张力值变化不大，二者的最佳适用浓度在 0.05%～0.1%范围内，结合成本考虑，二者最佳使用浓度为 0.05%。

表1    种助排剂表界面张力测试值(室温 25℃)

| 类型 | F370 | | F633 | | TCJ | | HCF－01 | | WHFC | |
|---|---|---|---|---|---|---|---|---|---|---|
| 浓度% | 表面张力 mN/m | 界面张力 mN/m | 表面张力 mN/m | 界面张力 mN/m | 表面张力 mN/m | 界面张力 mN/m | 表面张力 mN/m | 界面张力 mN/m | 表面张力 mN/m | 界面张力 mN/m |
| 0.005 | 23.42 | 0.66 | 21.66 | 0.82 | 27.16 | 0.55 | 25.32 | 1.23 | 26.88 | 2.25 |
| 0.01 | 22.94 | 0.46 | 21.31 | 0.70 | 27.45 | 0.91 | 24.68 | 1.12 | 25.36 | 1.89 |
| 0.05 | 22.65 | 0.40 | 21.09 | 0.49 | 27.40 | 0.07 | 23.79 | 0.98 | 24.78 | 1.26 |
| 0.1 | 22.79 | 0.39 | 20.99 | 0.44 | 27.98 | 0.03 | 23.15 | 0.88 | 24.12 | 0.86 |
| 0.2 | 22.72 | 0.47 | 21.30 | 0.63 | 27.89 | 0.12 | 22.99 | 0.79 | 23.59 | 0.75 |
| 0.3 | 22.77 | 0.46 | 21.15 | 0.38 | 27.79 | 0.06 | 22.45 | 0.72 | 23.16 | 0.77 |

### 2.1.2  助排剂润湿性能测试

取一段人工岩心，分别切割成小块，在 50℃条件下置于稠油中浸泡 7 天，使原油充分渗透入岩心孔隙中。然后用接触角测定仪分别测定原油浸泡后每块岩心的接触角。再将岩心放入不同的助排剂溶液中浸泡 3 天，使原油充分剥离，再次测定岩心的接触角。实验结果如下(图1)。

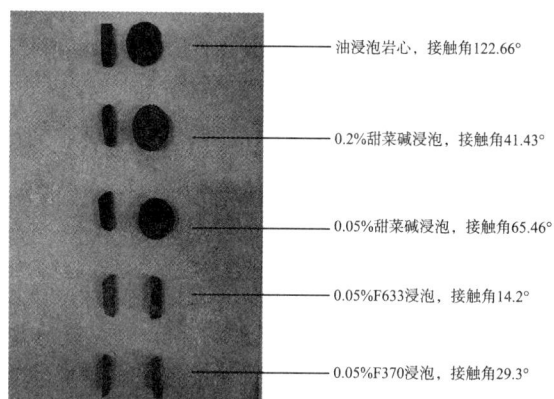

油浸泡岩心，接触角122.66°
0.2%甜菜碱浸泡，接触角41.43°
0.05%甜菜碱浸泡，接触角65.46°
0.05%F633浸泡，接触角14.2°
0.05%F370浸泡，接触角29.3°

图1  助排剂浸泡后的岩心

通过助排剂润湿性能评价实验可以看出，氟碳类表面活性剂对原油的剥离效果比碳氢类表面活性剂效果好，其中 0.05% 的 F633 表面活性剂洗油效果最佳，岩心从油润湿(接触角为 122.66°)转变为水润湿，接触角仅为 14.2°，水滴能够在岩心表面迅速铺展。

### 2.1.3  岩心模拟实验测试助排剂的助排率

采用 ZPJPJ－Ⅱ智能型助排剂评价实验装置按照中石化企业标准 Q/SHCG69－2013 进行评价。实验装置如下图2所示。

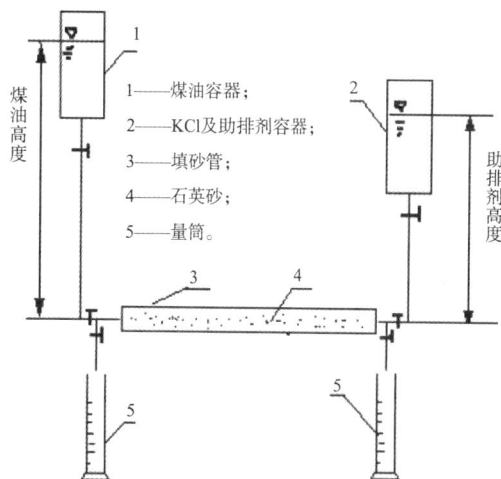

1——煤油容器；
2——KCl 及助排剂容器；
3——填砂管；
4——石英砂；
5——量筒。

图2  助排剂性能评价装置及设备原理示意图

实验结果如表2所示。

表2　助排剂助排效果评价表

| 项目 | 空白试验 | 甜菜碱助排剂 | F633助排剂 | F370助排剂 |
|---|---|---|---|---|
| 饱和前 M0/g | 564.01 | 569.21 | 573.42 | 570.37 |
| 饱和后 M1/g | 604.06 | 607.26 | 609.93 | 607.64 |
| V0(死体积)/mL | 2.45 | 2.45 | 2.45 | 2.45 |
| 孔隙体积 V/mL | 37.48 | 35.49 | 33.95 | 34.71 |
| Q1/mL | 22.55 | 25.05 | 25.05 | 26.05 |
| Q2/mL | 14.05 | 15.05 | 10.55 | 10.05 |
| Q3/mL | 14.55 | 14.55 | 11.55 | 9.55 |
| 排出效率 A/% | 50.21 | 57.08 | 59.38 | 51.04 |
| 助排率 E/% | | 13.68 | 18.26 | 1.65 |

通过助排实验发现，F370 助排效果最差，F633 助排剂的助排效果最好，通过计算 F633 助排剂的助排率达到 18.26%，这与润湿性实验的结果一致，F633 助排剂洗油效率最高，其助排效果也最好。

### 2.1.4　助排剂耐温性能测试

实验采用热重差热分析仪 TGA/DSC3＋进行，用样品勺取 20～30mg 筛选出的 F633 助排剂置于陶瓷坩埚中，设置加热温度为 30℃～500℃，升温速度为 20℃/min。实验结果如图 3 所示。

从图 3 中可以看出，由于 F633 助排剂有溶剂，所以 120℃之前，由于溶剂不断挥发，样品质量持续下降。当溶剂挥发完毕后，F633 助排剂质量稳定直至温度升至 320℃时，开始分解，样品质量迅速降低。预先在烘箱中蒸发溶剂后再用热重差热分析仪测试其分解温度，图中同样可以看出该助排剂耐温可达 320℃。

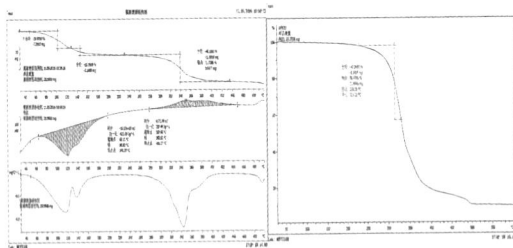

图3　F633 助排剂热重差热分析图

### 2.2　降粘助排剂配方

将筛选评价出的 F633 助排剂与催化降粘剂进行配伍性实验，观察降粘效果。采用新 5007 超稠油为实验对象，测试原油原始粘温曲线如图 4 所示(用 DNJ－8S 黏度计测试)。

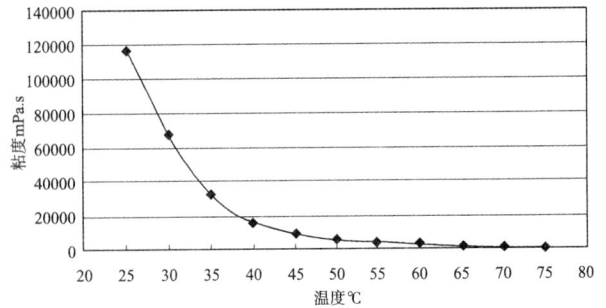

图4　新 5007 原油粘温曲线

表3　降粘助排剂配方研制(200℃马弗炉放置 16 小时)

| 序号 | 配方 | 实验结果 | 降粘率%（50℃） |
|---|---|---|---|
| 1 | 35g原油＋0.3gCHJ＋水15g | 原油黏度有所降低，油水分离，原油成团 | 52.33 |
| 2 | 35g原油＋0.15gCHJ＋0.15gF633＋水15g | 原油成团，挑起流动性好 | 71.61 |
| 3 | 50g原油＋0.15gCHJ＋水20g | 原油颜色变褐色，黏度降低，搅拌有油块，不均匀 | 97.38 |
| 4 | 50g原油＋0.075gCHJ＋0.035gF633＋水20g | 原油颜色变褐色，黏度明显降低，搅拌均匀 | 99.77 |

根据表 3 实验结果可以看出，加入助排剂 F633 后，在保持较好的降粘效果的前提下可显著降低催化降粘剂 CHJ 的用量，且降粘后原油均匀性好，原油与破胶罐之间粘附力小，破胶罐留存原油较少，易清洗。因此，目前评选出的最优配方为 0.1% 的催化降粘剂＋0.05% 的 F633 助排剂。用该配方分别对 L7905 和 LZ44 油样也进行了降粘实验，L7905 地层温度下原油黏度 50000mPa·s，降粘后黏度为 63.29mPa·s，降粘率为 99.87%；LZ44 地层温度下原油黏度 110000mPa·s，降粘后黏度为 284.4mPa·s，降粘率为 99.74%。实验表明该配方降粘效果较好。

通过以上实验确定最终降粘助排剂配方，该配方体系的表面张力值为 25.66mN/m，界面张力为 0.06 mN/m。

## 3　超稠油降粘助排技术现场应用

新 5007 井是 2014 年新庄油田泌浅 57 区 E 新 21 断块井网调整方案中组合单元 1 所部署的采油井。2016 年 4 月 18 日上返至Ⅰ3、4 层生产，砂层厚度 13.4m，截至 2016 年 10 月 10 日累计注汽量 1411t，注氮气量 48000 标方，累计生产 155.8 天，累计产液 1100.9t，累计产油 379.5t，综合含水 66%，油汽比 0.3，采注比 0.8，采出程度 2%。该井生产层油层厚度大,油层物性较好,单井控制储量为 1.3 万吨,剩余储量 1.27 万吨,因原油黏度较高(储层温度下原油黏度为 53047.2mPa·s)导致生产周期短,采出程度低,经分析认为,该井增产潜力较大,因此选定该井为现场试验井。

对该井开展降粘助排措施后该井累计生产时间 91.96 天,累计产油 346.2t,累计产液 890.1t;与第一周期相比增油 251.5t,措施效果显著(表 4、图 5)。

表 4　新 5007 井周期生产效果表

| 周　期 | 生产天数(d) | 周期产液量(t) | 周期产油量(t) | 综合含水(%) | 日均产油(t/d) | 采注比 | 油汽比 |
| --- | --- | --- | --- | --- | --- | --- | --- |
| 1 | 50.8 | 570.3 | 94.7 | 83.4 | 1.86 | 0.6 | 0.1 |
| 氮气抑水增油 | 36.7 | 169.7 | 48.7 | 71 | 1.3 | | |
| 热 | 86.4 | 444 | 265.5 | 40.2 | 3.07 | 0.95 | 0.5 |
| 措施周期 | 91.96 | 890.1 | 346.2 | 61.11 | 3.76 | 1.23 | 0.48 |

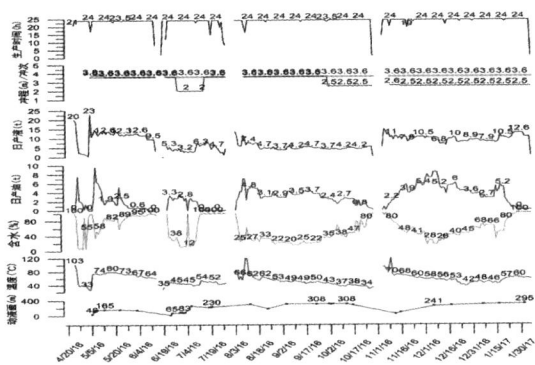

图 5　新 5007 生产曲线

## 4　结论与认识

(1)研究开发了具有耐高温、低表界面张力和快速渗透的化学助排剂。该剂具有使用浓度低(0.05%),表面张力低(21.09mN/m),界面张力低(0.49 mN/m)等特点,耐温达到 320℃,助排率达到 18.26%。

(2)该体系在新庄油田进行现场实施,累计生产时间 92 天,累计产油 346.2t,累计产液 890.1t;与第一周期相比增油 251.5t,措施效果显著。

(3)研究开发的超稠油降粘助排技术,室内实

验可重复性良好,现场试验施工安全顺利,现场适应性强,措施效果明显,具有良好的可操作性、可靠性与稳定性。

## 参 考 文 献

[1] 赵福麟.调剖剂与驱油剂[J].油气采收率技术,1994,1(1):13—18.
[2] 文福姬,王文涛,赵庆韬,等.复合表面活性剂型驱油剂的研制及现场应用[J].油田化学,2002,31(6):35—41.
[3] 马静.复合降粘助排技术在超稠油水平井中的应用[J].内蒙古石油化工,2012,20:105—109.
[4] 谭宏亮.稠油开采中后期增能助排技术[J].当代化工,2012,41,(5):17—22.
[5] 孙梅莲.驱油剂层内合注提高石油采收率[J].河南石油,2000,30(2):55—58.
[6] 陈雷,王艺,何玉坤,等.化学驱油剂对原油颗粒稳定性的影响[J].中国给水排水,2003,19(9):113—117.
[7] 孟红霞,陈德春,张琪,等.驱油剂提高原油采收率的实验研究[J].广西大学学报(自然科学版),2006,31(3):38—44.

# 稠油热采井口保温箱的研制及应用

禹越海[1]　裴　洁[1]　魏　鹏[1]　丁　波[2]　何成伟[2]

(1.中国石化河南油田分公司石油工程技术研究院;2.中国石化河南油田分公司采油二厂)

**摘　要**　为了降低河南油田稠油热采开发中地面系统传输的热损失,解决注汽井口热损失大的问题,通过对现有井口保温技术及在用保温箱的材料、工艺进行调研,分析对比现有材料和工艺的优缺点,开展新型稠油热采井口保温箱的设计、研制。完成了新型井口保温箱的设计研制并在现场进行了试验。新型井口保温箱采用柔性保温结构,结构紧凑、可拆卸、耐酸碱。保温层采用气凝胶材料,具有导热系数低、产品性能强、适用温度宽、使用时间长等特点。现场应用25井次,保温效果均符合标准允许的最大散热损失,取得了良好的节能效果,并且解决了原整体式保温箱笨重、斜井无法安装、通用性差等问题。

**关键词**　稠油热采;井口保温箱;柔性保温;降低热损失

## 1　前言

河南油田采油二厂开发区块以稠油为主,主要采用蒸汽吞吐开采方式。为了减少井口热损失,提高热能利用率,注汽井口部分安装有玻璃钢井口保温箱,但因结构不够合理且较为笨重,拆装较为困难,使用效果欠佳。因此,开展相关现状调研与研究,摸清井口热损失的主要原因,通过优选保温材料、优化井口保温箱结构来降低井口热损失,降低稠油开发运行成本,实现稠油热采的经济效益开发。

## 2　现状调研分析

### 2.1　井口保温技术现状

井口保温现阶段主要采用两种方式:一是简易保温。采用防水岩棉保温材料管壳或毛毡保温;二是采用保温箱对采油树进行整体保温。保温箱是由玻璃钢、镀锌铁皮或彩钢板做外护层,由防水岩棉、微孔硅酸钙作保温层材料组成的箱体式结构的外罩。

### 2.2　现状分析

现用的井口保温箱无内部支撑,防水岩棉、微孔硅酸钙保温材料粘合力差,厚度增加时,易变形,吸水后会加剧变形,造成保温材料下滑、塌陷,堆积在保温箱底部,使保温箱内上部空虚,上部管道和阀门无保温,保温效果逐步变差。

井口采油树的样式不完全一致,整体保温箱无法一一适应,遇到斜井更是无法安装,保温箱匹配性差。如勉强安装,会出现保温箱变形、安装后封闭性差、保温材料不易贴合管道和阀门等现象,严重影响保温效果。

保温箱体型大、重量大,较为笨重,井口检修时,每次拆卸、安装都需要3个人才能完成,操作非常不便,劳动强度大,导致现场应用积极性不高。

因此,针对井口保温箱存在的问题,需尽快开展新型井口保温箱的设计、研制,从而减少注汽热损失,提高注汽质量。

## 3　井口保温箱的设计

### 3.1　总体设计思路

针对现有井口保温箱存在的热损失大、体积大、重量大、拆装劳动强度大等缺点,本次设计主要从"降低热损失、控体积、降重量"三个方面进行改进,在确保隔热保温性能不降低的情况下,达到结构轻便、拆装方便的目的。

### 3.2　保温材料比选

常用保温材料性能对比见表1。

表1 保温材料技术性能对比表

| 项目 | 材料 | 二氧化硅气凝胶毡 | 传统保温材料 | | |
|---|---|---|---|---|---|
| | | | 硅酸铝 | 玻璃棉 | 岩棉 |
| 导热系数,W/(m·K) | 常温 ℃ | 0.017 | 0.04 | 0.038 | 0.042 |
| | 100℃ | 0.019 | 0.065 | 0.067 | 0.069 |
| | 200℃ | 0.021 | 0.082 | 0.086 | 0.089 |
| | 300℃ | 0.024 | 0.1 | 0.105 | 0.11 |
| | 400℃ | 0.028 | 0.115 | 0.124 | 0.132 |
| 300℃时保温厚度,mm | | 30 | 120 | 150 | 150 |
| 最高适用温度,℃ | | 750 | 800 | 400 | 400 |
| 容重,kg/m³ | | 3.55 | 120～150 | 40～60 | 100～120 |
| 防水性 | | 憎水率>99%,无须特殊防水措施 | 不完全防水,需外加防水层 | | |
| 三通、阀门等异型部位保温 | | 可拆卸保温箱,保温效果好,使用方便 | 保温盒保温,保温效果差 | | |
| 抗压强度 | 形变10% | 60Kpa | 毡状制品:压缩形变大 | | |
| | 形变25% | 120Kpa | 板状制品:脆性大,易碎 | | |
| 使用寿命 | | ≥20 年<br>整体性好,具有较好的抗震抗拉性,使用过程中不出现颗粒堆积、沉降等现象。20 年模拟测试收缩率小于 1%,导热系数无变化 | 3～5 年<br>材料结构松散,材料自重、设备震动、材料进水等导致材料解体、塌陷,保温效果明显下降 | | |
| 其他 | | 使用厚度小,可减少管道保温厚度,减少蒸汽管道间距,减少场地面积或管廊大小 | 保温层厚,搭接处容易存在缝隙,较高的膨胀收缩系数易致使缝隙成为热桥,振动后更明显 | | |
| 节能效果 | | 比传统材料节能30%以上 | | | |

综合上述材料的优缺点与适用范围,结合油田现状,推荐采用气凝胶毡作为主要保温材料。

### 3.3 保温箱结构设计

为解决目前保温箱体积大、重量大、拆装劳动强度大等问题,设计了柔性保温箱结构。根据井口阀门分布状况,分块缝制然后进行整体组合的结构。柔性保温箱由内衬层、中间保温层、外防护层三部分构成,采用耐高温缝纫线进行缝制。具有结构紧凑、可拆卸、耐酸碱等优点。

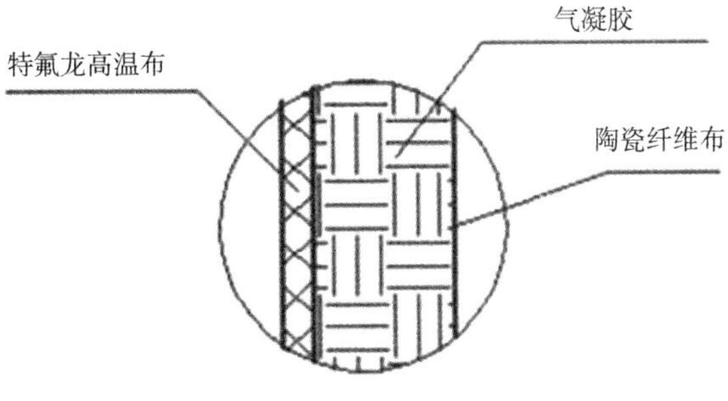

图1 柔性保温箱保温结构示意图

(1)内衬层:采用陶瓷纤维布,耐温可高达1260℃;

(2)中间保温层:采用气凝胶材料,具有导热系数低、防水等级高、产品性能强、适用温度宽、使

用时间长等特点;

(3)外防护层:采用特氟龙高温布,利用其抗粘性好、防水防油的特性保护内衬及中间保温材料;

(4)缝纫线:采用高硅氧耐高温缝纫线,具有耐酸碱、耐腐蚀、抗拉强度高、收缩率极低、耐磨性能优的特点。

表2 柔性保温箱主要材料性能参数表

| 材料名称 | 适用温度 | 其他主要性能及特性 |
|---|---|---|
| 陶瓷纤维布 | ≤1260℃ | 热传导率≤0.130w/m.k |
| 气凝胶 | ≤750℃ | 热传导率≤0.019w/m.k;憎水率:≥99% |
| 特氟龙高温布 | -70～260℃ | 耐腐蚀性好、抗粘性好、强度高,延伸系数小于5% |
| 耐高温缝纫线 | ≤265℃ | 耐酸碱、耐腐蚀、不易老化 |

## 4 现场试验及应用情况

按照《热力输送系统节能监测》GB/T 15910—2009,对新设计的井口保温箱、原有的井口保温箱及未保温井口进行绝热效果检测。

图 2　注汽井口保温现场安装图

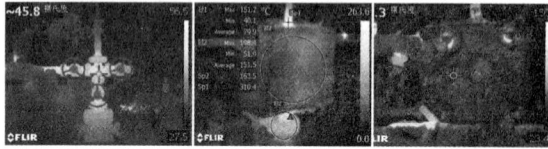

图 3　不同保温结构红外成像图

表 3　注汽井口不同保温结构保温效果对比表

| 保温结构 | 重量 kg | 保温箱面积 m² | 散热量 W | 散热损失 W/m² | 允许最大散热损失 W/m² | 评价 |
|---|---|---|---|---|---|---|
| 未保温井口 | / | / | 6429 | / | 159 | / |
| 一体式保温箱 | 25 | 4.92 | 2375.5 | 482.82 | 159 | 不合格 |
| 柔性保温箱 (3×10mm 气凝胶) | 10 | 3.83 | 461.57 | 120.52 | 124 | 合格 |

通过现场试验可以看出,柔性保温箱较一体式保温箱的保温效果得到了进一步的提高,散热损失下降 75.04%,气凝胶柔性保温箱散热损失达到标准允许最大散热损失,节能效果显著。同时保温箱的重量有了大幅的降低,减轻了现场人员安装的工作强度。

目前保温箱已初步现场应用 25 井次,保温效果均符合标准允许的最大散热损失,取得了良好的节能效果。

## 5　结论

新型气凝胶柔性保温箱与原有保温箱相比,热损失明显降低,解决了原保温箱笨重、拆装劳动强度大、斜井无法安装、通用性差等问题,可满足生产实际需求,具有较好的实用性和良好的推广应用前景。通过开展稠油热采井口保温箱的研制,解决了现有井口保温箱存在的问题,减少井口热损失,提高热能利用率,从而降低稠油开发运行成本。

## 参 考 文 献

[1] 中石化河南石油工程设计有限公司.采油二厂注汽系统全程保干整体规划[R],2018.
[2] 常大明,刘华雄,王小勇,等.热采井口保温箱和管线隔热管托适应性分析研制与应用[J].油气田勘探与开发国际会议论文,2018.
[3] 中华人民共和国国家质量监督检验检疫总局,中国国家标准化管理委员会.GB/T8174-2008 设备及管道绝热效果的测试与评价[S].北京:中国标准出版社,2008.
[4] 中华人民共和国国家质量监督检验检疫总局,中国国家标准化管理委员会.GB/T15910-2009 热力输送系统节能监测[S].北京:中国标准出版社,2010.
[5] 丁波,李立,韩峰等.河南油田稠油热采注汽管网保温技术应用分析[J].石油天然气学报(江汉石油学院学报),2010,32(5).

# 河南油田同井注采一体化工艺研究及应用

## 童　星

（中国石化河南油田分公司石油工程技术研究院）

**摘　要**　河南油田在小断块油藏开发过程中，存在以下一些问题：区块油藏断层多，断块面积小，尤其是一些边远区块，注采井网不够完善，部分井有采无注或者有注无采，注采对应率低，部分储量无井控制。针对这些问题，研究并形成了一套适应河南油田地层条件的同井注采一体化工艺：采用可钻桥塞以及插管密封方式，将地层分隔为采油层和注水层，配套井口流程，经油管套环空向注水层注水，经油管从采油层采油，实现了注水和采油两种工艺在一口井中同时实施的目的。

**关键词**　完善注采井网；同井注采；可钻桥塞

## 1　概述

河南油田进入多层系注水开发后期，受储层非均质性和注水方向的制约，大部分开发区块都面临剩余油难以得到有效动用的问题，尤其是在复杂小断块油藏，以及偏远地区油藏，无法形成规则的注水井网，部分井有采无注或者有注无采，部分储量无井控制，如果进行新的注水井布井，一是成本较高，二是井网优化较难。为了解决上述问题，研究人员开展了同井注采工艺技术研究，该技术利用桥塞将井下层位分开，一层通过油套环空注水，一层通过抽油泵进行采油，形成双作用井，既是采油井，又是注水井。设计了注上采下和注下采上两种工艺管柱，研制了可钻桥塞，注采交叉装置，插管，插管扶正器等配套工具，形成了一套适应河南油田同井注采工艺技术。

## 2　同井注采工艺管柱研究

### 2.1　注上采下工艺管柱

管柱组成：（自下而上）插管＋注上采下可钻桥塞＋插管扶正器＋抽油泵，如图1所示。

工艺原理：

（1）采用可钻桥塞，减少后期解封时遇到的问题；

（2）采用插管配合方式，可以进行检泵施工；

（3）插管配套插管扶正器，使插管更容易插入到可钻桥塞内，完成密封。

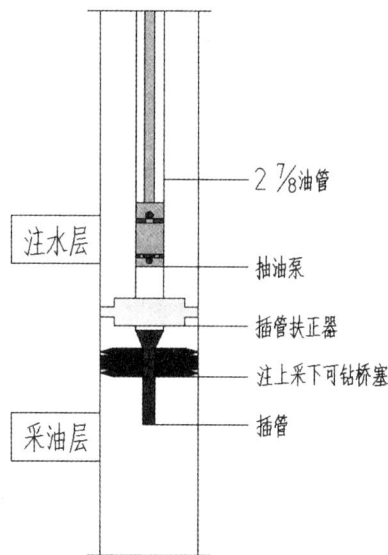

图1　注上采下工艺管柱示意图

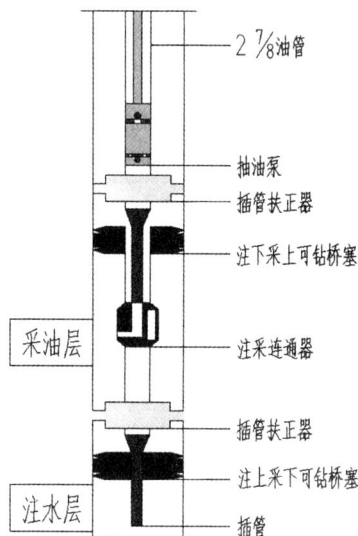

图2　注下采上工艺管柱示意图

## 2.2 注下采上工艺管柱

管柱组成:(自下而上)插管＋注上采下可钻桥塞＋插管扶正器＋注采连通器＋插管＋注下采上可钻桥塞＋插管扶正器＋抽油泵组成,如图2所示。

工艺原理:

(1)上级桥塞采用双管结构,使得从油套环空的注入水能够通过双管环空进入到注采连通器内;

(2)注采连通器可以将油套环空的注入水引入到下层,同时将上层油液引入到油管内,实现注水和采油通道的独立;

(3)上下两级插管均配套插管扶正器,保证插入密封。

## 3 配套工具研制

### 3.1 可钻桥塞的研制

可钻桥塞由导向机构,中心管,拉环,卡瓦,锥体,密封胶筒,密封筒等组成。其中,锥体部分为复合材料,卡瓦部分为铸铁,可钻除,中心管为金属结构,可打捞,如图3所示。

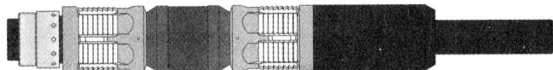

图3 可钻桥塞示意图

工作原理:可钻下入到预定位置后,地面打液压,与可钻桥塞相连的桥塞坐封工具外推筒推动卡瓦,锥体下行,卡瓦张开,支撑在套管壁上,同时胶筒坐封。

技术指标:该工具经过室内试验,包括坐封压力试验,丢手压力试验,整体耐压差试验以及中间井耐温耐压试验,达到了15MPa坐封,20MPa丢手,整体耐压差30MPa,耐温130℃。

### 3.2 密封插管的研制

插管主要由插管上接头,下插管组成。下插管上设置有多道密封盘根,与可钻桥塞密封管配合,实现密封,如图4所示。

图4 密封插管示意图

工作原理:桥塞坐封工具起出后,插管下入到封隔器顶端时,插管下部有导向角,能够顺利插入桥塞中心管内,密封油管。

技术指标:密封插管与可钻桥塞配套使用,经过整体耐压差试验,以及插入可钻桥塞后的密封性试验,达到了整体耐压差30MPa,密封耐压差30MPa不渗不漏,达到了设计指标。

### 3.3 注采连通器的研制

注采连通器主要有上接头,桥式下接头组成,应用于注下采上工艺管柱,主要功能是将从油套环空的注入水,引入到下层,实现注下,同时,上层的油液通过注采连通器进入到油管内,再通过抽油泵举升至地面,最终实现注下采上的目的,如图5所示。

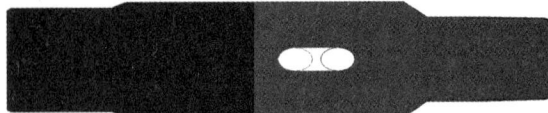

图5 注采连通器示意图

通过关键工具的配套,实现了注上采下工艺管柱和注下采上工艺管柱的组配。

## 4 现场应用

该技术目前在河南油田应用2井次,其中注上采下工艺管柱应用1井次,注下采上工艺管柱应用1井次,截至2020年11月,最长有效期2年8个月,目前两口井均持续有效,注水层对应油井也取得了增油效果。

### 4.1 注上采下工艺管柱在下5－112井的应用

1)地质情况

下5－112井是下二门油田V油组一口油井,全井射开Ⅳ6 V2层,V1层位于断层夹持区,邻井储量动用程度低,具有挖潜潜力。Ⅳ6层周围油井低能,需注水补充能量。为提高该区域井网完善程度及储量动用程度,改善开发效果,决定对下5－112井补孔V1层同井注采,生产V 12层,同时注水Ⅳ6层。

2)效果分析

下5－112井注水层对应的受效井有2口,分别为下T5－247井和下T5－244井,这两口井在下5－112井进行同井注采施工后,注水均见到了效果。

下T5－247井处于断层破碎带,能量较弱,需要注水补充能量,该井目前单采Ⅳ6层,在下5－112井进行同井注采施工3个月后,日产液量由6.8方上升至9.6方,日产油量由1.8t上升至2.4t。目前该井仍保持该产状进行生产。

下T5－244井是一口捞油井,在下5－112井同井注采施工前日产液量和日产油量均为0,施工后3个月,捞油见到油量,目前每日生产4小时,日产液量提高到9方,日产油量提高到0.5t。

下T5－247井和下T5－244井效果统计表如图6所示。

效果统计

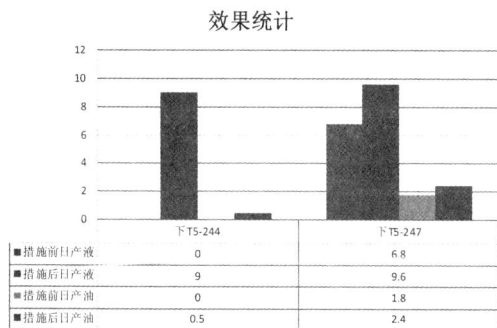

图 6    下 T5—244 和下 T5—247 井效果统计

### 4.2    注下采上工艺管柱在下检 1 井的应用

1）地质情况

检 1 是下二门油田 H2Ⅳ 油组的一口采油井，全井射开Ⅲ 123Ⅳ 36 层，Ⅲ 4 层采出程度低，具备进一步挖潜的物质基础。内部油井低能低产，需要完善注采井网补充能量。Ⅲ 123 层具有回采的潜力。为完善Ⅲ 4 层南部区域注采井网，补充内部油井能量，决定对检 1 井补孔Ⅲ 4 层进行边外注水，同井注采采Ⅲ 123 层。

2）效果分析

下检 1 井注水层对应的受效井有 3 口，分别为下 T5—221 井，下 5—101 井和下观 5 井，这三口井在下检 1 井进行同井注采施工后，注水均见到了效果。

下 T5—221 井在下检 1 井同井注采施工 2 个月后，日产液量由 3.8 方上升至 5.1 方，日产油量由 0.6t 上升至 0.8t。下 5—101 井日产液量由 11.5 方上升至 17.3 方，日产油量由 1.9t 上升至 2.1t。下观 5 井日产液量由 34 方上升至 66 方，日产油量由 0.2t 上升至 0.9t。三口井均取得了良好的效果。日产液与日产油对比如图 7、图 8 所示。

日产油对比

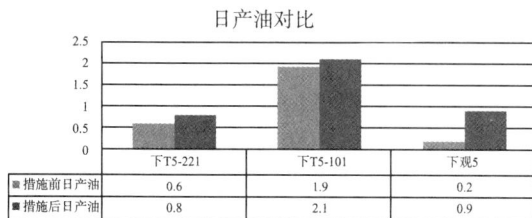

图 7    日产油对比

通过现场应用，验证了该工艺的可行性，注水系统和采油系统互不干扰。配套工具也实现了工艺管柱的长效性，截至目前，下 5—112 井有效期达 2 年 8 个月，下检 1 井有效期达 2 年 1 个月，仍然持续有效。

日产液对比

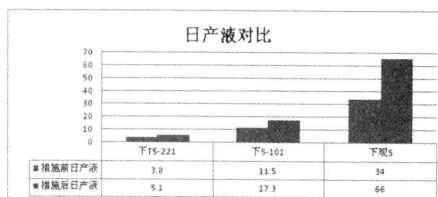

图 8    日产液对比

## 5    结论与认识

（1）研制出两种同井注采工艺管柱，分为注上采下工艺管柱和注下采上工艺管柱。

（2）两种管柱均在河南油田进行了现场应用，取得了较好的效果，截至 2020 年 12 月，该技术累计增注 32850m³，两个井组共计 4 口井注水见效，累计增油 820t，阶段创效 65 万元。

（3）避免了新井投资，节约了钻井费用。

### 参 考 文 献

[1] 张琪. 采油工程原理及设计. 石油大学出版社，2000.

[2] 万仁溥. 采油工程手册[M]. 北京：石油工业出版社，2000.

[3] 崔海清. 工程流体力学[M]. 北京：石油工业出版社，1995.

[4] 罗汉生，余克让. 油田常用封隔器及井下工具手册[M]. 北京：石油工业出版社，1997.

[5] 袁恩熙. 工程流体力学[M]. 北京. 石油工业出版社，1986.

[6] 《井下作业技术数据手册》编写组. 井下作业技术数据手册[M]. 北京：石油工业出版社，2000.

# 重复压裂技术在渭北油田的研究与应用

王树森　崔连可　余小燕　肖诚诚　张　坤

(中国石化河南油田分公司石油工程技术研究院)

**摘　要**　渭北油田长3储层具有低孔、低渗、低压的特点,压裂是主要的增产手段。针对储层压力系数低的特征,优选增能渗吸驱油剂,油水置换率可达17.0%;针对储层低孔超低渗、温度低等特征,研究形成两套抗低温、低伤害、低成本压裂液体系,30℃下4小时彻底破胶,伤害率仅15.2%,单方成本降低21.2%;针对浅层水平层理发育、重复压裂井潜力层动用程度低,研究形成了水力喷射定点压裂、水平缝投球分层及垂直缝暂堵多缝压裂三种工艺,提高了多层油藏纵向和平面动用程度。现场应用20井次,累计增油3763.1t,压后效果明显。

**关键词**　渭北油田;重复压裂;压裂液;水力喷射;投球分层;暂堵转向

渭北油田地处鄂尔多斯盆地南部,主力油层为长3储层。储层埋深 $200\sim650$m,以岩屑长石砂岩、长石砂岩为主,平均孔隙度12.2%,平均渗透率 $0.76\times10^{-3}\ \mu m^2$。油藏原始地层压力2.06MPa,压力系数0.6,饱和压力0.65MPa。平均地层温度30℃~50℃,原油密度 $0.8102g/cm^3$、黏度6.64mPa·s,含蜡量12.1%,地面原油凝固点23.3℃。长3储层孔隙度低、渗透率低、地层压力低,为达到经济产能,压裂是主要的改造手段。

自2011年以来,渭北油田长3层压裂326井层,主要压裂工艺以分层压裂及光油管合压为主,平均试油产量1.82t/d,初期效果较好。但在压裂中主要存在以下问题:① 多层合压工艺无法保证各层均起裂,压裂改造效果较差;② 压裂裂缝形态以水平缝为主,储层纵向动用难度大;③ 单井压后稳产期短,产量递减较快。

经统计,一次压裂井单井累产油小于500吨的井占总井数的65.8%,具有重复压裂改造的潜力。并且在2018年计划复产的井中,有20%的油井因射孔不完善或投产压裂规模小,初期产量低或递减快,需要实施重复压裂改造措施提高单井产量,实现渭北油田长3储层效益开发。

笔者通过渗吸驱油剂优选,提高入井流体油水置换率,延长压后有效期;研究形成两套抗低温、低伤害、低成本压裂液体系,以适应低温低孔低渗储层改造;针对对浅层水平层理发育、重复压裂井潜力层动用程度低,研究形成了水力喷射定点压裂、水平缝投球分层及垂直缝暂堵多缝压裂三种工艺,提高了多层油藏纵向和平面动用程度。

## 1　增能渗吸驱油剂研究

渗吸作为提高低渗透致密油藏采收率的重要手段,经过几十年的发展形成了一套有效可行的渗吸驱替采油法。研究表明,该采油法常用的表面活性剂从多个方面影响渗吸作用,因此在选择渗吸用表面活性剂时,应综合考虑表面活性剂对于油水两相界面张力的影响及对岩石表面润湿性的改变等因素。笔者针对渭北油田渗透率超低、注水开发效果差的现状,优选与储层油水特征相匹配的渗吸增能活性剂,从而改变岩心表面润湿性,提高采收率。

### 1.1　界面张力

室内实验优选6种渗吸增能活性剂,利用白金板法分别测试不同润湿调控剂、不同浓度(0.5%、1.0%、1.5%)条件下的界面张力(图1)。实验结果显示,同一浓度下几种润湿调控剂的表面张力相差不大;BN的界面张力最低,ZSZ界面张力相对较低,NM界面张力相对较高。

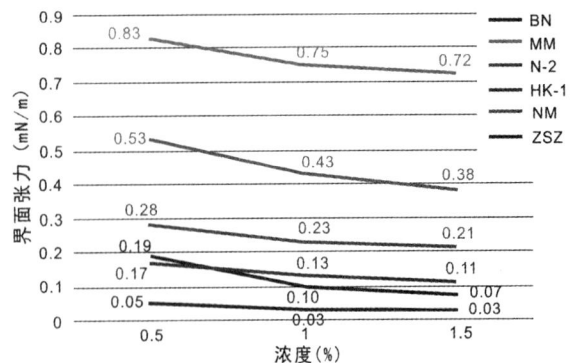

图1　润湿调控剂界面张力结果

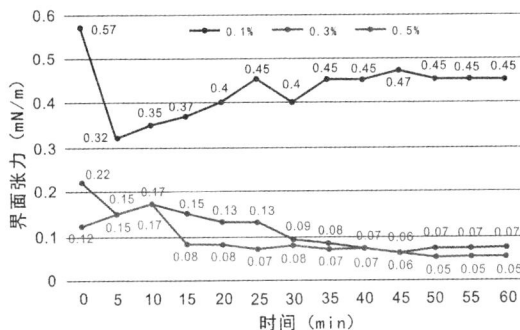

图 2　BN 润湿调控剂界面张力结果

对优选出的 BN 润湿调控剂优化使用浓度,实验结果(图 2)表明,较低浓度的 BN 润湿调控剂就可以将油水界面张力降至超低水平,且具有良好的稳定性。

## 1.2　洗油能力

实验选取 80~100 目的石英砂与渭北油田原油按 7:1 的质量比混合,在 35℃的烘箱内老化48h,再用一定浓度的 BN 润湿调控剂与模拟水同时进行浸泡静止实验。通过 5 天的浸泡实验发现加入润湿调控剂的溶液洗油率为 81%,远高于模拟水的 46%,洗油能力优异。

## 1.3　静态渗吸实验

室内切割岩心、烘干称重,对岩心进行饱和。开展岩心静态渗吸实验,将界面张力实验中优选出的 BN、ZSZ、NM 与地层水空白样进行对比(图3)。实验结果(图 4)显示,NM 和 BN 润湿调控剂渗吸置换效率高(渗吸置换率提高一倍以上)。说明渗吸剂对于改善微小孔隙中的流体流动具有较好的效果。

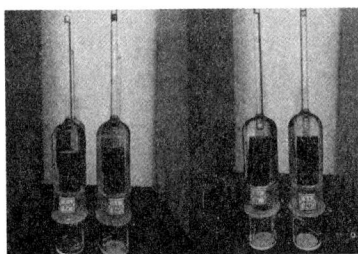

图 3　渗吸实验

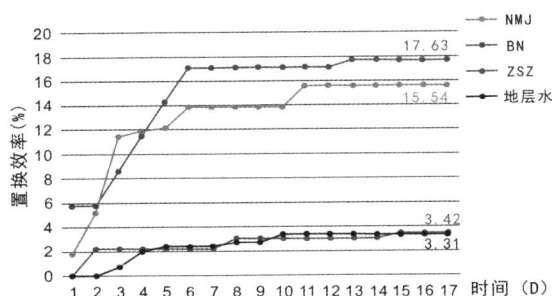

图 4　渗吸剂静态渗吸实验

## 2　低伤害压裂体系研究

长 3 储层温度低(30℃~50℃),以往主要采用硼砂交联羟丙基胍胶压裂液体系,存在破胶不彻底(破胶液黏度≥5mPa·s)、残渣含量高(286mg/L)、岩芯伤害率高(28.16%)等问题。通过开展压裂液配方的优化,研究形成了两套低残渣、低伤害、破胶彻底的低伤害压裂液体系。

### 2.1　高效压裂液体系

#### 2.1.1　增稠剂用量优化

采用高效交联剂,增大有机硼交联分子尺度,从原有点交联变为多臂交联,增稠剂浓度从 0.3%降至 0.2%,残渣含量大幅降低,从 245.45mg/L降至 134.05mg/L。实验结果(表 1)表明,0.2%GR-L +0.15%高效交联剂 B-140 组合交联时间 1min,在 40℃、170s$^{-1}$下剪切 60min,尾粘62.48mPa·s,可以满足现场施工要求。

表 1　压裂液交联剂优化表

| 交联剂 | 交联比 | 0.2%GR-L | | 0.25%GR-L | |
| --- | --- | --- | --- | --- | --- |
| | | 交联时间 | 耐温耐剪切/(40℃、60min) | 交联时间 | 耐温耐剪切/(40℃、60min) |
| 高效交联剂 B-140 | 100:0.1 | >10min | / | 30s,不可挑挂 | 42 |
| | 100:0.15 | 1min,不可挑挂 | 62.48 | 20s 挑起 | 82.54 |
| | 100:0.2 | 40s,不可挑挂 | 89.3 | 15s 挑起 | 132.5 |

#### 2.1.2　激活剂实现低温控制破胶

压裂液破胶效果直接影响压裂液的返排和压裂施工效果。在储层温度较低(30℃~50℃)时,周围环境不能很好地为常用固体破胶剂之一的过硫酸铵提供所需的能量,过硫酸铵的破胶能力迅速下降。通过加入多元醇胺类或金属盐等激活剂,引发氧化还原反应,释放游离氧,实现低温破胶。通过室内试验优选多元醇胺类激活剂作为低温破胶激活剂,并针对不同组合破胶剂加量优化其使用浓度为 0.2%,以确保压裂液在低温储层2h 内破胶。

表 2　压裂液破胶性能优化表

| 温度(℃) | 不同组合破胶剂加量 | 破胶时间(h),破胶液黏度(mPa·s) | | | |
| --- | --- | --- | --- | --- | --- |
| | | 1h | 2h | 3h | 4h |
| 30 | 0.04%APS | | | | 未破胶 |
| | 0.2%激活剂 A+0.04%APS | | / | 3 | |
| | 0.2%激活剂 B+0.04%APS | | 3 | | |
| 40 | 0.03%APS | | | | 未破胶 |
| | 0.2%激活剂 A+0.03%APS | | / | 3 | |
| | 0.2%激活剂 B+0.03%APS | | 3 | | |

剂压裂液破胶后平均残渣含量仅50mg/L，远低于高效压裂液的134.05mg/L。

续表

| 温度<br>(℃) | 不同组合破胶剂加量 | 破胶时间(h)，<br>破胶液黏度(mPa·s) | | | |
|---|---|---|---|---|---|
| | | 1h | 2h | 3h | 4h |
| 50 | 0.02%APS | | | | 未破胶 |
| | 0.2%激活剂A+0.02%APS | | | 3 | |
| | 0.2%激活剂B+0.02%APS | 3 | | | |
| 激活剂A—金属盐，激活剂B—多元醇胺类化合物 | | | | | |

#### 2.1.3　助排剂优选

笔者通过对目前压裂液中广泛应用的助排剂与本压裂液体系其他添加剂进行配伍性评价，优选出合适的助排剂。实验结果(表3)表明，在添加助排剂后，液体表面张力明显降低，其中以DL-8的应用效果最佳，因此优选DL-8作为本压裂液体系的助排剂，并优选其使用浓度为0.02%。

**表3　不同型号助排剂相关性能统计表**

| 助排剂代号 | 表面张力<br>(mN/m) | 界面张力<br>(mN/m) | 接触角<br>(°) | 用途 |
|---|---|---|---|---|
| DL-8 | 24.6 | 1.76 | 62 | 助排、破乳 |
| D-50 | 27.1 | 9.6 | 55 | 助排 |
| MAN | 27.2 | 2.9 | / | 助排 |
| FL-931 | 28 | 1.93 | / | 助排 |
| W-200 | 25 | / | 16 | 助排 |
| Losurf-300 | 30 | 2.9 | / | 助排、破乳 |

该体系在40℃，170s$^{-1}$下，剪切60min尾粘62.48mPa·s；支撑剂沉降速度为0.046mm/s，满足现场施工要求；岩心伤害率仅15.2%，比原配方伤害率降低了13.0%；成本从171元/立方米降至116元/立方米，大幅降低；实现了低浓度、低伤害、低成本目的。

#### 2.2　清洁压裂液体系

#### 2.2.1　新型清洁稠化剂降低残渣含量

胍胶压裂液作为常用的水基压裂液稠化剂，在配制过程中存在劳动强度大、混合不均、溶解时间长、易形成"鱼眼"等缺点，破胶后残渣较高，易堵塞地层，笔者针对此问题研发出低分子聚合物稠化剂。该稠化剂易于配制、残渣含量低，在满足渭北油田压裂需要的同时，大幅降低了压裂液配制难度。室内实验表明，0.3%浓度的清洁稠化剂溶解时间为23min，压裂液基液表观黏度30mPa·s，满足施工要求；0.3%浓度的清洁稠化

**表4　残渣含量测试结果**

| 实验<br>编号 | 过滤前后滤纸质量(g) | | 残渣含量<br>(mg/L) | 平均残渣含量<br>(mg/L) |
|---|---|---|---|---|
| | 过滤前滤纸质量 | 过滤后滤纸质量 | | |
| 1# | 1.510 | 1.513 | 30 | |
| 2# | 1.526 | 1.530 | 40 | 50 |
| 3# | 1.513 | 1.521 | 80 | |

#### 2.2.2　交联剂浓度优化

针对新型清洁稠化剂研发与之配套的新型交联剂。室内实验显示：0.016%～0.25%浓度的SR-1交联剂交联时间在30～60s，在30℃、170s$^{-1}$条件下剪切60min，尾粘大于30mPa·s，满足渭北低温地层的施工需要。

**表5　SR-1交联剂交联实验**

| 增稠剂浓度(%) | 交联剂浓度(%) | 交联时间(s) | 交联情况 |
|---|---|---|---|
| 0.25 | 0.16 | 60 | 良好 |
| 0.25 | 0.2 | 40 | 良好 |
| 0.25 | 0.25 | 30 | 良好 |

该体系具有良好的耐温耐剪切性能，在30℃、170s$^{-1}$条件下剪切60min，尾粘大于30mPa·s；残渣含量低，仅50mg/L；对地层伤害小，平均伤害率14.6%；表界面张力低，表面张力26.43mN/m，界面张力0.34mN/m，具有较好的渗吸驱油作用。同时，低温破胶激活剂与APS破胶剂配合使用，可以实现30℃低温下压裂液4h快速破胶，破胶液黏度<5mPa·s。

### 3　分流转向剂研究

为了提高一次压裂垂直裂缝复杂程度及实现水平裂缝精细分层，研制油溶性缝内暂堵剂的可溶性炮眼球，进而提高纵向及平面动用程度。

#### 3.1　油溶性暂堵剂

笔者以石油树脂、酚醛树脂、萜烯树脂、醛酮树脂和松香树脂作为主要原料进行筛选，并通过有机硅偶联剂对树脂惰性表面进行改性研制一种油溶性暂堵剂。

#### 3.1.1　封堵解堵性能评价

室内实验通过填满细砂的填砂管，开展岩心流动实验，评价油溶性暂堵剂的封堵和解堵效果。

表6 40℃下不同油溶性暂堵剂厚度封堵强度实验

| 暂堵剂厚度(cm) | 暂堵前 $K_{w0}$($\mu m^2$) | 暂堵后 $K_{w1}$($\mu m^2$) | 暂堵率(%) | 解堵后 $K_{O1}$($\mu m^2$) | 解堵率(%) | 突破压力(MPa) | 突破压力梯度 (MPa·$cm^{-1}$) |
|---|---|---|---|---|---|---|---|
| 0 | 3.5 | / | / | / | / | 0.0015 | / |
| 0.5 | 2.5 | 1.1 | 55.7 | 2.5 | 100 | 0.51 | 1.02 |
| 1 | 2.4 | 0.6361 | 73.5 | 2.37 | 98.7 | 2.4 | 2.4 |
| 1.5 | 2.0 | 0.174 | 91.3 | 1.918 | 95.9 | 5.7 | 3.8 |
| 2 | 1.1 | 0.0286 | 97.4 | 1.05 | 95.1 | 7.3 | 3.65 |

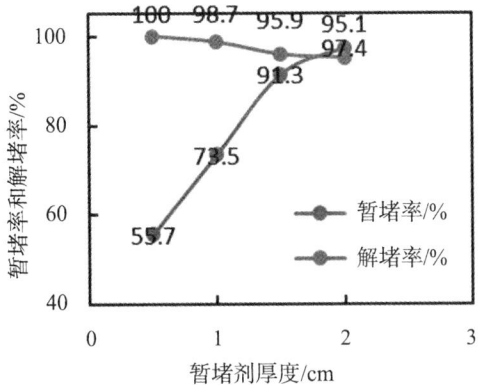

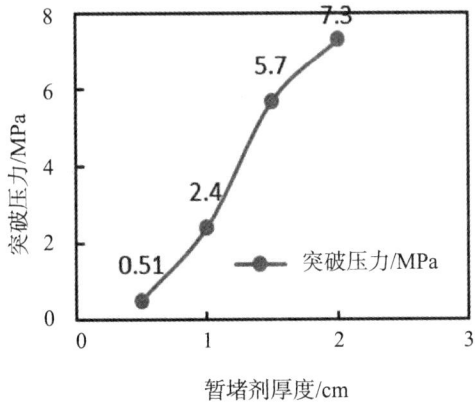

图5 不同油溶性暂堵剂厚度突破压力及暂堵解堵率变化图

实验结果表明,随着暂堵剂厚度的增大,暂堵率逐渐升高,但与此同时油相渗透率恢复值逐渐下降。堵剂的加量从0.5cm增加到2cm,暂堵率从55.7%升高到97.4%,增加了41.7%,而油相渗透率恢复值则从100%下降到95.1%;说明随着暂堵剂加量的增大,固相颗粒封堵岩心表面,暂堵效果就越好,但油相渗透率恢复也越慢,且油相渗透率恢复值有所下降。从图中可以看出随着暂堵剂的增加,突破压力成递增趋势,在1.5~2cm时突破压力已经超过5MPa,综合考虑暂堵和解堵效果以及现场施工的经济效益,选择暂堵剂的注入量1.5~2cm为最佳。

### 3.1.2 溶解性能评价

通过油溶性暂堵剂实现暂堵转向压裂工艺

中,油溶性暂堵剂在原油中的溶解能力关系到其对储层的伤害以及封堵效果,直接影响着油井产量。室内实验通过称取1g暂堵剂置于10mL煤油的密闭试管中,在不同温度(40℃、50℃)水浴锅中恒温加热2~24h。再用滤纸过滤、析干、洗涤、烘干、称重、记录数据,分别计算出各温度各时刻暂堵剂在煤油中的溶解率。

表7 不同温度、时间下暂堵剂的溶解率

| 时间(h) | 不同温度下的油溶率(%) | | | | |
|---|---|---|---|---|---|
| | 40℃ | 50℃ | 60℃ | 70℃ | 80℃ |
| 2 | 73.4 | 81.5 | 88.6 | 88.7 | 91.5 |
| 8 | 79.9 | 88.9 | 91.9 | 95.8 | 99.3 |
| 12 | 85.8 | 92.5 | 95.7 | 97.8 | 100 |
| 24 | 89.9 | 93.8 | 94.2 | 100 | 100 |
| 48 | 92.4 | 95.9 | 98.6 | 100 | 100 |

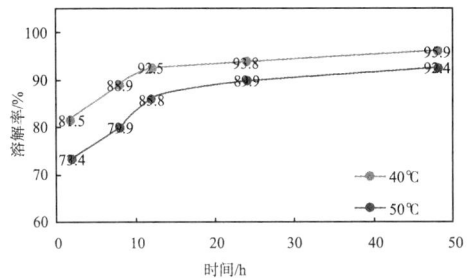

图6 暂堵剂不同温度、时间下的油溶性曲线

实验结果表明,暂堵剂油溶性较好,在相同温度下随着溶解时间的延长,溶解率呈上升趋势,在2小时就有较高的溶解率,25小时后,溶解率基本达到90%以上。

### 3.2 可溶炮眼球

可溶炮眼球球心材料聚酯PTA4为C8酸和C6酸与二元醇的聚合物,壳体材料为PHG2与苯甲酸合制而成。

#### 3.2.1 溶解性能评价

采用1%KCl溶液测试不同温度下炮眼球的溶解速度,实验结果见图7。

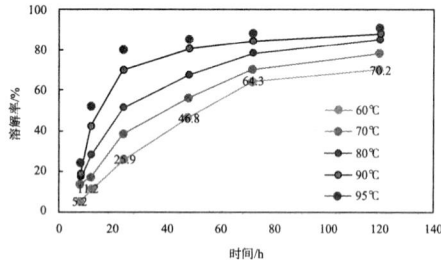

图7 1‰KCl溶液中炮眼球溶解率

实验结果显示,在60℃下1‰KCl溶液中120小时后溶解率可达70%以上,溶解性较好。

### 3.2.2 耐压性能评价

将可溶炮眼球放入匹配的球座中,安装在投球滑套内,连接试压泵进行加压,逐渐升高压力测试抗压强度。

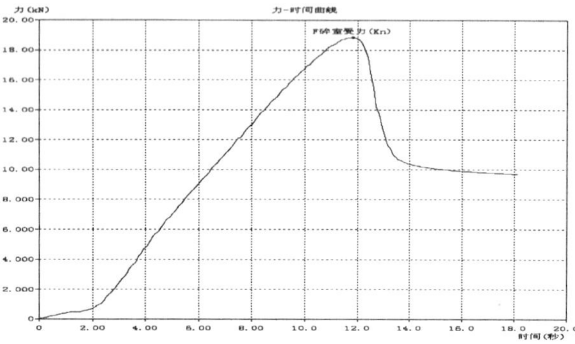

图8 炮眼球耐压测试

实验结果表明,随着升压时间的增大,压力逐渐升高,在12s时,压力高达19KN;继续加压后,炮眼球变形。由此可以得出,炮眼球抗压能力强,最大抗压强度为60.5MPa,可满足现场工艺需求。

## 4 压裂工艺优化

### 4.1 水力喷射定点压裂技术

针对层内含油非均性强和存在水平层理缝的特点,配套水力喷射定点压裂技术,实现储层的精准定点压裂,压开含油富集段。

通过计算不同孔径、孔数下的节流压差,形成节流压差数据图版(图9),在满足喷速240m/s的情况下,孔径越小,节流压差越大,小于6mm,幅度上升加大;大于8mm,节流压差极小。喷嘴数目越少,节流压差越大,小于4孔上升幅度大。通过计算不同排量不同孔数的节流压差,结合渭北油田长3储层条件,优选喷嘴参数为:喷嘴个数6个,喷嘴孔径6mm,配套施工排量2.5~3.0m³/min,节流压差20MPa。

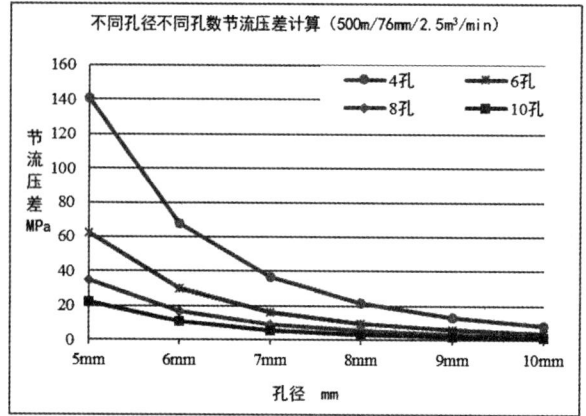

图9 不同孔径不同孔数节流压差示意图

考虑水力喷射压裂工艺对压裂液的高速剪切,因此对不同浓度的胍胶压裂液流变性能进行评价。实验条件为:在30℃下,先以170s$^{-1}$的速率剪切10min,接着以1020s$^{-1}$的速率剪切5min,再以170s$^{-1}$的速率剪切45min,观察压裂液黏度变化。实验结果显示,0.3%浓度的压裂交联液在170s$^{-1}$下剪切10min,黏度为291.2mPa·s;接着在1020s$^{-1}$下剪切5min,黏度为42.15mPa·s;然后回到170s$^{-1}$下剪切45min,黏度为344.5mPa·s。表明胍胶压裂液在1020s$^{-1}$下剪切5min后,黏度恢复良好,且高速剪切下黏度为42.15mP.s,符合压裂液性能评价标准,满足现场应用需求。

表8 胍胶压裂液在高速剪切下的黏度变化表

| | 0.2%胍胶交联液 | | | 0.25%胍胶交联液 | | | 0.3%胍胶交联液 | | |
|---|---|---|---|---|---|---|---|---|---|
| 剪切速率(s$^{-1}$) | 170 | 1020 | 170 | 170 | 1020 | 170 | 170 | 1020 | 170 |
| 剪切时间(min) | 10 | 5 | 45 | 10 | 5 | 45 | 10 | 5 | 45 |
| 黏度(mPa·s) | 99.46 | 25.82 | 104.2 | 166.5 | 36.47 | 185.9 | 291.2 | 42.15 | 344.5 |

### 4.2 水平缝投球分层压裂技术

针对纵向上大厚箱型砂体内发育多套储油层的特点,配套水平缝投球分层压裂技术,尽可能多造缝,提高储层纵向动用程度。针对多个已射孔段压裂时,受地层条件影响,破裂压力低的层先被压开,压裂液吸液量大,在完成本层压裂后,利用压裂液携带一定量的炮眼球封堵已压开层的射孔炮眼。憋起地面施工泵压,迫使压裂液进入破裂压力更高的目的层,如此反复,逐层压开所有待压裂层。

通过建立炮眼球受力模型,考虑拖曳力、惯性力、脱离力及附着力等力学因素对炮眼球的影响,计算优化了不同射孔长度下炮眼球坐住及保持住所需的排量（表9）。

表9　不同射孔长度下炮眼球的排量控制参数表

| 射孔长度(m) | 射孔孔数(个) | 炮眼球坐住的最小排量(m³/min) | 炮眼球保持住的最小排量(m³/min) | 综合控制排量(m³/min) |
|---|---|---|---|---|
| 1 | 16 | 0.09 | 0.12 | ≥0.12 |
| 2 | 32 | 0.22 | 0.54 | ≥0.54 |
| 3 | 48 | 0.4 | 1.03 | ≥1.03 |
| 4 | 64 | 0.62 | 2.75 | ≥2.75 |
| 5 | 80 | 0.95 | 4.2 | ≥4.2 |

### 4.3　缝内转向多缝压裂工艺

针对平面上注采对应不利方位的潜力层及以往压裂纵向动用程度低的垂直缝储层，配套缝内暂堵多缝压裂工艺，增加裂缝复杂度，提高泄油面积。该工艺是在高压作用下，利用高强度暂堵剂的溶胀作用封堵前期裂缝，在缝内形成封堵带，憋起地面施工泵压，当井底压力达到支裂缝破裂条件时，转向裂缝开启。

根据地应力大小测试结果分析，渭北油田长3储层>600m深度的油藏三向应力关系为$\sigma_y < \sigma_z < \sigma_x$，人工裂缝形态为垂直缝，水平两向应力差约3MPa，因此为了形成分支缝，暂堵剂的暂堵压力需克服的水平两向应力差值为3MPa。笔者以石油树脂、酚醛树脂、萜烯树脂、醛酮树脂和松香树脂作为主要原料进行筛选，通过有机硅偶联剂对树脂惰性表面进行改性制备一种油溶性暂堵剂。针对渭北油田长3储层特征，1.5cm厚的油溶性暂堵剂可满足该区块3MPa左右的水平应力差值，在40℃～100℃下其暂堵率及解堵率均在90%以上。

## 5　现场应用

目前针对渭北油田重复压裂技术共开展现场施工20井次，对20口井的储层特征逐井分析，一井一策，分别采用了水力喷射定点压裂技术、水平缝投球分层压裂技术及缝内转向多缝压裂工艺，工艺成功率100%，加砂符合率大于90%。施工后平均单井日增油1.06t，截至2020年10月，累计增油3763.1t。与一次压裂井对比，重复压裂井在生产15个月时，平均单井日产油高11%。

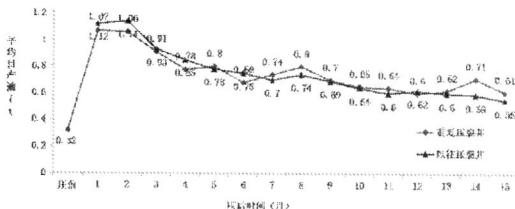

图10　重复压裂井与以往压裂井压后日产油对比图

## 6　结论与建议

（1）针对储层压力系数低的特征，优选增能渗

吸驱油剂，油水置换率达17.0%。

（2）针对储层低孔超低渗、温度低等特征，研究形成两套抗低温、低伤害、低成本压裂液体系，30℃下4小时彻底破胶，伤害率仅15.2%，单方成本降低21.2%。

（3）针对浅层水平层理发育、重复压裂井潜力层动用程度低，研究形成了水力喷射定点压裂、水平缝投球分层及垂直缝暂堵多缝压裂三种工艺，提高了多层油藏纵向和平面动用程度。

（4）渭北油田重复压裂技术开展现场施工20井次，施工成功率100%，压裂有效率86.7%，截止2020年10月，累计增油3763.1t，取得良好的增油效果。

### 参　考　文　献

[1] 王钰,何文祥,马超亚.渭北油田2井区长3油层组储层构型分析及动态验证[J].长江大学学报(自然版),2015,12(35):12－14.

[2] 熊佩,胡艾国,李国峰,等.超浅层致密油藏整体压裂技术研究及应用[J].油气藏评价与开发,2015,5(5):55－68.

[3] 王越.渭北超浅层致密油藏压裂工艺技术[J].重庆科技学院学报(自然科学版),2016,18(3):70－73.

[4] 陈俊宇,唐海,徐学成,等.表面活性剂对低渗裂缝性砂岩油藏渗吸驱油效果影响分析[J].海洋石油,2008,28(1):51－55.

[5] 王风清,姚筒玉.润湿性反转剂的微观渗流机理[J].石油钻采工艺,2006,28(2):40－42.

[6] 吴锦平.低温压裂液破胶技术对浅气层增产技术改造[J].钻采工艺,2000(05):81－83.

[7] 张淑侠,张琼瑶,李晓鹏,王振华.致密砂岩油藏水平井压裂返排液处理工艺研究[J].油气田环境保护,2014,24(04):35－38+83.

[8] 李勇明,翟锐,王文耀,等.堵塞球分层压裂的投球设计与应用[J].石油地质与工程,2009,23(3):125－126+129.

[9] 李春德,徐新俊,任民.投球分层酸化技术在大港油田灰岩地层中的应用[J].石油钻采工艺,2009,23(3):125－126+129.

[10] 肖晖,李洁,曾俊.投球压裂堵塞球运动方程研究[J].西南石油大学学报(自然科学版),2011,33(05):162－167+203.

[11] 周建平,郭建春,季晓红,袁学芳.水平井分段酸压投球封堵最小排量确定方法[J].新疆石油地质,2016,37(03):332－335.

[12] 王贤君,王维,张玉广,尚立涛,张明慧,张瑞.低渗透储层缝内暂堵多分支缝压裂技术研究[J].石油地质与工程,2018,32(03):111－113+126.

[13] 张雄,王晓之,郭天魁,赵海洋,李兆敏,杨斌,曲占庆.顺北油田缝内转向压裂堵塞剂评价实验[J].岩性油气藏,2020,32(05):170－176.

# CO₂驱过程中缓蚀阻垢剂在新疆油田八区的研究应用

阚军仁　易勇刚

(中国石油新疆油田公司工程技术研究院)

**摘　要**　本文研究了 $CO_2$ 驱过程中存在的腐蚀结垢问题和缓蚀阻垢剂的合成原理,对合成的适用于 90℃ 以下缓蚀阻垢剂,结合油基环空保护液进行了性能评价。在缓蚀方面,合成的缓蚀阻垢剂常压静态时,用量为 100mg/L 时,3Cr 钢试样在 $CO_2$ 饱和的 3%NaCl 溶液的腐蚀速率降至 0.0606mm/a,好过行标要求;实验温度 50℃～90℃,$CO_2$ 分压为 1 MPa 和 2MPa,3Cr 钢试样,用量为 200mg/L,腐蚀速率在 0.0073～0.0245mm/a 之间,缓蚀率均高于 97%。在阻垢($CaCO_3$)方面,阻垢率达到 95% 以上,研究了温度、时间、pH 值的变化对阻垢率的影响。对比国内同类产品缓蚀阻垢率均达到最优水平。现场已在新疆油田八区 $CO_2$ 驱施工应用 3 口井,初步检测了腐蚀情况,表现出良好的应用效果。

**关键词**　$CO_2$ 驱;腐蚀速率;缓蚀阻垢剂;缓蚀率;阻垢率

## 1　引言

在 $CO_2$ 驱采油过程中,滞留在注气井环空中的液体由环空保护液、溶解的 $CO_2$、厌氧菌及少量的溶解氧等组成,会使油套管管柱产生溶解氧引起的氧腐蚀、二氧化碳腐蚀、细菌腐蚀以及氯离子引起的点蚀等腐蚀问题[1,2]。此外由于注入方式为气水混注,注入水的离子成份会产生大量的 $CO_3^{2-}$ 离子,还有注入的 $CO_2$ 溶于注入水和地层水中形成碳酸,使得 $CO_2$ 驱注采过程中,在压力、温度、微生物、pH 值等变化因素的影响下,油套管都会出现严重的腐蚀和结垢问题。因此在注 $CO_2$ 驱原油开采过程中,注 $CO_2$ 驱注气井和采出井,若不采取缓蚀阻垢工艺技术措施,将会产生严重的腐蚀和结垢问题[3,4]。

$CO_2$ 驱过程中缓蚀阻垢工艺技术是国家重大专项和中油集团股份公司配套项目一新疆低渗沙砾岩油藏 $CO_2$ 驱油与埋存关键技术研究的子课题,目前该课题已进入现场实施试验阶段,主要采用油基环空保护液和加缓蚀阻垢剂的技术措施来进行。本文将对缓蚀阻垢剂的合成原理进行介绍,对油基环空保护液、缓蚀阻垢剂的室内性能进行研究评价,并对新疆油田八区 $CO_2$ 驱现场初步应用情况进行介绍。

## 2　缓蚀阻垢剂的合成原理简介

缓蚀阻垢剂的研制基于曼尼希碱的合成原理,分成两步进行。

第一步,聚曼尼希碱缓蚀阻垢中间体的合成。以苯酚、甲醛、乙二胺为合成原料,苯酚分子中酚羟基具有吸电子作用,使得酚羟基的邻位碳上的 2

个氢原子具有酸性,在进行曼尼希反应时能够提供 2 个活泼氢原子,这为合成聚曼尼希碱提供了可能性;甲醛空间位阻小,醛基碳原子上的正电荷比长碳链醛(如乙醛)要多,有利于进行曼尼希反应,提供 1 个羰基氧原子;乙二胺分子中有 2 个伯氨基,空间位阻小,有利于进行曼尼希反应。在一定条件下,苯酚、甲醛和乙二胺通过曼尼希缩合反应,得到聚曼尼希缓蚀阻垢中间体。

第二步,氨羧聚曼尼希碱的合成。利用合成的聚曼尼希碱中间体,引入氯乙酸钠,与聚曼尼希碱发生亲电取代反应,生成氨羧聚曼尼希碱,得到目标产物,缓蚀阻垢剂。

## 3　油基环空保护液的选择及理化性能测试

注 $CO_2$ 驱油气井的环空中,为防止腐蚀,环空保护液已得到了广泛应用[5-7]。一般将环空保护液分为水基环空保护液和油基环空保护液。水基环空保护液成本较低、配制及施工较简单,但是溶解氧、二氧化碳等气体容易溶解在水基环空保护液中,作用于普通碳钢材料的油套环空时,防腐蚀效果不够好,另外无氧环境条件下,硫酸盐还原菌(SRB)、铁细菌等腐蚀性细菌会在环空中滋生,引起菌类腐蚀结垢。因此对于 $CO_2$ 驱油气井环空,水基环空保护液理论上不太适合。因此具有非腐蚀性、热稳定性和良好的抗腐蚀结垢性能的油基环空保护液,较适合注 $CO_2$ 驱油气井环空使用。

白油相比于柴油、机油具有良好的闪点和倾点,被初步选为油基环空保护液的基液,前期室内试验以化学试剂白油为基液(1♯),进入现场试验前拟选用本地产白油为基液(2♯),为此,开展室内调配试验和现场用液性能检测见表1,性能达标后进入现场应用,确保项目在现场进行有好的基液。

表1表明,本地产2♯白油与化学试剂1♯白油,在重要的性能指标闪点和倾点上相同,密度和黏度略高一点,理化性能相近,因此本地产2♯白油可以用作油基环空保护液的基液。

**表1　油基环空保护液理化性能测试**

| 名称<br>项目 | 油基环空<br>保护液编号 | 测试数据 | 使用的仪器、方法 |
|---|---|---|---|
| 闪点(℃) | 1♯ | >160 | 闭口闪点测定仪,依据标准 GB/T3536－2008 |
| | 2♯ | >160 | |
| 倾点(℃) | 1♯ | －37 | 倾点测试仪,依据标准 GB/T3535－2006 |
| | 2♯ | －37 | |
| 密度<br>(g/cm³) | 1♯ | 0.871 | 密度测试仪,依据标准 GB/T2013－2010 |
| | 2♯ | 0.883 | |
| 黏度<br>(mm²/s) | 1♯ | 8.2 | 六速旋转黏度计(ZNN－D6型) |
| | 2♯ | 8.5 | |

## 4　缓蚀阻垢剂性能评价

将合成的缓蚀阻垢剂溶于白油中,无乳化、分层现象,可长时间保持互溶。

### 4.1　缓蚀性能评价

#### 4.1.1　常压静态性能评价

为了评价缓蚀阻垢剂浓度及温度对缓蚀率的影响,运用静态挂片法进行了测试,实验介质为$CO_2$饱和的3%NaCl溶液,试验材质为3Cr钢片,实验时间72h。当进行浓度影响测试时,缓蚀剂浓度范围0～250mg/L,温度为70℃,试验结果见图1;当进行温度对缓蚀率影响时,缓蚀剂浓度设定为200mg/L,实验温度范围50℃～90℃,试验结果见图2。

由图1可知,70℃时,当缓蚀阻垢剂添加量达到100mg/L时,3Cr钢试样的腐蚀速率降至0.0606mm/a,好于行标要求的0.076mm/a。并且当添加量大于150mg/L后,其缓蚀率增加幅度较小。

当缓蚀阻垢剂添加量200mg/L时,随着温度的增加,腐蚀速率快速增加。主要原因有三个,首先,从腐蚀反应动力学角度分析,温度升高,腐蚀反应速率增大;其次,温度从50℃逐渐升高到90℃,腐蚀反应产物膜保护性降低,导致腐蚀速率增加,第三,缓蚀剂在金属表面主要是化学吸附,是一个动态吸附过程,温度升高,脱附速率增加,吸附能力下降,导致其缓蚀效率下降,从而整体上表现为3Cr钢腐蚀加速,缓蚀阻垢剂缓蚀性能

下降。

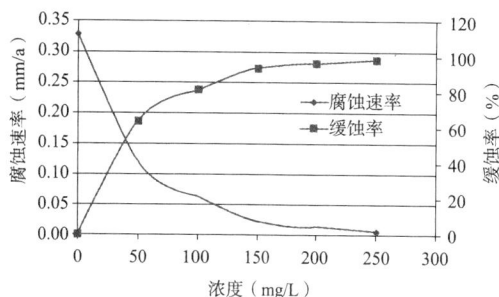
图1　缓蚀阻垢剂浓度对缓蚀率的影响(70℃)

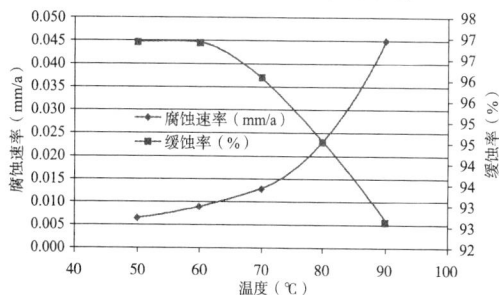
图2　温度对缓蚀阻垢剂缓蚀率的影响

#### 4.1.2　高温高压评价测试

为了获得缓蚀阻垢剂在温度压力较高的工况条件下的缓蚀性能,进行了高温高压腐蚀模拟实验。实验温度50℃～90℃,$CO_2$分压为1MPa和2MPa,试片材质为3Cr钢,浓度为200mg/L,实验结果见表2。

实验结果表明,在$CO_2$分压为1MPa、温度从50℃上升到90℃条件下,没有添加的空白实验腐蚀速率从0.4512mm/a升高到0.8912mm/a,而添加后的试样腐蚀速率大幅下降,腐蚀速率在0.0073～0.0245mm/a之间,缓蚀率均高于97%;在$CO_2$分压为2MPa、温度从50℃～90℃条件下,没有添加的空白实验腐蚀速率从0.9254mm/a升高到1.4506mm/a,而添加后的试样腐蚀速率大幅下降,腐蚀速率在0.0095～0.03416mm/a之间,缓蚀率仍高于97%。这表明,在高温高压模拟条件下,缓蚀阻垢剂缓蚀性能较好。

**表2　缓蚀阻垢剂在不同温度压力条件下**
**对3Cr钢片的缓蚀率**

| 条件 | | $CO_2$分压(MPa) | |
|---|---|---|---|
| | | 1 | 2 |
| 腐蚀速率(mm/a)<br>(空白) | 50℃ | 0.4512 | 0.9254 |
| | 70℃ | 0.6743 | 1.2333 |
| | 90℃ | 0.8912 | 1.4506 |
| 腐蚀速率(mm/a)<br>(加缓蚀阻垢剂) | 50℃ | 0.0073 | 0.0095 |
| | 70℃ | 0.0128 | 0.0169 |
| | 90℃ | 0.0245 | 0.03416 |

续表

| 条件 | | CO₂分压(MPa) | |
|---|---|---|---|
| | | 1 | 2 |
| 缓蚀率(%) | 50℃ | 98.38 | 98.97 |
| | 70℃ | 98.09 | 98.63 |
| | 90℃ | 97.25 | 97.64 |

*(条件) 对应 $CO_2$ 分压(MPa)，缓蚀率(%)*

### 4.2 阻垢性能

#### 4.2.1 添加量对阻垢率的影响

在实验温度为 70℃、恒温时间为 25h 的条件下,测试了添加量对 $CaCO_3$ 垢产生的影响,实验结果见图 3。

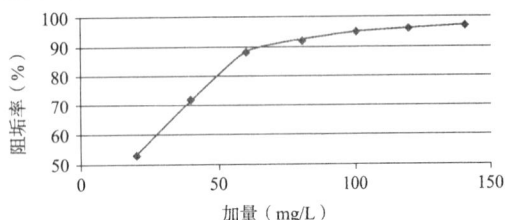

图 3 缓蚀阻垢剂添加量对碳酸钙垢的阻垢率的影响

由图 3 可知,随着缓蚀阻垢剂添加量的增加,对 $CaCO_3$ 垢的阻垢率也不断增加,当添加量为 100mg/L,其阻垢率就可以达到在 95% 以上。

#### 4.2.2 温度对阻垢率的影响

在添加量为 100mg/L、恒温时间为 25h、pH 值为 10 的条件下,测试了温度对 $CaCO_3$ 垢产生的影响,实验结果见图 4。

由图 4 可知,随着温度的上升,阻垢率也不断下降,这是因为温度升高造成分子间运动加剧,能量增大,分子间的孤对电子与成垢离子之间螯合作用相对减弱,因此阻垢效率下降明显。

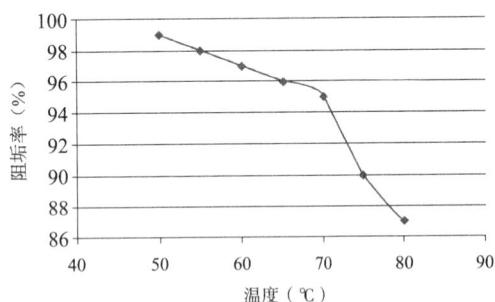

图 4 温度对碳酸钙垢的阻垢率的影响

#### 4.2.3 时间对阻垢率的影响

在缓蚀阻垢剂添加量为 100mg/L、温度为 70℃、pH 为 10 的条件下,测试了时间对 $CaCO_3$ 垢产生的影响,实验结果见图 5。由图 5 可知,随着恒温时间增加,阻垢率也不断下降,这是因为时间越长,阻垢剂浓度不断降低,分子间的孤对电子与成垢离子之间螯合能力相对减弱,因此阻垢效率下降明显。

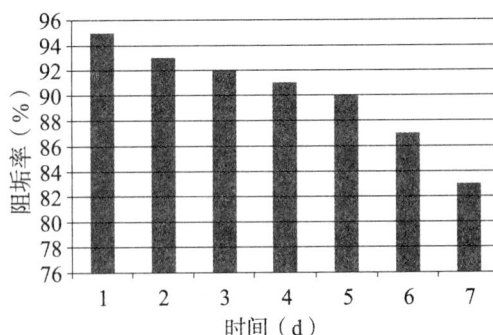

图 5 时间对碳酸钙垢的阻垢率的影响

#### 4.2.4 pH 值对阻垢率的影响

在缓蚀阻垢剂添加量为 100mg/L、温度为 70℃、恒温时间为 25h 的条件下,测试了 pH 对 $CaCO_3$ 垢产生的影响,实验结果见图 6。由图 6 可知,当 pH=2 时,阻垢率为 100%,这是由于相当于酸溶解了碳酸钙;当 pH=4 时,这时阻垢率为 99%,酸溶对阻垢率的贡献率大于阻垢剂本身的阻垢效果;pH=6 时,阻垢率最低,这是由于阻垢剂的络合稳定常数存在酸效应,此时它的稳定常数比碱性条件下要小,因此,螯合能力小,阻垢率低。

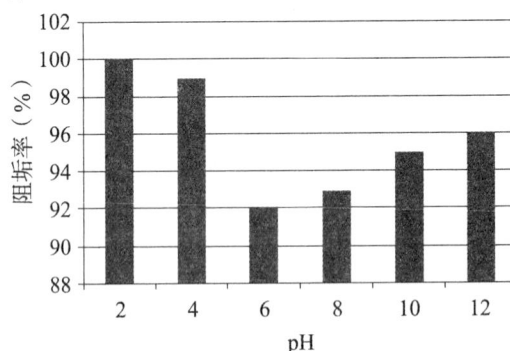

图 6 pH 对碳酸钙垢的阻垢率的影响

### 4.3 与其他产品性能比较

将合成的缓蚀阻垢剂与国内已经商品化的缓蚀剂和阻垢剂来进行性能对比,按照标准 Q/SY126-2014《油田水处理用缓蚀阻垢剂技术规范》以及 SY/T5273-2014《油田采出水处理用缓蚀剂性能指标及评价方法》的要求进行。结果示于表 3 和表 4。结果显示,在 $CO_2$ 分压为 5MPa、体系温度 60℃、流速 0.1m/s、缓蚀阻垢剂浓度为 200mg/L 条件下,液相缓蚀速率为 0.0475mm/a,缓蚀率达 97.23%,气液相缓蚀率达 98.65%;当缓蚀阻垢剂浓度为 300mg/L 时,液相缓蚀速率为 0.0462mm/a,缓蚀率达 97.31%,气液相缓蚀率达 98.69%;当浓度为 200mg/L 时,$CaCO_3$ 阻垢率 98.85%,$CaSO_4$ 阻垢率 99.42%,BaSO4 阻垢率 97.92%,缓蚀阻垢率均达到国内同类产品的最优水平。

表3　腐蚀速率和缓蚀率测试结果

| 产品型号 | 缓蚀剂浓度/mg·L⁻¹ | 液相均匀腐蚀速度/mm·a⁻¹ | 气相均匀腐蚀速度/mm·a⁻¹ | 气液相均匀腐蚀速度/mm·a⁻¹ | 液相均匀腐蚀缓蚀率/% | 气相均匀腐蚀缓蚀率/% | 气液相均匀腐蚀缓蚀率/% |
|---|---|---|---|---|---|---|---|
| 空白 | | 1.7143 | 0.0241 | 1.9864 | | | |
| 缓蚀阻垢剂 | 200 | 0.0475 | 0.0037 | 0.0268 | 97.23 | 84.65 | 98.65 |
| CBS－CD | 200 | 0.0562 | 0.0111 | 0.0508 | 96.72 | 53.94 | 97.44 |
| JLYT－01 | 200 | 0.2469 | 0.0154 | 0.1445 | 85.60 | 36.10 | 92.73 |
| MY－871GH | 200 | 0.0756 | 0.012 | 0.0615 | 95.59 | 50.21 | 96.90 |
| KT－2 | 300 | 0.0462 | 0.0036 | 0.0261 | 97.31 | 85.06 | 98.69 |
| CBS－CD（CRS2－4） | 300 | 0.0542 | 0.0107 | 0.0495 | 96.84 | 55.60 | 97.51 |
| JLYT－01 | 300 | 0.2388 | 0.0147 | 0.1405 | 86.07 | 39.00 | 92.93 |
| MY－871GH | 300 | 0.0702 | 0.0107 | 0.0589 | 95.91 | 55.60 | 97.03 |

表4　阻垢率测定结果(200 mg/L)

| 样品名称 | 碳酸钙阻垢率/% | 硫酸钙阻垢率/% | 硫酸钡阻垢率/% |
|---|---|---|---|
| PESA | 8.68 | 1.84 | －11.35 |
| PASP | 22.44 | 99.73 | 99.74 |
| AA/AMPS | 25.72 | 101.39 | 97.25 |
| 三元共聚 MAT | 32.98 | 98.72 | 90.05 |
| PAAS | 52.83 | 98.46 | 93.31 |
| DTPMP.Na2 | 59.69 | 99.59 | 91.99 |
| EDTMPS | 60.65 | 99.84 | 96.38 |
| Z－03 | 86.09 | 23.71 | 81.13 |
| PESA | 87.65 | 11.39 | 95.15 |
| HEDP | 88.59 | 1.33 | 22.37 |
| ATMP | 89.27 | 99.84 | 34.31 |
| KR－607 | 89.67 | 8.59 | 76.28 |
| XT607 | 91.63 | 5.87 | 93.66 |
| HPAA | 93.84 | 12.5 | 41.87 |
| AIP－5 | 94.78 | 70.54 | 97.73 |
| PBTCA | 95.85 | 99.22 | 1.82 |
| OFC－607 | 98.18 | 35.44 | 97.4 |
| DTPMP.Na7 | 98.23 | 98.89 | 91.38 |
| 缓蚀阻垢剂 | 98.85 | 99.42 | 97.92 |

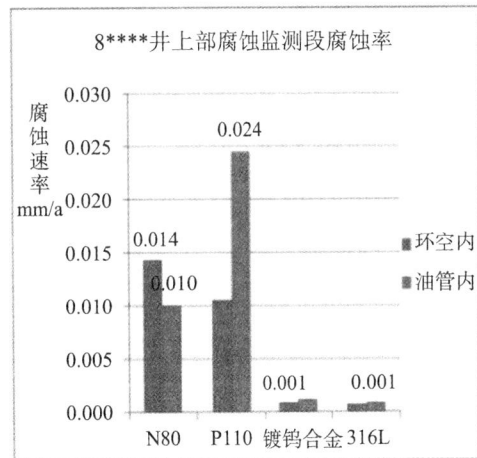

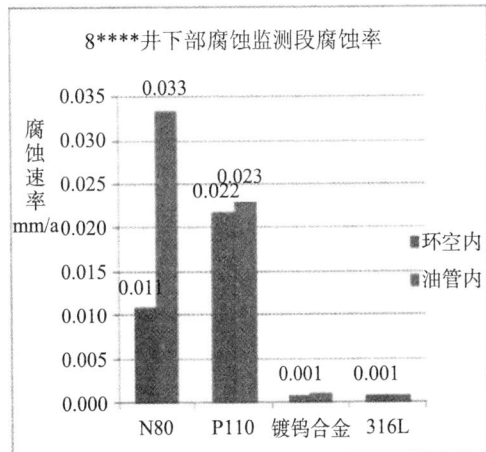

图7　8****井下缓蚀剂防腐试验

## 5　现场应用情况

2020 年 11 月 28 日选择新疆油田八区某井组伴生气 CO2 浓度较高(40%～78%)的 3 口井,开展了防腐工艺技术现场试验,进行井下缓蚀剂防腐试验。以 8****井为例,8****井监测环入井 122 天,缓蚀阻垢剂投加 31 天,投加浓度150mg/l,腐蚀检测情况见图 7 和如下说明。

现场腐蚀检测情况表明:

(1)所有四种材质挂环中,N80 材质的挂环腐蚀速率最高;

(2)动液面上部监测环(1700.9m)腐蚀速率较小(N80:0.014mm/a),动液面下部监测环(2006.3m)腐蚀速率较大(N80:0.033mm/a);

（3）油管内腐蚀速率（N80：0.033mm/a）大于油管外腐蚀速率（N80：0.011mm/a）；

（4）加药条件下，在腐蚀最严重部位（动液面下部油管内）N80 材质腐蚀率 0.033mm/a ＜ 0.076mm/a，能够满足生产需要。

## 6 结论及认识

（1）通过测试本地产白油与化学试剂白油具有相同理化性能，可用作新疆油田八区 $CO_2$ 驱油基环空保护液的基液。

（2）研究的缓蚀阻垢剂，常压静态条件下，在 $CO_2$ 饱和液中，用量为 100mg/L 时，腐蚀速率降至 0.0606mm/a，好于行标要求的 0.076mm/a；在温度 50℃～90℃、$CO_2$ 分压为 1 MPa 和 2MPa 的高温高压条件下，用量为 200mg/L 时，缓蚀率达到 97％以上。

（3）研究的缓蚀阻垢剂，当添加量为 100mg/L，70℃时对 $CaCO_3$ 垢的阻垢率在 95％以上；研究了温度、时间、pH 值的变化对阻垢率的影响，对现场应用具有指导意义。

（4）研究合成的缓蚀阻垢剂，缓蚀率达到 98.65％以上，对 $CaCO_3$、$CaSO_4$、$BaSO4$ 阻垢率均达到 97％以上，缓蚀阻垢率达到国内同类产品的最优水平。

（5）现场应用表明，加药条件下，在腐蚀最严重部位（动液面下部油管内）N80 材质腐蚀率 0.033mm/a＜0.076mm/a，能够满足生产需要。

（6）投加缓蚀阻垢剂后，现场应用目前还没有发现结垢问题，对此有待在生产周期中进一步观察研究。

### 参 考 文 献

[1] 申桂英. 缓蚀剂的品种与市场[J]. 精细与专用化学品,2015,23(2):1－4.

[2] 王志龙,梅平,许昌杰. 二氧化碳对钢腐蚀的影响研究[J]. 油气田环境保护,2004,11(1):50.

[3] 陈大均等. 油气田应用化学[M]. 北京:石油工业出版社,2006.

[4] 刘一江. 聚合物和二氧化碳驱油技术[M]. 北京:中国石化出版社,2001.

[5] 李金华,俞斌. 双咪唑啉衍生物缓蚀剂的合成与缓蚀研究[J]. 化工时刊,2009,23(6):15－18.

[6] 李言涛,张玲玲. 用于川西气田 $CO_2$ 腐蚀控制的缓蚀剂性能的研究[J]. 材料保护,2008,41(5):70－74.

[7] M ABDALLAH,M M EL－NAGGAR. Cu ＋2 cation ＋ 3,5－dimethyl pyrazole mixture as a corrosion inhibitor for carbon steel in sulfuric acid solution [J]. MaterialsChemistry and Physics,2001,71（3）:291－298.

# 海上低阻储层构型表征技术创新及高效开发模式

舒　晓　邓　猛　金宝强　何　康　周军良

（中海石油(中国)有限公司天津分公司渤海石油研究院）

**摘　要**　近年来,随着低阻储层识别技术不断成熟,在渤海油田馆陶组陆续发现一批低阻油藏,成为新的储量增长点。受海上油田钻井少、井距大、缺乏可以直接借鉴的经验等因素影响,低阻储层构型刻画及甜点预测难度较大,且对低阻储层含油分布模式认识尚不清楚,严重制约了低阻油藏的高效开发。以渤海 W 油田为例,综合应用岩心观察、测井解释、动态分析等手段,充分利用水平井和地震数据横向高分辨率优势,实现了大井距下低阻辫状河储层构型精细表征,结合岩心分析和生产动态数据明确了低阻储层含油分布主控因素。研究表明,研究区馆陶组低阻储层不同沉积微相物性差异显著,具有沉积微相控制物性、物性决定含油性的总体规律。高渗透率心滩坝为低阻储层的油气富集区和高产甜点区,低渗透辫状水道主要富含原生束缚水,储层平面上具有显著的差异化含油分布特征。该研究成果有效指导了渤海低阻储层的高效开发,同时也为类似油田低阻油藏开发提供了借鉴和指导。

**关键词**　低阻储层;差异化含油分布模式;储层预测;油田开发;储层构型;水平井;地震

近年来,随着储层评价技术的进步,越来越多的低阻油层在渤海油田被发现。作为一类非常规油藏,低阻油藏因其潜力巨大,备受广大石油地质工作者关注,同时也逐步成为老油田挖潜和新增储量接替的目标之一。在低阻储层研究方面,国内外做了大量研究工作,包括低阻储层宏观沉积背景及地质成因模式[1-3]、微观成因机理[4-7]、低阻储层识别及综合评价[8-12]等。纵观前人研究,目前针对低阻油层的研究多偏重于低阻成因分析及识别方法探索,但在低阻储层开发方面的关键研究,例如低阻储层构型精细表征、低阻储层含油分布模式、低阻储层高产甜点预测方法等方面则未见报道。上述研究的缺乏直接制约了油田低阻油藏的高效开发。

本文综合利用钻井、测井、地震及生产动态等资料,在海上油田井少的情况下,创新利用地震数据实现了馆陶组辫状河储层构型的精细刻画,在此基础上探讨了不同构型单元的物性及含油性差异,结合岩心分析结果和生产动态数据明确了馆陶组辫状河低阻储层含油分布主控因素,建立了渤海油田馆陶组低阻储层差异化含油分布模型,该研究成果不仅保障了 W 油田低阻油层的成功开发,其研究思路和方法也为渤海其他低阻油田的开发调整提供了重要依据。

## 1　研究概况

渤海 W 油田构造上位于渤海中部海域石臼坨凸起中西部,是在古近系古隆起背景上发育起来的大型低幅披覆构造[13]。该油田主要含油层段为明化镇组下段和馆陶组上段,其中明化镇组下段为曲流河沉积,馆陶组上段为辫状河沉积。

研究表明,渤海 W 油田馆陶组上段自上而下划分为三个小层:Ng Ⅱ 1、Ng Ⅱ 2 和 Ng Ⅱ 3。

其中 Ng Ⅱ 1 和 Ng Ⅱ 3 小层为大套粗粒含砾砂岩沉积,其水层电阻率一般介于 $3.0 \sim 8.0 \Omega \cdot m$,平均电阻率 $4.0 \Omega \cdot m$,油层电阻率一般在 $10.0 \Omega \cdot m$ 以上,属常规储层。Ng Ⅱ 2 小层储层以中—细砂岩、粉砂岩和泥质粉砂岩为主,沉积物粒度整体偏细,泥质含量和束缚水饱和度较高,多发育蒙脱石、高岭石等黏土矿物,其电阻率介于 $2.0 \sim 8.0 \Omega \cdot m$,平均电阻率 $2.5 \Omega \cdot m$,属低阻油层,仅通过电阻率无法区分油层与水层[14-15]。

低阻油藏开发初期,认为 Ng Ⅱ 2 小层储层大面积连片分布,横向连通性好,油水主要受构造控制,构造高部位为油气富集区域。开发实践表明,Ng Ⅱ 2 小层部分井在构造高部位钻遇水层,且相邻井间油水界面和生产动态响应差异显著,低阻储层含油分布十分复杂,非简单的构造油藏,因此有必要对低阻储层及其含油分布模式进行研究和探索。

## 2　低阻辫状河储层构型及特征

储层内部构型是控制油气分布的关键因素[16-17]。渤海 W 油田 Ng Ⅱ 2 低阻储层钻井少,井距大,不同构型单元定量规模及其空间展布特征认识不清,油气分布范围预测难度大。笔者在构型单元划分基础上,运用地震沉积学方法,对单期辫状河砂体平面展布进行精细刻画,并通过测井相与地震振幅值交汇分析,明确了辫状河不同构型单元地震振幅值范围,厘清了不同构型单元空间组合关系,实现了海上大井距、少井情况下低阻辫状河储层构型的精细刻画。

## 2.1 构型单元划分及特征

参考 Miall(1985)构型分级,本次研究重点表征了辫状河低阻储层四级构型单元的分布[18-19]。基于岩心观察和测井资料分析,研究区馆陶组辫状河主要发育心滩坝、辫状水道、泛滥平原3种四级构型构型单元。

(1)心滩坝。

心滩坝是研究区 NgⅡ2 辫状河低阻储层中的主要构型单元之一,纵向多期叠置,砂体较厚,普遍在 8～11m 之间,储层物性较好,平均孔隙度 29.8%,平均渗透率 1503.9mD,为高孔高渗储层。岩性以粗—中砂岩、中砂岩为主,单层砂体厚度较大,底部常见冲刷面、泥砾。沉积构造以交错层理和平行层理为主,含油级别很高,多为富含油或油浸级别。垂向上沉积物以粗粒碎屑为主,呈均质韵律或不明显正韵律特征。测井曲线以箱形、箱形—钟形为主(表1)。

(2)辫状水道。

辫状水道纵向上呈顶平底凸状,沉积砂体厚度较同期心滩坝变薄,一般在 5～8m 之间,储层物性中等,平均孔隙度 19.5%,平均渗透率 80mD,为中孔中渗储层。岩性以中—细砂岩、细砂岩为主,夹薄层粉砂岩,泥质粉砂岩。沉积构造以平行层理、交错层理和波状层理为主,含油级别低,为油斑、油迹或不含油级别。垂向上沉积物呈下粗上细特征,为典型正韵律。测井曲线以钟形、叠塔形为主(表1)。

**表1　W油田辫状河低阻储层构型单元类型及特征**

| 构型单元 | 岩性 | 韵律 | 沉积构造 | 测井曲线 | 测井响应 | 含油级别 | 岩心照片 |
|---|---|---|---|---|---|---|---|
| 心滩坝 | 粗-中砂岩 中砂岩 | 均质韵律或不明显正韵律 | 平行层理 交错层理 底部冲刷构造 | | 中-高幅微齿状箱形、箱形—钟形 | 富含油 油浸 | |
| 坝缘 | 中-细砂岩 细砂岩 | 均质韵律或不明显正韵律 | 平行层理 交错层理 | | 低幅微齿状箱形、箱形—钟形 | 油浸 | |
| 辫状水道 | 细砂岩夹薄层粉砂岩、泥质粉砂岩 | 正韵律 | 平行层理 交错层理 波状层理 | | 中-高幅微齿状钟形、叠塔形 | 油斑、油迹或不含油 | |
| 泛滥平原 | 泥岩、粉砂质泥岩和泥质粉砂岩 | 无明显韵律 | 水平层理 波纹层理 | | 低幅齿状线型 | 不含油 | |

(3)泛滥平原。

泛滥平原主要为细粒沉积,岩性以灰色、灰绿色泥岩、粉砂质泥岩和泥质粉砂岩为主,局部夹薄层砂质条带,砂质条带多见油迹。沉积构造以水平层理和波纹层理为主。测井曲线表现为齿状线型(表1)。由于受各辫流带河道冲刷影响,研究区

油层段泛滥平原泥岩保存不完整,多以泥质隔夹层赋存。

## 2.2 储层构型单元平面展布

### 2.2.1 基于地震属性分析的储层构型解剖

地震平面属性技术是体现地震资料横向优势的重要地震预测技术。针对研究区疏井网条件,在传统储层构型"平面划界"研究基础上,运用统计学和地层切片研究方法,通过将构型单元与地震振幅属性值进行定量标定,从而定量表征研究区不同构型单元平面展布特征。

统计数据分析结果表明,不同类型构型单元其地震振幅值差异明显,其中心滩坝地震振幅响应最强,振幅值一般大于 4500;坝缘地震振幅响应次之,振幅值一般在 3500～4500 之间,辫状水道地震振幅响应较弱,振幅值一般小于 3500(图1)。

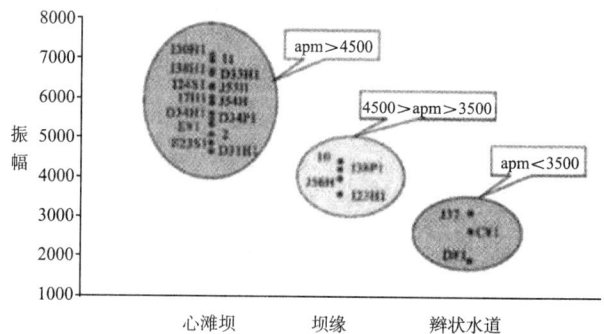

图1　NgⅡ2 低阻储层沉积微相和地震振幅值交会图

在明确不同类型构型单元地震振幅值范围基础上,通过对不同地震振幅值分带刻画,确定了不同类型构型单元的平面分布范围,由此实现无井区地震属性约束下的构型单元平面分布刻画(图2)。

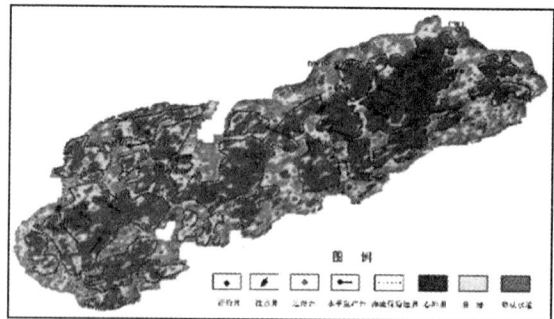

图2　NgⅡ2 辫状河低阻储层构型单元平面展布

### 2.2.2 基于钻井信息的储层构型解剖

渤海 W 油田 NgⅡ2 辫状河低阻储层以水平井开发方式为主,少量定向井过路,平面井距大,不同构型单元定量规模及其空间展布特征存在较大不确定性。本次在构型单元类型和特征总结的基础上,充分利用水平井横向信息丰富的优势,开展了基于钻井信息的辫状河低阻储层构型单元空

间展布特征研究。

研究表明,水平井自然伽马测井曲线能较好反映水平段轨迹井壁附近岩性特征,其受围岩的影响较小,可以定性判断岩性的横度变化[20]。通过对研究区 13 口水平井钻、测井资料和地震资料对比分析,结果表明自然伽马、电阻率、全烃气测与地震属性具有较好的一致性,一般电阻率、全烃值越高、自然伽马越低,地震振幅属性越强。对于不同构型单元,其测、录井信息和地震振幅响应具有明显差异。总的来看,心滩坝地震振幅响应强,实钻井自然伽马小于 60API,电阻率大于 4Ω·m 之间,全烃值 10 万～14 万 ppm 之间。坝缘地震振幅响应中等,自然伽马 60～70API,电阻率 2.5～4Ω·m 之间,全烃值 4 万～8 万 ppm 之间。辫状水道地震振幅响应弱,自然伽马大于 70API,电阻率小于 2.5Ω·m,全烃值 0 万～1 万 ppm 之间。

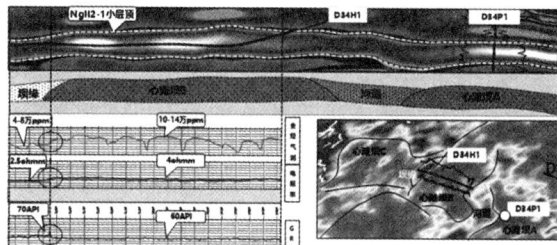

图 3　基于水平井的沉积微相分析

## 3　辫状河低阻储层含油分布模式

辫状河储层沉积厚度大,渗透率高,连通性好,初期认为其油水分布主要受单一构造控制,为构造高部位油气富集模式。近年来,随着一批辫状河低阻油藏的发现及投入开发,实践表明辫状河低阻油层内相邻井间油水界面矛盾明显,且相同区块、临近井间生产动态差异较大,含油分布模式认识不清。因此,有必要对辫状河低阻储层含油分布模式开展深入研究。

### 3.1　基于岩心的低阻储层含油性分析

岩心观察表明,研究区 NgⅡ2 辫状河低阻储层不同构型单元含油性差异明显,心滩坝荧光显示呈亮黄色,岩屑荧光面积一般大于 30%,含油饱和度高,为油层;坝缘荧光显示呈暗黄色,岩屑荧光面积一般在 10%～30% 之间,含油饱和度中等,为油层;而辫状水道紫外光下呈深蓝色,岩屑荧光面积一般小于 10%,含油饱和度低,为水层、含油水层或油水同层。结合岩心半渗透隔板实验分析,结果表明岩心中束缚水饱和度与渗透率呈较好相关性,岩心渗透率越高、束缚水饱和度越低、含油饱和度越高。心滩坝含油饱和度普遍高于辫状水道,且不同渗透率心滩坝,其束缚水饱和度差

异明显(图 4)。

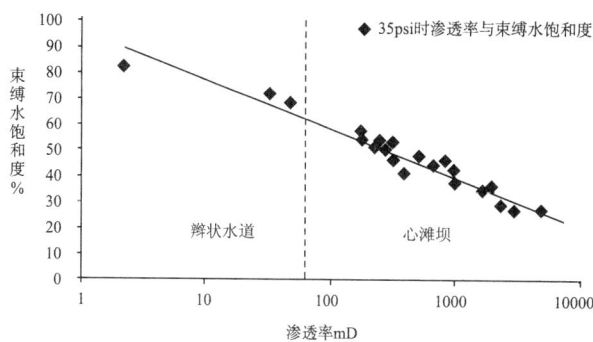

图 4　岩心渗透率与束缚水饱和度交会图

### 3.2　基于生产动态的低阻储层含油性分析

在储层构型解剖和岩心分析基础上,结合已投产调整井生产动态和各井全烃气测,探讨了储层与构造对含油分布的控制,进一步明确了低阻油藏含油分布的主控因素。

从构造控制含油分布方面来看,根据已投产井生产情况,调整井 J55H1 和 J56H1 位于研究区西侧,为同一心滩坝沉积,储层物性和实钻水平段长度基本一致。其中 J55H1 井位于构造高部位,随钻录井全烃含量、电阻率高,投产初期含水 0.7%,初期产油 102m³/d;J56H1 井位于构造较低部位,随钻录井全烃含量、电阻率较低,投产初期含水 20%,初期产油 73m³/d。总的来说,同一心滩坝内,构造高部位储层含油性较构造低部位好,钻井产能高,构造对于含油分布具有一定控制作用。

从储层控制含油分布方面来看,调整井 J53H、J55H 和 J56H 位于研究区西侧,其中 J53H 井位于心滩坝微相,储层物性好,气测全烃含量、电阻率高,投产初期含水 1.2%,初期产油 114m³/d。J56H 井位于坝缘微相,储层物性较差,气测全烃含量、电阻率较低,投产后产油量和产液量都很低,日产液仅 30 m³/d 左右。试井分析认为该井近井地带存在渗流遮挡,距离边界 50～100m,砂体范围较小,储层物性差。此外,根据调整井 J55H 投产效果,该井位于构造高部位,为辫状水道沉积,储层物性差、气测全烃含量和电阻率均很低,投产后即高含水,含水率达 100%(图 5)。总的来说,对于不同类型构型单元,其储层物性及钻井产能差异明显,其中心滩坝储层物性好、钻井产能高;而辫状水道储层物性差、钻井产能低,即使位于构造高部位,产出基本为水层。因此,储层物性是含油分布的主要控制因素。

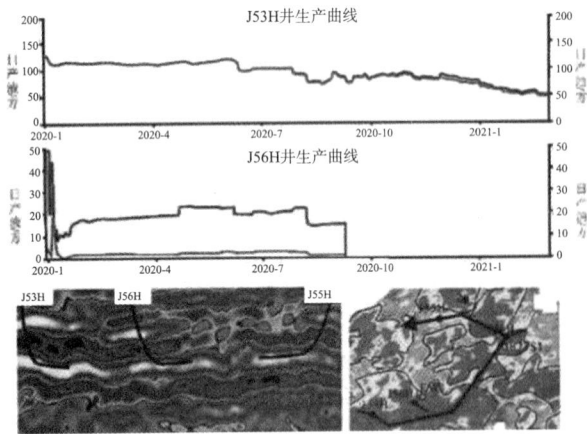

图5 储层控制含油分布生产动态响应

综上所述,研究区辫状河低阻储层发育低幅度构造,含油性主要受构造和储层物性控制,其中储层物性为主要控制因素,构造为次要因素。低阻油藏含油分布整体具有储集层岩性控制物性、物性决定含油性的特征,一般储层物性越好、含油性越高、产能贡献越大。而差异化含油宏观上受沉积微相控制,局部有效储集层渗透率的差异决定了含油性的差异。

3.3 低阻储层差异化含油分布模式及成藏特点

根据低阻储层岩心、测井、生产动态等资料综合分析,在明确低阻储层含油分布主控因素基础上,首次提出并建立了渤海油田馆陶组辫状河低阻油藏差异化含油分布模式(图6)。在馆陶组低阻油藏成藏过程中,构造控制了油气运移的整体汇聚方向,一般由低部位向高部位运聚。储层沉积微相和物性联合控制了油气的充注,受不同沉积微相物性差异影响,油气充注呈不均衡状态。一般心滩坝渗透率高,石油更易于充注和聚集,具有较高含油饱和度,为开发调整有利分布区域。而辫状水道渗透率低,以重力、浮力为主的弱成藏动力难以排驱较小喉道孔隙中的原生水,油气不易充注,含油饱和度低,多为干层或者原生束缚水。

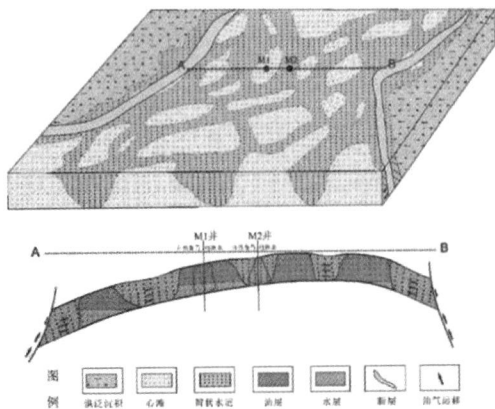

图6 W油田NgⅡ2辫状河低阻储层差异化含油分布模式

## 4 矿场应用

辫状河低阻油藏的成功发现为渤海W油田增储上产注入了新的动力。为进一步加快储量的有效动用,将储量转化为产量,早期在对储层沉积微相、高产甜点、含油分布模式认识不足的情况下,先期实施多口评价井和调整井。其中调整井I07H1、D34H1井获得高产油流,日产油60~100方/天,而评价井I38P1钻遇水层,调整井I23H1、J55H高产水,未见油流,复杂的油水分布致使研究区低阻油藏开发陷入困局。

基于本次研究成果,在差异化含油分布模式建立基础上,针对心滩坝甜点区先后部署实施7口水平井,均取得了较好的生产效果。目前该低阻油层在生产水平调整井10口,日产油超800方/天,为渤海W油田的增产稳产做出了巨大贡献,取得了巨大的经济效益。

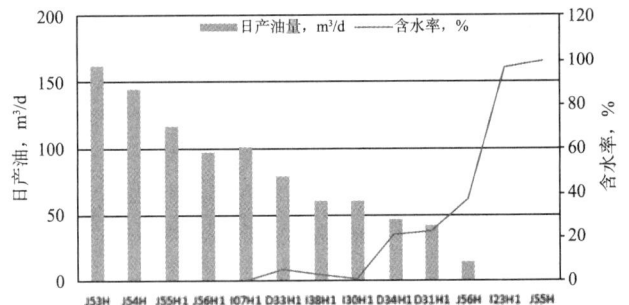

图7 W油田NgⅡ2低阻储层水平井产油量及含水率图

## 5 结论

(1)基于丰富水平井信息和高品质地震资料,实现了海上油田大井距、少井情况下的低阻辫状河储层构型精细表征。与馆陶组常规高孔、高渗、高连通性的辫状河储层不同,研究区辫状河低阻储层中辫状河道为中孔、低渗储层,心滩坝为中高孔、中高渗储层。整体为沉积微相控制的弱连续性储层,而非大面积连片、连续分布。

(2)研究区辫状河低阻储层含油分布受构造和储层物性共同控制,其中储层物性为主要控制因素,构造为次要控制因素。

(3)受不同构型单元储层物性差异影响,研究区辫状河低阻储层呈差异化含油分布模式,整体具有沉积微相控制物性、物性决定含油性的规律。其中心滩坝储层物性好、含油饱和度高,钻井产能高,为油气富集区和高产甜点区。

**参 考 文 献**

[1] 林国松,康凯,郭富欣,等.渤海海域蓬莱油田低阻储层成因模式研究[J].特种油气藏,2019,28(3):68-73.

[2]李子悦,毛志强,徐锦绣,等. LD 油田东营组二段油层低阻成因及沉积背景[J]. 东北石油大学学报,2018,42(4):85－90.

[3]李振鹏,贾海松,潘广明,等. 歧南断阶带明下段低阻储层地质成因[J]. 海洋地质前沿,2018,34(11):33－40.

[4]吴金龙,孙建孟,朱家俊,等. 济阳坳陷低阻储层微观成因机理的宏观地质控制因素研究[J]. 中国石油大学学报(自然科学版),2006,30(3):21－25.

[5]廖明光,苏崇华,唐洪,等. W 油藏黏土矿物特征及油层低阻成因[J]. 西南石油大学学报(自然科学版),2010,32(5):70－74.

[6]刘文超,张国坤,李强,等. 环渤中西洼馆陶组低阻储层微观成因及其主控因素[J]. 西安石油大学学报(自然科学版),2018,33(6):27－33.

[7]邱隆伟,葛君,师政,等. 惠民凹陷商河地区沙三上亚段低阻储层特征及控制因素[J]. 新疆石油地质,2017,38(1):15－21.

[8]郑华,李云鹏,徐锦绣,等. 渤海海域低阻储层地质成因机理与识别—以辽东湾旅大 A 油田为例[J]. 断块油气田,2018,25(1):22－28.

[9]汪瑞宏,崔云江,陆云龙,等. 渤海油田中深层低阻油层测井特征及识别[J]. 海洋地质前沿,2016,32(11):26－31.

[10]徐锦绣,吕洪志,刘欢,等. 渤海 LD 油田低阻油层成因机理与评价方法[J]. 中国海上油气,2018,30(3):47－54.

[11]杨锐祥,王向公,白松涛,等. Oriente 盆地海相低阻油层成因机理及测井评价方法[J]. 岩性油气藏,2017,29(6):84－90.

[12]斯扬,牛小兵,梁晓伟,等. 鄂尔多斯盆地姬塬地区长 2 油层低阻主控因素及有效识别方法研究[J]. 地质与勘探,2019,55(3):882－890.

[13]李伟,岳大力,胡光义,等. 分频段地震属性优选及砂体预测方法—秦皇岛 32－6 油田北区实例[J]. 石油地球物理勘探,2017,52(1):121－130.

[14]李新琦,高曦龙,冯冲,等. 渤海海域西部馆陶组沉积环境及其地质意义[J]. 西安石油大学学报(自然科学版),2019,34(2):10－17.

[15]刘文超,张国坤,李强,等. 环渤中西洼馆陶组低阻油层微观成因及其主控因素[J]. 西安石油大学学报(自然科学版),2018,33(6):27－33.

[16]陈东阳,王峰,陈洪德,等. 鄂尔多斯盆地东部府谷天生桥剖面上古生界下石盒子组 8 段辫状河储层构型表征[J]. 石油与天然气地质,2019,40(2):335－345.

[17]支树宝,林承焰,张宪国,等. 黄骅坳陷新近系砂质辫状河储层构型——以羊三木油田典型去为例[J]. 西安石油大学学报(自然科学版),2019,34(2):1－9.

[18]吴小军,苏海斌,张士杰,等. 沙砾质辫状河储层构型解剖及层次建模——以新疆油田重 32 井区齐古组油藏为例[J]. 沉积学报,2020,38(5):933－945.

[19]Yu X,Ma X,Qing H. Sedimentology and reservoir characteristics of a Middle Jurassic fluvial system,Datong Basin,northern China[J]. Bulletin of Canadian Petroleum Geology,2002,50(1):105－117.

[20]陈伟,杨斌,鲁洪江,等. DH 油田水平井储层测井解释研究[J]. 物探化探计算技术,2010,32(6):645－650.

# 压裂充填增产技术在渤海油田的研究与应用

张晓诚[2] 李 进[1,2] 张启龙[1,2] 贾立新[1,2] 刘 鹏[1,2] 陈 彬[1,2]

(1.中海石油(中国)有限公司天津分公司 2.海洋石油高效开发国家重点实验室)

**摘 要** 为了解除近井地带污染,增强低渗层导流能力,实现防砂、增产、调剖和控水的多重目的,解决渤海油田储层物性差异、剩余油分布复杂、层间压力矛盾突出、高渗层水淹严重、完井表皮系数高等难题,满足渤海疏松砂岩储层高效开发需求。针对渤海油田疏松砂岩特点,构建了流固耦合力学条件下疏松砂岩压裂裂缝起裂及延伸模型,研究了压裂充填完井增产机理,研制了适用于 9−5/8″、7″套管完井的压裂充填防砂完井工具,形成了与之相匹配的施工工艺。该技术已在渤海油田应用 177 口井,累计增油 $166.41×10^4$ $m^3$,在有效提高单井产能和作业时效的同时,降低了油田开发成本。应用表明,疏松砂岩压裂充填技术为渤海油田中后期开发积累了宝贵经验,具有较好的推广应用前景。

**关键词** 疏松砂岩;压裂充填;起裂机理;一趟多层

渤海油田渤海油田浅层疏松砂岩储层分布广泛,占探明储量 84% 以上,疏松砂岩油藏的高效开发是渤海油田稳产增产的重中之重[1−3]。疏松砂岩储层出砂风险高,渤海油田常用的独立筛管、砾石充填等防砂工艺,在防砂的同时会增加附加表皮,降低产量[4−6]。此外,受条件限制,海上油田多采用少井高产、多层同采的开发方式,由于储层物性差异的影响,高渗层容易形成优势通道,中低渗储层吸收注水能量弱,产油贡献低,整体产能无法得到有效释放[7]。目前,渤海油田疏松砂岩压裂多依赖现场实践经验,缺乏理论支撑和系统的工艺技术研究。为了满足渤海油田疏松砂岩储层高效开发的需求,解除近井地带污染,增强低渗层导流能力,实现防砂、增产、调剖和控水等多重目的,解决渤海油田储层物性差异、剩余油分布复杂、层间压力矛盾突出、高渗层水淹严重、完井表皮系数高等难题,亟需开展疏松砂岩压裂充填完井工艺技术研究。

## 1 疏松砂岩裂缝起裂与延伸机理

### 1.1 弹塑性变形流固耦合理论

疏松砂岩压裂时压裂液向地层滤失,导致近裂缝壁面附近孔隙压力变化,从而引起地层有效应力变化。有效应力变化导致岩石变形甚至破坏,改变地层孔隙度与渗透率,从而影响地层孔隙流体流动与孔隙压力分布,因此疏松砂岩应力、变形与孔隙流体流动耦合效应显著。

疏松砂岩受力平衡方程为

$$\sigma_{ij,j} + f_i = 0 \quad (1)$$

式中,$\sigma_{ij,j}$ 为应力,MPa;$f_i$ 为体积力,$N/m^3$。

考虑疏松砂岩为均质弹塑性材料,其应力应变关系为

$$\sigma_{ij} = \left(K - \frac{2}{3}G\right)(\varepsilon_{kk} - \varepsilon_{kk}^p)\delta_{ij} + 2G(\varepsilon_{ij} - \varepsilon_{ij}^p) - \alpha p\delta_{ij} \quad (2)$$

式中,$K$ 为体积模量,Pa;$G$ 为剪切模量,Pa;$\varepsilon_{ij}^p$ 为塑性应变,无量纲;$p$ 为孔隙压力,MPa;$\alpha$ 为 Biot 系数;$\delta_{ij}$ 为克罗内克符号。

疏松砂岩孔隙流体流动的数学方程可以由孔隙流体质量守恒方程与达西定律推导得到,即

$$\alpha\dot{\varepsilon}_v - \left(\frac{k}{\mu}\right)p = 0 \quad (3)$$

式中,$\dot{\varepsilon}_v$ 为体积应变对时间的导数,无量纲;$k$ 为渗透率,mD;$\mu$ 为黏度,$mPa\cdot s$。

疏松砂岩剪切破坏后会发生体积膨胀,渗透率增加,可采用 Touhidi-Baghini 提出的经验关系式进行描述,即

$$\ln\frac{k}{k_0} = \frac{B}{\varphi_0}\varepsilon_v \quad (4)$$

式中,$k_0$ 为初始渗透率,mD;$\varphi_0$ 为初始孔隙度,%;$B$ 为拟合系数,取值范围 2.9~3.8。

疏松砂岩在压裂过程中的裂缝起裂可采用二次名义应力准则判断,见式(5):

$$\left(\frac{\sigma_n}{\hat{\sigma}_n}\right)^2 + \left(\frac{\tau_s}{\hat{\tau}_s}\right)^2 + \left(\frac{\tau_t}{\hat{\tau}_t}\right)^2 \geqslant 1 \quad (5)$$

式中,$\sigma_n$、$\tau_s$、$\tau_t$ 为裂缝面上的法向应力和两个切向应力,MPa;$\hat{\sigma}_n$、$\hat{\tau}_s$ 和 $\hat{\tau}_1$ 为和 $\hat{\sigma}_n$、$\hat{\tau}_s$、$\hat{\tau}_t$ 对应的临界应力,MPa。

当裂缝面上的内聚应力未达到式(5)的条件时,单元保持完好;当内聚应力状态达到上述方程

规定的条件时,单元开始发生损伤,裂缝面上的内聚应力随着裂缝的张开而逐渐降低,直至完全损伤,裂缝面上的内聚应力为0。

### 1.2 裂缝起裂延伸模型及规律研究

(1)裂缝起裂延伸模型。

为了模拟疏松砂岩压裂过程中的裂缝起裂和延伸情况,基于弹塑性变形流固耦合理论,采用数值模拟软件建立疏松砂岩压裂流固耦合数值模型,其中拉伸裂缝起裂延伸以及裂缝内流体流动采用软件内置的Cohesive单元描述,见图1。考虑问题的对称性,图1所示的模型为1/2模型,模型整体长、宽、高分别为50m、50m、30m,中间与上下隔层厚度均为10m,射孔段厚度为7.5 m。

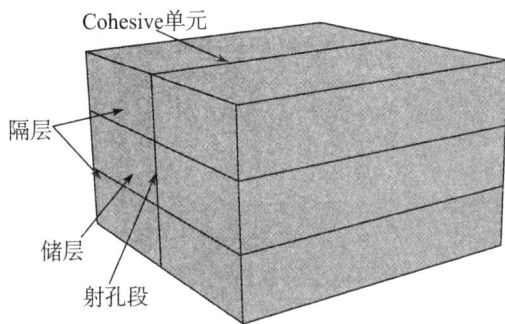

图1 三维地层数值模型

线性胶压裂时,考虑线性胶的造壁性弱,造壁作用可忽略不计,计算中保持线性胶的滤失系数不变。交联压裂液压裂时,因交联剂具有造壁性,所以压裂过程中压裂液滤失系数发生变化,根据M. J. Economides等人的实验结果,可采用Carter滤失模型实现滤失系数的动态变化以模拟交联剂的造壁特性,见式(6):

$$V = C_c \sqrt{t} + S_p \quad (6)$$

式中,$V$为滤失量,$m^3$;$C_c$为滤失系数,$m^3/s^{0.5}$;$t$为时间,s;$S_p$为初始滤失量,$m^3$。

(2)裂缝起裂延伸规律。

以渗透率500mD的储层为例,分别采用黏度为10mPa·s的非交联线性胶压裂液和黏度为2mPa·s交联压裂液,以2.4 $m^3$/min的排量进行压裂,对比分析两种压裂液压裂过程中的裂缝起裂延伸情况、近裂缝面附近孔隙压力分布规律,可得如下结论:

(1)非交联线性压裂液压裂拉伸裂缝延伸规模较小,裂缝半长仅为9.6m,出现穿层扩展现象,裂缝进入上下隔层,储层内裂缝半长为9.6m,最大缝宽约1 mm。隔层内缝长与储层延伸长度接近,但缝宽较宽,最大缝宽为4 mm;采用交联压裂液能够在疏松砂岩储层中起裂延伸较为规则的平面拉伸裂缝,裂缝半长为18.6 m,缝宽为3.35cm,见图2所示。

(2)非交联线性胶压裂液由于没有造壁性,不会在裂缝面上形成滤饼,压裂液将大量滤失进入近裂缝附近地层,造成孔隙压力升高,岩石平均有效应力降低,从而形成图3a)中所示的剪切破裂区,难以形成拉伸型裂缝;而交联压裂液通过在裂缝面上形成滤饼,压裂液滤失得到较好的控制,尽管裂缝内压力高达23.5MPa,但储层内孔隙压力变化不大,最大孔隙压力仅从原始13.9 MPa升高至15.4 MPa,因此不会形成大规模的剪切破裂区。因此,使用交联剂的压裂液滤失量较小,可在裂缝内憋起较大压力,见图3所示。

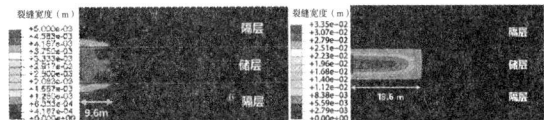

a. 非交联线性压裂液　　b. 交联压裂液

图2 压裂拉伸裂缝延伸情况

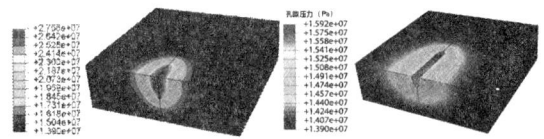

a. 非交联线性压裂液　　b. 交联压裂液

图3 近裂缝面附近孔隙压力分布

综上分析,线性胶压裂液滤失量较大、压裂液效率低、裂缝形态复杂,难以形成短宽的平整裂缝。交联类型的压裂液滤失量小、压裂液效率高、易形成平整的短宽缝,有利于进行压裂充填。因此,渤海油田疏松砂岩压裂充填适合采用交联类型的压裂液。

### 1.3 疏松砂岩压裂规模图版

为了合理控制疏松砂岩压裂规模,模拟分析不同渗透率储层在不同压裂液排量下的裂缝形态和裂缝长度。以厚度为10m的储层为例,分析得出裂缝长度随储层渗透率和排量的影响规律,绘制成疏松砂岩压裂规模图版,见图4。

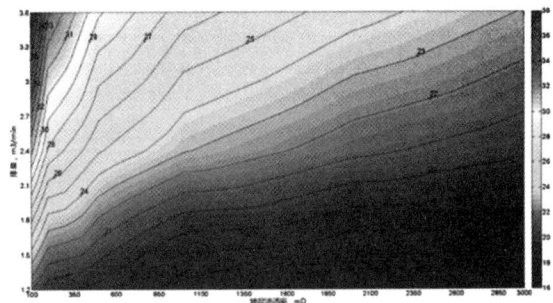

图4 疏松砂岩压裂规模图版

由图4可知,在压裂排量小于1.8$m^3$/min时,随地层渗透率增大,裂缝长度逐渐增大,当渗透率大于1000mD时,裂缝长度基本不变。在大排量下,随地层渗透率增大,裂缝长度不断增大。在相同渗透率条件下,随排量增大,裂缝长度明显增大,在地层渗透率较小时,增大排量会造成裂缝长度明显增大。

## 2 压裂充填完井增产机理研究

### 2.1 压裂充填裂缝参数模拟

以渤海 S 油田 D 区为例模拟,S 油田主力开发层系为东二下段疏松砂岩储层,储层深度 1390～1465m,地层原油黏度 27.3mPa·s,正常压力梯度,油田储层在纵向上、横向上分布比较稳定,油气沿砂体呈层状分布,储层孔隙度 28%～34%,渗透率 500～3000mD,属于中高孔渗储层。储层纵向上各小层之间渗透率分布不均匀,纵向不同小层物理特性见表 1。根据设计,S 油田射孔孔密为 39 孔/m,交联压裂液黏度为 300mPa·s、压裂排量为 2.2m³/min、泵注时间为 40 分钟。

表 1　S 油田储层物理特性

| 小层序号 | 中部垂深 (m) | 垂厚 (m) | 孔隙度 (%) | 渗透率 (×10⁻³μm²) | 含油饱和度 (%) |
|---|---|---|---|---|---|
| D1 | 1395 | 10 | 31.5 | 736 | 69.3 |
| D2 | 1415 | 30 | 33.5 | 3140 | 66.2 |
| D3 | 1437.5 | 15 | 25.8 | 60 | 62.1 |
| D4 | 1455 | 20 | 28.2 | 155 | 65.7 |

根据 S 油田 D 区地层特性,采用裂缝起裂延伸数值模拟模型,对压裂充填裂缝形态进行了分析,模拟计算结果表明,在渗透率高于 3000mD 的小层中无法形成裂缝,在渗透率为 60～736mD 的地层中形成半长 14～32m 的裂缝,缝宽在 3cm 左右。

### 2.2 压裂充填对生产的影响研究

以 D 区块储层纵向小层分布规律为基础,采用一注一采开发模式,模拟分析常规砾石充填和压裂充填完井方式对生产的影响,其中注水井与采油井间距 350m,日产液量 100m³,注采比 1:1,各小层之间无隔层。模拟分析常规砾石充填和压裂充填完井在生产过程中的综合含水率和日产油量对比见图 5、图 6。

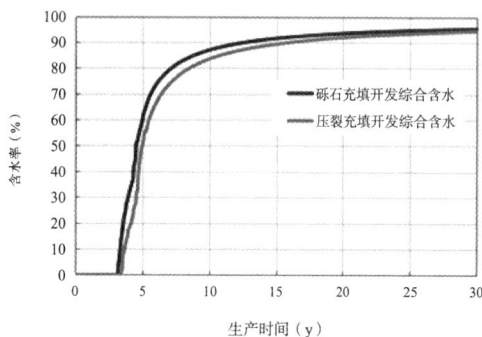

图 5　两种完井方式下的综合含水情况对比

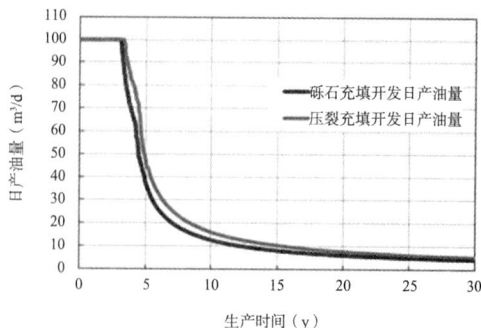

图 6　两种完井方式下的日产油对比

由图 5 可知,虽然两种完井方式的最终含水率相近,但在生产过程中见水初期,压裂充填完井综合含水率低于砾石充填完井方式。由图 6 可知,压裂充填完井开采方式在初期日产油量也略高于常规砾石充填完井。因此,压裂充填较常规砾石充填而言,具有改造低渗层、延缓注入水锥进时间,从而降低含水率和增加日产油的优势。

通过模拟分析,出现图 5、图 6 现象的原因在于:采用常规砾石充填完井时,注入水会优先沿着渗透率高的第 2 小层运移,容易发生单层注入水突进,影响整体开发效果。同时,常规砾石充填完井生产 30 年后油藏综合采出程度约 26.1%,其中主要贡献仍然来自渗透率最高的第 2 小层,其次为第 1 小层,说明在纵向非均质油藏水驱开发过程中,渗透率较高的层波及效率更好。而采用压裂充填完井时,由于第 2 小层渗透率高于 3000mD,在压裂过程中无法形成裂缝,同时通过在第 1、3、4 小层形成充填裂缝,提高低渗层导流能力,避免注入水单层突进现象,从而降低含水率。因此,压裂充填完井改变了油水运移剖面,生产 30 年后油藏综合采出程度达到 29.6%,与常规砾石充填相比提高了 3.5%。

## 3 一趟多层压裂充填防砂工艺技术

### 3.1 9-5/8″套管压裂充填工具改进

针对渤海早期采用的 9-5/8″套管一趟多层压裂充填管柱工具稳定性差、耐腐蚀和冲蚀性能差、操作复杂繁琐的问题,对液压锁定器、充填短节旁通孔、反循环流道和顶部封隔器总成及服务工具总成结构进行了优化,具体优化改进如下:

(1)液压锁定器改进:创新采用内外双弹性机构设计,精准控制锁套"解锁力",见图 7。改进后的液压锁定器采用液压激活方式,激活压力为 1500psi±100psi,具有防误激活、性能稳定、激活压力精准的优势,有效解决了管柱下放遇阻误激活锁定器的问题。

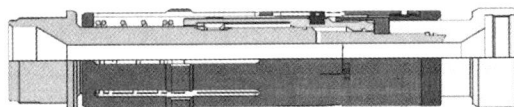

图 7　改进后的液压锁定器

（2）充填旁通孔和反循环流道改进：将深孔结构的压裂充填短节旁通孔改进为深月牙孔结构，流道增大为原来的 9 倍，降低摩阻 50%；优化反循环孔流道，优化短节长度、孔径、布孔结构，使流体产生螺旋上升效应，大幅提升流体携砂效果及冲刷面积；升级滑套关闭工具，工具总长减少 26cm，采用整体笼式结构，缩短充填孔与反循环孔间距离，降低摩阻 20%。优化后的工具可使反循环的压力降低约 25%，反循环合格率可从 67.1% 提升至 98.7%，见表 2。同时，耐冲蚀性能大幅提升，有效解决了充填孔易冲蚀的问题。

表 2　压裂充填短节改进前后参数对比

| | 优化前 | | | 优化后 | | |
|---|---|---|---|---|---|---|
| 泵入排量（bpm） | 5 | 6 | 7 | 5 | 6 | 7 |
| 顶部服务工具循环孔压降（psi） | 52.03 | 70.75 | 92.46 | 35.38 | 50.94 | 69.34 |
| 旁通孔压降（psi） | 7.89 | 8.91 | 12.8 | 6.31 | 7.57 | 8.83 |
| 反循环孔压降（psi） | 9.76 | 15.2 | 19.46 | 8.78 | 12.61 | 17.12 |
| 充填孔压降（psi） | 78.64 | 108.71 | 144.12 | 56.62 | 81.53 | 110.97 |
| 反循环合格率 | 67.10% | | | 98.70% | | |

（3）顶部封隔器总成改进：将顶部封隔器总成及顶部服务工具总成长度由 14m 缩短至 11m，降低工具成本。同时，采用可旋转的中心管，可实现快速连接，缩短井口连接时间，提高现场作业时效性，增强连接稳定性。

通过上述改进，有效解决了作业管柱窜动、循环压力高等技术难题，提高了压裂充填工具稳定性、耐腐蚀性和抗冲蚀性能，有效满足了 9−5/8″套管一趟多层压裂充填防砂完井需求。

### 3.2　7″套管压裂充填工具研制

为了解决传统 7″套管压裂充填工具只能进行逐层压裂充填、时效低、工期长费用高、防砂管柱内通径小、不能下入分采管等技术难题，通过 7″套管配套防砂封隔器的研制，研发形成了 7″套管一次多层压裂充填防砂管柱[8−10]，见图 8。管柱内通径为 3.88″，采用 3−1/2″和 2−3/8″冲管，可实现定向井一趟 4 层及以上压裂充填防砂，施工排量 20bpm，压力级别 7500psi。图 8 所示一趟多层压裂充填防砂管柱具有如下特点：内径尺寸由常规 3.25″提升至 3.88″，可实现单井的分采分注要求，并可为后续增产增注措施提供通道；满足压裂

要求；充填工具内部配有耐冲蚀合金衬套，保护充填工具本体。

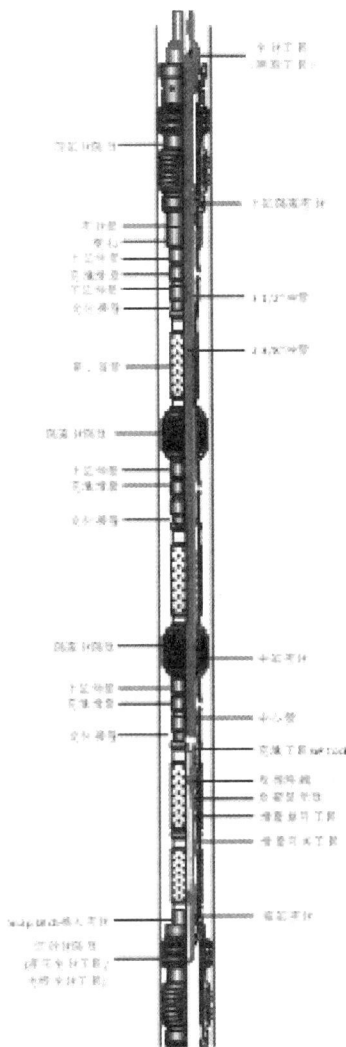

图 8　一趟多层压裂充填防砂管柱

通过正循环摩阻分析表明，图 8 所示一趟多层压裂充填管柱可满足施工排量 20bpm、施工长度 400m 的 7″套管一次多层压裂充填完井作业。反循环时，3−1/2″钻杆和 7″尾管的环空空间比较大，沿程摩阻可以忽略不计，因此反循环时的沿程摩阻主要发生在 3−1/2″冲管和 2−7/8″冲管的环形空间内。按照井深 2000m 计算，反循环 6bpm 时钻杆摩阻为 687psi。压裂充填工艺作业能力主要受限于反循环时的排量限压，在反循环套压限压 3000psi 的情况下，最大冲管连接长度 258m（不考虑最下层充填段长度），而渤海隔层平均长度在 30~40m，因此该一趟多层压裂充填工艺技术能够满足 4 层以上的压裂充填防砂作业。冲蚀方面，整体流体域最大冲蚀为 $4.05 \times 10^{-3}$ kg/m² · s，冲蚀最严重的区域主要集中在上延伸筒和套管上，充填过程中的充填孔最大冲蚀为 $7.25 \times 10^{-5}$ kg/m² · s。按照平均充填一口 4 层的井，需要耗时 4h，过砂量

250000lbs,经计算磨损最大量为36.3g,充填滑套上短节厚度10mm,充填完厚度损耗在0.06225mm,满足现场作业需求。

### 3.3 压裂充填防砂工艺技术

一趟多层压裂充填防砂工艺,其作业步骤如下:①刮管洗井;②射孔作业;③再次刮管洗井作业;④下入沉砂封隔器,并坐封验封;⑤下入防砂管柱;⑥坐封顶部封隔器、验封;⑦坐封隔离封隔器、验封;⑧压裂充填防砂作业。

在进行压裂充填作业时,首先将管柱置于充填位置,进行循环测试,记录1bpm、2bpm的循环压力。然后,同样在充填位置进行小压测试,通过升排量测试,并记录对应的泵压及套压,得到最后的挤注压力时,迅速停泵获取瞬时关井压力,等待裂缝闭合。根据小压测试结果,分析裂缝及地层信息,从而确定最优的压裂充填泵注程序。随后进行压裂充填防砂作业,一旦起脱砂压力,立即停泵。将管柱提至反循环位置,采用固井泵进行大排量反循环,直至确认返出无陶粒为止。

## 4 现场应用

渤海X油田位于渤海东北部辽东湾海域,平均水深约30m。油田构造为北东走向断裂半背斜构造,主力储层位于东二下段,细分为14个小层。油田原油具有密度大、黏度高、胶质沥青含量高等特点,属于重质油。在平面上,构造高部位原油性质好于构造低部位,N平台区域地层饱和压力下

原油黏度为20~100mPa·s,黏度相对较低。

为保持地层能量,提升区块开发效益,N平台大部分井都采用了同注同采工艺。在N平台加密调整井设计中,部署了4口试验井N1、N2、N3和N4井,各井之间相距约330~350m。N1、N2、N3井均采用压裂充填防砂完井技术,N4井进行高速水砾石充填,对比压裂充填和高速水充填开发效果,各井设计每层储层的施工参数见表3。

表3 充填防砂施工参数设计

| 井号 | 充填方式 | 支撑剂粒径(目) | 注入排量(m³/min) | 前置液注入时间(min) | 加砂比(kg/m³) | 总注入时间(min) |
|---|---|---|---|---|---|---|
| N1 | 压裂 | 20/40 | 2.2 | 10 | 120-360 | 40 |
| N2 | 压裂 | 20/40 | 2.5 | 10 | 120-360 | 40 |
| N3 | 压裂 | 20/40 | 2.5 | 10 | 120-360 | 40 |
| N4 | 高速水 | 20/40 | 1.0 | / | 60 | 30 |

从投产情况来看,4口井稳产生产压差基本在5~8.5MPa之间,N1、N2和N3井日产液量基本在200~300m³/d,N4井日产液量为100~200m³/d,产量数据见表4。压裂充填井无论初期还是稳产后的日产油量明显高于高速水砾石充填井,目前产量为高速水砾石充填井的2~3倍,同时压裂充填井初期含水率低于高速水砾石充填井,在疏松砂岩油藏开发中能起到较好的防砂、增产和一定的调剖控水效果。

表4 4口井日产量数据统计表

| 井名 | 投产初期 | | | | 目前产量 | | | |
|---|---|---|---|---|---|---|---|---|
| | 产液量(m³/d) | 产油量(m³/d) | 含水率(%) | 生产压差(MPa) | 产液量(m³/d) | 产油量(m³/d) | 含水率(%) | 生产压差(MPa) |
| N1 | 30-55 | 20-40 | 20-35 | 2.0-2.3 | 215-245 | 20-35 | 85-90 | 7.0-8.0 |
| N2 | 50-80 | 28-55 | 25-40 | 3.0-4.2 | 250-290 | 24-32 | 85-92 | 6.0-6.5 |
| N3 | 100-150 | 30-50 | 50-76 | 4.0-4.5 | 235-255 | 17-19 | 90-94 | 6.0-6.3 |
| N4 | 32-65 | 2.5-12 | 80-90 | 3.5-4.5 | 100-120 | 7-9 | 90-94 | 8.1-8.3 |

近年来,压裂充填技术在已在渤海P-1、P-2、S-1、L-1、J-3等油田成功应用177口井,单井产量得到显著提高,累计增油量为166.41万方。

## 5 结论

(1)结合弹塑性变形流固耦合理论,建立了疏松砂岩压裂裂缝起裂延伸数值模型,针对线性胶和交联压裂液的压裂裂缝延伸规律进行了研究,形成了疏松砂岩压裂规模图版。研究认为,交联类型的压裂液滤失量小、压裂液效率高、易形成平

整的短宽缝,有利于进行压裂充填。

(2)以S油田为例,在疏松砂岩裂缝参数模拟的基础上,研究了压裂充填对生产的影响。研究认为,压裂充填完井较常规砾石充填相比,可解除近井地带污染,增强低渗层导流能力,实现增产、调剖和控水的多重目的。

(3)通过关键工具改进优化和研制,形成了适用于9-5/8″和7″套管的一趟多层压裂充填防砂管柱及工艺技术,管柱摩阻和冲蚀分析表明,该工艺技术可满足一趟4层压裂充填防砂完井作业,

为渤海油田疏松砂岩高效开发提供了新思路。

## 参 考 文 献

[1] 范白涛.我国海油防砂技术现状与发展趋势[J].石油科技论坛,2010,29(5):7—12.

[2] 李进,许杰,龚宁,等.渤海油田疏松砂岩储层动态出砂预测[J].西南石油大学学报(自然科学版),2019,41(1):119—128.

[3] 赵少伟,马英文,刘飞航,等.基于线性强化弹塑性疏松砂岩破裂模式[J].石油学报,2019,40(S2):137—146.

[4] 李斌,黄焕阁,邓建明,等.简易防砂完井技术在渤海稠油油田的应用[J].石油钻采工艺,2007,29(3):25—28.

[5] 张春升,张庆华,魏裕森,等.疏松砂岩稠油油田防砂工艺模拟试验研究[J].石油机械,2019,47(10):47—52.

[6] 王尧,孟召兰,张纪双,等.实尺寸防砂筛管防砂效果检测系统的研制与试验[J].石油机械,2018,46(12):68—71.

[7] 范白涛,邓金根,林海,等.压裂充填方式对疏松砂岩储层油水运移的影响[J].中国海上油气,2019,31(6):111—117.

[8] 李进,许杰,龚宁,等.渤海油田井身结构优化及钻采技术研究与应用[J].石油机械,2020,48(10):64—70.

[9] 车争安,修海媚,巩永刚,等.一次多层压裂充填技术在177.8mm套管井中的应用[J].石油钻采工艺,2019,41(5):603—607.

[10] 张亮,孔学云,包陈义,等.细分层系一次多层压裂充填防砂技术研究[J].石油矿场机械,2019,48(2):13—19.

# 海上稠油热采井人工举升技术研究及应用

尚宝兵　白健华　吴华晓　于法浩　赵顺超　方　涛

(中海石油(中国)有限公司天津分公司渤海石油研究院)

**摘　要**　渤海油田稠油储量丰富,采用热采开发方式有利于提高稠油油田的开发效果。但是对于海上热采井,陆上油田通常采用的有杆泵注采一体化管柱不适用,海上油田常用的电潜泵举升工艺无法满足耐高温需求,为此开展了适用于海上热采井的人工举升工艺研究。通过对比各种人工举升工艺的技术特点,明确了各种举升工艺的适应性以及需要攻关的方向。对于电潜泵井,研发了一套耐高温井下安全控制系统,各设备的耐压和耐温达 350℃和 21MPa,满足了海上热采井的安全控制需求,目前该工艺已在现场应用 30 余井次,初步解决了海上热采井的人工举升难题。但受电潜泵耐温能力限制,目前海上热采井电潜泵举升时需要采用注采两趟管柱,导致作业费用高、且造成产量损失。对此,研发了一套同心管射流泵注采一体化工艺。该套系统的最高耐温为 350℃,井下安全控制装置耐压 21MPa,达到了不拆采油树、不更换管柱的需求。目前,该工艺在渤海油田蒸汽吞吐井已应用了两轮次,有效提升了热采井的开采效果,也验证了此种工艺技术的可靠性。同时,目前正在开展电潜泵注采一体化工艺技术攻关,成功后有望进一步简化现场生产作业流程,提升海上稠油热采的开发效果。

**关键词**　热采井;人工举升;电潜泵;井下安全控制;注采一体化

渤海油田稠油资源量丰富,为有效提高稠油开发效果,从 2008 年开始开展了热采试验,包括蒸汽吞吐和多元热流体吞吐,取得了较好的生产效果[1-2]。但是对于海上热采井,受井下高温限制,海上油田常规的电潜泵举升工艺技术无法直接应用,对此研发形成了适宜的人工举升工艺技术。因此,在充分论证各种举升工艺对于海上稠油热采井的适用性后,研制了相关配套工具,满足了海上油田热采井举升需求,目前已形成了电潜泵注采两趟举升工艺和射流泵注采一趟管柱举升工艺,并在渤海油田得到了推广应用。对于电潜泵井,研发了耐高温井下安全控制系统,满足了热采井的井下安全控制需求[3-6]。针对电潜泵举升工艺需采用注采两趟管柱的限制,研究形成了射流泵注采一体化举升工艺技术,完成了井下关键工具设计、专用井口装置设计和地面配套工艺设计,新技术的应用有助于大幅降低海上稠油热采井的操作费,提升稠油热采的开发效益,助力海上稠油油田的规模化开发。

## 1　不同举升工艺适应性分析

针对海上油田平台面积小、承重量受限,热采生产时注热量大、产量较高等特点,对比了不同人工举升工艺技术的优缺点及适应性,明确了需要攻关的方向。

(1)电潜泵:电潜泵是目前渤海油田最为常用的人工举升方式,应用比例达到 98％左右。其主要由井下泵机组、地面变频器、变压器等组成。具有排量大、便于调节、地面噪音小、地面工艺流程简单、占地面积小等优点。目前已有的电潜泵最高可满足 270℃的耐温要求。但是对于海上热采井,电潜泵举升系统配套的常规的井下安全控制工具不满足耐高温要求。

(2)螺杆泵:螺杆泵分为地面驱动抽油杆传动螺杆泵和井下电机驱动螺杆泵两种。常规的螺杆泵定子为橡胶,耐温 150℃。但由于螺杆泵在海上油田的定向井中技术不成熟,检泵周期相对较短,不适于海上油田热采井。

(3)气举:气举采油是将压缩气体与地层产液混合,气体在液体中膨胀,降低液体的密度和油管中液柱重量,使油管内的流动压力梯度下降,从而降低井底流动压力,实现有效举升。但是气举需要有充足的气源,渤海稠油油田一般无充足气源,因此不适用于海上热采井。

(4)有杆泵:有杆泵是陆上油田热采井最为常用的一种举升方式。但是对于海上油田,有杆泵地面设备尺寸大,抽油机配重大,增加平台额外载重,无法适用于海上热采井。

(5)射流泵:结构简单无运动部件、紧凑可靠、使用寿命长、检泵维修方便。但目前没有配套的井下安全控制系统,且需配备地面动力液分离系统以及注入系统。

根据以上对比分析,确定了电潜泵和射流泵两种举升工艺可用于海上油田热采井,针对这两种举升工艺开展了配套的井下安全控制系统、关键工具研究。

## 2　电潜泵举升工艺技术研究

电潜泵是海上油田最常用的人工举升工艺。针对常规的电潜泵管柱不满足耐高温需求的问题,研发形成了一套耐高温井下安全控制系统,包括井下安全阀、过电缆封隔器、耐高温排气阀。

### 2.1　井下安全阀

井下安全阀是用来封堵油管内部通道的。在安全工况下,通过给液控管线打压保持井下安全阀呈开启状态。当出现紧急情况时,通过给液控管线泄压,使安全阀关闭,从而封堵油管。目前研制的耐高温安全阀的耐温达350℃,耐压35MPa,其结构如图1所示。

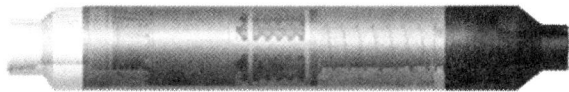

图1　井下安全阀结构图

### 2.2　过电缆封隔器

过电缆封隔器用来封堵油套环空,其上还设计有电缆穿越通道和放气阀。从而可以实现电缆的穿越,以及套管放气需求。目前,研制的过电缆封隔器耐温为350℃,耐压21MPa,实物如图2所示。

图2　过电缆封隔器实物图

### 2.3　耐高温排气阀

耐高温排气阀通过与封隔器连接后下入井筒内,工作原理与安全阀类似。上部连接液控管线,通过液控管线加压推动排气阀活塞移动,井下排气阀的排气通道打开,封隔器上下环空连通;当地面控制液控管线泄压后,井下排气阀流通通道关闭,封隔器上下环空通道关闭。研发的排气阀最高耐温为350℃,耐压为21 MPa,具体结构如图3所示。

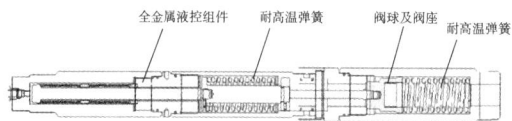

图3　耐高温排气阀结构图

### 2.4　电潜泵管柱热采流程

海上油田热采井注入的热流体温度最高可达350℃。由于目前的电潜泵系统无法承受如此高的温度,因此采用的是注采两趟管柱。

(1)注热管柱:在注热流体之前先下入注热管柱,包括4－1/2隔热油管、耐高温井下安全阀、过电缆封隔器、放气阀等,如图4(a)所示。注热完成后,再进行焖井、然后进行自喷生产。

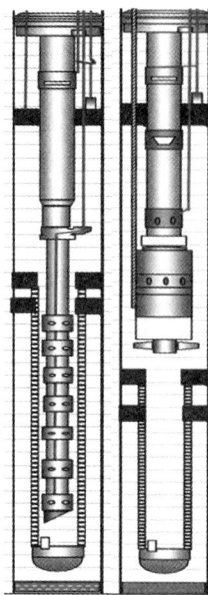

（a)注热管柱　　（b)生产管柱

图4　电潜泵注采两趟管柱结构图

(2)电泵生产管柱:油井自喷结束后,进行一次换管柱作业,下入电潜泵生产管柱,目前采用的基本为普通合采管柱。井下管柱包括4－1/2隔热油管、井下安全阀、过电缆封隔器和电潜泵,如图4(b)所示。

### 2.5　矿场应用

目前稠油热采井电潜泵举升工艺已在渤海油田得到广泛应用,从2008年开始南堡35－2油田、旅大27－2油田的热采井使用的均为此种人工举升工艺,为渤海油田稠油热采奠定了坚实的基础。但是,此种工艺在一个热采周期内,需要进行两次换管柱作业,导致修井作业费用大大增加。目前换管柱作业费用占到了热采操作费的45%,影响了海上稠油热采的经济效益。此外,换管柱作业期间洗压井液漏失,对地层造成冷伤害,使得热采效果大大降低。

# 3 射流泵举升工艺技术

由于目前的电潜泵举升工艺管柱无法满足注热阶段的耐高温需求,探索研究了适用于海上热采井的射流泵注采一体化工艺技术。

## 3.1 井下管柱及工艺

整体管柱为同心双管结构,如图 5 所示。外管为 4-1/2″隔热油管,由井口装置中的大油管悬挂器悬挂。自上而下,隔热油管依次连接隔热型补偿器、热采封隔器、坐落接头、射流泵外筒、机械式放喷装置、筛管短接等工具;内管为 2.063″小油管,由井口装置中的小油管悬挂器悬挂,小油管下端连接有射流泵内筒及内插管。

(a)注热阶段　　(b)生产阶段
图 5 射流泵注采一体化管柱结构

与电潜泵注采两趟管柱相比,射流泵注采一体化管柱能够实现试压、注热、洗压井、生产、安全控制等功能,各功能具体实施过程为:

(1)一体化管柱下入:连接各段油管及工具,先下入外管管柱,再下入内管管柱;

(2)管柱试压:投入试压泵芯,分别对内、外管进行打压。内管打压 21MPa,外管打压 10MPa,5 分钟压降小于 0.5MPa 为试压合格;

(3)注蒸汽焖井:注蒸汽前,先通过井口作业起出一根小油管,泵内、外筒间形成通道。从隔热油管与套管间大环空注入氮气,从小油管及隔热油管、小油管间的小环空注入蒸汽。结束后,进行焖井;

(4)洗压井作业:连接地面泵注流程,从小油管注入,小环空返出为正循环洗压井;反之,为反循环洗压井;

(5)投泵生产:生产前,重新接入起出的小油管。从井口投入生产泵芯,从小油管泵入动力液,在射流泵处地层液与动力液混合,混合液通过小环空产出。

## 3.2 机械式防喷装置

与液控式防喷装置相比,机械式防喷装置内

部无活塞等运动部件,避免了井下杂质卡住运动部件导致安全阀无法正常打开或关闭的问题。另外,射流泵注采一体化实施过程中,注热时需起出一根内管,生产时会重新接入,这为机械式深井安全阀的打开或关闭提供了便利的条件。综合考虑,选择机械式深井安全阀进行井筒安全控制。

研制的机械式深井安全阀结构如图 6 所示,主要由接头、外罩、阀体等结构组成。其中阀体主要由阀座、阀板、扭簧、销轴、平衡孔、板簧等组成。机械式深井安全上端连接射流泵外筒,下端连接筛管短接,内部设有射流泵插入通道。

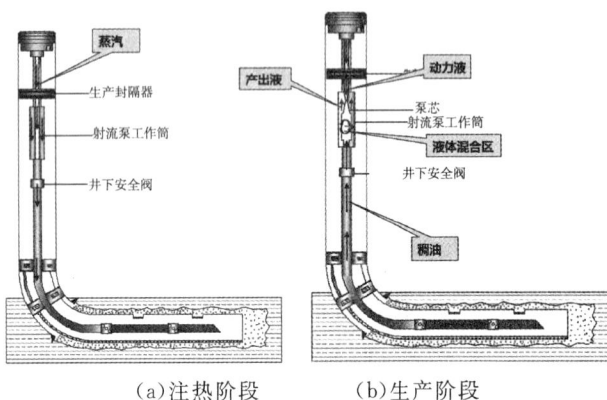

(a)整体结构

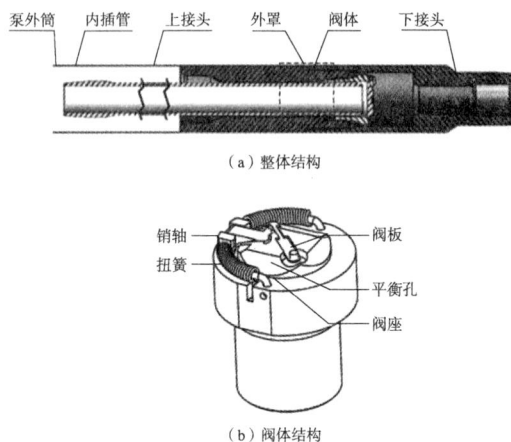

(b)阀体结构
图 6 机械式深井安全阀结构图

机械式防喷装置的工作原理为:注蒸汽前,先起出一根小油管,机械式防喷装置在扭簧的作用下,阀板贴合在阀座上,安全阀处于关闭状态;注热时,注入压力大于地层压力,阀板打开,蒸汽通过防喷装置注入地层。当注热过程中遇到紧急情况时,井口停止注热,油管内压力小于地层压力,安全阀关闭,阻止流体上返;生产时,重新接入起出的小油管,射流泵内插管插入安全阀中并将其打开,地层流体流入油管中。

## 3.3 地面工艺流程

射流泵注采一体化技术除井下管柱及工具外,还包括地面配套流程及设备。地面流程包括产出液初级处理和动力液供给两部分,产出液的初级处理由油气水砂分离器来实现,动力液的供给由动力液泵来实现。考虑到水源井水作为动力液易结垢且热采平台处理量有限,以动力液循环利用为目标,设计了闭式地面工艺流程,如图 7 所示。主要由油水砂分离器、动力液泵、变频柜、高低压过滤器、流量计、地面管汇等设备组成。

生产时地面流程的工作原理为:井口产出的混合液计量后,进入油气水砂分离器,分离出的油和气进入平台流程,完成产出液的分离。分离出的水经低压过滤器进入动力液泵,通过泵的增压和高压过滤器打入井内。当分离器内砂量较多或液位未到达要求时,可进行排砂及动力液补充。

油气水砂分离器及动力液泵为地面工艺流程的关键设备。油气水砂分离器为卧式三相分离器,主要通过折流、重力沉降、填料方式分离产出液;动力液泵为三柱塞泵,通过变频柜进行控制、调频。由于海上环境恶劣、热采井产液量大,动力液泵的排量、压力应满足注入要求,分离器处理量满足产出液处理要求;且设备防护、防爆等级应满足海上要求。

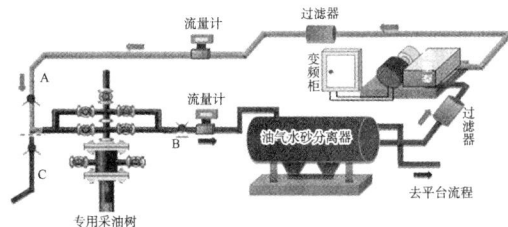

图 7 地面处理流程示意图

**3.4 矿场应用**

目前研发的射流泵注采一体化技术在渤海旅大 27－2 油田蒸汽吞吐井得到了成功应用。该井为一口水平生产井,斜深达到 2430m,水平段长 357m,采用砾石充填防砂。原油黏度为 3016 mPa·s(50℃)。该井从 2013 年开始已经进行了 3 个轮次的蒸汽吞吐生产,采用的是电潜泵注采两趟管柱。为进一步提高生产效果,在第 4 轮次采用了射流泵注采一体化举升工艺。

截止目前,该井注采一体化举升工艺已成功应用了 2 轮次,井下管柱和采油树均经受住了高温考验。与传统的电潜泵注采两趟管柱工艺相比,射流泵注采一趟管柱节省了生产操作费,同时不再需要进行动管柱作业。此外,在注蒸汽和生产过程中不再需要压井作业,有效提高了热采效果。具体的热采流程如下:

(1)2019 年 8 月,在该井下入射流泵注采一趟管柱,经过验封作业确定井下管柱满足需求。

(2)2019 年 10 月,该井进行第四轮次蒸汽吞吐作业。其中,蒸汽注入压力和注入温度分别达到 16MPa 和 356℃。整个注热过程持续了 20 天,总的注热量达到 6000m³。随后进行了 6 天焖井作业。

(3)2019 年 11 月,在该井投入射流泵后启泵生产。到 2020 年 7 月,该系统成功运行 200 余天,总产液量达到 5300m³。

(4)2020 年 9 月,该井开始第 5 轮次的注蒸汽作业。蒸汽注入量和注入温度为 7200m³ 和 365℃,蒸汽最大注入压力为 16MPa。随后进行了 5 天的焖井作业。

(5)焖井后该井开井生产,最大产液量达到 120m³/d。

**4 下步攻关方向**

目前应用的射流泵注采一体化工艺初步满足了一趟管柱实现注热和生产的需求,节省了热采井的生产操作费,简化了生产操作流程。但该工艺需要地面注入大量的动力液,对平台地面处理流程的压力较大,大规模推广应用受限。因此针对这些问题,目前正开展电潜泵注采一趟举升工艺的技术攻关,有望克服现有工艺局限性,进一步简化海上油田热采井的生产操作流程,不断提升热采开发效果。

**5 结论**

(1)针对海上热采井的特点,研究的电潜泵耐高温井下安全控制系统,满足了热采井的井下安全控制需求。目前电潜泵注采两趟管柱举升工艺已在渤海热采井得到广泛应用,为推动渤海油田热采技术的进步,提升海上油田稠油热采开发水平做出了重要贡献。

(2)新研发形成的射流泵注采一体化举升工艺可实现一趟管柱完成注热、焖井及生产,在一个蒸汽吞吐周期内不需再进行换管柱作业,极大降低了一个热采周期内的生产操作费,提升了蒸汽吞吐井的开发效果。

(3)针对现有工艺技术的局限性,目前正在开展电潜泵注采一趟管柱技术攻关,从而进一步提升海上油田热采井的人工举升工艺技术水平,提高热采开发效果。

**参 考 文 献**

[1] 唐晓旭,马跃,孙永涛.海上稠油多元热流体吞吐工艺研究及现场试验[J].中国海上油气,2011,23(3):185－188.

[2] 梁丹,冯国智,曾祥林,等.海上稠油两种热采方式开发效果评价[J].石油钻探技术,2014,42(1):95－99.

[3] 陈建波.海上深薄层稠油油田多元热流体吞吐研究[J].特种油气藏,2016(2):97－100.

[4] 李萍,刘志龙,邹剑,等.渤海旅大 27－2 油田蒸汽吞吐先导试验注采工程[J].石油学报,2016,37(2):242－247.

[5] 郑伟,袁忠超,田冀,等.渤海稠油不同吞吐方式效果对比及优选[J].特种油气藏,2014,21(3):79－82.

[6] 邹剑,韩晓冬,王秋霞,张华,刘志龙.海上热采井耐高温井下安全控制技术研究[J].特种油气藏,2018,25(04):154－157＋163.

# 渤海油田在线注入深部整体调驱技术研究与应用

夏　欢　薛宝庆　王　楠　宋　鑫　吕　鹏　黎　慧

(中海石油(中国)有限公司天津分公司渤海石油研究院)

**摘　要**　渤海主力油田受原油黏度高、非均质严重、胶结疏松、强注强采等因素的影响,注水开发后易形成不同级别的窜逸孔道,低效无效水循环比例逐年上升,常规调剖/驱技术治理效果逐渐变差,同时受海上平台空间及优势通道识别迟缓等限制,在一定程度上制约着调剖/驱技术规模化及整体化实施,成为制约油田控水稳油的突出问题。因此,针对上述问题,以油藏工程计算、物理模拟等为手段,创新形成了注采井间优势通道智能识别与量化技术,研发了2套适用于海上油田的低本高效的在线组合调驱体系和1套在线注入工艺,为渤海高含水油田规模化治理提供了新方法。在线组合深部调驱技术在秦皇岛32-6、渤中25-1南、绥中36-1、渤中28-2南等油田实施22井次,累计实现增油14.4万方,较好地改善开发效果,取得了显著的经济效益与社会效益。2018年渤海油田提出要实现3000万吨持续稳产十年,该项技术已经被确立为渤海油田主要调堵技术进行推广应用,可以满足大量调剖调驱工作量的需求。

**关键词**　渤海油田;优势通道;在线调驱体系;在线注入工艺;矿场应用

## 1　前言

渤海油田经过长期注水开发后,在生产油田综合含水已达到83%,原油采出程度达到17.5%,油田已经整体步入双高阶段,迫切需要有效的稳油控水技术改善注水开发效果。注水井调剖/调驱技术能有效改善层内、层间非均质性,改善水驱效果,达到延缓油层水淹速度和控制油井含水上升速度的目的[1-3]。近年来,虽然海上油田的调剖/驱技术取得了长足的进步,但考虑到高含水油田注入水窜流前缘已至油藏深部,孔隙结构发生重要变化,区块平面发生多方向窜逸,并且受平台空间、作业环境及吊装能力等限制,在一定程度上制约着调剖/驱技术规模化实施[4-5]。因此亟需针对海上平台的特点及油藏变化特征,以注采井间优势通道识别与量化技术研究成果为指导,重点开展在线调剖/驱体系研究,并设计既能够满足调剖/驱作业的实施要求,又能够尽量少的占用平台空间,同时还能够实现高度集成化、便于运输、在线注入等特点的注入工艺和设备。本文以油藏工程、物理化学、物理模拟等为手段,通过研究,研发了一套高效、实用的优势通道反演方法,形成了2套低成本、可高效配注的在线组合调驱药剂体系及1套在线注入工艺。

## 2　在线调驱技术相关研究成果

### 2.1　井间优势通道识别与量化技术

优势通道和水窜通道研究是调剖/驱技术实施的关键。国内外水驱油藏优势通道刻画相关研究已经开展了三十多年,期间经历了多次指导观念的转变[6-10]。研究过程中,由于油藏特点、基础资料、研究方法的局限性,目前很多研究进展不大。现有静态法窜流通道识别技术过于片面,而动态法只是一时之见,失之准确,因此必须从岩心、静态、动态、测试资料综合识别,建立优势通道多信息综合反演技术,实现地质、油藏、动态、测试等多种信息的四维分析,针对调剖渗流特征主控因素分析,形成一套兼顾静态、动态和监测的优势通道识别技术,实现调堵方案设计的针对性、时效性、高效性和精准性。

构建三个核心模块有机组合的技术方法体系,实现优势通道与窜流通道的识别和量化,详细设计流程如图1所示。

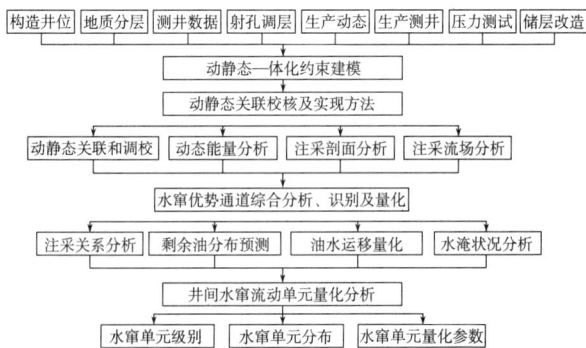

图1　优势通道多信息反演方法设计流程

(1)动静态一体化约束校核,构建了基于连续动态数据反演的动静态参数校核技术,实现了地质信息与趋势性动态信息的统一,作为优势通道研究的油藏基础。

(2)井间优势通道综合分析、识别及量化方法,实现了油藏基础上的单一阶段流场追踪、历史阶段流场量化,作为优势通道识别的依据,完善了非稳态流场计算方法,提出了历史流场的概念,建立了以 $u$、$\sum_n u_n \Delta t_n$ 为核心参数的追踪方法,得到了历史流场,为水窜通道量化奠定基础。

(3)井间水窜流动单元量化分析,建立考虑层内窜流通道发育的分流量方程,提出了一套基于传质扩散理论的井间窜逸通道分析拟合方法,实现了基于开发动态历程的优势通道内窜流通道的拟合和识别。

### 2.2 在线组合调驱体系研究

基于优势通道及窜流通道识别与量化结果,需采取调剖及调驱体系实现窜流通道封堵及微观剩余油启动,由于海上油田采油平台空间小和常规调剖设备占地空间大的矛盾,常规聚合物溶解速度慢,无法匹配在线调剖设备,因此研究了能够快速溶解、黏度低,满足在线调驱设备要求的乳液聚合物体系、速溶干粉类聚合物及非连续性调驱体系,对相关性质进行了评价。

#### 2.2.1 聚合物冻胶成胶情况分析

为了更好认识乳液聚合物及干粉聚合物的成胶性能,本文对乳液聚合物浓度,酚醛树脂交联剂浓度等关键因素进行了研究。

##### 2.2.1.1 乳液聚合物冻胶成胶情况分析

固定酚醛树脂交联剂浓度为 0.5%,调整乳液聚合物浓度,实验结果见图 2。

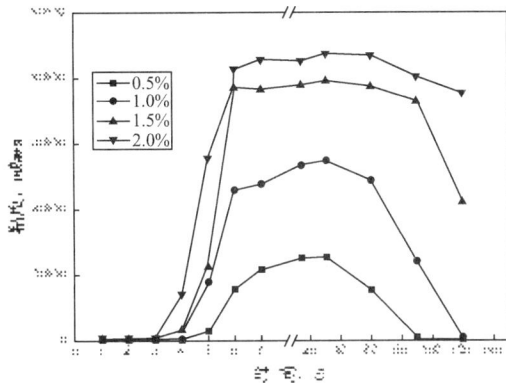

图 2 不同聚合物浓度冻胶成胶情况

从图中可以看出,随着聚合物浓度增加,冻胶体系成胶时间越来越短,成胶黏度越来越大。由于聚合物浓度增加,聚合物分子链上可交联的羧酸根基团数量增加,羧酸根基团交联密度增加,使得冻胶体系成胶时间减少,成胶强度增加。另外聚合物浓度低于 1.0% 时,体系老化 120d 完全脱水,建议聚合物浓度高于 1.0%。

##### 2.2.1.2 干粉聚合物冻胶成胶情况分析

影响干粉聚合物冻胶成胶因素有浓度、温度、矿化度等,本文对干粉聚合物浓度,铬交联剂浓度

等关键因素进行了研究。

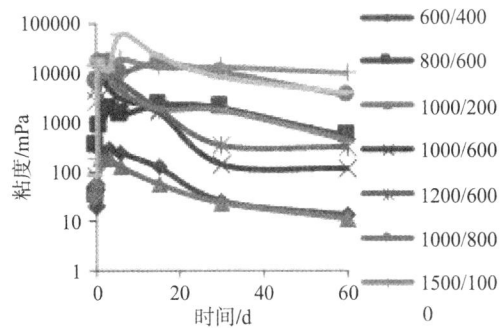

图 3 有机铬交联速溶聚合物在线调驱体系成胶性能

从图 3 中可以看出,交联剂浓度在 600～1000mg/L,聚合物浓度在 800～1500mg/L 时,在 63℃恒温箱内放置 24 小时,交联体系黏度在 802～17800mPa·s 之间具有很好的成胶性能。

##### 2.2.2 聚合物冻胶注入性及封堵性能实验

为了明确在线调驱体系的注入性及封堵性能,本部分分别开展乳液聚合物凝胶体系及干粉聚合物凝胶体系物理模拟实验。

###### 2.2.2.1 乳液聚合物调驱体系

1)注入性能

向渗透率为 500md 岩心中注入乳液聚合物体系,实验结果见图 4。

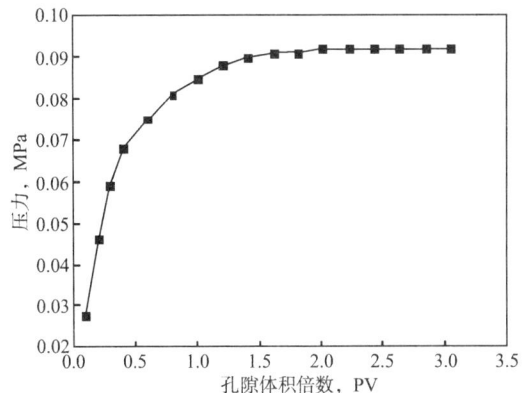

图 4 乳液聚合物体系注入性能

从图 4 中可以看出,当水驱 1.5PV 后,注入压力平稳且处于较低水平,因此体系注入能力较好。

2)封堵性能

在 70℃下向模型中注入 0.3 PV 乳液聚合物调驱体系,冻胶体系封堵情况见表 1。从表 1 可知,在不同渗透率条件下,冻胶体系对填砂管模型的封堵率均在 90% 以上,具有很强的封堵性能。

表 1 乳液聚合物体系封堵能力

| 堵前渗透率/mD | 堵后渗透率/mD | 封堵率/% | 残余阻力系数 |
|---|---|---|---|
| 278 | 26.41 | 90.5 | 10.5 |
| 566 | 45.28 | 92 | 12.5 |
| 1032 | 51.6 | 95 | 20.0 |

2.2.2.2 速溶干粉聚合物调驱体系

1)注入性能

在 QHD32－6 油藏条件下分别对典型的3#、13#速溶聚合物的注入性能进行了研究,注入压力随注入 PV 数的变化关系曲线见图5。

表 2 速溶聚合物岩心流动性实验结果

| 序号 | 体系编号 | 体系浓度 mg/L | 油藏条件 | 有效渗透率 $10^{-3} \mu m^2$ | 黏度 mPa·s | 阻力系数 | 残余阻力系数 |
|---|---|---|---|---|---|---|---|
| 3 | 3# | 1200 | QHD32－6 | 613.67 | 51.4 | 48 | 14 |
| 4 | 13# | 1200 | QHD32－6 | 668.74 | 52.6 | 56 | 20.8 |

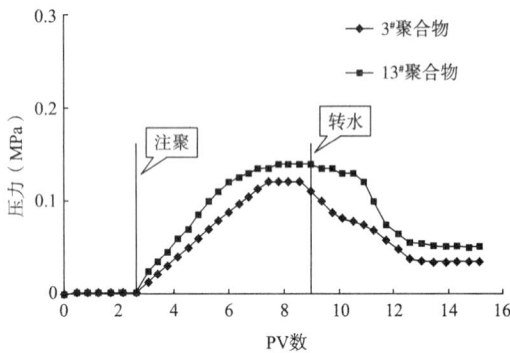

图5 3#、13#速溶聚合物的注入压力曲线(QHD32－6油藏条件)

由表 2 和图 5 知,在 QHD32－6 油藏条件下,两块岩心水驱平稳压力均为 0.0025MPa,后注入 3#和 13#聚合物,平稳压力分别为 0.12MPa、0.14MPa,注入性较好。

2)封堵性能

速溶聚合物凝胶体系分别在 SZ36－1、QHD32－6 油藏条件下的流动性、封堵性实验结果见表3。在不同油藏条件下,冻胶体系对填砂管模型的封堵率均在 90% 以上,具有很强的封堵性能。

表 3 聚合物凝胶体系岩心流动性实验结果

| 序号 | 体系编号 | 体系浓度 mg/L | 油藏条件 | 有效渗透率 $10^{-3} \mu m^2$ | 阻力系数 | 残余阻力系数 | 封堵率,% |
|---|---|---|---|---|---|---|---|
| 1 | 3# | 2000/2000 | SZ36－1 | 672.39 | 68.3 | 23 | 94.6 |
| 2 | 13# | 1750/1500 | QHD32－6 | 619.13 | 96 | 27.7 | 95.2 |

2.2.3 非连续性调驱体系室内实验

2.2.3.1 非连续性调驱体系水化膨胀性评价与分析

将初始平均粒径在 300～600nm 的非连续性调驱体系放置在 55℃ 的地层水中浸泡,通过粒度仪对样品的尺寸测量,观察非连续性调驱体系的膨胀性能,并通过透射电镜观察不同水化时间下体系的微观形状,结果如图6所示。

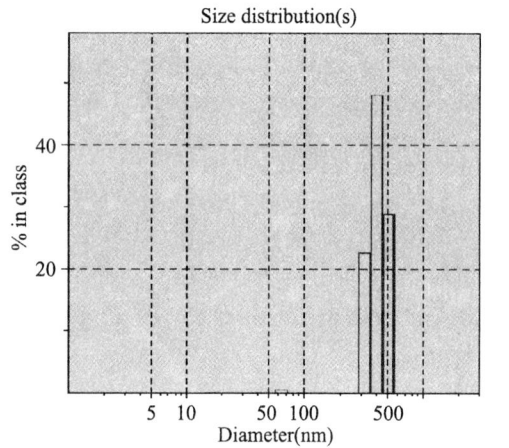

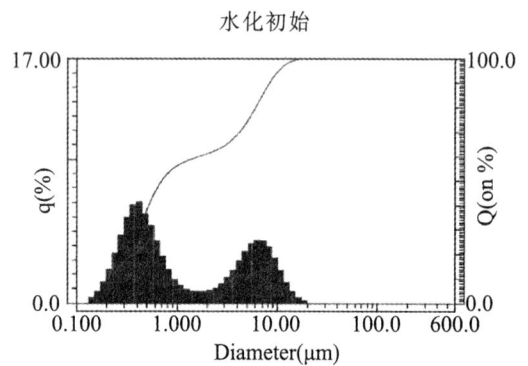

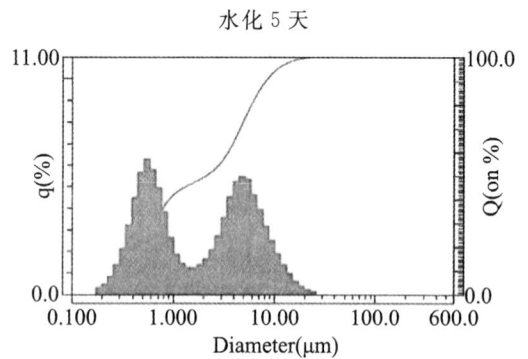

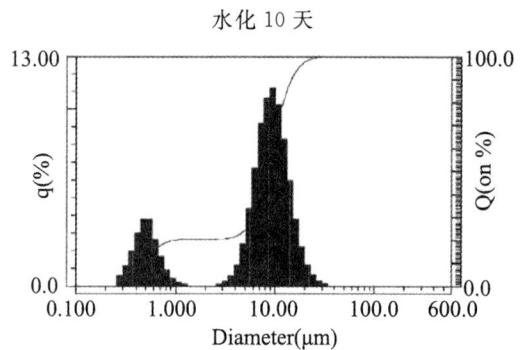

水化初始

水化 5 天

水化 10 天

水化 20 天

图 6 非连续性调驱体系粒度扫描结果

通过粒度仪对样品的尺寸测量可以看出:初始平均粒径在 300～600nm 的非连续性调驱体系,水化 10～20 天后发生了明显的膨胀,平均粒径增大到 10μm 左右。由于粒径较小可以使其顺利的通过狭窄较小的孔喉,进入到地层深部,保持良好的注入性能。

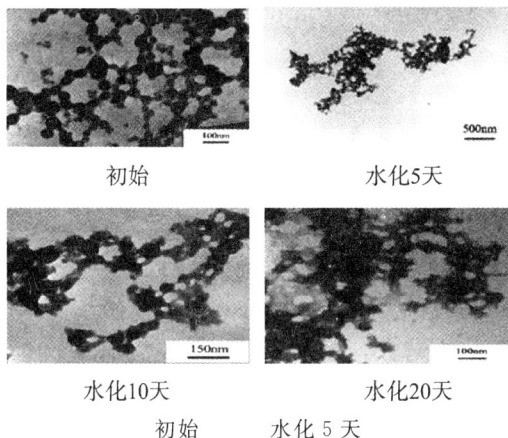

图7 非连续性调驱体系不同水化时间下透射电镜照片

由透射电镜照片可以看出,非连续性调驱体系初始为球状,随着时间的增长,非连续性调驱体系的水化程度明显的增大,表面的云雾状区域也有很大程度的扩大。水化20天后,非连续性调驱体系的核心严重地水化,在表面云状区域颜色也相对于初、中期要更加接近于核心部分,说明非连续性调驱体系已经充分的膨胀,形成比较柔软的溶胶。这样的形态有利于非连续性调驱体系在油藏深部变形和突破,实现逐级深部调驱。

#### 2.2.3.2 非连续性调驱体系运移封堵性能评价

采用30米填砂管超长岩心开展物理模拟实验,分析非连续性调驱体系在在地层条件下的传质与运移封堵性能,岩心渗透率为2000mD,注入时间为3天,注入浓度为2000ppm,总量为0.3PV,注入试验流程图如图8所示。

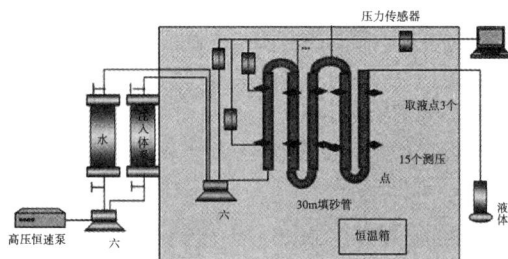

图8 30m超长岩心实验流程图

实验过程中,在30m填砂管超长岩心上,从注入段到采出端分别优选出16个压力检测点,检测注入非连续性调驱体系过程中各个位置压力变化规律,实验结果如图9所示。

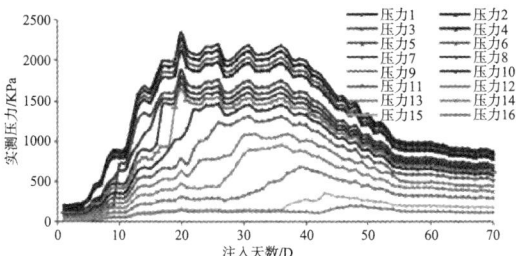

图9 非连续性调驱体系注入过程压力变化曲线

由图9中可以看出:在1m/d的注入速度下,各检测点在第4天左右压力开始增长。体系注入第4天后,注入的体积为0.35PV,压力开始出现增长,压力增长位置为10m处,说明体系随着注入过程可以运移到油藏内部。随着非连续性调驱体系吸水膨胀后,开始出现吸附沉积;压力增长到第25天达到最大值,可达注入压力的10倍左右,但有压力增幅的位置仅在1~9号测压点,约15.93m。说明在非连续性调驱体系膨胀吸水后,随着沉积和吸附作用的明显,体系前缘开始封堵;随着第9测压点压力出现压力增幅后,后续测压点开始启动并增长,但总压力开始出现降落,说明此时非连续性调驱体系在在后续水冲刷的作用下,体系继续运移,开始形成下一轮吸附和桥架,但强度开始减弱;第30天后,靠近注入端压力开始出现下降,但并未出现压力骤降现象,而是出现"脉冲式"降落。压力增长和压力降落均呈现一种"阶段"过程,符合微球体系吸附聚团后运移封堵的特点。

#### 2.2.4 在线组合调驱体系驱油效果实验

采用高低渗透率分别为1500mD/500mD的岩心,分别开展非连续性调驱体系、在线凝胶堵剂及在线组合调驱体系(非连续性调驱体系与在线凝胶堵剂组合)驱油实验,各体系之间的增油效果如表4所示。

表4 在线技术增油效果实验数据

| 体系 | 低/高渗透率 mD | 含油饱和度% | 水驱效率% | 剂驱效率% | 驱油效率增值% |
|---|---|---|---|---|---|
| 非连续性调驱体系 | 508/1589 | 76.4 | 30.7 | 47.4 | 16.7 |
| 非连续性调驱体系 | 524/1428 | 74.8 | 29.2 | 46.5 | 17.3 |
| 在线凝胶堵剂 | 613/1725 | 77.5 | 28.9 | 39.8 | 10.9 |
| 在线凝胶堵剂 | 575/1647 | 76.1 | 30.1 | 40.2 | 10.2 |
| 在线组合调驱体系 | 602/1810 | 76.5 | 29.9 | 62.4 | 32.5 |
| 在线组合调驱体系 | 589/1720 | 75.8 | 30.6 | 61.3 | 30.7 |

通过实验认为,在线组合调驱体系能够在运移过程中形成封堵压差,有效封堵大孔道,同时由于在线组合调驱体系能够实现深部封堵,驱替效率比凝胶堵剂高出6.4%。通过对比在线组合调驱技术与单一段塞调剖/驱技术可以看出,在线组

合调驱技术通过两种体系协同作用,达到1+1>2效果,最终实现堵剂注得进、堵得住、深部液流转向的目的。

2.3 在线组合整体调驱工艺研究

通过体系研究与优化,形成了乳液聚合物、干粉聚合物等在线体系实现注采井间水窜通道封堵,采用非连续性调驱体系可实现优势通道深部剩余油启动,因此针对海上平台的特点,设计出了既能够满足调剖/驱作业的实施要求,又能够尽量少的占用平台空间,同时还能够高度集成化、便于运输、在线注入等特点的注入工艺和设备。

2.3.1 乳液在线注入工艺

乳液在线注入工艺的研发与应用,主要是基于常规调剖/驱所采用的聚合物干粉溶解熟化的时间大于40分钟,因此需要较大的设备完成调剖/驱体系的配置。采用乳液等液态类聚合物后,能够有效的缩短溶解熟化的时间,为乳液在线注入工艺的形成提供了强有力的保证。

2.3.1.1 注入工艺流程

该套注入工艺将溶解罐、高压计量泵等进行高度集成并撬装化,集溶解、注入为一体,形成多功能注入撬。首先,利用隔膜泵将液态类聚合物分别加入后集成撬的溶解罐中,同时通过加料漏斗将能够速溶的其他药剂加入罐体,与液态类聚合物混合,并不断搅拌,通过注入泵打入注水井注水流程中,从而实现连续在线的注入。根据调剖调驱的需要,通过增加多功能集成撬的数量,可以满足不同注入类型的药剂的注入,比如聚合物和交联剂的分开注入。典型注入工艺流程如图11所示。

图10 实际注入设备

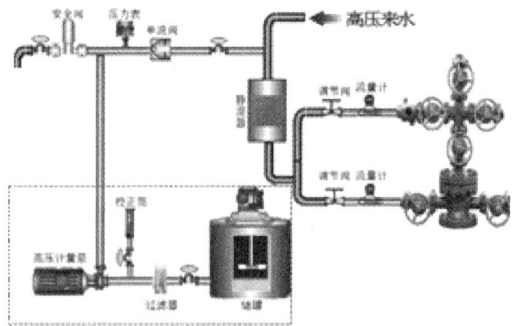
图11 乳液在线注入工艺流程

经过近几年来海上油田的实际应用,目前形成的全部在线调驱设备,能够满足海上油田需要,适合交联体系、非连续性调驱体系等不同体系的注入,形成了"一撬一井""一撬多井"等注入工艺,施工人员只需要4~5人即可。

2.3.1.2 技术参数

(1)介质类型:乳液类聚丙烯酰胺、交联剂类、非连续性调驱体系等调驱常用药剂。

(2)最大配注能力:1000m³/d。

(3)高压注入设备额定工作压力:25MPa。

(4)最大配液浓度:5000ppm。

(5)溶解速度:≤15min。

(6)系统黏度保持率≥85%。

(7)设备占地面积:10~20m²。

(8)单撬块重量:<3t。

2.3.2 干粉连续混配注入工艺

干粉连续混配工艺主要是在乳液在线注入工艺的基础上提出的,由于乳液在线注入工艺受液态状调剖调驱药剂体系的限制,需要对干粉类聚合物的速溶混配进行研发,确保在线调剖调驱的多样化和多选化。

2.3.2.1 注入工艺流程

连续混配设备主要由正压控制间,来水减压撬,分散溶解撬,三大核心模块共同组成。其中正压控制间主要实现数据处理、流程监控、自动控制、电力分配等作用,进而实现流程的精准操控。来水减压单元与分散溶解单元通过相互协同作用,经正压控制间进行数据处理之后,共同实现定性、定量的连续混配技术。

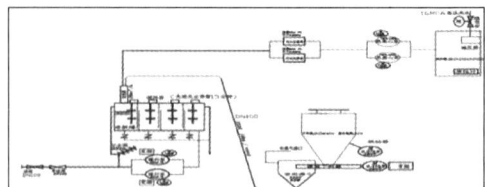
图12 速溶干粉连续混配注入工艺

### 2.3.2.2　技术参数

(1)介质类型:高分子量聚丙烯酰胺类、交联剂类、非连续性调驱体系等调驱常用药剂。

(2)最大配注能力:400m³/d。

(3)高压注入设备额定工作压力:16MPa。

(4)最大配液浓度:10000ppm。

(5)聚合物溶液撬内停留时间:≥15min。

(6)溶解速度:≤15min。

(7)系统黏度保持率≥85%。

(8)工艺流程需要氮气:提供氮气发生器,氮气纯度可达到99%,氮气的使用量为10m³/h。

(9)设备占地面积:约20m²。

(10)单撬块重量:<6t。

### 2.3.3　工艺适用范围

乳液在线注入工艺技术是在原有的传统调剖/驱工艺对海上油田调剖/驱适应性较差的基础上提出而设计的,经过多年来的研发及应用证明,其"一撬一井""一撬多井"且能够在线注入,设备工艺不占用平台上甲板的工艺特征能够满足海上油田调剖/驱的需要,但由于其使用的乳液类聚合物有效含量低,大规模应用时成本较高,在一定程度上受到局限。

速溶干粉连续混配工艺是在乳液在线注入工艺的基础上设计及研发,它采用的速溶干粉类聚合物,有效含量高,大规模应用时成本较低,在应对低油价形势情况下优势较大。

## 3　现场应用

自2014年在线组合调驱技术开始实施以来,通过油藏分析及精细方案设计,在线组合深部调驱技术在秦皇岛32-6、渤中25-1南、绥中36-1、渤中28-2南等油田实施22井次,累计实现增油14.4万方,取得了显著的经济效益与社会效益。

## 4　结论

(1)建立了一套注采井间优势通道多信息综合反演方法,实现平面上、垂向上井间水窜单元的级别、分布、尺寸参数的定量化描述。

(2)针对优势通道及窜流通道识别及量化结果,研发了乳液聚合物、干粉聚合物及非连续性调驱体系等在线调驱药剂体系,实现了油藏窜流通道封堵及深部剩余油动用。

(3)研发形成了乳液在线注入工艺和速溶干粉连续混配工艺,两种新的注入工艺均能够满足设备小型化、高度集成撬装化、多功能化和在线注入的要求,相比于传统工艺降低占地面积67%左右。

(4)在线组合深部调驱技术在秦皇岛32-6、渤中25-1南、绥中36-1、渤中28-2南等油田实施22井次,累计实现增油14.4万方,增油降水效果十分显著。

## 参 考 文 献

[1] [1]徐文江,丘宗杰,张凤久.海上采油工艺新技术与实践综述[J].中国工程科学,2011,13(5):52-57.

[2]陈月明等.区块整体调剖的RE决策技术.97油田堵水技术论文集[M].北京:石油工业出版社.

[3]刘义刚,王传军,孟祥海,等.基于传质扩散理论的高渗油藏窜流通道量化方法[J].石油钻采工艺,2017,39(4):393-398.

[4]张宁,阚亮,张润芳,等.海上稠油油田非均相在线调驱提高采收率技术——以渤海B油田E井组为例[J].石油钻采工艺,2016,38(3):387-391.

[5]刘文铁,魏俊,王晓超,等.海上油田非均相在线驱先导试验[J].科学技术与工程,2015,15(30):110-114.

[6]孙明,李治平.注水开发砂岩油藏优势渗流通道识别与描述[J].断块油气田,2009,16(3):50-52.

[7]刘月田,孙保利,于永生.大孔道模糊识别与定量计算方法[J].石油钻采工艺,2003,25(5):54-59.

[8]谢晓庆,赵辉,康晓东,等.基于井间连通性的产聚浓度预测方法[J].石油勘探与开发,2017,44(2):263-269.

[9]刘同敬,姜宝益,刘睿,等.多孔介质中示踪剂渗流的油藏特征色谱效应[J].重庆大学学报,2013,36(9):58-63.

[10]刘文辉,易飞,何瑞兵,等.渤海注水开发油田示踪剂注入检测解释技术研究与应用[J].中国海上油气,2005,17(4):245-250.

# 渤海辽东湾油田智能注水管柱设计优化及应用

丁鹏飞  高永华  刘国振  甄宝生  刘 磊  崔 宇

(中海石油(中国)有限公司天津分公司)

**摘 要** 合理的划分组合开发层系对提高采收率是非常重要的,注水亦是如此,科学合理的给每个油层补充足够的能量,挖掘出油田的所有潜力,能有效的提高油田产量。而传统模式下的注水层间干扰大,分层配注精度低,无法实现实时在线检测及自动测调,注水效率相对低下,加之部分防砂管柱密封筒的日趋腐蚀及作业过程中的损伤,已无法有效实现层间隔离。为实现精细注水和智能注水的要求,一方面保障密封筒的有效隔离,一方面研究一种数字式注水工艺,能够全自动的对每个地层流量实现实时监测与控制,实现注水的精细化及智能化。

**关键词** 精细注水;分采注水;定量验封;电缆永置;智能测调

渤海辽东湾油田在注水初期主要采取笼统注水方式,随着工艺的不断发展,出现了空心集成分层注水管柱、一投三分注水管柱、同心分注分层注水管柱等分层配注工艺。相对于笼统注水,该类型工艺实现了油田的分层配注要求,但是每次调配均需要投捞配水器芯子,分层配注精度低,投捞工作量大,调配费用高,不适应与斜井和水平井,而且受到管柱内壁结垢等影响,时常有钢丝工具串无法下放到位导致调配失败的情况。

根据油藏地质需求或者为避免后期管柱无法提动转大修作业,注水井更换管柱周期一般在3~5年,渤海油田每年注水井动管柱作业约200井次,其中50%以上防砂密封筒出现不同程度失效。面对如此大的工作量及修井频率,不可能对所有损伤的防砂管柱进行重新更换,所以,如何判断防砂管柱密封筒的损伤程度,以及采取何种应对措施,对能否实现分层注水意义重大。综上所述,在满足密封筒有效密封的前提下,实现注水管柱的智能化分层配注,是实现油田智能化和精细注水的有效保障。

## 1 防砂密封筒定量化验封

根据现在工艺设计要求,井下实施分层注水工艺井,要对封隔器密封筒进行验封作业。目前海上油田是利用带孔插入密封的管柱进行验封,下入对应隔离密封段,管内打压,通过井口压力变化定性判断隔离密封是否存在破损,不能定量的判断漏失,也无法判断生产管柱密封段与井下密封筒构成的隔离密封总成是否有密封缺陷。

防砂管柱密封筒定量化验封工具[1]通过内置的压力计与流量计,能检测插入密封与隔离封隔器配合形成隔离密封总成后上下两层的压力值与漏失量,进而判断分层效果。根据测试的压力和流量数据,预测出密封筒受损情况,对插入密封工具进行优选,保证有效分层注水。在一定的层间压差和配注量(漏失量小于配注量)下,无须更换密封筒或插入密封,就能满足配注量的要求。密封筒检测工具包含上接头、密封环、V型集流环、中心管、密封模块、压力计、流量计、隔环、试压孔及下接头。从中心管内打压,流体通过流量计,进入由上模块、下模块、密封筒及中心管组成的环形腔内,流量计计量注入腔内的流量,若密封模块失效,环形腔内液体经过模块流入检测工具的上接头与密封筒组成的上下环空,经过型集流孔后,流经内置的流量计,流量计计量密封模块失效导致的漏失量,如图1所示。

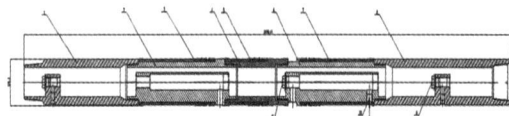

1.下压力短节;2.下流量短节;3.下密封压环;4.中间接箍;5.中密封环;6.上流量短节;7.上密封压环;8.上压力短节;9.压力丝堵;10.离转套;11.流量丝堵

图1 检测工具工程图

## 2 电缆永置智能测调

### 2.1 有缆智能测调原理

电缆永置智能测调[2-6]是一种数字式注水工艺,在每个注水层位上均装有一个智能配水器,层间用过电缆定位/插入密封隔开,通过钢管电缆将井下智能配水器与地面控制器相连接,地面控制器再通过无线或者电缆的方式与平台中控相连接。在需要测调时,仅需要通过控制计算机发送所需指令,地面控制器便会进行相应的编码、解码,通过钢管电缆传输至智能配水器工作筒,工作筒接收到指令后进行相应的开关动作并返回数据信息,实现远程智能测调。智能测调能长期监测井下流量、温度、注水压力和地层压力,可以获得每个地层累计注入水总量,实时监测每层注水量的大小,并自动控制阀门开度,将注水量控制在允许的误差之内,能够与远程控制室进行通讯,实现每层注水量的实时检测或重新设定。同时可以查看注水层位的压力、温度,封隔器密封性检测等功能,借助井口流压自控校准仪可定期对井下仪参数进行重新标定、校准。可分层配注层数多,动力充足,无须投捞作业和水嘴对接,调整速度快,调整可以很频繁,可以多层联动,抗地层扰动能力强。

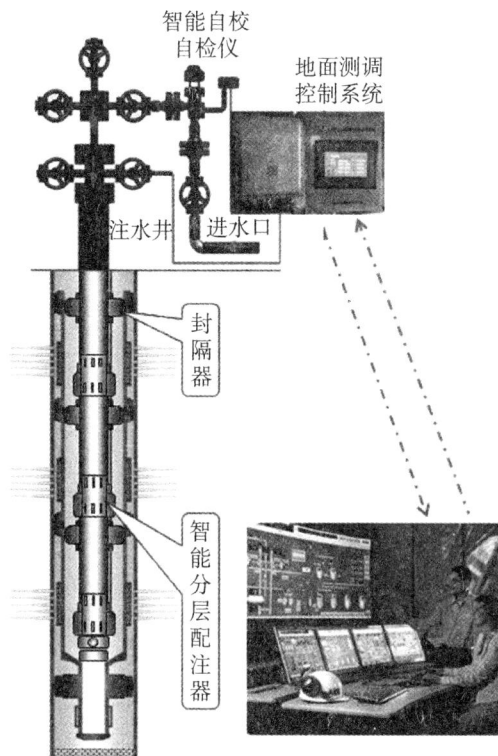
图 2 有缆智能分注系统

## 2.2 有缆智能模块结构

### 2.2.1 智能配水器工作筒

智能配水器是智能测调技术的核心工具,采用一体化结构,由上接头、流量计、中接头、一体化可调水嘴、控制电路、电机、过流通道和下接头等组成(图3),在有限的空间内实现集成测试、水嘴调节、线路控制等功能。

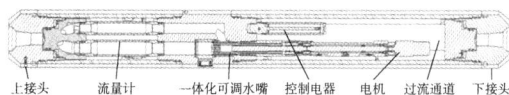
图 3 有缆智能配水器结构简图

### 2.2.2 智能配水器流道

如图 4 所示,红色箭头为水流方向,当水嘴半开或全开时,水流通过流量计向本层注入,同时水流通过过流通道进入下层配水器;水嘴关闭时,只有过流通道有水流,流量计无水流。

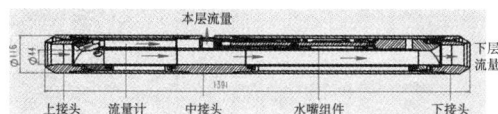
图 4 智能配水器水过流通道

智能配水器使用孔板流量计进行流量测量。孔板流量计具有结构简单牢固、抗污能力强、性能稳定可靠等优点,为满足仪器设计方量,在仪器内部设计有两个独立工作的流量计,分别满足小方量和大方量的要求(图5)。

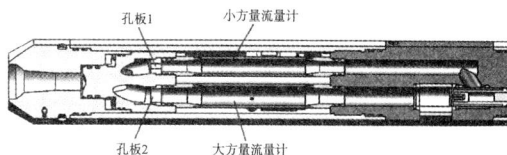
图 5 孔板流量计

### 2.2.3 配水器水嘴

水嘴密封结构在电机驱动下可沿出水口轴向运动,可开关水嘴、切换流量计通道。在某一流量计的行程范围内,可通过改变出水口面积调节流量。图 6 为水嘴关闭、小流量计打开及大流量计打开的状态。水嘴采用平衡压设计,水嘴在井下的开启和关闭不受井下高压的影响。

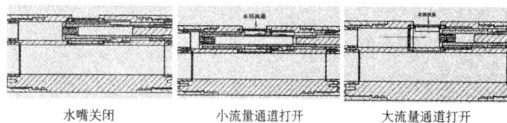
图 6 配水器水嘴状态

### 2.2.4 地面控制系统

地面控制系统中智能自校自验仪主要功能包括:内嵌生命周期管理系统,可有效监测并延长系统的工作寿命;定期对井下智能分层配注器的压力、流量等参数进行重新标定、校准;通过恒压控制可大大降低地层或是地面压力扰动对井下仪的影响,减少井下仪自动测调触发概率,提高仪器精度;可支持后期的油田数字化网络建设,无须再投入其他硬件设备,为系统升级提供便利,节省成本。

### 2.3 有缆智能技术特点

有缆智能测调适用于各种直井、斜井、大斜度井、水平井。适用井下环境温度可高达150℃(表1)。可满足大、中、小等不同注入要求的水井分注,最高分注层级可达九层。

表 1 配水器技术指标

| 配水器外径 | Φ95mm/Φ114mm/Φ116mm |
|---|---|
| 配水器内部通径 | Φ34mm/Φ46mm/Φ44mm |
| 最高工作温度 | 150℃ |
| 最高工作压力 | 60MPa(静压) |
| 压力测量范围 | 0~60MPa 精度 0.1%FS |
| 温度测量范围 | 0~150℃ 精度±0.5℃ |
| 单层流量测量范围 | 4~40;15~150;40~250;30~800 |
| 单层流量测量精度 | 精度 2% |
| 最大通讯距离 | ≥5000m |
| 最高调控压差 | 20MPa(压差) |

## 3 过电缆压缩隔离密封

电缆永置测调管柱在注水井的应用中,越来越多的存在层间无法密封的现象,无法满足油藏精细化注水的需求,而过电缆压缩隔离密封工具[7-10]主要是对现有井下工具的一种创新,是结合过电缆插入密封、膨胀式插入密封的结构及材料,重新设计各部位尺寸及机构组合,研制出的一种新型工具,具有解封力小、密封性能好、工具互换性强等特点,其可以在满足钢管电缆通过的前提下还能起到分层隔离的作用,密封方式主要采取胶筒压缩式,并配有遇水膨胀胶筒和普通模块起到辅助作用,可有效解决因密封筒失效而导致的窜层问题,同时保持大通径注水通道。

过电缆压缩隔离密封(图7、图8)由上接头、本体、压帽、限位环、移动活塞、密封模块等组成,其中座封机构包括限位钉、座封剪钉、移动活塞,解封机构包括解封剪钉、卡瓦、导环剪切环,适用于轻微腐蚀、磨损或损坏程度不超过四个深0.5mm、宽20mm的轴向伤害的工作筒,采用普通密封模块和膨胀密封模块组合使用,其中膨胀密封模块具有24小时延时膨胀性。

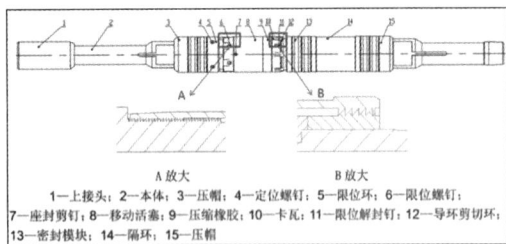

1—上接头;2—本体;3—压帽;4—定位螺钉;5—限位环;6—限位螺钉;7—座封剪钉;8—移动活塞;9—压缩胶;10—卡瓦;11—限位剪钉;12—导环剪切环;13—密封模块;14—隔环;15—压帽

图7 过电缆压缩隔离密封结构示意图

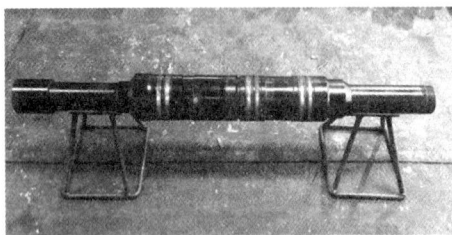

图8 过电缆压缩隔离密封实物图

该工具座封通过向本体内打压,液体从本体内壁小孔进入本体内与移动活塞之间的环形空间,当压力增大达到座封压力,移动活塞切断座封剪钉,向下移动压缩胶筒,压缩胶筒受压扩张,密封本体内与工作筒的环形空间,压缩橡胶下压支撑卡瓦,支撑卡瓦本体的6个卡爪内壁有棘齿,与移动环外壁的棘齿配合,在棘齿的作用下,卡爪向外移动,直到卡爪贴近工作筒内壁为止,受到工作筒内壁和棘齿的尺寸限制,支撑卡瓦不会向下移动,由于限位钉的作用,移动活塞移动至最大压缩距时,不再移动,移动

活塞本体的6个卡爪内壁有棘齿,与中心管上的棘齿配合,确保移动活塞单向滑动(只允许向下移动)。在解封时,通过上提本体,拉力逐渐增大达到解封压力,压缩橡胶推动支撑卡瓦与导环剪切环,切断解封剪钉,支撑卡瓦与导环剪切环同时向下移动一个压缩距,压缩胶筒径向收缩、恢复原状,若拉力小于解封压力,解封剪钉未被剪断,当工具被拔出工作筒后,支撑卡瓦的卡爪失去工作筒内壁约束,向下移动,压缩胶筒径向收缩、恢复原状,同样起到解封效果。相关参数见表2。

表2 过电缆压缩隔离密封工具性能参数表

| 型号 | 最小通径 mm | 座封压力 MPa | 解封力 KN | 工作压力 MPA | 工作温度 ℃ |
|---|---|---|---|---|---|
| 6" | 76 | 8-10 | 45-60 | 15 | 120 |
| 4.75" | 47 | 8-10 | 30-50 | 15 | 120 |

过电缆压缩隔离密封与电缆永置测调工艺配套使用,提高了该工艺的适应性及精准性,有效解决注水井分层隔离窜漏问题,是油藏精细化注水的一把利器。

## 4 现场应用

渤海辽东湾旅大区块某注水井,该井2010年3月投产,分为五个防砂段,原井为空心集成注水管柱。2019年8月对其进行换管柱作业,油藏设计更换为电缆永置智能管柱。此次对防砂管柱密封筒验封下入定量化验封工具进行验封,对1♯左旋密封筒验封,压力10MPa,稳压10min,压力不降;对2♯左旋密封筒验封,压力10MPa,稳压10min,压力不降;对3♯左旋密封筒验封,压力10MPa,停泵后10min压降1.5MPa,继续对3♯倒置密封筒验封,打压至10MPa,压力突降至7MPa,10min后压降1.5MPa;对4♯左旋密封筒验封,压力10MPa,停泵后10min压降1.5MPa,继续对4♯倒置密封筒验封,压力10MPa,10min后压降2.7MPa;对顶部封隔器验封15MPa,稳压10min,压力不降。起钻检查定量化验封工具密封模块有轻微磨损。

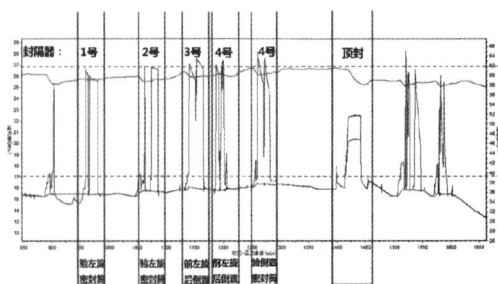

图9 密封筒验封—压力曲线(双通道,采样时间10s)

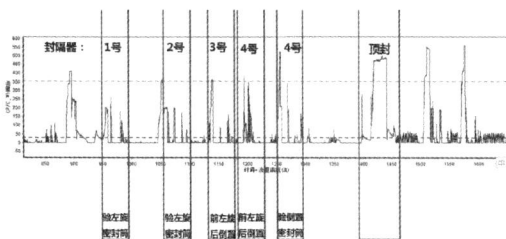

图10 密封筒验封—流量曲线（双通道，采样时间10s）

压力流量数据分析（图9、图10）：1♯/2♯隔离封隔器左旋密封筒验封，管内压力稳压到10MPa后不变，地层压力不变，对应流量计数据为0m³/d，说明1♯/2♯隔离封隔器左旋密封筒完好无损。3♯/4♯隔离封隔器左旋/倒置密封筒验封，管内压力由10MPa降至7MPa，在10分钟时间下降1.5MPa左右，然后稳压到7MPa后基本不变，地层压力几乎不变，而流量计数据小于10m³/d；考虑到验封模块起出后有轻微磨损，据此推算E/D隔离密封上下密封筒验封合格，密封筒基本完好无损。

结合此次验封工具密封模块磨损情况及仪器数据回放分析，1♯/2♯隔离封隔器左旋密封筒验封密封性完好，建议下入普通插入密封；3♯/4♯隔离封隔器左旋及倒置密封筒验封考虑验封工具密封模块有磨损，导致流量计有10m³/d流量数据，实质密封筒本身密封性完好，建议下入普通插入密封。

定量验封与后期有缆测调作业验封数据对比（图11）：第一层至第五层压力曲线（蓝色阶梯曲线为油管内压力，紫色直线为地层压力曲线）。地面控制器调节1♯、2♯、3♯、4♯、5♯配水工作筒，2♯、4♯工作筒水嘴打开，1♯、3♯、5♯配水工作筒关闭，倒正挤流程，井口缓慢打压400psi×10min＋700psi×10min＋1000psi×10min，第一、三、五层地层压力不随油管压力升高而升高，说明该井各层之间验封合格，整井验封合格。

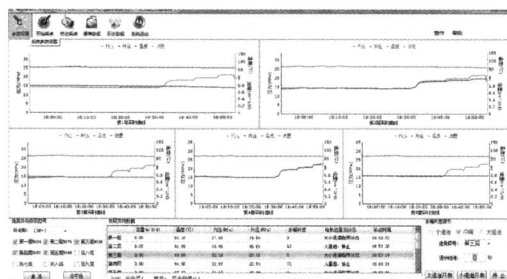

图11 有缆测调验封曲线

## 5 结论与建议

（1）针对渤海油田目前井下防砂管柱密封筒密封状态问题，使用定量化验封工具进行验封作业，从定量的角度能有效判断是否需要压力膨胀密封及更换防砂管柱等作业，降本增效效果明显。

（2）电缆永置智能测调工艺是渤海辽东湾油田实现智能注水及精细注水的有力保障，同时该工艺也可满足酸化、微压裂及调剖等增产增注工艺的需求，具有良好的适应性，后续继续加强该项工艺的稳定性与可靠性，从而实现渤海油田智能注水全覆盖。

（3）过电缆压缩隔离密封作为电缆永置智能测调工艺的有效补充，是达到精细注水的有力保障，有助于实现注采平衡。

（4）注水井精细注水所能达到的精细程度，能直观的反馈到油井层间开采的效率，所以提高注水井验封的精度，匹配合理的隔离密封，使各层达到有效分离，从而达到智能管柱精细注水效率最大化。

**参 考 文 献**

[1] 杜道军,刘铁明,李孟超,等.3.25″密封筒定量化验封工具研制[J].山东化工,2021,50(01):141－142.
[2] 刘义刚,陈征,孟祥海,等.渤海油田分层注水井电缆永置智能测调关键技术[J].石油钻探技术,2019,47(03):133－139.
[3] 蓝飞,张凤辉,陈征,等.注水井电缆永置测调技术研究与应用[J].中国石油和化工标准与质量,2020,40(02):245－246.
[4] 谭绍栩,宋昱东,王宝军,等.渤海油田智能注水完井技术研究与应用[J].石油机械,2019,47(04):63－68.
[5] 杨万有,王立苹,张凤辉,等.海上油田分层注水井电缆永置智能测调新技术[J].中国海上油气,2015,27(03):91－95.
[6] 孟祥海,邹剑,张志熊,等.海上平台注水井远程控制与管理系统[J].石油机械,2016,44(08):47－50.
[7] 杨子,刘国振,龙江桥,等.海上油田注水井分注管柱密封模块失效及对策研究[J].石油矿场机械,2019,48(04):24－29.
[8] 高永华,陈钦伟,刘华伟,等.海上油田分层开采压力膨胀式插入密封技术[J].石油钻采工艺,2018,40(02):205－209.
[9] 刘华伟,徐国雄,李孟超.海上油田隔离密封性能优化研究及应用[J].石油矿场机械,2017,46(04):56－60.
[10] 李康,徐国雄,高永华等.油田新型密封工具的设计与试验评价研究[J].中国石油和化工标准与质量,2017,37(10):171－172.

# 海上精细化诱导水力喷射压裂技术的研究与应用

张启龙　张晓诚　贾立新　陈立强　李　进　刘　鹏

(1.中海石油(中国)有限公司天津分公司;2.中海油能源发展股份有限公司工程技术分公司)

**摘　要**　渤海部分井受低层渗透率限制,处于低产低效状态,受控于海上作业平台的作业限制,进行大规模的常规压裂改造作业存在适应性差、危险性高、工期费用高等缺点,而常规水力喷射分段压裂受第一条裂缝诱导应力场影响的后续裂缝起裂压力升高,影响后续压裂效果。基于以上问题,提出一种适用于海上油田的精细化水力喷射压裂方法和作业流程,建立了一套水力喷射压裂参数设计流程和井口压力预测方法,以此为基础提出精细化分段长度优化方法。为了验证该工艺的实施效果,在渤海某油田A井进行了精细化水力喷射压裂设计并进行了现场应用,其中优选第二层距第一条裂缝167m,避开了诱导应力场的影响,有效降低了裂缝起裂压力,该井投产后,取得了较好的应用效果,初期的平均产量为配产的121%,验证了该技术在海上作业的可行性和有效性。

**关键词**　渤海油田;低渗储层;精细化水力喷射压裂;诱导应力;现场应用

渤海油田部分东营组和沙河街组油层,由于其原始渗透率较低,井间连通性较差,单井的自然产能较低,地层处于原始状态。而根据陆地低渗油田的开发经验,低渗油田进行压裂作业能够增加储层沟通性、提高渗透率、增加油层泄油面积从而增加单井产量。但受控于海上作业平台的作业限制,进行大规模的常规压裂改造作业存在适应性差、危险性高、工期费用高等缺点,急需经济性和适用性更强的压裂措施进行作业[1-3]。而在众多的压裂技术中,水力喷射压裂技术集水力射孔、分段隔离、喷射压裂于一体,一趟管柱多段压裂,能够有效提高压裂效率等优势得到陆地油田的大量应用,该技术能够有效解决海上压裂成本高的难题[4-6]。而实践证明,进行水力喷射分段多层压裂时,完成第一层压裂后,该裂缝产生诱导应力场,改变了其周围的应力场分布,如果第二层的压裂点距离第一层过近,则会使得起裂压力过高,压裂设备准备不充分易造成压裂失败。

为了解决这一问题,提出了一种适用于海上油田的精细化水力喷射压裂方法和作业流程,建立了一套水力喷射压裂参数设计流程和井口压力预测方法,并以此为基础提出精细化分段长度优化方法,在渤海某油田A井进行了现场应用,取得了较好的应用效果,为精细化水力喷射分段压裂技术在渤海低渗储层和中深油气层大规模应用奠定了一定的基础。

## 1　水力喷射压裂技术介绍

### 1.1　水力喷射压裂作业机理

水力喷射压裂技术的关键作业流程分为水力喷砂射孔机理、水力压裂机理和环空封隔机理[7-8],其具体内容分别为:油管内流体通过喷射工具上的喷嘴时,实现水力能量由高压向高动能的转换,利用高速水的动能和石英砂的磨削作用,完成对套管和地层的深穿透,从而完成射孔作业;射孔作业完成后,射孔的增压作用、环空压力的能量补充以及环空静液柱压力的三层叠加作用,使井底应力达到地层的起裂压力从而完成裂缝的起裂和拓展;根据伯努利原理,如图1所示,压裂过程中,射孔孔道周围流体速度比周围高,形成局部低压从而卷吸周围液体,形成水力密封环,实现不同层之间的隔离。通过以上作业机理,保证了水力喷射压裂技术一趟管柱完成射孔和压裂作业、无须炮弹射孔作业、管柱无机械封隔器等技术优势。

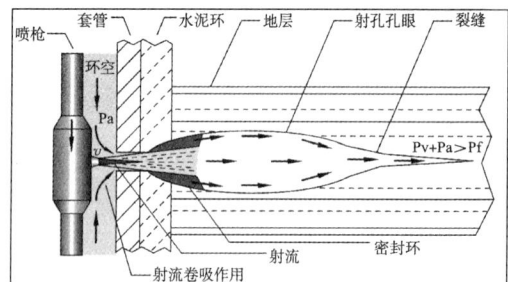

图1　水力密封环机理

### 1.2　水力喷射压裂工具和作业流程

水力喷射压裂工具本体有扶正器、射孔枪体、多孔管和引鞋组成,如图2所示,其各个部分的功能如下:扶正器可以保证管柱的居中,减小管柱串贴住单侧井壁的可能性;射孔腔体上有不同排列组合的射流喷嘴,其为水力喷射压裂的关键部分,通过改变喷嘴的相位和个数,能够实现精准定点定方位压裂的目的,而喷嘴直径和个数范围分别在 3~8mm 和 1~8 个,其抗冲蚀能力直接决定着水力喷射压裂的最大过砂量;单流阀保证流体只能从下往上流,从而保证了流体和砂子在正循环时只能通过射孔腔喷射地层;多孔管为反循环提供了流体通道,保证了砂卡处理、压裂液返排等作业的进行;引鞋的作用是保证管柱串能够顺利通过顶部封隔器等缩径区域,防止管柱发生刚性破坏。

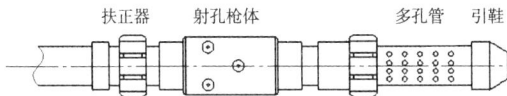

图 2　水力喷射压裂管柱图

水力喷射压裂的作业流程分为水力喷砂射孔和水力喷射压裂两个过程,如图 3 所示,其具体步骤如下:首先油管泵入流体和石英砂,环空敞开返出,对欲射开地层进行水力喷砂射孔作业;射孔作业完成后,关闭环空减小泵排量,通过观察油压和套压的变化判断射孔是否成功,若不成功从新进行射孔作业;确认射开地层后,油管内泵入压裂液和陶粒,关闭环空并进行补液,进行压裂作业;压裂完成设计加砂量和液量后,进行反循环返排,直到压裂液完全返出为止;本层压裂结束,上提管柱进行下一次压裂作业[7-8]。

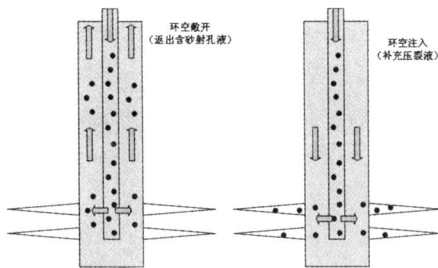

（a）水力喷砂射孔阶段　（b）水力喷射压裂阶段
图 3　水力喷射压裂技术流程

## 1.3　水力喷射压裂技术优势

与常规压裂手段相比,水力喷射压裂技术具有以下优势:① 一趟管柱完成射孔和压裂作业,节省了工期和费用;② 用水力喷砂射孔替代了传统火药射孔,减小对管柱的损害,增加了作业的安全性;③ 与传统火药射孔相比,水力喷射射孔产生的孔道大,不会影响岩石表面应力,大大降低近井地带摩阻,强化最终压裂效果;④ 不需要机械封隔,依靠伯努利效应对层间进行水力封隔,降低管柱砂卡风险;⑤ 能够实现定点定方位射孔,增强储层改造效果;⑥ 可适用于多种复杂、特殊井况,适用性过且操作简单。

## 2　精细化水力喷射压裂分段设计方法

### 2.1　地面泵压设计方法

水力喷砂射孔阶段,环空敞开,因此环空套压为 0,因此地面泵压只需要设计油管泵压即可。流体从油管泵泵入,通过喷嘴喷射地层,然后从环空返出到地面,因此油管泵压如式（1）所示。

$$P_{wh} = P_b + P_{ft} + P_{fa} \quad (1)$$

式中,$P_{wh}$ 为油管泵压,MPa;$P_{ft}$ 为油管管柱流体沿程摩阻,MPa;$P_{fa}$ 为环空内流体流动磨阻,MPa。

水力喷射压裂阶段,环空关闭并向环空进行补液,因此地面泵压需要设计油管泵压和环空泵压。油管内的流体从井口泵入,经过喷嘴的加速后进入射孔孔道进行压裂作业,其压力计算公式如式（2）所示;而环空流体从环空泵入后,经过环空流道后,进入射孔孔道辅助压裂作业,其压力计算公式如（3）所示。

$$P_{wh} = P_b + P_{ft} - P_{fa} + P_a \quad (2)$$
$$p_a + p_h + p_{boost} - p_{fa} \geqslant p_{frac} \quad (3)$$

式中,$P_a$ 为地面套管压力,MPa;$P_h$ 为环空内静液柱压力,MPa;$p_{boost}$ 为孔内增压值,MPa,根据实验测定,喷嘴压降为 30MPa 时,该值为 6MPa;$p_{frac}$ 为地层的起裂压力,MPa。

通过式（5）~（7）可知,计算泵压的关键落脚到计算油管压耗 $P_{ft}$ 和环空压耗 $P_{fa}$。通过对现场实验参数的多元非线性拟合,得到了油管和环空压耗的计算公式[9],如式（4）和（5）。

$$\begin{cases} \ln\left(\dfrac{1}{\delta}\right) = 2.04995 - 1.1525 \times 10^{-4} \times \dfrac{d^2}{Q} - 0.2819 \times 10^{-4} C_{HPG}\dfrac{d^2}{Q} \\ \quad - 0.1639\ln\dfrac{C_{HPG}}{0.11983} - 3.015 \times 10^{-4} \times C_p e\left(\dfrac{0.11983}{C_{HPG}}\right) \\ P_{fa} = \delta \Delta p_0 \end{cases} \quad (4)$$

$$\begin{cases} \ln\left(\dfrac{1}{\delta}\right) = 2.04995 - 1.1525 \times 10^{-4} \times \dfrac{(D-d_o)^2}{Q} \\ \quad - 0.2819 \times 10^{-4} C_{HPG}\dfrac{(D-d_o)^2}{Q} \\ \quad - 0.1639\ln\dfrac{C_{HPG}}{0.11983} - 3.015 \times 10^{-4} \times C_p e\left(\dfrac{0.11983}{C_{HPG}}\right) \\ P_{ft} = \delta \Delta p_0 \end{cases} \quad (5)$$

式中,$\delta$ 为降阻比,无量纲;D 为套管或井眼直径,mm;d 和 $d_o$ 为油管的内径和外径,mm;$C_{HPG}$ 为稠化剂浓度,kg/m³;$C_P$ 为支撑剂浓度,kg/m³;$\Delta p_0$ 为清水时的磨阻,MPa,可以通过范宁公式公式求得。

### 2.2　水力参数精细化设计流程

基于泵压和摩阻计算流程,形成了一套水力喷射压裂参数设计流程,具体流程如图 4 所示。其具体流程为:首先根据作业要求优选水力喷嘴组合,求出流量的最小值之一 $Q_{min1}$;再计算不同流量的喷嘴压降,根据喷嘴压降大于30MPa时压裂效果较好,求出流量的最小值之一$Q_{min2}$;取$Q_{min1}$和$Q_{min2}$的最大值为设计射孔和压裂阶段的油管流量;根据设计砂比,计算压裂时的环空排量;根据设计流量利用式(1)计算射孔阶段的油管泵压;根据公式(2)~(5),计算压裂阶段的油管和套管泵压。

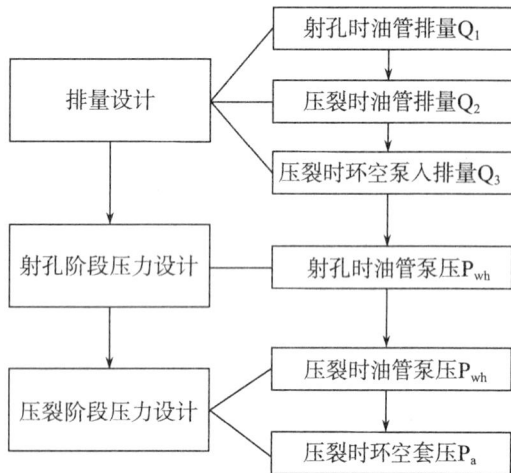

图4 水力喷射压裂关键参数设计流程

### 2.3 基于诱导应力场的分段优化方法

基于Westergaard理论,Sneddon等人推导得到了二维垂直裂缝诱导应力分布模型[10],第一条裂缝的诱导应力场模型满足如下假设:储层为均质各向同性;裂缝为垂直裂缝,裂缝纵剖面为椭圆形,物理模型如图5所示。

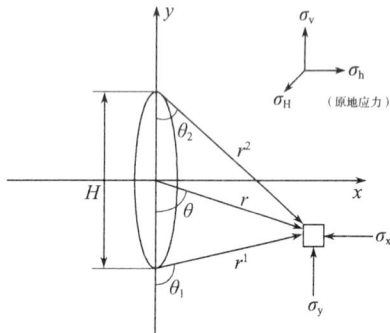

图5 二维垂直裂缝诱导应力场

第一条裂缝诱导应力场中任意一点$(x, y, z)$诱导应力为[11-13]:

$$\begin{cases} \sigma_x' = P_i \frac{r}{c}\left(\frac{c^2}{r_1 r_2}\right)^{\frac{3}{2}} \sin\theta\sin\frac{3}{2}(\theta_1+\theta_2) + \\ \qquad P_i\left[\frac{r}{(r_1 r_2)^{\frac{1}{2}}}\cos\left(\theta-\frac{1}{2}\theta_1-\frac{1}{2}\theta_2\right)-1\right] \\ \sigma_y' = -P_i \frac{r}{c}\left(\frac{c^2}{r_1 r_2}\right)^{\frac{3}{2}} \sin\theta\sin\frac{3}{2}(\theta_1+\theta_2) + \\ \qquad P_i\left[\frac{r}{(r_1 r_2)^{\frac{1}{2}}}\cos\left(\theta-\frac{1}{2}\theta_1-\frac{1}{2}\theta_2\right)-1\right] \\ \sigma_z' = \nu(\sigma_x'+\sigma_y') \\ \tau_{zx} = P_i \frac{r}{c}\left(\frac{c^2}{r_1 r_2}\right)^{\frac{3}{2}} \sin\theta\cos\frac{3}{2}(\theta_1+\theta_2) \end{cases} \quad (6)$$

式(1)中$\sigma_{x'},\sigma_{y'},\sigma_{z'}$为第一条裂缝产生的诱导应力场中任意一点$(x, y, z)$诱导应力,MPa;$P_i$是裂缝面上的净压力,MPa;$c$裂缝的半高$c=H/2$,m;$\theta=\tan^{-1}(x/y)$,$\theta_1=\tan^{-1}(x/(-y-c))$,$\theta_2=\tan^{-1}(x/(c-y))$,$r=(x^2+y^2)^{1/2}$,$r_1=(x^2+(y+c)^2)^{1/2}$,$r_2=(x^2+(y-c)^2)^{1/2}$。

根据迭加原理,诱导应力与原地应力的合地应力产生的效果等同于诱导应力与原地应力单独作用效果的累加。故地层三向主应力为:

$$\begin{cases} \sigma_H' = \sigma_H + \sigma_z' \\ \sigma_h' = \sigma_h + \sigma_x' \quad (7) \\ \sigma_v' = \sigma_v + \sigma_y' \end{cases}$$

由诱导应力模型可知,裂缝产生的各方向诱导应力不等,即$\sigma_{x'},\sigma_{y'},\sigma_{z'}$互不相等,原地最大水平主应力方向的诱导应力小于最小水平主应力方向的诱导应力,即$\sigma_{z'}<\sigma_{x'}$,根据应力叠加原理,如果$\sigma_H-\sigma_h=\sigma_{x'}-\sigma_{z'}$,则叠加后的最大最小水平主应力大小相等,如果$\sigma_H-\sigma_h>\sigma_{x'}-\sigma_{z'}$,则叠加后的最大最小水平主应力方向没有变化,但最大最小水平主应力差值变小了,如果$\sigma_H-\sigma_h<\sigma_{x'}-\sigma_{z'}$,则叠加后的最大最小水平主应力方向发生了反转,如图6、图7所示。

从图6、图7中可以看出,图6为原始最大水平主应力受诱导应力场影响后的应力分布$\sigma_{H'}$,图7为原地最小水平主应力受诱导应力场影响后的应力分布$\sigma_{h'}$,从图中可以看出,在距离井筒比较近的范围内,受诱导应力场的影响,原始最大最小水平主应力方向发生了反转,即$\sigma_{H'}<\sigma_{h'}$。根据裂缝沿最大水平主应力方向扩展的准则可知,在水平主应力发生应力反转的区域,裂缝将发生转向,易造成压裂液砂困难,摩阻增大,从而影响压裂效果。因此,裂缝间距应尽量大于该距离。随着远离裂缝,水平主应力方向逐渐恢复至初始状态,该区域水平主应力差较小,易于裂缝延伸,形成更大规模的裂缝,因此,第二条裂缝位于此区域内易于提高压裂效果。

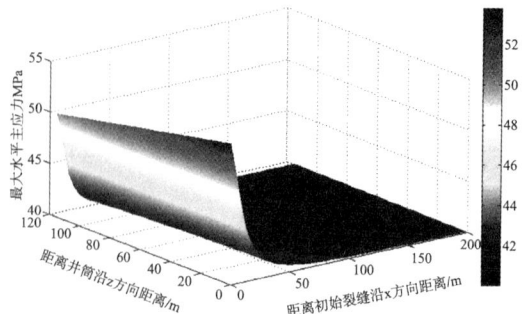

图6 最大水平主应力分布图

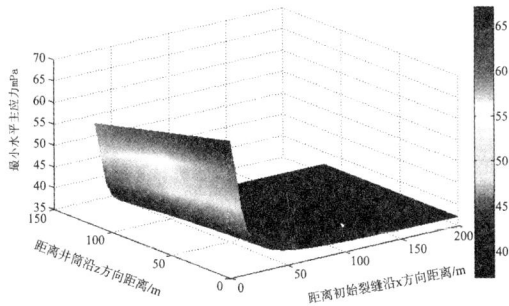

图 7　最小水平主应力分布图

## 3　精细化水力喷射压裂分段压裂实践

### 3.1　A井的基本信息

为了验证精细化水力喷射压裂作业效果,在渤海某油田 A 井进行了现场作业,该井的主要产层是东营组,与邻近水层距储层距离为 107m,压裂层段为 7in 尾管井段,内径为 6.785in,可以满足水力喷射压裂工具的通过性,且不存在邻井干扰问题。A井采用水力喷射压裂技术具有以下优势:① 无特殊井况,井筒完好,固井质量良好;② 储层渗透率、孔隙度等物性较好,属于中孔中渗地层;③ 层间距较大,层间无干扰,无断层/天然裂缝,与邻近水层有隔层;④ 产量预期高,含水率低,有增产价值。

### 3.2　压裂关键参数设计

根据以上方法对 A 井的基础水力参数如下:喷嘴尺寸为 3.75in×7;射孔和压裂时的油管排量为 15～16bpm;射孔时的泵压为 4300～4500psi;压裂时的泵压为 8000～8300 psi;压裂时的环空套压为 3700psi。

假设地层均质各向同性,将 A 井地层裂缝数据代入所建立的诱导应力场水力喷射分段压裂起裂模型,第二条裂缝的起裂压力随与第一条裂缝的距离的关系如图8所示。由图8可知,与第一条裂缝距离越近,第二条裂缝起裂压力越大;在与第一条裂缝距离140m 以内时,受诱导应力场影响较为严重。因此,结合地质油藏生产层位,设计 A井第二段喷射点距初始裂缝167m。

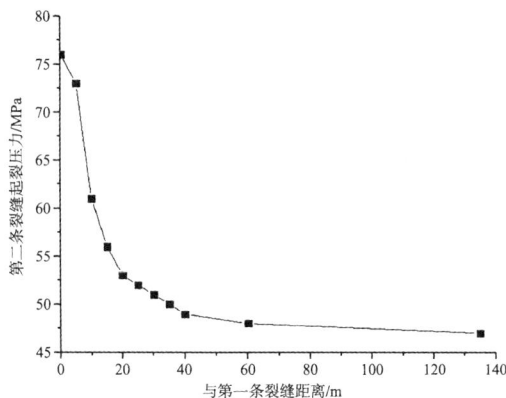

图 8　诱导应力场影响下的裂缝起裂压力预测

### 3.3　设备的摆放

根据设计的水力参数,需要利用相关压裂设备进行配合,具体设备如下:5 个 2000 型高压泵;FB4K 型的混砂转置 1 台;4 个 40 方的压裂罐;TCC 数据采集房 1 间;配合射孔和压裂使用的高压和低压管汇若干,满足压裂时的内部承压。需要以上设备后,如何摆放以上设备是关系到该作业能否在海上平台作业的关键因素,推荐的设备摆放情况如图9所示。

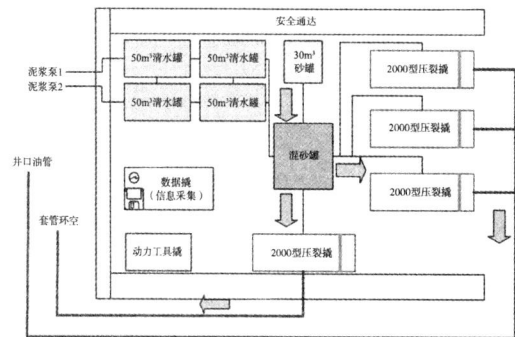

图 9　水力喷射压裂设备摆放图

### 3.4　作业效果

本次压裂作业完成投产后,取得了较好的生产效果,如图 10 所示,稳产后的平均产液量为 104.3 m³/min,为配产的 110%,平均产油量为 91.5 m³/min,为配产的 121%。本次压裂作业达到了常规压裂的增产效果,与常规压裂相比,更具有工期短、费用低、操作简单安全等优势。该井的顺利实施,验证了水力喷射压裂技术在海上平台的可行性、有效性,其有望成为渤海油田后期低效井增产、中低渗储层改造、中深储层开发的重要技术储备。

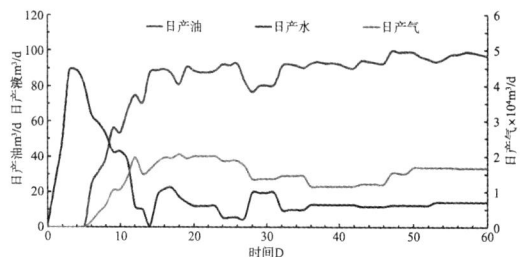

图 10　水力喷射压裂作业效果

## 4　结论

(1)针对海上水力喷射压裂作业难点,提出了一种适用于海上油田的精细化诱导水力喷射压裂方法和作业流程,建立了一套水力喷射压裂参数设计流程和井口压力预测方法,并以此为基础提出精细化分段长度优化方法。

(2)采用精细化水力喷射分段压裂设计流程,对渤海某油田 A 井进行了设计,其中优选第二层距第一条裂缝 167m,避开诱导应力场的影响,可有效降低裂缝起裂压力。

(3)针对渤海 A 井的地质特点,采用了精细化水力喷射分段压裂技术进行了作业,并取得了较好的应用效果,初期的平均产量为配产的 121%,验证了该技术在海上作业的可行性和有效性。

## 参 考 文 献

[1]施荣富.西湖凹陷低孔低渗储层压裂改造技术体系探索与实践[J].中国海上油气,2013,25(2):79-82.

[2]胡勇,周军良,汪全林,耿红柳,赵军寿.渤海 BZ 油田低渗储层质量主控因素及开发实践[J].中国海上油气,2019,31(1):103-112.

[3]刘鹏,徐刚,陈毅,等.渤海低渗透储层水平井分段压裂实践与认识[J].天然气与石油,2018,36(4):58-63.

[4]Surjaatmadja J B. Subterranean Formation Fracturing Methods: US Patent No. 5765642[P].1998.

[5]李根生,牛继磊,刘泽凯,等.水力喷砂射孔机理实验研究[J].石油大学学报(自然科学版),2002,26(2):31-34.

[6]刘永亮,王振铎,胥云,等.水平井储层改造新方法——水力喷射压裂技术[J].钻采工艺,2008,31(1):71-73.

[7]范鑫,李根生,黄中伟,等.水力喷射多级压裂中水力封隔效果的数值模拟[J].石油机械,2015,43(4):82-88.

[8]王安培,兑爱玲,李兴应,等.深层低渗复杂井况水力喷射压裂技术研究与应用[J].钻采工艺,2014,37(1):39-41.

[9]黄禹忠,何红梅.川西地区压裂施工过程中管柱摩阻计算[J].特种油气藏,2005,12(6):71-73.

[10] Sneddon, I. N. The Distribution of Stress in the Neighbourhood of a Crack in an Elastic Solid [J]. Proceedings A, 1946, 187(1009):229-260.

[11]彪仿俊,刘合,张劲,等.螺旋射孔条件下地层破裂压力的数值模拟研究[J].中国科学技术大学学报,2011,41(3):219-226.

[12]金衍,张旭东,陈勉.天然裂缝地层中垂直井水力裂缝起裂压力模型研究[J].石油学报,2005,26(6).

[13]李根生,黄中伟,田守嶒,等.水力喷射压裂理论与应用[M].北京:科学出版社.2011.

# 渤海湾锦州9－3在生产油田套损井检测及治理技术探索

康　鹏[1]　高永华[2]　刘国振[2]　甄宝生[2]　刘　磊[2]　钱咏波[2]

(1.中海油能源发展股份有限公司工程技术分公司;2.中海石油(中国)有限公司天津分公司)

**摘　要**　油田在长期开发过程中,由于地质、工程和设计寿命作用影响,套管缩径、变形、磨损等故障出现越来越频繁。据统计,渤海海域套损井每年以1％～2％的速率增长。近几年,位于渤海辽东湾的锦州9－3油田,在生产井套损井问题突出,部分套损井腐蚀严重,产出含水高达100％,几近报废,如果采用侧钻的方式进行治理,需要动用大量的人力物力,是一笔巨大的投入。我们结合油气井的自身特点和海上作业特点,开拓思路,努力探索,探索出一套适应不同套损井检测和综合治理技术。

**关键词**　渤海湾;套损井检测;治理技术;在生产油田

## 1　锦州9－3油田套损情况

锦州9－3油田油藏温度76℃～112℃,$CO_2$分压0.06～0.40MPa。地层水分析检测,该油田地层水为弱碱性,总矿化度在3000～4000mg/L,矿化度较低,水型为碳酸氢钠型,含有大量$HCO_3^-$,可能存在$CO_2$腐蚀,不含$SO_4^{2-}$,排除$H_2S$腐蚀。

近几年,锦州9－3油田井下作业过程中,普遍开展套损检测,从井基础数据和套损检测结果来看,套损井中近50％的井发生的是套管腐蚀,且腐蚀位置集中在1000～2000m。锦州9－3油田生产套管损伤多数出现在9－5/8套管(N80钢级),占比80％以上。套管损伤位置多处于未进行水泥胶结固井的环空段,因此腐蚀可能由外向内向进行。

针对套损情况的检测、治理和主动应对策略方面,我们在锦州9－3油田探索应用出一系列综合治理技术。

## 2　套损井检测方法

由于单一测试方法在特殊复杂管柱中,往往无法完全满足测试要求。针对锦州9－3油水井的特点,我们制定了不同的套管找漏检测技术。采用多臂井径和电磁探伤测井仪检测套管壁厚与井径变化,确定套损井段及预测其潜在破损情况。采用RTTS封隔器卡井段验漏,确定套损井段。采用氧活化生产测井检测套管外流体窜流,确定套损井段与流量。

因此面对油田对油水井井下管柱认识的迫切需求,目前,锦州9－3油田采取套损组合测井法,既能对问题井准确识别,更重要的是各种单项测井方法之间取长补短,提高了解释符合率。

### 2.1　多臂井径成像测井(MIT)

该技术目前有18、24、32、36、40、60臂井径测井仪,对应每一个臂有一个独立的探头,每个井径臂的变化情况全部传输到地面,可反映管柱内壁的各条井径变化情况,地面处理后可成直观图像。提供套管腐蚀、变形及破损成像资料(图1、图2)。

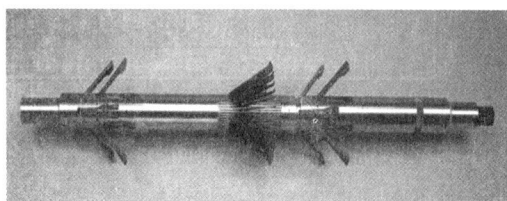

图1　多臂井径

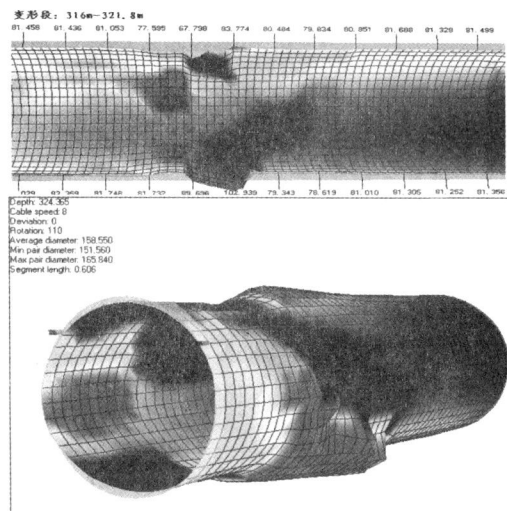

图2　多臂井径测井解释图

使用MIT测井前需对检测井段通井刮削,根据通井工具尺寸选择合适的仪器;对井筒内介质无要求;24臂井径测井仪直径细,可过油管带压进行测量。该技术能够反映套管内壁情况,对于套管外壁的腐蚀和厚度变化情况无法判断。

### 2.2　电磁探伤测井(MID)

电磁探伤测井属于磁测井系列,其理论基础

是电磁感应定律。该仪器使用了3个高效率,快速响应的电磁线圈传感器(图3)。线圈交替产生电磁脉冲。脉冲衰减速度取决于仪器周围测量管道的几何尺寸及管道的属性。给发射线圈提供一个恒定的正负直流脉冲,在螺线管周围产生一个稳定磁场,这个稳恒磁场在油管和套管中产生感应电动势。当断开直流电时,该感生电流在接收线圈中产生一个随时间而衰减的感生电动势。在套管或油管中所产生感生电流的大小是由套管或油管的形状、位置及其材料的电磁参数决定的,而直流脉冲之后接收线圈中的磁场强度和磁通量变化率,受感生电流大小的影响,因此,测量接受线圈中感生电动势ε就可了解油套管的技术现状。

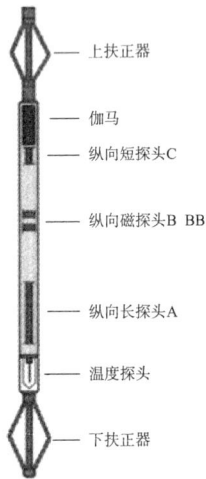

图3 电磁探伤仪器组合

该技术可过油管进行油套管的技术现状测量,适用于单层或双层金属管柱损伤检测,不受气体、液体、气液混合介质等多种流体介质测量环境的限制,可在不停止油气开采的情况下进行生产井测井。测量过程中不受管壁上的石蜡、水泥块的影响,通常和多臂成像井径仪配合使用,综合解释管柱情况(图4)。

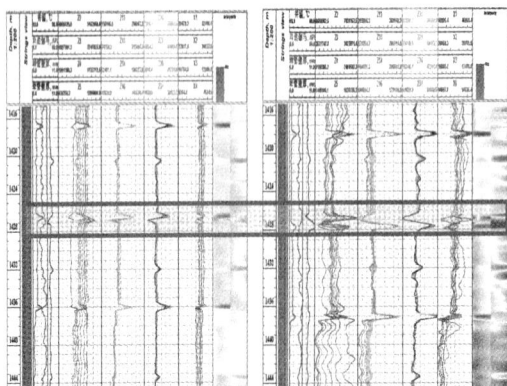

图4 电磁探伤测试结果解释

## 2.3 油套管壁厚度测井(MVRT)

该技术使用的仪器内置一个永磁铁,通过管材(套管/油管),在管材壁上生成非常高的磁通密度。这些在磁场中的扰动被阵列的FL传感器并定位于磁路。FL传感器不能区分金属损失是由内部还是外部造成的。要实现该区分功能,需要DIS传感器放在一个相对较弱的磁场,该磁场只通过管材内部。管外金属损失不影响磁通路径,因此不会造成DIS响应。而内部的金属损失,却可以影响其附

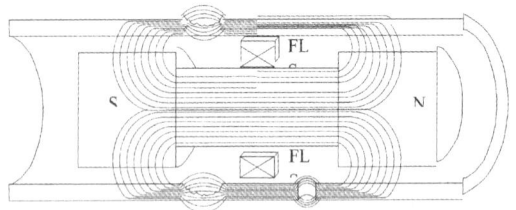

图5 油套管壁厚度测井原理图一

近的磁通量,从而生成典型的DIS测井响应。结合FL和DIS传感器,可以用于识别管材金属损失的类型和原因(图5、图6、图7)。

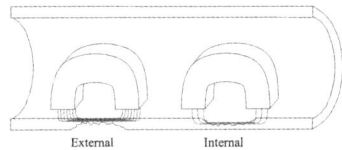

图6 油套管壁厚度测井原理图二

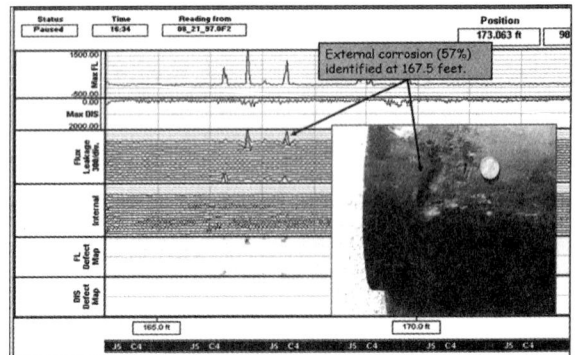

图7 油套管壁厚度测井解释图

## 2.4 氧活化生产测井

氧活化生产测井是一种测量水流速度的测井方法。

脉冲中子氧活化测井的水流速度与流动空间关系很大,管柱中水溶液流动空间的截面积改变,水流速度就会发生改变;如果截面积变大,井中流体流动的速度就会变小,反之变大;套管破损相当于改变了水溶液流动空间,所以由于套损引起的水流速度的变化均能够被脉冲中子氧活化测井测到。因此,利用脉冲中子氧活化测井能够确定套管漏失部位。

能谱水流测井时在正常生产时测试管柱的套损情况,由于精度原因漏失量太小可能会探测不

到。针对这种情况,现场一般采用 RTTS 封隔器卡层配合找漏,确定套损井段。

## 3 套损井治理技术

套管的腐蚀、破裂、错段对油水井乃至油田的安全生产影响极大。锦州 9－3 油田套损的类型较多,针对不同类型的套损井,我们采取不同的治理方法,目前常用的有套管补贴、LHD 堵漏、套管回接等。

### 3.1 套管补贴

锦州 9－3 油田某井修井作业期间出现异常情况,经电磁探伤和多臂井径套损检测验证,生产套管在 37.0 米处已形成穿孔。穿孔点的面积非常小,内壁仅有一个面积很小的孔眼,孔眼宽度(套管截面方向)不足 1/30 个圆周,孔眼长度(套管轴向)不足 5cm(图 8),但电磁探伤显示该处金属缺失比较厉害,判断套管外壁腐蚀严重。

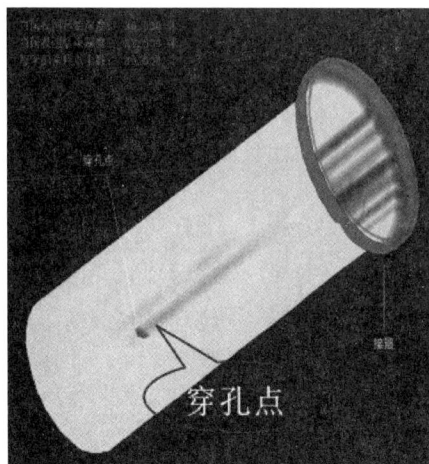

图 8　锦州 9－3 油田某井套损情况

该井腐蚀穿孔位置浅,作业风险高,为安全起见,先进行套管补贴,暂堵漏点,在进行尾管回接,重新固井。其补贴工艺原理是,在计划补贴井段下入套管补贴坐封工具,打压坐封后,通过液压/机械加压,使胀管工具受压在套管补贴工具中穿过。这样就使套管补贴工具固定在生产套管内壁上。

该套管补贴工具有三部分模块组成(图 9)。

模块一(机械弱点):一旦井下工具遇卡,可以过提,在一定吨位下剪切销钉进行脱手,并且留下适用于标准打捞工具的鱼头。

模块二(活塞开关和机械式泄压):活塞开关是确保封隔器在干井或当井液密度低于管柱内液体的密度时能够正常收缩。当加压时,弹簧压缩,活塞开关指向开的位置,使得管柱内能与封隔器实现连通。当泄压时,活塞开关回到其起始位置,使得封隔器和井筒实现连通,进而收缩封隔器。

机械式泄压功能可以通过过提管柱来激活,该部分的激活可使得封隔器立刻实现收缩。

模块三(测试阀、封隔器旁通、压力释放、膨胀封隔器和堵漏工具支撑定位):测试阀是在管柱在准备、下入过程以及膨胀坐封前的全过程随时进行整体性测试。封隔器旁通提供在封隔器膨胀时上下部分连通的液压通道。压力释放工具是当管柱内加压至破裂盘破裂时,压力释放进而实现封隔器的立即收缩。膨胀封隔器是一种液压式自上而下的逐步膨胀堵漏工具。堵漏工具支撑定位是防止在下入过程中一旦封隔器意外收缩,该安全装置支撑堵漏工具防止其向下滑。它可以在膨胀之前准确定位工具的底部。

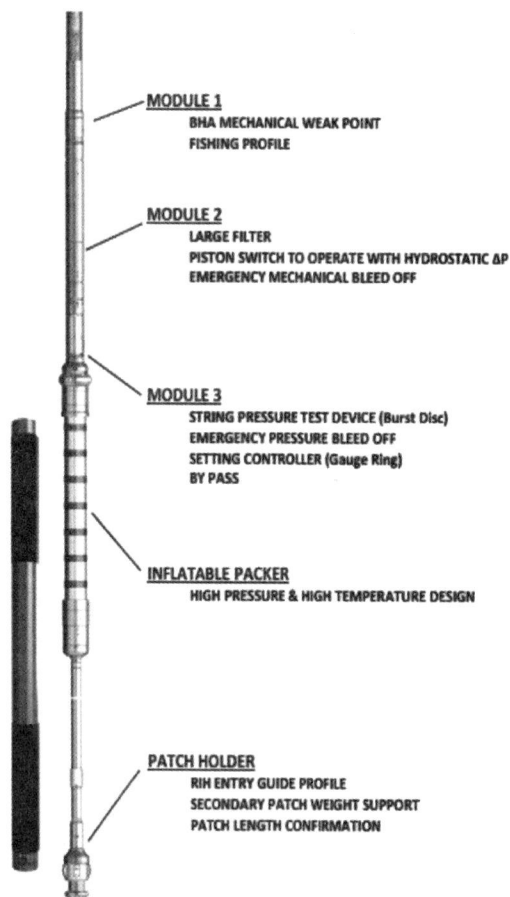

图 9　套管补贴工具结构示意图

补贴作业时,下放套管补贴工具总成到预定位置,首先在坐封位置进行试压,对钻杆内进行加压至坐封压力。保持压力,下放管柱,如悬重下降确认坐封成功。然后缓慢泄压并下缓慢下放管柱,重复该步骤,直至完全坐封套管补贴,最后继续下放(最后一步至少下放 2m),确保工具的底部已经完全膨胀到套管壁(图 10)。

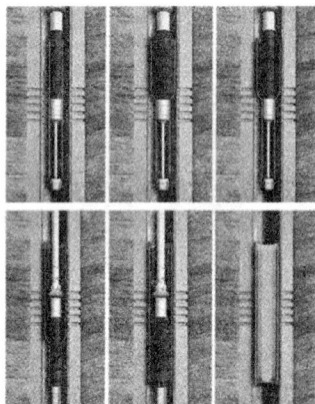

图 10　套管补贴工具坐封过程

该井在应用套管补贴工具后,其能承受的机械拉拽力达到 80 吨左右,补丁处内承压 1800psi,外承压 320psi。补贴位置内径 209.21mm,内通径 205.12mm。满足 7″套管回接时的下入要求。

### 3.2　LHD 堵漏

LHD 堵漏技术是从地面向井筒内注入配好的 LHD 化学堵剂,将堵剂挤入套管破漏位置的环空间隙及近井地带的地层孔隙中,驻留并形成具有一定强度和密封性能的封堵段,达到修补套管破漏的目的。

LHD 堵剂的主要组成有结构形成剂、胶凝固化剂、膨胀型填充剂、活性增强剂、活性增韧剂、性能调节剂。其工作机理是当 LHD 堵剂进入漏失层位后,在压差的作用下挤出堵浆中的自由水,快速形成具有一定强度的网架结构,增大堵剂在漏失层中的流动阻力,限制堵剂往漏失层深部的流动。随着堵剂不断挤入,网状结构的空隙不断被充填,在井温与压力的作用下,形成本体强度和界面胶结强度高的固化体,将周围介质胶结为一个牢固的整体,从而有效地封堵油水井出水层和套漏(图 11)。

LHD 堵剂驻留性良好,尤其对于未固井的套管段进行堵漏时可以实现有效驻留,减少堵剂用量并缩短施工周期。封堵界面胶结强度高、有效期长,堵剂固化体的本体强度和抗腐蚀耐久性能与油井水泥相当。配制的堵浆流动性和稳定性好,挤注压力低,通过调节药剂组分达到堵剂初凝/固化时间可控/施工半径可控,保证施工安全。施工简单,适用于海洋平台施工资源有限(作业空间/配液条件/吊装能力等)的特点。相比于水泥失水时间中性(对于大小孔道失水时间都在 27～30s)。对于浅层地段由于渗透率高,使用水泥漏失大,而 LHD 堵剂失水时间中性,可以保证封堵浅层效果,达到抗压要求。

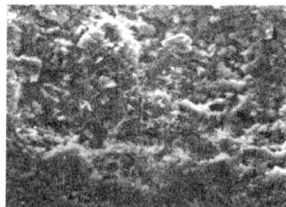

图 11　LHD 堵剂固化体内部微观结构

LHD 堵漏技术,在锦州 9－3 油田应用十余井次,作业效果良好。大部分井在堵漏后,含水显著下降,增产效果明显。

### 3.3　套管回接技术

锦州 9－3 油田,开发较早,普遍采用单级双封固井工艺,即将固井水泥浆分为两部分段塞,两部分段塞之间是自由水,该技术能节省水泥用量降低建井成本。且该油田水泥返高面较深,因此受套管外地层水腐蚀严重,针对该油田的这一特点,我们采用套管回接再固井技术,彻底解决此类问题。

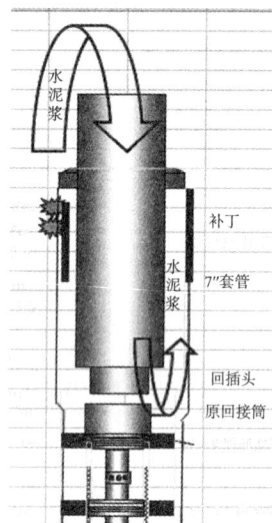

图 12　回接固井作业示意

该井套管回接作业,由于原井套管回接筒资料久远,深度、内径、长度和密封性能等等关键数据无法准确确定,我们通过清刮回接筒、试插入回接筒确认作业参数。下套管时在回接插头后的 1－3 套管上连续加扶正器(弹性扶正器),确保回接插头能够插入回接筒,也避免其与上层套管内壁摩擦,损坏密封圈,套管头以下 30m,每根套管各加一个扶正器,其他井段适当加放,确保套管柱居中,保证固井效果。固井作业采用专门的固井船,配合修井机循环系统和专用水罐、污油罐等,作为固井供液和返出泥浆罐用。作业期间碰压明显,泵入的水泥浆用量比较准确,碰压后缓慢下放管串,使回接插头坐到回接筒底部,并下压 10T 左右套管重量。卸压检查回流,没有发现回流,证明回接插头密封良好。由于没有回流,没有进行憋压候凝(图12)。

针对海上油田,尤其是简易修井机进行下套管、固井作业,在渤海油田还属于首次,此次作业我们对生产二十多年的尾管挂清刮、回接,使用简易修井机下套管、采用固井船固井,更换井口套管头、油管头等一系列作业步骤,成功回接尾管固井,测试固井质量合格,达到套损井治理效果。

## 4 套损的主动预防

在进行套损井治理的过程中,技术人员转变思路,从被动治理到主动防御。通过针对性的分析研究,基本从注水井套管带压、电泵井冲蚀预防、水泥环充填等方面进行了一些探索。

### 4.1 提升注水井管柱结构合理性

1.关闭油套环空注水通道,目前渤海油田环空注水的井已经大幅下降。

2.针对部分高套压井的治理采用锚定插入密封(图13)和压力膨胀定位密封(图14),提高定位密封密封性能,治理效果明显。

图13 锚定定位密封

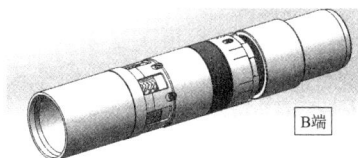

图14 压力膨胀式密封示意图

### 4.2 罐装泵系统

针对电泵井机组附近高流速气液冲蚀现象,可以采用罐装泵系统(图15)。

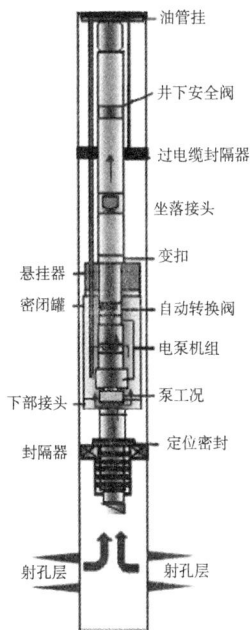

图15 罐装系统原理结构图

### 4.3 环空保护液

油套环空保护液是充填于油管和油层套管之间的流体,其作用是减轻套管头或封隔器承受的油藏压力,降低油管与环空之间的压差,抑制油管和套管的腐蚀。油套环空保护液在生产井中,如果不修井就不会流动;在非投产井中,不投产也不会流动。因此,要求油套环空保护液具有良好的稳定性和防腐性,保护油气层能力强,在修井或投产时不损害储层,无腐蚀等特点。注水井在动管柱作业后,油套环空替入保护液,降低环空液体对套管的腐蚀速率。

## 5 技术展望

目前,在渤海油田,针对套损井治理方法,实施了一些效果显著的措施。但是造成套损的因素很多,各种原因导致的套损形式也不一样,并且套损检测技术也是在不断发展,所以具体工作中,要采取"组合拳",拿出最优化的治理方法。

针对锦州9－3油田水泥返高不足的井,可以采取井口盖帽和套管射孔循环补充水泥浆的思路解决套管外矿化水腐蚀问题。

**参 考 文 献**

[1] 刘磊,姚永俊.渤海油田套管损伤研究与治理工艺[J].中国石油和化工标准与质量,2019(16):237－240.

[2] 周怀亮,朱学海,崔澎涛,王斌.罐装电潜泵系统在渤海油田的技术研究与应用[J].动力与电气工程,2014(18):121－123.

[3] 高永华,李康.LHD堵剂在渤海油田SZ36－1－C25hf井的应用[J].海洋石油,2011,30(1):73－76.

# 高渗油藏多段塞调剖体系优化及封堵性能评价

敖文君　王成胜　陈士佳　陈　斌　阚　亮　田津杰

(中海油能源发展股份有限公司工程技术分公司)

**摘　要**　为了解决非均质性的砂岩油藏,在长期的注水开发后,引起的高水相窜流优势通道等问题,以渤海某一油藏为研究对象,开展了储层内高渗窜流通道的成因分析,并通过实验研究了不同封堵调剖体系及封堵性能评价,形成了多段塞分级封堵的堵剂组合工艺。结果表明,将非化学凝胶体系作为一级封堵段塞体系,可以有效提高后续凝胶体系的成胶性能;二级调剖段塞为中强度凝胶体系与预交联凝胶颗粒组成的复合调堵体系,中强度凝胶体系的成胶强度在5万~10万mPa·s,预交联凝胶颗粒浓度为800~1500mg/L;三级封堵段塞为高强度凝胶体系,成胶强度在10万~20万mPa·s。通过物理模拟实验,所研究的封堵体系,可以有效的实现深部运移与封堵,达到液流剖面反转的效果,其驱油效率上较水驱提高采收增幅达21.2%。

**关键词**　注水;窜流通道;封堵体系;成胶性能;采收率

对于非均质性严重的砂岩油藏,经过长期的注水开发,地层受到长期注水冲刷后,储层孔隙结构发生了较大的变化,储层的孔隙、骨架结构、胶结物等受到注水开发的严重影响,导致储层渗透率加大、孔隙喉道半径增大,从而在储层内部形成大的高窜流通道,导致后续的注入水及驱油体系的注入,主要沿高渗流通道窜流,在大孔道内形成低效或无效循环,驱油体系在中低渗透率储层难以波及,同时生产井见剂过快,进一步加剧了层内、层间矛盾,严重影响了油田开发采收率及开发效益[1-3]。近年来,油田现场针对水驱窜流优势通道的封堵,在药剂体系上,主要通过应用不同的调剖体系进行调剖封堵,而调剖体系也主要为不同类型的凝胶、冻胶、颗粒类调驱体系组成[5-7],对于凝胶、冻胶类调剖体系,室内评价效果往往优于现场应用,当凝胶、冻胶类调驱体系注入地层后,由于受储层条件复杂等因素的影响,在地层中的成胶性能较差,封堵效率一般,而遇到较高窜流通道时,颗粒类调驱体系因匹配性问题,很难对高孔高渗通道实现有效的封堵。因此,有必要针对高孔高渗窜流通道进行深入研究,改善其封堵调剖效果。

本文针对目前储层内大孔道的成因、类型及表现特征进行了分析,并以渤海某一油藏为研究对象,开展了针对该油田高渗窜流通道的封堵调剖体系及封堵性能评价研究,并形成了针对高孔高渗通道的多段塞分级封堵的堵剂组合工艺:三级封堵调堵工艺。一级封堵段塞为一种非化学凝胶体系,降低地层条件对后续凝胶成胶性能的影响,二级封堵段塞为中强度凝胶体系与预交联凝胶颗粒组成的复合体系,实现深部运移与封堵,三级封堵段塞为高强度凝胶体系,推动主段塞进入地层深部,并形成高强的的封堵隔板。

## 1　高渗窜流通道的成因及特征

疏松砂岩油藏在我国陆地油田以及海上油田均占有相当大的比例,经过长期的注水开发后,储层孔隙结构、骨架结构等发生了较大的变化,导致储层渗透率加大、孔隙喉道半径增大,从而在储层内部形成大的高渗窜流通道[8-9]。高渗窜流通道的成因主要有两个方面:储层自身的发育特征导致与后续的开发生产过程的影响。如河流相沉积、正韵律构造、渗透率差异大等都易于打孔大的形成,而在后续开发过程中,油水流度比大、强注强采等也易于大孔道的形成[10-12]。

根据大孔道形成的原因来划分,大孔道在储层中的分布位置主要有:正韵律高渗透油层底部大孔道、同一开发层系中的层间大孔道、位于注水主流线的大孔道。对于井间具有高渗窜流通道的井组,对于油田的开发效果具有较大的影响,主要表现特征有:油井出砂严重;聚驱窜聚;注水井注水压力低、启动压力低;视吸水指数大;井组采注比大;单位压差下流量大幅度增大;采液指数猛增;吸水剖面差异程度大;开采过程中油井水驱速度快、存水率低;压力指数PI值小等[13-15]。

## 2　封堵调剖体系及封堵机理研究

### 2.1　高渗窜流通道封堵机理

对于具有高渗窜流通道的井组,由于其渗透率高、孔隙半径大等特点,对封堵调剖体系具有特定的要求,单一的封堵调剖体系很难实现有效的封堵,其封堵体系应是多种调剖体系的复合体系,且要求封堵体系强度大、粒径匹配性好以及具有可控的固化成胶时间,同时满足油藏的地下条件性质。复合段塞封堵调剖主要是根据在油层的不同位置堵剂需承受的压差不同而进行的一种堵剂组合工艺。一级段塞主要作用是封堵大孔道抑制高速窜流、保证主段塞的有效期,一级封堵段塞堵剂应该满足注入性好、封堵强度大、性能不易被干扰。二级调堵段塞的主要作用是大剂量注入以不断扩大波及体积,实现深部运移与深部封堵,达到封堵大孔道的同时起到调剖的作用,堵剂应该满足成胶时间中等、与前后段塞配伍性好。三级封堵段塞主要作用是加强对近井地带大孔道的封堵、防止堵剂反吐并使后续水驱不易突破,故要求堵剂强度高、耐冲刷性好。

## 2.2 实验材料与实验内容

实验仪器主要有 RS600 型流变仪/磁力搅拌器(上海司乐仪器有限公司),ISCO 驱替泵,中间容器(200ml),搅拌中间容器,人造岩心以及多功能非均相驱替系统(海安石油科研仪器生产)等。

实验材料:非化学交联凝胶体系、聚合物、交联剂主剂、交联剂助剂、预交联凝胶颗粒。实验用油为渤海某一油田脱水原油与煤油配制的模拟油,65℃条件黏度为 81.2mPa·s,实验用水为现场注入水,矿化度为 6760mg/L,水型为 $NaHCO_3$ 型。

对于封堵体系,主要从其浓度、热稳定性、成胶强度、注入性能、驱油性能等方面进行了评价,其物理模拟实验流程图如图 1 所示。

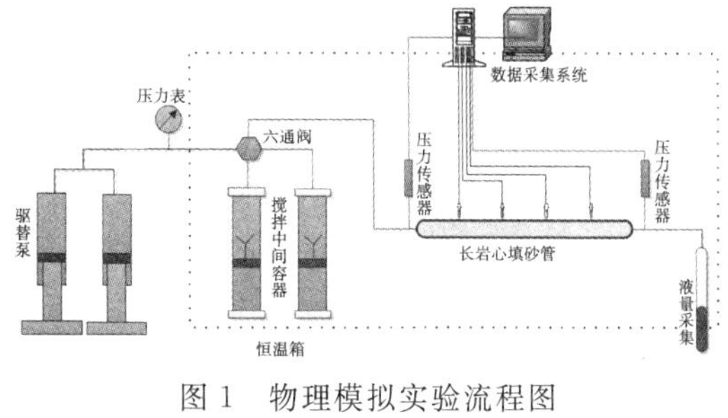

图 1 物理模拟实验流程图

# 3 实验结果与分析

## 3.1 一级封堵段塞体系性能评价

一级封堵段塞体系为非化学交联凝胶体系,从表 1 可以看出,对于非化学交联凝胶体系,在静置 10 分钟后,其不同浓度下的静切力,均比刚剪切完时有大幅度的增加,静置 10 分钟后,非化学交联凝胶体系浓度从 2000～12000 下 mg/L 的静切力为刚剪切后的静切力的 1.9～2.6 倍,表明非化学交联凝胶体系经剪切后,其网状结构的强度可以迅速恢复,分子之间可以通过缔合作用又重

新形成空间网状聚集体,非化学交联凝胶体系的这一特性,有利于降低其在地层注入过程中,地层孔候对其剪切作用。

高强度是调剖体系具有良好调剖性能的前提,通过流变仪,在固定的扫描频率与应变条件下,测试不同浓度非化学交联凝胶体系的复合黏度、触变能以及屈服力,触变能表示破坏触变结构所需要的能量,触变能越大表明溶液结构也越强,而屈服力是能够产生流动所需要的最小力,从测试结果可知,非化学交联凝胶体系的复合黏度、触变能以及屈服力均随着浓度的增加而增加,说明非化学交联凝胶体系的浓度越大,其样品的结构强度越大。

表 1 非化学交联凝胶体系流变性能

| 序号 | 浓度<br>(mg/L) | G10s<br>(Pa) | G10min<br>(Pa) | 黏度<br>(mPa·s) | 触变能<br>(Pa/s) | 屈服力<br>(Pa) |
|---|---|---|---|---|---|---|
| 1 | 2000 | 2 | 4 | 690 | 385.51 | 0.952 |
| 2 | 4000 | 9 | 23.5 | 2071 | 782.01 | 2.13 |
| 3 | 6000 | 20 | 48 | 7259 | 1728.13 | 5.54 |
| 4 | 8000 | 35.5 | 72 | 16750 | 2029.55 | 2.77 |
| 5 | 10000 | 47.5 | 92.5 | 23720 | 2429.37 | 3.54 |
| 6 | 12000 | 56 | 108 | 37650 | 2879.06 | 5.62 |

## 3.2 二级封堵段塞体系性能评价

二级封堵段塞体系为中强度凝胶体系与预交联凝胶颗粒组成的复合体系。其成胶性能如表 2 所示,表 2 中,P 为聚合物、J1 为交联剂主剂、J2 为交联剂助剂、G 为预交联凝胶颗粒。从成胶性能可以看出,对于 5 种凝胶复合体系,其在 0.5d 左右均已开始成胶,5d 左右后,成胶强度基本趋于稳定。对比方案 1 和 2,在凝胶体系中添加预交联凝胶颗粒后,对凝胶体系的成胶强度略有增加,但成胶强度增加幅度较小,因为预交联凝胶颗粒的添加,主要作用是作为协同封堵调剖剂,通过凝胶体系的强度结合预交联凝胶颗粒遇水溶胀后粒径变大的特性,对高渗窜流通道实现深部运移与深部封堵。对比方案 2 与方案 3,增加交联剂浓度后,凝胶体系的强度随之增加,在成胶 15 天后,成胶强度从 33230 mPa·s 增加到 41240 mPa·s,成胶强度增加了 0.25 倍。对比方案 3 与方案 4,其他条件一致,聚合物浓度从 3000mg/L 增加到 4000mg/L 后,凝胶体系初始黏度从 399 mPa·s 增加到 720mPa·s,在成胶 5 天后,成胶强度从 38100 mPa·s 增加到 46890 mPa·s,成胶强度增加了 0.23 倍。

表2　主段塞复合体系的成胶性能

| 序号 | P/J1/J2 mg/L | G mg/L | 成胶时间(d)与强度(mPa·s) | | | | | |
|---|---|---|---|---|---|---|---|---|
| | | | 0d | 0.5d | 1d | 5d | 15d | 30d |
| 1 | 3000/2000/2000 | 0 | 401 | 2160 | 25400 | 29120 | 31780 | 32020 |
| 2 | 3000/2000/2000 | 1000 | 391 | 2280 | 26700 | 30780 | 33230 | 33480 |
| 3 | 3000/2500/2500 | 1000 | 399 | 2940 | 32900 | 38100 | 41240 | 41700 |
| 4 | 4000/2000/2000 | 1000 | 720 | 3360 | 40580 | 46890 | 48850 | 48750 |
| 5 | 4000/2500/2500 | 1000 | 737 | 3870 | 44220 | 49320 | 50980 | 51480 |

### 3.3　三级封堵段塞体系性能评价

三级封堵段塞体系为高强度凝胶体系与纳米纤维素、二次增强剂组成的复合体系。其成胶性能如表3所示,表3中,P为聚合物、J1为交联剂主剂、J2为交联剂助剂、C为纳米纤维素。对比方案1、2、3与4,可知,在凝胶体系中,单一添加纳米纤维素后,其复合体系的成胶性能有一定程度的增加,当单一添加二次增强剂后,复合凝胶体系的成胶性能大幅度成胶,成胶时间0.5d后,其成胶强度已达到6950 mPa·s,成胶5d后,成胶强度已超度100000 mPa·s,超过方案1与方案2凝胶体系强度的2倍。纳米纤维素的添加,其主要作用利用纤维的强度增加凝胶韧性,调和凝胶的弹性和粘性及给连续凝胶"穿上"钢筋,支撑骨架。当提高聚合物浓度到5000 mg/L后,所形成的复合凝胶体系强度进一步增加成胶时间0.5d后,其成胶强度达到10120 mPa·s,且成胶15d后,成胶强度依然超过100000 mPa·s。

表3　封口段塞复合体系的成胶性能

| 序号 | P/J1/J2 mg/L | C mg/L | 二次增强剂 mg/L | 成胶时间(d)与强度(mPa·s) | | | | |
|---|---|---|---|---|---|---|---|---|
| | | | | 0d | 0.5d | 1d | 5d | 15d |
| 1 | 4000/2500/2500 | 0 | 0 | 734 | 2750 | 42180 | 45790 | 46620 |
| 2 | 4000/2500/2500 | 500 | 0 | 758 | 3120 | 46700 | 49450 | 50280 |
| 3 | 4000/2500/2500 | 0 | 1500 | 744 | 6950 | 57800 | >100000 | >100000 |
| 4 | 4000/2500/2500 | 500 | 1500 | 732 | 7380 | 59400 | >100000 | >100000 |
| 5 | 4000/2500/2500 | 750 | 1500 | 746 | 8040 | 66700 | >100000 | >100000 |
| 6 | 5000/2500/2500 | 750 | 1500 | 1135 | 10120 | 82200 | >100000 | >100000 |

### 3.4　组合段塞体系注入性能及驱油效果评价

根据目标油藏条件及对封堵体系的性能评价,优选出适宜目标油田的多级组合段塞体系进行注入性能及驱油效果评价,一级段塞体系:非化学凝胶体系,8000mg/L;主段塞体系:聚合物4000mg/L、交联剂主剂2000 mg/L、交联剂助剂2000mg/L、预交联凝胶颗粒1000mg/L;封口段塞体系:聚合物5000mg/L、交联剂主剂2500 mg/L、交联剂助剂2500mg/L、纤维素750 mg/L、二次增强剂1500 mg/L。注入性能评价实验所用所用仪器为长填砂管,带5个测压点,尺寸:$\varphi 2.5$ cm×100cm,水测渗透率$15340 \times 10^{-3}$ $\mu m^2$;驱油效果所用岩心为人造三层非均质岩心,岩心尺寸4.5 cm×4.5 cm×30 cm,渗透率依次为$1500 \times 10^{-3}$ $\mu m^2$、$3000 \times 10^{-3} \mu m^2$、$8500 \times 10^{-3} \mu m^2$,注入性能及驱油效果见图2与图3。

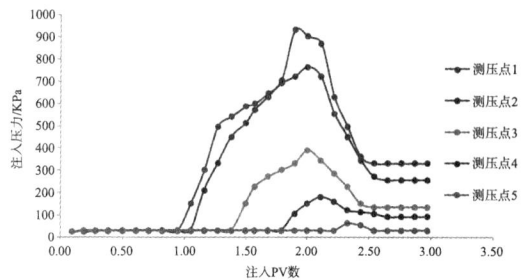

图2　组合段塞体系注入性能评价

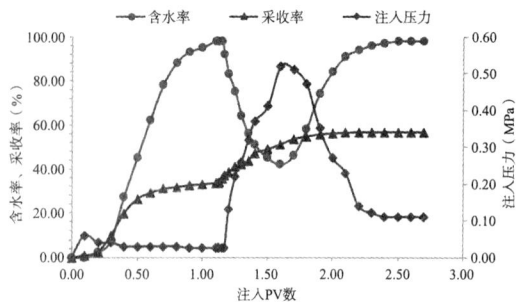

图3　组合段塞体系驱油效果评价

从图2可以看出,注入一级段塞体系后,填砂管入口压力快速上升，注入二级段塞体系，相比一级段塞体系，压力上升斜率略有降低，注入三级段塞，压力迅速上升，封堵调剖体系结束后，后续水驱的注入压力并没有立刻下降，而是先平缓下降，再快速下降，表明封口段塞的注入，有效的降低了后续水在长岩性填砂管中的窜流。在注入封堵调剖体系后，测压点2压力呈快速上升的趋势，同时从测压点3、测压点4可以看出，在后续水驱阶段，封堵体系已运移到测压点4的位置，表明封堵体系在长岩心内部实现了深部运移与封堵。图3为组合段塞体系驱油效果注采特征，可以看出，水驱结束后，组合体系的注入，压力快速上升，含水率快速下降，最低含水率值达到了42.2%，相比水驱，注入组合体系后，采收率提高了21.2个百分点。组合段塞体系的注入对水驱渗流通道实现了有效的封堵，不仅使中、低渗透率储层中的原油得到动用，同时对残留在储层内的部分原油也发挥了驱替效果。

## 4 结论

（1）高渗窜流通道的成因主要为储层自身的发育特征导致与后续的开发生产过程的影响。如河流相沉积、正韵律构造、渗透率差异大等都易于大孔道的形成，而在后续开发过程中，油水流度比大、强注强采等也易于大孔道的形成。

（2）通过实验研究，形成了针对高渗大孔道的多段塞分级封堵的堵剂组合工艺，并对每个段塞体系的性能进行了评价，所形成的的组合段塞体系在渗透率为15D的长岩心管中可以实现深部运移与深部封堵，对于非均质岩心，相比水驱可提高采收率21.2%。

（3）组合段塞封堵调剖技术可以有效的解决油水井间出现高渗串流通道的的问题，对于解决油田现场出现的大孔道，高孔渗等问题，具有广阔的发展前景。

## 参 考 文 献

[1] 王桂珠,吴家全,张永康,张朋旗,郭丽梅.低温时间可控冻胶堵水调剖剂的制备[J].应用化工,2020,49(09):2229-2232.
[2] 黄小凤.适用于海水配注的活性凝胶调剖体系研究与应用[J].精细与专用化学品,2020,28(07):30-33.
[3] 杨帅.中高含水油田大孔道封窜及逐级深部调剖体系室内研究[J].中国石油和化工标准与质量,2020,40(11):165-166.
[4] 王伟航.大孔道高效深部调剖剂的制备及性能研究[D].西安石油大学,2020.
[5] 刘向斌,尚宏志.凝胶调剖剂在地层深部动态成胶性能评价[J].大庆石油地质与开发,2020,39(01):86-90.
[6] 王桂珠,吴家全,张朋旗,张楠,郭丽梅.新型复合凝胶堵水调剖剂制备与评价[J].精细石油化工,2019,36(06):44-47.
[7] 邹婧文,曹伟佳,卢祥国,徐国瑞,李翔,张云宝,葛嵩.三相纳米泡沫起泡性能影响因素与封堵调剖效果[J].油田化学,2019,36(01):83-89.
[8] 韩培慧,苏伟明,林海川,等.聚驱后不同化学驱提高采收率对比评价[J].西安石油大学学报,2011,26(5):44-48.
[9] 李诗涛.非均相复合驱油体系在多孔介质中的提高采收率能力研究[A].2016油气田勘探与开发国际会议(2016 IFEDC)论文集(上册)[C].西安石油大学陕西省石油学会,2016:9.
[10] 张宁,阚亮,张润芳,等.海上稠油油田非均相在线调驱提高采收率技术——以渤海B油田E井组为例[J].石油钻采工艺,2016,38(03):387-391.
[11] 任亭亭,宫厚健,桑茜,等.聚驱后B-PPG与HPAM非均相复合驱提高采收率技术[J].西安石油大学学报(自然科学版),2015,30(05):54-58+84+9.
[12] 张莉,刘慧卿,陈晓彦.非均相复合驱封堵调剖性能及矿场试验[J].东北石油大学学报,2014,38(01):63-68+4-5.
[13] 陈晓彦.非均相驱油剂应用方法研究[J].石油钻采工艺,2009,31(05):85-88.
[14] 石志成,卢祥国.预交联体膨聚合物调剖驱油机理及效果评价[J].大庆石油学院学报,2007,31(3):28-31.
[15] 崔晓红.新型非均相复合驱油方法[J].石油学报,2011,32(1):122-126.

# 海上稠油化学辅助举升技术研究

孙艳萍[1,2]　孙　君[1]　王成胜[1,2]

(1.海洋石油高效开发国家重点实验室;2.中海油能源发展股份有限公司工程技术分公司)

**摘　要**　针对海上 L 稠油油田蒸汽吞吐方式过程中,由于原油黏度较大,在井筒中流动阻力较大难以举升至地面的问题,采用室内实验,研究不同含水率的原油黏度变化规律,筛选适合海上稠油油田辅助举升的化学体系,形成适合海上稠油油田的化学辅助举升技术。研究结果表明,原油黏度随着含水率的增加先升后降,转相点含水率40%～50%;掺加化学降粘体系,可以降低原油黏度,提高原油流动性,降粘率达到90%以上。通过分析经济性和现场应用条件,给出了根据产液量、含水率确定药剂用量、配液等计算方法。该技术应用于海上 L 油田 ODP 方案中,形成配套的热采举升技术。

**关键词**　海上稠油;化学辅助;降粘率;举升技术

L 油田位于渤海辽东湾海域,属稠油油藏,采用蒸汽吞吐方式开发。注蒸汽后开采过程中,随着近井地带原油被采出,地层流温逐渐下降,在井底流温降低至 70℃ 条件时,原油黏度高达 785～1899mPa·s,井筒中原油举升存在较大困难,需采用降粘工艺解决井筒举升问题。常规的井筒降粘方式包括掺稀降粘、化学降粘、电加热、伴热等方式[1-3]。化学降粘是稠油开采过程中降低原油黏度的主要增效手段[4,5]。化学降粘剂分为油溶性降粘剂和水溶性降粘剂。油溶性降粘剂通过渗透和分散进入原油中的胶质和沥青质分子之间,使其结构变松散,减小其聚集,从而降低黏度[6]。水溶性降粘剂是使用水溶性好的表面活性剂配制而成的一定浓度的水溶液,它注入油井中,使原油分散于其中,从而显著降低乳化稠油黏度,达到顺利开采的目的[7-9]。根据 L 油田开发特点,优选适合 L 稠油的低成本化学辅助举升方案,保证油田开采效果。

## 1　实验装置

所用设备主要为:高温高压流变仪(图 1)、高温烘箱、差压传感器、采集控制系统、原油脱水仪、恒温水浴、烧杯、天平、搅拌器等。

图 1　高温高压流变仪

## 2　实验研究

### 2.1　不同含水率原油黏度—温度关系

通过测试 L 油田稠油不同含水率原油黏度,混合物黏度具有温度敏感性,随温度升高,黏度降低;随着含水率的增加,混合物黏度先升高后降低,当含水率达到 50% 以上时,黏度下降,说明乳状液由油包水型向水包油型转化。因此,经过测试,得出 L 油田稠油不同含水率原油转相点为含水率50%(图 2)。

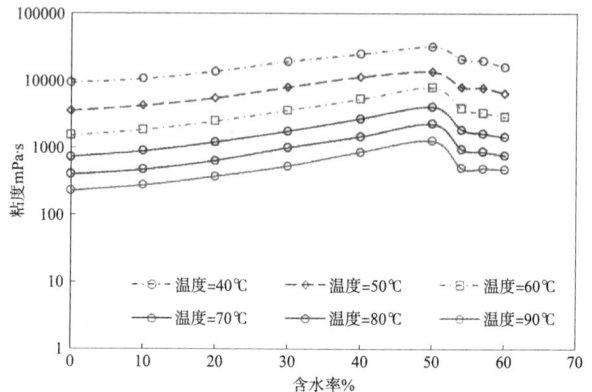

图 2　不同含水率原油黏度测试结果

### 2.2　化学药剂体系筛选

按照方案设计要求开展降粘率测试实验,测试了水溶性降粘剂的降粘率,其中,水溶性降粘剂浓度为1%,油剂比为 7∶3,得出 BH－JN25、BH－JN26 两种水溶性降粘剂降粘效果较好,降粘率均在 99% 以上,降粘剂经过高温老化后,降粘率仍在 90% 以上,耐温性和稳定性较好。

表1　水溶性降粘剂降粘率实验结果(老化前)

| 样品名称 | 浓度 | 配比 油：剂 | 温度(℃) | 黏度(mPa·s) | 降粘率(%) |
|---|---|---|---|---|---|
| 原油 | — | | 50 | 3495 | — |
| BH－JN25 | 1% | 7：3 | 50 | 30.3 | 99.13 |
| BH－JN26 | 1% | 7：3 | 50 | 28.4 | 99.19 |
| BH－JN27 | 1% | 7：3 | 50 | 3175 | 9.16 |
| BH－JN28 | 1% | 7：3 | 50 | 4132 | －18.23 |

表2　水溶性降粘剂降粘率实验结果(老化后)

| 样品名称 | 浓度 | 配比 油：剂 | 温度 ℃ | 黏度 mPa·s | 降粘率 % |
|---|---|---|---|---|---|
| 原油 | — | | 50 | 3495 | — |
| BH－JN25 | 1% | 7：3 | 50 | 187.5 | 94.64 |
| BH－JN26 | 1% | 7：3 | 50 | 1526 | 56.33 |

### 2.3　化学药剂注入参数优选

#### 2.3.1　注入浓度优选

井筒伴注降粘剂使用浓度从 1% 到 0.5%，降粘率及动态效果相差较小，当减小到 0.3% 时脱水时间较短，因此推荐降粘剂使用浓度应不低于 0.5%。在管流实验中，对比 1% 和 1.5% 两个浓度结果，提高降粘剂浓度对压力的影响较小，主要原因是在管流状态下，降粘剂的乳化效果不佳。

#### 2.3.2　注入浓度优选

在管流实验中，不同伴注比例的实验结果得出降粘剂比例较低时，油：剂＝8：2 和油：剂＝7：3 时注入压力仅降低了 38% 左右，当提高到油：剂＝6：4 时注入压力明显降低，降低幅度达 51.72%。

表3　降粘剂不同浓度降粘率实验结果

| 样品名称 | 浓度 | 配比 油：剂 | 温度(℃) | 黏度(mPa·s) | 降粘率(%) |
|---|---|---|---|---|---|
| 原油 | — | | 50 | 3495 | — |
| BH－JN25 | 1% | 7：3 | 50 | 30.3 | 99.13 |
| BH－JN25 | 0.5% | 7：3 | 50 | 37.9 | 98.92 |
| BH－JN25 | 0.3% | 7：3 | 50 | — | — |

表4　降粘剂管流实验结果

| 样品名称 | 浓度 | 伴注比例 | 混合方式 | 温度(℃) | 压差(MPa) | 降低幅度 |
|---|---|---|---|---|---|---|
| 稠油 | — | — | — | 50 | 2.03 | — |
| BH－JN25 | 1% | 7：3 | 直接混合 | 50 | 1.26 | 37.93 |
| BH－JN25 | 1% | 6：4 | 直接混合 | 50 | 0.98 | 51.72 |
| BH－JN25 | 1% | 8：2 | 直接混合 | 50 | 1.30 | 35.96 |
| BH－JN25 | 1.5% | 7：3 | 直接混合 | 50 | 1.24 | 38.92 |

### 2.4　工艺参数设计

根据 L 油田生产情况，开展了温度 65℃～75℃，含水 5%～10% 的降粘率实验。当含水率 10%、浓度 20% 以下时，降粘剂的降粘效果较差；因此为满足现场需求，65℃ 时，含水率 10%～20% 之间，浓度 20% 满足需求，75℃ 时，含水率 10～15% 之间，浓度 20% 满足需求；同时，含水率 20% 以上时，降粘剂浓度 4% 即可满足需求。

表5　不同含水率和温度降粘效果

| 温度(℃) | 含水率(%) | 黏度(mPa·s) | 药剂浓度(%) | 降粘率(%) |
|---|---|---|---|---|
| 65 | 10 | 1471 | 10 | －16.93 |
| 65 | 10 | 725 | 20 | 42.32 |
| 65 | 15 | 397 | 20 | 47.1 |
| 65 | 20 | 98 | 4 | 94.04 |
| 75 | 10 | 746 | 10 | －11.77 |
| 75 | 10 | 511 | 20 | 23.44 |
| 75 | 15 | 266 | 20 | 62.3 |
| 75 | 20 | 49 | 4 | 93.32 |

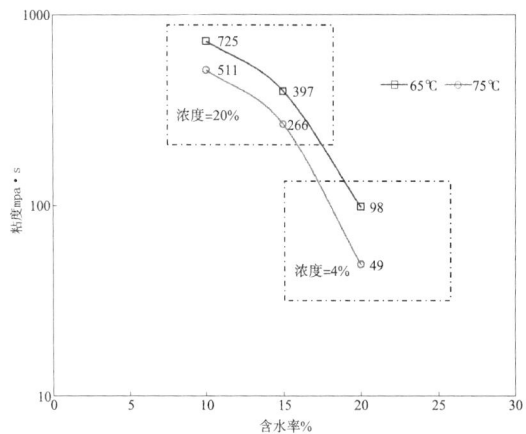

图3　不同含水率降粘效果对比

为了现场应用方便，针对产出液不同含水率和温度条件编辑了相应的计算公式。通过应用计算公式，在现场可随时调节药剂注入浓度、速度等参数，保证油田顺利生产。

(1)当药剂浓度 20%，综合含水 15% 时，不同产液和含水条件的药剂注入量及总注入量如下计算。

$$Q_o = Q_l \times (1-f_w) \quad (1-1)$$

$$Q_{ic} = \frac{Q_o}{(4 \times 5.67)} \quad (1-2)$$

$$Q_{rw} = \frac{Q_o \times 3}{17} - Q_l \times f_w \quad (1-3)$$

$$Q_t = Q_{rw} + Q_{ic} \quad (1-4)$$

式中，$Q_o$ 产油量；$Q_l$ 产液量；$f_w$ 含水率；$Q_{rw}$ 注水量；$Q_{ic}$ 药剂注入量；$Q_t$ 总注入量。

(2)当药剂浓度 4％，综合含水 20％时，不同产液和含水条件的药剂注入量及总注入量如下计算。

$$Q_{ic} = \frac{Q_o}{(4 \times 24)} \quad (2-1)$$

$$Q_{iw} = \frac{Q_o}{4} - Q_l \times f_w \quad (2-2)$$

$$Q_o = Q_l \times (1 - f_w) \quad (2-3)$$

$$Q_t = Q_{iw} + Q_{ic} \quad (2-4)$$

## 3 结论

(1)L 油田稠油不同含水率原油黏度，随着含水率的增加，黏度先升高后降低，当含水率达到 50％以上时，黏度下降，说明乳状液由油包水型向水包油型转化。

(2)根据降粘率测试结果，得出 BH－JN25、BH－JN26 两种水溶性降粘剂降粘效果较好，降粘率均在 99％以上，降粘剂经过高温老化后，降粘率仍在 90％以上，耐温性和稳定性较好。

(3)井筒伴注降粘剂使用浓度从 1％到 0.5％，降粘率及动态效果相差较小，当减小到 0.3％时脱水时间较短，因此推荐降粘剂使用浓度应不低于 0.5％。

(4)65℃时，含水率为 10％～20％，浓度 20％满足需求，75℃时，含水率为 10％～15％，浓度 20％满足需求；同时，含水率 20％以上时，降粘剂浓度 4％即可满足需求。

## 参 考 文 献

[1] 陈秋芬,王大喜,刘然冰.油溶性稠油降粘剂研究进展[J].石油钻采工艺,2004,26(2):45－48.

[2] 尉小明,刘喜林,王卫东,等.稠油降粘方法概述[J].精细石油化工,2002(5):45－48.

[3] 孙仁远,王连保,彭秀君,等.稠油超声波降粘实验研究[J].油气田地面工程,2001,20(5):22－23.

[4] 刘冬青,王善堂,白艳丽,等.胜利稠油渗流机理研究与应用[J].内蒙古石油化工,2012(2).

[5] 周风山,吴瑾光.稠油化学降粘技术研究进展[J].油田化学,2001,18(3):268－272.

[6] 柳荣伟,陈侠玲,周宁.稠油降粘技术及降粘机理研究进展[J].精细石油化工进展,2008,9(4):20－25.

[7] Shu K C,Beggs H D. Predicting temperatures in flowing oil wells[J]. Journal of Energy Resources Technology,1980,102 (1):2－11.

[8] Wang Z,Home R N. Analyzing Wellbore Temperature Distributions Using Nonisothermal Multiphase Flow Simulation[C]//SPE Western North American Region Meeting. Society of Petroleum Engineers, 2011, 8 (1):213－216.

[9] Qu Haichao, Zhang Shicheng. Thermal resistance and heat capacity formula's application in electric cable&electric heating rod oil well temperature field simulation[J]. Oil Drilling&Production Technology, 1998;20 (2).

# 海上油田聚合物驱复合增效工艺技术研究及应用

王成胜[1,2]　田津杰[1]　陈　斌[1]　敖文君[1]　王晓超[1]　阚　亮[1]

(1.中海油能源发展股份有限公司工程技术分公司;2.海洋石油高效开发国家重点实验室)

**摘　要**　针对渤海注聚油田存在的产液下降、产能释放困难等问题,采用综合动态评估＋数值模拟与室内物理模拟相结合的手段,开展阶段合理产液指数下降幅度及技术对策研究。结果表明,S油田在理想模型条件下,合理的无因次产液指数下降幅度约为60%;并应用聚合物驱阶段合理产液下降幅度理论,选取存在无因次产液指数下降异常受益井的注聚井组A井组,进行复合增效体系调驱矿场试验,最终形成一套适合海上聚合物驱油田的"解＋调＋解"的聚合物驱复合增效工艺技术,解决注入压力高的问题、减缓水流优势通道、产能释放,并实现注聚流程在线分层调驱,提高聚合物驱效果。增效矿场试验有效期12个月,累积增油5000余方,取得了良好的控水增油效果。

**关键词**　聚合物驱;产液指数;复合增效;控水增油

渤海油田大都为油层厚、温度较高、中高孔中高渗,原油密度大、中高黏度,高矿化度的油藏,聚合物驱作为渤海油田化学驱三次采油最为成熟的技术,经历了从单井到规模扩大、从中含水期注聚到早期注聚、从一个到三个油田的发展与实践,截至2018年,累计增油739.5万方,聚合物驱取得了良好的增油效果。根据十三五及七年行动规划,2025年聚合物驱年增油可以达到$300×10^4$ $m^3$,聚合物驱技术应用潜力巨大。但随着聚合物驱工艺技术的实施,出现了不同程度的注入压力高、产液下降、注采井堵塞的现象[1-8],以渤海S油田Ⅱ期为例,单井产液量最大下降幅度超过70%,截至2015年,方案设计累增油69.0万方,实际累增油20.8万方,实际增油较方案减少48.2万方,其中液量下降影响累计16.0万方,以及聚合物驱后形成新的水流优势通道导致注入水突进,这些问题都影响了聚合物驱效果,需要及时采取有效的技术对策改善聚驱效果[9-15]。

因此,在海上油田进行聚合物开发开采过程中,有必要关注聚合物驱阶段产液下降特征,提出产液下降技术对策,提高聚合物驱效果。本文主要通过建立动态评估、物理模拟、数值模拟相结合的方法,针对S油田给出海上注聚油田现行阶段出现的产液下降合理幅度;筛选典型产液下降异常井组,提出聚合物驱"解＋调＋解"复合增效工艺技术对策,从而改善聚合物驱效果。

## 1　海上注聚油田产液下降特征研究

本次研究采用物理模拟、数值模拟、动态分析研究相结合的手段,研究海上注聚合物油田现行阶段出现的产液下降特征合理下降幅度,为提高聚合物驱效果提供依据。

### 1.1　海上聚合物驱产液下降特征数值模拟研究

为研究聚合物驱产液指数合理下降特征,利用ECLIPSE数值模拟软件,抽提S油田现场油藏数据,建立反九点网络模型,设计了不同位置油井(边井、角井)、不同注聚时机下的产液指数变化情况,模型参数如表1所示。

表1　模型基础参数

| 模型基础参数 | 数值 | 模型基础参数 | 数值 |
|---|---|---|---|
| 井网 | 反九点 | 原油黏度,mPa·s | 70 |
| 网格 | 176×176×3 | 聚合物溶液黏度,mPa·s | 12 |
| 网格尺寸 | 10m×10m×7m | 原始地层压力,MPa | 14.28 |
| 平均渗透率,$10^{-3}μm^2$ | 2000 | 日注入量,$m^3/d$ | 400 |
| 孔隙度,% | 30 | 注聚时机(含水率,%) | 60～90 |

计算得到不同注聚时机条件下油井产液指数、含水率变化曲线见图1。结果表明,注聚后油井含水大幅降低,相应地,产液指数也大幅降低,二者在变化时间和趋势上具有一致性。分析认为,聚合物溶液注入地层后,由于聚合物在地层岩石空隙中发生吸附滞留,造成渗流阻力较大,油层压力传导能力下降;同时在后续注入水的驱替前缘逐渐形成剩余油富集带,当聚合溶液驱替富油带不断向前推进至油井附近时,油井见效,含水开始下降,流动阻力进一步增大,流动压力下降,生产压差增大,产液指数下降。当含水下降到低值时,产液指数下降幅度也达到最大。进入后续水驱阶段后,由于油层中渗流阻力的减少,油井的产液指数逐渐回升。因此,聚合物驱后产液指数下

降与油井受效含水下降密切相关,是聚合物驱见效后的必然表现。注聚合物时机对聚合物驱后产液指数的变化规律有较大影响。注聚合物时机越晚,含水开始下降的时刻越晚,含水率降幅越大,产液指数降幅也越大。

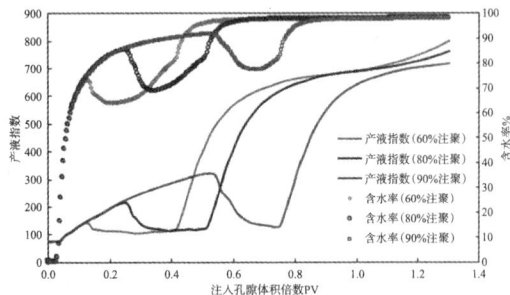

图 1 聚合物驱含水率与产液指数变化曲线

通过聚合物驱油井合理产液指数降幅计算,对于 S 油田理想条件,注聚时受益井含水主要分布在 75%~85%之间,无水井干扰的油井合理产液指数降幅约 30%~50%。

### 1.2 海上聚合物驱产液下降特征物理模拟研究

为研究聚合物驱产液指数合理下降幅度,结合数值模拟研究,主要针对 S 油田开展注聚时机对产液特征影响的三维物理模拟实验研究。

实验设备采用多功能物理模拟驱油实验装置;模拟岩心采用 30cm×30cm×4.5cm,6 倍级差(3700/1600/600×$10^{-3}$ $\mu m^2$)平板岩心,井网设计 1 注 1 采井网;聚合物采用疏水缔合聚合物 AP-P4,分子量 1600 万左右,固含量 89%,1750mg/L 黏度 20mPa·s,四川光亚科技公司生产;实验用油采用在 65℃下黏度为 70mPa·s 的配制模拟油黏度;实验用水根据油田水分析资料中的六项离子及含量在室内摸拟配制而成的,矿化度 9374.73mg/L。

在聚合物注入段塞尺寸一致的条件下,设计 4 组不同驱替实验,记录实验过程中,压力、采出液等数据,确定注聚时机的聚合物体系在平板模型上注采特征变化规律。实验温度为 65℃,注入速度为 0.8ml/min。

表 2 不同浓度聚合物驱产液变化规律实施方案

| 实验方案 | 注聚时机含水,% | 注聚浓度及段塞 | 后续水驱 |
|---|---|---|---|
| 1 | 10 | | |
| 2 | 50 | 1750mg/L 0.3PV | 至含水 98% |
| 3 | 70 | | |
| 4 | 95 | | |

结合注入压力曲线,计算无因次采液指数,判定不同含水时机条件下,聚合物驱的合理产液下降幅度变化,结果见图 2。

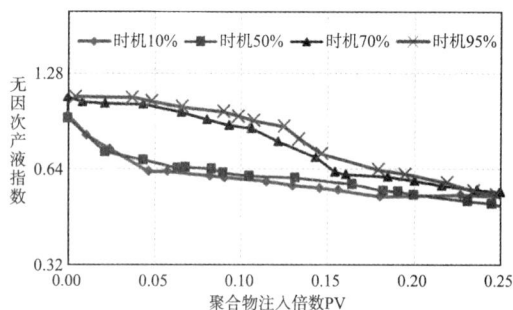

图 2 不同注入时机的产液指数变化图版

从图中可以看出,不同注聚时机下,无因次产液指数的变化特征:含水率 10% <含水率 50% <含水率 70% <含水率 90%。注入时机显著影响无因次产液指数的下降幅度,下降幅度为 30% ─60%;不影响最低产液指数,最低产液指数出现时机(注聚 0.3PV 结束)几乎相同。S 油田含水时机 70%时转注聚合物,无因次产液指数下降幅度 60%。

### 1.3 海上聚合物驱阶段合理产液指数下降幅度研究

结合数值模拟与物理模拟研究结果,对受益井进行动态评估及分类,找出处于正常及异常聚合物驱生产状态的受益井,见表 3。

表 3 S 油田部分油井产液指数降幅分类

| 井号 | 影响因素 | 产液指数降幅 | 位置 | 动态特征 |
|---|---|---|---|---|
| D26、F01、F02、F03、F07、F12 | / | 30%─60% | 井组内部、多向受益 | 含水下降幅度大,有效期长,见聚晚,增油效果好 |
| A20、D21、D22、D23、D28 | 堵塞 | >60% | 注采井间、边部 | 产液、产液指数下降幅度大 |

综合动态评估+数值模拟+物理模拟研究,给出聚合物驱产液下降阶段注采特征及合理产液下降幅:S 油田 1750mg/L、级差为 6 时,合理的无因次产液指数下降幅度约为 60%。

表 4 聚合物驱油井合理产液指数降幅范围表

| 物模 | 数值模拟 | 动态分析 |
|---|---|---|
| 约 60% | 30%~50% | 30%~60% |

## 2 聚合物驱增效工艺技术对策及思路设计

### 2.1 聚合物驱增效工艺思路

相对聚合物驱阶段合理产液下降幅度,针对受益油井无因次产液指数下降超过 60%原因及存在问题,经过调研及理论模拟研究,提出解决问题的措施对策:①存在水流优势通道,需要封堵高渗通道,调整流度,调剖调驱措施,提出深部复合调驱技术；②注入压力高欠注；③疑似聚堵，产能释放困难，需要注入井解堵，满足配注；受益油井解堵，产能释放。提出注聚井酸化解堵技术和受益油井酸化解堵技术。

形成海上聚驱"酸化解堵＋调驱"复合增效工艺技术决策方法：

酸化：优化注聚井酸液体系，降低注入压力，满足调驱压力空间；

调驱：优选复合调驱体系，对大孔道进行封堵，建立适当封堵能力，改善吸水剖面；

酸化：优化注聚井酸液体系，解开不吸水层段，同时不破坏调剖建立的封堵能力；

酸化：优化受益油井酸液体系，解开堵塞，释放产能。

### 2.2 研制在线高效注入的复合增效体系

S油田深部调驱需要在线注入的复合增效调驱体系。针对S油田稠油油藏流体特点、化学驱驱中后期效果变差的问题，开展深部复合调驱技术研究。研制与聚驱油田油藏匹配的增粘型粘弹颗粒BHPG、在线速溶凝胶体系、界面活性聚合物的复合调驱体系，对大孔道进行封堵，建立适当封堵能力，改善吸水剖面。

复合增效体系中的复合分散体系属于微米至毫米级，具有良好的溶胀性、粘弹性、增粘性，耐温75℃，耐盐15000mg/L，可深部运移至地层深部，对于聚驱中后期非均质性油藏水流优势通道及深部剖面的调整优势明显。

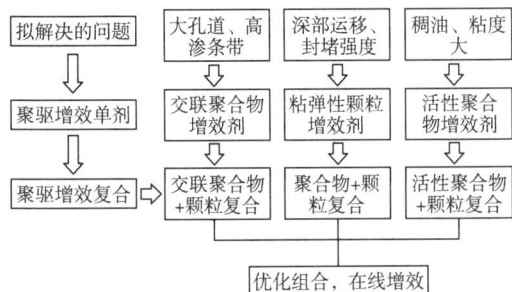

图3　增效复合体系研制路线图

### 2.3 聚合物驱增效工艺选井分析

通过筛选指标对比及模糊数学方法综合评价，优选A井组作为目标井组。A井组为1注8采，受益井生产层位为东营下段Ⅰu、Ⅰd、Ⅱ油组。整体上，A井组生产井在连通性好，平均孔隙度31%，平均渗透率2000×10$^{-3}$ $\mu m^2$，油藏温度65℃。

通过井组连通情况、注入井及周边井动态反应情况分析认为：

（1）注入井A井Ⅰu油组因压力较高欠注，建议开展酸化解堵。

（2）生产井A20井出砂后无因次产液指数下降超过60%，建议解堵释放产能。

（3）A井向生产井A22方向存在注入突进，该方向存在水流优势通道；

### 2.4 聚合物驱增效工艺方案设计

提出"解＋调＋解"聚合物驱复合增效技术思路，改善层间、层内矛盾，解除注入压力高问题、减缓注入水在平面上的指进和纵向上的单层突进现象、油井产能释放，对Ⅰu油组和Ⅰd油组进行复合增效体系调驱，实现降水增油、提高聚合物驱效果的目的。

解堵段塞：注聚井Ⅰu油组单层解堵，YH－A氧化体系＋SY－C酸液体系的复合解堵体系。

调驱段塞：预处理段塞采用凝胶体系，封堵水流优势通道，改变液流方向；主段塞深部增效体系采用多元复合增效体系，由复合分散相L2（具有特定尺寸的粘弹性颗粒）和连续相L1（水、聚合物溶液）组成的具有良好运移性能、封堵性能和洗油性能的高效驱油体系，深部运移，实现协同调驱作用。

工艺流程：工艺简单，易操作。不改变原注聚流程，在高压水与母液汇合前的那段管线预留口接入注入管线，增加一个搅拌罐和两台溶解计量泵撬即可，实现Ⅰu油组和Ⅰd油组分层在线注入，见图4。

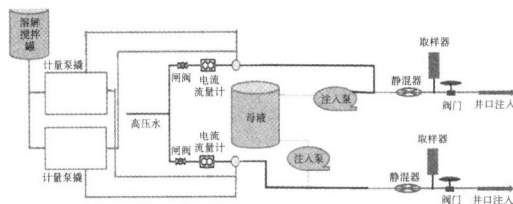

图4　分层在线调驱工艺流程图

## 3 现场实施与效果

整个聚合物驱增效调驱施工作业90天，方案执行完成设计100%。聚合物驱增效过程中，呈现"注入压力上升，视吸水指数下降"的特征（图5）。

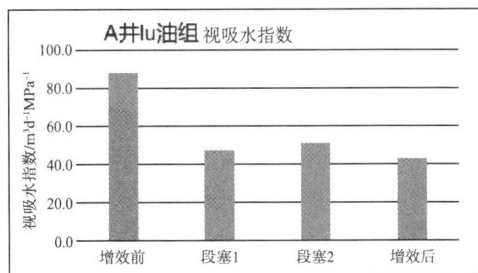

图 5　视吸水指数注入特征分析图

霍尔曲线计算视阻力系数均＞1,4 口井先后出现降水增油效果,并持续有效。截至 2021 年 8月,阶段累积增油 5000 余方,见图 6。由矿场实验可以看出,这种"解＋调＋解"的聚合物驱复合增效工艺技术实现注聚流程在线分层调驱,提高了聚合物驱效果。

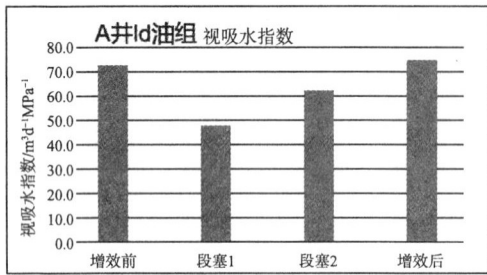

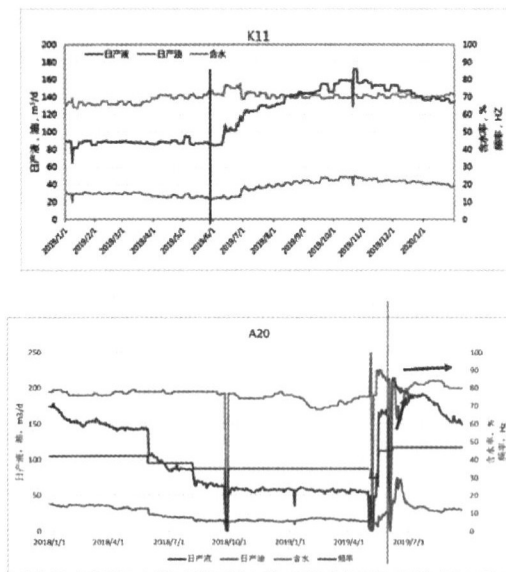

图 6　A 井组典型受效井生产曲线图

## 4　结论与认识

(1)综合动态评估＋数值模拟＋物理模拟研究聚合物驱阶段产液下降特征的方法是可行的,S油田理想模型条件下,合理的无因次产液指数下降幅度约为 60%。

(2)应用聚合物驱阶段合理产液下降幅度理论,提出一套适合海上聚合物驱油田的"解＋调＋解"的聚合物驱增效工艺技术,实现降低注入压力、减缓优势通道窜流、油井产能释放,聚合物驱增效的目的。

(3)选取存在无因次产液指数下降异常受益井的注聚井组 A 井组,进行解堵和调驱复合的增效工艺方案设计,实现注聚流程在线分层调驱,取得了良好的降水增油效果,12 个月阶段累积增油5000 余方。

(4)聚合物驱阶段产液下降特征的研究,对于判定聚合物驱合理产液下降幅度、识别聚堵生产井、提出聚合物驱提效对策等具有一定的指导意义。

## 参 考 文 献

[1] 陈福明,张立有,李瑞章.聚合物驱产液指数变化及影响因素分析[J].大庆石油地质与开发,1996,15(1):45－47.

[2] 刘睿,姜汉桥,张贤松,等.海上中低黏度油藏早期注聚合物见效特征研究[J].石油学报,2010,31(2):280－283.

[3] 邓景夫,李云鹏,吴晓慧,等.海上稠油油田早期聚合物驱见效规律[J].特种油气藏,2015,22(3):128－130＋157.

[4] 王宏申,王锦林,王晓超,李芳,石端胜,魏俊,吴慎渠,孙瑶.海上早期聚合物驱开发特征研究[J].科学技术与工程,2015,15(19):131－135.

[5] 朱莉萍,康俊华,李军.聚驱产业量下降幅度与注采比的关系[J].油气田地面工程,2004,23(4):21－23.

[6] 王晓超,王锦林,张维易,魏俊,孙瑶.渤海 S 油田聚合物驱合理产液指数降幅研究[J].大庆石油地质与开发,2018,37(3):104－108.

[7] 李芳,魏俊,王晓超.渤海聚驱油田聚合物堵塞对产液影响分析及改善措施研究[J].天津科技,2015,42(10):36－40.

[8] 高尚,张璐,刘义刚,刘长龙,孟祥海,邹剑.渤海油田聚驱受效井液气交注复合深部解堵工艺[J].石油钻采工艺,2017,39(3):375－381.

[9] 卢祥国,王树霞,王荣健,等.深部液流转向剂与油藏适应性研究——以大庆喇嘛甸油田为例[J].石油勘探与开发,2011,38(5):576－582.

[10] 韩海英,李俊键.聚合物微球深部液流转向油藏适应性[J].大庆石油地质与开发,2013,32(6):112－116.

[11] 赵修太,董林燕,王增宝,等.深部液流转向技术应用现状及发展趋势[J].应用化工,2013,42(6):1121－1123.

[12] 贾晓飞,雷光伦,李会荣,等.孔喉尺度弹性微球运移封堵特性研究[J].断块油气田,2010,17(2):219－221.

[13] 张宁,阚亮,张润芳,吴晓燕,田津杰,王成胜.海上稠油油田非均相在线调驱提高采收率技术——以渤海 B 油田 E 井组为例[J].石油钻采工艺,2016,38(3):387－391.

[14] 刘文铁,魏俊,王晓超,王宏申,王锦林,张润芳,刘文华,吴慎渠,李芳.海上油田非均相在线驱先导试验[J].科学技术与工程,2015,15(30):110－114.

[15] 吕鹏,阚亮,王成胜,吴晓燕,陈士佳,张润芳,侯岳.海上油田在线组合调驱提高采收率技术——以渤海 C 油田 E 井组为例[J].科学技术与工程,2017,17(09):164－167.